Die Technische Universität an der Schwelle zum 21. Jahrhundert

Festschrift zum 175jährigen Jubiläum der Universität Karlsruhe (TH)

Springer

*Berlin
Heidelberg
New York
Barcelona
Hongkong
London
Mailand
Paris
Singapur
Tokio*

Heinz Kunle · Stefan Fuchs (Hrsg.)

Die Technische Universität an der Schwelle zum 21. Jahrhundert

Festschrift zum 175jährigen Jubiläum der Universität Karlsruhe (TH)

Mit 272 Abbildungen

Springer

Professor Dr. Dr. h.c Heinz Kunle
Dr. Stefan Fuchs
Universität Karlsruhe (TH)
Kaiserstraße 12
76128 Karlsruhe

Die Deutsche Bibliothek – CIP-Einheitsaufnahme

Universität Karlsruhe (TH)
Die Technische Universität an der Schwelle zum 21. Jahrhundert: Festschrift zum 175jährigen Jubiläum der Universität
Karlsruhe (TH) / Hrsg.: Universität Karlsruhe (TH)
Berlin ; Heidelberg ; New York ; Barcelona ; Hongkong ; London ; Mailand ; Paris ; Singapur ; Tokio : Springer, 2000

ISBN-13: 978-3-642-64123-7   e-ISBN-13: 978-3-642-59781-7
DOI: 10.1007/978-3-642-59781-7

Inhaltsverzeichnis

C   Neue Formen der Lehre

D   Die offene Universität

Die Universität –
Eine die Zukunft gestaltende Kraft

S. Wittig

Als vor nunmehr 175 Jahren Großherzog Ludwig von Baden durch seinen Erlass den Gründungsvätern der Fridericiana die Möglichkeit zur Ausgestaltung einer neuen Hochschule eröffnete, stand dahinter eine Vision: Die Nutzung wissenschaftlicher, vor allem naturwissenschaftlicher und mathematischer Grundlagen zur Gestaltung einer zunehmend technisch bestimmten Welt. Theorie und Praxisorientierung gingen eine Verbindung ein, die die besten Köpfe inspirierte, sie nach Karlsruhe führte und der sich entwickelnden Technischen Hochschule, so nannte sie Franz Grashof, ungewöhnlich schnell zur weltweiten Anerkennung verhalf. Als Repräsentant dieser Entwicklung muss Ferdinand Redtenbacher gelten. Der geniale Ingenieur und Lehrer förderte in „Sorge für die Bildung ", wie im Gründungserlass festgeschrieben war, das Lehrangebot vor allem auch in den Wirtschafts- und Kulturwissenschaften. „Als Lehrer bin ich ganz glücklich, (...) weil ich meine ureigenen wissenschaftlichen Arbeiten behandle. Von Seiten der Regierung genieße ich das unbedingteste Vertrauen", so liest es sich in einem Brief zum Jahreswechsel 1857/58. Lehre, Forschung und Entwicklung bildeten – das wird aus vielen Berichten deutlich – in

Karlsruhe eine Symbiose, die als Grundlage des bemerkenswerten Erfolges angesehen werden muss und bis in unsere Tage mit ihrem charakteristischen Profil Garant internationaler Erfolge ist.

Wenn Lothar Späth in seinem Beitrag zu diesem Band Bildung und Forschung verbunden mit Eigeninitiative und Risikobereitschaft eine maßgebliche Rolle bei der Erneuerung unseres Landes zuspricht, so kann ich ihm nur beipflichten. Er beschreibt damit idealtypisch unsere von den Vorgängern übernommenen Handlungsmaximen, die immer wieder zu wegweisenden Neuerungen geführt haben – vom Chemieingenieurwesen bis zur Informatik, von der Mikrostrukturtechnik zur Informationswirtschaft und zu berufsorientierten Zusatzstudien in den Geisteswissenschaften. Gerade deshalb muss ich ihm aber widersprechen, wenn er feststellt: „Das alte deutsche Hochschulmodell ist tot". Genau das Gegenteil ist der Fall, wie viele unserer Botschafter der Globalisierung – so bezeichne ich unsere zahlreichen Studierenden und Wissenschaftler in aller Welt – gerne bezeugen werden. Die Dynamik, der Gestaltungswille und die Zukunftsorientierung, die die Darstellung des vorliegenden Bandes auszeichnen, sind ein weiterer Beweis: Die enge Verzahnung von Lehre und Forschung bei selbstständigem Handeln und Umsetzen – man kann das mit Humboldt belegen oder auch nicht – ist ein Erfolgsrezept, das an den renommierten Technischen Universitäten Deutschlands von Karlsruhe bis Aachen, von Darmstadt über Stuttgart bis Dresden weiterhin als Zukunftsmodell gelten muss. Unser schwerwiegendes Versäumnis ist, dass wir es nicht verstanden haben, das einer dominanten Zahl von Meinungsführern und der Öffentlichkeit zu verdeutlichen. „Von Seiten der Regierung und der Öffentlichkeit", so würde ich gerne in Anlehnung an Ferdinand Redtenbacher mit dem bemerkenswerten Superlativ schreiben, „genießen wir das unbedingteste Vertrauen". Dies durch Offenheit und enge Bindungen zu erhalten und zu stärken wird eine zentrale Aufgabe der Zukunft sein.

Das 175-jährige Jubiläum der Universität Karlsruhe, der auch in ihrem Selbstverständnis und in ihrem schlanken Profil am Idealbild Redtenbachers orientierten Technischen Universität, fällt in eine Zeit des Wandels zur Informations-, Kommunikations- und Dienstleistungsgesellschaft. Dieser Umbruch wurde – zum Teil gewollt, mehr jedoch kaum vorhersehbar – maßgeblich von Karlsruhe aus initiiert. Man braucht zum Beweis nicht bis zu Heinrich Hertz zurückzugehen. Karl Steinbuch und seine Schüler wiesen schon früh auf die neuen Horizonte. Fakultäten wie der Maschinenbau, das Bauingenieurwesen oder die Wirtschaftswissenschaften schufen zu einem frühen Zeitpunkt Lehrstühle mit Brückenfunktion zur Informatik und eröffneten neue Anwendungsfelder. Das war zu einer Zeit, als die Fridericiana ihr 150-jähriges Jubiläum feierte. Heute weist die Aktienbörse junge Unternehmen der Informations- und Kommunikationstechnik aus, deren Kapitalisierung größer ist als die weltbekannter Großkonzerne. Es gibt keinen Zweifel: Die Technische Universität muss sich den neuen Gegebenheiten und großen Chancen stellen, die sie selbst mit auf den Weg gebracht hat. Wie, so müssen wir uns fragen, sehen wir unsere Zukunftsaufgaben, mit welchen Visionen

können wir die Begeisterung einer jungen, leistungswilligen Generation anregen?

Um hierauf eine Antwort geben zu können, müssen wir uns an die Grundprinzipien der Universität erinnern: Zukunft kann nur erahnt und gestaltet werden, wenn fundierter Erfahrungsschatz mit drängender Neugier und unbelastetem Denken zusammenkommt – die ewig junge Universität, und ich beziehe mich insbesondere auf die Technische Universität, bleibt das Modell der Zukunft. Die enge Verzahnung von Forschung, Lehre und auch Entwicklung ist dabei das wohlerprobte Erfolgsrezept, das immer wieder gegen versteckte oder offene Angriffe verteidigt werden muß. „Wie kommt das Neue in die Welt", fragen Heinrich von Pierer, Vorsitzender des Vorstandes der Siemens AG, und Bolkor von Oetinger, Senior Vice President der Boston Consulting Group, und erhalten ein Spektrum aufschlußreicher Antworten.

Meine Lösung würde ich gerne mit einem Gang in die Seminare, Labors und Werkstätten der Fridericiana veranschaulichen: Vom Weltrekord in der Erzeugung kurzer Laserblitze über das Verständnis der Herzströme, von der Regulierung der Wolga über die Entwicklung modernster Flugzeugkomponenten, vom „Wireless Campus" bis zum „Financial Engineering", von der numerisch-theoretischen Entwicklung neuer Moleküle bis zur Erhaltung historisch bedeutsamer Bauwerke und den rechtlichen und sozialen Fragen der Internet-Kommunikation – die Aufzählung nimmt kein Ende. Sie eröffnet aber eine neue Welt. Und im Zentrum dieser Arbeiten stehen junge Studierende, Assistenten und Professorinnen und Professoren mit ihren Visionen, ihren Erfolgserlebnissen und Enttäuschungen. Die realen Werkstätten mit hervorragend ausgebildetem technischem Personal werden plötzlich zu virtuellen Werkstätten der Zukunft. Nach 175 Jahren können sich die Gründerväter bestätigt sehen: So kommt das Neue in die Welt.

Von Resignation und geistigem Notstand, wie sie Lothar Späth und vielleicht auch Roman Herzog zu beobachten glauben, kann in Karlsruhe – und ich könnte noch zahlreiche andere deutsche Universitäten einbeziehen – folglich überhaupt nicht die Rede sein. Zustimmen kann ich jedoch, wenn sie fordern: „Rein in die Zukunftstechnologien, rein in die Biotechnik, die Informationstechnologie." Nur haben wir diese Schritte längst getan, ja wir waren die Vordenker dieser Entwicklung, und damit nicht genug: Mobilität, Energiebedarf, neue Materialien, Robotik, Umwelteinflüsse und nicht zuletzt die Fragen der Akzeptanz und der internationalen – auch rechtlichen – Einbindung dessen, was wir erdenken, definieren neue Aktionsfelder, in denen wir uns verstärkt positionieren müssen. Anwendungsorientierte Grundlagenforschung und grundlagenorientierte Anwendungsforschung sind bei uns kein Gegensatz, und die Feststellung, dass eine gute Theorie oftmals den besten Anwendungsbezug darstellt, findet täglich ihre Bestätigung.

Claus Weyrich, jüngster Ehrendoktor der Fakultät für Elektrotechnik, verweist bei der Frage „Was ist Innovation?" auf ganzheitliche Visionen und den interdisziplinären Charakter von Forschungs- und Entwicklungsteams. Und damit sind wir bei einer der entscheidenden Zukunftsaufgaben der Universität und ihrer Ausrichtung: technisch-naturwissenschaftliche Entwicklungen und gesellschaftliche Prozesse werden in den vor uns liegenden Jahrzehnten in erster Linie von den Berührungs- und Überlappungsgebieten der verschiedensten Wissensbereiche bestimmt. Biologie und Chemie, Informatik und Maschinenbau, Mathematik und Elektrotechnik, Mikrotechnik und Medizin, Kulturwissenschaft, Architektur und Kommunikationstechnik – Kombinationsmöglichkeiten in fast unbegrenzter Zahl bieten sich an, und es ist die Aufgabe der Universität, hier ihre spezifischen Stärken weiterzuentwickeln.

Die Berufung auf Wilhelm von Humboldt, ja auch auf seinen Bruder Alexander, bedeutet also nicht, – wie oft fälschlich, manchmal sogar böswillig behauptet wird –, die Forderung nach unbegrenzter Universalität. Sie ist heute nicht mehr zu leisten. Doch eine angemessene Breite des Fächerspektrums ist für die weitere Entwicklung unerläßlich, ja zwingend. Und so sind die zahlreichen Versuche, Ausbildungsstätten mit sehr begrenztem, ansonsten aber erfolgreichem Lehr- und gelegentlich auch Forschungsangebot als Universitäten – oder neuerdings auch als „Universities" – zu bezeichnen, irreführend und dem internationalen Ansehen des deutschen Universitätssystems alles andere als dienlich.

Auch hier kann die – und ich benutze bewußt diese Bezeichnung – Technische Universität Karlsruhe mit ihrem sehr gut abgestimmten Lehr- und Forschungsangebot, das wird heute als schlankes Profil bezeichnet, als vorbildlich gelten. Die Weichen hierfür wurden in der Vergangenheit gestellt, heute müssen wir die neuen Inhalte beisteuern.

„Innovationen", so schreibt Claus Weyrich, „entstehen nicht im luftleeren Raum. Es sind die Rahmenbedingungen, die mitentscheidend zum Erfolg oder Mißerfolg beitragen. Dazu gehört neben dem Stand von Technik und Wissenschaft und dem wirtschaftlichen Klima auch das gesellschaftliche, politische und kulturelle Umfeld. Fortschritt und ein beschleunigter Wandel erfordern eine ständige Neuorientierung und die Entwicklung neuer Methoden und Strategien".

Das gilt nicht nur für Innovationen in der Forschung, das gilt auch für die Lehre und weitere Aufgaben, denen sich eine moderne Universität zunehmend widmen muß. Als Stichworte sollen hier so wichtige Bereiche wie die Weiterbildung, die Bedeutung als Kulturträger und Wirtschaftsfaktor in der Region – in Karlsruhe grenzüberschreitend – und der immer wieder zitierte Technologietransfer genannt werden.

„Durch die Verbindung von Forschung, Lehre, Studium und Weiterbildung in einem freiheitlichen und sozialen Rechtsstaat dienen die Universitäten" – so liest es sich in § 3 der Neufassung des Universitätsgesetzes vom 6. Dezember 1999 – „der Pflege und Entwicklung der Wissenschaften. Sie bereiten auf berufliche Fähigkeiten vor, die die Anwendung wissenschaftlicher Erkenntnisse und wissenschaftlicher Methoden erfordern." Der Aufgabenkatalog des Gesetzes ist lang, und die Universitäten müssen und wollen sich diesen Aufgaben unter den veränderten Bedingungen nach der Jahrtausendwende stellen.

Es hieße jedoch die Augen zu verschließen, wenn wir nicht gegenwärtig häufig vorgebrachte Kritikpunkte und Vorbehalte, die den deutschen Universitäten gegenüber geäußert werden, zur Kenntnis nähmen. Wenn auch die bedeutenden Technischen Universitäten davon nicht so stark betroffen sind wie die „klassischen", so tun sie gut daran, sich diesen Fragen zu stellen: Hierzu gehört auch der Vorwurf zu langer Studienzeiten bis zum ersten berufsqualifizierenden Abschluß. Dabei wird jedoch vergessen, dass gleichwertige Abschlüsse in fast allen Ländern der Welt ähnlich lange Studienzeiten erfordern, wie leicht am Beispiel der USA nachzuweisen ist. Für das relativ hohe Alter der Absolventen ist die Universität nach später Einschulung, 13. Schuljahr und Militär- oder Zivildienst nur in eingeschränktem Maße verantwortlich. Dennoch müssen Alternativen angeboten werden.

Gleiches gilt für die internationale Kompatibilität der Abschlüsse. Die Diskussion um Bachelor- und Master-Abschlüsse findet nur hier ihre Berechtigung. Auf die international gestellte Frage „What is your first degree?" muß der Absolvent einer deutschen Universität eine schlüssige, im internationalen Rahmen akzeptierte Antwort geben können. Zweifellos führt das Diplom- oder Staatsexamen einer deutschen Universität zu einem „Second Degree", und wir müssen eine Zwischenebene anbieten, die unseren ins Ausland strebenden, wie auch den ausländischen Studierenden bei uns eine Vergleichsplattform schafft.

Die systematische Evaluation von Forschung und Lehre mit dem Ziel der Qualitätssicherung und des effizienten Mitteleinsatzes ist eine zunehmend vorgebrachte Forderung. Dem kann zwar aus der Sicht der Universität Karlsruhe entgegengehalten werden, dass bei einer Drittmitteleinwerbung von über 120 Millionen DM pro Jahr und zahlreichen Sonderforschungsbereichen und Graduiertenkollegs der Deutschen Forschungsgemeinschaft fast wöchentlich, wenn nicht täglich Evaluationen stattfinden, die zudem noch durch begutachtete Publikationen unterstützt werden. Doch es liegt im Trend der Zeit, dass dies nicht nur für die Forschung, sondern auch für die Lehre geschehen soll. Länderübergreifend hat die Universität Karlsruhe bereits mit anderen renommierten Universitäten in einem Pionierprojekt vergleichende Evaluationen z.B. im Maschinenbau durchgeführt – mit allseits begrüßten Resultaten. Vielleicht läßt sich so das Schreckgespenst einer überbordenden Evaluationsbürokratie bannen.

Es würde den Rahmen dieser kurzen Betrachtung sprengen, wenn alle Aspekte der derzeit geführten hochschulpolitischen Diskussion wiederholt werden sollten. Doch die Rolle der Universität als eine die Zukunft gestaltende Kraft muß auch vor dem Hintergrund der Alimentation durch den Staat gesehen werden. Wenn wir uns dem internationalen Wettbewerb stellen wollen, so sind hierfür die notwendigen Voraussetzungen zu schaffen. Dabei kann nicht übersehen werden, dass ausländische Universitäten mit vergleichbarer Leistungsstärke, die sogar nach dem Vorbild und den Anregungen Ferdinand Redtenbachers gegründet wurden, mindestens die doppelte Höhe an Mitteln zur Verfügung haben. Hier gilt es aufzuholen, gilt es für die Politik Prioritäten zu setzen. Andererseits muss die Universität die Vorgaben eines modernen Controlling, dort wo es anwendbar ist, nutzen und für ihre besonderen Gegebenheiten bereitstellen.

Wie nun, so ist abschließend zu fragen, wird sich die Universität der Zukunft entwickeln? Unbeschadet der Vorgaben des neuen Universitätsgesetzes, das mit einigen, der Wirtschaft entlehnten Strukturen experimentiert und mit denen erst Erfahrungen gesammelt werden müssen, sind und bleiben forschendes Lehren und lernendes Forschen die unabdingbaren Fundamente. Für die Universität Karlsruhe gilt es, das technisch, natur- und wirtschaftswissenschaftlich geprägte Profil den neuen Rahmenbedingungen anzupassen. Kultur- und rechtswissenschaftliche Aspekte müssen, das zeigt deutlich die Entwicklung, das belegen die Forderungen der jungen Generation, dabei berücksichtigt werden. Im Informations- und

Kommunikationszeitalter wird der Dialog über die Fachgrenzen hinweg bestimmend. Dieser Dialog muss weiter in der Tradition der Technischen Hochschule mit der Wirtschaft geführt werden. Hier bietet z.B. auch der neue Universitätsrat zusätzliche Möglichkeiten. Neue Formen des personellen Austausches sind zu entwickeln.

Die Stärkung des Bewußtseins für die Bedeutung der Lehre und neuer Studieninhalte bis hin zur Pflege der Beziehungen mit den Absolventen ist eine vordringliche Aufgabe. Die Faszination eines technisch-naturwissenschaftlichen Studiums muss über die Universitätsgrenzen hinaus vermittelt werden, denn hier deutet sich derzeit ein gravierendes volkswirtschaftliches Problem an. In einer Zeit der sich beschleunigt entwickelnden Globalisierung sind alle Entscheidungen und Vorgaben auch unter diesen Gesichtspunkten zu sehen.

Eine wichtige Voraussetzung ist dabei die Befreiung von feinmaschigen Netzen staatlicher Regelwerke. Globalhaushalt und vielbeschworene Autonomie als Grundvoraussetzung von Entscheidungsfreiheit, Abkehr von Formalismen und Erlassen sowie großes Vertrauen in die Kompetenz und das Engagement aller Beteiligten sollten unser Handeln bestimmen.

Wer an einem sonnigen Frühlingstag über den Campus der Stanford University geht, wird das Gefühl intellektuell geprägter Gelassenheit und intensiver Neugier – das ist kein Gegensatz – spüren. Nicht der „Campus"-Roman von Schwanitz kommt in den Sinn, sondern eher schon „Cantors Dilemma" von Carl Djerassi. Eine ähnliche Atmosphäre läßt sich auch auf dem einzigartigen Campus der Fridericiana entdecken. „Ich überlege mir die Sachen gar wohl", sagt Ferdinand Redtenbacher, „und gehe dann, wenn ich das Rechte gefunden zu haben glaube, ganz gerade und offen vorwärts." So läßt sich Zukunft gestalten.

Zwischen Tradition und Innovation

– Die Friedericiana –

Eine Technische Universität im Wandel der Zeiten

Mitten in die schweren Jahre des Wiederaufbaus nach dem Ende des zweiten
Weltkriegs fiel 1950 das Jubiläum des 125-jährigen Bestehens der Technischen
Hochschule Karlsruhe. Die Fridericiana hat dieses Datum damals zu einem
Rückblick und einer Standortbestimmung genutzt und in der Festschrift von
1950 ihre 125-jährige Geschichte als älteste deutsche Technische Hochschule um-
fassend dargestellt.

Die vorliegende Festschrift schließt bewusst an den früheren Jubiläumsband
an, konzentriert sich also auf die Folgezeit von 1950 bis heute. Nur an wenigen
Stellen greift sie auf die frühere Zeit zurück, so vor allem in einem kurz gefass-
ten Rückblick auf die Geschichte der Fridericiana im folgenden Beitrag A1.

Ausführlicher wird die Entwicklung der Hochschule in den letzten fünf
Jahrzehnten bis heute nachgezeichnet. Freilich können auch hier nur in großen
Zügen die Schwerpunkte der verschiedenen Entwicklungsphasen herausgestellt
werden: zunächst der Wiederaufbau der weithin zerstörten Hochschule und
die Konsolidierung der inneren Strukturen, die hochschulpolitisch bewegte Zeit
der 68er und 70er Jahre, dann die Bewältigung des „Studentenbergs" und der
„Überlast", schließlich die aktuellen Herausforderungen der heutigen Universität
in einer Zeit des Übergangs zur Informations- und Kommunikationsgesellschaft.

Abschließend soll im Beitrag A2 am Beispiel zweier Disziplinen – einer Inge-
nieur- und einer Naturwissenschaft – exemplarisch verdeutlicht werden, wie sich
in den letzten Jahrzehnten nicht nur die Universität als Ganzes, sondern auch
Fakultäten und Institute verändert und den neuen Anforderungen gestellt haben.

A1 Vom Polytechnikum zur Universität (TH)

G. Neumeier

In der badischen Haupt- und Residenzstadt Karlsruhe wurde am 7. Oktober 1825 das Polytechnikum errichtet. Die Vorgeschichte dieser höheren technischen Bildungsanstalt vollzog sich vor dem Hintergrund mehrerer Entwicklungsstränge im internationalen, regional-badischen und lokalen Karlsruher Rahmen. Die erste technisch-akademische Lehranstalt etablierte sich 1794 in Paris, als die Ecole Polytechnique auf mathematisch-naturwissenschaftlicher Grundlage ihren Unterrichtsbetrieb aufnahm. Die 1806 in Prag eröffnete „ständische technische Lehranstalt" entstand vor allem auf Drängen gewerblicher Kreise. Der Begründer des Wiener Polytechnikums (1815), Johann Prechtl, war der Auffassung, dass die Natur- und Ingenieurwissenschaften aufgrund ihrer Methoden und Gegenstände eine in sich geschlossene Wissenschaft bilden. Alle genannten Auffassungen, Inhalte und Strukturen fanden in Karlsruhe ihren Niederschlag. Den geistesgeschichtlichen Hintergrund dieser Gründungen bildete die europäische Aufklärung ab der Mitte des 18. Jahrhunderts, die durch die Betonung von Rationalität und Vernunft einen entscheidenden Beitrag zur Entwicklung von Wissenschaft und Wirtschaft leistete. Eine der Konsequenzen der Aufklärung war der in Baden sehr ausgeprägte politische und wirtschaftliche Liberalismus. Zu Beginn des 19. Jahrhunderts entwickelte sich das badische Großherzogtum zu einem Mittelstaat, der nach 1808 im Vergleich zu 1803 im Zuge der territorialen Veränderungen im Zeitalter Napoleons seine Größe vervierfachen und seine Bevölkerung versechsfachen konnte. Die liberale Verfassung Badens von 1818 ermöglichte in weiten Teilen die Verwirklichung der zeitgenössischen Forderungen nach einem Rechts- und Bildungsstaat. Großherzog Ludwig I. war zu Recht der Auffassung, dass zur Stärkung der Wettbewerbsfähigkeit von badischer Wirtschaft und badischem Staat im In- und Ausland gut ausgebildete Naturwissenschaftler und Ingenieure benötigt wurden. Die Gründung des Polytechnikums diente also dazu, auf mathematisch-wissenschaftlicher und nicht wie bisher auf handwerklich-empirischer Grundlage badischem Staatsdienst und heimischer gewerblicher Wirtschaft qualifizierte Absolventen zuzuführen. Die badische Staatsführung erkannte, dass die Weiterentwicklung Badens von einem Agrarstaat zu einem Industriestaat mit ausreichendem Wirtschaftswachstum nur mit Hilfe von Wissenschaft sowie Technik und deren qualifizierter Vermittlung zu erreichen war. Die wirtschaftliche Entwicklung des Großherzogtums hing in den ersten Jahrzehnten des 19. Jahrhunderts in erster Linie vom Aufbau des Straßen- und Schifffahrtnetzes, später des Eisenbahnwesens ab, wozu gut ausgebildete Ingenieure benötigt wurden. Eine weitere Wurzel des neugegründeten Polytechnikums lag in den Erfahrungen des Bauingenieurs Tulla bei der Begradigung des Oberrheins ab dem Jahr 1812, wobei strömungstechnische Probleme auftauchten, die exakte Messtechniken und einen großen rechnerischen Aufwand erforderten. Die von ihm erkannte Bedeutung der von Gaspard Monge in Paris gelehrten „géométrie descriptive" für die Ingenieurwissenschaften, und allgemein die Zurückführung von praktischen Konstruktionen auf mathematische Regeln, veranlasste Tulla dazu, dass er diese Methode zum zentralen Ausbildungsinhalt seiner 1807 eröffneten Ingenieurschule machte. Ein anderer Vorläufer des Polytechnikums war das 1768 gegründete Architektonische Institut für Bauhandwerker. Diese Zeichenschule wurde seit ihrer Wiedereröffnung im Jahr 1796 von dem an der Spitze des badischen Bauwesens stehenden Architekten Friedrich Weinbrenner geleitet. Weinbrenner spielte in der baulichen Entwicklung Karlsruhes sowie Badens eine zentrale Rolle. Bei der Gründung des Polytechnikums 1825 gaben die Schulen Tullas und Weinbrenners jedoch nur ihre Elementarklassen ab, vollständig integriert wurden sie bei der ersten Umstrukturierung der Polytechnischen Schule im Jahr 1832 durch Nebenius. Ein weiterer Entwicklungsstrang, an dessen Ende die Errichtung des Polytechnikums stand, ging auf den evangelischen Stadtpfarrer sowie ordentlichen Professor für Physik und Technologie in Freiburg, Gustav Friedrich Wucherer, dem späteren ersten Direktor der Schule, zurück. In Freiburg, einer Universitätsstadt, die durch ihre geografische Lage am Rande des Südschwarzwaldes mit seinen Bodenschätzen, seinem Holzreichtum und seinen Wasserkräften aufgrund dieser Voraussetzungen ein idealer Industriestandort und damit auch prädestiniert für eine technische Bil-

dungsanstalt gewesen wäre, gründete Wucherer im Jahr 1818 ein „Polytechnisches Institut". Dieses wurde zwar in eine allgemeine Landesanstalt umgewandelt, blieb aber ohne die nötige finanzielle Unterstützung. Karlsruhe, die großherzogliche Haupt- und Residenzstadt Badens, wo Wucherer seit 1821 als Gymnasialprofessor und Kustos des Physikalischen Cabinets tätig war, wurde einige Jahre später wegen der hier bestehenden Zentralbehörden als Standort des Polytechnikums gewählt.

Im Dezember 1825 begann der Unterricht in einem Nebengebäude der evangelischen Stadtkirche am Marktplatz mit 12 Lehrkräften und über 100 Schülern. Das Lehrerkollegium setzte sich aus Universitätsprofessoren, Gymnasiallehrern, Handwerkern sowie Lehrkräften aus den Schulen von Tulla und Weinbrenner zusammen. Die Lehrinhalte bestanden aus reiner und angewandter Mathematik, Zeichnen, Nationalökonomie und den Naturwissenschaften mit einem deutlichen Schwerpunkt im chemisch-technischen Bereich. Die Schüler sollten nach dem neuesten Erkenntnisstand praxisorientiert unterrichtet werden, die wissenschaftliche Forschung den Universitäten vorbehalten bleiben. Zur optimalen Umsetzung der Bildungsziele erfolgte 1832 durch den liberalen Staatsrat Carl Friedrich Nebenius auf Initiative des Großherzogs Leopold eine umfassende Neuordnung des Polytechnikums. Ab diesem Zeitpunkt mussten die Schüler einen systematisch aufgebauten Lehrplan durchlaufen, die Zulassungsvoraussetzungen erforderten eine Gymnasial- oder höhere Bürgerschulbildung und das Polytechnikum wurde durch die beiden Fachschulen von Tulla und Weinbrenner erweitert. Die höhere technisch-gewerbliche Ausbildung in Baden konzentrierte und monopolisierte sich dadurch, außerdem erhöhte sich automatisch das Eintrittsalter der Schüler um einige Jahre auf durchschnittlich 17 Jahre. Das Polytechnikum bestand ab dem Jahre 1832 aus fünf Fachschulen: Ingenieurschule (Wasser- und Straßenbau sowie Maschinenkunde), Baufachschule (Architektur), höhere Gewerbeschule (Chemie, Gärungsgewerbe, Berg- und Hüttenwesen), Forstschule und Handelsschule.

Die Lehrpläne konnten so auf ihre spezifischen Gegenstände konzentriert und der organische Zusammenhang gewahrt werden. Dies erforderte, dass die Professoren im Prinzip das gesamte Wissensgebiet ihrer Fachschule abdecken mussten. Außerdem wurden die Vorlesungen von praktischen Übungen und Exkursionen unterstützt. Die Leitungsstruktur ähnelte dem Aufbau einer Universität mit Fakultäten, Dekanen, Senat und Rektor, dem im Polytechnikum der Direktor entsprach. Noch konnte das Polytechnikum seine Gelehrten nicht selbst ausbilden, trotzdem wirkten hier schon in den 1830er Jahren bedeutende Gelehrte. Hierzu zählten beispielsweise Franz Keller, der ab 1837 Professor für Bauwesen war oder der Architekt Heinrich Hübsch – ein Weinbrenner-Schüler –, nach dessen Plänen im Jahre 1836 aufgrund des Mäzenatentums von Georg Stutz und von Großherzog Leopold auch das heute noch bestehende Hauptgebäude (westlicher Teil) errichtet wurde. Die Studierendenzahlen bewegten sich in den 1830er und 1840er Jahren bei ca. 300 bis 400 „Eleven", die nach ihrer Studienzeit – zwei Jahre Vorschulzeit, drei bis vier Jahre Fachschulzeit – vor allem von den badischen Bau-, Forst- und Bergbehörden sowie bald von den Eisenbahngesellschaften aufgenommen wurden.

Entscheidende Weichenstellungen in der Mitte des 19. Jahrhunderts

Im Jahr 1841 kam Ferdinand Redtenbacher als Professor an das Karlsruher Polytechnikum. Im Jahr 1809 in Steyr geboren, unterrichtete er nach seinem Studium am Wiener Polytechnikum an der Höheren Industrieschule in Zürich 1833 bis 1841 angewandte Mechanik und lernte in der Maschinenanstalt von Escher-Wyss die praktische Seite der Maschinenkonstruktion

Abb. 1   Das Hauptgebäude 1836, erbaut von Heinrich Hübsch

Abb. 2 Ferdinand Redtenbacher

mit umfangreichen sowie vielseitigen Versuchen kennen. Als Professor in Karlsruhe wirkte Redtenbacher von 1841 bis zum Jahr 1862, im Jahre 1857 übernahm er die Leitung des Polytechnikums. Er gilt als der Begründer des wissenschaftlichen Maschinenbaus, d.h. er führte den Maschinenbau von seiner vorwiegend handwerklich-empirischen Basis zu einer angewandten-mathematischen Fundierung. Im Jahre 1847 wurde die Höhere Gewerbeschule aufgelöst und in eine Mechanisch-Technische sowie eine Chemisch-Technische Schule umgewandelt. Technik als angewandte Naturwissenschaft – dies war die zentrale Idee und führte zu einem sehr hohen theoretischen Niveau in Lehre und Forschung. In der Ära Redtenbacher wurden die Studierenden erstmals zu selbstständigem wissenschaftlichem Arbeiten erzogen, Forschung und Lehre bilden seither am Polytechnikum eine untrennbare, sich gegenseitig beeinflussende und befruchtende Einheit. Es verwundert daher nicht, dass sich zum Beispiel die Eidgenössische Polytechnische Schule in Zürich bei ihrer Gründung im Jahr 1855 oder die meisten entstehenden höheren

technischen Bildungseinrichtungen im deutschen Sprachraum dem Karlsruher Organisationsprinzip anschlossen. Die späteren Leistungen, die die Studierenden von Redtenbacher, anderen Professoren seit den 1830er Jahren und ihren Nachfolgern am Karlsruher Polytechnikum in Wirtschaft und Wissenschaften erbrachten, dokumentieren bruchstückhaft den Anteil dieser Absolventen an der Industrialisierung in der zweiten Hälfte des 19. Jahrhunderts. Im lokalen und regionalen Rahmen gehörten hierzu Emil Kessler (Karlsruher, später Esslinger Maschinenbaugesellschaft/ Lokomotivenfabrik), Max Gritzner (Gründer der Durlacher Nähmaschinenfabrik), die nach den Plänen des an dem Polytechnikum lehrenden Meßmer gebaute Zuckerfabrik Waghäusel – auf halber Strecke zwischen Karlsruhe und Mannheim gelegen – und die Spinnerei Ettlingen im Süden Karlsruhes sowie Carl Benz und der Bauunternehmer Oscar Dyckerhoff in Mannheim. Auf nationaler Ebene sind in diesem Zusammenhang die Absolventen Oskar Henschel (Sohn des Gründers der Lokomotivenfabrik) in Kassel, Eugen Langen (Entwickler des Viertakt-Gasmotors mit August Otto) in Köln, August Thyssen und Joseph Schlink (Technischer Direktor der AG Bergwerksverein Friedrich-Wilhelms-Hütte) in Mülheim/Ruhr, Otto Siemens, ein jüngerer Bruder und enger Mitarbeiter von Werner Siemens in Berlin, Oskar von Petri, der spätere Vorstandsvorsitzende der Siemens-Schuckert-Werke in Berlin, der Flugzeugkonstrukteur Hugo Junkers in Dessau oder Heinrich Buz von der MAN in Augsburg/ Nürnberg zu nennen. Emil Skoda in Pilsen, mehrere Mitglieder der Familie Sulzer (Maschinenbauunternehmen) in Winterthur oder Charles E. Brown – später auch Theodor Boveri – aus der Schweiz, einer der Gründer von Brown Boveri (BBC) waren einige Beispiele für den internationalen Einfluß der Absolventen des Polytechnikums auf die wirtschaftliche Entwicklung ihrer Branchen. Im Bereich der Wissenschaften absolvierten ihr Studium beispielsweise die späteren Gelehrten Franz Reuleaux, Professor der theoretischen Maschinenlehre in Zürich und Berlin, einer der bedeutendsten

Wissenschaftler seiner Zeit, Gustav Zeuner, der als Begründer der technischen Thermodynamik gilt, Professor in Zürich, Freiberg sowie Dresden mit einer Vielzahl von Schülern, die in Wirtschaft sowie Wissenschaft großen Einfluss gewannen, sowie Theodor Beck (Darmstadt), einer der Begründer der ingenieurwissenschaftlich ausgerichteten Technikgeschichtsschreibung, ihr Studium am Karlsruher Polytechnikum. Christian Müller als erster Inhaber eines Maschinenbau-Lehrstuhls (1847) in Stuttgart, I. A. Wyschnegradski, der in Moskau die Maschinenwissenschaft als technisches Lehrfach in Russland initiierte, Alexander von Poliso, ein rumänischer Politiker, der das Polytechnikum in Bukarest begründete, der Begründer des ersten brasilianischen Technikums in Sao Paolo, Antonio Francisco de Paula Souza, der amerikanische Hydromechaniker Hunter Rouse oder August Ottmar von Essenwein, der ab 1866 Direktor des Germanischen Nationalmuseums in Nürnberg war, sind andere Beispiele. Auch in allen anderen Epochen wirkte die Karlsruher Lehranstalt durch ihre Professoren, ihren wissenschaftlichen Nachwuchs und ihre Absolventen an der Entwicklung von Wirtschaft, Wissenschaft, Staat und Gesellschaft entscheidend mit.

Zur Jahrhundertmitte lehrte ein zweiter berühmter Wissenschaftler mit weitreichenden Folgen für das Fach und das Polytechnikum in Karlsruhe – der 1813 in St. Petersburg geborene Chemiker Carl Weltzien. Er schuf im Jahr 1851 ein für die damaligen Verhältnisse herausragendes Labor, in dem die Ausbildung auf hohem Niveau erfolgte. Der in Karlsruhe 1860 stattfindende erste internationale Chemikerkongress nimmt in der Geschichte dieses Faches einen hervorragenden Platz ein. Einer der vielen Gelehrten, die hiervon profitierten, war der Weltzien-Nachfolger Lothar Meyer, der im Jahr 1871 das von ihm und zwei anderen Forschern entwickelte periodische System der chemischen Elemente veröffentlichte.

In der für die Folgezeit politisch so bedeutsamen Revolution von 1848/49 spielte Baden als Hort des Liberalismus eine zentrale Rolle. Am Polytechnikum forderten die Studenten akade-mische Freiheitsrechte, für die sie sich mehrheitlich durch den Auszug, also durch einen Streik, aus dem Gebäude an der Kaiserstraße einsetzten. Bekanntlich scheiterte die Revolution, doch bereits in den 1860er Jahren wurde ein Teil der studentischen Forderungen von 1848/49 erfüllt, auch wenn die Initiativen hierzu nicht mehr von den Studenten, sondern beispielsweise vom Verein Deutscher Ingenieure (VDI) oder von Professoren des Polytechnikums ausgingen. Die Zusammensetzung der Studentenschaft aus dem Studienjahr 1848/49 erlaubt einen Hinweis auf die regional unterschiedliche Anziehungskraft des Polytechnikums. Etwas weniger als zwei Drittel der Studierenden kamen aus Baden, knapp ein Drittel aus den anderen Staaten des Deutschen Bundes, vor allem aus Frankfurt, Hessen, Preußen und der bayerischen Pfalz. Die verbleibenden knapp zehn Prozent der Studierenden rekrutierten sich aus der Schweiz, Frankreich, Belgien, den Niederlanden, England, Norwegen, Schweden, Ungarn und Russland. Die Studierenden aus der Schweiz stellten dabei das mit Abstand größte Kontingent, ein augenfälliger Beweis der engen wirtschaftlichen und wissenschaftlichen Beziehungen zwischen Baden und der Schweiz zur Jahrhundertmitte.

Der Kampf um die Gleichberechtigung mit den Universitäten in der zweiten Hälfte des 19. Jahrhunderts

Ab der Mitte der 60er Jahre gliederte sich das Polytechnikum in sieben Abteilungen: Mathematische Schule, Ingenieurschule, Maschinenbauschule, Bauschule, chemische Schule, Forstschule und Landwirtschaftsschule. Nach Umstrukturierungen im Jahr 1888 erhielt die Technische Hochschule durch das neue Statut 1895 eine Organisationsstruktur in der Form von Abteilungen, die bis in die Jahre des Dritten Reichs unverändert blieb: Allgemeinbildende Fächer und Mathematische Abteilung, Bauingenieurwesen, Maschinenwesen, Elektrotechnik, Architektur, Chemie und Forstwesen. Die Etablierung geisteswissenschaftlicher Fächer mit eigenen Lehrstühlen wie Geschichte, Literatur oder Nationalökonomie in den 60er Jahren diente vor allem dazu, den Ingenieuren eine umfassende Bildung zu ermöglichen und sie so auf die ihnen zugedachten Führungspositionen in Staat und Wirtschaft noch besser vorzubereiten.

In der zweiten Hälfte des 19. Jahrhunderts stand der Kampf der Polytechnika um die Gleichwertigkeit mit den Universitäten im Mittelpunkt aller hochschulpolitischen Überlegungen. Bei diesen spielte das Karlsruher Polytechnikum eine wichtige Rolle und hatte neben vielen anderen Gelehrten in dem Düsseldorfer Franz Grashof, Professor für angewandte Mechanik und Maschinenlehre 1863 bis 1893, einen engagierten und einflussreichen Vertreter. Grashof gehörte zu den Gründern des Vereins Deutscher Ingenieure (VDI) im Jahr 1856, fungierte bis 1867 als Schriftleiter der Zeitschrift des Vereins und nahm lange Jahre die Position des Hauptgeschäftsführers des VDI ein. Der Verein Deutscher Ingenieure unterstützte die höheren technischen Bildungsanstalten bei ihren Forderungen nach gesellschaftlicher Ebenbürtigkeit der Ingenieure mit den „klassischen" Akademikern wie Ärzten oder Juristen. Grashof hielt auf der VDI-Hauptversammlung im Jahr 1864 in Heidelberg eine bahnbrechende Rede „Ueber die der Organisation von polytechnischen Schulen zu Grunde zu legenden Principien". Seinen mittelbaren Niederschlag fanden diese Überlegungen in der großherzoglichen Genehmigung des neuen Hochschulstatuts im Jahr 1865. Dieses neue Hochschulstatut brachte ein höheres Maß an Selbstverwaltung, de facto die Anerkennung als Hochschule, die Lehr- und Lernfreiheit, 1867 die Einführung einer akademischen Abschlussprüfung und ein Jahr später auch das Habilitationsrecht für die Fächer Mathematik, Naturwissenschaften, Maschinenbau und Ingenieurwissenschaften mit sich. Das Recht, den Lehrkörper aus den eigenen Reihen zu berufen, stärkte das wissenschaftliche Fundament des Polytechnikums. Ein weiteres Zeichen der Ebenbürtigkeit mit den Universitäten war die Berufung des Chemikers Carl Birnbaum in die 1. Kammer der Ständevertretung. Ein solches Recht hatten die beiden Landesuniversitäten Heidelberg und Freiburg schon

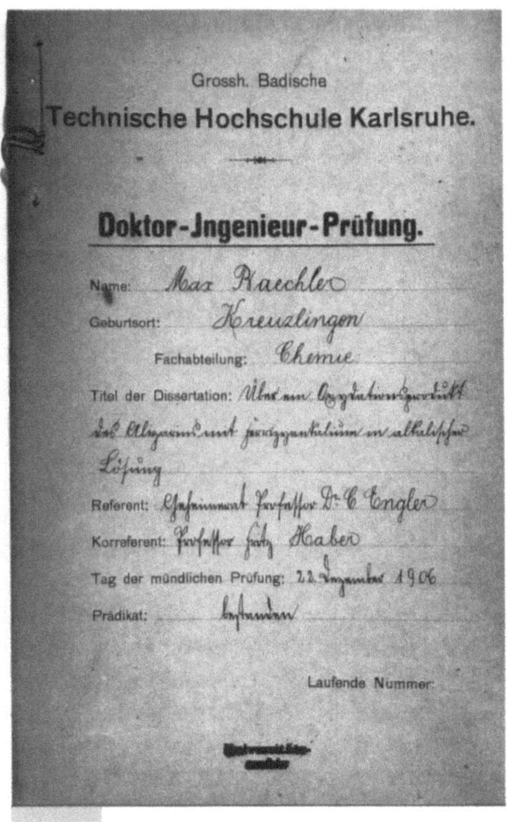

Abb. 3 Doktorurkunde aus dem Jahre 1906 im Fach Chemie

seit dem Jahr 1818. Obwohl es noch bis 1885 dauerte, bis der Name „Technische Hochschule" verwendet werden durfte, und erst im Jahr 1900 mit der Verleihung des Promotionsrechts die Gleichstellung mit den Universitäten vollendet wurde, gehörte die Karlsruher Technische Hochschule zu den führenden ihrer Art im Kaiserreich. Diese Entwicklung verdankte sie nicht zuletzt der Wissenschaftspolitik des Großherzogs Friedrich I., der im Bildungssektor eine Chance sah, Baden eine nachhaltig prosperierende Entwicklung angedeihen zu lassen. So verwundert es auch nicht, dass die Technische Hochschule seit dem Jahr 1902 auf Antrag der Professorenschaft den Namen ihres Förderers trägt – „Fridericiana".

Weltruf im Kaiserreich

Spätestens in den drei Jahrzehnten vor dem Ersten Weltkrieg stieg das Deutsche Kaiserreich zu einer führenden Wissenschaftsnation auf. Hierzu trug auch die Technische Hochschule Karlsruhe durch die Forschungen einer Vielzahl bedeutender Gelehrter bei, die nur exemplarisch vorgestellt werden können. Beginnen wir mit der Chemie und einigen herausragenden Vetretern dieses Faches. Der von 1876 bis 1919 hier lehrende Carl Engler gehörte zu den bedeutendsten Chemikern seiner Zeit. Seine Arbeiten lieferten wichtige Grundlagen für die Entwicklung der Mineralölindustrie und der chemischen Industrie. Engler gilt als der Begründer der Mineralölwissenschaften. Während seiner Professorenzeit baute er das Fach Chemie erheblich aus und errichtete eine der am besten ausgestatteten chemischen Forschungsstätten Deutschlands, welche sich weltweit bald zu einem der bedeutendsten Institute für die Erdölforschung entwickelte. Er bildete eine Vielzahl von Schülern aus, die in der chemischen Industrie und in der Wissenschaftslandschaft bald Schlüsselstellungen einnehmen sollten. Auf die fruchtbaren Wechselwirkungen zwischen Technischen Hochschulen und Industrie wies Engler immer wieder hin. Als Aufsichtsratsmitglied der BASF verkörperte Engler selbst die Verbindung zwischen Wissenschaft und Wirtschaft. Ein anderer bedeutender Chemiker war Hans Bunte, der 1907 zusammen mit dem Deutschen Verein von Gas- und Wasserfachmännern eine Lehr- und Versuchsanstalt, das spätere Gasinstitut, errichtete. Die wissenschaftliche Begründung und Entwicklung der Kohleentgasung gehörte genauso zu den Leistungen Buntes wie die Entwicklung von Verfahren der Steinkohlenverkokung sowie der Leuchtgaserzeugung. Auf diesen Gebieten genoss das Institut als Zentrum der Beratung internationalen Ruf. Beim Aufbau der technischen Chemie als Interdisziplin zwischen Physik und Chemie arbeitete Hans Bunte dreizehn Jahre mit Fritz Haber zusammen. Fritz Haber (1868–1934) war von 1898 bis 1911 Professor für Physikalische Chemie und entwickelte hier die Ammoniaksynthese, für die er 1918 den Nobelpreis erhielt. Diese Entdeckung reduzierte das Ernährungsproblem der Menschheit auf der Herstellungsseite durch die Möglichkeit der industriellen Produktion von Kunstdünger

in großen Mengen. Bunte, Engler und Haber hatten um die Jahrhundertwende eine Reihe von Schülern oder Besuchern, die später herausragende Wissenschaftler wurden. Hierzu gehören beispielsweise die drei Nobelpreisträger Georg von Hevesy (Nobelpreis 1943), Friedrich Bergius (1931) und Carl Bosch (1931). Der international ebenso hochangesehene Ernst Terres, der nach dem Zweiten Weltkrieg das Engler-Bunte-Institut gründete sowie im Jahr 1949 Rektor der Fridericiana wurde, studierte bereits in den Jahren 1907/08 drei Semester bei Fritz Haber und Hans Bunte. Terres wurde 1909 Assistent Fritz Habers, habilitierte sich 1914 bei Hans Bunte und war daran anschließend während des Ersten Weltkriegs Privatdozent. Von 1907 bis 1912 lehrte Hermann Staudinger, dem 1953 der Nobelpreis zuerkannt wurde, in Karlsruhe Organische Chemie. Leopold Ruzikka verbrachte sein Studium 1906 bis 1910 und seine anschließende Assistentenzeit in Karlsruhe, er erhielt im Jahr 1939 zusammen mit Adolf Butenandt den Chemienobelpreis. Die Chemie kann somit als eine der Paradedisziplinen der Fridericiana gelten.

Neben der Chemie gehörte die Physik – in Karlsruhe als Wissenschaft zunächst im Verbund mit der Elektrotechnik – im Kaiserreich zu den modernsten Wissensgebieten. Auch in der Physik wirkten in Karlsruhe herausragende Gelehrte, deren Erkenntnisse vor allem in der elektrotechnischen Industrie angewendet werden konnten. Ferdinand Braun, Entdecker der nach ihm benannten Braunschen Röhren und zusammen mit Guglielmo Marconi Physiknobelpreisträger 1909, lehrte in den Jahren 1883 bis 1885 in Karlsruhe. Sein Nachfolger Heinrich Hertz lehrte an der Fridericiana von 1885 bis 1888/89, er erbrachte 1887 den experimentellen Nachweis der Existenz von elektromagnetischen Wellen und schuf so die Voraussetzungen zur drahtlosen Nachrichtenübermittlung, eine der wichtigsten Grundlagen der modernen Kommunikationsgesellschaft. Auf Hertz folgte mit Otto Lehmann – er lehrte hier bis zum Jahr 1919 – ein weiterer hochkarätiger Physiker, der mit der Hilfe des von ihm entwickelten Kristallisationsmikroskops Flüssigkristalle nachweisen konnte. Ohne ihn wäre beispielsweise der heutige Stand der Flüssigkristallanzeigen nicht möglich. In der Lehre bevorzugte Lehmann die Demonstration im Großversuch. Die Durchführung der Versuche in großen räumlichen Abständen war eine Art der Wissensvermittlung, der sich viele Experimentalphysiker anschlossen. Zudem hielt Lehmann wie eine Reihe anderer Professoren Vorträge im Karlsruher wissenschaftlichen Verein und erreichte so einen breiteren Zuhörerkreis. In der Öffentlichkeit wirkte bereits viel früher der Physiker Heinrich Meidinger, der seine Vorträge mit Experimenten im Heidelberger Gewerbeverein hielt, wo er Handwerkern, Kaufleuten und Kleingewerbetreibenden sein Wissen weitergeben konnte. Außerdem hielt Meidinger im Jahr 1857 in Heidelberg die erste Vorlesung über Elektrizität an einer deutschen Hochschule und schuf so das Fundament, auf dem andere Gelehrte eine Generation später die Disziplin Elektrotechnik aufbauen konnten.

Abb. 4 Heinrich Hertz (1857–1894)

Nach ersten Vorlesungen über angewandte Elektrizität im Rahmen der Chemischen Technologie und der Technischen Physik im Jahr 1864, ersten Übungen und Studienplänen in der Mitte der 1880er Jahre sowie der Ernennung August Schleiermachers zum ersten außerordentlichen Professor für Elektrotechnik wurde im akademischen Jahr 1895/96 die Abteilung für Elektrotechnik neugegründet und damit von der Physik organisatorisch abgekoppelt. Das 1899 gegründete Institut für Elektrotechnik errang Weltgeltung und hatte Anteil an der schnellen Entwicklung und dem großen Ansehen der Elektrotechnik Deutschlands. Sein erster Leiter Engelbert Arnold studierte in Zürich, übte in Riga seine erste Lehrtätigkeit für Maschinenbau sowie Elektrotechnik aus und war gleichzeitig Mitgründer bzw. Leiter der Russisch-Baltischen Elektrotechnischen Fabrik. Nach seiner Zeit als Chefingenieur der Schweizer Maschinenfabrik Oerlikon führten ihn seine experimentellen Forschungen für den Elektromaschinenbau zu den von ihm etablierten wissenschaftlichen Grundlagen dieses Gebiets. Nach seiner Begründung der klassischen Kommutierungstheorie (1901) wurde der Bau von leistungsstarken, hochtourigen Gleichstrommaschinen möglich, ein Gebiet, auf dem sein Nachfolger Rudolf Richter erfolgreich weiterarbeitete. In Zusammenarbeit mit der elektrotechnischen Industrie beschäftigte sich Arnold mit der theoretischen Durchdringung elektrischer Maschinen – ein frühes Beispiel für Technologietransfer. Er hat der TH eine große Zahl von Studierenden und später der elektrotechnischen Industrie viele hochqualifizierte Absolventen zugeführt. Seine Lehre bestand aus der damals neuen Trias Vorlesungen, Laboratoriumsübungen sowie Konstruktionsübungen. Für die Qualifizierung im Wissenschaftsbereich sprechen die Namen seiner Schüler und Mitarbeiter aus mehreren Ländern: Bragstadt, La Cour, Fraenckel, Hausrath, Hallo, Schwaiger sowie viele andere. Der Bau des Elektrizitätswerks am Rheinhafen durch Angehörige des Elektrotechnischen Instituts zeigt sowohl die Praxisorientierung als auch die Bedeutung der Hochschule für die Stadt Karlsruhe.

Weitreichende Wirkungen entfalteten auch eine Vielzahl von Bauingenieuren und Architekten aus dieser Zeit. So gilt Reinhard Baumeister, Professor der Ingenieurwissenschaft und zuständig vor allem für Straßen- und Eisenbahnwesen, als Begründer des wissenschaftlichen Städtebaus, der diese Disziplin 1887 erstmals im deutschen Sprachraum zum akademischen Lehrgegenstand erhob. Sein im Jahr 1876 erschienenes Buch „Stadterweiterungen in technischer, baupolizeilicher und wirtschaftlicher Beziehung" fußte auf einem breiten interdisziplinären Ansatz und wurde in der Folgezeit für Architekten, Bauingenieure, Stadtplaner und teilweise für Ökonomen zur Pflichtlektüre. Friedrich Engesser erweiterte um die Jahrhundertwende das Wissen auf dem Gebiet der Baustatik entscheidend. Seine beruflich erfolgreichen Schüler nahmen vor allem Tätigkeiten als Regierungsbaumeister oder Bahnbauinspektoren auf. Die Engesser-Schüler wirkten vor allem in Karlsruhe, dann in Mann-

heim, Heidelberg, Offenburg, Freiburg und Konstanz, häufig auch in Lörrach, Singen, Donaueschingen, Bruchsal, Basel, Bremen, Frankfurt oder Essen, vereinzelt in Berlin, Dresden, Düsseldorf, Kiel, Köln, Krefeld, München, Stuttgart, Straßburg, Mühlhausen, Bern, Solothurn, Wien oder Sofia. Ein weiterer bedeutender Ingenieur war der von 1899 bis 1934 hier Wasserbau lehrende Theodor Rehbock. Auf ihn geht die Errichtung des Flussbaulaboratoriums im Jahr 1901 zurück. In den nächsten beiden Jahrzehnten beschäftigte sich Rehbock mit der Entwicklung neuer Verfahren, die anschließend in den Flussbaulaboratorien der ganzen Welt angewandt wurden. Er gilt neben dem in Dresden lehrenden Hubert Engels als ein Begründer des wasserbaulichen Versuchswesens.

Die Architekten, bei denen seit der Gründung des Polytechnikums die künstlerische Ausbildung eine zentrale Rolle spielte und die in Karlsruhe und Baden, aber auch in allen anderen Teilen des Kaiserreichs eine Vielzahl

Abb. 5 Der Aulabau um 1900, erbaut von Joseph Durm

Abb. 6 Das Elektrotechnische Institut um 1900, erbaut von Otto Würth

von Bauwerken errichteten, hatten nicht nur national einen guten Namen: Friedrich Durm, Karl Schäfer, Max Läuger, Friedrich Ratzel, Hermann Billing und Friedrich Ostendorf. Auch für die Baugeschichte der Universität selbst spielten die Architekturprofessoren eine wichtige Rolle, denn in die Zeit der Jahrhundertwende fielen der Bau der neuen Aula, der Engler-Villa, des Botanischen Instituts, des Elektrotechnischen Instituts, des Kollegiengebäudes am Ehrenhof (Alte Chemie) und die Errichtung des gegenüberliegenden Maschinenbaugebäudes. Die Inneneinrichtung der neuen Aula – des gegenwärtigen Architekturgebäudes – verdankte die Hochschule der finanziellen Unterstützung der Stadt, des großherzoglichen Hauses, der Wirtschaft, der Professorenschaft und der ehemaligen Studentenschaft. Die Professoren halfen wie Privatpersonen und Behörden der Fridericiana außerdem durch Bücherspenden. Wissenschafts- und wirtschaftshistorisch von großer Bedeutung war das im Jahr 1901 von Georg Benoit gegründete Institut für Fördertechnik, das weltweit erste seiner Art, welches sich auf die Entwicklung, Anwendung und Untersuchung von Drahtseilen und auf die neuartige Konstruktion von Förderanlagen

spezialisierte. Die erste Personenumlaufbahn der Welt, die Schauinslandbahn in Freiburg, ist Benoit zu verdanken, aus dessen Schülerkreis einige Professoren für Hebezeuge und Fördermaschinen hervorgingen.

Auch im Bereich der Wirtschaftswissenschaften genoss die TH einen guten Ruf. Der Mathematiker Leopold Bleibtreu unterrichtete 1825 bis 1865 Handelswissenschaft, seine Nachfolger spürten bereits das gestiegene Prestige ihres Faches. Der 1873/74 hier lehrende Etienne Laspeyres hinterließ der Nationalökonomie ein später von ihm entwickeltes Verfahren zur Ermittlung von Kaufkraftparitäten (Laspeyres-Index). Der Historiker Eberhard Gothein gilt durch seine wirtschaftswissenschaftliche Fragestellungen einschließenden Studien als Mitbegründer der wirtschafts- und sozialgeschichtlichen Forschung in Deutschland. Auf den volkswirtschaftlichen Lehrstuhl wurde im Jahr 1892 der im böhmischen Reichenberg geborene Kathedersozialist Heinrich Herkner berufen, ein Mitglied des „Vereins für Socialpolitik", der den Versuch unternahm, die Sozialpolitik theoretisch als Teil der Volkswirtschaft zu begründen. Auch der in Graz geborene Otto von Zwiedineck-Südenhorst konnte dem Professorenkreis zugerechnet werden, der die wirtschaftliche und soziale Lage der Unterschichten durch staatliche Reformen wie eine aktive Sozialpolitik verbessern wollte.

Er betätigte sich im „Verein Volksbildung", der im Jahr 1899 von Karlsruher Bürgern gegründet wurde und bei dem andere Professoren ebenfalls eine wichtige Rolle spielten. Bis zum Jahr 1915 hielten Angehörige der Fridericiana Volkshochschulkurse ab, die vor allem Themen aus den Natur- sowie Ingenieurwissenschaften behandelten. Die Kurse waren gut besucht, die Zuhörerschaft kam in erster Linie aus der Facharbeiterschaft. Die Öffnung der akademischen Welt nach außen hatte schon eine längere Tradition, denn in dem 1862 gegründeten Arbeiterbildungsverein hielten Hochschullehrer immer wieder Vorträge. Auch in der Lokalpolitik arbeiteten Professoren mit, so beispielsweise Baumeister oder Engler, insgesamt gesehen blieben die Beziehungen zwischen Hochschule und Stadt eng und vertrauensvoll. Die Stadt Karlsruhe bot ein liberales Umfeld, in dem sich ein ausgedehntes Vereinsleben entwickeln konnte und an dem die Professorenschaft durch ihre Mitgliedschaften in der Naturwissenschaftlichen Gesellschaft, dem Polytechnischen Verein oder in der Karlsruher Chemischen Gesellschaft lebhaft teilnahm. Die Studentenschaft hatte sich seit dem Jahr 1839 durch Verbindungen und sonstige Vereinigungen organisiert. Die Aktivitäten reichten vom Kampf um die akademische Freiheit bis zu gemeinsamen Protestversammlungen mit den Nicht-Organisierten, beispielsweise gegen die englische Kriegführung im Burenkrieg 1901, eine Veranstaltung, an der auch der Rektor und ein Großteil der Professorenschaft teilnahm. Studentischer Antisemitismus führte im Jahr 1905 zur Gründung der deutsch-jüdischen Verbindung „Badenia".

Dies wirft nochmals die Frage nach Zahl, Geschlecht, geografischer Herkunft sowie Religionszugehörigkeit der Studentenschaft auf. Ab dem Jahr 1885 durften Frauen die Vorlesungen als Gasthörerinnen besuchen, vor allem im Fach Kunstgeschichte machten sie von ihrem neu erworbenen Recht Gebrauch. Die erste reguläre Studentin durfte sich im Jahr 1904 in der Abteilung Chemie, Fachrichtung Pharmazie, einschreiben. In den Jahren bis zum Ersten Weltkrieg blieb der Anteil der Frauen an der Studentenschaft gering, am häufigsten wählten sie das Architektur- oder Chemiestudium. Die Studentenzahlen an Technischen Hochschulen im Kaiserreich spiegelten den Konjunkturverlauf wider, in Aufschwung- und Boomphasen stiegen die Studentenzahlen, in der Rezession gingen sie zurück, dies war an der TH in Karlsruhe zeitversetzt auch so. Bis zum letzten Drittel der 1870er Jahre bewegten sich die Zahlen etwa zwischen 500 und 600 Studierenden, in den 1880er Jahren studierten in den meisten Jahren 200 bis 300 Personen, während in den 1890er Jahren wieder 700 bis 900 Studierende die TH besuchten. In einer expandierenden Phase von der Jahrhundertwende bis zum Ausbruch des Ersten Weltkriegs schwankten die Studentenzahlen zwischen 1000 und knapp 1700 und lagen zumeist bei 1200 bis 1400 Studierenden. Die Technische Hochschule Karlsruhe war somit nach Berlin und München meist die drittgrößte des Kaiserreichs.

Woher kamen die Studenten? Im Studienjahr 1871/72 stammten fast die Hälfte aus Baden, etwa ein Drittel aus den anderen deutschen Staaten und ein Fünftel aus dem damaligen Ausland, vor allem aus Russland und Österreich-Ungarn. In den nächsten vierzig Jahren lag der Anteil der ausländischen Studierenden zwischen 13 und 47 %, pendelte sich zwischen 1885 und 1905 bei etwa 20 % ein und betrug in den Jahren 1906 bis 1911 etwa 35 bis 40%. Betrachten wir die Zahlen für das Wintersemester 1909/10 etwas genauer. Insgesamt – Studenten und Hospitanten – besuchten 1391 junge Menschen die Fridericiana. Die größte Abteilung war die des Maschinenwesens, gefolgt von der Chemie und der Elektrotechnik. Aus der Stadt Karlsruhe und dem restlichen Baden kamen etwa 30 Prozent der Studierenden, knapp ein Drittel stammte aus den anderen Staaten des Deutschen Reichs, vornehmlich aus Preussen, Elsaß-Lothringen sowie Bayern. Fast 40 Prozent zogen aus nicht zum Kaiserreich gehörenden Staaten für ihre Studentenzeit nach Karlsruhe.

In den Abteilungen Chemie und Elektrotechnik stellten die ausländischen Studierenden fast 60 resp. 75 Prozent der Studierenden ohne Hospitanten. Nahezu ein Viertel aller Studierenden kam aus Russland. Österreich-Ungarn, die Schweiz und Norwegen waren die nächsthäufigsten Herkunftsgebiete, aber auch aus Dänemark, Italien, den Niederlanden, Schweden und den USA fanden nicht wenige Studierende den Weg an die Fridericiana. Zwischen Baden und Russland bestanden seit langem dynastische und andere persönliche Beziehungen, die den starken Zustrom russischer Studierender zum Teil erklären; der badische Liberalismus spielte für die aus dem damals zu Russland gehörigen Polen kommenden Studierenden eine wichtige Rolle. Einzelne Forscherpersönlichkeiten wie Fritz Haber waren für die Attraktivität Karlsruhes besonders verantwortlich, denn etwa drei Viertel der Studierenden, die bei Haber promovierten oder ihr Diplom ablegten, kamen aus dem Ausland, vor allem aus Russland, Ungarn und den skandinavischen Staaten. Ein Beispiel mag veranschaulichen, wie sehr Angebot und Nachfrage im Universitätsbereich und ökonomische Strukturen aufeinander bezogen sind. Die Erdölvorkommen Russlands veranlassten wahrscheinlich viele Studierende, zum Chemiestudium an einen Ort zu gehen, an dem ein Erdölspezialist wie Carl Engler saß. Der hohe Anteil aus Russland stammender Studierender an der Technischen Hochschule in Karlsruhe vor dem Ersten Weltkrieg war jedoch nicht ganz ungewöhnlich, auch an einigen anderen Technischen Hochschulen und Universitäten gab es ähnlich hohe Zahlen. Ein Grund hierfür lag zum einen an den führenden Positionen der deutschen Hochschulen in der Wissenschaftslandschaft vor dem Ersten Weltkrieg, ein anderer in den Verfolgungen in Russland seit 1881 aufgrund der verschiedenen Erhebungen und Revolutionen, beispielsweise im Jahr 1905. Von diesen Maßnahmen waren besonders die jüdischen Studenten betroffen. Noch etwas muss bedacht werden: Viele der aus Russland kommenden Studierenden kamen aus „deutschstämmigen" Familien aus den baltischen Staaten – hier vor allem aus Riga –, aber auch aus anderen

Regionen wie Kiew oder St. Petersburg. Im Verlauf der Zeit nahm deren Anteil ab und ihren Platz nahmen Russen und Polen ein, viele aus Moskau und Warschau. Auf jeden Fall hatten die Absolventen der Fridericiana an der Industrialisierung Russlands ihren Anteil. Aus der hochindustrialisierten Schweiz kamen die Studierenden vor allem aus der Zürcher Gegend, aus Basel sowie Bern, also aus Städten bzw. Regionen, in denen sich eine auf vergleichsweise hohem Niveau stehende Maschinenindustrie und zum Teil elektrotechnische Industrie entwickelt hatte. Jüdische Studierende in Karlsruhe gab es seit der Jahrhundertmitte, ihr Anteil stieg im Verlauf der zweiten Jahrhunderthälfte langsam an und betrug zwischen der Jahrhundertwende und dem Ausbruch des Ersten Weltkriegs meistens 6 bis 8 Prozent, ein nicht kleiner Anteil hiervon stammte aus Ungarn und Russland. Auch wenn es Spannungen zwischen den verschiedenen Nationalitäten, zwischen nichtjüdischen und jüdischen Studierenden gegeben hat, kann insgesamt das Zusammenleben in Karlsruhe und seiner Hochschule als gut bezeichnet werden. Dies konnte auch noch während des Ersten Weltkriegs im Jahr 1915 von dem Privatdozenten am Physikalisch-Chemischen Institut, Kasimir Fajans, einem russischen Staatsangehörigen polnischer Nationalität, bestätigt werden. Erwähnenswert ist eine der ersten Dissertationen – möglicherweise die erste – einer Frau in Deutschland im Ingenieurbereich. Im Jahr 1915 legte Irene Rosenberg ihre Doktor-Ingenieur-Prüfung in der Fachabteilung Chemie ab. Während des Krieges überwogen Gasthörer, in das Maschinenbaugebäude zogen Kriegsdienststellen ein, die Forschung orientierte sich auch in Karlsruhe zunehmend auf die kriegswirtschaftlichen und militärtechnischen Bedürfnisse.

Bedeutungsrückgang in der Weimarer Republik

Eine der Notwendigkeiten für die Lebensfähigkeit der Technischen Hochschule nach dem Jahre 1918 bestand in der Wiedereingliederung in die internationale Wissenschaftsgemeinschaft.

Dies gelang weitgehend, denn bereits in den 1920er Jahren lehrten Angehörige der Fridericiana als Gastdozenten in den USA, so beispielsweise Theodor Rehbock oder der Fachmann für Strömungsmaschinen, Wilhelm Spannhake, am Massachusetts Institute of Technology (MIT) in Cambridge, letztgenannter ein Beispiel dafür, daß bereits einige Jahre nach der Gründung des Lehrstuhls für Strömungslehre und Strömungsmaschinen im Jahr 1921 – mit finanzieller Unterstützung der Unternehmen MAN sowie Klein, Schanzlin & Becker – internationales Ansehen erreicht wurde. Nach dem Ersten Weltkrieg fehlten der Fridericiana zunächst jedoch vor allem die finanziellen Mittel, um die Hochschule weiter auszubauen.

Die im Dezember 1918 gegründete Karlsruher Hochschulvereinigung verfolgte zum einen das Ziel, Hochschul- und Industrieforschung besser zu verbinden, zum anderen wollten die Gründer gezielt Finanzmittel für die Hochschule einwerben. Die Hochschulvereinigung bestand und besteht seit dieser Zeit vor allem aus Professoren sowie Vertretern von Unternehmen, die sich im wissenschaftlich-wirtschaftlichen sowie personellen Austausch mit der Hochschule befanden oder befinden und oft selbst Absolventen der Fridericiana waren. In der Weimarer Republik – und später – steuerte die Hochschulvereinigung nicht wenige der Mittel bei, die für die fachliche Weiterentwicklung der Hochschule und die Unterstützung ihrer Studierenden in den ökonomisch schwierigen Jahren nötig wurden. Der Ausbau der Hochschule beschränkte sich auf das im Jahr 1921 errichtete Bauingenieurgebäude, das im Jahr 1931 errichtete Hochspannungsinstitut, auf das Lichttechnische Institut sowie einige Gebäudeerweiterungen.

Wissenschaftshistorisch von großer Bedeutung war die Errichtung des Ordinariats für Lichttechnik durch Joachim Teichmüller, der sich mit physiologischen Problemen des Lichts beschäftigte und in interdisziplinärer Zusammenarbeit mit seinem Architekturkollegen Hermann Alker das Ziel verfolgte, natürliche und künstliche Lichtverhältnisse als architektonische Formelemente einzusetzen. Weltweites An

sehen genoss der Inhaber des experimentalphysikalischen Lehrstuhls Wolfgang Gaede, der durch seine Erfindungen der Molekular- und Diffusionspumpen die Verfahren der Hochvakuumtechnik ermöglichte. Am Lehrstuhl für Theoretische Maschinenlehre und Thermodynamik wirkte von 1920 bis 1925 Wilhelm Nusselt, einer der Mitbegründer der Technischen Thermodynamik, dessen Arbeiten zum Wärme- und Stoffübergang in seiner der Karlsruher vorangehenden Dresdener Zeit wesentlich zur Entwicklung eines selbstständigen Theoriengebäudes der Verfahrenstechnik beigetragen hatte. Der zentrale Ausgangspunkt des europäischen Chemieingenieurwesens geht auf eine Einrichtung an der Fridericiana während der Weimarer Republik zurück. Im Jahre 1928 begann der Krupp-Gruson-Ingenieur Emil Kirschbaum auf dem Gebiet des Apparatebaus zu lehren, eine Initiative, auf die die Apparatebaufirmen gedrängt hatten und in deren Ausstattung sie investierten. Bis in die 1950er Jahre blieb dies der einzige Lehrstuhl der Verfahrenstechnik in Deutschland. Zwei Jahre zuvor nahm Rudolf Plank im Jahr 1926 die Arbeit am neuerrichteten Kältetechnischen Institut auf, die bis dato einzige akademische Institutionalisierung der Kältetechnik in Deutschland. Das Institut erlangte Weltruf. Der Neubau des Flussbaulaboratoriums im Jahr 1921 ermöglichte Strömungssimulationen wesentlich größeren Ausmaßes. Die dort erfolgte Entwicklung der Zahnschwelle vernichtete überschüssige Energien von reißenden Strömungen und machte letztgenannte für die Energieumwandlung sowie für die Schifffahrt nutzbar, ein Verfahren, welches bald weltweit angewandt wurde. Ebenfalls im Jahr 1921 wurde die Versuchsanstalt für Holz, Stein und Eisen gegründet, eine bis 1945 von Ernst Gaber geleitete Einrichtung, die vor allem mit Natursteinen arbeitete resp. experimentierte und die die bedeutende Tradition im badischen Bauingenieurwesen fortführte.

In einer Zeit, in der die technischen Hochschulen im Dienste demokratischer Zielsetzungen reformiert und die Allgemeinbildung mit der Fachwissenschaft in eine fruchtbare Wech selwirkung gebracht werden sollte, gewannen Fächer wie Betriebswirtschaftslehre, Philosophie, Soziologie oder Geschichte eine neue Bedeutung. Nathan Stein bekam einen Lehrauftrag für Betriebswirtschaftslehre, und mit Franz Schnabel lehrte einer der profiliertesten Vertreter der Geschichtswissenschaft im Deutschland des 20. Jahrhunderts in Karlsruhe. Willy Hellpach begründete erstmalig in Deutschland ein Institut für Sozialpsychologie. Seine arbeitspsychologischen Untersuchungen in den Daimlerwerken passten gut zu dem in den 1920er Jahren angestrebten Ziel, dass die Ingenieurausbildung nach amerikanischem Vorbild Arbeitslehre, Psychotechnik und Lohnlehre umfassen sollte. Auf diesem Weg hoffte man, dass die Ingenieure die Arbeiterfrage besser kennenlernen und einschätzen konnten.

Außerdem betätigte sich Hellpach als Abgeordneter im Karlsruher Stadtparlament, er war für die linksliberale DDP Reichstags- und Reichsratsmitglied, bekleidete das Amt des badischen Ministers für Kultus und Unterricht und stand 1924/25 in seiner Funktion als Badischer Staatspräsident an der Spitze des Landes Baden. Weitere derart wichtige Ämter des demokratischen Staates wurden zwar von Hochschulprofessoren der Fridericiana nicht bekleidet, doch das öffentliche Eintreten einiger Gelehrter für die Weimarer Republik – beispielsweise Georg Bredig, Carl Engler, Wolfgang Gaede, Karl Holl, Adolf von Oechelhäuser, Emil Probst, Walter Sackur oder Franz Schnabel – ist doch ein Indiz für die Verinnerlichung demokratischer Ideen in Teilen der Professorenschaft. Auch die Zusammenarbeit zwischen Professorenschaft und Studentenschaft bei der Beseitigung sozialer Not von Studierenden kann als Zeichen der Akzeptanz demokratischer Verfahren verstanden werden. Die Professorenschaft betrachtete es jetzt auch als ihre Pflicht, sich über Forschung und Lehre hinaus für das wirtschaftliche sowie soziale Wohl der Studierenden zu engagieren. Ein Beispiel einer solchen Kooperation war die Errichtung des Studentenhauses im Jahr 1930 mit Mensa, Theatersaal, Räumen für kulturelle Bedürfnisse sowie einigen Studentenunterkünften. Bereits

im Jahre 1921 gelang es dem drei Jahre zuvor gegründeten „Karlsruher Studentendienst", einer Selbsthilfeorganisation der Studierenden, eine provisorische Mensa zu errichten. Die Studenten halfen auch beim Bau des Sportstadions und der architektonisch vielbeachteten Tribüne mit. Ein äußerliches Anzeichen für das Prestige, welches mit dem Ausüben von Sport verbunden wurde, war die ab dem Jahre 1928 obligatorische Teilnahme am Sportbetrieb, die somit Bestandteil der Diplomprüfung wurde.

Die zahlenmäßige Entwicklung der Studentenschaft in der Weimarer Republik weist zunächst einen Anstieg von knapp 1100 Studierenden im Sommersemester 1919 auf ca. 1800 Studierende im Wintersemester 1922/23 aus. Die inflationsbedingte Verarmung weiter Bevölkerungskreise ließ die Studierendenzahlen bis zum Sommersemester 1925 auf ca. 1300 sinken, ein Wert, der sich bis zum Wintersemester 1932/33 kaum veränderte. Die tieferen Ursachen hierfür lagen in den Folgen der 1929 einsetzenden Weltwirtschaftskrise und der damit verbundenen schlechten Berufsaussichten auch für Absolventen der Technischen Hochschulen. In Karlsruhe studierten in den 20er und frühen 30er Jahren nur noch ca. fünf Prozent der TH-Studierenden in Deutschland, was zum Teil nach dem Wegfall von Elsaß-Lothringen auf die Grenzlandsituation zurückzuführen war. Die Betreuungsrelation Professoren-Studierende hatte sich im Vergleich zum Jahr 1913 kaum geändert, tendenziell sogar verbessert. Erhebliche Änderungen erfuhr dagegen die Zusammensetzung der Studentenschaft, in der sich die veränderten politischen und ökonomischen Verhältnisse nach dem Ersten Weltkrieg widerspiegelten. Im Wintersemester 1930/31 betrug der Anteil der ausländischen Studierenden nur noch ca. zehn Prozent, die häufigsten Herkunftsländer waren jetzt Ungarn, Norwegen und Rumänien. Die beliebteste Abteilung der Studierenden dieser Staaten war die Chemie. Aus Baden stammten ca. 57 Prozent der Studierenden, aus Preußen knapp ein Fünftel sowie aus Bayern ca. sieben Prozent. Die stärkste Abteilung blieb die für Maschinenwesen mit ca. einem Drittel aller Studierenden. Etwa unverändert gegenüber den Vorkriegsjahren blieben die Abteilungen Architektur, Bauingenieurwesen und Elektrotechnik, während die Chemie erheblich an Bedeutung einbüßte. Ein Frauenanteil von ca. zwei Prozent weist auf die nach wie vor bestehenden – in mehrheitsgesellschaftlichen Wertvorstellungen begründeten – schlechteren Chancen der Frauen hin.

Zur politischen Einstellung der Mehrzahl der Studierenden mögen wenige Andeutungen genügen. Bereits im Jahr 1919 protestierten die Studierenden gegen die jüdischen Bewerber, die sich wie Max Mayer Hoffnungen auf die Nachfolge von Hans Bunte machten, ein erstes Anzeichen für die antidemokratische und antisemitische Mentalität eines großen Teils der Studentenschaft. Viele Studierende standen den staatstragenden Parteien SPD, DDP und Zentrum auch in den folgenden Jahren fern. Seinen offensichtlichen Ausdruck fand dieser Sachverhalt beispielsweise in den Studentenwahlen des Wintersemesters 1930/31, bei der der Nationalsozialistische Deutsche Studentenbund (NSDStB) die Mehrheit im obersten studentischen Selbstverwaltungsorgan erhielt. Der NS-Studentenführer Oskar Stäbel sprach wenig später von einer „Verjudung der deutschen Hochschule" und forderte neben der restlosen Entlassung sämtlicher jüdischer Dozenten und Assistenten auch die Einführung des NC für Juden, die er selbst angesichts von knapp vier Prozent jüdischer Studierender im Jahr 1932 für notwendig erachtete.

▎ Im Dienste des Nationalsozialismus

Die nationalsozialistischen Machthaber mussten nach 1933 bei der Etablierung ihres Terrorstaates bei den meisten Studierenden der Fridericiana folgerichtig keine nennenswerten Hindernisse überwinden, auch eine erhebliche Anzahl der Assistenten, Privatdozenten und apl. Professoren entwickelte sich schnell zu überzeugten Nationalsozialisten, zu deren Kreis bald auch ein Teil der Professorenschaft gehörte. Viele Professoren traten Ende der 1930er und Anfang der 1940er Jahre der NSDAP bei. Die nicht-nationalsozialistischen Professoren, die während des ganzen Dritten Reichs nicht

der Partei beitraten und trotzdem in Forschung und Lehre tätig waren, konnten die „Säuberungen" im Lehrkörper, die wichtiger Bestandteil der nationalsozialistischen Wissenschaftspolitik waren, nicht verhindern. Rektor Holl, bald selbst Betroffener, musste 1933 alle Hochschulbediensteten jüdischer „Rasse" beurlauben. Aufgrund des Gesetzes zur Wiederherstellung des Berufsbeamtentums wurden im ersten Jahr der NS-Diktatur vier Ordinarien, zwei Honorarprofessoren, zwei Privatdozenten, drei Assistenten und ein Arbeiter entlassen. Einschließlich der nächsten Welle der Entlassungen, Beurlaubungen und Zwangspensionierungen wurden bis zum Jahr 1937 9 von 34 Ordinarien aus rassischen oder politischen Gründen aus dem Lehrkörper entfernt. So mussten beispielsweise der das Fach Eisenbetonbau lehrende Emil Probst, der Mechanikprofessor Wilhelm Prager, die Chemiker Paul Askenasy, Georg Bredig und Stefan Goldschmidt, der Physiker Wolfgang Gaede, der Literaturwissenschaftler Karl Holl oder der Historiker Franz Schnabel ihre Lehrtätigkeit beenden. Durch die Nichtbesetzung von mathematischen Lehrstühlen und die Berufung eines Vertreters der „deutschen Physik" wurde deutlich, dass vor allem, aber nicht nur, die Mathematik, die Chemie, die Physik und die geisteswissenschaftlichen Fächer von den Zwangsmaßnahmen betroffen waren. Zur Durchsetzung nationalsozialistischer Ziele musste ab dem Jahr 1935 zur Bestimmung eines neuen Rektors aufgrund einer schriftlichen und namentlichen Abstimmung eine Vorschlagsliste erstellt werden, aus der das Reichserziehungsministerium den „Führer der Hochschule" ernannte. Von 1937 bis 1945 bekleidete der Nationalsozialist Rudolf Weigel, Professor für Lichttechnik, das Amt des Rektors.

Wichtige Stationen der Hochschulgeschichte waren die im Jahr 1937 reichsweit eingeführte organisatorische Umwandlung der Abteilungen in Fakultäten sowie das 1936 an der Fridericiana errichtete und dem Kältetechnischen Institut der Hochschule angegliederte Reichsinstitut für Lebensmittelfrischhaltung, eine Einrichtung, aus der nach dem Krieg die Bundesanstalt für Ernährung hervorging. In Friedenszeiten und noch mehr in Kriegszeiten dominierte jedoch an der Fridericiana immer mehr vor allem die Forschung, teilweise auch die Lehre im Dienst von Rüstung und Krieg. Im Jahre 1939 entstand das Institut für Apparatebau und drei Jahre später der Gaber-Turm mit seiner 5000-t-Druckpresse.

Unter den Studierenden gab es im Dritten Reich kaum noch Angehörige aus neutralen Staaten, genausowenig aus den besetzten Staaten Westeuropas, hingegen relativ viele Elsässer und Lothringer, nach 1938/39 aus dem Reichsprotektorat Böhmen und Mähren sowie aus einigen verbündeten Staaten, vor allem aus Bulgarien. Der Frauenanteil stieg kriegsbedingt ab dem Jahr 1941 auf teilweise 10 bis fast 20 Prozent an. Reichsarbeitsdienst, Wehrsportübungen, Fachschaftsarbeit, Ernteeinsätze und die Reichsberufswettkämpfe bedeuteten schon in Friedenszeiten einen erheblichen Zeitaufwand, der zu einem Leistungsabfall führte. Die Hochschulpolitik des NS-Staates hatte zunächst zur Konsequenz, dass in Karlsruhe Zulassungsbeschränkungen eingeführt wurden. Die rückläufigen Neuimmatrikulationen sowie die geringen Studierendenzahlen von knapp 600 bis ca. 700 Personen in der Mitte der 1930er Jahre gaben dann Anlass zur Befürchtung, die Fridericiana könnte geschlossen werden, denn die Reichsregierung erwog die Schließung aller Hochschulen, deren Frequenz unter 700 Studierenden lag. Zwei Überlegungen standen dem jedoch entgegen. Aus ideologischen Gründen wurde die „Grenzlandhochschule" Karlsruhe als Bastion gegen das feindliche Frankreich am Leben gehalten, außerdem fiel dem Amtsleiter der Vierjahresplanbehörde 1937 in Berlin auf, dass es einen Fehlbedarf von ca. 5000 Ingenieuren in der Industrie gab. Die Attraktivität des Ingenieurstudiums mußte also aus Gründen der Staatsraison bekanntgegeben werden. So ließ der Kolbenmaschinen-Ordinarius Otto Kraemer Ende der dreißiger Jahre einen Werbefilm drehen, der in den Schulen der umliegenden Städte gezeigt wurde und der den Schülern das Studium an der Fridericiana nahelegte. Tatsächlich wurde die Hochschule am Anfang des Jahres 1939 durch die Verkürzung des Ingenieurstudiums auf sechs Semester in Ansehen und Qualität weiter geschwächt, der Kriegsausbruch 1939 sowie die damit verbundene Schließung aller Hochschulen bis auf München und Berlin bedeutete eine tiefe Zäsur in der Geschichte der Fridericiana und den vorläufigen Tiefpunkt ihrer Entwicklung. Nach der Wiedereröffnung der Fridericiana im Januar 1940 hatte das Universitätsleben reichsweit zunächst die Form des Trimesters. Im Jahr 1943 wurde der Fridericiana die im elsässischen Mulhouse gelegene Ecole Supérieure de Chimie als Institut für Textilchemie zugeschlagen. Im Herbst 1944 entstand durch die Luftangriffe der Alliierten an einigen Gebäuden Totalschaden. Betroffen waren beispielsweise das Hauptgebäude, einige Laboratorien, das Elektrotechnische und Chemische Institut, das Studentenhaus, der Mittelteil des Aulabaus und das Bauingenieurgebäude. Die Forschungseinrichtungen und Bibliotheksbestände wurden ausgelagert; kurz darauf verteilten sich die Einrichtungen der Hochschule auf geografisch weit auseinander liegende Orte außerhalb der Stadt.

Die Nachkriegszeit 1945 bis 1950

Die erste Zeit der Fridericiana nach dem Ende des Zweiten Weltkriegs 1945 begann mit der Entlassung von fünf Ordinarien, zwei außerplanmäßigen Professoren sowie von zwei Dozenten. Die Wiedereinstellung einiger nach 1933 entlassener Hochschullehrer erfolgte auf Senatsbeschluß, so kehrte beispielsweise der Mechanikprofessor Theodor Pöschl auf seinen Lehrstuhl zurück. Andere wie Askenasy, Bredig, Gaede, von Gierke und Hirsch waren gestorben, Goldschmidt ging in seine bayerische Heimat nach München zurück. Ansonsten dominierten über die völlig unterschiedlichen politischen Systeme hinweg die personellen Kontinuitäten im Lehrkörper, zwei von vielen Beispielen waren der Chemiker Rudolf Scholder oder der Professor für Kolbenmaschinen, Otto Kraemer. Die 1945 erreichbaren Professoren beschlossen die Rückkehr zur Verfassung der Fridericiana aus dem Jahr 1926, die erstmals auch wieder eine unabhängige Rektorwahl ermöglichte. Als erster Rektor der Nachkriegszeit wurde vom Professorenkollegium der Kältetechniker Rudolf Plank gewählt, nachdem dieser zuvor seine Ernennung durch die Besatzungsmacht abgelehnt hatte (s. Tabelle 1).

Eine der vordringlichsten Aufgaben in der entstehenden demokratischen Gesellschaft bestand in der Entnazifizierung der Technischen Hochschule, bei der Plank erst der französischen und dann der amerikanischen Militärverwaltung in Streitfragen beratend beistand. Plank war mit einem Verwandten des zuständigen französischen Besatzungsoffiziers gut bekannt und vor allem hatte er in der Zeit des Naziregimes seine internationalen Kontakte nicht abreißen lassen. Zum materiellen Wiederaufbau der Fridericiana trug der bis 1949 bestehende studentische Arbeitsdienst entscheidend bei. Bis zu diesem Zeitpunkt hatten die Studierenden in über 900 000 Arbeitsstunden das Gelände weitgehend von Schutt und Asche befreit. Kurzfristig wurde als neuer Standort der TH Ettlingen mit seinem Schloß und einer Kaserne diskutiert, wegen der dortigen Unzulänglichkeiten wurde dann aber doch das von den Amerikanern angebotene Ausweichquartier in der Telegraphenkaserne am Westrand Karlsruhes bevorzugt (s. Abb. 7). Am 12. Februar 1946 wurde der Vorlesungsbetrieb mit etwas über 1000 Studierenden aufgenommen. Bereits im Jahr der Währungsreform 1948 studierten wieder etwa 4000 Männer und Frauen an der Technischen Hochschule Karlsruhe. Es verdient noch heute unsere Bewunderung, wie effizient die äußerst begrenzten finanziellen Mittel und personellen Kräfte eingesetzt wurden, um Lehrende und Lernende wieder an die internationalen Standards der Wissenschaft heranzuführen.

1950 bis 1970: Wiederaufbau und Konsolidierung der „klassischen" Technischen Hochschule

Rückblickend ist die Zeit von 1950 bis 1970 vor allem durch die beeindruckende Leistung des Wiederaufbaus des Gebäudebestandes und der inneren Strukturen der TH geprägt. Obwohl bereits in den ersten fünf Jahren nach 1945 die Ruinen teilweise beseitigt wurden, zog sich die Phase des Wiederaufbaus der Gebäude, Hörsäle

Abb. 7   Die „Telegraphen-Kaserne" (heutige Westhochschule)

und Laboratorien noch bis in die frühen 6oer Jahre hin. Bis in die Mitte der 5oer Jahre herrschte ein eklatanter Mangel an Hörsälen, in den wiedererrichteten Räumen drängten sich die Studierenden oft in großer Enge, wie beispielsweise im Redtenbachersaal, dem größten der der TH zur Verfügung stehenden Hörsäle. Die ersten Sanierungsarbeiten betrafen das Bauingenieurgebäude, die Chemie, die Elektrotechnik und das Hauptgebäude. Der Hauptbau und der Aulabau blieben noch für längere Zeit die baulichen Hauptsorgen, die Ausbauarbeiten konnten erst 1952/53 in Angriff genommen werden. Bereits im Jahr 1951 war dem damaligen Rektor der TH, Hermann Backhaus, daher klar, dass auf den dauerhaften Besitz der Westhochschule nicht verzichtet werden könne. Die fast unbeschädigten Gebäude der „Telegraphenkaserne" wurden schon 1946 der TH von der Besatzungsmacht überlassen. Dort erfolgte vor allem die Grundausbildung der Studierenden bis zum Vordiplom.

In den 5oer Jahren wurden die alte Petrographie, das heutige Franz-Schnabel-Haus (1950), das von dem an der Fridericiana lehrenden Architekten Egon Eiermann geplante Versuchskraftwerk (1954), der nach dem Physiker Christian Gerthsen benannte Großhörsaal (1956, s. Abb. 8), das Botanische Institut (1957/58) und 1959 das Hörsaalgebäude der Mathematik an der Kaiserstraße errichtet. Zudem konnte dank der guten Zusammenarbeit mit dem Kernforschungszentrum auf dessen Gelände ein hochschuleigenes Institut für Kernverfahrenstechnik gebaut werden. Die weiträumige Bebauung auf dem Campus ließ viel Platz für Grünanlagen und der Baumbestand wurde geschont. Dies wurde vor allem dadurch ermöglicht, dass die Stadt Karlsruhe 1956/57 die Ausdehnung der Technischen Hochschule nach Norden genehmigte.

Bis in die 6oer Jahre wurden die Bauten von an der Fridericiana lehrenden Architekturprofessoren entworfen, zuletzt die 1966 fertiggestellte neue Hochschulbibliothek von Otto Haupt. Die frühen 6oer Jahre verdienen besondere bauhistorische Beachtung. In diesem Zeitraum wurden viele Gebäude errichtet: Die

Abb. 8 Der Gerthsen-Hörsaal, erbaut im Jahre 1956

Nachrichtentechnik, die Technische Station, die Allgemeine Elektrotechnik, das Lichttechnische Institut, das Hochspannungsinstitut und die Hochspannungshalle, das Maschinenbau-Hochhaus, der Wilhelm-Nusselt-Hörsaal, die Bundesanstalt für Lebensmitteltechnik, das Kollegiengebäude Mathematik, vier Gebäude des Engler-Bunte-Instituts, die Versuchshalle der Technischen Thermodynamik, das Institutsgebäude für Mess- und Regelungstechnik sowie das Maschinenlaboratorium. Im Jahr 1963 wurde das Bauingenieur-Hochhaus am Durlacher Tor errichtet und drei Jahre später konnte das Gastdozentenhaus bezogen werden. Das Jahr 1968 brachte für die Fridericiana den vorläufigen Höhe- und Schlußpunkt der baulichen Erweiterung: Der Chemie-Flachbau, zwei Chemietürme sowie der Flachbau und das Hochhaus der Physik wurden ihrer Bestimmung übergeben. Somit verfügte die Hochschule über eine Nettonutzfläche von 140 000 qm (s. Grafik 1 im Anhang), und dies bei hoher Raumausnutzung. Im Haushaltsjahr 1969/70 kam vom baden-württembergischen Landtag die Hiobsbotschaft, dass es an der Universität erst im Jahr 1985 wieder Neubauten geben sollte, ein Baustopp, den das Kultusministerium allerdings bald wieder relativierte. Dass der Auf- und Ausbau der Technischen Hochschule so weit vorangekommen war, war dem allgemeinen Wirtschaftsaufschwung, dem sog. „Wirtschaftswunder" in der Bundesrepublik Deutschland in den 50er und 60er Jahren zu verdanken, von dem auch die Bauwirtschaft und die Hochschulen profitierten.

In den Jahren 1967/68 betrug die Nettonutzfläche das 2,5 fache der Vorkriegsfläche, die Studierendenzahlen waren bis dahin aber bereits auf das 4,5 fache gestiegen. Die Entwicklung der *Anzahl der Studierenden* bewegte sich in den 50er Jahren bei etwa 3800 bis etwas über 5000 Männern und Frauen, blieb also einigermaßen konstant (s. Tabelle 2 und Grafik 2 im Anhang). Hinsichtlich der sozialen Herkunft der Studierendenschaft dominierten in dieser Zeit die ökonomisch besser gestellten Bevölkerungsschichten, auffällig war auch der hohe Anteil von Beamtensöhnen, die an der

Technischen Hochschule studierten. Während in den ersten Nachkriegsjahren der Frauenanteil an den Studierenden noch acht bis neun Prozent betrug, sank dieser Anteil in den fünfziger Jahren auf etwa fünf bis sechs Prozent, das waren 200 bis 300 weibliche Studierende (s. Tabelle 3 und Grafik 3). Junge Frauen wollten oder konnten in diesem Zeitraum sich kaum den Natur- und Ingenieurwissenschaften zuwenden. Die Mehrzahl der Frauen wählte das Studienfach Pharmazie. Ein technisches Studium blieb eine Männerdomäne.

Im Jahrzehnt zwischen 1955 und 1965 waren zumeist etwa 6000 Studierende immatrikuliert, dann stieg die Studierendenzahl stark an, im Jahr 1970/71 studierten bereits über 8000 junge Menschen an der Universität Karlsruhe. Der Anteil der weiblichen Studierenden stagnierte bis 1966/67 bei ca. sechs Prozent, in den nächsten drei Jahren stieg ihr Anteil auf etwa acht Prozent an. Fast zwanzig Jahre studierten also im Durchschnitt etwa vier- bis sechstausend Personen an der Fridericiana, der Frauenanteil blieb gering.

Die Entwicklung der *ausländischen Studierenden* von 1950 bis 1970 kann in zwei Phasen eingeteilt werden (s. Grafik 4). Vom Studienjahr 1950/51, in dem der Anteil der ausländischen Studierenden etwa 2,5 Prozent betrug, bis zum Wintersemester 1960/61 stieg der Anteil kontinuierlich an – fünf Prozent im Wintersemester 1952/53, 10 Prozent im Wintersemester 1955/56, um schließlich im Wintersemester 1960/61 einen Anteil von knapp 15 Prozent zu erreichen. Innerhalb der nächsten zehn Jahre schwankte dieser Anteil zwischen 14 und 10 Prozent, blieb also auf vergleichsweise hohem Niveau stabil. Zwischen 700 und fast 1000 Personen aus anderen Staaten studierten in diesem Zeitraum jeweils an der TH Karlsruhe. Die anfängliche Skepsis, ein Studium in Karlsruhe resp. in Deutschland aufzunehmen, war eine Folgewirkung des nationalsozialistischen Regimes, genauso die Tatsache, dass in den ersten Nachkriegsjahren viele „Displaced Persons" an der TH studierten. Schon bald jedoch setzte sich bei vielen Studierwilligen anderer Staaten das Interesse an der Ausbildung auf hohem Niveau an der Technischen Hochschule Karlsruhe durch, verankert in einem demokratischen Rechtsstaat.

Im Jahr 1955 lehrten 194 Professoren und wissenschaftliche Mitarbeiter – ausschließlich Männer – an der Fridericiana, 10 Jahre später waren es bereits 763 Lehrende, und im Sommersemester 1970 stieg die Zahl auf 963. Die *Betreuungsrelation*, also das Verhältnis der Anzahl von Lehrenden zu Lernenden verbesserte sich dementsprechend von 1:21 im Jahr 1955 auf 1:7,4 im Jahr 1965 bzw. 1:8,4 im Jahr 1970 (s. Tabelle 4 und Grafik 5). Bis Mitte der 50er Jahre betrug die Anzahl der Ordinarien noch unter 50, in den Jahren 1960 bis 1965 stieg ihre Zahl von etwa 65 auf ca. 110 an, 1970 hatte die Fridericiana 137 Lehrstühle, von denen 123 besetzt waren. Die Periode zwischen 1950 und 1970 war auch gekennzeichnet von einem starken Anwachsen des akademischen Mittelbaus. Die Anzahl der Lehrenden stieg relativ gesehen schneller als die der Studierenden, was angesichts der völligen Überlastung der Lehrenden bis zum Beginn der 60er Jahre auch den hochschulpolitischen Notwendigkeiten und der Verbesserung der internationalen Konkurrenzfähigkeit entsprach. Zu Beginn der 50er Jahre wie auch später herrschte in der Bundesrepublik Deutschland ein großer Bedarf an Akademikern, aber es gab für die Ausbildung zu wenig Stellen an den Hochschulen und Universitäten, Picht sprach sogar von einer „Bildungskatastrophe". Aufgrund dieser Entwicklungen empfahl der Wissenschaftsrat im Jahre 1960 Maßnahmen zur Behebung der Notstände beim Personalbestand und bei der Sachausstattung. Diese Empfehlungen wurden im Großen und Ganzen auch umgesetzt, allerdings nur bis in die späten 70er Jahre. In Einzelfällen existierten an der TH Karlsruhe auch in den späten 60er Jahren noch immer Engpässe, so mussten beispielsweise 1969/70 in der Mathematik Doppelvorlesungen gehalten werden.

In der Retrospektive auf diese Zeit ragen die Namen einiger Professoren besonders heraus. Um mit den Professoren des Maschinenbaus zu beginnen: Johannes Dickmann war ein international anerkannter Experte auf dem Gebiet der Strömungsmaschinen, Hans Jungbluth ein hervorragender Gießereifachmann und Johannes Körting ein gefragter Fachmann im Industrieofenbau. Karl Kollmann vertrat das Fach Maschinenelemente in herausragender Weise und der „Puppenspieler" Otto Kraemer arbeitete sehr erfolgreich auf dem Gebiet der Kolbenmaschinen. Kurt Nesselmann war der Nachfolger von Rudolf Plank – bei dem er auch promoviert hatte – auf dessen Lehrstuhl für Kältetechnik. Er genoss aufgrund seiner wissenschaftlichen Beiträge auf dem Gebiet der Kältetechnik hohes Ansehen im In- und Ausland. Nesselmann begann als Elektrotechniker, arbeitete dann bei Siemens-Schuckert in Berlin und bei Linde in Wiesbaden, im Jahre 1953 nahm er einen Ruf an die Technische Hochschule Karlsruhe an. Er setzte sich für eine starke Einbindung der Studierenden in die Forschung ein, propagierte eine stärkere Betonung der Grundlagenfächer und bildete eine Vielzahl von Absolventen aus, die später in der Wirtschaft sehr erfolgreich waren.

Auch Chemiker und Verfahrenstechniker trugen wesentlich zum guten Ruf der Fridericiana bei. Ernst Terres galt als Koryphäe auf dem Gebiet der Brennstoffchemie, Helmut Pichler erarbeitete die Mitteldruck-Synthese zur Benzinherstellung aus Kohle in Weiterentwicklung des Fischer-Tropsch-Verfahrens und Johann Kuprianoff hatte als Lebensmittelchemiker wesentlichen Anteil an der wissenschaftlichen Erarbeitung zahlreicher Richtlinien und Vorschriften für die Lebensmittelwirtschaft. Rudolf Criegee genoß im Bereich der Organischen Chemie Weltruf. Emil Kirschbaum gilt als Begründer des wissenschaftlich fundierten Apparatebaus in Deutschland und Hans Rumpf revolutionierte die Mechanische Verfahrenstechnik.

Auch Elektrotechniker der Fridericiana genossen großes Ansehen: Hermann Backhaus auf dem Gebiet der Theoretischen Elektrotechnik – er beschäftigte sich u.a. mit Problemen der Akustik –, die Fernmeldetechniker Johannes Fischer und Karl Steinbuch. Steinbuch kam aus der datenverarbeitenden Praxis und bekleidete ab 1958 den Lehrstuhl „Allgemeine Fernmeldetechnik und Drahtnachrichtentechnik", der später in „Nachrichtenverarbeitung und Nachrichtenübertragung" umbenannt wurde. Karl Steinbuch gilt als einer der Wegbereiter der späteren Informatikfakultät.

Die beiden Bauingenieure Friedrich Raab, der die theoretische und praktische Entwicklung des lückenlos verschweißten Gleises voran trieb, und Hans Leussink in der Disziplin Grund- und Tunnelbau setzten die gute Tradition des Bauingenieurwesens fort. Der Architekt Egon Eiermann war weltberühmt und einer der führenden Architekten im Deutschland des 20. Jahrhunderts. Der Mathematiker Karl Strubecker darf ebenso wenig unerwähnt bleiben wie sein Kollege Karl Nickel, der auf dem Gebiet der Numerischen Mathematik arbeitete und den Vielfach-Zugriffsrechner „Hydra" entwickelte. Im Jahre 1968 wurde von Nickel das erste Institut für Informatik gegründet. Weit über die Grenzen Deutschlands hinaus bekannt war auch der Physiker Christian Gerthsen, der Mitte der 50er Jahre sein Standardlehrbuch herausgab. Für die Einführung der Wirtschaftswissenschaften auf breiter Basis in Karlsruhe verantwortlich war der Ökonom Fricke. Mit Simon Moser hatte die TH einen bekannten Philosophen, der ein Mitbegründer und entschiedener Verfechter des Studium Generale war. Willy Hellpach leistete Pionierarbeit auf dem Gebiet der Sozialpsychologie und der Historiker Thomas Nipperdey wurde zu einem der brilliantesten Vertreter seiner Zunft in Europa. Hier in Karlsruhe begann seine wissenschaftliche Karriere.

Welche *Fakultäten, Abteilungen und Institute* gab es an der Fridericiana zwischen 1950 und 1970, was für Studiengänge wurden angeboten und welche neuen Studieneinrichtungen wurden gegründet? Bis zum Jahr 1965 wurde in den drei Fakultäten Natur- und Geisteswissenschaften, Bauwesen sowie Maschinenwesen gelehrt und geforscht (s. Tabelle 5 und Tabelle 6a). Sie waren in sieben Abteilungen gegliedert: Mathematik und Physik, Chemie, Geisteswissenschaften, Architektur, Bauingenieurwesen, Maschinenbau und Elektrotechnik. Ab 1965 wurden diese bisherigen Abteilungen in Fakul-

täten umstrukturiert. Die Zahl der Institute hat sich von 1950 bis 1970 etwa verdoppelt (s. Grafik 6).

Stichpunktartig sollen einige *Studiengänge und Einrichtungen* erwähnt werden. Im Jahr 1950 gab es 16 Studiengänge (s. Grafik 7), zwanzig Jahre später waren es 21. Im ganzen Zeitraum konnten die Studierenden Mathematik, Physik, Meterologie, Chemie, Pharmazie, Architektur, Bauingenieurwesen, Vermessungswesen, Maschinenbau, Elektrotechnik, Technische Volkswirtschaft und Lehramt für Gymnasien wählen. Wichtige Neuerungen waren 1960 die Mineralogie, 1965 die Lebensmittelchemie, 1967 Volkswirtschaftslehre und um 1970 die Geophysik und Geologie, das Chemieingenieurwesen, die Informatik und das Wirtschaftsingenieurwesen, letzteres gab es bereits bis 1956. Erwähnenswert sind auch die vielfachen Aktivitäten zur „Studienreform", die sich nicht zuletzt in der großen Zahl ständig überarbeiteter Studien- und Prüfungsordnungen dokumentieren.

Neben den Fakultäten und Instituten gab es immer auch Einrichtungen in Verbindung mit der Hochschule, wie beispielsweise die Bundesforschungsanstalt für Lebensmittelfrischhaltung und das Kernforschungszentrum. Seit dem Jahr 1957 führte die Zusammenarbeit mit dem Kernforschungszentrum zu einer fruchtbaren Kooperation in der Physik und im Maschinenbau. Unter den Zentralen Einrichtungen sind besonders die Hochschulbibliothek und das Studium Generale hervorzuheben. Das Studium Generale wurde bald nach Kriegsende angeboten, ab dem Jahr 1954 wurden Akademische Stunden mit berühmten Persönlichkeiten abgehalten. Die erste Interfakultative Einrichtung war das 1964 entstandene Internationale Seminar für Forschung und Lehre in Chemieingenieurwesen, Technischer und Physikalischer Chemie, im Jahr 1967 wurde das Institut für Regionalwissenschaft gegründet. Dieses Institut wurde von neun Professoren aus drei Fakultäten aus der Taufe gehoben, u.a. von dem Landschafts- und Gartengestalter Gunnar Martinsson und dem Verkehrswissenschaftler Wilhelm Leutzbach (s. Tabelle 7a-c).

Einen bedeutsamen Einschnitt in der Geschichte der Fridericiana brachten die Jahre 1967 bis 1969. Schon im Jahre 1965 war der Antrag an die Landesregierung gestellt worden, die Technische Hochschule in „Universität Fridericiana Karlsruhe" umzubenennen. Eine Denkschrift aus dem Jahr 1963 hatte diesen Antrag an das Land vorbereitet. Wesentliche Gründe hierfür lagen in der Erweiterung des Fächerspektrums und in einer international verständlichen Bezeichnung. Seit dem Jahr 1967 heißt die ehemalige TH nunmehr *Universität Karlsruhe (TH)*. Die am 24. April 1969 verabschiedete neue „Grundordnung" der Universität brachte zudem eine wichtige Neugliederung der Fakultäten. Es wurden 10 Fakultäten mit jeweils sieben bis siebzehn Lehrstühlen gebildet, ihre Dekane wurden laut Grundordnung in Fakultätsversammlungen mit Drittelparität gewählt (s. Tabelle 5 und 6).

Sehr wichtig für die Studierenden ist nicht nur der Lernort Hochschule, sondern auch ihre *soziale Situation*. Von überfüllten Hörsälen und problematischen Betreuungsrelationen war bereits die Rede, beides besserte sich in den 60er Jahren entscheidend. Die Wohnsituation der Studierenden blieb lange Zeit schwierig und verschärfte sich angesichts steigender Studierendenzahlen noch. Oft lebten zwei und mehr Personen in einem höchstens mittelgroßen Zimmer. In dem vom Studentendienst, dem späteren Studentenwerk, verwalteten Studentenhaus am Parkring konnten einige Studierende ein Zimmer bekommen. Dies war natürlich längst nicht ausreichend. In den Jahren 1950/51 wurde östlich des Parkrings ein Studentenwohnheim errichtet, hierzu spendierte McCloy 310 000 DM, das Land Baden-Württemberg schoss 250 000 DM zu und stellte das Gelände zur Verfügung. Im Jahr 1953 wurde der Verein „Studentenwohnheim der THK" gegründet, bald wurde ein Neubau mit 46 Betten errichtet. Bereits zwei Jahre später konnte ein weiteres Studentenwohnheim in Betrieb genommen werden. Im Jahr 1959 wies der Rektor Hans Leussink erneut nachdrücklich auf die Wohnheimproblematik hin, denn noch immer standen nur 200 Plätze zur Verfügung. Im Jahre 1965 wurden zwei neue Wohnheime fertig, in insgesamt vier Studentenwohnheimen gab es somit 526 Plätze bei einer Studierendenzahl von über 5000.

Die Studierenden mussten in der Nachkriegszeit Studiengebühren entrichten, erst 120 DM, dann ab dem Jahr 1965 180 DM pro Semester, und erst im Jahre 1971 wurde Gebührenfreiheit eingeräumt. In den technischen Studiengängen spielten die zu absolvierenden Praktika eine wichtige Rolle, zu denen noch oft das Arbeiten in den Semesterferien für den Lebensunterhalt kam. So wurden früh Erfahrungen in der Wirtschaft und bei staatlichen Arbeitgebern gesammelt und erste Kontakte geknüpft. In räumlicher Hinsicht gab es ein relativ enges studentisches Milieu, denn die Studierenden wollten in der Nähe der TH wohnen und leben.

Die Stellung der TH Karlsruhe in der bundesrepublikanischen Hochschullandschaft ist für die zu behandelnde Zeit nicht leicht auszumachen. Aufgrund einer Vielzahl von hervorragenden Gelehrten, nicht nur der oben angesprochenen, erwarb sich die Technische Hochschule Karlsruhe sowohl unter Wissenschaftlern als auch bei Studierenden offenbar einen sehr guten Ruf. Dies lässt sich nicht zuletzt auch daran ablesen, dass Karlsruher Hochschullehrer in wichtige überregionale Ämter berufen wurden. Hans Leussink war ab dem Jahre 1 60 Präsident der Westdeutschen Rektorenkonferenz (WRK), später wurde er dann Vorsitzender des Wissenschaftsrats und von 1969 bis 1971 Bundesminister für Bildung und Wissenschaft. Hans Rumpf bekleidete ab dem Jahr 1968 das Amt des Präsidenten der WRK. Größere Industrieunternehmen stellten gerne Absolventen der TH ein, genauso wie kleinere oder mittelständische Betriebe. Die Praxisorientierung der Ausbildung war hierfür eine wesentliche Ursache. Vor allem die Chemie, der Maschinenbau, die Elektrotechnik und die Physik genossen internationalen Ruf. Auch die Architekturfakultät stand durch Egon Eiermann in hohem Ansehen, gleiches galt für die Bauingenieure mit dem Theodor-Rehbock-Flußbaulaboratorium. Die Bundesforschungsanstalt für Lebensmittelfrischhaltung bildete einen wichtigen Kristallisationspunkt der Forschung und Anwendung im Bereich der Lebensmitteltechnik. Bis Mitte der 50er Jahre besaß die Technische Hochschule Karlsruhe das einzige Institut für Apparatebau und Verfahrenstechnik in Deutschland, auch die Kältetechnik spielte in der bundesrepublikanischen Forschungslandschaft eine wichtige Rolle. Last but not least gingen die Anfänge der Informatik in Deutschland auf die Entwicklungen in Karlsruhe zurück.

Beleuchten wir noch kurz den politischen und ökonomischen Hintergrund, vor dem sich die TH zwischen 1950 und 1970 entwickelte. Nach der Währungsreform und der Gründung der Bundesrepublik Deutschland in den Jahren 1948 und 1949 konnten sowohl Lehrende als auch Lernende auf verlässlichen und stabilen ökonomischen und politischen Grundlagen ihre Aufgaben wahrnehmen. Dies galt vor allem für die Jahre des „Wirtschaftswunders", welches sich auch positiv auf die wachsenden Ressourcen der Technischen Hochschulen auswirkte. In Zeiten der Vollbeschäftigung mit hohen Produktivitätsziffern fanden die Absolventen der TH Karlsruhe in der Regel gut dotierte Stellen in allen Bereichen der Gesellschaft, verbunden mit weitreichenden Aufstiegsmöglichkeiten, zumal ein erheblicher Mangel an Ingenieuren herrschte. Die Studentenbewegung der späten 60er Jahre ging an der Universität Karlsruhe (TH) nicht spurlos, aber doch gewaltfrei vorbei, nicht zuletzt dank der klugen Politik und kooperativen Haltung von Rektoren wie Hans Rumpf oder Heinz Draheim, die dem Schlachtruf der Studierenden „Weg mit dem Muff von tausend Jahren unter den Talaren" mit konstruktiven Angeboten zur Mitarbeit begegneten. Vor allem die Diskussionen um die Verabschiedung der Grundordnung sind in diesem Zusammenhang zu sehen.

Entscheidend für die prosperierende Entwicklung der Technischen Hochschule bzw. später der Universität Karlsruhe (TH) war auch die frühzeitige Wiedereinbindung in die internationale Wissenschaftsgesellschaft. Zunächst spielten in der unmittelbaren Nachkriegszeit die *internationalen Kontakte* einzelner Wissenschaft-

ler eine wichtige Rolle, später in den 50er Jahren kamen Beteiligungen Karlsruher Forscher an einer Vielzahl von Kongressen und Tagungen in den USA sowie in West- und Osteuropa hinzu. Erst Anfang der 60er Jahre wurde dann auch eine institutionalisierte Zusammenarbeit mit Universitäten anderer Länder möglich. Die im Jahr 1957 abgeschlossenen Römischen Verträge brachten eine verstärkte Europäisierung des westdeutschen Hochschulwesens mit sich. So unterzeichneten im Jahre 1960 der Gründungsrektor des Institut National des Sciences Appliquées (INSA) in Lyon-Villeurbanne und der Rektor der Technischen Hochschule Karlsruhe einen Vertrag über die Zusammenarbeit in Forschung und Lehre sowie einen regelmäßigen Studentenaustausch. Dies war einer der ersten Kooperationsverträge zwischen einer deutschen und einer französischen technischen Hochschule. Bereits bei der kurz zuvor erfolgten Gründung des INSA waren wesentliche Strukturelemente deutscher technischer Hochschulen übernommen worden. Die Kooperation mit der Universität Nancy begann mit gegenseitigen Besuchen von Wissenschaftlern der Chemie und der Verfahrenstechnik, das erste gemeinsame Wochenendseminar fand im Jahr 1964 statt. Die Kosten wurden von den Hochschulen selbst, vom Deutsch-Französischen Jugendwerk sowie vom Deutschen Akademischen Austauschdienst (DAAD) getragen. Als entscheidend erwiesen sich die gemeinsamen wissenschaftlichen Interessen. Die laufenden Kontakte führten dazu, dass immer mehr Studierende den experimentellen Teil der Diplomarbeit im jeweiligen Partnerland durchführen konnten.

Geradezu bahnbrechend war die erste offizielle Partnerschaft zwischen einer Universität der Bundesrepublik Deutschland und einer Universität der Volksrepublik Ungarn nach dem Zweiten Weltkrieg. Die Fridericiana und die Technische Universität Budapest schlossen am 8. Mai 1970 einen Kooperationsvertrag zur Förderung der wissenschaftlichen und kulturellen Kontakte, zu einer Zeit, als zwischen den beiden Staaten, die so unterschiedlichen politischen, ökonomischen und militärischen Blöcken angehörten, noch keine offiziellen diplomatischen Beziehungen bestanden. Die beiden Rektoren Imre Perényi und Heinz Draheim knüpften dabei an alte deutsch-ungarische Traditionen im Bereich Bildung und Forschung an. Schon im 19. Jahrhundert bestanden zwischen beiden Universitäten gute Beziehungen. Die Vereinbarung hatte große wissenschaftliche und politische Bedeutung, aber auch persönliche Beziehungen und Freundschaften haben sich daraus entwickelt. Die Universitäten passten gut zueinander, ungarische Wissenschaftler wie György Hevesi, Leo Szilard, John von Neumann, Theodor Karman oder Edward Teller standen zum Teil schon lange mit der Technischen Hochschule Karlsruhe in enger Verbindung. Der Geist der Konferenz für Sicherheit und Zusammenarbeit in Europa 1975 wurde hier bereits fünf Jahre zuvor vorweggenommen.

Die 70er Jahre: Bewegte Jahre der Hochschulreform

Entscheidend für die Entwicklung der Universität Karlsruhe in den 70er Jahren wurde die Hochschulgesetzgebung und vor allem die neue Grundordnung der Fridericiana. „Weg mit dem Muff unter den Talaren aus tausend Jahren" – dies war der Schlachtruf der überregionalen studentischen Protest- und Reformbewegung ab den späten 60er Jahren. Auch wenn das studentische Protestpotenzial in Karlsruhe als gering einzustufen war, konnte sich auch die Fridericiana dem Zug der Zeit nicht ganz entziehen. Der von 1968 bis 1983 amtierende Rektor Heinz Draheim war dabei die überragende Figur, ohne die die Studierenden ihre Vorstellungen nicht verwirklichen konnten und meistens auch nicht wollten. Wie einige seiner Vorgänger – und die Prorektoren in seiner Amtszeit – bewies Draheim Geschick und Verständnis im Umgang mit „seinen" Studierenden. Leidenschaftlich plädierte er für eine weitgehende Hochschulautonomie und angemessene Mitwirkungsrechte aller universitären Gruppen, sprach sich aber auch deutlich dafür aus, dass die Forschung nicht zugunsten der Lehre zurückgedrängt werden dürfe.

Die Jahre 1968 und 1969 waren wesentlich bestimmt durch die Diskussion um die neue Universitätsverfassung, die sog. „*Grundordnung*", in der es vor allem um die funktionsgerechte Mitbestimmung der universitären Gruppen und um die neuen Strukturen und Gremien auf der zentralen und Fakultätsebene ging. Die dafür einberufene Grundordnungsversammlung erarbeitete in 17 Plenar- und 90 Ausschusssitzungen die neue Grundordnung und konnte sie im April 1969 im breiten Konsens – mit 36 Stimmen bei nur 2 Gegenstimmen und 4 Enthaltungen – verabschieden. Der immer wieder beschworene „gute Geist der Grundordnung" bildete auch in den folgenden Jahren und Jahrzehnten eine verlässliche Basis für eine gute, konstruktive Zusammenarbeit in der Universität und war ein Bollwerk gegen Störungen von innen und außen.

Die Folgejahre waren geprägt von einer Flut rechtlicher Vorgaben in rasch wechselnder Folge. So wurde das Landeshochschulgesetz von 1968 bereits 1973 und 1977 zweimal novelliert, mit der Folge, dass die Grundordnung jeweils den geänderten gesetzlichen Rahmenbedingungen angepasst werden musste. Vor allem die in der Novelle von 1977 verfügte Abschaffung der „Verfassten Studentenschaft" führte zu erheblicher Unruhe unter den Studierenden. Die Kritik Draheims richtete sich darüber hinaus vor allem gegen das überperfektionierte Paragraphenwerk, insbesondere in Verbindung mit der Einheitsverwaltung. Auch der Verlust des Prüfungsanspruchs nach Erlöschen der Zulassung, die Drittmittelregelungen und die Nebentätigkeitsbedingungen veranlassten Draheim, von einer Gängelung zu sprechen. Die rigide Lehrdeputatsregelung sei verhängnisvoll, da die Universität nicht nur für die Lehre da sei. Der Aufwand für die Forschung, für den Technologietransfer, für die Weiterbildung, für internationale Kooperationen und die überregionale Gremienarbeit würden mit keiner Arbeitsstunde eingehen.

Weitreichende Konsequenzen für die bundesrepublikanische Hochschullandschaft hatte das Anfang der 70er Jahre gefällte Urteil des Bundesverfassungsgerichts zum Niedersächsischen

Vorschaltgesetz sowie vor allem das Hochschulrahmengesetz von 1975. Einschneidend wirkte sich auch das Studentenwerksgesetz des Landes aus dem Jahr 1975 aus, das gegen den Protest der Universität die Verstaatlichung des Studentenwerks – bisher Studentendienst e.V. – brachte.

Ein Thema, das in der hochschulpolitischen Reformdiskussion der frühen 70er Jahre eine wichtige Rolle spielte, war die Auseinandersetzung um die Gesamthochschule. Angeregt durch die Anstöße auf Bundes- und Landesebene entwickelte sich auch in den Karlsruher Hochschulen eine intensive und kontroverse Diskussion. Die Befürworter der Gesamthochschule sahen darin eine Chance für ein breiteres, flexibleres Angebot in der Hochschulausbildung, die Gegner befürchteten einen wesentlichen Verlust an Qualität und Identität der bewährten Hochschultypen. Zunächst sollte die Konzeption der Gesamthochschule in drei hochschulübergreifenden Teilmodellversuchen – Studienberatung, Lehrerbildung, Hochschuldidaktik – erprobt werden. Das Kultusministerium beauftragte eine Kommission mit der Erarbeitung von Leitsätzen, um eine Entscheidung vorzubereiten. Diese Leitsätze zielten zunächst auf eine integrierte Gesamthochschule, dann, als diese in den Karlsruher Hochschulen mehrheitlich auf Ablehnung stieß, auf eine kooperative Gesamthochschule. Schließlich fand auch dieses Konzept, diesmal von politischer Seite, keinen Rückhalt mehr – die Novellierung des Landeshochschulgesetzes von 1977 verfolgte bereits andere Ziele.

Die 70er Jahre brachten neben diesen hochschulpolitischen Turbulenzen immer wieder auch empfindliche Kürzungen des Universitätsetats. Im Jahr 1975 begann die Zeit der Stellenstreichungen mit dem Wegfall von 26 Assistentenstellen, dem die Streichung von 27 Stellen im nächsten Jahr folgte, was immerhin 10 Prozent des Bestandes kostete. Zusätzlich wurden die Sachmittel um 20 Prozent gekürzt. Gegen Ende des Jahrzehnts hatte der Verwaltungsrat kaum noch Bewegungsfreiheit, vor allem bei Berufungen war die Knappheit an Investitionsmitteln schmerzlich zu spüren. Dennoch bemühte sich die Universität im Gegensatz zu anderen Universitäten, von Zulassungs-

Abb. 9   Das Rechenzentrum, 1971 in Betrieb genommen

beschränkungen nur sehr zurückhaltend Gebrauch zu machen. Es fehlte an Mitteln für Ersatzbeschaffungen und es herrschte ein großer Stau bei der Anschaffung von Großgeräten. Die schlimmste Grundausstattungssorge betraf das Rechenzentrum (s. Abb. 9). Erst nach vielen Schwierigkeiten konnte dort ein Hochleistungsvektorrechner installiert werden. Dies war nicht zuletzt auch der Beteiligung des Kernforschungszentrums und dem Entgegenkommen der Lieferfirma zu verdanken.

Im Jahr 1976 starteten die Karlsruher Professoren eine Zeitungsanzeigen-Aktion „gegen die Zerstörung der Universität durch Verwaltungsmaßnahmen". Eine positive Reaktion auf diese Klagen zeichnete sich im Jahr 1978 ab, als Ministerpräsident Lothar Späth zusagte, die gängelnde Bürokratie zurückdrängen zu wollen. Der neue Wissenschaftsminister Engler plädierte für den Abbau von Spannungen zwischen Politik und Hochschule und warb für den verstärkten Dialog, um ein vertrauensvolles Klima zurückzugewinnen, ohne welches die schwierigen Aufgaben nicht zu meistern seien. Die 80er Jahre standen dann auch unter günstigeren Vorzeichen, allerdings kamen mit dem herannahenden Studentenberg neue schwere Probleme auf die Hochschule zu.

Ein markantes Signal am Beginn der 70er Jahre war die Gründung von *drei neuen Fakultäten* an der Universität Karlsruhe (s. Tabelle 5). Im Jahr 1969 wurde im Rahmen der neuen Grundordnung die Fakultät für Chemieingenieurwesen eingerichtet und im Jahr 1972 folgte die Gründung der Fakultäten für Informatik und Wirtschaftswissenschaften. Die neue Fakultät für Chemieingenieurwesen war die erste ihrer Art in Deutschland. Sie hatte in Karlsruhe eine lange Vorgeschichte, deshalb konnte bereits im Gründungsjahr mit acht Lehrstühlen begonnen werden, die u.a. von so herausragenden Wissenschaftlern wie Günther, Kuprianoff, Pichler, Rumpf und Sontheimer besetzt waren. Im Jahr 1972 kamen weitere Arbeitsgebiete wie zum Beispiel die Chemische Verfahrenstechnik hinzu.

Auch die Gründung der wirtschaftswissenschaftlichen Fakultät hatte eine traditionsreiche Vorgeschichte mit großen Namen. Bereits 1929 wurde das wirtschaftswissenschaftliche Institut gegründet. Schon bald nach Kriegsende gab es Studiengänge für Technische Volkswirte und Wirtschaftsingenieure. Im Jahr 1965/66 existierten jeweils drei Lehrstühle für Betriebswirtschaftslehre und Volkswirtschaftslehre, im gleichen Jahr wurde erstmalig ein Lehrauftrag über Operations Research vergeben, ein Gebiet, das als selbständiger Teil der modernen Wirtschaftswissenschaften seinen Ursprung in der Mathematik hatte. Die Behandlung quantitativer Methoden bei der Analyse und Steuerung betriebs- und volkswirtschaftlicher Prozesse gewann zunehmend auch in der Lehre an Bedeutung und führte schließlich zum „Karlsruher Wirtschaftsingenieur" 1970. Ab dem Jahr 1972 erhielten die Wirtschaftswissenschaften dann Fakultätsrang und trennten sich von der Fakultät für Geistes- und Sozialwissenschaften. Bald sah sich die Fakultät einer starken Nachfrage ihrer angebotenen Studiengänge gegenüber, denn sowohl Industrie als auch Verwaltung waren an den Absolventen interessiert. Bereits im Jahr 1974 hatte die Fakultät über 2000 Studierende, später über 3000 Studierende, und sie ist bis heute die größte Fakultät an der Friedericiana.

Die Grundlagen für die ebenfalls 1972 eingerichtete Informatikfakultät wurden bereits in den späten 50er und in den 60er Jahren gelegt, seit dem Wintersemester 1969/70 wurde das Vollstudium Informatik angeboten. Hierbei erwiesen sich vor allem die Mathematik und die Elektrotechnik als wichtige Ursprünge der Informatik. So kamen denn auch eine Reihe der ersten Informatikprofessoren aus der Mathematik und Elektrotechnik. Die Informatikfakultät war die erste ihrer Art in Deutschland und erwarb sich bald internationale Reputation.

Seit dem Jahr 1972 hat die Friedericiana somit 12 Fakultäten, die bis heute bestehen: Mathematik, Physik, Chemie, Bio- und Geowissenschaften, Geistes- und Sozialwissenschaften, Architektur, Bauingenieur- und Vermessungswesen, Maschinenbau, Chemieingenieurwesen, Elektrotechnik, Informatik und Wirtschaftswissenschaften (s. Tabelle 5).

Die Gründung der drei Fakultäten Informatik, Chemieingenieurwesen und Wirtschaftswissenschaften Anfang der 70er Jahre hat wesentlich dazu beigetragen, dass die Universität Karlsruhe zu dieser Zeit in diesen Bereichen eine fast einzigartige Stellung in der westdeutschen Hochschullandschaft innehatte. Die Pionierrolle der Informatik sowie das singuläre Angebot des Wirtschaftsingenieurwesens sorgten dafür, dass eine Vielzahl von gut ausgebildeten Informatikern und Wirtschaftsingenieuren in die Wirtschaft gehen konnten und dort das Rückgrat ganzer Branchen und vieler Unternehmen darstellten. Anfang der 80er Jahre war Karlsruhe auch auf dem Gebiet der Wasserchemie durch die enge Verbindung von Forschung, Lehre und Praxis zu einem weithin einmaligen Zentrum geworden. Ein anderes Beispiel ist das 1982 vom Institut für Maschinenwesen im Baubetrieb der Öffentlichkeit vorgestellte „UBUG" (Unterwasserbodenuntersuchungsgerät), ein weltweit einzigartiges Gerät zur Erforschung des Meeresbodens.

Im Jahr 1975 bestanden an der Universität Karlsruhe 20 *Studiengänge* (s. Grafik 7), eine Zahl, die sich zwischen 1970 und 1980 kaum veränderte. Allerdings verdeckt diese gleichbleibende Zahl, dass im Bereich der Studiengänge eine Reihe von studienreformerischen Veränderungen stattfand. Einige Studiengänge wurden eingestellt – so die Pharmazie, die an die Universität Heidelberg abgegeben werden musste, oder die Verfahrenstechnik, die im neu eingerichteten Chemieingenieurwesen aufging –, andere wurden neu eingeführt, so die Biologie, die Informatik, das Wirtschaftsingenieurwesen, die Magisterstudiengänge in den Geistes- und Sozialwissenschaften und nicht zuletzt das höhere Lehramt für Gewerbeschulen. Im Jahr 1983 kamen noch die Wirtschaftsmathematik und die Technomathematik hinzu.

Bemerkenswert ist der Anstieg der Zahl der *Institute* an der Fridericiana. Sie stieg von ca. 80 im Jahr 1970 innerhalb von fünf Jahren auf über 110 Institute an (s. Grafik 6). Im gleichen Zeitraum reduzierte sich die Zahl der selbständigen Lehrstühle und Lehrgebiete von ursprünglich 40 praktisch auf Null – eine

Strukturbereinigung, die sich durch Eingliederung in die Institute im Gefolge der Grundordnung und des Landeshochschulgesetzes erklärt. Danach ist die Zahl der Institute im Wesentlichen konstant geblieben. Im Jahr 1980 wurde als Interfakultative Einrichtung das Institut für Anwendungen der Informatik gegründet. Zu den zentralen Einrichtungen der Universität kam im Berichtszeitraum im Jahr 1978 das Beratungs- und Informationszentrum (BIZ) hinzu, eine Einrichtung, die seither Wesentliches für die Beratung der Studierenden und der Studienbewerber geleistet hat (s. Tabelle 7a, b).

Im Verlauf der 70er Jahre erhöhte sich die *Zahl der Studierenden* um 50 Prozent. Im Jahr 1970 studierten ca. 8100 Personen an der Fridericiana, im Jahr 1980 waren es bereits knapp 12000 Studierende (s. Tabelle 2 und Grafik 2). Der Anstieg verlief jedoch nicht gleichmäßig, denn bis zum Jahr 1975 gab es an der Universität Karlsruhe mit ca. 11300 Studierenden einen relativ starken jährlichen Zuwachs. Der Anstieg zwischen 1975 und 1980 hingegen war relativ schwach. Die Betreuungsrelation Lehrende zu Lernende verschlechterte sich – noch einigermaßen moderat – von 1:8,4 (1970) auf 1:11,6 (1980). Im Ganzen gesehen herrschten also in den 70er Jahren noch relativ „normale" Verhältnisse. Das zeigte sich auch im „Öffnungsbeschluss" der Ministerpräsidenten aus dem Jahr 1977, der den Numerus Clausus weitgehend beseitigen sollte, obwohl schon damals warnend auf den herannahenden Studentenberg hingewiesen wurde, der dann ab dem Jahr 1980 auch einsetzte.

Der Anteil der Frauen an der Gesamtstudierendenzahl begann sich bereits seit 1965 erstmals in der Geschichte der Fridericiana deutlich zu erhöhen. Er betrug im Wintersemester 1970/71 knapp 8 Prozent, im Wintersemester 1980/81 etwa 13 Prozent (s. Tabelle 3 und Grafik 3).

Die Zahl der ausländischen Studierenden stieg im gleichen Zeitraum von 850 auf 1076 (s. Grafik 4), der Anteil an der Gesamtzahl der Studierenden sank jedoch von 10,5 auf 9,1 Prozent. Innerhalb der ausländischen Studentenschaft vollzog sich zwischen den Geschlechtern ein bemerkenswert gegenläufiger Trend. Im Wintersemester 1971/72 waren nur ca. 5 Prozent der ausländischen Studierenden Frauen, elf Jahre später betrug dieser Anteil bereits ca. 17 Prozent, eine Entwicklung, die schwer einzuschätzen ist, vielleicht auch auf die Emanzipationserfolge in einigen Staaten zurückzuführen gewesen sein dürfte. Zu beiden Messzeitpunkten war Griechenland der Staat, aus dem die meisten ausländischen Studierenden kamen, 1971/72 stellten auch Malta, Ungarn, der Iran, Indonesien und die Vereinigten Arabischen Emirate große Kontingente an Studierenden an der Universität Karlsruhe. Neben Griechenland kamen Anfang der 80er Jahre vor allem aus der Türkei, Luxemburg und wieder dem Iran und Indonesien viele Studierende.

Die innerdeutsche Herkunft der Studierenden zeigt eine interessante Entwicklung. Zu Beginn der 70er Jahre stammten knapp 60 Prozent der deutschen Studierenden aus Baden-Württemberg – hier vor allem aus dem Karlsruher Umkreis –, im Wintersemester 1982/83 betrug der Anteil der Baden-Württemberger bereits 70 Prozent, eine Tendenz, die seit Mitte der 70er Jahre verstärkt zu beobachten war. Dies belegt die Rolle der Universität als badische Landeshochschule, aber auch den Trend, möglichst einen nahegelegenen Studienort zu wählen. Viele Studierende kamen aus dem mittleren Oberrheingebiet, auch aus dem benachbarten Rheinland-Pfalz zog es eine große Anzahl junger Menschen nach Karlsruhe zur Aufnahme eines Hochschulstudiums. Auch aus dem Saarland und Nordrhein-Westfalen kamen relativ viele Studierende, vergleichsweise weniger aus Hessen und Bayern, was an der Nähe der dortigen technischen Hochschulen liegt. Bei speziellen Studienangeboten, wie vor allem der Informatik oder dem Wirtschaftsingenieurwesen, erweiterte sich der Einzugsbereich der Universität Karlsruhe allerdings über weite Teile des Bundesgebiets. Hier zeigten sich die Vorteile einer profilorientierten Strategie besonders deutlich. Die Anzahl der Studierenden lag übrigens im gesamten Zeitraum be-

reits über den Vorgaben des Hochschulgesamtplans des Landes und über den Planzahlen des Wissenschaftsrates.

Der AStA richtete um 1970 Anfragen an den Rektor, ob an der Fridericiana Forschungsprojekte des Verteidigungsministeriums oder der NATO durchgeführt würden. Rektor Draheim beantwortete sie dahingehend, dass aus seiner Sicht solange keine Bedenken bestünden, solange die Forschungsergebnisse offengelegt würden. Zwar konnte an der Karlsruher Universität, anders als an manchen anderen Orten, dank des herrschenden guten Klimas zwischen Rektorat und AStA, zwischen Lehrenden und Lernenden, auch in den unruhigen 70er Jahren ungestört in Forschung und Lehre gearbeitet werden. Dennoch erregten hochschulpolitische Reizthemen, wie beispielsweise die bundesweit umstrittenen Kapazitätsermittlungen und Curricularrichtwerte oder die daran geknüpfte zentrale Vergabe der Studienplätze, auch an der Fridericiana den Unwillen der Studentenschaft und weiter Teile der Universität. Im Vordergrund stand dabei die schon erwähnte Abschaffung der Verfassten Studentenschaft, die mit der Novelle des Landeshochschulgesetzes von 1977 gegen den einhelligen Widerspruch der Universität Karlsruhe verfügt wurde und zu Protestaktionen und einzelnen Boykottaufrufen seitens der Studentenschaft führte (s. Abb. 10). Dank der Appelle des Rektors, die bewährte konstruktive Zusammenarbeit der universitären Gruppen trotz der veränderten und erschwerten Rahmenbedingungen nicht aufzukündigen, wurde der Lehrbetrieb insgesamt nicht lahmgelegt. Die Klagen über überfüllte und fehlende Hörsäle, über fehlende Stellen und Stellenstreichungen sowie finanzielle Restriktionen gehörten demgegenüber eher schon zum Alltag des Universitätslebens, so auch die an verschiedenen Stellen immer wieder auftretenden räumlichen Engpässe. Besonders bei den Informatikern und Wirtschaftswissenschaftlern herrschte angesichts der raschen Zunahme der Studierwilligen eine schlimme Raumsituation.

Die immer schwieriger werdende Wohnraumsituation der Studierenden konnte durch gele-

Abb. 10 Studentendemonstration gegen die Hochschulpolitik auf dem Festplatz

gentliche Neubauten von Wohnheimen zwar partiell gemildert, aber bei weitem nicht durchgreifend verbessert werden. Die Universität blieb mit einem Wohnheimangebot von unter 10% der Studierendenzahl auch bis in die 80er und 90er Jahre auf einem hinteren Rang unter den Landesuniversitäten. Der Studentenberg der 80er Jahre warf auch hier seine Schatten voraus. Im Jahr 1982 erregte die „Z-10-Initiative" großes Aufsehen. Ein Altbau in der Zähringerstraße 10 wurde von den Studierenden in Eigenarbeit instand gesetzt und über den Winter gerettet, ansonsten hätte der Abbruch gedroht. Hilfe kam durch einen Aufruf des Rektors und von Spenden in Höhe von 300 000 DM, daraufhin flossen auch städtische Mittel, schließlich wurde die Vereinsgründung Z 10 e.V. beschlossen. Der Anfang der 1980er Jahre war zudem geprägt von einer Vielzahl kultureller Aktivitäten der Studierenden wie beispielsweise der Arbeitskreis Kultur (AKK) beim AStA, das Z 10 oder die Studentengruppe AIESEC. Diese Aktivitäten mündeten später in die Gründung einer studentischen Kultur-GmbH.

In den 70er Jahren lässt sich eine deutliche Tendenz eines verstärkten Übergangs von der Individualforschung – die nach wie vor ihren wichtigen Platz hatte – zur interdisziplinären Zusammenarbeit in größeren Teams beobachten. Ihren herausragenden Ausdruck fand diese neue Arbeitsweise der Wissenschaften in den sog. „*Sonderforschungsbereichen*", in denen Vertreter unterschiedlicher Disziplinen zusammenarbeiteten. Sonderforschungsbereiche boten und bieten auch dem wissenschaftlichen Nachwuchs die Möglichkeit, frühzeitig in der aktuellen Forschung mitzuarbeiten und sich zu profilieren. Sie werden meistens über einen Zeitraum von ca. zehn bis fünfzehn Jahren eingerichtet. Die Universität Karlsruhe war schon bei den ersten Genehmigungen von Sonderforschungsbereichen durch die Deutsche Forschungsgemeinschaft um 1970 erfolgreich und unterhielt während der 70er Jahre stets drei bis vier Sonderforschungsbereiche, darunter „Felsmechanik" (bis 1980), „Ausbreitungs- und Transportvorgänge in Strömungen" (bis 1983) sowie „Verfahrenstechnische Grundlagen der

Wasser- und Gasreinigung" (bis 1985). Im Jahr 1980 kam der SFB „Spannung und Spannungsumwandlung in der Lithosphäre" dazu, der Wissenschaftler aus der Geophysik, der Geologie, der Mineralogie, der Petrographie, der Geographie, der Geodäsie und aus der Boden- und Felsmechanik zusammenführte und 15 Jahre lang bis 1995 Bestand hatte.

Sonderforschungsbereiche gelten allgemein in der Scientific Community als „Erfolgsstory" der DFG, und ihre Zahl wird immer wieder als wichtiger Indikator für die Leistungsfähigkeit einer Universität in der Forschung gewertet. Die Universität Karlsruhe war daher auch in den folgenden Jahren stets bemüht und zugleich erfolgreich, die Anzahl ihrer Sonderforschungsbereiche nicht nur zu halten, sondern weiter zu erhöhen (s. Grafik 9 und Tabelle 9).

Der Beginn der SPD/FDP-Koalition im Jahre 1969 markierte auch einen Einschnitt in der Hochschulpolitik des Bundes. Der Beginn der Hochschulreformen und die „Öffnung" der Hochschulen verliefen parallel zu Initiativen einer breiten gesellschaftlichen Demokratisierung – „Mehr Demokratie wagen" – der neuen Regierung. In die 70er Jahre fiel auch die durch die Ölkrise ausgelöste Weltwirtschaftskrise. Eine direkte resp. indirekte Folge war die Finanznot der Hochschulen und ihre Bemühungen, sich verstärkt als Partner der Wirtschaft zu positionieren. So stellten beispielsweise im Jahr 1977 20 Institute der Universität Karlsruhe auf der Technologieausstellung auf dem Stuttgarter Messegelände Killesberg gemeinsam aus. Der Sinn der Messebeteiligung war „*Technologietransfer*", also die Übertragung von technischem Know-how vor allem in die kleineren und mittleren Industriebetriebe, um deren Wettbewerbsfähigkeit zu fördern. Ein Jahr später war die Universität Karlsruhe als erste und einzige Hochschule auf der Hannover-Messe vertreten. Die ausstellenden Institute informierten über ihre Forschungsarbeiten und leisteten so einen Beitrag zum verbesserten Informationsfluss zwischen Forschungs- und Anwendungsbereichen.

Im Jahr 1981 wurde eine Beratungsstelle für Mikroelektronik eingerichtet, die kleine und mittlere Unternehmen ermutigen sollte, die Chancen der Mikroelektronik besser zu nutzen und sich damit besser an die weltweiten Wettbewerbsbedingungen anzupassen. Durch diese und weitere Beratungs- und Kontaktangebote, durch Forschungskooperationen mit der Wirtschaft und Industrie, nicht zuletzt durch die qualifizierte Ausbildung ihrer Absolventen leistet die Hochschule in vielfältiger Form ihren Beitrag zum Wissens- und Technologietransfer in die Wirtschaft und in die Gesellschaft. Ein weiteres, ganz konkretes Beispiel ist die Ausbildung von Lehrlingen in den Werkstätten der Universität schon seit Anfang der 70er Jahre. Im Jahr 1977 umfasste diese Ausbildung 19 verschiedene Berufe, in denen 80 Auszubildende einen Beruf erlernen konnten. Diese Zahlen sind in den Folgejahren noch gewachsen.

Dieser Transfer ist keine Einbahnstraße. Die Universität profitiert ihrerseits durch die ständige Aktualisierung ihrer anwendungsnahen Forschungsthemen und verstärkt die Einwerbung ihrer Drittmittel aus der Industrie, die schon in den 70er Jahren und vor allem in den 80er und 90er Jahren ein bedeutender Posten im Universitätshaushalt geworden sind.

Partnerschaft und Kooperation mit der Wirtschaft sind aber nicht neu. Die Fridericiana steht hier in einer jahrzehntelangen erfolgreichen Tradition und zugleich unter den sich wandelnden Anforderungen einer ständigen Innovation.

Nach den ersten erfolgreichen Kontakten und Hochschulkooperationen mit ausländischen Partnern im Zeitraum zwischen 1950 und 1970 hat die Fridericiana von 1970 bis 1980 ihre *internationalen Beziehungen* weiter ausgebaut. Neben der Zusammenarbeit mit einer Reihe von amerikanischen Universitäten wurde im Jahr 1978 ein Abkommen zwischen Karlsruhe und der Ecole Supérieure d'Ingénieurs en Electrotechnique et Electronique (ESIEE) in Paris unterzeichnet, welches den Austausch von Studierenden für Studien- und Diplomarbeiten und von Dozenten genauso vorsah wie gemeinsame Forschungsprogramme auf dem Gebiet der Elektrotechnik. Im Jahr 1979 ging daraus das Europäische Gemeinschaftsstudium für Elektroingenieure Paris – Essex – Karlsruhe hervor. Im gleichen Jahr besuchten Vertreter der Universität Karlsruhe das Technion in Haifa, um eine Vereinbarung über gegenseitige Arbeitsbesuche zur Vorbereitung künftiger gemeinsamer Forschungsvorhaben zu treffen. Die Früchte der Zusammenarbeit mit der Technischen Universität Budapest konnten im Jahr 1980 auf einer gemeinsamen Innovationsausstellung anläßlich des 10-jährigen Jubiläums der Kooperation in Budapest gezeigt werden. Zwei Jahre später vereinbarten die Universitäten Karlsruhe und Gdansk eine Kooperation in Forschung und Lehre, die sich bis heute gut entwickelt hat. Auch mit asiatischen Hochschulen lief die Zusammenarbeit an, so im Jahre 1982/83 mit der Kasetsart-Universität von Bangkok im Bereich der Ingenieurbiologie, die wichtige Erkenntnisse für die Auswirkungen technischer Großprojekte in Entwicklungsländern erbrachte.

▎1980 bis 1994: Studentenberg und Überlast
Das beherrschende Problem im Zeitraum von 1980 bis 1994 war der starke *Anstieg der Studierendenzahlen*. Im Wintersemester 1980/81 studierten an der Universität Karlsruhe ca. 11 800 Personen, 13 Jahre später waren es 21 300 Studierende, bei einem zwischenzeitlichen Höchststand von fast 22 000 im Wintersemester 1992/93. Besonders dramatisch war auch die hohe Zahl der Neuimmatrikulationen, die beispielsweise im Jahr 1991 trotz des Numerus Clausus in über einem Dutzend Fachrichtungen fast 4000 Studienanfänger erreichte. Es gab für diese Entwicklung mehrere Gründe, und zwar begannen erstens die Angehörigen geburtenstarker Jahrgänge jetzt ihr Studium, ein Grund lag also in den demographischen Verhältnissen. Die zweite Ursache beruhte auf der Tatsache, dass jetzt in verstärktem Ausmaß auch Studienbewerber aus schwächeren sozialen Schichten die Möglichkeit des Studiums wahrnahmen. Last but not least war ein Grund auch die Struktur des Arbeitsmarkts, denn die hohen Arbeitslosenzahlen vor allem im gewerblichen Bereich veranlasste viele junge Menschen verständlicherweise dazu, ihr berufliches Heil in einer möglichst guten Ausbildung zu suchen.

Der Anstieg verlief in den einzelnen Disziplinen sehr unterschiedlich (s. Tabelle 2). Die Zahl der Bauingenieurstudierenden stagnierte zunächst bis zum Jahr 1989 und stieg dann nach der Vereinigung beider deutscher Staaten im Jahr 1990 aufgrund des hohen Nachholbedarfs in den neuen Bundesländern steil an. Ein eher umgekehrter Trend zeigte sich bei den Studierenden der Informatik und des Wirtschaftsingenieurwesens. Für den einzelnen Menschen kann es dramatische Folgen für den weiteren Lebensweg haben, ob er zum Studium zugelassen wird oder nicht. Im Jahr 1987 kamen beispielsweise an der Universität Karlsruhe 1600 Bewerber auf 350 Studienplätze in der wirtschaftswissenschaftlichen Fakultät, im Maschinenbau lautete das Verhältnis 1420 zu 430, in der Elektrotechnik 1080 zu 335, und im neueingerichteten Fach Geoökologie kamen sogar 440 Bewerber und Bewerberinnen auf 20 Plätze. Zwar glaubte man ab dem Jahr 1988 mittelfristig aus demographischen Gründen bereits wieder eine Abnahme der Studierendenzahlen erwarten zu können, doch aus verschiedenen Gründen war die Perspektive für die Zeit nach dem Gipfel des Studentenberges im Jahr 1992 schwer abschätzbar, also ob sich ein sog. „Hochplateau" einstellen würde oder ob nur eine „Delle" bezüglich der Studierendenzahlen oder doch ein größerer Abfall der Studentenzahlen zu erwarten war (s. Grafik 2).

Die stark gestiegene Zahl der Studierenden brachte naturgemäß eine ebenfalls enorme Anzahl der Studienabschlüsse mit der damit verbundenen hohen Belastung durch Betreuung von Diplomarbeiten und Prüfungen mit sich (s. Tabelle 8 und Grafik 8). Der Anteil der Frauen an der Studierendenzahl erhöhte sich weiter (s. Grafik 3), er erreichte Mitte der 90er Jahre erstmals über 20 Prozent, wobei es nach wie vor große Unterschiede zwischen den einzelnen Fakultäten gab. Elektrotechnik und Maschinenbau studierten kaum Frauen, in den Fakultäten Bio- und Geowissenschaften sowie Geistes- und Sozialwissenschaften wurden dagegen Frauenanteile von teilweise ca. 50 Prozent und mehr erreicht. Auch bei den ausländischen Studierenden war ein kräftiger

Anstieg auf die doppelte Zahl zu beobachten (s. Grafik 4). Schließlich studierten über 2000 Personen aus über 100 Staaten an der Universität Karlsruhe, so kam seit den frühen 90er Jahren eine bis heute wachsende Zahl junger Menschen aus Kamerun und China sowie aus anderen asiatischen und afrikanischen Ländern.

Die Entwicklung der universitären Ressourcen verlief dagegen keineswegs adäquat, die Personalstellen und die finanzielle Ausstattung stiegen trotz staatlicher Notprogramme nicht entsprechend der Studierendenzahl an, sondern nahmen nur wenig zu. Dies führte zu einer enormen *„Überlast"* und hatte einschneidende Konsequenzen. Lehre, Studium und die Förderung des wissenschaftlichen Nachwuchses litten unter den Auswirkungen der Überlast. Dennoch startete die Universität mit Blick auf aktuelle und zukunftsträchtige Entwicklungen neue Initiativen, so beispielsweise mit der Einführung neuer Studiengänge wie Geoökologie, Biotechnologie und dem Begleitstudium Angewandte Kulturwissenschaft. Auch die Etablierung neuer Studieneinrichtungen wie dem Sprachenzentrum, dem Fernstudienzentrum oder dem Studienzentrum für Sehgeschädigte ist in diesem Zusammenhang zu sehen, nicht zu vergessen auch die Einrichtung von mehreren Graduiertenkollegs. Angesichts der Gesamtentwicklung verwundert es aber nicht, dass sich die Betreuungsrelation Wissenschaftler zu Studierenden ständig verschlechterte und im Jahr 1990 nur noch 1:19 betrug, ein Verhältnis, welches sich auch in den nächsten Jahren nicht verbesserte (s. Tabelle 4 und Grafik 5).

Eine weitere problematische Folgeerscheinung der Expansion der Studierendenzahlen lag in der nach wie vor schwierigen, sich jetzt noch einmal verschärfenden *Wohnraumsituation*. Bereits im Jahr 1981 hatte der Bund seinen Wohnheimbau de facto eingestellt, was zu einer zunehmenden Wohnraummisere führte. Die Wohnungsnot belastete vor allem die Studienanfänger und die ausländischen Studierenden. Die Wohnraumquote betrug in den 80er Jahren unter 10 Prozent, während nach Umfragen ca.

22 Prozent der Studierenden einen Wohnheimplatz wollten. Noch eine Tatsache beleuchtet die soziale Situation der Studierenden schlaglichtartig: Im Jahr 1992 gab die Mensa täglich 9 300 Mittagessen aus – auf 1 600 Plätzen – und dies, obwohl der Erweiterungsbau der Mensa seit dem Jahr 1990 in Betrieb war. Hier handelte es sich um den klassischen Fall einer durch jahrelange Verzögerung verursachten Fehlplanung. Der Prozentsatz der BAFÖG-Geförderten war auf 25% gesunken, bei einem Höchstsatz von 690 Mark monatlich. Der vom DSW ermittelte Bedarf lag bei fast 1 000 DM. In einer Sozialerhebung des Karlsruher Studentenwerks aus dem Jahr 1993 wurde bekannt, dass die Karlsruher Studierenden im Durchschnitt jünger waren als ihre Kommilitoninnen und Kommilitonen im Bundesdurchschnitt. Zudem jobbten ca. 53 Prozent der Karlsruher Studierenden, und hiervon wiederum arbeitete die Hälfte, um sich den Lebensunterhalt zu verdienen.

Ab dem Jahr 1985 startete der Modellversuch „Studentische Kultur an der Hochschule", der vom Bund mit jährlich 80 000 DM auf fünf Jahre finanziert wurde. Die Hochschule sollte nicht nur als Lernort, sondern auch als Lebensraum begriffen und angenommen werden. Aufschlußreich für die Lebenssituation und auch die Mentalität der Studierenden war die sog. „Peisert-Studie" aus dem Jahr 1985, in der den Studierenden großer Realismus und hohe Flexibilität bezüglich Beruf und Arbeitsmarkt bescheinigt wurde. Dieser Studie zufolge zeigte sich bei den Studierenden nicht etwa eine Tendenz zu Bequemlichkeit und übertriebenem Streben nach Freizeit, sondern zu positiver Leistungsbereitschaft im Studium.

Trotz Überlast konnten die Aktivitäten in der *Forschung* noch intensiviert werden. In den Jahren 1983 bis 1986 gelang es, zu den bereits bestehenden drei Sonderforschungsbereichen fünf neue hinzuzugewinnen (s. Tabelle 9). Eine Vielzahl von Wissenschaftlern arbeitete beispielsweise in dem Sonderforschungsbereich „Hochbelastete Brennräume – Stationäre Gleichdruckverbrennung", an dem sich auch die Bergakademie Freiberg beteiligte. In Zusammenarbeit mit der TH Braunschweig wurde etwa zur gleichen Zeit der Sonderforschungsbereich „Strömungsmechanische Bemessungsgrundlagen für Bauwerke" etabliert, ein Jahr später der SFB „Künstliche Intelligenz", an dem vor allem Informatiker und Angehörige der Maschinenbaufakultät beteiligt waren. Im Jahr 1985 wurde auch das großangelegte „Kontinentale Tiefbohrprojekt" mit maßgeblicher Karlsruher Beteiligung gestartet. Am Ende des Rektorats von Heinz Kunle im Jahr 1994 existierten an der Universität Karlsruhe insgesamt 10 Sonderforschungsbereiche und 6 Graduiertenkollegs (s. Grafik 10 und Tabelle 10). Bereits im Jahr 1987 stand die Fridericiana hinsichtlich der Anzahl der Sonderforschungsbereiche knapp hinter der Rheinisch-Westfälischen Technischen Hochschule Aachen an zweiter Stelle in der Bundesrepublik. Damit steigerte sich auch die Summe der Drittmittel, die die Universität insgesamt einwerben konnte, erheblich auf über 100 Millionen DM jährlich. Steigende Fördermittel bekam die Fridericiana in diesem Zeitraum auch von der Europäischen Union. Sehr wertvoll wegen der unbürokratischen und schnellen Handhabung war auch immer die Hilfe der Karlsruher Hochschulvereinigung, die 1994 ihr 75-jähriges Bestehen feiern konnte.

Laut einer Umfrage des Rektorats aus dem Jahr 1987 war ein Drittel aller Universitätsinstitute mehr oder weniger in der Umweltforschung aktiv. Rektor Kunle schlug daher die Gründung eines Umweltforschungszentrums und die Errichtung eines dafür bestimmten Gebäudekomplexes vor, der dann nach Überwindung vieler Hindernisse etwa 10 Jahre später fertiggestellt und bezogen werden konnte (s. Abb. 11). Im Bereich des Technologietransfers wurde im Jahr 1983 die Technologiefabrik Karlsruhe unter Federführung der Industrie- und Handelskammer und unter Beteiligung der Universität Karlsruhe eröffnet. Die Technologiefabrik fand rasch zahlreiche Interessenten, die hauptsächlich Absolventen der Universität waren. Eine weitere wichtige Entwicklung fand im Ausbau der Rechnerausstattung ihren Niederschlag. Die Großrechnerkapazität im Rechenzentrum wurde verdoppelt und ein campusweites Hochgeschwindigkeitsnetz mit 10 km Glasfaserkabel schrittweise vorangetrieben. Eine Kooperation mit IBM ermöglichte 60 Teilprojekte in allen Fakultäten mit insgesamt 100 PCs und drei leistungsstarken IBM-Rechnern. Um diese Leistungen, an denen viele Mitglieder der Universität beteiligt waren, angemessen zu würdigen, muss man sie stets auch vor dem Hintergrund stark steigender Studierendenzahlen und fehlender personeller sowie finanzieller Ressourcen sehen. Der Rektor sprach von „kollektivem Stress" und beschrieb die Forschung als „sehr beengt, aber dennoch sehr erfolgreich".

Demgegenüber ging die *Bautätigkeit* an der Fridericiana in den 8oer Jahren stark zurück (s. Grafik 1). Immerhin wurde im Jahr 1985 endlich die neue Petrochemie am Engler-Bunte-Institut ihrer Bestimmung übergeben – ein Bau, dessen Genehmigung bereits 11 Jahre zurücklag. Ein positives Gegenbeispiel war der in der Rekordzeit von nur 10 Monaten gebaute und im Jahr 1985 übergebene Behelfshörsaal am Fasanengarten. Im Jahr 1988 konnten dann drei Richtfeste gefeiert werden: für den Informatikneubau, für die Mensaerweiterung und den Umbau der alten Anorganischen Chemie, und im Jahr 1994 begann der schon erwähnte Bau des Forschungszentrums Umwelt.

Veränderte politische Rahmenbedingungen beeinflußten auch die Hochschulpolitik der 8oer Jahre. Der Regierungswechsel in der Bundesrepublik Deutschland in den Jahren 1982 bzw. 1983 führte zu einer Koalition zwischen CDU, CSU und FDP. Der Zusammenbruch der Sowjetunion und der DDR, als deren Folge die Wiedervereinigung der beiden deutschen Staaten im Jahre 1990 zu betrachten ist, und die europäische Einigung waren die herausragenden außenpolitischen Ereignisse der 8oer und frühen 9oer Jahre. Bundespolitisch standen die Probleme der Arbeitslosigkeit und der Staatsfinanzen im Vordergrund. Landespolitisch begann nach den rauhen Sparmaßnahmen und Stellenstreichungen in der Universität zu Beginn der 8oer Jahre eine neue, konstruktivere Phase der Zusammenarbeit zwischen Landesregierung und Landesuniversitäten. Das Land bemühte sich, den teilweisen Rückzug des Bundes aus der Hochschulfinanzierung in etwa auszugleichen, auch um durch eine verstärkte Kooperation zwischen Wissenschaft und Wirtschaft sowie durch strukturelle Verbesserungen beide Bereiche zu stimulieren. Ein wichtiger Anstoß ging von dem Besuch des Ministerpräsidenten Lothar Späth aus, der zusammen mit den Ministern Engler und Eberle bereits im Jahr 1979 die Universität Karlsruhe besucht hatte. Dabei rückte die Bedeutung der Forschung – auch für die Wirtschaft – wieder stärker ins politische Blickfeld. Vor diesen ökonomischen und politischen Hintergründen fanden 1983/84 die beiden ersten sog. „Tonbach-Gespräche" des Ministerpräsidenten mit den Universitätsrektoren statt, in denen Späth ankündigte, die Haushaltssanierung zwar fortsetzen zu wollen, die Universitäten in ihren Aufgaben und Ressourcen aber wieder stärker zu unterstützen. Er sagte zu, bis zum Jahr 1990 keine weiteren Stellen mehr zu streichen und den „Fiebiger-Plan" zu realisieren, der vorsah, in den nächsten fünf Jahren jeweils 40 Professorenstellen für Nachwuchswissenschaftler zu schaffen. Dafür sollten dann eine entsprechende Zahl von Stellen beim Ausscheiden älterer Professoren später wieder wegfallen. Bereits im Jahre 1988 waren an der Universität Karlsruhe die meisten der auf Karlsruhe entfallenden 28 Fiebiger-Professuren besetzt. In weiteren Tonbach-Gesprächen wurden die Landesgraduiertenförderung, ein Forschungsprogramm des Landes über fünf Jahre sowie die Einsetzung der „Forschungskommission 2000", die einen Perspektivplan vorlegen sollte, verabredet.

Auch auf Bundesebene legte Bildungsminister Möllemann jetzt angesichts des Studentenbergs ein mehrjähriges Überlastprogramm von zwei Milliarden DM auf. Zwei Jahre später folgte das Möllemann II - Programm, welches als „Qualifizierungsbrücke" die Förderung des wissenschaftlichen Nachwuchses und besonders der Frauen vorsah. In Karlsruhe hatte der Senat im Frühjahr 1990 bereits einen Frauenförderplan verabschiedet und eine Senatskommission für Frauenfragen eingesetzt. Im

Oktober 1990 wurde dann erstmals eine Frauenbeauftragte gewählt.

Ab diesem Jahr, dem Jahr der Wiedervereinigung, setzten auch die Hilfen für ostdeutsche Hochschulen ein. Die Universität Karlsruhe schloß Kooperationsvereinbarungen mit der TU Dresden sowie mit der TH Leipzig und arbeitete mit der TH Ilmenau zusammen. Es kam zum Austausch von Wissenschaftlern, Karlsruhe stellte ihren Partnern 30 PCs zur Verfügung, und die Wirtschaftswissenschaftler unterstützten ihre Kollegen in Dresden beim Aufbau ihres Fachbereichs.

Für die Studienreform brachte das Trotha-Programm im Jahr 1991 zusätzliche Mittel, um eine bessere Betreuung der Studierenden durch Tutoren und Mentoren zu ermöglichen. Auch die im Jahr 1994 verabschiedete Landeshochschulgesetznovelle enthielt im Wesentlichen Studienreformmaßnahmen, die an der Universität Karlsruhe allerdings schon weitgehend realisiert waren. So gab es bereits Kommissionen für Studium und Lehre und de facto Studiendekane in Gestalt der Prüfungskommissionsvorsitzenden. Auch die jetzt gesetzlich vorgeschriebene Frauenbeauftragte war schon seit vier Jahren im Amt.

Die 80er Jahre brachten auch einen erheblichen Ausbau der *internationalen Beziehungen*. Im Jahre 1984 bahnte Rektor Kunle die Kooperation mit einer chinesischen Hochschule in Peking an. Im gleichen Jahr wurde die Oberrheinische Rektorenkonferenz gegründet, die Keimzelle der späteren trinationalen Zusammenarbeit von sieben Universitäten. Ein Jahr danach hatte die Universität Karlsruhe mit Kunming in China (in den Wirtschaftswissenschaften) und Nuevo Leon in Mexiko (in den Geowissenschaften) zwei neue Kooperationspartner. Im Jahr 1987 wurde die erste deutsch-chinesische Rechnerverbindung Karlsruhe – Peking durch die Karlsruher Informatikfakultät hergestellt. Im gleichen Jahr besuchte eine Regierungsdelegation der DDR die Universität Karlsruhe, dabei wurde eine Hochschulzusammenarbeit ins Auge gefasst. Im Jahr danach besuchten Vertreter der TH Leipzig Karlsruhe, auch nahm die Universität

Karlsruhe Verbindungen nach Grenoble und bald darauf zur ENSAM, einer Grande Ecole in Paris auf. Am 13. Dezember 1989 unterzeichneten die sieben oberrheinischen Universitäten die EUCOR-Konvention: Universitäten aus Basel, Mulhouse, Strasbourg, Freiburg und Karlsruhe gründeten die „Europäische Conföderation der Oberrheinischen Universitäten". Das Klimagroßprojekt REKLIP am Oberrhein startete unter Karlsruher wissenschaftlicher Leitung und mit Beteiligung anderer EUCOR-Universitäten. Im Jahr 1990 gründete die TU Sofia mit der Unterstützung des DAAD eine neue Fakultät für deutschsprachige Ingenieurausbildung; dabei folgte die Maschinenbauausbildung genau dem Vorbild des Karlsruher Studienplans und wurde von Karlsruher Gastdozenten unterstützt. Nur wenige Jahre später gab es deutschsprachige Ingenieurstudiengänge nach demselben Muster auch an der TU Budapest: im Bauingenieurwesen, im Maschinenbau und in der Elektrotechnik – wiederum mit Beteiligung der entsprechenden Karlsruher Fakultäten.

Auf Universitätsebene existierten zu diesem Zeitpunkt insgesamt 16 Partnerschaften, auf Fakultätsebene waren es 10 Partnerschaften, und auch auf Institutsebene gab es zahlreiche internationale Kontakte, wie zum Beispiel die von Bauingenieurinstituten mit der Hochschule MADI in Moskau.

1995 bis 2000: Die Fridericiana an der Schwelle zum neuen Jahrhundert

Mit welchen Problemen sah sich die Universität in den letzten Jahren des ausgehenden Jahrzehnts konfrontiert? Welches waren die Antworten auf diese Herausforderungen, welches die Perspektiven der Universität über die Jahrhundertwende hinaus? Die folgenden Beiträge dieses Jubiläumsbandes geben dafür an vielen Stellen jeweils spezifische Antworten. An dieser Stelle, am Ende unseres historischen Rückblicks, seien dazu nur einige wenige Anmerkungen skizziert.

Der Studentenberg der 80er und frühen 90er Jahre hatte sich bis zum Jahr 1995 abgeflacht, die Zahl der Studierenden fiel von 1995 bis zum

WS 1999/2000 von 19 300 auf 14 400 – ein Trend, der ähnlich und schon etwas früher bei den anderen technischen Universitäten der Bundesrepublik zu erkennen war. Hierin lag zwar die lange Zeit erhoffte Chance der Rückkehr von der Überlast zur „Normallast" und zur durchgreifenden Verbesserung des Betreuungsverhältnisses, jedoch wirkten zwei andere Entwicklungen diesem erwünschten Effekt entgegen.

Zum einen führten die Sparzwänge und -auflagen des Landeshaushalts zu einschneidenden Reduktionen der Ressourcen, die die anfänglichen Hoffnungen auf Entlastung zumindest teilweise wieder zerstörten. Stellenverluste und Stellensperren führten zu einem Rückgang des Stellenbestandes. Die laufenden Sachmittel und der für Berufungen wichtige Spielraum bei Investitionsmitteln wurden in erheblichem Umfang eingeschränkt. Zum anderen signalisierte der Rückgang der Studienbewerberzahlen eine wachsende Verunsicherung hinsichtlich der Chancen am Arbeitsmarkt und ein nachlassendes Interesse an technisch-naturwissenschaftlichen Studiengängen mit der unerfreulichen Folgewirkung, dass es bald wieder an entsprechendem Nachwuchs in der Industrie und auch in den Hochschulen selbst fehlen würde. Die Universität Karlsruhe sah sich daher zunehmend veranlasst, wieder mehr Abiturienten und Abiturientinnen für technische und mathematisch-naturwissenschaftliche Studienfächer zu gewinnen. Immerhin ist zu konstatieren, dass sich erfreulicherweise der Anteil der Studentinnen an der Fridericiana in den letzten fünf Jahren von rund 20 % auf fast 24 % stetig erhöht hat. Auch wird die ungebrochene Attraktivität der Universität Karlsruhe für Bewerber und Bewerberinnen aus anderen Ländern durch den w eiteren Anstieg der Zahl der ausländischen Studierenden auf nunmehr fast 2 500 belegt (s. Grafik 3 und 4).

Neben diesen quantitativen und finanziellen Problemen kamen von außen her auch neue hochschulpolitische Aktivitäten auf die Universität zu. Nach der weitgehenden Organisationsruhe früherer Jahre und der auf Studienreformmaßnahmen begrenzten Gesetzesnovelle von 1994 traten damit strukturelle und hochschulorganisatorische Veränderungen in den Vordergrund, die sich in drei Entwicklungsschritten manifestierten.

Der *Solidarpakt*, der 1997 zwischen der Landesregierung und den Universitätsrektoren vereinbart wurde, verlangt von den Universitäten im Laufe der nächsten Jahre den Abbau von über 10 % der Stellen – das sind für Karlsruhe mehr als 200 Stellen – sowie Abstriche bei den finanziellen Mitteln, garantiert aber andererseits Planungssicherheit – eine Zusage, die die Universitäten von künftigen Kürzungen im Landeshaushalt ausnehmen soll.

Die *Hochschulstrukturkommission* hat in ihrem Abschlussbericht vom Juni 1998 die Stellenforderungen des Solidarpakts wieder etwas abgemildert und mehr Flexibilisierung der Haushalte empfohlen. Der Vorschlag einer stärkeren Profilierung der Universitäten wird allerdings an der Fridericiana wie schon bei ähnlichen Vorschlägen in der Vergangenheit wenig bewirken können, da sie bereits jetzt ein „überschlankes Profil" und daher kaum Reserven für eine Verschlankung besitzt.

Schließlich bringt die *Novellierung des Universitätsgesetzes* vom 1. Januar 2000 eine Vielzahl von strukturellen und organisatorischen Neuerungen. Manche dieser Neuerungen sind in den Universitäten positiv aufgenommen worden, wie der Globalhaushalt oder die Betonung der Internationalisierung und der Interdisziplinarität. Andere stellen erhebliche Einschnitte in bisher bewährte Strukturen dar, so die Abschaffung des effektiven Verwaltungsrats, die vorgeschriebene Mindestgröße von Fakultäten, die neuen Amtszeiten für Rektoren und Dekane, oder die besonders für technische Universitäten sehr problematischen Änderungen der Berufungsmodalitäten.

Der Versuch des Großen Senats der Fridericiana, durch eine Grundordnungsänderung unter Anwendung der gesetzlichen Experimentierklausel „das Universitätsgesetz so auszulegen, dass es auch für eine technische Universität anwendbar wird", ist inzwischen an der Ablehnung durch das Wissenschaftsministerium gescheitert. Man wird jetzt also abwarten

und weitere Erfahrungen mit der neuen Situation sammeln müssen.

Die Universität Karlsruhe und ihre Mitglieder haben auf diese Probleme und die damit verbundenen Turbulenzen nicht durch stilles Hinnehmen oder gar mit Resignation reagiert, sondern mit *eigenen Aktivitäten und Initiativen* geantwortet. In der Forschung wurde die Zahl der Sonderforschungsbereiche, der Graduiertenkollegs und der Forschungskooperationen sowie das hohe Niveau der eingeworbenen Drittmittel gehalten oder noch gesteigert (s. Grafik 9 und 10). In Evaluationen durch die DFG und den Wissenschaftsrat wurde vor kurzem die Spitzenposition der Fridericiana im Drittmittelbereich bzw. in der Energieforschung nachdrücklich bestätigt. In Lehre und Studium sind den Studierenden durch neu eingerichtete Studiengänge weitere Perspektiven eröffnet worden (s. Grafik 7). Eine landesweite Pilotfunktion hat dabei die Fakultät für Geistes- und Sozialwissenschaften mit der Umstrukturierung ihrer Magisterstudiengänge in Bachelor/Master-Studiengänge übernommen. Eine besondere Rolle im Spektrum der Studiengänge spielen auch die neu eingeführten, international ausgerichteten Abschlüsse am International Department der Universität und an einigen technischen Fakultäten. Im Rahmen der Informatik-Fakultät hat das „Zentrum für Angewandte Rechtswissenschaft" mit neu eingerichteten juristischen Lehrstühlen seine Arbeit aufgenommen. Gestützt werden diese Initiativen durch eine Reihe von neuen Stiftungslehrstühlen, die in der Startphase von privaten Sponsoren finanziert werden.

Bemerkenswert ist auch, dass mehrere Fakultäten nun selbst über die Zulassung von 40 % ihrer Studienbewerber in NC-Fächern entscheiden. Das dabei angewandte Eignungsfeststellungsverfahren berücksichtigt neben dem spezifisch gewichteten Abiturnotenmittel auch die Motivation der Bewerber und Bewerberinnen für das gewählte Fach.

Mit besonderem Nachdruck verfolgt das Rektorat seit einiger Zeit das Ziel, die Absolventen der Hochschule als „Ehemalige" in Alumni-Vereinigungen möglichst eng an die Universität

Abb. 11 Forschungszentrum Umwelt und Verfügungsgebäude kurz nach ihrer Inbetriebnahme

zu binden. Vor kurzem hat in diesem Sinne ein griechischer Alumnen-Verein die Akkreditierung erhalten. Ebenfalls über die Grenzen des Campus hinaus greift die von Karlsruhe aus initiierte Teleuniversität; über Konzeption und Aufbau wird in einem eigenen Beitrag dieses Jubiläumsbandes berichtet.

Erfreulicherweise sind diese Initiativen in Forschung und Lehre auch durch die Verbesserung der *räumlichen Situation* an der Universität positiv unterstützt worden. Im Jahr 1995 konnte das sanierte Studentenhaus wieder in Betrieb gehen, der dortige Theatersaal dient nun den erheblich ausgeweiteten Aktivitäten der studentischen Kulturgruppen. Bald darauf folgte die Fertigstellung des lange erwarteten Neubaus für das Forschungszentrum Umwelt (s. Abb. 11) sowie die Übergabe des Erweiterungsbaus des Gastdozentenhauses. Die verfügbare Fläche der Universität ist damit in den letzten Jahren um 12 000 qm auf insgesamt 252 000 qm angewachsen (s. Grafik 1).

Aber auch im Blick auf die kommenden Jahre berechtigen zahlreiche Baustellen auf dem Campus zu optimistischen Erwartungen, so die Umgestaltung von Außenanlagen, die bevorstehende Fertigstellung der Fördertechnik, der Beginn des Neubaus für die Chemische Technik und nicht zuletzt die fortgeschrittene Planung für die Bebauung des Forums mit Hörsaalbau und dem Osteuropa-Zentrum.

Die Fridericiana ist also, ungeachtet aller temporären Schwierigkeiten, auf einem erfolgreichen Weg ins nächste Vierteljahrhundert ihrer Geschichte. Die ihr zukommende Leitfunktion als Initiator neuer Entwicklungen in Wissenschaft und Gesellschaft wird sie auch künftig mit Selbstbewusstsein, traditionsbewusstem Realismus und visionärem Einfallsreichtum wahrnehmen.

Tab. 1 Rektoren und Prorektoren

Jahre	Rektoren		Prorektoren
45–46	Rudolf Plank		Theodor Pöschl
46–47	Theodor Pöschl		Rudolf Plank
47–48	Hans Jungbluth		Theodor Pöschl
48–49	Paul Günther		Hans Jungbluth
49–50	Ernst Terres		Paul Günther
50–52	Hermann Backhaus		Ernst Terres
52–54	Otto Haupt		Hermann Backhaus
54–56	Rudolf Scholder		Otto Haupt
56–58	Kurt Nesselmann		Rudolf Scholder
58–61	Hans Leussink		Kurt Nesselmann
61–63	Johannes Weissinger		Hans Leussink
63–65	Paul Schulz		Johannes Weissinger
65–66	Klaus Lankheit		Paul Schulz
66–68	Hans Rumpf		Klaus Lankheit
68–83	Heinz Draheim	68–70	Hans Rumpf
		70–75	Heinz Kunle
		75–81	Heinz Gerhard Kahle
		79–83	Günter Ernst
		81–83	Egon Althaus
83–94	Heinz Kunle	83–89	Egon Althaus, Gerd Gudehus
		89–94	Hermann H. Hahn, Sigmar Wittig
Ab 94	Sigmar Wittig	94–96	Hermann H. Hahn, Dieter Fenske, Manfred Schneider
		96–98	Wolfgang Eichhorn, Dieter Fenske, Manfred Schneider
		Ab 98	Fritz H. Frimmel, Ellen Ivers-Tiffée, Manfred Schneider

Graf. 1 Flächenentwicklung, Hauptnutzfläche [HNF] in m^2

Jahre	Bestand	Zuwachs
1950	40642	
1955	71575	30933
1960	83262	11687
1965	133005	49743
1970	184533	51528
1975	196170	11637
1980	213297	17127
1985	220546	7249
1990	239436	18890
1995	240626	1190
2000	252539	11913

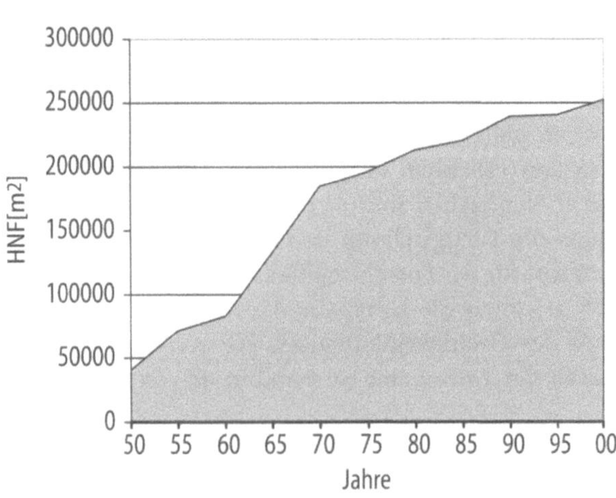

Tab. 2 Studierendenzahlen nach Fakultäten und gesamt

Jahr / Fakultät/Abteilung	51	55	60	65	Fak.	70	75	80	85	90	95	99
Math. und Physik	198	229	468	611	I	1002	787	388	548	811	744	432
					II	543	618	664	1260	1701	1367	691
Chemie	565	659	658	692	III	920	900	738	919	1125	733	453
					IV	315	426	522	707	910	1003	772
Geisteswiss.	160	176	319	590	V	1617	225	470	720	851	1228	994
					XII		2143	1831	3113	3034	3006	2739
Architektur	466	416	539	555	VI	574	725	935	1279	1543	1523	1335
Bauingenieurwesen	960	808	1081	1022	VII	975	1485	1249	1322	1428	2444	1623
Maschinenbau	886	1147	1383	1135	VIII	838	1399	1890	2573	2962	2244	1466
					IX	312	557	702	1146	1589	1170	557
Elektrotechnik	610	628	895	1012	X	976	1260	1404	1962	2323	1907	1220
Informatik					XI		686	774	2001	2602	1721	1766
Regionalwiss.						16	57	61	50	59	55	42
Studienkolleg			26 *)				68	168	132	215	167	289
Studierende gesamt	3845	4063	5369	5617		8088	11336	11796	17732	21153	19312	14379
Ausländische Stud.	121	420	783	845		850	1059	1076	1283	1761	2119	2455

*) Vorsemester

Graf. 2 Studierendenzahlen

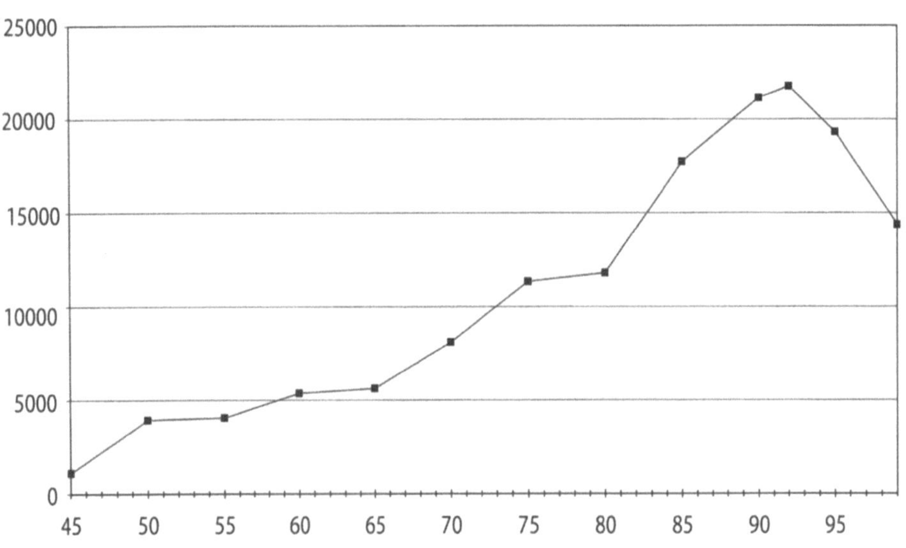

Tab. 3 Studentinnen 1951–2000, Anteil an der Gesamtstudierendenzahl in Prozent

Jahre	Studierende ges.	Studentinnen	Anteil in %
51/52	3845	180	4,7
55/56	4063	236	5,8
60/61	5369	301	5,6
65/66	5617	325	5,8
70/71	8088	624	7,9
75/76	11336	1219	10,8
80/81	11796	1504	12,8
81/82	12984	1841	14,2
82/83	14431	2115	14,7
83/84	15856	2310	14,6
84/85	16827	2458	14,6
85/86	17732	2675	15,1
86/87	18255	2826	15,5
87/88	19278	3084	16,0
88/89	20111	3350	16,7
89/90	20716	3545	17,1
90/91	21153	3673	17,4
91/92	21640	3885	18,0
92/93	21782	4044	18,6
93/94	21300	4065	19,1
94/95	20574	4049	19,7
95/96	19312	3977	20,6
96/97	17909	3831	21,4
97/98	16609	3664	22,1
98/99	14753	3326	22,5
99/00	14379	3405	23,7

Graf. 3 Anteil der Studentinnen an der Gesamtstudierendenzahl in Prozent

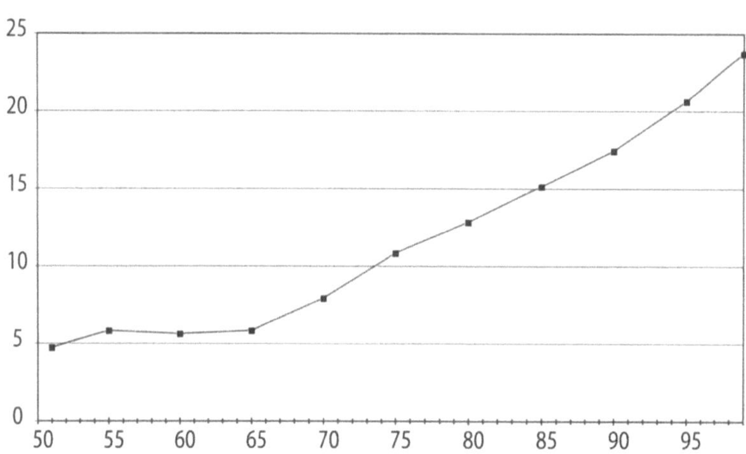

Graf. 4 Ausländische Studierende

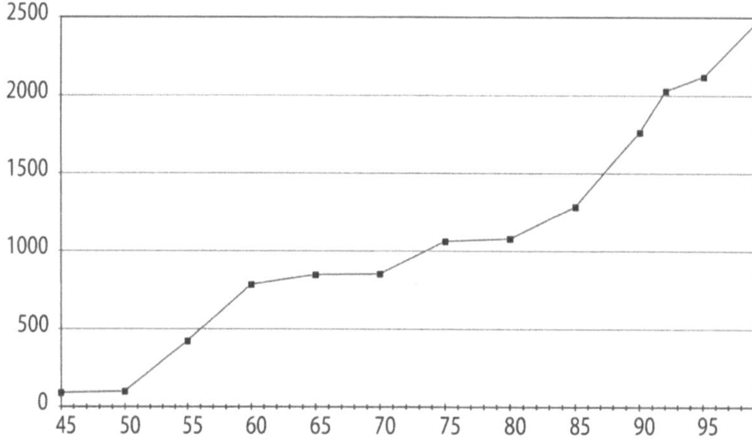

Tab. 4 Zahl der Personalstellen und Studierenden, Betreuungsrelationen

	Ord. Professoren	Wiss. Stellen gesamt	VT-Stellen	Drittmittel-stellen	Studierende	Betreuungsrel. Stud./o.Prof.	Betreuungsrel. Stud./Wiss.
1955	43	194	205		4063	94,5	20,9
1960	63	380	394		5369	85,2	14,1
1965	113	763	813,5		5617	49,7	7,4
1970	137	963	1000 *)		8088	59,0	8,4
1975	163	1077	1221		11336	69,5	10,5
1980	164	1019,5	1218	779 **)	11796	71,9	11,6
1985	168	1021,5	1186	902	17732	105,5	17,4
1990	187	1125	1263	1098	21153	113,1	18,8
1992	186	1189,5	1290,5	1093	21782	117,1	18,3
1995	182	1190,5	1289	925	19312	106,1	16,2
1999	175	1115	1235,5	940,5	14379	82,2	12,9

*) genauer Wert nicht bekannt
**) erst ab1980 erfaßt

Graf. 5 Betreuungsrelationen

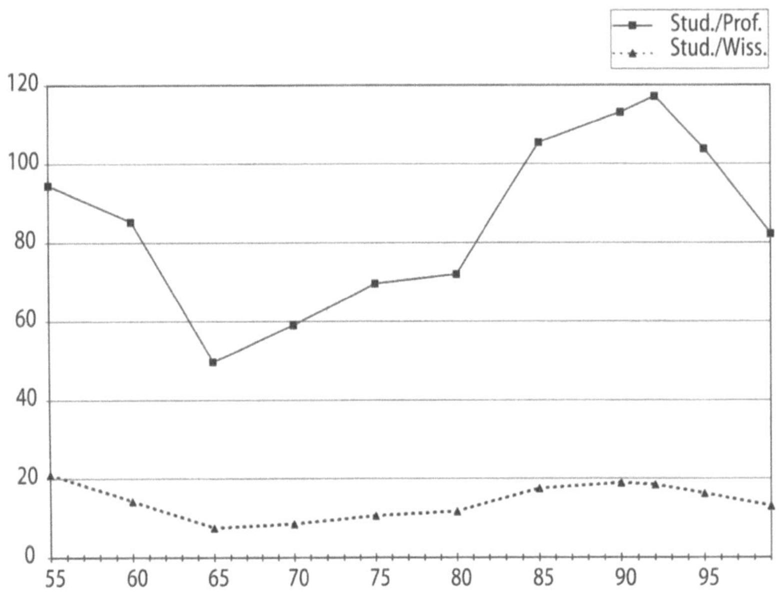

Tab. 5 Fakultäten und Abteilungen

1950–1965		1965–1970	1970–1972	Ab 1972
Fakultät für Natur-und Geisteswiss.	1. Abteilung Math. und Physik	Fakultät Naturwiss. I	Fak. I Mathematik / Fak. II Physik	Fak. I Mathematik / Fak. II Physik
	2. Abteilung Chemie	Fakultät Naturwiss. II	Fak. III Chemie / Fak. IV Bio- u. Geowiss.	Fak. III Chemie / Fak. IV Bio- u. Geowiss.
	3. Abteilung Geisteswiss.	Fakultät Geistes-u. Sozialwiss.	Fak. V Geistes-u. Sozialwiss.	Fak. V Geistes- u. Sozialw. / Fak. XII Wirtschaftswiss.
Fakultät für Bauwesen	4. Abteilung Architektur	Fakultät Architektur	Fak. VI Architektur	Fak. VI Architektur
	5. Abteilung Bauingenieurwesen	Fakultät Bauing.-u. Vermessungswesen	Fak. VII Bauing.- u. Vermessungsw.	Fak. VII Bauing.- u. Vermessungsw.
Fakultät für Maschinenwesen	6. Abteilung Maschinenbau	Fakultät Maschinenbau u. Verfahrenstechnik	Fak. VIII Maschinenbau / Fak. IX Chemie-ingenieurwesen	Fak. VIII Maschinenbau / Fak. IX *) Chemie-ingenieurwesen
	7. Abteilung Elektrotechnik	Fakultät Elektrotechnik	Fak. X Elektrotechnik	Fak. X **) Elektrotechnik
				Fak. XI Informatik
				Fak. XII Wirtschaftswiss. s. oben

*) ab 1999: Fakultät IX für Chemieingenieurwesen und Verfahrenstechnik
**) ab 1999: Fakultät X für Elektrotechnik und Informationstechnik

Tab. 6 a Dekane 1950–1970

Fakultäten	Natur- u. Geisteswiss.	Bauwesen	Maschinenwesen
50/51	Scholder	Böss	Plank
51/52	Strubecker	Böss	Lesch
52/53	Henglein	Tschira	Lesch
53/54	Gerthsen	Tschira	Kirschbaum
54/55	Terres	Wittmann	Stier
55/56	Mettler	Wittmann	Donandt
56/57	Bodendorf	Leussink	Donandt
57/58	Wittich	Leussink	Schulz
58/59	Pichler	Lichte	Kraemer
59/60	Weissinger	Lichte	Rothe
60/61	Krüger	Lankheit	Kollmann
61/62	Criegee	Lankheit	Reeb
62/63	Strubecker	Franz	Linge
63/64	Franck	Franz	Lau
64/65	Stöckmann	Dierschke	Rumpf
WS 65/66	Blohm	Dierschke	Steinbuch

Fakultäten	Naturwiss. I	Naturwiss. II	Geistes- und Sozialwiss.	Architektur	Bauingenieur- und Verm. wesen	Maschinenbau und Verf. Technik	Elektrotechnik
SS 66	Kunle	Fitzer	Blohm	Dierschke	Draheim	Günther	Steinbuch
66/67	Kunle	Fitzer	Linde	Kroeker	Leutzbach	Günther	Prassler
67/68	Kahle	Catsch	Linde	Bley	Leutzbach	Marcinowski	Prassler
68/69	Müller	Catsch	Funck	Bley	Lammers	Marcinowski	Friedburg
WS 69/70	Kahle	Catsch	Funck	Bley	Lammers	Marcinowski	Friedburg

Tab. 6 b Dekane 1970–2000

Fakultät	I	II	III	IV	V	VI	VII	VIII	IX	X	XI	XII
SS 70	Heuser	Stöckmann	Fritz	Kühlwein	Eichhorn	Lankheit	Krebs	Weidenhammer	Günther	Friedburg	–	–
70/71	Heuser	Heinz	Fritz	Wirthmann	Eichhorn	Lederbogen	Krebs	Zierep	Günther	Grau	–	–
71/72	Heuser	Heinz	Schröder	Wirthmann	Göppl	Lederbogen	Kühn	Zierep	Sontheimer	Grau	–	–
72/73	Nickel	Ruppel	Schröder	Althaus	Schulte	Wenzel	Kühn	Thümmler	Sontheimer	Föllinger	Schmid	Göppl
73/74	Lingenberg	Ruppel	Hertz	Althaus	Lenk	Wenzel	Plate	Thümmler	Bier	Föllinger	Wettstein	Rutsch
74/75	Lingenberg	Buckel	Hertz	Wirthmann	Lenk	Schirmer	Plate	Wirtz	Bier	Bodmann	Wettstein	Rutsch
75/76	Walter	Buckel	Krogmann	Wirthmann	Steiner	Schirmer	Hofmann	Wirtz	Schlünder	Bodmann	Deussen	Opitz
76/77	Walter	Citron	Krogmann	Kümmel	Steiner	Uhl	Hofmann	Victor	Schlünder	Gerthsen	Deussen	Opitz
77/78	Fieger	Citron	Seelmann-Eggebert	Kümmel	Steiner	Uhl	Vogel	Victor	Riekert	Gerthsen	Görke	Neumann
78/79	Fieger	Citron	Seelmann-Eggebert	Kümmel	Steiner	Uhl	Vogel	Victor	Riekert	Gerthsen	Görke	Neumann
79/80	Kulisch	Falk	Seelmann-Eggebert	Emmermann	Oldemeyer	Schütz	Hahn	Haller	Griesbaum	Wolf	Lockemann	Hammer
80/81	Kulisch	Stößel	Seelmann-Eggebert	Emmermann	Oldemeyer	Kramer	Hahn	Haller	Griesbaum	Kronmüller	Lockemann	Hammer
81/82	Martensen	Stößel	Musso	Emmermann	Oldemeyer	Kramer	Gudehus	Haller	Hedden	Kronmüller	Krüger	Hammer
82/83	Martensen	Wondratschek	Musso	Weisenseel	Oldemeyer	Richrath	Gudehus	Mesch	Hedden	Vossius	Krüger	Henn
83/84	Schneider	Wondratschek	Bärnighausen	Weisenseel	Steiner	Richrath	Hilsdorf	Mesch	Buggisch	Vossius	Deussen	Henn
84/85	Schneider	Höhler	Bärnighausen	Puchelt	Steiner	Erhardt	Hilsdorf	Smidt	Buggisch	Mlynski	Deussen	Stucky
85/86	Niethammer	Höhler	Schindewolf	Puchelt	Schäfers	Erhardt	Hiersche	Smidt	Stahl	Mlynski	Rembold	Stucky
86/87	Niethammer	Baumann	Schindewolf	Hanke	Schäfers	Schnitzer	Hiersche	Jungbluth	Stahl	Lipp	Rembold	Stehling
87/88	Alefeld	Baumann	Schröder	Hanke	Grünthal	Schnitzer	Bähr	Jungbluth	Leuckel	Lipp	Schmitt	Stehling
88/89	Alefeld	Fiedler	Schröder	Czurda	Grünthal	Uhlig	Bähr	Grabowski	Leuckel	Jutzi	Schmitt	Heilmann
89/90	Hinderer	Fiedler	Ahlrichs	Czurda	Großklaus	Uhlig	Köhl	Grabowski	Schubert	Jutzi	Schweizer	Heilmann
90/91	Hinderer	Appel	Ahlrichs	Tevini	Großklaus	Schirmer	Köhl	Wittenburg	Schubert	Popp	Schweizer	Gemünden
91/92	Weil	Appel	Fenske	Tevini	Wild	Schirmer	Natau	Wittenburg	Löffler	Popp	Menzel	Gemünden
92/93	Weil	v.Löhneysen	Fenske	Meurer	Schäfers	Meirer	Natau	Kuhn	Löffler	Hoffmann	Menzel	Rentz
93/94	Fieger	v.Löhneysen	Ballauf	Meurer	Steiner	Meirer	Van Mierlo	Kuhn	Frimmel	Hoffmann	Vollmar	Rentz
94/95	Fieger	Wölfle	Ballauf	Paulsen	Steiner	Klinkott	Van Mierlo	Ernst	Frimmel	Späth	Vollmar	Studer
95/96	Schmidt	Wölfle	Knölker	Paulsen	Thum	Klinkott	Gehbauer	Ernst	Braun	Späth	Nagel	Studer
96/97	Schmidt	Dormann	Knölker	Smykatz-Kloss	Thum	Kramm	Gehbauer	Spath	Braun	Wiesbeck	Nagel	Waldmann
97/98	Plum	Dormann	Freyland	Smykatz-Kloss	Thum	Kramm	Schmitt	Spath	Reimert	Wiesbeck	Schmid	Waldmann
98/99	Plum	Kühn	Freyland	Taraschewski	Thum	Nägeli	Schmitt	Löhe	Reimert	Krebs	Schmid	Berninghaus
99/00	Henze	Kühn	Ballauf	Taraschewski	Thum	Nägeli	Roos	Löhe	Schaber	Krebs	Schmid	Berninghaus

Graf. 6 Anzahl der Institute

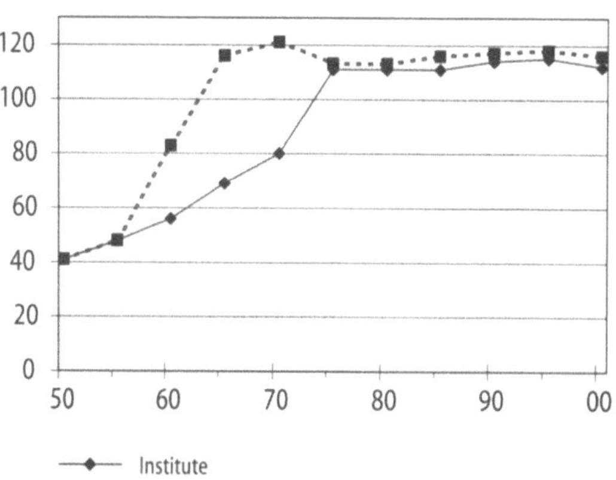

Jahre	50	55	60	65	70	75	80	85	90	95	00
Institute	41	48	56	69	80	111	111	111	114	115	112
Institute + selbst. Lehrstühle u. Lehrgebiete	41	48	83	116	121	113	113	116	117	118	116

Tab. 7a Interfakultative Einrichtungen

seit

1964   Internationales Seminar für Forschung und Lehre in
       Chemieingenieurwesen, Technischer und Physikalischer Chemie
1967   Institut für Regionalwissenschaft
1970   Sonderforschungsbereiche der Universität (vgl. Grafik 9)
1980   Institut für Anwendungen der Informatik
1986   Deutsch-Französisches Institut für Automation und Robotik
1986   Interfakultative Arbeitsgemeinschaft Grundwasser- und
       Bodenschutz
1987   Modellversuch „Informatik für Blinde"; ab 1993 „Studien-
       zentrum für Sehgeschädigte"
1989   Interfakultatives Institut für Angewandte Kulturwissenschaft
1990   Deutsch-Französisches Institut für Umweltforschung
1991   Graduiertenkollegs der Universität (vgl. Grafik 10)
1993   Institut für Wissenschaftliches Rechnen und Mathematische
       Modellbildung
1998   International Department der Universität Karlsruhe

Tab. 7 b Zentrale Einrichtungen der Universität

seit
1946   Hochschulbibliothek (seit 1970 „Universitätsbibliothek")
1946   Institut für Leibesübungen (ab 1974 in die Fakultät für
        Geistes- und Sozialwissenschaften eingegliedert)
1946   Studium Generale
1946   Akademisches Orchester (später „Collegium Musicum")
1950   Gasinstitut der TH Karlsruhe (seit 1959 „Institut für Gastechnik,
        Feuerungstechnik und Wasserchemie", ab 1970 in die Fakultät für
        Chemieingenieurwesen eingegliedert)
1963   Studienkolleg für ausländische Studienbewerber
1968   Rechenzentrum
1968   Laboratorium für Elektronenmikroskopie
1978   Beratungs- und Informationszentrum (BIZ), seit 1993
        „Zentrum für Information und Beratung (zib)"
1990   Forschungszentrum Umwelt
1990   Südwestdeutsches Archiv für Architektur und Ingenieurbau
1990   Sprachenzentrum
1993   Fernstudienzentrum
1995   Deutsch-Russisches Kolleg

Tab. 7c Einrichtungen in Verbindung mit der Universität

seit
1946   Bundesforschungsanstalt für Lebensmittelfrischhaltung
        (seit 1975 „Bundesforschungsanstalt für Ernährung")
1946   Staatliche Chemisch-Technische Prüfungs- und Versuchsanstalt
        (seit 1970 „Chemisch-Technisches Prüfamt")
1962   Physikalisches Laboratorium Mosbach (bis 1984)
1963   Forschungsstelle für Energiewirtschaft (bis 1969)
1964   Kernforschungszentrum Karlsruhe (Beginn der
        Zusammenarbeit bereits seit 1957,
        seit 1995 „Forschungszentrum Karlsruhe")
1969   Zentrum für Didaktik der Mathematik
1983   Forschungszentrum Informatik an der Universität Karlsruhe
1986   Fraunhofer-Institut für Informations- und Datenverarbeitung
1986   Akademie für Wissenschaftliche Weiterbildung Karlsruhe e.V.
1987   GMD-Forschungsstelle für Programmstrukturen
        an der Universität Karlsruhe (bis 1993)
1987   Digital Equipment – Campusnahes Forschungszentrum
        (CEC Karlsruhe), seit 1999 „SAP AG (CEC Karlsruhe)"
1994   DVGW – Technologiezentrum Wasser
1995   Technologie-Lizenz-Büro der Universitäten
        Baden-Württemberg GmbH
1999   Karlsruher Existenzgründungsimpuls (KEIM) e.V.

Graf. 7 Studiengänge

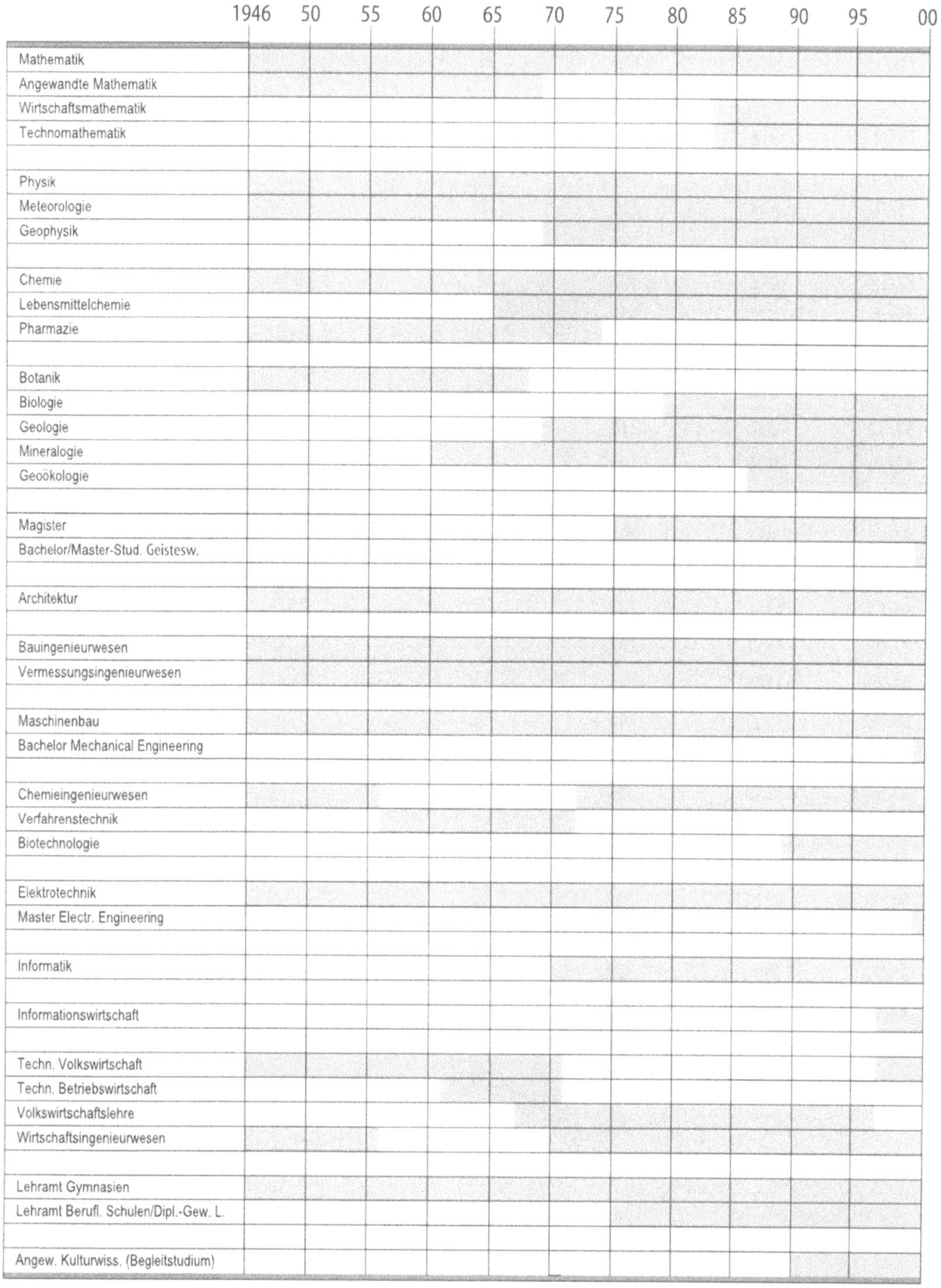

	1946	50	55	60	65	70	75	80	85	90	95	00
Mathematik												
Angewandte Mathematik												
Wirtschaftsmathematik												
Technomathematik												
Physik												
Meteorologie												
Geophysik												
Chemie												
Lebensmittelchemie												
Pharmazie												
Botanik												
Biologie												
Geologie												
Mineralogie												
Geoökologie												
Magister												
Bachelor/Master-Stud. Geistesw.												
Architektur												
Bauingenieurwesen												
Vermessungsingenieurwesen												
Maschinenbau												
Bachelor Mechanical Engineering												
Chemieingenieurwesen												
Verfahrenstechnik												
Biotechnologie												
Elektrotechnik												
Master Electr. Engineering												
Informatik												
Informationswirtschaft												
Techn. Volkswirtschaft												
Techn. Betriebswirtschaft												
Volkswirtschaftslehre												
Wirtschaftsingenieurwesen												
Lehramt Gymnasien												
Lehramt Berufl. Schulen/Dipl.-Gew. L.												
Angew. Kulturwiss. (Begleitstudium)												

Tab. 8   Abschlüsse 1970–1999

Jahre	Diplome/Mag.	Promotionen	Habilitationen
70/71	717	212	35
71/72	607	179	29
72/73	712	251	31
73/74	818	201	23
74/75	871	198	10
75/76	844	228	18
76/77	996	197	24
77/78	1016	200	22
78/79	1085	203	27
79/80	1028	180	31
80/81	934	181	16
81/82	934	218	14
82/83	936	167	16
83/84	935	196	10
84/85	934	204	20
85/86	1032	208	14
86/87	1276	222	9
87/88	1551	227	9
88/89	1787	225	14
89/90	1959	265	18
90/91	2018	294	15
91/92	1949	338	16
92/93	2057	347	11
93/94	2138	343	16
94/95	2121	358	12
95/96	2097	374	18
96/97	2140	370	21
97/98	1751	352	23
98/99	1814	356	16
Summe	39057	7249	538

Graf. 8   Abschlüsse

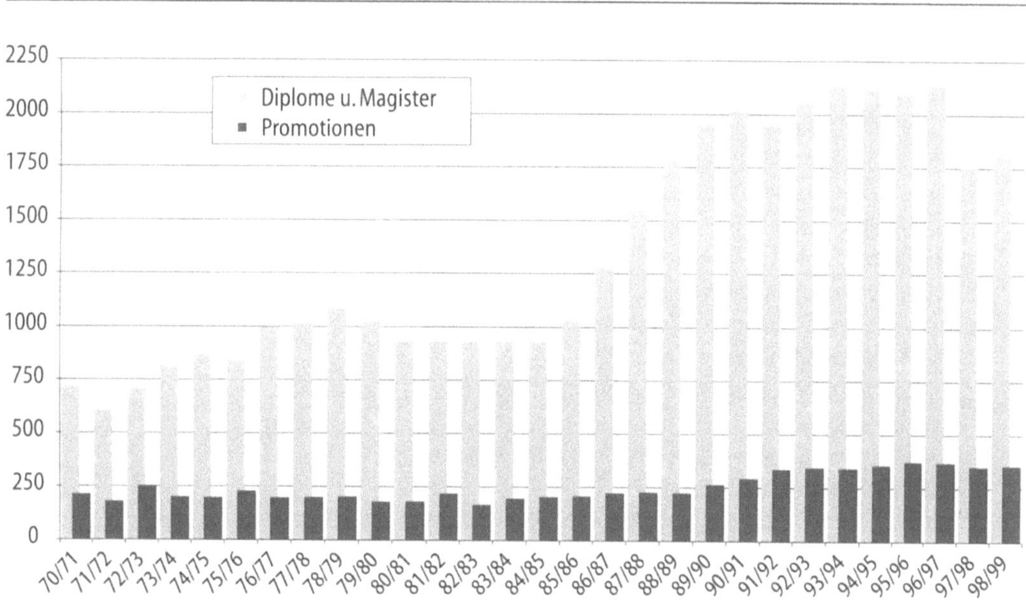

Graf. 9   Anzahl der Sonderforschungsbereiche

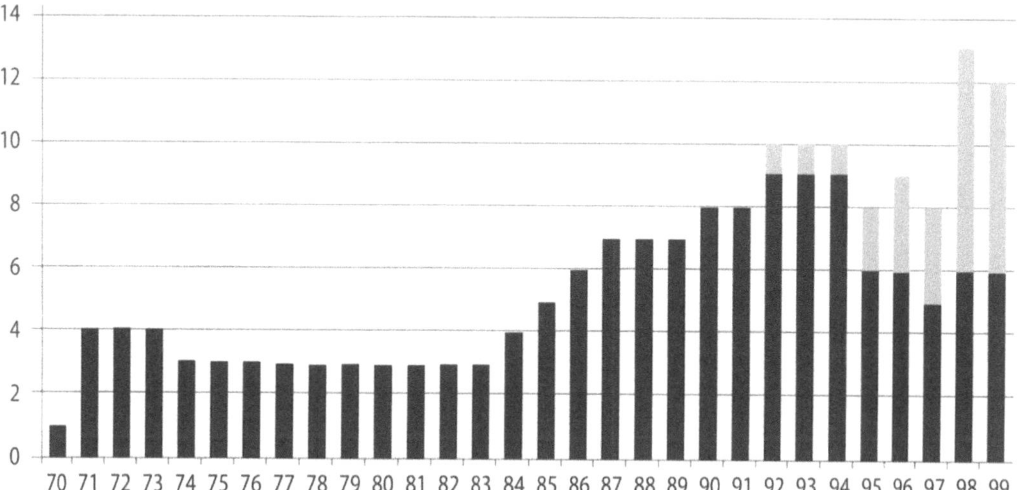

Tab. 9 Sonderforschungsbereiche

Nr.

62 Technische und Chemische Verfahrenswissenschaften (später: Verfahrenstechnische Grundlagen der Wasser- u. Gasreinigung)
(1970–85) Sprecher: Schlünder/Hedden/Stahl

66 Elektronische Eigenschaften fester Körper
(1971–74) Sprecher: Ruppel

77 Felsmechanik
(1971–80) Sprecher: L. Müller/Natau

80 Ausbreitungs- und Transportvorgänge in Strömungen
(1971–83) Sprecher: Naudascher/Kobus/Plate

108 Spannung und Spannungsumwandlung in der Lithosphäre
(1980–95) Sprecher: Fuchs

167 Hochbelastete Brennräume – Stationäre Gleichdruckverbrennung
(1984–99) Sprecher: Wittig/Vöhringer

195 Lokalisierung von Elektronen in makroskopischen und mikroskopischen Systemen
(seit 1992) Sprecher: von Löhneysen/Kappes

210 Strömungsmechanische Bemessungsgrundlagen für Bauwerke
(1983–95) Sprecher: Plate

219 Silobauwerke und ihre spezifischen Beanspruchungen
(1986–97) Sprecher: Eibl/Gudehus

250 Selektive Reaktionsführung an festen Katalysatoren
(1987–95) Sprecher: Riekert/Lintz

298 Deformation und Versagen bei metallischen und granularen Strukturen
(seit 1998) Gudehus; mit der TH Darmstadt

314 Künstliche Intelligenz
(1985–96) Sprecher: Deussen; mit den Universitäten Kaiserslautern u. Saarbrücken

315 Erhalten historisch bedeutsamer Bauwerke – Baugefüge, Konstruktion, Werkstoffe
(1985–99) Sprecher: Fritz Wenzel

346 Rechnerintegrierte Konstruktion und Fertigung von Bauteilen
(seit 1990) Sprecher: Weule/Grabowski

358 Automatisierter Systementwurf: Synthese, Test, Verifikation, deduzierte Anwendungen
(1992–1999) Sprecher: D. Schmid; mit der TU Dresden

381 Charakterisierung des Schädigungsverlaufs in Faserverbundwerkstoffen mittels zerstörungsfreier Prüfung
(seit 1998) Hubral; mit der Universität Stuttgart

403 Vernetzung als Wettbewerbsfaktor am Beispiel der Region Rhein-Main
(seit 1998) Stucky; mit der Universität Frankfurt

404 Mehrfeldprobleme in der Kontinuumsmechanik
(seit 1998) Schnack; mit der Universität Stuttgart

414 Informationstechnik in der Medizin – Rechner- und sensorgestützte Chirurgie
(seit 1996) Sprecher/Projektleiter: Rembold; mit der Universität Heidelberg und dem Deutschen Krebsforschungszentrum

Tab. 9 Fortsetzung

425 Elektromagnetische Verträglichkeit in der Medizin-Technik und in der Fabrik
     (seit 1999) Sprecher: Schwab
461 Starkbeben: Von geowissenschaftlichen Grundlagen zu Ingenieurmaßnahmen
     (seit 1996) Sprecher: Friedemann Wenzel
483 Hochbeanspruchte Gleit- und Friktionssysteme auf Basis ingenieurkeramischer Werkstoffe
     (ab 2000) Sprecher: Zum Gahr
499 Entwicklung, Produktion und Qualitätssicherung von urgeformten Mikrobauteilen aus metallischen
     und keramischen Werkstoffen
     (ab 2000) Sprecher: Weule
504 Rationalisierungskonzepte, Entscheidungsverhalten und ökonomische Modellierung
     (seit 1995) Projektleiter: Berninghaus; mit der Universität Mannheim
551 Kohlenstoff aus der Gasphase – Elementarreaktionen, Strukturen, Werkstoffe
     (seit 1998) Sprecher: Hüttinger

Tab. 10 Graduiertenkollegs

Graf. 10 Graduiertenkollegs

Nr.
108 Elementarteilchenphysik
     (1992–2001) Sprecher: Kühn
133 Technische Keramik
     (1991–1999) Sprecher: Löhe
147 Ökologische Wasserwirtschaft
     (1992–2001) Sprecher: Plate
149 Numerische Feldberechnung
     (1992–2001) Sprecher: Popp
209 Beherrschbarkeit komplexer Systeme
     (1992–2000) Sprecher: Vollmar
224 Energie- und Umwelttechnik
     (1992–2001) Sprecher: Wittig
284 Kollektive Phänomene im Festkörper
     (1997–1999) Sprecher: Wegener
329 Anwendung der Supraleitung
     (1997–1999) Sprecher: Jutzi
366 Grenzflächenphänomene in aquatischen
     Systemen und wässrigen Phasen
     (1997–2000) Sprecher: Frimmel
450 Naturkatastrophen
     (1998–2001) Sprecher: Gehbauer

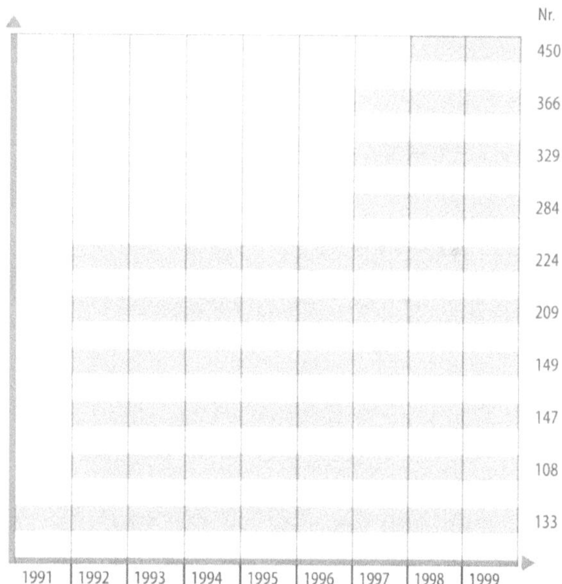

A2 Fakultäten verändern sich

W. Köhl, R. Roos, F. Nestmann, H. Seckel, H. Appel, J. Kühn

Zum Beispiel: Die Fakultät für Bauingenieur- und Vermessungswesen

Die ältesten Lehrstühle der Fakultät für Bauingenieur- und Vermessungswesen sind fast so alt wie die Universität (TH), denn die Polytechnische Schule hat mit dem Bauwesen unter Tulla als Wasserbauingenieur und Geodät begonnen und früh Professoren für Straßenbau und Eisenbahnwesen (mit Brückenbau), Wasserbau und Städtebau berufen. Lange Zeit gab es zusammen mit den Architekten eine gemeinsame Fakultät für Bauwesen mit zwei Abteilungen. Galt es in der Anfangszeit den großen Infrastrukturbedarf im Bereich der Verkehrswege sowie den Siedlungsausbau zu bewältigen, zeichneten sich in den 50er Jahren mit der Auffächerung in Grundbau, Stahl- und Leichtmetallbau, Holzbau und Baukonstruktion, Stahlbetonbau, Baustatik, Wasserwirtschaft, Wasserbau, Hydraulik, Straßen- und Eisenbahnwesen, Verkehrswesen, Städtebau und Landesplanung sowie Geodäsie die neuen Anforderungen im Bauwesen ab. Mit teilweise veränderten Schwerpunkten innerhalb dieser Lehrstühle sowie neuer Fächer wie Baubetrieb, Baustofftechnologie, Siedlungswasserwirtschaft, Ingenieurbiologie, Satellitengeodäsie und Photogrammetrie entstand die Fakultät heutigen Zuschnitts.

Während die Fakultät vor 50 Jahren nur 9, vor 25 Jahren bereits 19 Lehrstühle hatte, umfasst sie heute 20 Ordinarien und 8 weitere Professuren, die eigenständige Lehr- und Forschungsarbeiten im Rahmen der Institute erbringen. Die breit ausgebildeten Bau- und Vermessungsingenieure werden in der Praxis immer mehr zu Generalisten und Koordinatoren für vielfältige öffentliche und private übergeordnete Planungsmaßnahmen. Durch die starke Einbindung in öffentliche Aufgaben mit relativ stetigem bzw. weltweit steigendem Bedarf ist die Arbeitsmarktfluktuation geringer als in anderen Wirtschaftsbereichen und auch geringer als die zeitweise schwankenden Studierendenzahlen von 150 bis 450 Studienanfängern pro Jahr.

Stellung der Fakultät im öffentlichen und privaten Bauwesen Das Bauingenieur- und Vermessungswesen ist besonders intensiv in die Planung, die Ausführung und die Unterhaltung der öffentlichen und privatwirtschaftlichen Infrastruktur eingebunden. Weltweit wird eine jährliche Investitionsquote in die gebaute Infrastruktur von 15 % des BIP in rasch wachsenden Schwellenländern und etwa von 10 % in moderat wachsenden Industrienationen für erforderlich gehalten. In Deutschland ist bei langfristig 10 bis 12 % das Bauwesen der größte investive Wirtschaftszweig und landes- und europaweit der größte Arbeitgeber, dem noch die Arbeitsplätze für Bauingenieure und Vermessungsingenieure in der öffentlichen Verwaltung und als selbstständige Beratende Ingenieure bzw. öffentlich bestellte Vermessungsingenieure hinzuzurechnen sind.

Bau- und Vermessungsingenieure sind beide im Grunde „Civil Engineers", also Ingenieure für die Zivilisation. In den verschiedensten Aufgabenbereichen werden dabei sowohl planerische und gestalterische als auch konstruktive und ausführungstechnische Kreativität und Kompetenz verlangt, beides auf natur- und ingenieurwissenschaftlicher Grundlage unter Einbeziehung soziologischer und wirtschaftswissenschaftlicher Erkenntnisse. Ähnliches gilt für die Vermessungsingenieure, die für die informationstechnischen Grundlagen des Bauens in der ganzen Welt unter Verwendung der Satellitentechnik und Fernerkundung sorgen.

Bau- und Vermessungsingenieure erarbeiten als Raum- und Infrastrukturplaner in der Landesplanung, in der kommunalen Bauleitplanung und in den Fachplanungen für Verkehr, Wasser und Abfall die rahmensetzende Bedarfsplanung für das ganze öffentliche und private Baugeschehen. Auf der Grundlage solider Kenntnisse in Mathematik, Technischer Mechanik und Hydromechanik werden im Geotechnischen Ingenieurwesen die Stoffströme von der Gewinnung bis zur Endnutzung und das Bauen in, auf und mit Boden, Wasser und Fels behandelt. Auf gleicher Grundlage reicht die Tätigkeit im Konstruktiven Ingenieurbau vom Entwurf, der Wahl des Werkstoffs, der konstruktiven Durchbildung, über die Berechnung bis zur Bemessung von Ingenieurbauwerken. Wasserwirtschaft und Kulturtechnik beschäftigen sich mit dem sinnvollen und verantwortlichen Umgang mit Wasser für Wasserversorgung und Bewässerung, als Energiepotential für die Wasserkraft, als Transportmittel

für Güter in der Schifffahrt und als Medium für Freizeit und Erholung. Die Kreislaufwirtschaft setzt Biotechnologie für Abwasser und Abfall ein. In der Technologie und der Planung der Bauausführung werden Bauabläufe durch Computersimulation optimiert, in Behörden Projektmanagementmethoden sowie im Ausbauhandwerk und in der Gebäudewirtschaft zur Kostensenkung neue Organisationsstrukturen eingeführt. Neu ist die Entwicklung von Managementmethoden und -werkzeugen zur Reduzierung von Personen- und Sachschäden bei Naturkatastrophen. In diesen Rahmen gehört auch die Geodäsie, die von den starken Einbindungen in die Geowissenschaften über die Bereitstellung von Fernerkundungsdaten für die Landesplanung und die Detailvermessung für Baumaßnahmen bis hin zu digitalen Gebäudebestandsaufnahmen für Gebäudebewirtschaftung, Umnutzungen und Recyclingmaßnahmen einen großen zivilisatorischen Bereich abdeckt. Wegen der ausschlaggebenden Bedeutung der gebauten Infrastruktur für die Entwicklung jeden Landes, insbesondere im Bereich der Entwicklungsländer, ist das Bauingenieur- und Vermessungswesen insgesamt eine Schlüsseltechnologie für die weltweite Entwicklung.

Für die Fakultät ergeben sich aus Lehre und Forschung über die inneruniversitäre Verflechtung weltweit vielfältige Kontakte mit Wirtschaft und Verwaltung. Die Fakultät als Ganzes und jedes einzelne Institut stehen deshalb direkt im „Markt" der infrastrukturellen Probleme und Aufgaben, so dass sie dementsprechend bei der Finanzierung der wissenschaftlichen Arbeiten durch Drittmittel selbsttragend sind. Insbesondere wegen der großen Laboratorien und der experimentellen Betriebsbereiche ist die Fakultät eine der drittmittelstärksten in Deutschland.

Das Ausbildungskonzept der Fakultät für Bauingenieur- und Vermessungswesen | Der Studiengang für Bauingenieure ist dreistufig in Grundlagen-, Grundfach- und Vertiefungsstudium gegliedert. Im Grundstudium sind u.a. die Fächer Mathematik, Mechanik, Hydromechanik und Werkstoffkunde Schwerpunkte der Ausbildung. Dem folgt im Grundfachstudium im Rahmen der Pflichtveranstaltungen eine stete Auffächerung zur breiten Vermittlung des gesamten Tätigkeitsfeldes im Bauingenieurwesen, wobei theoretische Grundlagen verstärkt mit praxisorientierten Elementen verknüpft werden. Die danach mögliche Vertiefungswahl umfasst:

- im „Konstruktiven Ingenieurbau" das Entwerfen, Konstruieren und Bemessen schwerpunktmäßig in den Baustoffen Stahl, Holz und Beton unter starker Einbeziehung der genannten theoretischen Grundlagen,
- im „Wasserbau" alle wasserbezogenen Ingenieuranwendungen aus konstruktivem Wasserbau, Wasserwirtschaft, Hydraulik, Hydrologie und der Siedlungswasserwirtschaft mit einem erweiterten Grundfachstudium der Strömungsmechanik und des Umweltingenieurwesens,
- in „Raum- und Infrastrukturplanung" die verstärkte Vertiefung von planerischen und rechtlichen Grundlagen mit den Schwerpunkten Verkehrswesen, Straßen- und Eisenbahnwesen, Städtebau und Landesplanung sowie Siedlungswasserwirtschaft und Ingenieurbiologie,
- im „Baubetrieb" die Umsetzung von Bautechnik unter dem Einsatz leistungsfähiger Baumaschinen und der Berücksichtigung aller Projekt- und Management-Fragestellungen,
- im „Grundbau" unter Schwerpunktlegung auf Grundbau, Felsmechanik und Deponietechnik und unter Einbeziehung der theoretischen Grundlagen in Mathematik, Kontinuums- und Bodenmechanik die praxisgerechte Erfüllung der dort vorhandenen Aufgabenstellungen.

Im Vertiefungsstudium ist das Vorlesungsangebot breit gefächert, so dass praxisorientierte und auch wissenschaftliche Schwerpunkte gewählt werden können. Die Angebote werden ständig gemäß den Bedürfnissen von Gesellschaft, Industrie und Wissenschaft aktualisiert.

Der neue Studienplan sieht die Ablösung der großen Prüfungsblöcke am Ende einzelner Studienabschnitte vor; an deren Stelle soll eine verstärkte Modularisierung mit Leistungsnachweisen der einzelnen Vorlesungen unmittelbar nach dem Studiensemester angeboten werden. Damit sollen eine verbesserte Verteilung der Prüfungen über die Studienzeit, eine effektive Eigenkontrolle über den Lernfortschritt und eine Verkürzung der Studienzeit erzielt werden. Studienbegleitende Prüfungen schaffen gewiss auch eine bessere Kompatibilität zu den angelsächsischen Studiengängen mit Bachelor- und Masterabschluss.

Mit der Umbenennung des Studienganges für Vermessungsingenieure in „Geodäsie und Geoinformatik" wurden auch in den Studieninhalten andere Schwerpunkte gesetzt. Dies kommt schon im Grundstudium zum Ausdruck, wo neben den klassischen Grundlagenfächern wie Mathematik und Physik eine sehr starke Ausweitung der Informatik, das Vorziehen des Fachgebietes Ausgleichungsrechnung aus dem bisherigen Hauptstudium und die Neueinführung einer Lehrveranstaltungsreihe Geodätische Messtechnik und Sensorik vorgesehen sind.

Das Grundfachstudium ist durch die Fachgebiete Photogrammetrie und Fernerkundung, Geoinformatik, Mathematische Geodäsie, Physikalische Geodäsie und Satellitengeodäsie sowie das Fach Vermessungskunde und Sensorik geprägt. Abgerundet wird das Grundfachstudium durch Fächer, die die Beziehungen zum Bauingenieurwesen kennzeichnen, wie z.B. Ingenieurbau und Wasserwirtschaft, Siedlungswesen, Straßenwesen und Facility Management sowie durch Fächer des behördlichen Vermessungswesens wie Flurneuordnung, Bodenordnung und Bodenbewertung. Im anschließenden Vertiefungsstudium wird den Studierenden die Möglichkeit geboten, individuell und ihren Neigungen entsprechend Studieninhalte und Prüfungen zu wählen.

Darüber hinaus ist die Fakultät in den Studiengang Diplom-Gewerbelehrer eingebunden; hierfür bietet sie die Studienrichtung Bautechnik an. Nach dem Grundstudium, das weitgehend identisch ist mit dem Studiengang Bauingenieurwesen, kann der Studierende aus den fünf Fachgebieten Baubetrieb, Holztechnik, Konstruktiver Ingenieurbau, Straßen- und Vermessungswesen sowie Ver- und Entsorgungstechnik ein Vertiefungsgebiet auswählen.

Neben diesen Diplomstudiengängen wird auch ein englischsprachiger Masterstudiengang „Resources Engineering" angeboten, dessen Inhalte speziell auf die Nachfrage und die Zugangsvoraussetzungen der Bachelor- und Masterabschlüsse im Ausland ausgerichtet sind.

Schließlich wird ein besonderes Augenmerk auf die Promotions- und Habilitationsmöglichkeiten von heranwachsenden Wissenschaftlern gelegt. Hierzu wird in den vielfältigen Forschungsprojekten der Fakultät die Möglichkeit geboten, sowohl die Praxisseite wie auch die wissenschaftlichen Fragestellungen umfassend kennenzulernen.

Die Gesellschaft verlangt für die anwachsenden Fragestellungen, die nur interdisziplinär bearbeitet werden können, nach Persönlichkeiten, die Koordinierungsfunktionen übernehmen können. Wegen der breiten Ausbildung mit großen Variationsmöglichkeiten und der hohen Bedeutung der Fakultät für die Infrastruktur sind die Absolventen der Fakultät in besonderem Maße geeignet, diese Koordinierungsfunktion zu übernehmen. Die Fakultät hat sich vorgenommen, die Ausbildung von Generalisten für solche Koordinierungsfunktionen ausdrücklich zu fördern.

Zum Beispiel: Die Fakultät für Physik

Die 1825 errichtete Polytechnische Schule zu Karlsruhe zählte das Fach Physik von Anbeginn an zu ihren Lehrgebieten. Die „Hohe Schule" bemühte sich, bedeutende Physiker, die schon durch wissenschaftliche Leistungen hervorgetreten waren, als Lehrer zu gewinnen. Dabei war man sehr bald erfolgreich: Wilhelm Eisenlohr (1840–1865) stellte den Unterricht auf eine solide Basis und richtete ein Physikalisches Institut ein. Er eröffnete die Reihe von erfolgreichen Physikern, die nach Karlsruhe berufen werden konnten, u.a. Gustav Wiedemann (1865–1870), Ferdinand Braun (1883–1884), Heinrich Hertz (1885–1888), Otto Ernst Lehmann (1888–1919) und Wolfgang Gaede (1919–1934). Durch politischen Einfluss auf die Lehrstuhlbesetzungen nach 1933 und aufgrund von Zerstörungen

durch Kriegseinwirkung war die Physik in Karlsruhe zum Ende des zweiten Weltkrieges in schwieriger Lage. 1947 wurde die Fakultät für Natur- und Geisteswissenschaften gegründet, in der ein Jahr später die Physik mit der Mathematik zu einer von drei Abteilungen zusammengeschlossen wurde.

Die Theoretische Physik, bereits 1931 eingerichtet und mit Walter Weizel besetzt, wurde 1950 zu einem Ordinariat aufgewertet, das Franz Wolf bis 1966 bekleidete. 1948 übernahm Christian Gerthsen den Lehrstuhl für Experimentalphysik, den er bis 1956 innehatte. Er betrieb mit Nachdruck den Aufbau des Physikalischen Institutes. Um die große Experimentalphysik-Vorlesung für die immer größer werdende Zahl von Studierenden, auch aus den Ingenieurwissenschaften, mit Experimenten ansprechend durchführen zu können, veranlasste er den Bau eines geeigneten Hörsaals, der 1955 fertiggestellt werden konnte und nun seinen Namen trägt.

In der Theoretischen Physik wurde damals über Korpuskularstrahlen und Metall-Elektronen sowie über die Physik der Atmosphäre gearbeitet. Die in der Experimentalphysik untersuchten Probleme entstammten weitgehend der Atomphysik, vorzugsweise der Röntgenstrahlen-Physik sowie der Physik ionisierter Gase. Aber auch Fragestellungen der kinetischen Gastheorie, der klassischen Optik und der Materialprüfung wurden aufgegriffen.

Jahre des Aufbruchs Die anwachsenden Ausbildungsaufgaben, ganz wesentlich auch für Studierende anderer Fakultäten, machten eine Erweiterung des Lehrkörpers immer dringlicher. Getragen von den Empfehlungen des Wissenschaftsrates und vom Aufwind eines zunehmenden Interesses an den Naturwissenschaften, konnte sich die Physik erfreulich breit entfalten. Es war das Ziel, die Eigenschaften der Materie experimentell aufzuzeigen und theoretisch anhand mathematischer Modelle zu erklären. Das Programm reichte von der Erarbeitung eines atomistischen Bildes der Materie im Rahmen des weitgefächerten Gebietes der Festkörperphysik bis zur modernen Physik der Elementarteilchen, die an großen Teilchenbeschleunigern sowie in Experimenten zur Höhenstrahlung studiert werden kann. Dabei stand auch die Erkenntnis Pate, dass das Potential physikalischer Entdeckungen für die späteren technologischen Anwendungen immer mehr Bedeutung gewinnen würde. Auch war bedacht worden, dass die Physik der Erde und ihrer Atmosphäre für einen zukunftsorientierten Umgang mit den Problemen der Umwelt und der Nutzung der Naturschätze weitreichende Bedeutung erhalten sollte.

1960 hatte Werner Buckel den Ruf auf die Nachfolge von Christian Gerthsen angenommen. Er war für den Ausbau der Physik an der damals noch Technischen Hochschule Karlsruhe im Rahmen des genannten Programms die treibende Kraft. Zu den zwei vorhandenen Lehrstühlen für Theoretische Physik und Experimentalphysik konnten in wenigen Jahren sechs weitere neu besetzt werden, nämlich für Angewandte Physik 1959 mit Fritz Stöckmann, für Theoretische Kernphysik 1960 mit Gerhard Höhler, für Experimentelle Kernphysik 1960 mit Herwig Schopper, für Mathematische Physik 1960 mit Gottfried Falk, für Struktur der Materie 1961 mit Walter Kofink und für Meteorologie 1962 mit Max Diem. Kurze Zeit später konnten vier Parallellehrstühle eingerichtet werden, nämlich für Experimentalphysik II 1962 mit Heinz Gerhard Kahle, für Angewandte Physik II 1965 mit Wolfgang Ruppel, für Experimentelle Kernphysik II 1965 mit Anselm Citron und für Experimentelle Kernphysik III 1965 mit Arnold Schoch.

Bald darauf wurde auch eine Neugliederung der Fakultäten vollzogen. Bei der Aufteilung der damals bestehenden Naturwissenschaftlichen Fakultäten I und II in je zwei eigenständige optierten die Geophysik mit Stefan Müller und die Kristallographie mit Hans Wondratschek für die Fakultät für Physik, die dann 14 Lehrstühle und 8 Institute umfasste. Mit einigen fachlichen Umwidmungen und Umbenennungen - u.a. wurde 1975–1991 ein Lehrstuhl für Didaktik der Physik eingerichtet, der nunmehr als Abteilung unter der Leitung von Friedrich Herrmann weitergeführt wird – konnte die Anzahl der Lehrstühle und Institute bis in die jüngste Zeit erhalten werden.

Schon zu dieser Zeit zeichneten sich zwei Schwerpunkte der Forschungsaktivitäten an der Fakultät ab: Festkörperphysik sowie Kern- und Teilchenphysik. Die frühen Erfolge in der Festkörperforschung von angeordneten und ungeordneten Systemen von Metallen und Nichtmetallen, auch bei tiefen Temperaturen, sowie der elektronischen Transportphänomene, führten 1970 zur Förderung durch die Deutsche Forschungsgemeinschaft im Rahmen eines Sonderforschungsbereiches (SFB 66: „Elektronische Eigenschaften fester Körper"). Er trug wesentlich zur Zusammenarbeit der auf diesem Gebiet tätigen Institute auch über die Fakultätsgrenzen hinaus bei. Für die Experimentelle Kernphysik errichtete das damalige Kernforschungszentrum ein gemeinsames Institutsgebäude für die drei Lehrstühle der Universität und gründete seinerseits drei entsprechende Institute, deren Leitungsfunktionen in Personalunion mit denen der Universitätsinstitute besetzt wurden.

Die Forschungsschwerpunkte: Festkörperphysik, Kern- und Teilchenphysik ❘ Die folgenden Jahre waren gekennzeichnet durch ein breites Spektrum an Forschungsarbeiten, die an der Fakultät aufgenommen wurden. Charakteristisch für diese Arbeiten war die Zusammenarbeit der Institute untereinander und mit externen Gruppen sowie die Nutzung von Großforschungseinrichtungen.

Im Physikalischen Institut war herausragendes Forschungsgebiet die Untersuchung von supraleitenden Materialien, bevorzugt unter extremen Bedingungen. Von besonderem Interesse war die Bestimmung von charakteristischen, auch für die Anwendung bedeutenden Parametern wie Struktur des Materials, Phasenstabilität, Übergangstemperatur und Stromtragfähigkeit unter dem Einfluss veränderter äußerer Bedingungen (F. Baumann, W. Buckel, J. Hasse). Die Anerkennung dieser Arbeiten zeigte sich u.a. in den zahlreichen Ehrungen, die Werner Buckel zuteil geworden sind und auch darin, dass die bedeutende International Conference on Low Temperature Physics XVII 1984 nach Karlsruhe vergeben wurde.

Ein weiteres Arbeitsgebiet am Physikalischen Institut war die Untersuchung der physikalischen Eigenschaften paramagnetischer Kristalle, bevorzugt solcher, die Ionen aus der Reihe der seltenen Erden enthielten. Der wesentliche Aspekt dieser nach mehreren Methoden betriebenen Arbeiten lag in der Aufklärung der Zusammenhänge zwischen den mikroskopischen Wechselwirkungen und den makroskopischen Substanzeigenschaften (H.G. Kahle, A. Kasten).

Aus dem bereits genannten SFB 66 ging 1973 das Kristall- und Materiallabor hervor, das seither fakultätsunmittelbar unter der Leitung von German Müller-Vogt betrieben wird. Diesem wird weitgehend die Herstellung des Untersuchungsgutes übertragen.

Das Institut für Mathematische Physik begleitete die experimentellen Arbeiten zur Supraleitung und untersuchte grundlegende Aspekte zu Phasenübergängen und der Bandstruktur von Festkörpern (R. v. Baltz, G. Falk, A. Schmid). 1993 wurden die Arbeiten von Albert Schmid mit dem angesehenen Fritz London-Preis ausgezeichnet.

Das Hauptinteresse des Institutes für Angewandte Physik galt in diesen Jahren den elektrischen und optischen Eigenschaften nicht-metallischer Feststoffe. Schwerpunkt war die Untersuchung des Photoeffektes.

Theoretische und experimentelle Arbeiten über die Kinetik der Photoleitung haben zu einem merklichen Fortschritt im Verständnis der Wechselwirkung von Licht mit dem Elektronensystem des Halbleiters geführt. Die Prozesse der Rückkehr eines durch Licht angeregten Zustandes des Festkörpers in das Gleichgewicht konnten anhand charakteristischer Zeitkonstanten beschrieben werden (U. Birkholz, W. Ruppel, F. Stöckmann, W. Stößel). Die anwendungsorientierte Weiterentwicklung dieser Arbeiten führte zur Untersuchung der vielfältigen Aspekte von Solarzellen. Dabei wurden für die Anwendung vorteilhafte Wege gefunden, die Spannung, die eine Solarzelle liefert, aus der Lumineszenzintensität des Halbleitermaterials vorauszusagen, bevor die Solarzelle hergestellt wird (P. Würfel).

Die drei Teilinstitute für Experimentelle Kernphysik wurden zu dieser Zeit gemeinsam mit dem damaligen Kernforschungszentrum betrieben. Diese Gemeinsamkeiten waren personell und aus der Sicht der experimentellen Ausstattung von großem Vorteil. Es wurden zwei Hauptarbeitsrichtungen verfolgt: – Grundlagenforschung zu Fragen der Struktur der Atomkerne und der Erzeugung, des Zerfalls und der fundamentalen Wechselwirkung der Elementarteilchen sowie – Anwendung der Supraleitung zur kernphysikalischen Instrumentierung. In der Grundlagenforschung wurden der Aufbau der Atomkerne, die Frage nach der Ladungsunabhängigkeit der Kernkräfte und – im Licht der kurz zuvor entdeckten Paritätsverletzung – die Symmetrie-Eigenschaften der Schwachen Wechselwirkung an Beta-Zerfällen von Atomkernen untersucht (H. Appel, H. Behrens, H. Schopper). Daran schlossen sich in den Folgejahren kernspektroskopische Untersuchungen nach der Methode von Mössbauer und durch Beobachtung der Winkelkorrelationen von Kernstrahlung mit Ausnutzung der Hyperfeinwechselwirkung an. Die beiden Verfahren erwiesen sich als besonders empfindlich zur Bestimmung der Bindungsdetails von Atomen in Festkörpern und Makromolekülen. Am Zyklotron des Kernforschungszentrums wurden Kernreaktionen, insbesondere an Systemen mit wenigen Nukleonen beobachtet und anhand von Modellen gedeutet (H. Brückmann, W. Kluge).

Am Deutschen Elektronensynchrotron DESY in Hamburg wurde Elektronenstreuung an Protonen und Deuteronen zur Beobachtung von Anregungszuständen der Nukleonen (H. Schopper, D. Wegener) sowie zur Suche nach Antiprotonen (D. Fries) betrieben. Aufschlüsse über Kernstrukturen wurden mithilfe mesonischer und ganz allgemein sogenannter exotischer Atome, u.a. mithilfe einer so genannten Zyklotronfalle, am Synchrotron des CERN in Genf erhalten. Ein Crystal-Barrel genanntes Detektorsystem, das sowohl geladene Teilchen, als auch Photonen mit großer Effizienz erfassen konnte, erbrachte vielbeachtete Aussagen u.a. zu sogenannten Gluonen-Bällen, gebundenen Systemen von Quarks und Gluonen und

Mehrquark-Systemen (G. Backenstoß, P. Blüm, D. Engelhardt, H. Koch, L. Simons).

Schließlich wurden Streuprozesse mit hochenergetischen Protonen und an einem speziell ausgelegten Sekundärstrahl von Neutronen am Synchrotron und den Speicherringen des Europäischen Beschleunigerzentrums CERN in Genf zum Studium der Nukleon-Nukleon- und der Nukleon-Kern-Wechselwirkung beobachtet. Die Fortführung dieser Experimente führte an das Institut für Hochenergiephysik IHEP in Serpuchov in der ehemaligen UdSSR (J. Engler, H. Schopper). Dort wurde auch die Reaktion negativer Pionen mit Protonen zur Bildung neutraler Zustände verfolgt (H. Müller).

An den Speicherringen des DESY wurden – im Rahmen einer CELLO genannten Kollaboration – Elektron-Positron-Reaktionen untersucht, die Aufschlüsse über die korrekte Beschreibung von Effekten der Quanten-Chromo-Dynamik ergaben (G. Flügge, D. Fries, H. Müller). Im Rahmen des Vorhabens ARGUS war eine Karlsruher Arbeitsgruppe an der Beobachtung des Zerfalls spezieller Resonanzzustände in B-Mesonen beteiligt (K.R. Schubert).

Mit der Inbetriebnahme des Protonenbeschleunigers am Schweizerischen Institut für Nuklearforschung SIN in Villigen, Schweiz, 1976, einer sogenannten Pionenfabrik, konnten durch Initiative von Anselm Citron eine Reihe von Experimenten durchgeführt werden: Die Pion-Proton-Streuung sollte Aufschlüsse zur möglichen Brechung der in der Theorie enthaltenen chiralen Symmetrie erbringen (W. Kluge). Mit der Pion-Kernstreuung sowie Pion-Absorption wurden Erkenntnisse zur Rolle der Pionen als Feldquanten der Starken Wechselwirkung gewonnen (E. Boschitz, H. Ullrich, Ch. Weddigen).

Gerhard Höhler hat mit seinen vielbeachteten Arbeiten die Experimente zur Pion-Proton-Streuung initiiert, gefördert und mit mathematischen Methoden der Dispersionstheorie die Daten in weiten Energiebereichen analysiert. Grundlegende Betrachtungen zu Zerfallsprozessen und zu Symmetrieproblemen bei Elementarteilchen ergänzten das umfangreiche Forschungsprogramm am Institut für Theoretische

Kernphysik (H. Genz, H. Pilkuhn, H.-M. Staudenmaier).

Am Institut für Theoretische Physik standen im Rahmen der Quantenfeldtheorie grundlegende und vielbeachtete Arbeiten zu supersymmetrischen Modellen der Elementarteilchen im Mittelpunkt des Interesses. Die Supersymmetrie – eine Theorie, die erstmals Bosonen und Fermionen vereint – sagt ein Spektrum neuer schwerer Elementarteilchen voraus. Es wurden Mechanismen untersucht, die eine Brechung dieser Symmetrie verursachen können. Hierbei spielt die Gravitation eine besondere Rolle (H. Nicolai, J. Wess). In den 80er Jahren wurde Julius Wess für seine Arbeiten mit dem höchstdotierten deutschen Förderpreis, dem Gottfried Wilhelm Leibniz-Preis der DFG ausgezeichnet.

Die Anwendung der Supraleitung zur kernphysikalischen Instrumentierung, d.h. für Magnete und Resonatoren, sowie für Strahlführungssysteme an Beschleunigern wurde in großem Maßstab verfolgt. Die Untersuchungen der Hochfrequenzsupraleitung kamen u.a. beim Bau eines Teilchenseparators am CERN zum Tragen (A. Citron, H. Lengeler). Bei den Studien an supraleitenden Materialien als Beitrag zur technischen Anwendung in Teilchenbeschleunigern und für die kontrollierte Kernfusion sowie für die Entwicklung von Teilchendetektoren, die in weitem Umfang gemeinsam mit dem damaligen Kernforschungszentrum betrieben wurden, interessierten sowohl Präparationsverfahren für das zu verwendende Material, wie auch die Optimierung der für die Supraleitung wesentlichen Parameter wie Pinningkraftdichte, Sprungtemperaturen und kritisches Feld (J. Halbritter, W. Heinz, H. Wühl).

Der Generationswechsel Gegen Mitte der 80er Jahre zeichnete sich in den Fächern Festkörperphysik sowie Kern- und Teilchenphysik ein Generationswechsel ab. Mit den neuen Berufungen kamen auch neue Forschungsgebiete an die Fakultät. Für eine Reihe von Arbeiten des Physikalischen Institutes, des Institutes für Angewandte Physik, des Institutes für Theorie der Kondensierten Materie und des Institutes für Theoretische Festkörperphysik wurde 1991 der

SFB 195 „Lokalisierung von Elektronen in makroskopischen und mikroskopischen Systemen" gegründet, der seither von der Deutschen Forschungsgemeinschaft gefördert wird (E. Dormann, H. v. Löhneysen, G. Schön, G. Weiß, P. Wölfle). Die Lokalisierung von Elektronen, d.h. ihre Bindung innerhalb eines beschränkten Raumbereichs – man spricht dabei von mesoskopischen und nanoskopischen Skalen – kann durch eine Reihe von Mechanismen verursacht werden, denen die Studien gewidmet sind.

1997 wurde ein Graduiertenkolleg „Kollektive Phänomene in Festkörpern" eingerichtet. In diesem Rahmen sollen Transportphänomene, optische Eigenschaften von Halbleitern, magnetische Phänomene und Quantenphasenübergänge untersucht werden (H. Kalt, C. Klingshirn, Th. Schimmel, M. Wegener). Zu Beginn des Jahres 2000 erhielt mit Martin Wegener für seine hervorragenden Arbeiten in der Halbleiterforschung erneut ein Mitglied der Fakultät für Physik den Gottfried Wilhelm Leibniz-Förderpreis.

Nach der Berufung von Herwig Schopper zum Vorsitzenden des Direktoriums von DESY und später zum Generaldirektor des CERN hatte 1979 Bernhard Zeitnitz den frei gewordenen Lehrstuhl für Experimentelle Kernphysik übernommen. Er initiierte ein Experiment zur Beobachtung von Neutrinos mittlerer Energie (KARMEN) an der Spallations-Neutronenquelle des ISIS-Beschleunigers in Chilton, England. In den 90er Jahren sind weitere Aktivitäten vom Institut aufgegriffen worden: Die Beobachtung kosmischer Strahlung wird mit einem grossflächigen Luftschauer-Detektor (KASCADE) auf dem Gelände des Forschungszentrums Karlsruhe sowie in den nächsten Jahren im Rahmen des im Aufbau begriffenen AUGER-Experimentes in Argentinien betrieben (H. Blümer, K.-H. Kampert, B. Zeitnitz). An Experimenten am Elektron-Positron-Speicherring LEP am CERN und der Vorbereitung von Versuchsanordnungen am dort im Aufbau befindlichen Proton-Proton-Speicherring LHC ist das Institut vorrangig beteiligt (W. de Boer, M. Feindt, Th. Müller). Bei den beiden letztgenannten Aktivitäten spricht man von Collider-

Experimenten, bei denen zwei Teilchenstrahlen gegeneinander gerichtet werden. Dem theoretischen Verständnis dieser Experimente sowie dem Studium der Relativistischen Quantenfeldtheorie sind aktuelle Arbeiten an den Instituten für Theoretische Physik (W. Hollik, F.R. Klinkhamer) und Theoretische Teilchenphysik (J. Kühn, Th. Mannel) gewidmet.

Ein breites Spektrum von Arbeiten ist seit dem 1. Oktober 1992 im Forschungsschwerpunkt des Graduiertenkollegs „Elementarteilchenphysik an Beschleunigern" zusammengefasst. An den Arbeiten nehmen die Institute für Experimentelle Kernphysik, Theoretische Physik und Theoretische Teilchenphysik teil.

Meteorologie, Geophysik und Kristallographie
Neben den genannten Schwerpunktaktivitäten bot die Fakultät für Physik den Fächern Meteorologie, Geophysik und Kristallographie günstige Rahmenbedingungen aus der Sicht der Forschungstätigkeit und auch für Lehre und Ausbildung.

Trotz lange zurückreichender meteorologischer Tradition in Baden wurde doch erst 1962 an der Technischen Hochschule Karlsruhe ein Ordinariat für Meteorologie eingerichtet und Max Diem auf den Lehrstuhl berufen. Die Arbeitsthemen waren weit gefächert von Klimatologie, Wolken- und Niederschlagsphysik bis zur Schadstoff- und Staubausbreitung. 1978 übernahm Franz Fiedler den Lehrstuhl. Seine Forschungsaktivitäten reichen von atmosphärischen Turbulenzen, Ausbreitung von Luftschadstoffen auf der Mesoskala (2 bis 2000 km) bis zur Herausgabe eines regionalen Klimaatlasses (F. Fiedler, H. Höschele).

1985 erfolgte die Zusammenlegung des Meteorologischen Institutes der Universität mit dem neu geschaffenen Arbeitsschwerpunkt des damaligen Kernforschungszentrums Karlsruhe zum Institut für Meteorologie und Klimaforschung unter der Leitung von Franz Fiedler. Mit der Berufung von Herbert Fischer als Leiter eines vom Zentrum eingerichteten Parallelinstitutes, verbunden mit einer Honorarprofessur an der Universität Karlsruhe, wurden die Forschungsschwerpunkte auf die Fernerkundung von Spurengasen erweitert. Schließlich wurde mit der Berufung von Klaus Dieter Beheng 1996 die Radarmeteorologie und mit Christoph Kottmeier 1997 das Arbeitsgebiet „Hochreichende Konvektion" an das Institut genommen.

1964 hatte die Universität Karlsruhe ein Ordinariat für Geophysik eingerichtet und Stefan Müller darauf berufen. Im vielzitierten „Geist von Karlsruhe", dem Bemühen um fakultäts- und fachübergreifende Zusammenarbeit, hat sich das Institut für Geophysik in der Folgezeit den an anderen Fakultäten beheimateten Fächern wie Geologie, Geodäsie und Mineralogie geöffnet. Nach der Wegberufung von Stefan Müller 1970 an die ETH Zürich trat Karl Fuchs seine Nachfolge an.

Von Anbeginn an war die seismische Tiefensondierung ein Hauptarbeitsgebiet. Mit dem DFG-Schwerpunkt „Oberer Erdmantel" wurden zu Beginn der 70er Jahre die refraktions-seismischen Untersuchungen auf den Erdmantel ausgedehnt. In den 8oer Jahren konzentrierten sich die Arbeiten in erster Linie auf den SFB 108 „Spannung und Spannungsumwandlung in der Lithosphäre" und auf das Kontinentale Tiefbohrprojekt. Nunmehr ist das Institut im Rahmen des SFB 461 „Starkbeben" in die Ingenieurseismologie eingebunden. In Zusammenarbeit mit dem Geodätischen Institut der Universität Karlsruhe und Instituten der Universität Stuttgart werden am geowissenschaftlichen Gemeinschafts-Observatorium Schiltach globale seismische Erscheinungen, wie Eigenschwingungen der Erde, Erdgezeiten und langperiodische Deformationen der Erde beobachtet.

Mit der Berufung von Helmut Wilhelm 1980 wurde das Arbeitsgebiet des Institutes auf nichtseismische Verfahren, nämlich die Geothermik, erweitert. 1986 wurde Peter Hubral auf den umgewidmeten Lehrstuhl für Angewandte Geophysik berufen, der enge Beziehungen zur Explorationsindustrie unterhält. Schließlich wurde 1994 Friedemann Wenzel Nachfolger von Karl Fuchs. Mit dieser Berufung werden sich zukünftige Arbeiten mehr als bisher mit den für die menschliche Gesellschaft relevanten Konsequenzen der Evolution und Dynamik der Lithosphäre befassen.

Das jetzige Institut für Kristallographie ging aus dem Mineralogischen Institut durch Teilung hervor. Der Ruf an den neu eingerichteten Lehrstuhl erhielt 1969 Hans Wondratschek. Arbeitsgebiete des Institutes waren Kristallstruktur-Bestimmungen mithilfe von Röntgenstrahlen und Neutronenbeugung (H. Wondratschek), Infrarot-Spektroskopie u.a. an Harn- und Gallensteinen (W. Klee) sowie topologische Aspekte der Kristallographie (W. Klee, H. Wondratschek).

1992 erging der Ruf für die Nachfolge von Hans Wondratschek an Kurt Hümmer. Forschungsschwerpunkte sind seither experimentelle und theoretische Untersuchungen zur Struktur kristalliner Festkörper, insbesondere mithilfe von Röntgenbeugung von Synchrotronstrahlung, einer charakteristischen elektromagnetischen Strahlung, die an großen Elektronenbeschleunigern auftritt. Spezielles Interesse besteht an der Beobachtung von Mehrstrahlbeugung zur Bestimmung von Phasenbeziehungen gebeugter Wellen. Ein weiterer interessanter Aspekt ist die Bestimmung der Chiralität, d.h. der Händigkeit von Molekülen, die z.B. für das Auftreten der optischen Aktivität bei Lichteinwirkung von Bedeutung ist.

Die Fakultät für Physik als Ausbildungsstätte
Die Zeit des Aufbruchs nach 1960 spiegelt sich auch in einer starken Vermehrung des Lehrangebotes und einer Modernisierung der Vorlesungsinhalte wider. Seit 1966 wird für Studenten der Hauptfächer Mathematik und Physik ein neues System von Kursvorlesungen in Experimental- und Theoretischer Physik angeboten. Für die Ingenieurdisziplinen werden seither spezielle zweisemestrige Physik-Kurse gelesen. Später wurden weitere Kurse für Studierende der Wirtschaftswissenschaften und der Informatik eingerichtet.

Bereits 1924 erging die ministerielle Berechtigung zur Ausbildung von Lehramtskandidaten in den Fächern Mathematik und Physik. 1965 und 1974 wurden erstmals neben dem Diplom in Physik auch Diplome für Meteorologie bzw. Geophysik vergeben. Die Ausbildung für diese Fächer läuft in den ersten vier Semestern weitgehend parallel zu der für Studierende im Hauptfach Physik. Erst für die Zeit nach der Diplom-Vorprüfung wird ein fachspezifisches Vorlesungsprogramm angeboten.

Die Fakultät für Physik war seit den 50er Jahren bemüht, Austausch- und Kooperationsprogramme mit ausländischen, im Besonderen mit französischen Universitäten einzurichten oder an ihnen teilzunehmen. Der Vielfalt der Austauschprogramme, der Möglichkeit der Erlangung von Doppel-Diplomen und der Ausdehnung der Programme auf andere Fakultäten der Universität Karlsruhe ist ein besonderer Beitrag dieser Festschrift gewidmet (s. C1).

Brennpunkte der Forschung

Aktuelle Forschung an lebendigen Beispielen darzustellen, ist Ziel und Inhalt des folgenden Teils B, der Einblicke in exemplarische Fragestellungen und einen Überblick über die vielfältige und ausgedehnte Forschungslandschaft der Fridericiana vermittelt.

Eine systematische Berücksichtigung der verschiedenen Disziplinen ist dabei ebenso wenig möglich wie eine chronologische, die letzten fünf Jahrzehnte umfassende Darstellung der einzelnen Forschungsgebiete. Die ausgewählten Beiträge geben aber – so hoffen die Herausgeber – einen lebendigen Eindruck von der Vielfalt und Spannweite der Forschung an einer vorwiegend technisch-naturwissenschaftlich orientierten Universität.

Vielfalt und Spannweite werden dabei deutlich am Neben- und Miteinander von grundlagenorientierten und anwendungsbezogenen Forschungsthemen, von Team- und Individualforschung, oder von interdisziplinären Forschungsgebieten – wie etwa Geowissenschaften, Umweltforschung, Materialwissenschaften, Medizintechnik – und andererseits den Ergebnissen aus Einzeldisziplinen und Spezialgebieten.

B1 Das neue Bild der Erde – Fortschritte in den Geowissenschaften

E. Althaus, F. Wenzel

Bereits 1829 erschien bei Groos in „Carlsruhe" ein „Handbuch der gesammten Mineralogie in technischer Beziehung" von „Friedrich August Walchner; Doctor der Medicin; Professor der Chemie und Mineralogie an der polytechnischen Schule zu Carlsruhe; berathendes Mitglied der Direction der Forste und Bergwerke im Grossherzogthum Baden". Geowissenschaften waren damals überwiegend Erzmineral- und Bergwerkskunde; Bergbau, besonders auf Silber- und Eisenerz, war seinerzeit in Baden ein durchaus bedeutender Wirtschaftszweig, was die Ansiedlung dieses Faches an der Polytechnischen Schule verständlich macht. Stoffwissenschaft und Analytik von Erzen sowie Entwicklung fortschrittlicher Verhüttungsprozesse bildeten eine Brücke zur Chemie, die auch heute noch von großer Bedeutung ist.

Aus diesen einfachen Anfängen entwickelten sich die Geowissenschaften zu ihren heutigen Spezialisierungen, die zu einer Aufgliederung in viele Fächer führten, welche in mehreren Fakultäten beheimatet sind: Mineralogie, Geologie und Geographie in der Fakultät für Bio- und Geowissenschaften, Geophysik und Kristallographie (deren Wurzeln in der Mineralogie liegen) in der Fakultat für Physik, geotechnische Facher

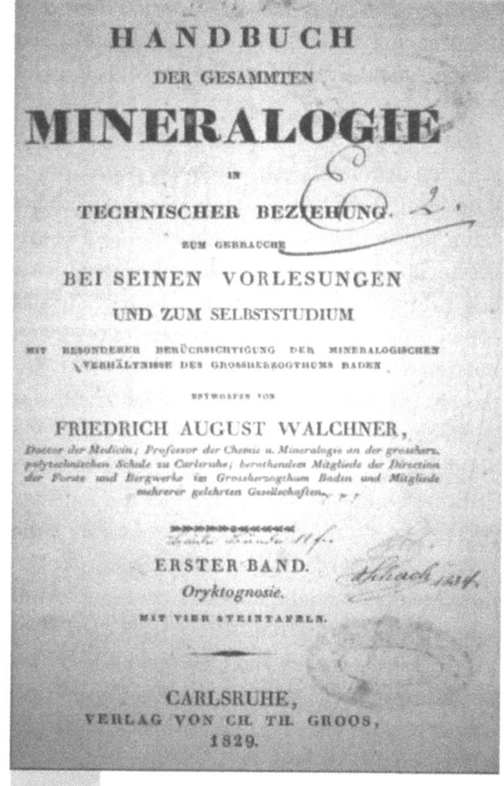

Abb. 1 Frühester Hinweis auf Geowissenschaften an der Fridericiana: Titelblatt eines Lehrbuchs von Friedrich August Walchner (1829)

Der Feldberg in der Eiszeit: Ölgemälde von Wilhelm Paulcke (1873–1948), Ordinarius für Geologie an der Fridericiana, Rektor 1919/1920, Gründer des Instituts für Leibesübungen und des Deutschen Skiverbandes

und Geodäsie/Fernerkundung in der Fakultät für Bauingenieur- und Vermessungswesen. Spezialfächer, die sich mit der Hydrosphäre befassen, finden sich in der Bauingenieur-, der Chemieingenieur- und der Bio-Geo-Fakultät. Die jüngsten Entwicklungen, Geochemie und Geoökologie, sind in der Bio-Geo-Fakultät angesiedelt.

Die übergeordneten Aspekte der Geowissenschaften definieren sich durch das gemeinsame Forschungsobjekt: Die Erde als Planet, als Lebensraum, Rohstoffbank und Gefahrenquelle. Die Erdgeschichte liefert auch die Evolutionsgeschichte des Lebens. Alle Ressourcen, die wir für das Leben, für Industrie und Wirtschaft nutzen, müssen wir als geowissenschaftliche Objekte studieren. Die Gestalt der Erde ist wichtig für das Verstehen historischer, noch mehr aber aktueller Vorgänge. Die Dynamik der Erdkruste und des Erdinneren macht zwar einerseits die Existenz von Leben erst möglich, gefährdet es aber andererseits auch durch Vulkanausbrüche, Erdbeben oder Massenbewegungen. Die Erstellung technischer Bauten und Wohnhäuser setzt die Kenntnis der Eigenschaften von Untergrund und Konstruktionsmaterial voraus. Ackerbau und Trinkwasserversorgung sind nicht möglich ohne geowissenschaftliche Forschung.

Die Aufgliederung der einstmals einheitlichen Geowissenschaft in viele Teildisziplinen hat dazu geführt, dass sich unterschiedliche, spezialisierte Anschauungen entwickelt haben. Das neue Bild von der Erde aber entstand dadurch, dass sich Vertreter dieser verschiedenen Sparten zusammenfanden, um gemeinsam über das Objekt der Neugier, die Erde, nachzudenken.

Methodische und experimentelle Neuentwicklungen brachten etwa seit Anfang der sechziger Jahre den Durchbruch zu einer neuen revolutionären Vorstellung von der Erde, ihrer Zusammensetzung, ihrem Aufbau, ihrem Alter, ihrer Entwicklung und den in und auf ihr ablaufenden Vorgängen. Neue analytische Verfahren ermöglichten die Messung der chemischen Komponenten mit großer Präzision. Die neuen Erkenntnisse der Kernphysik lieferten die Grundlagen für die präzise Bestimmung der Alter von Mineralen und Gesteinen auf der Grundlage der natürlichen Radioaktivität. Es wurde erstmals möglich, das Alter der Erde als Ganzes zu ermitteln und ihre geschichtliche Entwicklung zu datieren. Durch die Erfindung neuartiger temperatur- und druckfester Materialien konnten die Bedingungen im Erdinneren im Labor-Experiment reproduziert und die Stoffeigenschaften des Erdmaterials unter in-situ-Bedingungen gemessen werden. Geophysikalische Messverfahren wurden derart weiterentwickelt und verfeinert, dass sie hochempfindliche Sonden für die Zustände und Vorgänge im Erdinneren zur Verfügung stellen.

Wir haben heute gut gesicherte Argumente dafür, dass die Erde einen konzentrisch-schaligen Aufbau besitzt mit einem Metallkern im Zentrum, der umgeben ist von einem Mantel überwiegend aus Magnesium- und Eisen-Silikaten, worauf eine vergleichsweise sehr dünne Kruste schwimmt, die die uns geläufigen Gesteine in ihrer großen Vielfalt enthält. Die Zustände der Erdmaterie bis hin zum Kern sind durch Experimente unter Bedingungen bis in den Megabar-Bereich (1 Megabar $\approx$ 1 Million Atmosphären) unter Temperaturen von mehreren 1000°C erschlossen worden.

Die bahnbrechende Entdeckung der letzten Jahrzehnte wurde nicht – wie in der ganzen bisherigen Geschichte der Erdforschung– auf den trockenen Festländern gemacht, sondern am Ozeanboden. Die Entdeckung von charakteristischen Zonen der magnetischen Orientierung in Mineralen und Gesteinen und die Symmetrie ihrer Anordnung führten zur Entwicklung einer neuen Vorstellung von der Dynamik der Erde, den „New Global Tectonics", deren Teilaspekt „Plattentektonik" inzwischen zum allgemeinen Wissensgut geworden ist. Die Erde war mit einem Schlag nicht mehr ein seit ihrer Entstehung stabiler, statischer Himmelskörper, der sich unverändert seit undenklichen Zeiten lediglich um sich selbst und um die Sonne dreht, sondern wurde als überaus mobiles „lebendiges" Objekt erkannt, das mannigfaltigen tiefgründigen Veränderungen unterworfen ist. Die Altersbestimmungen zeigten, dass – konträr zu den klassischen Ansichten – die Ozeane jung und die Kontinente alt, teilweise sogar uralt, sind. Entstehen und Vergehen von Gebirgen, bislang Objekt unbegründbarer Spekulationen, ließ sich leicht als Wechselspiel zwischen Plattenkollision und Erosion verstehen. Die Lage der Kontinente relativ zueinander erwies sich als nicht fixiert, sondern sehr variabel. Es wurde erkannt, dass manche heutigen Nordkontinente in früheren Zeiten Südkontinente waren und umgekehrt, dass die Landmassen sich zu unterschiedlich konfigurierten, von den heutigen sehr verschiedenen Kontinenten gruppierten, ja sogar zu einem einzigen Superkontinent „Pangäa" zusammengeschweißt wurden, der wieder instabil wurde und in Teile zerbrach, die den heutigen Kontinenten schon recht ähnlich waren, aber ganz anders auf der Erdoberfläche verteilt. Gebirge werden dort aufgefaltet, wo Bewegungen konvergieren und Platten kollidieren; ist eine der Platten eine ozeanische, verschwindet der Ozean. Neue Ozeane bilden sich, wo Platten auseinanderreißen und divergieren, ein Prozess, der auf Kontinenten wie derzeit im ostafrikanischen Riftsystem beginnt. Die

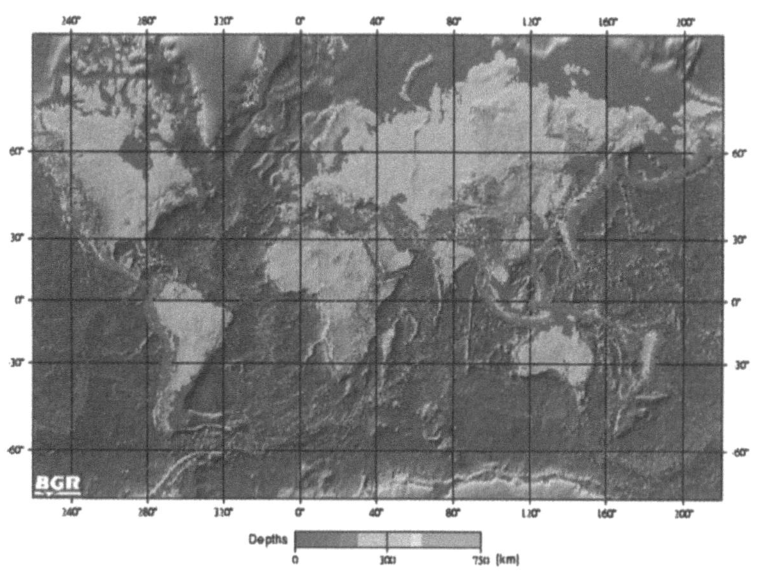

Abb. 3

Seismizität und Plattenverteilung. Weltkarte der Erdbeben von 1954–1998 der Magnitude ≥ 4.0 (herausgegeben durch Bundesanstalt für Geowissenschaften und Rohstoffe, Hannover 1999)

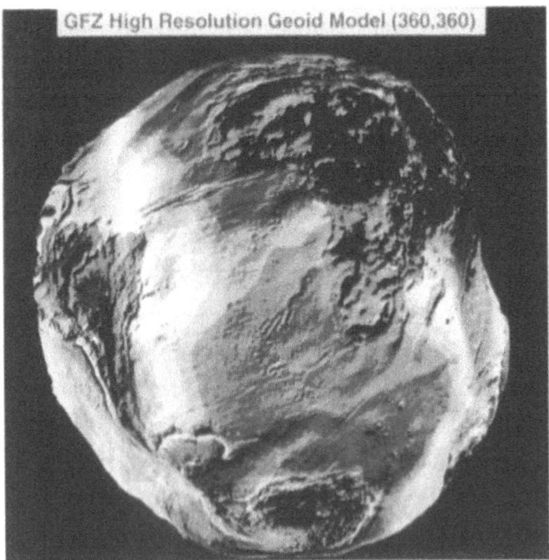

Abb. 4 Die neu vermessene Erde: „Potsdamer Geoid", Äquipotentialfläche der Erde aus Satelliten-Messungen, 15000-fach überhöht (GFZ Potsdam)

lebige Gebilde laufen über dieses Relief hinweg, ohne es zu verändern.

Diese neuen Erkenntnisse waren nicht mehr von einer der Teilsparten der Geowissenschaften allein zu gewinnen, sondern nur als Resultat von Gemeinschaftsforschung. Die Situation an der Universität Karlsruhe entwickelte sich in den fünfziger und sechziger Jahren sehr zugunsten solcher Gemeinschaftsaspekte. Neue Professuren und Institute wurden geschaffen, die dafür sorgten, dass die Geowissenschaften an der Fridericiana eine ausgeprägte wissenschaftliche Breite erreichten. Die neuen Methoden schufen Möglichkeiten der geowissenschaftlichen Forschung, die Ergebnisse von bisher ungeahnter Präzision und Empfindlichkeit erzielen ließen. Die Erhöhung der Geschwindigkeit und Kapazität von elektronischen Datenverarbeitungs-

Antriebskräfte für die Bewegungen der Platten wurden auch als Quellen für die Erzeugung mechanischer Spannungen erkannt, die sich in Erdbeben entladen können. Vulkanismus ist kein rätselhaftes, weitgehend unverständliches Phänomen mehr, sondern lässt sich ohne Schwierigkeiten auf vertikale Massenströmungen im festen Erdinneren zurückführen.

Eine glänzende Bestätigung der Vorstellung über die aktuellen Bewegungen der Platten, ihre lateralen und vertikalen Verschiebungen liefert die satellitengebundene Fernerkundung, auch Satellitengeodäsie genannt. Ihre Methoden wurden so verfeinert, dass es möglich ist, die Kontinentaldrift, die in der Größenordnung von 10 cm pro Jahr abläuft, direkt nachzuweisen. Auch lokale Verschiebungen in der Erdkruste im Gefolge von Erdbeben lassen sich messen, wodurch sich eine neue Möglichkeit zum Verständnis der Mechanismen ergibt.

Mit diesen Methoden ergab sich ein neues Bild von der Gestalt der Erde, die durchaus kein „abgeplattetes Rotationsellipsoid" ist, sondern eine sehr komplizierte, von den Massenverteilungen im Erdinneren abhängige Form besitzt, mit Bergen und Tälern nicht nur auf dem Festland, sondern auch auf der scheinbar so glatten Meeresoberfläche. Die Wellen als sehr kurz-

Abb. 5 Das Erdinnere nach außen gestülpt. Dunkle Gesteine durch tektonische Kräfte aus dem Erdmantel an die Erdoberfläche transportiert. Finero, westlich des Nordendes des Lago Maggiore

Geräten erlaubten die Modellierung von Vorgängen und Zuständen auch in der direkten Beobachtung unzugänglichen Bereichen des Erdkörpers. Dieses Potential wurde von den Karlsruher Wissenschaftlern intensiv genutzt zur maßgeblichen Beteiligung an deutschen und internationalen Großprojekten geowissenschaftlicher Forschung.

Globalisierung und Großforschung

Es liegt in der Natur des Forschungsgegenstands, dass die Geowissenschaften international, ja global orientiert sind; „Globalisierung" ist in ihnen kein modisches Neuwort, sondern selbstverständliche Arbeitsgrundlage. Geowissenschaftler sind in vielen Regionen der Erde zu Hause, nicht nur in ihrer engeren Heimat. Daraus resultiert ein intensiver Austausch von Personen, ein häufiger Wechsel von Region zu Region, von Institution zu Institution, von Labor zu Labor. Forschungsgebiete in vielen Weltgegenden werden aufgesucht, wovon auch die Böden der Weltmeere nicht ausgenommen werden.

Von den Karlsruher Geowissenschaftlern wurden seit den sechziger Jahren viele Gemeinschaftsprojekte angeregt und ausgearbeitet; zahlreiche andere Programme zogen ihre Mitarbeit mit prominenten Beiträgen an. Von der Forschung in der vordersten Linie profitiert die Lehre, nicht nur in Form von konventionellen Lehrveranstaltungen, sondern insbesondere auch in der Qualität einer schier unüberschaubaren Zahl von Diplom- und Doktorarbeiten, die den Absolventen vorzügliche berufliche Möglichkeiten eröffnen.

Geowissenschaftliche Forschung erfordert einen hohen Finanzaufwand, kann daher aus den schmalen Haushalten der Institute nicht getragen werden, sondern muß externe Quellen finden. Dies gilt ganz besonders für die internationalen und nationalen Gemeinschaftsprojekte. Seit den sechziger Jahren beteiligten sich die Karlsruher Geowissenschaften an zahlreichen Schwerpunktprogrammen der Deutschen Forschungsgemeinschaft, sie trugen mehrere Sonderforschungsbereiche oder nahmen an ihnen teil, gestalteten wesentliche Beiträge zu Programmen der Europäischen Union, der Stiftung Volkswagenwerk und anderer Stiftungen, des Bundesministeriums für Forschung und Technologie, aber auch anderer Forschungsförderungs-Organisationen. Kooperation mit Wirtschaft und Industrie brachte Forschungsmittel ein und eröffnete den Absolventen der Studiengänge ausgezeichnete Möglichkeiten für den Berufseinstieg und die Existenzgründung.

Fragen, die die Geowissenschaftler besonders bewegten und die zu den aufregendsten neuen Ergebnissen und Erkenntnissen führten, werden in wissenschaftlichen Schwerpunktprogrammen (z.B. der Deutschen Forschungsgemeinschaft) und anderen Forschungsverbünden bearbeitet. An mindestens 20 von diesen waren in den letzten zwei Jahrzehnten die Karlsruher Geowissenschaftler maßgeblich beteiligt. Im „Unternehmen Erdmantel" ging es darum, Materie und Struktur des tieferen Erdinneren zwischen 10 und 2900 km Tiefe sowie die in diesen Bereichen ablaufenden Prozesse zu erforschen. Daraus wurden die Gesetzmäßigkeiten abgeleitet, die verantwortlich für die Ursachen von so einschneidenden Vorgängen wie die Auslösung von Erdbeben oder das Vorkommen des Vulkanismus sind. Beide Phänomene sind keine Zufallsereignisse, sondern aus den Verhältnissen im Erdinneren zu verstehen. Dazu war es notwendig, Reaktionen und Umwandlungsprozesse unter Bedingungen zu studieren, die denen im Erdinneren entsprechen. In den Schwerpunktprogrammen „Geowissenschaftliche Hochdruckfor-

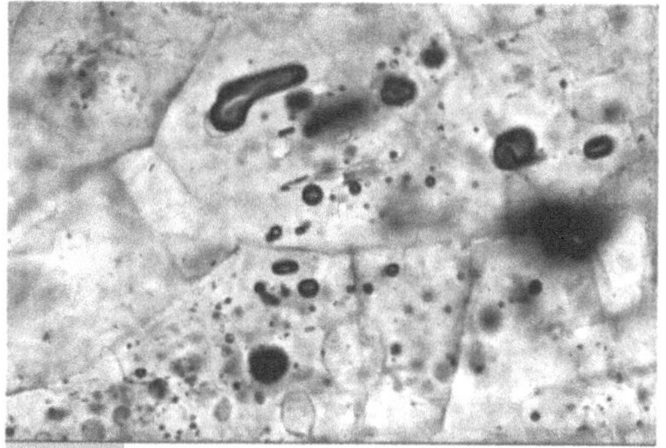

Abb. 6 Verräterische Spuren. Einschlüsse von Flüssigkeit und Gas in Mineralen in einem heute wasser- und gasfreien Gestein: Zeugen der Entgasung des Erdinnern. Mikroskop-Bild, größter Einschluss 10 μm lang

Abb. 7 Boten aus dem Erdmantel. Einschluss von Mantel-
gestein (Xenolith) in einem Basalt. Persani-Berge, Karpaten
(Rumänien). Solche „Fremdlinge" liefern Informationen über
das Erdinnere

schung" und „Kinetik mineral- und gesteinsbil-
dender Prozesse" wurde gleichsam die ganze
Erde ins Labor geholt und unter exakt kontrollierten Bedingungen beobachtet. Seitdem wissen
wir, wie Mineral- und Gesteinsumwandlungen
bei der Gebirgsbildung ablaufen und weshalb
und wo es zu Stoffsonderungen und Stoffanrei-
cherungen kommt, die das Potential für Indus-
trierohstoffe liefern. In die großen, der direkten
Beobachtung meist verschlossenen Tiefen der
Erdkruste führte das Programm „Stoffbestand,
Struktur und Entwicklung der Unterkruste". Es
zeigte sich, dass viele uns unmittelbar betreffenden Vorgänge an der Erdoberfläche wurzeln
und Ursachen in den unteren Krustenbereichen
haben, deren Stoff- und Energiekreisläufe sich
bis an die Oberfläche durchpausen und Werden
und Vergehen der Gebirge regeln. In einem

Programm zu einem zusammenhängenden
größeren Gebirgsblock, „Vertikalbewegungen
und ihre Ursachen am Beispiel des Rheinischen
Schildes", wurde erstmals versucht, empirische
Beobachtungen und Messungen mit physikalischen Gesetzmäßigkeiten zu verknüpfen und
Ablauf und Ursachen der Prozesse der Entstehung des Gebirges und seine Geschichte zu verstehen und erklären.

Besonderes Interesse fand das „International
Program of Ocean Drilling", an welchem sich
Karlsruher Wissenschaftler in internationalen
Arbeitsgruppen auf verschiedenen Forschungs-
schiffen beteiligten: den Bohrschiffen „Glomar
Challenger" und „Joides Resolution", dem For-
schungsschiff „Sonne" und russischen For-
schungsschiffen. Nicht selten waren sie die wissenschaftlichen Fahrtleiter und Koordinatoren
der Forscherteams. Der Name der Universität
Karlsruhe wurde auf einer Forschungsfahrt in
den Seekarten verankert: Im Pazifik wurde ein
Gebiet des Meeresbodens als „Fridericiana deep"
offiziell registriert und eingetragen.

Mit den Schwerpunktprogrammen der DFG
erschöpfte sich die Tätigkeit Karlsruher Wissenschaftler in überregionalen und internationalen
Programmen natürlich nicht. Beispielhaft für
Projekte mit anderer Trägerschaft seien genannt
das Deutsche Kontinentale Reflexionsseismik-
Programm DEKORP, das, finanziert mit Mitteln
des BMFT, eine nahezu flächendeckende Erkundung der Erdkruste in Deutschland durchführte,
das Programm „Archäometrie" der VW-Stiftung, in dessen Rahmen naturwissenschaftliche
Forschung an archäologischen Objekten betrieben wurde – in Karlsruhe Untersuchungen zur
Herkunft von und zum Handel mit Obsidian-
werkzeugen im Neolithikum – sowie verschiedene Programme des BMFT und der Europäischen Union zur Erforschung des Potentials und
der Grenzbedingungen der Nutzbarmachung
geothermaler Energie.

Die Erde stellt ein riesiges, durch menschliche
Aktivitäten völlig unerschöpfliches Reservoir
an thermischer Energie dar, das in günstigen
Regionen der Erde (z. B. Vulkangebieten) bereits
ausgiebig genutzt wird. Bei durchschnittlichen
Temperaturverhältnissen in der Erdkruste sind

Abb. 8 Energie aus dem Erdinnern: Bohr- und Fördertürme für heißes Wasser. Geothermal-Projekt Cornwall, U.K.

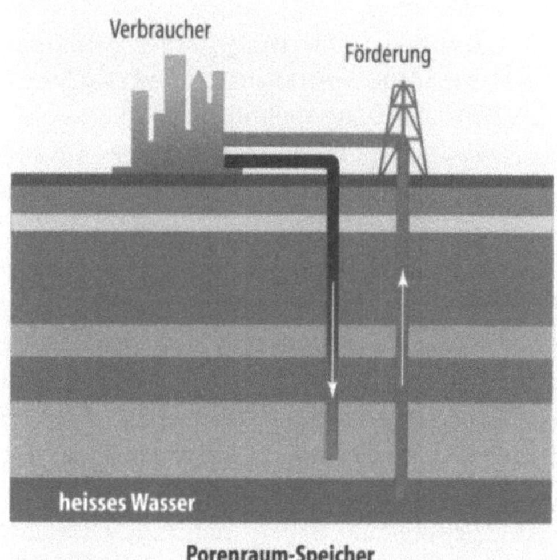

Abb. 9 So funktioniert Geothermal-Heizung: Wasser wird im Kreislauf geführt. Nur Wärme wird an der Erdoberfläche entzogen und genutzt, die Inhaltsstoffe verbleiben im System – Minimierung der Umwelt-Belastung

allerdings kostspielige Erschließungsarbeiten notwendig, wodurch die Gewinnung gegenüber (subventionierter) Kohle, Erdöl und Nuklearenergie derzeit noch nicht, gegenüber Solar- und Windenergie aber sehr wohl konkurrenzfähig ist. Förderung natürlicher Thermalwässer wird auch in Deutschland profitabel betrieben, die Erzeugung von elektrischem Strom wird hier allerdings erst in der Zukunft denkbar. Die geowissenschaftlichen Grundlagen sind in den letzten beiden Jahrzehnten auch an der Fridericiana erarbeitet worden, die auftretenden Probleme beherrschbar. Die technische Umsetzung bleibt eine wichtige Aufgabe für die Zukunft.

Unter maßgeblicher Beteiligung Karlsruher Wissenschaftler wurde das bisher größte deutsche Forschungsprojekt in den Geowissenschaften konzipiert, das Kontinentale Tiefbohrprogramm der Bundesrepublik Deutschland (KTB). Das Ziel war die Erkundung der Stoffbestände, Zustände und Prozesse in der Erdkruste in einem langen, kontinuierlichen Vertikalprofil, als Instrument diente eine Forschungsbohrung in der Oberpfalz, einer Region ohne nennenswerte verschleiernde Bedeckung mit jungen Sedimenten. Nach einer fast zehnjährigen Planungs- und Vorerkundungsphase wurden 1987 die Bohrungen und das wissenschaftliche Programm begonnen, an dem sich über 200 deutsche und internationale Arbeitsgruppen beteiligten und dessen Koordination zum Teil von Karlsruhe aus wahrgenommen wurde. 1994 wurde eine Tiefe von 9,1 km erreicht; dort herrscht eine Temperatur von 280°C, wodurch der Bohrvorgang infolge der unter diesen Bedingungen herrschenden Gesteinseigenschaften gestoppt wurde. Das Niederbringen der Bohrung war eine gewaltige, bisher nicht dagewesene technische Leistung. In den obersten 7 km war das Bohrloch absolut gerade und senkrecht; die laterale Abweichung vom Einstichpunkt lag innerhalb weniger Meter. Schwierigkeiten, die unterhalb dieser Tiefe auftraten, wurden als gesteinsbedingt und unvermeidbar erkannt. Solche brüchigen Zonen wurden jedoch umgangen und die Bohrung noch weitere 2 km vertieft. Völlig frisches Gesteinsmaterial, das noch niemals seit seiner Entstehung das Tageslicht gese-

Abb. 10 Ein Fenster in die Erde: Bohrturm der Deutschen Kontinentalen Tiefbohrung (KTB) bei Windisch-Eschenbach, Oberpfalz

und technisches Interesse finden. Wir wissen nunmehr, dass sie auch in großen Tiefen und nicht nur nahe der Erdoberfläche wirksam sind: Die Möglichkeiten für die Auffindung von neuen Lagerstätten erstrecken sich in viel größere Tiefen, als wir bisher gedacht haben. Das eröffnet beruhigende Perspektiven für unser künftiges Rohstoffpotential. Die Auswertung aller Daten ist auch heute noch nicht vollständig abgeschlossen. Der Wissenszuwachs durch das Projekt ist enorm; Prozesse und Zustände in der Erdkruste erscheinen in einem neuen Licht und viele neue Fragestellungen führten zu neuen Vorstellungen über die Verhältnisse im Erdinneren und die Möglichkeiten ihrer Erkundung von der Oberfläche aus. Indirekte, oberflächengebundene Erkundungsmethoden wurden durch Vergleich mit den direkt beobachteten Gesteins- und Mineraleigenschaften im Bohrloch geeicht. Ihre Anwendung in unbekannten Regionen führt dadurch zu wesentlich konkreteren, gut abgesicherten Folgerungen.

Musterbeispiele für Gemeinschaftsforschung sind die Sonderforschungsbereiche (SFB), die von der DFG an den Hochschulen finanziert werden. Sie vereinen Wissenschaftler der verschiedensten Sparten zu gemeinsamer Forschungsarbeit unter einem übergeordneten Zentralthema. Die Karlsruher Geowissenschaftler beteiligten sich an fünf SFB, von denen drei zentrale geowissenschaftliche Fragestellungen bearbeiten und überwiegend von Geowissenschaftlern im breiten Sinne getragen wurden; zwei weitere erhielten wesentliche Beiträge von geowissenschaftlicher Seite („Erhalten historisch bedeutsamer Bauwerke" und „Selektive Reaktionsführung an technischen Katalysatoren"). Auf dem Gebiet der Erhaltung historischer Bauwerke treffen sich die Interessen der Geowissenschaftler mit denen von Bauingenieuren, Architekten, Baugeschichtlern und Denkmalpflegern. Viele der Materialprobleme haben naturwissenschaftliche Ursachen, mit denen Mineralogen bestens vertraut sind und deren Lösung sie mit geowissenschaftlichen Methoden angehen. Das Resultat ist eine behutsame und schonende Überlebenshilfe für Bausubstanz, die ohne solche

hen hatte, wurde in üppigen Mengen gewonnen und untersucht. Es ergab sich eine detaillierte Chronik dieses Gebiets der Erdkruste, in welchem vor mehreren 100 Millionen Jahren Kollisionen zwischen Kontinentalplatten stattfanden. Mehrere Zyklen von Druckerhöhung (Absenkung) und Druckentlastung (Aufstieg) gingen über das Gebirge hinweg und hinterließen ihre Spuren, die Temperatur stieg und fiel in mehreren Episoden. Ein besonders aufregendes, völlig unerwartetes Ergebnis war, dass das Gestein auch bei den in großen Tiefen (9 km Tiefe entsprechen etwa 3 Kilobar Druck, also 3000 Atmosphären) herrschenden Drücken nicht völlig dicht gequetscht ist, sondern offene Hohlräume und Klüfte enthält, in denen große Mengen an heißen salzhaltigen Wässern zirkulieren. Solche Lösungen sind die Transportmittel für Stoffe, die wirtschaftliches

Betreuung dem Zerfall und Untergang ausgesetzt wäre.

Aufbau und Dynamik der Erde

Der Aufbau eines Planeten, seine innere Struktur, lässt sich am besten mit Methoden der Seismologie bestimmen. Elastische Wellen traversieren den Körper (Raumwellen) oder laufen längs seiner Oberfläche mit einer Eindringtiefe, die mit der Periode der Schwingungen wächst (Oberflächenwellen). Natürlich müssen die Wellen angeregt und registriert werden. Die Anregung besorgen auf der Erde die natürlichen Erdbeben; die Registrierung der Bodenbewegung erfolgt mit Seismometern. Auf dem Mond, der keine tektonischen Erdbeben kennt, dienen Meteoriteneinschläge als Quelle der Signale, die von NASA-Seismometern aufgezeichnet wurden. Bereits in den vierziger Jahren war der Schalenaufbau der Erde im Wesentlichen bekannt: Unterhalb der Erdkruste, deren mittlere Dicke in den Kontinenten 40 km und unter den Ozeanen 6 km beträgt, erstreckt sich der vorwiegend aus Eisen- und Magnesiumsilikaten bestehende Erdmantel bis in 2900 km Tiefe. Er kann seismologisch deutlich in einen oberen Mantel bis 410 km, eine Übergangszone bis 670 km Tiefe und in den unteren Mantel gegliedert werden. Unterhalb 2900 km folgt der eisenhaltige Erdkern, dessen äußerer Teil (bis 5150 km) flüssig ist. Der innere Kern besteht aus festem Eisen, dem aber noch ein leichteres Element beigemischt sein muss, damit die Erde insgesamt die richtige Durchschnittsdichte von 5500 kg/m^3 haben kann. Zwischen Mantel und Kern (2600–2900 km) befindet sich eine Schicht, in der sich die elastischen Parameter schnell mit der Tiefe ändern und in der wahrscheinlich die bis an die Erdoberfläche aufsteigenden heißen Massenströme (sog. Plumes) ihren Ursprung haben.

Heute kennen wir auch den Temperaturverlauf im tiefen Erdinneren recht genau. Die bekannte Oberflächentemperatur von etwa 15 Grad Celsius steigt mit einer Rate von 30 Grad/km bis an die Schmelztemperatur des oberen Mantels. In 700 km beträgt sie etwa 2000 Grad und steigt nur mäßig bis 2600 km Tiefe (2500 bis 3000 Grad). Dort wächst sie sprung-

haft auf 4500 Grad an der Kern/Mantel-Grenze. An der Grenze von äußerem zu innerem Kern werden Werte von 6500 Grad erwartet.

Obgleich wir heute noch am Schalenmodell der Erde festhalten, hat sich eine fundamentale Änderung der Sichtweise aus der interdisziplinären Zusammenarbeit der verschiedenen geowissenschaftlichen Disziplinen (Geophysik, Geologie, Mineralogie, Geodäsie, Petrologie, etc.) ergeben: Die dynamische Interpretation der seismologischen Befunde. Im flüssigen äußeren Kern wird das erdmagnetische Feld erzeugt. Leitfähigkeit des Eisens, Konvektion des äußeren Kerns und Erdrotation konstituieren einen sich selbst erregenden Dynamo, der ein Magnetfeld produziert, das in erster Näherung einem Dipolfeld gleicht, sich aber langsam mit der Zeit ändert (Westdrift) und in irregulären Intervallen umpolt, zuletzt vor 780.000 Jahren.

Bei schnellen (kurzperiodischen) Deformationen verhält sich der Erdmantel wie ein elastischer Festkörper, etwa wie Stahl. Der Begriff kurzperiodisch schließt dabei elastische Wellen mit Schwingperioden von 1 s bis 100 s, Eigenschwingungen des gesamten Erdkörpers mit Perioden von 1000 s und Gezeiten der festen Erde mit 6 und 12 Stunden-Perioden ein. Auf geologisch langen Zeitskalen (100 Mio Jahre) führen aber die festkörperphysikalischen Prozesse des Diffusions- und Dislokationskriechens dazu, dass er sich wie eine viskose Flüssigkeit verhält, die wegen des großen Temperaturunterschieds zwischen Kern/Mantel-Grenze und Oberfläche der Erde die Wärme konvektiv aus dem Erdinneren nach außen transportiert. In einem konvektierenden Medium sind die thermischen Grenzschichten, also die Lithosphäre als oberer und der Tiefenbereich zwischen 2600 und 2900 km als unterer von besonderem Interesse. Der geologische Ausdruck dieser Konvektion ist die Generierung von ozeanischer Lithosphäre an den mittelozeanischen Rücken, das Abtauchen ozeanischer Platten in den Erdmantel (Subduktion), aber auch die Kollision und das Zerbrechen von Kontinenten. Ein Schwerpunkt geowissenschaftlicher Forschung in Karlsruhe lag auf der Untersuchung der kontinentalen Lithosphäre (Erdkruste und oberer Mantel), also jenen Gesteinsplatten, die seit hunderten Millionen Jahren über die Erde driften und an deren Rändern fast alle Erdbeben und Vulkane konzentriert sind. Die Platten sind jedoch nicht stabil, sondern können im Lauf der Erdgeschichte in Fragmente zerbrechen. Das ostafrikanische Grabensystem ist der geomorphologische Ausdruck dieses heute stattfindenden Prozesses. Hier gelang es den Karls-

Abb. 11 Ein freundlicher Nachbar: Die Vulkaninsel Stromboli (griech. strongyle, Kreisel), Leuchtturm für die Seeschifffahrt der klassischen Antike

Abb. 12 Die Schmiede des Hephaistos: Die Insel Vulcano, gesehen von der Vulkaninsel Lipari (Tyrrhenisches Meer)

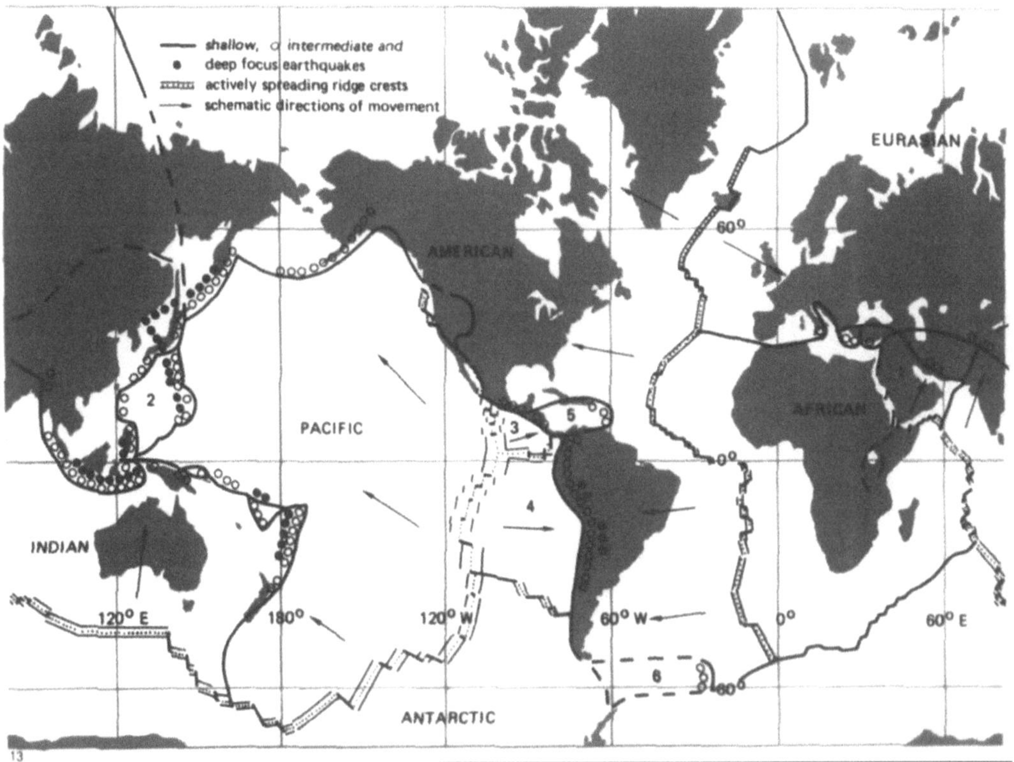

Abb. 13 Die Erdbebenaktivität der Erde und ihr Zusammenhang mit den sechs benannten Hauptplatten und sechs kleineren, nummerierten Platten: (1) Arabien, (2) Philippinen, (3) Cocos, (4) Nasca, (5) Karibik, (6) Scotia. Die Platten sind entweder von aktiven Rücken, Querverwerfungen, Tiefseegräben oder Kompressionszonen umgeben. Die Ausbreitungsgeschwindigkeit der Platten variiert von 1 cm/Jahr in der Nähe von Island bis auf 9 cm/Jahr im äquatorialen Pazifik

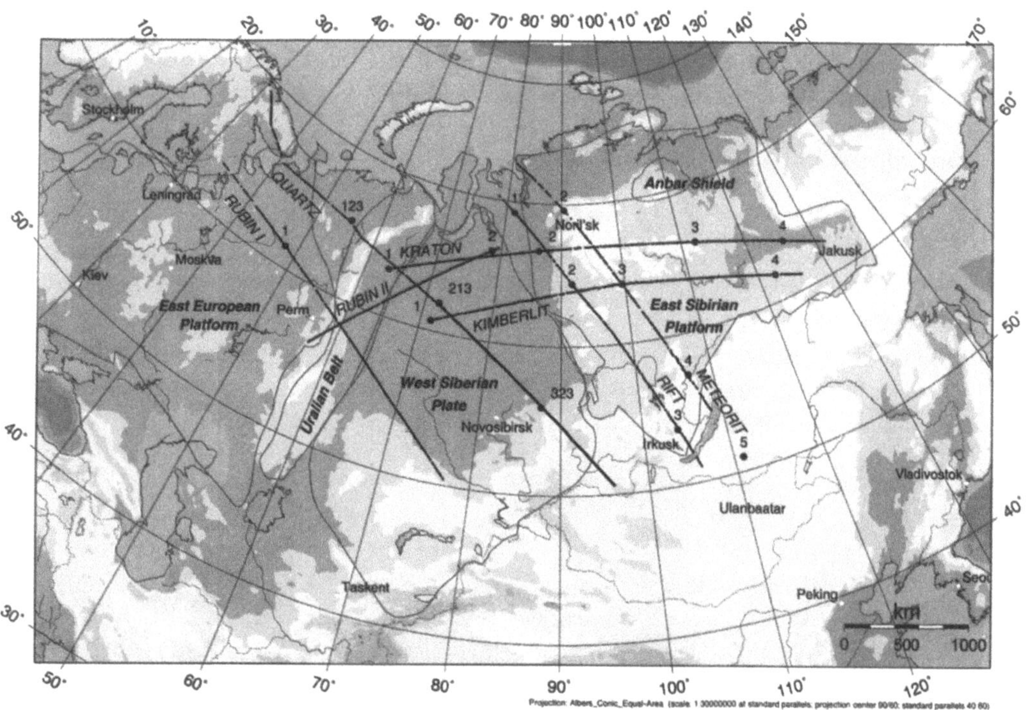

Abb.14 Zwischen 1971 und 1990 wurden auf dem Gebiet der ehemaligen Sowjetunion nuklear-seismische Experimente durchgeführt, in deren Verlauf die Ausbreitung elastischer Wellen entlang von Langprofilen in Entfernungen von bis zu 4500 km aufgezeichnet wurden. Mit Nuklearsprengungen (sogenannten Peaceful Nuclear Explosions – PNE) zur Anregung der Wellen und Stationsabständen von ca. 10 km sind einzigartige Aussagen über die Struktur des Erdmantels bis in 700 km Tiefe möglich. Die Abbildung zeigt die Karte des nördlichen Eurasiens mit den 7 wichtigsten PNE-Profilen (schwarze, dicke Linien). Die schwarzen Kreise markieren die Lokationen der Schußpunkte (PNEs), die umrandeten Gebiete umschließen die unterschiedlichen tektonischen Provinzen. Graphik Marc Tittgemyer

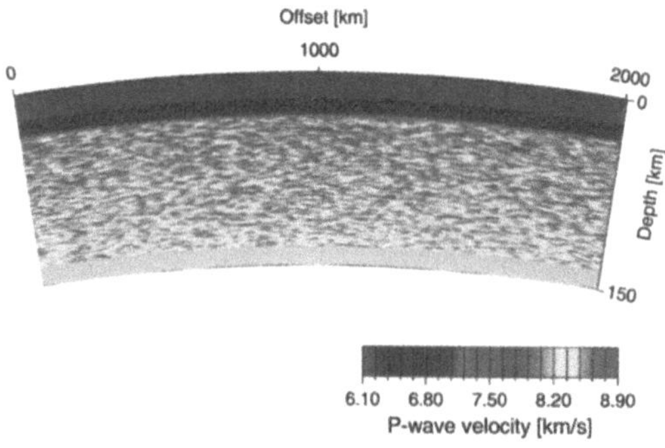

Abb.15 Modell der elastischen Parameter der Erdkruste und des oberen Erdmantels, wie es aus den Auswertungen russischer Langprofile abgeleitet wurde. Diese Profile wurden mit Nuklearexplosionen als seismischer Quelle geschossen und konnten bis in Entfernungen von 4000 km beobachtet werden. Kruste und Mantel sind als Medium mit zufallsverteilten Fluktuationen charakterisiert, wobei die Skaligkeit der Fluktuationen sich an der Kruste/Mantel-Grenze signifikant ändert. Diese Sicht der Lithosphäre ist bahnbrechend in Karlsruhe entwickelt worden. Graphik Marc Tittgemyer

ruher Geowissenschaften beispielhaft, das Zerbrechen eines Kontinents zu entschlüsseln und die dabei wirkenden Kräfte und Vorgänge im tiefen Erdmantel bis in die sedimentären kohlenwasserstoffführenden Becken zu verstehen.

Die Revolution der vergangenen Jahrzehnte in der Seismologie ist eng mit der Entwicklung von digitalen Computern zur Verarbeitung großer Datenmengen und der Entwicklung der Seismometrie hin zu digitalen, breitbandigen und mittlerweile mobilen Seismometern und Datenerfassungsanlagen verbunden. Dabei werden die Daten zunehmend auf dem Internet zur Verfügung gestellt und ausgetauscht. Diese technische Entwicklung und das Entstehen globaler seismologischer Netze erlauben nicht nur die Routinebestimmung von Erdbebenparametern wie Ort, Zeit, Magnitude überall auf dem Globus in kürzester Zeit, sondern bilden die Grundlage zur Überwachung des nuklearen Teststoppabkommens (Comprehensive Test Ban Treaty). Sie ermöglichen auch die Tomographie der gesamten Erde. Mobile Stationen werden dazu benutzt, regional hochauflösende Bilder von Kruste und Mantel zu gewinnen, in denen sich die geologischen Prozesse widerspiegeln. Mit neuen seismologischen Methoden läßt sich auch das Fließen des oberen Mantels in Richtung und Intensität bestimmen. Schließlich ist die Digitaltechnik die Voraussetzung für präzise dreidimensionale Abbilder der sedimentären Becken mit ihren Rohstoffen, eine wesentliche Voraussetzung für die erfolgreiche Exploration von Lagerstätten.

Geophysikalische Tiefensondierung

Die Erforschung der kontinentalen Lithosphäre war und ist in Karlsruhe interdisziplinäres Schwerpunktthema verschiedener geowissenschaftlicher als auch ingenieurwissenschaftlicher Disziplinen. Ihre Drehscheibe war der SFB 108 „Spannung und Spannungsumwandlung in der Lithosphäre" (1980–1995). Mit geophysikalischen/seismologischen Großexperimenten wurden die Erdkruste und der obere Mantel in den interessantesten Regionen der Welt untersucht. Alle Techniken von der industriellen Reflexionsseismik über die klassische Refraktionsseismik bis zur Tomographie wurden in Feldexperimenten angewandt.

Große Aufmerksamkeit galt den Prozessen, die für die Bildung von kontinentalen Gräben verantwortlich sind, deren Evolution bis zum Zerbrechen eines ganzen Kontinents führen kann. Ein neues Verständnis der Einflußgrößen kontinentaler Grabenbildung entstand während der Untersuchungen des westeuropäischen Grabensystems (Limagne-Graben, französisches Zentralmassiv und Rheingraben), der kontinentalen Transform-Störung des Toten-Meer-Rifts, des passiven Kontinentalrandes des Roten Meeres und des ostafrikanischen Grabensystems in Kenia. Neben der mechanischen Festigkeit der Kruste und der Lithosphäre, die von der Temperaturverteilung und der Mächtigkeit beherrscht wird, spielt der Antrieb durch aufsteigendes heißes Mantelmaterial (Plume) eine entscheidende Rolle.

Ein Graben läßt sich als schmale lineare Dehnungszone definieren, die sich als Folge der Ausdehnung der Lithosphäre bildet. Gräben sind ganz allgemein aus drei Gründen interessant. Zum Einen stellen sie das initiale Stadium des Zerbrechens eines Kontinents dar. Zum Anderen kann die sedimentäre Füllung der Gräben als Reservoir für Kohlenwasserstoffe dienen. Und drittens weisen Gräben ein erhöhtes geologisches (vulkanisches und/oder seismisches) Gefährdungspotential auf.

Die Dehnung kontinentaler Lithosphäre kann bis zur Bildung eines Ozeans mit passiven Kontinentalrändern führen. Ab einem Dehnungsfaktor von ca. 5 beginnt der Ozean zu entstehen, d.h. die ursprüngliche, kontinentale Lithosphäre ist extrem ausgedünnt und massive Injektion von Material aus dem Erdmantel bildet die junge ozeanische Lithosphäre. Dehnungsfaktoren von ca. 2 charakterisieren kontinentale Becken, unter denen die Lithosphäre zwar ausgedünnt, aber intakt geblieben ist. Nur kleine Dehnungsraten von 1.1 bis 1.5 sind in der Regel mit Gräben assoziiert. Die Dehnung eines Grabens läßt sich ermitteln, wenn der an Verwerfungen gebundene Dehnungsprozeß anhand der Geometrie der Verwerfung und der sedimentären Füllung rechnerisch zurückverfolgt wird. Für den Oberrheingraben ergeben solche Rechnungen den Faktor 1.15. Bei einer Breite des Grabens von 30–40 km entspricht das einer Dehnung von ca. 5 km.

Der Oberrheingraben ist Teil des West- und Mitteleuropäischen Grabensystems, das sich vom Limagnegraben im Westen bis zum Egergraben im Osten erstreckt. Um den Alpenbogen herum gruppieren sich die exhumierten Teile der 300 Mio Jahre alten Variszischen Kruste, die Gräben und der in ihnen auftretende Vulkanismus. Die vulkanischen Ergüsse weisen dabei einen fast konstanten Abstand vom Alpenhauptkamm auf. Die Bildung von Gräben ereignet sich unter bestimmten geologischen Randbedingungen, wie etwa präexistenten Schwächezonen und physikalischen Verhältnissen. Die wichtigsten physikalischen Randbedingungen sind

Abb. 16 Vibratoren mit 20–30 t Gewicht dienen der Anregung elastischer Wellen zur Exploration von Kohlenwasserstoffen und der gesamten Erdkruste. Über einen Stempel werden hydraulisch generierte Schwingungen auf die Erde übertragen. Das Bild zeigt Fahrzeuge im Einsatz im Südural im Jahr 1995. Foto Kai-Uwe Vieth

die Festigkeit der Lithosphäre und das Spannungsfeld.

Die Festigkeit der Lithosphäre wird bei gegebenem chemisch-mineralogischem Aufbau (feldspatdominierte Kruste, olivindominierter Mantel) durch 3 Faktoren kontrolliert: Temperatur, Krustendicke und Deformationsrate im plastischen Teil der Lithosphäre. Die Lithosphäre mit durchschnittlich 100 km Dicke erweist sich nämlich nicht als durchgängig starr. Sie enthält vielmehr eine Schicht – die untere Kruste – zwischen typisch 15 und 30 km Tiefe, die auf mechanische Beanspruchung plastisch reagiert. Darüber liegt eine spröde obere Kruste, darunter der ebenfalls spröde obere Erdmantel. Die

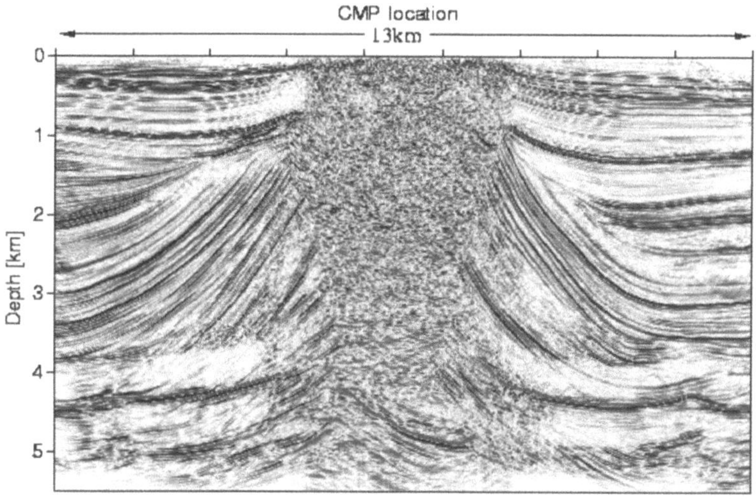

Abb. 17
Seismisches Abbild eines Salzstocks und der ihn umgebenden sedimentären Schichten. An den steilen Flanken wird im Kontaktbereich mit dem Salzstock häufig Öl gefunden. Ein Forschungsziel des Industriekonsortiums WIT (Wave Inversion Technology) an der Universität Karlsruhe ist die Entwicklung von Methoden zur Erzeugung verbesserter Bilder. Den Fortschritt dokumentiert der Vergleich des oberen und des unteren Ergebnisses. Abbildung Kai-Uwe Vieth

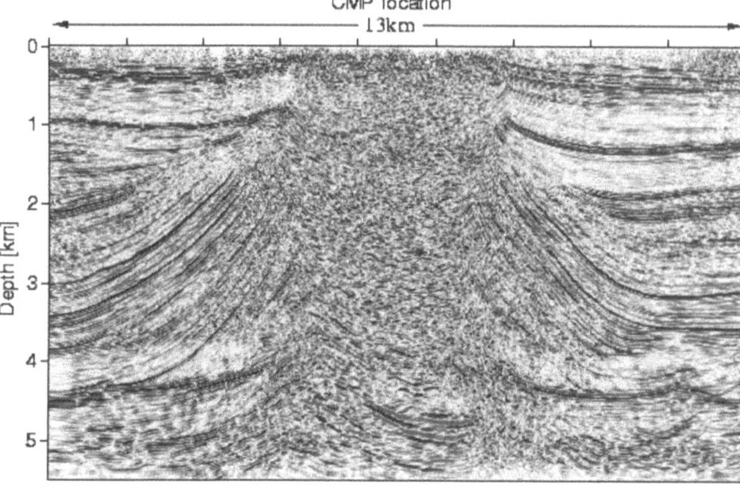

Festigkeit im spröden Teil ist temperaturunabhängig. Die Festigkeit im plastischen Teil kann durch ein Exponentialgesetz beschrieben werden, in das die Deformationsrate und die Temperatur eingehen. Der Übergang von spröder zu plastischer Deformation in Kruste und Mantel wird durch die Temperatur bestimmt (Feldspat: 300°C, Olivin: 700°C). Eine Änderung im geothermischen Gradient von 15 auf 20°C/km halbiert die Festigkeit. Eine Lithosphäre mit dicker Kruste ist weniger stabil als eine mit dünner Kruste.

Die Gräben des Alpenvorlandes sind, was die oben skizzierten Parameter betrifft, in einer relativ stabilen Lithosphäre gebildet worden. Im Mesozoikum (225 Mio–65 Mio Jahre) war die europäische Variszische Kruste mit einer mittleren Dicke um 30 km konsolidiert. Es ist aber anzunehmen, dass der dokumentierte Tertiäre (65 Mio–2 Mio Jahre) Vulkanismus mit einer allgemeinen Aufwärmung der Lithosphäre verbunden war und dadurch die Bildung der Gräben gefördert wurde.

Der Oberrheingraben repräsentiert ein Stadium der lithosphärischen Extension, bei dem einerseits die Balance von Oberkruste, Unterkruste und Mantel gestört wird, andererseits die Extension nur geringe Beträge erreicht. Vielfältige geophysikalische Messungen führten in den vergangen zwei Jahrzehnten zu einem Wandel der Vorstellung von der Bildung des Oberrheingrabens. Das insgesamt geringe Volumen vulkanischen Materials läßt vermuten, dass die Extension durch das großräumige Spannungsfeld gesteuert wurde. Von einem aktiven Mantelprozeß als Ursache der Grabenbildung ist heute wenig nachweisbar. Dennoch zeigt der Oberrheingraben neotektonische und seismische Aktivität, die ein erhöhtes Gefährdungspotential darstellt.

Geophysikalische Tiefensondierung hat gerade auch in erdbebengefährdeten Gebieten einen hohen Stellenwert. Erdbeben finden in der kristallinen Kruste oder unter besonderen tektonischen Bedingungen im oberen Erdmantel statt. Die Kenntnis von Struktur und elastischen Parametern ermöglicht Rückschlüsse auf die Bedingungen im Erdbebenherd und ist daher Grundlage für physikalische Modelle des Bebenprozesses, der noch immer nicht gut verstanden ist.

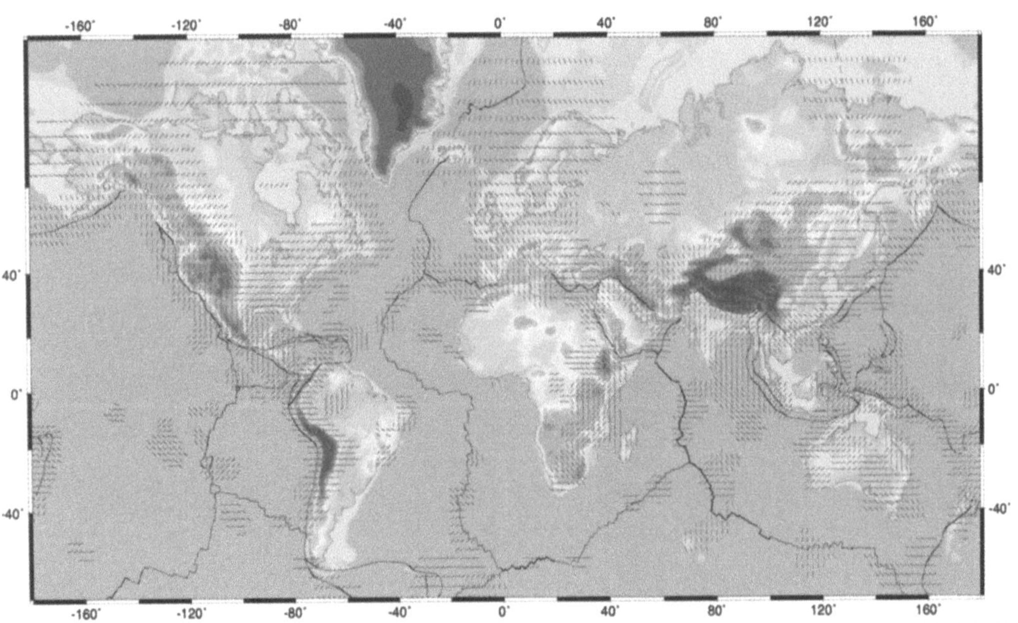

Abb. 18 Die Weltspannungskarte (schematisch), die an der Universität Karlsruhe aus der Taufe gehoben wurde, zeigt die Richtungen der horizontalen Hauptspannung an und demonstriert, wie diese Richtungen je nach tektonischem Regime variieren. Quelle: http://www-wsm.physik.uni-karlsruhe.de

Tiefensondierungen für Sedimente und Reservoire haben enormen Wert für die Gewinnung von Rohstoffen. Der Brückenschlag von der Grundlagen- zur angewandten Forschung findet in dem von zahlreichen Firmen der Öl- und Gasindustrie geförderten Konsortium ‚Wave Inversion Technology' statt. Mit modernsten Modellierungs- und Inversionsmethoden werden stoffliche Strukturen sichtbar gemacht und ihr Gas-, Wasser-, Ölgehalt aus seismischen Daten prognostiziert.

Weltspannungskarte

Ein Schlüsselparameter für den Ablauf geologisch/tektonischer Vorgänge ist das Spannungsfeld der Lithosphäre. Aus dieser Einsicht wurde in Karlsruhe die Idee der Weltspannungskarte geboren und realisiert. Sie ist heute als globale Datenbasis über den Spannungszustand der Lithosphäre etabliert und öffentlich verfügbar. Sie dient nicht nur der Grundlagenforschung, sondern wird auch intensiv von der Erdölindustrie genutzt.

Besondere Entdeckungen waren die Bereiche homogener Richtung der maximalen horizontalen Spannungsrichtung mit kontinentalen Ausmaßen (Westeuropa, westliches und nordöstliches Nordamerika, Aleuten-Bogen, Südamerika); dabei wurde das bevorzugte Auftreten von Kompressionszuständen auf den meisten Kontinenten offensichtlich. Westeuropa wird durch die Kräfte am Mittelatlantischen Rücken und durch die Kontinent-Kontinent-Kollision von Afrika und Europa komprimiert. Nördlich der Alpen zeigt die westeuropäische Spannungskarte im Gegensatz zu dem östlichen Nordamerika kurzskalige Änderungen zwischen Regimen von Horizontalverschiebungen, Abschiebungen und Überschiebungen innerhalb eines größeren Bereiches homogener Orientierung der maximalen horizontalen Kompressionsrichtung. Diese Eigenschaft des westeuropäischen Spannungsfeldes hängt eng mit den Eigenschaften einer Kruste zusammen, die vom Erdmantel durch eine Unterkruste mit erhöhten Temperaturen und daher erniedrigter Viskosität fast vollständig entkoppelt ist. Prinzipiell ist denkbar, dass sich wegen der Entkopp-

Abb. 19 10 m Invardraht-Extensiometer im Granitstollen des Observatoriums Schiltach. Dieses Gerät hat als erstes weltweit klar die toroidale Grundschwingung der Erde ($_0T_2$) mit einer Periode von 44 Minuten nach einem Beben der Magnitude 8.3 (Macquarie-Ridge 23. 5. 1989) registriert. Im Vordergrund die Aufnehmerelektronik; das Stahlrohr, in dem der Invardraht aufgehängt ist, ist thermisch durch Sandbedeckung an die Erde gekoppelt. Im Hintergrund die Eichvorrichtung (700 m horizontal, 170 m vertikal unter der Erdoberfläche). Foto Walter Zürn

lung die Krustenblöcke ganz anders bewegen als der darunter liegende Erdmantel.

Eine grundsätzliche Einsicht folgt aus direkten Messungen des Spannungszustandes in großen Tiefen in der deutschen Kontinentalen Tiefbohrung. Die Erdkruste befindet sich stets am Rand ihrer Stabilität – ein Zustand, den die Physiker mit selbstorganisierter Kritikalität bezeichnen. Aus dieser Erkenntnis entwickelt sich zur Zeit ein neues Bild der Lithosphäre mit fundamentalen Einsichten in die Transport- und Deformationsprozesse in diesem Unterbau, auf dem die Menschheit lebt, aus dem sie fast alle Rohstoffe inklusive des Wassers bezieht und in den sie alle Reststoffe zurückführt.

I Das Observatorium Schiltach

Das Geowissenschaftliche Gemeinschaftsobservatorium Schiltach ist eine interdisziplinäre Einrichtung, die von den Geodätischen und Geophysikalischen Instituten der Universitäten Karlsruhe und Stuttgart betrieben wird. Es wurde in den Jahren 1971 bis 1972 in der Nähe von Schiltach/Schwarzwald in einem stillgelegten Erzbergwerk eingerichtet, wo zwischen 1770 und 1850 Silber und Kobalt abgebaut wurde.

Die Aufgabe des Observatoriums ist die Erfassung und Analyse von Deformationen des Erdkörpers, von zeitlichen Änderungen des Erdschwerefeldes und von zeitlichen Änderungen des Erdmagnetfeldes in einem großen Periodenbereich (0.01 bis zu 10^8 s). Neben der routinemäßigen Datenaufzeichnung mit hoher Qualität dient das Observatorium auch als Experimentier- und Forschungseinrichtung für neue Instrumente und Methoden. Die ruhige Lage des Observatoriums macht es zu einem der besten seismologischen Beobachtungspunkte der Welt. Es spielt daher eine wichtige Rolle in den globalen seismologischen Stationsnetzen, insbesondere auch bei der Überwachung von Nuklearexplosionen im Rahmen des internationalen Teststoppabkommens.

Mit dem Schiltacher Gravimeter wurde 1991 eine völlig neue Quelle von Eigenschwingungen der Erde entdeckt, die sogenannten paroxysmalen Vulkaneruptionen. Durch den Ausbruch des Vulkans Mount Pinatobu wurden starke Schwingungen der Erdoberfläche angeregt, die sich

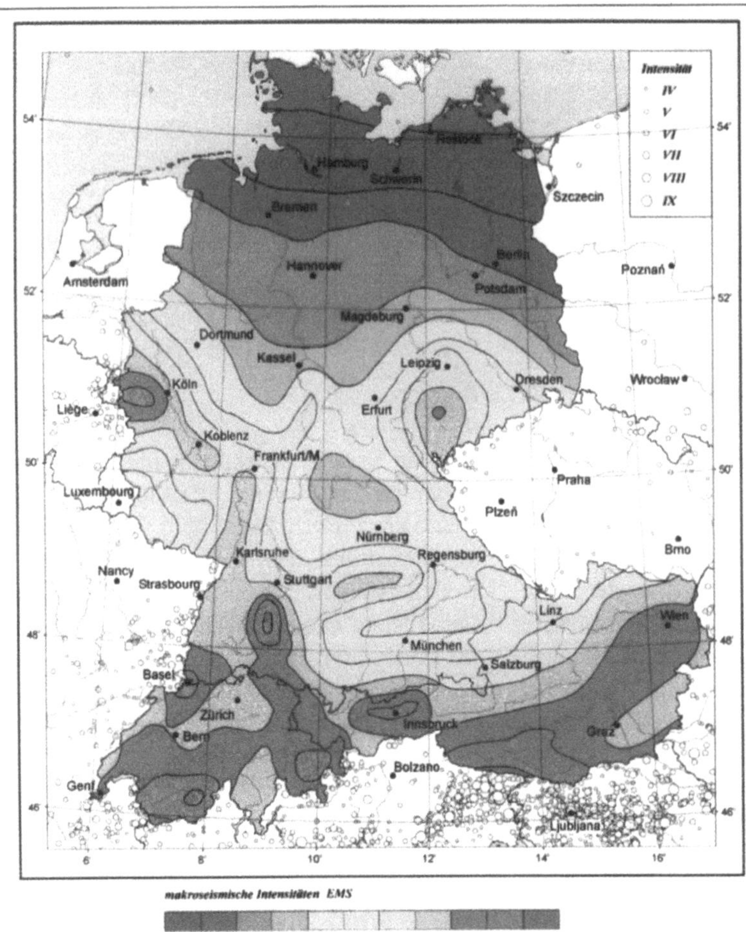

Abb. 20
Erdbebengefährdungskarte für die D-A-CH Staaten (Deutschland, Österreich, Schweiz). Dargestellt ist die Erdbebengefährdung als berechnete Intensitätswerte für eine Nichtüberschreitenswahrscheinlichkeit von 90 % in 50 Jahren (Grünthal et al., 1995). Unterlegt Karte der Epizentren tektonischer Erdbeben. Man beachte die hohen Intensitäten im Bereich Basel, Hohenzollerngraben und westlich von Köln

dann rund um die Erde als Rayleighwellen ausbreiteten. Die Atmosphäre über dem Vulkan wirkte dabei mit ihren vertikalen Resonanzen als frequenzbestimmendes System.

I Geologische Risiken

Fast kein Tag vergeht, ohne dass von irgendeinem Ort der Welt das Eintreten einer Naturkatastrophe gemeldet wird. Dabei mag es sich um meteorologisch bedingte Phänomene handeln (Taifune, Stürme, Hochwasser, Dürren), oder um geologische Desaster (Erdbeben, Vulkanausbrüche, Hangrutschungen, Tsunamis). Tsunamis sind Flutwellen, ausgelöst von Erdbeben, deren Epizentrum im Meer liegt. So wurden etwa 40.000 Menschen 1755 in Lissabon von dem mit dem Erdbeben ausgelösten Tsunami getötet. Weltweit sind in diesem Jahrhundert weit über 4 Mio. Menschen durch Naturkatastrophen umgekommen, die Hälfte davon

bei Erdbeben. Allein das Tangshan Beben (1976 südwestlich von Beijing) kostete 250.000 bis 400.000 Leben und führte zur völligen Zerstörung einer Großstadt. 1923 wurde Tokio von einem großen Ereignis erschüttert, in dessen Verlauf – vorwiegend durch Feuer – 150.000 Menschen starben. Im Jahr 1999 ereigneten sich auffällig viele katastrophale Beben:

Am 17. August überraschte ein Ereignis mit Magnitude 7.8 in der Nähe der türkischen Stadt Izmit die Bewohner im Schlaf und riß nach offiziellen Angaben 20.000 in den Tod, begraben unter den Trümmern ihrer Häuser. Über 600.000 Menschen wurden obdachlos, 100.000 Gebäude kollabierten oder wurden so stark geschädigt, dass sie abgerissen werden müssen. Der materielle Schaden wurde mit 16–20 Mrd. US$ beziffert, etwa 10% des Bruttosozialprodukts der Türkei. Im Unterschied zu Taiwan hat die Geowissenschaft weder der Ort noch

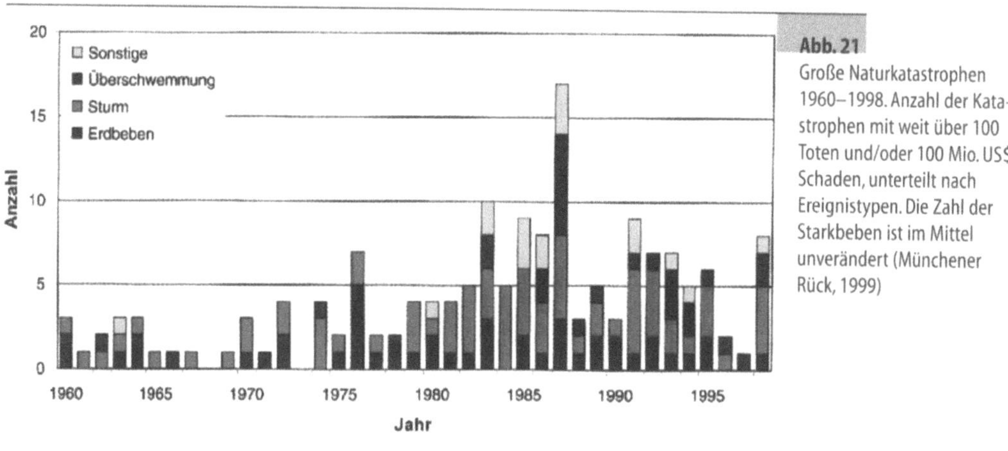

Abb. 21

Große Naturkatastrophen 1960–1998. Anzahl der Katastrophen mit weit über 100 Toten und/oder 100 Mio. US$ Schaden, unterteilt nach Ereignistypen. Die Zahl der Starkbeben ist im Mittel unverändert (Münchener Rück, 1999)

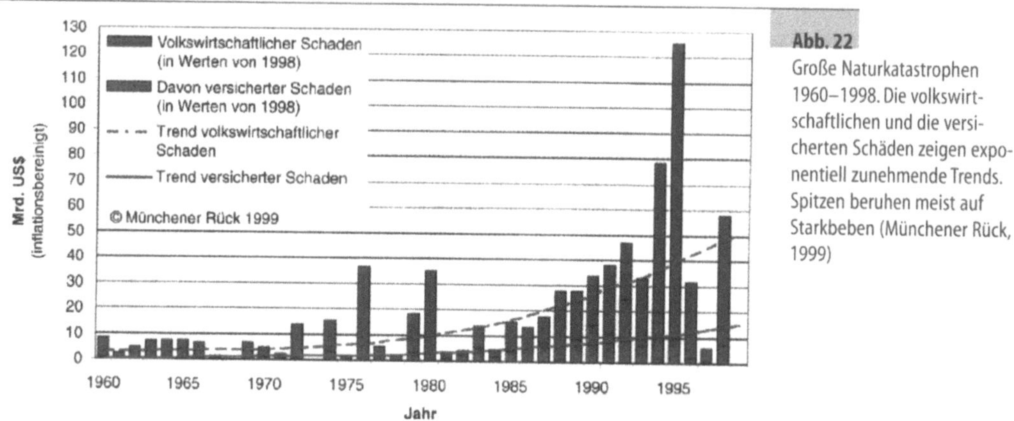

Abb. 22

Große Naturkatastrophen 1960–1998. Die volkswirtschaftlichen und die versicherten Schäden zeigen exponentiell zunehmende Trends. Spitzen beruhen meist auf Starkbeben (Münchener Rück, 1999)

die Stärke der Beben überrascht. Beben dieser Größenordnung finden an der Nordanatolischen Verwerfung häufig statt. Die in den Gefährdungskarten prognostizierten Werte der Bodenbeschleunigung wurden am 17. August nicht überschritten. Die schlechte Qualität der zusammengestürzten 6- bis 11-stöckigen, in den letzten 10 Jahren gebauten Wohnhäuser war ebenfalls bekannt. Izmit steht als Beispiel dafür, dass das Wissen um Gefährdungen und Risiken nur die Vorbedingung zu effektiven Schutzmaßnahmen ist. Es zeigt, welches destruktive Potential Naturkatastrophen haben können, wenn sie urbane Zentren treffen.

Am 21. September ereignete sich um 1:47 Uhr Nachts (Ortszeit) ein Magnitude 7.8 Beben im Zentrum von Taiwan, das 2500 Menschen tötete, 10.000 schwer verletzte und über 100.000 ihrer Wohnung beraubte. Ein Beben dieser Stärke im Zentrum der Insel kam völlig unerwartet. Die geologische Gefährdung wurde unterschätzt, und eine der Konsequenzen, die zu ziehen sind, heißt: Verbesserung der Abschätzung künftiger Gefährdungen mit geologischen, geodätischen und geophysikalischen Methoden. Das Erdbeben führte uns die extreme Verletzlichkeit moderner Industrieproduktionen vor Augen. Das Beben zerstörte eine Umspannstation und mehrere Hochspannungsmaste einer 345 kV Leitung, mit der die Hightech Chip Industrie Taiwans mit Energie versorgt wurde. Diese befindet sich weit genug vom Epizentrum entfernt, so dass die Anlagen selbst nicht wesentlich beschädigt wurden. Der Ausfall der Stromversorgung führte jedoch zu Produktionsverlusten von ca. 1 Mrd. US$.

In Mitteleuropa ist die seismische Gefährdung deutlich geringer als an aktiven Plattengrenzen wie der Nordanatolischen Verwerfung. Allerdings muß in den seismisch aktiven Zonen mit Magnituden von 5.5 bis möglicherweise 6.5 gerechnet werden. Historisch dokumentierte Schadensbeben mit Intensitäten von VIII und IX (Magnituden von ca. 6.0) sind 1356 bei Basel, 1756 bei Düren und 1878 bei Tollhausen aufgetreten. 1911 und 1978 wurde die schwäbische Alb mit Intensitäten zwischen VII und VIII getroffen. Jüngere Ergebnisse paläoseismologischer

Abb. 23 Stark beschädigtes Gebäude (Fakultät für Architektur) in der Innenstadt Bukarests. Bei dem starken Beben vom 4. März 1977 starben mehr als 1500 Menschen und entstanden Schäden von über 1 Milliarde Dollar. Prognosen von Schäden und die Entwicklung von Maßnahmen zur Schadensminderung sind Hauptziel des Sonderforschungsbereichs 461 „Starkbeben: Von geowissenschaftlichen Grundlagen zu Ingenieurmaßnahmen", der seit 1996 an der Universität arbeitet. Foto K.-P. Bonjer

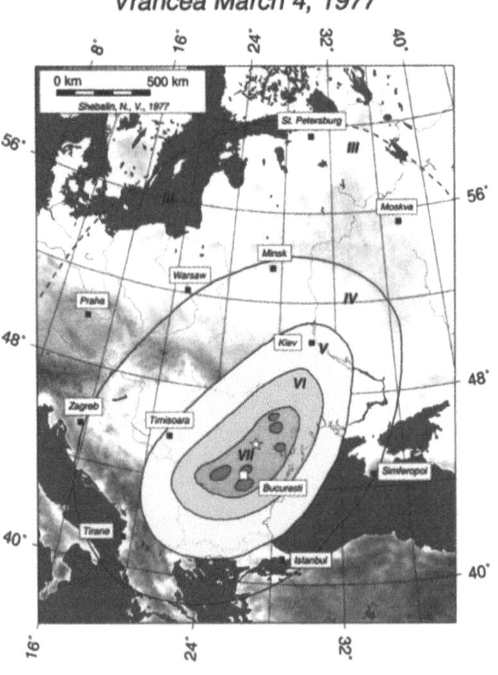

Abb. 24 Isoseisten, d.h. Linien gleicher Intensität des rumänischen Erdbebens vom 4. März 1977. Im Bereich der Fläche mit Intensität größer oder gleich VII muß mit erheblichen Schäden gerechnet werden. Noch in Moskau war das Erdbeben zu spüren. Abbildung K.-P. Bonjer

Forschung geben Hinweise auf Erdbeben mit Magnituden von über 6.0 in prähistorischer Zeit.

Zu befürchten ist vor allem eine wachsende Schadenssumme. 1992 ereignete sich am Niederrhein bei Roermond ein Erdbeben mit einer recht kleinen Epizentral-Intensität von VII. Dennoch betrug die Schadenssumme über 100 Millionen DM. Abschätzungen für durchaus denkbare Beben unter großen Städten wie Köln und Frankfurt prognostizieren Schadenssummen von 15 bis 100 Mrd. DM. Diese Zahlen reflektieren das Dilemma, in dem sich die Menschheit befindet: Die geologischen Naturgefahren sind – mit Ausnahme von Hangrutschungen – unabhängig von der menschlichen Zivilisation. Ihre Häufigkeit wird durch plattentektonische Prozesse kontrolliert, die sich nur über Zeitskalen von Millionen von Jahren ändern. Häufigkeit und Stärke werden von der Natur vorgegeben und mit dem Begriff Gefährdung beschrieben.

Ein Risiko entsteht dann, wenn Menschen ihre Bauwerke und andere zivilisatorische Einrichtungen der Gefährdung aussetzen, also z.B. eine Stadt an einer tektonischen Verwerfung oder in der Nähe eines aktiven Vulkans wächst. Die Trends der letzten und der kommenden Jahrzehnte sind klar: Konzentration einer wachsenden Bevölkerung in urbanen Zentren, Konzentration von Werten in Mega-Städten. Bereits heute existieren 450 Städte mit über 1 Mio. Einwohnern, davon 50 mit über 3.5 Mio und 25 mit über 8 Mio. Die Hälfte dieser Städte liegt in erdbebengefährdeten Regionen. Prognosen für das Jahr 2020 sagen voraus, dass die Hälfte der Menschheit in Städten leben wird und mehrere davon über 20 Millionen Einwohner haben werden.

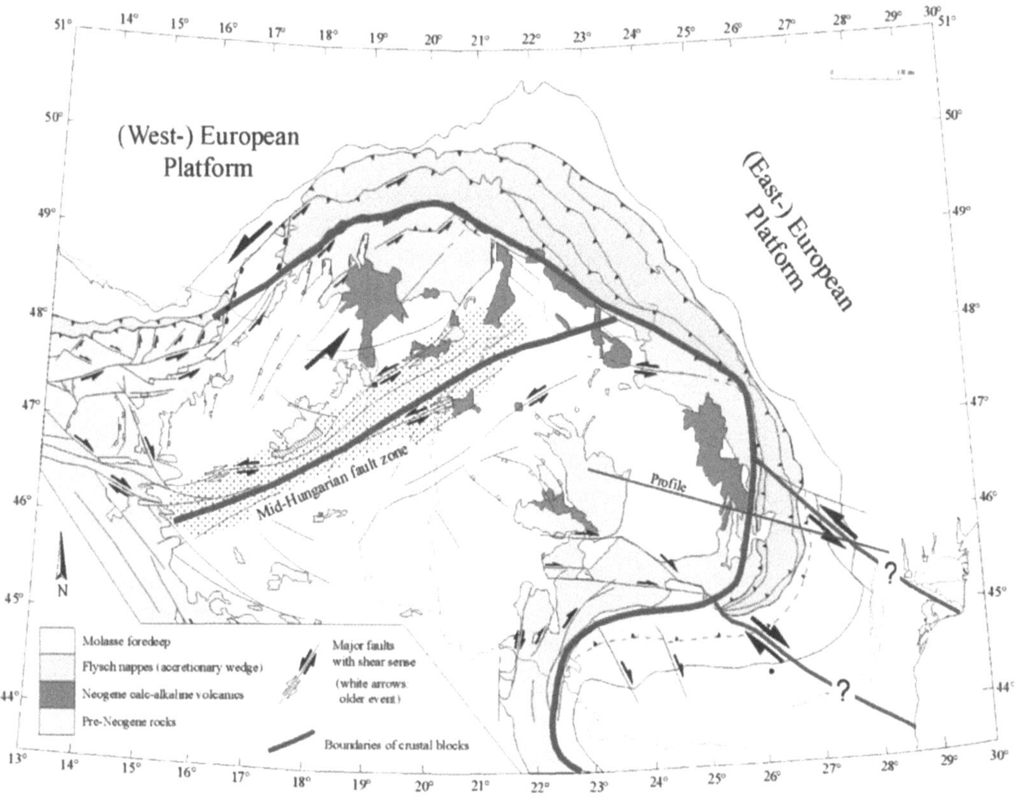

Abb. 25 Tektonische Karte des Karpatenbogens, der zugehörigen Einheiten und der Hauptstörungssysteme. Die rumänischen Starkbeben finden unter der südöstlichen Spitze des Karpatenbogens statt. Diese Region ist das Arbeitsgebiet des Sonderforschungsbereichs Starkbeben. Abbildung Blanka Sperner

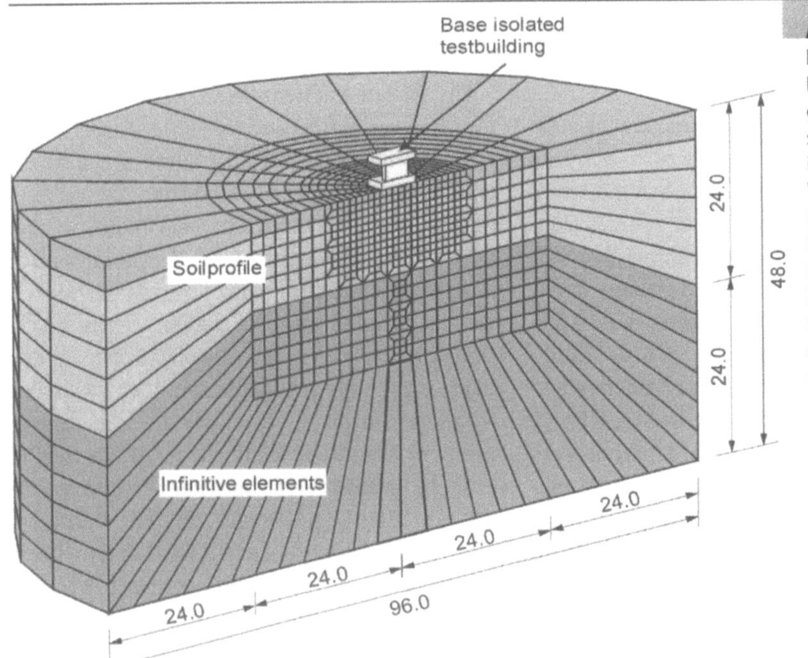

Abb. 26 Finite Elemente-Modell des Feldversuches auf dem Testgelände des Sonderforschungsbereichs Starkbeben in Rumänien. Hier soll die Wirkungskette Bebensignal, Boden/Bauwerks-Wechselwirkung, Bauwerk unter kontrollierten bodenmechanischen, hydrogeologischen und ingenieurgeologischen Bedingungen untersucht werden. Abbildung Michael Baur

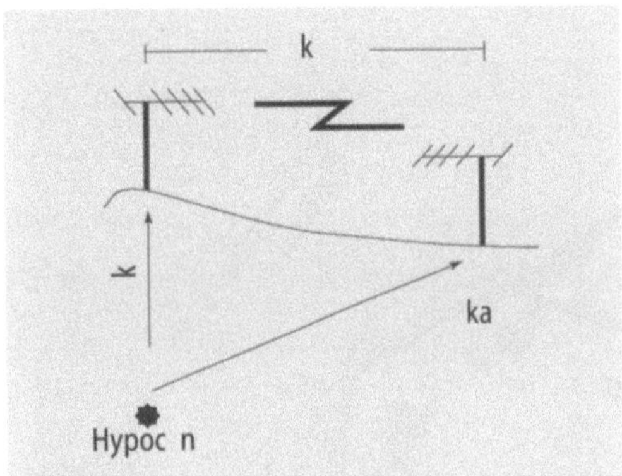

Abb. 27 Konzept eines Erdbeben-Frühwarnsystems für Bukarest. Da sich die starken Beben stets unter den Bergen der Südkarpaten ereignen, lässt sich die Laufzeitdifferenz zwischen den beiden elastischen Wellentypen P und S nutzen, um ca. 30 Sekunden Vorwarnzeit zu gewinnen

Diese Fakten bilden den Rahmen, in dem wissenschaftliche Untersuchungen von geologischen Katastrophen stattfinden. Grundlegende Fragen zu Entstehungsbedingungen wurden in 3 Sonderforschungsbereichen seit 1971 beantwortet. Dabei gelang es z.B. Felsmechanikern und Seismologen, den Mechanismus zu verstehen, der beim Aufstauen von künstlichen Seen zu so genannter induzierter Seismizität, also zur Auslösung von Erdbeben führt.

Die Rolle von Fluiden für die Auslösung von Bruchprozessen wurde in Zusammenarbeit von Mineralogen und Felsmechanikern experimentell bewiesen. Intensive geowissenschaftliche Untersuchungen zum tektonischen und stofflichen Aufbau des Oberrheingrabens und seiner Umgebung führten zum Verständnis der Frage, wo und in welchen Tiefen Erdbeben auftreten können. Das Konzept zur seismologischen Überwachung des Oberrheingrabens wurde zusammen mit den Instituten der Nachbarländer Frankreich und Schweiz in Karlsruhe entwickelt und realisiert.

Ein seit 1996 in Karlsruhe etablierter Sonderforschungsbereich „Starkbeben: Von geowissenschaftlichen Grundlagen zu Ingenieurmaßnahmen" verbindet die Fähigkeiten von Ingenieuren und Geowissenschaftlern mit dem Ziel der Minderung von Erdbebenschäden. Präzise Prognosen über Stärke und Heftigkeit von Beben und präzise Analysen des Verhaltens von Bauwerken müssen kombiniert werden, um wirksame Gegenmaßnahmen zu entwickeln, die sich von der Bauwerksertüchtigung bis zur Optimierung des Katastrophenschutzes erstrecken. Nur grundlegende Einsichten in die tektonischen Prozesse in Erdbebengebieten können zur brauchbaren Abschätzung von maximalen Beben und somit zur Quantifizierung der seismischen Gefährdung führen. Komplizierte Stoffgesetze kontrollieren die Wechselwirkung von Erdbebenwellen mit dem Baugrund und den Gebäuden selbst und sind nur interdisziplinär verifizierbar.

Dieser SFB stellt sich den zwei Herausforderungen der Katastrophenforschung: Interdisziplinarität und Verbindung von Grundlagenforschung und anwendungsbezogener Forschung. Die hohe Wahrscheinlichkeit für ein Starkbeben läßt Rumänien als sehr geeignetes Gebiet für die Entwicklung eines Expertensystems zur Minderung der Folgen von Starkbeben erscheinen. Dieses System beinhaltet verschiedene Zeitskalen, nichtlineare Wechselwirkungen sowie zeitkritische Elemente. Robuste Modelle sind die Grundlage für Prognosen. Diese Modelle beschreiben die geologischen und geophysikalischen Prozesse, die mit Starkbeben verknüpft sind, die Schadenswirkung von Starkbeben auf Bausubstanz und Infrastruktur sowie das Katastrophenmanagement. Die zeitkritische stabile Steuerung des Systems im Katastrophenfall erfolgt mittels der Abweichungen von den Prognosen. Damit wird das System lernfähig, überprüfbar und übertragbar.

Ziele des SFB sind dabei:
- Verstehen der tektonischen Ursache der mitteltiefen Beben
- Entwicklung von realistischen Modellen für Maximalbeschleunigungen
- Prognostik der Schadenswirkung auf der Basis von seismologischen Daten und Aufnahmen der Infrastruktur und des baulichen Zustandes
- Risikoverminderung durch präventive bauliche Ingenieurmaßnahmen, Entwicklung eines flexiblen Katastrophenmanagements sowie neuer Bergungstechnologien und Verfahrenstechniken der Wiederherstellung.

Der SFB zielt naturgemäß auf Fragen der Grundlagenforschung. Es ist aber absehbar und beabsichtigt, dass einige der zu erwartenden Resultate wirtschaftliche Bedeutung haben werden. Dazu gehören die Erkenntnisse bei der seismischen Isolierung und bei der Verstärkung von Bauwerken sowie die Erfahrungen bei der Entwicklung des Katastrophenmanagements. Die Bedeutung des SFB für die Bundesrepublik Deutschland ergibt sich aus der Tatsache, dass in Rumänien Verfahren und Technologien entwickelt, erprobt und verifiziert werden, die dann auch für die Erdbeben in Deutschland zur Verfügung stehen.

Geo- und Ingenieurwissenschaften versuchen auch das Problem von Großhangrutschungen mit dem Ziel der Quantifizierung der Gefährdung in Form von Karten anzugehen. Feldbeobachtungen mit ingenieurgeologischen und geodätischen Methoden werden mit systematischen Laborversuchen simuliert, um Stoffgesetze, Bewegungsgeometrie und -ablauf sowie auslösende Faktoren zu verstehen.

Geowissenschaften sind anwendungsorientiert

Die Erde ist ein dynamischer Planet, der seit 4.6 Milliarden Jahren einem ständigen Wandel unterworfen ist. Die Kräfte, die für diese Dynamik verantwortlich sind, werden als bedrohlich empfunden, wenn sie sich als Naturkatastrophen äußern. Sie sind aber gleichzeitig der Rahmen für die menschliche Entwicklung und Zivilisation. Die Erforschung des äußeren Raumes der Erde mit Satelliten und Teleskopen muss das Pendant der Erforschung des inneren Raumes mit Bohrungen und geowissenschaftlichen Erkundungen haben. Das Verständnis für die Dynamik der Erde ist die wesentliche Voraussetzung für die Lösung wichtiger Probleme der Menschheit: Rohstoffversorgung, Schadstoffbeseitigung, Wasserversorgung, Klimaänderungen, Verletzlichkeit unserer Gesellschaft durch Naturkatastrophen, um nur die wichtigsten zu nennen. Unsere Forschungsergebnisse sind in diesem Sinn immer angewandt, immer gesellschaftlich relevant.

B2 Der Mensch als Gestalter der Umwelt – Paradigmenwechsel in der Umweltforschung

A.M. Braun, S.H. Bossmann, F.-H. Frimmel, H.H. Hahn, M. Meurer,
E.J. Plate, O. Rentz, F. Schultmann, S. Teixeira

Aus Anfängen in der Form von fachspezifischen Untersuchungen in Teilgebieten des Bauingenieurwesens, der Chemie, der Biologie zu Einzelfragen der Verbesserung des menschlichen Lebensraumes entstanden, ist die Umweltforschung heute das Ergebnis einer gesellschaftlichen Entwicklung, die ihren Ursprung in den 6oer Jahren hatte. Insbesondere seit der Stockholmer Umweltkonferenz im Jahre 1972, als UNEP, die Umweltagentur der Vereinten Nationen, gegründet wurde, ist allmählich die Einsicht von der Endlichkeit der natürlichen Ressourcen einerseits und anderseits von der zunehmenden Zerstörung des natürlichen Lebensraumes durch menschliche Handlungen in das Bewusstsein der Menschen und der Politik gedrungen. Die aus dieser Erkenntnis heraus entstandene Forderung nach Rückgewinnung oder Bewahrung naturähnlicher Zustände und der Erhaltung gefährdeter Pflanzen und Tiere wurde durch die sich abzeichnenden Klimaänderungen verstärkt und mündete in das heute zum Paradigma erhobene Konzept der Nachhaltigkeit der gesellschaftlichen Entwicklung ein: eine Entwicklung, welche die Bedürfnisse heutiger Generationen befriedigen soll, ohne die Optionen für zukünftige Generationen zur Gestaltung ihres Lebensraumes einzuschränken. Unter diesem vor allem in der UN-Konferenz von Rio von 1992 zu Umwelt und Entwicklung (UNCED) ausführlich diskutierten Paradigma ist heute Umweltforschung im weitesten Sinne die interdisziplinär ausgerichtete Erforschung aller Prozesse der Wechselwirkung von Mensch und Natur, die dem Zweck der Erzielung der Nachhaltigkeit dienen.

In einem engeren Sinne befasst sich die Umweltforschung mit der Aufgabe, einerseits den Menschen eine naturähnliche und saubere, seine Gesundheit nicht gefährdende Umwelt zu erhalten oder wieder zurückzugewinnen, anderserseits aber auch, die Umwelt vor dem Menschen zu schützen und diesen Schutz durch geeignete Maßnahmen auf Dauer abzusichern. Dieser Zusammenhang ist in Abb.1 im Diagramm dargestellt. Das gesellschaftliche Paradigma der Nachhaltigkeit wird in Schutzzielen ausgedrückt, die Erkenntnisse der Wissenschaft über natürliche Zusammenhänge mit den Ansprüchen der Gesellschaft an die Nutzung verbinden. Die Schutzziele stehen in Wechselwirkung mit der Umweltforschung: sie trägt zur Quantifizierung und Erfüllung der Schutzziele bei, sie soll jedoch auch die bei ihrer Formulie-

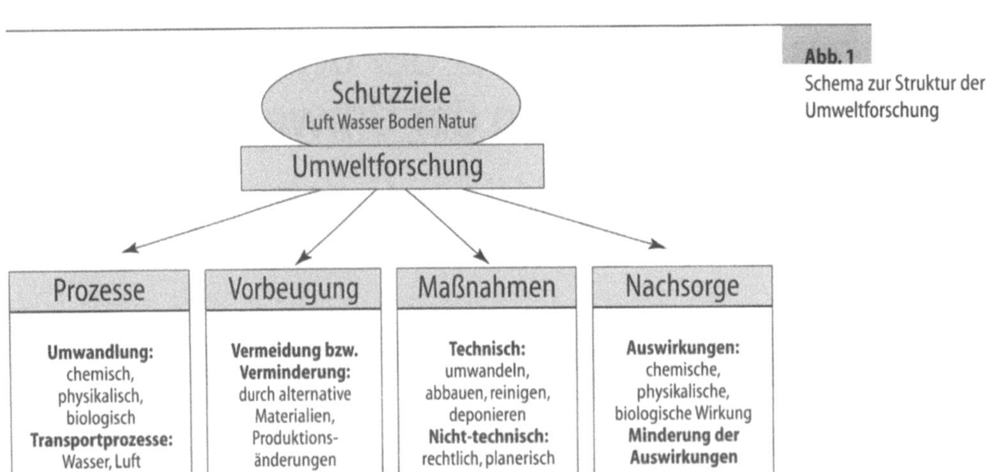

Abb. 1

Schema zur Struktur der Umweltforschung

rung oder Umsetzung erkennbaren Defizite im Grundlagenwissen beseitigen.

Vier breite Aufgabenfelder, die alle auch in Forschungsvorhaben an der Universität Karlsruhe bearbeitet werden, bilden die Struktur der Umweltforschung. Da ist zunächst die Untersuchung der Prozesse, die umweltrelevante Stoffe beeinflussen: das sind die Prozesse zur Verminderung oder Entfernung „vor dem Schornstein" (vor der Einleitung in Luft oder Gewässer), die durch chemische, physikalische oder biologische Umwandlung in der Endstufe technischer Anlagen stattfinden; das sind aber auch „nach dem Schornstein" die Transport-, Speicher- und Umwandlungsprozesse in den Medien Luft, Wasser und Boden. Sind für die Natur oder den Menschen schädliche Stoffe mit Hilfe des Prozessverständnisses erkannt, dann ist der erste Schritt für den Umweltschutz und die erste Aufgabe der Umweltforschung die Entwicklung von Strategien zur Vorbeugung, die zur Verminderung des Schadstoffausstoßes beitragen, entweder indem dafür gesorgt wird, dass Schadstoffe überhaupt nicht in die Natur gelangen können, oder indem durch innerbetriebliche oder häusliche Maßnahmen der Schadstoffanfall „vor dem Schornstein" herabgesetzt wird. Das geschieht durch Ersatz umweltschädigender Stoffe durch alternative nicht schädliche Substanzen oder durch Verminderung des Schadstoffanfalls durch Umstellung der Produktion und innerbetriebliches Recycling. Soweit eine Verbesserung

des Umweltschutzes durch solche Maßnahmen nicht ausreichend ist, werden Instrumente zur Entsorgung der Schadstoffe zu schaffen sein: technische Anlagen, wie Kläranlagen und Deponien, oder planerische Instrumente in der Form geeigneter wirtschaftlicher, rechtlicher und gesetzlicher Vorgaben, die die Schädigung der Umwelt einschränken oder verhindern. Der letzte Teil der Umweltforschung dient der Nachsorge: das ist die Behebung oder Reduzierung negativer Einflüsse auf die Umwelt durch Maßnahmen, die von der Reinigung verseuchten Grundwassers bis zur Renaturierung begradigter Bäche reichen. Deutlich ist in dieser Aufzählung der Teilaspekte der Umweltforschung ihr umfassender und fachübergreifender Charakter.

Ist Umweltforschung anders als übliche ingenieur- und naturwissenschaftliche Forschung?

Ja, sie war es und sie ist es immer noch. Es wurde gezeigt, dass Umweltforschung viele Disziplinen betrifft und anspricht. Und die daraus resultierende Heterogenität der Fragestellungen, der Arbeitsmethoden und auch der erforderlichen Vorkenntnisse ist auch heute noch ein Problem – selten wird man jemanden finden, der einen Gesamtüberblick über alle Gebiete der aktuellen Umweltforschung hat, ja überhaupt jemand, der über so etwas wie eine „reading knowledge" dieser neuen Forschungsdisziplin verfügt. Vertreter vieler naturwissenschaftlicher Teildisziplinen standen lange Zeit abseits einer breiten und umfassenden Umweltforschung, die Ingenieuren und Praktikern überlassen blieb. Die zu erschließenden Sachverhalte erschienen jenen Fachvertretern zu offen, zu vielschichtig und nur schwer in meßbare Größen zu fassen. Heute haben aber Praktiker und Naturwissenschaftler erkannt, dass Umweltschutz eine gemeinsame Aufgabe ist, wobei weder auf die Erfahrungen der Ingenieure noch auf das Grundwissen der Naturwissenschaftler verzichtet werden kann.

Die ersten Umweltingenieure

Der Gründer der ältesten Technischen Hochschule Deutschlands, Johann Gottfried Tulla, ist bekannt geworden durch die im Jahre 1827 begonnene „Rektifikation" des Rheins. Als Geodät mit einer ihn prägenden zusätzlichen Ausbildung an der Ecole Polytechnique hat er diesen großen Eingriff in ein komplexes, natürliches System auf Grund umfangreicher Beobachtungen und Erfahrungen wesentlich behutsamer konzipiert, als sich dies heute nach vielen zusätzlichen Eingriffen, vor allen Dingen bedingt durch den immer größer werdenden Appetit auf Land, darstellt. Tulla hat den Fluss durch flussbauliche Begradigungen und Deichverlegungen veranlasst, sein eigenes Bett zu graben. Damit hat er zwar ein nicht stationäres, aber weitgehend akzeptables Gleichgewicht zwischen Fluss und Landschaft, zwischen Nutzung des Flusses und Hochwassersicherheit geschaffen. Zweifellos war Tulla einer der ersten Umweltingenieure, und seine Leistung muss umso mehr gewürdigt werden, wenn man bedenkt, wieviel weniger umweltgerecht die tullaschen Epigonen mit dem Rhein umgegangen sind.

Einer der bedeutendsten Nachfahren Tullas war Theodor Rehbock, ein Pionier des wasserbaulichen Versuchswesens. Er gründete im Jahre 1900 die erste Versuchsanstalt der damaligen Technischen Hochschule Karlsruhe. In dem heute nach ihm benannten Flussbaulabor wendete er als einer der ersten moderne Modellgesetze für flussbauliche Versuche an, demonstrierte deren Brauchbarkeit und führte an

Modellen zahlreiche Versuche an Flussstrecken durch, mit denen positive sowie negative Folgen menschlicher Eingriffe studiert werden konnten.

Im ersten Drittel des zu Ende gegangenen Jahrhunderts haben die beiden Chemiker Engler und Bunte, die sich mit theoretischen Fragestellungen und praktischen Problemen gleichermaßen auseinandersetzten, ihre Arbeiten an der Chemie des Gases und des Öles und der Umwandlungs- und Verbrennungsprozesse begonnen, was bald darauf zur Gründung des Engler-Bunte-Institutes führte, einer Einrichtung, die sich schon sehr früh mit den Fragen des Ressourcenmanagements und der optimalen Nutzung und Konservierung insbesondere von Öl-, Gas- und Wasserressourcen befaßte.

Aus diesen Anfängen entstand die Umweltforschung in Karlsruhe. Seit der Stockholmer Umweltkonferenz haben sich an der Universität Karlsruhe immer mehr Forschungseinrichtungen dem Gegenstandsfeld Umwelt zugewandt. Eine Umfrage hat gezeigt, dass in etwa 40 Instituten, das ist ungefähr ein Drittel aller Institute, Umweltfragen bearbeitet werden. Sie gehören vorwiegend zu natur- und ingenieurwissenschaftlichen Fakultäten, denn traditionell werden in Karlsruhe Umweltthemen mit natur- und ingenieurwissenschaftlichen Methoden angegangen. Es werden aber zunehmend auch soziologische, ökonomische und juristische Gesichtspunkte in die Arbeit aufgenommen, d.h. es entstehen Beiträge zur Umweltforschung in zunehmendem Maße auch aus den gesellschaftswissenschaftlichen Disziplinen.

Schwerpunktsfelder der Umweltforschung betreffen die Umweltmedien Luft und Wasser, insbesondere die Zusammenwirkung von Boden und Wasser. Zum Schwerpunktthema Wasser werden der Regenwasserabfluss, Schadstofftransport und Reinigung, Abwässer und deren Reinigung, Wasserqualität stehender und fließender Gewässer in verschiedenen Projekten bearbeitet. Tritt Wasser (Regenwasser, Abwasser etc.) in den Boden ein, ergeben sich fächerübergreifende Fragestellungen. Das Schwerpunktthema Boden betrifft den Schadstoffeintrag und -transport im Boden. Hierzu bietet die DFG-Forschergruppe „Schadensdiagnose bei Abwasserkanälen durch Multisensorsysteme" ein gutes Beispiel einer neuartigen gemeinsamen Forschung. An der ursprünglich von der Hydrogeologie (Angewandten Geologie) ausgehenden Fragestellung nach der Gefährdung des Grundwassers durch Abwässer aus Undichtigkeiten von Abwasserkanälen entstand ein Forschungsprogramm, an dem sich interessierte Gruppen aus der Siedlungswasserwirtschaft, der Hydromechanik, der Ingenieurbiologie und der Geochemie beteiligen.

Auch die volkswirtschaftliche Betrachtung des Wassers als Allgemeingut ist ein Forschungsthema in Karlsruhe. Es bieten sich vielerlei wirtschaftliche Möglichkeiten, um Wasser zu sparen oder um das Gut Wasser zu schützen. Nicht nur naturwissenschaftliche, analytische Methoden, sondern auch psychologische Theorien werden hierbei für die Lösung von Konfliktsituationen bei unterschiedlichen, auch über Ländergrenzen reichende Nutzungsinteressen entwickelt und erprobt.

Das Medium Luft bildet einen eigenen Themenschwerpunkt. Die Ausbreitung von Schadstoffemissionen in der Luft ist das Arbeitsfeld der Meteorologie, unterstützt von strömungsmechanischen Grundlagenuntersuchungen. Großräumige Schadstoffausbreitungen werden im mathematischen Modell simuliert, kleinräumige Schadstoffbelastungen, etwa aus dem Straßenverkehr, im Windkanal. Biologen befassen sich mit der Auswirkung von Luftschadstoffen auf die Pflanzenwelt – die richtungsweisenden Karlsruher Forschungen zum Thema Waldsterben seien hier besonders erwähnt.

Die in die Atmosphäre emittierenden Quellen sind der wichtigste Faktor der Luftverschmutzung, so dass Verminderung der Schadgase eine wichtige Herausforderung an die Technik darstellt. Einen Beitrag hierzu leisten zum Beispiel Projekte zur Filterung der speziell bei Verbrennung von Biomasse entstehenden Abgase und Stäube. Aber auch Themen der Energieeinsparung und -gewinnung haben einen direkten Bezug zur Umwelt. In diesen Themenkomplex fügen sich Projekte der Architekten ein, die z.B. mit solar-optimierter Bauplanung, ökologi-

scher Bauweise (wiederverwendete oder neuartige Baumaterialien) und der Gebäudesanierung zur Energieeinsparung beitragen. Die Gewinnung erneuerbarer Energien ist ein weiteres umweltrelevantes Feld. Sie dient zwar in erster Linie der Ressourcenschonung, doch der rationelle Umgang mit Energie und die umweltfreundliche Erzeugung von Energie soll schließlich zur Reduktion des CO_2-Ausstoßes in die Atmosphäre beitragen. Hierzu leistet das Institut für Werkstoffe der Elektrotechnik wichtige Grundlagen durch die Fortentwicklung der Hochtemperatur-SOFC-Brennstoffzelle bis zum Kraftwerkeinsatz. Zur Ressourcenschonung, die auch Energieeinsparung bringt, trägt auch die Materialforschung indirekt bei. Sie bemüht sich z.B. um produktionsintegrierten Umweltschutz mit der Entwicklung eines Keramikfoliengußverfahrens.

Von ihren Forschungszielen her gesehen, kann man die Karlsruher Umweltforschung auch folgendermaßen gliedern:

▶ Umweltanalyse (naturwissenschaftliche Aufgabenstellung),
▶ Umweltschutz und Umweltsanierung (ingenieurwissenschaftliche Aufgabenstellung) sowie
▶ Umweltvorsorge (natur- und ingenieurwissenschaftliche Aufgabenstellung unter Beteiligung der Gesellschaftswissenschaften).

Umweltprojekte werden einerseits in Labors durchgeführt, wie sie für die universitäre Forschung bezeichnend sind. Andererseits wird auch an bestehenden Anlagen – etwa Kläranlagen oder Wasserwerken – oder durch Feldstudien geforscht. Für manche Aufgaben werden auch größere Untersuchungs- und Demonstrationsanlagen eingesetzt, um realitätsnähere Erprobung und Demonstration zu ermöglichen. Allerdings ist dies bisher noch nicht in dem anzustrebenden Umfang möglich. In Zukunft sollten zur Abrundung der Umweltforschung in Karlsruhe auch Demonstrationsanlagen und Testfelder im Sinne eines „Universitätsversuchsfeldes" eingerichtet werden.

In Thematik und Lösungsansatz mögen die zahlreichen Umweltprojekte der Universität

Karlsruhe voneinander abweichen, eines aber haben sie gemeinsam: Zu einem beträchtlichen Teil sind diese Vorhaben von außen, von so genannten „Mitteln Dritter" finanziert. Die Projekte werden häufig mit Partnern durchgeführt, die zum einen in der Universität zu Hause sind, zum andern von außen kommen: mit Forschungseinrichtungen, Körperschaften und Anstalten des öffentlichen Rechts oder mit Industriebetrieben. Dadurch entsteht eine Wechselwirkung, die dazu führt, dass fachübergreifend Geräte und Verfahren eingesetzt werden, oder dass die Ergebnisse von Forschungen angewendet oder zur Anwendungsreife weiter entwickelt werden. Allerdings lassen sich solche Ergebnisse aus dem Bereich Umwelt nicht leicht in Patente und Lizenzen für die Universität Karlsruhe umsetzen.

Dennoch ist die Umweltforschung an der Universität sehr rege am Technologietransfer beteiligt – indirekt durch die Ausbildung von Ingenieuren, die in der Industrie tätig werden, direkter jedoch durch die Zusammenarbeit mit Ingenieurbüros, mit der Industrie oder mit Behörden wie der Baden-Württembergischen Landesanstalt für Umwelt, indem zum Beispiel Diplomarbeiten zur Lösung praktischer Probleme gefördert werden. Solche Projekte bieten Studentinnen oder Studenten eine frühe Berührung mit der Praxis und geben Gelegenheit, Konzepte aus der Universität unmittelbar auf praktische Probleme anzuwenden. Auch Dissertationen, die ein Thema über mehrere Jahre verfolgen und dazu auch Daten und Anfragen aus der Praxis bearbeiten, können dem Wissenstransfer aus der Universität dienen. Schließlich wären als Transferleistungen auch die Berichte über die Großprojekte an der Universität zu nennen, die von der Deutschen Forschungsgemeinschaft oder dem Bundesministerium für Bildung, Wissenschaft, Forschung und Technologie finanziert wurden. Sie enthalten eine Fülle von neuen Erkenntnissen, die in vielen Fällen für die industrielle Verwertung von großem Interesse sind.

Zusammenfassend lässt sich feststellen, dass moderne Umweltforschung, so wie sie sich an der Universität Karlsruhe entwickelt hat,

- interdisziplinär und interfakultativ sein muss, um erfolgreich zu sein,
- auf Grundlagenentwicklungen und auf die Lösung von Anwenderproblemen gleichermaßen ihre Aufmerksamkeit richten muss,
- vielfach durch so genannte Dritte finanziert wird, was ein erhebliches Interesse von außeruniversitären Einrichtungen der Industrie, der Politik und der Verwaltung an der Klärung solcher Fragen voraussetzt,
- viele Projekte nicht nur in vitro, sondern auch in situ durchführt, und dass
- die Systemorientierung in der Umweltforschung, also die übergreifende Verknüpfung einzelner Fragestellungen, von ebenso großer Bedeutung ist wie die Produktionsorientierung.

Ein Forschungszentrum für die Umwelt

Um die Umweltforschung zu verstärken und eine gute Zusammenarbeit verschiedener Institute zu fördern, wurde an der Universität Karlsruhe die Idee eines Zentrums für Umweltforschung entwickelt. Die Universität Karlsruhe und das baden-württembergische Ministerium für Wissenschaft und Forschung konnten diese Idee verwirklichen, und im Jahre 1998 wurde das Forschungszentrum Umwelt (FZU) bezogen. Ein Verfügungsgebäude nimmt Umweltforschungsprojekte auf. Die Projekte werden aus dem Angebot der umweltrelevanten Forschung der Universitätsinstitute durch den Vorstand ausgewählt. Vorstand (kurz- bis mittelfristige Planung) und Beirat (mittel- bis langfristige Themensteuerung) haben dadurch die Möglichkeit, innerhalb gewisser Grenzen Schwerpunkte für Forschungsthemen zu setzen. Ein zentrales Labor und projektunabhängige Fachkräfte erlauben es, komplexe Analysen besser und wirtschaftlicher durchzuführen. Außerdem wurde als Teil der Grundausstattung ein Geschäftsführer bestellt, der die Konzepte von Vorstand und Beirat koordinierend umsetzt und nach außen vertritt. Er leitet eine Gruppe von technischen und wissenschaftlichen Mitarbeitern, die die Koordinierungsarbeiten leisten, die für alle Nutzer verfügbaren Geräte betreuen und vom schwankenden Drittmittelzufluss unabhängig bleiben.

Die Zusammenführung von Forschergruppen verschiedener Fachrichtungen in einem Zentrum begünstigt, dass die vielen Verzahnungen bei Umweltfragen erfaßt und im Forschungsprozeß wahrgenommen werden. Ein Beispiel: Reinhaltung oder Sanierung im Bereich Wasser sind stets verbunden mit der Entstehung schädlicher Rückstände, die den Boden oder als Emissionen die Luft belasten. Es ist ein Hauptanliegen des neuen Forschungszentrums, die Bearbeitung von Zusammenhängen dieser Art zu fördern. Weiterhin wird im FZU der Dialog zwischen Forschern und Anwendern entwickelter Technologien gestärkt, und Ergebnisse fließen in für die Praxis am FZU durchgeführte Fortbildungsveranstaltungen ein. Somit ist das Forschungszentrum Umwelt eine

- Transferstelle von universitären Forschungsaufgaben und Erkenntnissen für den außerhalb der Universität Stehenden und ein
- Ansprechpartner für außeruniversitäre Interessenten, die sich zunächst im Dschungel der Universitätsstruktur und der Universitätseinrichtungen nicht zurecht finden mögen.

Als Einrichtung der Universität Karlsruhe ist das Forschungszentrum Umwelt besonders
- auf die Lösung der Fragen der Region orientiert, widmet sich aber auch den wesentlich gravierenderen Problemen der Dritten Welt.

In vielen Forschungsprojekten spiegeln sich nicht nur drängende Fragestellungen unserer Zeit. Die gegenwärtig an der Universität bearbeiteten Vorhaben lassen auch wichtige Neuorientierungen in der nationalen und internationalen Umweltforschung erkennen. Forschung ist also auch Wegbereiterin künftiger Entwicklungen:

- Vom beschreibenden, analysierenden Umweltschutz zur prognostizierenden und vorbeugenden Vorsorge.

- Von der bloßen Beobachtung und Beschreibung der Immission zur Ursachenforschung und Emissionsbegrenzung.
- Von der ausschließlichen ökologischen Fokussierung auf den Biotoperhalt zum Erhalten von Bauwerken und gesamten Lebensräumen.
- Von der sogenannten Durchlaufwirtschaft zur Kreislaufwirtschaft.
- Von den „end-of-pipe" -Technologien zum produktionsintegrierten Umweltschutz.

Anhand der Darstellung von fünf beispielhaften Forschungsprojekten soll dies anschaulich gemacht werden.

1. Beispiel: Vom analysierenden Umweltschutz zur vorbeugenden Vorsorge – Ein Projekt zum Stofftranport aus ländlichen Gebieten

Die menschlichen Eingriffe in den natürlichen Kreislauf von Stoffen sind besonders erkennbar im Kreislauf des Wassers. Die vielfachen Nutzungen des Wassers als Nahrungsmittel und für hygienische Zwecke machen das Wasser zu einem besonders zu schützenden Gut. Es dient aber auch als Lösungsmittel für landwirtschaftliche Chemikalien und als Trägerflüssigkeit für Stoffe aller Art. Aus entfernten Quellen werden Stoffe durch den Regen eingetragen, – bekannt ist der „saure Regen", aber fast von gleicher Bedeutung ist der Nitrateintrag durch den Regen, der etwa ein Drittel des von den Pflanzen in ländlichen Gebieten benötigten Stickstoffs ausmacht und zu einer Anreicherung des Grundwassers mit Nitraten beiträgt. Mineraldünger, Pflanzenschutzmittel, Herbizide sind lokal eingetragene Stoffe, die zur Erhöhung der landwirtschaftlichen Produktivität auf die Felder aufgetragen werden und zum Teil durch das Wasser in den Boden und weiter in das Grundwasser gelangen. Aber auch Stoffe, die punktuell aus Siedlungsgebieten über Regenauslässe von Kanalisationen oder im Auslauf von Kläranlagen eingeleitet werden, gefährden die Qualität des Wassers der Bäche und Flüsse. Durch große technische, finanzielle und wissenschaftliche Anstrengungen sind in den letzten

Jahrzehnten die Einleitungen aus Siedlungsgebieten in unserem Lande immer weiter herabgesetzt worden, dennoch sind unsere Flüsse und das Grundwasser gefährdet, und zwar durch die schwierig zu erfassenden Stoffeinträge aus ländlichen Gebieten, oder von den Oberflächen städtischer Straßen und anderer undurchlässiger Flächen, aber auch immer wieder durch Unfälle oder unbeabsichtigte Verschmutzungen.

Um in den Stofftransport aus unvermeidbaren Quellen planend eingreifen zu können, müssen die Prozesse des Stofftransports bekannt sein, und zwar nicht nur in ihrer Struktur, sondern im idealen Fall sollte vorhersagbar sein, was geschieht, wenn eine bestimmte Menge eines Stoffes in einem Gebiet eingebracht wird. Wie wird diese durch das Niederschlagswasser in die Bäche und Flüsse gebracht, und wie wird sie durch strömungsmechanische Prozesse verdünnt? Diese Fragen hat eine Prozessforschung in Karlsruhe seit Jahrzehnten schwerpunktmäßig untersucht: bereits im Jahr 1971 wurde der SFB 80 „Ausbreitungs- und Transportvorgänge in Strömungen" gegründet, in welchem über 12 Jahre hindurch strömungsmechanische Einleitungsvorgänge und Teilprozesse des Stofftransports untersucht wurden. Maßgebende Arbeiten, die international Beachtung gefunden haben, wurden durchgeführt zum Thema Kühlwasserfahnen in Gewässern, aber auch über den Sauerstoffeintrag durch die Wasseroberfläche eines Fließgewässers. Es wurden technische Details erarbeitet zur Verbesserung von Bauwerken der Abwasserreinigung wie z.B. von Belüftungsbecken. Typisch für diese Vorgehensweise sind die zahlreichen Dissertationen und Veröffentlichungen, die jeweils ein enges Thema abhandeln.

Entscheidend bei solchen Prozessen ist, dass sie vom Transport durch das Wasser abhängig sind, der als bekannt vorausgesetzt werden muß. Das ist bei technischen Prozessen, z.B. beim Transport durch Rohrleitungen durchaus zulässig. In der Natur jedoch unterliegt der Wassertransport großen raum-zeitlichen Veränderungen, verursacht nicht nur durch den Wechsel der Jahreszeiten und durch das Wetter, sondern auch durch die Einwirkung des Menschen. Räumlich variiert der Wasserkreislauf durch die Änderung der Landnutzung. Durch die landwirtschaftliche Bewirtschaftung entstehen quasi-periodische Nutzungen, aber wesentlich einflußreicher sind Trends: bewirkt durch die Zunahme der Urbanisierung, andererseits aber auch durch die Umwandlung von marginalen, landwirtschaftlich genutzten Flächen im Wald. Überlagert werden diese Zustände noch durch eine allmähliche Klimaänderung. Immer mehr setzt sich die Erkenntnis durch, dass Prognosen über zukünftige Zustände des Wasser- und Stoffkreislaufes detaillierte, auf breiter naturwissenschaftlicher Basis entwickelte mathematisch – numerische Modelle erfordern, die eine Extrapolation zu zukünftigen Systemzuständen über die Veränderung von Basisparametern ermöglichen.

Eine ganzheitliche Betrachtung solcher Zusammenhänge im Wasser- und Stoffkreislauf in natürlicher Umwelt soll hier beispielhaft beschrieben werden. Schematisch ist die betrachtete Raumeinheit als kleines Einzugsgebiet in Abb. 2 dargestellt. Stoffe – Mineraldünger, Pflanzenschutzmittel – werden lokal in Hanggebiete eingebracht, wo sie teilweise durch Pflanzen verbraucht, teilweise aber auch durch das Niederschlagswasser in den Boden eingetragen oder fortgespült werden. Stoff und Wasser gelangen teilweise direkt von den Hängen oder Feldern in das Gewässer, oder sie werden aus Hofanlagen, aus Städtischen Oberflächen, über Straßen in das Gewässernetz eingetragen und können an kritischen Punkten, etwa an Trinkwasserentnahmestellen festgestellt werden. Das Einzugsgebiet bildet ein System, mit belastenden Eingangsgrößen in der Form von Niederschlagswasser und Stoffeinträgen sowie, mit einer Ausgangsgröße in der Form von Wasser und Stoffkonzentrationen als Funktion der Zeit am kritischen Punkt. Im Rahmen eines großangelegten Forschungsprojekts, das vom Bundesministerium für Bildung und Forschung (BMBF) gefördert wurde, wurden Transport- und Umwandlungsprozesse von Stoffen in einem solchen System für ein ländliches Einzugsgebiet untersucht.

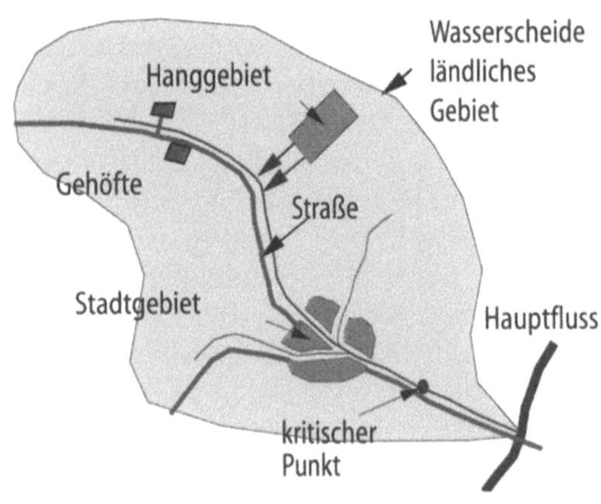

Abb. 2 Definitionsskizze für Wassergütemodellierung von Einzugsgebieten

Dieses Großprojekt zum Stofftransport aus ländlichen Einzugsgebieten, für welches sich 15 Institute aus den Fakultäten Bio- und Geowissenschaften, Bauingenieur- und Vermessungswesen, Physik (Meteorologie) und Chemieingenieurwesen der Universität sowie benachbarter Forschungseinrichtungen zusammengetan haben, wurde federführend vom Institut für Hydrologie und Wasserwirtschaft betreut. Das Projekt wurde verstärkt durch die Kollegiaten eines durch die DFG geförderten Graduiertenkollegs „Ökologische Wasserwirtschaft". Am Weiherbach im Kraichgau wurden in einem ca. 8 km² großen Versuchsgebiet durch systematische Felduntersuchungen Grundlagen geschaffen für eine detaillierte mathematische Modellierung des Wasser- und Stofftransports. Die Geologie und die räumliche Verteilung der Bodeneigenschaften wurden sorgfältig untersucht, die Parameter des Bodenwassertransports durch Parallelversuche in situ und im Laboratorium bestimmt. Landnutzung und Topographie wurden durch die Auswertung von Fernerkundungsdaten ermittelt und in Geographische Informationssysteme (GIS) als Basisinformation eingegeben. Das Versuchsgebiet wurde mit einer meteorologischen Station ausgestattet und ein umfangreiches Messnetz zur Messung der Bodenfeuchte im Gebiet installiert; die Daten wurden in einer dem GIS zugeordneten relationalen Datenbank abgespeichert.

Durch zahlreiche, mit künstlichen Beregnungen unterstützte Detailversuche wurden die Infiltration in den Boden und das Eindringen und der Abbau von an der Oberfläche eingebrachten Stoffen untersucht und mit Parallelversuchen im Labor untermauert. Stoffe waren im wesentlichen Mineraldünger, Herbizide und Pestizide, aber auch der Abtrag von Boden durch Erosion und Ablagerung durch Sedimentation. Für die Erosion konnte dabei ein neues Modell entwickelt werden, das inzwischen an verschiedenen Stellen eingesetzt wurde.

Diese Untersuchungen fanden im wesentlichen an Einzelpunkten statt, und sie dienten als Grundlage für eine Bilanzierung der Stoffe und als Eich- bzw. Kontrollwerte für eine mathematische Modellierung.

Zusammengefaßt wurden die Ergebnisse in Bilanzierungs- und in mathematischen Modellen. Die Bilanzierung dient zur Feststellung der maßgeblich den Stoffeintrag in die Gewässer beeinflussenden Parameter – so konnte Beudert (1996) feststellen, dass in trockenen Jahren der Haupteintrag von Nitraten in das Gewässer durch Abspülungen von den Gehöften und über die Straßen stattfindet. Die verschiedenen mathematischen Modelle für den Wassertransport aus dem Niederschlag entstanden zunächst für die Hanggebiete nach Abb. 2 und unterschieden sich in den Details der einbezogenen Prozesse und in der Programmierung. Zunächst wurden ereignisspezifische Modelle entwickelt, bei denen neben den Landparametern auch die Anfangsbodenfeuchten an kritischen Punkten eingegeben werden mussten. Sie eigneten sich gut, um die Unterschiede der Prozesse entlang eines Hanges zu beschreiben. Die Nichtlinearität der Bodenwasserbewegung führt dazu, dass mit einer sehr großen Variabilität der Ergebnisse bei kleinen Änderungen der Parameter gerechnet werden muss, was durch das Modell SAKE (entwickelt von B. Merz) systematisch untersucht wurde. Die letzte Entwicklungsstufe ist ein benutzerfreundliches Modell für die Langzeitentwicklung des Wassertransports (CATFLOW, entwickelt von Th. Maurer), das sich gut auch für den Stofftransport eignet, wobei als neue Variable die Diffusivität (das heißt der diffuse Transport von Wasserinhaltsstoffen) auftritt, die durch geeignete lokale Versuche ermittelt werden muss. Damit steht durch die miteinander abgestimmte Forschung zahlreicher Doktoranden ein Modell zur Verfügung, das durchaus für die oben genannten Aufgaben eingesetzt werden kann. Der Wert der Studie muss jedoch nicht nur in diesem Ergebnis gesehen werden, sondern auch darin, dass das Projekt neue Maßstäbe der Zusammenarbeit in der Umweltforschung gesetzt und aufgezeigt hat, wie integrierte Umweltforschung in der Zukunft durchgeführt werden kann.

2. Beispiel: In der Quelle liegt der Schlüssel – Integrierter Gewässerschutz aus dem Blickwinkel von Emissionen und Immissionen

Gewässer sind der Schauplatz für zahlreiche Aktivitäten einer modernen Industriegesellschaft. In der vielfältigen Nutzung liegt ein Interessenskonflikt, der bei der Wasserversorgung und Abwasserentsorgung besonders deutlich wird. Das Bestreben, die Gewässer nicht nur jeweils aus den nutzungsbezogenen Blickwinkeln zu betrachten, sondern sie umfassend als Ökosysteme zu begreifen und zu bewirtschaften, hat für die einzelnen Schutzgüter zu Qualitätszielen geführt.

Als schützenswerte Güter lassen sich nennen:

- Aquatische Lebensgemeinschaften
- Berufs- und Sportfischerei
- Bewässerung landwirtschaftlich genutzter Flächen
- Freizeit und Erholung
- Meeresumwelt (als Empfänger von Binnengewässern)
- Schwebstoffe und Sedimente
- Trinkwasserversorgung

Als übergeordnetes Ziel für Gewässer wurde die Minimierung von anthropogenen Belastungen festgelegt. Die Konkretisierung der Gewässerqualität geschieht nach den Kriterien, die für Wasser gelten, das für den menschlichen Gebrauch geeignet ist. Trinkwasserqualität ist

somit eine Leitlinie für die Gewässerbewirtschaftung geworden.

Der gesetzliche Rahmen | Der gesetzliche Rahmen spiegelt sich unter anderem wider in dem nutzungsbezogenen Grenzwertkonzept für Wasser, das zum menschlichen Gebrauch dient. Dieses Konzept bildet die Grundlage für die entsprechende EU-Richtlinie (EU-Richtlinie 1998). Diese stetzt wiederum den Rahmen für die Umsetzung in nationales Recht (Trinkwasser-Verordnung 1990, 1999). Auch für zahlreiche Flusssysteme wie Rhein, Elbe und Donau wurden Qualitätsrichtlinien entwickelt, die sich an den Grenzwerten der Trinkwasser-Verordnung orientieren. Die verschiedenen Parameter und die für sie geltenden Grenzwerte spiegeln eine Reihe an Einflüssen wider. Die Kriterien, die zur Festlegung führen, berücksichtigen den aktuellen Stand der Wissenschaften und Technik, werden aber auch vielfach durch politische Vorgaben beeinflusst.

Die ständige Weiterentwicklung des Standes der Wissenschaft und der Technik machen eine Fortschreibung der Parameterliste und der Grenzwerte notwendig. Die Senatskommission der Deutschen Forschungsgemeinschaft (DFG) hat diese Thematik mehrfach aufgegriffen (DFG 1995, 1996).

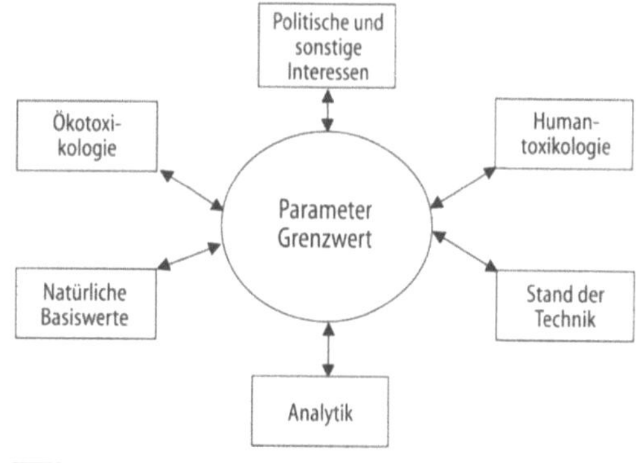

Abb. 3 Faktoren, die bei der Grenzwertfestsetzung eine Rolle spielen

Gewässerschutz und Selbstreinigung der Gewässer | Eine Grundvoraussetzung für die zutreffende Beurteilung der Gewässer und ihrer Belastungen sind leistungsfähige Analysenverfahren. Mit ihnen können heute routinemäßig Belastungen bis in den Konzentrationsbereich von Nanogramm pro Liter (10^{-9} gL^{-1}) erkannt und ihre Quellen identifiziert werden. Die praxisgerechte Weiterentwicklung dieser Methoden führte zu kontinuierlich oder quasi kontinuierlich messenden Systemen, die robust und empfindlich arbeiten. Damit lassen sich nunmehr Qualitätsänderungen in Gewässern einfach verfolgen und es kann die Funktion von Kläranlagen überwacht und gesteuert werden. Eine weitere Verfeinerung der Bestimmungen ermöglicht die Spezifikation von Wasserinhaltsstoffen und damit ihre nach Verhalten und Wirkung unterscheidende Zuordnung. Auch die Wechselwirkung verschiedener Stoffe kann inzwischen zuverlässig charakterisiert werden. Damit lassen sich Transportvorgänge und Reaktionen besser verstehen und Ursachenerkennung betreiben. Die Komplexbildung zwischen Schwermetallen oder polycyclischen Kohlenwasserstoffen (PAK) einerseits und den refraktären organischen Substanzen (ROS) andererseits ist ein typisches Beispiel (Kumke, 1998; Schmitt, 1999). Eine weitere Entwicklungsstufe der Gewässerbeurteilung lässt sich dadurch erreichen, dass die stofflichen Konzentrationsdaten mit dynamischen Wirkungsgrössen kombiniert werden. Dadurch können z.B. die biologische Abbaubarkeit, die toxische Wirkung gegen unterschiedliche Organismen oder sogar endokrine Wirkungen erfasst werden. Mit diesen Informationen ist es möglich, die natürliche Selbstreinigungskraft eines Gewässers zu beurteilen und den Gewässerschutz realitätsnah zu betreiben. Damit wird die in einer EU-Rahmenrichtlinie (EU Directive 1999) geforderte „gute Gewässerqualität" konkretisierbar.

Punktquellen und diffuse Quellen | Die Belastungen von Gewässern lassen sich Punktquellen oder diffusen Quellen zuordnen. Durch die diagnostischen Gewässeruntersuchungen wurden Punktquellen weitgehend identifiziert und beseitigt. Dabei wurden die Strategien zur Abwasserbehandlung und, wo immer möglich, zur Abwasservermeidung konsequent verfolgt. Vor allem in Industriebetrieben konnten die Konzepte des produktionsintegrierten Gewässerschutzes mit einer anlagenspezifischen Abwasserbehandlung und -kreislaufführung umgesetzt werden. Damit ist die Problemlösung vermehrt an die verursachende Quelle gerückt. Im kommunalen Bereich sind die Ansätze zur Wiederverwendung des Abwassers noch wenig entwickelt. In Regionen mit Grundwasserknappheit wird aber eine Infiltration zunehmend in Erwägung gezogen. Die Entwicklung eines an der Universität Karlsruhe entwickelten, miniaturisierten Bioreaktors, der es erlaubt, Mischabwässer innerhalb weniger Stunden auf ihre Verträglichkeit für die Kläranlage und damit auf den ordnungsgemäßen biologischen Abbau hin zu untersuchen, hat in einem chemischen Großbetrieb seine Feuertaufe bestanden (Abb. 4).

Schwierig gestaltet sich die Kontrolle und Beeinflussung diffuser Quellen. Hier stehen Pestizide und die Stickstoffverbindungen aus der intensiv betriebenen Landwirtschaft im Vordergrund. Die Aufklärung des Ab- und Umbaus der Chemikalien sowie von biologischen Umsetzungen gehört zu den wissenschaftlichen Herausforderungen der Grundwasserforschung. Die gewonnenen Ergebnisse zeigen, dass das Grundwasser im Hinblick auf seine stofflichen Umsetzungen zu den konservativen Systemen zählt, d.h. dass für viele Belastungen erst im Laufe einiger Jahre oder Jahrzehnte allmählich Änderungen eintreten. Das gilt für den Konzentrationsanstieg ebenso wie für die Konzentrationsverringerung. Ein transdiszi-

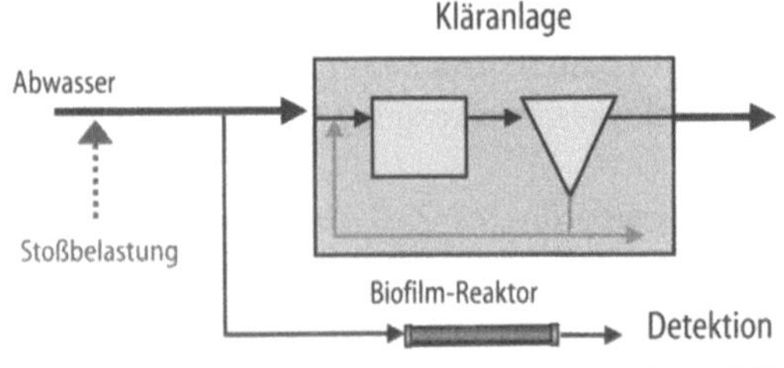

Abb. 4 Schaltprinzip des Biofilm-Reaktors als „Fieberthermometer" einer Kläranlage

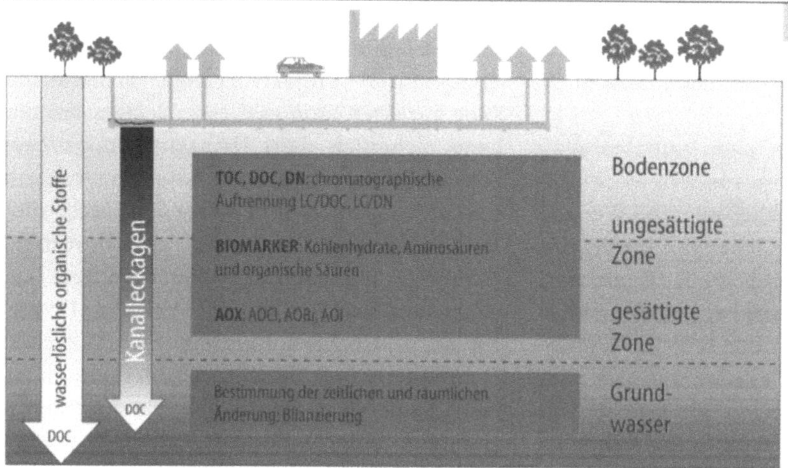

Abb. 5
Untersuchungskonzept zum Einfluss von Kanalleckagen auf das Grundwasser

plinäres Forschungsvorhaben befasst sich mit den Einflüssen, die von Kanalleckagen abzuleiten sind (Abb. 5).

Das nach den Schutzzielen ausgerichtete Produktdesign ist für alle Stoffe wichtig, die durch weitverbreitete Anwendung in die Umwelt gelangen. Hierzu zählen besonders auch die Wasch- und Reinigungsmittel. Wie die systematischen Untersuchungen am Rhein und an anderen Flüssen zeigen, stellen die biologisch schwer abbaubaren Komponenten hier das größte Problem dar. Andererseits sind manche von ihnen, wie z.B. das EDTA (Ethylendiamintetraessigsäure), aufgrund ihrer gewünschten Wirkung bei den Reinigungsprozessen nur schwer ersetzbar. In diesen Fällen wurden technische Verfahren entwickelt, die im Abwasser der Hauptanwender durch verstärkte Oxidation die Verbindung aufbrechen, um sie dann biologisch besser abbaubar und damit eliminierbar zu machen (Sörensen 1998). Auch dieses Beispiel zeigt, dass der aktive Gewässerschutz am besten beim Verursacher beginnt und auch die technischen Maßnahmen zur Problemlösung am effektivsten dort anzusetzen sind.

Eine weitere wichtige Komponente im Gewässerschutz ist die Informationsvermittlung und damit die Bewußtseinsbildung. Hierin liegt nicht nur der Schlüssel zu unserem eigenen verantwortungsbewussten Handeln, sondern auch zu den Verhaltensmustern der nächsten Generation. Wo sonst könnte man aussichtsreicher mit der Zukunftsgestaltung beginnen als an den Quellen der Ausbildung und Forschung.

3. Beispiel: Der Erhalt von Lebensräumen und Bauwerken

Im Juni 1992 fand in Rio de Janeiro die bereits einleitend erwähnte Konferenz der Vereinten Nationen über Umwelt und Entwicklung statt. Als Leitmotiv stand dabei der Begriff der „nachhaltigen Entwicklung" im Vordergrund, der in der Agenda 21 mit den drei Säulen ökologisch, ökonomisch und sozial festgeschrieben ist. Er stellt damit zugleich ein weltweites Entwicklungs- und Umweltaktionsprogramm für das 21. Jahrhundert dar. Gerade für städtische Ballungsräume mit ihren in der Regel wenig ressourcenschonenden Lebens- und Wirtschaftsweisen gilt es in verstärktem Maße, alternative nachhaltige Entwicklungskonzepte bereitzustellen und möglichst rasch auch umzusetzen. Während die Effizienzrevolution dabei eine auf technischen Maßnahmen und Innovationen basierende Verbesserung herbeiführen will, läßt sich die Suffizienzrevolution nur durch Konsumverzicht verwirklichen. Dazu müssen zunächst in vielfach aufwendigen Abwägungsprozessen zielorientiert ökologisch verträgliche Planungskonzepte entwickelt und umgesetzt werden. Zugleich muß dabei zwischen lokalen, regionalen bis globalen (mikro- bis makroskaligen) sowie kurz- bis mittelfristigen Strategien unterschieden werden. Hier ist in einem übergreifenden Ansatz technisch-planerischer sowie ökologischer Sachverstand gefragt, um die geforderte Nachhaltigkeit auch tatsächlich realisieren zu können.

Nicht nur in unseren alten mitteleuropäischen Kulturlandschaften, sondern auch weltweit spielen zunehmend bebaute und hier vor allem urbane, zum Teil flächenhaft versiegelte Räume eine entscheidende Rolle, wenn man berücksichtigt, dass global ca. 43% der Erdbevölkerung und national über 80% der Bevölkerung in Städten leben. Daraus leiten sich zwei entscheidende Forderungen ab: Den bereits bestehenden Bauwerken muß aus ökonomischer Sicht, aber auch aus kulturellen Überlegungen heraus („Kulturerbe") besondere Beachtung geschenkt werden. Ihre Bausubstanz muß folglich erhalten und gegebenenfalls restauriert bzw. konserviert werden. Dazu sind in Anbetracht der spärlicher fließenden finanziellen Mittel Prioritäten notwendig. Zugleich sind geeignete Methoden und Instrumentarien weiterzuentwickeln und anschließend entsprechend kostengünstig modulartig einzusetzen.

Eine derartige Vorgehensweise läßt sich nur im Rahmen eng miteinander vernetzter interdisziplinärer Projektvorhaben sicherstellen. Pilotcharakter kann in diesem Sachzusammenhang sicherlich dem Deutsch-Französischen Forschungsvorhaben zur Erhaltung historischer Bausubstanz zuerkannt werden, an dem mehrere Wissenschaftlergruppen der Universität Karlsruhe maßgeblichen Anteil hatten. Um einen weiteren Verfall des Meißener Doms – ein kunsthistorisch unersetzlicher Sakralbau – aufhalten und aktuelle Schäden möglichst rasch sanieren zu können, wurde ein interdisziplinärer Forschungsansatz unter Teilnahme von Mineralogen, Architekten, Statikern, Materialwissenschaftlern, Restauratoren und Bauklimatologen gewählt. Deutlich trat bei diesen umfangreichen Studien und Messungen die besondere Bedeutung der spezifischen klimatologischen Rahmenbedingungen in Kombination mit der besonderen lufthygienischen Belastungssituation im Meißener Großraum hervor.

Während der hochwinterlichen Messphase im Meißener Dom ließ sich ein räumlich differen-

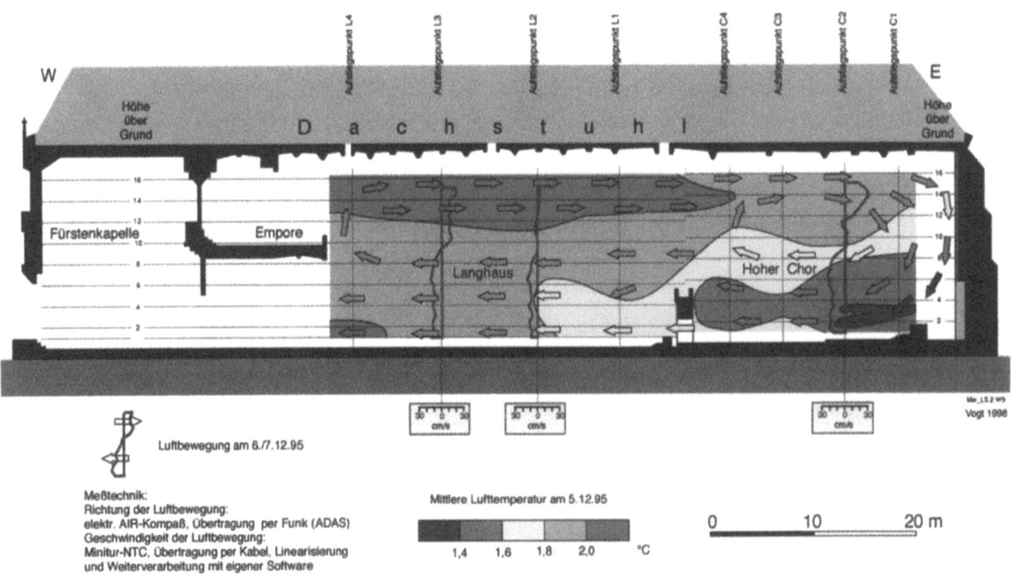

Abb. 6 Längsschnitt mit den mittleren Lufttemperaturen und den Bewegungen an drei ausgewählten Vertikalprofilen (Bewegungskomponente in der Achse des Kirchenschiffs) im Dom zu Meißen während einer hochwinterlichen Messkampagne als Element der Innenraumklimaanalyse, erarbeitet zur Schadensdiagnose und Entwicklung des Sanierungskonzeptes

ziertes Temperatur- und Strömungsfeld ermitteln, dessen Komplexität weitaus größer ist als angenommen werden konnte. Es resultiert letztlich aus unterschiedlichen Wärmedurchgängen durch die Außenhaut des Gebäudes. Im bodennahen Niveau mit seinen Verbindungen zum Außenraum ist das Strömungsfeld sehr anfällig, während es sich in den oberen zwei Dritteln des Doms recht stabil verhält. Anhand von Messlängsschnitten (s. Abb. 6) lassen sich die mittleren Lufttemperaturen und der Bewegungsverlauf im Kircheninnenraum als geeignete Elemente der Innenraumklimaanalyse zur Schadensdiagnose und zur Entwicklung eines Sanierungskonzeptes heranziehen. Eine Weiterentwicklung der Messverfahren bietet sich zur Erfassung ähnlich gelagerter Schadbilder in Sakralbauten an.

Ferner sollten aber auch in interdisziplinärer Zusammenarbeit Konzepte in Richtung einer „ökologischen Stadt" entwickelt werden, die eine verlangsamte Versiegelung sowie fallweise eine Entsiegelung, sowie verstärktes Flächenrecycling anstelle von Flächenneuverbrauch im urbanen Raum anstreben. Damit eng kombiniert sollten Bodenbelastungen durch Verdichtung mit daraus resultierender Störung des Bodenwasserhaushalts und des Bodengashaushalts sowie Schadstoffakkumulationen verringert werden. Eine wesentliche Funktion kommt ferner aus klimatischer sowie biotischer Sicht der Wiederfreilegung von kanalisierten Stadtgewässern und der Schaffung neuer innerstädtischer Wasserflächen zu. Von vorrangigem Interesse ist zudem der Abbau innerstädtischer Grünflächendefizite. Relativ unproblematisch verwirklichen läßt sich dieses Vorhaben durch eine Einbeziehung städtischer Brachflächen, die verstärkte Begrünung von Fassaden sowie von Flachdächern. Die hier zur Verfügung stehenden Potentiale zum Abbau der Gründefizite werden bislang noch nicht ausreichend genutzt, wie flächenhafte, rasterbezogene Untersuchungen auch im Altstadtbereich von Karlsruhe-Durlach erkennen lassen (s. Abb. 7).

Gerade aus Sicht der vielfach durch verschiedenste Belastungen gestressten Stadtbevölkerung bietet sich eine Erhaltung von naturnahen Lebensräumen im Umland der Städte oder aber eine „Neuschaffung aus zweiter Hand" an. Dadurch lassen sich selbst in urbanen Verdichtungsräumen verstärkter Arten- und Naturschutz als Flächenschutz etablieren sowie zusätzliche Lebensmöglichkeiten für Tierarten in der Stadt schaffen. Dazu eignet sich der Einsatz spezieller Biotopverbundkonzepte, d.h. die Vernetzung von unterschiedlich strukturierten städtischen Freiräumen. Entsprechende Modellansätze liegen inzwischen bereits vor. Sie müssen aber noch validiert werden. Außerdem sind infolge der hohen Komplexität von Stadtökosystemen umfassende Ansätze in absehbarer Zeit nicht zu erwarten. Um den hohen Ansprüchen einer umweltgerechten Planung entsprechen zu können, bietet sich folglich auch für den Erhalt von Lebensräumen eine enge fachübergreifende Zusammenarbeit an, wie sie z.B. an der Universität Karlsruhe im Rahmen mehrerer Forschungsvorhaben und Sonderforschungsbereiche in den letzten Jahrzehnten erfolgreich praktiziert worden ist.

4. Beispiel: Von der Durchlaufwirtschaft zur Kreislaufwirtschaft

Die Kreislaufführung von Ressourcen hat im Zusammenhang mit einer langfristigen Sicherung der natürlichen Lebensbedingungen in den letzten Jahren erheblich an Bedeutung gewonnen. Während sich in der Vergangenheit die Aufgaben der Abfallwirtschaft vorwiegend auf die ordnungsgemäße und schadlose Abfallbeseitigung konzentrierten, sind seit den achtziger Jahren verstärkt Bemühungen zur Vermeidung von Abfällen und zum Aufbau von Stoffkreislaufsystemen zu verzeichnen. Zur Ressourcenschonung und zur Verringerung der zu entsorgenden Abfallmengen stellt sich somit die Forderung einer Abkehr von der bislang vorherrschenden Durchlaufwirtschaft hin zu einer Kreislaufwirtschaft mit dem Ziel, weitestgehend geschlossene Stoffkreisläufe aufzubauen. Angesichts des deutlich gestiegenen Umweltbewusstseins wurden in den letzten Jahren große Anstrengungen zur Entwicklung umweltfreundlicher Produkte und Produktionsverfahren unternommen. Die im Rahmen des soge-

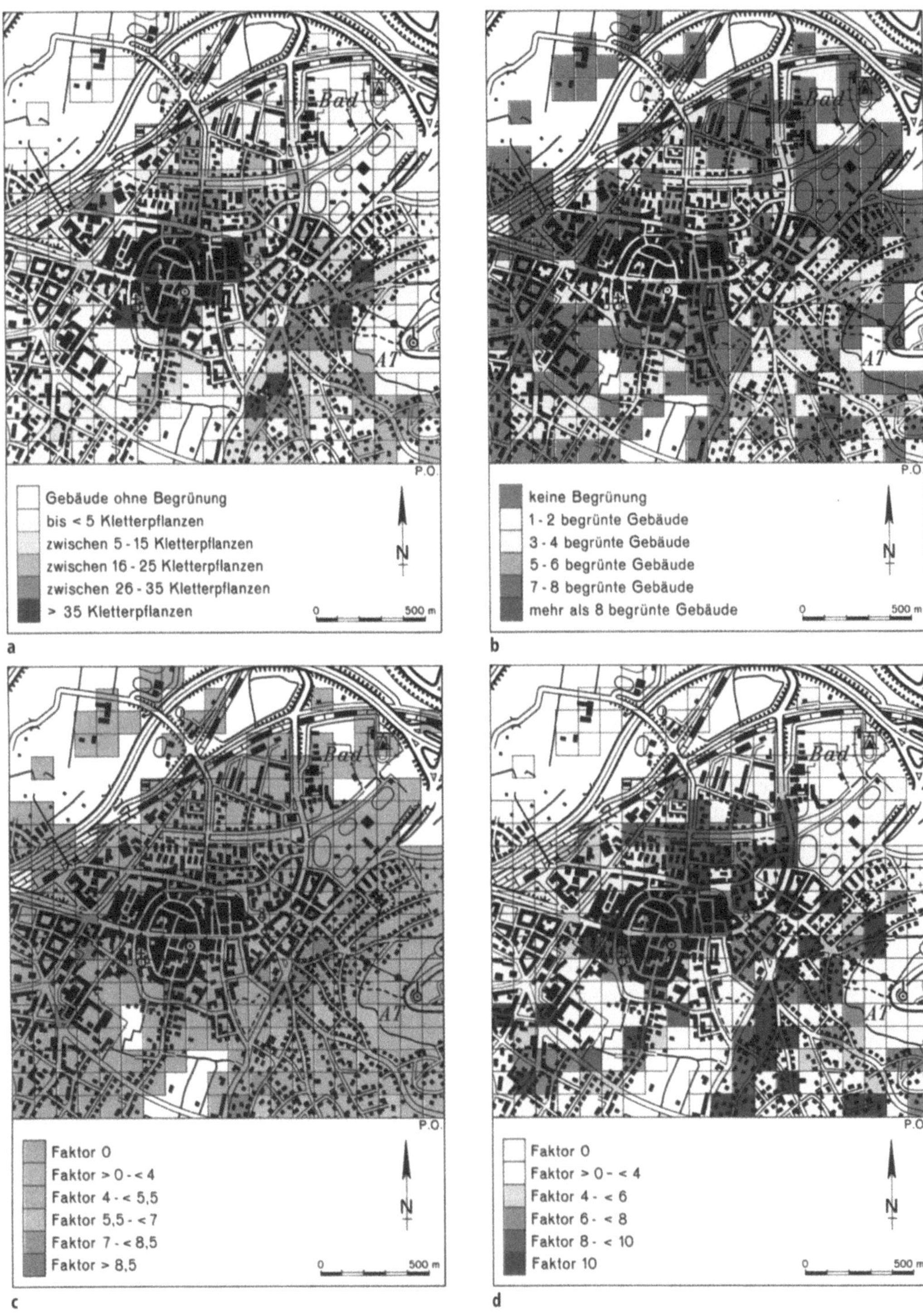

Abb. 7 (a–d) Rasterbezogene Auswertung der Fassadenbegrünung im Altstadtbereich von Durlach. **a** Zahl der Kletterpflanzen (pro ha), **b** begrünte Gebäude (pro ha), **c** ästhetische Bewertung der Fassadenbegrünung, **d** ökologische Bewertung der Fassadenbegrünung. Quelle: Meurer (1997), verändert nach Steffgen (1995)

nannten *produktintegrierten Umweltschutzes* entwickelten Erzeugnisse zeichnen sich durch einen reduzierten Ressourceneinsatz, verringerte Schadstoffemissionen über den gesamten Produktlebenszyklus sowie eine hohe erzielbare Recyclingquote aus. Daneben wurden im Bereich der industriellen Produktion eine Vielzahl technischer Maßnahmen zum *produktintegrierten Umweltschutz* entwickelt. Diese sind im Gegensatz zu ausschließlich nachgeschalteten Emissionsminderungsmaßnahmen („End-of-Pipe"-Maßnahmen) dadurch gekennzeichnet, dass sie im Produktionsprozess entstehende Schadstoffemissionen von vornherein berücksichtigen und durch geeignete Kombination input-, prozess- und outputseitiger Maßnahmen unmittelbar an der Quelle vermeiden bzw. verhindern.

Die rechtliche Umsetzung dieses Konzeptes findet ihren Niederschlag hauptsächlich im Kreislaufwirtschafts- und Abfallgesetz, dessen übergeordnetes Ziel in der weitestgehenden Kreislaufführung von Ressourcen liegt. Seit dessen Inkrafttreten im Jahr 1996 sind neben den öffentlich-rechtlichen Entsorgungsträgern auch weite Teile der Industrie und des Handels in die Verwertung von Abfällen eingebunden. Der Öffentlichkeit wurden diese Tatbestände insbesondere über die Rücknahmeverordnung für Verpackungsabfälle oder Altautos bekannt. In den letzten Jahren wurden jedoch auch für Massenabfälle, die das Hausmüllaufkommen um ein Vielfaches übersteigen, verstärkt Anstrengungen zum Aufbau von Stoffkreislaufsystemen unternommen.

Am Deutsch-Französischen Institut für Umweltforschung (DFIU) der Universität Karlsruhe werden in diesem Zusammenhang eine Vielzahl von Arbeiten durchgeführt, wie z.B. zum Altauto- und Batterierecycling, zur Kreislaufwirtschaft und zum produktionsintegrierten Umweltschutz in der Eisen- und Stahlindustrie sowie in der keramischen Industrie oder auch zur Klärschlamm- und Altholzverwertung. Ein Schwerpunkt dieser Arbeiten liegt im Baubereich, auf den hier besonders eingegangen werden soll. Dem Baubereich kommt beim Aufbau von Kreislaufwirtschaftssystemen aufgrund der

hohen umgesetzten Stoffmengen eine zentrale Bedeutung zu. Bemühungen zur Schließung von Stoffkreisläufen im Bausektor zielten in den vergangenen Jahren vornehmlich auf Reststoffe aus dem Tiefbau, für die sich bereits gut eingeführte Verwertungswege etabliert haben. Demgegenüber existieren für ca. 45 Millionen Tonnen Bauabfälle, die jährlich aus dem Gebäudebestand durch Abbruch, Umbau oder Sanierung von Gebäuden ausgetragen werden, bislang kaum schlüssige Lösungsvorschläge. Techniken zur Aufbereitung von Bauabfällen sind derzeit kaum in der Lage, aus heterogen zusammengesetzten Abbruchmassen hochwertige Sekundärrohstoffe herzustellen, so dass der überwiegende Teil dieser Stoffe noch deponiert oder lediglich zu Produkten mit minderwertigen Qualitätsanforderungen aufbereitet wird.

Um dieser unbefriedigenden Situation entgegenzutreten, sollte dem eigentlichen Baustoffrecycling künftig eine Demontage von Gebäuden vorausgehen, bei der Wertstoffe zurückgewonnen und Schad- sowie Störstoffe gezielt von verwertbaren Bestandteilen getrennt werden können. Bei einem solchen *selektiven Gebäuderückbau* können gut erhaltene Bauteile im Rahmen eines Produktrecyclings komplett wiederverwendet und die restlichen Baustoffe nachgeschalteten Baustoffrecyclinganlagen zugeführt werden, deren Produktionsziel in der Aufbereitung gebrauchter Baustoffe zu mineralischen Sekundärbaustoffen definierter Korngrößenverteilung und stofflicher Zusammensetzung liegt.

Am DFIU werden daher innovative Ansätze zur integrierten Demontage- und Recyclingplanung von Gebäuden entwickelt und angewandt. Die Forschungsarbeiten konzentrieren sich dabei auf Methoden zur systematischen Erfassung und ökologischen Bewertung rückzubauender Gebäude, zur Bestimmung optimaler Demontagetiefen, zur Konfiguration von Recyclinganlagen, zum regionalen Stoffstrommanagement sowie zur Ablaufoptimierung der Gebäudedemontage. Methodische Unterstützung erfahren diese Arbeiten durch die Entwicklung rechnergestützter Planungsinstrumente. Auf Basis von Stoffbilanzen für unterschiedliche Gebäudetypen und Recycling-verfahren werden am Institut geeignete Ansatz-punkte einer gezielten Stoffstromsteuerung von Bauabfällen identifiziert. Zur Modellierung und Lösung dieser Planungsaufgaben werden Operations-Research-Verfahren herangezogen und problemadäquat erweitert.

Die am Institut entwickelten Konzepte wurden bereits in Form mehrerer Pilotprojekte in der Praxis umgesetzt. Bei den vom DFIU wissenschaftlich begleiteten Rückbauprojekten handelte es sich um unterschiedliche Gebäudetypen in Deutschland und Frankreich. Dabei konnten durch weitgehende Demontage von Gebäuden erfolgversprechende Möglichkeiten sowohl im Hinblick auf die ökologische als auch die ökonomische Vorteilhaftigkeit des Gebäuderückbaus und Materialrecyclings aufgezeigt werden. So wurden Verwertungsquoten von bis zu 95 % in der Praxis realisiert. Zudem konnte in der Praxis nachgewiesen werden, dass der selektive Rückbau im Vergleich zum Abbruch von Bauwerken für einige Gebäudetypen heutzutage bereits die ökonomisch günstigere Variante darstellt. Im Rahmen der Forschungsarbeiten konnten Demontagetechniken und Recyclingverfahren identifiziert werden, die eine sprunghafte Qualitätsverbesserung von Recyclingbaustoffen bewirken. Es läßt sich zeigen, dass sich mit einer

gezielten Abstimmung von Gebäudedemontage und Baustoffaufbereitung Schadstoffgehalte in Sekundärbaustoffen deutlich reduzieren lassen und auch Grenzwerte eingehalten werden können, die bislang für Bauabfälle als nicht erreichbar galten. Modellrechnungen für das Oberrheingebiet (Baden-Elsass) zeigen, dass sich bei konsequenter Anwendung des selektiven Rückbaus die regionalen Recyclingquoten für Bauabfälle aus dem Abbruch von Gebäuden deutlich erhöhen lassen. Die Ergebnisse belegen zudem, dass gegenüber den bislang in der Praxis realisierten Pilotprojekten künftig weitere Kosteneinsparungen von bis zu 47 %, verbunden mit Zeitersparnissen von bis zu 50 % und Recyclingquoten von bis zu 97 % möglich sind (s. Abb. 8).

Darüber hinaus kann gezeigt werden, dass sich durch Anwendung innovativer Ansätze wie etwa fertigungssynchroner Ressourceneinsatzplanung auf der Baustelle, künftig umweltfreundliche Demontage- und Recyclingstrategien auch unter widrigen Umständen wie etwa strengen Zeitvorgaben oder ungünstigen Baustellenbedingungen wirtschaftlich realisieren lassen. Die Ergebnisse leisten damit einen wesentlichen Beitrag, die angestrebte Kreislaufwirtschaft im Bauwesen sowie auch in weiteren Industriebereichen umzusetzen.

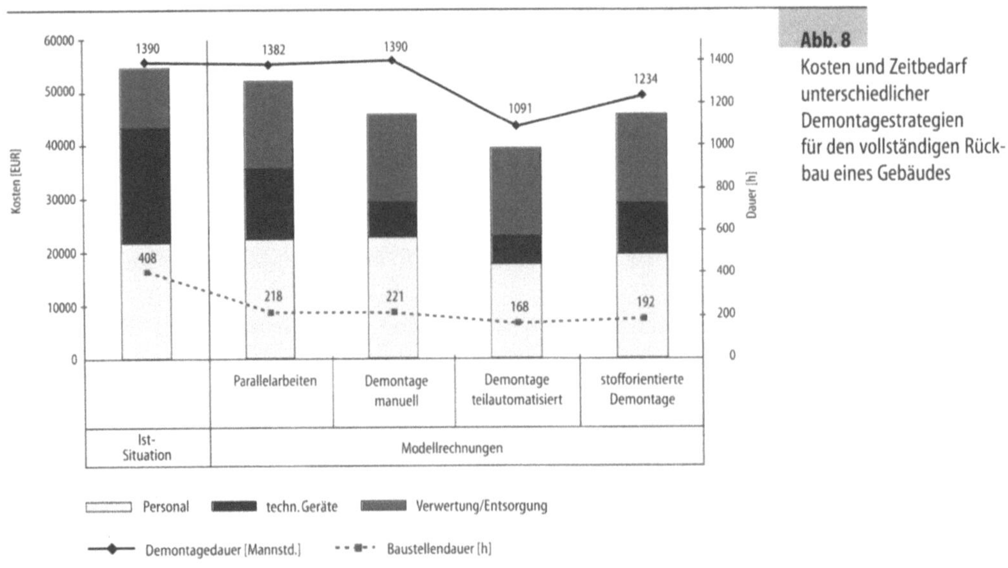

Abb. 8
Kosten und Zeitbedarf unterschiedlicher Demontagestrategien für den vollständigen Rückbau eines Gebäudes

5. Beispiel: Von „End-of-Pipe"-Technologien zum produktintegrierten Umweltschutz

Die meisten industriellen Produktionstechniken lassen sich bezüglich ökologischer Überlegungen und Maßnahmen noch immer der Gruppe der „End-of-pipe" Technologien zuordnen. Diese sind dadurch gekennzeichnet, dass „Reparaturverfahren", die mehr oder weniger effizient arbeiten, einer konventionellen Produktions-Technologie nachgeschaltet sind. Die Produktionstechnik selbst berücksichtigt jedoch oft nicht einfachste Richtlinien eines schonenden Rohstoffverbrauchs, das heißt eines nachhaltigen Wirtschaftens.

Nachgeschaltete „Reparaturverfahren" weisen in der Regel einige schwerwiegende Nachteile auf:

- Die Reinigungseffizienz von „End-of-pipe"– Reinigungsverfahren (z.B. Elektrofiltern oder Zyklonen zur Entstaubung) ist durch die auftretenden Entropieeffekte begrenzt.
- Problematische Sonderabfälle (z.B. chlorierte Kohlenwasserstoffe), die produktionsbedingt anfallen, verursachen nicht nur z.T. erhebliche Kosten, sondern stellen auch eine signifikante Umweltbelastung dar, beispielsweise durch einen beschleunigten Abbau der Ozonschicht.
- Auch im günstigsten Fall, d.h. wenn ein großer Anteil der anfallenden Abfallstoffe recycliert werden kann, wird der Energieverbrauch der „End-of-pipe"-Technologien durch die dem Produktionsprozess nachzuschaltenden Reinigungsstufen erhöht.
- Schließlich begünstigt dieser erhöhte Energieverbrauch den Prozess der globalen Erwärmung infolge einer erhöhten CO_2-Emission.
- Die Entwicklung von Verfahren, in denen das Prinzip des produktionsintegrierten Umweltschutzes angewendet wird, stellt die einzig sinnvolle Strategie zur Lösung – nicht Verlagerung – der Umweltprobleme dar, wie sie bei „End-of-pipe" Technologien auftreten. Der Schlüssel zur Lösung liegt hierbei in der Verminderung des Energiebedarfs und in der Vermeidung von Reststoffen und Sonderabfällen während der Produktion.

Können diese Nachteile durch intelligente Technologien vermieden werden, so dürften aufwendige Reinigungsverfahren entfallen.

Das Ziel der Entwicklung neuer Technologien sollte jedoch nicht nur in der Vermeidung des Entstehens von Reststoffen während der Produktion bestehen, sondern auch in der Verbesserung der physikalisch-chemischen Eigenschaften der hergestellten Produkte. Die Anwendung der photochemischen Technologie weist hier in vielen Fällen ein erhebliches Synergiepotential auf. Dieses soll am Beispiel der photochemischen Präpolymerisation von Methyl-methacrylat (MMA) verdeutlicht werden, deren Produkte bei der Herstellung von Methyl-methacrylat-Polymeren (PMMA) verschiedenster Zweckbestimmung Verwendung finden, z.B. als Baumaterialien, Werkstücke, Katalysatorträger, Plexiglas. Die photochemische Präpolymerisation von Methyl-methacrylat steht für eine wegweisende Verfahrenserneuerung.

Bisherige Technik | Die Polymerisation von MMA zu MMA-Präpolymeren oder zu Poly-Methyl-Methacrylat (PMMA) wird beim gegenwärtigen Stand der Technik in technischem Maßstab unter Anwendung von thermischen Polymerisationsverfahren durchgeführt. Hierbei wird das Monomer mit thermischen Initiatoren (z.B. Azoisobutyronitril (AIBN) oder organischen Peroxiden) vermischt, die bei Wärmeeinwirkung (60 Grad C < T < 100 Grad C) in organische Radikale zerfallen. Letztere addieren sich an MMA und starten so den Polymerisationsprozess. Ist eine thermische Polymerisationsreaktion erst einmal gestartet, so kann sie nicht einfach wieder gestoppt werden. Vielmehr reagieren ca. 60–80% des Monomers schnell zu oligomeren und polymeren Reaktionsprodukten. Erst danach verlangsamt sich die Reaktion erheblich. Der vollständige Umsatz der letzten Reste des Monomers (1–5%) gelingt nur in verhältnismäßig langen Reaktionszeiten oder bei weiterer Erhöhung der Reaktionstemperatur. Wird MMA als Monomer eingesetzt, so verläuft der Polymerisationsprozess unter großer Wärmeentwicklung. Grundsätzlich besteht stets die Gefahr der Überhitzung der Reaktionsmischung. Daher werden an die Wärmeaustauscher, die in thermischen Polymerisationsverfahren eingesetzt werden, sehr hohe Anforderungen gestellt.

Ohne Lösungsmittel-Zusatz („Bulk-Polymerisation") wird eine sehr breite PMMA-Molekularmassenverteilung gefunden. Eine breite Molekularmassenverteilung wird u.a. durch die chemischen Eigenschaften der (Meth)acrylat-Radikale (z.B. Disproportionierung der Polymer-Radikalketten) hervorgerufen und führt zu schlecht definierten Produkteigenschaften.

Bessere Ergebnisse sind bei Verwendung von inerten Lösungsmitteln (z.B. H_2O, Benzol, FCKW's) zu erzielen. Dies führt jedoch zu einem signifikant erhöhten Energieverbrauch, der durch die notwendige Erwärmung des Lösungsmittels während der thermischen Polymerisation und besonders auch durch das erforderliche Abdestillieren des Lösungsmittels nach dem Polymerisationsprozess hervorgerufen wird. Auch die Reinigung bzw. das Recycling des verwendeten Lösungsmittels kann nur durch Anwendung von „End-of-Pipe"-Technologien erfolgen.

Umweltschonende Technik | Im Gegensatz zur thermischen wird die photochemische Polymerisation bei niedrigen Reaktionstemperaturen (200C < T < 250C) und ohne den Zusatz eines Lösungsmittels durchgeführt. Eine Aufarbeitung und/oder Reinigung des verwendeten Lösungsmittels kann somit entfallen.

Als Photoinitiatoren kommen Benzoinmethylether oder chemisch verwandte Verbindungen zum Einsatz. Diese absorbieren das eingestrahlte Licht (UVC und UVB) und erreichen einen elektronisch angeregten Zustand, welcher unter Bildung von radikalischen Fragmenten zerfällt. In Analogie zum thermischen Verfahren starten die photochemisch gebildeten Radikale den Prozeß der Polymerisation. Ein wesentlicher Unterschied zwischen den beiden Verfahren besteht jedoch darin, dass beim photochemischen Prozess die Freisetzung von Starter-Radikalen zu jedem Zeitpunkt gestoppt werden kann, indem die verwendete Lichtquelle ausgeschaltet wird. Beim gegenwärtigen Entwicklungsstand der Photopolymerisation werden Quecksilber-Mitteldrucklampen als Lichtquellen verwendet. Ein weiterer Vorteil des photoinitiierten Polymerisationsverfahrens liegt in der geringeren Reaktionstemperatur und in einer definiert niedrigen stationären Konzentration der gebildeten Starterradikale. Infolge der niedrigen Konzentration der Starterradikale werden längere Polymerketten gebildet. Da es sich bei der radikalischen Polymerisation zu Präpolymerisaten oder PMMA prinzipiell um eine Gleichgewichtsreaktion handelt, begünstigt die niedrigere Reaktionstemperatur während der photochemischen Polymerisation ebenfalls das Kettenwachstum. Beide Effekte führen somit zu einer signifikant schmaleren Molekular- Gewichtsverteilung und somit zu deutlich verbesserten Produkteigenschaften (z.B. höhere mechanische Belastbarkeit, verbesserte Formstabilität, verbesserte thermische Beständigkeit etc.). Auch ist der Energieverbrauch des photochemischen Polymerisationsverfahrens deutlich niedriger, da sowohl die Aufheizung des MMA/Lösungsmittelgemisches als auch eine spätere Entfernung des Lösungsmittels entfallen.

Die Anwendung der Excimer-Lampentechnologie auf photochemische Polymerisationsverfahren in der Zukunft | Nach dem heutigen Stand der Technik werden Excimer-Lichtquellen mit einer kontinuierlichen, hochfrequenten Wechselspannung (ca. 150–300 kHz) betrieben. Ihr Funktionsprinzip ist das der dielektrisch behinderten Glimmentladung. Die Lampe selbst besteht in der Regel aus einem Dielektrikum (Quarz), das einen gasgefüllten Raum umschließt und mit den Elektroden verbunden ist. Ein wesentlicher Vorteil bei der Anwendung der Excimer-Lampentechnik besteht darin, dass die Lampengeometrie in sehr weiten Grenzen frei gewählt werden kann. Andere Vorteile dieser Technologie bestehen in der annähernd mono-

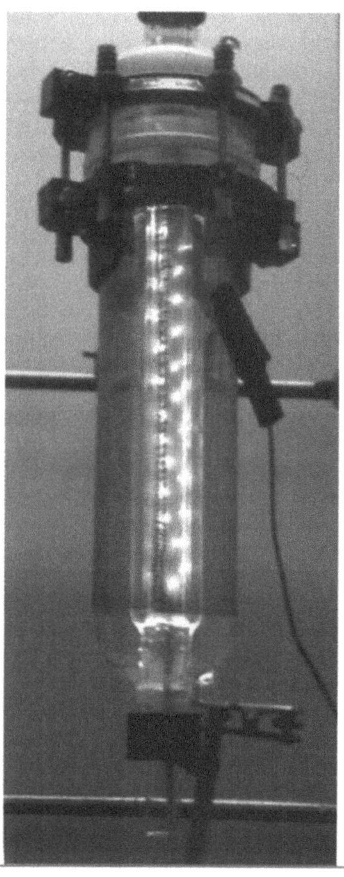

Abb. 9   Eine typische XeCl-Exciplexlampe. Man erkennt deutlich die Entladungsbereiche, welche im Prozess der dielektrisch behinderten Glimmentladung auftreten (helle Bereiche)

Paradigmenwechsel in der Umweltforschung

Der Begriff „Umweltforschung" hat in den letzten Jahren durch seine vielseitige Anwendung und Nutzung an Profilschärfe verloren. Das gilt sowohl für den Teil der Umwelt als auch für den Teil der Forschung. Unübersehbar ist auch die Akzentverschiebung bei den Arbeiten, die unter dem Titel „Umwelt" durchgeführt werden. Früher waren es vor allem Untersuchungen zur Zustandsbeschreibung und zur ihr dienenden Methodenentwicklung, sozusagen zur Diagnose für den Patienten. Es folgten die Arbeitsschwerpunkte der Sanierung und des aktiven Umweltschutzes, der Therapie. Standen dabei noch die einzelnen Kompartimente wie Wasser, Boden und Luft im Vordergrund, so ist inzwischen offensichtlich die gesamtsystemische Betrachtung in den Mittelpunkt getreten und damit die Gesunderhaltung. Gestützt auf die Ergebnisse der Konferenz der Umweltminister in Rio und auf die Agenda 21 ist der allumfassende Begriff der „Nachhaltigen Entwicklung" (sustainability) geprägt worden. Es konnte nicht ausbleiben, dass das erklärte Ziel der Erhaltung einer menschenwürdigen Lebensgrundlage für die nächsten Generationen zusätzlich zu den ehemals dominanten ökologischen Aspekten der Ökonomie und der Sozialverträglichkeit zu berücksichtigen waren, und das bis zur globalen Dimension. Der Interessenkonflikt in diesem magischen Dreieck hat sich natürlich auch auf die Forschung und Forschungsförderung ausgewirkt. Somit lässt sich heute vieles, wenn nicht alles dem Schlagwort „Umweltforschung" zuordnen: Bevölkerungswachstum, Lebensstandard und Lebensqualität, produktionsintegrierter Umweltschutz, umweltgerechtes Produktdesign, Ressourcenschonung und optimierte Energienutzung etc. etc. Die Gefahren, die in diesem Zufließen liegen, sind offensichtlich. Es ist somit unverzichtbar, die wissenschaftliche und

chromatischen Lichtemission und dem hieraus resultierenden niedrigeren Energieverbrauch. Die Emissionswellenlänge wird durch die Wahl der Gasfüllung bestimmt. Im Idealfall, der im Falle der MMA-Präpolymerisation technisch realisiert werden kann, werden nur Photonen vom Excimerstrahler emittiert, welche von den Photoinitiatoren absorbiert werden. Daher geht keine photochemische Anregungsenergie verloren. Im Falle der photoinitiierten Polymerisation von MMA ist die Anregung des Photoinitiators im Wellenlängenbereich zwischen 305 und 320 nm als ideal anzusehen. Dies legt die Verwendung von XeCl-Exciplexstrahlern nahe, welche ein Emissionsmaximum bei 308 nm aufweisen (s. Abb.9).

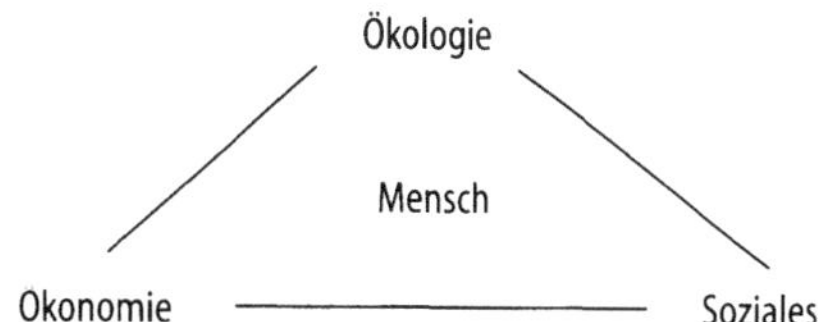

technische Konkretisierung der Forschung zu betreiben, so wie sie an unserer Universität Tradition hat. Harte, zuverlässige Daten und ihre objektive Beurteilung sind eine Grundvoraussetzung, um Probleme im Sinne einer nachhaltigen Entwicklung zu erkennen und sie zu lösen. Darin liegt die Chance, aber auch die Verantwortlichkeit der Wissenschaft, die wohl noch nie direkter mit beiden Beinen im Alltag und damit in der Umwelt stand als heute.

I Literatur

[1] Beudert, G. 1996: Gewässerschutzprobleme bei der Regenwasserentsorgung in landwirtschaftlich ge-nutzten Gebieten. In H.H.Hahn und R. Traut (Herausgeber) „Wechselwirkung zwischen Einzugsgebiet und Kläranlage", Tagungsband der 10. Karlsruher Flockungstage, R.Oldenbourg, München, S. 103–128

[2] F. H. Frimmel, B. C. Gordalla (Herausg.): Ge-wässergütekriterien: Ergebnisse eines Rundgesprächs. Mitteilung 13 der Senatskommission für Wasserforschung der Deutschen Forschungsgemeinschaft. VCH Verlagsgesellschaft Weinheim, 1996.

[3] M. U. Kumke, C. Tiseanu, G. Abbt-Braun, F. H. Frimmel: Fluorescence Decay of Natural Organic Matter (NOM) – Influence of Fractionation, Oxidation, and Metal Ion Complexation. Journal of Fluorescence, Vol. 8, No. 4, 309–318 (1998).

[4] Meurer, M. (1997): Stadtökologie. Eine historische, aktuelle und zukünftige Perspektive. Geographische Rundschau, H. 10, S. 548–555. Braunschweig

[5] Meurer, M. (1998): Ansatzpunkte für eine nachhaltige Stadtentwicklung. Praxis Geographie, 12, S. 4–9. Praxis Geographie. Braunschweig

[6] Meurer, M. & J. Vogt (1997): Raumklimatologische Untersuchungen im Meißener Dom. 2. Statuskolloquium des Deutsch-Französischen Forschungsprogramms für die Erhaltung von Baudenkmälern. Bonn, 12.–13.12.1996. J.-F. Filtz (Hrsg.): Gemeinsames Erbe gemeinsam erhalten. S. 133–141. Bonn

[7] Plate, E.J., W.Buck, Ch.Kämpf und E.Zehe (Herausgeber) (2000): Modellierung des Wasser- und Stofftransports für kleine ländliche Einzugsgebiete, Springer Verlag, Berlin

[8] Rentz, O.; Schultmann, F.; Ruch, M.; Sindt, V. (1997): Demontage und Recycling von Gebäuden – Entwicklung von Demontage- und Verwertungskonzepten unter besonderer Berücksichtigung der Umweltverträglichkeit, Ecomed Verlag, Landsberg

[9] D. Schmitt, M. Kumke, F. Seibel, F. H. Frimmel: The Influence of Natural Organic Matter (NOM) on the Desorption Kinetics of Pyrene and Naphthalene from Quartz. Chemosphere, Vol. 38, No. 12, 2807–2824 (1999).

[10] Schultmann, F. (1998): Kreislaufführung von Baustoffen – Stoffflußbasiertes Projektmanagement für die operative Demontage- und Recyclingplanung von Gebäuden, Dissertation, Universität Karlsruhe, Erich Schmidt Verlag, Berlin

[11] M. Sörensen, S. Zurell, F. H. Frimmel: Degradation Pathway of the Photochemical Oxidation of Ethylenediaminetetraacetate (EDTA) in the UV/H2O2-process. Acta hydrochim. hydrobiol. 26, 109–115 (1998).

[12] Spengler, T. (1994): Industrielle Demontage- und Recyclingkonzepte – Betriebswirtschaftliche Planungsmodelle zur ökonomisch effizienten Umsetzung abfallrechtlicher Rücknahme- und Verwertungspflichten, Dissertation, Universität Karlsruhe, Erich Schmidt Verlag, Berlin

B3 Informatik – Triebfeder einer Zeitenwende

G. Krüger, W. Juling, P. Lockemann

Im Jahre 1825, das wir als Gründungsjahr unserer Universität feiern, war Deutschland wie – vielleicht mit Ausnahme des britischen Königreiches – ganz Europa, im Wesentlichen ein Agrarland. Über 70% der erwerbstätigen Bevölkerung war im so genannten primären Bereich der Volkswirtschaft, also in der Land- und Forstwirtschaft, dem Bergbau und anderen Bereichen der Rohstoffgewinnung tätig. Der Rest der Berufstätigen wirkte in der in traditioneller Weise handwerklich geprägten Güterproduktion und in geringem Umfang im heute so bezeichneten Dienstleistungssektor, also als Ratsschreiber, Lehrer, Postillion oder Soldat. Das Bild begann sich allerdings bereits zu ändern. Ausgehend von der Nutzung der revolutionären technischen Erfindung der Dampfmaschine wurden neue Formen der industriellen Güterproduktion und mit dem Aufkommen von Eisenbahnen und Dampfschiffen das Entstehen des modernen Verkehrswesens möglich. Entwicklungen, die die Agrarwelt, wenn auch über einen langen Zeitraum, in die industrielle Gesellschaft führten.

Die Universität Karlsruhe als Technische Hochschule hat diese Entwicklung in Forschung und Lehre in vielfältiger Weise begleitet. In zentralen Innovationsbereichen, wie dem Bauingenieurwesen, dem wissenschaftlichen Maschinenbau und der Elektrotechnik und Nachrichtentechnik hat sie den technischen Fortschritt maßgeblich geprägt. Die Vergangenheit unserer Universität ist ohne Zweifel auch die Geschichte des Industriezeitalters, das unsere Wirtschaft, Gesellschaft und das Leben aller Menschen gerade im 20. Jahrhundert in fundamentaler Weise verändert hat.

Auf diesem Hintergrund mag es manchen Zeitgenossen als eine sehr kühne Behauptung erscheinen: Heute, 175 Jahre nach der Gründung der Universität, stehen wir wieder an einer vergleichbaren Zeitenwende. Die Industriewelt des 19. und 20. Jahrhunderts wird in den hochentwickelten Ländern der Erde durch eine völlig neue Gesellschaftsform abgelöst, die wir Zeitgenossen dieses Umbruchs als Informations- oder auch Wissensgesellschaft bezeichnen. Viele werden sich natürlich kritisch fragen, ob bei diesen Prognosen nicht eine wenig reflektierte Technikbegeisterung mit den Wissenschaftlern durchgeht. So wurden allein in den letzten Jahrzehnten Begriffe wie das „Atomzeitalter" oder das „Raumfahrtzeitalter" in Wissenschaft und Politik beschworen, ohne dass sich das

Leben der Menschen so gravierend verändert hat, wie beim Übergang von der Agrarzeit zur Industriegesellschaft.

Ein kurzer Blick in die Historie mag uns Fingerzeige geben, warum unsere Behauptung so abwegig nicht ist. Die Entwicklung der Industriekultur war dadurch gekennzeichnet, dass es den Naturwissenschaften immer besser gelang, die – physikalisch-chemischen – Gesetze der materiellen Welt, die Naturgesetze, zu verstehen. Für die im 19. Jahrhundert neu entstandenen technischen Wissenschaften wurden diese Erkenntnisse zur Grundlage des Entwurfs technischer Geräte und Systeme, die zur Erfüllung vielfältiger praktischer Aufgaben, zur Verbesserung der menschlichen Arbeit und Leistungsfähigkeit, insgesamt des menschlichen Lebens, eingesetzt wurden.

So ersetzten die Dampfmaschine und später die Elektro- und Verbrennungsmotoren die mühsame und leistungsschwache Energieerzeugung durch menschliche und tierische Muskelkraft. Die umständliche und langsame Handarbeit in der Güterproduktion, aber auch in der Landwirtschaft, wurde durch viel zuverlässigere und schnellere Maschinen abgelöst, und schließlich hat die Chemie eine Fülle neuer Stoffe und Materialien hervorgebracht, ohne die unser Alltag wohl nicht mehr denkbar wäre. Diese Liste ließe sich noch beliebig fortsetzen.

Für die Beschäftigungsfelder und -strukturen, für den Arbeitsmarkt, hatte diese Entwicklung, wie uns allen bewußt ist, dramatische Folgen. Die hauptberuflich in der Land- und Forstwirtschaft Tätigen sind in Deutschland von den eingangs zitierten 70% auf wenige Prozent der Erwerbstätigenzahl gesunken, eine Entwicklung, die immer noch anhält. Aufgenommen werden diese freigesetzten Arbeitskräfte bis in die zweite Hälfte des 20. Jahrhunderts durch die gewaltige Ausdehnung des güterproduzierenden und güterverteilenden Sektors der Volkswirtschaft. Durch den sich steigernden Wohlstand in den entwickelten Industrieregionen blühte auch in den letzten Jahrzehnten der Dienstleistungsbereich beispielsweise im Bank- und Versicherungswesen, im Bildungsbereich, im gesundheitlich-medizini-

schen Sektor oder der Touristik auf und konnte viele Arbeitsplätze schaffen.

Gibt es etwas der Dampfmaschine, dem Elektro- und Verbrennungsmotor Vergleichbares, was wiederum gewisse menschliche Leistungen um ein Vielfaches verstärkt? In der Tat, es ist schon vor vielen Jahren behauptet worden, dass der Digitalrechner das Instrument sei, das sich anschicke, den menschlichen Intellekt massiv zu verstärken. Stellt sich die Frage, warum soll es sich erst jetzt auswirken, nachdem der Digitalrechner und die Kommunikationstechnik, die – wie wir sehen werden – eine gleichrangige Rolle spielt, schon seit vielen Jahrzehnten bekannt sind?

Eine Antwort hierauf, also eine Aussage, was denn nun das paradigmatisch Neue in den technologischen-wirtschaftlichen Grundlagen der kommenden Zeit ist, bedarf zunächst eines kurzen Ausflugs in die noch junge Geschichte der Informatik. Aber auch dann bleibt die Frage: werden sich dadurch tatsächlich die Arbeitswelt, der Arbeitsmarkt und darüber hinaus das Alltagsleben der Menschen völlig verändern? Für die Antwort muss uns anschließend ein hochrangiges, beim Präsidenten der USA angesiedeltes Expertengremium herhalten.

Der Digitalrechner als Motor

Der Digitalrechner ist ein Kind aus den dreißiger und vierziger Jahren. Mit ihm war es zunächst einmal möglich, besser und leistungsstärker als es die mechanischen Rechner vermochten, die Ausführung einer Folge von Rechenschritten vom Menschen an eine Rechenmaschine zu delegieren. Dazu mussten der Maschine natürlich Vorgaben gemacht werden, mit anderen Worten Programme erstellt werden, mit denen die Berechnungssequenzen vom Rechner automatisch und ohne menschliche Intervention auf immer wieder neuen Eingabedaten ausgeführt werden können. Man sprach daher auch von einer programmgesteuerten elektronischen Rechenanlage. Der eigentliche Durchbruch war dann die Erkenntnis des Mathematikers John von Neumann, der gemeinsam mit Kollegen erkannte, dass die Programmschritte in gleicher Weise digitalisiert und wie die zu

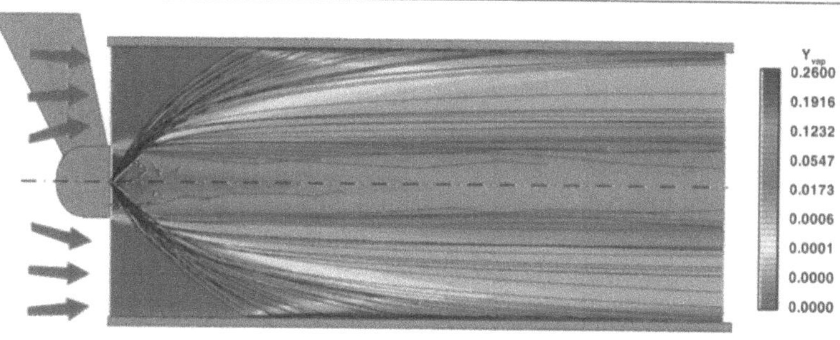

Abb. 1
Symbiose von Rechentechnik und Anwendung: Tropfenflussbahn und Kraftstoffkonzentrationsverteilung in einer Vormischzone (Institut für Thermische Strömungsmaschinen)

bearbeitenden Daten im Rechner selbst gespeichert werden können. Durch diese Gleichbehandlung von Programmen und Daten im Speicher einer Rechenmaschine war es möglich, die Programmausführung in Abhängigkeit von den zu bearbeiteten Daten, erzielten Zwischenergebnissen und weiteren Vorgaben dynamisch zu ändern. Damit hatte die Idee der Programmsteuerung, die wir heute grob unter dem Begriff Software zusammenfassen, eine gegenüber den ersten Ansätzen der starren Programmabwicklung völlig neue Dimension erhalten.

Mit neuen Ideen allein ist aber noch kein Staat zu machen, es muss auch jemand geben, der sie nutzen kann. In den fünfziger Jahren waren zunächst das Bauingenieurwesen, der Maschinenbau, die Militärtechnik, die in großem Stil wissenschaftlich-technische Berechnungen betrieben. Nur ist das keine besonders breite Basis, und schon gar keine, die der Gesellschaft einen Wandel aufzwingt. Die Firma IBM, aus der Lochkartentechnik kommend, erkannte in den fünfziger Jahren aber sehr deutlich die Chancen der Computer, simple Aufgaben, wie Buchhaltung, Kontoführung, Lagerverwaltung usw. aus dem kaufmännischen Bereich auf diesen Maschinen durchzuführen – was ihr für viele Jahre eine dominierende Stellung auf dem Weltmarkt der Datenverarbeitung brachte. Niemand wäre aber als weitergehenden Schritt damals auf die Idee gekommen, die immer noch teuren Computer für so simple Aufgaben wie das Schreiben eines Textes oder das Erstellen einer einfachen Grafik zu „missbrauchen". Deshalb war es in der damaligen Situation durchaus mutig, darauf hinzuweisen, dass man Computer nicht nur für große und komplizierte Rechnungen benutzen kann, sondern sie sich allgemein zur Informationsverarbeitung, d.h. dem Schreiben von Texten, der Tabellenerstellung oder der Grafikproduktion eignen. Die heute in der Masse dominierenden Anwendungen der Textverarbeitung, Tabellenkalkulation waren also vor 30 Jahren eigentlich für den DV-Spezialisten undenkbar.

Es war jedoch gerade das Zusammenspiel von ständigem Technologiedruck und Anwendungszwang, das für einen immer rasanteren Fortschritt beim technischen Aufbau der Rechnersysteme (in der englischgeprägten Fachsprache als (Computer-) Hardware bezeichnet) und bei der Mächtigkeit der Software sorgte und dabei zugleich das Fenster zu immer neueren, bisher undenkbaren Anwendungen aufstieß.

Der deutsche Pionier der Informatik, Konrad Zuse, setzte bei der Hardware noch auf eine elektromechanische Lösung auf der Grundlage der Bauelemente der Telegrafen- und Telefontechnik. Diese sog. Relaisrechner funktionierten dann tatsächlich mit großer Zuverlässigkeit und waren nach dem zweiten Weltkrieg in kleiner Stückzahl auch im Einsatz. Die Idee, statt der langsamen Relais Elektronenröhren als zentrale digitale Schaltelemente einzusetzen, erreichte ihren Durchbruch in den mit großem technischen und finanziellen Aufwand vorangetriebenen Computerprojekten in den Vereinigten Staaten.

Der Mikrochip: Nervenzelle des Informationszeitalters

Ab etwa 1960 begann die Ablösung der Elektronenröhre als aktives Schaltelement durch den 1947 erfundenen Transistor. Zwar waren auch die aus vielen tausend Einzeltransistoren aufgebauten Transistorgroßrechner noch beeindruckende „Vielschranksysteme", doch waren die Rechenleistungen und auch die Zuverlässigkeit dieser zweiten Computergeneration um Größenordnungen besser als die der Röhrenrechner. Für den größten Anwendungsdruck sorgten die Raumfahrt, das „Mann-auf-den-Mond-Projekt" der USA und die Militärtechnik, denn sie verlangten nach Miniaturisierung und sie trieben deshalb in den 50ern und 60ern die Entwicklung der integrierten Schaltkreistechnologie (Chips) voran. In den siebziger Jahren beherrschte man diese Technik, in der mehrere hundert bis tausend Transistoren auf einem kleinen Halbleiterplättchen untergebracht werden konnten, im industriellen Maßstab.

Bis heute sind die Fortschritte bei der Halbleiter-Groß- und Größtintegration ungebrochen. So sind die Chipentwickler und -produzenten inzwischen in der Lage, Millionen von digitalen Schaltkreisen auf Chips mit wenigen Quadratzentimetern Fläche unterzubringen. Der in der Halbleitergrößtintegration in weniger als 40 Jahren erzielte technische Fortschritt ist einzigartig in der Technikgeschichte der Menschheit: Der Mikrochip ist das erfolgreichste technische Bauteil, das je entwickelt wurde.

Diese integrierten Schaltkreise werden sich weiter verkleinern, immer weniger Energie aufnehmen und bei hoher Robustheit immer

Abb. 2 Modernes Computerchip-Modul: 43 Millionen Schaltungen pro Quadratzentimeter (Quelle: IBM)

höhere Leistungen bringen. Die Zahl der Transistoren auf einem Chip verdoppelt sich derzeit etwa alle 18 Monate; in zehn Jahren werden Chips tausendmal leistungsfähiger sein als heute. Aber was vielleicht am wichtigsten ist, sie werden, zumindest pro Leistungseinheit gesehen, immer preisgünstiger und damit für den echten Masseneinsatz brauchbar. Das uns geläufigste Produkt der fortschreitenden Miniaturisierung und Verbilligung elektronischer Bauteile ist der persönliche Computer, der PC. Die Geschichte dieser Erfindung gehört sicher zu den ganz besonderen Wegmarken unserer Zeit.

| Speichern und Kommunizieren: Unvergeßlichkeit und Allgegenwart

Menschlicher Intellekt ist ohne Gedächtnis nicht denkbar. Ja mehr noch, menschlicher Intellekt stützt sich auf zwei Arten von Gedächtnis: Ein Kurzzeitgedächtnis und ein Langzeitgedächtnis, aus dem unnötige Erinnerungen herausgefiltert wurden. Delegiert man menschliche Kalkulation an Rechnerprogramme, so muss man dort auch so etwas wie ein Gedächtnis – im technischen Jargon Speicher genannt – vorsehen. Die ersten Rechner hatten ein extrem dürftiges Kurzzeitgedächtnis, was ihre rechnerischen Fähigkeiten massiv beschränkte. In den fünfziger Jahren kamen abenteuerliche elektromechanische Geräte auf der Grundlage der Magnetspeicherung in Gebrauch, die ein recht langsames Kurzzeitgedächtnis simulierten, während das Langzeitgedächtnis sich in Magnetbändern manifestierte, deren Lagerung gigantische Säle füllte. Echte Kurzzeitgedächtnisse (nun unter der Bezeichnung Hauptspeicher) waren dann die Magnetkernspeicher der sechziger und siebziger Jahre, die aufwendig herzustellen und entsprechend teuer waren. Für die Langzeitspeicherung aber gab es bereits Anfang der sechziger Jahre einen Durchbruch, den rotierenden Magnetplattenspeicher! Diese Technologie begleitet uns bis heute als sog. Hintergrund- oder Peripheriespeicher. In den vergangenen Jahren hat er in gleicher Weise wie die Rechner und die alsbald auf Halbleiterbasis umgestellten Hauptspeicher eine Miniaturisierung erfahren.

Abb. 3
Technische Gedächtnisse müssen Katastrophen überleben: Automatisches Datensicherungssystem der Universität Karlsruhe (Rechenzentrum)

Unsere Rechnerentwicklung ist also nicht denkbar ohne gleichzeitige Speicherentwicklung. Aber auch beide zusammen würden kaum das Prädikat verdienen, eine Zeitenwende einzuläuten. Das leistet erst ihre Verbindung mit den digitalen Kommunikationsnetzen.

Das Wort „Netz" ist durchaus wörtlich zu nehmen. Ein Netz verknüpft jeden Knoten mit jedem anderen, macht jeden Knoten von jedem anderen aus – in ein oder mehreren Schritten – erreichbar. Und je engmaschiger es ist, umso mehr Knoten vermag es zu verbinden. Die uns allen vertraute traditionelle elektrische Telekommunikation durch das Telefon hat im Laufe des 20. Jahrhunderts für eine immer engmaschigere Individualkommunikation zwischen Personen über große Entfernungen gesorgt, und mit der modernen Mobilfunktelefonie orientiert sie sich am Standort des Menschen – und dieser nicht an den festen Standorten der Telefone.

Der Umbruch in der Telekommunikation von der über 100-jährigen Tradition der so genannten analogen Telefonie zur digitalen Telekommunikationstechnik ist freilich erst jungen Datums, deutlich jünger sogar als die geschilderte Geschichte der Computer. Das ist auch nicht verwunderlich, denn die digitale Telekommunikation setzt, technisch gesehen, die Computertechnik und zwar in Form hochleistungsfähiger und zuverlässiger Computer mit hochkomplexen Softwaresystemen bestückt unabdingbar voraus.

Der entscheidende Nutzungsunterschied durch die heute mögliche systematische Digitalisierung aller technisch unterstützten Kommunikationsformen ist, daß bei der Übertragung in den neuen digitalen computergestützten Netzen es keine Rolle mehr spielt, was man übertragen will. Zukünftig kommt alles „aus einer Steckdose" bzw. wird drahtlos übertragen und landet auf einem Endgerät, das selbst wieder im Inneren im Wesentlichen aus Computern besteht.

Die Integration aller möglichen Kommunikationsformen nennt man heute „Multimedia-Kommunikation". Wichtig für die Einschätzung der zukünftigen Entwicklung ist dabei, dass die Trennung zwischen dialogorientierter Individualkommunikation, also dem heutigen Telefonieren, und der bildorientierten, aber einseitig gerichteten Fernsehprogrammverteilkommunikation, aufgehoben wird. Ein Teilnehmer am Multimediaanschluss der Zukunft kann nicht nur Bildtelefonie betreiben, er kann auch gleichzeitig mit einer Gruppe von Teilnehmern multimedial kommunizieren. Diese neuen Nutzungsformen erfordern natürlich auch ganz neue Strukturen von Telekommunikationsnetzen und eine viel höhere Leistungsfähigkeit der Übertragung. Man geht heute davon aus, dass die multimedialen Übertragungen die Netze der Zukunft prägen werden.

Wandel: Das Überwinden von Raum und Zeit

Es muss also alles zusammenkommen: Der Rechner mit immer mehr Verarbeitungsleistung auf immer engerem Raum, immer höhere

Abb. 6 Allgegenwart der Informatik: Internetfähige Kaffeetasse (Institut für Telematik)

Abb. 4 Rückgrat der Multimedia-Kommunikation: Optische Fasern (Universitätsrechenzentrum)

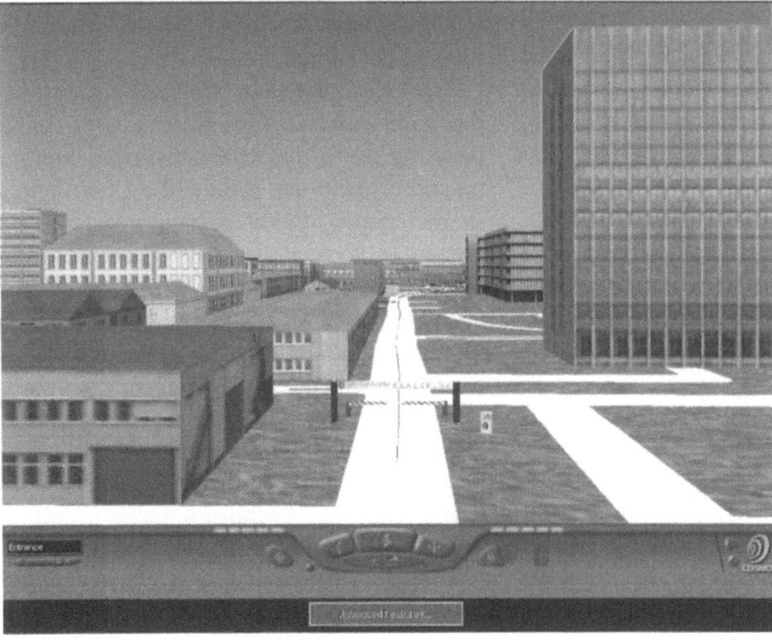

Abb. 5
Multimedia-Effekt:
3D-Campusinformationssystem der Universität Karlsruhe (Institut für Photogrammetrie und Fernerkundung)

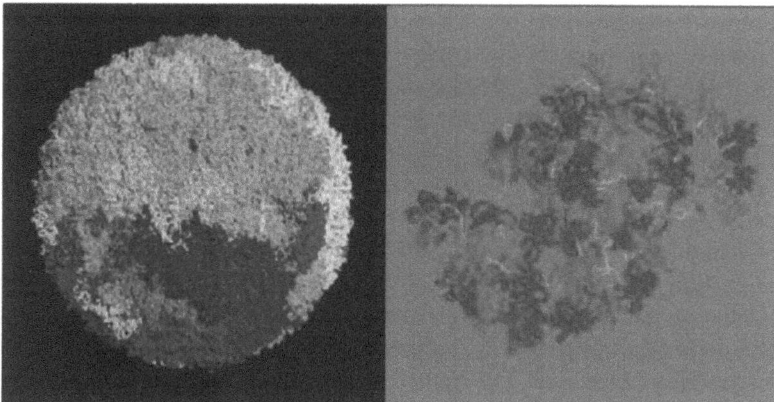

Abb. 7
Bauplan des Lebens:
Simulation eines menschlichen Zellkerns und des Chromosoms 15 (Quelle: Deutsches Krebsforschungszentrum)

Speicherkapazitäten auf ebenfalls immer kleinerem Raum, und ein immer engmaschigeres Netz für die Datenübertragung mit immer höheren Übertragungsleistungen. Mit der Digitalisierung spielt es überhaupt keine Rolle mehr, ob in den Netzknoten Menschen oder Rechner sitzen. Unsere Kommunikationsnetze sorgen für eine „informatische" Allgegenwart jedes Knotens an jedem anderen: Wir können die Verarbeitungsleistung von beliebiger Stelle abrufen, wir können uns aber auch Informationen von beliebigen Knoten an unseren eigenen Knoten holen, und wir können mit anderen Menschen zusammenarbeiten, ohne am gleichen Ort präsent sein zu müssen. Mit der Miniaturisierung können wir zugleich Verarbeitungsleistung an jeden beliebigen Ort bringen – um moderne Telekommunikation bis in die Endgeräte hinein zu bringen, aber auch um Haushaltsgeräte oder Verkehrspartner oder Geräte zur medizinischen Individualüberwachung zu Kommunikationsknoten zu machen.

Den Wandel prognostizieren wir also, weil das Zusammenwachsen all der genannten Technologien sozusagen ein räumliches und zeitliches Kontinuum der Informations- und Kommunikationsversorgung schafft. Nichts spiegelt diese Entwicklung besser wider – und treibt den Wandel voran – wie das „Internet". Von seinem zaghaften Beginn im Jahre 1969 hat sich das Internet über mehr als zwanzig Jahre vorwiegend im wissenschaftlichen und militärischen Bereich entwickelt. Erst in den neunziger Jahren, genauer gesagt in deren zweiter Hälfte,

hat sich das Internet zu einem fundamentalen Faktor für die Gestaltung des kommenden Jahrhunderts gemausert. Ähnlich wie beim Mobilfunk übertrifft die Wachstumsgeschwindigkeit der Internetnutzung die geschilderten Wachstumsraten der Computernutzung in der PC-Zeit nochmals deutlich.

Allein in der Bundesrepublik benutzten im Herbst 1999 etwa 11 Millionen Bürger regelmäßig das Internet. Nach einem im September 99 aufgelegten Aktionsprogramm der Bundesregierung „Innovation und Arbeitsplätze in der Informationsgesellschaft des 21. Jahrhunderts" sollen bis zum Jahre 2005 40% der Bevölkerung direkten Zugang zum Internet haben, wobei schon heute sichtbar wird, dass die Akzeptanz bei den jungen Menschen, die in dieser neuen Welt aufwachsen, besonders hoch sein wird.

Software als lebender Bauplan für neue Organisationsformen

Erst Software erweckt „stumme" Rechner- und Kommunikationstechnologien zum Leben. Dabei hat die Softwareentwicklung immer darunter gelitten, dass sie der rasanten Entwicklung dieser Technologien, aber auch den fast genau so rasant wachsenden Ansprüchen der wirtschaftlichen und gesellschaftlichen Nutzung hinterher rennen musste. Stets von der „Softwarekrise" zu sprechen, stellt die Verhältnisse auf den Kopf. Viel besser spräche man von einer „Krise der Ungeduld" der Anwender. In der Tat kann die Informatik stolz auf das bisher Geleistete sein: Softwaresysteme sind die komplexesten von Menschenhand geschaffenen Gebilde überhaupt. Heutige Softwaresysteme im Bankenbereich, in der Kommunikationstechnik, in der Datenbankverwaltung, für das Internet oder auch die Büro- und Graphiksysteme des PC umfassen jeweils viele Millionen Zeilen an Code und verschlingen Zehntausende an Personenjahren und Millionen und Abermillionen Dollar an Erstellungs- und Wartungskosten. Allein diese gigantischen Aufgaben technisch und organisatorisch bewältigt zu haben, erforderte das fortwährende Schaffen neuer Entwicklungswerkzeuge und neuer Arbeitsformen.

Software ist es aber auch, die die Gesellschaft anfällig gegen neuartige Gefahren macht. Man halte sich dazu nur die großen Schäden durch über das Netz verbreitete Viren vor Augen oder aber auch die – natürlich auch hochgespielte – Brisanz der Datumsumstellung des Jahres 2000. Bedarf es noch eines schlagenderen Beweises für die hochgradige Abhängigkeit unserer gesamten technischen Infrastruktur, wie Strom- und Wasserversorgung oder Bahn- und Luftverkehr, und damit unserer Gesellschaft von einer einwandfrei funktionierenden Informations- und Kommunikationstechnik?

Software spielt also heute eine Rolle, die weit über bloße Programmsteuerung hinausgeht. In ihr spiegeln sich die Organisationsformen wider, die wir unserer technischen Infrastruktur aufprägen. Und indirekt prägen wir damit unserer modernen Gesellschaft selbst neue Organisationsformen auf. Software ist aber nicht in körperliche Formen gegossene Organisation, sondern sie kann jederzeit geändert, ergänzt, angepasst werden. Sie „atmet" also sozusagen. Und damit bietet sie den Freiraum für die moderne Informationsgesellschaft, ihre Organisation „lebend" zu gestalten, stets fortzuentwickeln und sich die Infrastruktur untertan zu machen.

I Neue Regeln für eine neue Gesellschaft

Noch bleibt uns, die Zeitenwende abschließend dadurch zu belegen, dass wir eine Antwort darauf finden, ob sich durch die Informations- und Kommunikationstechnologien tatsächlich die Arbeitswelt, der Arbeitsmarkt und darüber hinaus das Alltagsleben der Menschen umwälzend verändern werden. Die Antwort holen wir uns von einem hochrangigen, beim Präsidenten der USA angesiedelten Gremium von Experten aus Wirtschaft und Wissenschaft, dem „President's Information Technology Advisory Committee (PITAC)". Die Einführung seines Abschlussberichts ist überschrieben mit „Transforming the Society" und nennt zehn Bereiche, in denen sich ein massiver Wandel ankündigt.

▸ Neue Wege der Kommunikation. Die Auswirkungen haben wir bereits angesprochen. Man denke nur daran, dass über das Internet Hunderte von Millionen anderer Menschen und viele Milliarden weiterer technischer Geräte erreichbar sind und von ihnen eine immer größere Vielfalt von Informationsdiensten bezogen werden können.
▸ Neue Wege der Wissensvermittlung. Dahinter verbirgt sich das Schlagwort „Multimedia". Die Unterschiede zwischen geschriebenem und gesprochenem Wort, Bild und Film verschwimmen, Informationsange-

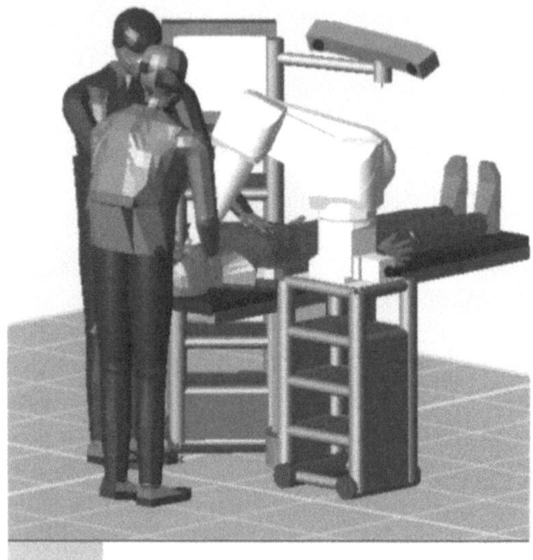

Abb. 8 In der Klinik: Roboter in der Chirurgie
(Institut für Prozessrechentechnik, Automation und Robotik)

bote lassen sich nach Bedarf zusammenstellen, Sprachbarrieren verschwinden. Aber auch umgekehrt wird Eingabe mit Tastatur und Maus durch Sprache, Gestik und Mimik ergänzt werden.

- Neue Wege des Lernens. Präsenzlernen – eine ob ihrer sozialen Funktion weiterhin unerlässliche Form – wird in zunehmendem Maß durch entferntes Lernen und verteiltes Gruppenlernen ergänzt, die gerade für ein lebenslanges Lernen unerlässlich sind. Die Multimediafähigkeiten werden das Verständnis der Materie fördern. Der drohenden Spaltung der Gesellschaft in hochqualifizierte und unterqualifizierte Bürger kann dadurch entgegengewirkt werden.
- Neue Wege der Gesundheitsvorsorge und Krankenüberwachung. Allgegenwart sorgt dafür, dass in schwierigen Fällen Expertenrat von andernorts herangezogen werden kann. Der alte oder kranke Mensch kann mehr Zeit in seinen eigenen vier Wänden verbringen, denn sein Zustand lässt sich auch aus der Ferne überwachen. Notfälle lassen sich schon vor der Einlieferung in die Klinik vorbereiten, weil die vitalen Daten vorweg erfasst und übertragen werden können.

- Neue Wege des Handels. Diese Vision spricht für sich, denn sie ist bereits mitten unter uns in Form des „Elektronischen Handels". Dessen Auswirkungen beginnen wir gerade zu verspüren. Er wird sicherlich unsere klassischen Handelsformen umkrempeln, nicht zuletzt weil der Kunde etwas gewinnt, was er bisher nicht besaß: Markttransparenz und damit Macht über die Preisgestaltung.
- Neue Wege der Arbeit. Auch hier haben wir mit der Telearbeit die ersten zaghaften Schritte getan. Ganz allgemein wird gelten: Der Arbeitsplatz ist dort, wo sich der Berufstätige gerade physisch befindet. Und kollegiale Zusammenarbeit erfordert nur noch informatische, nicht mehr physische Präsenz am gleichen Ort.
- Neue Wege des Bauens und Fertigens. Unsere Güter – vor allem die langlebigen – werden immer komplizierter. Neue Materialien, Umweltvorschriften und ein immer höherer Wertschöpfungsanteil von Elektronik und Software machen das Automobil zu einem wahren Hochtechnologieträger. Moderne Gebäude unterliegen ganz ähnlichen Entwicklungen. Zugleich aber werden die Entwicklungszyklen immer kürzer. Was sich in der Vergangenheit mit

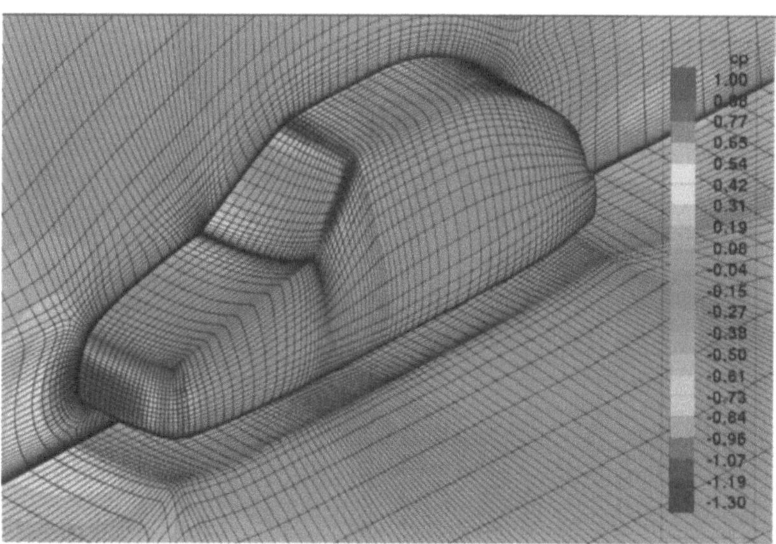

Abb. 9

Ingenieurtechnik am Rechner: Strömungsfeld um ein Windkanalmodell (Institut für Strömungslehre)

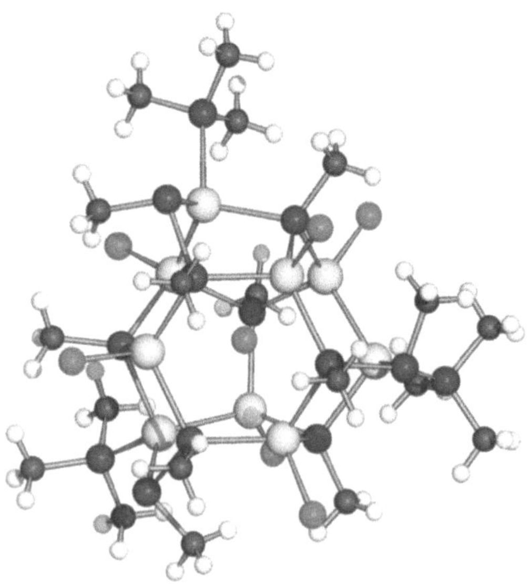

Abb. 10 Neue Wege in der Chemie: Rechnergestützte Simulation eines Moleküls (Institut für Physikalische Chemie)

rechnerunterstützter Konstruktion und Fertigung schon angedeutet hat, wird sich noch in vielfältiger Weise beschleunigen.

▸ Neue Wege der Forschung. Wissenschaftliche Forschung ist schon immer auf wissenschaftlichen Gedankenaustausch angewiesen, und der lässt sich mit den neuen Technologien vereinfachen und beschleunigen. Mit der zunehmenden Mächtigkeit an Rechnerleistung lassen sich aber zugleich immer mehr der aufwendigen Experimente durch Simulationen ersetzen, und die dazu erforderliche Leistung lässt sich über das Netz besorgen, wenn man sie nicht direkt am Ort vorfindet. Wissenschaftliche Forschung wird sich also noch beschleunigen und wird damit die Gesellschaft noch intensiver beeinflussen.

▸ Neues Umweltverständnis. Wir beginnen gerade erst, die Auswirkungen unseres Tuns auf unsere Umwelt und die daraus resultierenden Gefährdungen zu verstehen. Verbesserte Messmethoden, Messungen an den entferntesten Orten, Rechnen mit komplizierten Vorhersagemodellen wird aktuellere Vorhersagen, bessere Vorbeugemaßnahmen und zügigere Notfallmaßnahmen gestatten.

▸ Andere öffentliche Verwaltung. Nicht nur höhere Effizienz und Produktivität der öffentlichen Verwaltung, wie man sie gemeinhin fordert, wird zustande kommen. Viel wichtiger ist, dass Verwaltung und Bürger sich als Dienstleister und Kunde begreifen können, dass der Bürger an einer Stelle – und das noch räumlich entfernt – sein Anliegen unterbringen kann und dass die verschiedenen Behörden dann selbst über das Netz zur Befriedigung des Anliegens zusammenwirken können.

**I Der Zeit einen Schritt voraus:
Die Karlsruher Informatik**

Bedurfte es eines Berichts wie der des PITAC, um die Karlsruher Informatik auf den richtigen Weg zu weisen? Oder ist der Bericht viel mehr nur eine Bestätigung des Weges, den die Karlsruher Informatik von Beginn an eingeschlagen hat? Die Erfolgsbilanz der letzten Jahrzehnte – eine Lehre, die ob ihrer Modernität und Aktualität seitens der Arbeitgeber unserer Absolventen hoch geschätzt wird, eine Forschung, der von der Wissenschaft stets Lob gezollt wird – deutet eher auf letzteres. Das Selbstverständnis der Fakultät für Informatik war und ist dabei technologiegeprägt – Forschung und Lehre sehen ihren Schwerpunkt bei der Softwaretechnik, die die Weiterentwicklung der Halbleitertechnik vorantreibt, das unentwegt steigende Leistungsvermögen der Prozessoren und Speicher beherrschbar und nutzbar macht, die Konvergenz von Informations- und Kommunikationsversorgung betreibt, und die letztlich all diese Funktionalität und Leistung auch für Mensch und Gesellschaft zugänglich und handhabbar macht. Damit hat die Karlsruher Informatik aber auch stets die Brücke zu den Nutzern schlagen müssen, und sie hat dies im interdisziplinären Zusammenwirken mit den Ingenieurfakultäten innerhalb und außerhalb der Universität, mit vielen Wissenschafts- und Wirtschaftspartnern in Deutschland, Europa und Übersee erfolgreich praktiziert.

Beispiele untermauern diese stolze Bilanz. Bei einem Alter von 30 Jahren hat die Fakultät die ganze Entwicklung der Halbleiterintegration und –miniaturisierung hautnah mit begleitet. Aber was Anfang der siebziger Jahre noch „von Hand" beherrschbar erschien, ist angesichts der ungeheuren Schaltungsdichte heute nur noch mit hochkomplexer Software in den Griff zu bekommen: Der automatische Schaltkreisentwurf auf der Grundlage von Spezifikationen, die das zu lösende Problem beschreiben und den Weg zur Lösung der Software überlassen. Die Fakultät hat der Schaltungskomplexität stets eine der Komplexität entsprechende Entwurfsautomatisierung entgegensetzen können. Mehr noch, sie hat früh erkannt, daß den Nutzern die Korrektheit der Übersetzung von Spezifikationen in Funktionen wenig hilft, wenn sie sich anschließend doch nicht auf die Zuverlässigkeit der produzierten Schaltkreise verlassen können. Weltweiten Ruf hat die Fakultät erlangt, was automatische Testwerkzeuge angeht, ja mehr noch, sie hat die Fehlererkennungs- und -behebungsverfahren sogar selbst zum Bestandteil des Schaltkreisentwurfs – mit selbsttestenden Schaltungen – gemacht.

In einer Zeit, in der Rechner allgegenwärtig sind – etwa im Automobil, im Mobiltelefon oder im Operationsaal –, spielt die Zuverlässigkeit eine kritische Rolle für die Unverletzlichkeit der Informationsgesellschaft. Doch gehört zur Zuverlässigkeit genauso die Korrektheit der Betriebssoftware, der Programme, die aus

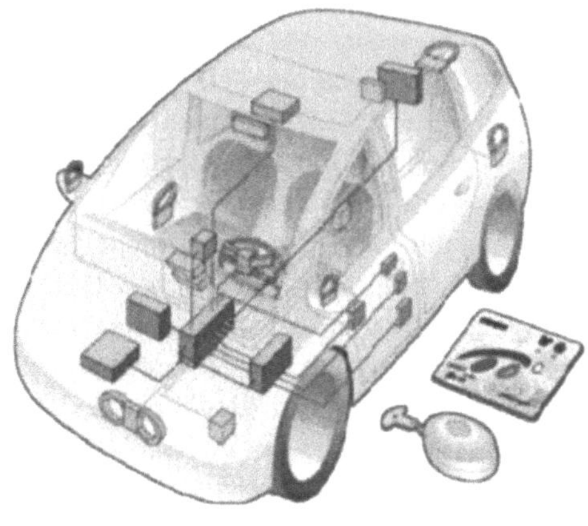

Abb. 11 Das Auto als Hochleistungsrechner: Komplexität rechnergestützter Systeme in Kraftfahrzeugen (Quelle: DaimlerChrysler AG)

toten Schaltkreisen lebende Automaten machen. Stand in den frühen Jahren der Fakultät die Betriebssoftware für Großrechner im Mittelpunkt, die für eine zuverlässige betriebswirtschaftliche Informationsverarbeitung in Unternehmen und Verwaltung oder eine zeitgerechte Prozessführung in Steuerung und Fertigung sorgten, so verlagern sich heute die Entwicklungsaufgaben immer mehr in Richtung der allgegenwärtigen Prozessoren. Auch ein Sicherheitsmechanismus wie ein Airbag wird von Prozessoren gesteuert und bedarf daher einer zuverlässig wirkenden Betriebssoftware – und die stammt aus der Fakultät! Beigetragen hat die Karlsruher Informatik aber auch zur Betriebssoftware, auf die wir uns heute bei unseren Begleitern in der Jackentasche, den „Persönlichen Digitalen Assistenten", verlassen.

Hinter den vielfältigen Funktionen unserer Rechner steckt aber viel mehr als Betriebssoftware. Es wird oft Klage darüber geführt, daß die Funktionen, die der Nutzer zu sehen bekommt, oft ein unberechenbares und fehlerhaftes Verhalten zeigen. Auch mit der Erklärung ist man schnell bei der Hand: Es sind immer noch Künstler am Werk, keine Ingenieure oder soliden Handwerker. Doch mußte aus der Softwareentwicklung auch erst einmal eine Ingenieurtätigkeit gemacht werden – oder aus der Informatik eine Ingenieurwissenschaft. Hier hat die Fakultät viele bahnbrechende Leistungen erbracht, die von Methoden zur Erstellung großer Softwaresysteme, der Wiederverwendung früheren Konstruktionswissens und früherer Konstruktionsergebnisse bis hin zum Entwurf korrekter und vom Rechenaufwand abschätzbarer Algorithmen und deren Umsetzung in Programme reichen. Weltweiten Ruf hat die Fakultät erlangt bei der weitgehend automatischen Konstruktion von Übersetzern für Programmier- und Spezifikationssprachen, die es heute erlauben, problemlos und weltweit neue Programmiersprachen einzuführen.

Mit der Rechenleistung steigen auch die Ansprüche der die Rechner nutzenden Menschen. Sie wollen die ihnen vertrauten Kommunikationsmittel antreffen, und sie wollen die Reaktionen des Rechners unmittelbar in

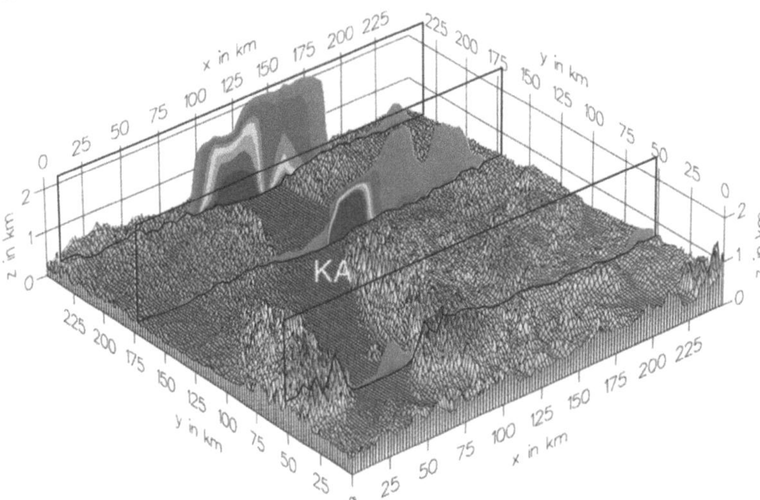

Abb. 12
Eine künstliche Bildwelt: Umweltbelastung im Oberrheingraben (Institut für Meteorologie und Klimaforschung)

der ihnen vertrauten Vorstellungswelt wiederfinden. Die Fakultät kann mit Stolz auf eine lange Kette von Aktivitäten zurückblicken, die diese Erwartungen schon vorweggenommen haben: Das Erzeugen künstlicher Bildwelten gehört ebenso dazu wie das automatische Beobachten von Bildszenen und deren Deutung in einer spezifischen Anwendungswelt, sei es zum automatischen Docken von Flugzeugen am Finger eines Flughafengebäudes oder bei der autonomen Bewegung eines Roboters durch eine Fertigungshalle. Die Rechnertastatur wird bald überflüssig werden, wenn das Verstehen von fließend gesprochener Sprache – nicht mehr nur von Einzelworten – ebenso wie die Ausgabe einer ebenso fließend gesprochenen Reaktion des Rechners zur Selbstverständlichkeit werden und nicht nur zu den preisgekrönten Arbeiten an der Fakultät zählen. Und dieses Verstehen wird dann auch noch mit einer automatischen Übersetzung zwischen verschiedenen lebenden Sprachen gekoppelt sein.

Damit ist der Sprung in die Welt der Anwendungen geschafft. Um einige Beispiele zu nennen: Die Produktionstechnik mit der Unterstützung der Produktionskette durch die Datenbanktechnik und der Unterstützung der Fertigung durch ein- und zweiarmige Roboter, durch sehende Roboter, durch kooperierende Roboter; die Umwelttechnik durch datenbankgestützte Umweltinformationssysteme und durch robotergestützte Meß- und Analysesysteme für die Untersuchung von Ölpipelines und Abwasserkanälen; die Medizintechnik durch Miniaturisierung der Sensoren und Aktoren von Robotern, um diese in der minimal invasiven Medizin einzusetzen. Hier spielen Softwaretechnik, Datenbanktechnik, Techniken des maschinellen Lernens mit Geräte-, Feinwerk- und Werkstofftechnik zusammen. Aber auch an ganz anderen Stellen feiert die Fakultät mit Lernverfahren Erfolge, so etwa bei der Vorhersage von Devisenkursen und Börsenkursen im Bankenbereich, bei der Minimierung von Remittenten im Zeitungsgewerbe oder – ein ganz anderes Gebiet – bei sechs- und vierbeinigen Laufmaschinen für unwegsames Gelände.

Bei all diesen Anwendungen müssen viele Komponenten zusammenspielen, die mehr oder weniger großflächig verteilt sind. Konvergenz von Rechnen und Kommunizieren hat also eine lange Tradition in Karlsruhe. Unter den Karlsruher Informatikern findet man auch den „Vater des Internet", der in einer Zeit, in der dies viel Zukunftsglaube erforderte, bereits auf das Internet setzte und es in der Fakultät erprobte. Vielleicht noch mehr Weitsicht entwickelte die Fakultät schon Ende der siebziger Jahre, als sie darauf setzte, daß in der Telekommunikation die Digitalisierung der Weg der Zukunft sei und die Wertschöpfung in diesem Bereich sich

Abb. 13
Roboter lernen laufen: LAU-
RON II - sechsbeinige Laufma-
schine (Forschungszentrum
Informatik)

immer mehr in Richtung Software bewegen würde. Sie wurde daher schon frühzeitig zu einem ernsthaften Mitbewerber für die traditionelle Nachrichtentechnik. Die heutige Entwicklung hat ihr dabei voll Recht gegeben. Es gibt kaum eine Aktivität in der Fakultät, die heute nicht auf diese Konvergenz von Rechnen und Kommunizieren aufbaut – für die, um mit einem großen Hersteller zu sprechen, „das Netz der Rechner" ist. Die Fakultät deckt dabei das ganze Spektrum ab von der signalnahen Softwaretechnik, die sich mit immer vielfältigeren Übertragungsmöglichkeiten in Fest- und Funknetz auseinandersetzt, bis hin zu Netzbetriebssoftware, die Zehntausende von unterschiedlich ausgestatteten Rechnerknoten freizügig zusammenwirken läßt.

Konvergenz eröffnet Chancen, aber auch Risiken für die Informationsgesellschaft. Dass sich die Fakultät der Herausforderung stellt, die Risiken zu minimieren, ist schon mit den Aufgaben zur Verbesserung der Zuverlässigkeit der Schaltungen und Softwaresysteme genannt worden. Aber die Verwundbarkeit der Gesellschaft ist auch durch fehlerhafte oder gar böswillige Eingriffe in die gespeicherten Funktionen und Daten und übertragenen Nachrichten gegeben. Sicherheitstechnik etwa in Form von

Verschlüsselungstechniken und Zugangsbarrieren gehören daher zu einem der zentralen Anliegen der Fakultät, die sich in mathematisch außerordentlich anspruchsvollen Algorithmen und in der Umsetzung in Schaltkreise niederschlägt. Sicherheitstechnik ist und bleibt eine Aufgabe, in der die Fakultät auch eine gehörige Portion Verantwortung der Gesellschaft gegenüber zu tragen gewillt ist.

Zu dieser Verantwortung gehört schließlich auch, die Gesellschaft auf die Zukunft vorzubereiten – eine Zukunft, die durch immer kürzere Halbwertzeiten des Wissens gekennzeichnet ist. All das in Vergangenheit und Gegenwart angehäufte Wissen fließt zusammen, wenn es um eine Ausbildung der jungen Generation geht, die Grundwissen mit der Fähigkeit vereinigen soll, sich auf ein lebenslanges Lernen, auf häufig wechselnde Arbeitsgebiete und Arbeitsplätze einzustellen. Es muß aber auch zusammenfließen, um der Aufgabe nachkommen zu können, dieses lebenslange Lernen lebensbegleitend unterstützen zu können. Die Konvergenz von Rechnen und Kommunizieren, das Nutzen neuer Medien, die Gestaltung und Erprobung neuer didaktischer Methoden zählen zu einem neuen – aber eigentlich selbstverständlichen – Arbeitsfeld der Fakultät.

B4 Kräfte in der Natur

J. Kühn, H. v. Löhneysen, T. Müller, P. Wölfle

„Daß ich erkenne, was die Welt
im Innersten zusammenhält"

Die Natur besteht aus Materie, von den großen Materieansammlungen wie etwa unsere Sonne bis hin zu den kleinsten Bausteinen, den Elementarteilchen. Die zeitliche Entwicklung physikalischer Systeme, genauer die *Dynamik*, also Bewegungsänderungen von Materie, wird durch Kräfte vermittelt. Diese Kräfte – Physiker sprechen eher von „Wechselwirkungen" – wirken auf unbelebte und belebte Materie gleichermaßen: die Menschen auf der Erde sind ebenso der Schwerkraft ausgesetzt wie ein Stein. Damit sind wir schon bei der ersten der vier Grundkräfte, der Gravitation. Obwohl sie im täglichen Leben eine große Rolle spielt, ist sie die schwächste der vier Wechselwirkungen.

Aus unserem Leben ebenfalls nicht wegzudenken sind die elektrischen und magnetischen Kräfte, die als elektromagnetische Wechselwirkung einheitlich beschrieben werden können.

Der Physiker Heinrich Hertz hat hierzu an unserer Universität einen entscheidenden Beitrag geleistet, indem er nachwies, dass sich elektromagnetische Wellen ausbreiten wie von der Theorie vorhergesagt. Die elektromagnetischen Wechselwirkungen spielen nicht nur in der Technik, sondern in der gesamten Natur eine wichtige Rolle. So werden Nervenreize durch elek-

Heinrich Hertz
(1857–1894)

trische Ströme weitergeleitet, und die Gehirnaktivität ist ebenfalls mit elektrischen Strömen verknüpft. Das soll nicht heißen, dass man die Gehirnfunktion versteht, wenn man die elektri-

"

sche Stromverteilung kennt, sondern nur, dass auch die belebte Natur den Gesetzen der Physik unterworfen ist. Die genaue Kenntnis dieser Gesetze ist daher Voraussetzung für das Verstehen biologischer Zusammenhänge.

Die beiden anderen Kräfte sind uns weniger geläufig. Da ist einmal die so genannte schwache Wechselwirkung. Diese ist z.B. Ursache der Radioaktivität, die darauf beruht, dass im Atomkern Neutronen in Protonen oder umgekehrt umgewandelt werden. Schließlich gibt es die starke Wechselwirkung, die die Protonen und Neutronen im Atomkern zusammenhält, die wiederum aus jeweils drei Elementarteilchen, den Quarks, zusammengesetzt sind. Sie heißt stark, weil sie stärker sein muss als die elektromagnetische Wechselwirkung, die natürlich die Protonen wegen ihrer gleichartigen positiven Ladung auseinanderzutreiben sucht.

Es ist ein großer Erfolg der Physik des 20. Jahrhunderts, alle Naturerscheinungen prinzipiell auf diese vier Grundkräfte zurückführen zu können. Ein weiterer Triumph der Physik unseres Jahrhunderts war die Entwicklung der Quantenmechanik, die die Dynamik von Elementarteilchen unter Einwirkung von Kräften beschreibt, also etwa, wie sich die Elektronen im Atom verhalten. Die Physik des ausgehenden 20. und beginnenden 21. Jahrhunderts befasst sich mit zwei nicht weniger grundlegenden Fragenkomplexen.

Erstens, kann man die Grundkräfte weiter „vereinheitlichen", etwa so wie dies im 19. Jahrhundert mit der Vereinigung von Elektrizität und Magnetismus zum Elektromagnetismus oder in den siebziger Jahren unseres Jahrhunderts mit der Vereinigung von Elektromagnetismus und der schwachen Wechselwirkung zur „elektroschwachen Wechselwirkung" gelang? (Man sieht an diesen Beispielen, dass die Physiker zuweilen nicht sehr einfallsreich sind, neue Namen oder Begriffe zu finden. Dies soll nicht darüber hinwegtäuschen, dass diese Vereinheitlichungen bahnbrechende wissenschaftliche Leistungen waren und auch revolutionäre technische Auswirkungen haben können, man denke nur an den Elektromotor, der eben gerade auf dem Zusammenspiel von elektrischen und magnetischen Erscheinungen beruht – mathematisch ausgedrückt in gekoppelten Differentialgleichungen.)

Zweitens, auch wenn die Grundkräfte und die Struktur der uns vertrauten Materie, bestehend aus Quarks und Elektronen, prinzipiell bekannt sind, bedeutet dies nicht, dass wir das Zusammenspiel vieler wechselwirkender Teilchen verstehen. Insbesondere zeigt das Verhalten von Elektronen in Metallen und Halbleitern, dass unerwartete, grundsätzlich neue Phänomene auftreten. Ein klassisches Beispiel ist die Supraleitung, bei der sich Elektronen aufgrund einer effektiven *anziehenden* Wechselwirkung zu Paaren zusammenfinden, die verlustfrei den Strom tragen können – trotz der Abstoßung zweier negativ geladener freier Elektronen. Wie subtil dieser Effekt ist, zeigt die Tatsache, dass seit der Entdeckung 1911 fast fünfzig Jahre vergingen, ehe 1957 eine befriedigende Erklärung für dieses Phänomen gefunden wurde. Auch viele unerwartete Entdeckungen der jüngsten Zeit und dadurch entstandene Fragestellungen hängen mit der Wechselwirkung der Elektronen untereinander im Festkörper zusammen.

An der Fakultät für Physik unserer Universität widmen sich Arbeitsgruppen diesen grundlegenden Fragestellungen. In diesem Beitrag wollen wir schlaglichtartig einige der Phänomene erläutern.

Kräfte im Mikrokosmos

Die fundamentalen Bausteine der Materie lassen sich in zwei Gruppen einordnen, Quarks und Leptonen. Jede dieser beiden Gruppen enthält nach unserem heutigen Wissen 6 Teilchen, die wiederum in jeweils drei „Familien" mit zwei Mitgliedern angeordnet sind. Neutron (n) und Proton (p) z.B. bestehen aus jeweils drei Quarks der ersten Familie, die man „up" und „down" nennt, also n = udd und p = uud. Entsprechend gehört das Elektron zur ersten Familie der Leptonen, wozu auch noch das Neutrino, das bei der Kernfusion in der Sonne oder auch beim radioaktiven Zerfall entsteht, zu zählen ist. Die Kräfte zwischen diesen – und den weiteren – Teilchen werden durch „Austauschteilchen" vermittelt. So sind die Austauschteilchen, die die elektromagnetischen Kräfte vermitteln, Photonen, d.h. nach den Regeln der Quantenmechanik „quantisierte" elektromagnetische Wellen. Auch für die schwache und die starke Wechselwirkung sind diese Austauschteilchen nachgewiesen worden. Nach dem „Graviton", dem Austauschteilchen der Schwerkraft wird weltweit gefahndet, wie überhaupt die Schwerkraft sich einer Beschreibung im Sinne der Quantenmechanik bisher entzogen hat. Die Austauschteilchen werden aus Gründen, die hier nicht erläutert werden können, „Eichbosonen" genannt, während Quarks und Leptonen „Fermionen" sind. Das skizzierte Standardmodell der Teilchenphysik beschreibt gleichermaßen die starke, die elektromagnetische und die schwache Wechselwirkung. Seine Gültigkeit wurde in einer Vielfalt von Experimenten überprüft und ist nun etabliert für Entfernungen, welche astronomische Distanzen ebenso umfassen wie Abstände von weniger als einem Tausendstel eines Protonendurchmessers.

Wichtige Fragen bleiben dennoch offen: Lassen sich die rund zwanzig Parameter der Theorie, im wesentlichen Kopplungskonstanten und Massen der Teilchen, auf wenige, fundamentale Naturkonstanten zurückführen? Stecken hinter den beobachteten, etwas verwickelten Symmetrien möglicherweise einfachere Prinzipien, die Quarks und Leptonen verknüpfen – so genannte Große Vereinheitlichte Theorien –, oder lassen sich sogar Fermionen und Bosonen ineinander überführen? Letzteres ist beispielsweise in sog. supersymmetrischen Modellen der Fall, die von Julius Wess und anderen vor beinahe dreißig Jahren in Karlsruhe entwickelt wurden. Weiter wäre noch das Konzept zur „Erzeugung" der Massen von Elementarteilchen über den zwar theoretisch eleganten, aber bisher nicht experimentell verifizierten „Higgs-Mechanismus" zu diskutieren. Und, nicht zuletzt: Unser Weltall besteht zum weitaus größten Teil aus Materie. Hängt der Ursprung dieser Asymmetrie zwischen Materie und Antimaterie mit der „Mischung" der drei Quarkfamilien zusammen? Liegen ähnliche Verhältnisse auch bei der Mischung der drei Neutrinosorten vor?

Auf die Klärung dieser Fragen zielen eine Reihe aktueller Projekte an der Fakultät für Physik, die in enger Zusammenarbeit zwischen Theorie und Experiment verfolgt werden. Einige dieser Projekte werden nun beschrieben.

Unsere gegenwärtige Kenntnis der fundamentalen Kräfte beruht zum großen Teil auf Experimenten an Beschleunigern, die gleich riesigen Mikroskopen die Naturgesetze bei immer kleineren Abständen erkunden. Als Sonden verwendet man entweder Elektronen oder Protonen. Am TEVATRON, einem Proton-Antiproton-Speicherring am Fermi National Accelerator Laboratory (FNAL) bei Chicago, wird derzeit mit einer kinetischen Energie der Teilchen von knapp einem TeV = 10^{12} eV der Weltrekord erreicht. Dies entspricht der Energie, welche die Protonen bzw. Antiprotonen nach dem Durchlaufen einer Spannung von einer Billion Volt erreichen würden. Die Antiprotonen, Antimaterie bezüglich der Wasserstoffkerne, werden zuvor von einem Teilchenbeschleuniger künstlich erzeugt und aufgesammelt. Strahlen von Protonen und Antiprotonen kreisen dann mit nahezu Lichtgeschwindigkeit auf gegenläufigen Bahnen im Speicherring, der einen Umfang von 6 km hat. Dabei werden die Teilchen durch supraleitende Magnetspulen auf einer Kreisbahn gehalten. Sie kollidieren an zwei Wechselwirkungspunkten, an denen die beim Zusammenprall erzeugten Teilchen mit haushohen Detektoren identifiziert werden. Um Teilchen mit einer Ruhemasse m zu erzeugen, muss beim Zusammenprall mindestens – nach der berühmten Einsteinschen Äquivalenz zwischen Masse und Energie – die Energie $E = mc^2$, mit der Lichtgeschwindigkeit c, zur Verfügung stehen. Daher werden die Massen der Elementarteilchen häufig in Energieäquivalenten ausgedrückt. So entspricht die Ruhemasse des Elektrons etwa $5 \cdot 10^5$ eV und die des Protons etwa 1 GeV = 10^9 eV.

Das Institut für Experimentelle Kernphysik (IEKP) ist mit einer Gruppe von 12 Wissenschaftlern am CDF (Collider Detector at Fermilab), einem der beiden Großexperimente beteiligt (siehe Abb. 1). Mit diesen Detektoren wurde 1995 das Top-Quark, das bis dahin noch feh-

Abb. 1 Der CDF-Detektor in der Wartungshalle. Im Zentrum des Detektors finden während des Colliderbetriebes die Wechselwirkungen statt. Deutlich zu sehen ist die zylindrische Struktur des Detektors, definiert durch eine supraleitende Magnetspule mit einem Feld von 1.5 Tesla, die um die Spurendetektoren herum installiert wird

lende sechste Quark, entdeckt. Forschungsthemen der Karlsruher Gruppe sind Untersuchungen zur schwachen Wechselwirkung, bei denen die Kopplungen von W-Bosonen (des Trägers der schwachen Kraft) an Photonen und an Top-Quarks gemessen und mit theoretischen Vorhersagen verglichen werden. Ferner ermöglichen die extrem hohen Energien des Colliders die Erzeugung schwerer Teilchen, die von supersymmetrischen Theorien vorhergesagt werden. Neue Schranken an die Masse dieser hypothetischen Objekte wurden kürzlich durch eine Karlsruher Analyse gewonnen.

Die Beteiligung der Universität Karlsruhe am CDF-Experiment ist übrigens einzigartig in Deutschland und bietet Studierenden und Wissenschaftlern nicht nur die Möglichkeit, während der nächsten Jahre bei der weltweit höchsten Energie zu experimentieren, sie ist gleichzeitig die ideale Vorbereitung für den nächsten Schritt. Im Jahr 2005 wird am CERN bei Genf der Large

Hadron Collider (LHC) in Betrieb genommen, ein Proton-Proton-Speicherring mit einer achtfach höheren Energie. Eines der beiden Experimente, der CMS (Compact Muon Solenoid) Detektor, wird unter maßgeblicher Karlsruher Beteiligung entwickelt und konstruiert, wobei sich die hiesige Gruppe auf Spurerkennung mittels so genannter Mikrostreifendetektoren und deren Ausleseelektronik konzentriert. Als „Nebenprodukt" werden die hierzu entwickelten Detektoren auf Eignung für biologisch-medizinische Anwendungen hin überprüft.

Ein zu den Proton-Antiproton-Speicherringen komplementärer Ansatz wird bei Elektron-Positron-Speicherringen realisiert (das Positron ist das Antiteilchen zum Elektron). Wegen der hohen Verluste durch Synchrotronstrahlung ist die maximal erreichbare Energie hierbei um typischerweise einen Faktor zehn niedriger als bei Proton-Maschinen; der Vorteil ist jedoch der im Vergleich zum Signal erheblich geringere

Anteil von uninteressanten Untergrundreaktionen. Der derzeit energiereichste Elektron-Positron-Speicherring, LEP (Large Electron Positron Collider), ist – ebenfalls am CERN – seit über zehn Jahren in Betrieb. Während der ersten Betriebsphase in den Jahren 1990 bis 1996 wurden Erzeugung und Zerfall des Z-Bosons, des schweren Partners des Photons, eingehend untersucht. Wegen der Resonanzüberhöhung des Wirkungsquerschnitts bei der Kollisionsenergie von 91 GeV wurden extrem hohe Ereignisraten beobachtet (s. Abb. 2). Insbesondere wurde gezeigt, dass in der Natur drei Sorten von Neutrinos vorkommen.

Seit 1997 wird LEP bei einer Energie bis zu 200 GeV betrieben. Dabei werden W-Bosonen, die geladenen Träger der schwachen Kraft, paarweise erzeugt (s. Abb. 3).

Experimente am LEP, unter anderem auch der unter Karlsruher Beteiligung entwickelte DELPHI Detektor, haben die Vorhersagen des Standardmodells mit einer Genauigkeit besser als ein Promille getestet und somit diesen ursprünglich hypothetischen Ansatz als gesicherte Erkenntnis etabliert. Die Messung der schwachen und

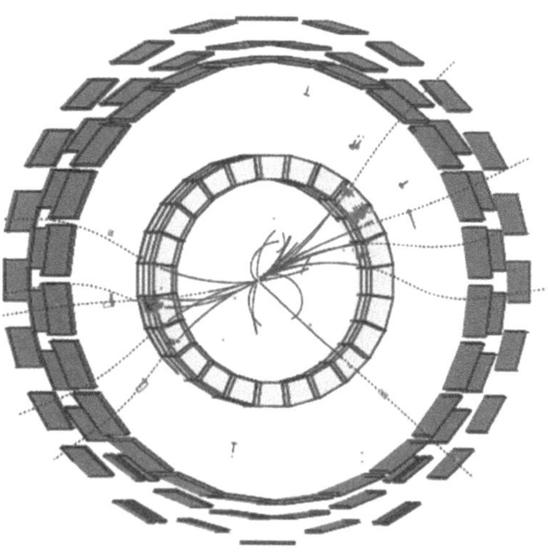

Abb. 3   Darstellung eines Ereignisses, in welchem ein Paar von W-Bosonen im Detektor nachgewiesen wurde. Gezeigt sind nur die Spuren geladener Zerfallsprodukte.

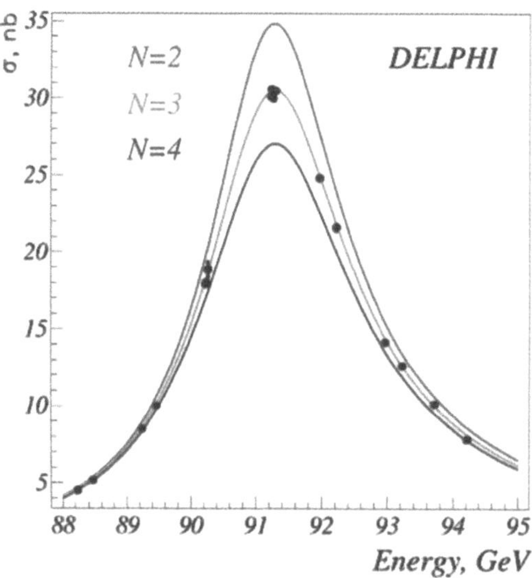

Abb. 2   Resonanzkurve des Z-Bosons. Die Messungen der DELPHI-Kollaboration weisen eindeutig auf die Existenz dreier Familien von Quarks und Leptonen hin

der starken Kopplungskonstanten mit einer nie vorher erreichten Präzision und deren Extrapolation zu Energien von 10^{16} GeV legt es ferner nahe, dass dem Standardmodell der Teilchenphysik eine Große Vereinheitlichte Theorie mit einer einzigen Kopplungskonstanten zugrunde liegt, wie durch eine Analyse am IEKP gezeigt wurde (siehe Abb. 4). Auch weist diese Extrapolation auf die Existenz einer neuen fundamentalen Symmetrie zwischen Teilchen und Kräften, der schon erwähnten „Supersymmetrie", hin. Diese sagt unter anderem neue Teilchen vorher, die mit ihren Massen von weniger als 10^3 GeV am LHC sichtbar werden sollten.

Für die Beobachtung der geladenen Spuren im Experiment spielen so genannte Silizium-Vertex-Detektoren eine wichtige Rolle. Diese großflächigen Halbleiterbauteile, die am EKP weiterentwickelt und montiert wurden (siehe Abb. 5), erlauben die Bestimmung der Spuren mit einer Genauigkeit von wenigen Mikrometern und damit die Beobachtung extrem kurzlebiger Teilchen. Damit konnten beispielweise neue Anregungszustände des B-Mesons erstmals nachgewiesen werden.

Ein völlig andersartiges Ziel wird beim KLOE Experiment am DAPHNE-Speicherring in Fras-

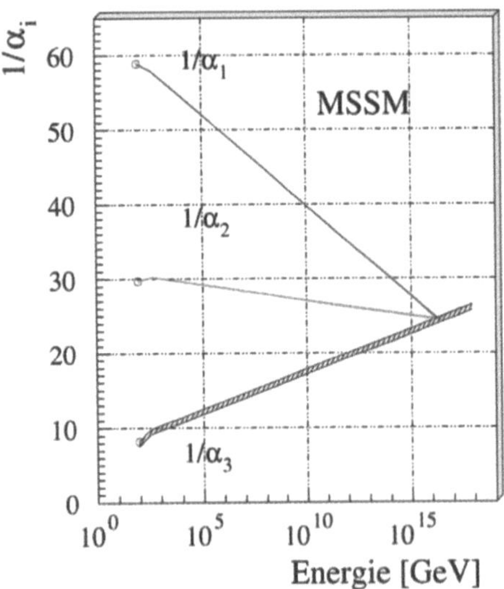

Abb. 4 Extrapolation der Kopplungskonstanten der elektromagnetischen, starken und schwachen Kräfte zu Energien, wie sie zu Beginn des Urknalls aufgetreten sind. Deutlich zu erkennen ist ein Knick bei Energien um 10^3 GeV, der durch das Auftreten neuer noch unbekannter Teilchen oder Kräfte zustande kommen könnte

cati verfolgt. Bei der relativ niedrigen Schwerpunktsenergie der Elektron-Positron-Strahlen von etwa einem GeV sollen dort K-Mesonen paarweise erzeugt werden. Die Erzeugungsrate von zehntausend Mesonen pro Sekunde wird es ermöglichen, die so genannte CP-Verletzung mit bisher unerreichter Genauigkeit zu vermessen und somit den Unterschied im Verhalten von Materie und Antimaterie besser zu verstehen. Dieser ist ja die Voraussetzung, dass sich Materie und Antimaterie beim Urknall nicht völlig in Strahlung vernichteten und sich statt dessen der „kleine" verbleibende Materierest in unser gegenwärtiges Universum entwickeln konnte. Auch hier hat sich das EKP bei der Vorbereitung und beim Aufbau des Experiments engagiert; die Datennahme hat im Herbst 1999 gerade begonnen.

Neutrinos sind neben Photonen die häufigsten Teilchen im Universum, aber ihre Eigenschaften kennen wir kaum. Ursache hierfür ist

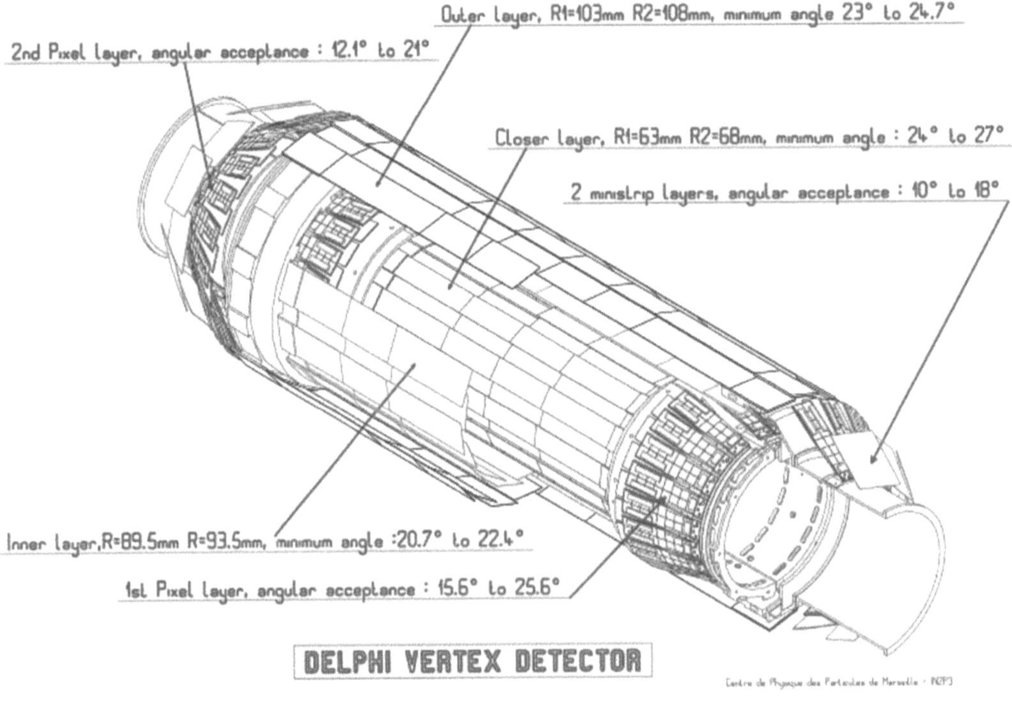

Abb. 5 Schematische Darstellung des DELPHI-Siliziumstreifendetektors. Die Detektorelemente sind zylindrisch um den Kollisionspunkt herum angeordnet; die Spuren geladener Teilchen, die durch die Lagen hindurchfliegen, können auf ca. 7μm genau vermessen werden

Abb. 6 KARMEN-Detektor an der Spallationsneutronenquelle ISIS des Rutherford Appleton-Labors in Didcot, England

die extrem schwache Wechselwirkung der Neutrinos mit den anderen Bausteinen der Materie. Neutrinos könnten Bleiwände durchdringen, die Lichtjahre dick sind. Entsprechend schwer ist ihr Nachweis. Wir wissen noch nicht einmal, ob Neutrinos eine Ruhemasse haben. Schon wenige Elektronvolt Ruhemasse würden genügen, um einen erheblichen Beitrag zur Gesamtmasse des Universums zu liefern. Wenn die Massen der drei Neutrinosorten verschieden sind, dann können sie sich im Flug ineinander umwandeln und so in geeigneten Detektoren entsprechend unterschiedliche Reaktionen auslösen. Experimente zu diesen Neutrinooszillationen werden mit Neutrinos aus Beschleunigeranlagen, aus der Sonne und mit atmosphärischen Neutrinos durchgeführt, die durch das Bombardement kosmischer Strahlung in der Lufthülle der Erde entstehen. Erste Evidenz für Neutrinooszillationen gibt es aus Messungen der solaren und atmosphärischen Neutrinos, aber die bisherigen Beschleunigerexperimente

liefern noch keine eindeutige Antwort. Wissenschaftler am EKP und am Institut für Kernphysik des Forschungszentrums Karlsruhe betreiben seit einem Jahrzehnt federführend das Großexperiment KARMEN (Karlsruhe Rutherford Medium Energy Neutrino Experiment) an der Spallationsneutronenquelle ISIS des Rutherford Appleton-Labors in England (s. Abb. 6). Zahlreiche Messungen zu Kernreaktionen von Neutrinos wurden hier durchgeführt und zur Suche nach Neutrinooszillationen verwendet. Ein von einem amerikanischen Experiment in Los Alamos behauptetes Oszillationssignal bei relativ hohen Neutrinomassen konnte nicht bestätigt werden.

Die bereits erwähnte kosmische Strahlung spielt eine wichtige Rolle für unser Verständnis vom Aufbau und der Entstehung des Universums. Sie wurde im Jahre 1912 durch den Österreicher Victor Hess mit Hilfe hochfliegender Ballons entdeckt. Pierre Auger beobachtete 1938 auf dem Jungfraujoch erstmals ausgedehnte „Schauer" von Teilchen und interpretierte diese richtig als Sekundärteilchenkaskaden von sehr hochenergetischen Primärteilchen. Das Energiespektrum der kosmischen Strahlung reicht von 10^9 eV bis über 10^{20} eV. Diese makroskopischen Energien von bis zu 50 Joule in einem einzigen Atomkern sind die höchsten beobachteten Energien im Universum, hundertmillionenfach höher als in Beschleunigern erreichbar. Allerdings sind die Teilchenflüsse gering: Abbildung 7 zeigt die mit etwa der dritten Potenz der Energie einzelner Teilchen abfallende Intensität der kosmischen Strahlung.

Als kosmische Beschleuniger kommen z.B. Schockwellen von Supernovaexplosionen in Betracht. Das Spektrum weist bei 10^{15} eV einen Knick auf, das sogenannte „Knie". Das KASCADE-Experiment auf dem Gelände des Forschungszentrums (Karlsruhe Air Shower and Core Array Detector) untersucht diesen Energiebereich mit einem großflächigen Luftschauerdetektor (s. Abb. 8), um insbesondere die Isotopenzusammensetzung der kosmischen Strahlung aufzuklären. Erste Resultate deuten darauf hin, dass oberhalb der „Knie"-Energie die mittlere Masse der kosmischen Teilchen zunimmt.

Im März 1999 fiel der Startschuss zu einem der größten Projekte der Teilchenastrophysik: benannt nach Pierre Auger wird in Argentinien

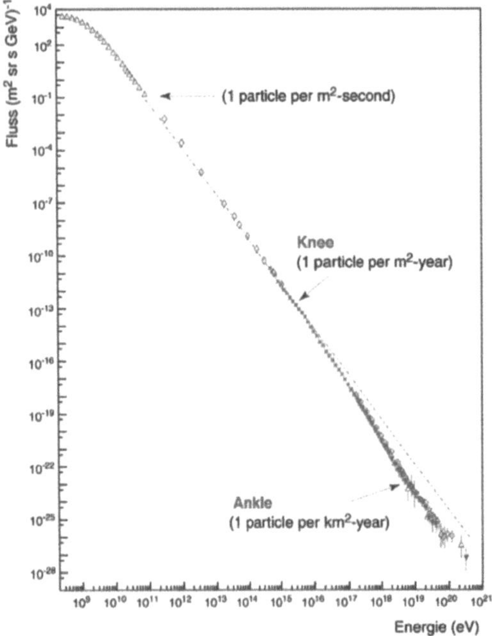

Abb. 7 Intensität der kosmischen Strahlung als Funktion der Energie

ein Luftschauerdetektor auf einer Fläche von 3000 km² aufgebaut, um das Rätsel der höchsten Energien im Universum zu lösen. Die Schauerteilchen werden erstmalig in einem riesigen Detektorfeld von 1600 Stationen registriert. Gleichzeitig wird die schwache Lichtemission gemessen, die diese Milliarden von Teilchen im Luftstickstoff auslösen. Dies ist nur in klaren, mondlosen Nächten möglich, und man benötigt dreißig große Spiegelteleskope, um den ganzen Luftraum oberhalb der Bodendetektoren zu beobachten. Zwei Arbeitsgruppen aus dem Forschungszentrum und aus dem IEKP der Universität sind am Design, Aufbau und Betrieb der Fluoreszenzteleskope maßgeblich beteiligt. Die Aufbauphase wird im Jahr 2004 abgeschlossen sein. Das Pierre-Auger-Observatorium wird dann für mehr als zehn Jahre jährlich etwa 80 kosmische Teilchen mit Energien über 10^{20} eV registrieren. Bisher ist kein Mechanismus zur Beschleunigung auf derartige Energien bekannt, gleichwohl müssen die Quellen eigentlich recht „nahe" liegen: Wechselwirkung mit der kosmischen Hintergrundstrahlung begrenzt nämlich auf Strecken über 300 Millionen Lichtjahren die Energie geladener Teilchen.

Abb. 8 Der in Zusammenarbeit von Universität und Forschungszentrum Karlsruhe betriebene KASCADE-Detektor deckt eine Fläche von 200×200 m² mit 252 Detektorstationen und einem großen Zentralkalorimeter ab

Die meisten der oben beschriebenen Fragestellungen werden in engem Kontakt mit den Instituten für Theoretische Physik und für Theoretische Teilchenphysik bearbeitet. Zum Teil werden dort die nichtlinearen Feldgleichungen in der klassischen Näherung studiert, wobei man auf so genannte Sphaleron- oder auf Monopollösungen stößt und dabei nicht-störungstheoretische Ansätze verwendet. Ein Großteil der aktuellen Rechnungen wird jedoch im Rahmen der Störungstheorie durchgeführt, wobei eine Reihenentwicklung in der kleinen Kopplungskonstanten angesetzt wird. Beispielsweise sind die LEP-Daten so genau, dass sie, wie erwähnt, Rückschlüsse auf Phänomene erlauben, die bei Energien weit oberhalb der des Beschleunigers angesiedelt sind. Damit war eine grobe Abschätzung der Masse des Top-Quarks aus den LEP-Daten bereits vor seiner Erzeugung am TEVATRON möglich, die Übereinstimmung zwischen direkter und indirekter Bestimmung ist ein Triumph der Quantenfeldtheorie. Mit der Berechnung dieser so genannten Strahlungskorrekturen, insbesondere des Einflusses des Top-Quarks auf Meßgrößen, befassen sich Theoretiker sowohl am Institut für Theoretische Teilchenphysik als auch am Institut für Theoretische Physik. Von besonderem Interesse ist hierbei der gegenseitige Einfluß von elektroschwacher und starker Wechselwirkung, der durch Quantenfluktuationen induziert und mittels störungstheoretischer Methoden berechnet wird. Eine der überraschendsten Konsequenzen der relativistischen Quantenfeldtheorie ist das sog. Laufen der Kopplungs-„Konstanten", das bereits erwähnt wurde (Abb. 4) und der Massen der Teilchen, wobei diese Größen mit dem Logarithmus der Energie entweder zu- oder abnehmen. Die entsprechenden Proportionalitätskonstanen wurden in den letzten Jahren von den Karlsruher Gruppen mit hoher Genauigkeit berechnet, ebenso wie andere von den Quarkmassen abhängige Größen, beispielsweise die Erzeugungs- und Zerfallsraten schwerer Quarks und Leptonen.

Die Eigenschaften der beiden schwersten Quarks, des Top- und des Bottom-Quarks aus der dritten Quarkfamilie, werden derzeit auch von Karlsruher Physikern intensiv untersucht. Das schwerste Elementarteilchen überhaupt, das Top-Quark erreicht mit etwa 175 GeV beinahe das Zweihundertfache der Protonenmasse. Sein Studium könnte den entscheidenden Hinweis auf den derzeit noch ungeklärten Mechanismus der Massenerzeugung liefern. Zerfälle der aus Bottom-Quarks aufgebauten B-Mesonen sind besonders empfindlich auf Übergänge zwischen Quarks aus verschiedenen Familien. Dieses Phänomen der sog. Quarkmischung könnte die entscheidende Ursache für das unterschiedliche Verhalten von Materie und Antimaterie, der CP-Verletzung, sein. Auch hier wird der Zusammenhang zwischen den fundamentalen Parametern der Theorie, den Mischungswinkeln und den tatsächlich beobachteten Raten erst durch exakte Rechnungen und phänomenologische Modellannahmen hergestellt.

Für die außerordentlich umfangreichen Rechnungen im Rahmen der Störungstheorie hat sich seit langem Computeralgebra als Mittel der Wahl etabliert. In der Tat wurden die ersten und auch heute noch die meisten dieser Programme von Teilchenphysikern entwickelt. Die extremen Leistungsanforderungen gehen an die Grenzen der schnellsten Rechner, so dass solche Programme mittlerweile auch auf Clustern von Workstations parallel abgearbeitet werden.

Das Programm der kommenden Jahre ist damit klar vorgezeichnet: Neben den Untersuchungen zur kosmischen Strahlung werden uns einerseits Präzisionsmessungen an den Elektron-Positron-Speicherringen in Genf und Frascati, andererseits Experimente an Proton-Kollidern bei den allerhöchsten Energien Aufschluß über die Kräfte im Mikrokosmos liefern. Die Analyse, Interpretation und die Formulierung dieser fundamentalen Naturgesetze erfordert ein hohes Maß an Verständnis und mathematischer Durchdringung, wie es seit jeher unverzichtbar für den physikalischen Fortschritt war.

❙ Kräfte im Festkörper

Anders als in der Elementarteilchenphysik sind im Bereich der Festkörperphysik die fundamentalen Teilchen, Atomkerne und Elektronen, und die zwischen diesen wirkenden Kräfte, die Coulomb-Kraft zwischen den Ladungen und Kräfte zwischen magnetischen Momenten, seit langem bekannt. Man könnte also versucht sein zu glauben, dass das physikalische Verhalten von Festkörpern damit im wesentlichen verstanden ist. Dies gilt qualitativ für Festkörper, in denen die Wechselwirkung der Teilchen in gewisser Hinsicht schwach ist, so dass ein Modell fast unabhängiger Elektronen, die sich im Potential der Atomkerne oder Ionen bewegen, anwendbar ist. Für diesen Fall sind wirkungsvolle theoretische Näherungsverfahren entwickelt worden, wie die „Lokale Dichtenäherung", für die der Physiker Walter Kohn 1998 den Nobelpreis für Chemie erhielt. In den letzten zwei Jahrzehnten wurde jedoch zunehmend deutlich, dass die Coulomb-Wechselwirkung zwischen den Valenz- oder Leitungselektronen in Metallen und Halbleitern zu neuen Verhaltensweisen von Materie führen kann, die sich von dem früher etablierten Bild drastisch unterscheiden. Diese so genannten stark korrelierten Elektronensysteme (d.h. Systeme, in denen die Coulomb-Wechselwirkungsenergie zwischen zwei Elektronen bei mittlerem Abstand größer ist als die kinetische Energie) werden seit einigen Jahren intensiv experimentell und theoretisch untersucht, wobei immer neue Entdeckungen von bisher unbekannten Zuständen von Materie gemacht werden. Es handelt sich dabei meist um Festkörper, die nicht in der Natur vorkommen und die zielgerichtet im Labor synthetisiert werden. Die theoretische Beschreibung dieser quantenmechanischen Vielteilchensysteme bedient sich ähnlicher Methoden und Begriffe wie die Elementarteilchentheorie. Konzepte wie spontane Symmetriebrechung und der oben erwähnte Higgs-Mechanismus sind in der Tat zuerst in der Festkörperphysik etabliert worden. Der Austausch von Ideen und theoretischen Methoden zwischen Festkörperphysik und Elementarteilchenphysik hat beide Gebiete immer wieder befruchtet.

In der Fakultät für Physik wird intensiv experimentell und theoretisch an der Untersuchung neuartiger kollektiver Verhaltensweisen der Elektronen in Metallen und Halbleitern gearbeitet.

Wie das in der Einleitung erwähnte Beispiel der Supraleitung zeigt, verhalten sich Elektronen in Metallen ganz anders als freie Elektronen. Da ist einmal die Wechselwirkung der Elektronen (wir sprechen hier und im folgenden immer von den äußeren Elektronen der Atome, den Valenzelektronen oder Leitungselektronen) mit den positiv geladenen Atomrümpfen, dann aber auch die Elektron-Elektron-Wechselwirkung, d.h. die elektrostatische Abstoßung der Elektronen untereinander aufgrund ihrer negativen Ladungen. Schließlich muss man noch berücksichtigen, dass zwei Elektronen – wie alle anderen fundamentalen Bausteine der Materie mit halbzahligem Spin auch – nicht den gleichen quantenmechanischen Zustand besetzen können (Pauli'sches Ausschließungsprinzip). Man sieht schon, es ist ein hoffnungsloses Unterfangen, die Bewegung der vielen Elektronen in einem Metallstück von etwa 1 cm^3 im einzelnen zu beschreiben („viele" sind hier immerhin 10^{22}!). Hier kommt nun als vereinfachender Gesichtspunkt ins Spiel, dass die meisten Leitungselektronen eines Metalls schon bei Zimmertemperatur eingefroren sind. Die Zustände des Systems lassen sich charakterisieren durch eine kleine Zahl von sogenannten elementaren Anregungen, auch „Quasiteilchen" genannt. Als Quasiteilchen bezeichnet man einen Anregungszustand des Elektronensystems, der Teilcheneigenschaften besitzt, d.h. einen scharfen Zusammenhang zwischen Energie und Impuls. Dieses Quasiteilchen bewegt sich unter dem Einfluss äußerer Kräfte ähnlich wie ein freies Elektron, wenn man ihm aufgrund der Wechselwirkungen im Festkörper eine „effektive Masse" zuordnet, die sich von der Masse des freien Elektrons unterscheidet.

Im Gegensatz zu Metallen ist die Anzahl der Leitungs-Elektronen in Halbleitern nicht konstant. Die Steuerbarkeit der Leitungs-Elektronenzahl und damit die Steuerbarkeit der elektrischen Leitfähigkeit stellen die Grundlage der zahlreichen Anwendungen von Halbleiterbauelementen in Computern, im Fernseher, im Telefon etc. dar. Licht, zum Beispiel auch das Licht der Sonne, kann negativ geladene Elektronen im Leitungsband eines Halbleiters erzeugen.

Zurück bleiben positiv geladene Defektelektronen im Valenzband, so genannte „Löcher". In Solarzellen aus Silizium ist die Trennung von positiven und negativen Ladungen die Grundlage der photovoltaischen Energieumsetzung. Der umgekehrte Prozess, die Vernichtung eines Elektron-Loch-Paares unter Aussendung von Licht, führt zum Halbleiterlaser, der täglich die Musik auf Millionen von Compact Disks abspielt. Diese Halbleiterlaser im Spektralbereich des Nahen Infrarot sind Standard. Im Grünen oder Blauen Spektralbereich hingegen wird derzeit international an potentiell geeigneten Materialien geforscht. Am Institut für Angewandte Physik werden zum Beispiel so genannte II-VI Halbleiter, Verbindungen aus einem Element der Hauptgruppe II und einem aus der Hauptgruppe VI, epitaktisch hergestellt (s. Abb. 9) und mit Methoden der optischen Spektroskopie detailliert charakterisiert. Wichtig ist hierbei häufig, dass das Elektron und das „Loch" einen Bindungszustand, das „Exziton", eingehen können. Oberflächlich betrachtet ist dieses „Exziton" ein niederenergetisches Analogon des Wasserstoff-Atoms. Bei näherem Betrachten ist es hingegen ein hochkorrelierter kollektiver Zustand des Festkörpers, zu dem alle Elektronen des Halbleiters beitragen.

Halbleiterphysik heute ist geprägt von der exponentiell fallenden Strukturgröße der Bauelemente wie auch von ihrer exponentiell anwachsenden Geschwindigkeit. Daher wird es zunehmend wichtig, das Verhalten der Elektronen auf sehr kleinen räumlichen und sehr kurzen zeitlichen Skalen gut zu verstehen. Beiden Aspekten wird am Institut für Angewandte Physik nachgegangen. Die Elektronen stoßen sehr häufig miteinander bzw. mit den so genannten Phononen, den Quanten der Gitterschwingungen. Dies geschieht auf einer Zeitskala von einigen 10 Femtosekunden bis hin zu wenigen 100 Femtosekunden. Um diese derart häufigen „Rempeleien" aufzulösen, bedient man sich eines stroboskopischen Effekts. Beleuchtet man zum Beispiel einen laufenden Automotor mit einer regelmäßigen Abfolge von Lichtblitzen, kann man bekanntermaßen den Eindruck erwecken, er ruhe oder drehe sich sehr langsam.

Analog kann man so mit Laser-Lichtblitzen Momentaufnahmen oder Superzeitlupenaufnahmen der Elektronenbewegung machen. Die Auflösung ist hierbei durch die Dauer der Lichtblitze gegeben. 1997 wurde am Institut für Angewandte Physik der bis dahin kürzeste blaue Laser-Lichtblitz mit einer Dauer von 10.0 Femtosekunden, also 10^{-14} = 0.000, 000, 000, 000, 010 Sekunden erzeugt (s. Abb. 10). Im Roten kann man heute sogar weniger als halb so lange Laser-Lichtblitze erzeugen. Diese Zeiten kann man sich nur schwer vorstellen. In einem Augenaufschlag, einer Zeitspanne von circa einer Zehntel Sekunde, läuft das Licht eine Strecke, die dem Umfang unserer Erde entspricht. In 10 Femtosekunden kommt das Licht gerade einmal 3.3 Tausendstel Millimeter weit, also noch nicht einmal so weit wie ein Zehntel der Dicke eines menschlichen Haares. Mit diesen Techniken konnte erstmals experimentell gezeigt wer-

Abb. 9 Herstellung von Halbleitern: Anlage zum epitaktischen Wachstum von Halbleiterschichten

Abb. 10 Ultrakurze Laser-Lichtblitze: Laser-System, das blaue Laser-Lichtblitze mit einer Dauer von 10.0 Femtosekunden erzeugt

den, dass ein Elektron-Phonon Stoßprozess im Halbleiter endlich lange dauert. Ebenso herausfordernd ist es, den immer kleiner werdenden räumlichen Skalen gerecht zu werden. Hierbei wird häufig behauptet, optische Mikroskopie sei in ihrer Auflösung durch die Wellenlänge des Lichts begrenzt. Bewegt man eine nanoskopische Sonde, zum Beispiel eine nur wenige zehn Nanometer große Öffnung in einer ansonsten undurchsichtigen Schicht ganz nah über einer zu untersuchenden Oberfläche, so ist die optische Auflösung nur durch die Größe der Öffnung und nicht mehr durch die Wellenlänge des Lichts begrenzt. Die Kombination dieser so genannten Nahfeld-Mikroskopie bzw. -Spektroskopie mit den oben angesprochenen ultrakurzen Laser-Lichtblitzen eröffnet offensichtlich faszinierende neue Perspektiven, stellt aber auch eine große experimentelle Herausforderung dar (s. Abb. 11).

Man kann die Bewegung der Elektronen in einem Halbleiter auf eine Ebene in der Nähe der Oberfläche oder an der Grenzfläche zwischen zwei Halbleitern mit unterschiedlicher chemischer Zusammensetzung, aber gleicher Kristallstruktur, wie etwa Galliumarsenid mit und ohne Aluminium-Dotierung, einschränken. In diesen „zweidimensionalen" Halbleiterstrukturen treten völlig neue Effekte auf. Seit mehr als hundert Jahren ist bekannt, dass Elektronen, die einen Strom tragen und zusätzlich einem zur Stromrichtung senkrechten Magnetfeld ausgesetzt sind, zur Seite hin abgelenkt werden. Dadurch entsteht eine elektrische Spannung quer zur Stromrichtung, die Hall-Spannung. Diese Hall-Spannung U_H wächst in üblichen Metallen proportional zur angelegten Magnetfeldstärke B an. Klaus von Klitzing fand 1980, dass in zweidimensionalen Halbleiterstrukturen bei tiefen Temperaturen – nahe am absoluten Nullpunkt – und in hohen B-Feldern U_H in bestimmten Feldbereichen jeweils ein Plateau aufweist (also unabhängig von B ist). Rechnet man U_H auf einen Widerstand um, indem man einfach durch den in Längsrichtung fließenden Strom dividiert, so nimmt dieser Hall-Widerstand nur ganz bestimmte Werte an,

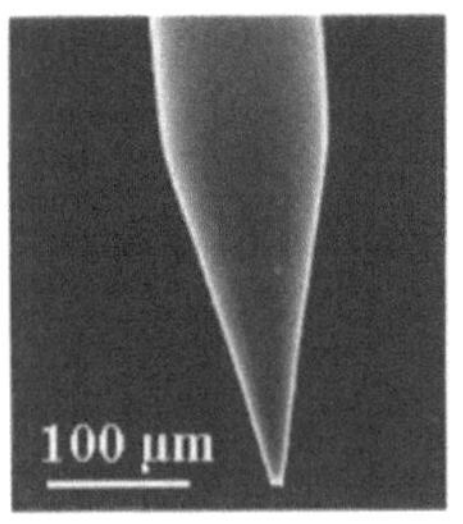

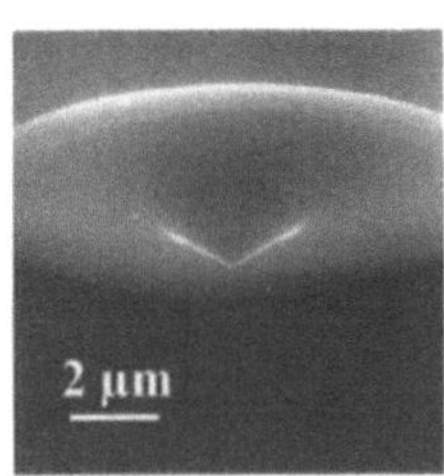

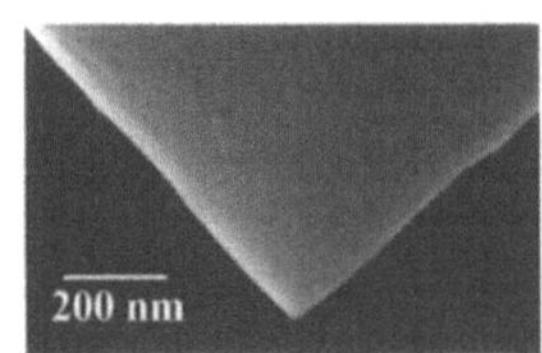

Abb. 11
Optische Nahfeldmikroskopie: Elektronenmikroskopische Aufnahme einer speziell hergestellten Glasfaserspitze in drei verschiedenen Vergrößerungen. Mit derartigen Sonden kann optische Auflösung auch deutlich besser als die Wellenlänge des Lichts erreicht werden

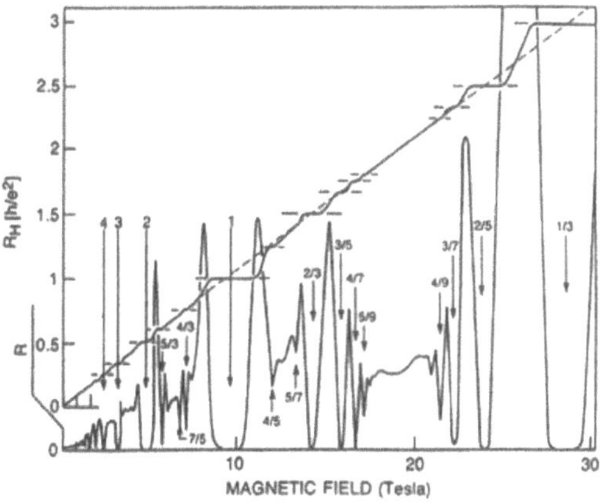

Abb. 12 Elektrischer Widerstand R und Hallwiderstand RH einer Quantenhallprobe als Funktion des Magnetfelds. Die Quantenhallplateaus sind durch Angabe des Füllfaktors gekennzeichnet

er ist „quantisiert" auf Werte von h/ne^2, wobei h das Plancksche Wirkungsquantum und e die Elementarladung ist (n ist eine natürliche Zahl). Für die Entdeckung des Quanten-Hall-Effekts (QHE) erhielt K. v. Klitzing 1985 den Nobelpreis für Physik. Qualitativ lässt sich dieser Effekt mit dem besonderen Verhalten nichtwechselwirkender Elektronen im B-Feld verstehen. Bemerkenswert ist, dass das System auch für den „longitudinalen" Widerstand anomal ist: Es durchläuft eine ganze Reihe von Übergängen von einem Isolator zu einem Metall und wieder zu einem Isolator usw.: Immer dann, wenn ein Plateau im Hall-Widerstand auftritt, ist das System elektrisch isolierend, nur bei den Übergängen zwischen den Plateaus ist es metallisch (siehe Abb. 12).

Metall-Isolator-Übergänge in üblichen Halbleitern treten ebenfalls nur bei sehr tiefen Temperaturen auf – idealisiert nur am absoluten Temperaturnullpunkt, da bei endlichen Temperaturen immer eine gewisse (kleine) Wahrscheinlichkeit vorhanden ist, Elektronen im Halbleiter so anzuregen, dass sie zum Stromtransport beitragen können. Grundsätzlich kann ein solcher Metall-Isolator-Übergang, bei dem Elektronen lokalisiert werden, durch starke Unordnung oder durch starke Wechselwirkung der Elektronen untereinander hervorgerufen

werden. Zugleich reizvoll und schwierig ist, dass in der Natur in den meisten Fällen beide Aspekte wichtig sind. Wegen dieser grundsätzlichen Bedeutung wird der Metall-Isolator-Übergang am Physikalischen Institut experimentell und den Instituten für Theorie der Kondensierten Materie (ITKM) und Theoretische Festkörperphysik (ITFP) theoretisch untersucht.

Nur kurze Zeit nach der Entdeckung des QHE entdeckten H. Störmer und D. Tsui bei den Bell Laboratories in den USA, dass bei Erhöhung des Magnetfeldes in besonders reinen zweidimensionalen Halbleiterstrukturen ein QHE auftritt, bei dem n nicht mehr eine ganze Zahl, sondern ein Bruch ist, z. B. 1/3, 1/5, 2/7. Dies muss man so interpretieren, dass die Elektronen so stark miteinander wechselwirken, dass neuartige Quasiteilchen mit gebrochener effektiver Elementarladung auftreten, z.B. e/3 bei n = 1/3. Die noch überraschendere Entdeckung dieses „fraktionalen" QHE und seine ansatzweise Erklärung durch R.B. Laughlin wurden 1998 ebenfalls mit dem Nobelpreis für Physik ausgezeichnet. Am ITKM und ITFP versucht man, die Dynamik dieser neuartigen Quasiteilchen genau zu verstehen.

Eine gänzlich andere, neue Art von Quasiteilchen liegt in einer Reihe von intermetallischen Verbindungen vor. Bei diesen Materialien – stellvertretend sei hier $CeCu_6$ genannt – führt die Wechselwirkung zwischen den Leitungselektronen und den magnetischen Momenten der 4f-Elektronen des Ce zu einer extrem starken Erhöhung der effektiven Masse der Quasiteilchen um bis zu einem Faktor von einigen Hundert! Diese starke Massenerhöhung tritt allerdings erst bei tiefen Temperaturen auf. Wegen der Anwesenheit magnetischer Momente befinden sich diese Systeme häufig in der Nähe einer magnetischen Instabilität. So kann man $CeCu_6$ durch Zulegieren von etwas Gold von einem unmagnetischen zu einem magnetisch geordneten Grundzustand treiben. In der Nähe dieses Übergangs findet man ein anomales Verhalten von vielen physikalischen Größen. Stellvertretend ist in Abb. 13 die spezifische Wärmekapazität C geteilt durch die Temperatur T gezeigt als Funktion der Temperatur. Für schwere elek-

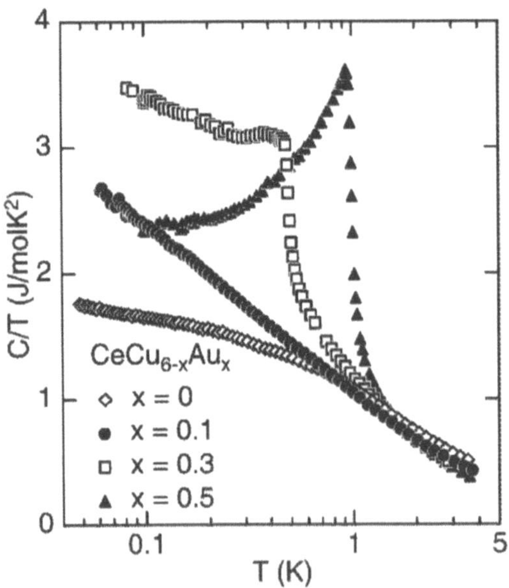

Abb. 13 Spezifische Wärmekapazität von CeCu6-Legierungen, die mit Gold dotiert sind, dargestellt als C/T über einer logarithmischen Temperaturskala. Die scharfen Strukturen für die Gold-Konzentrationen $x = 0{,}3$ und $x = 0{,}5$ spiegeln das Einsetzen magnetischer Ordnung wider. Für reines $CeCu_6$ wird C/T bei sehr tiefen Temperaturen nahezu konstant. Bei der kritischen Konzentration $x = 0{,}1$, d. h. an der Grenze zur magnetischen Ordnung, liegen die Messpunkte in dieser Auftragung auf einer Gerade, d. h. C/T divergiert logarithmisch bei Annäherung an den absoluten Nullpunkt

Abb. 14 Innerer Teil einer Kühlapparatur, mit der man Temperaturen bis nahe an den absoluten Nullpunkt - bis etwa 10 mK, d. h. ein Hundertstel Grad darüber - erreichen kann. Als Kühlflüssigkeit wird eine Mischung aus den beiden Helium-Isotopen ^{3}He und ^{4}He benutzt. Im unteren Teil des Fotos ist der äußere Vakuumbecher dargestellt. Zwischen diesem und dem inneren Teil befinden sich, Zwiebelschalen ähnlich, verschiedene Kühlstufen und Abschirmbecher, die jeweils durch Hochvakuum voneinander getrennt sind

tronenartige Quasiteilchen in reinem $CeCu_6$ findet man das theoretisch vorhergesagte Verhalten, dass C/T bei tiefen Temperaturen nahezu konstant wird. Andererseits zeigen die Proben mit stärkerer Golddotierung scharfe Strukturen in C/T, die auf einen Phasenübergang zu einer magnetisch geordneten Phase – es handelt sich um einen Antiferromagneten – hindeuten. Bei der kritischen Goldkonzentration $x = 0.1$ steigt C/T logarithmisch mit fallender Temperatur an. Dies ergibt in Abb. 13, in der die Temperaturachse logarithmisch aufgetragen ist, eine Gerade über immerhin fast zwei Größenordnungen in der Temperatur, von 0.05 K bis 3 K. Abbildung 14 zeigt den Innenteil einer Apparatur, mit der diese tiefen Temperaturen erreicht werden können. Dieses anomale Verhalten, das auch in anderen Systemen beobachtet wird, ist gegenwärtig Gegenstand vieler theoretischer und experimenteller Untersu-

chungen. In einigen Systemen beobachtet man in der Nähe des Einsetzens magnetischer Ordnung eine supraleitende Phase. Dieser Zusammenhang zwischen Magnetismus und Supraleitung wird gegenwärtig intensiv untersucht.

Das Wechselspiel zwischen Supraleitung und Magnetismus spielt auch in den Hochtemperatursupraleitern eine große Rolle. 1986 entdeckten G. Bednorz und K. A. Müller, dass in einer neuartigen Substanzklasse die Übergangstemperatur T_c zur Supraleitung nahezu 40 K betrug. Es handelt sich hierbei um Kupferoxid-Verbindungen. Diese immer noch sehr niedrige Tem-

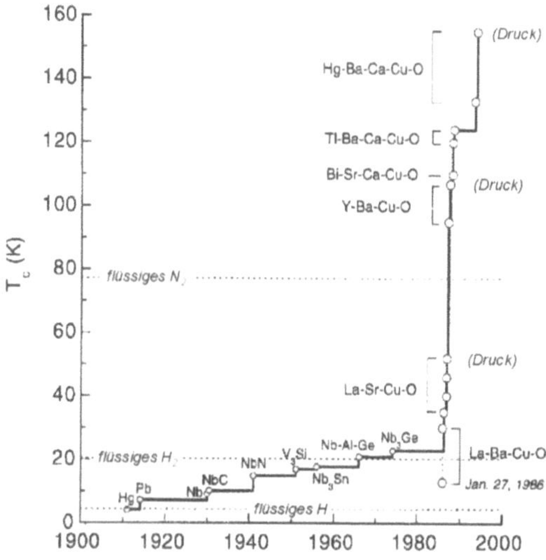

Abb. 15 Entwicklung der Übergangstemperaturen zur Supraleitung von der Entdeckung an Quecksilber (Hg) im Jahr 1911 bis heute. Die chemischen Formeln für die Hochtemperatursupraleiter geben nur die enthaltenen Elemente und nicht die genaue Stöchiometrie an

peratur bedeutete immerhin eine Verdoppelung von T_c. Viele Jahre lang war man nicht über das damalige T_c von etwa 20 K hinausgekommen (s. Abb. 15).

Die Entdeckung von Bednorz und Müller, für die sie 1987 mit dem Nobelpreis für Physik ausgezeichnet wurden, löste eine weltweite, fieberhafte Suche nach Materialien mit höherem T_c aus. Binnen weniger Jahre waren 150 K erreicht, diese Temperaturen lassen sich leicht durch Kühlung mit flüssigem Stickstoff (Siedepunkt 77 K) erreichen. Der „Standard"-Hochtemperatursupraleiter $YBa_2Cu_3O_7$ hat ein T_c von etwa 90 K. Allen Hochtemperatursupraleitern ist ein bestimmendes Strukturelement gemein: die Supraleitung wird im wesentlichen durch atomare Ebenen getragen, die Kupfer und Sauerstoff enthalten. Dabei trägt das zweifach ionisierte Kupferion aufgrund der nicht abgeschlossenen d-Schale ein magnetisches Moment. Die CuO_2-Ebenen bilden daher antiferromagnetische Ordnung, die durch Dotierung mit Ladungsträgern – auch hier handelt es sich wieder um lochartige Quasiteilchen – unterdrückt wird. Ab einer bestimmten Löcherkonzentration bildet sich die Supraleitung aus. Das Wech-

selspiel zwischen Supraleitung und Magnetismus in diesen Materialien ist ebenso unverstanden wie ihr Verhalten im normalleitenden Zustand. Aber auch die Supraleitung selbst gibt noch allerhand Rätsel auf. So sind Supraleiter charakterisiert durch eine Energielücke, die bei der Bildung der in der Einleitung schon erwähnten Elektronenpaare entsteht: Zum Aufbrechen eines solchen Paares ist eine minimale Energie erforderlich. Die Form dieser Energielücke ist in den klassischen Supraleitern hochsymmetrisch, d.h. in allen Raumrichtungen nahezu gleich groß. In den Hochtemperatursupraleitern ist sie dagegen anisotrop, für bestimmte Kristallrichtungen verschwindet sie sogar vollständig. Dies führt zu neuartigem Verhalten unterhalb T_c. Auch die anziehende Wechselwirkung zwischen den Quasiteilchen, die zur Paarbildung führt, ist vermutlich anderen Ursprungs als in den klassischen Supraleitern. Während dort die anziehende Wechselwirkung durch Schwingungen des (positiv geladenen) Gitters zustande kommt, wird bei den Hochtemperatursupraleitern eine magnetische Kopplung diskutiert. An diesen Fragestellungen arbeitet das ITKM.

In diesem Zusammenhang von Interesse sind auch Schichtstrukturen von abwechselnd supraleitenden und magnetischen Metallen, die durch Kondensation von Metalldämpfen auf eine Unterlage künstlich hergestellt und dann untersucht werden. Abbildung 16 zeigt eine Anlage, in der solche Schichtstrukturen unter sehr reinen Bedingungen, d.h. in Vakua von etwa 10^{-5} Pa oder dem zehnmilliardsten Teil unseres atmosphärischen Luftdrucks (Ultrahochvakuum), aufgedampft und bezüglich ihrer Struktur charakterisiert werden können.

Eine ganz andere Substanzklasse, in der ebenfalls – je nach Art der Wechselwirkungen zwischen den Elektronen und dem Gitter – verschiedene Zustände auftreten können, sind organische Metalle. Üblicherweise denkt man bei organischen Materialien eher an isolierende Kunststoffe und Polymere als an elektrisch leitende Materialien. Durch geeignete Zusammensetzung und/oder Dotierung kann man aber in ausgewählten Systemen hohe Leitfähigkeiten erreichen. Die organischen Metalle haben häu-

Abb. 16 Aufdampfanlage zur Herstellung von metallischen Schichten und Schichtstrukturen

fig eine bevorzugte Richtung, in der die Leitfähigkeit besonders hoch ist. Diese Anisotropie gibt in den meisten Fällen Anlass zu einer Gitterverzerrung, die wiederum das Metall bei tiefen Temperaturen isolierend werden lässt. Durch äußeren Druck wird die Anisotropie geschwächt, so dass man in diesen Materialien den Metall-Isolator-Übergang, der hier durch Kopplung der Elektronen an das Kristallgitter hervorgerufen wird, unterdrücken kann. Dann treten nicht nur einfache metallische Zustände auf, sondern in manchen Fällen auch Supraleitung – die höchste bisher erreichte Übergangstemperatur organischer Metalle liegt allerdings nur im Bereich von 20 K – oder magnetische Ordnung. Diese Materialien werden am Physikalischen Institut mit Mikrowellenleitfähigkeitsmessverfahren und mikroskopischen magnetischen Techniken – Elektronenspinresonanz und Kernspinresonanz – untersucht. Damit

lässt sich zum Beispiel die räumliche Verteilung von Elektronen auf einzelnen organischen Molekülen, die das „Gerüst" eines organischen Metalls bilden, genau bestimmen. Eine auch für die Anwendungen wichtige Eigenschaft organischer Materialien ist, dass man auch ihre magnetischen Eigenschaften in gewissen Bereichen durch Wahl der Zusammensetzung „maßschneidern" kann.

Gerade in den letzten Jahren haben sich in der Festkörperphysik aufgrund der Entdeckung neuartiger Phänomene, die ihren Ursprung in dem Zusammenwirken der Kräfte zwischen vielen Teilchen haben, ganz wichtige neue Impulse ergeben. Die Entdeckung neuer Materiezustände wie Hochtemperatursupraleitung, Quanten-Hall-Effekt und andere eröffnet die Perspektive, durch gezielte Synthese neuer Materialklassen noch unbekannte, völlig neuartige Quantenzustände von Festkörpern zu finden.

B5 Vom Umgang mit Molekülen und Atomen – Entwicklungstendenzen in der Nanotechnologie

H. v. Löhneysen, W. J. Lorenz, W. Wiesbeck

„But I am not afraid to consider the final question as to whether, ultimately – in the great future – we can arrange the atoms the way we want; the very atoms, all the way down! What would happen, if we could arrange the atoms one by one the way we want them? ... When we get to the very, very small world – say circuits of seven atoms – we have a lot of new things that would happen that represent completely new opportunities for design. Atoms on a small scale behave like nothing on a large scale, for they satisfy the laws of quantum mechanics. So as we go down and fiddle around with the atoms down there, we are working with different laws, and we can expect to do different things".

R. P. Feynman – Nobelpreisträger für Physik:
„There's plenty of room at the bottom" 1959

Die Kenntnis unserer Welt läßt sich durch Abstände charakterisieren, die sich durch ganz unterschiedliche Größenordnungen unterscheiden. Den Weg vom Makrokosmos zum Mikrokosmos kann man auf einer logarithmischen Skala (Abb. 1) anschaulich machen. Darauf entspricht jeder Teilstrich einem Faktor 10. Eines der größten bekannten Objekte ist die Milchstraße. Sie hat einen Durchmesser von etwa 10^{20} m, der Abstand von der Erde bis zur Sonne beträgt $1{,}5 \times 10^{11}$ m oder 150 Millionen km. Der Durchmesser unserer Erde beläuft sich immerhin noch auf etwa 10^7 m oder 10.000 km. Den makroskopischen Objekten stehen die mikroskopischen Systeme gegenüber. Einzelheiten eines menschlichen Haares (Durchmesser etwa 3×10^{-5} m oder 30 μm) kann man unter dem Lichtmikroskop erkennen, dessen Auflösungsgrenze bei etwa 1 μm (ein Millionstel Meter) liegt. Noch sehr viel kleiner ist die „Nanowelt". Der Name leitet sich ab von der Längeneinheit 1 Nanometer = 10^{-9} m, also

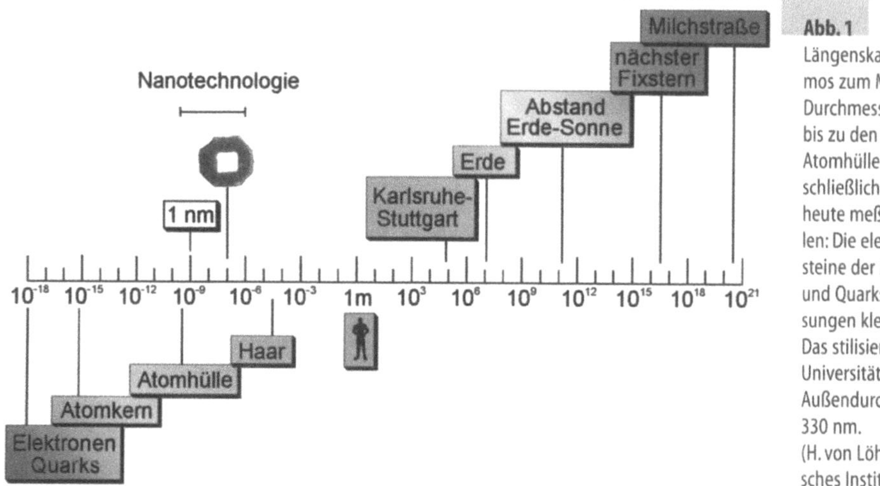

Abb. 1
Längenskalen vom Makrokosmos zum Mikrokosmos: vom Durchmesser der Milchstraße bis zu den Durchmessern von Atomhüllen, Atomkernen und schließlich den Grenzen der heute meßbaren Längenskalen: Die elementaren Bausteine der Materie, Elektronen und Quarks, haben Abmessungen kleiner als 10^{-18} m. Das stilisierte Logo unserer Universität hat einen Außendurchmesser von 330 nm. (H. von Löhneysen, Physikalisches Institut)

ein Milliardstel Meter. Das griechische Wort „nanos" bedeutet „Zwerg", ist also eine Steigerung von „mikros" – klein. Der Durchmesser eines Atoms beträgt etwas mehr als 0,1 nm. Mit Nanostrukturen umschreibt man Materialien oder Bauelemente, deren Abmessungen zwischen 1 µm und der Größe eines einzelnen Atoms liegen (das stilisierte Symbol unserer Universität in Abb. 1 hat einen Gesamtdurchmesser von etwa 300 nm).

Ein Würfel aus Gold mit der Kantenlänge von 10 nm – entsprechend einem Volumen von 1000 nm^3 – enthält etwa 60.000 Atome. Dies mag viel erscheinen, ist aber eine winzige Anzahl im Vergleich zu 100 Milliarden Billionen Atomen (10^{23}), die ein Festkörper von makroskopischen Ausmaßen, etwa einem Kubikzentimeter, enthält. Reduziert sich die Anzahl der Atome derart drastisch, so ändern sich die Eigenschaften des Stoffs schon deshalb, weil ein großer Anteil der Atome an der Oberfläche sitzt und daher geänderte chemische Bindungsverhältnisse gegenüber Atomen im Innern eines Festkörpers hat. Aber es gibt auch grundlegend neue Phänomene, die beispielsweise ihren Ursprung in der quantenhaften Natur der Elektronen haben.

Betrachten wir zunächst noch kleinere Strukturen. Atomkerne, bestehend aus Protonen und Neutronen, haben einen Durchmesser von etwa 10^{-15} m. Die nach unserem heutigen Wissen elementaren Bausteine der Materie, die Elektronen und Quarks, verhalten sich – bei genügend hohen Energien – wie punktförmige Teilchen bis zu den kleinsten heute meßbaren Abständen von 10^{-18} m. Aber es gibt eine Brücke zwischen den kleinsten und größten Abständen. Das Verhalten der Elementarteilchen bestimmt auch das Geschehen im Großen: beispielsweise die Wasserstoffkernfusion in der Sonne oder die Bewegung der Galaxien.

Nanostrukturen umfassen also nur einen kleinen Bereich auf der Längenskala der Materie zwischen Festkörper und Atom. Der Weg zu immer kleineren Strukturen wurde vorangetrieben durch die Entwicklung von Rechnern, deren immer schnellere Rechenzeit und größere Speicherkapazität mit einer fortschreiten-

den Miniaturisierung einhergeht. Heute arbeitet man an der Entwicklung von elektronischen Schaltkreisen mit einer Strukturbreite im Bereich von 100 nm, die mit optischer Lithographie unter Einsatz entsprechend kurzwelliger Laser hergestellt werden. Diese enthalten Bauelemente, deren Funktionsprinzip auf der Basis der für größere Strukturen entwickelten Schalt- und Speicherelemente beruht (heute übliche PC-Prozessoren enthalten Strukturen mit Breiten von 250 nm). Geht die Miniaturisierung mit gleicher Geschwindigkeit weiter, so wird man schon bald mit Bauelementen umgehen müssen, deren Funktionselemente nur noch aus wenigen Atomen bestehen. Aber diese Nanostrukturen mit Abmessungen im Bereich von 10 nm und darunter lassen sich mit lithographischen Techniken und derzeit verfügbaren Lasern nicht mehr realisieren. Hierfür müssen neue Technologien der Strukturierung und Grundlagen für neuartige Funktionselemente entwickelt werden.

Hier werden einige ausgewählte aktuelle Forschungsarbeiten an der Universität Karlsruhe vorgestellt. Es sind Arbeiten zu physikalischen und chemischen Phänomenen und zur Herstellung von Nanostrukturen. Die häufigste Technik, um unter die Grenze der optischen Lithographie zu kommen, die durch die Wellenlänge des verwendeten Laserlichtes bestimmt wird, ist immer noch die Lithographie mit Elektronenstrahlen, die es gestattet, Strukturen bis zu etwa 20 nm herab zu erzeugen (Abb. 2). Die wichtigsten Prozeßschritte sind in Abb. 3 dargestellt. Will man zu noch kleineren Strukturen kommen, benutzt man seit etwa 10 Jahren die Rastersondenmikroskopie. Diese wichtige Methode, die sowohl zur Herstellung als auch zur Analyse von Nanostrukturen benutzt werden kann, muß etwas genauer erklärt werden. Das Rastertunnelmikroskop, Anfang der 80er Jahre von Gerd Binnig und Heinrich Rohrer erfunden (Nobelpreis für Physik 1986), beruht auf dem quantenmechanischen Tunneln von Elektronen von einer feinen Metallspitze in eine elektronenleitende Probe (z.B. Metalle oder Halbleiter genügend hoher elektrischer Leitfähigkeit) oder umgekehrt, je nach

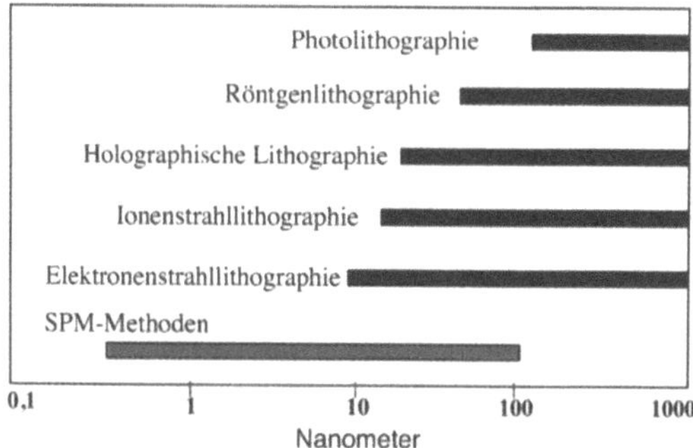

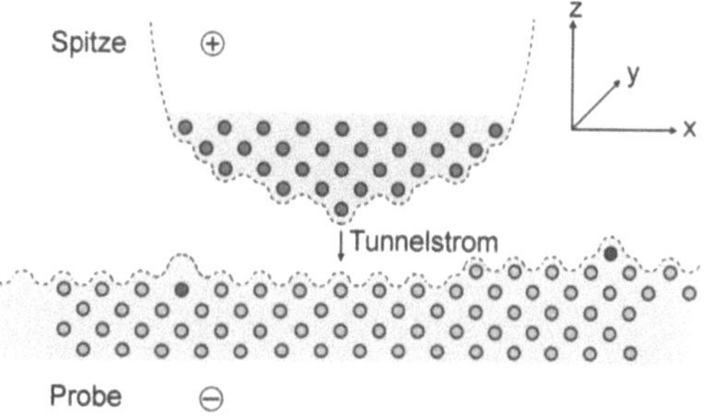

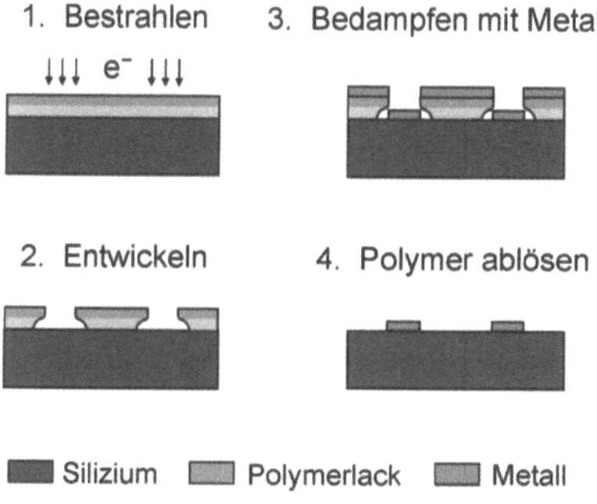

Abb. 2 Einsatzbereiche verschiedener Techniken zur Oberflächenstrukturierung. (W. Wiesbeck und W. J. Lorenz, Institut für Höchstfrequenztechnik und Elektronik)

Abb. 4 Prinzip des Rastertunnelmikroskops. Zwischen Spitze und Probe können bei kleinem Abstand Elektronen „tunneln", bei Anlegen einer Spannung fließt ein Tunnelstrom, dessen Größe exponentiell vom Abstand abhängt. Dies erlaubt eine Untersuchung der Oberfläche auf einer atomaren Skala. Die Punkte stellen die Atomrümpfe in einem Metall dar, die gestrichelte Linie deutet grob die Begrenzung der Leitungselektronen an der Oberfläche an. Der blaue Punkt rechts soll ein Freiatom auf der Oberfläche, der rote Punkt links ein Fremdatom an der Oberfläche andeuten. (H. von Löhneysen, Physikalisches Institut)

Abb. 3 Herstellung einer metallischen Nanostruktur mit Elektronenstrahllithographie nach dem „Lift-off"-Verfahren. (H. von Löhneysen, Physikalisches Institut)

Polarisationsrichtung (Abb. 4). Tunneln heißt dieser Prozeß, da die Luft-, Vakuum- oder Flüssigkeitsstrecke zwischen Spitze und Probe eine Barriere darstellt, die nicht überwunden werden kann. Das Elektron kann diese Barriere jedoch „durchtunneln". Durch „Rastern", das heißt Verschieben der Spitze in kleinen Schritten über die Probe hinweg, erhält man ein Abbild der Elektronenzustände an der Oberfläche der Probe in atomarer Auflösung. Bei positiver Spannung der Probe gegenüber der Spitze fließen Elektronen in die Unterlage, es werden somit unbesetzte Zustände sichtbar gemacht, da von Elektronen besetzte Zustände der Probe blockiert sind. Umgekehrt werden

bei negativer Spannung besetzte Zustände sichtbar gemacht. Durch diese Kombination kann man z.B. Phosphor-Atome an der Oberfläche von Silizium zweifelsfrei identifizieren (Abb. 5). Dass es sich um Phosphoratome handelt und nicht etwa um Verunreinigungen auf der Oberfläche, sieht man z.B. daran, dass sich die scheinbare Erhöhung bei Spannungsumkehr in ein Minimum verwandelt. Dies läßt sich auf die elektronische Struktur um das Phosphoratom herum zurückführen. Phosphor-dotiertes Silizium ist eines der gängigsten Materialien für die Herstellung von Halbleiter-Chips.

Die Rastersondenmikroskopie läßt sich nicht nur zur Aufklärung der Struktur von Festkörperoberflächen, sondern auch zur Herstellung von Nanostrukturen verwenden. Durch einen leichten elektrischen Spannungsstoß auf die Spitze können Atome, die relativ locker an der Probenoberfläche gebunden sind, von der Spitze angezogen, mit dieser transportiert und an einer anderen Stelle durch einen weiteren Spannungsstoß abgesetzt werden. Die Manipulation einzelner Atome wird auf diese Weise möglich, der Weg zur Nanostrukturierung mit Atomen ist somit offen. Diese Grenze wurde von Don Eigler und Mitarbeitern bei IBM in

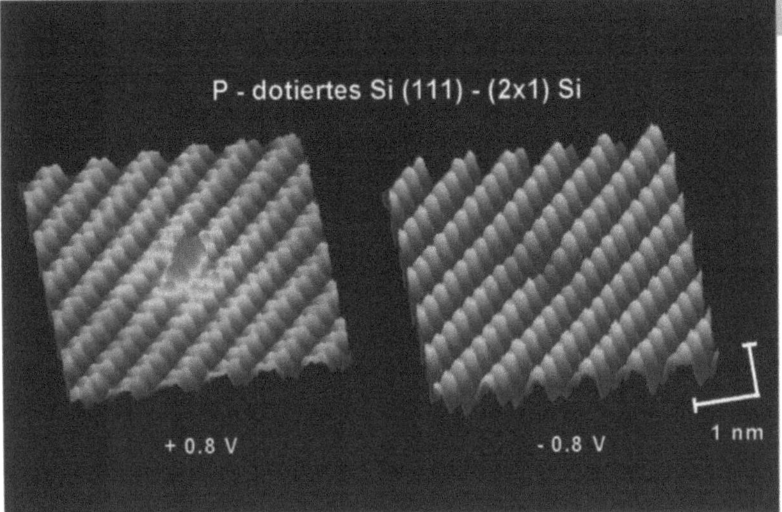

Abb. 5
Mit dem Rastertunnelmikroskop aufgenommenes Bild einer (211) rekonstruierten (111)-Oberfläche von Silizium, das mit Phosphor dotiert wurde. Die scheinbare Erhöhung in der Mitte des linken Bildes, aufgenommen bei einer Spannung an der Probe von +0.8 V, spiegelt zusätzliche unbesetzte Zustände im Bereich eines Phosphoratoms wider. Rechts das Bild bei negativer Spannung, deutet eine Reduzierung besetzter Zustände an. (H. von Löhneysen, Physikalisches Institut)

San José schon Anfang der 90er Jahre erreicht. Inzwischen haben viele Gruppen das Verschieben einzelner Atome nachgewiesen. Bei diesen Versuchen, die meist bei tiefen Temperaturen im Bereich weniger Kelvin (1 Kelvin = −273 °C) durchgeführt werden, befinden sich Spitze und Probe im Vakuum. Eine andere Möglichkeit ist das elektrochemische Abscheiden von einzelnen Atomen oder kleinen Atomclustern mit dem Rastertunnelmikroskop, das dann „in situ", das heißt unmittelbar in der Flüssigkeit betrieben werden muss. Der Vorteil dieser Methode ist, dass die zur lokalen Keimbildung und zum lokalen Kristallwachstum notwendige Übersättigung genau eingestellt und durch Potentialänderungen von Spitze und Probe (häufig auch Substrat genannt) sehr schnell und gezielt verändert werden kann. Auf diese Weise kann man die Clustergröße genau steuern. In den letzten Jahren ist es weltweit verschiedenen Arbeitsgruppen gelungen, kleine Metallcluster mit Abmessungen von wenigen Nanometern, die weniger als 1000 Atome enthalten, auf verschiedenen Metall-Fremdsubstraten bei Zimmertemperatur lokal abzuscheiden. In diesen Systemen ist die Wechselwirkung zwischen einzelnen Metall-Adatomen (d.h. Atomen, die auf der Substratoberfläche adsorbiert sind) und dem Substrat stark. Anwendungstechnisch interessanter sind allerdings Oberflächenstrukturierungsverfahren für Systeme mit schwacher Adatom-Substrat-Wechselwirkung, beispielsweise für die Metallabscheidung auf Graphit, Halbleitern und oxidischen Supraleitern. Für solche Systeme wurden an der Universität Karlsruhe neue, gezielte Polarisationsverfahren von Spitze und Substrat entwickelt, um eine lokale elektrochemische Metallabscheidung zu erzwingen (W. J. Lorenz, Institut für Physikalische Chemie und Elektrochemie und W. Wiesbeck, Institut für Höchstfrequenztechnik und Elektronik). In den letzten Jahren gelang damit die lokale elektrochemische Metallabscheidung auf einkristallinem Graphit, auf epitaktisch gewachsenen Schichten aus oxidischen Hochtemperatur-Supraleitern, sowie auf einkristallinem Siliziumsubstrat (Abb. 6). Diese Ergebnisse sind ein wichtiger Schritt zur elektrochemischen Herstellung definierter Nanostrukturen auf Halbleiteroberflächen, die beispielsweise für Grundlagenuntersuchungen und nanoelektronische Bauelemente Bedeutung gewinnen können. Neuerdings wird auch versucht, unedle Metalle auf Fremdmetall-Substraten lokal abzuscheiden, da eine Abscheidung aus Elektrolytlösungen meist sehr schwierig oder gar unmöglich ist (W. Freyland, Institut für Physikalische Chemie).

Man kann auch eine Variante des Rastertunnelmikroskops, das sog. Rasterkraftmikroskop zur Erzeugung kleinster Strukturen benutzen. Die Rasterkraftmikroskopie mißt die absto

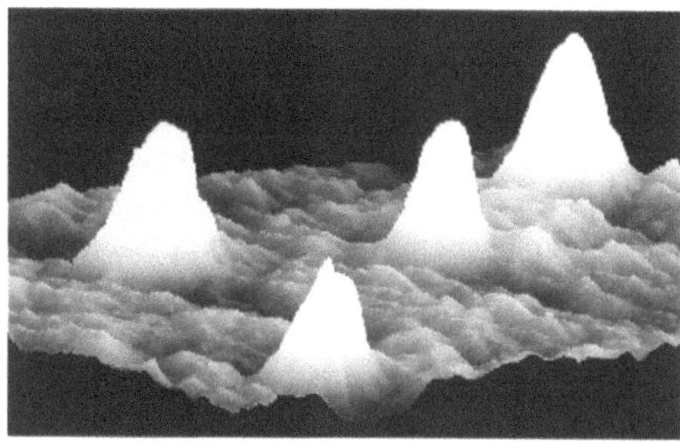

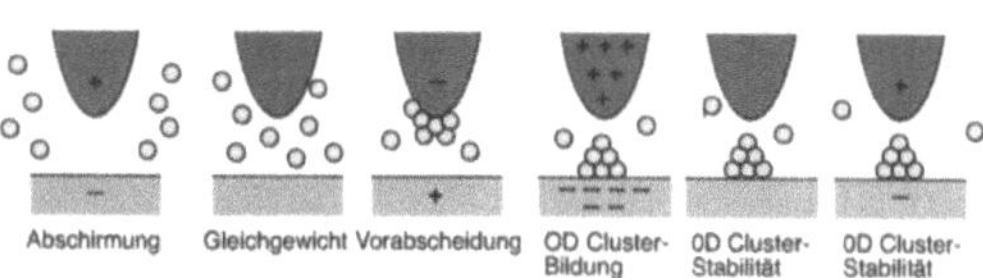

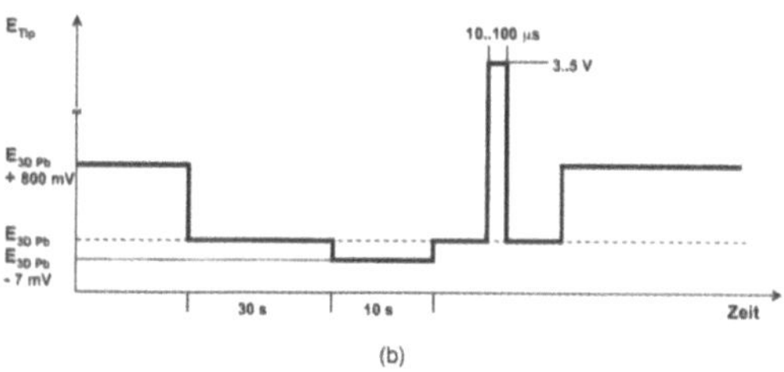

Abb. 6   Lokale elektrochemische Abscheidung von Nano-Bleiclustern auf n-Si(111) Substrat mit Hilfe von in situ-Rastertunnelmikroskopie und einer tip- und feld-induzierten Oberflächenstrukturierungstechnik (Abb 6a). Die hierfür angewandte unabhängige Polarisationroutine von STM-Tip und Siliziumsubstrat ist schematisch dargestellt (Abb. 6b). Die Bleiionen im Elektrolyten werden bei einer Tunnelspannung von 800 mV zunächst aus dem „Tunnelgap" zwischen Tip und Substrat verdrängt, aber durch Änderung der Tunnelspannung kommt es zu einer Blei-Vorabscheidung auf dem Tip und infolge eines hohen anodischen Spannungspulses am Tip zu einer Injektion von Metallionen in das Gap und zur lokalen Metallabscheidung auf dem Substrat unterhalb des Tips. (R.T. Pötzschke, G. Staikov und W. J. Lorenz, Institut für Physikalische Chemie und Elektrochemie, und W. Wiesbeck, Institut für Höchstfrequenztechnik und Elektronik)

Abb. 7   Nanostruktur in einem Glimmerplättchen, das mit einem Rasterkraftmikroskop als Nanofräse bearbeitet wurde. (Th. Schimmel, Institut für Angewandte Physik)

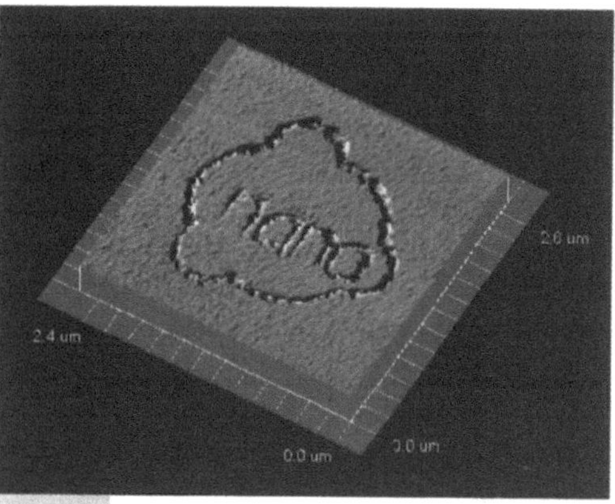

Abb. 8   Elektrochemisch mit dem Rasterkraftmikroskop abgeschiedener Kupferdraht auf einem Goldsubstrat. (Th. Schimmel, Institut für Angewandte Physik)

ßende oder anziehende Kraft zwischen einer Spitze und der Probe, wobei sich die Spitze entweder im Kontakt mit dem Substrat oder in einem bestimmten Abstand davon befindet. Beim Abrastern des Substrats erhält man Informationen über dessen Struktur – ebenfalls im atomaren Maßstab. Im „Kontaktmodus" kann das Rasterkraftmikroskop als „Nanofräse" benutzt werden, wie das Beispiel in Abb. 7 zeigt (Th. Schimmel, Institut für Angewandte Physik).

Die Nanofräse kann so empfindlich eingestellt werden, dass bei jedem Vorschubschritt ein einzelnes Atom oder nur wenige Atome herausgeschält werden. Mit der Nanofräse kann man auch gezielt an definierten Stellen einer Substratoberfläche eine elektrochemische Abscheidung initiieren. Die mit der Nanofräse erzeugten Oberflächendefekte wirken nämlich als Zentren für die anschließenden elektrochemischen Prozesse der Keimbildung und des Keimwachstums (Abb. 8).

Mit einer weiteren Variante der Rastersondentechniken, der optischen Raster-Nahfeldmikroskopie, lassen sich Informationen über lokale optische Eigenschaften von Festkörpern gewinnen. Dabei wird die Probe durch eine angespitzte Glasfaser (Durchmesser wenige zehn Nanometer) mit Laserlicht beleuchtet und das reflektierte Licht mit derselben Spitze aufgesammelt. Die im Vergleich zur klassischen optischen Mikroskopie erreichbare hohe Ortsauflösung für Objekte kleiner als die Wellenlänge des Lichts verschafft Einblicke in die lokale Potentialstruktur der Probe. In Karlsruhe wird eines der wenigen Nahfeldmikroskope betrieben (M. Wegener und Th. Schimmel, Institut für Angewandte Physik), das die Untersuchung von Proben bei tiefen Temperaturen ermöglicht (Abb. 9).

Neben der gezielten Strukturierung von Halbleitermaterialien mit Rastersondenmethoden werden auch selbstorganisierte Prozesse während des Wachstums von dünnen, kristallinen Halbleiterschichten zur Erzeugung definierter Nanostrukturen genutzt (H. Kalt und C. Klingshirn, Institut für Angewandte Physik). Struktur und chemische Eigenschaften von Nanostrukturen aus dünnen Filmen werden auch mit der Transmissionselektronenmikroskopie ermittelt (D. Gerthsen, Laboratorium für Elektronenmikroskopie).

Eine wichtige Klasse von physikalischen Phänomenen in Nanostrukturen wird durch die Wellennatur der Elektronen begründet. Ein Elektron verhält sich nicht nur wie ein kleines

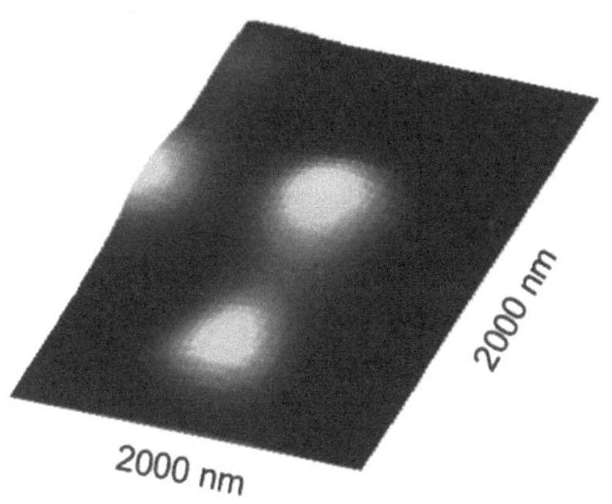

Abb. 9 Ortsaufgelöste Lumineszenz eines Stapelfehlers in einem ZnSe/ZnMgSe Quantenfilm; Scangröße 2000 nm x 2000 nm. (G. von Freymann, Th. Schimmel und M. Wegener, Institut für Angewandte Physik)

Teilchen, man kann es auch als Welle beschreiben. Elektronenwellen können sich ähnlich wie Wasserwellen überlagern. Es gibt eine Verstärkung, wenn Wellenberg auf Wellenberg trifft (gleichphasig), und eine Auslöschung, wenn Wellenberg auf Wellental trifft (gegenphasig), wie aus Interferenzerscheinungen von optischen Experimenten, d.h. mit Lichtwellen, bekannt ist. Dies läßt sich am Doppelspalt erklären (Abb. 10). Die Ausbreitung und Interferenz elektromagnetischer Wellen größerer Wellenlänge wurden vor 110 Jahren von dem Physiker Heinrich Hertz in Karlsruhe entdeckt.

Wie ist das mit Elektronenwellen? In Metallen üblicher Größe, etwa in den überall verlegten Kupferleitungen, spielen die Wellenerscheinungen keine Rolle. Wegen der Vielzahl unterschiedlicher möglicher Wege von Elektronen mitteln sich die Interferenzen heraus. Dagegen muß in nanostrukturierten Proben mit nur wenigen möglichen Wegen die Wellennatur der Elektronen berücksichtigt werden. Die Beobachtung von Interferenzerscheinungen ist allerdings an eine Bedingung geknüpft: Die Wellen müssen eine feste Phasenbeziehung untereinander haben (Kohärenz). Da die Phasenkohärenz von Elektronenwellen in Metallen durch die ungeordnete Wärmebewegung der Atome zerstört wird, sind Untersuchungen bei sehr tiefen Temperaturen notwendig. Dies ist aber ein technisches Detail, auf das nicht weiter eingegangen werden soll. Ein Analogon für Elektroneninterferenzen am Doppelspalt bietet ein Ring, in dem Elektronen durch einen der beiden Halbringe laufen können, mit einem Durchmesser von etwa 1 μm und einer Stegbreite von etwa 50nm (Abb.11). Wie erhält man aber einen Gangunterschied zwischen beiden Wellen? Man kann durch ein ansteigendes Magnetfeld senkrecht zur Ringebene die Phase der Elektronenwellen in beiden Halbringen gegeneinander verschieben; von gleichphasig nach gegenphasig und wieder nach gleichphasig und so weiter. Der elektrische Leitwert, das heißt der Kehrwert des elektrischen Widerstands durch eine solche Anordnung, zeigt periodische Maxima (Elektronenwellen in beiden Halbringen gleichphasig) und Minima (gegen-

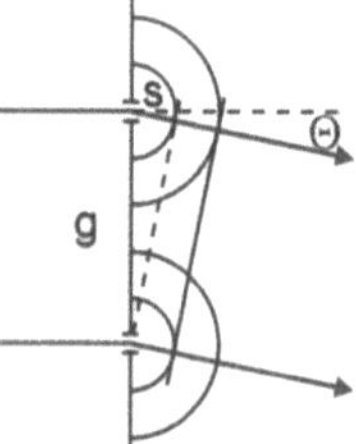

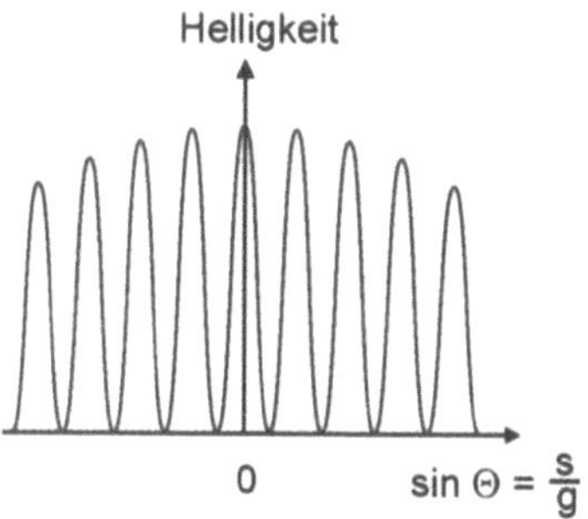

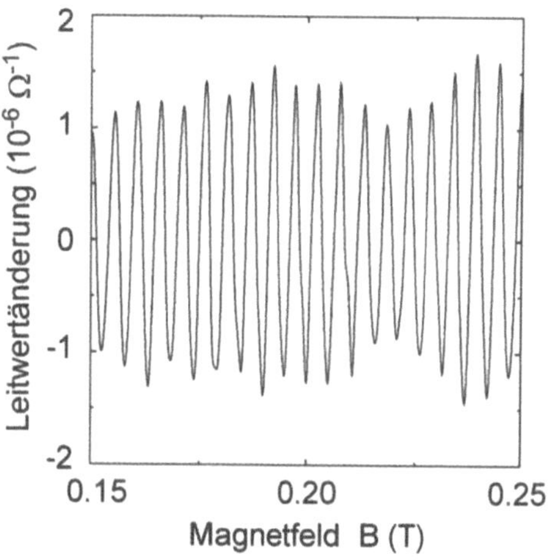

Abb. 12 Konstruktive und destruktive Interferenz von Elektronenwellen in einem Metallring durch Anlegen eines Magnetfeldes, ersichtlich aus Maxima und Minima des elektrischen Leitwerts. (R. Häußler und H. Weber, Physikalisches Institut)

Abb. 10 Prinzip der Interferenz von Lichtwellen an einem Doppelspalt. Oben: Die von den mit parallelem Licht beleuchteten Einzelspalten ausgehenden Kugelwellen interferieren konstruktiv oder destruktiv, je nach dem ob der Gangunterschied s, der von dem Winkel Θ abhängt, gerade ein Vielfaches der Wellenlänge λ oder ein ungeradzahliges Vielfaches von $\lambda/2$ beträgt. Hier gezeigt ist $s = \lambda$. Unten: Helligkeitsmuster. (H. von Löhneysen, Physikalisches Institut)

phasig) in Abhängigkeit vom angelegten Magnetfeld (Abb.12). Die Periode ΔB hängt nur von der Fläche F zwischen beiden Halbringen und von den fundamentalen Naturkonstanten e (elektrische Elementarladung) und h (Planck'sches Wirkungsquantum) ab: $\Delta B = (h/e)\, F$. Solche Experimente wurden erstmals bei IBM in Yorktown Heights durchgeführt. Gegenwärtig besonders intensiv wird das Verhalten der Elektronenwellen unter Strombelastung und in inhomogenen Magnetfeldern untersucht (H. von Löhneysen, Physikalisches Institut, G. Schön, Institut für Theoretische Festkörperphysik und P. Wölfle, Institut für Theorie der Kondensierten Materie).

Was ist, wenn man die Strukturen noch kleiner macht? Es wurde schon gezeigt, dass man einzelne Atome hin- und herschieben kann. Die prinzipielle Begrenzung eines elektrischen Stromkreises ist sicherlich ein einzelnes Atom. Wie leitet also ein einzelnes Atom den Strom? Im Prinzip kann man dies mit einem Rastertunnelmikroskop untersuchen, bei dem der Hauptteil des Stroms durch ein einzelnes Atom an der Tunnelspitze fließt, nämlich durch jenes, das der Probe am nächsten ist. Durch weiteres Annähern der Spitze wird aus dem Tunnelkon-

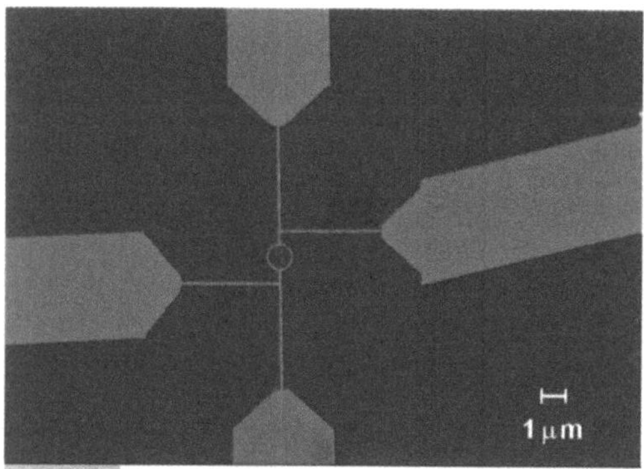

Abb. 11 Elektronenstrahllithographisch hergestellter nanostrukturierter Ring aus Kupfer (Stegbreite des Ringes 60 nm, der Drähte 90 nm) auf Silizium. Die „dicken" Streifen (Breite etwa 4 μm) bilden die Zuleitungen. (R. Häußler und H. Weber, Physikalisches Institut, und P. Pfundstein, Laboratorium für Elektronenmikroskopie)

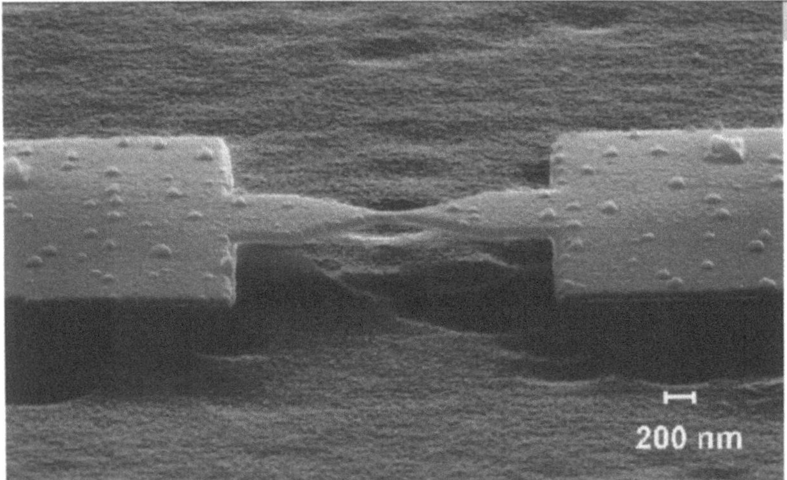

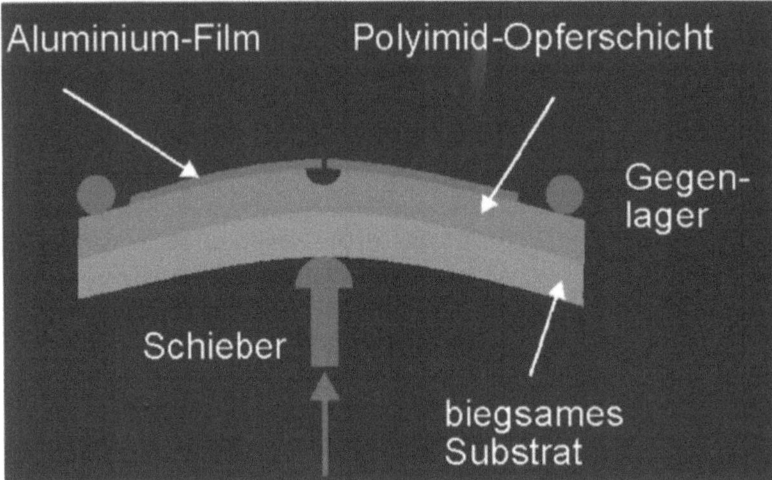

Abb. 13
Oben: Freitragende Brücke aus Aluminium auf einem Polymerlack. Durch Biegung des Substrats kann die Brücke gebrochen und reversibel zusammengefügt werden. Unten: Schema der Brücke im Querschnitt. (E. Scheer und A. Mayer-Gindner, Physikalisches Institut, und P. Pfundstein, Laboratorium für Elektronenmikroskopie)

takt zwischen Spitze und Probe ein metallischer Kontakt. Allerdings hat sich eine andere Technik als besonders geeignet erwiesen: Man unterätzt eine mit Elektronenstrahllithographie nanostrukturierte Metallbrücke in einem kleinen Bereich in der Mitte, so dass sie dort auf einer Länge von etwa 2 μm freitragend ist (Abb. 13 oben). Danach biegt man die Unterlage, auf der die Brücke auf beiden Seiten haftet, bis diese in der Mitte bricht (Schema Abb. 13 unten). Durch Rücknahme der Verbiegung kann man dann einen Kontakt herstellen, der nur aus einem einzigen Atom oder wenigen Atomen besteht. Wie breiten sich die Elektronenwellen durch einen solchen Kontakt aus? Dazu muß man wissen, dass eine einzelne Elektronenwelle – man kann auch sagen: ein einzelner Transportkanal durch den Kontakt – einen maximalen universellen Leitwert G_0 hat, der nur von der Elementarladung e der Elektronen und dem Planck'schen Wirkungsquantum h abhängt: $G_0 = 2e^2/h$. Mißt man den Leitwert G als Funktion der Durchbiegung des Substrats (genauer: des Abstands), so findet man, dass die Differenz des Leitwerts zwischen benachbarten Plateaus häufig nahe bei $2e^2/h$ liegt, zumindest für viele Metalle wie Kupfer oder Aluminium. Ein Beispiel zeigt Abb. 14. Die Frage, wie viele Transportkanäle tatsächlich zu einem Leitwert-Plateau beitragen, läßt sich mit einer Technik klären, welche die Supraleitung von Aluminium und anderen Metallen

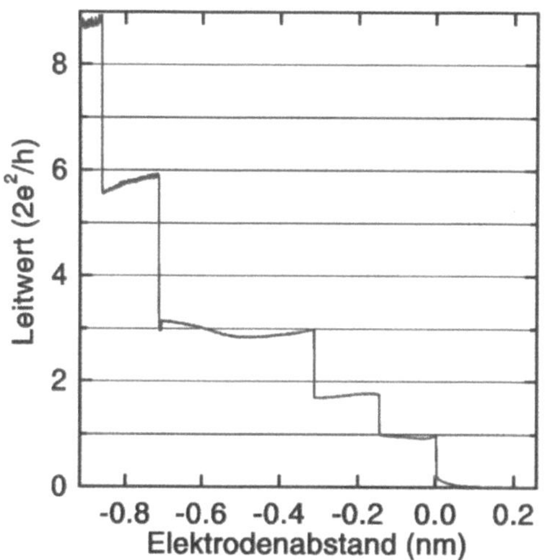

Abb. 14 Leitwertplateaus in einer nanostrukturierten Aluminiumbrücke nach Brechen und Wiederzusammenfügen. (E. Scheer, Physikalisches Institut, und C. Urbina, CEA Saclay, Frankreich)

ausnutzt. Dies haben E. Scheer und Mitarbeiter am „Commissariat à l'Energie Atomique" in Saclay, Frankreich untersucht. Überraschend stellten sie fest, dass z.B. für Aluminium und Blei nicht ein Transportkanal zum ersten Leitwert-Plateau mit dem Wert $2e^2/h$ beiträgt, sondern häufig drei, die dann natürlich jeweils einen Beitrag deutlich kleiner als $2e^2/h$ zum Leitwert liefern, d.h. einen Transmissionskoeffizienten kleiner als eins haben. Beim ersten Leitwert-Plateau bildet genau ein Atom den Kontakt. Die maximale Zahl der Transportkanäle durch ein einzelnes Atom wird offenbar durch die Gesamtzahl atomarer Elektronenorbitale, die mit Elektronen besetzt werden können, festgelegt: Für einwertige Metalle wie Alkali- oder Edelmetalle sind dies jeweils ein s-Orbital, für Metalle wie z.B. Aluminium oder Blei ein s- und drei p-Orbitale, für Übergangsmetalle wie Niob ein s- und fünf d-Orbitale. Der Wert des Transmissionskoeffizienten hängt von Anordnung und Überlappung der Orbitale ab. Damit hat man zum ersten Mal einen direkten Zusammenhang zwischen chemischer Valenz und Stromtransport in einem nanostrukturierten Metall gefunden. Dies hat eine überraschende Konsequenz: ein einzelnes Kupfer-Atom mit einem s-Orbital leitet den Strom

wesentlich schlechter als Blei, während dies in makroskopischen Drähten gerade umgekehrt ist. So stößt man an die Grenze der Nanotechnologie, den Stromtransport durch ein einzelnes Atom. Vielleicht aber gelingt es schon bald, auf diese Weise Schalter aus einzelnen Atomen herzustellen.

Ein weiterer wichtiger Punkt soll noch skizziert werden, der in Nanostrukturen neben dem Wellencharakter der Elektronen wichtig wird. Dies ist die einfache und fundamentale Tatsache, dass die Ladung des Elektrons quantisiert ist. Die kleinste mögliche Ladungsmenge, die man in einem Stromkreis transportieren kann, ist die Elementarladung e eines einzelnen Elektrons. Je kleiner die Kapazität C einer nanostrukturierten Metallinsel ist, desto größer ist die Energie $E = e^2/2C$, die notwendig ist, um eine Elementarladung zuzuführen. Die Kapazität wird mit abnehmender Fläche der Metallinsel kleiner. Damit kann der Stromtransport blockiert werden, wenn diese Energie nicht zur Verfügung steht. Eine solche Insel kann Bauelement eines „Einzelelektronentransistors" (Abb. 15) sein : Je nach Beschaltung mit einer Vorspannung V_G ist die Insel bei Transportspannungen $V < e/C$ blockiert, oder Elektronen können einzeln durchtreten. Dies erkennt man an der Strom-Spannungskennlinie. Solche Transistoren werden schon für spezielle Anwendungen, z.B. als Temperaturmesser bei sehr tiefen Temperaturen eingesetzt. Gegenwärtig wird in vielen Labors versucht, durch Reduzierung der Abmessungen reproduzierbare Einzelelektronentransistoren zu realisieren, die bei Zimmertemperatur betrieben werden können. Die vielfältigen Eigenschaften von Kombinationen solcher Transistoren, die auch an Halbleiter-Grenzschichten erzeugt werden können, werden derzeit ebenfalls theoretisch untersucht (G. Schön, Institut für Theoretische Festkörperphysik, und P. Wölfle, Institut für Theorie der Kondensierten Materie).

Das weite Feld der Nanotechnologie umfaßt eine Vielzahl von Disziplinen (Abb. 16): Neben der Physik steuert beispielsweise die Chemie Clusterverbindungen und auf der Nanometerskala selbstorganisierte Systeme bei, in den

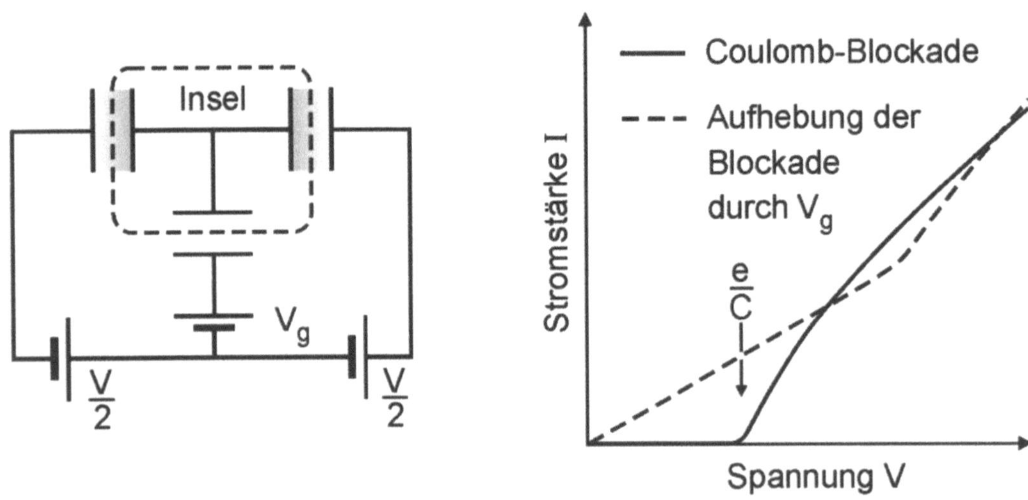

Abb. 15 Links: Schaltfeld des Einzelelektronentransistors. Die Transportspannung *V* kann Elektronen nur dann durch die Metallinsel der Kapazität *C* ziehen, wenn sie größer als *e/C* ist. Eine entsprechend gewählte Gate-Spannung V_G kann diese Coulomb-Blockade aufheben. Rechts: Strom-Spannungskennlinien bei Coulomb-Blockade(ausgezogene Kurve) und bei Aufhebung der Coulomb-Blockade (gestrichelte Kurve). (H. von Löhneysen, Physikalisches Institut)

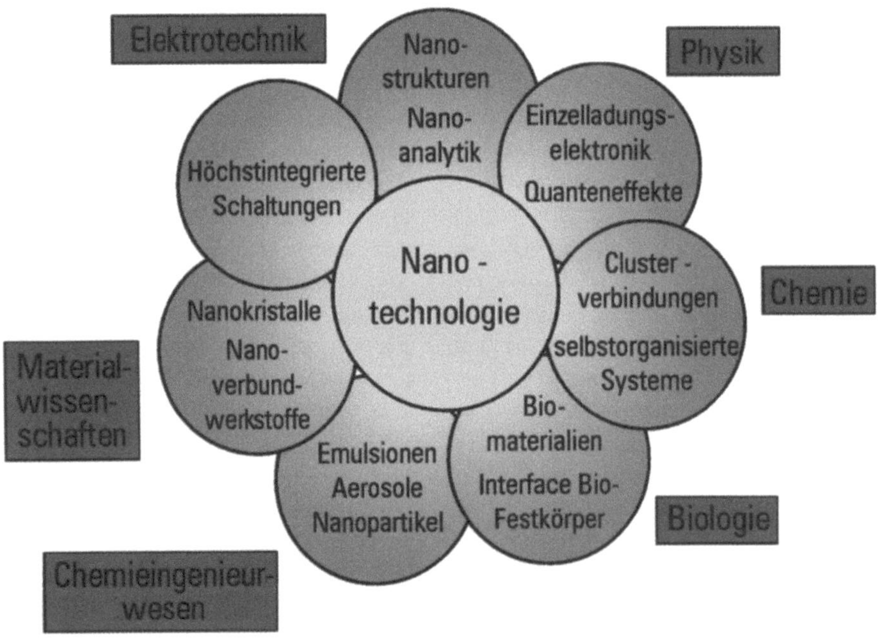

Abb. 16 Nanotechnologie als Querschnitttechnologie, die viele Disziplinen in Grundlagen und Anwendungen umfaßt. (H. von Löhneysen, Physikalsches Institut)

Werkstoffwissenschaften werden Nanokristalle und Verbundwerkstoffe entwickelt, aus dem Chemieingenieurwesen stammen Nanopartikel und Aerosole, aus der Elektrotechnik hochintegrierte Schaltungen.

Clusterverbindungen mit über 200 Atomen werden in der supramolekularen Chemie synthetisiert (Abb. 17), die man als kontrolliert hergestellte Nanostrukturen bezeichnen kann (D. Fenske, Institut für Anorganische Chemie).

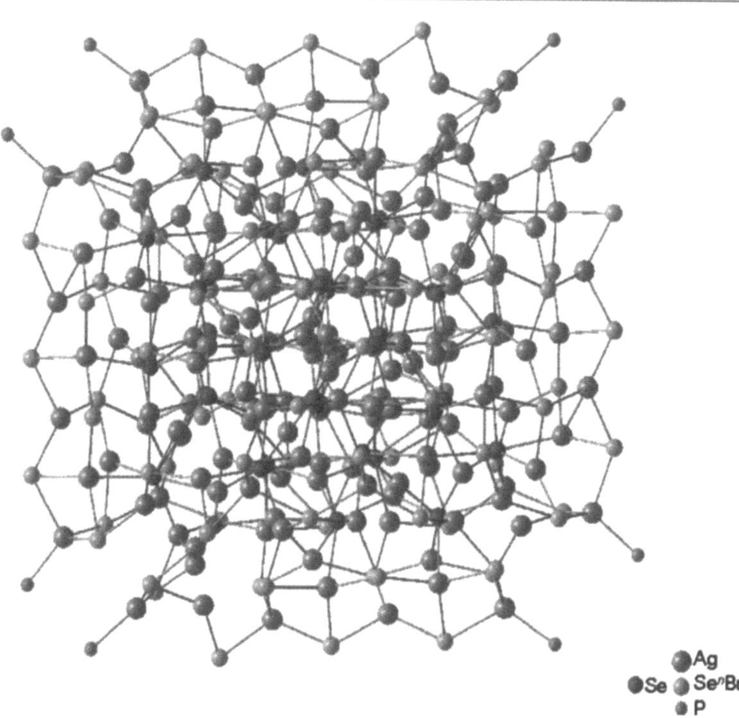

Abb. 17
Struktur eines $Ag_{172}Se_{132}$-Clusters mit Liganden (vereinfacht). Die Position jedes einzelnen Atoms ist durch Röntgenbeugung bestimmt worden. (D. Fenske, Institut für Anorganische Chemie)

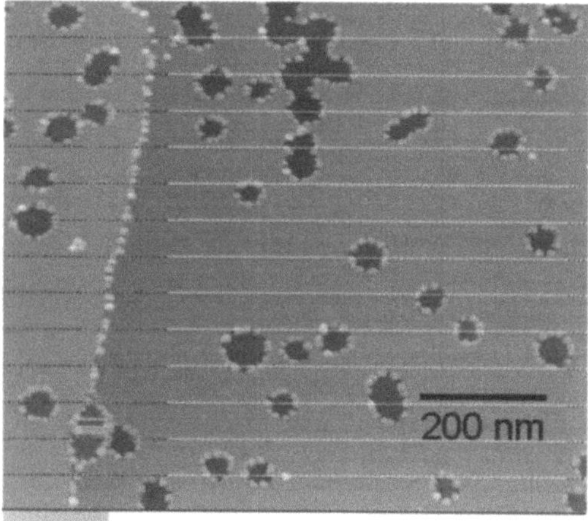

Abb. 18 Graphit-Oberfläche, die mit C_{60}, einem fußballförmigen Molekül mit 60 Kohlenstoffatomen, beschossen und nachträglich geätzt wurde. Danach abgeschiedenes Gold ordnet sich vorzugsweise um die durch den C_{60}-Beschuß entstandenen Krater. (M. Kappes, Institut für Physikalische Chemie)

In Molekularstrahlexperimenten ist es gelungen, definierte Oberflächendefekte (Löcher) mit einem Durchmesser von weniger als 100 Nanometer in Graphit durch Beschuß mit C_{60}-„Fußbällen" (Fullerenen) zu erzeugen, die Geschosse anschließend wegzuätzen und danach die Kraterränder mit Goldatomen zu dekorieren, um neue Nanostrukturen aus der Gasphase zu erzeugen (Abb. 18).

Ein weiteres zukunftsträchtiges Gebiet wird sicher auch die Nanotechnologie von Biomaterialien sein. Die Natur macht uns ja die Nanotechnologie in unglaublich vielfältiger Weise vor. Wenige Nanometer dicke Schichten von Biopolymeren (auf Metallsubstraten abgeschieden) inhibieren die Mitabscheidung anderer Moleküle (Blutproteine). Dies wurde mit Hilfe der Rasterkraftmikroskopie (Abb. 19) untersucht (G. Wenz, Polymer-Institut, und Th. Schimmel, Institut für Angewandte Physik).

Nanomaterialien sind auch für Werkstoffe, Verbundwerkstoffe, Farben, Pharmazeutika, u.a. heute bereits in der Entwicklung oder kommerziell erhältliche Produkte, von großer Bedeutung. Beispielsweise dienen nanoskalige Strukturen auf der Basis polymerer Latexpartikel in wässrigen Lösungen, deren Ordnungsphänomene derzeit untersucht werden (M. Ballauf, Polymer-Institut, und Th. Schimmel, Institut für Angewandte Physik), zur Herstellung umweltfreundlicher Farben.

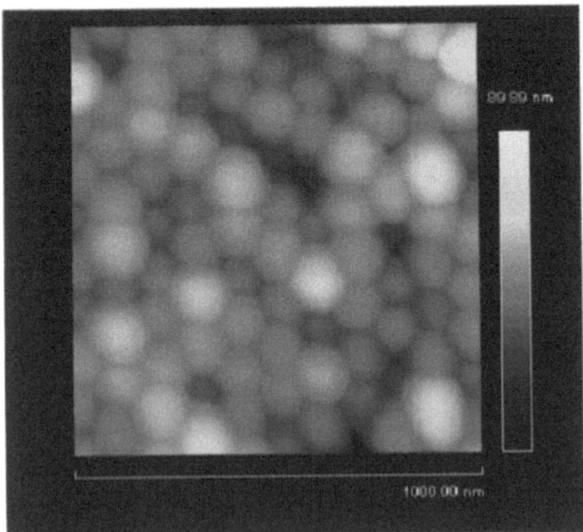

Abb. 19 Abscheidung von Rinderseralbumin (weiß) auf Celluloseschichten (dunkel), abgebildet mit Hilfe von Rasterkraftmikroskopie, Scangröße 1000 nm x 1000 nm. (G. Wenz, Polymer-Institut, und Th. Schimmel, Institut für Angewandte Physik)

Bei der Herstellung von Nanomaterialien (nanoskalige Polymere, Pulver, Keramiken u.a.) spielt die Prozesstechnik, die auf verschiedene Weise geführt werden kann, eine bedeutende Rolle (G. Kasper, Institut für Mechanische Verfahrenstechnik und Mechanik, M. J. Hoffmann, Institut für Keramik im Maschinenbau, M. Thumm, Institut für Höchstfrequenztechnik und Elektronik, und A. M. Braun, Institut für Umweltmesstechnik). Beispielsweise können bioverfügbare organische Nanopartikel und Zeolithe für pharmazeutische Anwendungen durch „thermodynamische Mikronisierung" von organischem Material infolge schneller Expansion überkritischer Lösungen hergestellt werden. Damit können Pharmazeutika nanodispers im Mikrometerbereich hergestellt und verabreicht werden (K. Schaber, Institut für Technische Thermodynamik und Kältetechnik).

Nanostrukturen spielen auch für die Katalyse chemischer oder elektrochemischer Prozesse eine bedeutende Rolle, beispielsweise bei der Energieerzeugung in elektrochemischen Brennstoffzellen (E. Ivers-Tiffée).

Die Nanoelektronik wird für die Herstellung von Bauelementen und integrierten Schaltungen sowie deren Anwendungen zukünftig eine dominierende Rolle spielen. Beispielsweise kann in der Datenspeicherung eine um eine Million höhere Speicherdichte als beim derzeit aktuellen 256 Mbit-Chip erreicht werden, so dass das gesamte Repertoire klassischer Musik auf einer Compact Disc gespeichert werden kann. Nanoelektronische Bauelemente werden zu einer neuen Generation ultrakleiner und ultraschneller Computer führen. Nanosonden werden auf den Gebieten Biologie, Umweltforschung und Medizin zu neuen Techniken und Anwendungen führen. Schließlich können mit Hilfe der Mikrowellen-Photonik und der Verwendung von Terahertz-Strahlen bisher ungeahnte Datenmengen in der Kommunikationstechnologie bewältigt werden. (W. Freude und F. X. Kärtner, Institut für Hochfrequenztechnik und Quantenelektronik, W. J. Lorenz und W. Wiesbeck, Institut für Höchstfrequenztechnik und Elektronik).

In der Technologieregion Karlsruhe gibt es eine hohe Konzentration nanotechnologischer Kompetenz, die im Sommer 1998 folgerichtig zur Gründung eines *Instituts für Nanotechnologie* an der Universität Karlsruhe geführt hat. Zeitgleich wurde am Forschungszentrum Karlsruhe, unter wesentlicher Beteiligung von Wissenschaftlern der Universitäten Karlsruhe und Strasbourg, ein gleichnamiges Institut gegründet. Ein erfolgreiches Wirken auf dem Gebiet der Nanotechnologie erfordert eine interinstitutionelle und fakultätsübergreifende Zusammenarbeit. So müssen naturwissenschaftliche und ingenieurwissenschaftliche Fakultäten eng kooperieren, um neue Grundlagenerkenntnisse schnell in die Praxis umzusetzen.

 Vielfalt der Chemie – Entwicklungstendenzen der Forschung 1950 bis 2000

B6 Vielfalt der Chemie – Entwicklungstendenzen der Forschung 1950 bis 2000

G. Fritz, E. U. Franck

Mit der technischen Chemie begann Lehre und Forschung der Chemie an der Technischen Hochschule. Schon 1860 jedoch wurde unter Leitung von Karl Weltzien bereits der erste, später berühmte internationale Chemie-Kongress abgehalten, der Grundlagen für den heutigen Atom- und Molekülbegriff schuf. Später wurde die technische Chemie durch den bedeutenden Gelehrten Carl Engler repräsentiert. Engler war es, der dafür sorgte, dass nach der Jahrhundertwende die modernen Richtungen der physikalischen, anorganischen und organischen Chemie sich entwickeln konnten und ein noch heute eindrucksvolles Gebäude an der Englerstraße erhielten.

❙ Anorganische Chemie

Mit der Berufung von Alfred Stock (1926) begann an der Universität Karlsruhe (TH) eine Entwicklung der Molekülchemie anorganischer Elemente, die schließlich zu unserer heutigen Beschreibung der chemischen Bindung führte. Die von ihm entwickelten Borwasserstoffe waren in das damalige Valenzkonzept nicht einzuordnen. Die heute international bekannten „Stock'schen Borane" lösten die Entwicklung zur Vorstellung der „Elektro-

nenmangelverbindungen" mit der quantenmechanischen Begründung aus. Stock war ein begnadeter Experimentator, und die „Stock-Apparatur" ermöglichte die fruchtbare Weiterentwicklung der anorganischen Chemie in den letzten Jahrzehnten.

Mit der Berufung von R. Scholder (1937–1964) änderte sich die Arbeitsrichtung. Es entstanden die grundlegenden Arbeiten zur Chemie der Hydroxo- und Oxosalze mit dem Zugang zu stabilen Verbindungen unbekannter Oxidationsstufen (Manganate II und III, Bismutate V, Cuprate III, Peroxymanganate IV), sowie von G. Denk (1955–81) die Arbeiten über basische Salze des Cadmiums und Magnesiums.

Bei der Nachfolge von R. Scholder verband sich mit den Berufungen von G. Fritz (1965–88), H. Bärnighausen (1967–98) und K. Krogmann (1969–93) eine wichtige Erweiterung der Arbeitsrichtungen im Institut. Die Molekülchemie, die Festkörperchemie, die Analytische Chemie und die Komplexchemie wurden Schwerpunkte in der Forschung und Lehre.

Über die Gasphasenpyrolyse der Methylsilane und über Reaktionen von chlorierten Methanen bzw. perchloriertem 1,3-Disilapropan und Si(Cu) im Wirbelbett entwickelte sich ein breites Spektrum von Molekülverbindungen mit Gerüsten alternierender Si- und C- Atome in linearen und cyclischen Molekülen (Carbosilane) mit den Grundstrukturen der Adamantane, Asterane, Barellane. Studien an Wasserstoffverbindungen der Elemente Phosphor und Silicium führten zur Entwicklung der Verbindungsklasse der Silylphosphane und damit zu funktionellen Element-Phosphor-Verbindungen, zu P-reichen Silylphosphanen, zu den P-Yliden und zum Einbau des $^t Bu_2 P–P$-Liganden in Übergangsmetallkomplexen (G. Fritz). Mit den Arbeiten von D. Kummer (1970–95) gelang die erste Röntgenstrukturanalyse von „Zintls Polyanionischen Salzen" und der Zugang zu den Komplexverbindungen salzartiger Silicium-Pyridin-Halogenide.

In der Festkörperchemie stand die Synthese neuer Verbindungen der Seltenen Erden mit ungewöhnlichen Oxidationsstufen sowie von Gemischt-Valenz-Verbindungen im Vordergrund. Zur Charakterisierung dienten in erster Linie röntgenographische Strukturanalysen. Bei Präparaten mit besonderen physikalischen Eigenschaften wurde in enger Zusammenarbeit mit Physikern das Methodenspektrum beträchtlich erweitert, wodurch sich vertiefte Einblicke in magnetische oder elektronische Zustände der neuen Festkörper gewinnen ließen. Phasenumwandlungen bei ferroelektrischen und ferroelastischen Stoffen wurden schwerpunktmäßig in enger Kooperation mit Physikern studiert. Zudem entstanden allgemein beachtete Beiträge zur Kristallchemie und zur Methodenentwicklung bei röntgenographischen Strukturanalysen: Einführung gruppentheoretischer Konzepte in die Kristallchemie, Strukturverfeinerung bei Vorliegen von Viellingskristallen, Verbesserung der Absorptionskorrektur, Bau einer CCD-Kamera zur hochaufgelösten Registrierung von Beugungsreflexen (H. Bärnighausen).

Ausgehend von der Beobachtung, dass sich kristalline, metallisch glänzende Verbindungen des Platins und Iridiums wie normale Salze in Wasser unter Bildung von Ionen lösen, ergaben Kristallstrukturbestimmungen, dass sich planare Komplexionen des Pt bzw. Ir scheiben-

artig im Kristall zu Säulen stapeln, wobei die Metallatome im Inneren aufeinander liegen und damit eine metallische Wechselwirkung entlang der Säulenmitten ermöglichen. Messungen der Spiegelreflexionsspektren mit polarisiertem Licht in Zusammenarbeit mit Arbeitsgruppen der Fakultät Physik bewiesen, dass in den Kristallen eine eindimensional-metallische Leitung erfolgt. Damit wurde das für die Chemie und die Festkörperphysik neue Kapitel der Komplexchemie eindimensionaler Metalle erschlossen (K. Krogmann).

Seit der Neubesetzung der Lehrstühle mit den Berufungen von D. Fenske (seit 1988) und H. Schnöckel (seit 1993) ist die Forschung auf folgende Bereiche orientiert:

Reaktionen von Derivaten der Übergangsmetalle mit silylierten Hauptgruppenelementen führen zu ligandengeschützten Ausschnitten von binären Festkörpern. Verbindungen dieses Strukturtyps besitzen Eigenschaften, die von der Größe der Teilchen – die im Nanometer-Bereich liegen – beeinflusst werden. Beispielsweise kann man die Bandlücke und damit die optischen und elektronischen Eigenschaften gezielt einstellen. Ein weiteres Arbeitsgebiet beschäftigt sich mit der Synthese und Strukturaufklärung von Zintl-Phasen aus Alkalimetallen und Elementen der 5. Hauptgruppe des Periodensystems der Elemente. Die Forschungsarbeiten von D. Fenske wurden durch den Leibniz-Preis der Deutschen Forschungsgemeinschaft gefördert.

Bei ca. 1000°C erzeugte zweiatomige Halogenide des Aluminiums und Galliums (z.B. GaCl) können nach Abschrecken auf Raumtemperatur metastabil in Lösung gehalten werden. Aus solchen Lösungen erhält man kristalline Verbindungen, die strukturell aufgeklärt wurden. Derartige Subhalogenide, die beim Erwärmen in das jeweilige Metall und das Trihalogenid disproportionieren, können nach Substitution mit sperrigen organischen Resten stabilisiert werden. Auf diese Weise lassen sich auf dem Weg der Metallbildung substitutionsgeschützte Zwischenstufen abfangen, wie z.B. der größte strukturell aufgeklärte Metallcluster, der 77 Al-Atome enthält (H. Schnöckel).

Durch die Besetzung des Lehrstuhls „Supramolekulare Chemie" mit A. Powell (1999) erweitert sich der Forschungsbereich auf Untersuchungen von oxy/hydroxy-verbrückten Metallaggregaten mit Netzstrukturen und deren supramolekulare Chemie, sowie die Untersuchung ihrer magnetischen und elektronischen Eigenschaften.

In der Arbeitsgruppe von M. Scheer (seit 1996) wurde die Komplexchemie des weißen Phosphors und seiner Umwandlungswege in der Koordinationssphäre von Übergangsmetallen aufgeklärt. Die Untersuchungen wurden auf die schweren Homologen des Phosphors ausgedehnt. Weitere Arbeiten sind auf die Bildung von Komplexen mit Hauptgruppenelementen und ihr Reaktionsverhalten, sowie auf Komplexverbindungen mit Übergangsmetall-Phosphor-Mehrfachbindungen ausgerichtet. Sie dienen der Bildung molekularer Vorstufen zu neuen, metastabilen, binären bzw. ternären Phasen von Übergangsmetallpnikogeniden sowie der Generierung dünner Schichten solcher Materialien.

H. Krautscheid (seit 1998) befasst sich mit polynuklearen Komplexen als Zwischenglieder im Übergang von einkernigen Komplexen zu entsprechenden Festkörpern. Die Untersuchungen sind auf die Aufklärung dieser Zwischenglieder ausgerichtet, da von ihren Strukturen und Clustergrößen die physikalischen Eigenschaften der Festkörper abhängig sind. Sie umfassen mehrkernige, strukturell isolierte Halogenokomplexe des Bleis sowie zwei- und dreidimensionale Netzstrukturen bei Thiocyanatometallaten.

Organische Chemie

Die Forschung orientierte sich in den 50-60er Jahren an der hohen wissenschaftlichen Leistung und der liberalen Persönlichkeit von R. Criegee (1937–68), die den Mitarbeitern in dieser Zeit den Zugang zu den Forschungsschwerpunkten der USA öffneten. Hervorzuheben sind die Untersuchungen zum Mechanismus der Ozonolyse von Alkenen über das Carbonyl-O-oxid (Criegee-Zwitterion), die Synthese von cis-Diolen aus Alkenen und Osmiumtetroxid, die Oxidation von Kohlenwasserstoffen mit Sauerstoff,

die Synthese und chemisches Verhalten von Cyclobutadien sowie von hochgespannten Kohlenwasserstoffen und die stereoselektive Ringöffnungs- und Ringschließungsreaktion.

Mit der Berufung von H. Musso (1969–88) und G. Schröder (1970–97) sowie des Biochemikers J. Rétey (seit 1972) verband sich eine breitere Ausrichtung in Forschung und Lehre. Die Arbeiten des Naturstoffchemikers Musso behandelten die Aufklärung der Farbstoffe des Fliegenpilzes sowie der Lackmusfarbstoffe und die oxidative Kopplung von Phenolen und Aminophenolen. Die Untersuchungen zur selektiven katalytischen Hydrierung polycyclischer Kohlenwasserstoffe führten zu wichtigen Regeln bezüglich der Bindungsöffnung in kleinen Ringen in Abhängigkeit von Bindungslängen und Spannungsenergien. Weitere Arbeiten behandelten die Chemie der Asterane, der Metallchelate und Diazoniumsalze (H. Musso).

Die erste Beobachtung und Aufklärung von Molekülen mit fluktuierender Struktur am Bullvalen fand große Beachtung. Es folgten Studien zur photochemischen Synthese und der physikalischen Eigenschaften der Annulene und Heteroannulene (z.B. [12] Annulen, [16] Annulen, [16] Annulendikation, Aza[14]- und Aza[18] annulen), sowie zur Chemie chiraler Kronenether und die ersten experimentellen Beiträge zur eingeschnürten Möbius-Aromatizität, einem neuen Bindungsprinzip in der Chemie (G. Schröder).

Die biochemisch ausgerichteten Untersuchungen bewegten sich auf dem Grenzgebiet zwischen organischer Chemie und chemischer Biologie. Es wurden behandelt: die Stereospezifität und der Mechanismus von Enzymreaktionen, die enzymatische Kontrolle von radikalischen Zwischenstufen, das Coenzym B_{12} und S-Adenosylmethionin als Radikaliniatoren, die elektrophile Katalyse von Enzymen wie Urocanase, Histidin- bzw. Phenylalanin-Ammoniak-Lyasen sowie synthetische Enzymmodelle. Die enzymatischen Katalyse-Mechanismen werden sowohl mit spektroskopischen als auch mit gentechnischen Methoden untersucht (J. Rétey).

Mit der Berufung von H. Knölker (1991) verlagerten sich die Arbeitsrichtungen auf

Anwendungen von Übergangsmetall-Komplexen in der stereoselektiven organischen Synthese sowie auf mechanistische und synthetische metallorganische Chemie und die Synthese biologisch aktiver Naturstoffe (Carbazolalkaloide, Spirochinolinalkaloide, Amaryllisalkaloide, Vitamin D, Terpene). Weitere Aktivitäten sind auf die Synthese polycyclischer aromatischer Kohlenwasserstoffe und die asymmetrische Katalyse ausgerichtet. In der Organo-Siliciumchemie interessieren die Lewis-Säure-vermittelten Cycloadditionen von Allylsilanen. Die Entwicklung neuer Methoden zur phosgenfreien Synthese von Isocyanaten ist ein weiteres Ziel der Arbeiten. Mit Synthesen von Imidazol-Derivaten sollen potentielle neue Farbstoffe zugänglich werden.

Seit der Berufung von H. Waldmann (1994–99) erweiterte sich die Forschung auf die Entwicklung von Verbindungen als molekulare Sonden zum Studium biologischer Phänomene und chemo-enzymatischer Methoden zur Synthese multifunktioneller Peptidkonjugate, die Schlüsselfunktionen in biologischen Signalvorgängen übernehmen, ebenso auf die Synthese von Naturstoffen und deren Analoga, die Modulatoren von Signalkaskaden sind. Durch die Entwicklung synthetischer Zugänge zu Phospho- und Phosphoglycopeptiden werden biologische Studien für die Untersuchung des Imports von Proteinen in den Zellkern ermöglicht. Zum Aufbau polycyclischer Alkaloidgerüste wurden neue Wege zu polycyclischen Indolalkaloiden entwickelt.

Die Arbeiten von H. Volz (1971–93) waren auf die Isolierung und Charakterisierung cyclischer Carbokationen mit „offener Molekularschale" wie Cyclopentadienyl-, Indenyl- und Fluorenyl-Kationen ausgerichtet. Über die Isolierung mehrerer reaktiver Zwischenstufen gelang die Aufklärung der Mechanismen der Polonovski-Reaktion und der Acetoxy-Umlagerung. Zahlreiche Polonovski-Metallporphyrine wurden bei Arbeiten zum Mechanismus der biologischen Oxygenierungen synthetisiert. Wesentliche Beiträge zur Ökologischen Chemie erbrachten die Untersuchungen von W. Boland (1987–94). Der Schwerpunkt der Forschung von A. Giannis

(seit 1998) liegt in dem rationellen Design und der Untersuchung von biologisch aktiven Verbindungen und Naturstoffanaloga. Dazu gehören u. a. Inhibitoren der Blutgefäßneubildung (neuartige Antikrebswirkstoffe) und der Zellwanderung sowie Inhibitoren der Sphingomyelinase und der Ceramidbildung als Mittel zur Modulation der Signaltransduktion.

Physikalische Chemie

Die Physikalische Chemie und Elektrochemie besteht an der Universität Karlsruhe (TH) seit 1900 mit dem ersten Vertreter, dem Elektrochemiker Max Le Blanc. Hervorragender Vertreter bis 1911 war Fritz Haber, der für seine Hochdruck-Ammoniak-Synthese den Nobelpreis erhielt und die Forschungsgebiete Thermodynamik, Elektrochemie und Katalyse bearbeitete. Nach 1946 wurde diese Tradition durch Paul Günther (1946-61) fortgesetzt, u. a. mit chemisch-kinetischen Untersuchungen in Ultraschallfeldern. Hellmuth Fischer (1959–70) betreute die traditionelle elektrochemische Forschungsrichtung mit Arbeiten über Metallabscheidungen und Korrosion, die 1958 zu einer noch heute aktuellen Monographie führten.

Die Untersuchung kondensierter Materie unter extremen Bedingungen, d. h. hohem Druck und hohen Temperaturen stand im Mittelpunkt der Forschungsaktivitäten am Lehrstuhl von E. U. Franck (1961–88). Karlsruhe entwickelte sich dadurch zu einem Zentrum der Hochdruck-Forschung und -Technologie, wie zahlreiche wissenschaftliche Gäste aus dem In- und Ausland bewiesen. Die Anwendungen dieser Forschungsarbeiten erstrecken sich heute von den Geowissenschaften (z. B. hydrothermale Lösungen), über die angewandte Chemie bis hin zu den allgemeinen thermophysikalischen Eigenschaften überkritischer Fluide. Auch wurden in dieser Arbeitsgruppe schon früh kontinuierliche Metall-Nichtmetall-Übergänge und überkritische, hydrothermale Flammen bei Drücken bis zu 2000 atm erzeugt und untersucht. Messungen der thermodynamischen, spektroskopischen und Transport-Eigenschaften von geschmolzenen Salzen, ebenfalls unter hohem Druck und bei hohen Temperaturen, wurden von K. Tödheide (1981–97) durchgeführt.

H.G. Hertz (1964–90) führte als erster kernmagnetische Resonanz-Methoden (NMR) in Karlsruhe ein und erforschte damit mikrostrukturelle und mikro-dynamische Eigenschaften von Flüssigkeiten, insbesondere von Elektrolyt-Lösungen. Es entstand eine der ersten NMR-Arbeitsgruppen Deutschlands. Sie widmete sich neben der Anwendung auch der NMR-Methoden–Entwicklung sowie Fragen der Theorie der NMR–Relaxation. Heute spielen die Karlsruher Methoden, u.a. in der Kernspin-Tomographie für die Medizin eine wichtige Rolle. Eine herausragende Anwendung der NMR nach H.G. Hertz und M. Holz fand sich in der Aufklärung der so genannten „hydrophoben Effekte" im Zusammenhang mit dem Verhalten des Wassers in der supramolekularen Chemie und Biochemie. Es gelang die Kombination von Elektrophorese und ortsauflösender Kernresonanz zur „Elektrophoretischen NMR".

Zwei neue Arbeitsgebiete wurden von U. Schindewolf (1970–1993) eingebracht: Einerseits untersuchte er mit P. Krebs (seit 1982) solvatisierte Elektronen in polaren und unpolaren, teils auch überkritischen Lösungen. Dabei standen Transporteigenschaften sowie die thermodynamischen, elektrochemischen, spektroskopischen und chemisch-kinetischen Eigenschaften im Vordergrund. Andererseits widmete er sich der Trennung kerntechnisch wichtiger Isotope. Er entwickelte neue Anreicherungsverfahren für schweres Wasser (D_2O) und für die Anreicherung des Isotops ^6Li. Die Verfahren basieren auf Isotopenaustauschprozessen in flüssigem Ammoniak und sind besonders kostengünstig. Schließlich wies er einen neuen Weg für die Abtrennung des Wasserstoffisotops Tritium.

Untersuchungen über Korrosion und Grenzflächen-Elektrochemie wurden fortgeführt durch W. Lorenz (1974–1998). Schon sehr früh wurde dafür Rastertunnel- und Atomkraft-Mikroskopie eingesetzt und damit Erfahrung über Nanostrukturierung und Nanomodifikation von Oberflächen erworben.

Der raschen Entwicklung der Theoretischen Chemie wurde mit der Berufung von R. Ahl-

richs (seit 1975) auf einen neuen Lehrstuhl für dieses Gebiet Rechnung getragen. Die Entwicklung und Anwendung von Computer-Methoden zur Berechnung der Eigenschaften von Molekülen und Clustern bildet den Schwerpunkt dieser Forschung. In den neunziger Jahren wurde ein äußerst erfolgreiches Programmsystem (TURBOMOLE) entwickelt, welches die Berechnung und Analyse der elektronischen Struktur chemischer Systeme erlaubt und heute als „wissenschaftlicher Export" weltweiten Einsatz findet. Seine Forschungen wurden durch den hochdotierten Landesforschungspreis des Landes Baden-Württemberg gefördert.

Die Tradition der Hochtemperatur-Hochdruck-Forschung an Fluiden wird von W. Freyland (seit 1988) fortgesetzt und durch moderne Methoden und Ziele erweitert. An seinem „Lehrstuhl für Physikalische Chemie kondensierter Materie" werden mit spektroskopischen und elektrochemischen Methoden hauptsächlich die Eigenschaften von elektrisch leitenden Fluiden, sowohl in der Volumenphase wie auch an Grenzflächen studiert. Elektronische Phasenübergänge (Metall-Nichtmetall-Übergänge in Metall-Salzschmelzen, in Lösungen oder in flüssigen Legierungen) sind dabei auch von hohem technischem Interesse. Untersuchungen zu Phasenübergängen an Grenzflächen, zusammen mit D. Nattland (seit 1996) sind ein attraktives und anwendungsorientiertes neues Arbeitsgebiet. Schließlich sei noch die Elektrodeposition von Metallen und Halbleitern aus Salzschmelzen mit Nanometer-Auflösung genannt.

Die Arbeit von T. Koslowski (seit 1997) betrifft vor allem mikroskopische und elektronische Strukturen von fehlgeordneten Systemen unter Einschluss von Flüssigkeiten, Gläsern, amorphen Halbleitern und Übergangsmetall-Oxiden.

Ebenfalls wird die Richtung Nanotechnologie durch die Arbeiten am „Lehrstuhl für Physikalische Chemie mikroskopischer Systeme" gefördert. Unter der Leitung von M.M. Kappes (seit 1991) werden Eigenschaften von Materie in Nanometer-Dimensionen untersucht. Die Größenabhängigkeit der Eigenschaften von isolierten Metall-Clustern in Molekularstrahlen, sowie Cluster-Abscheidung und Stoßprozesse an Oberflächen, finden besondere Aufmerksamkeit. Die Herstellung, Trennung und Untersuchung von sog. Fullerenen und deren Derivaten sowie ihre Anwendung z.B. als „Nano-Tubes" spielen eine wichtige Rolle. Es besteht Zusammenarbeit mit dem Forschungszentrum Karlsruhe. Am gleichen Lehrstuhl werden spezielle NMR-Methoden zur Untersuchung komplexer fluider Systeme weiterentwickelt.

Mit der Berufung von H. Hippler (seit 1993) nimmt auch die Reaktionskinetik einen gewichtigen Raum ein. Das Studium uni- und bimolekularer Komplexbildungsreaktionen am „Lehrstuhl für Molekulare Physikalische Chemie" führt zur Atmosphären-Chemie und zu Verbrennungsprozessen. Zur Beschreibung von deren Druck- und Temperaturabhängigkeit werden theoretische Ansätze entwickelt. Ein weiteres Arbeitsgebiet ist das Studium von Hochdruckflammen in superkritischen Fluiden. Laser-Spektroskopie erlaubt das Vordringen in den Zeitbereich von Femtosekunden. Damit wird auch die ultraschnelle Dynamik von solvatisierten Elektronen in Flüssigkeiten untersucht.

Radiochemie und Instrumentelle Analytik

Mit der Berufung von W. Seelmann-Eggebert (1958–80) an die Universität Karlsruhe erfolgte im damaligen Kernforschungszentrum unter seiner Leitung der Aufbau des Institutes für Radiochemie mit folgender wissenschaftlicher Ausrichtung: Arbeiten über kurzlebige Nuklide mit der immer wieder erneuerten „Karlsruher Nuklidkarte", Untersuchungen zur Chemie der Transurane sowie zur technischen und medizinischen Anwendung von Radionukliden, Arbeiten zur analytischen Überwachung der Wiederaufbereitung von abgebranntem Kernreaktorbrennstoff, die Entwicklung einer technischen Synthese von Transuranelementen sowie von Spaltprodukten für die Anwendung in der Materialuntersuchung und in der Medizintechnik.

Dieser Lehrstuhl wurde bei der Besetzung mit H. J. Ache (1981–98) in „Instrumentelle Analytische Chemie" umbenannt. Der Schwerpunkt der Forschung war auf die Entwicklung hochintegrierter chemischer Mikroanalysensysteme ausgerichtet, die den praktischen Anforderungen einer kontinuierlichen Analytik in Bereichen wie Prozesstechnik, Umwelt und Medizin entsprechen. Dabei verfolgte eine durchgängige Basisforschung und Technologie die Entwicklung bis zu anwendungsreifen Analysensystemen.

Chemische Technik

In der Technischen Chemie, dem ältesten Fach der chemischen Fakultät, wurden seit 1851 Vorlesungen über „Chemische Technologie" gehalten. Von 1876 bis 1919 wurde sie vor allem durch Carl Engler vertreten. Unter seiner Leitung wurde 1882 das jetzige Institut für Chemische Technik errichtet und auf sein Betreiben wurde 1907 auch das „Gasinstitut" (Engler-Bunte-Institut) gegründet. Im Laufe der Zeit entwickelten sich weitere angewandte Disziplinen wie die Brennstoffkunde, die technische Gasverwendung, die Mineralöl- und Kohle-Forschung und die Wasserchemie. 1969 gliederten sich diese Spezialgebiete in die damals neue Fakultät für Chemieingenieurwesen ein. Das Institut für Chemische Technik verblieb in der Fakultät Chemie.

Die physikalisch-chemische Durchdringung der chemisch-technischen Probleme wurde schon in den Arbeiten von A. Henglein (1934–61) deutlich, der mit einer systematischen Darstellung der Technischen Chemie („Grundriss der Chemischen Technik") als Begründer einer „Karlsruher Schule der Technischen Chemie" gelten kann. Dieser Weg wurde von E. Fitzer (1962–1989) weiterverfolgt. Seine Arbeiten auf dem Gebiet der Hochtemperatur-Werkstoffe und -Schutzschichten, hochschmelzender Verbindungen, der Pyrolyse gasförmiger Verbindungen, der Kohlenstoff- und Graphitwerkstoffe wurden international bekannt. 1975 entstand mit W. Fritz ein Lehrbuch: „Technische Chemie". Es folgten Arbeiten zur angewandten Katalyse, insbesondere zur katalysierten Abgasreinigung und Nachverbrennung sowie zu Adsorptionsverfahren durch W. Weisweiler (seit 1980). Seit 1975 wurden durch K. Hüttinger die Arbeiten auf dem Gebiet der angewandten Oberflächen- und Grenzflächenchemie, der Synthese von Kohlenstoff- und Strukturwerkstoffen sowie der faserverstärkten Verbundwerkstoffe intensiviert.

Moderne Reaktionstechnik wurde durch G. Emig (1989–92) verfolgt, der mit seinen Arbeiten zur heterogenen Katalyse, zu CVD-Prozessen (Chemical Vapour Deposition) und zyklisch instationär betriebenen heterogen-katalysierten chemischen Umsetzungen die Wechselwirkungen zwischen Transportprozessen und chemischen Reaktionen in technischen Prozessen nutzte.

Wechselwirkungen zwischen chemischen Reaktionen und Transportprozessen gehören zu den Arbeitsgebieten von H. Bockhorn (seit 1995). Gegenstand dieser Untersuchungen ist die chemische Reaktionstechnik mit Strömungen aus unterschiedlichen Systemen (Verbrennungsreaktionen, Pyrolyse von Polymeren, komplexe chemische Systeme).Für turbulente Strömungen werden wegen der kurzen Reaktionszeiten berührungslose laserspektroskopische Verfahren entwickelt. Zur Untersuchung dieser Systeme finden die Werkzeuge der mathematischen Modellierung und numerischen Simulation Eingang, die mit ihrem gegenwärtigen Stand vielfach schon einen dem Experiment äquivalenten Charakter erreicht haben. Seit 1998 vertritt H. Bockhorn zusätzlich die Verbrennungstechnik in der Fakultät für Chemieingenieurwesen und Verfahrenstechnik.

Polymer-Chemie

Die Makromolekulare Chemie wurde mit B. Vollmert (1965–86) eingeführt. Schwerpunkte seiner Forschungsarbeiten waren Synthese, Charakterisierung und Reaktionen von Polymeren sowie die Struktur von konzentrierten Polymerlösungen und Gelen. International bekannt wurde er auch durch sein Lehrbuch „Grundriss der Makromolekularen Chemie", das zuerst 1962 erschien und in fünf Sprachen übersetzt wurde. Mit der Berufung von H. Nimz (1969–82) wurde eine zweite Abteilung für Polymere Naturstoffe gegründet. Einen Schwerpunkt bildeten Untersuchungen zur Struktur und Modifikation von Lignin.

Seit 1990 betreut M. Ballauff die Polymerforschung. Im Mittelpunkt stehen die polymeren Kolloide. Ausgangspunkt ist die Synthese von Polymer-Dispersionen mit wohl definierter Morphologie, Stabilisierungsart und enger Partikelgrößenverteilung durch Emulsionspolymerisation. Mit Hilfe der Röntgen- und Neutronenkleinwinkelstreuung werden die radiale Struktur, die Oberfläche und die Wechselwirkung der kolloidalen Partikel, aber auch die Adsorption von oberflächenaktiven Substanzen an der Oberfläche von Latexteilchen sowie Strukturänderungen während der Filmbildung untersucht. Diese Erkenntnisse sind von erheblichem praktischem Interesse. Die Streumethoden ermöglichen auch die Bestimmung der räumlichen Struktur von Polymer-Molekülen unterschiedlicher Architektur in Lösung. Mit Hilfe der am Institut entwickelten in-situ-Trübungsmessungen wird auch die Kinetik der radikalischen Polymerisation von Vinylmonomeren in überkritischem Kohlendioxid untersucht.

Im Mittelpunkt der Forschung von G. Wenz (seit 1993) steht die chemische Modifizierung von Kohlenhydraten als nachwachsende Rohstoffe. Funktionelle Gruppen werden gezielt an Cyclodextrine und Cellulose geknüpft. Weiterhin werden Arbeiten auf dem Gebiet der Supramolekularen Chemie durchgeführt. Dabei werden insbesondere die thermodynamische Stabilität und Struktur von Cyclodextrin-Einschlussverbindungen sowie die Kinetik des Auf- und Abfädelns von Cyclodextrinen auf wasserlösliche Polymere untersucht.

Lebensmittelchemie

Von 1943 an sicherte W. Heimann den Erhalt der neueingerichteten Lebensmittelchemie und übernahm von 1968-80 den Lehrstuhl. Er bearbeitete vor allem die Veränderung von Lebensmitteln durch Konservierungsverfahren. Sein Nachfolger war H. Niebergall (1982-1995), der sich vorzugsweise dem Übergang von Kunststoff-Monomeren und Weichmachern durch Lebensmittelverpackungen widmete.

Seit 1995 leitet M. Metzler das Institut. In den aktuellen Forschungsarbeiten überwiegen lebensmitteltoxikologische Fragestellungen wie die Schädigung des genetischen Materials durch bestimmte Lebensmittelinhaltsstoffe und Umweltsubstanzen. Die Aufklärung der biochemischen Mechanismen der genetischen Schädigung und die Abschätzung des gesundheitlichen Risikos für den Menschen stehen dabei im Vordergrund des Interesses. In der Arbeitsgruppe werden bevorzugt hormonwirksame Stoffe (pflanzliche Estrogene, hormonelle Wachstumsförderer, industrielle Umweltestrogene) und Schimmelpilzgifte (Patulin, Citrinin) bearbeitet. Der Schwerpunkt der Arbeiten von A. Hartwig (seit 1998) ist auf krebserzeugende Metalle (Arsen, Nickel, Cobalt und Cadmium) sowie auf oxidative DNA-Schäden durch Umweltchemikalien und Lebensmittelinhaltsstoffe ausgerichtet.

B7 Mathematik – Basis moderner Technologie

A. Kirsch, P. Rentrop

Datenverarbeitung, Anwendungen und Mathematik

Die rasante Entwicklung der Datenverarbeitung hat der Mathematik völlig neue Arbeitsgebiete eröffnet. Deren Anwendungsbreite und Effizienz beruht darauf, dass die mathematischen Aspekte einer Rechnerumgebung ausgenutzt werden. Traditionell kamen Anwendungen bisher aus den Ingenieur- und Naturwissenschaften, zunehmend werden aber auch Aufgaben aus der Medizintechnik und den Wirtschafts- und Sozialwissenschaften erfasst. Der Rechnereinsatz berührt viele Gebiete der Informatik.

Das volkswirtschaftliche Interesse am Wissenschaftlichen Rechnen, welches sich in Studien der US-Regierung (Great Challenges, Bromley 1992; PITAC: The Presidents Information Technology Advisory Committee, 1999) oder der EU (Rubbia, 1993) niederschlägt, ist kurz mit

High-Tech ist Math-Tech

oder „Hochtechnologie ist mathematische Technologie" umrissen.

Neben den klassischen Erkenntniszugängen Theorie und Experiment hat sich als weiterer Zugang die Simulation etabliert. Da die industrielle Entwicklung ohne Simulation nicht mehr denkbar ist, definiert die VDI-Norm 3633: „Simulation ist das Nachbilden eines Systems mit seinen dynamischen Prozessen in einem experimentierfähigen Modell, um zu Erkenntnissen zu gelangen, die auf die Wirklichkeit übertragbar sind." An die Stelle realer Objekte treten mathematische Modelle, mit denen experimentiert wird – kurz gesagt: Simulation ist das Experiment am Modell. Im industriellen Rahmen ist die Aufgabe der Simulation, zeitaufwendige und kostenintensive reale Experimente auf dem Rechner zu ersetzen.

Netzwerkzugang in der Technischen Simulation

Grundlage für die Simulation auf Rechnern sind mathematische Modelle. Im industriellen Umfeld ist ihre Erstellung per Handarbeit nur noch in Einzelfällen möglich. Der Rechner selbst wird eingesetzt, um ein mathematisches Modell aufzubauen. Dazu dient im TCAD-Bereich (Technologically Computer Aided Design) als Basis der Netzwerkzugang. Eine technische Aufgabenstellung läßt sich grob in drei Schritte aufteilen:

Schritt 1: Präprozessor zur Spezifikation der technischen Anwendung
Schritt 2: „Black Box" enthält
- Netzwerk: Automatische Generierung des mathematischen Modells
- Numerische Integration: Zeitintegration der Modellgleichungen

Schritt 3: Graphische Aufbereitung und Nachbearbeitung der Simulationsdaten

In der Mathematik ist vor allem Schritt zwei von Interesse, sowohl die Modellerstellung als auch die numerische Integration. Die rechnergestützte Modellgenerierung erfolgt nach folgendem Schema:

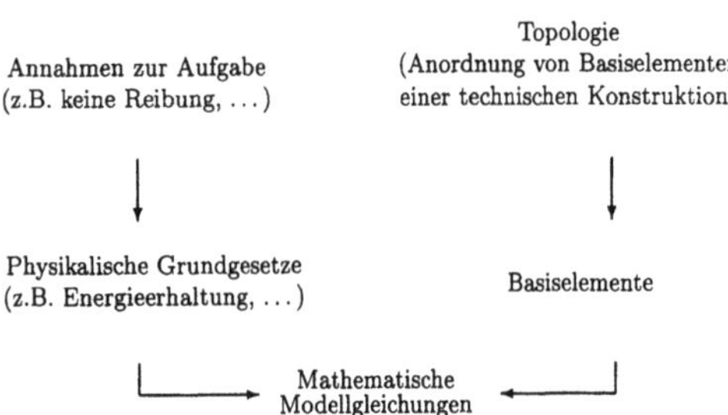

In einem hierarchischen Aufbau des Modells würden die Basiselemente selbst wieder dem gleichen Modellierungsprinzip genügen.

Am hiesigen Institut für Wissenschaftliches Rechnen und Mathematische Modellbildung (IWRMM) wird dieser Netzwerkzugang weiterentwickelt und wurde mit Erfolg in der Mehrkörpersystemdynamik (Rad-Schiene-Technik, Fahrzeugbau) und in der elektrischen Schaltungssimulation mit ihren mehreren 10.000 Gleichungen eingesetzt. Zur Zeit wird zusammen mit Abteilungen der Bundesanstalt für Gewässerkunde in Koblenz der Netzwerkzugang auf das Alarmmodell Rhein (Hochwasservorhersage, Schadstoffausbreitung) angewandt.

Als typisches Beispiel diskutieren wir den Ladungswechsel im Verbrennungsmotor. Ziel ist es, Länge und Durchmesser gerader Rohrstücke in einem Verbrennungsmotor so auszulegen, dass der Ladungswechsel, dh. der Austausch

von verbrannten Gasen durch ein frisches Luft-Kraftstoff-Gemisch, optimal wird. Dies führt zu einer vollständigen Verbrennung mit höherer Energieausbeute und weniger Schadstoffen. In einem typischen 6-Zylinder-Motor sind ca. 50 gerade Rohrstücke mit einer Gesamtlänge von 13 m verfügbar. Ihre Auslegung soll Gasdruckoszillationen unterstützen, so dass am geöffneten Einlassventil durch hohe Druckamplituden ein Nachladeeffekt erreicht wird. Am geöffneten Auslassventil ist ein Unterdruck erwünscht. Diese Effekte sollen im Arbeitsbereich mit typischen Umdrehungszahlen von 2000 Umdrehungen je Minute erreicht werden.

Ein Verbrennungsmotor setzt sich aus einer Vielzahl unterschiedlicher Komponenten zusammen, die wir in vier Klassen ordnen. So stellen z.B. ein Zylinder oder ein Luftfilter, aber auch Schalldämpfer oder Katalysator ein Behältnis mit mehreren Rohreingängen bzw. -ausgängen dar. Jeder dieser *Behälter* besitzt ein vorgegebenes Volumen bzw. beim Zylinder ein Volumen, das abhängig ist vom Kurbelwinkel. Aus mathematischer Sicht wird der Strömungszustand in allen Behältern durch dieselbe Form von Gleichungen beschrieben. Die zweite Klasse bilden die *geraden Rohrstücke*. Trifft ein strömendes Gas auf eine Rohrverzweigung oder einen Knick im Rohr, so bilden sich im Gegensatz zur Strömung in geraden Rohren Wirbel aus. Der gleiche Effekt tritt ein, wenn Blenden oder Düsen im Rohr eingebaut sind oder das Rohr an einen Behälter angeschlossen wird. Daher werden als dritte Klasse von Motorkomponenten die *Verbindungsstücke* oder Kopplungsbauteile eingeführt. Ein Knick im Rohr kann also erfolgreich modelliert werden, indem man das Rohr in zwei gerade Rohrstücke aufteilt und eine Kopplungskomponente neu einführt. Auf der Saugseite des Motors wird Umgebungsluft in das Netzwerk eingesaugt, während die verbrannten Restgase auf der Abgasseite wieder an die Atmosphäre abgegeben werden. Die als konstanter Zustand angenommene *Atmosphäre* vervollständigt das Netzwerkmodell. Die folgende Tabelle enthält die vier Netzwerkkomponenten:

Basiselemente der Motorbeschreibung

(I)	Zylinder, Behälter	□
(II)	gerade Rohrstücke	▭
(III)	Verbindungsstücke	◇
(IV)	Atmosphäre	○

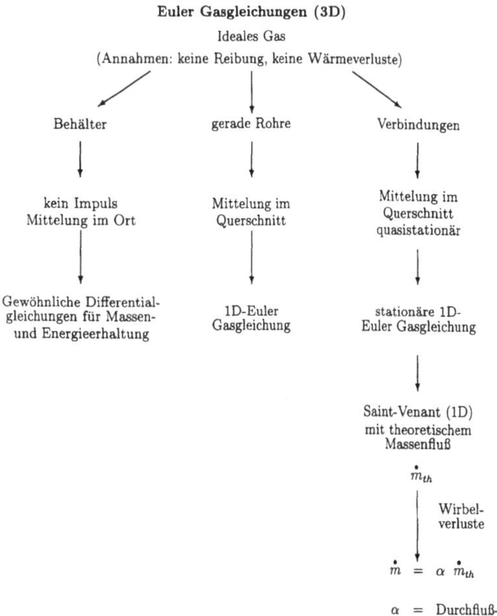

Durch die Einführung einer Netzwerkformulierung lässt sich das komplizierte System Verbrennungsmotor durch lediglich vier verschiedene Komponenten beschreiben. Das Netzwerk eines Otto-Motors ist im folgenden Diagramm gegeben:

$$\dot{m}_{th}$$

$$\dot{m} = \alpha\, \dot{m}_{th}$$

$$\alpha = \text{Durchfluß-koeffizient}$$

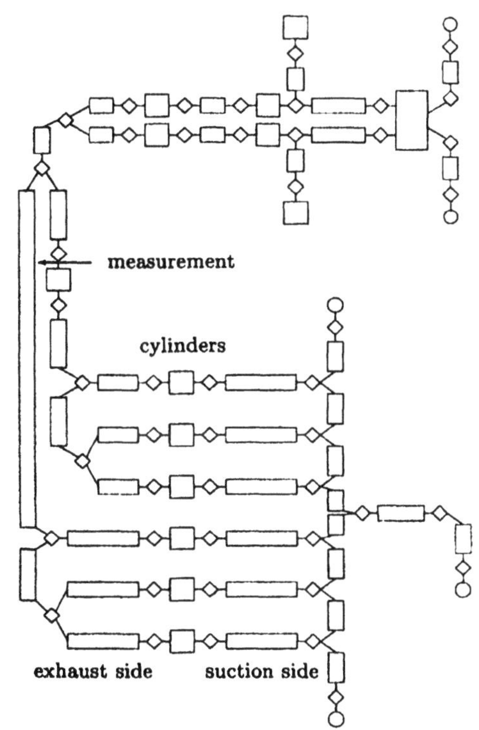

Zu den Behältern Bei einem einströmenden Gas in einem Behälter nimmt man die sofortige Umwandlung der kinetischen Energie des Gases in innere Energie an, d.h. der Impuls verschwindet. Da örtliche Strömungsvorgänge für das Gesamtverhalten nicht entscheidend sind, wird nur die Massen- und Energiebilanz betrachtet. Dies lässt sich durch zwei zeitabhängige Gewöhnliche Differentialgleichungen modellieren:

Massenerhaltung

$$\dot{m} = \dot{m}_{ein} - \dot{m}_{aus} + \dot{m}_B$$

Energieerhaltung

$$\dot{T} = \frac{1}{c_v m}\left(-p\dot{V} + \dot{m}_{ein}H_{ein} - \dot{m}_{aus}H_{aus} + \dot{Q}_B - \dot{Q}_W - c_v T\dot{m}\right)$$

mit den Abkürzungen

m_B:	Masse der Brennstoffe
H_*:	Enthalpiefunktion
V:	Zylindervolumen (abh. vom Kurbelwinkel)
Q_W:	Wandwärmeverluste
Q_B:	freigesetzte Brennwärme

Zur Modellierung der vier Netzwerkkomponenten dienen die bekannten Erhaltungsgrößen: Masse, Impuls und Energie, ergänzt durch die Beziehungen für ein ideales Gas. Je nach Basiselement werden die Modellannahmen verschärft, wie dies die Übersicht zeigt:

Zu den geraden Rohrstücken | Die Achsensymmetrie der geraden Rohrstücke in Längsrichtung und die Annahme eines homogenen Strömungsverhaltens erlauben eine örtlich eindimensionale Betrachtungsweise. Die Erhaltungsgrößen Masse, Impuls und Energie werden durch die Eulergleichungen der Gasdynamik, einem nichtlinearen System partieller hyperbolischer Differentialgleichungen beschrieben:

$$\frac{\partial}{\partial t}\begin{pmatrix} \rho \\ \rho u \\ e \end{pmatrix} + \frac{\partial}{\partial x}\begin{pmatrix} \rho u \\ \rho u^2 + p \\ u(e+p) \end{pmatrix} = -\frac{A_x}{A}\begin{pmatrix} \rho u \\ \rho u^2 + k_R \rho \dfrac{A}{A_x} \\ u(e+p) - q \dfrac{A}{A_x} \end{pmatrix}$$

Der Quellterm auf der rechten Seite der Gleichungen beschreibt den Wärmeaustausch q des Gases mit der Rohrwand, sowie die Reibung k_R an der Rohrwand.

Zu den Verbindungsstücken | In den Verbindungsstücken zwischen Behältern und Rohren treten durch Verwirbelung Strömungsverluste auf. Man geht von einem örtlich eindimensionalen und stationären Verhalten der Strömung aus und beschreibt den verlustfreien theoretischen Massenstrom $\dot{m}_{th}$ mit den Durchflussgleichungen nach Saint-Venant. Die Strömungsverluste werden durch eine experimentell ermittelte Durchflusszahl α ausgedrückt. Der gedrosselte Massenstrom lautet damit

$$\dot{m} = \alpha \dot{m}_{th} \quad \text{mit} \quad 0 \le \alpha \le 1.$$

Die Durchflusszahlen werden für verschiedene Rohrgeometrien am Messprüfstand gemessen.

Zur Atmosphäre | Die Messdaten der Außenluft dienen der Vorgabe von Randwerten, um das gekoppelte System aus gewöhnlichen und partiellen Differentialgleichungen lösen zu können. Je nach Richtung der Charakteristiken unterscheidet man physikalische und numerische Randwerte. Die numerischen Randwerte erfordern zusätzlich die Lösung von nichtlinearen Gleichungen.

Ziel der numerischen Simulationen war es, das Ladungswechselverhalten der Zylinder eines Verbrennungsmotors durch die Druck- und Saugwellen der angeschlossenen Rohrleitungen zu unterstützen. Rechnungs-Messungsvergleiche (s. folgendes Diagramm) mit einem realen 6-Zylinder-Motor zeigen eine sehr gute qualitative und quantitative Übereinstimmung. Programmwerkzeuge, die auf dem vorgestellten Netzwerkzugang basieren, sind in der Motorenentwicklung täglich im Einsatz.

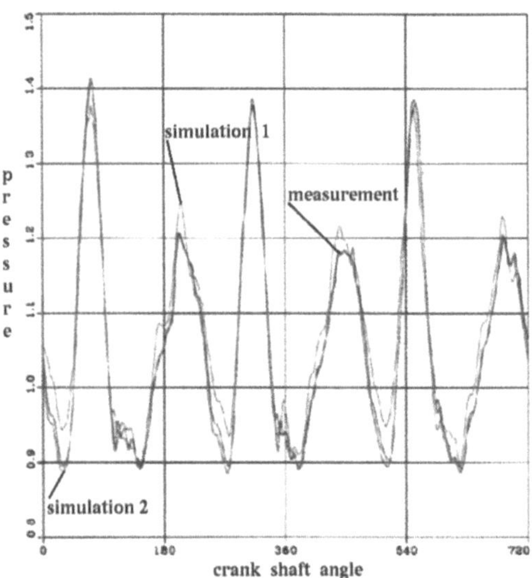

In der Praxis stellt sich häufig das Problem, gewisse Parameter des Netzwerkes erst durch das Anpassen von Simulationsläufen an Messungen bestimmen zu können. Dies ist ein typisches Beispiel für ein *Parameteridentifikationsproblem* und leitet über zu dem Gebiet der inversen Probleme, das im folgenden Abschnitt vorgestellt werden soll.

| Inverse Probleme

Mathematische Modelle, etwa einer technischen oder medizinischen Anwendung, beschreiben zunächst nur qualitativ das Verhalten des Systems. Die klassische Simulation berechnet für gegebene Parameter des Systems (etwa Geometrie oder Leitfähigkeit) und gegebene Eingangsdaten (etwa Umgebungstemperatur) den zugehörigen Output. Dies kann etwa so skizziert werden:

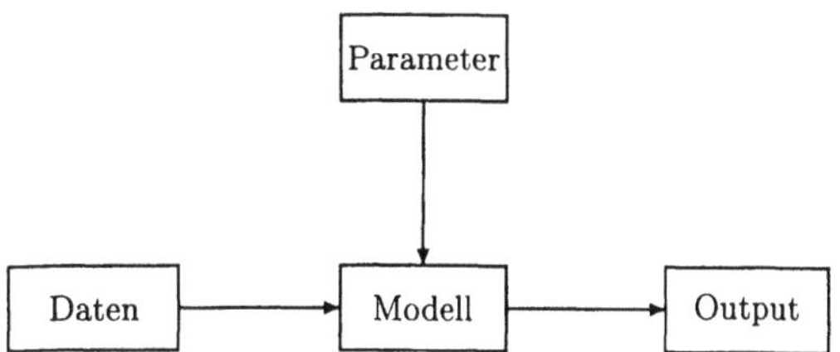

Die Parameter und die Daten des Systems liegen im Allgemeinen nicht exakt vor, sondern sind mit Eingangsfehlern behaftet. Eine Simulation ist nur dann erfolgreich, wenn das Modell die Eigenschaft hat, kleine Störungen der Eingangsdaten und der Parameter auf kleine Störungen des Outputs abzubilden. Hat ein Modell diese Eigenschaft, so heißt es „*gut gestellt*". Wichtige Modelle der Technik, der mathematischen Physik oder der Medizin führen jedoch zu „*schlecht gestellten*" Problemen. Ohne Zusatzinformation über die Lösung würden kleine Eingangsfehler, wie sie als Messfehler nicht zu vermeiden sind, zu großen Ausgangsfehlern führen. Der Unterscheidung zwischen gut gestellten und schlecht gestellten Problemen kommt also gerade bei der numerischen Simulation eine entscheidende Rolle zu. Durch Diskretisierungen der Modelle für die Behandlung im Computer führen schlecht gestellte Probleme zu schlecht konditionierten Systemen. Daher können naive numerische Verfahren oft nicht benutzt werden, und es müssen unter Einbeziehung geeigneter a priori Informationen neue, stabile Algorithmen konstruiert werden. Zusätzlich ist die Abhängigkeit der Daten von den Parametern häufig nichtlinear, selbst wenn das Modell die Eingangsdaten linear in die Ausgangsdaten überführt.

Schlecht gestellte Probleme treten insbesondere bei der Behandlung inverser Probleme auf. Hierbei heißen zwei Aufgabenstellungen *invers* zueinander, wenn die Daten der einen aus der Lösung der anderen bestehen. Häufig ist dann das eine der beiden Probleme gut gestellt, das andere schlecht gestellt. Zwei Beispiele sollen dies verdeutlichen.

Röntgentomographie | Röntgenstrahlen liefern im klassischen Röntgenbild bei Durchleuchtung eines dreidimensionalen Körpers nur

einen zweidimensionalen Schattenriss durch Überlagerung aller Schichten senkrecht zur Durchleuchtungsrichtung. Bei der Röntgentomographie werden zweidimensionale Bilder von mehreren übereinander liegenden parallelen zweidimensionalen Schichten erzeugt. Diese Schichtbilder werden im Computer gespeichert und ausgewertet mit der Möglichkeit, verschiedene Schnittebenen sichtbar zu machen – insbesondere Schichten, die von den zur Bilderzeugung benutzten Schichten verschieden sind. Die Bilder einer Schicht werden aufgebaut aus Messungen von Intensitätsverlusten beim Durchgang von Röntgenstrahlen unterschiedlicher Richtungen. Da die Absorption eines Röntgenstrahls lokal proportional zur Gewebedichte ist, ergibt sich der Intensitätsverlust des Röntgenstrahls entlang einer Geraden als das Linienintegral der Dichte längs der Geraden, also

$$I(G) = \int_G \rho(x)\,d\ell$$

wenn $\rho(x)$ die Dichte (eigentlich Kontrast zur Umgebungsdichte) und G die Gerade beschreibt. Das *direkte Problem* besteht also aus der Berechnung von $I(G)$, wenn G und ρ bekannt sind. Das Problem der Röntgentomographie ist das zugehörige *inverse Problem* und besteht in der Ermittlung der unbekannten Dichte $\rho(x)$ aus den gemessenen Linienintegralen $I(G)$ über alle Geraden. Werden die Geraden durch

$$x = r\hat{\theta} + s\hat{\theta}^{\perp}, \; s \in \mathbb{R},$$

mit $r \geq 0$ und aufeinander senkrecht stehenden Einheitsvektoren $\hat{\theta}$ und $\hat{\theta}^{\perp}$ beschrieben, so muss für das inverse Problem die Integralgleichung

$$\int_{-\infty}^{+\infty} \rho\left(r\hat{\theta} + s\hat{\theta}^{\perp}\right) ds = f\left(r,\theta\right), \; r \geq 0, \; \|\hat{\theta}\| = 1$$

gelöst werden. Grundsätzlich ist die Aufgabe, eine Funktion aus ihren Linienintegralen zu ermitteln, schon 1917 von Radon durch Angabe einer expliziten Formel gelöst worden. Allerdings ist diese Lösungsformel für praktische Berechnungen nur von begrenztem Nutzen. Für medizinische Anwendungen wurde die Tomographie erstmals 1963 von Cormack vorgeschlagen und ab 1970, insbesondere durch die Bemühungen von Hounsfield, in die medizinische Praxis eingeführt. Im Jahr 1979 erhielten Cormack und Hounsfield den Nobelpreis für Medizin für ihre Arbeiten zur Röntgentomographie. Arbeitsgruppen der Fakultät beschäftigen sich mit analytischen und numerischen Aspekten dieser und verwandter Integralgleichungen. Eine zentrale Frage ist etwa der Entwurf effizienter Rekonstruktionsverfahren zur Berechnung von ρ.

Inverse Streutheorie | Als zweites Beispiel soll ein einfaches Streuproblem vorgestellt werden, das einer medizinischen Anwendung entnommen ist. Es geht um die Lokalisierung von Knochenmarkkrebszellen im Bein. Man kann es ebenfalls als ein tomographisches Verfahren ansehen. Da sich die Gewebedichten von gesunden und kranken Zellen nicht signifikant unterscheiden, ist die klassische Röntgentomographie nicht geeignet, solche Krebszellen aufzuspüren. Elektrische Eigenschaften, wie Leitfähigkeit oder Dielektrizität, unterscheiden sich aber erheblich. Daher wurde als Modell ein einfaches zweidimensionales elektromagnetisches Streuproblem vorgeschlagen. Für verschiedene Muster von am Bein angelegten schwachen niederfrequenten elektromagnetischen Feldern einer festen Frequenz wurden jeweils die induzierten Felder gemessen und aus ihnen versucht, die von Krebs befallenen Zellen zu lokalisieren. In diesem Beispiel hat man also:

Modell: Streuproblem
Daten: angelegte Felder (Punktquellen)
Parameter: Leitfähigkeit, Dielektrizität
Output: induzierte Felder außerhalb des
            Körpers

In unserem Modell wird das Streuproblem durch das folgende Randwertproblem für die Helmholtzgleichung beschrieben:

$$\Delta_2 u + k^2 n(x) u = \delta(x - y) \text{ in } R^2$$

$$u(x) = \frac{i}{4} H_0^{(1)}\big(k\|x - y\|\big) + u^s(x),$$

u^2 gestreutes Feld, beschränkt in R^2

mit Wellenzahl $k = \omega/c$ (ω Frequenz, c Lichtgeschwindigkeit) und komplexem Brechungsindex.

$$n(x) = \frac{1}{\varepsilon_0}\left[\varepsilon(x) + i\,\frac{\sigma(x)}{\omega}\right]$$

Hier ist $H_0^{(1)}$ die Hankelfunktion nullter Ordnung und erster Art, und y beschreibt den Ort der Punktquelle. Wir nehmen an, dass $\varepsilon(x) \equiv \varepsilon_0$ und $\sigma(x) \equiv 0$, d.h. $n(x) \equiv 1$ für $\|x\| \geq R$ gelte. Das *direkte Problem* besteht in der Bestimmung von u bei bekannten Parametern k und n. Dies ist ein gut gestelltes Problem, d.h. kleine Fehler in k und n führen auch nur zu kleinen Abweichungen in u. Beim *inversen Problem* versucht man, den Brechungsindex n aus Messungen von u auf einem Messgebiet außerhalb von $\|x\| = R$ zu ermitteln. Dieses Problem ist schlecht gestellt. Trotzdem lassen sich Regularisierungsverfahren entwerfen, die zu brauchbaren Ergebnissen führen.

Abbildung 1 zeigt links das benutzte Finite-Elemente-Gitter des Querschnitts durch ein (vereinfachtes) Modell eines Beines. Die Knochen sind schwarz gezeichnet und mit Knochenmark (grün) gefüllt. Das Äußere des Beines besteht hier aus Wasser (hellblau), und die

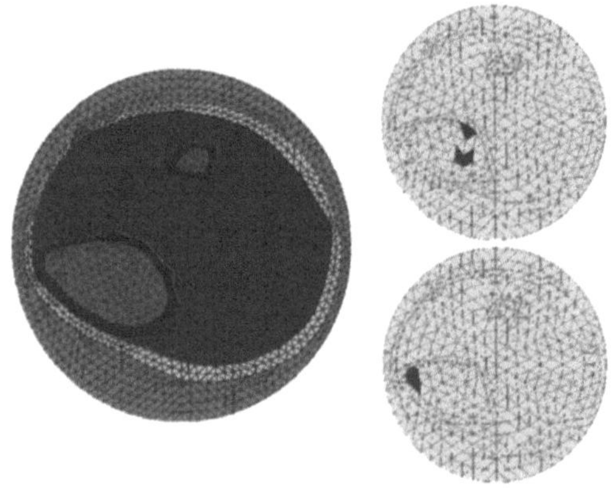

Abb. 1 Querschnitt des Modells mit Finite-Elemente-Gitter

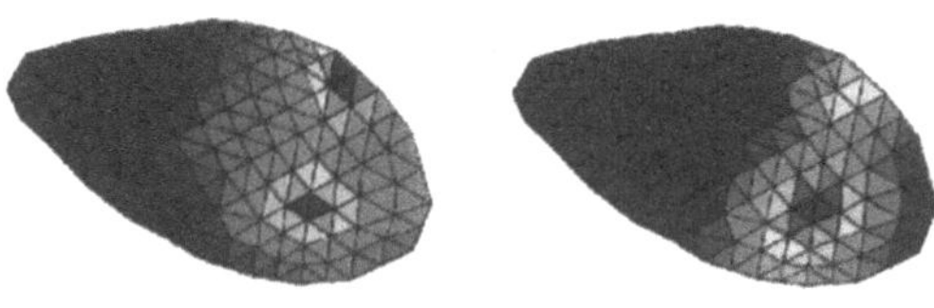

Abb. 2 Rekonstruktion der ersten (oberen) Anomalie

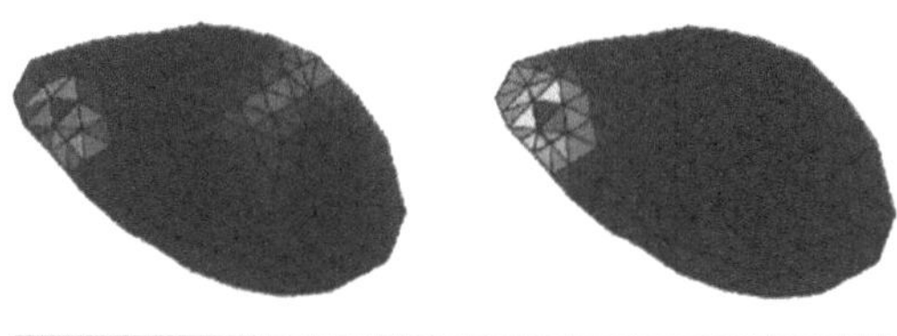

Abb. 3 Rekonstruktion der zweiten (unteren) Anomalie

Muskeln (dunkelblau) sind mit einer dünnen Fettschicht (gelb) umgeben. Abb. 1 zeigt rechts noch zweimal denselben Querschnitt (gelb) mit Krebszellen (schwarz) im unteren Knochenmark (dünne Linie). In zwei Simulationen wurden diese Zellen durch eine vom gesunden Zustand verschiedene Dielektrizität „zerstört".

Rekonstruktionen dieser Anomalien durch zwei unterschiedliche numerische Verfahren sind in den Abb. 2 und 3 gezeigt. Forschungsgruppen der Fakultät untersuchen grundlegende Fragestellungen solcher inversen Streuprobleme:

- Reichen die Daten prinzipiell aus, um die Anomalien zu bestimmen? (Frage der Eindeutigkeit des inversen Problems.)
- Gibt es analytische Charakterisierungen der Anomalien?
- Was können numerische Algorithmen im besten Fall leisten?

An Modellproblemen werden unterschiedliche numerische Verfahren entwickelt und miteinander verglichen. In der Zukunft soll versucht werden, in Zusammenarbeit mit dem Institut für Technische Mechanik diese Fragestellungen auch auf die Detektion von Rissen in Materialien zu übertragen.

B8 Neue Methoden, neue Produkte – Maschinenbau im Wandel

G. Ernst

Jeder, der in Karlsruhe studiert hat, kann sich an die alten Holzbänke des Redtenbacher-Hörsaals erinnern. Sie wurden im vergangenen Sommer ersetzt. Der Saal wurde neu gestaltet, wie bereits der Grashof-Hörsaal: Stahl und Kunststoff. Kein knarrender Fußboden zeigt an, dass jemand zu spät in die Vorlesung kommt, kein klappernder Klappsitz verrät den, der sich zu früh davonschleicht.

Die alten Bänke haben erlebt, wie über neue Arbeitsgebiete und wichtige Forschungsergebnisse vorgetragen wurde. Sie haben Berufungsvorträge und Antrittsvorlesungen gehört und von manchem auch nach vielen Jahren die Abschiedsvorlesung. Sie haben erlebt, wie sich die Lehre gewandelt hat: neue Fächer, neue Lehrmethoden, neue Schwerpunkte, neue Studiengänge – auch in internationaler Zusammenarbeit. Wenn sie reden könnten, würden sie denen widersprechen, die uns Reformunfähigkeit vorwerfen. Die Absolventen von 1960 finden ihr Studium bei uns kaum noch wieder.

Auf den alten Bänken hat vor drei Jahrzehnten die Grundordnungsversammlung der Universität die Drittelparität beschlossen. Für einige Ältere beschämend – Untergang des Abend-

Abb. 1

"

landes. Für die meisten, auch die meisten Älteren, ein annehmbares Drittel Studenten in den großen Debattiergremien der Fakultäten, in denen es dann auch kaum zu Konfrontationen oder Kampfabstimmungen gekommen ist. Die 68er-Aufregung haben wir in Karlsruhe sowieso kaum verstanden. Schon vor 68 haben Assistenten mit den Professoren in der Fakultätsversammlung Maschinenbau und Verfahrenstechnik gesessen, zwar ohne Stimmrecht, aber gehört und geachtet. Und danach: Wir erinnern uns dankbar der Assistenten und Studenten, die engagiert und kompetent in der Selbstverwaltung mitgearbeitet haben. Und manchmal denken wir Alten mit etwas Wehmut an die munteren Burschen, die auf den Holzbänken saßen und auch mal mit Forderungen und Ansichten übers Ziel hinausschossen.

Das gesamte Alte Maschinenbaugebäude hat sich verändert: Neue Türen als Brandschutz; die Zeichensäle unterm Dach ausgeräumt und in Büros aufgeteilt; die Zeichenbretter Müll, ihre Gestelle Schrott. Mit den elektronischen Rechnern entstand eine neue Welt des Konstruierens und Planens, Darstellens, Speicherns und Zurückholens. Die Studenten hier einzuführen, ihre schöpferische Phantasie zu entfachen und auf den Zweck, auf die Anwendung der grandiosen Mittel zu lenken, ist eine Aufgabe neuer Dimension. In der Ära von Papier und Bleistift hat kein schöner Rechnerausdruck zur Gedankenlosigkeit verführt. Die Aufgabe stellt sich in der Forschung ähnlich, denn es ist leichter, Daten zu verarbeiten als durch grundsätzliche Betrachtungen oder Experimente zu erzeugen. Aber die Grenze zwischen Entwicklung und Anwendung der Mittel ist fließend. Die physikalischen Modelle und ihre mathematische Formulierung, die experimentellen Aufgaben und die Messeinrichtungen sind weitgehend geprägt durch die Mittel des Rechnens und der Datenverarbeitung.

Jede Ingenieursarbeit ist durch ihre Aufgaben und ihre Mittel bestimmt. In der Energietechnik sind heute technische Aufgaben mit politischen verknüpft: Fossile Energieträger müssen mit hohem Wirkungsgrad genutzt werden, dabei entstehende Emissionen sollen die Umwelt möglichst wenig belasten. Der Wirkungsgrad steigt mit der Prozesstemperatur. Für thermisch und mechanisch hochbelastete Maschinenteile werden immer bessere Materialien und immer raffiniertere Kühlverfahren entwickelt. Verbrennungsvorgänge in Turbinen und Kolbenmotoren werden erforscht und so gestaltet, dass hoher Ausbrand und niedrige Schadstoffemissionen erzielt werden. In neuen Kraftwerken von vielen hundert Megawatt elektrischer Leistung werden Dampfkraftanlagen durch Abgase von Gasturbinen beheizt. Der thermische Wirkungsgrad – der Anteil der Verbrennungswärme, der in elektrische Energie umgewandelt wird – erreicht in solchen kombinierten Anlagen inzwischen fast 60 Prozent, einen Wert, der vor einem Jahrzehnt noch utopisch war. Damals wurden 40 Prozent erreicht. Die Liberalisierung des Strommarktes könnte dazu führen, dass von Gemeinden und Firmen Standardanlagen dieser Qualität von wenigen Megawatt Leistung verlangt werden. Die bisherige Tendenz zu immer größeren Anlagen würde dadurch umgekehrt. Von kleineren Anlagen müßte man außer einem hohen Wirkungsgrad auch einen weitgehend automatisierten Betrieb fordern.

Die Automatisierung, gestützt auf elektronische Datenverarbeitung, durchdringt den Maschinenbau immer mehr. Mechanik und Elektronik haben inzwischen fast gleiche Anteile am Wert der Produkte. Jeder ahnt dies, wenn er erlebt, wie er ein neues Auto kaum noch falsch bedienen kann, weil ihn der Bordcomputer ständig kontrolliert und mahnt. Mechatronik ist eine neue Herausforderung in Forschung und Lehre, denn die Elektronik hat nicht nur das Planen und Konstruieren verändert, sie ist Teil der Produkte und Hilfe bei der Fertigung.

Maschinen sind also nicht mehr nur Mechanismen. Dennoch bleibt die Entwicklung von Mechanismen für neu definierte Aufgaben ein Kernproblem des Maschinenbaus. Entwicklung umfasst die schöpferische Idee, die Festlegung einer Struktur, die optimale Gestaltung von Einzelteilen, die Auswahl von Werkstoffen und von Fertigungsverfahren und dies alles unter den Forderungen nach hoher Zuverlässigkeit und nach geringen Kosten.

Die klassischen wissenschaftlichen Grundlagen des Maschinenbaus sind die Fächer Mathematik, Mechanik der festen Körper, Strömungsmechanik, Thermodynamik, seit langem auch Mess- und Regelungstechnik und in immer stärkerem Maße die Automatisierungstechnik. Zu den wichtigen Grundlagen zählt auch die Konstruktionstechnik, die auf diese Fächer aufbaut. In jeder dieser Wissenschaften werden neue Methoden entwickelt, um entweder herkömmliche Aufgaben des Maschinenbaus besser lösen zu können oder um bisher unlösbare Aufgaben lösbar zu machen.

Die Lehre wissenschaftlicher Methoden ist daher ein wichtiger Teil des Maschinenbaustudiums in Karlsruhe. Das hat eine lange Tradition: Ferdinand Redtenbacher hat im 19. Jahrhundert den wissenschaftlichen Maschinenbau begründet und gelehrt. Franz Grashof und Wilhelm Nußelt haben die Wärmeübertragung erforscht. Nach ihnen benannte Kennzahlen sind weltweit bekannt. Mit Arbeiten zur Thermodynamik hat Rudolf Plank dem Maschinenbau wesentliche Impulse gegeben. Wie begeistert wären diese Forscher über die Mittel, die uns zur Verfügung stehen, um den Anforderungen unserer Zeit zu begegnen!

Das Wort Maschine erweckt bei Laien unterschiedliche Vorstellungen und Emotionen. Der eine denkt an die gute alte Dampflokomotive, ein anderer vielleicht an den Motor eines Rennwagens. Kaum einer ist sich darüber klar, wie unmittelbar fast alle Bereiche des täglichen Lebens von Maschinen abhängen. Alles, was eine Gesellschaft ge- und verbraucht (Rohstoffe, Energie, Trinkwasser, Gebäude, Verkehrsmittel, Kommunikation, Nahrung, Kleidung, Druckerzeugnisse, Gegenstände aller Art), muss produziert und transportiert werden. Für alles werden Maschinen gebraucht.

Die Vielfalt der wissenschaftlichen Aufgaben wird im Folgenden an einigen Beispielen aus den Bereichen theoretische Grundlagen, Planung und Konstruktion, Energietechnik und Produktionstechnik dargestellt. Die Liste der Beispiele ließe sich beliebig verlängern. Bis auf einen Beitrag aus den Fakultäten für Chemie und für Chemieingenieurwesen und Verfahrenstechnik („Chemische Technik/Verbrennungstechnik") stammen die Beispiele aus der Fakultät für Maschinenbau.

▮ Mehrkörperdynamik – ein neues Gebiet der Technischen Mechanik

Szene 1: Wenige hundertstel Sekunden dauert bei einem Autounfall die Bewegung des Fahrers relativ zum Fahrzeug, die über sein Schicksal entscheidet. Kollidieren Kopf, Rumpf, Gliedmaßen lebensgefährdend mit Teilen des Fahrzeugs? Welche maximale Beschleunigung erfährt das Gehirn? Welche Formen und Werkstoffe der Fahrgastzelle, welche Anordnung von Sicherheitsgurten bieten die größte Sicherheit gegen Verletzungen? Noch vor dreißig Jahren mussten Antworten auf diese Fragen mit Hilfe von zeitraubenden und kostspieligen Experimenten gefunden werden.

Szene 2: Aus der letzten Stufe einer Trägerrakete wird ein künstlicher Erdtrabant in seine Umlaufbahn entlassen. Im Laufe der nächsten Stunden entfalten sich eingeklappte Sonnenzellenflächen und Antennen. Drallräder zur Steuerung der räumlichen Ausrichtung des Satelliten werden auf Touren gebracht. Ob diese Vorgänge im Zustand der Schwerelosigkeit ohne Komplikationen ablaufen, kann durch Versuche vor dem Start nicht gesichert werden.

Szene 3: Der Industrie-Roboter in der Automobilmontage schwenkt eine Schweißzange unter Umgehung von Hindernissen in die Position für den nächsten Schweißpunkt. Wie müssen die Motoren in seinen Gelenken gesteuert werden, damit der Schwenkvorgang möglichst schnell abläuft? Wenn am Ende zu stark gebremst wird, beginnt der elastische Roboter mit Schwingungen, die vor dem Schweißbeginn abklingen müssen. Die optimale Steuerung kann durch Experimente nicht gefunden werden.

Aufgaben der geschilderten Art können heute dank wissenschaftlicher Fortschritte der Technischen Mechanik und der Computertechnik ohne experimentelle Arbeiten gelöst werden. Den Anstoß für diese Entwicklung gaben Mitte der 60er Jahre die genannten Probleme der Raumfahrttechnik. Ein Satellitenstart ist so kostspielig, daß kein Aufwand für Vorausberechnungen zu hoch ist. Zwei Dinge wurden dafür benötigt. Erstens Computer zur Lösung von Bewegungsgleichungen. Sie waren vorhanden. Zweitens leistungsfähige Methoden zur Formulierung von Bewegungsgleichungen für komplizierte Systeme von mehreren gelenkig miteinander verbundenen Körpern. Wie man prinzipiell vorgehen muß, war schon von d'Alembert, Euler und Lagrange erklärt worden. Dabei hatte man aber nur sehr einfache Systeme im Sinn, denn vor der Erfindung des Computers wäre die Beschäftigung mit komplizierteren Systemen völlig nutzlos gewesen. Aber dann stellte sich heraus, daß die praktische Durchführung der Methode auch mit den aufkommenden Computern am Aufwand scheiterte. Ein Beispiel: Die Gleichungen für ein System mit zehn Körpern können aus mehreren hunderttausend Ausdrücken bestehen. Verändert man ein System auch nur geringfügig, dann ändern sich die Gleichungen vollständig. Der Versuch, solche Gleichungen aufzuschreiben, ist daher sinnlos.

Aus der Erkenntnis dieser Schwierigkeiten entstand ein neues Fachgebiet der Technischen Mechanik, die Mehrkörperdynamik. Sie hat sich in wenigen Jahrzehnten zu einer Wissenschaft von großer wirtschaftlicher Bedeutung entwickelt. Es gibt heute keine große Tagung über Mechanik ohne eine Sektion Mehrkörperdynamik.

Neue Formalismen zur Aufstellung von Gleichungen müssen vor allen Dingen zwei Bedingungen erfüllen. Sie müssen einen mathematischen Parameter enthalten, der die Struktur eines Systems beschreibt. Dann ist der Wechsel von einer Kette von zehn Körpern zu einer sternförmigen Anordnung mit mehreren Zweigen an einem Zentralkörper durch bloße Änderung dieses Parameters möglich. Die hierfür geeigneten mathematischen Methoden wurden in der Graphentheorie gefunden, die auch auf elektrische Netzwerke und viele andere Systeme mit Kopplungsstrukturen anwendbar ist. Die zweite Bedingung ist eine symbolische Schreibweise (mit Tensoren und Vektoren), die es erlaubt, Gleichungen so kompakt zu schreiben, dass sie nur wenige Zeilen füllen. Die Umwand-

lung dieser Zeilen in die erwähnten hunderttausend Ausdrücke muss vom Anwender unbemerkt in einem Computer ablaufen.

Als Ergebnis dieser Forschungen entstanden Computerprogramme für den industriellen Einsatz, mit denen man das dynamische Verhalten von beliebig strukturierten Mehrkörpersystemen berechnen kann. Die Programme formulieren die Bewegungsgleichungen automatisch auf der Grundlage von Eingabedaten, die man einer technischen Zeichnung des Systems entnehmen kann. Wechselt man von einem System zu einem anderen, z.B. von dem in Szene 1 zu dem in Szene 2, dann braucht man nur diese Eingabedaten auszutauschen.

In der Automobilindustrie ist die Leistungsfähigkeit solcher Programmsysteme zuerst erkannt worden. Seit Mitte der 70er Jahre werden Experimente zur Sicherheit von Fahrzeuginsassen (Szene 1) zum großen Teil durch die Berechnung von Bewegungen ersetzt. Das dynamische Verhalten von Aggregaten und von ganzen Fahrzeugen kann heute bereits berechnet werden, wenn das Fahrzeug erst als Zeichnung existiert. Hochleistungsrechner können Bewegungen in Realzeit berechnen, d.h. so schnell wie sie in Wirklichkeit ablaufen. Das ermöglicht ganz neue Simulationstechniken: Ein modernes Fahrzeug besteht aus mechanischen und aus elektronischen Komponenten, wie z.B. einem ABS-System. Im Computer berechnet man in Realzeit nur das mechanische Modell. Der berechnete Bewegungszustand wird in elektrische Signale umgesetzt und fortlaufend einem realen ABS-System übermittelt. Dessen Reaktion wird wiederum in den Rechner eingespeist. Das Ergebnis der Berechnung ist dann das Verhalten des Gesamtfahrzeugs.

Diese neuen Möglichkeiten verändern den Entwicklungsprozess technischer Produkte grundlegend. Auch in anderen Industriezweigen ist das schon erkannt worden. Die Programmsysteme eignen sich für jedes technische System, in dem große Bewegungen auftreten.

Auch in der Grundlagenforschung gibt es Anwendungen. Ein Beispiel aus der Molekularphysik: Ein Molekül wird als mechanisches System von Atomen mit elastischen Verbindungen aufgefasst. Über die momentanen Kräfte an den einzelnen Atomen sind abhängig von der Temperatur statistische Aussagen möglich. Dazu müssen die Bindungskräfte innerhalb des Moleküls als Funktion der geometrischen Parameter, beispielsweise aus spektroskopischen Messungen, bekannt sein. Man berechnet die Schwingungen des Moleküls solange, bis sich im statistischen Mittel eine Gleichgewichtskonfiguration einstellt. Auf diese Weise gewinnt man zumindest Richtwerte für das Verhalten gasförmiger Stoffe einfacher Molekülstruktur in Abhängigkeit von der Temperatur.

Die Universität Karlsruhe war an der Entwicklung der Mehrkörperdynamik seit Mitte der 60er Jahre wesentlich beteiligt. Studierende der Maschinenbaufakultät werden in Spezialvorlesungen mit den neuen Methoden vertraut gemacht.

▎ Rechnerunterstütztes Konstruieren

Über Jahrhunderte wurden Ideen für die Schaffung von Produkten, die das Leben der Menschen erleichtern sollten, durch bildhafte Darstellungen festgehalten. Verwendet wurden einfache Hilfsmittel, Griffel, Maßstäbe und als „Datenträger" Holz, Papyrus und Pergament. Das bis heute noch vielfach eingesetzte stehende Reißbrett mit Linealen mit Winkeleinstellung gibt es erst seit 1920.

Ein großer Umbruch ergab sich ca. 1960 durch die Entwicklung des Digitalrechners mit numerisch gesteuerter Zeichenmaschine (Plotter) und digital angesteuertem grafischem Bildschirm. Aufgrund geeigneter Programmiertechniken und Datenstrukturen konnten Zeichnungen aller Art durch eine völlig neue Arbeitstechnik, den Dialog zwischen Mensch und Rechner hergestellt werden. Relativ schnell reifte zudem die Erkenntnis, dass Zeichnungen nur eine Teilmenge der Informationen sind, die ein neues Produkt beschreiben. Es begann die Entwicklung so genannter rechnerinterner Modelle, an deren Entwicklung wir maßgeblich beteiligt sind. Diese rechnerinternen Modelle ermöglichen, eine große Menge der im Verlauf einer Produktentstehung festgelegten Informationen im Rechner zu speichern. Dazu gehören, neben den Anforderungen des Marktes, alle Teilfunktionen und deren Realisierung durch physikalische Effekte, die Gestalt aller Bauteile, die gewählten Werkstoffe mit ihren Eigenschaften, aber auch Informationen über die Herstellung der Bauteile und über ihre Montage. Die Beschreibung von Produkten ist damit nicht mehr an zweidimensionale Papierzeichnungen gebunden (s. Abb.2). Mit neuen Verfahren der Computergraphik lassen sich auf einfache Weise räumliche, photorealistische Darstellungen von noch nicht existierenden Produkten erzeugen. Dadurch wird die Vorstellungskraft der Menschen unterstützt, die technisch nicht geschult sind. Heute werden sogenannte 3D-Brillen und Datenhelme eingesetzt, die einen räumlichen Eindruck der konstruierten Produkte ermöglichen. In Verbindung mit Datenhandschuhen kann man sich in einem virtuellen Raum bewegen und Produkte unter ästhetischen Gesichtspunkten betrachten, montieren oder ihr Verhalten bei ihrem Gebrauch studieren. So kann man etwa mit einem noch nicht hergestellten Auto auf einer nicht existierenden

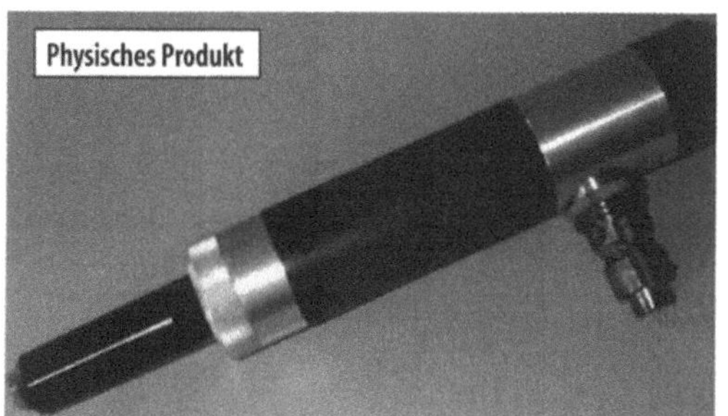

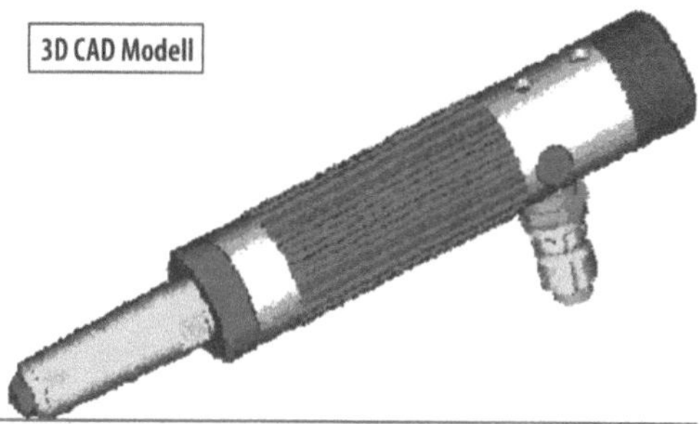

Abb. 2 Vergleich zwischen physischem Produkt und dem 3D CAD-Modell

Straße fahren und die dabei erzeugten Geräusche hören. Genügt die Konstruktionslösung nicht den Anforderungen, so lassen sich Veränderungen durchführen, ohne dass hohe Kosten für den Bau von Prototypen angefallen sind.

Zur Entwicklung neuer Produkte ist neben einem methodischen Vorgehen ein umfangreiches Erfahrungswissen erforderlich. Dies umfasst die Vielzahl bekannter Bauelemente, ausgeführte, bewährte Lösungen, aber auch Lösungen, die sich nicht bewährt haben oder verworfen wurden. Durch die sehr große Speicherkapazität von Digitalrechnern lässt sich das gesamte Wissen hierüber verfügbar machen. Hierzu benutzt man die in der Informatik entwickelten Methoden der so genannten künstlichen Intelligenz. Damit lassen sich Wissensbasen aufbauen, mit deren Hilfe Konstrukteure ihre Aufgaben einfacher lösen können. Der Rechner wird dem Menschen quasi als Assistent zur Seite gestellt. Wir entwickeln Methoden, die durch Formulierung der Anforderungen an das neue Produkt ermöglichen, dass der Rechner bereits gespeicherte Lösungen zur Auswahl anbietet. Es ist auch möglich, die bestehenden Patente zu finden, um späteren Schwierigkeiten aus dem Wege zu gehen.

Um neue Produkte schnell auf dem Markt einführen zu können, werden sie heute verstärkt im Team entwickelt. Hierfür ist es – beispielsweise bei mechatronischen Produkten – notwendig, die Konstruktionsarbeit auf mehrere Konstrukteure, mitunter aus unterschiedlichen Disziplinen aufzuteilen. Durch die Vernetzung von Rechnern können die Arbeiten dann an verschiedenen Orten und sogar in verschiedenen Zeitzonen ausgeführt werden, man spricht vom Konstruieren rund um die Uhr. Die einzelnen Konstruktionsergebnisse müssen zum Schluss jedoch zusammenpassen und den Anforderungen entsprechen. Dies lässt sich durch die Vergabe sog. Konstruktionsarbeitsräume an einzelne Konstrukteure ermöglichen (s. Abb.3). Ein Konstruktionsarbeitsraum

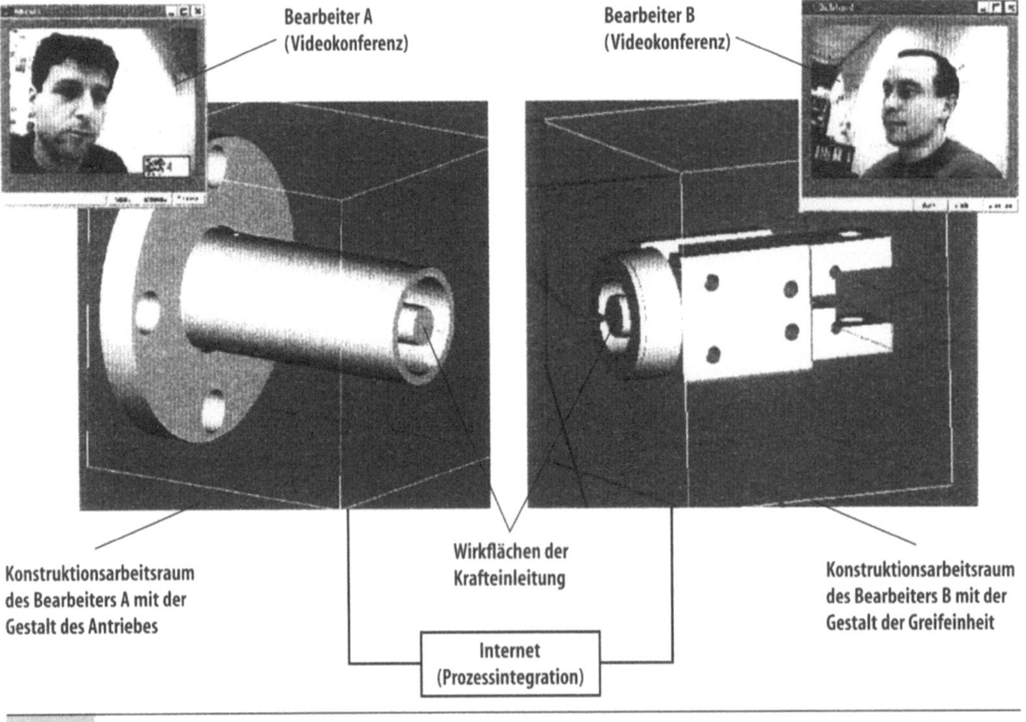

Abb.3 Verteilte Konstruktion

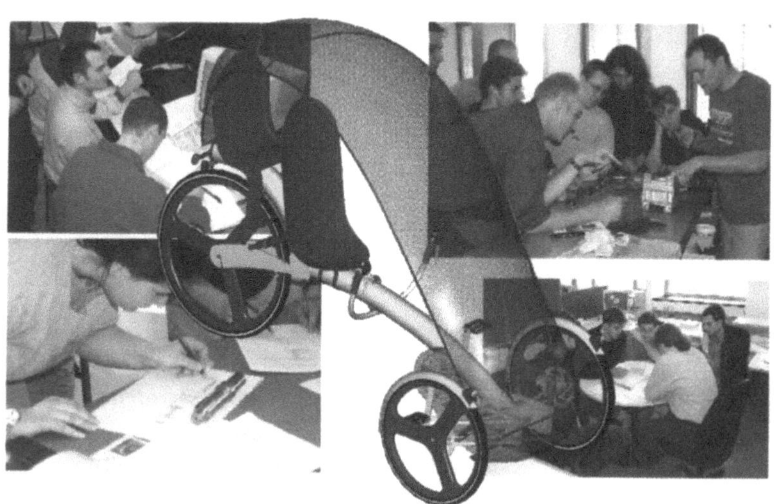

Abb. 4
Integrierte Produktentwicklung: Studentische Teams wenden ihr Wissen an und erarbeiten innovative Lösungen („Karlsruher Modell")

umschließt ein Gebiet der Konstruktionsaufgabe so, dass Freiheit bei der Entwicklung einer Lösung im Inneren des Raumes besteht. Der Einfluss der Lösung auf andere Konstruktionsarbeitsräume wird jedoch vom Rechner überwacht. Über audiovisuelle Kommunikation können mehrere Konstrukteure über ihre Lösungen konferieren. Auf diese Weise wird bereits während der Produktentwicklung sichergestellt, dass die technische Lösung einwandfrei ist. Der Konstruktionsarbeitsraum ist darüber hinaus ein Mittel, um eine vom Rechner durchgeführte Lösungssuche im gespeicherten Erfahrungswissen durchzuführen. Derzeit laufende Forschungsarbeiten befassen sich mit Suchverfahren, die im Hintergrund ablaufen, um einen Konstrukteur darauf aufmerksam zu machen, dass eine identische oder ähnliche Lösung oder ein Patent bereits existiert.

Maschinenkonstruktionslehre und Kraftfahrzeugbau

Maschinenkonstruktionslehre und Kraftfahrzeugbau arbeiten in Forschung und Lehre auf den Gebieten Produktentwicklung, Antriebstechnik, Mechatronik und Kraftfahrzeugbau. Kreativität und Methodik bei der Schaffung neuer Produkte und rechnerunterstützte Verfahren zur Dimensionierung hochbelasteter Maschinenteile werden

erforscht. Funktion und Wirkzusammenhänge von Komponenten und Systemen – wie von Reifen und Fahrzeuggetrieben – werden untersucht. Aus den Ergebnissen werden neue Lösungen für die Praxis entwickelt. Aktuelle Beispiele sollen die Forschungsgebiete skizzieren.

Die Erarbeitung neuer *Formen der Wissensvermittlung* in der Produktentwicklung und in der Konstruktion wurde zu einem wichtigen Forschungsfeld. Ziel ist es, neue Lehr- und Lernmethoden zur Schulung interdisziplinären Denkens zu schaffen. Damit sollen Beherrschung komplexer Entwicklungsprozesse und Teamfähigkeit erreicht werden (s. Abb.4). Die neuen Formen der Lehre werden unter Nutzung moderner Medien, auch des Internets aufgebaut. Ergebnisse werden im Maschinenbaustudium und für die Weiterbildung angewandt und dabei erprobt.

Als Schwerpunkt im Bereich *Entwicklungsmethodik und Entwicklungsmanagement* werden Werkzeuge zur Unterstützung des Erfindens und des Konstruierens neuer Maschinen erstellt. Werkzeuge sind in diesem Zusammenhang geeignet aufbereitete Methoden und daraus abgeleitete Computersoftware. Zu den Aufgaben zählen auch das „in Gang Setzen" und Steuern von Innovationsprozessen und die Optimierung der Kooperation zwischen Unternehmen. Der Praxisbezug wird durch eine intensive Zusammenarbeit mit Industriefirmen gesichert.

Ein wichtiges Ergebnis der Arbeiten ist Software zur automatisierten Strukturoptimierung. Damit wird es möglich, schnell eine Lösung zu finden, beispielsweise für die Halterung eines Flugtriebwerkes mit dem niedrigsten Gewicht und der größtmöglichen Festigkeit (s. Abb. 5).

Die *antriebstechnischen Aufgaben* im Maschinenbau sind geprägt von einer starken Kundenorientierung. Im Automobilbau ist dies zum Beispiel an der immer umfangreicheren Ausstattung – Automatikgetriebe, elektrische Betätigung von Fenstern und Sitzen, Lenkradverstellung – abzulesen. Die Wünsche des Kunden, vor allem die Komfortansprüche, bestimmen die Entwicklung neuer Produkte. Nur eine Betrachtung des komplexen Zusammenwirkens von Baugruppen und Einzelkomponenten kann Grundlage für die Optimierung des Gesamtsystems sein. Deshalb werden die Eigenschaften

von Elementen – Lagern, Kupplungen, Reifen – und deren Funktion im Antriebsstrang und im Gesamtfahrzeug, aber auch die Wechselwirkung zwischen Fahrzeug und Fahrer erforscht. Einzigartige Untersuchungen erlaubt der neu entwickelte Antriebsprüfstand. Damit werden Fahrzeugantriebsstränge und deren Komponenten unter realitätsnahen Bedingungen untersucht. Aufgrund der niedrigen Trägheit der Elektromotoren und einer neu entwickelten Regelung kann dabei die Dynamik eines Kolbenmotors inklusive der Drehungleichförmigkeiten – d.h. der Verbrennungsstöße bei jeder Zündung in den Zylindern – nachgebildet werden. Ziel ist es, Grundlagen für eine vollständige Simulation von Antriebssträngen zu schaffen und ein Computermodell zur Beurteilung der Schwingungen und Geräusche zu erstellen. So soll eine schnellere und effizientere Fahrzeugentwicklung durch die Nutzung virtueller – nur im Rechner vorhandener – Prototypen ermöglicht werden (s. Abb. 6).

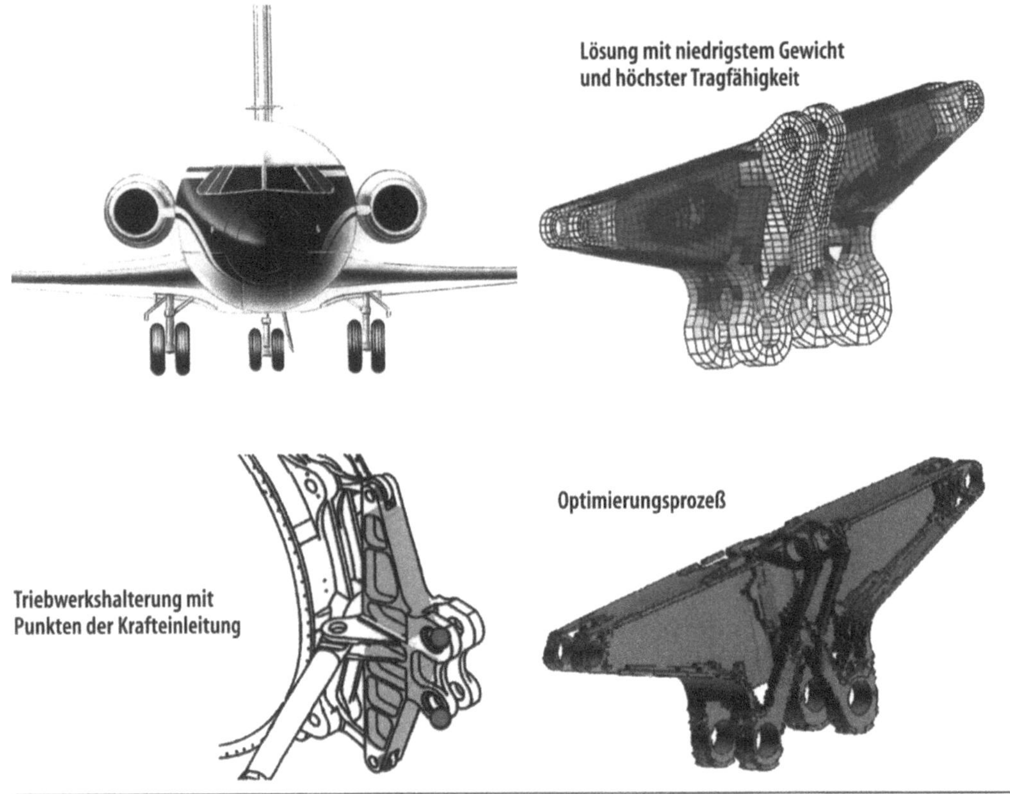

Abb. 5 Rechnergestützte Optimierung einer Triebwerkshalterung

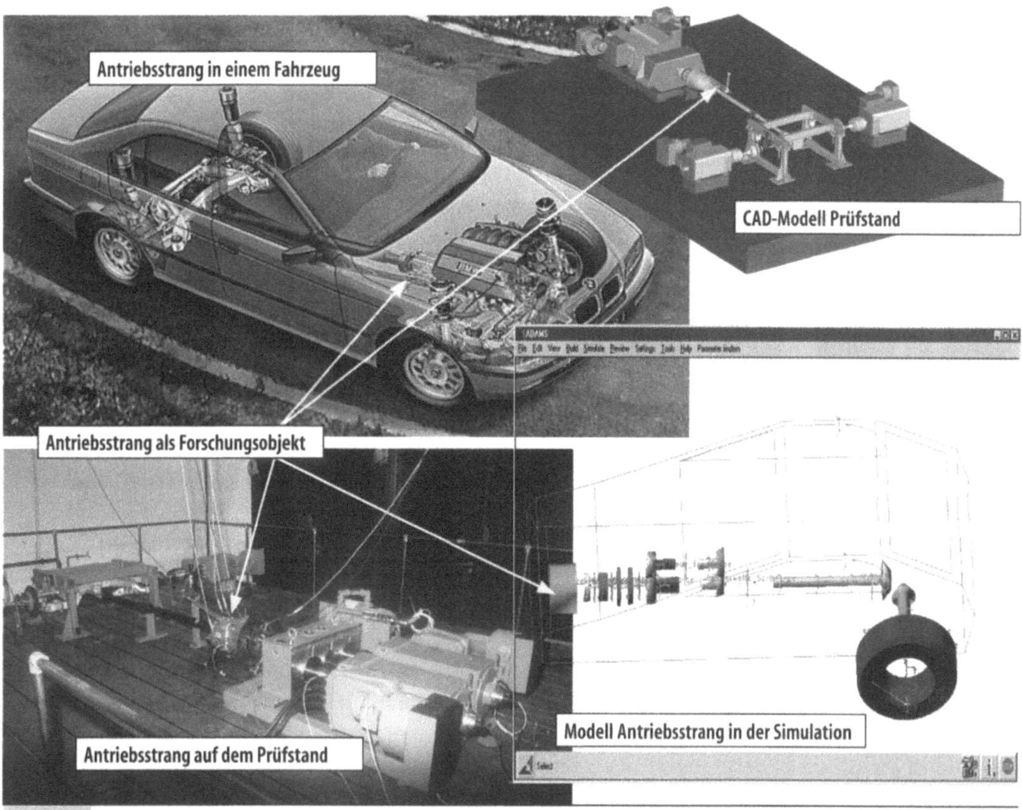

Abb. 6 Antriebsstrang eines Kraftfahrzeugs auf dem Prüfstand

Für die Entwicklung mechanisch-elektronischer Systeme zur Verbesserung der Fahrsicherheit und des Fahrkomforts ist es notwendig, den Kraftschluss zwischen Reifen und Straße im Prüfstand und im realen Fahrversuch zu messen und Methoden zu entwickeln, das Kraftschlusspotential zwischen Fahrzeug und Fahrbahn automatisch zu erkennen. Solche Methoden sind für die weitere Verbesserung der Fahrsicherheit wichtig (s. Abb. 7).

Abb. 7 Messung des Kraftschlusses eines Reifens auf nasser Fahrbahn im Trommelprüfstand

Chemische Technik/Verbrennungstechnik

Die Umwandlung von Energie aus fossilen Energieträgern ist einer der wichtigsten technischen Prozesse. Der Verbrauch von Primärenergie beträgt derzeit z.B. in Deutschland ungefähr $1,5 \cdot 10^{19}$ Joule pro Jahr.

Bei der Verbrennung fossiler Brennstoffe in großen Anlagen – in Dampferzeugern oder Gasturbinen – können *Brennkammerschwingungen* auftreten. Solche Schwingungen äußern sich in periodischen Veränderungen des Druckes. Sie werden durch die Verbrennung angeregt und können zu mechanischen Schäden führen. Ihre Ursache sind Verbrennungsinstabilitäten, die sich mit Hilfe der Theorie von Helmholtz-Resonatoren beschreiben lassen. Die Verbrennung ist dabei das aktive Glied.

Die Mechanismen der Anregung periodischer Schwankungen der Verbrennung sind gegenwärtig nicht vollständig verstanden. Ihre Untersuchung ist ein Arbeitsgebiet der Verbrennungs-

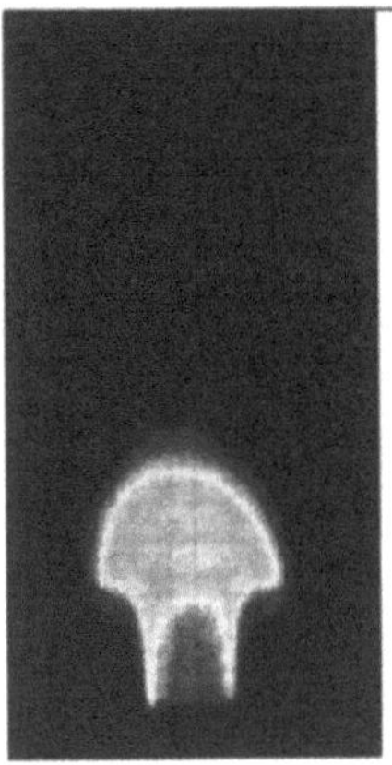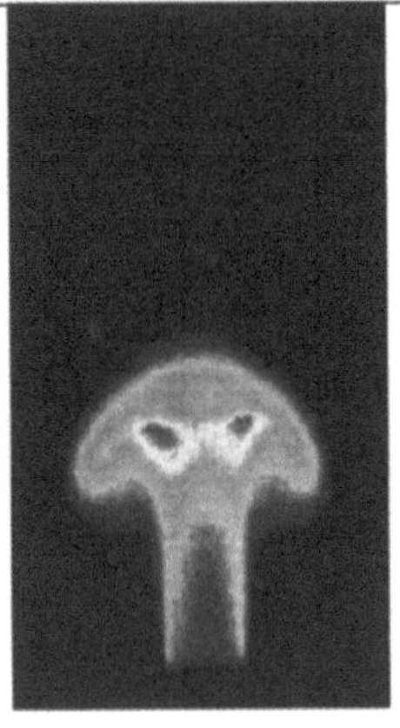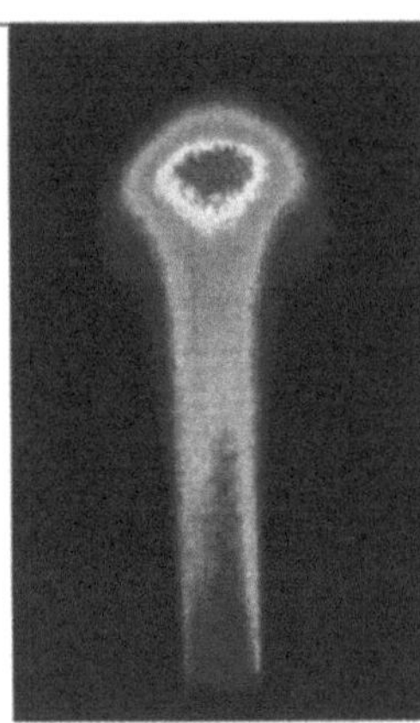

Abb. 8
Entstehen periodischer Ringwirbel in gepulsten Erdgasflammen

technik. Eine Hypothese für die Anregung ist, dass sich beim Ausströmen des Brennstoff/Luft-Gemisches aus dem Brenner periodische Ringwirbel bilden, die zu einer periodischen Erhöhung der Wärmefreisetzung führen.

Solche Ringwirbel konnten wir bei der Untersuchung des turbulenten Strömungsfeldes an technischen Brennern in isothermen Strömungen und in Flammen finden. Abbildung 8 zeigt Ringwirbel in gepulsten turbulenten Erdgasflammen. Die Untersuchungen ergaben wichtige Hinweise zum quantitativen Verständnis von Verbrennungsinstabilitäten.

Ein weiteres Problem bei der Verbrennung ist die *Bildung von Schadstoffen*. Einer dieser Schadstoffe ist der Ruß, der bei der Verbrennung unter brennstoffreichen Bedingungen entsteht. Die Rußbildung spielt z.B. in Dieselmotoren und in Gasturbinen vor allem bei plötzlicher Erhöhung der Last eine Rolle. Die Entstehung und der Abbrand von Ruß sind außerordentlich komplizierte Prozesse, die gegenwärtig nur teilweise verstanden werden. Einen Eindruck davon erhält man, wenn man sich vorstellt, dass bei der Bildung von Ruß Kohlenwasserstoffe mit einigen Kohlenstoffatomen pro Molekül zu Rußteilchen umgesetzt werden, die einige Zehn-Millionen Kohlenstoffatome enthalten. Beim Ausbrand von Ruß werden diese Rußteilchen zu Kohlendioxid verbrannt, das nur ein C-Atom enthält. Die Untersuchung der Bildung und Oxidation von Ruß ist ein Arbeitsgebiet der Chemischen Technik. Hier wurden vor allem laserspek-

troskopische Messmethoden entwickelt, mit denen man simultan die Konzentration des Rußes, die Größe der Rußteilchen und deren Anzahldichte messen kann (s. Abb. 9).

Die lokalen Schwankungen sind der turbulenten Flamme durch die Strömungsgeschwindigkeit aufgeprägt, die den einzelnen Fluidballen so viel Bewegungsenergie verleiht, dass ihre Strombahnen instabil werden. Solche turbulenten Instabilitäten herrschen in der technischen Verbrennung vor.

Es treten bei chemischen Reaktionen wie der Verbrennung aber auch andere Arten von

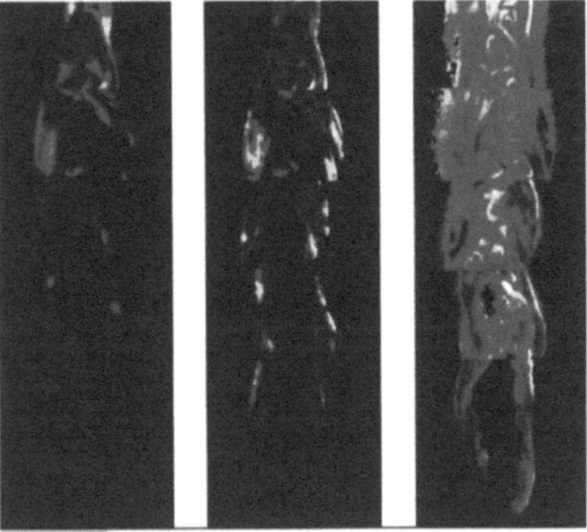

Abb. 9 Turbulente Flamme: Momentaufnahme der Rußkonzentration (links), der Anzahldichte der Rußteilchen (Mitte) und der Rußteilchengröße (rechts) in einer turbulenten Acetylen/Luft-Flamme; laserspektroskopisches Verfahren in Lichtschnitttechnik

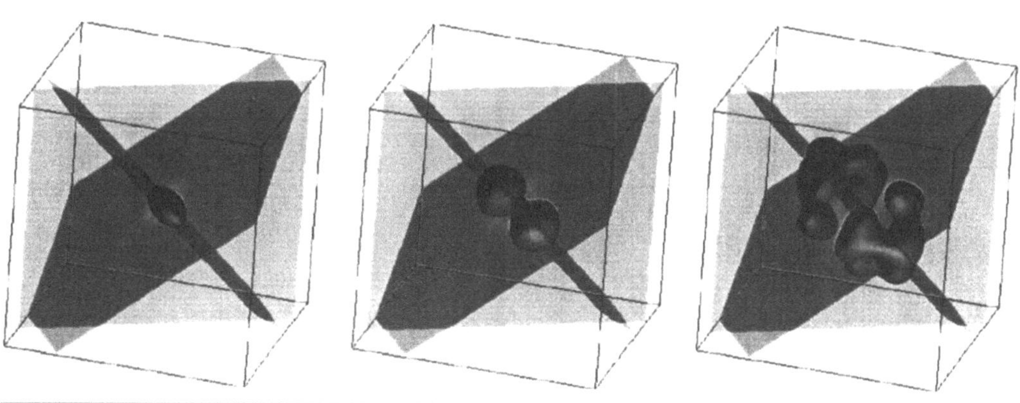

Abb. 10 Evolution einer Flammenfront in einem Wasserstoff/Luft-Gemisch in der Nähe der Zündgrenze bei Vorliegen von Lewis-Zahl-Instabilitäten; Computersimulation

Instabilitäten auf: Beispielsweise dann, wenn in einem ruhenden Fluid beim Fortschreiten einer Reaktionsfront Stoff und Wärme mit unterschiedlichen Geschwindigkeiten diffundieren. Man spricht hier von Lewis-Zahl-Instabilitäten. Sie spielen eine große Rolle bei der Flammenausbreitung, beim dynamischen Verhalten von Katalysatoren in exothermen Reaktionen oder beim thermischen Durchgehen chemischer Reaktoren. Als Beispiel die Evolution einer Flamme in einem Wasserstoff/Luft-Gemisch: Es wird deutlich, wie sich die Flamme zunächst regelmäßig ausbreitet, nach einer gewissen Zeit aber aufteilt (s. Abb. 10). Die hier gezeigte Evolution wurde durch die numerische Lösung der zugrunde liegenden partiellen Differentialgleichungen auf einem Parallelrechner erzeugt. Experimente unter Schwerelosigkeit zeigen die gleichen Phänomene.

I Technische Thermodynamik

Ein Gegenstand der Thermodynamik sind die Eigenschaften technisch wichtiger Stoffe: der Zusammenhang zwischen Druck, Temperatur, Dichte, Energieinhalt, Entropieinhalt. Er muss bekannt sein für die Optimierung von Anlagen der Energie- und Stoffumwandlung, also von Motoren, Kraftwerken, chemischen Anlagen und zugehörigen Einrichtungen der Stofftrennung. Mit den aufkommenden Computern entstand die euphorische Vorstellung, künftig Stoffeigenschaften aus molekularen Grunddaten berechnen zu können. Die aufwendigen Messungen schienen überflüssig zu werden. Inzwischen haben die Computer das Gegenteil bewiesen: molekulare Daten und mathematische Modelle zu deren Verarbeitung sind nicht ausreichend vorhanden. Hochgenaue Messdaten der thermodynamischen Eigenschaften sind mehr als je zuvor gefordert. In der Voraussicht dessen haben wir Messanlagen weiterentwickelt. Als

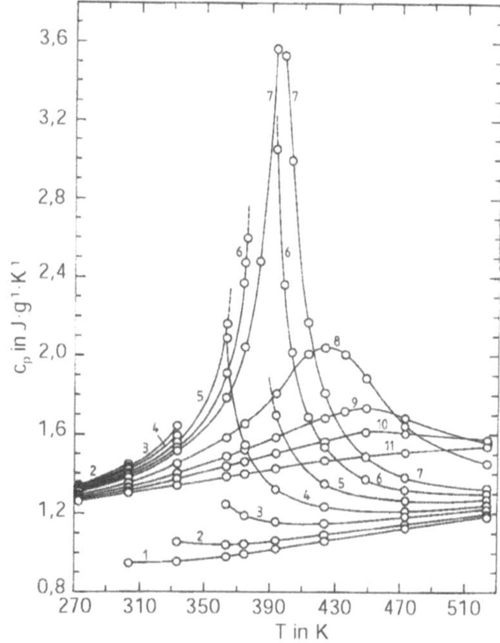

Abb. 11 Druck: (1) 0.5 MPa; (2) 1.0 MPa; (3) 2.0 MPa; (4) 3.0 MPa; (5) 4.0 MPa; (6) 5.0 MPa; (7) 6.0 MPa; (8) 10.0 MPa; (9) 15.0 MPa; (10) 20.0 MPa; (11) 30.0 MPa. Kritische Daten: T_k=374.1 K; p_k = 4.05 MPa

Beispiel für Ergebnisse unserer Strömungskalorimetrie: die *spezifische Wärmekapazität des Kältemittels* R134a (CH_2FCF_3, Ersatz für die ozonschädlichen fluorierten und chlorierten Kohlenwasserstoffe; s. Abb. 11).

In umfangreichen Messungen untersuchen wir die Funktion und die Emission von Kühltürmen. Zusätzlich entwickeln wir mathematische Modelle für die Ausbreitung von Kühlturmschwaden in der Atmosphäre und für die daraus resultierenden Immissionen – ganz allgemein für das Windfeld über bebautem Gelände und die Strömung in großen technischen Anlagen.

Beispiel in Abb. 12: der Schwaden eines in Thailand geplanten Nasskühlturms; dessen *Längsschnitt* und dessen *Querschnitt 100 m hinter dem Kühlturm*. Die Farben entsprechen der Konzentration des Schwadens.

Umgebung: Temp. 27 °C, rel. Feuchte 80 %, Windgeschwindigkeit in 10 m Höhe 6 m/s.

Kühlturm: Höhe 60 m, Abwärmeleistung ~ 600 MW.

Emission: Strom 9.500 kg/s, Temp. 35 °C. Maße in m.

In der Nähe von Karlsruhe wird eine neue Siedlung mit Wärmepumpen beheizt, die Wärme bei niedriger Temperatur aus „Massivabsorbern" entnehmen. Das sind auf Vorschlag der

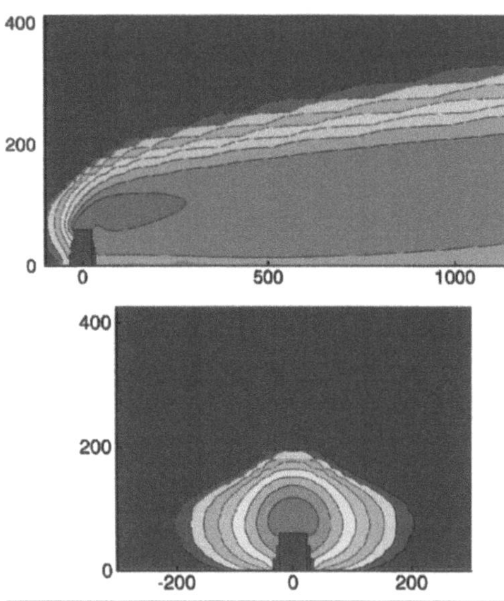

Abb. 12 Schwaden eines Kühlturms

Abb. 13 Freistehender „Energiestern" aus Beton als Speicher und Übertrager von Energie

Firma Betonbau, Waghäusel, Betonteile: Wände, Stützmauern oder freistehende Strukturen (s. Abb. 13).

Wir haben die Funktion dieser Heizanlagen über mehrere Winter untersucht. Hierfür haben wir bereits während der Bauzeit eine umfangreiche Messanlage installiert. Aus den Ergebnissen konnten wir die Dynamik des Systems Umgebung-Heizanlage-Gebäude erkennen und Grundlagen für die Optimierung solcher Heizanlagen schaffen.

In der Raumfahrttechnik werden Verdampfungskühler als Behälter gebaut, die zum Weltraum offen sind. Auf ihre Innenseite wird Wasser gesprüht, das dort verdampft und eine in der Behälterwand strömende Flüssigkeit kühlt. Solche Kühler sind gemessen an der Kühlleistung groß und schwer. Sie lassen sich auch nicht leicht in kleinen Einheiten bauen.

Wir haben ein Kühlgerät erfunden und bis zur sicheren Funktion entwickelt: die zu kühlende Flüssigkeit strömt in einem Rohr. Auf die Oberfläche des Rohres wird Wasser geleitet, das in einer dünnen Kapillarschicht verdampft. Das flüssige Wasser wird dort von einer mikroporösen, wasserabweisenden Schicht zurückgehalten. Der Dampf strömt durch diese Schicht in den Weltraum. Dieser „Transpirator" (s. Abb.

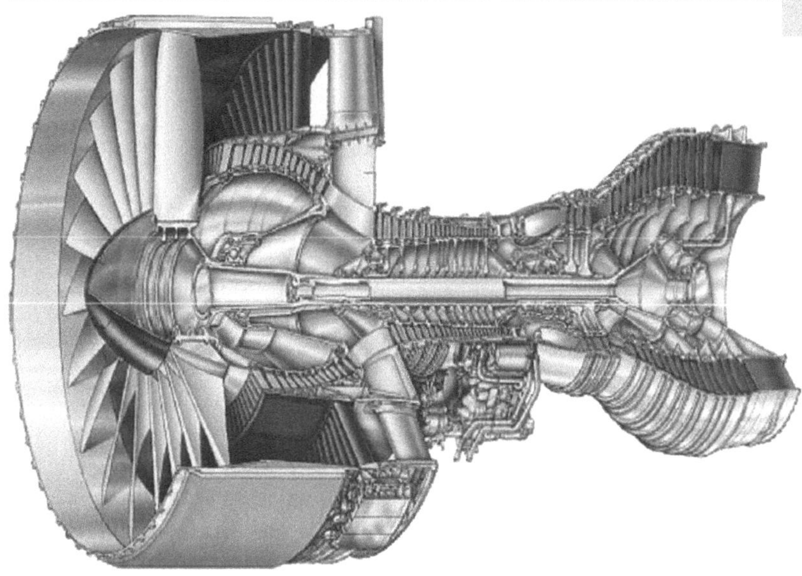

Abb. 15
Pratt & Whitney 4098: Das derzeit stärkste Flugtriebwerk

14) ist gemessen an seiner Leistung leicht. Er läßt sich in kleinen Einheiten bauen. Für die Kühlung des Weltraumanzugs eines Astronauten reicht ein Rohr von ungefähr 20 cm Länge.

Kapillarschicht, Wasserzuleitung

Mikroporöse wasserabweisende Schicht

Abb. 14 Querschnitt durch einen Transpirator; Durchmesser 12 mm

Thermische Strömungsmaschinen

„Durch unablässige, zähe Arbeit und zahlreiche Verbesserungen im Kleinen und Großen wurden die Zuverlässigkeit und Betriebssicherheit, wie auch die Wirtschaftlichkeit der Dampfturbine auf eine Stufe der Vollkommenheit gehoben, dass die beherrschende Stellung, die sie in der Großkrafterzeugung einnimmt, in absehbarer Zukunft kaum bestritten werden dürfte." Dieser Satz, mit dem 1924 Aurel Stoola sein Buch über Dampfturbinen eingeleitet hat, gilt heute für die Gasturbine insofern, als kaum ein anderes Feld der Ingenieurwissenschaften den rasanten technischen Fortschritt so deutlich wie sie widerspiegelt (s. Abb. 15).

Das Institut für Thermische Strömungsmaschinen hat die Entwicklung der Gasturbine auf einem weiten Weg begleitet. Rudolf Frierich war Leiter des Instituts von 1963 bis 1976. Vorher hat er als Konstrukteur in der Gruppe um Hans von Ohain den ersten effizienten Axialverdichter für die erste Fluggasturbine entwickelt. Heute ist die Weiterentwicklung wichtiger Komponenten der Gasturbine das Hauptarbeitsgebiet des Instituts.

Die Wälzlager des schnelllaufenden Rotors einer Gasturbine müssen im Betrieb ständig mit Öl geschmiert und gekühlt werden. Die Forschungsgruppe „Komponenten und Sekun-

Abb. 16 Ölfilmzerstäubung in Triebwerkslagerkammer

Abb. 18 Versuchsbrennkammer mit Quarzglasfenster für laseroptische Vermessung der Strömung in der Flammenzone

därluftsysteme" misst die Strömung in Triebwerkslagerkammern unter realistischen Bedingungen (z.B. Drehzahlen von 20.000 U/min). Mit einer großen Anzahl von Sensoren wird die komplexe, ölbeladene Strömung in der Lagerkammer mit laseroptischen Messverfahren berührungslos untersucht (s. Abb. 16).

Für die Berechnung des Wärmeübergangs an Gasturbinenschaufeln und der Zweiphasenströmung in Gasturbinenbrennkammern werden Verfahren der numerischen Strömungssimulation ständig weiterentwickelt. Viele in Gasturbinen auftretende Strömungsprobleme können so mit Hochleistungscomputern untersucht werden. Die Rechenergebnisse werden an experimentellen Daten überprüft. Damit wird die Gültigkeit der numerischen Modelle validiert (s. Abb. 17).

Die Forschungsgruppen „Brennkammerentwicklung" und „Zweiphasenströmungen" entwickeln fortschrittliche Konzepte für die Nutzung fossiler Brennstoffe in stationären Gas-

turbinen und Flugtriebwerken. Hierzu werden Modellbrennkammern unter realitätsnahen Bedingungen betrieben (s. Abb. 18). Die brennstoffbeladene Strömung und der Verbrennungsvorgang werden mit modernen Messtechniken wie Phasen-Doppler-Anemometrie, Lichtschnitt-Videomesstechnik oder Laserspektroskopie untersucht. Zahlreiche Messverfahren zur Erfassung von Zweiphasenströmungen und Rußemissionen wurden hierfür neu entwickelt und erstmals erfolgreich eingesetzt.

Die Forschungsgruppe „Bauteilkühlung und Keramik" entwickelt Maßnahmen, thermisch hochbelastete Turbinenbauteile versagenssicher zu gestalten. Dazu wird das Filmkühlverfahren intensiv untersucht. Hierbei wird aus Bohrungsreihen Kaltluft ausgeblasen, die sich als schützender Film zwischen Bauteil und Heißgasströmung legt und damit die Oberflächentemperatur senkt (s. Abb. 19). Zusätzlich wird der Einsatz keramischer Bauteile im Turbomaschinenbau untersucht. Keramische Turbinenschaufeln ermöglichen einen geringeren Kühlaufwand und einen höheren Wirkungsgrad der Gasturbine.

Turbolader nutzen die Energie des Abgases von Kolbenmotoren zur Verdichtung der Ansaugluft und verhelfen so zu höheren Leistungen und Wirkungsgraden. Bei Betriebsdrehzahlen von ca. 180.000 U/min sind ihre Läufer sehr hohen mechanischen Belastungen ausgesetzt (s. Abb. 20). Die Strömungsfelder werden mit laseroptischen Verfahren und die mechani-

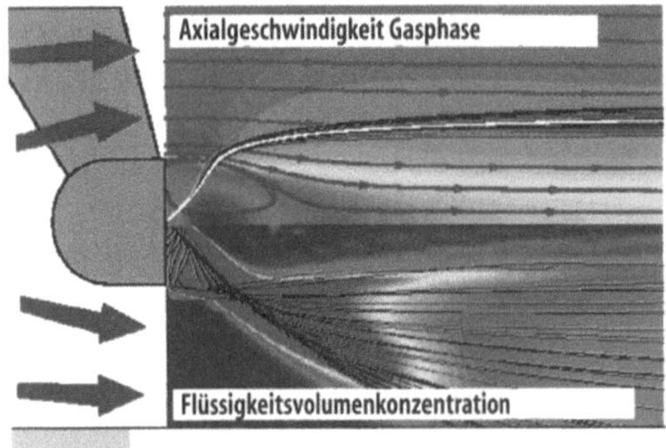

Abb. 17 Numerische Simulation eines Kerosinsprühstrahls

Abb.19 Turbinenschaufeln mit Kühlbohrungen

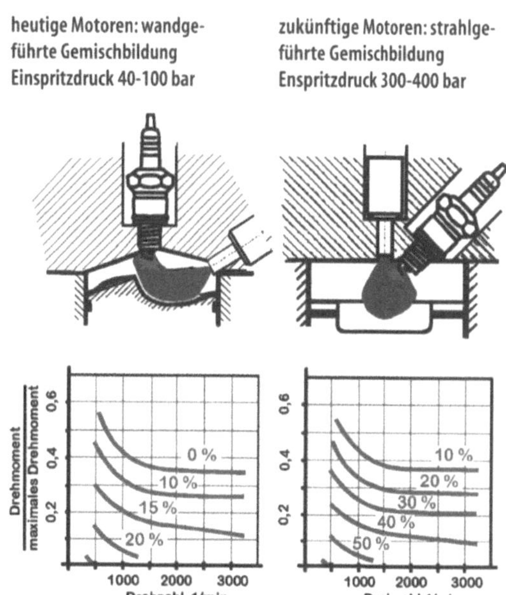

Abb.21 Mögliche Verbrauchsminderung bei Direkteinspritzung

sche Belastung der Läufer mit Schwingungsaufnehmern gemessen. Mit der numerischen Simulation der instationären Strömung und einer strukturdynamischen Schwingungsanalyse des Radialrads der Turbine können die lebensdauer-bestimmenden Faktoren ermittelt und die Läufer optimiert werden.

Abb.20 Dynamische Belastung eines Turboladerläufers

Kolbenmaschinen

Hauptnachteil heutiger Ottomotoren ist die Drosselung des Kraftstoff-Luft-Gemisches im Saugvorgang bei geringen und mittleren Lasten. Der verminderte Zylinderdruck am Ende des Saughubes führt zu niedrigeren Verdichtungsenddrücken und niedrigeren Temperaturen. Dies hat einen verminderten thermodynamischen Wirkungsgrad zur Folge.

An die Last angepasste direkte Einspritzung des Kraftstoffes in den Zylinder macht die Drosselung der Ansaugluft überflüssig.

Die Diagramme in Abb. 21 zeigen, dass der Kraftstoffverbrauch bei Teillast durch direkte Einspritzung deutlich gesenkt und damit auch die CO_2-Emission in gleichem Maße vermindert werden kann.

Da Kraftstoff-Luft-Gemische nur in der Nähe stöchiometrischer Zusammensetzung zündfähig sind, ist bei direkt einspritzenden Motoren

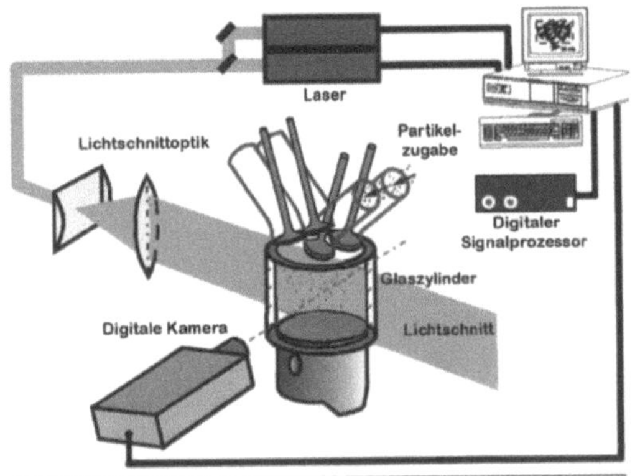

Abb. 22 Das Messverfahren nutzt die Bewegung von Partikeln

Kenntnisse über die Strömungsvorgänge im Saugrohr, an den Ventilen und im Zylinder. Hierzu müssen Messverfahren eingesetzt werden, die schnell genug sind und keine Störung der Strömung verursachen. Lasermessverfahren können die Strömung über einen optischen Zugang erfassen (s. Abb. 22). Aus der Aufbereitung der Messdaten können Richtung und Geschwindigkeit bestimmt werden. In unserem Laserlabor werden diese Messtechnik und die zugehörige Auswertung der Daten ständig weiterentwickelt.

die Gemischbildung im Zylinder kritisch. Heutige Motoren arbeiten mit der einfacher beherrschbaren, wandgeführten Gemischbildung. Der vollständige Nutzen der Direkteinspritzung wird jedoch erst durch die strahlgeführte Gemischbildung erzielt. Unsere Forschungsarbeiten befassen sich daher vor allem mit der strahlgeführten Gemischbildung und der Flammenausbreitung.

Strömungsvorgänge im Kolbenmotor I Bei der Entwicklung von Motoren muss eine vollständige und schadstoffarme Verbrennung angestrebt werden. Um den Brennraum optimal gestalten zu können, benötigt der Ingenieur

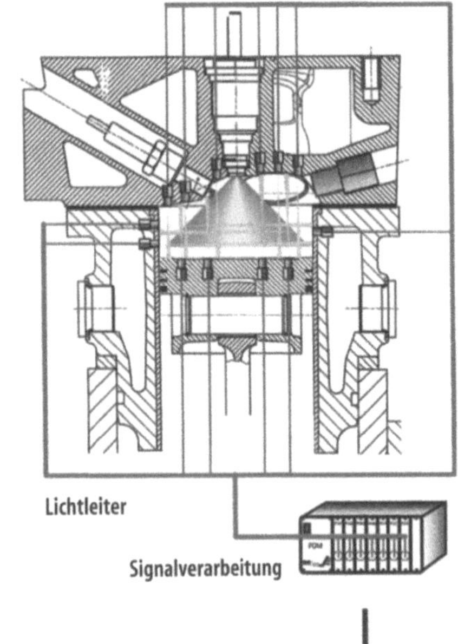

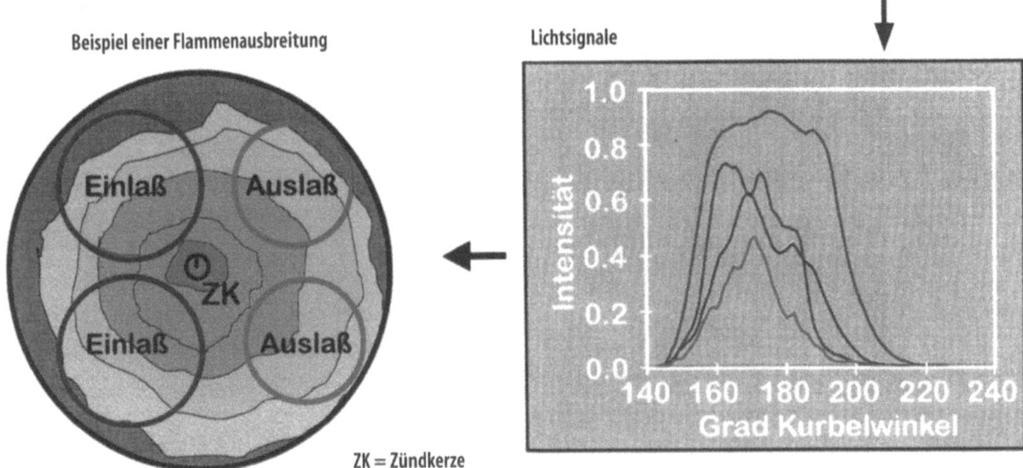

Abb. 23 Strömungsvorgänge im Brennraum

Verbrennungsvorgänge im Zylinder | Die Flamme soll die Brennraumgrenzen rasch und möglichst überall gleichzeitig erreichen, damit die Wärmefreisetzung nahe dem Gleichraumprozess erfolgt. Dadurch werden der Wirkungsgrad erhöht und das für den Motor gefährliche Klopfen unterdrückt.

Mit dem Wissen über die Ausbreitung der Flamme kann der Ingenieur Maßnahmen zur Verbesserung der Verbrennung entwickeln. Diese können Veränderungen der Brennraumgeometrie und damit der Strömungsvorgänge und Änderungen der thermodynamischen Auslegung sein.

Brennräume von Motoren sind im Betrieb jedoch unmittelbarer Beobachtung nicht zugänglich. Um die Ausbreitung der Flamme im Zylinder erkennen zu können, werden von uns optische Verfahren wie die Lichtleitertechnik eingesetzt, die den zu beobachtenden Vorgang nicht beeinflusst (s. Abb. 23).

Durch Auswertung der gemessenen Spektrallinien lassen sich auch die während der Verbrennung örtlich und zeitlich auftretenden Temperaturen bestimmen.

| Fördertechnik und Logistiksysteme

Das Wort Logistik ist zum Sammelbegriff für Materialflussprozesse in fast allen Bereichen der Industrie und des Handels geworden. Die Vielschichtigkeit des Begriffs wird deutlich, wenn man erfasst, was solche Prozesse alles an Planungen und an operativen Steuerungen erfordern. Mengen, Entfernungen und Terminwünsche sind neben den unterschiedlichen spezifischen Eigenschaften der Güter und zahlreichen Randbedingungen entscheidend für den Ablauf und für die Prozesskosten. Materialfluss unterliegt innerhalb einer Fabrik oder innerhalb eines Distributionszentrums völlig anderen Bedingungen als auf öffentlichen Straßen oder gar in wechselnden Verkehrsmitteln rund um die Welt (s. Abb. 24).

Dennoch gibt es einige grundlegende Größen und Gesetzmäßigkeiten in der Logistik, die eine gleichartige theoretische Behandlung der unterschiedlichen Anwendungen erlauben. Die methodischen Hilfsmittel für die Planung und die Steuerung kommen in der Logistik aus den Ingenieurwissenschaften und aus den Wirtschaftswissenschaften. Im Wesentlichen handelt es sich dabei um Regeln für die Modellie-

Abb. 24 Distributionszentrum mit Hochregallager, Sortier- und Kommissionierbereichen für die Anbindung an Straße und Schiene

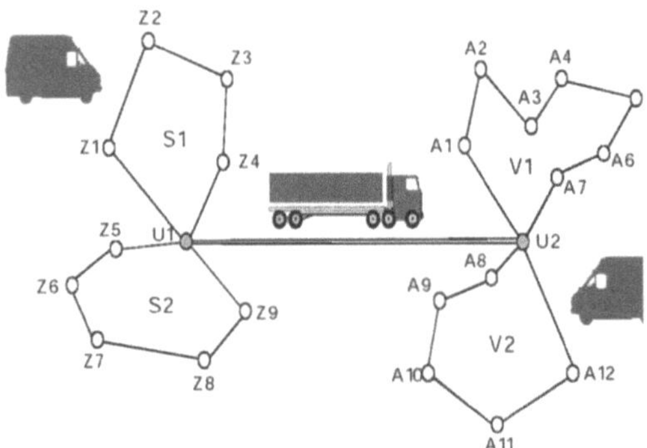

Abb. 25 Ausschnitte aus einer Lieferkette mit Fernverkehr zwischen zwei Umschlagpunkten U1, U2, Sammeltouren S1, S2 im Zulieferernetz Z und Verteiltouren V1, V2 im Abnehmernetz A

rung von Netzwerken, um die mathematische Beschreibung der Güterbewegungen in diesen Netzen, um die Berechnung von Zeitdauern für das Fortbewegen und für das unvermeidbare Warten sowie um Methoden zur Optimierung der logistischen Strukturen und der Prozessabläufe.

Zur Modellierung der Systemstruktur bietet sich die Graphentheorie an. Mit Quellen und Senken der Güterflüsse sowie Beschaffungs- und Absatzkanälen beschreibt man logistische Netzwerke in rechnerverständlicher Form. Der logistische Prozess findet ein theoretisches Optimum, wenn die Summe der Kosten aller Tätigkeiten minimal wird. Diese Tätigkeiten füllen

jedoch in der Realität einen sehr umfangreichen Katalog von praktischen Maßnahmen aus den Bereichen Verkehr, Fördertechnik, Informations- und Kommunikationstechnik, Organisation usw. Wollte man das alles bereits im Modell mit analytischen Verfahren oder nach der Methode der ereignisorientierten Simulation berücksichtigen, so würde eine nicht mehr handhabbare Komplexität entstehen. Die Meisterschaft besteht auch hier in der Beschränkung auf das Wesentliche (s. Abb. 25).

Die Modelle realer Logistikprozesse entfernen sich immer weiter von ihren theoretischen Basismodellen, wenn Wettbewerbseffekte oder vielstufige Abläufe berücksichtigt werden. Die daraus resultierenden Streuungen der logistischen Grundgrößen (Mengen, Wege, Zeiten, Termine) legen es nahe, die theoretischen Basismodelle als Warteschlangennetzwerke zu behandeln. Damit hat man eine Möglichkeit zur Modellierung von seriell und parallel vermaschten Betriebsmitteln aller Art, u.a. zur Abbildung und analytischen Behandlung einer gesamten Lieferkette oder eines Materialflusssystems innerhalb eines Fertigungsbereichs (s. Abb. 26).

Aus dieser kurzen Darstellung ist klar geworden, dass die Logistik kein eigener Zweig am großen Baum der Wissenschaft sein kann. Sie wächst im Wesentlichen an den starken Ästen der Ingenieurwissenschaften und der Wirtschaftswissenschaften. Ihr interfakultativer Cha-

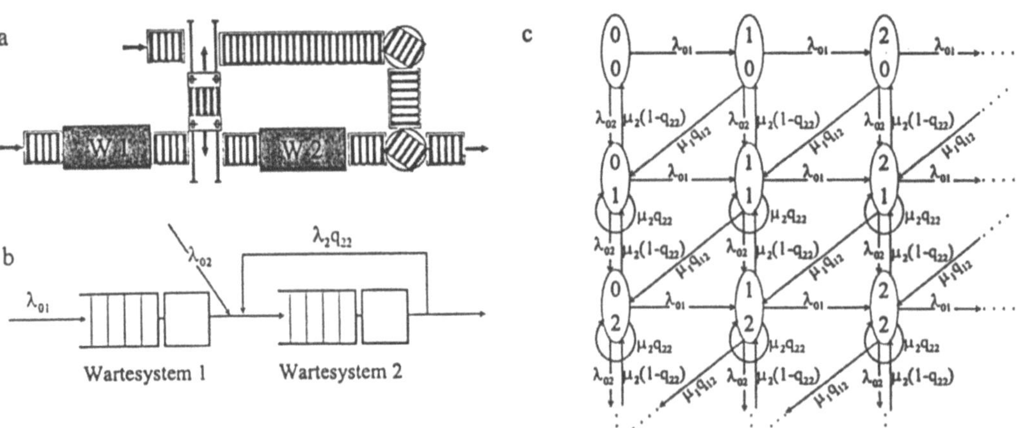

Abb. 26 a–c Kleiner Ausschnitt aus einem Materialflusssystem innerhalb eines Fertigungsbereiches **a** und aus seiner Modellierung als offenes Warteschlangennetzwerk **b** mit Zustandsraum **c**

Abb. 27 Mikrofräserstruktur

rakter zwingt Lernende und Lehrende zum Blick über die Fakultätsgrenzen. Das ist im Wortsinn universitär. Die Komplexität logistischer Modelle bietet uns reizvolle Ansätze zu Forschungsarbeiten mit technischen, wirtschaftlichen und sozialen Fragestellungen einer sich wandelnden globalen Wirtschaft.

Produktionstechnik

Die produktionstechnische Forschung hat das Ziel, durch ein ausgewogenes Verhältnis von grundlagen- und anwendungsorientierter Arbeit innovative Lösungen zur Verbesserung von Produktionsprozessen zu entwickeln und darüber hinaus praxisbezogene und aktuelle Lehrveranstaltungen anzubieten. Durch die Zusammenarbeit der Wissenschaftler unterschiedlicher Bereiche ist es möglich, viele Themen der Produktionstechnik, von der Zerspanung bis zur Fabrikorganisation, abzudecken.

Ziel der *Fertigungstechnik* ist die Beherrschung der Zerspanungsprozesse durch ein vertieftes Verständnis der Teilvorgänge. Aktuelle Forschungsschwerpunkte sind die Mikrozerspanung und die Trockenbearbeitung. Die Mikrozerspanung bietet kostengünstige Möglichkeiten zur Fertigung von dreidimensionalen Mikrostrukturen. Vor allem für Mikrospritzguss müssen verschleißfeste Werkzeuge geschaffen werden. Aktuelle Forschungsarbeiten zur Mikrozerspanung befassen sich daher mit der Fräsbearbeitung kleinster Strukturen in vergüteten und gehärteten Stählen (s. Abb. 27). Die trockene Bearbeitung von Metallen bietet neben großen ökologischen und arbeitsphysiologischen Vorteilen ein enormes Sparpotential. In vielen Anwendungsfällen gibt es bereits sichere Lösungen, die sich industriell durchgesetzt haben. Für den Technologietransfer der Trockenbearbeitung wurde ein „Technologienetz" gegründet.

Schwerpunkt des Bereiches *Antriebstechnik und Hydraulik* ist die Produktentwicklung; dabei zur Zeit die Entwicklung eines hochdynamischen Vorschubes und die Optimierung von Werkzeugmaschinen mit Hilfe der Methode der finiten Elemente (FEM). Im hochdynamischen Vorschub ist die Spindel beidseitig fixiert. Die Mutter wird durch einen Hohlwellenmotor gedreht. Es lassen sich hohe Spindelgeschwindigkeiten, Steifigkeit und Positionsgenauigkeit

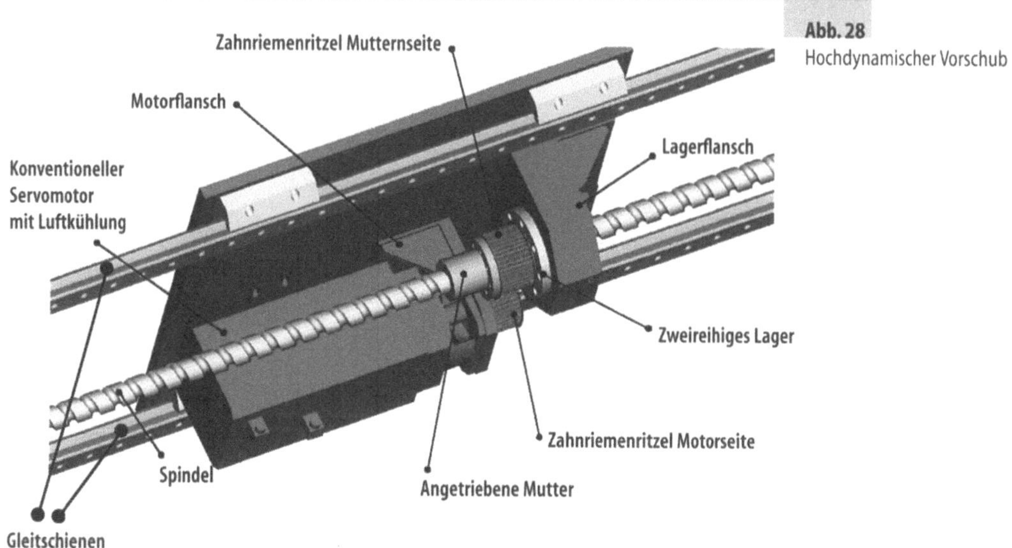

Abb. 28 Hochdynamischer Vorschub

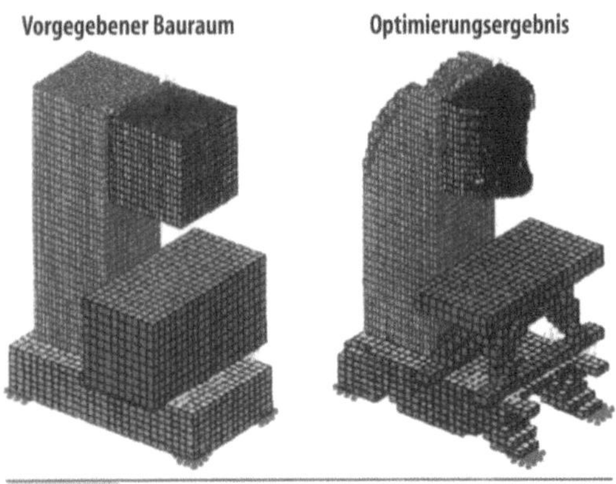

Abb. 29 Schwingungssteifigkeit von Werkzeugmaschinen

Abb. 30 Automatisiertes Kalibrieren

auch bei langen Spindeln erzielen. Mit Hilfe der FEM-Methode zur Berechnung des statischen und dynamischen Verhaltens von Werkzeugmaschinen konnten in industriellen Beispielen erhebliche Verbesserungen erreicht werden. In der Grundlagenforschung wird dazu beigetragen, die Methoden der dynamischen Optimierung weiter zu entwickeln (s. Abb. 28 und 29).

Probleme des Einsatzes von Industrierobotern und der Montage werden in der *Handhabungs- und Montagetechnik* bearbeitet: von den Entwicklungsmethoden bis zur Realisierung von Prototypen. Voraussetzung jeder erfolgreichen Montageplanung ist die vorausgehende Produktgestaltung, vor allem bei hoher Variantenvielfalt. In zahlreichen Projekten zur Rationa-

lisierung industrieller Montagen werden Methoden zur Planung von modularen Montagesystemen entwickelt. Neu ist hierbei auch die Untersuchung von Investitionen unter Einbezug der Gebrauchs- und Nachgebrauchsphase mit dem Ziel, die Wiederverwendung des Materials zu erleichtern. Neuartige Anwendungen von Industrierobotern wie das automatisierte Kalibrieren von Meßgeräten oder das präzise Handhaben von Mikro-Bauteilen sind typische Aufgaben der Handhabung (s. Abb. 30).

In einem Unternehmen Informationen zur richtigen Zeit am richtigen Ort bereitzustellen, ist das Ziel der *Produktionsinformatik*. Sie reicht

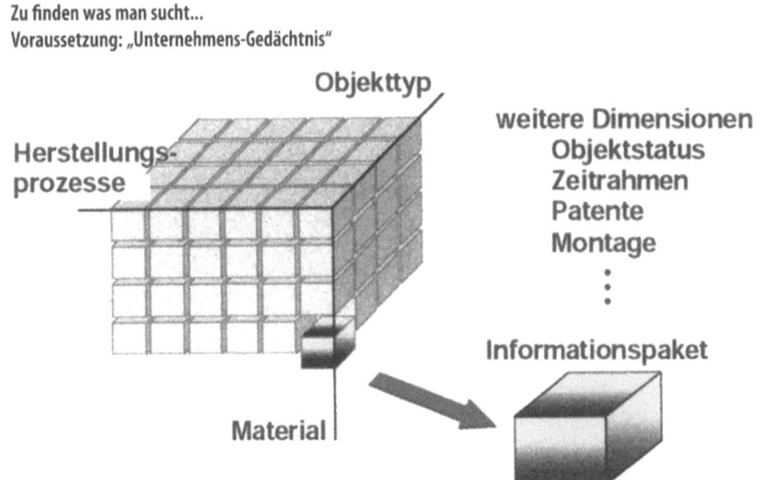

Abb. 31
Strukturraum für Informationen

von der mathematischen Produktmodellierung bis zur Steuerung und Diagnose von Maschinen und Anlagen. Es ist notwendig, das Wissen der Mitarbeiter effizient zu sammeln, aufzubereiten und so zu verteilen, dass es möglichst viele Mitarbeiter nutzen können. Informationen müssen aus Daten abgeleitet und im jeweiligen Kontext interpretiert werden können. Hierzu wird eine rechnergestützte Methode erarbeitet, mit deren Hilfe Informationen in einem Strukturraum angeordnet werden. Damit werden Werkzeuge zur Unterstützung der informellen Kommunikation geschaffen, so dass räumlich getrennte Mitarbeiter in der Lage sind, wie an einem Ort zusammenzuarbeiten (s. Abb. 31).

Forschungsarbeiten zur *Betriebsplanung und Betriebsorganisation* liefern Methoden für die Prozesskette „vom Markt zum Produkt": zum Zielkostenmanagement und zur integrierten Produkt- und Prozessentwicklung. Dabei ist vor allem interessant, wie Kundenforderungen systematisch in neue Produkte umgesetzt werden können. In Zusammenarbeit mit der Industrie werden existierende Methoden der Produktinnovation analysiert und weiterentwickelt.

Mikrostrukturtechnik – ganz kleine Maschinen

Die Mikrotechnik hat weltweit einen Siegeszug angetreten, der bereits heute große Bereiche unseres Lebens beeinflusst. So werden die Airbags in Autos bei einem Unfall durch winzige Beschleunigungssensoren ausgelöst und das „intelligente Fahrwerk" wird durch entspre-

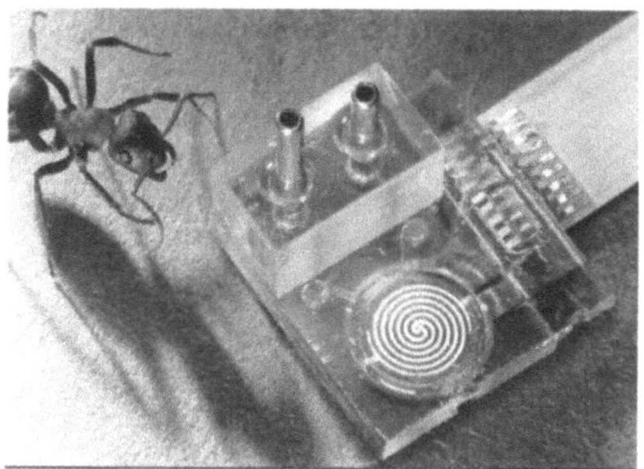

Abb. 32 Eine am IMT hergestellte Mikropumpe (Breite 10 mm)

chende Sensoren gesteuert. Die Festplattenlaufwerke unserer Computer werden durch Lese- und Schreibköpfe mikroskopischer Dimension gelesen, der Druckkopf eines Tintenstrahldruckers beschreibt das Papier mit Tröpfchen aus Mikrodüsen und im medizinischen Bereich stehen Mikroinstrumente zur minimal-invasiven Chirurgie mit entsprechend schonender Behandlung des Patienten zur Verfügung. Diese wenigen Beispiele mögen bereits das ungeheure Potential der Mikrotechnik und die Breite ihrer Anwendungsfelder andeuten. Für die kommenden Jahre werden nahezu revolutionäre Produkte wie winzige komplette „Labors" auf Plastik- oder Siliziumblättchen zur chemischen Analyse und zur Diagnose oder gar Chemiefabriken in der Größe einer Schuhschachtel entwickelt.

Das Institut für Mikrostrukturtechnik (IMT) ist aus dem von E.-W. Becker aufgebauten Institut für Kernverfahrenstechnik hervorgegangen. Es ist ein gemeinsam von der Universität Karlsruhe und dem Forschungszentrum Karlsruhe betriebenes Institut und gehört zu den weltweit führenden Forschungs- und Entwicklungszentren auf dem Gebiet der Mikrosystemtechnik. Das IMT entwirft und fertigt Bauteile, Sensoren, Maschinen und komplette Systeme mit Dimensionen im Mikrometer/(1/1000 mm)-Bereich vorzugsweise aus Kunststoffen und Metallen. Zwei Verfahren zur Herstellung solcher Mikrobauteile, die bereits im Institut für Kernverfahrenstechnik entstandene LIGA-Technik und der im IMT erfundene AMANDA-Prozess, wurden soweit entwickelt, dass sie heute für die Fertigung von Komponenten in größeren Stückzahlen eingesetzt werden können.

AMANDA basiert auf der Expertise des IMT, dünne Kunststoffmembranen herzustellen, mit Metallstrukturen zu beschichten und in Polymergehäusen zu verkleben (Mikropumpe, s. Abb. 32). Das LIGA-Verfahren überträgt die Struktur der Objekte mit Hilfe von Röntgenstrahlen durch Schattenprojektion von „Masken" auf einen röntgenstrahlempfindlichen Stoff, meist Plexiglas. In den von der Röntgenmaske nicht abgeschatteten Bereichen werden die Molekülketten durch die Strahlen aufgebro-

Abb. 33
LIGA-Mikrostruktur aus Plexiglas zur Herstellung eines Bauteils mit hohem Höhen/Breitenverhältnis für einen elektrostatisch angetriebenen Linear-Aktor. Diese Mikrostruktur besitzt eine Höhe von 100 µm mit Abmessungen der kleinsten Strukturdetails von 1 µm

chen. Dieses Material kann anschließend herausgelöst werden. Dagegen bleibt das abgeschattete Material unverändert stehen.

So lassen sich mit parallel einfallenden Röntgenstrahlen tiefe Strukturen mit nahezu senkrechten und extrem glatten Wänden erzeugen. Werden diese Strukturen anschließend galvanisch – meist mit Nickel – aufgefüllt, entsteht eine Metallplatte mit der angestrebten Mikrostruktur. Schließlich ergibt sich die freistehende Mikrostruktur als Formwerkzeug für die Herstellung von Kopien. Damit lassen sich kostengünstige Serienfertigungen realisieren. Im Prinzip sind mit Hilfe des LIGA-Verfahrens Formwerkzeuge aus allen galvanisch abscheidbaren Werkstoffen herstellbar, wobei für das Verhältnis von Höhe zu kleinstmöglicher Breite der freistehenden Strukturen heute schon Werte über 100 erreicht werden (s. Abb. 33). Die

Bestrahlung wird zur Zeit noch an den Synchrotronstrahlenquellen BESSY in Berlin und ELSA in Bonn durchgeführt. Ab Herbst 2000 soll dafür die Synchrotronstrahlenquelle ANKA auf dem Gelände des Forschungszentrums Karlsruhe zur Verfügung stehen.

Das IMT hat seine Forschungsaufgaben auf zwei große Anwendungsfelder konzentriert: Das eine ist die *Mikrooptik*. Es werden z.B. winzige Linsen und Objektive für Endoskope entwickelt, die in der Gehirnchirurgie eingesetzt werden können. Spektrometer zur Bestimmung von Farben werden hergestellt, die bereits in kommerziellen Geräten Anwendung finden, z.B. zur Früherkennung von Gelbsucht bei Neugeborenen (s. Abb. 34).

Großes Interesse finden auch Module, die Licht aus Glasfasern an- und abschalten oder auf andere Fasern umlenken. Solche Entwick-

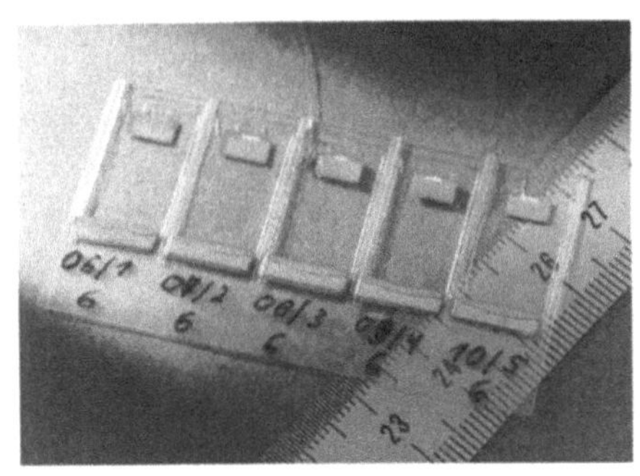

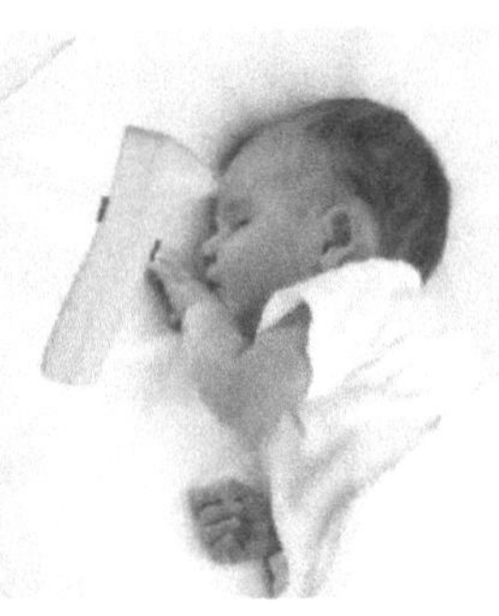

Abb. 34
Fünf parallel gefertigte Mikrospektrometer und ihre Anwendung bei der Untersuchung Neugeborener auf Gelbsucht

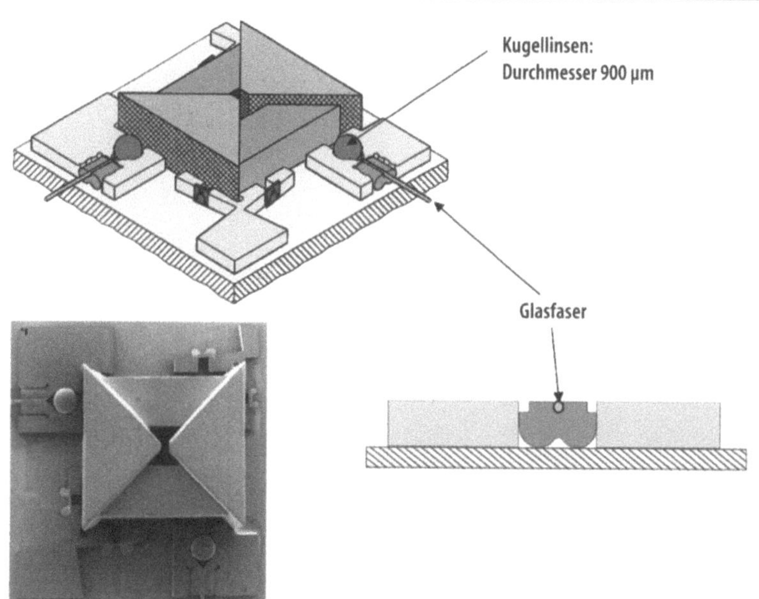

Abb. 35
Schematischer und realisierter (unten links) Aufbau eines Empfängers für optische Signalübertragung auf einer 10x10 mm² großen Grundplatte

lungen sind wichtig für die optische Nachrichtenübertragung und damit für die Informationssysteme der Zukunft (s. Abb. 35). Um jedes Haus an ein derartiges System anschließen zu können, müssen kostengünstige Module für Licht entwickelt werden, die den langsameren Elektronikbausteinen, die wir heute einsetzen, entsprechen.

Die *Mikrofluidik* ist das zweite große Anwendungsfeld des IMT. Hier stehen die Entwicklung und Fertigung von Mikropumpen, von Mikroventilen und von Mikrosensoren zur Messung von Drücken und Durchflussmengen im Vordergrund. Diese Komponenten können wie LEGO-Bausteine zu kompletten Systemen zusammengesetzt werden, die z.B. Medikamente einem Körper gesteuert zuführen. Potentielle Anwendungen sind eine automatische Glukosekontrolle und Insulinverabreichung für Zuckerkranke.

Eine Stärke des IMT ist es auch, in Kunststoffe winzige Strukturen wie z.B. Kanäle einzuprägen. Solche Kanäle können Flüssigkeiten ohne jede Pumpe durch Kapillarkräfte transportieren, wie wir das von einem Löschblatt kennen. Wenn wir also in zwei Kanäle Flüssigkeiten eintreten lassen, können sie sich an einem Kreuzungspunkt treffen, sich mischen und chemisch reagieren. Dieses einfache Bild zeigt das Konzept, nach dem komplizierte Kanalstrukturen so ausgelegt werden, dass ein kleiner Baustein komplette Analysen durchführen oder neue Chemikalien herstellen kann.

Die Mikrosystemtechnik steckt trotz einiger großer Markterfolge noch in den Kinderschuhen. Die Anwendung, die zur Zeit von der Herstellung von Einzelstücken für Chirurgen bis zu Massenprodukten wie Düsen für Tintenstrahldrucker reicht, schöpft das Potential der Mikrostrukturtechnik bei weitem noch nicht aus und lässt für die Zukunft Produkte erwarten, die wie die Mikroelektronik unsere Welt nachhaltig verändern werden.

 Technische Katalyse – Ein zentrales Thema
im Chemieingenieurwesen

L. Riekert

Die Umwandlung von Rohstoffen in nützliche Materialien und fertige Produkte und die Rückführung von Abfällen in Stoffkreisläufe sind Gegenstand des Chemieingenieurwesens. Stoffumwandlung bedeutet oft auch die Durchführung chemischer Reaktionen im technischen Maßstab. Dabei sind Katalysatoren von erheblicher Bedeutung: über 80% aller Reaktionen in den Verfahren der chemischen Industrie und der Erdölverarbeitung werden durch Katalysatoren unterstützt.

Was sind Katalysatoren?

Ein Katalysator ist ein Stoff, der durch seine Gegenwart die Geschwindigkeit einer chemischen Reaktion erhöht, ohne in deren Endprodukt enthalten zu sein. Vielfältige Beispiele dafür sind die Enzyme, die die Stoffwechselprozesse in lebenden Organismen ermöglichen und in hochselektiver Weise steuern. Allgemein gesprochen ermöglicht ein Katalysator K einen Reaktionszyklus, der ohne ihn nicht ablaufen könnte, im einfachsten Fall einer Reaktion

$$A \rightarrow B$$

nach dem Schema

$$A + K \rightarrow AK \quad AK \rightarrow B + K.$$

Da man die Geschwindigkeit chemischer Reaktionen (das ist die in der Zeiteinheit umgesetzte Stoffmenge) nicht aus der Theorie zuverlässig voraussagen kann, ist man bei der Suche

Abb. 1 Mittasch-Kat (Stefan Bossmann): Elektronenmikroskopische Aufnahme eines Mittasch-Katalysators ($Fe/CaO/K_2O$ auf Al_2O_3) zur katalytischen Ammoniaksynthese. Die Flächenstrukturen auf dem schwammartigen Katalysatormateral bestehen aus einer 1-2 Nanometer dünnen Eisenschicht. Mittasch-Kat/makro (Carl Bosch Museum, Heidelberg) Blick in einen Ammoniakreaktor, welcher mit Mittasch-Katalysator gefüllt ist

nach katalytisch wirksamen Substanzen auf das Experiment angewiesen – und niemals vor Überraschungen sicher.

Technische Katalysatoren

Technische Katalysatoren sind meistens Festkörper, an deren Oberfläche oder in deren Porengefüge die katalytische Reaktionsfolge abläuft. Dazu überströmt das reagierende Medium den im Reaktor fest angeordneten Katalysator, und es müssen Transportvorgänge und chemische Reaktion zusammenwirken. Das heißt, daß die Geschwindigkeit, mit der die reagierenden Stoffe die katalytisch wirksame Substanz erreichen, die Reaktionsgeschwindigkeit selber und der mit jeder Reaktion verbundene Wärmeaustausch nicht unabhängig voneinander sind.

Reaktionsführung

Aufgabe der technischen Reaktionsführung ist es, die Anordnung des Katalysators sowie eventuell notwendiger Wärmeübertragungsflächen und die Strömung der Reaktanten und der Produkte so aufeinander abzustimmen, dass die katalytische Reaktion sicher, möglichst vollständig und in einem möglichst kleinen Volumen abläuft. Die Reaktionsführung ihrerseits bestimmt dann die der Reaktion im Gesamtverfahren notwendig vor- bzw. nachgelagerten Verfahrensschritte. Vor der technischen Auslegung gilt es aber zu untersuchen, ob und unter welchen Bedingungen die ins Auge gefasste Reaktion überhaupt möglich ist. Dabei müssen als Nebenbedingung die Gesetze der Thermodynamik eingehalten werden, denn diese können nicht mit Hilfe von Katalysatoren ausgehebelt werden.

Technisches Beispiel: Die Ammoniaksynthese

Auf unserem Universitätsgelände erinnert ein Denkmal daran, daß von hier die Entwicklung eines großtechnisch und im großen Umfang angewendeten katalytischen Verfahrens ausging, das für die technische Zivilisation in vielfacher Hinsicht bedeutsam wurde: die Synthese von Ammoniak nach Haber und Bosch. Nicht von ungefähr ist dieses Verfahren nach zwei

Abb. 2 Wichtige Komponenten einer Haber-Bosch-Anlage zur Ammoniakerzeugung: Ammoniak-Synthesereaktor (rechts) und Ammoniakwäscher (links)

Männern benannt, nach dem Chemiker Fritz Haber und dem Ingenieur Carl Bosch, denn der Erfolg beruhte auf dem Zusammenwirken mehrerer Disziplinen. Haber war als Dozent in dem von Hans Bunte geleiteten „Gasinstitut" tätig, aus dem das heutige Engler-Bunte-Institut wurde. Sein Interesse an der Ammoniaksynthese ergab sich 1906 aus der Frage nach der Lage des Bildungsgleichgewichts des Ammoniak, also aus einer grundsätzlichen Fragestellung zur Thermodynamik. Hierüber war er mit dem älteren und sehr einflussreichen Walter Nernst in eine Kontroverse geraten. Haber behielt Recht, nachdem es ihm gelang, in einer speziell dafür entwickelten Hochdruckapparatur Ammoniak aus den Elementen Stickstoff und Wasserstoff zu synthetisieren.

Der dabei verwendete Katalysator kam für den großtechnischen Einsatz nicht in Frage, doch war nach der Demonstration der prinzipiellen Machbarkeit das Interesse der Großindustrie an der Entwicklung eines technischen Verfahrens wegen seiner Bedeutung als Grundlage der

Abb. 3 Wichtige Komponenten einer Haber-Bosch-Anlage zur Ammoniakerzeugung: Maulwurfpumpe

Herstellung von Stickstoffdünger geweckt. Mit künstlichem Stickstoffdünger sollte es möglich sein, die Nahrungsmittelproduktion drastisch zu erhöhen und so den Hunger in den Industrienationen zu besiegen.

Die Suche nach einem technisch brauchbaren, in ausreichender Menge herstellbaren Katalysatormaterial war auf empirisches Vorgehen angewiesen, da sich die jeweils reaktionsspezifische katalytische Wirksamkeit der Stoffe nicht aus der Theorie voraussagen läßt. Dazu wurden unter Leitung von Alwin Mittasch in den Labors der BASF in Ludwigshafen mehr als 10.000 verschiedene Materialien auf ihre Brauchbarkeit als Katalysator hin untersucht, was nicht Sache eines Hochschulinstituts sein konnte. Auf diese Weise wurde der noch heute gebräuchliche Katalysator für die Ammoniaksynthese gefunden; er besteht vorwiegend aus porösem Eisen und enthält daneben Oxide von Aluminium und Kalium in geringen Gewichtsanteilen.

Hatte man so einen technisch brauchbaren Katalysator gefunden, bedurfte es weiterhin eines für den großtechnischen Einsatz geeigneten Reaktionsapparates, dessen Konstruktion ein keineswegs triviales Ingenieurproblem war. Einerseits mussten Materialprobleme (Beständigkeit bei hohen Wasserstoffdrucken und Temperaturen bis 300 °C) gelöst werden, was dadurch gelang, daß das Reaktionsgefäß als doppelwandiges, aus zwei verschiedenen Materialien bestehendes Rohr ausgeführt wurde. Dabei übernimmt die innere Wand die Dichtfunktion und die äußere sichert die Druckfestigkeit. Zum Schutz des Materials der äußeren Wand vor dem Wasserstoff, der durch die innere Wand hindurchdiffundiert, hat die äußere Wand Entlastungsbohrungen.

Im Reaktionsraum musste dann noch für eine geeignete räumliche Verteilung der reagierenden Stoffe und vor allem für eine die Geschwindigkeit der Reaktion optimierende Temperaturverteilung gesorgt werden. Hierfür waren die Gesetze der Wärme- und Stoffübertragung in geeigneter Weise anzuwenden. Erst das Zusammenwirken der Fachleute und Kenntnisse aus den Bereichen Chemie, Physik, Materialwissenschaften, Apparatebau ermöglichten den Erfolg bei der Entwicklung eines Verfahrens, das auch heute noch ganz erheblich zur Ernährung der Weltbevölkerung beiträgt. Daran erinnert das oben erwähnte Denkmal auf dem Universitätsgelände. Es ist ein Hochdruckreaktor aus der Frühzeit der großtechnischen Ammoniakherstellung. Heute wird das einem solchen Reaktor zugeführte Synthesegas in einem mehrstufigen Prozess aus Erdgas, Wasser und Luft mit Hilfe weiterer, jedoch anderer, Katalysatoren erzeugt.

Interdisziplinarität als Notwendigkeit

Die Entwicklung des nun schon klassischen Verfahrens der Ammoniaksynthese wurde hier skizziert um aufzuzeigen, daß in der auf dem Einsatz von Katalysatoren beruhenden Reaktionstechnik eine Vielzahl von Gesichtspunkten im Zusammenwirken zu betrachten und unterschiedliche technische Probleme zu lösen sind, die sich wechselseitig bedingen. Angefangen von der Thermodynamik über die Herstellung von porösen Materialien bestimmter Morphologie und Zusammensetzung bis hin zur Konstruktion von Reaktionsapparaten wird eine breite Palette an Grundlagenwissen benötigt. Die vorwiegend phänomenologisch-qualitativ orientierte Betrachtungsweise des Naturwissenschaftlers und die quantitative Arbeitsweise des Ingenieurs müssen sich dabei ergänzen. Das erfordert die Bereitschaft, die Denkweise und die Sprache des jeweils anderen zu verstehen, was in einer durch Spezialisierung geprägten Wissenschaftslandschaft nicht durchweg selbstverständlich ist. Jedoch gibt es auch Wissenschaftler und Studierende, die gerade die Interdisziplinarität als attraktive Herausforderung empfinden.

Die Fakultät für Chemieingenieurwesen und Verfahrenstechnik hat seit ihrer Gründung vor 30 Jahren als Leitlinie ihres Studienplans und der Ausrichtung ihrer Forschung das Zusammenwirken der teils von Naturwissenschaftlern, teils von Ingenieuren geleiteten Lehrstühle und Institute verstanden. Damit hat sie den Begriff des Chemieingenieurwesens geprägt und gelebt. Die Technik der Stoffumwandlung war und bleibt der Gegenstand von Lehre und Forschung

der Fakultät. Da chemische Reaktionen in der Technik heute und in Zukunft überwiegend an Katalysatoren durchgeführt werden, ist zu erwarten, daß Katalysatoren und katalytische Reaktionsführung zentrale Themen für die Fakultät bleiben werden.

Verfahren mit Katalysatoren sind weit verbreitet

Ohne katalytische Verfahren in den Grundstoffindustrien wären viele Gegenstände und Stoffe, deren alltägliche Verfügbarkeit selbstverständlich scheint, schlechterdings nicht vorhanden oder äußerst rar. Dessen ist sich freilich ein großer Teil der Öffentlichkeit nicht bewußt; bisweilen wurden Katalysatoren sogar für eine technische Novität gehalten, z.B. als sie vor etwa 30 Jahren als Abgaskatalysator am Automobil in Erscheinung traten. Tatsächlich werden sie bereits seit Anfang des 20. Jahrhunderts in der Technik verwendet, so z.B. zur Oxidation von Schwefeldioxid bei der Herstellung von Schwefelsäure oder – wie schon beschrieben – in der Ammoniaksynthese. Bei diesen Synthesen handelt es sich insofern um einfache Reaktionssysteme, als aus den Einsatzstoffen nur ein Produkt entstehen kann, zum Beispiel können Stickstoff und Wasserstoff nur Ammoniak bilden. Bei zahlreichen heutigen Verfahren der Chemieindustrie und der Erdölverarbeitung können aus den Einsatzstoffen neben den erwünschten Wertprodukten auch mehr oder weniger wertlose Nebenprodukte entstehen, zum Beispiel Kohlendioxid und Wasser. Der Katalysator hat hier nun nicht mehr nur die Aufgabe, als Reaktionsbeschleuniger zu wirken, sondern vor allem die Reaktion so zu lenken, daß vorwiegend das erwünschte Produkt gebildet wird. Das heißt, die Selektivität der Reaktionsführung ist hier in erster Linie von Interesse im Hinblick auf Wirtschaftlichkeit und sparsamen Einsatz primärer Ressourcen.

Forschungsaufgaben

Die Selektivität resultiert aus dem Ausmaß, in dem verschiedene Reaktionen nebeneinander und nacheinander am Katalysator ablaufen. Sie hängt darum von vielen Faktoren ab (Zusam-

Abb. 4 Montage eines Ammoniak-Reaktors (2.7.1938)
BASF-AG, Ludwigshafen

mensetzung der Aktivkomponente des Katalysators, Gestalt und Porenmorphologie der Katalysatorteilchen, Gestaltung des Reaktionsapparats, insbesondere hinsichtlich des Temperaturverlaufs in der Katalysatorschüttung usw.), die außerdem nicht unabhängig voneinander wirksam sind. Da sich die in der Fakultät für Chemieingenieurwesen und Verfahrenstechnik gelehrten und in der Forschung bearbeiteten Sachgebiete in dieser Hinsicht vortrefflich ergänzen, wurde im Jahr 1986 hier der Sonderforschungsbereich „Selektive Reaktionsführung an festen Katalysatoren" eingerichtet, dem auch Wissenschaftler aus Nachbarfakultäten angehörten.

Die Ergebnisse der Arbeit dieses Sonderforschungsbereichs fanden auch außerhalb Deutschlands sowie seitens der Industrie Anerkennung. Es würde zu weit führen, die Ergeb-

nisse hier im einzelnen aufzuzählen und zu erläutern, deshalb soll ein Beispiel genügen. Ausgehend vom Stand der Technik, das heißt von der damals gängigen Verfahrensweise, wurde nicht nur das Endergebnis der Reaktionsführung eines industriellen Verfahrens betrachtet, sondern es wurde versucht, die Kinetik der Teilvorgänge im Reaktionsraum quantitativ zu beschreiben. Hierzu waren zeitaufwendige, Geduld und experimentelles Geschick erfordernde Versuche notwendig, die das Zusammenwirken der chemischen Reaktion mit Transportvorgängen und deren Abhängigkeit von den zahlreichen veränderbaren Parametern der Verfahrensführung und der Katalysatorgestaltung erhellten. Es konnte so eine auf experimentelle Beobachtung gegründete mathematische Beschreibung („mathematisches Modell") der einzelnen Vorgänge formuliert werden, die den Einfluß der Variation einzelner oder mehrerer Parameter voraussehen und Möglichkeiten einer Verbesserung der Selektivität des Verfahrens erkennen läßt, was dann experimentell validiert wurde. Solche Ergebnisse schienen einem in der entsprechenden Branche tätigen Industrieunternehmen nützlich, und sie wurden dort aufgegriffen. Eine daraus resultierende Zusammenarbeit wird auch heute fortgeführt. Dass sie für das Unternehmen von Nutzen ist, lässt sich daran erkennen, dass es bereit ist, alle Kosten der laufenden Untersuchungen zu tragen.

In der Folge dieser Aktivitäten werden an der Fakultät für Chemieingenieurwesen und Verfahrenstechnik zur Zeit zwei weitere Forschungsrichtungen betrieben. Einerseits werden die Herstellmöglichkeiten kleinster Partikel in der Größe von Millionstel von Millimetern, deshalb Nanopartikel genannt, untersucht, die z.B. Basis für neue Katalysatoren sein können. Zum anderen wird versucht, die aus der medizinischen Diagnose bekannte Methode der Computer-(NMR-)Tomographie für die Aufklärung von Transportvorgängen in Katalysatorbetten zu benutzen.

Technische Katalyse und Reaktionsführung sind ein Gebiet von großer wirtschaftlicher Bedeutung, das von vielen Unternehmen in

Abb. 5   ModerneNH3 (Carl-Bosch Museum, Heidelberg und BASF Unternehmensarchiv, Ludwigshafen am Rhein): Moderne Ammoniakanlage der BASF-AG, Ludwigshafen. Die Anlage besteht aus den folgenden Komponenten: Steam-Refomer, Sekundärreformer, Hochtemperatur-Konvertierung, Tieftemperatur-Konvertierung, Kohlensäurewäsche, Methanisierung, Synthesegaskompression und Ammoniaksynthese

allen Industrieländern intensiv und mit großem Aufwand bearbeitet wird. Gleichwohl kann auch eine Hochschulinstitution mit ihren relativ bescheidenen personellen und materiellen Mitteln zum technisch-wissenschaftlichen Fortschritt auf diesem Gebiet nennenswert beitragen. Vielleicht ist dies wenigstens zum Teil dem Umstand zu verdanken, dass die Lehre vor einem kritischen Hörerkreis immer wieder dazu zwingt, von Grundgesetzen ausgehend vermeintlich gesicherte Erkenntnis und etablierte Denkgewohnheiten in Frage zu stellen. Zusammen mit der Beteiligung der Studierenden an der jeweils aktuellen Forschung im Rahmen ihrer Studien- und Diplomarbeiten wird so die Einheit von Forschung und Lehre um die Gemeinsamkeit von Lernenden und Lehrenden in der Forschung erweitert. Dabei muss aber immer Zeit fürs Nachdenken und für die Diskussion bleiben, denn das Erfassen von komplexen Zusammenhängen in sinnvollen gedanklichen und mathematischen Modellen erfordert kontemplative Muße, nicht nur auf kurzfristigen Erfolg bedachte Betriebsamkeit.

B10 Werkstoff-Forschung im Maschinenbau und in der Verfahrenstechnik

E. Macherauch, F. Thümmler

Werkstoffe sind Materialien, die durch Erzeugung und/oder Nachbehandlung in solche Zustände gebracht werden, dass sie bestimmte Funktionen erfüllen können. Erfolgreiche Forschungen und Entwicklungen auf diesem Gebiet sind heute für alle Industrienationen von größter volkswirtschaftlicher Bedeutung. Ohne die Verfügbarkeit von Werkstoffen mit gewährleisteter Qualität wäre die faszinierende Vielfalt der modernen Technik nicht denkbar, ohne die Erzeugung neuer Werkstoffe mit gesteigerter Leistungsfähigkeit würden sich viele Neuland erschließende Ideen und ingenieurwissenschaftliche Herausforderungen nicht realisieren lassen.

Nach 1945 wurde an der Fridericiana die werkstoffkundliche Lehre und Forschung in der damaligen Fakultät für Maschinenwesen mit den Abteilungen Maschinenbau und Elektrotechnik vom Lehrstuhl für Mechanische Technologie [H. Jungbluth (1943/65)] mit dem Mechanisch-Technologischen Institut und der Versuchsanstalt für die Werkstoffe des Maschinenbaus erbracht. In der Abteilung Maschinenbau wurde 1964 zusätzlich der Lehrstuhl Mechanische Technologie II errichtet und mit

F. Thümmler besetzt, der ein Jahr später auch die Leitung des Instituts für Material- und Festkörperforschung I im Kernforschungszentrum Karlsruhe übernahm. 1965 trennten sich die beiden Abteilungen der Fakultät für Maschinenwesen und bildeten die Fakultäten für Maschinenbau und für Elektrotechnik. Im gleichen Jahr wurde E. Macherauch als Nachfolger von H. Jungbluth an die Fakultät für Maschinenbau berufen. 1966 erfolgte die Umbenennung der beiden Lehrstühle und Institute für Mechanische Technologie in solche für Werkstoffkunde I und II. Die in der Fakultät für Maschinenbau verbliebenen verfahrenstechnisch orientierten Lehrstühle bildeten Ende 1969 zusammen mit dem von H. Leipholz (1963/70) geleiteten Institut für Technische Mechanik und Festigkeitslehre und einigen Instituten der Fakultät für Chemie die neue Fakultät für Chemieingenieurwesen. Nachfolger von Leipholz wurde 1971 H. Lippmann, und diesem folgte 1978 H.W. Buggisch nach. 1980 schloß sich dann das von H. Rumpf (1957/76) begründete und zu internationalem Rang geführte Institut für Mechanische Verfahrenstechnik mit dem Institut für Technische Mechanik und Festigkeitslehre zum Institut für Mechanische Verfahrenstechnik und Mechanik zusammen. Im gleichen Jahr wurde in der Fakultät für Maschinenbau wieder ein Lehrstuhl für Mechanik und Festigkeitslehre eingerichtet und mit E. Schnack besetzt. Außerdem erfolgte nach Umwidmung einer Professur die Berufung von D. Munz auf den Lehrstuhl für Zuverlässigkeit und Schadenskunde im Maschinenbau und zum Leiter des im Zusammenwirken mit dem Kernforschungszentrum Karlsruhe gegründeten gleichnamigen Instituts.

1984 empfahl die Forschungskommission Baden-Württemberg die Errichtung eines Arbeitsgebietes „Konstruieren mit Keramik" an einer der Landesuniversitäten. Den Zuschlag erhielt wegen der damals in Karlsruhe bereits vorliegenden vielfältigen Erfahrungen über keramische Werkstoffe die Fakultät für Maschinenbau. Durch Senatsbeschluss entstand das „Institut für Keramik im Maschinenbau" (IKM) mit einer gegenüber dem „Konstruieren mit Keramik" erheblich erweiterten Aufgabenstellung. Es wurde von sechs Fakultätsinstituten getragen und kollegial geleitet. Der erste geschäftsführende Direktor (1985/89) war F. Thümmler. 1988 wurde K.-H. Zum Gahr auf eine Fiebiger-Professur an das Institut für Werkstoffkunde II berufen.

Zur besseren Koordination der in Baden-Württemberg auf dem Gebiet der keramischen Werkstoffe durchgeführten Forschungsarbeiten entstand dann 1989 der „Keramikverbund Karlsruhe – Stuttgart", in dem sich neben Instituten der Universitäten Karlsruhe und Stuttgart auch Institutsteile des Max-Planck-Instituts für Metallforschung und der Deutschen Gesellschaft für Luft- und Raumfahrt in Stuttgart sowie später auch das Institut für Werkstoffmechanik der Fraunhofer-Gesellschaft in Freiburg zusammenschlossen. Im gleichen Jahre wurde am IKM ein Zentrallaboratorium eingerichtet und F. Hoffmann mit dessen Leitung betraut. Nach Auslaufen der Förderung des „Keramikverbundes" durch das Land Baden-Württemberg, wurde 1998 am IKM das „Aquisitionszentrum Werkstoff-Forschung" gegründet.

1991, nach der Emeritierung von F. Thümmler, übernahm K.-H. Zum Gahr den Lehrstuhl und das Institut für Werkstoffkunde II. Drei Jahre später wurde D. Löhe Nachfolger von E. Macher auch auf dem Lehrstuhl für Werkstoffkunde I und in der kollegialen Leitung des zugehörigen Instituts.

Über einige der in den vorangehend genannten Instituten während der zurückliegenden Jahre durchgeführten Forschungs- und Entwicklungsarbeiten und die dabei erzielten Ergebnisse wird nachfolgend berichtet.

Im fachübergreifend konzipierten *Institut für Keramik im Maschinenbau* werden gemeinsam von den Instituten für Kolbenmaschinen, für Maschinenkonstruktionslehre und Kraftfahrzeugbau, für Thermische Strömungsmaschinen, für Werkstoffkunde I und II sowie für Zuverlässigkeit und Schadenskunde im Maschinenbau, und seit 1988 zum Teil auch in Kooperation mit dem Institut für Technologie der Elektrotechnik und dem später daraus entstandenen Institut für Werkstoffe der Elektrotechnik der Fakultät für Elektrotechnik, aktuelle Probleme auf dem Gebiete keramischer Hochleistungswerkstoffe bearbeitet. Dadurch gelang die Bündelung interdisziplinärer Fachkompetenzen in den Bereichen Herstellung, Aufbau, Prüfung und Eigenschaften von keramischen Werkstoffen, Entwicklung von Prinzipien des keramikgerechten Konstruierens und Optimierens von Bauteilen, Auswahl und Verwendung von Keramiken für bekannte und neue Anwendungsfelder, Weiter- und Neuentwicklung von Bearbeitungs-, Beschichtungs- und Fügetechniken sowie Lebensdauerabschätzungen und schadenskundliche Bauteilbewertungen. Am Institut wurden in den zurückliegenden Jahren vielfältige Forschungs- und Entwicklungsarbeiten vom Keramikwerkstoff bis hin zu fertigen Bauteilen und Maschinenelementen auf den Gebieten der Verbrennungsmotoren, der Strömungsmaschinen, der Lagertechnik sowie der Sensorik und Aktorik durchgeführt. Im Einzelnen ging es dabei u.a. um die Neu- und Weiterentwicklung von Herstellungsverfahren für Oxidkeramiken, Nichtoxidkeramiken, spezielle Funk-tionskeramiken und faserverstärkte Keramiken, die Analyse und Bewertung von Werkstoff-Fehlern, die Opti-

Abb. 1 Eigenentwickelte Brennkammer für eine Kleingasturbine mit keramischen, die Thermospannungen minimierenden Flammrohrsegmenten

mierung von maßgeschneiderten Gefügen bei umwandlungsverstärkten, verschleißfesten und hochtemperaturstabilen Keramiken sowie die Untersuchung des Langzeitverhaltens unter statischer und schwingender Beanspruchung, insbesondere auch bei hohen und höchsten Temperaturen. Weitere Arbeiten betrafen das Thermoschock- und Thermoermüdungsverhalten unter Anwendung mikromechanischer und bruchmechanischer Prinzipien zur Beurteilung von Rissentwicklungen und Bruchvorgängen. Außerdem wurden Optimierungen von Bearbeitungsverfahren, Untersuchungen von stoffschlüssigen Keramik/Keramik- und Keramik/Metall-Verbunden sowie Analysen fertigungs-, füge- und bearbeitungsbedingter Eigenspannungszustände vorgenommen. Hinzu trat ferner die Bemessung und prototypische Herstellung von keramischen Maschinenelementen und Bauteilen sowie deren Prüfung und Bewertung mit Hilfe geeigneter Anwendungstests in eigenentwickelten Prüfständen. Von 1987 bis 1998 wurden zudem im Rahmen des Sonderforschungs-

bereichs „Hochbelastete Brennräume" systematisch Wärmedämmschichten auf Zirkonoxidbasis für Brennkammern von Flugtriebwerken untersucht und von 1990 bis 1998 mehrere vom Lande Baden-Württemberg geförderte Forschungsvorhaben auf den Gebieten Werkstoffentwicklung und Pulvertechnologie, Tribologie, Bauteiloptimierung und Funktionskeramiken durchgeführt. Die Arbeiten des Instituts wurden stark gefördert durch BMFT/BMBF-Verbundprojekte mit der Industrie, durch die DFG, durch Stiftungen, durch EU-Förderprogramme sowie durch direkte Kooperationsverträge mit an der Entwicklung und Herstellung von Keramikbauteilen interessierten Industriebetrieben.

Im Rahmen der konstruktiven und anwendungsorientierten Arbeiten wurden Bauteilauslegungen unter Lösung von Lasteinleitungsproblemen, verbindungstechnische Optimierungen und nutzungsgerechte Endbearbeitungen von Bauteil-Funktionsflächen vorgenommen. Außerdem wurden keramische Werkstoffe für

Wälz- und Gelenklager, für Bauteile von Kolbenmotoren (z.B. Siliziumnitridventile), für Beschichtungen, für elastohydrodynamische Kontakte sowie für Sensoren und Aktoren entwickelt und getestet. Hergestellt wurden auch segmentierte Brennkammern für Kleingasturbinen (s. Abb. 1), piezoelektrische Vielschichtkeramiken für Aktor- und Sensorzwecke sowie nichtoxidische Konstruktionswerkstoffe auf der Basis von Siliziumnitrid für Anwendungen, die neben hohen Temperaturen auch hohe Verschleißfestigkeiten erfordern. Dabei gelang durch Reduzierung des Gehalts an Additiven und durch heißisostatisches Pressen die Herstellung von bis 1400°C absolut kriechbeständigem Siliziumnitrid. Diese Hochtemperaturkeramik mit der weltweit bisher höchsten Kriechbeständigkeit ist für Gasturbinenbauteile von erheblicher Bedeutung. Ferner wurden gradierte poröse SiC-Keramikschichten für neuartige Filmverdampfungsbrennkammern von Gasturbinen entwickelt. Das ermöglicht gegenüber kompakten SiC-Verdampfern bei praktisch gleichem Wärmeübergang eine deutlich höhere Einsatztemperatur und damit eine effektivere und ergiebigere Verdampfung. Die mit einer Vorverdampfung an der äußeren Kammerwand arbeitenden Geräte bewirken außerdem gegenüber üblichen Gasturbinen eine drastisch verringerte Schadstoffemission.

Die Eigenschaften der technisch wichtigsten piezoelektrischen Keramik Bleizirkonat-Titanat (PZT) lassen sich durch Veränderung der Legierungsbestandteile für die jeweiligen Anwendungszwecke optimal einstellen. Um bei großvolumigen Bauteilen aus dieser Keramik ausreichende piezoelektrische Abmessungsänderungen zu erzielen, sind sehr hohe elektrische Spannungen erforderlich. Diese lassen sich drastisch verringern, wenn zu Vielschichtkeramiken übergegangen wird, bei denen jeweils 10 bis 20 μm dicke keramische Schichten beidseitig von etwa 1 bis 2 μm dicken metallischen Elektroden bedeckt sind.

Derartige Verbunde sind als Aktoren für Einspritzsysteme im Kraftfahrzeugbau von größtem Interesse. Aktuelle Forschungsarbeiten des Instituts befassen sich mit den Einflüssen

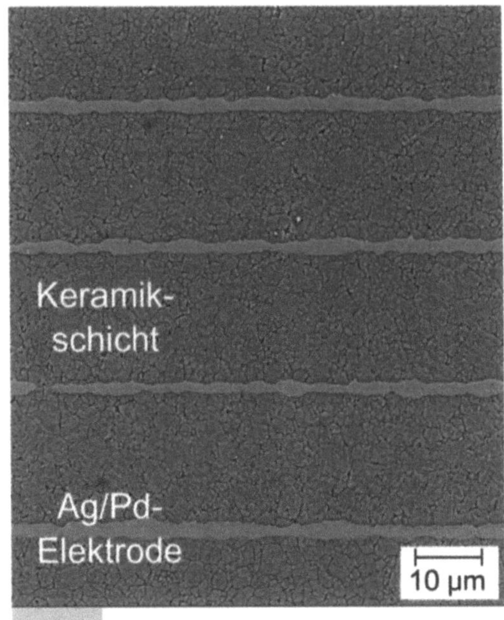

Abb. 2 Rasterelektronenmikroskopische Aufnahme einer PZT-Vielschichtkeramik mit Elektroden aus einer AgPd-Legierung. Die Dicke der Keramikschichten beträgt ~ 25 μm

von bestimmten Dotierungselementen und von chemischen Inhomogenitäten auf die Kurz- und Langzeiteigenschaften von PZT sowie mit der Herstellung und Charakterisierung von PZT-Vielschichtkeramiken unter besonderer Berücksichtigung des Einflusses der gewählten Elektrodenmaterialien (s. Abb. 2).

Ferner wird derzeit bei Schneidwerkzeugen aus Siliziumnitrid versucht, über Veränderungen der Form und Größe der vorliegenden Körner und der Eigenschaften der auftretenden Korngrenzenphasen bei gleichen Festigkeiten zu höheren Verschleißbeständigkeiten zu gelangen. Die Erfassung der dafür wesentlichen Parameter erfolgt mit einer eigenentwickelten Methode, die in einem Rasterelektronenmikroskop in-situ Rissfortschrittsuntersuchungen erlaubt.

Das *Institut für Technische Mechanik/Mechanik und Festigkeitslehre* beschäftigte sich schwerpunktmäßig mit Problemen des mechanischen Verhaltens von multidirektional kohlenstofffaserverstärkten Polymerwerkstoffen und von kohlenstoff-faserverstärktem Kohlenstoff. Bei den erstgenannten Verbundwerkstoffen interessierten wegen der starken Abhängigkeit der Querkontraktionszahlen der einzelnen Laminatschichten von der Richtung der sie verstärkenden Fasern besonders die an den freien Rändern der Verbunde entstehenden interlaminaren Spannungskonzentrationen. Diese begünstigen das lokale Werkstoffversagen zwischen den einzelnen Laminatschichten durch das Entstehen und Wachsen von Delaminationen, sowie die Koagulation von Mikrorissen und Poren zu Makrorissen. Zur experimentellen Erfassung dieser Spannungskonzentrationen wurden der polymeren Matrix bei der Herstellung der Verbundwerkstoffe kristalline Partikel in regelloser Orientierungsverteilung beigemengt, an denen sich dann die beanspruchungsbedingt lokal auftretenden elastischen Deformationen röntgenographisch ermitteln lassen. Die vorliegenden Spannungszustände wurden aus den Messdaten unter Zugrundelegung eines mikromechanischen Modells berechnet. Die auftretenden Delaminationserscheinungen konnten mit einem Modell der Kontinuums-Schadensmechanik beschrieben und die damit verbundenen lokalen Oberflächenaufwölbungen optisch erfasst werden. Derzeit wird versucht, aus den so ermittelten Deformationsdaten zu quantitativen Aussagen über die Lage und die Gestalt der Delaminationsflächen zu gelangen.

Bei der Herstellung von kohlefaserver-stärktem Kohlenstoff, der wegen seiner hohen mechanischen und thermischen Belastbarkeit von besonderem technischen Interesse ist, erfolgt die Kohlenstoffabscheidung über die Gasphase. Derzeit werden – im Rahmen des Sonderforschungsbereichs „Kohlenstoff aus der Gasphase: Elementarreaktionen, Strukturen, Werkstoffe" – die dabei zwischen fester (Faser-) Phase und Dampfphase ablaufenden Prozesse untersucht. Nach Modellierung dieser Vorgänge werden über Computersimulationen die optimalen Werte der Prozessparameter be- stimmt, die mit geringstem Zeitaufwand zum kompakten Verbundwerkstoff führen.

Außerdem erfolgen am Institut kontinuumsmechanische Untersuchungen an Formgedächt-

nis-Legierungen, die dadurch charakterisiert sind, dass sie unter thermischen und mechanischen Belastungen als Folge von Martensit-Austenit-Umwandlungsprozessen ein hochgradig nichtlineares Verformungsverhalten aufweisen (s. Abb. 3). Mit neu entwickelten Berechnungsansätzen werden die Phasenzustände durch einen Satz innerer Variablen beschrieben, für die jeweils eine Evolutionsgleichung aufgestellt wird. Die Rücktransformation des Martensits wird korrekt erfasst. Bei den Berechnungen werden die Materialzustände über die freie Energie definiert und die Umwandlungswärmen bei der Energiebilanz berücksichtigt.

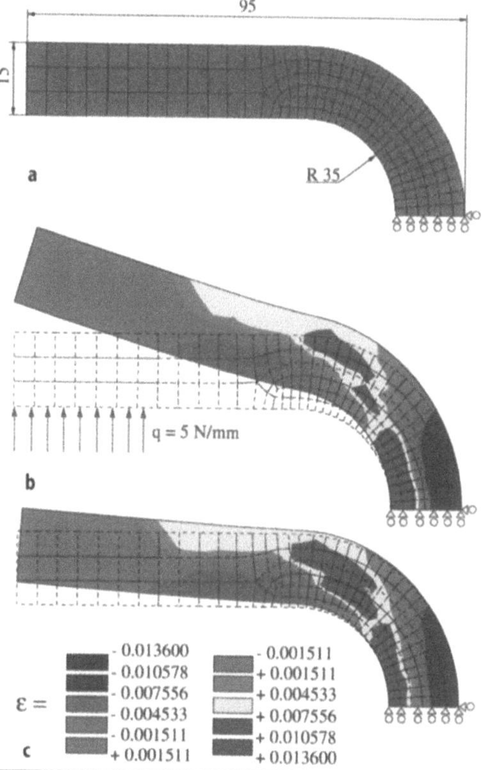

Abb. 3 **a–c** Rechnerische Deformationsanalyse eines gekrümmten Balkens aus einer NiTi-Formgedächtnislegierung. Die Netzstruktur des undeformierten Balkens **a** ist auch den beiden anderen Deformationszuständen unterlegt. **b** zeigt die für eine Streckenlast q = 5 N/mm berechnete Verteilung der Belastungs- und Transformationsdehnungen in senkrechter Richtung. Die nach der Entlastung infolge austenitisch-martensitischer Umwandlung zurückbleibende Eigendehnungsverteilung ist in **c** wiedergegeben

Am Institut wurden in vielfältiger Weise auch moderne Berechnungsmethoden angewandt und weiter- sowie neuentwickelt, um Bauteile sicherer, formoptimierter und wirtschaftlicher gestalten und auslegen zu können. Dabei wurden die mit den universellen numerischen Verfahren der F̲inite-E̲lement-M̲ethode (FEM) und der Rand (B̲oundary)-E̲lement-M̲ethode erzielten Ergebnisse jeweils verglichen mit den Resultaten, die moderne, z.T. neuartige Messverfahren lieferten. Im Gegensatz zu FEM-Berechnungen, die räumliche Diskretisierungen der vorliegenden Bauteilvolumina erfordern, sind bei BEM-Berechnungen nur Vernetzungen für die Bauteiloberflächen notwendig. Letztere können leicht über die Daten von C(omputer) A(ided) D(esign)-Systemen generiert werden, die inzwischen fast überall in der Technik bei der Realisierung komplexer Konstruktionsaufgaben Anwendung finden. Fragestellungen, die in letzter Zeit mit der FEM gelöst wurden, betrafen z.B. Hubladebühnenplattformen für LKW, Lagerträger für Kreiselpumpen und Gitterrohrrahmen für Kleinfahrzeuge. Die BEM wurde benutzt bei der Lösung von Platten- und Rissproblemen sowie bei der Optimierung von Kurbelwellenkröpfungen (s. Abb. 4). Ein Teil der genannten Untersuchungen erfolgte in enger Zusammenarbeit mit Industrieunternehmen. Die FEM und BEM wurden in kombinierter Weise bei der Lösung von schwierigen Kerbsowie von speziellen Einschlussproblemen angewandt, wie sie z.B. bei starren Einschlüssen unterschiedlicher Form und Größe in elastischen Umgebungsmedien auftreten.

Am *Institut für Werkstoffkunde I* waren in den zurückliegenden Jahren die bei wichtigen metallischen Werkstoffen und Werkstoffzuständen des Maschinen-, Anlagen-, Fahrzeug- und Flugzeugbaus bestehenden Zusammenhänge zwischen Mikrostruktur, Gefüge und mechanischen Eigenschaften ein zentrales Thema der Forschung. Dabei wurden, mit starker Unterstützung durch forschungsfördernde Institutionen der Bundesrepublik, viele grundlagen- und anwendungsorientierte Fragestellungen auf den Gebieten Spannungs- und Eigenspannungsanalyse, Plastizität und Bruch, Werkstoffermüdung und Schwingfestigkeit, Hochtemperaturwerkstoffverhalten, mechanische, thermo-mechanische und thermo-chemische Oberflächenbehandlungen sowie Modellierung und numerische Simulation bearbeitet. Für kerbwirkungsfreie, gekerbte und rissbehaftete Werkstoffe wurde sowohl das quasistatische als auch das zyklische Verformungs- und Festigkeitsverhalten unter einfachen und komplexen Beanspruchungsbedingungen untersucht. Dabei wurde insbesondere auch geklärt, wie sich spanende und spanlose Bearbeitungsprozesse, Wärmebehandlungen, Fügungen und/ oder Beschichtungen, die einzeln oder kombiniert zur Herstellung von funktionsfähigen Bauteilen aus Halbzeugen notwendig sind, auf die mechanischen Werkstoffeigenschaften auswirken. Im Einzelfall wurden, jeweils nach Analyse der Gefüge- und Mikrostruktur, die Auswirkungen der Art und Geschwindigkeit bzw. Frequenz der Beanspruchung sowie der Temperatur und des Umgebungseinflusses sowohl auf das monotone als auch auf das zyklische

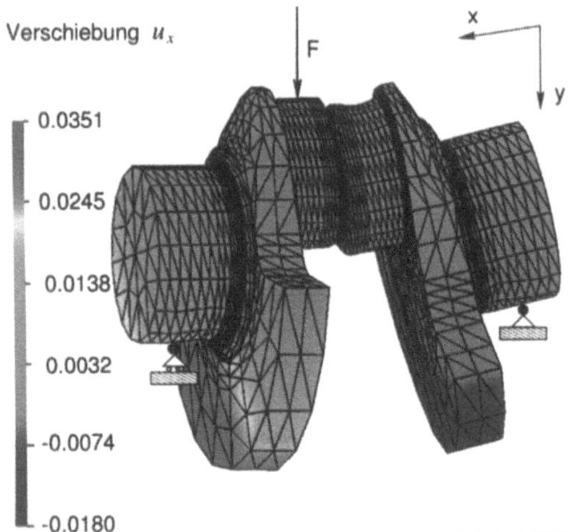

Abb. 4 Ergebnis einer BEM-Formänderungsanalyse für einen Teil einer „geschränkten" Kurbelwellenkröpfung mit komplizierter Berandung, wie sie im modernen PKW- und LKW-Motorenbau Anwendung findet. Bei der Analyse wurde eine Unterteilung der Objektoberfläche in Dreieckselemente vorgenommen. Für das in der angegebenen Weise biegebeanspruchte Bauteil wurden die in x-Richtung auftretenden Oberflächenverschiebungen berechnet und durch unterschiedliche Farben bzw. Farbtönungen gekennzeichnet

Verformungsverhalten bis hin zur Bildung von Mikro- und Makrorissen und der sich daraus entwickelnden Brüche erfasst. Beim Studium von Bruchvorgängen wurde frühzeitig auf bruchmechanische Prinzipien zurückgegriffen. Eine im Institut entwickelte Round-Compact-Tension (RCT)-Probe für Bruchzähigkeitsbestimmungen wurde in die ASTM-Norm E 399-81 aufgenommen.

Für unlegierte, mikrolegierte und legierte Stähle, Gusseisen mit unterschiedlichen Graphitausbildungen, aushärtbare Aluminiumlegierungen, Messinge und Bronzen, Gleitlagerwerkstoffe, Superlegierungen auf Nickel- und Kobaltbasis u.a.m. wurde der Einfluss von Temperatur und Verformungsgeschwindigkeit auf die für die Bemessung von Bauteilen benötigten quasistatischen Werkstoffwiderstandsgrößen ermittelt und unter Berücksichtigung der Werkstoffzusammensetzung und der Gefügeparameter (z.B. Korngröße, Zwillingsdichte, Texturen, Ausscheidungen, Graphitausbildungsform) strukturmechanisch begründet. Dabei wurden auch die in bestimmten Temperatur- und Geschwindigkeitsbereichen bei Eisen- und Nichteisenwerkstoffen mit mehr oder weniger großen Spannungssprüngen verknüpften Deformationserscheinungen der sog. dynamischen Reckalterungprozesse experimentell und theoretisch untersucht. Außerdem erfolgten Spannungsrelaxations- und Kriechversuche. Bei den Superlegierungen interessierten besonders die oberhalb 1000 K wirksamen Kriechverformungsprozesse. Auch das mechanische Verhalten von faserverstärkten Polymer- und Keramikwerkstoffen war Gegenstand von Untersuchungen (s. Abb. 5).

Weitere Forschungsarbeiten betrafen den Fragenkomplex der Entstehung, Ermittlung, Berechnung, Beeinflussung und Bewertung von Eigenspannungen. Eigenspannungen bilden sich in allen Werkstoffen als Folge von Dehnungsinkompatibilitäten aus, die bei der Herstellung und Nachbehandlung von Halbzeugen/Bauteilen auftreten. Sie überlagern sich äußeren Lastspannungen und müssen deshalb bei realistischen Bauteilbemessungen und Versagensbetrachtungen berücksichtigt werden. Am Institut erfolg-

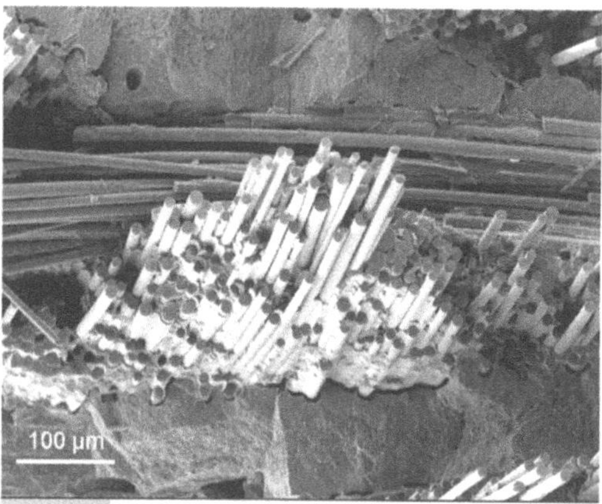

Abb. 5 Bruchfläche einer mehrlagig mit SiC-Fasern verstärkten Al₂O₃-Probe nach Zugbeanspruchung

ten umfangreiche röntgenographische, mechanische und rechnerische Analysen der Eigenspannungszustände, die bei Konstruktionswerkstoffen nach Oberflächenbearbeitungen, -verfestigungen und -beschichtungen, nach umwandlungsfreien und umwandlungsbehafteten Wärmebehandlungen sowie nach der Herstellung von Schweißverbindungen auftreten. Auch der Eigenspannungsabbau durch Glühbehandlungen wurde untersucht, modelliert und in guter Übereinstimmung mit Messergebnissen berechnet. Im Rahmen dieser Untersuchungen ergaben sich wesentliche Verbesserungen für die röntgenographische Spannungsanalyse durch die Entwicklung und Einführung der sog. ψ-Diffraktometrie und spezieller Messmethoden. Gemeinsam mit dem Institut für Angewandte Kernphysik des Kernforschungszentrums Karlsruhe erfolgten auch weltweit die ersten Eigenspannungsbestimmungen mit Neutronenstrahlen an einem metallischen Bauteil.

Die bei der martensitischen Härtung von Stahlzylindern ablaufenden instationären Abkühlungs-, Deformations- und Umwandlungsvorgänge wurden frühzeitig unter Berücksichtigung aller sie beeinflussenden temperaturabhängigen mechanischen, thermischen und thermodynamischen Kenngrößen modelliert und mit Hilfe eines eigenentwickelten Finite-Element-Programms berechnet. Damit gelangen quantitative Aussagen über die lokal auftretenden Gefüge-, Spannungs- und Verzugsausbil-

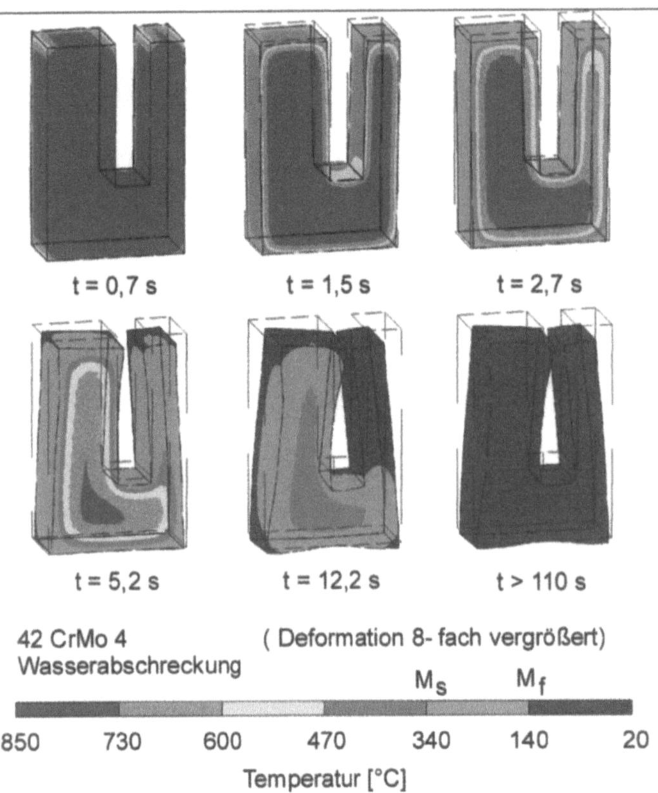

Abb. 6 Die bei einem u-förmigen Bauteil aus 42 CrMo 4 mit unterschiedlichen Schenkeln zu verschiedenen Zeiten nach Abschreckung von 850 °C in Wasser von 20 °C vorliegenden Temperaturverteilungen und die gegenüber dem Ausgangszustand auftretenden Maß- und Formänderungen. Die Berechnungen erfolgten mit einem eigenentwickelten Rechenprogramm unter Berücksichtigung der Umwandlungsdeformationen bei der martensitischen Härtung sowie der Temperaturabhängigkeit aller relevanten mechanischen und thermophysikalischen Werkstoffkenngrößen

dungen in Abhängigkeit von der Abkühlzeit und die nach vollständigem Temperaturausgleich vorliegenden Eigenspannungs- und Verzugszustände. Derzeit werden solche Berechnungen für beliebig geformte Stahlbauteile durchgeführt, die ohne und mit Umwandlung entweder in Flüssigkeiten oder Kühlgasströmungen abgeschreckt werden (s. Abb. 6).

Im Schwingfestigkeitslaboratorium des Instituts wurden für viele Konstruktionswerkstoffe die material- und die beanspruchungsspezifischen Einflüsse auf die in der anrissfreien Ermüdungsphase auftretenden Ver- bzw. Entfestigungsvorgänge, auf die Mikro- und Makrorissbildung sowie auf die Makrorissausbreitung bis zum Ermüdungsbruch systematisch untersucht. Dabei wurde auch geklärt, wie sich spanende und spanlose Oberflächenbearbeitungen sowie gezielte Wärmebehandlungen auf die Ermüdungsvorgänge bei Raumtemperatur auswirken. Durch geeignete Kopplung von

Wärmebehandlungs- und Bearbeitungsverfahren gelang die Erzeugung von Werkstoffzuständen mit z.T. spektakulär erhöhten Wechselfestigkeiten. Für unlegierte Stähle wurden die Gesetzmäßigkeiten der Wechselfestigkeitssteigerungen im Temperaturbereich der dynamischen Reckalterung aufgeklärt. Ni- und Co-Basis-Superlegierungen wurden im Rahmen des Sonderforschungsbereichs „Hochbelastete Brennräume-Stationäre Gleichdruckverbrennung" bis zu Temperaturen von 1250°C isotherm wechselverformt und die bei höheren Temperaturen auftretenden Kriech-Ermüdungs-Wechselwirkungen einengend beschrieben. Außerdem wurden die Mechanismen studiert, die bei schwingender Beanspruchung plasmagespritzte und elektronenstrahlunterstützt aufgedampfte Wärmedämmschichten bei Superlegierungen schädigen. In letzter Zeit interessierte in zunehmendem Maße auch das Werkstoffverhalten unter Einwirkung gekoppelter thermischer und mechanischer Beanspruchungszyklen mit gleicher oder verschiedener Phasenlage.

Parallel zu den beschriebenen Forschungsarbeiten wurden viele schadenskundliche Untersuchungen durchgeführt und Anstrengungen zur Systematisierung der in bestimmten Bereichen der Technik auftretenden Schadensfälle unternommen. Auf diesem Gebiete war das Institut bei bestimmten Problemen bundesweit für viele Industrieunternehmen und regional insbesondere für die KMU's ein kompetenter Ansprechpartner. Selbst aus den USA wurde Ende der 70er Jahre die Antriebswelle der Gasturbine eines Verkehrsflugzeuges für eine spezielle Untersuchung angeliefert.

Das *Institut für Werkstoffkunde II*, das 1964 zusammen mit dem Institut für Material- und Festkörperforschung I (IMF I) im Kernforschungszentrum Karlsruhe untergebracht wurde, beschäftigte sich dort bis 1991 schwerpunktmäßig mit Problemen der pulvermetallurgischen Erzeugung von hochfesten Stählen sowie mit der Entwicklung und den mechanischen Eigenschaften von nichtoxidischen Hochleistungskeramiken. Da das IMF I überwiegend auf den Gebieten der Cermet- und Dispersionswerkstoffe forschte, bestanden zwischen beiden Instituten enge fachliche Wechselwirkungen.

Bei den Sinterstählen waren niedriglegierte Werkstoffe, die aus Ferrolegierungen mit Karbiden, Nitriden und speziellen Vorlegierungen als Mischungskomponenten hergestellt wurden, von besonderem Interesse. Bei ihnen wurden mit Legierungsanteilen von nur 1 bis 2 Ma.-% Festigkeiten zwischen 600 und 1900 MPa erreicht. Weitere Entwicklungen betrafen Sinterstähle mit Karbidanteilen von 10 bis 30 Ma.-%, die eine hervorragende Verschleißbeständigkeit aufwiesen. Ferner wurden sintertechnisch mikrolegierte Stähle mit gezielten C-, N- und Nb-Zusätzen hergestellt, die in ihren mechanischen Eigenschaften schmelzmetallurgisch erzeugten in nichts nachstanden.

Bei den Hochleistungskeramiken wurde schwerpunktmäßig das Hochtemperatur-Langzeitverhalten (Kriechen, Oxidation, unterkritisches Risswachstum, Bruch) von Werkstoffen auf der Basis Siliziumnitrid und Siliziumkarbid bei Temperaturen bis zu 1400 °C untersucht. Dabei ergab sich im Gegensatz zu Oxidkeramiken und metallischen Werkstoffen, dass das Kriechen fast ausschließlich vom Zustand der Korngrenzen abhängig ist und, insbesondere bei reaktionsgebundenem Siliziumnitrid, stark von Oxidationsvorgängen bestimmt wird. Durch systematische Untersuchung der inneren und äußeren Oxidation gelang die Aufklärung der dabei prozessbestimmenden Vorgänge. Da die Kriechversuche jeweils bis zum Probenbruch erfolgten, wurden Kriechbruchphänomene und Zeitstandfestigkeitsbetrachtungen in die Untersuchungen einbezogen. Auch das Schwingfestigkeitsverhalten von Nichtoxidkeramiken wurde systematisch untersucht. Mit den genannten und weiteren Arbeiten beteiligte sich das Institut erfolgreich an den BMFT-Programmen „Keramische Komponenten der Fahrzeug-Gasturbinen" sowie „Keramische Werkstoffe und Bauteile für ingenieursmäßige Anwendungen", wodurch sich enge Kooperationen mit einschlägig interessierten Industrieunternehmen ergaben.

Nach 1991 konzentrierten sich die Forschungsarbeiten des Instituts auf die Schwerpunkte Gefüge und Herstellungstechnologie, Oberflächentechnologie sowie Tribologie. Um bei oxidkeramischen Werkstoffen, wie z.B. Aluminiumoxid, die oberflächennahen Eigenschaften bis in Tiefen von etwa 500 µm zu verändern und gewünschten bauteilspezifischen Forderungen anzupassen, wurden Laserverfahren zum Einlegieren oder Dispergieren von Metallen, Oxiden, Nitriden und/oder Karbiden in Keramikoberflächen entwickelt (s. Abb. 7). Dadurch ließen sich in den Oberflächenschichten mehrphasige und feinkörnige Gefüge mit guter Anbindung an den Grundwerkstoff erzeugen und deren Eigenschaftsprofile durch einen gradierten Gefügeaufbau optimal auf den jeweiligen Substratwerkstoff einstellen. Zudem konnten so die inhärenten Nachteile der geringen Fehlertoleranz und der kleinen Bruchzähigkeit monolithischer Oxidkeramiken in lokal hochbeanspruchten Bauteiloberflächenbereichen überwunden werden.

Die vom Institut intensiv untersuchten Reibungs- und Verschleißvorgänge bei der Relativbewegung von im Festkörperkontakt befindlichen Materialoberflächen werden sehr stark von den topographischen Strukturen und den physikalischen und chemischen Eigenschaften der Oberflächen beeinflusst. Deshalb kommt der Oberflächencharakterisierung unter Anwendung von Licht- und Elektronenmikroskopie, Röntgendiffraktometrie, energiedispersiver Röntgenspektroskopie, Auger-Elektronen-Spektroskopie, Elektronenstrahlmikroanalyse, 3D-Oberflächenprofilometrie und insbesondere auch Rasterkraft- und Reibungskraftmikroskopie eine große Bedeutung zu (s. Abb. 8). Die zum Gleit-, Wälz-, Schwingungs- und Furchungsverschleiß durchgeführten Untersuchun-

gen erfolgten im Temperaturbereich zwischen 20° und 900°C. In Kooperation mit industriellen Partnern wurden tribologisch optimierte faserverstärkte anorganische Gläser und SiC-Bauteile für Spezialpumpen entwickelt.

Auch mikrotribologische Untersuchungen, bei denen die Oberflächen- und Grenzflächeneinflüsse auf die Wechselwirkung der Paarungskörper bei Kontakten im Nanometerbereich interessieren, wurden durchgeführt, u.a. zum Verschleißverhalten von nach dem LIGA-Verfahren hergestellten beweglichen Mikrostrukturen aus galvanisch abgeschiedenem Nickel sowie zum Reibungs-, Verschleiß- und Adhäsionsverhalten verschiedener, für die Mikrosystem- und die Medizintechnik wichtiger Metall/Metall- und Metall/Keramik-Paa-

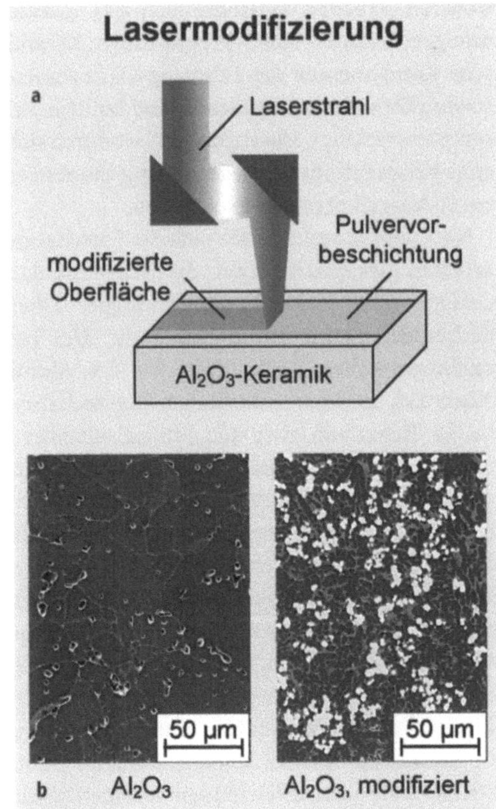

Abb. 7   **a, b** Versuchsaufbau bei der Lasermodifizierung oberflächennaher Werkstoffbereiche von Al₂O₃ mit Hilfe von aufgetragenen Pulverschichten **a** und Gegenüberstellung unbehandelter und modifizierter Randschichtbereiche **b**

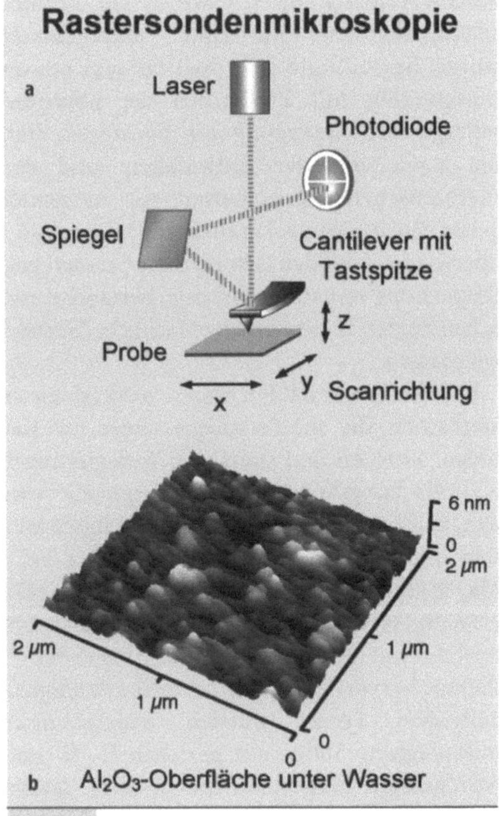

Abb. 8   **a, b** Prinzip der topographischen Analyse einer Al₂O₃-Oberfläche mit Hilfe der Rastersondenmikroskopie **a** und hochaufgelöstes Oberflächenrelief für einen 2 µm x 2 µm großen Werkstoffbereich **b**

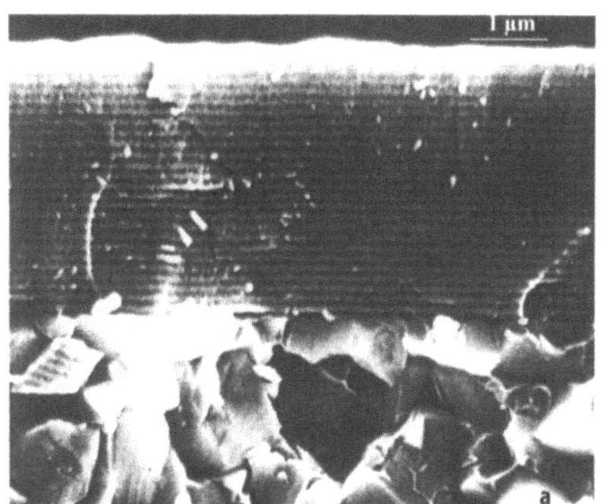
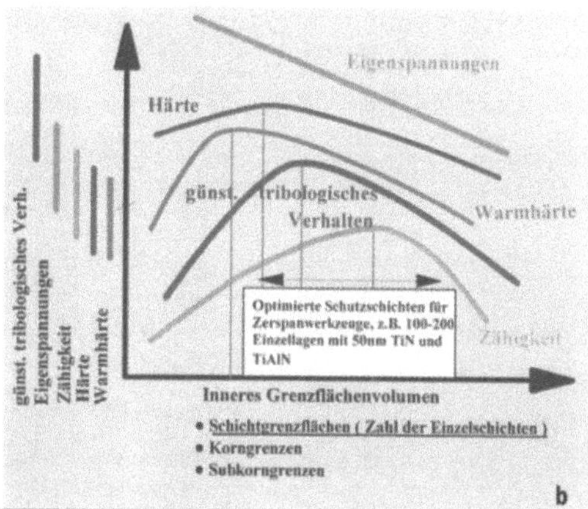

Abb. 9 **a, b** Rasterelektronenmikroskopische Seitenansicht des Randbereichs von einem mit mehreren TiN/TiAlN – Lagen beschichteten Werkzeug aus Hartmetall **a** und schematischer Verlauf von charakteristischen Eigenschaften nanostrukturierter Viellagenschichten mit ansteigendem Volumen an inneren Grenzflächen **b**

rungen. Aus den Ergebnissen dieser Arbeiten wurden Richtlinien für die zweckmäßige Auslegung von Mikrogleitkontakten abgeleitet. Untersuchungen an Silizium- und Saphiroberflächen ergaben starke Einflüsse von Luftfeuchtigkeit und den daraus resultierenden Kapillarkräften sowie von Adsorbat- bzw. Reaktionsfilmen.

Den von der Arbeitsgruppe Dünnschichttechnologie erarbeiteten neuartigen Konzepten zur Erzeugung von nanostrukturierten viellagigen Schutz- und Funktionsschichten auf den verschiedenartigsten Substraten kommt wegen ihres innovativen Charakters und ihrer raschen Akzeptanz in vielen Bereichen der Technik eine hohe Bedeutung zu. Am häufigsten werden dabei die Schutzmaterialien TiN, TiC, Ti(CN), TiB , AlN und TiAlN zu Viellagenschichten kombiniert, wobei sich Abfolgen aus TiN/TiAlN, TiN/Ti(CN) und TiN/AlN inzwischen großtechnisch realisieren lassen (s. Abb. 9). Neuerdings ist auch die Erzeugung von Viellagenschichten mit Einzellagen sowohl unterschiedlicher Bindung und Struktur als auch mit spezieller Modellierung und Modifizierung der inneren Grenzflächen gelungen. Die neuesten Schichtkonzeptionen umfassen nanomodulierte Übergitterschichten, nanostabilisierte Viellagenschichten, nanokristalline metastabile TiBCN-Schichten sowie nanogradierte C- und CBN-Schichten. Zur Zeit laufen Bemühungen, Schichten mit

Dicken im Nanometerbereich für verschiedene Anwendungen maßzuschneidern, wobei insbesondere Kohlenstoffschichten u.a. in der Mikrosystem- und Medizintechnik auf wachsendes Interesse stoßen.

Auf Grund der räumlichen Verbundenheit des Instituts mit dem IMF I des Forschungszentrums Karlsruhe und der in einer Hand befindlichen Leitung beider Institute haben sich in den zurückliegenden Jahren vielfältige Forschungskooperationen ergeben. Derzeit bestehen solche bei Forschungsvorhaben auf den Gebieten der Mikrosystemtechnik, der Funktionswerkstoffe für feinskalige Systeme, der Dünnschichttechnologie, der lasergestützten Materialbearbeitung sowie der Struktur und Eigenschaften von Grenzflächen.

Das *Institut für Zuverlässigkeit und Schadenskunde im Maschinenbau* forscht auf dem Gebiet der Versagensmechanik und der Zuverlässigkeitsanalyse für komplex beanspruchte Bauteile und entwickelt probabilistische Schädigungstheorien zur Schaffung neuartiger Bauteiloptimierungsmethoden bei bestmöglicher Werkstoffausnutzung. Die dabei angewandten und weiterentwickelten numerischen Berechnungsverfahren erfordern die Kenntnis von Werkstoffkenngrößen, die in Prüfständen ermittelt werden, die auf die jeweiligen Anwen-

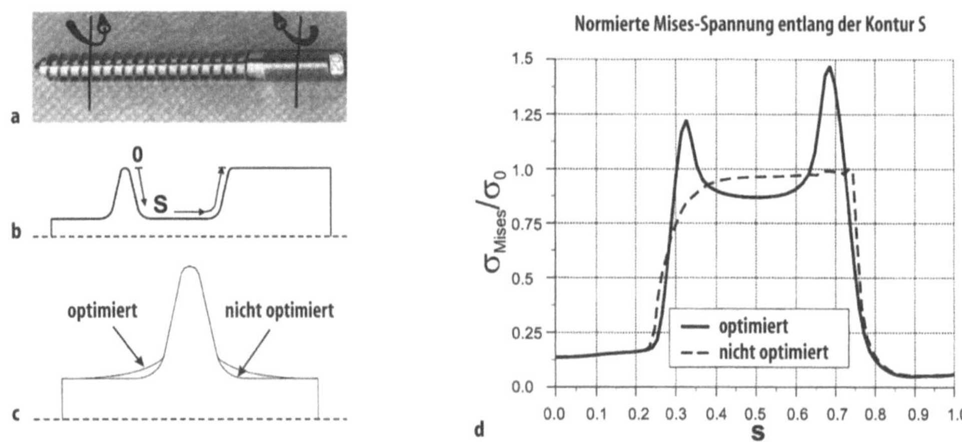

Abb. 10 **a–d** Spannungsmäßige Optimierung der Form der Gewindegänge der **a** orthopädischen Schraube für Biegebeanspruchung. **b** zeigt schematisch die Strecke s, längs der vom ersten Schraubengang bis zum Schraubenschaft die normierte Mises-Spannung **d** als Maß für die lokale Werkstoffbeanspruchung, berechnet wurde. Der Übergang von der nichtoptimierten zur optimierten Form des Schraubenganges **c** bewirkt einen nahezu vollständigen Abbau der das Bruchversagen der Schraube fördernden Spannungsspitzen

dungsfälle abgestimmt sind. Neben konventionellen Werkstoffen sind Hochleistungskeramiken, faserverstärkte Keramiken und metallische Hochtemperaturwerkstoffe, bei letzteren vor allem Superlegierungen, Gegenstand der Untersuchungen. Bei den Zuverlässigkeitsanalysen werden einerseits die durch die Inhomogenität der werkstoffseitig vorliegenden Mikrostruktur verursachten Streuungen, andererseits aber auch die Unsicherheiten berücksichtigt, die sich durch die meist nur unvollständige Kenntnis der lokalen Bauteilbelastungen und der sich daraus im Laufe der Einsatzzeit dort ausbildenden Schädigungszustände ergeben.

Die moderne ingenieurwissenschaftliche Auslegung von hochbelasteten und/oder bei hohen Temperaturen eingesetzten Bauteilen erfolgt heute unter Einhaltung festgelegter Sicherheitsstandards mit Berechnungsverfahren, die von geeigneten Werkstoffmodellen ausgehen. Dabei werden hinsichtlich der Sicherheitsaussagen für die Bauteile auch quantitative Angaben über die im Einzelfall vorliegenden Sicherheitsreserven erwartet.

Beim Arbeiten mit sog. strukturabhängigen Werkstoffmodellen wird versucht, die in den Bauteilen ablaufenden mikromechanischen Vorgänge mit dem makroskopisch zu erwartenden Verformungs- und Versagensverhalten zu verknüpfen. Solche Werkstoffmodelle lösen das Problem der Übertragbarkeit der üblicherweise in einachsig homogenen Belastungsversuchen ermittelten Werkstoffkennwerte auf die lokal im Bauteil vorliegenden Beanspruchungszustände durch die Annahme, daß mehrachsig inhomogene Bauteilbeanspruchungen lokal vergleichbare mikroskopische Verformungs- und Schädigungsvorgänge bewirken wie einachsig homogene. Strukturabhängige Werkstoffmodelle bieten daher die Möglichkeit, das Festigkeitspotential der verwendeten Bauteilwerkstoffe direkt über deren Mikrostruktur unter Einbezug von versagensauslösenden Gefügebereichen, Risspopulationen und/oder sonstigen Schwachstellen zu beschreiben. Da letztere je nachdem, ob sie zufällig in hoch oder niedrig belasteten Bauteilbereichen auftreten, unterschiedlich gefährlich sind, müssen die Auswirkungen der dadurch bedingten lokalen Schwankungen im Verformungs- und Versagensverhalten berücksichtigt werden. Bei Kenntnis der entsprechenden Daten lassen sich dann mit statistischen Methoden für die betrachteten Bauteile Zuverlässigkeitsaussagen ableiten und Sicherheitsreserven angeben. Das bietet für die industrielle Praxis wichtige Entscheidungsgrößen für die Auslegung und die Produktion sowohl von hoch- bzw. komplexbeanspruchten Massenprodukten als auch von sicherheitskritischen Großbauteilen.

Die entwickelten Prinzipien wurden vom Institut in den zurückliegenden Jahren bei den verschiedenartigsten Fragestellungen erfolgreich angewandt. Von besonderer praktischer Bedeutung erwiesen sich dabei die Entwicklung einer Methode zur Berechnung der Ausfallwahrscheinlichkeit keramischer Bauteile bei definierten mechanischen Beanspruchungen sowie die probabilistische Versagensanalye von pulvermetallurgisch hergestellten Gasturbinenbauteilen unter realen Beanspruchungsbedingungen. Des weiteren sind zu nennen die erfolgreiche Lebensdaueranalyse von heißgastüchtigen Brennkammerkomponenten sowie die sicherheitstechnische Bewertung von korrosionsgeschädigten Gas- und Ölleitungen.

Einen besonders originellen Forschungsbereich des Institutes stellt die Entwicklung von Methoden zur Gestaltoptimierung von technischen Bauteilen dar, die sich ausgehend von den Gesetzmäßigkeiten des normalen und behinderten Wachstums von Bäumen ableiten lassen.

Am *Institut für Mechanische Verfahrenstechnik* wurden wegen der zentralen Bedeutung der Auslösung und der Ausbreitung von Bruchvorgängen für die Zerkleinerungstechnik umfangreiche Untersuchungen zum Bruchverhalten einzelner Partikel aus den verschiedenartigsten Materialien sowie viele bruchphysikalische Modellversuche durchgeführt. Dabei standen zunächst der Energieumsatz während der Bruchausbreitung und die Struktur der dabei entstehenden Bruchflächen im Vordergrund des Interesses. Die durchgeführten Forschungsarbeiten ergaben, dass die an der Spitze fortschreitender Brüche auftretenden Energiekonzentrationen lokal zu so hohen Temperaturen führen, dass dort ein charakteristisches „Bruchleuchten" auftritt. Aus der spektralen Verteilung des dabei emittierten Lichtes ließen sich die in der Bruchzone auftretenden Temperaturspitzen bei Quarz zu 4700 K, bei Glas zu 3200 K und bei Kalkstein zu 1200 K abschätzen. Bei einem Federstahl und bei Plexiglas ergab sich, dass jeweils die dynamische Energiefreisetzungsrate mit der flächenbezogenen Bruchwärme übereinstimmt, so dass offensichtlich die der Bruchspitze zugeführte elastische Energie vollständig als Wärme dissipiert wird. Über die relativ einfach zu messende Bruchwärme ließ sich daher die dynamische Energiefreisetzungsrate bestimmen. Ferner zeigten die Untersuchungen bei Plexiglas, dass in 3 bis 5 µm dicken Materialschichten unterhalb der Bruchflächen die mittlere Molmasse auf etwa 40 % des Wertes des ungestörten Materials reduziert wird. Dies belegte den Abbau der Kettenlängen der dort vorliegenden Makromoleküle durch den Bruchvorgang. Wichtig war auch die Beobachtung, dass Wasser und Wasserdampf die Bruchausbreitung in Glas nur bei Bruchgeschwindigkeiten < 1 mm/s beeinflussen (s. Abb. 11).

Beim Zerkleinern werden Partikel durch Kontaktkräfte gebrochen, die entweder von Druck- und Schubspannungen zwischen zwei Flächen oder durch Aufprallen auf eine Fläche erzeugt werden. Mit der Methode der Einzelkornbean-

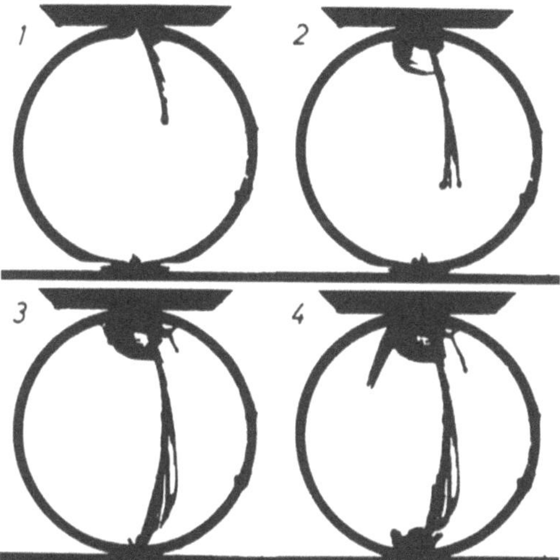

Abb. 11 Vier in Zeitabständen von jeweils 10 µs mit einer 24-Funkenkamera erfasste Bruchausbreitungsstadien in einer diametral belasteten Kreisscheibe aus Glas mit 40 mm Durchmesser. Die Bildfolge belegt, dass das statische Spannungsfeld die anfängliche Bruchausbreitung bestimmt und dynamische Effekte vernachlässigbar sind. Dementsprechend laufen die Brüche zunächst längs der Hauptspannungstrajektorien der Druckbeanspruchung

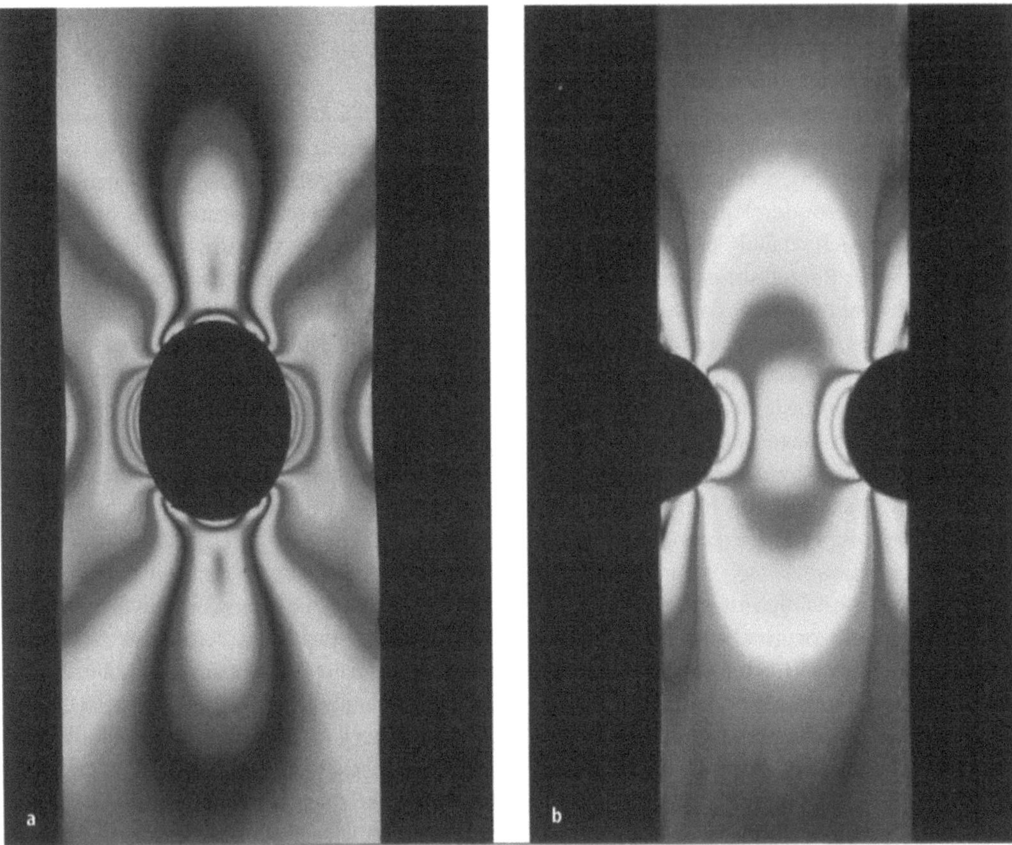

Abb. 12 a, b Spannungsoptische Isochromatenbilder im Dunkelfeld zur Ermittlung der bei der Schwingbeanspruchung von vordeformierten viskoelastischen Stäben aus Polyvinylchlorid mit einer Innenkerbe **a** und zwei symmetrischen Außenkerben **b** auftretenden Kerbspannungsverteilungen

spruchung wurden die wichtigsten beim Partikelbruch auftretenden Vorgänge analysiert. Diese erwiesen sich als stark abhängig von der jeweiligen Probenform und Partikelgröße. Um diesen Gestalteinfluss auszuschalten, wurden als Modellpartikel auch Kugeln aus Glas, Kalkstein, Zementstein und Polymeren systematisch untersucht. Ein speziell entwickeltes Instrumentarium erlaubte Beanspruchungsexperimente an Partikeln und Kugeln mit Abmessungen bis hinab zu 1 μm. Diese Untersuchungen lieferten eine Fülle vertiefter Einsichten. Die Verformungen im Kontaktbereich bestimmen die Art des Bruchgeschehens. Treten dort Sprödbrüche vor Fließvorgängen bzw. vor Schubbrüchen auf, so entstehen Schalenbrüche und Feinkörnigkeit im Kontaktbereich. Im umgekehrten Fall treten bei weitgehend unzerstörtem Kontaktbereich durch Umfangsspannungen ausgelöste Meridianbrüche auf. Die Partikelfestigkeit spröder Materialien, die sich pragmatisch als Quotient aus der beanspruchenden Kraft zum Zeitpunkt der Bruchauslösung bezogen auf den Nennquerschnitt definieren lässt, wächst bei Abmessungen der Partikel und Kugeln < 10 mm etwa umgekehrt proportional zu deren Größe an. Das ist der abnehmenden Dichte an Störungen im Partikelvolumen und zunehmenden plastischen Verformungsanteilen im Kontaktbereich zuzuschreiben. Unterhalb stoffspezifischer Partikelabmessungen verformen sich spröde Materialien jedoch überwiegend plastisch. Dieser Übergang im Verformungsverhalten findet in einem Größenbereich statt, der sich bei Marmor von 10 bis 20 µm, bei Zementklinker von 6 bis 10 µm, bei Quarz von 4 bis 8 µm sowie bei Borkarbid von 4 bis 8 µm erstreckt.

Unter Rückgriff auf die angesprochenen Untersuchungsergebnisse wurde eine technisch sinnvolle Definition des Wirkungsgrades von mechanischen Zerkleinerungsmaschinen eingeführt. Für Kugelmühlen, wie sie überwiegend für die Feinmahlung spröder Materialien eingesetzt werden, ergaben sich Werte von 5–10 %.

Die Schwerpunkte der Forschungsarbeiten am *Institut für Technische Mechanik und Festigkeitslehre* der Fakultät für Chemieingenieurwesen lagen auf den Gebieten der Plastomechanik von Umformvorgängen, der Festkörperrheologie sowie der faser- und teilchenverstärkten Verbundwerkstoffe.

Die plastomechanischen Untersuchungen betrafen die Stoffgesetze, die bei den wichtigen Umformprozessen Walzen, Schmieden, Ziehen und Pressen die Zusammenhänge zwischen den wirksamen Spannungen und den sich daraus ergebenden Formänderungen beschreiben. Parallel laufende experimentelle Untersuchungen dienten zur Überprüfung der Richtigkeit der erarbeiteten Ansätze, die genauere Bestimmungen der Umformkräfte und der bei den Umformprozessen zu leistenden Arbeiten ermöglichten. Dadurch ergaben sich Verbesserungen für die Auslegung der benötigten Umformmaschinen. Weitere theoretische Untersuchungen betrafen plastomechanische Ansätze zur quantitativen Beschreibung des Fließverhaltens von körnigen nicht zusammenhängenden Materialien, das für Schüttgüter in der Verfahrens- und Fördertechnik erhebliche Bedeutung besitzt.

Im Bereich der Rheologie wurden die stark von der Formänderungsgeschwindigkeit abhängigen und deshalb recht komplizierten Stoffgesetze von festen Polymerwerkstoffen untersucht und zur Beschreibung der Vorgänge angewandt, die beim Tiefziehen und Walzen von Polymerwerkstoff-Folien auftreten.

Ein weiteres Arbeitsgebiet betraf die in teilchen- und faserverstärkten Werkstoffen mit unterschiedlichen Matrizes bei höheren Temperaturen auftretenden Eigenspannungsfelder und deren Auswirkung auf das Festigkeits- und Bruchverhalten dieser Verbundwerkstoffe.

Außerdem wurden bis Ende der 80er Jahre spannungsoptische Untersuchungen zur Analyse von Spannungsfeldern in statisch oder dynamisch belasteten Strukturen durchgeführt. Dabei interessierten insbesondere das spannungsoptische Verhalten von viskoelastischen Werkstoffen sowie die bei diesen zur Versuchsauswertung erforderlichen Stoffgesetze. Die Forschungsarbeiten führten neben einer Theorie der statischen und dynamischen Photoviskoelastizität auch zu deren experimenteller Verifikation (s. Abb. 12).

Am *Institut für Mechanische Verfahrenstechnik und Mechanik* befassten sich die materialwissenschaftlich orientierten Forschungsvorhaben der letzten 20 Jahre vornehmlich mit dem mechanischen Verhalten von Polymerwerkstoffen, offen- und geschlossenporigen Polymerschäumen, polymeren Schmelzen und Lösungen sowie dispersen Systemen wie Suspensionen, Pasten, Pulvern und Granulaten. Ziel dieser Untersuchungen war, mit geeigneten und zum Teil selbst entwickelten Messsystemen die im Einzelfall gültigen Materialkenngrößen und die das Materialverhalten bestimmenden Stoffgesetze zu bestimmen.

Polymerwerkstoffe und geschlossenzellige Polymerschäume können als viskoelastische Kontinua aufgefasst werden, die bei großen Deformationen bzw. Deformationsgeschwindigkeiten in der Regel nichtlineares Materialverhalten zeigen, sodass zeitabhängige Verformungsmessungen hohe Genauigkeit erfordern. Deshalb erfolgten alle Kontur- und Verschiebungsmessungen mit berührungsfrei arbeitenden optischen Verfahren, die an die jeweiligen Problemstellungen angepasst und weiterentwickelt wurden. Bei der Ermittlung der Verschiebungsfelder rauher Oberflächen, wie sie bei Polymerschäumen vorliegen, wurden, um die Fehler möglichst klein zu halten, Fuzzy-Logic-Methoden angewandt. Zur Bestimmung der das nichtlineare Materialverhalten beschreibenden Funktionen mussten Spannungsrelaxationsversuche nicht nur unter Zug-, Druck- und Torsionsbeanspruchung, sondern zusätzlich auch unter isotroper Beanspruchung durchgeführt werden. Außerdem war die schwingende Beanspruchung vordeformierter Proben im vollständig relaxierten Zustand mit kleinen Amplituden bei verschiedenen Frequenzen erforderlich. Diese Versuche lieferten komplexe, vorverformungs- und frequenzabhängige Materialkenngrößen, mit denen sich auch die für kleine Zeiten bis zu 0,01 sec gültigen Materialfunktionen des gesuchten Stoffgesetzes bestimmen ließen.

Das Stoffgesetz für offenzellige Polymerschäume mit fluidgefüllten Zellen erforderte als zusätzliche innere Variable den orts- und zeitabhängigen Fluiddruck. Dieser hängt von der Zähigkeit und dem Strömungsverhalten des Fluids sowie von der sich aus der vorliegenden Zellgeometrie ergebenden Permeabilität des Polymerschaums ab. Mit Hilfe mikromechanischer Modelle konnten unter der Annahme elastischen Polymer- und newtonschen Fluidverhaltens die makroskopischen Verformungen geometrisch einfacher Polymerschaumstoffproben in guter Übereinstimmung mit experimentellen Beobachtungen berechnet werden.

Weitere Forschungsarbeiten betrafen das in der Regel nicht-newtonsche Fließen von Polymerschmelzen und von dispersen Fluiden, die von der momentanen Scherrate und der Deformationsvorgeschichte abhängige Scherviskositäten besitzen. Durch Messungen mit einem neu entwickelten Torsionsrheometer wurde für polymere Schmelzen empirisch nachgewiesen, dass ein Zusammenhang zwischen dem linearelastischen zeitabhängigen Verformungsverhalten und dem nichtlinearen stationären Fließverhalten besteht, der die Bestimmung

der benötigten Viskositätsfunktionen sehr erleichtert. Auch für das Fließen von Suspensionen mit newtonschen und nicht-newtonschen Matrixflüssigkeiten wurden quantitative Beziehungen entwickelt, aus denen sich sowohl die Viskositäten für die jeweils vorliegenden Feststoffkonzentrationen als auch für die Matrixeigenschaften berechnen lassen.

Bei hochkonzentrierten Suspensionen und Pasten setzen erst oberhalb eines bestimmten Schubspannungsniveaus Fließvorgänge ein. Für solche „Fluide mit Fließgrenzen", die in der Regel nicht mehr an festen Wänden haften, ist die Bestimmung von Materialfunktionen mit herkömmlichen Rheometern sehr schwierig und unsicher. Deshalb wurden neue Verfahren entwickelt, die gleichzeitig neben Fließgrenze und Viskosität auch die das Wandgleiten bestimmenden Materialkenngrößen ergeben. Diese Ergebnisse sind von großer praktischer Bedeutung für Formgebungen durch Extrusionen, wie sie z.B. bei der Herstellung wabenförmiger Abgaskatalysatoren angewandt werden.

Zum Studium des Fließverhaltens nichtlinearviskoelastischer Fluide wurde ein neues „Dehnrheometer" entwickelt. Bei diesem Gerät wird den polymeren Schmelzen oder Lösungen ein Tropfen einer niederviskosen inkompressiblen Flüssigkeit injiziert und der für die Verdrängung des umgebenden Fluids erforderliche Überdruck in Abhängigkeit von der Zeit gemessen. Daraus lassen sich die Materialfunktionen ableiten, die für die Beurteilung von nichtlinearen ein- und zweiachsigen Dehnströmungen benötigt werden, wie sie z.B. bei der Herstellung von Fäden und Folien aus Polymerwerkstoffen auftreten.

B11 Entwicklung und Einsatz von Werkstoffen in der Elektrotechnik und Informationstechnik

E. Ivers-Tiffée, W. Jutzi, E.Macherauch

Die moderne Elektrotechnik und Informationstechnik verwendet eine Vielzahl von metallischen, anorganisch-nichtmetallischen und polymeren Werkstoffen mit charakteristischen elektrischen, magnetischen oder optischen Eigenschaften, die einzeln oder in geeigneten Kombinationen z.B. in integrierten Schaltungen als Normalleiter, Halbleiter, Supraleiter, Lichtleiter, Isolatorwerkstoffe, Kontaktwerkstoffe, Dielektrika, Paraelektrika, Ferroelektrika, Widerstandswerkstoffe, Magnetwerkstoffe u.a.m. eingesetzt werden. Man bezeichnet diese Werkstoffe auch als Funktionswerkstoffe und grenzt sie dadurch von den Konstruktionswerkstoffen ab, bei denen die mechanischen Eigenschaften von dominierendem Interesse sind.

Nach der 1965 an der Fridericiana erfolgten Bildung der Fakultät für Elektrotechnik wurde der voraussehbar zunehmenden Bedeutung der Funktionswerkstoffe für Elektrotechnik und Elektronik durch die rasche Einrichtung des neuen Lehrstuhls für Technologie der Elektrotechnik Rechnung getragen. Auf diesen wurde 1967 P. Gerthsen berufen und mit der Leitung des zugehörigen Instituts betraut. Darüber hinaus schuf die Fakultät acht Jahre später durch

Umwidmung auch noch den Lehrstuhl und das Institut für Elektrotechnische Grundlagen der Informatik. W. Jutzi erhielt den entsprechenden Ruf und nahm diesen 1975 an. Die Nachfolge von P. Gerthsen, der 1979 unerwartet verstarb, trat 1982 K.H. Härdtl an. Nach dessen Emeritierung wurden der Lehrstuhl und das Institut für Technologie der Elektrotechnik 1996 in Lehrstuhl und Institut für Werkstoffe der Elektrotechnik umbenannt. Gleichzeitig wurde Ellen Ivers-Tiffée berufen und mit den zugehörigen Leitungsfunktionen betraut. 1998 änderte die Fakultät ihren Namen in Fakultät für Elektrotechnik und Informationstechnik.

Die Forschungsarbeiten am *Institut für Technologie der Elektrotechnik* und späteren *Institut für Werkstoffe der Elektrotechnik* waren von Anfang an auf die Grundlagen und Anwendungen von elektrokeramischen Funktionswerkstoffen in der Informations-, Energie- und Umwelttechnik ausgerichtet. Dabei interessierten in besonderem Maße neben den normal-, halb- und supraleitenden auch die dielektrischen, piezoelektrischen, magnetischen und optoelektronischen Festkörpereigenschaften sowie die

Grenzflächeneigenschaften von Werkstoffverbunden. Zunächst erfolgten Forschungsarbeiten an piezoelektrischen und halbleitenden Titanat-Keramiken. Dabei wurden an Bariumtitanat der elektrische Durchschlag, die Diffusion von Sauerstoff-Leerstellen, der Einbau von Donatoren und die elektrischen Eigenschaften von Korngrenzen, an Blei-Zirkonat-Titanat Domänenprozesse sowie Alterungs- und Verlustvorgänge untersucht. Aber auch ganz andere Themen, wie z.B. Gasentladungen mit elektrischem Wind, Materialtransporte in elektrischen Feldern, Lebensdauern metallischer Heizdrähte und Thermokraftmessungen mit Wechselanregung, wurden bearbeitet. Parallel dazu erfolgte die Entwicklung eines höchstempfindlichen Infrarotdetektors.

Ab 1980 wurden Forschungs- und Entwicklungsarbeiten auf dem Gebiet der Sensoren, also von Bauelementen begonnen, die von physikalischen oder chemischen Effekten ausgelöste nichtelektrische Größen in elektrische umwandeln. Dieser Themenbereich gewann im Laufe der 8oer Jahre besonders vor dem Hintergrund

steigenden Umweltbewusstseins eine bis heute anhaltende Aktualität und umfasste interessante, sowohl materialspezifische als auch mess- und regelungstechnische Fragestellungen. 1985 führten diese Aktivitäten an der Universität Karlsruhe zur Einrichtung des Landes-Schwerpunktprogramms „Physik und Anwendung neuartiger Sensoren", an dem sich das Institut in koordinierender Funktion mit Arbeiten über Gas- und Tastsensoren beteiligte. Im Rahmen dieser Förderung entstanden Sensoren für Sauerstoff, Sensoren zum selektiven Nachweis von Ionen in wässrigen Elektrolyten und taktile Sensoren für Anwendungen im Umweltschutz sowie in der Automatisierungs-, Fahrzeug- und Medizintechnik. Diese Erfolge fanden 1990 dadurch weltweite Anerkennung, dass Karlsruhe als Austragungsort der Tagung „Eurosensor IV" gewählt wurde.

Nach der Mitte der 8oer Jahre erfolgten Entdeckung der Hochtemperatur-Supraleitung in Oxidkeramiken wurden am Institut auch auf diesem Gebiet mehrere Forschungsvorhaben im Rahmen von Förderprogrammen des BMFT

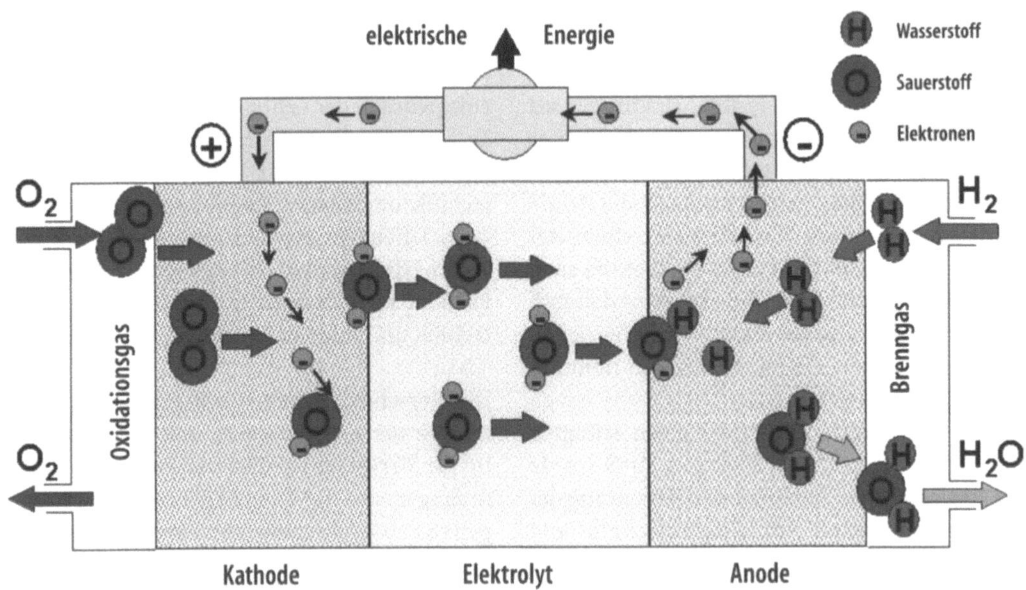

Abb. 1 Funktions-Prinzip der Hochtemperatur - Festelektrolyt - Brennstoffzelle. In der Kathode wird Sauerstoff aus dem Oxidationsgas (Luft) reduziert und gelangt durch den sauerstoffionenleitenden Festelektrolyten zur Anode. Dort wird das Brenngas (Wasserstoff) oxidiert und als Wasserdampf abgeführt. Die freiwerdenden Elektronen fließen über einen äußeren Stromkreis zur Kathode und verrichten dort elektrische Arbeit

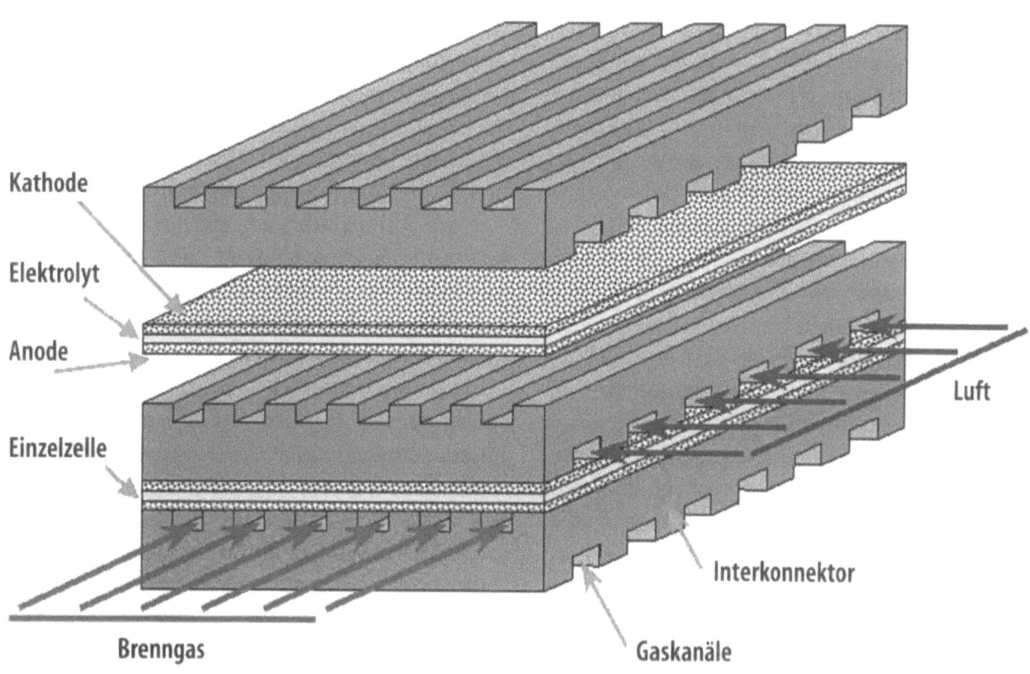

Abb. 2 Schematischer Aufbau eines Brennstoffzellen - Stacks, zu dem mehrere Festelektrolyt-Brennstoffzellen zusammengeschlossen werden, um technisch nutzbare Leistungen zu erzielen. Dabei werden die 5 x 5 cm² großen Einzelzellen, die bei Betriebstemperaturen von 800 bis 950 °C Leistungsdichten von bis zu 1 Watt/cm² besitzen, über metallische Interkonnektoren verschaltet. Letztere dienen gleichzeitig als thermische Isolatoren und zum An- und Abtransport des Betriebsgases

und eines DFG-Schwerpunktprogramms bearbeitet. Außerdem wurde von 1990 bis 1998 federführend und mit eigenen Projekten im Keramikverbund Karlsruhe-Stuttgart auf dem Forschungs- und Entwicklungsgebiet der Elektrokeramiken mitgearbeitet.

1996 wurden am Institut Material- und Technologieentwicklungen für Hochtemperatur-Feststoffelektrolyt-Brennstoffzellen (solid oxid fuel cells) begonnen (s. Abb. 1 und 2). Solche SOFCs, in denen die chemische Energie von Wasserstoff oder Erdgas mit hoher Effizienz direkt in elektrische Energie umgesetzt wird, bieten eine zukunftsweisende Perspektive für eine umweltfreundliche und wirtschaftliche Energieversorgung. Entscheidend für die Wirtschaftlichkeit von SOFC-Systemen sind der Wirkungsgrad der Zellen und die Lebensdauer der Komponenten. Ziele der aktuellen Forschungs- und Entwicklungsarbeiten auf diesem Gebiete waren und sind deshalb die Optimierung der benötigten Werkstoffe und deren Herstellungs-

verfahren sowie die der SOFC-Einzelzellen hinsichtlich Leistungsfähigkeit, interner Verluste und Langzeitstabilität. Insbesondere werden neue Materialien für die Absenkung der Betriebstemperatur von derzeit 800–1000 °C auf 600–800 °C untersucht, die den Einsatz kostengünstigerer externer Komponenten zulassen würden. Mit einer speziellen Hochtemperaturmesstechnik werden SOFC-Einzelzellen unter realistischen Betriebsbedingungen elektrisch charakterisiert und die Ursachen für interne Verluste und Degradationsprozesse erfasst. Parallel zu den experimentellen Arbeiten erfolgt eine mathematische Modellierung und eine rechnergestützte Simulation der Werkstoff- und Zelleigenschaften in Abhängigkeit von den jeweiligen Material- und Herstellungsparametern.

Auch die seit über 15 Jahren laufenden Arbeiten zur Entwicklung von resistiven Sauerstoffsensoren werden fortgesetzt. Dabei dient die elektrische Leitfähigkeit keramischer Metalloxide, die vom Sauerstoffgehalt der umgebenden Atmosphäre abhängt, als Sensorsignal. Im Gegensatz zum potentiometrischen oder amperometrischen Messprinzip bei herkömmlichen Sonden auf Zirkonoxidbasis, die seit Jahren als Lambda-Sonden zur Überwachung und Regelung von Verbrennungsmotoren in Kraftfahrzeugen eingesetzt werden, benötigen verbrauchs- und emissionsarme Mager- und Dieselmotoren schnelle Sensoren, die in einem weiten Bereich eine präzise Bestimmung des Sauerstoffgehaltes im Abgas ermöglichen. Halbleitende Metalloxide bilden die Basis für diese neue Generation von resistiven Abgas-Sensoren mit extrem kurzen Ansprechzeiten. Untersuchungen an verschiedenen Metalloxiden ergaben, dass sich unter Erhalt der Sauerstoffsensivität die Temperaturabhängigkeit des elektrischen Widerstandes durch gezielt entwickelte Mischkristallsysteme stark reduzieren lässt. Im Rahmen aktueller Entwicklungsarbeiten sollen aus solchen Materialien funktionstüchtige Sensoren in Dickschichttechnik hergestellt werden.

Das *Institut für Elektrotechnische Grundlagen der Informatik* arbeitet schwerpunktmäßig seit mehr als 20 Jahren auf dem Gebiet des Entwurfs und der technologischen Herstellung von integrierten Schaltungen und Bauelementen, die unter Ausnutzung von supraleitenden Materialien bei tiefen Temperaturen Anwendung finden. Es ist damit aktuell in dem Bereich der Forschung und Entwicklung auf dem Gebiete der Mikro- und Nanoelektronik tätig, der sich mit neuartigen Schaltungskonzepten, ihrer exemplarischen Verwirklichung und Optimierung sowie mit der Entwicklung der dafür geeigneten Materialien und Herstellungsverfahren beschäftigt.

Bei Supraleitern fällt bekanntlich der Gleichstromwiderstand nach Unterschreiten einer Sprungtemperatur T_S auf extrem kleine Werte ab. Unter Normaldruck besitzen bestimmte Elemente, metallische Verbindungen und oxidische Keramiken diese Eigenschaft. Die Sprungtemperatur von Niob liegt z.B. bei 9.2 K, die höchste Sprungtemperatur der metallischen Supraleiter ist 23.2 K. Seit der 1986 erfolgten Entdeckung der oxidkeramischen Supraleiter wurden Sprung-

temperaturen bis etwa 130 K beobachtet. Bei dem technisch besonders interessanten Hochtemperatursupraleiter $Y_1Ba_2Cu_3O_{7-d}$ (YBCO) ist $T_S = 92$ K. Während elektrische Normalleitung einzelnen ungepaarten Elektronen zuzuschreiben ist, beruht Supraleitung auf der Bewegung von sog. Cooper-Paaren, die aus zwei Elektronen mit entgegengesetztem Bahn- und Drehimpuls bestehen. Da diese Paare keinen Impuls an das Kristallgitter abgeben können, verschwindet der Gleichstromwiderstand.

Bemerkenswerterweise bewirken die in einem geschlossenen supraleitenden Ring erzeugten Ströme einen magnetischen Fluss, der nur in Vielfachen des sog. magnetischen Flussquants $\phi_0 = h/2e$ (h: Planck'sches Wirkungsquantum, e: Elementarladung) auftreten kann. Sind zwei Supraleiter durch eine sehr dünne (< 2 nm) Isolierschicht getrennt – man spricht von einem Josephson-Kontakt – so „tunnelt" bei einer Kühlung unter der Sprungtemperatur ein Josephson-Gleichstrom ohne Spannungsabfall durch die isolierende Schicht. Nach Überschreiten des maximalen Josephson-Stroms entsteht eine pulsierende Wechselspannung mit dem Mittelwert U und der Frequenz $f = U / \phi_0$, die bei U = 1 mV z.B. 484 GHz beträgt.

Viele der bisherigen Forschungs- und Entwicklungsarbeiten des Instituts konzentrierten sich auf die Herstellung und Bemessung von integrierten Schaltungen mit Josephson-Kontakten auf der Basis von Niob für eine Betriebstemperatur von 4.2 K sowie auf die Entwicklung integrierter Bauteile unter Verwendung des Hochtemperatursupraleiters YBCO für eine Betriebstemperatur von 60 K. Derzeit sind Bauelemente mit dem Hochtemperatursupraleiter noch erheblich schwieriger herzustellen als mit Niob, besitzen aber den Vorteil, dass sie sich wegen ihrer erheblich höheren Sprungtemperatur auch bei höheren Temperaturen und daher mit geringeren Kühlungskosten verwenden lassen. Neben supraleitenden Digitalschaltungen, deren Verlustleistungen und Schaltzeiten bei Betriebstemperaturen unter 40 K um Größenordnungen kleiner als die bekannter Halbleiterschaltungen bei Raumtemperatur sind, entwickelte das Institut auch Supraleitende

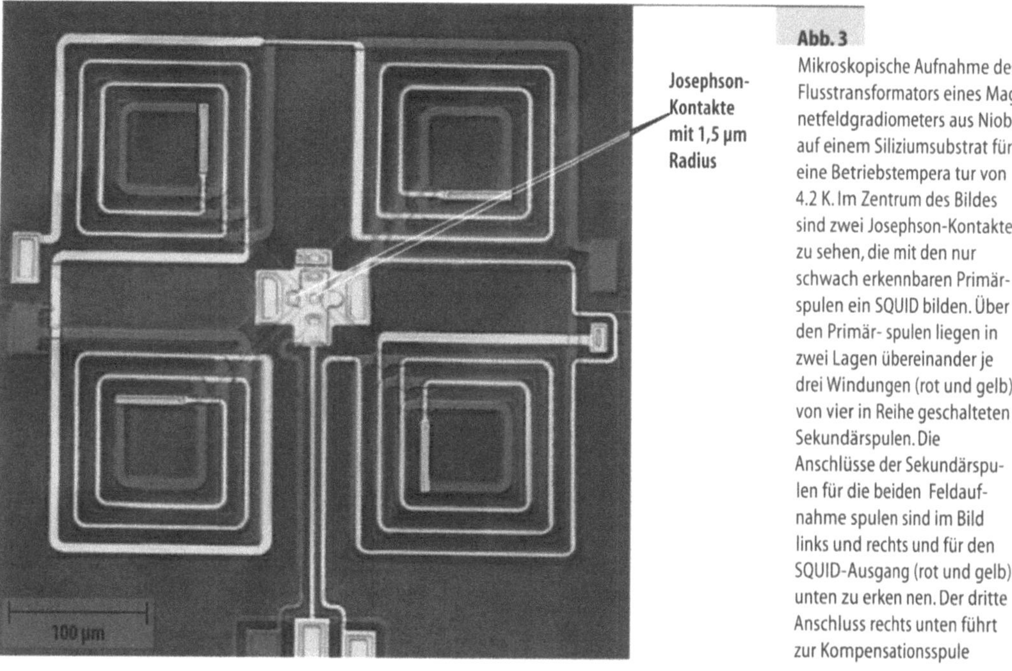

Abb. 3

Mikroskopische Aufnahme des Flusstransformators eines Magnetfeldgradiometers aus Niob auf einem Siliziumsubstrat für eine Betriebstempera tur von 4.2 K. Im Zentrum des Bildes sind zwei Josephson-Kontakte zu sehen, die mit den nur schwach erkennbaren Primärspulen ein SQUID bilden. Über den Primär- spulen liegen in zwei Lagen übereinander je drei Windungen (rot und gelb) von vier in Reihe geschalteten Sekundärspulen. Die Anschlüsse der Sekundärspulen für die beiden Feldaufnahme spulen sind im Bild links und rechts und für den SQUID-Ausgang (rot und gelb) unten zu erken nen. Der dritte Anschluss rechts unten führt zur Kompensationsspule

Quanten- Interferenz-Detektoren (SQUIDs) als hochempfindliche Magnetfeldsensoren sowie extrem miniaturisierte Mikrowellenfilter. Diese Arbeiten erfolgten interdisziplinär im Rahmen mehrerer BMFT-Vorhaben, an denen neben Industriebetrieben auch andere Forschungseinrichtungen beteiligt waren (s. Abb. 3).

Die Josephson-Kontakte auf Nb-Basis wurden auf thermisch oxidierten Si-Scheiben über Gleichstromzerstäubungs-Prozesse hergestellt. Sie bestanden aus zwei 300 nm dicken polykristallinen Niobschichten mit einer dazwischen liegenden etwa 2 nm dünnen Tunnelschicht aus Al_2O_3. Die integrierten Schaltungen erforderten unter Einschluss von supraleitenden Verbindungsleitungen aus Niob und Widerständen aus PdAu in bis zu 8 übereinander liegenden Schichtebenen Strukturierungen, die mit Hilfe elektronenstrahlgeschriebener Masken photolithographisch und durch Ätzen im Hochfrequenzplasma erfolgten. Nach Optimierung der Prozessparameter wurden viele Bauelemente in zusammenhängend integrierten Strukturen auf einem Chip für verschiedene Logik- und Speicherfunktionen hergestellt. Mit Hilfe von Einzelflussquantenschaltungen, bei denen sich binäre

Informationen über die An- oder Abwesenheit nur eines Flussquants ϕ_0 erfassen lassen, wurden Speicherzellen für zerstörungsfreies Auslesen, digitale Schieberegister und Zähler für Taktfrequenzen im Mikrowellenbereich sowie Schnittstellen zu Halbleiterschaltungen entwickelt. Ferner wurde auf einem einzigen Chip unter Ausnutzung des SQUID-Prinzips ein Magnetfeldgradiometer extrem großer Empfindlichkeit mit Feldaufnahmespule und digitalem Aufbau entworfen und gefertigt.

Der keramische Hochtemperatur-Supraleiter YBCO mit ortho-rhombischer Kristallstruktur besitzt drei senkrecht aufeinanderstehende Kristallachsen a, b und c. Die supraleitenden Stromdichten parallel zu den a- und b-Achsen des Gitters sind wesentlich größer als parallel zu der c-Achse. Deshalb müssen bei diesem Material, wenn es in dünnen Schichten möglichst störungsfrei in einkristalliner Form auf einem geeigneten einkristallinen Substrat aufwachsen soll, die a- und b-Achsen parallel zur Substratoberfläche liegen. Sputter- und Laserablationsprozesse mit stöchiometrischen Targets lieferten die gewünschte Zusammensetzung und Kristallorientierung der Schichten. Durch sorg-

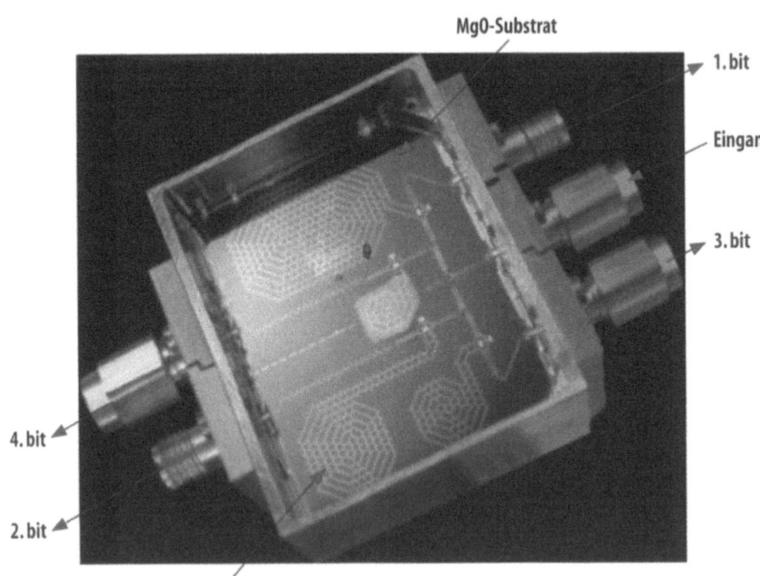

Abb. 4
Mikroskopische Aufnahme des im Text angesprochenen 4 bit Echtzeitfrequenzmessers bei 10 GHz auf einem 3 x 4 cm² großen MgO-Substrat. Die schneckenförmigen Leitungen aus dem supraleitenden YBCO haben bei 77 K bei der geforderten Verzögerung trotz Miniaturisierung eine sehr kleine Dämpfung. Jedem bit ist ein Interferometer mit zwei Verzögerungsleitungen unterschiedlicher Länge zugeordnet

fältige Auswahl der Substrate und geeignete Prozessführung gelang die Herstellung von nur wenig verzwillingten Schichten und der Nachweis unterschiedlicher Gleichstrom- und Hochfrequenzwiderstände in den a- und b-Richtungen. Ferner wurden Josephson-Kontakte in dünnen YBCO-Schichten an steilen Kanten eines einkristallinen Substrats hergestellt. Mit sehr vielen solcher Kontakte in einer supraleitenden Schicht wurde ein Phasenschieber realisiert, der eine Änderung der Empfangsrichtung stark bündelnder Antennen mit großer Geschwindigkeit und extrem kleiner Steuerleistung ermöglicht. Auch Mikrowellenfilter mit hoher Selektivität, die nur für diskrete Frequenzbereiche eines Frequenzspektrums durchlässig sind, wurden in Form koplanarer Streifenleitungen aus YBCO entwickelt. Diese haben ein wesentlich kleineres Volumen und Gewicht als herkömmliche Ausführungsformen mit Normalleitern und erschließen daher in der Satelliten- und Mobilfunktechnik neue Anwendungsfelder. Gemeinsam mit einem Industrieunternehmen entstand zudem der Prototyp eines 4 bit Echtzeitfrequenzmessers mit einer Bandbreite von 1 GHz bei 10 GHz, mit dem von

einem Satelliten aus Schadstoffe in der Erdatmosphäre erfasst werden können (s. Abb. 4). Die Messeinrichtung mit koplanaren Leitungen und etwa 3000 Bauelementen wurde auf einem 2 Zoll-Wafer aus kristallinem MgO integriert und arbeitet bei 77 K auf dem Kaltkopf eines mit einem geschlossenen Kühlkreislauf betriebenen Refrigerators. Die Anlage bot hinsichtlich Volumen und Gewicht erhebliche Vorteile gegenüber einer Konkurrenzentwicklung in den USA.

Müssen YBCO-Bauelemente in Filterschaltungen große elektrische Leistungen aufnehmen, so entstehen unerwünschte Nichtlinearitäten und Intermodulationsprodukte. Die zulässigen Eingangsleistungen werden durch die maximal möglichen Suprastromdichten an den Filterkanten und damit von der Geometrie und den Parametern der angewandten Sputter- und Strukturierungsprozesse bestimmt. Mit Hilfe umfangreicher numerischer Berechnungen gelang es, die bei gegebener Eingangsleistung zwischen den elektronischen, geometrischen und materialspezifischen Größen bestehenden Zusammenhänge für supraleitende dünne Schichtstrukturen auf der Basis YBCO und Niob aufzuklären.

 Elektronenmikroskopie
in interdisziplinärer Zusammenarbeit

D. Gerthsen, E. Macherauch

Die Elektronenmikroskopie hat sich in den zurückliegenden Jahren zu einer für die modernen Natur- und Ingenieurwissenschaften unentbehrlichen Disziplin entwickelt, die es erlaubt, Strukturdetails bis hinab in atomare Bereiche aufzulösen und quantitativ zu bewerten. In Erwartung einer solchen Entwicklung wurde bereits 1967 an der Fridericiana als universitätsunmittelbare Einrichtung das Laboratorium für Elektronenmikroskopie gegründet. Es verlor 1991 mit dem Tod von L. Albert seinen langjährigen Leiter. Wegen der inzwischen für viele an der Universität Karlsruhe vertretenen Wissenschaftsbereiche sehr stark gewachsenen Bedeutung der Elektronenmikroskopie wurde 1992 für die Leitung des Laboratoriums eine Professur geschaffen und ein Jahr später mit Dagmar Gerthsen besetzt.

Im Laboratorium für Elektronenmikroskopie, das über eine moderne Grundausstattung verfügt, werden neben eigenständigen Forschungsvorhaben auch viele aktuelle Probleme bearbeitet, die sich aus der interdisziplinären Zusammenarbeit mit Instituten der natur- und ingenieurwissenschaftlichen Fakultäten ergeben. Im Rahmen gemeinsamer, z.T. längerfristi-

ger Projekte bestehen besonders enge Kontakte im Bereich der Ingenieurwissenschaften zu den Instituten für Werkstoffe in der Elektrotechnik, für Keramik im Maschinenbau sowie für Werkstoffkunde I, im Bereich der Festkörperphysik und -chemie zum Physikalischen Institut sowie zu den Instituten für Angewandte Physik und Chemische Technik. In den Bio- und Geowissenschaften wird die Elektronenmikroskopie vom Botanischen Institut und vom Zoologischen Institut sowie vom Institut für Petrographie und Geochemie intensiv genutzt. Hinzu treten weitere Kooperationen mit verschiedenen Industriebetrieben, die wesentlich zur Deckung der laufenden Kosten des Laboratoriums beitragen. Die Breite des wissenschaftlichen Engagements des Laboratoriums belegen beispielhaft die nachfolgend vorgestellten Fragestellungen.

Ein wesentliches Ziel moderner Materialforschung ist die Herstellung von Materialien und Materialzuständen mit maßgeschneiderten Eigenschaften. Dies kann nur erreicht werden, wenn im Einzelfall der Zusammenhang zwischen den gewünschten Eigenschaften und der Mikrostruktur bekannt ist, die diese bestimmen. Die Größenskala der dabei zu erfas-

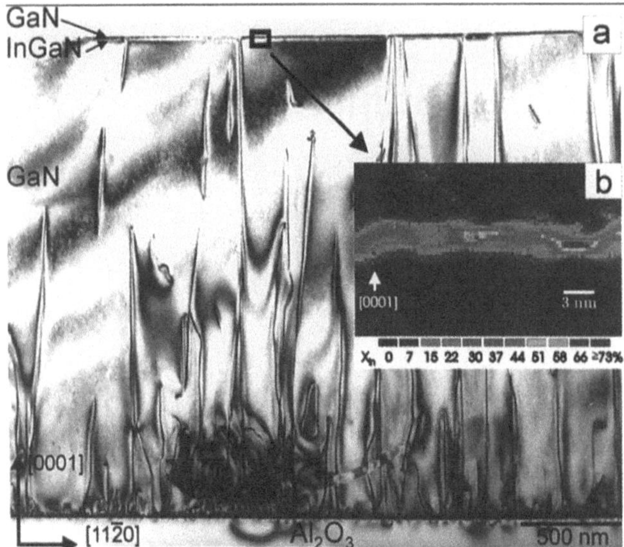

Abb. 1 a, b
Seitenansicht **a** einer auf eine Al$_2$O$_3$-Substratschicht aufgebrachten Heterostruktur und farbkodierte Verteilung **b** der Indium konzentration in dem in der Bildmitte oben rechteckig begrenzten Schichtbereich

senden strukturellen Details erfordert meist den Einsatz von abbildenden Techniken mit einem hohen räumlichen Auflösungsvermögen und der Möglichkeit zu ortsaufgelösten chemischen Analysen. Beide Anforderungen erfüllt die Elektronenmikroskopie.

Die Entwicklung von Methoden zur quantitativen Auswertung von transmissionselektronenmikroskopischen (TEM) Bildern gehört zu den wichtigsten Arbeitsgebieten des Laboratoriums für Elektronenmikroskopie. Dabei wurden in den letzten Jahren auch Techniken für die quantitative chemische Analyse auf atomarer Skala bei Heterostrukturen aus III/V- und II/VI- sowie aus verschiedenen Hauptgruppe III-Nitriden entwickelt. Bei InGaN/GaN-Heterostrukturen, aus denen zukünftige Laser für den blauen und grünen Spektralbereich hergestellt werden sollen, ist u.a. die Verteilung und die Konzentration von Indium im InGaN von aktuellem Interesse, weil diese die Lichtemission beeinflussen. Abbildung 1 zeigt die Seitenansicht (a) einer solchen Heterostruktur. Sie besteht aus einer auf ein Saphirsubstrat (Al$_2$O$_3$) aufgebrachten dicken GaN-Pufferschicht mit einer nach oben abnehmenden Dichte an Versetzungen, einem sich anschließenden 4 nm dicken „Quantentrog" aus InGaN und einer GaN-Deckschicht von 10 nm Dicke. Die für den

markierten rechteckigen Probenbereich an der oberen Bildbegrenzung ermittelte Verteilung der Indiumkonzentration ist farbkodiert mit höchster Auflösung (b) in die Abb. 1 einkopiert. Anstelle einer homogenen Zusammensetzung treten in der InGaN-Schicht starke Fluktuationen des In-Gehaltes zwischen 15 und 70 At.-% auf, die eine wesentliche Voraussetzung für die Lichtemission im blaugrünen Spektralbereich sind.

Thermisch hoch belastete Bauteile von Gasturbinen werden zur Verlängerung ihrer Lebensdauern mit sog. Wärmedämmschichten versehen. Eine solche Dämmschicht kann z.B. bei einem Bauteil aus einer Nickelbasis-Superlegierung aus der Überlagerung einer NiCoCrAlY-Haftvermittlerschicht, einer Diffusionsbarrierenschicht aus Platin, einer nanokristallinen Al$_2$O$_3$-Schicht sowie einer yttriumstabilisierten ZrO$_2$-Deckschicht bestehen. Unter thermischer Belastung diffundieren aus der Haftvermittlerschicht Co-, Cr- und Ni-Atome in die Platinschicht, reichern sich dort mit zunehmender Zeit an und bilden mit Platin intermetallische Verbindungen. Außerdem wächst unter thermischer Belastung durch zudiffundierende Aluminiumatome die Dicke der Al$_2$O$_3$-Schicht. Diese mikrostrukturellen Veränderungen begrenzen die Lebensdauern solcher Wärmedämmschich-

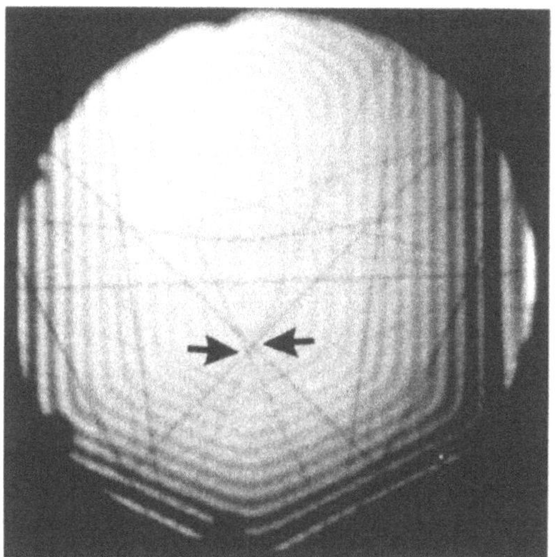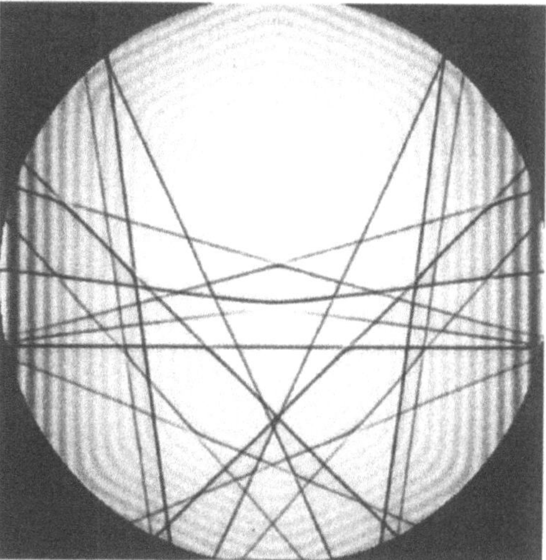

Abb. 2 Experimentell beobachtetes und computersimuliertes konvergentes Elektronenbeugungsbild einer Aluminium-Legierung. Anstelle von undeformierten kubischen Elementarzellen mit einem Volumen von $(0.40500 \text{ nm})^3$ liegen tetragonal verzerrte Elementarzellen mit den Abmessungen 0.40480 nm x 0.40526 nm x 0.40510 nm vor

ten und sind deshalb unerwünscht. Sie wurden elektronenmikroskopisch durch ortsaufgelöste chemische Analysen nachgewiesen.

Bei der mittelspannungsfreien Wechselverformung einer mit Al_2O_3-Teilchen verstärkten Aluminiumlegierung wurden makroskopische Abmessungsänderungen beobachtet, die zu der Vermutung Anlass gaben, dass dafür Mikroeigenspannungen verantwortlich sind. Die von diesen hervorgerufenen Änderungen der Ab messungen des Kristallgitters lassen sich mit der Methode der konvergenten Elektronenbeugung mit einer hohen Ortsauflösung von etwa 50 nm ermitteln. Qualitativ sind solche Gitterdeformationen bereits an den Verschiebungen der registrierten Beugungslinien erkennbar, wie sie in Abb. 2 (links) an der mit Pfeilen markierten Stelle auftreten. Die quantitative Bestimmung der Veränderungen der Gitterabmessungen ist mit einer sehr hohen Genauigkeit von +/- 0,0001 nm möglich. Dazu wird das für einen angenommenen Deformationszustand zu erwartende Beugungsbild auf dem Computer simuliert und unter Veränderung der zugrunde gelegten Annahmen solange iterativ verfeinert, bis es exakt mit dem im Experiment erhaltenen Beugungsbild übereinstimmt. Abbildung 2 (rechts) zeigt das zu dem experimentellen

Befund (links) passende Simulationsbild. Weiterführende Untersuchungen ergaben, dass Versetzungsnetzwerke aus Versetzungen mit einem hohen Stufenanteil, sog. Kippkorngrenzen, die inneren Spannungen verursachen.

Im Rahmen des Sonderforschungsbereichs „Kohlenstoff aus der Gasphase" werden die bei graphitischen Kohlenstoffen zwischen den Herstellungsbedingungen, der Mikrostruktur und den mechanischen bzw. elektronischen Eigenschaften bestehenden Zusammenhänge untersucht. Im Laboratorium für Elektronenmikroskopie werden dabei insbesondere die Kristallinität und die Textur des in vielfältigen Formen auftretenden Kohlenstoffs analysiert. Abbildung 3 zeigt einen kleinen hochaufgelösten Ausschnitt aus der Kohlenstoffmatrix eines kohlefaserverstärkten Kohlenstoffs, der erkennen lässt, wie sich die Basalebenen des Graphitgitters, die einen Abstand von 0.335 nm besitzen, lokal entweder hochgeordnet oder ungeordnet einstellen. Diese abscheidungsbedingten Veränderungen der Nanostruktur des Kohlenstoffs sind noch nicht vollständig verstanden. Die TEM-Aufnahme belegt aber deutlich, dass Rissausbreitungen, die das mechanische Verhalten dieses Verbundwerkstoffs stark beeinflussen, an den Übergängen zwischen

Abb. 3 Hochaufgelöste Verteilung des durch Infiltration aus der Gasphase (Methan und Wasserstoff) in einem Kohlenstoff-Faserfilz entstandenen Kohlenstoffs

Abb. 4 Seitenansicht der in ein elektronisches Bauelement aus polykristallinem Silizium einge brachten Isolations-schicht

hoch- und unge ordneten Kohlenstoffbereichen behindert werden.

Ein typisches Problem bei der Kontrolle mikroelektronischer Bauelemente ist die Ermittlung der Dicke und der chemischen Zusammensetzung von Dielektrikaschichten. Abbildung 4 zeigt die Seitenansicht einer in polykristallinem Silizium erzeugten Schichtstruktur, die aus 15 nm Siliziumnitrid (Si$_3$N$_4$) und 30 nm Siliziumoxid (SiO$_2$) bestehen sollte. Auf der TEM-Aufnahme unterscheiden sich SiO$_2$ und Si$_3$N$_4$ durch die Helligkeit und die Körnigkeit des Kontrasts. Zwischen dem polykristallinen Silizium und der Si$_3$N$_4$-Schicht tritt aber zusätzlich eine weitere, etwa 2 bis 5 nm dicke und damit nur wenige Atomlagen umfassende sauerstoffhaltige Siliziumschicht auf, die als Folge veränderter Parameter bei der Herstellung des Schichtverbundes entstanden ist.

Studien über die bei unebenen und/oder zerklüfteten Materialoberflächen vorliegenden Topographieausbildungen sind mit großer Auflösung, Schärfentiefe und Vergrößerung mit Hilfe der Rasterelektronenmikroskopie (REM) möglich. Dabei werden die in einer Elektronenquelle erzeugten Primärelektronen durch ein hinreichend großes elektrisches Feld beschleunigt und durch ein Linsensystem zu einem

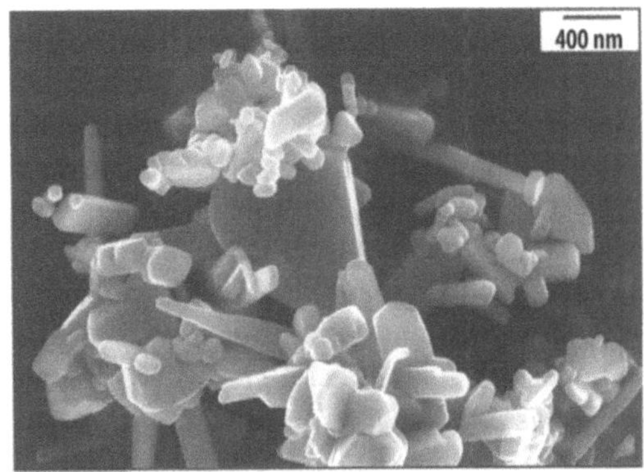

Abb. 5 REM-Aufnahme von Pulveragglomeraten aus CuO-Kristallen mit Abmessungen von ~ 100 nm bis zu ~ 1 µm

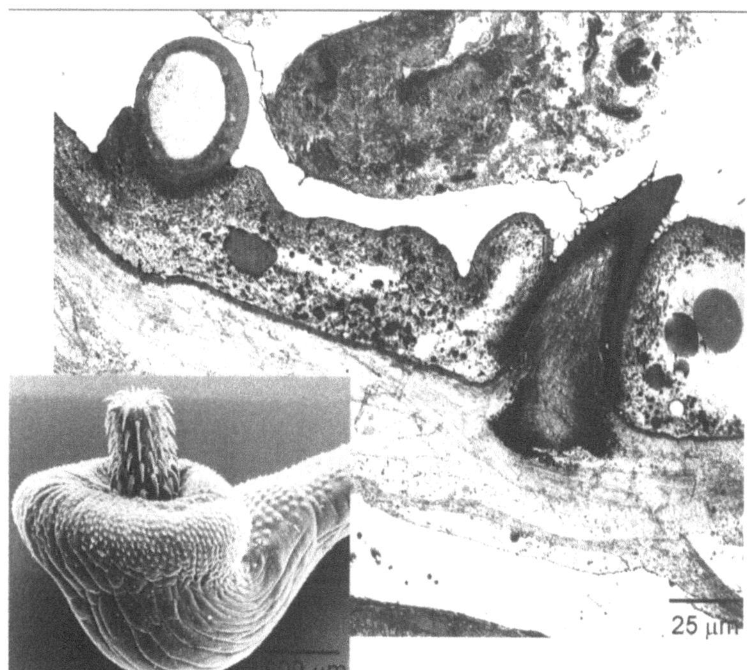

Abb. 6
REM-Übersichtsaufnahme (kleines Bild) von einem parasitischen Wurm aus dem Darm einer Robbe und TEM-Detailaufnahme (großes Bild) aus dem Kopfbereich eines in der Darmwand verankerten Wurms

dünnen Strahl (ϕ < 0.01 µm) gebündelt, mit dem der interessierende Oberflächenbereich punktweise nacheinander zeilenförmig abgerastert wird. Die rasterelektronenmikroskopische Abbildung erfolgt über die von dem Objekt ausgehenden Sekundär- und/oder Rückstreuelektronen, die in einem geeigneten Elektronendetektor weiterverarbeitet werden und in Form eines REM-Bildes auf einem Display erscheinen. Daneben können über ein weiteres Detektorsystem auch die bei der Wechselwirkung der Primärelektronen mit den Atomen der Objektoberflächen entstehenden charakteristischen Röntgenstrahlen zur Analyse der lokal vorliegenden Materialzusammensetzungen herangezogen werden. Man spricht dann von Elektronenstrahlmikroanalyse.

Ein wichtiges Anwendungsgebiet der REM besteht in der Messung der Größe und Form kleiner Teilchen, wie sie z.B. in der Katalysatortechnik von großer Bedeutung sind. Abbildung 5 zeigt als Beispiel Kupferoxidkristalle, die durch Fällung mit Natriumkarbonat und anschließendes Trocknen und Kalzinieren gewonnen wurden. Diese Kupferoxid-Kristalle

dienen nach ihrer Reduktion zu reinem Kupfer in der Kunststofftechnik als Katalysatoren bei der Hydrierung von Estern. Das dabei entstehende 1,4-Butandiol ist ein wichtiges Vorprodukt für die Herstellung von Polymerwerkstoffen.

Auf dem Gebiete der Parasitologie werden am Institut für Zoologie die Morphologie von Darmparasiten bei Robben und die von diesen bewirkten Schädigungen erforscht. Die in Abb. 6 unten links angefügte kleine REM-Aufnahme zeigt einen aus dem Darm einer Robbe herauspräparierten parasitischen Wurm (Acanthocephale), dessen Kopfbereich durch eine mit einer Hakenstruktur versehenen Ausstülpung charakterisiert ist. Die Haken am Wurmkopf dienen dem Parasiten zur Anheftung an die Darmwand. Die große TEM-Aufnahme in Abb. 6 gibt einen Schnitt durch einen wurmbefallenen Teil der Darmwand einer Robbe wieder. Dabei wurde ein Verankerungshaken quer (links) und ein zweiter längs (rechts) erfasst. Über den beiden Haken ist nekrotisches Darmgewebe zu erkennen, das durch die Verankerung des Parasiten zerstört wurde.

B13 Materialforschung und -prüfung im Bauingenieurwesen

H.J. Blaß, J. Eibel, G. Gudehus, H.S. Müller, O. Natau, H. Saal, E. Macherauch

Im Bereich des Bauingenieurwesens der jetzigen Fakultät für Bauingenieur- und Vermessungswesen der Fridericiana wurden in den zurückliegenden Jahren von der *Versuchsanstalt für Stahl, Holz und Steine*, dem *Institut für Massivbau und Baustofftechnologie* und dem *Institut für Boden- und Felsmechanik* sehr verschiedenartige material-, baustoff- und werkstoffkundliche Fragestellungen bearbeitet und vielfältige anwendungsbezogene Materialprüfungen durchgeführt. In der Versuchsanstalt für Stahl, Holz und Steine wurde dabei die Abteilung Stahl- und Leichtmetallbau von 1949 bis 1977 von O. Steinhardt, danach bis 1993 von R. Baehre und seither von H. Saal geleitet. Die Gebiete Ingenieurholzbau und Baukonstruktionslehre vertraten dort von 1962 bis 1980 K. Möhler, danach bis 1995 J. Ehlbeck und seit 1995 H.J. Blaß. Das Institut für Massivbau und Baustofftechnologie entstand nach der 1971 erfolgten Berufung von H.K. Hilsdorf auf den neugeschaffenen Lehrstuhl für Baustofftechnologie aus dem von 1955 bis dahin von G. Franz geleiteten Institut für Beton- und Stahlbeton. Nach dem frühen Tod von F.P. Müller, der 1973 die Nachfolge von G. Franz angetreten hatte,

übernahm J. Eibl 1982 den Lehrstuhl für Massivbau und die zugehörige Abteilung dieses Instituts. 1995 wurde H.K. Hilsdorf emeritiert und H.S. Müller als sein Nachfolger berufen. Das Institut für Boden- und Felsmechanik entstand 1965. Es ging hervor aus dem 1954 von H. Leussink übernommenen Institut für Erdbaumechanik und Baugrundforschung nach Angliederung der von L. Müller begründeten Felsmechanik. 1973 wurde G. Gudehus Nachfolger von H. Leussink im Bereich Bodenmechanik und Grundbau des Institutes, 1976 trat O. Natau die Nachfolge von L. Müller im Bereich der Felsmechanik an.

Die *Versuchsanstalt für Stahl, Holz und Steine* hat seit ihrer Errichtung und insbesondere nach dem 2. Weltkrieg mit ihren Forschungs- und Entwicklungsarbeiten den Stahl-, Leichtmetall- und Holzbau in Deutschland ganz wesentlich geprägt.

In der Abteilung für Stahl- und Leichtmetallbau erfolgten in den letzten 25 Jahren umfangreiche Untersuchungen zum Entwurf, zur Bemessung und zur Ausführung von Bauwerksteilen und Bauwerken unter Verwendung sowohl kon-

Abb. 1
Bei der Schwingfestig-
keitsprüfung des in
Abbildung 1 gezeigten
geschweißten räumlichen
Fachwerkknotens aus Recht-
eckhohlprofilen eines Fein-
kornbaustahls führte die hohe
und komplizierte Lastein-
leitung bereits nach 197000
Beanspruchungszyklen zur
Ausbildung des gut sichtbaren
Risses

ventioneller als auch neu entwickelter metallischer und nichtmetallischer Konstruktionswerkstoffe. Das Spektrum der Werkstoffe, für
die zur Absicherung der Bemessungsgrundlagen Festigkeitsuntersuchungen sowohl bei qua-
sistatischer als auch schwingender Beanspruchung durchgeführt wurden, umfasste klassische Baustähle, höherfeste mikrolegierte und
thermomechanisch gewalzte Stähle, nichtrostende Stähle, hochfeste Aluminiumbasis-
werkstoffe, metallische Gusswerkstoffe, Gläser,
Membranwerkstoffe und Polymerwerkstoffe.
Teile dieser Untersuchungen dienten als Grundlagen sowohl für Regelwerke, wie z.B. für die
den Einsatz von Aluminiumlegierungen festle-
gende DIN 4113-1, als auch für allgemeine bau-
aufsichtliche Zulassungen, wie z.B. für hochfeste
Feinkornbaustähle und nichtrostende Stähle.

Auch auf dem Gebiet der Fügetechnik erfolgten grundlegende Untersuchungen. Beispielhaft können die Schweißungen hochfest vorgespannter Verbindungen und biegesteifer
Stirnplattenstöße genannt werden, die sich
ebenfalls in Bemessungsrichtlinien wiederfinden. Der im Bauwesen bestehende Trend zu
größeren Querschnitten und höheren Festigkeiten erforderte zudem vertiefte grundlagen-
und bauwerkorientierte Untersuchungen zum
Bruchverhalten geschweißter Bauteile unter

Anwendung bruchmechanischer Prinzipien.
Jüngste Untersuchungen betreffen Probleme
der Werkstoffauswahl für erdbebengerechte
Schweißkonstruktionen im Hochbau. Ferner
wurden Laserstrahlschweißungen, die bei Stahl-
Glas-Konstruktionen an Bedeutung gewinnen,
optimiert. Außerdem wurde auch das Tragverhalten von im Leichtbau benutzten mechanischen Verbindungselementen sowie das von
Stanzfügeverbindungen untersucht.

Die in den späten 60er und frühen 70er Jahren weltweit aufgetretenen Schadensfälle im
Brückenbau führten zu einem breit angelegten
Forschungsprogramm über das Tragverhalten
von Platten. Früher als andernorts wurde
dabei erkannt, dass die bisherige Betrachtungsweise des Verzweigungsproblems von Platten
durch die Untersuchung und Bewertung des
überkritischen Tragverhaltens ersetzt werden
muss. Die Ergebnisse des mehr als 20 Jahre
bearbeiteten Forschungsprogramms über Tragwerke aus Hohlprofilen (s. Abb. 1) fanden 1984
in DIN 18808 und später, hinsichtlich der Nach-
weise der Ermüdungsfestigkeit, auch im europäischen Regelwerk ihren Niederschlag.

Ein weiteres zentrales Forschungsgebiet der
Versuchsanstalt stellten Leichtbaukonstruktio-
nen dar. Mit Hilfe experimenteller und numerischer Analysen wurden die Bemessungsgrund-

lagen für tragende dünnwandige Bauelemente geschaffen. Dabei handelt es sich zumeist um flächige Bauteile für Dächer, Decken und Wände, die entweder einschichtig oder als Sandwichverbunde ausgeführt sind. Bei letzteren führte der Einsatz neuer Werkstoffe für das Kernelement zu interessanten Fragestellungen. Auch die im Bereich des Leichtbaus erarbeiteten Forschungsergebnisse haben Eingang in mehrere Normen und Richtlinien gefunden.

Auch auf dem Gebiet des Behälter- und Rohrleitungsbaus, das von Großrohrleitungen und Kaminen über liegende oder stehende Großbehälter bis hin zu Silokonstruktionen reicht, erfolgten Forschungs- und Prüfarbeiten (s. Abb. 2). Im Vordergrund der Untersuchungen standen dabei die werkstoffgerechte Entwicklung neuartiger Tragwerksformen, die Erarbeitung von Regeln zu deren schweißgerechter Gestaltung sowie die Schaffung von Berechnungsgrundlagen für Festigkeits- und vor allem auch Stabilitätsnachweise unter statischen und

Abb. 2 Ergebnis eines Unterdruckbeulversuchs bei einem aus Stahlblechen geschweißten Tankbehälter mit 11.5 m Durchmesser und 10 m Höhe

dynamischen Belastungen. Eine spezielle Untersuchung galt dem Tragverhalten abgespannter Antennenmasten unter der Einwirkung von Windkräften.

Schließlich sind noch die seit knapp 10 Jahren laufenden Forschungsarbeiten zu dem „Produktmodell Stahlbau" erwähnenswert. Letzteres dient der systemneutralen Datenübertragung zwischen verschiedenen Anwenderprogrammen, die bei der Abwicklung von Stahlbauprojekten Anwendung finden. Es wird inzwischen bereits als Schnittstelle von kommerziellen Softwaresystemen genutzt und steigert unter Reduzierung der Fehlerquote die Effizienz bei deren Nutzung.

In der Abteilung Ingenieurholzbau und Baukonstruktionen wurden seit Gründung der Versuchsanstalt und verstärkt seit den 60er Jahren viele grundlagen- und anwendungsorientierte Forschungsarbeiten über die Struktur und den Aufbau von Bauholz sowie über die bei seiner Verwendung auftretenden konstruktiven Probleme durchgeführt. Das Tragverhalten einer Holzkonstruktion wird von deren Konzeption, von den mechanischen Eigenschaften und der Beständigkeit der benutzten Holzarten sowie von der Art und der Haltbarkeit der erforderlichen Verbindungen bestimmt. Dementsprechend lagen und liegen die Schwerpunkte der Forschungsaktivitäten der Abteilung in den Bereichen Konstruktion, Material und Verbindungstechnik.

Die Einführung moderner Sicherheitskonzepte im Holzbau erforderten ʼunabdingbar grundlegende Untersuchungen über die Festigkeiten und Steifigkeiten von Hölzern und der daraus gewonnenen Holzwerkstoffe mit quantitativen Angaben über deren Streubreiten. Deshalb erfolgten u.a. Arbeiten über die Zuverlässigkeit von Druckstäben und Biegeträgern aus Voll- und Brettschichtholz sowie über die Tragfähigkeit von geraden, gekrümmten und Satteldachträgern aus Brettschichtholz. Als ein auf diesen Untersuchungen basierendes und für den Ingenieurholzbau äußerst wichtiges Ergebnis darf eine gemeinsam mit einem Gerätehersteller entwickelte Maschine zur vollautomatischen Festigkeitssortierung von Vollholz ange-

Abb. 3
Ergebnis der Tragfähigkeitsprüfung der Verbundstruktur aus einem Brettschichtholzträger, einer Spanplattenzwischenschicht und einer Betonplatte unter 4 Punkt-Biegebelastung nach Steigerung der Beanspruchung bis zum Versagen des Verbundes und des Brettschichtholzträgers

sehen werden. Dieser Sortierautomat ersetzt und verbessert ganz erheblich die seit Jahrhunderten praktizierte visuelle Beurteilung der Qualität von Bauhölzern. Dadurch wird der Naturstoff Holz zu einem Qualitätsbaustoff mit angebbaren Eigenschaften und verbessert seine bisherige Position gegenüber industriell gefertigten Baustoffen ganz erheblich.

Den mechanischen Verbindungsmitteln, wie Nägeln, Schrauben und Stabdübeln, kommt im Ingenieurholzbau eine besondere Bedeutung zu, weil sich erst mit ihrer Hilfe einzelne Holzbauteile sinnvoll zu einer Gesamtkonstruktion zusammenfügen lassen. Deshalb waren und sind auch die in der Versuchsanstalt sowohl unter Labor- als auch unter gezielt beeinflussten Umgebungsbedingungen durchgeführten Untersuchungen über das Trag- und Verformungsverhalten von neu entwickelten Verbindungsmitteln für bauaufsichtlich zu genehmigende Zulassungen sehr wichtig. Daneben führten Modellversuche über das Belastungsverhalten von in dieser Weise zusammengefügten Holzbauteilen zu einem vertieften Verständnis der in den Verbundbereichen auftretenden Verformungsvorgänge und deren Konsequenzen für die Tragfähigkeit.

Einen weiteren Forschungsbereich stellen die Probleme dar, die beim Trag- und Verformungsverhalten ganzer Konstruktionen aus unterschiedlich miteinander verbundenen gleichartigen Holzbauteilen bzw. aus Holzbauteilen und

Abb. 4
Ahr-Terme: Holzrippenschale

Abb. 5 Ahr-Terme: Stütze aus Brettschichtholz

damit verbundenen anderen Baustoffen (z.B. Beton, Stählen oder unverstärkten und verstärkten Polymerwerkstoffen) auftreten (s. Abb. 3). Bei den letztgenannten Verbunden wird angestrebt, jeweils die Werkstoffe mit den günstigsten Festigkeitseigenschaften zu kombinieren. Dabei werden auch Probleme des Langzeitverhaltens mit in die Untersuchungen einbezogen, wie sie z.B. als Folge von Feuchte- und/oder Temperaturveränderungen auftreten.

Die Abb. 4 und 5 zeigen wie unter Mitwirkung des Lehrstuhls für Ingenieurholzbau und Baukonstruktionen erbaute Ahr-Terme in Bad Neuenahr, bei der eine rotationssymmetrische Holzrippenschale (Abb. 4) auf einer baumähnlich verzweigten Stütze aus Brettschichtholz (Abb. 5) ruht.

In Zusammenarbeit mit Fachvertretern aus 14 europäischen Ländern wurden die Ergebnisse der durchgeführten Forschungsarbeiten zur Nutzung durch die Bauindustrie in der

Buchreihe „Structural Timber Education Programme" dokumentiert. Dieses Kompendium, das in sechs Sprachen erschien, kann als das Standardwerk des Ingenieurholzbaus in Europa angesehen werden.

Abschließend erscheint noch erwähnenswert, dass beide Abteilungen der Versuchsanstalt auch sehr engagiert im Sonderforschungsbereich „Erhalten historisch bedeutsamer Bauwerke" mitgewirkt haben. Ausgehend von früheren Untersuchungen über das Verhalten von Schweißverbindungen bei Eisenkonstruktionen des 19. und des anfangenden 20. Jahrhunderts wurden verschiedene Tragwerke aus Gusseisen und Stählen jener Zeit systematisch untersucht und aus den Ergebnissen Bemessungsgrundlagen erarbeitet. Außerdem wurden für historische Holzkonstruktionen zerstörungsarme Untersuchungsmethoden, Methoden zur Berechnung komplexer Dachtragewerke sowie Techniken zu deren Reparatur und Verstärkung entwickelt.

Im *Institut für Massivbau und Baustofftechnologie* wurden in der Abteilung für Massivbau seit 1982 aktuelle Probleme des Stahl- und Stahlbetonbaus bearbeitet sowie baustoff- und sicherheitstechnisch optimierte neuartige Lösungen für komplex beanspruchte Bauwerke entwickelt. Beispielhaft dafür sind u.a. die Arbeiten auf dem Gebiet der Silobeanspruchung, der extern vorgespannten Brücken und der Containments von Druckwasser-Kernreaktoren.

In der Silotechnik gelang unter Zugrundelegung eines nichtlinearen Stoffgesetzes erstmals die Berechnung der Druck- und Geschwindigkeitsfelder, die beim Ausfließen von Schüttgütern aus zylindrischen Zellen auftreten. Da weltweit keine vergleichbaren Untersuchungen vorlagen, förderte die DFG im Sonderforschungsbereich „Silobauten und ihre spezifischen Beanspruchungen" weitere Forschungsarbeiten auf diesem Problemfeld, die interdisziplinär unter Beteiligung von fünf Instituten aus dem Bauingenieur- und dem Chemieingenieurwesen erfolgten. Durch numerische Berechnungen und Modellversuche über bisher nicht verstandene Phänomene wurden niederfrequente

Abb. 6 Zwei durch ein Zeitintervall von ~ 0.03 sec getrennte Stadien eines zur Simulierung eines Flugzeugabsturzes vorgenommenen Flugzeuganpralls auf einen Betonblock

Druckschwankungen als Folge pulsierender Schüttgutentleerungen und hochfrequente Bauteilschwingungen infolge von Wandreibungseffekten nachgewiesen, die die Sicherheit dieser Bauwerke beeinträchtigen können.

Auf Grund von gezielt durchgeführten experimentellen und theoretischen Untersuchungen wurden die Auslegung, die Akzeptanz und der Bau extern vorgespannter Brücken ganz wesentlich gefördert. Bei diesen Brücken werden die Spannkabel in einem Brückenhohlkasten frei geführt, wodurch sich der Inspektions-

und Wartungsaufwand vereinfacht und, entscheidend anders als bei den konventionell zementverpressten Spanngliedern, ein einfacher Austausch beschädigter Kabel möglich ist. Brücken dieses Typs wurden inzwischen vom Bundesverkehrsministerium zur „deutschen Regelausführung" bestimmt.

Weltweit uneingeschränkte Anerkennung haben in Fachkreisen auch die in Zusammenarbeit mit dem Kernforschungszentrum Karlsruhe durchgeführten Forschungs- und Entwicklungsarbeiten zur Realisierung eines neuarti-

Abb. 7

Vom Institut durchgeführte Traglastuntersuchungen an einem einzelnen Brückenfeld bei der Fertigung einer Segmentbrücke in Thailand

gen Kernreaktor-Containments gefunden. Dieses wurde durch geeignet konzipierte und bemessene Beton- und Stahlstrukturen so gestaltet, dass selbst bei der Kernschmelze im Reaktordruckbehälter deren Auswirkungen auf das Innere des Sicherheitsbehälters beschränkt bleiben. In diesem Zusammenhang ist auch ein in Albuquerque, USA, durchgeführtes Experiment zu nennen, bei dem zusammen mit deutschen und japanischen Experten ein gezielter Flugzeugaufprall auf eine Stahlbetonwand realisiert und rechnerisch analysiert wurde (s. Abb. 6).

Um die Schockwellenbeanspruchung von Betonbauwerken besser beurteilen zu können, wurden in einem weiteren Forschungsvorhaben die dazu erforderlichen Kenntnisse über die Schockwellenausbreitung in Beton erarbeitet. Dazu wurden in diesem Material mit Explosivstoffen volumetrische Drücke bis zu 14 000 MPa erzeugt. Die Untersuchungen lieferten fundierte Aussagen über die auftretenden adiabatischen Erwärmungen und führten zur Entwicklung von konstitutiven Gleichungen zur realitätsnahen Bewertung derart extremer Betonbeanspruchungen. Damit ist es möglich, grundlagengesichert den Abbruch von Stahlbetonbauten und die damit verbundene Luftdruckbelastung der jeweiligen Umgebung rechnerisch zu prognostizieren.

Gegenwärtig werden frühere Untersuchungen zur Erdbebensicherheit von Stahlbetonbauten und Fertigteilbauten in einem Projektteil des DFG-Sonderforschungsbereichs „Starkbeben: Von geowissenschaftlichen Grundlagen zu Ingenieurmaßnahmen" fortgeführt. Außerdem erfolgen gezielte Untersuchungen über das Verbundverhalten von Stahl und Beton sowie über das Trag- und Verformungsverhalten von Stahlbeton. Weitere wichtige Forschungsarbeiten betreffen mehrachsige Betonbeanspruchungen bei großen Deformationsgeschwindigkeiten unter Berücksichtigung der Mikrorissentwicklung im Beton sowie das Problem der Rissbildung in zwängungsbeanspruchten Stahlbetonstäben.

In der Abteilung für Baustofftechnologie des Instituts werden seit 1971 – unter Abkehr von einer vorwiegend empirischen und der reinen Materialprüfung zuzuordnenden Arbeitsweise – hauptsächlich Probleme auf den Gebieten der Baustoffe Beton und Mauerwerk sowie der Verbundwerkstoffe auf materialwissenschaftlicher Grundlage bearbeitet. Dabei finden, insbesondere bei der Charakterisierung der Mikrostruktur von Beton und Mauerwerk, modernste Geräte wie z.B. Quecksilberdruckporosimeter, Röntgendiffraktometer sowie Einrichtungen für

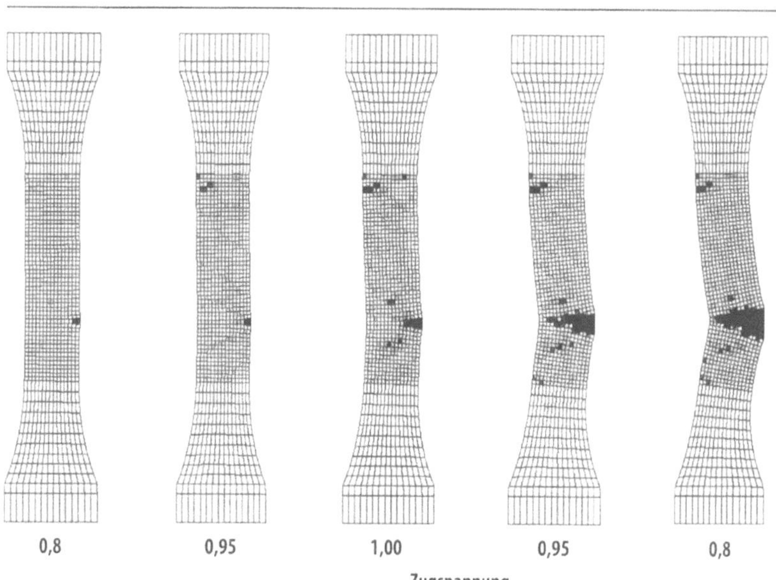

Abb. 8
Numerische Simulation einer zugbeanspruchten Betonprobe. Mit zunehmendem Belastungsgrad B wachsen – angezeigt durch die abgestuften Grautönungen der betroffenen Elemente – die Anzahl und Stärke der lokalisiert auftretenden Versagensvorgänge an. Das Erreichen der Zugfestigkeit bei B = 1,00 ist mit der ausgeprägten Öffnung eines Risses verbunden, der dann unter Spannungsabfall den Probenquerschnitt durchläuft

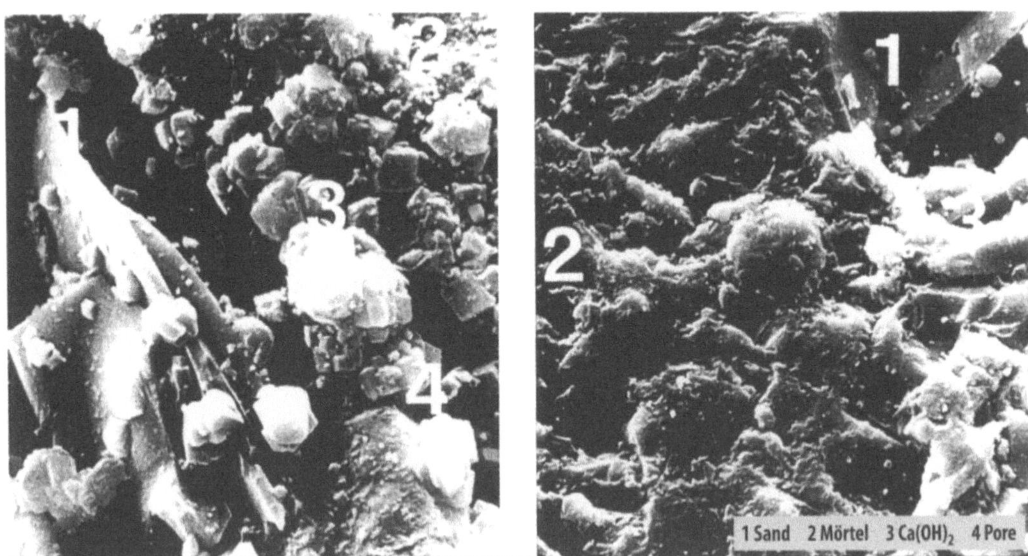

Abb. 9   Rasterelektronenmikroskopische Aufnahmen eines normalfesten (links) und eines hochfesten Betons (rechts). Durch ein geringeres Wasser/Zement - Verhältnis und durch eine Mikrosilikatzugabe von 10 Ma.-% bezogen auf die Zementmenge ist, wie das rechte Bild zeigt, eine dichtere, porenärmere und damit festere Mikrostruktur entstanden

Röntgenkleinwinkelstreuexperimente und Differential-Thermo-Analysen Anwendung. Die Karlsruher Baustofftechnologie war eine der ersten Forschungsstätten in Europa, die die Prinzipien der Bruchmechanik für die Beurteilung des Bruchverhaltens von Beton und Zementstein anwandte.

Bei den in den zurückliegenden Jahren durchgeführten grundlagen- und anwendungsorientierten Untersuchungen wurden, wenn immer möglich, die dabei ermittelten Struktur-Eigenschafts-Zusammenhänge mit Hilfe analytisch formulierter Stoffgesetze beschrieben. Studien über die Veränderungen der Zement- und der Zementsteinstruktur durch Umwelteinflüsse bei hohen und tiefen Temperaturen dienten als Grundlage für die Bearbeitung von Problemen der Dauerhaftigkeit von Bauwerken. Neben einer Klassierung des Baustoffangebotes, der Typisierung von Modellsystemen und der Festlegung von Nutzungsdauern war dazu vor allem die Erarbeitung von Schädigungs-Zeit-Funktionen erforderlich. Deshalb wurden insbesondere die Transportvorgänge von Wärme und Feuchte untersucht und zu deren Beschreibung geeignete Stoffgesetze erstellt. Die gewonnenen Kenntnisse erlaubten

objektiviertere Beurteilungen der Dauerhaftigkeit, insbesondere des Frost- und Frost-Tausalz-Widerstands von Betonkonstruktionen sowie von Maßnahmen zum Feuchteschutz und zur Instandsetzung. Dazu wurden auch Wartungsstrategien unter Minimierung der zu erwartenden Kosten für die angestrebten Lebensdauern entwickelt.

Ein weiteres wichtiges Arbeitsgebiet umfasste die mechanischen Eigenschaften von Mauerwerk und Beton und deren Beschreibung durch geeignete Stoffgesetze (s. Abb 8 und 9). Dabei interessierten u.a. das Verhalten von Beton unter Zugspannungen und dessen numerische Simulation unter Rückgriff auf bruchmechanische Ansätze, aber auch das Langzeitverhalten und damit insbesondere die spannungsabhängigen Schwindungs-, Alterungs- und Kriechprozesse von Beton mit den dafür entwickelten Vorhersagemethoden. Das temperaturabhängige Verformungs- und Festigkeitsverhalten von Beton wurde systematisch untersucht. Auch bewehrtes Mauerwerk und faserbewehrte Mauermörtel wurden in die Forschungsarbeiten einbezogen. Dabei standen die mechanischen Eigenschaften und die Probleme des Korrosionsschutzes der Bewehrungen im Vordergrund des Inter-

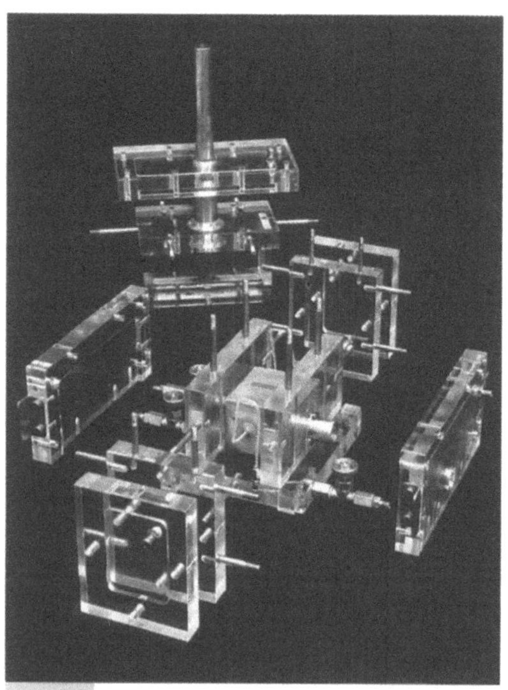

Abb. 10 „Explosionsbild" einer biaxialen Verformungseinrichtung, mit der eine würfelförmige Tonprobe von 50 mm Kantenlänge über einen Stempel vertikal belastet und zugleich durch Verschieben eines horizontal geführten Plattenpaars quaderförmig verformt werden kann. Damit gelang der Nachweis, mit welchen Anteilen Viskosität und Reibung die Festigkeit von Tonen bestimmen

esses. Weitere Studien galten dem Schutz von Beton durch Polymerwerkstoffbeschichtungen und dem Verhalten dieser Stoffverbunde unter mechanischer Beanspruchung, wobei ebenfalls bruchmechanische Ansätze Anwendung fanden. Ferner sind noch technologische Studien über schallabsorbierenden Straßenbeton und pumpfähigen Leichtbeton zu nennen, die für die moderne Betoniertechnik große Bedeutung erlangt haben. Außerdem wurden im Rahmen des Sonderforschungsbereichs „Erhalten historisch bedeutsamer Bauwerke" Probleme des Feuchteschutzes und der Instandsetzung historischer Mauerwerkskonstruktionen bearbeitet.

Besonders hervorzuheben ist noch die Mitarbeit von Mitgliedern des Instituts an der Modellvorschrift für Stahlbeton- und Spannbetonkonstruktionen des Comité Euro-International du Beton. In diesem weltweit verbreiteten und anerkannten Dokument ist erstmals auch ein umfangreiches und anspruchsvolles Kapitel über Stoffgesetze für Beton enthalten, das ausschließlich von Mitgliedern der Karlsruher Baustofftechnologie bearbeitet wurde und das zu einem erheblichen Teil auf den Forschungsergebnissen des Karlsruher Instituts aufbaut.

Im *Institut für Bodenmechanik und Felsmechanik* werden in der Abteilung Bodenmechanik und Grundbau seit Jahren mit rechnergestützten Prüfeinrichtungen grundlegende Untersuchungen zum Deformationsverhalten von Schüttgütern und wenig kohärenten Böden durchgeführt (s. Abb. 10). Diese Forschungsarbeiten dienten zur Erstellung von Stoffgesetzen, die für bodenmechanische Berechnungen benötigt werden. Dabei ergaben Quaderverformungsversuche an Sanden, dass Gefüge aus unverklebten Mineralkörnern weder Elastizitätsgrenzen aufweisen noch Fließregeln gehorchen und sich deshalb mit bekannten Modellen der Plastizitätstheorie nicht erfassen lassen. Experimentell wurden bei konstantem Druck gesetzmäßige Zu- und Abnahme der Dichte sowie bei proportionaler Kompression „Gedächtnisauslöschungen" infolge vorangegangener Deformationen festgestellt. Davon ausgehend wurden spezielle Stoffgesetze entwickelt, mit denen sich die umlagerungsbedingten Spannungs- und Formänderungen einfacher Korngerüste realistisch verknüpfen lassen. Diese

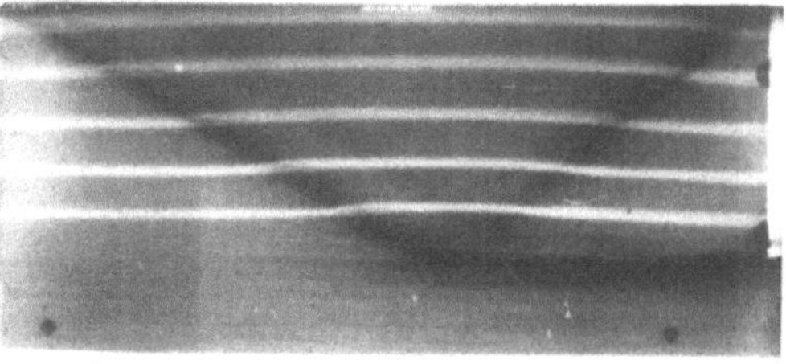

Abb. 11 Röntgendurchstrahlungsbild eines verdichteten, mit horizontalen Markierungsschichten versehenen Sandvolumens, in das von rechts eine 20 cm hohe Wand eingeschoben wird. Dabei entstand der gut sichtbare, nach oben verschobene und keilförmig begrenzte Bruchkörper, an dessen Rändern sich der Sand in den dunkel erscheinenden Zonen auflockert. Mit solchen Versuchen wurden die Vorgänge aufgeklärt, die zur Ausbildung der von Coulomb entdeckten Scherzonen führen

Materialbeschreibung mit Parametern, die die Korneigenschaften charakterisieren, wird inzwischen Hypoplastizitätstheorie genannt. Ihre Gültigkeit wurde für einen weiten Bereich von Dichten und Drücken bei der Berechnung von Lageänderungen und Gleichgewichtsverlusten z.B. von Einzelfundamenten, Pfählen und Schlammlawinen nachgewiesen.

Dieses Konzept ließ sich durch den Einbau von zusätzlichen Zustandsvariablen für andersartige Anwendungen erweitern. So gelang es, sowohl die erzwungene als auch die spontane Entwicklung von Scherzonen und die dynamische Selbstorganisation beim granularen Fließen von Schüttgütern zu begründen (s. Abb. 11). Ferner wurde mit Hilfe von Entwicklungsgleichungen als weitere innere Variable der Theorie die „intergranulare Dehnung" eingeführt, die die Wirkung der (durch Resonanzsäulen- und Triaxialversuche nachweisbaren) Spannungsfluktuationen infolge ungleichmäßiger Kornkontakte repräsentiert. Damit lassen sich nichtlineare dynamische Phänomene, wie sie z.B. bei Vibrationsrammungen oder Starkbeben vorkommen, in realistischer Weise berechnen. Bei Berücksichtigung der abrasiven Abrundungen der Körner lassen diese Vorstellungen auch eine quantitative Beurteilung der Kurz- und Langzeitdynamik des Schotteroberbaus von Gleisen zu.

Zur Erklärung des mechanischen Verhaltens ungesättigter fluiddurchlässiger körniger Böden wurde ausgehend von einfachen Korngerüsten ein kapillarer Korndruckanteil eingeführt, mit dessen Hilfe sich die Auswirkungen von Gasblasen und -kanälen beschreiben lassen. Damit gelang die Aufklärung der Vorgänge, die für die Erweichung von Böden bei Einwirkung von Druckimpulsen oder vorübergehenden Durchfeuchtungen verantwortlich sind. Auch Bio-Reaktionen zum Abbau polyzyklischer Aromate in kontaminierten Sand- und Kiesböden wurden untersucht.

Des weiteren wurde das thermisch aktivierte Kriechen und Fließen feinkörniger und tonhaltiger Böden analysiert und unter Einführung eines Zähigkeitsindexes mit konventionellen und hypoplastischen Materialmodellen be-

Abb. 12 Eigenentwickelter Kármán - Triaxial-Versuchsstand für geklüftete Felsproben von 1.2 m Länge und 0.8 m Durchmesser mit zusätzlicher Erfassung der Querdeformationen und des schichtspezifischen Porenwasserdrucks. Die in einem Gummisack befindliche Probe wird von dem im Hintergrund stehenden Druckzylinder umschlossen und danach allseitig druckbelastet. Die Ergebnisse derartiger Versuche werden für statische Festigkeitsnachweise im Tunnel-, Fels- und Bergbau benötigt

schrieben. Davon ausgehend gelangen u.a. Prognosen der Sekundärsetzungen von Bodenschichten sowie realistische Bemessungen von Hangverdübelungen. Auch der Einfluss unterschiedlicher Ionen auf die Zustandsänderungen und die mechanischen Eigenschaften von tonhaltigen Böden wurde erforscht. Die letztgenannten Arbeiten werden derzeit von der interdisziplinär arbeitenden Forschergruppe „Gleichgewichts-, Umlagerungs- und Transportvorgänge bei Peloiden", worunter man mineralische Feinstkorn-Wasser-Aggregate versteht, fortgesetzt.

Die Forschungsarbeiten der Abteilung Felsmechanik des Instituts wurden frühzeitig ganz wesentlich durch die Errichtung des Sonderforschungsbereichs „Felsmechanik" gefördert, der sich mit dem Fragenkomplex der beim Bruch von geklüftetem Fels ablaufenden Vorgänge beschäftigte und dazu zunächst überwiegend Laborversuche an Modellmaterialien durchführte. Nach vielen grundlagensichernden Arbeiten erfolgte Ende der 70er Jahre der konsequente Übergang zur Untersuchung natürlicher Felsmaterialien. Wesentlich war dabei die Entwicklung der ersten von Prozessrechnern gesteuerten servohydraulischen Prüfmaschinen, mit denen unterschiedliche polyaxiale und zudem auch mehrstufige Belastungsversuche an monolithischen oder geklüfteten Gebirgsproben, wie z.B. Triaxialgroßversuche zwischen – 40° und + 300 °C sowie großmaßstäbliche Trennflächenscherversuche, durchgeführt werden konnten (s. Abb. 12). Solche Experimente dienten zur Ermittlung charakteristischer Material-, Kluft- und Verbandsparameter, u.a. auch an Großproben mit Linearabmessungen bis zu etwa 1 m, für deren Entnahme und Präparation spezielle Techniken zu entwickeln waren. Mit entsprechenden Versuchseinrichtungen wurden auch die Einflüsse von Zeit, Temperatur und Belastungsrichtung auf die mechanischen Eigenschaften von Fels- und Gesteinsproben erfasst. Zur Klärung der in Gesteinen ablaufenden physikalisch-chemischen Prozesse erfolgten zudem gezielte Quelldruck- und Quellverformungsversuche (s. Abb. 13).

Da die natürlichen Materialien Fels und Gestein mit ihren Rissen, Klüften und Störungen jeweils durch die lokal vorliegenden geologischen Gegebenheiten bestimmt sind, stellen alle Eigenschaftsbestimmungen stets Einzelfallanalysen dar. Deshalb bestehen laboreigene Entwicklungs-, Konstruktions- und Fertigungsmöglichkeiten zur raschen objekt- und problemorientierten Modifizierung vorhandener Versuchseinrichtungen. Die Karlsruher Felsmechanik verfügt derzeit im deutschen Sprachraum über das einzige voll ausgerüstete Prüflabor für natürlich anstehenden Fels.

Die praktische Bedeutung der felsmechanischen Grundlagenuntersuchungen besteht darin, dass heute Kenntnisse und Methoden

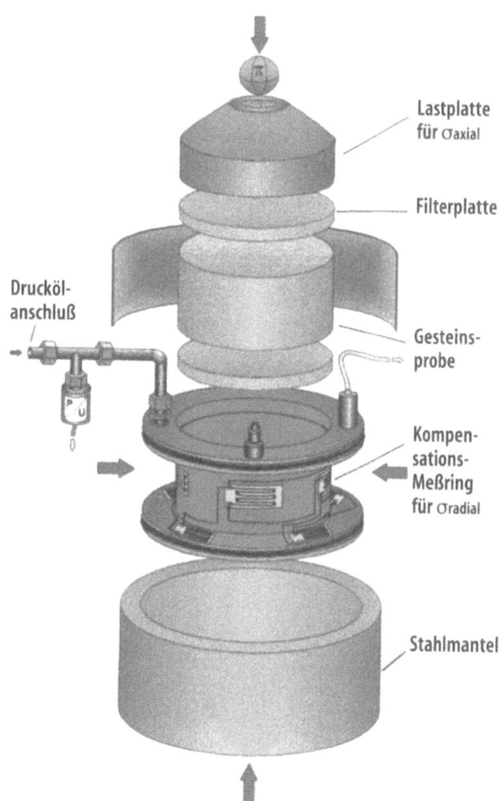

Abb. 13 Schematischer Aufbau eines Prüfstands für Triaxial-Quelldruckversuche an ton- und anhydrithaltigen Gesteinen zur Ermittlung orthotroper Quellparameter für statische Berechnungen im Tunnelbau

vorliegen, um die vor der Planung, Konstruktion und Ausführung anspruchsvoller unterirdischer und oberirdischer Bauwerke erforderlichen Baugrundbeurteilungen in wissenschaftlich gesicherter Weise vornehmen zu können. Solche unterirdischen Bauwerke sind z.B. Öl- und Gasbohrungen mit Abmessungen im Dezimeterbereich, nicht begehbare Versorgungsstollen und zeitweilig begehbare Strecken- und Abbausysteme im Bergbau sowie großquerschnittige Tunnel- und Kavernenbauten. Zu den oberirdischen Bauwerken im Fels zählen z.B. Hanganschnitte im Straßenbau, Großböschungen im Braunkohletagebau mit Höhen bis zu mehreren 100 Metern, Widerlager von Talsperren und sonstige Felsgründungen. Dementsprechend bestehen enge Kooperationen des Instituts mit der Bau und Bergbau industrie, mit Unternehmen der Erdöl- und Erdgasgewinnung sowie mit Betrieben, die die Entsorgung toxischer Abfallstoffe in unterirdischen Hohlräumen vornehmen.

Die in den letzten Jahren erzielten großen Fortschritte in der Experimentaltechnik und die parallel laufende Entwicklung moderner Berechnungsverfahren fanden ihren Niederschlag in einer Reihe von Empfehlungen und Richtlinien auf nationaler und internationaler Ebene. Dies hat wesentlich dazu beigetragen, dass sich die Felsmechanik von einer vorwiegend beschreibenden zu einer ingenieurwissenschaftlich fundierten Disziplin entwickelt hat.

 Planen und Bauen – Alt und Neu
===

F. Haller, F. Wenzel

Planen und Bauen – dieses Begriffspaar fasst zusammen, womit sich Architekten und Bauingenieure im Bauwesen vorwiegend beschäftigen. Dabei ist das Bauwesen in Bewegung, entwickelt sich weiter, ist auf der Suche nach jeweils besserer Lösung. Zum Planen und Bauen gehört deshalb das Erforschen und Erfinden.

Alt und Neu – das beschreibt die Spannweite, mit der es das Bauwesen zu tun hat: Mit bestehenden alten Bauwerken und mit solchen, die erst noch entstehen sollen. Alt und Neu steht aber auch für zwei Schwerpunkte interdisziplinärer Forschung an der Universität Karlsruhe in den 80er und 90er Jahren des ausgehenden Jahrhunderts: Den Sonderforschungsbereich 315 „Erhalten historisch bedeutsamer Bauwerke" und die Forschungsgruppe „Weitgehende Computerunterstützung von Entwurf, Konstruktion und Betrieb von Gebäuden" am Institut für Industrielle Bauproduktion, der es um zukünftiges Bauen geht.

Von beidem, dem Erforschen und Erfinden und den Bauwerken aus Vergangenheit und Zukunft, soll hier in zwei Beiträgen die Rede sein.

B14.1 Erhalten historisch bedeutsamer Bauwerke – Baugefüge, Konstruktionen, Werkstoffe

F. Wenzel

Der Sonderforschungsbereich 315 „Erhalten historisch bedeutsamer Bauwerke – Baugefüge, Konstruktionen, Werkstoffe" besteht seit dem Jahr 1985 und schließt seine Arbeiten mit dem Ende des Jahres 2000 ab. An ihm haben sieben Institute bzw. Abteilungen aus drei Fakultäten der Universität Karlsruhe, zwei Institute der Technischen Hochschule Leipzig und der Technischen Universität Dresden, das Landesdenkmalamt Baden-Württemberg und einige assoziierte Forschungsgruppen mitgewirkt. Die Ergebnisse der Arbeiten sind in drei Publikationsreihen wiedergegeben, den Jahrbüchern[1], Arbeitsheften[2] und Empfehlungen für die Praxis[3]. Im folgenden soll anhand von vier Beispielen dargestellt werden, wie die Forschungsergebnisse in die Praxis eingeflossen sind.

Ein Wohnhaus in der Stadt Brandenburg

Das erste Beispiel handelt von dem Haus Grabenstraße 1 in der Stadt Brandenburg[4]. Es wurde 1790 als Vierfamilienhaus errichtet. Trotz verschiedener Nutzungsänderungen im Laufe seines Lebens sind nicht nur die ursprünglichen Grundrisse, sondern auch die Ausstattungen und Fassungen der Wohnungen fast vollständig erhalten geblieben. Wegen dieser bau- und sozialgeschichtlichen Zeugniswerte wurde das Haus unter Denkmalschutz gestellt. Mit der privaten Eigentümerin kamen wir überein, vor

Planungsbeginn zu untersuchen, ob und wie das Gebäude mit angemessenem technischen und finanziellen Aufwand wieder nutzbar gemacht werden kann und dabei seinen Charakter als historisch bedeutsames Bauwerk nicht verliert. Den Architekten haben wir bei der Planung beraten und die Reparatur- und Instandsetzungsarbeiten mit kritischer Aufmerksamkeit begleitet.

Das Haus steht auf sandigem Grund, der mit Torflinsen durchsetzt ist. Es war eingesunken und hatte sich schiefgestellt. Schürfgruben, Rammkernsondierungen, Bodenproben und Drucksetzungsversuche zeigten den Baugrundingenieuren, dass die Verformungen des Erdreiches nahezu abgeklungen waren. Dafür sprach auch, dass ein in den 20er Jahren eingebauter Kachelofen nach 75 Jahren immer noch lotrecht vor der schiefen Wand stand. Nach diesen Erkenntnissen konnte auf eine Unterfangung der Fundamente verzichtet werden. Voraussetzung war, dass das Traggefüge des Hauses und die Lasten nur wenig Änderung erfuhren.

Messungen des Bohrwiderstandes, den eine dünne Nadel beim Durchdringen des Holzes erfährt, geben den Holzbauingenieuren über die Beschaffenheit seines Inneren Auskunft. In Brandenburg verhalf diese Prüfung dazu, alle Schadstellen – auch die verdeckten – vor Planungsbeginn zu erkennen und Reparatur und

Auswechslung des alten Holzwerkes auf das wirklich Notwendige zu beschränken.

Baustofftechnologische Untersuchungen ergaben, dass sich aufwendige Schutzmaßnahmen gegen aufsteigende Feuchte vermeiden ließen. Innen wurde an den Umfassungswänden ein Rohrsystem zum Temperieren und Heizen installiert, welches für Luftzirkulation sorgt und die Oberflächen des Mauerwerks in die Lage versetzt, mehr Feuchte verdunsten zu lassen, als aus dem Baugrund nachtransportiert wird. Außen genügten eine vertikale Feuchtigkeitssperre und ein frostbeständiger Putz.

Die Architektengruppe des Sonderforschungsbereiches beschäftigte sich mit den Nutzungsmöglichkeiten für das Haus. Gesucht wurde nach Lösungen, die zu möglichst gerin-

gen Eingriffen und Veränderungen am Baugefüge und am Denkmalwert führten. Zum einen wurde die Nutzung als Wohnhaus für eine Familie untersucht, zum anderen als Haus für Studenten. In beiden Fällen hätte nur wenig umgebaut werden müssen. Geworden ist es schließlich ein Wohnhaus.

Viel Aufwand für ein kleines Haus? Durch die hier geschilderten Voruntersuchungen entstehen vor Planungsbeginn Kosten in Höhe von 4 bis 5 % der Bausumme, bei kleineren Gebäuden mitunter bis zu 10 %. Diese anfänglichen Mehrausgaben führen jedoch später zu Einsparungen an den Gesamtkosten, zur Kostensicherheit und zu denkmalpflegerischem Gewinn. Fallbeispiele wie das in Brandenburg liefern den Beweis dafür.

Abb. 1 Die Straßenfront vor der Instandsetzung

Abb. 2 nach der Instandsetzung

Die zwischenzeitlich verloren gegangene Gesimsbohle konnte durch restauratorische Untersuchungen nachgewiesen und rekonstruiert werden. Die Entscheidung zur Rekonstruktion erfolgte aus ästhetischen Gesichtspunkten

Abb. 3 Das Innere vor der Instandsetzung

Abb. 4 nach der Instandsetzung

Voruntersuchungen der Architekten vor Planungsbeginn ermöglichten das Bewahren der Grundstruktur des Hauses und eine zeitgemäß-angemessene Nutzung

Abb. 5 Das Haus steht schief,

Abb. 6 der Kachelofen gerade

Bodenmechanische Untersuchungen und ein seit 75 Jahren lotrecht gebliebener Kachelofen zeigten an, dass die Setzungen des Hauses abgeklungen waren, so dass eine Nachgründung nicht erforderlich wurde

Abb. 7 Bohrwiderstandsmessung
Bohrwiderstandsmessungen erlaubten es, den Zustand der Holzkonstruktionen zerstörungsarm zu erkunden und die Reparaturen auf das tatsächlich Nötige zu beschränken

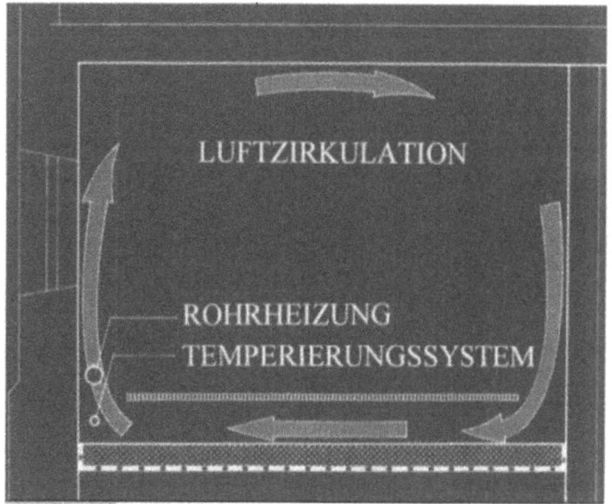

Abb. 8 Temperier- und Heizsystem
Untersuchungen der Feuchtewanderung im Mauerwerk führten zum Verzicht auf eine herkömmliche, aufwendige Trockenlegung. Stattdessen sorgt ein einfaches Temperier- und Heizsystem für ausreichende Verdunstung

Das Schloss in Schwerin

Vom kleinen Haus zum großen Schloss: Es steht in Schwerin auf einer Sandbank, die von einer weichen, organischen Bodenschicht, der sog. Schweriner Mudde, und von einer Auffüllung überdeckt ist. Einige Bereiche des Schlosses wurden beim Umbau im 19. Jahrhundert auf Holzpfählen gegründet, andere stehen nach wie vor auf hölzernen Flachfundamenten aus dem Mittelalter[5].

Die Mudde setzt sich noch, Teile der Holzgründungen über dem Grundwasserspiegel verrotten und geben zusätzlich nach. Die Kollegen von der Bodenmechanik und vom Grundbau haben Erdreich und Holz eingehend untersucht. Die Setzungen der Mudde, auch die ungleichmäßigen, kann man dem Schloss weiterhin zumuten. Das Verrotten und Nachgeben des Holzes dagegen macht noch Kopfzerbrechen. Es laufen Versuche, die Holzschichten mit nachgiebigen Kleinbohrpfählen zu durchfahren, welche helfen würden, die Gesamtsetzungen zu vergleichmäßigen.

In Rostock, unter den Wänden des ehemaligen Katharinenklosters, gibt es keine Holzfundamente. Dort wurde versucht, den weichen Boden durch Nachstopfen von Sand, der mit einer Schnecke unter die Fundamente befördert wird, tragfähiger zu machen. Das klingt selbstverständlich und ökologisch verträglich und ist es auch, aber der Weg dorthin ist für unsere Baugrundingenieure alles andere als einfach, und die praktische Erprobung steht noch am Anfang.

Ein anderes Problem stellt sich am Schweriner Schloss. Die Frage war, ob ein unzugängliches hölzernes Hängesprengwerk noch intakt ist und seine Lasten über die beiden Streben auf das Mauerwerk absetzt, oder ob eine Fachwerklängswand darunter die Last von oben aufnehmen muss und die stark durchgebogenen Holzbalken unzulässig hoch beansprucht. Unsere Holzbauingenieure fanden mit Hilfe von Dehnungsmessungen an den Randfasern der Hölzer heraus, dass die Balken nicht überlastet waren, das Hängesprengwerk also noch seinen Dienst tat[6]. Bei Werkstoffen aus Metall oder Kunststoff ist dieses Messverfahren seit langem im Gebrauch, beim Holz mit seinem anisotropen Gefüge waren Klärungen der Randbedingungen und eine Reihe von Erprobungen notwendig, ehe sich die Messwerte verlässlich interpretieren ließen.

Und schließlich die alten Gusseisenkonstruktionen ebenfalls am Schweriner Schloss[7]. Sie lassen sich weder durch Schweißen noch durch Schrauben noch durch Kleben reparieren, schon gar nicht in situ, also ohne abgebaut zu werden. Wir fanden im Maschinenbau ein Verfahren, mit welchem die gerissenen Konstruktionsteile in kaltem Zustand, ohne Zuführung von Wärme, verdübelt bzw. verklammert werden können. Wir übertrugen das Verfahren ins Bauwesen und konnten damit gerissene, gusseiserne Bogenträger einfach, unauffällig und höchst wirkungsvoll in situ reparieren. Seit sie mit Farbe überstrichen sind, fallen die Reparaturstellen gar nicht mehr auf.

Abb. 9 Ansicht des Schlosses
Das Schweriner Schloß stammt in Teilen noch aus dem 16. und 17. Jahrhundert. Es wurde im 19. Jahrhundert umgebaut und erweitert

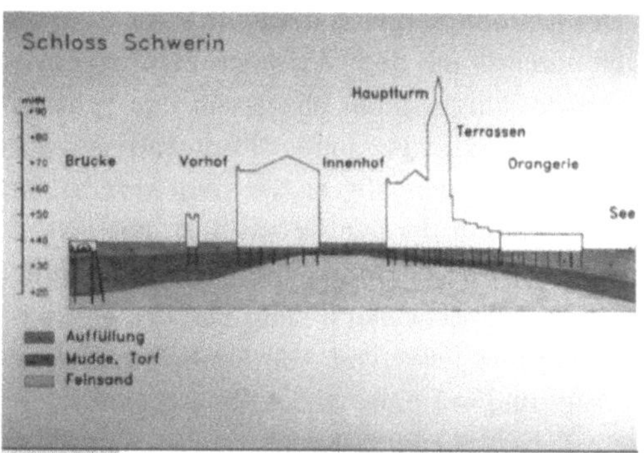

Abb. 10 Baugrund- und Gründungsverhältnisse
Wechselnder Baugrund, unterschiedliche Gründungen, partielles Verrotten der Holzfundamente und ungleiche Bauwerkslasten führten zu Setzungsdifferenzen und Bauwerksschäden

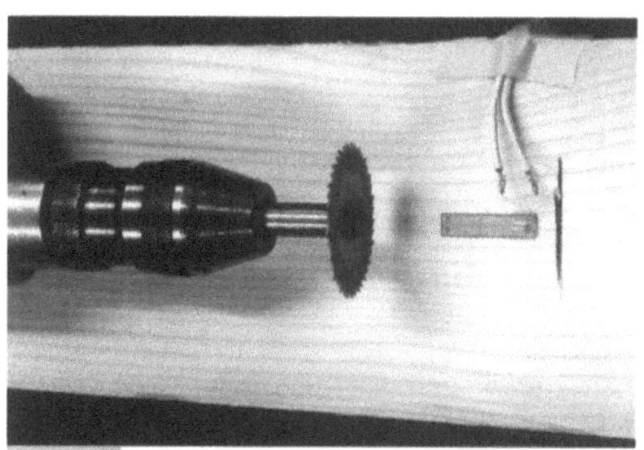

Abb. 11 Ermittlung der Randdehnungen des Holzes
Örtliche Messungen der Dehnungen in den Randfasern einer Holzkonstruktion gaben Auskunft über ihre Beanspruchung

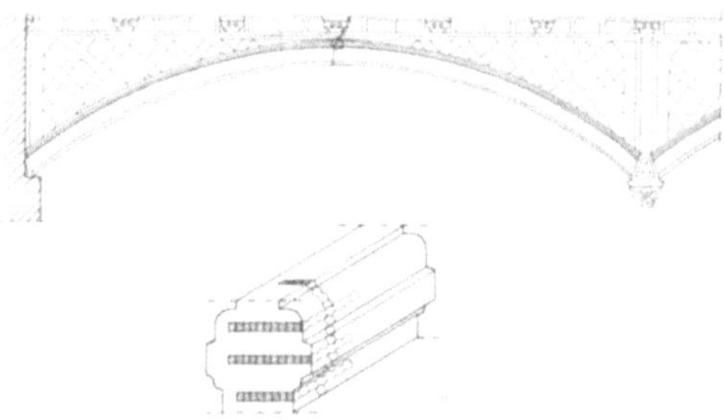

SCHLOSS SCHWERIN, ORANGERIE – MITTELBAU, REPARATUR HAUPTTRÄGER, ANSICHT M 1:10
SCHNITT ISOMETRISCHE DARSTELLUNG M 1:1, 02.02.2000, NICOLE WALLMÜLLER

Abb. 12 Reparaturverfahren für Gusseisen
Ein aus dem Maschinenbau entlehntes und dem Bauwesen angepasstes Verfahren verhalf zu wirkungsvoller und nahezu unsichtbarer Reparatur von Gusseisenkonstruktionen

Der Ammontempel in der Oase Siwa

Der Tempel auf dem Aghurmi-Felsen wurde vor 2500 Jahren in der pharaonischen Spätzeit Ägyptens errichtet. Seine Nordwand ist von den Querwänden abgerissen und bereits ein Stück gekippt. Ihr Fuß ist erodiert, der Felsen darunter bröckelt und spaltet sich. Also sollte der Tempel, wie weiland beim Bau des Assuan-Staudammes jener von Abu Simbel, in Blöcke zersägt und auf einer dicken Betonplatte über dem Felsen wieder zusammengesetzt werden. Aufwand, Verletzung und Verfremdung wären groß gewesen.

Wir nahmen uns vor, behutsamer mit dem Tempel umzugehen[8]. Auf dem Bazar in Kairo kauften wir uns eine Stahlkonstruktion zusammen und ließen sie dort auch vorfertigen. Mit ihr – sie passte vorzüglich – wurde die Nordwand unterstützt und rückverhängt, das heißt temporär gesichert. Jetzt, nachdem die größte Gefahr gebannt war, konnten an ihr und am Felsen die notwendigen Erkundungen und Untersuchungen vorgenommen und das endgültige Sicherungskonzept ausgearbeitet und umgesetzt werden. Es führte zu einer Stabilisierung und Reparatur des Tempels in situ, mit punktuellen Verankerungen und Untermauerungen der Wand.

Nicht nur die Bauingenieure, auch die Mineralogen waren in Siwa hilfreich[9]. Sie erkundeten die Salzbelastung des Sandsteins und des Mörtels. Danach schlugen sie für die notwendigen Reparaturen neue, kompatible Mauer- und Putzmörtel vor und erprobten sie vor Ort.

Abb. 13 Vor der Sicherung
Die Nordwand des Tempels neigt sich talwärts, der stützende Felsstapel drohte einzustürzen

Abb. 14 Nach der Sicherung
Eine temporäre Stahlkonstruktion hält die Nordwand zurück und unterstützt sie

Abb. 15 Stahldetail
Einbau der auf dem Bazar in Kairo gefertigten Sicherungskonstruktion auf der Baustelle in Siwa

| Die Frauenkirche zu Dresden

Als letztes Beispiel für das Einfließen von Forschungsergebnissen in die Praxis sei vom Wiederaufbau der Dresdner Frauenkirche und vom Bewahren und Einbeziehen der Ruine in den

Wiederaufbau die Rede[10]. Mineralogen und Baustofftechnologen haben sich mit den Fragen des Mörtels beschäftigt, Analysen von Proben aus dem Ruinenmauerwerk durchgeführt, Reparaturmörtel entwickelt und an der Rezeptur von Verstrich-, Verguss- und Verfugmörteln mitgearbeitet. Dabei spielten vor allem Fragen der Festigkeitsentwicklung, der Verarbeitbarkeit und des Ausblühens alkalischer Bestandteile eine Rolle.

Forschungsarbeiten galten außerdem, und dieses in besonderem Maße, der Dauerfestigkeit der steinsichtigen Kuppeloberfläche[11]. Hier ging es um die Auswahl geeigneten Sandsteins für die Deckschicht und die darunterliegende Tragschicht, um das Maß der Durchfeuchtung bei Regen, das Verhalten des Sichtmauerwerkes beim wiederholten Wechsel von Frost und Auftauen, dabei auch um den geeignetsten Fugen-

Abb. 16
Mineralogische Untersuchunge Probennahme zur Analyse des alten Mörtels durch die Mineralogen auf der Mauerkrone des Tempels

mörtel, der das Eindringen von Wasser nicht fördert und, umgekehrt, das Austrocknen nicht behindert.

Schließlich ging es um die Festigkeit des Ruinenmauerwerks und die Ermittlung seines Gefügezustandes[12]. Die Festigkeitswerte ließen sich mit Hilfe weniger Bohrkerne – ohne und mit Mörtelfuge – und durch Spaltzugprüfungen der Kerne im Labor gewinnen. Das innere Gefüge des alten Mauerwerks wurde zum Teil mit Hilfe zerstörungsfreier Untersuchungen mit dem Steinradar erkundet und erwies sich als tragfähig. Beide Verfahren wurden im Sonderforschungsbereich entwickelt bzw. zur Anwendungsreife weiterentwickelt.

Noch eine Bemerkung zum Zusammenfügen von Alt und Neu an der Frauenkirche. Die stehen gebliebenen Ruinenteile sollen schwarz und vernarbt im neuen Baugefüge erkennbar bleiben. Das sind wir den älteren Menschen, die den Schrecken der Bomben und den Einsturz ihrer Kirche noch selbst erlebt haben, schuldig. Ihnen bedeutet die Ruine im wahrsten Sinne des Wortes Denkmal. Für die jüngere Generation werden die dunklen und die hellen Partien der Kirche, weil die neuen Steine nachdunkeln, nach 20 oder 30 Jahren zu einem Ganzen zusammenwachsen. Trotzdem werden sich die originalen und die neuen Teile bei genauem Hinsehen auch dann noch durch ihre rauere bzw. glattere Oberfläche unterscheiden lassen. So bleibt der Bau ein Zeugnis der Geschichte und des Alterns und der Schäden, ein Zeugnis des Laufes der Zeit. Damit wird das Bauwerk nicht nur ein dreidimensional-geometrisches Gebilde, sondern ein vierdimensionales, mit der

Abb. 17 Pfeileransicht mit dünnen Mörtelfugen
Nach der Analyse der Reste des Originalmauerwerks wird beim Wiederaufbau eine höhere Qualität durch ausgesuchte, gesägte Sandsteine und gleichmäßige, z.T. dünne Mörtelfugen erreicht

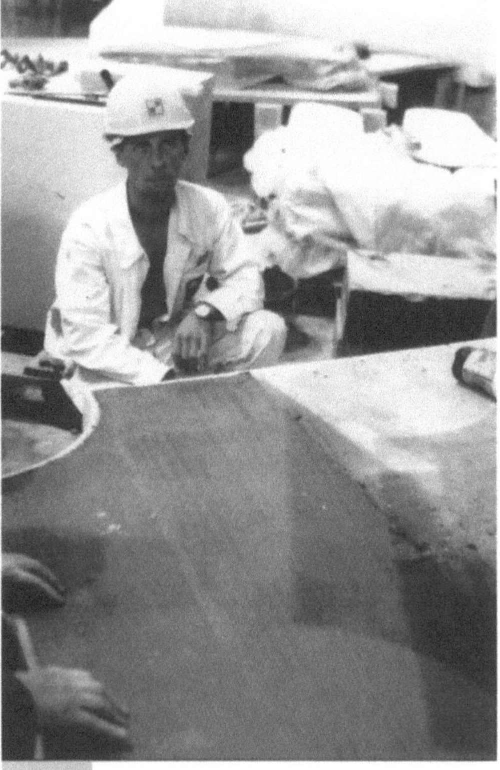

Abb. 18 Kontrolle des Verstrichmörtels
Nach dem Abheben eines Pfeilersteines wird die Gleichmäßigkeit des Mörtelbettes kontrolliert

Abb. 19   Untersuchungen zur Steinsichtigkeit der Hauptkuppel

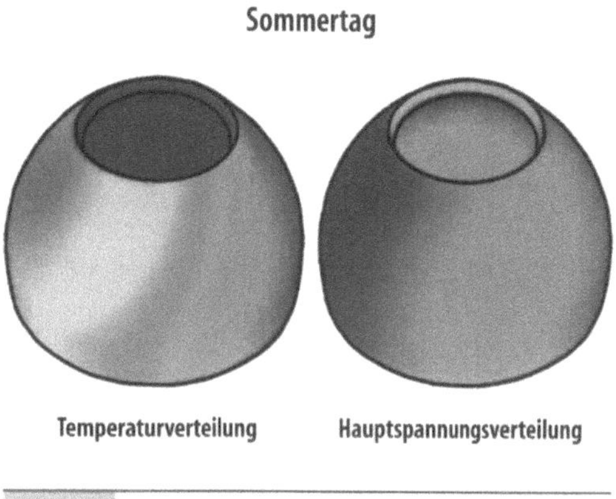

Abb. 20   Temperaturspannungen

Die beiden Bilder zeigen das Finite-Element-Netz für die bauphysikalischen Untersuchungen an der steinsichtigen Hauptkuppel und die Temperatur- und Hauptspannungsverteilungen an einem Sommertag.

Zeit als der vierten Achse. Die Frauenkirche zu Dresden, zu deren Wiederaufbau unsere Forschungsarbeiten beitragen, wird nicht so hergerichtet, dass sie glatt und neu wie am ersten Tag aussieht, so, als ob ihr in der Vergangenheit nichts passiert wäre. Sie wird die Spuren der Zeit nicht verlieren.

Abb. 21   Spaltzugprüfungen
Durch Spaltzugprüfungen von Stein- und Fugenbohrkernen wurde die Wandfestigkeit des Ruinenmauerwerks bestimmt

Abb. 22   Radaruntersuchung
Durch Radaruntersuchungen konnte festgestellt werden, dass das Mauerwerk der Chorruine frei von Hohlräumen und Holz- bzw. Eiseneinschlüssen ist

Abb. 23 Die Chorruine vor Beginn des Wiederaufbaus

Abb. 24 Ruinenteile und Altsteine in der wiederaufgebauten Kirche

Die stehen gebliebenen Ruinenteile und die wieder eingebauten Altsteine werden sich noch für lange Zeit in der Fassade der wiedererstandenen Frauenkirche abzeichnen.

I Anmerkungen

1. Publikation der Forschungsergebnisse. Sie erscheinen seit 1986 im Verlag Ernst & Sohn, Berlin: Jahrbuch 1986 (1987) bis Jahrbuch 1997/98 (2000).

2. Dokumentation der interdisziplinären, projektübergreifenden Veranstaltungen und Vorstellung einzelner vorbildhafter Projekte des SFB 315. In unregelmäßigen Abständen seit 1986 erschienen.

3. Aufbereitung der Forschungsergebnisse als Richtlinien für behutsame Instandsetzungsmaßnahmen. Bereits erschienen ist der 1. Band „Historische Holztragwerke". Geplant sind die Bände: „Denkmalpflege und Bauforschung", „Behutsame Wiedernutzbarmachung von Bürgerhäusern – Fallbeispiele", „Historisches Mauerwerk", „Historischer Mauermörtel und Reparaturmörtel", „Historische Eisen- und Stahlkonstruktionen", „Baugrund und historische Gründungen", „Feuchteschutz, Salze und Materialschäden an historischen Bauwerken".

4. Birgit Franz, Historische Stadthäuser zwischen Substanzerhaltung und Kostensicherheit, in: Arbeitsheft 16/1999 SFB 315 „Das Denkmal und der Lauf der Zeit".
Birgit Franz/Holger Reimers, Wie denkmalverträglich kann eine ›Sanierung‹ sein? Anspruch, Konzept und Umsetzung bei einem einfachen Wohnhaus in Brandenburg an der Havel, in: Jahrbuch für Hausforschung, Bericht über die Tagung des Arbeitskreises für Hausforschung in Barth vom 1. bis 5.10.1998.

5. Fritz Wenzel/Jürgen Haller, Die statisch-konstruktiven Probleme am Schloß Schwerin. Bauschäden, Standsicherheit, notwendige Sicherungs- und Instandsetzungsarbeiten; Michael Goldscheider/Berthold Klobe/Stefan Krieg/Peter Kudella/Gerd Gudehus, Bodenuntersuchungen und erste Empfehlungen für Gründungssanierungen an Terrassen, Orangerie und Kolonnaden des Schweriner Schlosses, in: Jahrbuch SFB 315 1991 (1993); Michael Goldscheider, Schloß Schwerin. Wann und wie sind Gründungen aus Holz in weichem Baugrund instandzusetzen?, in: Arbeitsheft 14/1996 SFB 315.

6. Rainer Görlacher/Martin Kromer, Die Untersuchung der Holzkonstruktion über der Kirche im Schweriner Schloss, in: Jahrbuch SFB 315 1991 (1993).

7. Rudolf Käpplein, Cautious repair of historical cast iron constructions, in: Proceedings of the International Congress on Urban Heritage and Building Maintenance, Iron & Steel, Delft University of Technology, The Netherlands, Oct. 27th, 1999.

8. Fritz Wenzel, Das Ammoneion von Siwa. Konstruktive Sicherung, in: Arbeitsheft 14/1996 SFB 315.

9. Urs Müller/Ekkehard Karotke/Egon Althaus, Der Orakeltempel in Siwa. Mineralogische und chemische Untersuchungen, in: Arbeitsheft 16/1999 SFB 315 „Das Denkmal und der Lauf der Zeit" S. 47 – 54.

10. Fritz Wenzel/Wolfram Jäger, Der archäologische Wiederaufbau der Frauenkirche zu Dresden als Ingenieuraufgabe, in: Beton- und Stahlbetonbau, Heft 11/1996.

11. Harald S. Müller/Harald Garrecht, Die Frauenkirche zu Dresden. Untersuchungen zur Dauerhaftigkeit der steinsichtigen Kuppel, in: Arbeitsheft 16/1999 SFB 315 „Das Denkmal und der Lauf der Zeit".

12. Bernhard Illich, Bericht über die Georadaruntersuchung an den Apsispfeilern der Frauenkirche in Dresden;
Ralph Egermann/Fritz Wenzel, Tragfähigkeitsuntersuchungen an den gemauerten Apsispfeilern der Frauenkirche Dresden; Unveröffentlichte Gutachten 1994.

B14.2 MIDI-ARMILLA

F. Haller

ob armilla so ist, weil unvollendet oder weil zerstört, ob sich
ein zauber oder nur eine laune dahinter verbirgt, ich weiß es
nicht. tatsache ist, dass es weder wände noch decken noch fuß-
böden hat. es hat nichts, was es als stadt erscheinen ließe, mit
ausnahme der wasserleitungen, die senkrecht aufsteigen, wo die
häuser stehen müssten und sich verzweigen, wo die stockwerke
sein müssten: ein wald von leitungen, die in hähnen, duschen,
syphons, gullys enden.

weiß leuchten gegen den himmel ein paar waschbecken oder
badewannen oder anderes steingut wie spätreife früchte, die
noch an den zweigen hängen, man könnte sagen, die klempner
hätten ihre arbeit beendet und seien weggegangen, noch ehe die
maurer kamen, oder ihre einrichtungen hätten, weil unzerstör-
bar, eine katastrophe, erdbeben oder termitenfraß, überdauert.

italo calvino: die unsichtbaren Städte

forschungsprojekte entstehen vielfach aus der hoffnung, dass ein blick in die fernere zukunft beim suchen von lösungen anstehender probleme größere klarheit schafft. aber auch aus der einsicht, dass grundsätzliche probleme beim realisieren von bauaufgaben aus den verschiedensten gründen nicht hinterfragt werden können. für vieles fehlen taugliche theorien und diese können nur losgelöst von konkreten bauaufträgen entwickelt werden. vielleicht entstehen forschungsarbeiten aber auch nur aus lust und neugierde, vielleicht auch aus verzweiflung und hoffnungslosigkeit, oder sie sind spiegelungen von ungestillten sehnsüchten.

oft folgt man einer idee, ohne zu wissen, wohin sie führt. oft verliert man sich dabei hoffnungslos und kehrt enttäuscht zurück, gelegentlich aber führt das fixe gefühl zu lichtpunkten, die das wort „erfindung" auslösen. nur wenige solche lichtpunkte halten der zeit lange stand. es scheint, als ob die dinge dieser welt immer neu erfunden werden

müssten. so, als ob sich ihre erscheinungsformen im laufe der sekunden, stunden, tage oder jahre verändern würden. oft scheint es auch, „erfinden" sei eine art „wiederfinden". am anfang ist das gefundene nur ein teil eines ganzen. dieser gefundene teil bewirkt das finden anderer teile und so fort, bis letztlich das ganze gefunden ist. das würde heißen, wenn ein teil eines ganzen erfunden ist – wirklich und nicht nur scheinbar erfunden –, dann ist der weg zum ganzen erschlossen. oder anders: der erfundene teil eines ganzen trägt das bild des ganzen in sich. man sollte sich demnach nicht fürchten, ein teilproblem eines komplexen problems zu lösen, denn wenn diese teillösung eine wirkliche ist, wird der weg zum ganzen geöffnet. aber man muss sehr vorsichtig sein beim beurteilen seiner arbeit, denn man erfindet auf grund bestimmter annahmen. mit diesen hat man den bereich der lösung bereits festgelegt. falsche annahmen können eine taugliche lösung verunmöglichen. dieser gefahr ist jedermann ausgesetzt.

I MIDI-ARMILLA

ein modell für weitgehende computerunterstützung von entwurf, konstruktion und betrieb von gebäuden

das ziel dieses forschungsprojektes ist die entwicklung neuer werkzeuge, die die qualität des planens und bauens von leitungssystemen in hochinstallierten gebäuden wesentlich verbessern sollen. es soll möglich sein, die leitungssysteme mit computerunterstützung zu planen, die einzelnen leitungsteile als elemente von leitungsbaukästen industriell zu fertigen und die montage am bau zu rationalisieren. ARMILLA ist ein mehrdimensionales system, das die installationsräume in allen wechselbeziehungen ordnet.

das projekt MIDI-ARMILLA ist wie eine vierzigjährige fortsetzungsgeschichte, die wohl nie einen abschluss finden wird, die sich aber immer wandelnd dem fiktiven ziel „der allgemeinen lösung" nähern wird.

viele waren beteiligt an der entwicklung dieser komplexen forschungs- und entwicklungsarbeit, einige über kurze, viele auch über längere zeit. diesen allen ist gedankt für die mithilfe bei der suche nach den zeichen unserer zeit.

die studien, die am institut für industrielle bauproduktion ifib der universität karlsruhe entstanden sind, wurden gefördert von der deutschen forschungsgemeinschaft DFG und dem bundesministerium für wissenschaft und forschung BMWF.

parallel zu den hauptsächlich theoretischen studien wurde an konkreten bauaufträgen meines solothurner büros das MIDI-ARMILLA modell in der baupraxis getestet, oft nur schwerpunktmäßig auf einzelne prototypische baukomponenten oder baugruppen beschränkt.

der jüngste forschungsstand ist auf einer CD dokumentiert, 90 min animationen und 300 abbildungen mit texten. im moment ist die CD handbuch und lernbuch, in der weiterentwicklung auch aktives werkzeug.

ALLGEMEINE LÖSUNG IN DER BAUTECHNIK zur entwicklung der konstruktionstypen, bauen + wohnen zürich november 1962
MIDI ein offenes system für mehrgeschossige bauten mit integrierter medieninstallation, solothurn 1976
ARMILLA ein installationsmodell – instrumentarium zur planung von leitungssystemen in hochinstallierten gebäuden, karlsruhe 1985
BAUEN UND FORSCHEN dokumentation zur wanderausstellung, solothurn 1988
MIDI-ARMILLA CD ein modell für weitgehende computerunterstützung von entwurf, konstruktion und betrieb von gebäuden, solothurn 1999

I MIDI-ARMILLA CD

gesamtbaukasten MIDI

der gesamtbaukasten MIDI besteht aus mehreren bauteilsystemen, aus solchen die speziell für den gesamtbaukasten MIDI entwickelt wurden oder noch entwickelt werden und aus bauteilsystemen, die auf MIDI abgestimmt sind

allgemeines installationsmodell ARMILLA

das allgemeine installationsmodell ARMILLA ist ein mehrdimensionales system, das die installationsräume in allen wechselbeziehungen ordnet

spezielles installationsmodell MIDI-ARMILLA

das spezielle installationsmodell MIDI-ARMILLA ist ein auf den gesamtbaukasten MIDI abgestimmtes und modifiziertes installationsmodell ARMILLA

operationsmodell MIDI-ARMILLA

das operationsmodell MIDI-ARMILLA ist ein leitfaden für den planungsprozess. es beschreibt inhalte und abfolgen der einzelnen planungsschritte

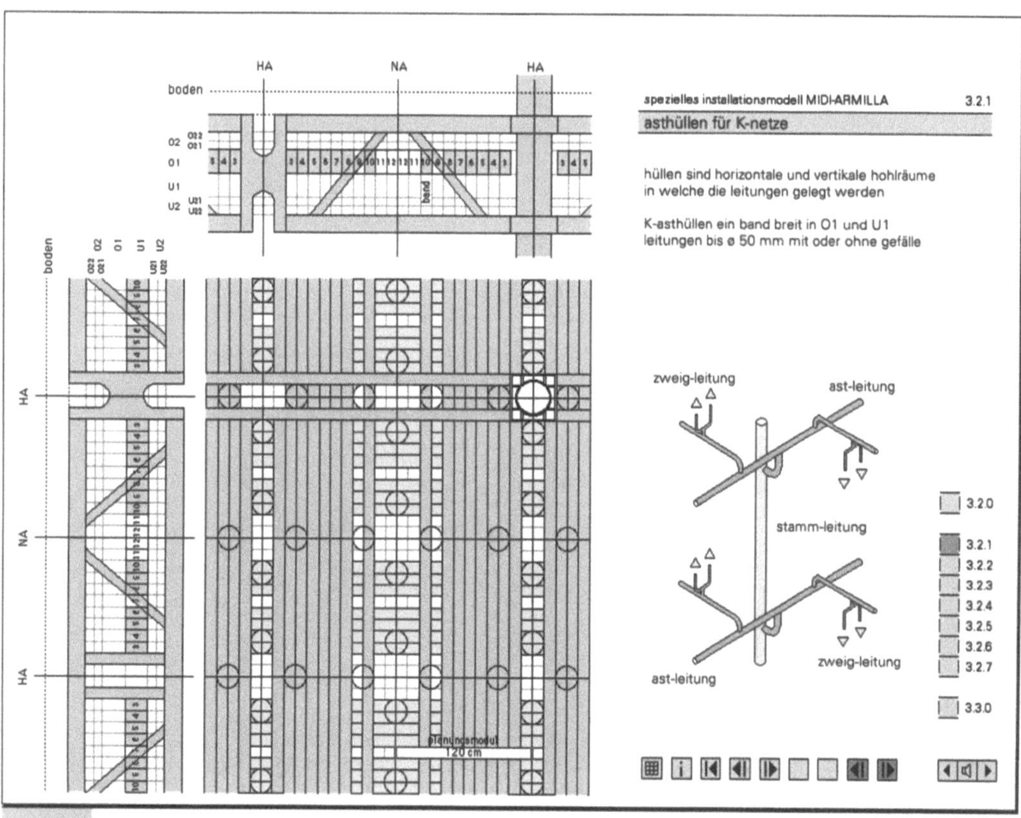

Abb. 7 spezielles installationsmodell, asthüllen für kleine leitungsnetze   MIDI-ARMILLA CD

I gesamtbaukasten MIDI

MIDI ist ein in den siebziger jahren entwickeltes tragwerk-system, das schon mehrfach angewendet wurde:

- höhere technische lehranstalt brugg-windisch ch, projekt 1962, bau 1964-1966 (vorstufe von MIDI)
- sbb ausbildungszentrum löwenberg murten ch, projekt 1978, bau 1980-1982
- bürogebäude maschinenfabrik mikron boudry ch, bau 1980
- naturwissenschaftstrakt kantonsschule solothurn ch, projekt 1988, bau 1992-1993

der gesamtbaukasten MIDI ist die summe der wichtigsten bauteilsysteme. die baukomponenten sind prototypisch als modelle entwickelt und in ihrer modularen ordnung gegenseitig abgestimmt.

die wichtigsten bauteilsysteme des gesamtbaukastens MIDI:

- tragwerksystem
- bodensystem
- deckensystem
- innenwandsystem
- fassadensystem
- installationssysteme

mit den bausteinen eines baukastensystems erstellte objekte besitzen eine spezielle qualität. sie sind variationen der geometrischen anordnung der bausteine eines allgemeinen systems und nicht einmalige originale. objekte aus bausteinen eines baukastensystems sind einfach umbaubar und können entsprechend dem wandel ihrer nutzung den neuen anforderungen angepasst werden. mit dem wandel der nutzung verändert sich die erscheinung eines objektes.

sein wert wird bestimmt durch die qualität des baukastensystems und die qualität der anordnung der bausteine. ein baukastensystem ist nicht nur ein baumittel, das durch die industrielle herstellung der bausteine kostengünstige objekte möglich macht, es erfüllt auch die forderung nach nachhaltigkeit im bauen, im speziellen bezüglich wandelbarkeit und aus- oder rückbaubarkeit.

⎮ allgemeines installationsmodell ARMILLA

das allgemeine installationsmodell ARMILLA ist ein mehrdimensionales system, das die installationsräume in allen wechselbeziehungen ordnet.

das installationsmodell ARMILLA ist ein modell für die modulare koordination und den kooperativen entwurf insbesondere der technischen systeme eines gebäudes. mit hilfe des installationsmodells kann ein gebäudeentwurf mit allen technischen systemen in gegenseitiger abstimmung aller zuständigen fachplaner als baukasten konzipiert und industriell vorgefertigt werden. die anordnungsregeln des installations-modells ARMILLA gewährleisten während der standzeit des gebäudes, dass bei einem nutzungswandel das gebäude in allen seinen komponenten weitgehend zerstörungsfrei demontiert und schnell umgebaut werden kann. der neubau ist ein sonderfall des umbaus.

planungsgeometrie
die installationsgeometrie baut auf einem orthogonalen planungsraster auf. die raster der verschiedenen bauteilsysteme sind aufeinander abgestimmt. das muster potentieller anschlussorte ist mit dem planungsraster koordiniert.

gliederung des deckenhohlraums
der deckenhohlraum ist in vier übereinanderliegenden ebenen gegliedert. die beiden inneren ebenen sind für die astleitungen reserviert, die eine in x-richtung, die andere in y-richtung. das heißt, für die astleitungen ist ein richtungswechsel immer auch ein lagenwechsel. über und unter den astleitungen befinden sich die zweigleitungen für die anschlüsse an boden und decke. die astebenen sind gegliedert in horizontale bänder, die zweigebenen sind ringförmig angeordnet.

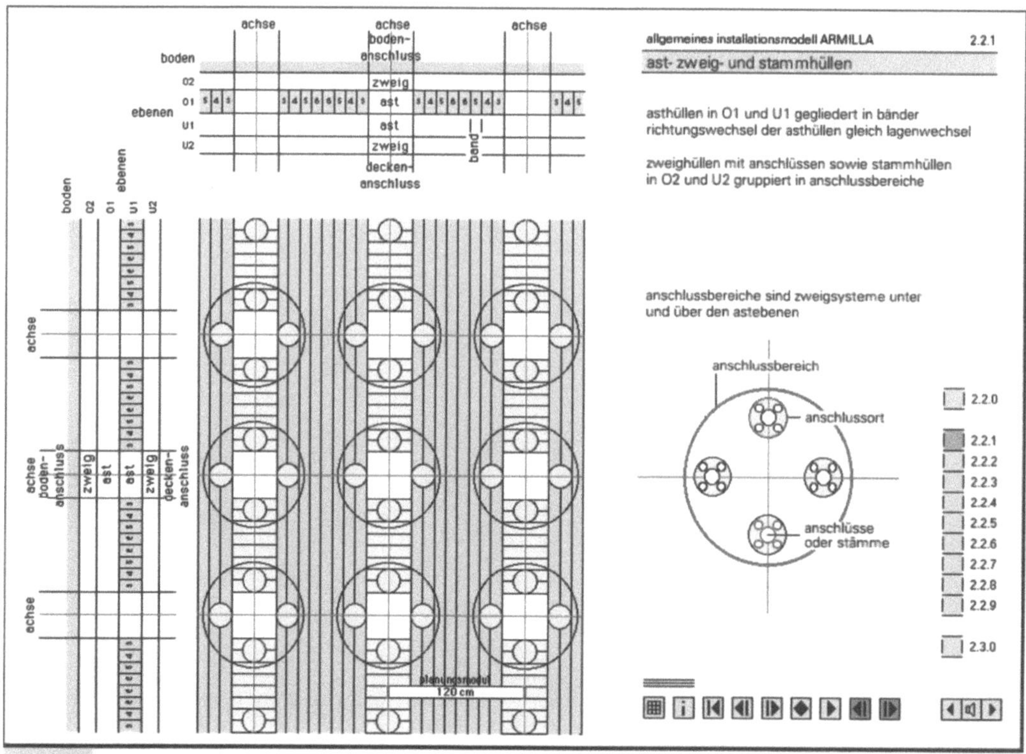

Abb. 6   allgemeines installationsmodell; ast-, zweig- und stammhüllen

MIDI-ARMILLA CD

spezielles installationsmodell MIDI-ARMILLA

das allgemeine modell kann durch modifikation in ein spezielles modell übergeführt werden. dieses so entwickelte spezielle modell ist gezeichnet von den speziellen eigenheiten der jeweiligen bauteilsysteme. im vorliegenden beispiel MIDI-ARMILLA ist ARMILLA auf den gesamtbaukasten MIDI abgestimmt.

stamm-leitungen
vertikale leitungen für die ver- und entsorgung

ast-leitungen
horizontale leitungen, die im deckenhohlraum oder unter der bodenkonstruktion liegen und die die stammleitungen mit den zweigen in den anschlussbereichen verbinden

zweig-leitungen
leitungen, die innerhalb des anschlussbereiches die ast-leitungen mit den anschlüssen an boden und decke verbinden

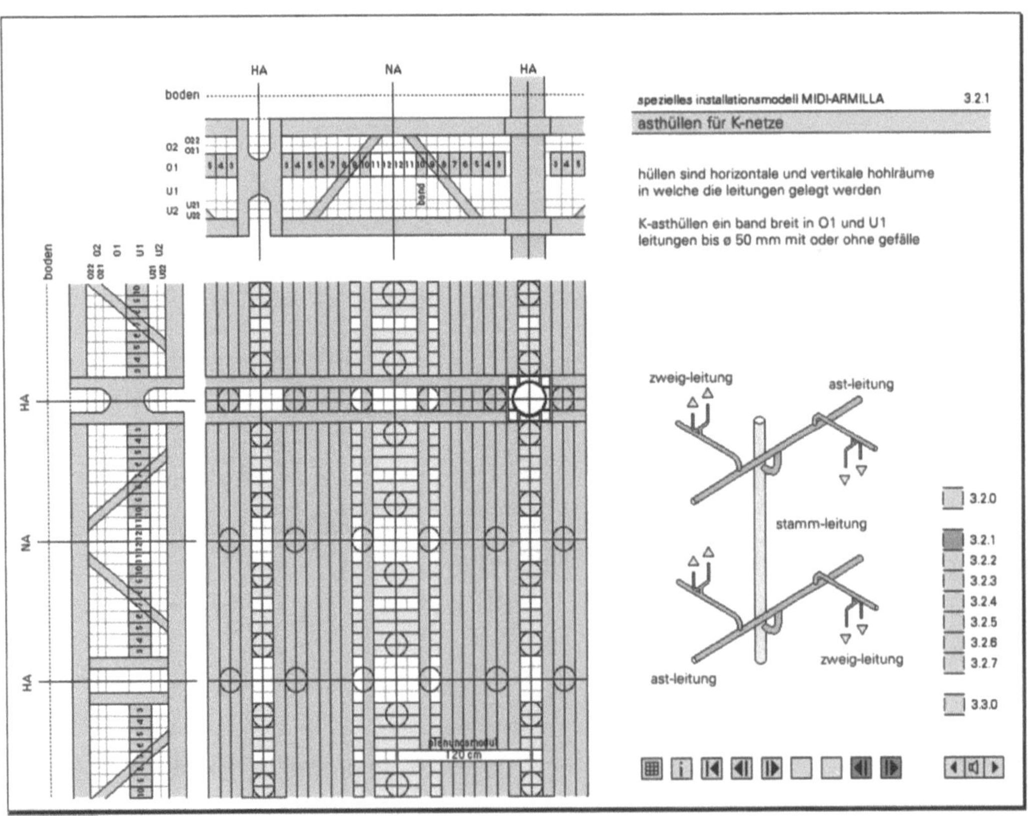

Abb. 7   spezielles installationsmodell, asthüllen für kleine leitungsnetze   MIDI-ARMILLA CD

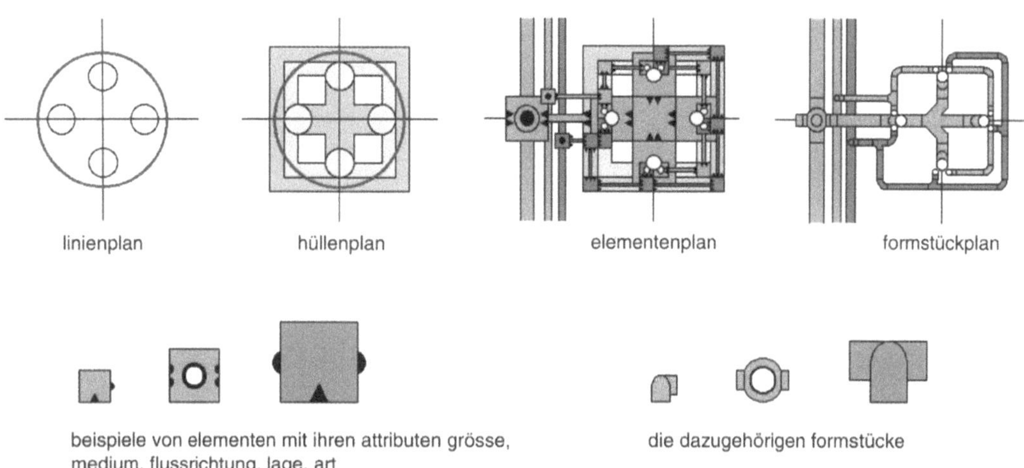

Abb. 8 planungsschritte zweignetze

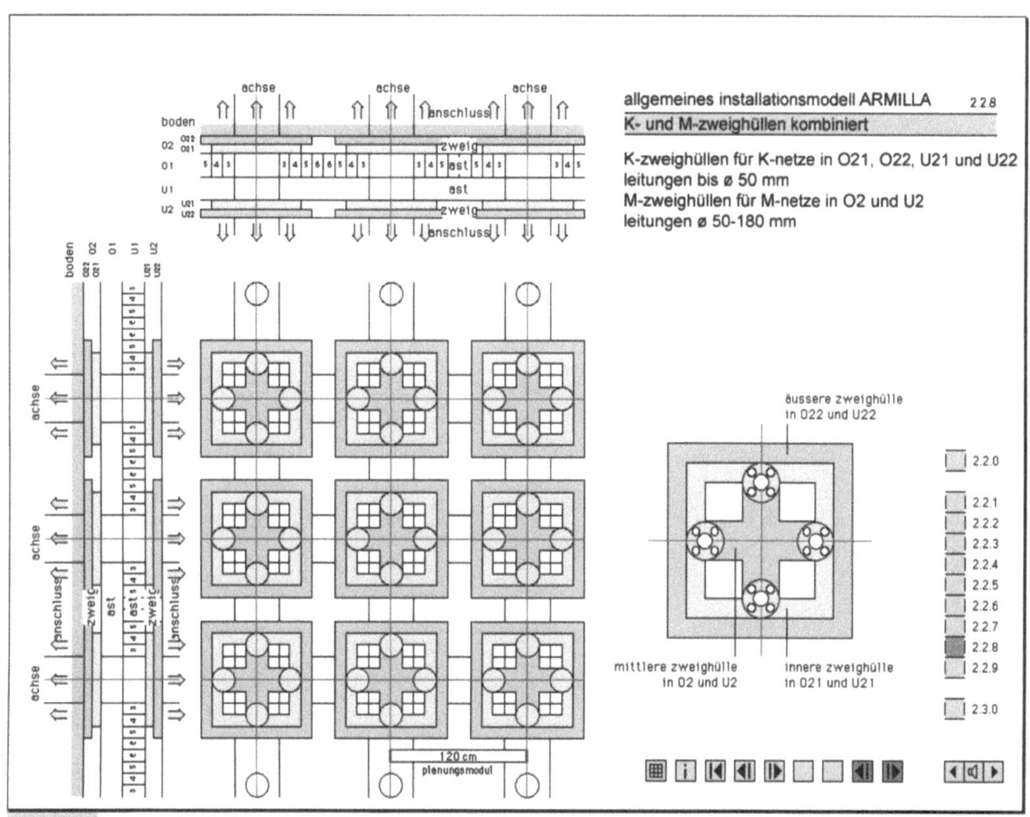

Abb. 9 spezielles installationsmodell, asthüllen für kleine leitungsnetze   MIDI-ARMILLA CD

I operationsmodell MIDI-ARMILLA

das operationsmodell MIDI-ARMILLA ist ein leitfaden für den planungsprozess. es beschreibt inhalte und abfolgen der einzelnen planungsschritte. grundlage ist eine gliederung des planungsablaufes in vier stufen: linienplan, hüllenplan, elementenplan, formstückplan.

diese stufen sind so miteinander verknüpft, dass die planungsabfolge entsprechend der jeweiligen planung von fall zu fall verschieden sein kann. das operationsmodell ist nicht ein anweisungssystem für eine festgelegte reihenfolge von planungsschritten. es ist eher vergleichbar mit einem kartenspiel, das den spielern ein system von werten und beziehungen vorgibt, welches eine fast unendliche zahl unterschiedlicher spiele möglich macht. erfolgreiches planen heißt meditieren.

linienplan	roher entwurf des astleitungsnetzes
hüllenplan	hüllen sind reservierte hohlräume (wie flugstraßen im luftverkehr), in die die leitungen gelegt werden. schrittweises abstimmen der hüllen für die verschiedenen leitungsnetze
elementenplan	die elemente sind wie legobausteine. sie sind die modularen einheiten eines leitungsnetzes
formstückplan	geometrische darstellung der elemente als leitungsformstücke

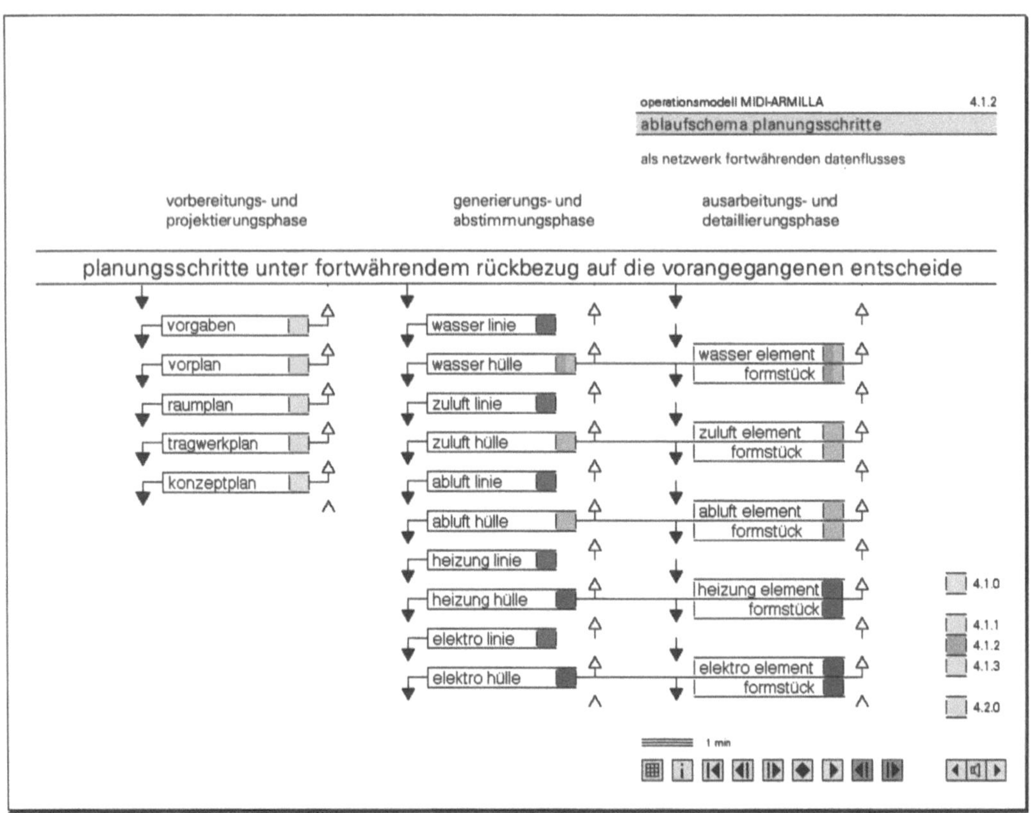

Abb. 10 planungsschritte unter fortwährendem rückbezug auf die vergangenen entscheide   MIDI-ARMILLA CD

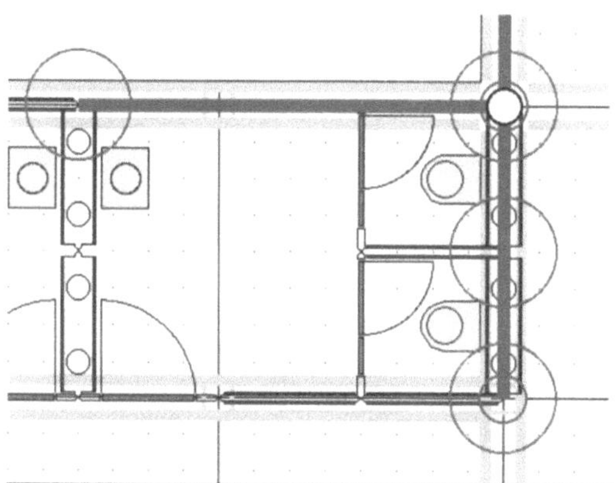

Abb. 11 linienplan
roher entwurf des astleitungsnetzes

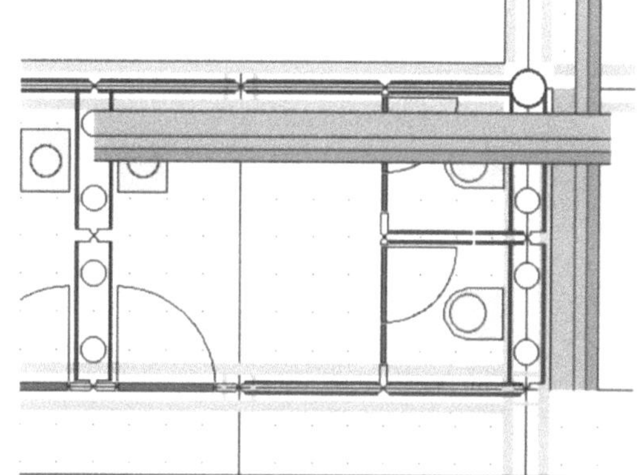

Abb. 12 hüllenplan
hüllen sind reservierte hohlräume (wie flugstraßen im luftverkehr), in die die leitungen gelegt werden. schrittweises abstim-
men der hüllen für die verschiedenen leitungsnetze

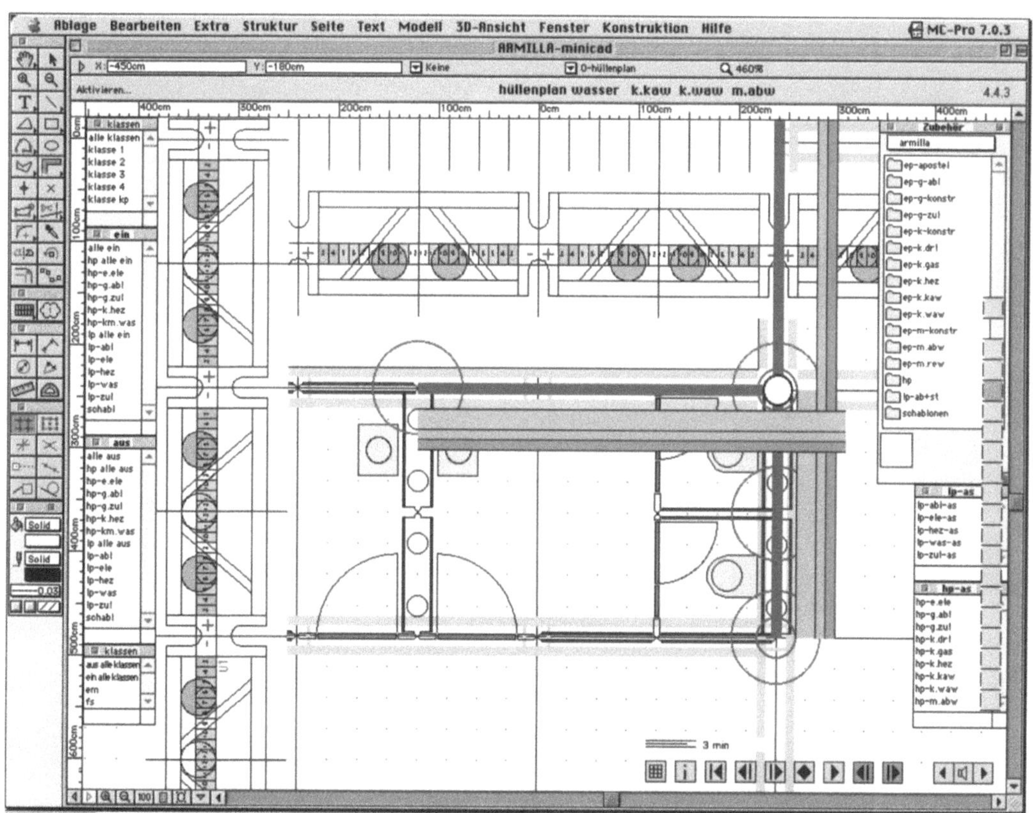

Abb. 13 operationsmodell, filmmeditationen   arbeitsbühne   MIDI·ARMILLA CD

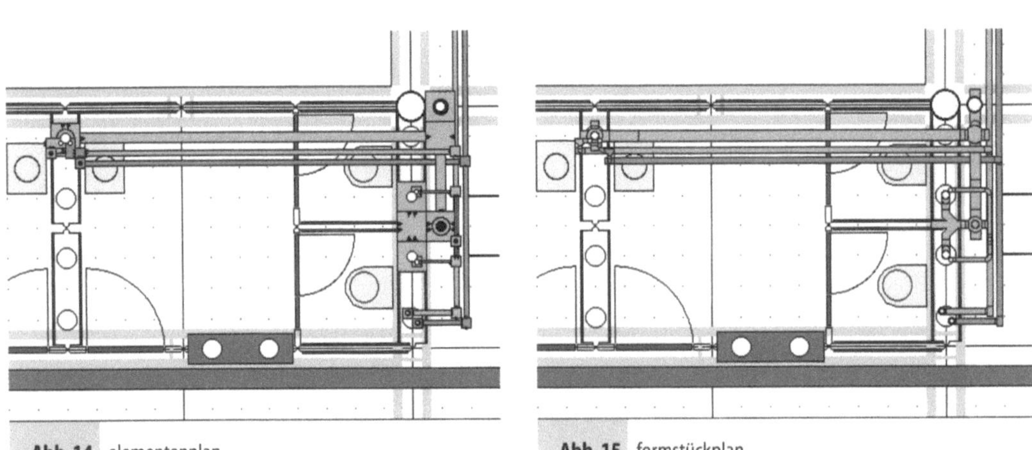

Abb. 14   elementenplan
die elemente sind wie lego-bausteine. sie sind die modularen
einheiten eines leitungsnetzes

Abb. 15   formstückplan
geometrische darstellung der elemente als leitungsformstücke

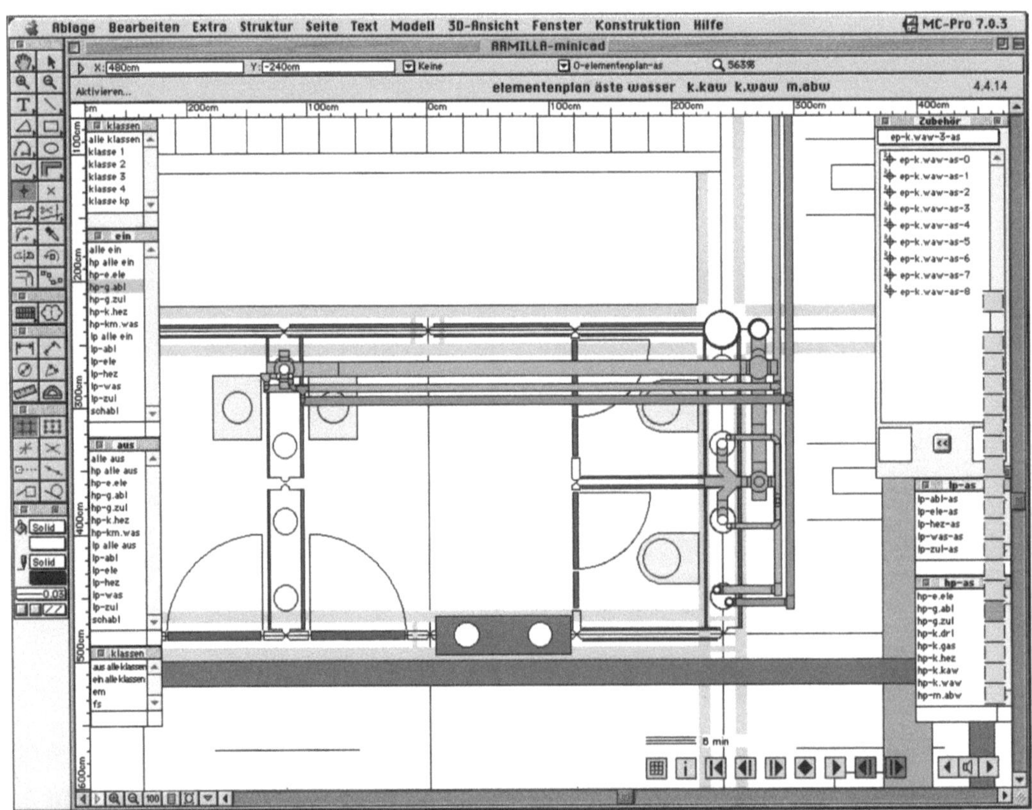

Abb. 16   operationsmodell, filmmeditationen   a r b e i t s b ü h n e   MIDI-ARMILLA CD

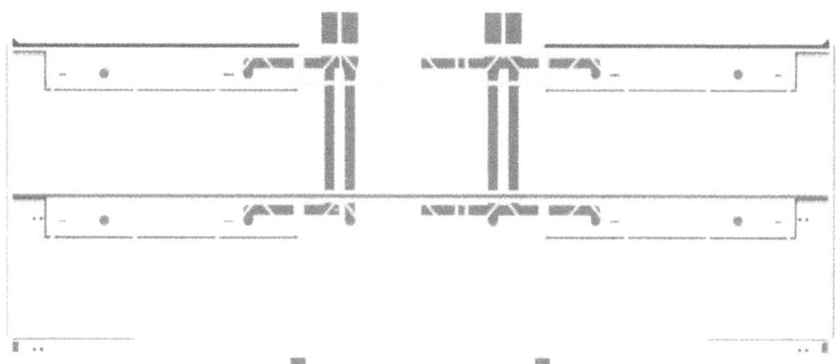

schnitt 1 : 200

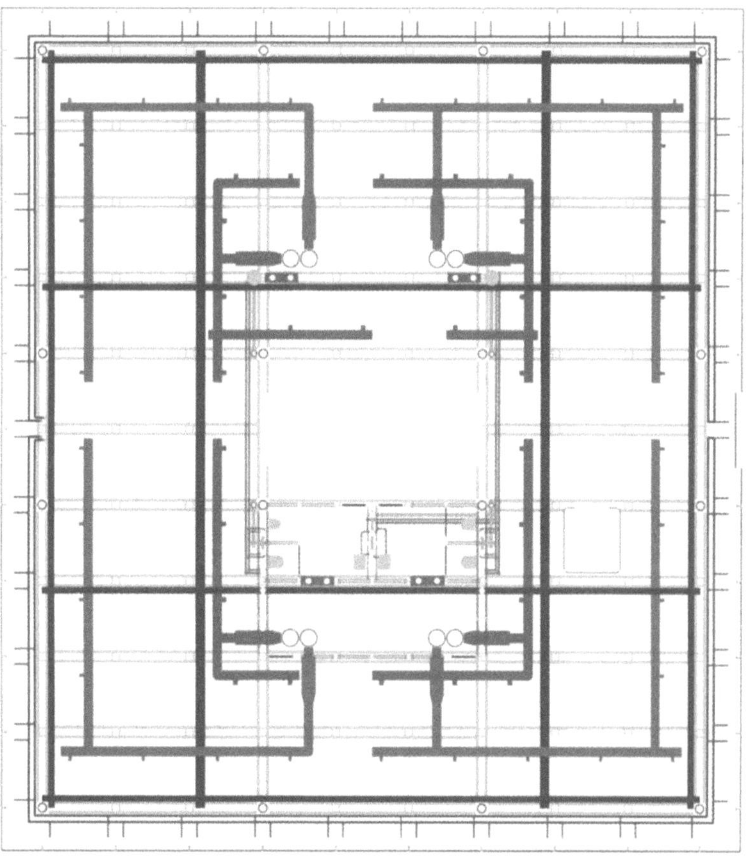

grundriss 1 : 200

Abb. 17 planungsbeispiel mit dem gesamtbaukasten MIDI-ARMILLA
ein gebäude zum fortwährenden umbauen, zubauen, abbauen

B15 Virtuelle und physische Mobilität – Neue Herausforderungen der Verkehrsforschung

W. Rothengatter, D. Zumkeller

Verkehrswachstum in der seit Jahrzehnten erlebten Intensität droht den Charakter einer unbeeinflussbaren Schicksalhaftigkeit zu bekommen. Dabei sind die Zusammenhänge durchaus nachvollziehbar. Zunehmende Spezialisierung in der Nutzung des Raums und wachsende Arbeitsteilung in den Produktionsprozessen sowie steigender individueller Mobilitätsbedarf bilden in grober Zusammenfassung die treibenden Kräfte für ein nach wie vor dynamisches Verkehrswachstum. Angesichts der dabei auftretenden Ambivalenz von ökonomisch-positiven und ökologisch-negativen Wirkungen dieses Verkehrswachstums befindet sich der Planer bei flüchtigem Hinsehen in einer Zwickmühle: verbessert er die Verkehrsverhältnisse im Sinne erhöhter Kapazitäten und steigender Reisegeschwindigkeiten, dann führt dies zu einer kurzfristigen Änderung negativer Symptome, aber eben zeitversetzt auch zu einem weiteren Anreiz

Abb. 1   BAB-Anschluss Karlsruhe – Rüppurr – Ettlingen, früher (1962) und heute (2000)

für zusätzliches Wachstum von physischem Verkehr, welches dann seinerseits zu neuen Symptomen und Störungen führt. Die angestrebte Verbesserung der Verkehrsverhältnisse wird also nach einer gewissen Zeit wieder zunichte gemacht – die zunächst begrüßten und gepriesenen Projekte werden zum Opfer ihres eigenen Erfolgs (s. Abb. 2).

Dieser Wachstumsprozess stößt je nach Problemlage früher oder später an Grenzen. Dies reicht von lokal sehr begrenzten Problembereichen (Kernbereiche von Metropolen, Engpässe im Autobahnnetz und zunehmend auch im Flug- und Bahnnetz) bis hin zu bundesweiten oder sogar globalen Problemlagen (regional wirksame Schadstoffemissionen, CO_2-Problematik, Treibhauseffekt usw.). Folgerichtig erreicht dieser Problemdruck angesichts zunehmender Restriktionen beim weiteren Ausbau der Verkehrsinfrastruktur mehr und mehr auch bisher verschont gebliebene Räume und Zeiten.

Die Auswege waren häufig Umwege. Die Liste dieser Ausweichmanöver ist lang. So hat man zunächst versucht, durch den Ausbau des Straßennetzes einen Bypass nach dem anderen zu setzen. Die Folgen waren – ganz im Sinne eines vernetzten Systems – jeweils Verkehrszusammenbrüche an wechselnden Orten und kräftig steigende Verkehrsleistungen auf den neuen Netzteilen. Stadtautobahnen in den Kernbereichen von Ruhrgebietsstädten und anderen Verdichtungsräumen sind noch heute fossile Zeugen dieser Ausbauphase. Ebenso lag es nahe, im Zuge der Suburbanisierung noch nicht erschlossene Flächen einzubeziehen und dort die negativen Wirkungen des Straßenverkehrs durch eine geschicktere Gestaltung zu dämpfen. Schließlich musste auch der Verkehrsteilnehmer selbst sein Verhalten ändern und stärker in verkehrsschwache Zeiten oder zu alternativen Verkehrsmitteln ausweichen, um noch zügig voranzukommen. In jüngster Zeit wird nun versucht, durch intelligente Betriebsstrategien unter Nutzung der Telematik und eine darüber hinausgehende Einbeziehung der Telekommunikation weitere Reserven zu mobilisieren.

Problemlösungen dieser Art sind entstanden in der Vorstellung, dass „eines Tages" ein stabiler Gleichgewichtszustand erreicht wird, der durch eine Sättigung des Mobilitätsbedarfs gekennzeichnet ist. Jüngere Forschungsergebnisse geben mittlerweile Grund zu der Annahme,

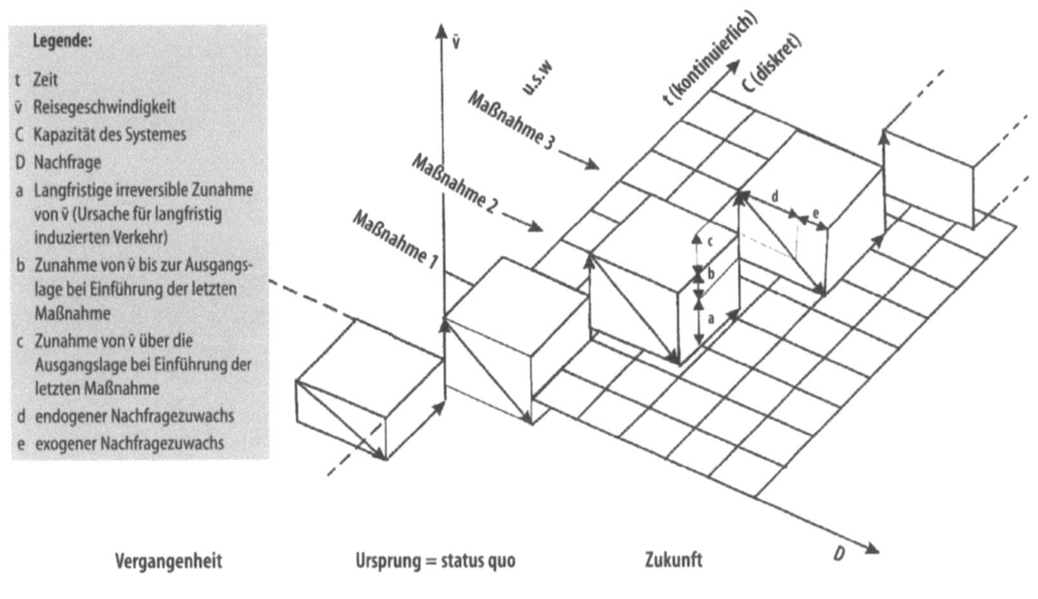

Abb. 2 Prozess der maßnahmeinduzierten Verkehrsnachfrageentstehung

dass diese Vorstellung falsch ist, da eine Vielzahl von vermuteten Niveaus dieser Sättigung bereits überschritten ist. Folgerichtig sind Mobilitätsbedürfnisse gegen verkehrsfremde Anforderungen an die Stadt- und Umweltqualität abzuwägen. Und das heisst, dass die Integration und Intermodalität von Verkehrssystemen, aber auch die Beiträge von Telematik und Telekommunikation soweit voranzutreiben sind, dass einerseits weiterhin positive ökonomische Beiträge eines integriert zu betrachtenden Raumüberwindungssystems erwartet werden können, andererseits unsere Städte und Regionen, aber auch unser Globus eine angemessene ökologische Entwicklungschance behält.

I Konsequenzen der europäischen Integration und der Globalisierung für die Verkehrsentwicklung

Die Grenzen für die Bewegung von Gütern, Personen, Nachrichten und Kapital sind mit der Schaffung des europäischen Binnenmarktes seit dem Jahre 1993 gefallen. Berücksichtigt man, dass sich Norwegen und die Schweiz weitgehend den EU-Rahmenbedingungen angepasst haben und sich einige mittel- und osteuropäische Nachbarländer auf einen baldigen Beitritt vorbereiten, so umfasst der gemeinsame Wirtschaftsraum über 400 Millionen Einwohner und ein Sozialprodukt von über 8 Billionen EURO. Innerhalb des integrierten Wirtschaftsraumes werden Spezialisierung und Arbeitsteilung beschleunigt, so dass die Produktion sich räumlich weiter verteilt. Als Bestandteil des Globalisierungsprozesses trägt die europäische Wirtschaftsintegration dazu bei, dass die Bewegung von Vorleistungen und Endprodukten im Raum erheblich zugenommen hat. Dies äußert sich weniger in der Zunahme des Güteraufkommens in Tonnen, da die Massengüter, wie Kohle oder Stahl, an Bedeutung verlieren, als in einer drastischen Ausdehnung der Transportentfernungen. Manche Bauteile, wie etwa Mikro-Chips, werden im Zuge der Teilefertigung mehrmals um die Welt bewegt. Die verbesserten Möglichkeiten der Telekommunikation oder der Datenverarbeitung gestatten heute eine weltweite Prozesssteuerung von

Fertigung und Transport, wie sie früher nur innerhalb eines Betriebsareals möglich war. Somit nutzen nicht nur Großunternehmen die weltweiten Produktionsverflechtungen, sondern auch mittlere und kleinere Unternehmen sind in diese Prozesse eingebunden.

Die Struktur des Güterverkehrs hat sich im Zuge der Globalisierung und Wirtschaftsintegration grundlegend geändert. Die Verkehrsmittel mit hoher Massenleistungsfähigkeit, wie Schiff und Eisenbahn, verlieren an Bedeutung. Dagegen ist der Lkw-Verkehr stark angewachsen und hat in der EU bereits einen Marktanteil von über 73% erreicht (s. Abb. 3). Innerhalb des Lkw-Verkehrs liegt das größte Wachstum nicht bei den „Schwergewichten", den 40-Tonnern, sondern bei den Klein-Lastwagen. Diese werden im Direktverkehr mit Einzelladungen („Single Sourcing") vom Lieferanten zum Kunden eingesetzt und können kurzfristig, flexibel sowie preiswert auf den jeweiligen Transportbedarf eingestellt werden. Die „Single Sourcing"-Logistik hilft, die Dispositionszeiten zu verkürzen, führt aber andererseits zu einer starken Inanspruchnahme der Straßenkapazitäten, weil die Zahl der Fahrzeugbewegungen enorm zunimmt. Die Wirtschaft hat im Zuge der logistischen Fortschritte die Lagerhaltung weitgehend auf die Straße verlegt, wo die Engpässe zunehmen und entsprechend von der Wirtschaft selbst beklagt werden, weil die Zuverlässigkeit der Straßenverkehrslogistik nachlässt.

Auf der Straßeninfrastruktur trifft der dynamisch expandierende Güterverkehr auf einen nach wie vor stetig anwachsenden Pkw-Verkehr. Die Vorliebe für das Autofahren ist ungebrochen und führt dazu, dass im Gesamtverkehr etwa 80%, im Fernverkehr sogar über 90% der Wege mit dem Automobil durchgeführt werden. Bei der Wertschätzung für das Automobil mischen sich rationale Motive, wie Schnelligkeit, Wirtschaftlichkeit oder Komfort, mit irrationalen Motiven, wie Selbstdarstellung oder Prestige-Bedürfnis. Dies äußert sich dadurch, dass Autofahrer Pkw bevorzugen, die im Hinblick auf die herrschenden Straßenverhältnisse stark übermotorisiert sind, dass sie Off Road

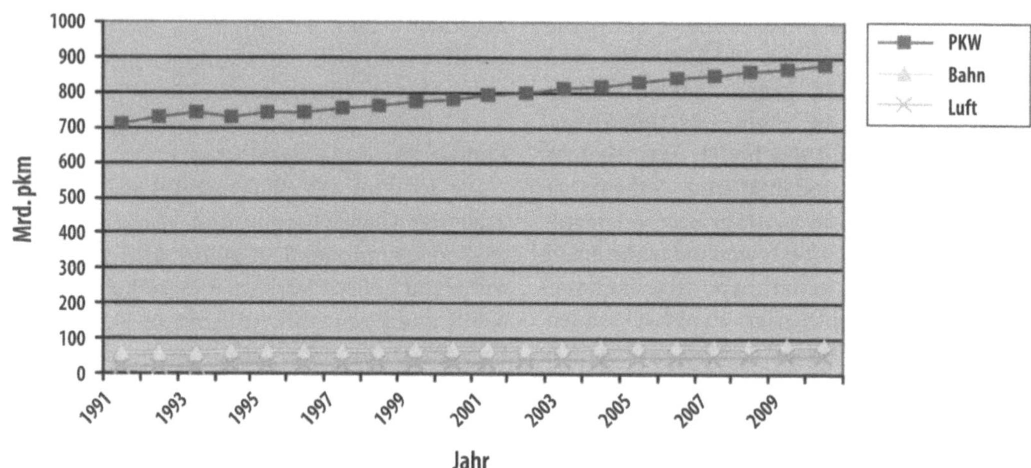

Im Personenverkehr auf der Straße sind mäßige Steigerungen der Verkehrsleistungen zu erwarten, wobei die Pkw-Fahrleistungen aufgrund der abnehmenden Besetzungsgrade stärker nach oben gehen. Die Personenverkehre auf der Bahn steigen etwas schneller, allerdings von einem sehr niedrigen Niveau, so dass keine Trendwende in Sicht ist. Der Luftverkehr steigt mit der höchsten Wachstumsrate (5-7% p.a.) und erreicht 2010 die Inlandsverkehrsleistung der Bahn.

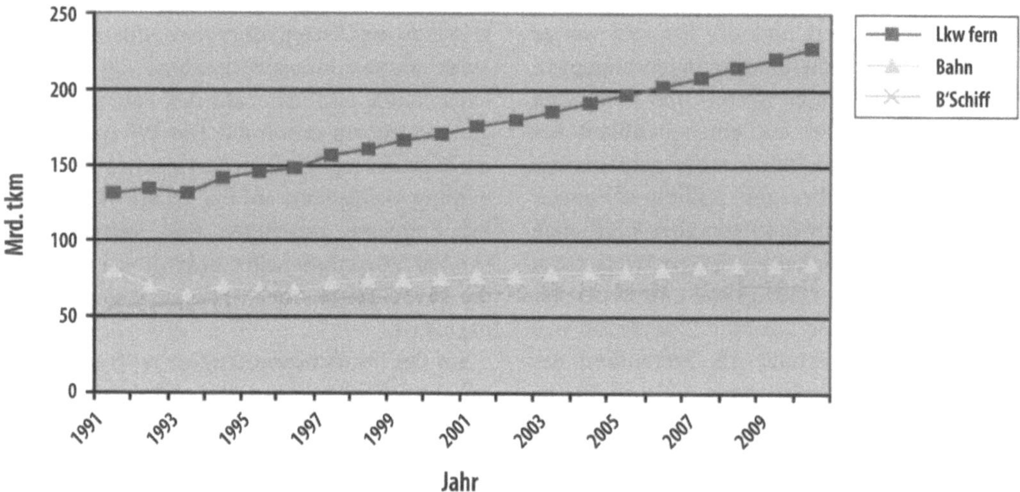

Im Güterverkehr ist das Wachstum des Straßengüterverkehrs ungebrochen und wird unter Trendbedingungen die Entwicklung von Bahn und Binnenschiff klar dominieren. Die Anteile am Güterverkehr werden sich weiter zugunsten der Straße verschieben.

Abb. 3   Entwicklung der Verkehrsleistungen und Trendschätzung bis 2010

Fahrzeuge kaufen, obwohl sie nie im Gelände fahren, oder Trucks erstehen, obwohl sie nicht regelmäßig Lasten zu transportieren haben. Der Besitz eines Pkw ist entsprechend der mit ihm verbundenen Wunschbilder auch mit „Wunschgeschwindigkeiten" verbunden, die bei der Fahrt angestrebt werden. Diese können aufgrund der Straßenqualitäten und der herrschenden Verkehrsdichten häufig nicht gefahren werden, so dass sich Pkw-Fahrer und Unternehmen des Gütertransports in Bezug auf die Unzufriedenheit über die herrschenden Straßenverkehrsverhältnisse einig sind. Mit vereinten Kräften rufen Clubs und Verbände nach dem Staat, um ihn zum Ausbau der überlasteten Straßeninfrastruktur zu bewegen.

Auf der anderen Seite bewegen sich die Eisenbahnen Europas dahin, ein Randphänomen des Verkehrsmarktes zu werden. Im Güterverkehr haben sie gerade noch 14% und im Personenverkehr noch 6% Anteil am überregionalen Verkehrsmarkt (s. Abb. 3). Bei dieser Entwicklung haben drei Gründe eine maßgebliche Rolle gespielt:

1. Die Bahn konnte als spurgeführtes Verkehrsmittel nicht den Verkehrswünschen folgen, die sich zunehmend dispers in die Fläche bewegen.
2. Die europäischen Bahnunternehmen sind im Staatsbesitz und haben sich im Gegensatz zu den privaten Straßenverkehrsunternehmen nicht auf die Bedürfnisse des Marktes einstellen können.
3. Die Vorzüge des Bahnverkehrs liegen zum Teil in der wesentlich höheren Sicherheit und Umweltverträglichkeit. Beide Eigenschaften werden am Markt nicht honoriert und vom Staat nicht in entsprechende Besteuerungstatbestände umgesetzt.

Im Personenverkehr kommt hinzu, dass der Luftverkehr in den letzten 20 Jahren einen geradezu dramatischen Aufschwung genommen hat. Die Wachstumsraten liegen in der Größenordnung von 5% bis 7%, so dass etwa alle 10 bis 15 Jahre eine Verdoppelung des Luftverkehrs zu beobachten ist. Sein Marktanteil ist von einem niedrigen Ausgangsniveau 1970 in Höhe von 2% inzwischen auf über 6% im europäischen Personenfernverkehr angewachsen und somit bereits stärker als der der europäischen Eisenbahnen. Aufgrund des stürmischen Wachstums wird auch im Luftverkehr über Kapazitätsengpässe geklagt. Dies bezieht sich einerseits auf die Flugsicherung, die zur Zeit durch organisatorische und technische Umstellungen Probleme mit der pünktlichen Abfertigung der Flugzeuge hat, wie auch auf die Start- und Landekapazitäten (Slots) an den Flughäfen. Im Unterschied zu anderen Verkehrsträgern sind die Luftverkehrsgesellschaften für die Finanzierung der Flugsicherung selbst verantwortlich, so dass sich die Klage über die unzureichenden Kapazitäten nicht allgemein an den Staat richtet, sondern in erster Linie an luftfahrteigene Organisationen wie EUROCONTROL oder ICAO.

Infrastrukturgestaltung

Das zu beobachtende Verkehrswachstum fordert eigentlich dazu heraus, primär die Kapazitäten im Luft- und im Straßenverkehr auszudehnen. Diese einfache Strategie löst aber die Probleme nur kurzfristig und führt langfristig zu Konflikten mit den Zielen der Sicherheit und des Umweltschutzes. Aus diesem Grunde hat die Bundesregierung im Jahre 1992 den ersten gesamtdeutschen Verkehrsplan so angelegt, dass Schienen- und Straßeninfrastruktur etwa gleichgewichtig ausgebaut werden sollten, obwohl der Schienenverkehr im Niveau weit niedriger liegt und keine positive Wachstumsentwicklung zeigt. In eine ähnliche Richtung geht die Europäische Union mit ihrem Vorschlag der transeuropäischen Netze (TEN). Diese umfassen Energie-, Kommunikations- und Verkehrsnetze, die im europäischen Kontext für wesentlich gehalten werden, um die europäische Wirtschaftsintegration zu fördern. Die TEN sind Gegenstand der Maastrichter Verträge von 1992 und in Leitlinien der Europäischen Kommission und des Europäischen Parlaments im Jahre 1996 konkretisiert worden. So umfasst das Netz der TEN rund 70.000 km Schienenstrecken (22.000 km Neubau- oder Ausbaustrecken für Hochgeschwindigkeitszüge), 78.000 km Straßen (darunter 15.000 km Neubau), Korridore und Terminals für den kombinierten Verkehr, 267 Flughäfen und Netze der Binnenwasserstraßen und der Seehäfen. Als Ergebnis des Ausbaus dieses umfangreichen europäischen Netzwerks erwartet die Kommission eine starke wirtschaftliche Belebung, die aus der verbesserten Erschließung der europäischen Wirtschaftsräume resultiert.

Die Kosten für die Realisierung dieser Pläne werden auf rund 1 Billion DM geschätzt. Angesichts dieser riesigen Investitionssumme hat sich der Europäische Rat bei seinem Gipfel in Essen 1994 auf die 14 „Essen-Projekte" verständigt, die besonders vordringlich verfolgt werden sollen. Darunter sind 11 Bahnprojekte, 2 Straßenprojekte und 1 Flughafenprojekt (Malpensa, Mailand). Das Finanzvolumen der prioritären Essen-Projekte macht immerhin noch rund 180 Milliarden DM aus. Da die EU-Kommission nur ein kleines Budget für die TEN zur Verfügung gestellt hat, sind aus TEN-Mitteln höchstens Anlaufkosten finanzierbar, so dass die Hauptlast der Finanzierung bei den beteiligten Ländern liegt.[1]

In vielen Ländern sind aber die öffentlichen Haushalte mit der Aufgabe der Verkehrsinfrastrukturfinanzierung überfordert. Dies gilt insbesondere für die Bundesrepublik, wo der Bundesverkehrswegeplan, der bis zum Jahr 2012 realisiert werden sollte, mit etwa 70 Milliarden DM unterfinanziert ist, so dass dieser Plan bei einer Beschränkung auf die Haushaltsfinanzierung erst im Jahre 2028 realisiert werden könnte. Aus diesem Grunde haben die Europäische Kommission, aber auch die Bundesregierung hochrangige Kommissionen eingesetzt, um die Einsatzmöglichkeiten alternativer Finanzierungsformen zu prüfen. Dabei ist klar, dass eine echte Haushaltsentlastung nur dann möglich ist, wenn die Infrastrukturbenutzer selbst kräftige Finanzierungsbeiträge leisten, also für die Straßen etwa Maut-Gebühren eingeführt werden. Diese in Deutschland sehr unpopuläre Finanzierungsform hat auch ihre positiven Seiten: In Frankreich zum Beispiel ist die kilometrische Länge der Autobahnen aufgrund der Gebührenfinanzierung innerhalb der letzten 35 Jahre von rund 1.000 km auf etwa 8.500 km angewachsen. Dieses Rekordtempo für den Ausbau hochwertiger Infrastrukturen

ist in keinem Land mit Hilfe einer reinen Haushaltsfinanzierung erreicht worden.

Während sich die Anlagen im Luftverkehr gleichfalls für eine private Finanzierung anbieten – hier gibt es wenig Grund für starke öffentliche Bezuschussungen –, wird die Schiene auf absehbare Zeit weiter durch den Staat gestützt werden müssen. Aber auch hier lässt sich der Anteil der durch Tarifeinnahmen erwirtschafteten Deckungsbeiträge in der Zeit erhöhen, wenn die Deregulierung im Schienenverkehr fortgesetzt wird und sich dadurch auf Dauer die Wettbewerbschancen des Bahnverkehrs verbessern.

Fahrzeugentwicklung

Die Entwicklung im Pkw-Bereich geht in zwei Richtungen. Auf der einen Seite werden die Verkehrsflächen knapper, die Energie teurer und die Umweltprobleme größer. Folglich gilt es, möglichst raumsparende, verbrauchsgünstige und umweltfreundliche Automobile zu entwickeln. Die Automobilindustrie hat in diese Richtung gearbeitet und der Kunde kann heute sowohl das 3m- wie das 3l-Auto kaufen. Auf der anderen Seite werden am Markt primär Fahrzeuge mit großem Raumangebot und starker Motorisierung nachgefragt und abgesetzt. Die durchschnittliche PS-Leistung der neu zugelassenen Pkw steigt stetig, so dass sich wegen dieses „Aufrückeffekts" auch der durchschnittliche Kraftstoffverbrauch trotz Senkung der DIN-Verbräuche in jeder Fahrzeugklasse in der Zeit wenig geändert hat. Die Umweltverträglichkeit neu zugelassener Pkw hat sich, bezogen auf Schadstoffe wie Kohlenmonoxid, Stickoxide oder Kohlenwasserstoffe, deutlich verbessert. Verkehrslärm, Partikelemissionen und das verbrauchsabhängige Kohlendioxid werden dagegen langfristige Probleme bleiben. Die Automobilindustrie arbeitet an neuen Antriebstechniken, wie der Brennstoffzelle, die die Energienutzung und Umweltverträglichkeit revolutionieren würde, wenn Wasserstoff als Energiequelle verwendet werden könnte (s. Abb. 4). Produktion, Verteilung und Tankgewicht dieses Energieträgers stellen aber schwer lösbare Probleme dar, die eine baldige Markteinführung behindern.

---

1 Dies gilt nicht für Kohäsionsländer und Infrastrukturinvestitionen in strukturschwachen Gebieten, die zusätzlich aus dem Regionalfonds und dem Kohsionsfonds mit hohen Summen gefördert werden können.

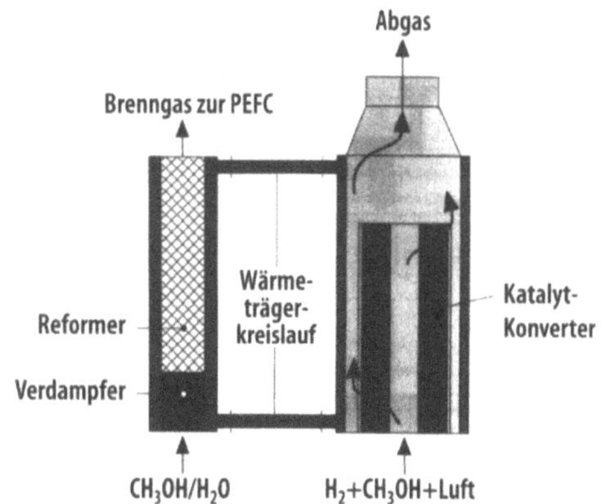

Abb. 4 Brennstoffzellenfahrzeuge – Antriebskonzept

Lkw werden im Gegensatz zu Pkw grundsätzlich nach wirtschaftlichen Erwägungen dimensioniert und eingesetzt. Das Einsparpotential beim Energieverbrauch ist daher geringer. Da in Europa praktisch ausschließlich Dieselantriebe eingesetzt werden, ist auf absehbare Zeit mit Umweltbelastungen durch Partikel zu rechnen, die im Verdacht stehen, krebserregend oder krebsfördernd zu wirken. Die Brennstoffzelle könnte auch für Lkw und Busse langfristig ein Technologiesprung in Richtung Energieeffizienz und Umweltverträglichkeit bedeuten. Ansonsten wird sich die Lkw-Entwicklung primär in Richtung auf optimierte Fahrzeuggrößen und flexible Wechselaufbauten konzentrieren.

Auch im Luftverkehr sind starke Fortschritte bei der Wirtschaftlichkeit und Umweltverträglichkeit zu erwarten. Weiterentwicklungen der Turbinentechnik, neue Werkstoffe, optimierte Flügelformen und Großraumflugzeuge für mehr als 800 Passagiere dürften in absehbarer Zeit auf den Markt kommen. Allerdings ist zu sehen, dass der technische Fortschritt in der Luftfahrtindustrie nur zu einer Erhöhung der Verbrauchs- und Umwelteffizienz in einer Größenordnung von etwa 1% pro Jahr führt. Die Steigerungsraten im Luftverkehr liegen aber bei 5%–7%, so dass per Saldo die Umweltgefährdungspotentiale durch den Luftverkehr exponentiell wachsen. Auch hier bietet sich die Brennstoffzelle als Lösungsmöglichkeit an, aber im Gegensatz zu den bodengebundenen Verkehrsmitteln ist auch das von den Brennstoffzellen emittierte Wasser nicht unproblematisch, wenn es in großen Höhen als Wasserdampf emittiert wird.

Im Bereich des spurgeführten Verkehrs stehen die Entwicklungen von Hochgeschwindigkeitsbahnen und Magnetschwebetechniken im Vordergrund des Interesses. Bereits im Probebetrieb befindet sich die dritte ICE-Generation, der ICE 3, der später u.a. auf der Strecke Köln-Rhein/Main eingesetzt wird. Diese Zuggeneration setzt neue technische Maßstäbe, da sie auf schwergewichtige Triebköpfe verzichtet und die Antriebsmotoren in die Fahrwerke integriert. Als Mehrstromsystem wird dieser Zug in mehreren Ländern Europas fahren, mit Sicherheit in Holland und der Schweiz, wahrscheinlich auch in Frankreich und Österreich.

Die Entwicklung der Magnetschwebetechnik bei spurgeführten Systemen ist in Deutschland am weitesten fortgeschritten und soll auf der Strecke zwischen Hamburg und Berlin umgesetzt werden. Aufgrund der fehlenden Wirtschaftlichkeit durch die hohen Kosten des Fahrweges ist das Projekt fraglich geworden. In der Schweiz wird auf Basis der Transrapidtechnik das sog. Swiss-Metro-System entwickelt (s. Abb. 5). Die magnetisch geführten und von Linearmotoren bewegten Fahrzeuge sollen dabei in teilva-

Abb. 5 Swiss-Metro-Konzept

kuumierten Tunnelröhren operieren und somit vollkommen belästigungsfrei für die Menschen und abgeschirmt von äußeren Einflüssen sein. Da außerdem durch die Fahrt im Teilvakuum der Luftwiderstand sehr gering ist und somit die Energieverbräuche gegenüber der deutschen Transrapidlösung deutlich niedriger liegen, präsentiert sich die Swiss-Metro als besonders konsequent durchdachtes Zukunftssystem.

Vernetzung und Intermodalität

Analysiert man die gegenwärtige Nutzung unseres Verkehrssystems, dann zeichnet sich ein relativ hoher Anteil von Ortsveränderungen ab, die bei Anlegen objektiver Maßstäbe hinsichtlich der benutzten Verkehrsmittel nicht als optimal angesehen werden können. Dabei wird als Optimalitätskriterium zu Grunde gelegt, dass negative Auswirkungen auf die Umwelt zu minimieren und gleichzeitig der für die Funktionen einer modernen vernetzten Gesellschaft notwendige Mobilitätsbedarf bereitgestellt wird. Dieses Defizit beruht vielfach darauf, dass der Benutzung mehrerer Verkehrsmittel in Kombination (Intermodalität, auch über den Tag hinaus), insbesondere an den Schnittstellen, erhebliche Hemmnisse entgegenstehen.

Ursachen für dieses Mobilitätsverhalten sind unzureichende, fehlende oder falsche Kenntnisse, Gewohnheiten, Grundeinstellungen, Trägheit – kurzum subjektive Erfahrungen und Habitualisierungen, die das Verhalten bestimmen. Diese „Gebundenheit" an ein Verkehrsmittel wird zusätzlich durch Kostenstrukturen (z.B. der hohe Fixkostenanteil bei der Haltung eines privaten Pkw) unterstützt und verfestigt. Als Konsequenz dieses Verhaltens finden wir unzureichende Verknüpfungsmöglichkeiten zwischen einzelnen Verkehrsträgern vor. Diese Verknüpfungsdefizite bestehen vordergründig in einer unzureichenden Gestaltung der physischen Schnittstellen (Bahnhöfe, Umsteigepunkte, Flughäfen, usw.), schwerwiegender scheint jedoch im virtuellen Bereich die gebrochene Informationskette (keine durchgehende Information über benutzbare Verkehrsmittel, keine durchgehenden Fahrausweise usw.) eine intermodale Nutzung unseres Verkehrssystems zu behindern. Die Folgen sind eine räumlich und zeitlich stark heterogene Auslastung unseres Verkehrssystems mit teilweise erheblichen Überlastungen bei gleichzeitig verfügbaren Kapazitätsreserven an anderer Stelle.

Insgesamt ist nur unzureichend bekannt, in welchem Ausmaß diese Faktoren Einfluss auf die Wahrnehmung und das resultierende Verhalten von Verkehrsteilnehmern ausüben. Deshalb besteht erheblicher Forschungsbedarf in der Frage, unter welchen Bedingungen ein monomodal orientierter Verkehrsteilnehmer (an den Pkw oder auch öffentliche Verkehrsmittel gebundene Personen) sein Verhalten zu Gunsten einer multimodalen Benutzung verändert. Notwendig sind hierzu im zeitlichen Längsschnitt über längere Zeiträume angelegte Beobachtungen und Befragungen (Panel), die an der Fridericiana bereits zu Beginn der 90er Jahre initiiert wurden und nunmehr einen Beobachtungszeitraum von einigen Jahren überdecken. Auf der Grundlage solcher Beobachtungen und Analysen können Maßnahmen entwickelt werden, die auf eine stärker intermodal orientierte Nutzung der physischen und virtuellen Infrastruktur abzielen.

Diese Vernetzung der Verkehrssysteme betrifft den Personen- und Güterverkehr genauso wie den Nah- und Fernverkehr. Dabei zeigt ein Blick auf den Fernverkehr, dass nicht nur überkommene Schnittstellenprobleme im eigenen Land, sondern angesichts des immer stärker zusammenwachsenden Europas und auch globaler Märkte Schnittstellen zwischen den überkommenen Nationalstaaten unsere besondere Aufmerksamkeit verdienen. Offensichtlich ist dabei, dass neben physischen Problemen (verschiedene Normen, Spurbreiten, Interoperabilität usw.) die zusätzlich durch verschiedene Sprachen gebrochene Informationskette wesentliche Ansatzpunkte zur weiteren Förderung von Vernetzung und Intermodalität im internationalen Rahmen bietet.

Telekommunikation und Telematik

ATT (Advanced Transport Telematics) ist das Kürzel für eine neue, von Informationen durchdrungene Verkehrswelt. Dabei bietet sich entsprechend der bereits abgelaufenen Entwicklung eine Einteilung in die folgenden drei Gruppen an:

a) Technologien zur Beeinflussung des Straßenverkehrs für eine gegebene Verkehrsmenge,

b) Nutzerinformationssysteme zur Beeinflussung individueller und intermodaler Verkehrsverhaltenskomponenten im Hinblick auf eine Veränderung der Menge von physischem Verkehr (andere Abfahrtszeit, anderes Verkehrsmittel, Reduzierung, Vermeidung, Ersatz durch Telekommunikation) und

c) Telekommunikation (Teleworking, -learning, -shopping, -banking usw.) zur Substitution von Verkehrsvorgängen oder deren Effizienzsteigerung (bessere Vor- und Nachbereitung).

Damit wird deutlich, dass sich ATT-Technologien nach a) auf eine bessere Abwicklung der Verkehrsmengen (mit geringen Kapazitätserhöhungen, Umweltneutralität und geringerer Störanfälligkeit) durch den Einsatz verschiedener Dienste (Fahrzeugführungssysteme, dynamische Wegweisung, Parkleitsysteme, dynamische Park+Ride-Wegweisung, ÖPNV-Informationssysteme usw.) konzentrieren. Denkt man darüber hinaus an eine Integration derartiger Telematiksysteme über zentrale Verkehrsleitrechner, dann wird deutlich, dass es um eine Vermeidung zeitlicher oder lokaler Zusammenbrüche des Verkehrssystems im Hinblick auf eine hohe Operationalität und Verlässlichkeit geht. Die Verkehrsmenge selbst wird durch solche Systeme nicht beeinflusst, da sie erst wirksam werden können, wenn die Fahrt bereits angetreten ist.

Systeme nach b) zielen im Gegensatz hierzu auf eine Modifikation eines oder mehrerer Elemente des Transportvorgangs selbst (Änderung der Abfahrtszeit, Veränderung des Ziels, Veränderung des gewählten Verkehrsmittels) bis hin zu seinem Entfall ab. Hier sind also Informationssysteme angesprochen, die z.B. am Wohn- oder Arbeitsplatz über aktuelle Belastungszustände, resultierende Fahrzeiten oder sogar zeitlich variable Preise für die Benutzung bestimmter Verkehrssysteme (einschließlich möglicher Straßenbenutzungsgebühren) informieren. Insbesondere bei Straßenbenutzungsgebühren steht in diesem Zusammenhang auch eine aktivere Beeinflussung des Verkehrsverhal-

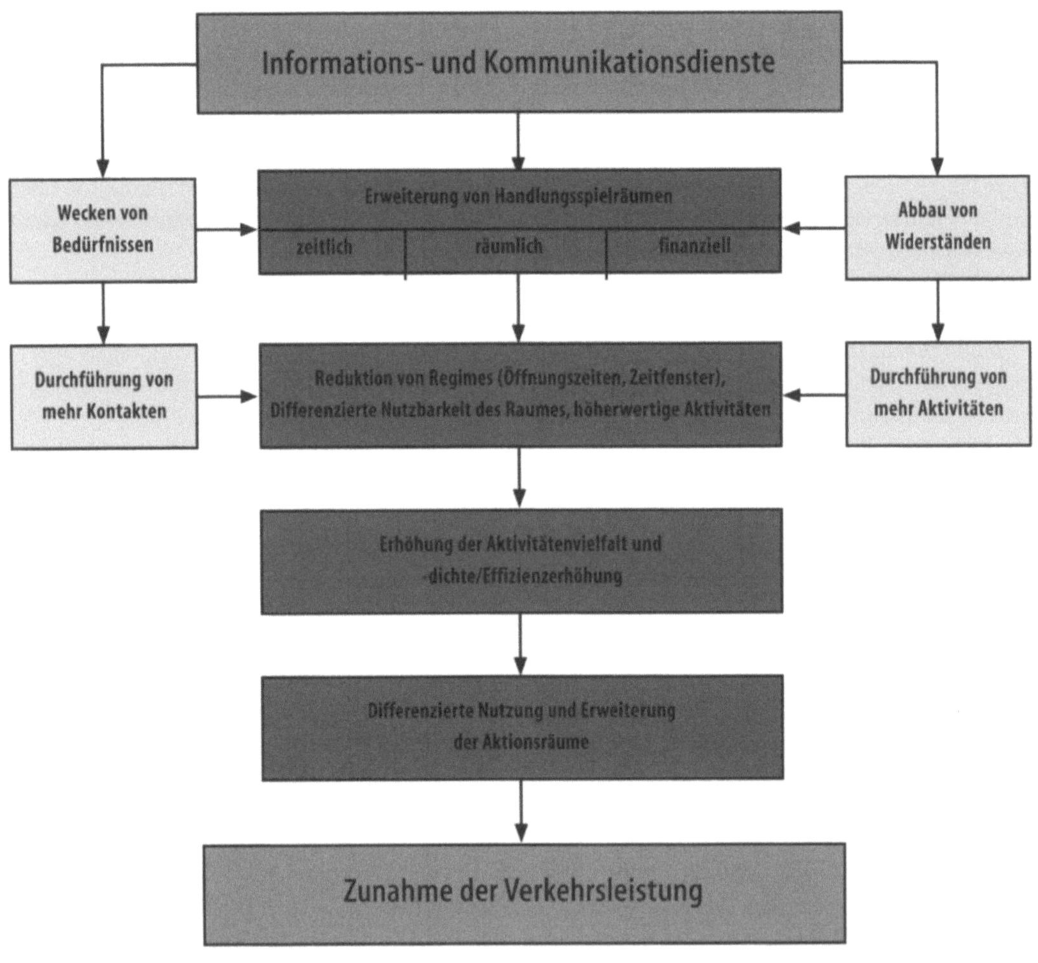

Abb. 6   Wirkungen von I- und K-Techniken und Dienste auf Aktivitätenausübung und Mobilität

tens zu Gunsten kollektiv günstiger Belastungszustände des Netzes im Hinblick auf Kapazitäts- und Emissionsprobleme im Mittelpunkt der Überlegungen.

In einer weitergehenden Vision nach c) rücken damit auch virtuelle Raumüberwindungen durch Kommunikationstechnologien (Nutzung von Telefon, Fax, Email, Internet usw.) als integraler Bestandteil des räumlichen Interaktionsmusters von Individuen ins Blickfeld.

Diese Entwicklung hin zu einer stärkeren Integration von Telematik/ Telekommunikation macht deutlich, dass die fraglos existierenden Interaktionen zwischen virtueller und physischer Mobilität nach Art und Umfang nur unzureichend bekannt sind. Diese Tatsache stützt die Vermutung, dass ein verbessertes Verständnis unseres räumlichen Verhaltens und der zugehörigen Wachstumsprozesse möglich wird, wenn eine intrapersonelle Darstellung von virtuellem und physischem Verkehr – also aller Raumüberwindungsvorgänge – möglich wird, um die bisher getrennten Sichtweisen von Verkehrsplanung und Nachrichtentechnik zusammenzuführen. Denn beide Elemente räumlichen Verhaltens dienen zwar gleichermaßen dem wirtschaftlichen Wachstum, beeinträchtigen jedoch in unterschiedlicher Weise unsere ökologische Lebensgrundlage. So gesehen eröffnet sich an dieser Stelle die Frage, ob das ambivalente Wirkungsspektrum von (positivem) Wirtschaftswachstum und (negativem) ökologischem Einfluss des physischen Verkehrs durch Telekommunikation aufgebrochen werden kann. Damit entstehen Fragestellungen wie

▸ ist Telekommunikation als Ersatz für den physischen Verkehr geeignet (Substitutionsthese)?
▸ erhöht Telekommunikation den physischen Verkehr (Komplementärthese)?
▸ inwieweit beeinflussen neue Telekommunikationsdienste
  a) den Bereich des physischen Verkehrs,
  b) den Einfluss des Raumüberwindungssystems auf mögliches Wirtschaftswachstum?

▸ ist es möglich, die wechselseitigen Beziehungen von physischem und virtuellem Verkehr in einem (Simulations-)Modell zu veranschaulichen oder sogar zu operationalisieren?

Die Antworten auf diese Fragen sind bruchstückhaft, erste Ergebnisse machen bereits deutlich, dass verfrühte Hoffnungen auf erhebliche Substitutionspotentiale ungerechtfertigt sind, andererseits die Zusammenhänge zwischen virtueller und physischer Mobilität wesentlich über das hinausgehen, was zur Zeit in Planungsmethoden und -überlegungen einbezogen wird. Vor uns steht also die Aufgabe, Antworten auf die Frage zu finden, wie neue Telekommunikati-

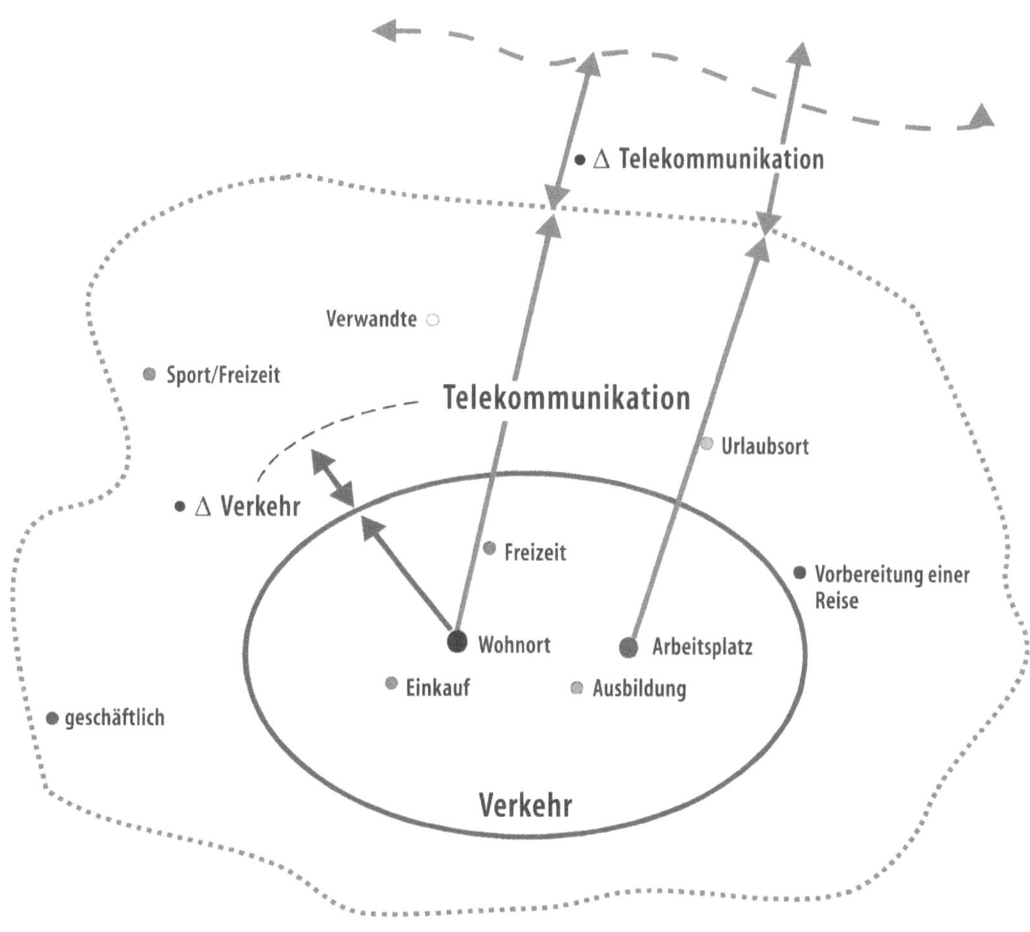

Abb. 7 Vernetzung zwischen Kommunikation und Verkehr

onsdienste unsere räumlichen Interaktionsmuster verändern. Detaillierte Auskünfte hierzu sind noch nicht möglich – eines zeichnet sich jedoch bereits heute ab: sowohl im virtuellen als auch im physischen Mobilitätsbereich ist vor dem Hintergrund zunehmender räumlicher Arbeitsteilung und regionaler Spezialisierung mit weiterem Wachstum zu rechnen (s. Abb. 6).

Dies jedoch nicht im Gleichschritt, sondern in voneinander abhängiger und in aufeinander abgestimmter Weise mit vermutlich stärkerem Wachstum im virtuellen Bereich (s. Abb. 7). Die Probleme lösen sich also offenbar nicht von selbst.

Verkehrsforschung an der Fridericiana – Ein interdisziplinäres Muster

Die skizzierten Denkansätze führen zu der Einsicht, dass in die Verkehrsforschung einzubeziehende Segmente und Disziplinen außerordentlich breit angelegt sein müssen, um den Fragestellungen gerecht zu werden. Diese Konsequenz für Forschung und Lehre wird an der Friedericiana sehr deutlich: es existiert ein breites Spektrum an beteiligten Disziplinen und Fakultäten sowie ein hohes Maß an Vernetzung zwischen diesen Disziplinen. Das verbindende Element ist die technisch-naturwissenschaftliche Grundlage, die ein gemeinsames Problemverständnis fördert und die gedankliche Plattform für interdisziplinäre Lösungsansätze bildet. So beteiligen sich zum Beispiel acht Institute der Friedericiana aus vier Fakultäten an einem Sonderforschungsbereichsantrag an die DFG zum Thema „Selbstorganisation von Verkehrssystemen durch I+K-gestützte Dienste" (SFB 1791). Gemeinsam mit dem Fraunhofer-Institut für Informations- und Datenverarbeitung, Karlsruhe, will dieses Team zeigen, wie man die Verkehrsprobleme durch Kombination von Technik, Planung, Organisation und Information angehen kann. Die wissenschaftliche Herausforderung liegt darin, ein integriertes Verkehrs- und Kommunikationssystem zu entwickeln, das sowohl den frei bestimmten Mobilitätswünschen der Verkehrsteilnehmer wie auch den Ansprüchen der Gesellschaft auf mehr Umweltschutz und soziale Gerechtigkeit nahekommt.

B16 Neue Werkzeuge für die Medizin – Medizintechnik und Biomedizin

O. Dössel (Editor)

unter Mitwirkung von

Th. Beth, A. Bolz, R. Dillmann, A. Giannis, P. Herrlich, U. Kiencke, J. Lenz, Th. Müller, K. D. Müller-Glaser, R. Paulsen, R. Riedlinger, K. Schweizerhof, W. Wiesbeck, H. Wörn

Visionen, Bedenken und Hoffnungen

Die Medizintechnik eröffnet uns immer neue und fantastische Möglichkeiten bei der Diagnose und Therapie von Krankheiten. Am liebsten schauen wir uns diese Errungenschaften entspannt im Fernsehen an. Als Patient, der verkabelt in eine Maschine geschoben wird, sind wir eher ängstlich, aber doch froh, dass uns – so hoffen wir – so gut wie möglich geholfen wird.

Hier ein paar Beispiele, was alles in ein paar Jahren möglich sein wird: Wir werden einmal pro Jahr unser Herz und Kreislaufsystem durchchecken lassen – ganz ohne Nebenwirkungen z.B. im Magnetresonanz-Tomographen (MRT). Verstopfte Herzkranzgefäße werden sofort geöffnet, der plötzliche Infarkt gehört der Vergangenheit an. Wir werden regelmäßig prüfen, ob irgendwo im Körper ein Tumor entsteht. Mit minimal-invasiven Methoden wird das kleine Problem sofort ambulant beseitigt. Ältere Menschen können leicht und angenehm zuhause verschiedene für die Gesundheit wichtige Größen kontinuierlich überwachen lassen. Jeder Alarm wird sofort an den behandelnden Arzt übermittelt. Alle unsere Patientendaten sind überall auf der Welt jederzeit verfügbar. Erteilen wir dem Arzt unseres Vertrauens die Zugangsberechtigung, so kann er alle Röntgenbilder und EKGs der letzten Jahre einsehen.

Biomedizin und Gentechnik – dazu haben wir ein gespaltenes Verhältnis in unserer Gesellschaft. Sofort fällt uns das geklonte Schaf ein, und ein geklonter oder gentechnisch veränderter Mensch erscheint am Horizont. Andererseits lassen sich junge Paare gerne beraten, ob sie befürchten müssen, dass ihr Baby eine Erbkrankheit haben wird. Zuckerkranke sind dankbar für das Insulin, welches gentechnisch modifizierte Bakterien hergestellt haben. In ein paar Jahren werden wir anhand unseres eigenen Genprofils erfahren können, für welche Krankheiten wir eine besondere Disposition in uns tragen und durch welche Vorsichtsmaßnahmen wir uns gezielt davor schützen können. Aus körpereigenen Zellen können wir uns eine „Ersatz-Leber" wachsen lassen. Wir werden Zellen unseres Körpers genetisch umprogrammieren, damit sie Krankheitserreger abwehren oder pharmakologisch wirksame Substanzen erzeugen.

Das Thema wirft viele ethische Fragen auf. Es ist erstaunlich, in welcher Breite Hans Jonas das Gebiet in seinem Buch „Technik, Medizin und Ethik" schon 1985 diskutiert hat. Die vielen kritischen Fragen werden besonders prägnant, wenn man sie an den beiden Grenzen des Lebens stellt: Geburt und Tod. Sollen Ärzte unter Einsatz aller Möglichkeiten der Medizintechnik ein Baby retten, welches in der 24. Schwangerschaftswoche zur Welt gekommen ist, auch wenn sie wissen, dass dieses Kind mit hoher Wahrscheinlichkeit einmal schwer behindert sein wird? Sollen Ärzte große Operationen an 90-Jährigen durchführen, wenn sie befürchten müssen, dass der Patient doch mit hoher Wahrscheinlichkeit nur eine kurze Lebensspanne ohne jegliche Lebensqualität gewinnt, oder sollte man einen solchen Patienten in Würde sterben lassen?

Zwei Punkte machen die Entscheidungen so besonders schwierig: „Mit hoher Wahrscheinlichkeit" bedeutet immer, dass Erfolg und Misserfolg im Einzelfall ungewiss sind. Ob ein Eingriff gelingt oder nicht, weiß man immer erst hinterher. Und der Ausdruck „Lebensqualität" ist auch ein unklarer Begriff: was für den einen Patienten noch ein lebenswertes Leben ist, mag für den anderen eine schreckliche Qual sein.

Auch die Gentechnik in der Medizin wirft viele Fragen auf: die freiwillige Kontrolle (Auslese?) am Embryo, um Erbkrankheiten zu verhindern (negative oder vorbeugende Eugenik), ist vertretbar. Aber auch hier stellen sich schwierige Fragen: ist Kurzsichtigkeit mit 10 Dioptrien eine krankhafte Erbanlage oder nicht? Bei der positiven Eugenik („Artverbesserung") ist eine Grenze überschritten, die (heute noch!?) nicht akzeptiert wird. Es ist unmöglich, die ethischen Fragestellungen hier erschöpfend zu diskutieren.

Medizintechnik führt noch zu ganz anderen gesellschaftlichen Problemen, welche die meisten Menschen viel stärker berühren als die Ethik: es geht um's Geld. Wieviel Medizintechnik können oder wollen wir uns leisten? Trägt Medizintechnik zur Kostenexplosion im Gesundheitswesen bei? Welche Leistungen können langfristig die Krankenkassen übernehmen? Werden sich reiche Menschen mehr Gesundheit kaufen können als arme? Auch dieses Thema kann an

dieser Stelle nicht weiter behandelt werden. Nur die Maßstäbe sollten ein wenig zurechtgerückt werden: Nur 5% der Gesamtausgaben für die Gesundheit in Deutschland kommen aus dem Sektor Medizintechnik. Dabei betragen die Investitionskosten sogar nur 1%. Die Folgekosten durch den medizinischen Einsatz der Geräte am Patienten liegen bei 4%. Der weitaus größte Teil der Ausgaben geht in die Bereiche Personal und Pharma. Sehr oft kann explizit nachgewiesen werden, dass durch Medizintechnik nicht nur die Qualität der Patientenversorgung verbessert werden konnte, sondern auch bei Anrechnung aller Kosten und Folgekosten letztlich Geld gespart wird.

Last but not least reden heute alle von Arbeitsplätzen: Medizintechnik ist ein riesiger Markt (200 Mrd. DM/a) mit hohen Steigerungsraten. Deutschland ist stark in diesem Markt vertreten. Medizintechnik sichert viele Arbeitsplätze in einem Zukunftsmarkt.

An der Fridericiana wird in vielen Instituten auf sehr unterschiedliche Weise in den Gebieten Biomedizin und Medizintechnik geforscht. Alle Forscher haben zuerst das Wohl der Patienten im Blick. Aber oft spielt auch das Wohl eines Unternehmens eine Rolle, mit dem zusammengearbeitet wird. Bei allen Forschungsprojekten werden ethische und gesundheitsökonomische Aspekte nach bestem Wissen und Gewissen mit berücksichtigt.

Der virtuelle Patient

Stellen Sie sich einen Computer vor, in dem ein vollständiges Modell Ihres Körpers gespeichert ist. Sie können das Modell aufschneiden und nachschauen, wie es drinnen aussieht. Aber auch ein Funktionsmodell der einzelnen Organe ist vorhanden. Sie können nachsehen, wie Ihr Herz funktioniert und was dort passiert, wenn Sie ein Medikament einnehmen. Das ist der Traum vom virtuellen Patienten. Der Arzt erkennt in der Diagnostik unmittelbar, welche Geweberegionen verändert und welche Prozesse gestört sind. Und – was noch viel wichtiger ist – er kann einen Therapievorschlag erst einmal am virtuellen Patienten ausprobieren. Er kann Wärme, elektrische Ströme oder Röntgenstrahlung in

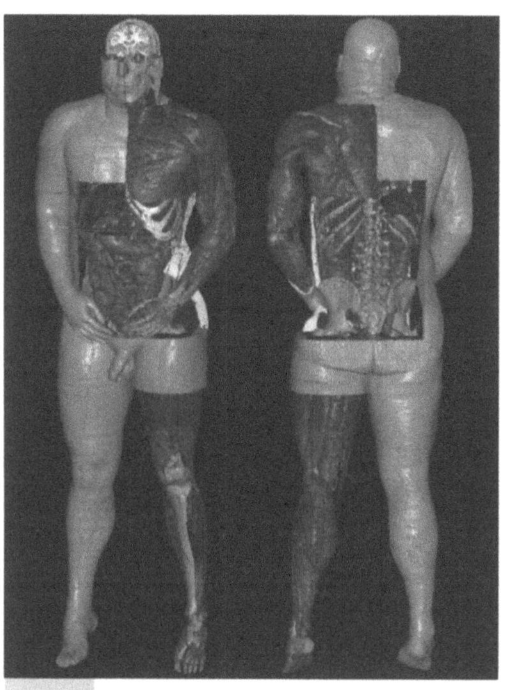

Abb. 1 Ein anatomisches Modell vom gesamten menschlichen Körper

der Simulation ausprobieren, einen chirurgischen Eingriff planen oder auch Medikamente für den individuellen Patienten auswählen.

Ganzkörpermodelle des menschlichen Körpers I Hier wurde ein Computer-Modell von der Anatomie des gesamten menschlichen Körpers erstellt. Die Detailauflösung ist hervorragend: Sie beträgt in allen Raumrichtungen 1 mm. So ist der Körper aus 400 Millionen kleinen Würfeln zusammengesetzt und jeder dieser Würfel trägt eine Aufschrift, wie z.B. Blut, Knochen, Leber etc. Insgesamt werden 40 Gewebearten unterschieden. Das Modell entstand am Institut für Biomedizinische Technik bei Prof. Dr. Karsten Meyer-Waarden und Dr. Frank Sachse im MEET-Man Projekt (s. Abb. 1). Grundlage waren die Daten, die das National Institute of Health in Bethesda, USA, der Welt zur Verfügung gestellt hat. Das MEET-Man Modell wird inzwischen in vielen Forschungsgruppen weltweit eingesetzt, um physikalische Felder im Körper zu berechnen, wie z.B. elektrische und magneti-

sche Felder, Wärmeausbreitung, Ausbreitung von Röntgen- und γ-Strahlung oder auch elastische Verformungen.

Inzwischen konnte noch die Muskelfaserrichtung als weiteres Attribut zum Modell hinzugefügt werden. Die Aufbereitung des sog. „Visible Female"-Datensatzes ist die nächste Aufgabe. Hier wird eine Detailauflösung von sogar 0,3 mm möglich werden.

Digitales Herzmodell I Jeder Schlag unseres Herzens wird durch elektrophysiologische Vorgänge in den Zellen ausgelöst und gesteuert. Das Elektrokardiogramm EKG ist ein äußeres Merkmal dieser elektrischen Ströme. Am Institut für Biomedizinische Technik werden bei Prof. Dr. Olaf Dössel die elektrophysiologischen Vorgänge auf dem Herzen mit einem digitalen 3D-Modell simuliert. Die Art, wie eine erregte Zelle ihre Nachbarzellen „anstößt", so dass diese ebenfalls depolarisiert, wird mit einem zellulären Automaten modelliert. So lässt sich der Erregungsablauf des gesunden Herzens nachbilden (Abb. 2). Aber auch verschiedene Pathologien (zusätzliche Leitungsbahnen, verzögerte Überleitungen, kreisende Erregungen) lassen sich darstellen. Zu jedem Erregungsmuster des Herzens wird die zugehörige Potentialverteilung auf der Körperoberfläche bestimmt. Diese kann mit tatsächlich gemessenen Potentialen verglichen werden, um eine Hypothese über die Rhythmusstörung eines Patienten zu verifizieren oder zu verwerfen.

Die Depolarisierung von Herzmuskelzellen beruht auf der Öffnung von Ionenkanälen in der Zellmembran. Der Verlauf der De- und Repolarisierung lässt sich in Abhängigkeit von Ionenkonzentrationen und Ratenkonstanten mithilfe eines Systems gekoppelter Differentialgleichungen beschreiben (Beeler-Reuter-Modell, Luo-Rudy-Modell). Wenn es gelingt, aus diesen detaillierten Modellen der einzelnen Zelle ein 3D-Modell des gesamten Herzens aufzubauen, so können die zellulären Ursachen der Herzrhythmusstörungen aufgeklärt und neue Therapiekonzepte in der Computersimulation erprobt werden.

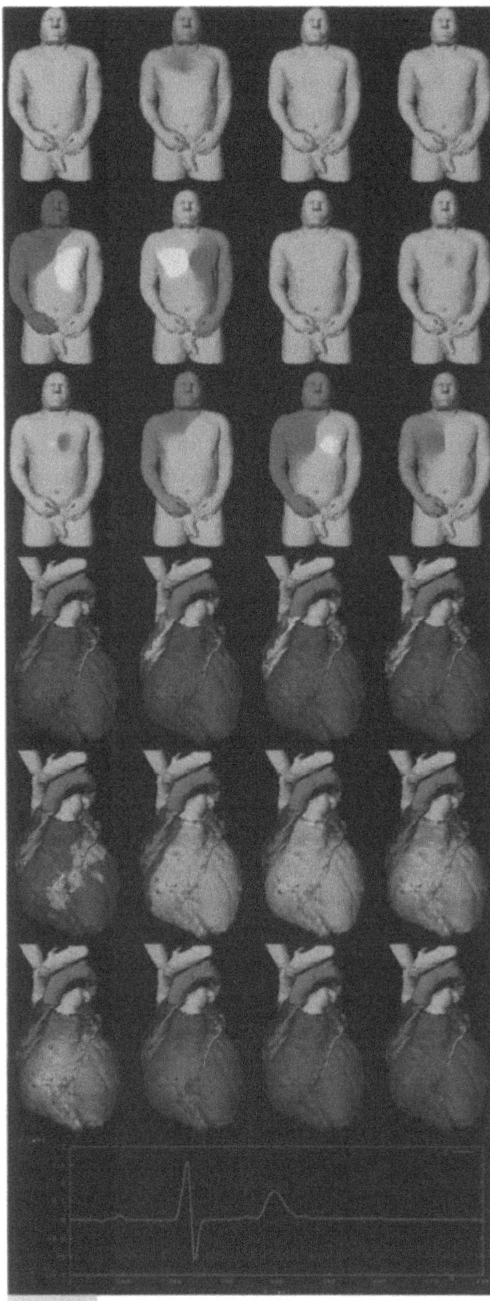

Abb. 2 Das digitale Herzmodell und (darüber) die korrespondierende elektrische Potentialverteilung an der Körperoberfläche. Unten: Simuliertes Elektrokardiogramm

Modellierung des Herz-Kreislauf-Systems | Am Institut für Industrielle Informationstechnik bei Prof. Dr. Uwe Kiencke wird das menschliche Herz-Kreislauf-System modelliert (Abb. 3). Ein erstes Forschungsprojekt befasste sich mit der Entwicklung und Regelung von Kreislaufunterstützungssystemen, insbesondere Kunstherzen, frequenzadaptiven Herzschrittmachern und Herzunterstützungspumpen (Left Ventricular Assist Devices = LVAD) auf der Basis eines mathematischen Modells des menschlichen Kreislaufs. In den letzten Jahren hat sich der Forschungsschwerpunkt hin zur Regelung und Überwachung der extrakorporalen Zirkulation verlagert. Die extrakorporale Zirkulation ist ein Verfahren, das in der Herzchirurgie bei Operationen am offenen, stillstehenden Herzen zum Einsatz kommt. Die Herz-Lungen-Maschine erhält während der Operationsphase die Funktion des Herz-Kreislauf-Systems aufrecht und ersetzt sowohl die Pumpfunktion des Herzens als auch die Lungenfunktion. Dieses Projekt ist in den DFG-Sonderforschungsbereich „Rechner- und sensorgestützte Chirurgie" eingebettet und findet in enger Kooperation mit dem Labor für Herzchirurgie der Universität Heidelberg statt.

Modellierung der Pathogenese tachykarder Herzrhythmusstörungen | Tachykarde Herzrhythmusstörungen – besser bekannt unter dem Begriff „plötzlicher Herztod" – sind eine der häufigsten Todesursachen. Die Therapie derartiger Erkrankungen erfolgt unverändert rein symptomatisch, d.h. nach dem Eintreten von Tachykardien wird der Patient mithilfe von Elektroschocks (durch sog. Defibrillatoren) von der Tachykardie befreit, im schlimmsten Fall sogar reanimiert.

Seit geraumer Zeit gibt es empirische Hinweise, dass die Entstehung derartiger Erkrankungen ursächlich auf eine Fehlfunktion des autonomen Nervensystems zurückzuführen ist. Unklar ist dabei, welcher Teil beeinträchtigt ist bzw. welche Mechanismen zugrunde liegen.

Aus diesem Grunde werden am Institut für Biomedizinische Technik bei Prof. Dr. Armin Bolz Simulationen der autonomen Herz-Kreislaufregelung durchgeführt. Ziel ist es, einen „künstlichen Patienten" zu erstellen, dessen kardiopulmonale Funktionen denen eines Gesunden entsprechen und der das

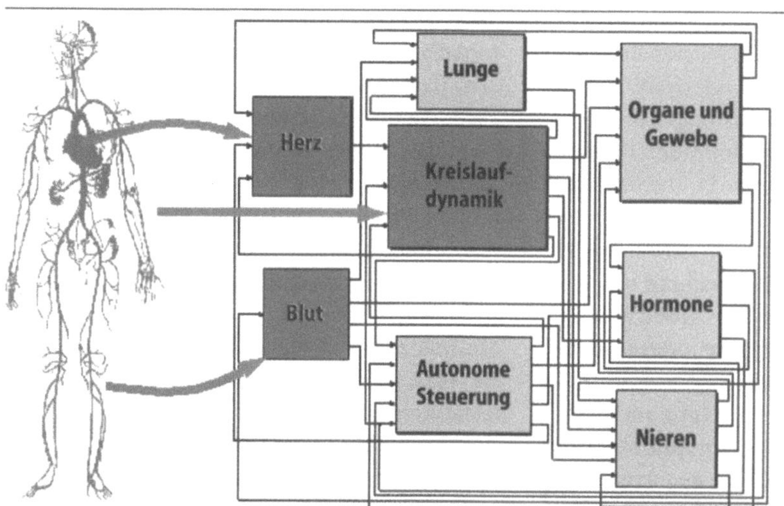

Abb. 3
Regelungstechnisches Modell
des Herz-Kreislauf-Systems

gezielte Beeinflussen bestimmter physiologischer Strukturen ermöglicht.

Auf diese Weise gelang es bereits, die Funktionsmechanismen derzeit diskutierter alternativer Therapieverfahren (z.B. „Overpacing" bzw. vagale Stimulation) aufzuklären. In beiden Fällen ist die negative Rückkopplung des autonomen Nervensystems für den Therapieerfolg verantwortlich. Ferner wurde eine Kombination von chirurgischem Eingriff (Sympathikotomie) und elektrischer Stimulation vorgeschlagen, die eine weitere Verbesserung der Therapie verspricht.

Modellierung von Unter- und Oberkiefer, Zahnkronen und Zahnimplantaten | Um die Modellierung von Unter- und Oberkiefer, Zahnkronen und Zahnimplantaten geht es in einer ganzen Reihe von Forschungsprojekten am Institut für Mechanik in der Arbeitsgruppe von Prof. Dr. Karl Schweizerhof und Dr. Jürgen Lenz.

Im Projekt „3D-Modell des menschlichen Unter- und Oberkiefers und Modellierung deren mechanischer Eigenschaften" werden realistische dreidimensionale Modelle des Unterkiefers und des Oberkiefers erstellt, die dazu dienen sollen, verschiedene Probleme aus der zahnärztlichen Implantologie mithilfe der Methode der Finiten Elemente (FEM) „einheitlich" anzugehen. Dazu werden die Knochenstrukturen im „Baukastenprinzip", d.h. jeder Zahnabschnitt

als natürlich bezahnt, zahnlos oder mit einem Implantat versehen modelliert, und so mit Finiten Elementen abgebildet, dass der Kiefer für unterschiedliche Situationen direkt zusammengefügt werden kann. Damit sollen Zahnärzte in die Lage versetzt werden, das Risiko der Überbeanspruchung von Knochenstrukturen um Implantate besser einzuschätzen.

In einem weiteren Projekt wird die Knochenregeneration um Zahnimplantate modelliert. Bei der zahnärztlichen Implantation wird aufgrund mechanischer Schädigung und Hitzeentwicklung die der Bohrung benachbarte Knochenoberfläche geschädigt (Nekrose-Zone). Klinische Untersuchungen zeigen jedoch, dass gleichzeitig lokale Reparationsprozesse gestartet werden, die durch eine Revaskularisation (Ausbildung von Blutgefäßen) und eine damit einhergehende Substitution der nekrotischen Zone durch vitales Gewebe gekennzeichnet sind. Dieser Knochen-Modellierungsprozess während der Einheilphase wird mithilfe der Methode der Finiten Elemente möglichst realitätsnah simuliert. Serienberechnungen sollen die Abhängigkeit der Knochenreifung um das Implantat bezüglich einer Reihe von mechanischen und geometrischen Parametern aufzeigen.

Nach Abschluss der sog. Einheilphase werden Zahnimplantate „aktiviert", d.h. die Implantate in eine endgültige prothetische Versorgung integriert. In einem weiteren Projekt werden die von unterschiedlichen Implantatverteilungen im (realistischen, dreidimensionalen) Knochen unter funktionellen und dysfunktionellen (Knirschen, Pressen) Belastungen erzeugten Spannungsverteilungen mithilfe der Methode der Finiten Elemente untersucht. Insbesondere interessieren dabei Implantatformen, Insertionstiefen und -orientierungen sowie weitere Parameter, die zu einer Vermeidung von lokalen Überbeanspruchungen des Knochens und einer damit möglicherweise verbundenen Abstoßungsreaktion führen.

In der Arbeitsgruppe von Dr. Lenz am Institut für Wissenschaftliches Rechnen und Mathematische Modellbildung wird eine neuartige Zahn-Prothese systematisch optimiert: die Konuskronen-Prothese (Abb. 4). Hierbei handelt es sich um ein Doppelkronen-System: Die Verankerung der Prothese wird dadurch bewerkstelligt, dass beim Aufeinanderpressen die in die Prothese eingearbeiteten Außenkonusse mit den auf die Zahnstümpfe zementierten Innenkonussen in Haftung gebracht werden. Wegen der Konizität des Systems ist die Lösekraft stets kleiner als die Fügekraft; durch geeignete Wahl des Kegelwinkels kann die Lösekraft so eingestellt werden, dass einerseits ein sicherer Halt gewährleistet ist und andererseits traumatische Kräfte beim Lösen der Prothese vermieden werden. Neben einer Reihe von Vorteilen der Konuskronen-Prothese gegenüber klassischem lösbaren Zahnersatz ist hervorzuheben, dass die Prothese auch bei zukünftigem Pfeilerverlust weiter getragen werden kann, solange nur eine Minimalzahl von Haltezähnen noch verfügbar ist. Verschiedene Materialien und Fertigungstechniken wurden optimiert und erprobt.

Insbesondere wurden metallkeramische Verbundmaterialien untersucht, wie sie in der modernen Zahnprothetik für Kronen, Brücken und Prothesen eingesetzt werden. Hierbei wird auf ein Legierungsgerüst bei hohen Temperaturen Keramik („Porzellan") aufgebrannt, um der Restauration eine natürliche Ästhetik zu verleihen. Neben der Eigenfestigkeit der Keramik spielt bei diesen Konstruktionen die Festigkeit des Materialverbundes eine besondere Rolle. Mit Computersimulationen und verschie-

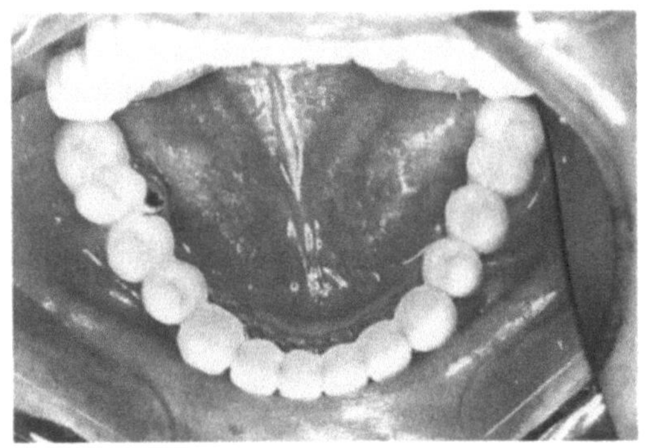

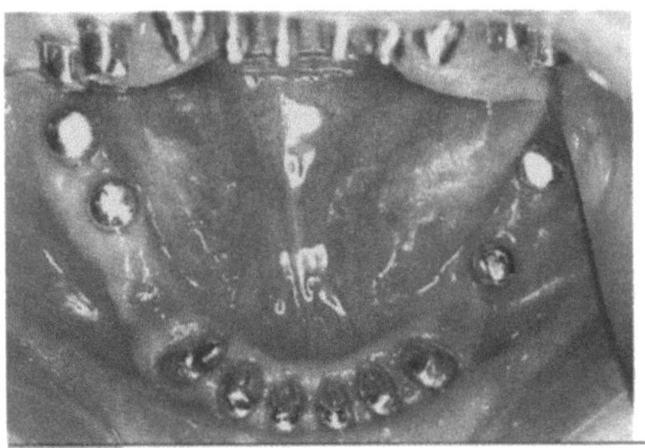

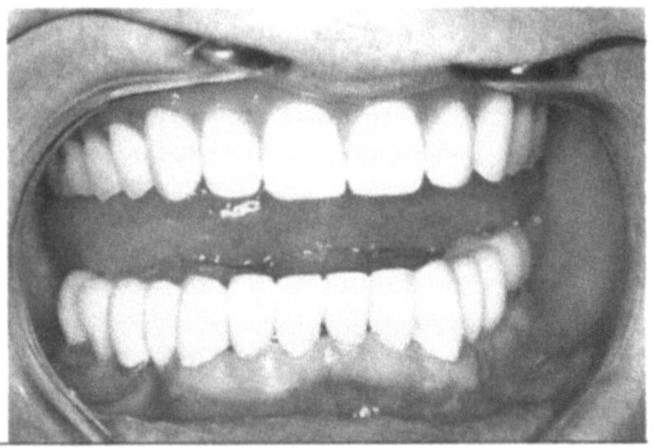

Abb. 4 Versorgung mit einer zahn- und implantatgetragenen Konuskronenbrücke

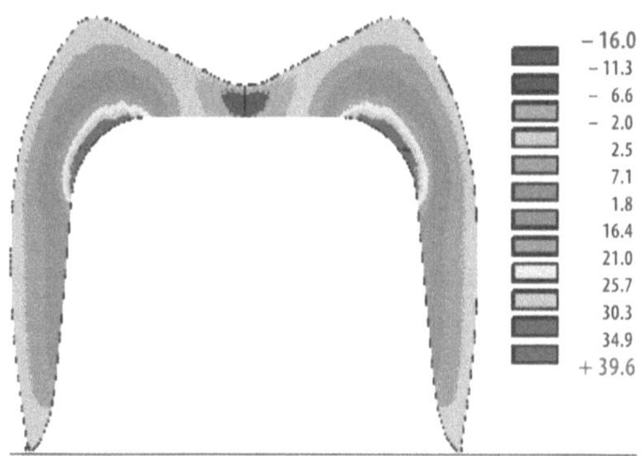

Abb. 5 In der keramischen Verblendung einer Krone „eingefrorene" Wärmespannungen

denen neuen Testverfahren kann z.B. entschieden werden, wie die Legierungsoberfläche vor dem Keramikbrand (etwa durch Abstrahlen, Beschleifen, Ätzen usw. oder durch Auftrag eines sog. Bonders) vorbehandelt und welche Temperaturführung beim Brand gewählt werden sollte (Abb. 5). Angesichts der gewaltigen Kosten, die jedes Jahr von den Krankenkassen bzw. Patienten für metallkeramischen Zahnersatz aufzubringen sind, ist die Gewährleistung einer ausreichenden Verbundfestigkeit und anderer (mechanischer, biologischer und chemischer) Standards unerlässlich.

Bilder vom Menschen

Seit Wilhelm Conrad Röntgen am 8. November 1895 die Röntgenstrahlung entdeckte, sind Bilder vom Inneren des menschlichen Körpers für die Diagnostik von zentraler Bedeutung. Zum Röntgen sind inzwischen Ultraschall, Magnetresonanztomographie (MRT) und verschiedene nuklearmedizinische Verfahren (SPECT, PET) hinzugekommen. Wichtige neue Trends sind 3D- bzw. 4D- Aufnahmen, Bilder der Funktion (z.B. mit fMRI) und schließlich Überlagerungen verschiedenartiger Aufnahmeverfahren (Multimodality imaging).

Neue Aufnahmemedien für Röntgenstrahlung

Zur Darstellung von Vorgängen, die im subatomaren Bereich ablaufen, entwickeln die Elementarteilchenphysiker Detektoren mit hoher räumlicher und zeitlicher Auflösung. Solche Detektoren finden auch zunehmend ihre Anwendung in

der Strahlenmedizin und -biologie. Ein bekanntes Beispiel ist die Positronen-Emissions-Tomographie (PET): Ähnlich wie in der Elementarteilchenphysik werden hier Szintillationsdetektoren zum Nachweis von Photonen verwendet, die nach dem radioaktiven Zerfall eines in den Körper eingegebenen Präparates freiwerden. Wenn sich das Präparat beispielsweise in einem Tumor ablagert, kann dieser so lokalisiert werden. Bei Röntgenaufnahmen werden oft Fotoemulsionen verwendet, was aber wegen der notwendigen Filmentwicklung ein sehr langsames Verfahren ist. Die vom Institut für Experimentelle Kernphysik bei Prof. Dr. Thomas Müller und einer Gruppe am Europäischen Forschungszentrum CERN gemeinsam entwickelten Mikrostreifendetektoren (siehe Abb. 6) ermöglichen nun die Entwicklung eines bildgebenden Röntgendetektors in Echtzeit: ein Röntgenphoton schlägt im Gas des Detektors ein Elektron frei, welches in den hohen elektrischen Feldern in den beiden Lochfolien derart beschleunigt wird, dass es selbst ionisiert. So entsteht eine Elektronenlawine, die ein Signal auf den gekreuzten Auslesestreifen erzeugt. Die Signale werden in digitale Informationen umgewandelt, die sich im Rechner verarbeiten und speichern lassen. Daraus lässt sich der genaue Ort, wo das Röntgenphoton in den Detektor gedrungen ist, bestimmen. Diese Methode lässt sich mit der Digitalfotografie vergleichen.

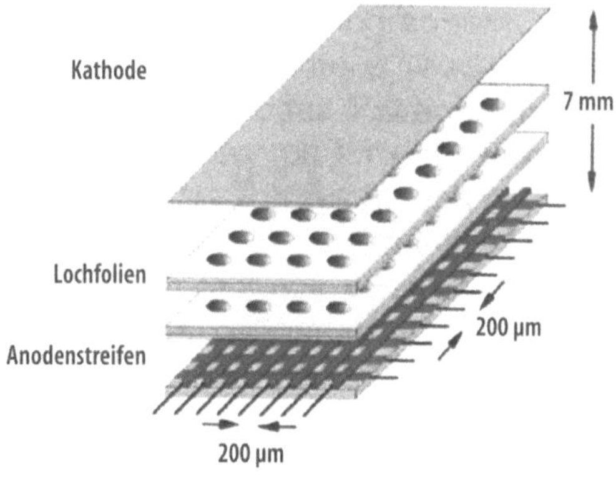

Abb. 6 Schematische Darstellung eines Mikrostreifendetektors. Der Ausschnitt zeigt in vier parallelen Lagen die negativ aufgeladene Kathodenebene, zwei Lochfolien und die Auslese-Ebene mit den sich kreuzenden Anodenstreifen

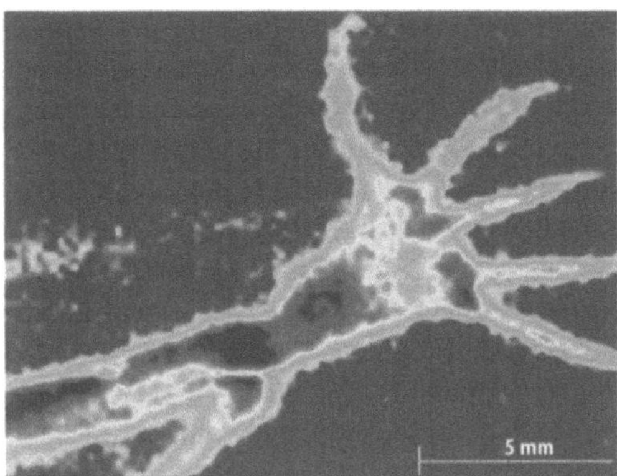

Abb. 7 Röntgenaufnahme einer Fledermausklaue mit Hilfe eines hochauflösenden Strahlungsdetektors

Die in Abb. 7 gezeigte Aufnahme einer Fledermauspfote ist auf diese Weise zustandegekommen, allerdings war der verwendete Detektor noch nicht für diese Anwendung optimiert. Das Institut für Experimentelle Kernphysik arbeitet an einer Weiterentwicklung und prüft, ob sich diese Technologie auch in der Humanmedizin einsetzen lässt.

4D-Aufnahmen vom Herzen | Erst seit kurzer Zeit ist es möglich, MRT – Bilder vom schlagenden menschlichen Herzen aufzunehmen. Das „non-plus-ultra" sind sog. 4D-Datensätze, bei denen viele dreidimensionale Bilder zu verschiedenen Zeitpunkten des Herzschlages aufgezeichnet werden. Am Institut für Biomedizinische Technik bei Prof. Dr. Olaf Dössel und Dr. Frank Sachse ist es gelungen, aus solchen Datensätzen die äußere Kontur des Herzens und die Form der Ventrikel mit Methoden der digitalen Bildverarbeitung zu extrahieren (Abb. 8). Es kamen sog. aktive Konturen zum Einsatz, mit denen man in sich geschlossene Flächen, die sich in einem 3D-Objekt abzeichnen, mithilfe des Computers finden kann.

Artefakte in CT-Aufnahmen | Bei der Computer-Tomographie (CT-Aufnahme von Schnittbildern mit der Röntgen-Technik) kommt es immer wieder zu Störungen (Artefakte) in den Bildern, die durch Metallimplantate oder Patientenbewegungen verursacht werden. Diese Artefakte machen die Bilder oft für eine zuverlässige Diagnose unbrauchbar. Aufbauend auf systematischen Analysen und umfangreichen Simulationen des Bildgebungsprozesses konnten am Institut für Algorithmen und Kognitive Systeme bei Prof. Dr. Thomas Beth Modelle konstruiert werden, die die Störeffekte sehr gut beschreiben und erlauben, Störungen im gemessenen Rohda-

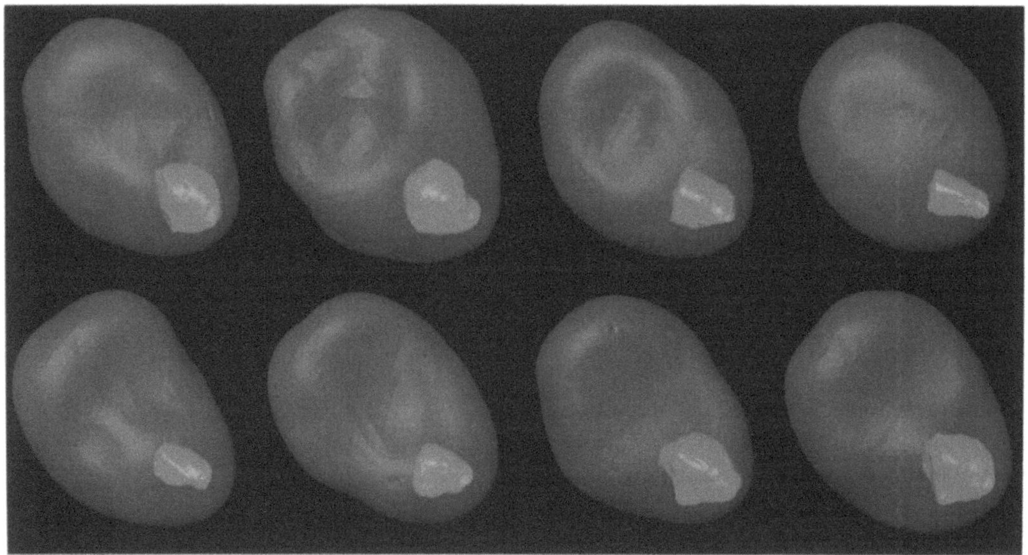

Abb. 8 3D-Darstellung vom Herzen und vom linken Ventrikel zu verschiedenen Zeitpunkten

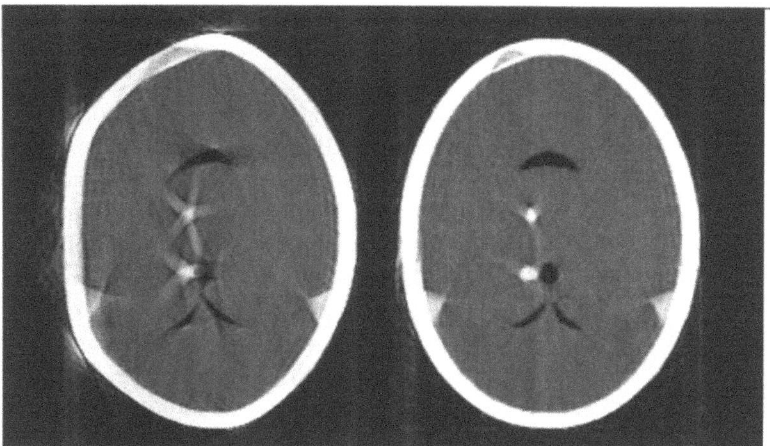

Abb. 9
CT-Rekonstruktion eines Kopf-Phantoms ohne (links) und mit (rechts) Artefaktkorrektur

tenbereich zu schätzen und zu korrigieren. Darauf aufbauend wurden beispielsweise für Unterkiefer- und Thoraxuntersuchungen neue Algorithmen geschaffen, die Deformationen von Randkurven spezieller Objekte im Rohdatenbereich suchen. Durch gezielte Korrektur dieser Randkurven bei der Bewegungskompensation bzw. der Extraktion metallischer Objekte lassen sich die Artefakte deutlich reduzieren, so dass in vielen Fällen eine exakte Diagnose überhaupt erst möglich wird (Abb. 9).

Multimodale Aufbereitung medizinischer Bilddaten | Für die Diagnose z.B. von Tumoren oder für die Operationsplanung muss der Chirurg häufig zweidimensionale Computertomographie- (CT) oder Magnetresonanztomographiebilder (MRT) auswerten, um z.B. einen dreidimensionalen Tumor exakt zu erkennen und dann vollständig zu entfernen. Der Chirurg hat das Problem, CT- und MRT-Bilder des Patienten zur Deckung zu bringen und dreidimensional darzustellen, um so einen Gesamtüberblick über das Ausmaß des erkrankten Gebietes zu bekommen. So sind auf CT-Bildern die Knochen und auf MRT-Bildern das Weichgewebe besser zu erkennen.

Durch einen neuen Ansatz der starren Bildregistrierung für CT und MRT (Translation und Rotation) konnte am Institut für Prozessrechentechnik, Automation und Robotik bei Prof. Dr. Heinz Wörn (vormals Prof. Dr. Ulrich Rembold) ein Algorithmus zur automatischen Bild-

registrierung entwickelt werden, der zusammen mit der Universitätsklinik Heidelberg getestet wurde und gegenwärtig in Zusammenarbeit mit der Industrie in ein kommerzielles Produkt überführt wird.

Um die Genauigkeit zu verbessern, wird im Moment außerdem an Methoden der elastischen Bildregistrierung auf Basis von Finite-Elementen-Netzen (Abb. 10) gearbeitet. Ein erster Prototyp wurde entwickelt und befindet sich in der Testphase. Mithilfe solcher vereinigter dreidimensionaler Bilder kann der Eingriff und der Zugang zum Krankheitsherd genau geplant werden, ohne Nerven und Blutgefäße zu beschädigen. Neben den Modalitäten CT und MRT erstrecken sich die Untersuchungen auch auf die Integration von Ultraschallaufnahmen.

Zur automatischen Lagebestimmung des Patienten im Operationssaal wird zurzeit ein Verfahren auf Basis eines Oberflächenscanners ent-

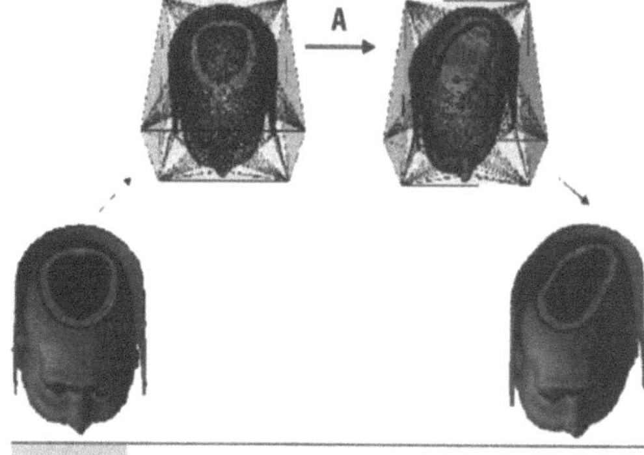

Abb. 10 Elastische Registrierung von CT-und MRT-Bilddaten

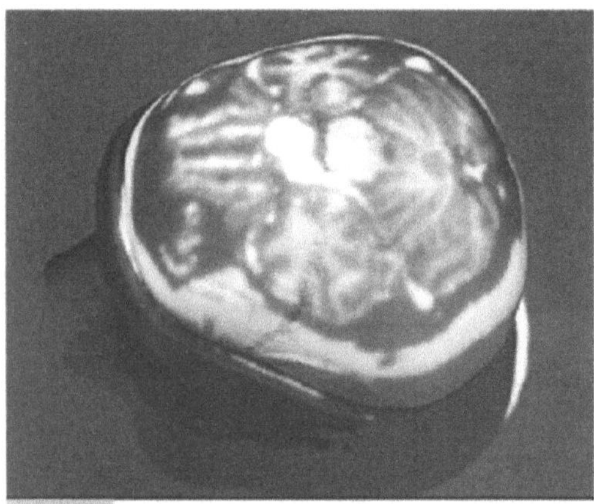

Abb. 11 Projektion von Planungsdaten auf den Kopf des Patienten

wickelt, welches in Zusammenarbeit mit einem Industriepartner auch gleichzeitig zur Projektion von hilfestellenden Symbolen während der Operation verwendet werden kann. Durch dieses System können dem Chirurgen erstmals auch während einer Operation wichtige Informationen, wie z. B. die Position von Bohrlöchern, der Verlauf von Schnittlinien oder Querschnittsbilder vom Inneren des Patienten bereitgestellt werden (Abb. 11).

Speichern von medizinischen Bilddaten | Die medizinischen Bilddaten müssen zum Zweck der langfristigen Dokumentation und Kontrolle über eine Zeit von 20 Jahren gespeichert werden. Dies ist aufgrund der enormen Rohdatenmengen von beispielsweise 10-50 MByte für eine Thorax-Computertomographie sehr aufwendig geworden. Da mit zunehmender Bildqualität die Datenmengen in Zukunft immer weiter steigen werden, sind besondere Darstellungs- und Kompressionsverfahren für diese Daten nötig. Am Institut für Algorithmen und Kognitive Systeme wurden unter der Leitung von Prof. Dr. Thomas Beth deshalb Verfahren zur verlustfreien Kompression von Daten entwickelt, bei denen keine diagnostisch relevanten Informationen verloren gehen können. Die auf Wavelettransformationen bzw. blockweiser Prädiktion basierenden Verfahren wurden ganz gezielt für die medizinischen Bildgebungsverfahren optimiert und erreichen hierbei Kompressionsraten bis zu 1:15.

Der Operationssaal der Zukunft
Eine Operation ist fast immer ein starker Eingriff in den menschlichen Körper, verbunden mit Schmerzen und einem längeren Krankenhausaufenthalt. Als Patient erwarten wir, dass vor der Operation alle notwendigen Messungen und Aufnahmen gemacht werden, dass eine optimale Operationsplanung folgt, dass der Eingriff selber so präzise und so schonend wie möglich durchgeführt wird und dass eine perfekte Nachsorge erfolgt. Aktuelle Forschungsthemen sind z.B. die computerunterstützte Planung von Operationen, die möglichst exakte Übertragung der Planungsdaten auf die aktuelle Lage des Patienten im Operationssaal (Registrierung und Einblendung) und die Nutzung von Robotern für Teilaufgaben, bei denen besondere Präzision erforderlich ist. Diesen Themen widmet sich der DFG-Sonderforschungsbereich „Informationstechnik in der Medizin – Rechner- und sensorgestützte Chirurgie".

Rechnergestützte Operationsplanung in der Chirurgie | Chirurgische Eingriffe z.B. in der Mund-Kiefer-Gesichtschirurgie werden heutzutage hauptsächlich basierend auf der Erfahrung des operierenden Chirurgen durchgeführt. Das Operationsergebnis, sowie die ideale Vorgehensweise, um sowohl das funktionelle als auch das ästhetische Optimum zu erreichen, sind im Voraus oft nicht genau bekannt. Viele Entscheidungen werden erst intraoperativ gefällt, wie z.B. die Positionierung und Anpassung von Knochenteilen. Um intraoperativ Zeit zu sparen und somit die Belastung für den Patienten zu minimieren, sollten verschiedene Alternativen bei der Operationsplanung und möglichst nicht erst während der Operation erörtert werden. So ist eine detaillierte Planung und genaue Umsetzung von großer Bedeutung für die Qualität der Therapie.

Deswegen wird am Institut für Prozessrechentechnik, Automation und Robotik bei Prof. Dr. Heinz Wörn (vormals Prof. Dr. Ulrich Rembold) ein Operationsplanungssystem entwickelt, das den Chirurgen sowohl bei der präoperativen Planung, als auch bei der intraoperativen Umsetzung unterstützt. Ziel hierbei ist, die Operations-

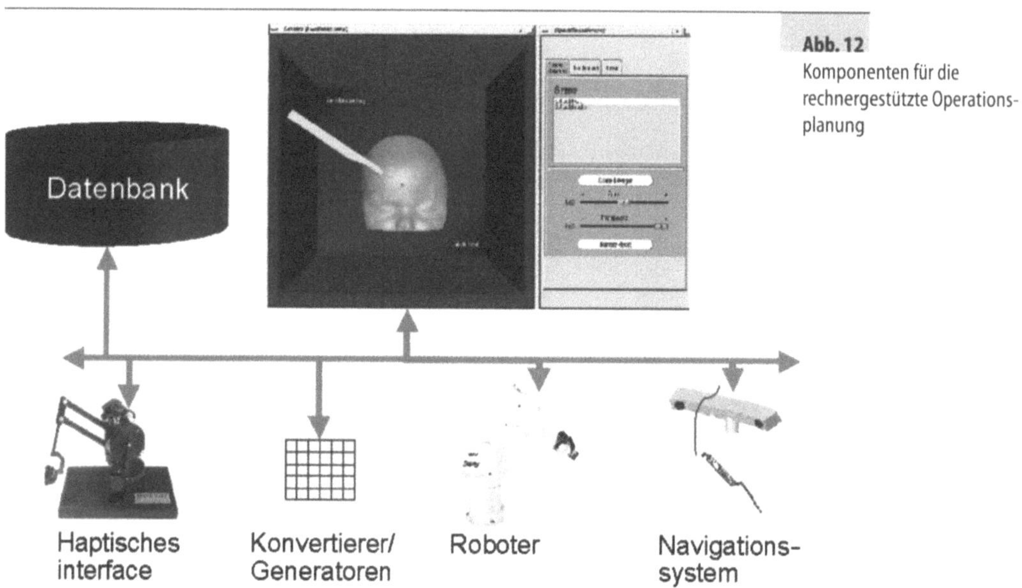

Abb. 12
Komponenten für die rechnergestützte Operations-planung

planung und -ausführung mithilfe des Operationsplanungssystems transparent, zuverlässig und sicher zu machen. Dabei soll das System sowohl für konventionelle Operationen als auch für Operationen mit Navigationsunterstützung oder mit einem chirurgischen Roboter einsetzbar sein.

Als Grundlage für die rechnergestützte Operationsplanung wurden ein Operationsablaufmodell und Ablaufgraphen entwickelt, um die komplexen Operationsabläufe handhabbar zu machen (Abb. 12). Hierauf aufbauend wurde bereits ein erster Prototyp entwickelt, der zurzeit in der Kopfklinik Heidelberg klinisch getestet wird. Um dem Chirurgen hierbei eine intuitive Eingabe zu ermöglichen, wird ein dreidimensionales haptisches Eingabegerät eingesetzt, durch das dem Chirurgen durch Kraftrückkopplung beispielsweise eine virtuelle Knochenoberfläche des Patienten vermittelt wird, auf der er dann die Schnitttrajektorien sehr exakt definieren kann.

Modellierung von Weichteilen und beweglichen Gelenken Besonders schwierig bei der computerunterstützten Planung von Operationen ist die Modellierung von Weichteilen und Bewegungen von Gelenken. Dieses Thema untersucht die Arbeitsgruppe von Prof. Dr. Rüdiger Dillmann am Institut für Prozessrechentechnik, Automation und Robotik.

Der präoperativen Simulation von Operationsergebnissen liegen detaillierte Weichgewebsmodelle zu Grunde. Entwickelt werden Modelle für unterschiedliche Anwendungen auf der Basis der Finite-Elemente-Methode, von Feder-Masse-Systemen und eines modifizierten Chain-Mail-Algorithmus.

Um die Operationsvorbereitung zu unterstützen, werden Symmetriebetrachtungen an Weichgewebe durchgeführt. Dem System ist es so möglich, Hilfestellung bei der Planung komplexer Korrekturoperationen zu geben. Hierbei wird es dem Chirurgen ermöglicht, mithilfe eines haptischen Eingabegeräts ein virtuelles Gesicht zu ertasten und eine Operationsplanung durchzuführen.

Zur Planung und Simulation kieferverlagernder Eingriffe steht ein Simulationssystem zur Verfügung (Abb. 13). Der menschliche Kauapparat mit der beteiligten Muskulatur kann im Rechner nachempfunden und auf seine Funktionalität hin untersucht werden. Die Auswirkung operativer Eingriffe, beispielsweise einer sagittalen Spaltung, kann direkt am Bildschirm überprüft und interaktiv verändert werden.

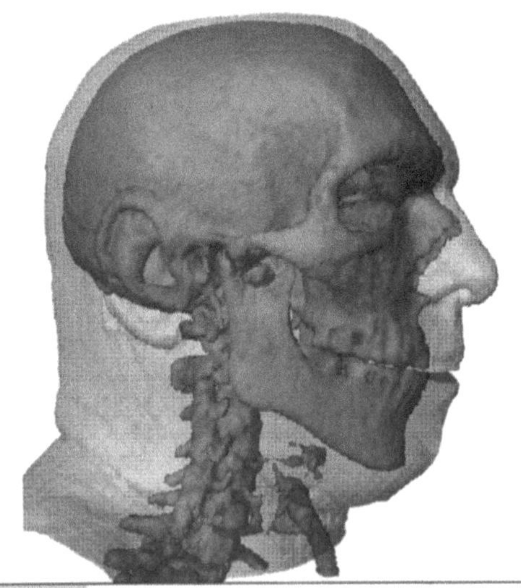

Abb. 13 Darstellung von Weichgewebe

Risikoabschätzung | Zur Abschätzung der Risiken einzelner chirurgischer Handgriffe im Verlauf eines operativen Eingriffes wurde bei Prof. Dr. Rüdiger Dillmann ein Risikomodell entwickelt. Dieses Modell kann beliebig parametrisiert und über das kraftrückgekoppelte Eingabegerät ertastet werden. Neben der Visualisierung der Risiken am Bildschirm wurde als erste Anwendung für das Modell eine Schnittsimulation implementiert (Abb. 14). Sie ermöglicht das Auffinden einer optimalen Schnitttrajektorie für einen einfachen Eingriff unter Berücksichtigung der aktuellen Risikoverteilung.

Planung rhythmuschirurgischer Eingriffe | Eine ganz andere Art von computerunterstützter Operationsplanung wird am Institut für Biomedizinische Technik bei Prof. Dr. Olaf Dössel gemeinsam mit der Herzchirurgie der Universitätsklinik Heidelberg durchgeführt: Eine weit verbreitete Herzrhythmusstörung ist das Vorhofflimmern. Hierbei treten bei der elektrischen Erregung des Herzens Fehler auf, die durch einen rhythmuschirurgischen Eingriff beseitigt werden können. Die entscheidende Frage ist: wo soll der richtige Schnitt angesetzt werden? Mit welcher Maßnahme wird die Pumpfunktion so wenig wie möglich gestört und gleichzeitig die elektrische Erregung so gut wie möglich „repariert"? Wird die individuelle

Rhythmusstörung im Computer modelliert, so kann auch der chirurgische Eingriff systematisch geplant und optimiert werden.

Roboterunterstützter Operationsarbeitsplatz | Chirurgieroboter können in Zukunft den Chirurgen von schwerer körperlicher und hochpräziser Arbeit z.B. beim Bohren und Fräsen von Knochen entlasten. Sie stellen damit bei komplexen Operationen ein intelligentes Werkzeug für die Chirurgen dar, mit dem sie qualitativ besser, schneller und z.B. durch weniger Nachbehandlung und kürzere Liegezeiten auch ökonomischer operieren können. Dabei wird immer der Chirurg den Ablauf der Operation bestimmen, und er ist in der Lage, jederzeit einzugreifen. Bei Hüftgelenksimplantationen werden Chirurgieroboter bereits heute erfolgreich eingesetzt.

Gemeinsam mit der Universitätsklinik Heidelberg entwickelt das Institut für Prozessrechentechnik, Automation und Robotik bei Prof. Dr. Heinz Wörn (vormals Prof. Dr. Ulrich Rembold) ein Chirurgierobotersystem für den Einsatz in der Kopfchirurgie.

Die Konfiguration für den Operationssaal besteht aus einem Chirurgieroboter, der auf einem rollbaren Fuß montiert ist, der Steue-

Abb. 14 Risikoabschätzung unterschiedlicher Schnittführungen

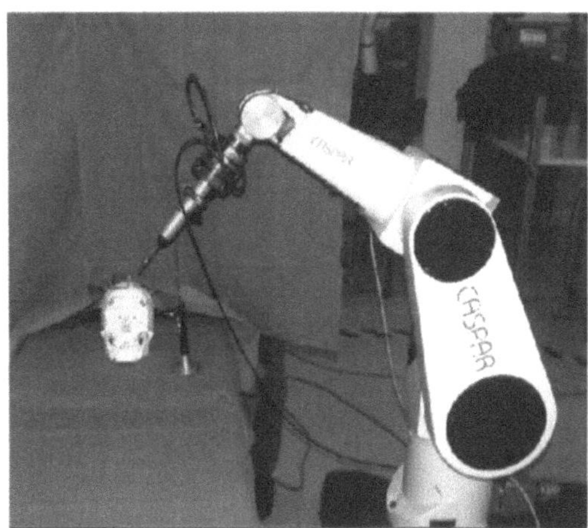

Abb. 15 Chirurgieroboter für den Einsatz in der Kopfchirurgie

rungseinheit, dem Operationstisch, dem separat aufgebauten Navigationssystem, einem Graphikrechner, einem Kraft-Momenten-Sensor und einem chirurgischen Werkzeug (Abb. 15). Ausführliche Versuchsreihen dienen zur Evaluierung der Roboterkonfiguration.

In Zusammenarbeit mit den Chirurgen der Kopfklinik wurde ein Verfahren zur räumlichen Positionsermittlung des Patienten entwickelt. Hierbei werden präoperativ Titanminischrauben in den Knochen implantiert und intraoperativ Infrarotdioden darauf aufgesteckt, um den Kopf des Patienten auch während der Operation umlagern zu können, ohne dabei die Registrierung zu verlieren. Diese Art der Lagebestimmung wird derzeit im klinischen Einsatz erprobt. Zum sicheren Betrieb des Roboters wird das Operationsfeld modelliert und stellt die Basis für die kollisionsfreie Bahnplanung dar. Die Positionsbestimmung des Patienten, der verwendeten Wundhaken und des Roboters geschieht auch hier mithilfe des Infrarotnavigationssystems.

Zukünftige Forschungsarbeiten werden sich mit der Weiterentwicklung des Chirurgierobotersystems für den Einsatz im Operationssaal befassen. Insbesondere wird zurzeit entwickelt: eine erweiterbare und sichere Integrationsplattform, eine einfache und intuitiv zu bedienende Mensch-Maschine-Schnittstelle für den Chirurgen, zusätzliche Sicherheitsfunktionen sowie weitere chirurgische Werkzeuge.

Therapeutischer Ultraschall | Manchmal gelingt es, durch neue raffinierte Verfahren eine Operation ganz zu vermeiden.

1980 wurde der erste Nierensteinpatient ohne Eingriff in den menschlichen Körper mit elektrohydraulisch erzeugten Schalldruckstößen von seinem Leiden befreit. Diese Methode wird Extrakorporale Stoßwellen-Lithotripsie (ESWL) genannt. Ab 1981 wurden am Institut für Höchstfrequenztechnik und Elektronik in der Arbeitsgruppe von Dr. Riedlinger die Grundlagen für eine neue Generation von ESWL-Geräten erarbeitet, welche die Stoßwellen mit piezokeramischen Mosaikschallsendern erzeugen. Auf dieser Basis entstanden 1985 die ersten Lithotripter, mit denen Körpersteine ohne Anästhesie- und Röntgen-Einsatz berührungslos und auch schmerzfrei entfernt werden können; sie zeichnen sich durch eine präzise Bündelung der Stoßwellenenergie auf ca. 2 x 2 x 5 mm^3 und geringste Nebenwirkungen aus. Hierdurch ist sogar die Steintherapie bei Kleinkindern und die Fragmentierung von Speichelsteinen ermöglicht worden. Diese piezotechnischen Geräte sind heute weltweit im Einsatz. Die ESWL hat heute die Steinchirurgie praktisch vollständig ersetzt. Die Arbeitsgruppe arbeitet stetig weiter an der Fortentwicklung und Analyse von Pulsschallsendern für therapeutische Zwecke und befasst sich auch mit experimentellen Forschungsarbeiten zur berührungslosen mechanisch-akustischen Zerstörung von Tumoren mit Hochleistungs-Ultraschallpulsen. Es wurden hochgenaue numerische Programme entwickelt, um die nichtlineare Ausbreitung intensiver Schallsignale samt der Entstehung von Stoßwellen hochgenau zu simulieren (Abb. 16). Aktuelle Arbeiten erforschen die Möglichkeiten, Tumorgewebe mit gebündeltem hochfrequentem Ultraschall sehr schnell und sehr hoch zu überhitzen. Ziel ist die Schaffung einer chirurgiefreien Ultraschall-Thermo-Therapie.

Der Mensch als Messobjekt

Wer kennt das nicht: wir kommen in eine Arztpraxis und sofort wird an uns herumgemessen: Blutdruck, EKG usw. Manchmal fragt man sich: ist das alles wirklich nötig? Aber meistens

Abb. 16 Ausbreitung und Bündelung eines therapeutischen Hochleistungsschallpulses. Links der Schallsender mit 20 cm Durchmesser und rund 1400 Piezoelementen, rechts das Zielgebiet (Kreuz). Die Schallenergie wird auf 3 x 3 x 15 mm³ fokussiert

sind diese Messdaten wichtige Mosaiksteine, aus denen der Arzt sich das vollständige Bild für die Diagnose zusammensetzen kann. Heute bemüht man sich weltweit um neue Messverfahren, mit denen die nötigen Informationen genauer, zuverlässiger und billiger gewonnen werden können.

Mikrooptisches Tonometer | Am Institut für Technik der Informationsverarbeitung wird bei Prof. Dr. Klaus Müller-Glaser ein völlig neues Verfahren zur Messung des Augeninnendrucks entwickelt. Dieses Verfahren ermöglicht erstmals eine schmerz- und nebenwirkungsfreie Untersuchung, die zur Frühdiagnose der als „grüner Star" (Glaukom) bezeichneten schwerwiegenden Augenerkrankung zwingend erforderlich ist. Anstatt wie bei den herkömmlichen Messgeräten den Augeninnendruck durch mechanische Verformung des Augapfels und Kraftmessung zu ermitteln, wird im neuen Messsystem das Auge kontaktlos mit Ultraschallwellen zu mikrometergroßen Schwingungen angeregt; diese werden berührungslos mit einem hochempfindlichen Schwingungsmessgerät (Laserinterferometer) gemessen. Ausgefeilte Techniken erlauben dabei das Erkennen von Bewegungen, die kleiner sind als ein Zehntausendstel Millimeter. Ein im System integrierter digitaler Signalprozessor in der Größe einer Scheckkarte tastet diese Bewegungsinformation ab und berechnet daraus nach komplexen Algorithmen den Augeninnendruck. Nach fundierten theoretischen Untersuchungen und 3D-Simulationen wurde der Zusammenhang

zwischen der Augenschwingung und Augeninnendruck an Tieraugen bestätigt. Derzeit wird das Messsystem am Menschen erprobt.

Kontinuierliche nichtinvasive Blutdruckmessung | Das Institut für Technik der Informationsverarbeitung (Prof. Dr. Klaus Müller-Glaser) beschäftigt sich in einem weiteren Forschungsprojekt mit der nicht-invasiven kontinuierlichen Messung des Blutdrucks. Das entwickelte System basiert auf der Ermittlung von Herz-Kreislaufparametern, aus denen sich auf den Blutdruck schließen lässt. So wird zum Beispiel die Ausbreitungsgeschwindigkeit der vom Herzschlag ausgelösten sog. Pulswellen des Blutes ermittelt. Die Messung erfolgt über auf der Haut angebrachte Sensoren. Beide Methoden kombinieren neue Erkenntnisse der Messtechnik und der Signalverarbeitung und werden in leicht handhabbare, komfortable und miniaturisierte Systeme münden, die neue Perspektiven eröffnen sowohl in der Intensivmedizin als auch bei der Frühdiagnose.

Impedanztomographie | Am Institut für Biomedizinische Technik bei Prof. Dr. Olaf Dössel wird ein neuartiges System entwickelt, mit dem die elektrische Impedanz (Ohm'scher Widerstand und Reaktanz) von Organen im Körper in-vivo so genau wie möglich bestimmt werden kann. Organe, die nicht ausreichend gut mit Blut versorgt werden (Ischämie), zeigen sehr frühzeitig eine deutliche Veränderung der elektrischen Impedanz. Auch eine transplantierte Niere beispielsweise ändert ihre Impedanz deutlich, wenn sie vom neuen Träger abgestoßen wird. So eröffnen sich neue diagnostische Möglichkeiten, bei denen eine regelmäßige Probenentnahme (Biopsie) vermieden werden kann.

Vielkanal-Elektrokardiographie und Bilder der bioelektrischen Quellen auf dem Herzen | In diesem Projekt am Institut für Biomedizinische Technik bei Prof. Dr. Olaf Dössel werden Messsysteme entwickelt, um schnell und praktikabel die bioelektrischen Potentiale an der Körperoberfläche (Body Surface Potential Maps BSPM) und im Inneren des Herzens zu bestimmen. Für die quantitative Analyse der Signale muss auch der Ort der Messelektroden genau bestimmt werden. Hierfür wird ein optisches System (4 Kameras) für die äußeren und ein biplanares Röntgenbildverstärkersystem für die endokardialen Elektroden eingesetzt.

Aus der Messung der elektrischen Potentiale werden dann Bilder der bioelektrischen Quellen auf dem Herzen rekonstruiert (Abb. 17). Es werden optimale Elektrodenanordnungen bestimmt und neue Regularisierungstechniken für das schlecht gestellte Rekonstruktionsproblem entwickelt. Ziel ist es, den Kardiologen bei der Diagnose von Herzrhythmusstörungen und Herzinfarkt zu unterstützen.

| Telemedizin

Datennetze umspannen die Welt und sorgen dafür, dass bald jede mögliche Information überall auf der Welt jederzeit abrufbar ist. Es ist klar, dass auch die Medizintechnik diese neuen Möglichkeiten nutzt. Aber vorher muss sichergestellt sein, dass dabei die persönlichen Daten des Patienten vor unberechtigtem Zugriff geschützt sind (Kryptographie, Authentizitätsprüfung). Dienste zur gemeinsamen Befundung mit Experten irgendwo auf der Welt werden in Kürze eingerichtet. Wichtige Informationen über einen Unfall-Patienten werden kabellos an das Krankenhaus übertragen, so dass beim Eintreffen des Patienten schon alles Nötige bereitgestellt ist. Ältere oder hilfsbedürftige Menschen können unbesorgt im eigenen häuslichen Umfeld leben, weil ihre kritischen Gesundheitsparameter kontinuierlich überwacht werden.

Datenschutz und Systemsicherheit für medizinische Informationssysteme | Im modernen Gesundheitswesen kommen zunehmend elektronische Übertragungswege zum Austausch von Patienteninformationen zwischen Krankenhäusern, behandelnden Ärzten oder auch Krankenkassen zum Einsatz. Möchte beipielsweise ein Hausarzt Informationen über einen Patienten von seinem PC aus von einem Krankenhaus abrufen, so wäre es denkbar, die Daten über das Internet zu senden. In diesem öffentlichen Netz besteht allerdings die Gefahr, dass Unberechtigte auf dem Übertragungsweg Einsicht in Patienteninformationen nehmen bzw. diese manipulieren.

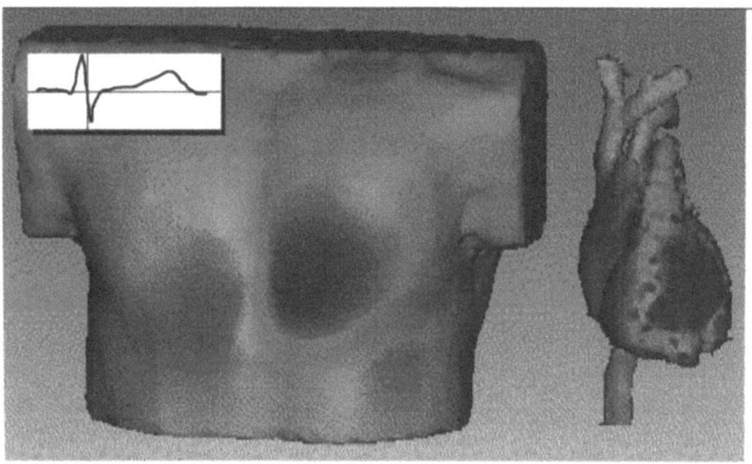

Um diese Gefahr zu beseitigen, ist zunächst eine Absicherung interner Bereiche der Klinik erforderlich, in denen die Teilnehmer als vertrauenswürdig einzuschätzen sind, da sie beispielsweise an die ärztliche Schweigepflicht gebunden sind. Durch ein am Institut für Algorithmen und Kognitive Systeme bei Prof. Dr. Thomas Beth entwickeltes Firewallsystem können diese Bereiche gegen unsichere Datennetze nach außen abgeschottet werden. Die Entwicklung neuer kryptographischer Mechanismen und Protokolle, wie z.B. das Sicherheitsprotokoll SELANE mit dem Chipkartensystem ICECard, gestatten eine einfache und zuverlässige Authentifizierung von Kommunikationspartnern, die als Ausgangspunkt für reglementierten Datenzugang sowie einer automatischen Verschlüsselung externen Datenverkehrs dient. Damit wurde eine Absicherung auf logisch-physikalischer Ebene erreicht, auf die vielfältige Sicherheitsmechanismen aufbauen.

An eingehenden Analysen und Modellszenarien wurde vom Institut für Algorithmen und Kognitive Systeme gezeigt, dass eine feinere Strukturierung für die Regelung und Umsetzung von Zugriffsrechten notwendig ist, um den rechtlich wie auch praktisch erforderlichen Schutz von Patientendaten in einem komplexen medizinischen Versorgungssystem zu gewährleisten. Dazu wurden formale Analysen von Vertrauensbeziehungen und Zuständigkeiten durchgeführt und auf das medizinische Umfeld angepasst (Abb. 18). Für die hier bestehenden Kompetenzhierarchien werden Modelle und Mechanismen entwickelt, die Berechtigungen für den Datenzugriff automatisch ableiten und umsetzen. Derartige Methoden bilden die Basis für den Einsatz einer elektronischen Patienten akte, die den hohen datenschutzrechtlichen Anforderungen im medizinischen Bereich genügt.

Telenachsorge | Die Telenachsorge verfolgt das Ziel, teure stationäre Aufenthalte in einem Krankenhaus durch eine Fernüberwachung in Verbindung mit häuslicher Pflege zu ersetzen. Zu diesem Zweck sollen Patienten mit Leihgeräten ausgestattet werden, die die Übertragung wichtiger physiologischer Daten an den betreuenden Arzt und somit eine Ferndiagnose erlauben. Auf diese Weise ist der Patient weiterhin unter ärztlicher Kontrolle, kann sich aber im häuslichen Umfeld erholen.

Am Institut für Biomedizinische Technik werden bei Prof. Dr. Armin Bolz insbesondere zwei Zielrichtungen verfolgt. Zum einen soll ein Sys-

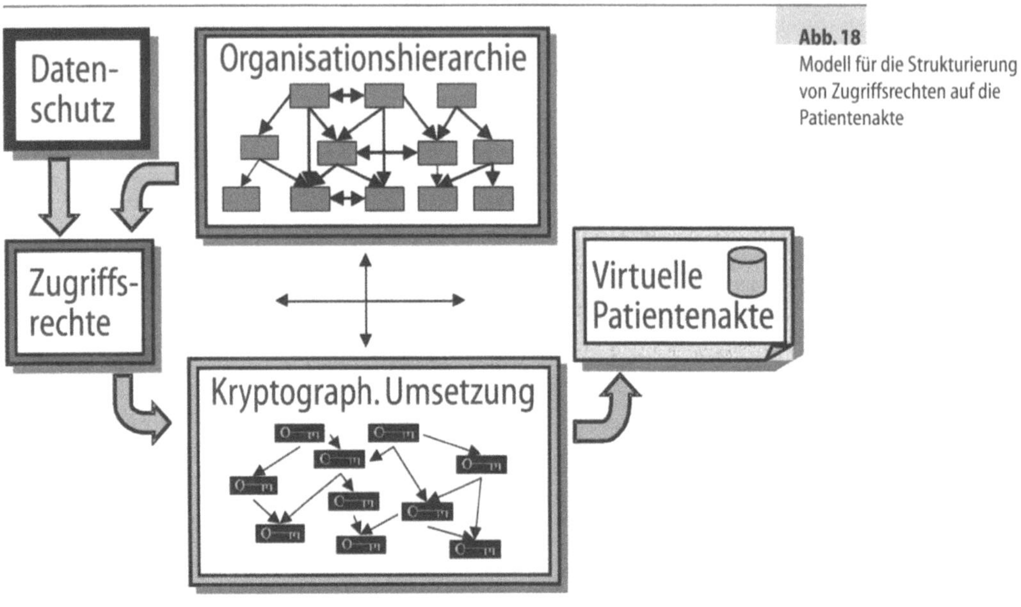

Abb. 18
Modell für die Strukturierung von Zugriffsrechten auf die Patientenakte

tem für kardiologische Risikopatienten aufgebaut werden, das eine kontinuierliche Überwachung gefährlicher Rhythmusstörungen bzw. ischämischer Zustände erlaubt. Somit können beispielsweise Infarktpatienten, bei denen keine sichere Prognose ihres weiteren Krankheitsverlaufes möglich ist, wieder unbesorgt in das Alltagsleben eingegliedert werden. Zum anderen wird speziell für Unfallpatienten ein System entwickelt, das die Diagnose des Heilungsverlaufes äußerer Wunden erlaubt.

Technisch basieren die meisten Lösungen auf einer drahtlosen Datenübertragung via GSM oder 401.5 MHz und einer zentralen Datenerfassung und -verwaltung.

I Friedliche Koexistenz in der Medizintechnik
Das Forschungsgebiet „Elektromagnetische Verträglichkeit" (EMV) befasst sich mit der Problematik, dass elektrische Geräte und Systeme sich nicht gegenseitig stören sollen und auch dem Menschen keinen Schaden zufügen dürfen. In der Medizintechnik ist das Thema von besonderer Brisanz: kleine oder seltene Störungen, die man sonst vernachlässigen würde, können hier großen Schaden anrichten. Die konventionellen Systeme der Medizintechnik unterliegen einer strengen Überwachung. Mit dem CE-Kennzeichen ist sichergestellt, dass nach menschlichem Ermessen nichts Schlimmes passieren kann. Aber neue Systeme erfordern andere Betrachtungsweisen. Dies ist das Thema eines neuen von der DFG geförderten Sonderforschungsbereichs „Elektromagnetische Verträglichkeit in der Fabrik und in der Klinik" (Sprecher Prof. Dr. Adolf Schwab).

EMV von Chirurgierobotersystemen I Der störungsfreie Betrieb moderner Chirurgierobotersysteme kann nur erreicht werden, wenn die Elektromagnetische Verträglichkeit aller zugehörigen Geräte im Einzelnen, z.B. Chirurgieroboter, Navigationssystem, Sensoren, Bediensysteme, Monitoring- und Diagnosegeräte, insbesondere aber im gemeinsamen Verbund in der elektromagnetischen Umgebung am Einsatzort sichergestellt ist. Damit ist die EMV ein Qualitätsmerkmal von großem technischen und ökonomischen Wert.

Ziel eines Projektes am Institut für Prozessrechentechnik, Automation und Robotik bei Prof. Dr. Heinz Wörn ist die Entwicklung von Regeln und Methoden, die eine EMV-gerechte Planung und Auslegung von Chirurgierobotersystemen bestehend aus unterschiedlichen Einzelkomponenten ermöglicht.

EMV-Probleme mit aktiven Implantaten im Operationssaal I Am Institut für Biomedizinische Technik bei Prof. Dr. Olaf Dössel wird untersucht, welche Sicherheitsvorschriften beachtet werden müssen, wenn Patienten mit aktiven Implantaten im Operationssaal (OP) der Zukunft behandelt werden. Aktive Implantate sind z.B. Herzschrittmacher, implantierte Defibrillatoren oder Neuroschrittmacher, wie sie zunehmend bei der Parkinson-Therapie eingesetzt werden. Probleme sind insbesondere dann zu erwarten, wenn im OP bildgebende Verfahren wie z.B. MR-Tomographie eingesetzt werden. Mit Methoden der numerischen Feldberechnung werden die Ströme und Felder im Körper berechnet und deren Auswirkung auf die Körperfunktion beurteilt (Abb. 19).

Handys in der Klinik I Ende 1999 werden in Deutschland 29 Millionen Handy-Besitzer digital über Funk kommunizieren. Handys machen auch vor Kliniken nicht halt, ermöglichen sie es doch, ohne zusätzliche Kosten und Wartezeiten immer erreichbar zu sein. Hier jedoch haben viele Klinikbetreiber schnell einen Riegel vorgeschoben: Handys könnten gefährlich sein, ihnen haftet ein Hauch von Fernwirkung an. Am Institut für Höchstfrequenztechnik und Elektronik bei Prof. Dr. Werner Wiesbeck werden seit Ende der 80er Jahre die Ausbreitung und Wirkung von „Handy-Wellen" erforscht. Die Leistungsdichte am Kopf des Handy-Benutzers muss unter 2 mW/cm² sein, in 1m Abstand ist sie unter 10 µW/cm², was ca. 0,1 V/cm entspricht. Thermische Wirkungen sind damit ausgeschlossen, athermische Wirkungen konnten bis heute nicht nachgewiesen werden, obwohl sehr viel in diese Forschung investiert wurde. Die Beeinflussung von medizinischen Apparaten, Körperhilfen (Herzschrittmachern), Son-

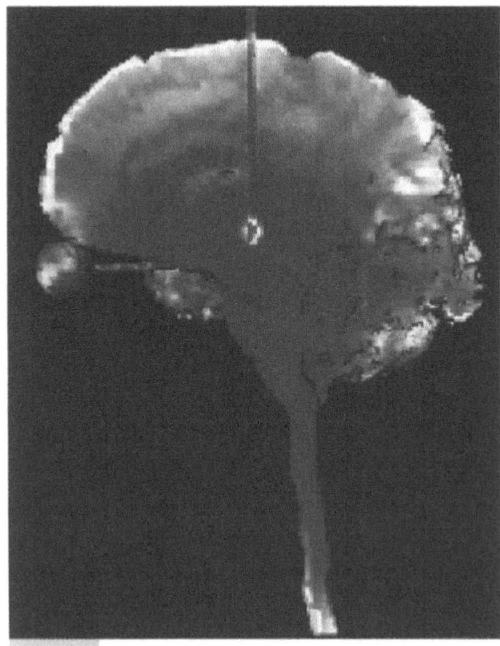

Abb. 19 Temperaturerhöhung um eine implantierte Elektrode bei der MR-Tomographie

den und Sensoren (EMVG) ist dann möglich, wenn die Spannung, welche vom Handy in diese technische Geräte einkoppelt, nicht weit genug unter der Signal- oder Nutzspannung liegt. In der Regel ist dies nicht der Fall, z.B. sind Herzschrittmacher der jüngeren Generationen dagegen geschützt. Völlig ausschließen kann man dies jedoch nicht. Darum gilt die Empfehlung, das Handy bei einem Klinikbesuch zu Hause zu lassen, da es auch unbenutzt im „stand by mode" sendet.

| Vom Zelldefekt zur Krankheit

Im Bereich der Biowissenschaften und in der Organischen Chemie beschäftigen sich eine Reihe von Forschergruppen mit biochemischen und zellulären Prozessen, die für die Entstehung von Krankheiten verantwortlich sind. Insbesondere die genetischen Grundlagen von Erkrankungen und die Möglichkeiten, sie auf zellulärer Ebene zu bekämpfen, sind ein Forschungsschwerpunkt von hoher Aktualität.

Angiogenese | Die Bildung neuer Blutgefäße (Angiogenese) ist nicht nur für eine Reihe physiologischer Vorgänge, wie Embryonalentwicklung und Wundheilung, von fundamentaler Bedeutung, sondern auch für pathologische Prozesse, wie z. B. Tumorwachstum und Tumor-Metastasierung. Aus diesen Gründen hat sich die Angiogenese zu einem attraktiven Ansatzpunkt bei der Behandlung bösartiger Krankheiten entwickelt. Eine Möglichkeit, die Bildung neuer Blutgefäße zu blockieren, bieten Verbindungen (sog. antisense-ODN), die sich spezifisch mit bestimmten Abschnitten des Erbguts (DNA) paaren. Auf diese Weise wird gezielt die Bildung bestimmter Proteine verhindert. Ein solches Protein ist der Transkriptionsfaktor Ets-1. Durch die Blockierung dieses Transkriptionsfaktors konnten wir erstmals dessen Bedeutung für die Angiogenese in vivo belegen. Dies ist deutlich am abgebildeten Hühnerembryo zu erkennen (Abb. 20). Im Vergleich zu einem normal entwickelten Embryo (oben) ist die Anzahl der Blutgefäße drastisch reduziert. Durch weitere Arbeiten konnten wir entscheidend zur Aufklärung der Wirkungsweise des links abgebildeten Naturstoffs Fumagillin beitragen. Fumagillin ist ein sehr potenter Blocker der Angiogenese und wir konnten nachweisen, dass seine Wirkung durch die Blockierung der Ets-1-Biosynthese entfaltet wird. Ein synthetisches Fuma-

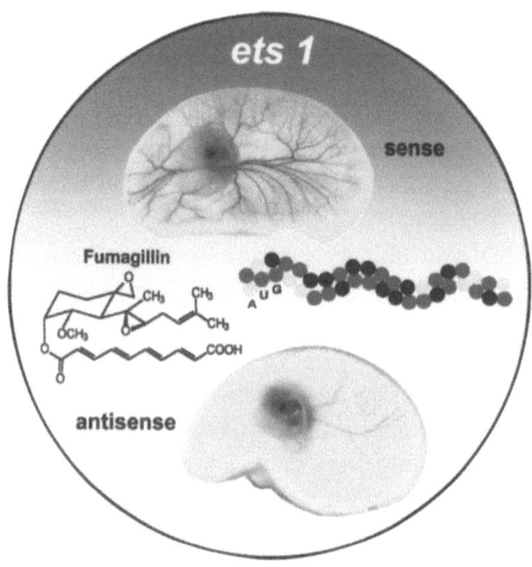

Abb. 20 Nachweis der angiostatischen Wirkung von ets-1-antisense-ODN am Beispiel des Hühnerembryos

gillin-Derivat befindet sich als vielversprechendes Antitumor-Medikament bereits in der klinischen Erprobung. Unsere Arbeiten ermöglichen ein besseres Verständnis der Prozesse, die zu der Bildung neuer Blutgefäße führen, und helfen bei der Entwicklung neuartiger Krebstherapien.

Zell-Zellkommunikation und Tumormetastasierung | Der tödliche Ausgang einer Krebserkrankung wird fast nie durch den Primärtumor verursacht, sondern durch dessen Absiedlungen in anderen lebenswichtigen Organen, die mitunter Jahre nach Beseitigung des Primärtumors erfolgen können. Dieser Prozess der Entstehung von Sekundärtumoren (Metastasen) ist äußerst komplex und bisher wenig verstanden. Er beinhaltet die Lösung von Zellen aus dem primären Tumorgewebe, ihre Wanderung durch Bindegewebe, Eintritt in das lymphatische und/oder vaskuläre Transportsystem des Körpers, Invasion in neues Gewebe und Adaptation in dieser neuen Umgebung an die neuen Wachstumsbedingungen, um eine Metastase bilden zu können. Alle diese Schritte erfordern eine Kommunikation der Tumorzelle mit anderen Zellen oder Bindegewebskomponenten. Am Institut für Genetik bei Prof. Dr. Peter Herrlich und Frau Prof. Dr. Margot Zöller ist es mithilfe gentechnologischer Methoden gelungen, eine Reihe von Molekülen zu identifizieren, die in metastasierenden Tumorzellen aktiv sind, im Unterschied zu nur lokal wachsenden. Unter diesen Molekülen sind solche, die auf der Zelloberfläche vorkommen („Rezeptoren", „Adhäsionsmoleküle"), was angesichts der Funktionen einer metastasierenden Zelle nicht erstaunlich ist, aber auch Moleküle des Zellinneren, darunter solche, die die Signale aus der Umgebung, die von Rezeptoren empfangen werden, in genetische Veränderungen im Zellkern umsetzen. Einige der Zelloberflächenproteine haben bereits als „Tumormarker" Eingang in die Klinik gefunden. Eine humanisierte Version eines Antikörpers, der ein solches Oberflächenmolekül erkennt, wird in der Klinik auf Tauglichkeit zur Unterdrückung von Metastasen getestet.

Eines der Oberflächenmoleküle mit dem Namen CD44, das die Arbeitsgruppe als „metastasenspezifisch" entdeckt hat, scheint eine zentrale Bedeutung für eine Vielzahl von Funktionen zu haben. Neben der Metastasierung wird es auch während der Embryonalentwicklung auf mehreren Geweben benötigt. Es wurde speziell sein Beitrag zur Gliedmaßenentwicklung studiert und gefunden, dass die Rekrutierung von Wachstumsfaktoren und damit die Vermehrung der Zellen in der Gliedmaßenknospe von CD44 abhängt. Eine andere Funktion dieses Moleküls ist es, an der Oberfläche von Zellen Komplexe zu rekrutieren, die entweder Signale zur Zellvermehrung aussenden oder Vermehrungsstop induzieren. Ein solcher Vermehrungsstop ist notwendig, wenn ein Gewebe seine „kritische Größe" erreicht hat. Diese Inhibierung von Zellteilung wird allgemein als „Kontaktinhibition" bezeichnet und ist in transformierten Zellen verlorengegangen. Der Vermittler der Kontaktinhibition scheint eine Komponente des Bindegewebes zu sein, die an CD44 bindet und auf diese Art Zell-Zellkontakt vermittelt und dem Befehlszentrum der Zelle, dem Zellkern, mitteilt.

Vom Photon zum elektrischen Signal | Die Lichtsinneszellen (Photorezeptoren) in den Augen von Mensch und Tier sind höchst effektive Biosensoren. Sie sind biologische Wandler, deren Aufgabe darin besteht, Lichtreize aufzunehmen und in ein elektrisches Signal umzuwandeln, das von den nachgeschalteten Nervenzellen des Gehirns ausgewertet werden kann. Dieses Signalsystem liegt im Focus der Forschung in den Arbeitsgruppen der Zell- und Neurobiologie am Zoologischen Institut der Universität Karlsruhe bei Prof. Dr. Reinhard Paulsen. Die Untersuchungen werden vorwiegend am Auge der Taufliege Drosophila durchgeführt. Die Taufliege stellt ein Modellsystem mit hoher biomedizinischer Relevanz dar, da viele Komponenten der Signalwege im Auge von Fliege und Mensch einander verblüffend ähnlich sind. Arbeiten der Gruppe zeigen u.a., dass die Wechselwirkungen zwischen den einzelnen Proteinkomponenten der Signalwandlungskaskade in

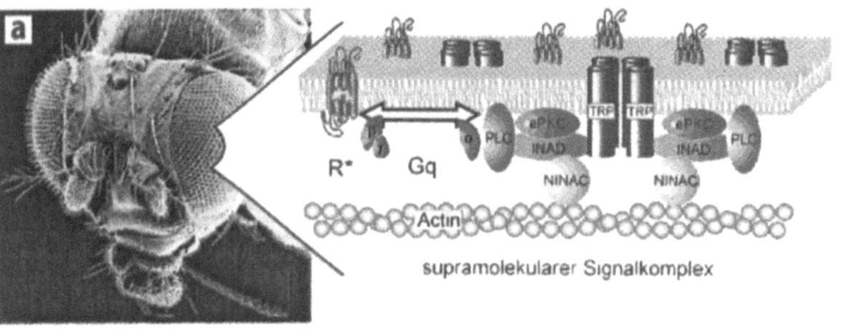
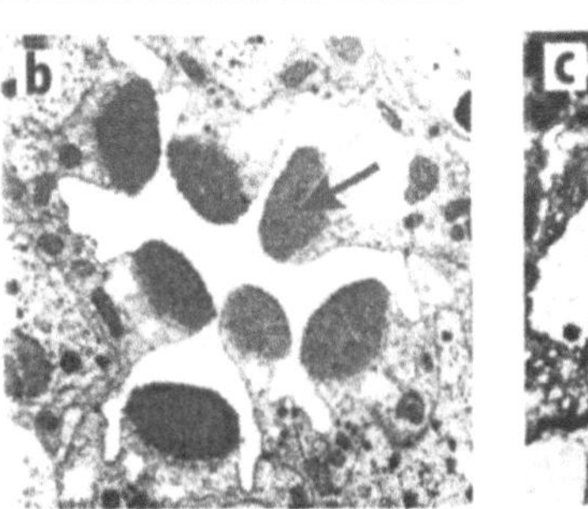
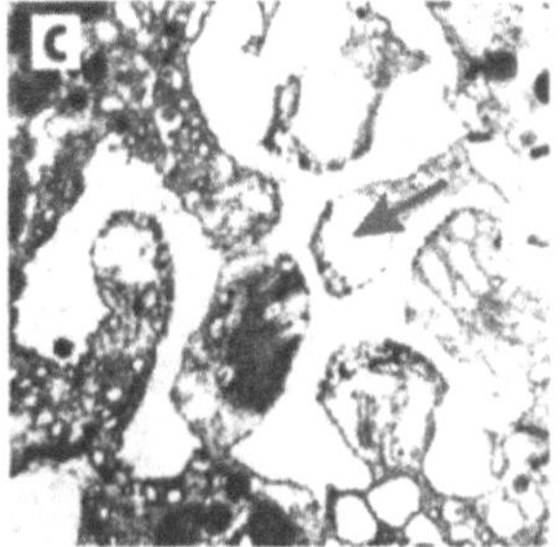

Abb. 21
Rasterelektronenmikroskopische Aufnahme eines Fliegenkopfes **a** mit schematischer Darstellung des supramolekularen Signalkomplexes. Unten sind elektronenmikroskopische Aufnahmen von Querschnitten durch das Auge einer gesunden **b** und einer aufgrund von Genmutationen erblindenden Fliege dargestellt **c**. Hier sieht man deutlich das Absterben der lichtempfindlichen Zellbereiche (Pfeil)

einem supramolekularen Signalkomplex ablaufen, in dem die Enzymproteine und der Haupt-Ionenkanal der Zellmembran über spezifische Domänen eines modularen Ankerproteins miteinander verbunden sind (Abb. 21). Dieser Komplex gewährleistet die kontrollierte Wandlung des Lichtreizes in ein elektrisches Signal mit hoher Zeitauflösung.

Die Analyse des Signalwandlungsprozesses auf molekularer Ebene ist nur ein Aspekt der Photorezeptor-Forschung. Darüber hinaus wurde durch gentechnisch durchgeführte gezielte Mutationen sowie durch die Untersuchung bereits existierender Mutanten gezeigt, dass schon kleinste Veränderungen in den Proteinkomponenten der Sehkaskade Fehlfunktionen und den Zelltod der Photorezeptoren auslösen können. Dieser Prozess führt zwangsläufig zur Erblindung des betroffenen Organismus.

Im Rahmen eines von der Europäischen Union geförderten Projektes wird die Taufliege deshalb als Modellorganismus zur Erforschung der Funktion menschlicher Augenkrankheitsgene herangezogen. Die entsprechenden Gene werden zu diesem Zweck mithilfe molekularbiologischer und gentechnischer Methoden in das Genom der Fruchtfliege eingeschleust. Die Funktionsaufklärung der Proteine in den so erzeugten transgenen Tieren verspricht Rückschlüsse auf die Pathomechanismen von Genmutationen und – daraus resultierend – Hinweise auf mögliche Therapieansätze.

Th. Göller, H. Lenk, G. Paul

B17 Zur Philosophie der Menschenrechte[1]

I Zur Rolle der Philosophie in der Auseinandersetzung um die universale Gültigkeit der Menschenrechte

Am Ende des 20. Jahrhunderts sind die Menschenrechte zu einem der meist diskutierten Themen geworden. Dabei wird die Auseinandersetzung nicht nur in Europa, Australien und Amerika – Nord-, Süd- wie Mittelamerika –, sondern z.B. auch in Indien, Ostasien, Südafrika und der Türkei geführt. Dies gilt für die unterschiedlichsten Aspekte und Bereiche der Diskussion: so etwa für die inner- und zwischenstaatliche Praxis der Politik, das internationale Recht und die Wirtschaft wie für zahlreiche akademische Disziplinen. Die Beiträge finden sich in allen Medien: in Buchveröffentlichungen, Zeitschriften, Tages- und Wochenzeitungen, Fernsehen und Rundfunk, Bildender Kunst, auf Handzetteln und Infos und natürlich auch im Internet. Der Grund ist bekannt: das unmenschliche Leid, das der Mensch dem Menschen zufügt, wenn ihm dazu die Gelegenheit geboten wird. Krieg, Mord und Totschlag, Folter und Vergewaltigung, die Unterdrückung der Freizügigkeit und Meinungsfreiheit scheinen fast zum „Wesen des Menschen" zu gehören.

Sicher ist jedenfalls, dass sie ein so gefährliches Potential darstellen, dass kaum genug getan werden kann, um sie zu verhindern. Die Philosophie ist eine der Disziplinen, die das ihre zur Minderung des Leids beitragen möchte, das aus der Verletzung der Menschenrechte erwächst. Macht man sich Ausmaß und Stärke der grausamen Wirklichkeit – die Macht der Fakten – bewusst, so mag man sich freilich fragen, ob bzw. was sie dabei überhaupt leisten kann.

In der Tat ist die direkte Wirkung eines philosophischen Beitrags gering, aber er ist einer der Faktoren, die immer wieder in die politische Praxis und insbesondere in die Institutionalisierung internationalen menschenrechtsrelevanten Rechts eingehen. So haben philosophische Überlegungen die Formulierung der *Allgemeinen Erklärung der Menschenrechte* 1948 mitbestimmt. Und wenn bundesdeutsche Politiker der Volksrepublik China einen Staatsbesuch abstatten und dort mit chinesischen Politikern auch über Menschenrechte reden, lassen sie sich vorab oft über einschlägige philosophische Argumente unterrichten. Bevor der damalige Bundespräsident Roman Herzog im November 1996 nach China reiste, lagen seinem Büro denn auch zwei Arbeiten vor, die im Kontext des Projekts zur Philosophie der Menschenrechte entstanden, das von 1996 bis 1999 an der Universität Karlsruhe durchgeführt wurde[2]. Und Klaus Kinkels Hinweise auf eine „konfuzianische Menschenrechtsvorstellung" dürften nicht ohne eine kulturrelativistisch orientierte philosophische Beratung zu erklären sein[3]. Selbstverständlich wird nicht alles, was dem Büro eines Politikers zugeht, an ihn weitergeleitet. Dies gilt selbst dann, wenn das Büro die Materialien selbst angefordert hatte. Viele Überlegungen finden sich auch in verschiedenen Quellen. Wichtig ist im gegebenen Zusammenhang nur, festzustellen, dass der philosophische Beitrag zur Auseinandersetzung um die Menschenrechte in der Tat in die politische Diskussion eingehen und sie mitbestimmen kann.

Doch worin besteht dieser philosophische Beitrag? Worin unterscheidet er sich etwa von im engeren Sinn politischen, juristischen und ökonomischen Beiträgen? Philosophie der Menschenrechte ist vor allem argumentative, d.h. begrifflich möglichst klare, kritische und selbstkritische, logischer Konsistenz und allgemeinmenschlicher Erfahrung verpflichtete, *gewaltfreie* Auseinandersetzung. Sie ist kein selbst gesetzgebender, Institutionen etablierender Beitrag, keine Handlung im landläufigen Sinn des Wortes, sondern eine sprachliche Erörterung, in der es vor allem um folgende Fragen geht:

1. Was meinen wir, wenn wir von Menschenrechten reden? Bezeichnet der Ausdruck „Menschenrechte" tatsächlich existierende Rechte? Wenn ja, welche? Oder bezieht er sich auf eine bloße Fiktion? Gibt es vielleicht gar keine Menschenrechte? Wie sollten wir den Ausdruck „Menschenrechte" verwenden? Und warum in einer bestimmten Weise und nicht anders?
2. Angenommen, es gebe bestimmte Menschenrechte. Gelten sie dann für alle Menschen? Und falls ja, warum? Wie lässt sich ihre Allgemeingültigkeit begründen? Und falls sie nicht für alle Menschen Gültigkeit besitzen, warum nicht? Ist ihre

Geltung von spezifischen Faktoren wie Kultur, wirtschaftlicher Entwicklung, menschlicher Reife etc. abhängig?

Die Philosophie versucht, alle einschlägigen Argumente zu formulieren, zu systematisieren, zu prüfen und zu gewichten. Sie stellt so argumentative Mittel zur Lösung der Menschenrechtsproblematik bereit. Argumente sind zwar notorisch schwach – der Mensch folgt ungern einem Argument, das seinen Neigungen zuwiderläuft, so gültig es immer sein mag –, aber sie bleiben doch unverzichtbare Instrumente gewaltfreier Auseinandersetzung.

Als Mittel und Material dient der Philosophie unter anderem ihr eigener geschichtlich erarbeiteter Fundus. Gerade klassische philosophische Texte stellen zahlreiche menschenrechtsrelevante Argumente bereit. Zugleich illustrieren sie in historischer wie systematischer Weise die Form, in der die Menschenrechtsfrage Gegenstand argumentativer Auseinandersetzung werden kann. Das soll unten an Beispielen aus der Philosophie der Aufklärung gezeigt werden. Aber auch die politische Geschichte gehört im gegebenen Zusammenhang zum Material. So kann die Philosophie beispielsweise prüfen, ob die in der internationalen Politik offiziell eingesetzten kulturrelativistischen ethischen Argumente stichhaltig sind oder nicht. Zu diesem Zweck kann es dann erforderlich werden, dass sie auch die Resultate detaillierter historischer Studien „anderer" Kulturen in ihre Reflexion einbezieht, ja, selbst solch kritische und selbstkritische Studien betreibt.

Ziel des Karlsruher Projekts zur Philosophie der Menschenrechte war es denn auch, die skizzierten Fragen in möglichst gültiger und überzeugender Form zu beantworten. Das Projekt war von der VW-Stiftung großzügig finanziert worden, so dass es seiner Aufgabe in umfassender und detaillierter Weise nachgehen konnte. In die Auseinandersetzung mit kulturrelativistischen Auffassungen wurden beispielsweise nicht nur allgemein-methodologische Probleme der Allgemeingültigkeit bestimmter kommunikativer Prinzipien einbezogen, sondern auch einschlägige in traditionellen indischen, chinesischen und japanischen Kulturen formulierte Positionen berücksichtigt. Es ging z. B. nicht nur um die allgemeine Frage, ob sich der Mensch überhaupt mitteilen könne, ohne sich irgendwie am Widerspruchsfreiheitsprinzip – wonach ein A kein Nicht-A sein kann – zu orientieren, sondern auch um Positionen zu Logik und Mitteilung, wie sie traditioneller Weise im sinoasiatischen Raum bestehen[4]. Dazu kamen Auseinandersetzungen mit im engeren Sinn menschenrechtsrelevanten Auffassungen wie Konzepten der moralischen Autonomie, die ja nicht nur bei Kant, sondern auch in klassischen chinesischen Texten artikuliert sind[5].

Einige Ergebnisse, zu denen das Karlsruher Projekt zur Philosophie der Menschenrechte bei der Frage nach den Argumenten für und gegen die Annahme universal gültiger und in diesem Sinn kulturunabhängiger Menschenrechte gekommen ist, lassen sich – skizzenhaft – wie folgt wiedergeben:

1. Es gibt universal gültige Menschenrechte. Dazu gehören die im Prinzip der Unantastbarkeit menschlicher Würde begründeten Rechte, die dabei freilich in spezifischem Sinn zu verstehen ist.

2. Jede argumentative Auseinandersetzung, die zu gültigen Resultaten führen soll, muss sich an den universal gültigen logischen Prinzipien, an den Naturgesetzlichkeiten, den anthropologischen Konstanten und an allgemeinmenschlicher Erfahrung (bzw. Empirie) orientieren.

3. Da sich rein logisch gesehen alles verallgemeinern und alles unterscheiden lässt, ist explizit zu erläutern und zu begründen, warum man – etwa – bestimmte ethische Normen als allgemeine oder spezifische Normen charakterisiert. Dabei ist die Relevanzfrage entscheidend. Dass Eier nur am spitzen Ende aufzuschlagen sind – eine in Gullivers Reisen „zitierte" Regel, die Anlass zu einem Krieg wurde –, ist in mancher Hinsicht faktisch wie normativ so irrelevant, dass sie sich nicht als Gegenbeispiel zur behaupteten Allgemeingültigkeit eignet.

4. Dem Gegenargument, dass jeder Begründungsversuch ethnozentrisch – und, wenn europäischer Herkunft, „eurozentrisch" – sei, lässt sich mit den Hinweisen begegnen, dass man

- an der „fremden" Kultur nur das kritisiere, was man auch an der eigenen Kultur kritisiere, und insofern auch nicht überheblich urteile,
- etwas kritisiere, was auch in der „fremden" Kultur selbst kritisiert werde, und dass
- das Gegenargument symmetrisch sei und auf einen pragmatischen Widerspruch hinauslaufe: es folge selbst dem Verfahren, das es verbiete. Ein „Westler", der „asiatische" Kritik am Westen ablehnt, weil sie als Kritik eines „Fremden" über „Fremdes" notwendiger Weise „verfehlt" sei, tut damit selbst, was er für verfehlt hält.

5. Gegen das immer wieder vorgebrachte Argument der Relativität ethischer Normen und des Wertes kultureller Traditionen lässt sich unter anderem einwenden:

- Man kann nicht gehaltvoll vom Sein aufs Sollen schließen. So folgt aus dem bloßen Bestehen einer bestimmten Tradition nicht, dass sie weiter bestehen sollte.
- Konsequenter Traditionalismus ist unmöglich. Jede Tradition unterscheidet sich in der ein oder anderen Hinsicht von der früheren Geschichte der fraglichen Kultur. So ist jeder Traditionalismus – jedes Verteidigen des Bestehenden bloß um seines Bestehens willen – pragmatisch oder performativ selbst-widersprüchlich.
- Kulturen sind in sich zu komplex und heterogen, um aus ihnen selbst eine eindeutige ethische Tradition abstrahieren zu können. Es sind dabei notwendigerweise externe metaethische und ethische Kriterien anzulegen.
- Außerdem lässt sich eine – ohnehin nur fiktionale – autochthone oder authentische Tradition nicht identifizieren. Dazu fehlen

einfach die historischen Kenntnisse. Auch werden Traditionen oft fälschlich dargestellt. Sie werden z.B. häufig manipuliert, instrumentalisiert.

▸ Gültigkeit und Entstehung – Ort, Zeit, Autorschaft – einer ethischen Norm sind voneinander unabhängig.

▸ Neue historische Entwicklungen können neue Probleme mit sich bringen, deren Lösung neue, nicht-traditionelle Mittel erfordert.

Alle unter Punkt 5 wiedergegebenen Argumente sind z. B. auch in klassischen chinesischen philosophischen Texten formuliert. Dass sie sich dabei nicht in nur einem Text und nirgends in systematischer Zusammenstellung finden, gilt auch für die in Europa entstandenen philosophischen Texte. Vielleicht sind die Argumente überhaupt erstmals innerhalb des Karlsruher Projekts aufgelistet worden.[6] Für den Kontext der Menschenrechtsfrage dürfte dies sogar wahrscheinlich sein.

Wenigstens einige der wichtigen Stellen, die sich in den chinesischen Klassikern finden, seien zitiert[7].

Auf das 5. und 4. vorchristliche Jahrhundert gehen die folgenden Passagen zurück, die die Identifizierung von Tradition und Norm, den „Schluss vom Sein aufs Sollen", und die Widersprüchlichkeit eines konsequenten Traditionalismus kritisieren:

„Das eben heißt: Praxis und Gewohntes (si) für angemessen und Sitten (su) für Gerechtigkeit und Moral (yi) zu halten. In alten Zeiten existierte östlich von Yue der Staat Kaishu. Wenn der erste Sohn geboren wurde, so zerlegten und aßen sie ihn. Sie sagten, dass dies dem jüngeren Bruder zugute kommen würde. Wenn die Großväter starben, nahmen sie die Großmütter auf den Rücken und setzten sie aus. Sie sagten: 'Die Frau eines Geistes kann nicht am selben Ort mit uns leben'. Daran festhaltend, praktizierten es die Oberen als richtige Herrschaft, die Unteren als Sitte. Sie praktizierten es, ohne an ein Ende zu kommen, und übten sich darin, ohne Anstand zu nehmen. Doch wie könnte dies der Weg der Menschlichkeit (ren) und Moralität (yi) sein?

Das eben heißt: Praxis und Gewohntes (si) für angemessen und Sitten (su) für Gerechtigkeit und Moral (yi) zu halten."[8]

„Die Konfuzianer [genauer, traditionalistisch eingestellte Gelehrte] *sagen: 'Der Edle muß die Kleider der Alten tragen und ihre Sprache sprechen, um als tugendhaft angesehen werden zu können.' Darauf lässt sich erwidern, dass die Sprache und die Kleidung der Alten einst auch einmal neu waren, und die Alten, die so redeten und sich so kleideten, waren demnach auch keine Edlen. Müssen wir also die Kleidung von Leuten tragen, die keine Edlen waren, und ihre Sprache sprechen, um als tugendhaft gelten zu können?"*[9]

Aus dem 3. Jahrhundert vor Christus stammt die folgende Kritik an Traditionalismus und „Lob der vergangenen Zeit":

„Wenn man [...] behauptet: 'Das sind die Ordnungen der alten Könige!' und der Meinung ist, dass durch ihre Nachahmung alles wohl regiert wäre, so ist das ein trauriger Irrtum.

Wollte man bei der Regierung gar keine gesetzlichen Ordnungen zugrunde legen, so gäbe es Verwirrung, wollte man die gesetzlichen Ordnungen unverändert festhalten, so wäre das Torheit. [...] Die Welt ändert sich, die Zeit wechselt, darum ist es gehörig, dass auch die gesetzlichen Ordnungen verändert werden."[10]

Als sich der Buddhismus im 2. und 3. Jahrhundert in China verbreitete, kam es immer wieder zu Auseinandersetzungen um den Zusammenhang von Genese und Geltung. Chinesische Buddhisten argumentierten, dass die indische Herkunft des Buddhismus dessen Gültigkeit nicht beeinträchtigen könne. Dabei versuchten sie auch, die Argumente ihrer Opponenten ad absurdum zu führen:

„Yu [ein von chinesischen Traditionalisten bewunderter legendärer Kaiser und Kulturheros] kam von den westlichen Qiang-Stämmen [also von den Barbaren] und war doch groß und weise. Gu Sou war der Vater Shuns [eines weiteren Kulturheros'] und doch widerborstig und prinzipienlos. You Yu wurde im Land der Yi[-Barbaren] geboren und doch von (Herzog Mu von) Qin mit der Regentschaft beauftragt. Guan und Cai stammten aus den [chinesischen] Gegenden

um den He und Ge und waren doch Verleumder."[11]

I **Die Philosophie der europäischen Aufklärung und ihr Beitrag zur Begründung der universalen Gültigkeit der Menschenrechte**

Die Philosophie der europäischen Aufklärung ist für die Begründung universaler Menschenrechte, die für alle Menschen unabhängig von politischen, sozialen und kulturellen Bedingungen gelten sollen, von besonderer Bedeutung. Nicht nur die US-amerikanische Verfassung von Virginia aus dem Jahre 1776, die als erster moderner Menschenrechtskatalog gilt, und die französische Formulierung der Rechte des Bürgers und des Menschen von 1789/1791, sondern auch die international besonders wirkungsmächtige „Allgemeine Erklärung der Menschenrechte" der Vereinten Nationen, die 1948 von der Generalversammlung angenommen wurde, wären ohne die Staats-, Rechts- und Moralphilosophie der Aufklärung nicht denkbar. Das Spektrum solchen Philosophierens ist groß. Es reicht von Thomas Hobbes über John Locke, Montesquieu bis zu Jean-Jacques Rousseau, von Christian Wolff über Hugo Grotius und Samuel Pufendorf bis hin zu Immanuel Kant, um nur einige der wichtigsten Vertreter zu nennen. Sie alle – und nicht nur sie – haben einen bedeutenden Anteil an der Entstehung des Menschenrechtsgedankens. Nichtsdestoweniger scheinen mir vor allem *Thomas Hobbes, John Locke* und *Immanuel Kant* von Relevanz zu sein. Denn sie tragen in besonders charakteristischer, wenn auch in recht unterschiedlicher, Weise zur philosophischen Begründung universaler Menschenrechte bei. Das möchte ich etwas genauer, wenn auch nur skizzenhaft, ausführen.[12] Generell ist bei einem solchen Versuch zum einen zu berücksichtigen, dass sich die aufklärerischen Menschenrechtskonzeptionen aus *naturrechtlichen* Vorstellungen entwickelt haben und nicht ohne den *staatsphilosophischen* Hintergrund, in den sie jeweils eingebettet sind, verständlich sind. Zum anderen werden weder die Begriffe „Menschenrecht" oder „Menschenrechte" von allen genannten aufklärerischen Philosophen

gebraucht, noch werden solche Rechte in allen Fällen ausdrücklich benannt.

Als ein *Vorläufer* der Idee *universaler* Menschenrechte ist in gewisser Weise *Thomas Hobbes*, der von 1588 bis 1679 lebte, anzusehen. Das gilt paradoxerweise auch dann, wenn sich bei Hobbes keinerlei explizite Menschenrechtsformulierungen finden lassen. Ja, im Gegenteil, in seinen Ausführungen bleibt er – zumindest für heutige Begriffe – erschreckend weit hinter Menschenrechtsvorstellungen zurück. Bei Hobbes ist von *unveräußerlichen* Rechten oder Menschenrechten, die unterschiedslos für *alle* Menschen gelten sollen, nicht einmal ansatzweise die Rede. Weder wird ein Recht auf Versammlungs- und Meinungsfreiheit zugestanden, noch gilt die Freiheit von Forschung und Lehre. Ein einmal Besiegter oder Unterworfener – ob Kriegsgefangener, Sklave oder Leibeigener – ist völlig rechtlos: er hat keine menschliche Würde und darf behandelt und veräußert werden wie ein lebloses Ding oder eine Sache. Trotzdem hat die eigentümliche Konstruktion seiner Staatsphilosophie zur Entwicklung der Menschenrechtsidee entscheidend beigetragen. Das hängt mit ihrem Kernstück, der *Vertragstheorie*, zusammen. Sie wiederum ist ohne den *naturrechtlichen* Begriffsrahmen, in dem sie eingeordnet ist, nicht verständlich. Hobbes geht von einem hypothetisch angenommenen „Naturzustand" aus, in dem noch keinerlei staatliche oder rechtliche Ordnung als verbindlich angesehen wird. Dieser Zustand hat bei Hobbes primär eine *normativ-methodische* und nur sekundär eine deskriptive, entwicklungsgeschichtliche oder politisch-historische Funktion. Deshalb lässt sich zumindest für Hobbes nicht einfach sagen, dass bei ihm ein so genannter „naturalistischer Fehlschluss" vorliege, bei dem unberechtigter Weise von einem Sein auf ein Sollen geschlossen wird. Das ist alleine schon deshalb nicht richtig, da die Hobbes'sche Staatskonstruktion ja letztlich eine Überwindung dieses „Naturzustandes" bedeutet. Denn in ihm kann und darf jeder Mensch rücksichtslos seine eigenen Interessen verfolgen – soweit es ihm seine Kraft und seine Geschicklichkeit erlauben. Die Folgen dieser nicht anders als „anarchistisch" zu bezeichnenden Verhältnisse sind leicht abzusehen: Es kommt zu permanenten Interessenskonflikten, die mit allen, also auch gewaltsamen, Mitteln ausgetragen werden dürfen. Hobbes bezeichnet diesen Zustand in der ihm eigenen dramatischen Diktion als „Krieg aller gegen alle". Dass er allerdings nicht nur hypothetischen Charakter, sondern durchaus auch aktuelle Dimensionen hat, das zeigen heute die Bürgerkriege beispielsweise in Sierra Leone, im Sudan und in Uganda. Nach Hobbes findet dieser für alle Beteiligten nicht nur unsichere, sondern auch lebensbedrohliche Kriegszustand, der auf Dauer keinen Sieger kennt, erst dann ein Ende, wenn von allen eingesehen wird, dass sich ihre Interessen besser, sicherer und effektiver in einem staatlichen Ordnungsgefüge verwirklichen lassen. Hobbes fragt sich nun, wie sich ein solches Gefüge möglichst voraussetzungslos *legitimieren* lässt. Das heißt, die Staatslegitimation soll ohne Rekurs auf metaphysische bzw. religiöse Vorannahmen – wie sie beispielsweise das „Gottesgnadentum" oder eine gar göttliche Abstammung eines Regenten sind – erfolgen. Die Konstruktion, die Hobbes für eine solche staatliche Ordnung anbietet, ist nach dem Modell eines Vertrages konzipiert: Jeder Vertragsschließende verpflichtet sich, auf sein vorstaatliches „natürliches" „Recht auf alles" zu verzichten. Dabei lässt sich von „Recht" in einem nur sehr uneigentlichen Sinne sprechen, da es weder allgemeinverbindlich noch institutionell gesichert ist. Alle Vertragsschließenden schränken ihre – im Naturzustand zwar unbegrenzte, aber doch zugleich höchst unsichere – „Freiheit", alles tun und lassen zu können, wechselseitig ein. Mit einer Ausnahme: Der staatliche Souverän, das mag ein einzelner oder eine Gruppe sein, ist dem Staatsvertrag übergeordnet; er ist absolut. Das Recht, Gewalt auszuüben, wird von den Vertragsschließenden vollständig auf den Souverän als höchste Macht im Staate übertragen; er erhält das Gewaltmonopol. Das oberste staatliche Organ ist demzufolge mit – nahezu – unbegrenzter Machtfülle ausgestattet, weshalb es jeden Bürger zwingen kann, die jeweils geltenden positiven Gesetze auch wirklich einzuhalten. An die Stelle eines

latent oder offen gewaltsam ausgetragenen Interessenskonfliktes treten rechtliche Regelungen. Was ergibt sich hieraus für die Menschenrechtsthematik?

Für Hobbes ist es völlig unerheblich, ob die „Zustimmung" zu dem staatlichen Unterwerfungsvertrag freiwillig erfolgt oder erzwungen wird – wichtig ist nur, dass sie, zumindest einmal, erfolgt oder erfolgte. Da alle Gewalt an die oberste Staatsmacht – den Souverän – abgetreten wurde, kann sie nicht mehr rückgängig gemacht werden. Hobbes hält den Staatsvertrag in einem solchen Maße für verpflichtend, dass jeder Bürger, der sich ihm einmal unterworfen hat, den Vertrag nur dann lösen kann, wenn zwei Bedingungen erfüllt sind: Entweder zerfällt ein Staat durch äußere Gewalteinwirkung – beispielsweise durch Krieg bzw. durch Annexion – oder der Souverän gibt freiwillig die an ihn delegierten Befugnisse an das Volk zurück. Alle anderen Versuche, eine Regierung abzulösen oder beseitigen zu wollen, sind illegal und dürfen schon bei den kleinsten Anzeichen im Keime erstickt werden. Das gilt natürlich besonders für sich anbahnende Revolutionen. Entscheidend ist, dass durch die von mir skizzierten vertragstheoretischen Bestimmungen in Hobbes' Staatsphilosophie ein Spannungsverhältnis – wenn nicht ein Bruch oder gar ein Widerspruch – angelegt ist. Denn einerseits argumentiert Hobbes, der Staat würde seine Legitimation dadurch erfahren, dass alle wechselseitig auf ihr vorstaatliches „Recht auf alles" verzichteten und alle Gewalt an den Staat delegierten. Andererseits ist der Staatsvertrag, wenn er einmal konstituiert ist, in einem solchen Maße verbindlich, dass der einzelne sämtliche vorstaatlichen „Rechte" an den Staat sozusagen ein für allemal abtritt. Das gilt selbst auch für die – letztlich nur grund- oder menschenrechtlich zu nennenden – Normen wie das *Recht auf Leben* und auf dessen *Unverletzlichkeit* sowie auf *individuelles Wohlergehen*. Genau das jedoch dürfte nach Hobbes' eigener Argumentation *nicht* der Fall sein. Denn der einzelne hat dem Staatsvertrag doch nur unter der Voraussetzung bzw. unter dem Vorbehalt zugestimmt, dass der Staat die Einhaltung dieser minimalen vorstaatlichen „Rechte" garantieren *kann*: deshalb darf oder dürfte er *zumindest diese Rechte* keinesfalls außer Kraft setzen! Genau dieser Punkt ist es, der für die weitere Entwicklung des Menschenrechtsgedankens in der Philosophie der Aufklärung entscheidend wird.

Bereits weniger als fünfzig Jahre später zieht daraus *John Locke*, der 1632 geboren wurde und 1704 starb, wichtige systematische Konsequenzen. Denn er ist sich darüber im Klaren, dass ursprüngliche und grundlegende Rechte, so das Recht auf *Leben*, auf *Freiheit* und auf *Privateigentum*, auch noch *nach* der – vertragstheoretisch gedachten – Staatskonstitution in Geltung bleiben *müssen*. Ja, die vornehmliche Aufgabe des Staates besteht ihm zufolge darin, diese Grundoder, wie sich auch sagen lässt, *Menschenrechte* zu schützen; kein Staat darf sie missachten. Anders als bei Hobbes verfügt in Lockes Konzeption die Regierung über die ihr vom Volk verliehene Macht nur „treuhänderisch". Das bedeutet, der Staatsvertrag ist – anders als bei Hobbes – kein Unterwerfungsvertrag, der die staatlichen Organe mit nahezu unbegrenzter Machtbefugnis ausstattet. Demgegenüber schlägt Locke eine Teilung der staatlichen Gewalt vor. Er fordert, erstens, eine Gesetzgebung, die für alle Bürger gleichermaßen verbindliche Gesetze formuliert. Zweitens verlangt er eine unabhängige bzw. unparteiische Instanz, die alle Streitfälle nach dem eingeführten, öffentlich bekannt gemachten und geltenden positiven Gesetz entscheidet. Drittens postuliert er eine Instanz, die für die Durchführung und Durchsetzung der geltenden Gesetze sorgt. Wir alle kennen heute diese Gewalten, die die eine Staatsgewalt teilen, unter den Begriffen *Legislative*, *Judikative* und *Exekutive*. Insofern Locke die Gewaltenteilung systematisch entwickelt und fordert, muss er meiner Ansicht nach – und nicht etwa Montesquieu, der sich ohnehin lediglich auf das bereits existierende Modell der englischen Verfassung, die „Bill of Rights" aus dem Jahre 1689, bezieht – als Vorläufer der modernen Gewaltenteilung gelten.

Wichtig für meinen Problemzusammenhang ist nun, dass die Legislative – und damit eine

Regierung – nur dann legitimiert ist, wenn sie von der Allgemeinheit bzw. von der Mehrheit der Bürger gewählt worden ist. Weil die Staatsmacht die vereinigte Gewalt aller Mitglieder eines Staats ist, kann ihre Machtbefugnis nicht größer sein als die, die ein einzelner im vorstaatlichen und vorrechtlichen Zustand besitzt; ein Staat hat nur die Autorität, die ihm von seinen Gliedern verliehen wurde. Deshalb bedarf die Staatsmacht prinzipiell auch der fortwährenden *Zustimmung* seiner Bürger. Die Verhältnisse liegen bei Locke also entschieden anders als bei Hobbes. Bei Locke ist ein Staat nur dann legitim, wenn die im „Naturzustand" einem jeden hypothetisch zuerkannte Rechtskompetenz – allen voran sein Recht auf Selbsterhaltung – auch tatsächlich garantiert ist. Denn anders als bei Hobbes ist bei Locke – aber auch bei Rousseau und, wie sich gleich zeigen wird, auch bei Kant – kein Staatsvertrag als Unterwerfungsvertrag denkbar, wonach der einzelne versklavt oder ausgebeutet werden kann und sogar auf Generationen hinaus versklavt oder ausgebeutet werden darf. Ein solcher Vertrag wäre für Locke, und erst recht für Kant, von vornherein undenkbar, d.h. illegitim. Das impliziert für Locke weiterhin, dass das Volk als höchste Gewalt die Regierung abberufen kann, wenn diese das in sie gesetzte Vertrauen enttäuscht und die ihr zugedachten Aufgaben nicht zu bewältigen vermag. Das gilt im Besonderen für die Rechte, denen sich Locke zufolge implizit der Status von Menschenrechten zusprechen lässt: das *Recht auf Leben*, auf *Freiheit* und auf *Eigentum* bzw. *Privateigentum*. Diese *menschenrechtliche Trias* muß unter allen Umständen garantiert sein. Ansonsten geht die Gewalt in die Hände derjenigen zurück, die sie einer Regierung allein auf legitimem Wege verleihen können: an alle Bürger, an das *Volk*. Wenn eine Regierung versucht, ihre legitime Ablösung zu verhindern und hierfür ihre Macht missbraucht, so bedeutet das, wie sich Locke unmissverständlich ausdrückt, dem Volke gegenüber den Kriegszustand. Das Volk hat also das Recht, sich mit allen Mitteln zu verteidigen sowie die bestehende Regierung abund eine ihr gemäße einzusetzen – und sei es notfalls durch eine Revolution.

An diese Entwicklung knüpft *Immanuel Kant*, der von 1724 bis 1804 lebte, an – freilich ohne ein „Recht" auf gewaltsamen Widerstand oder auf eine Revolution einzuräumen. Nichtsdestoweniger radikalisiert er die bisherigen Ansätze. Für ihn gibt es nämlich nur ein einziges angeborenes Recht oder *Menschenrecht*: es ist das der „Freiheit". Aus ihm leitet er die *Gleichheit* aller Menschen und das Recht auf *aktive politische Mitwirkung* fast aller Menschen ab. Faktisch schränkt Kant dieses staatsbürgerliche Partizipationsrecht jedoch, das dürfte für uns Heutigen nur schwer nachvollziehbar sein, auf den erwachsenen männlichen Bevölkerungsteil ein, der ökonomisch selbstständig ist. Kant versteht unter „Freiheit", dass niemand durch die Willkür eines anderen gezwungen werden darf, etwas zu tun oder zu unterlassen. Der individuellen Freiheit werden zugleich klar definierte Grenzen gesetzt, da sich die Freiheitsansprüche der Individuen *wechselseitig limitieren* müssen. Kant formuliert diesen Sachverhalt ganz präzise, indem er sagt, die Freiheit eines jeden Menschen müsse mit der Freiheit eines anderen gemäß „einem *allgemeinen Gesetz* zusammen bestehen" können. Das ist entscheidend: Die Richtschnur bildet ein allgemein formulierbares und von allen Staatsbürgern bzw. gar allen Menschen potentiell einsichtiges „Gesetz". Darunter ist allerdings nicht ein positives Gesetz, sondern eine grundlegende und allgemeingültige *menschenrechtliche Gesetzesnorm* für alle positiven Gesetze eines Staates zu verstehen. Die Betonung dieses nicht-positiven Gesetzescharakters ist für Kant entscheidend. Diese staats- und rechtstheoretische Grundnorm ist die Fundamentalvoraussetzung für eine jede *legitime* Staatskonstitution. Auf ihr bauen alle weiteren, weniger grundlegenden Normen – bis hin zu den speziellen und speziellsten positiven Gesetzen – auf. Mit anderen Worten, die menschenrechtliche Grundnorm muß immer, d.h. durchgängig, in jedem Staat in Geltung bleiben, soll es sich um einen Rechtsstaat handeln. Mit der folgenden wichtigen und auch heute noch aktuellen Konsequenz: Ein Staat kann die grundlegende menschenrechtliche Norm nicht erlassen oder verleihen, sondern – umgekehrt – er muß

ihr völlig gemäß sein – andernfalls handelt es sich, wie Kant sagt, um einen „despotischen" oder „tyrannischen" Staat; also um eine Diktatur. Erst bei Kant wird also unmissverständlich explizit gemacht, dass ein Staat als Rechtsstaat das Menschenrechtsprinzip gar nicht antasten darf, weil es seine eigene *Ermöglichungsbedingung* ist. Kant dreht die Begründungsrichtung sozusagen um: Es ist nicht der Staat, der irgendwelche Freiheits- bzw. Bürgerrechte zu gewähren hat, sondern umgekehrt, die Freiheit und die Wahrung der Freiheitsrechte eines Einzelnen wie aller Bürger zusammen ist die alleinige Legitimationsbasis eines jeden Rechtsstaates.

Für Kant findet die Menschenrechtsproblematik darüber hinaus nicht bloß an mehr oder minder zufälligen Staatsgrenzen oder innerstaatlichen Verhältnissen ihre Begrenzung. Denn das einzige von ihm explizit benannte Menschenrecht auf „Freiheit" steht, wie er sich ausdrückt, „jedem Menschen kraft seiner Menschheit" zu. Die *unveräußerbare Würde* eines jeden Menschen ist nicht nur mit unserer, sondern mit „der Person eines jeden anderen", d.h. mit der *gesamten Menschheit*, impliziert. Mit anderen Worten: Die Idee der Menschenrechte und der menschlichen Würde ist schlechthin *universal*; sie gilt uneingeschränkt für *alle* Menschen.

Doch nicht nur das: Kant ist darüber hinaus der erste Philosoph in der europäischen Aufklärung, der konsequent und explizit eine *Weltbürgergesellschaft* fordert. Denn er ist der Ansicht, dass gegen militärische Krisen- und Konfliktgefahren nur ein Mittel auf Dauer wirksam helfen kann: Es muß ein öffentliches, auf Macht gegründetes Gesetz, ein verbindliches „Völkerrecht" oder besser: Staatenrecht geben, dem sich, wie Kant es formuliert, „jeder Staat unterwerfen müsste". Das würde, konsequent weitergedacht, bedeuten, dass es eine suprastaatliche Instanz geben müsste, die mit der Kompetenz zu recht weitgehenden Sanktionen ausgestattet ist bzw. dass das Gewaltmonopol von den Einzelstaaten auf diese Instanz zu übertragen wäre.

Welchen Beitrag leisten die drei skizzierten und nach meiner Ansicht besonders relevanten aufklärerischen Positionen für die Begründung universaler Menschenrechte? Durch die Vertragstheorie des *Thomas Hobbes* werden – womöglich gegen dessen eigene Intentionen – erst die Voraussetzungen für eine säkularisierte Fassung der Menschenrechte geschaffen. *John Locke* zieht aus diesem staatstheoretischen Ansatz wichtige Konsequenzen, wenn er fordert, dass die vorstaatlichen Grund- oder Menschenrechte auf Leben, Freiheit und Eigentum bzw. Privateigentum in ihrer Normfunktion dem Staat gegenüber bestehen bleiben müßten. *Immanuel Kant* schließlich radikalisiert diesen Gedanken, da es ihm zufolge nur ein einziges Menschenrecht, das auf „Freiheit", gibt. Es ist *universal* und gilt für *alle* Menschen. Dieses Menschenrecht ist darüber hinaus für alle positiven Rechtssetzungen in einem Staat sowie für das Verhältnis der einzelnen Staaten zueinander maßgeblich. Vor allem die zuletzt angedeuteten und bis heute uneingelösten kantischen Forderungen machen deutlich, welches zukunftweisende Potential in aufklärerischen Menschenrechts- und Staatsphilosophien immer noch angelegt ist. Sie haben aufgrund der unausgesetzten Bedrohung durch militärische Massenvernichtungsmittel, durch unablässige Bürgerkriege und weltweit ungehindert fließende Kapitalströme im Zeichen der ökonomischen Globalisierung nichts an ihrer Aktualität eingebüßt.

Erweiterungen der moralischen und juristischen Menschenrechte an der Schwelle des 21. Jahrhunderts

Die Menschenrechte, wie sie die Generalversammlung der Vereinten Nationen mit der Resolution 217 A (III) vom 10. Dezember 1948 annahm und „programmierte", entstanden zwar aus den Traditionen des abendländischen Humanismus und der Aufklärung, die im Zusammenhang mit Individualismus und Freiheitsdenken politische Relevanz erlangten. Sie sind aber auch auf ältere philosophische Anregungen zurückzuführen. Dazu zählen z. B. die Individualitätsphilosophie eines Sokrates und die Humanitätsideen der mittleren Stoa, wie sie Panaitios vertrat, das christliche Gebot der Menschenliebe und die christliche Forderung nach konkreter Menschlichkeit und schließlich die politischen, emanzipatorischen Werte von Frei-

heit, Solidarität und Brüderlichkeit. So gesehen, sind Menschenrechte Rechtsformulierungen, die dem abendländischen Denken entstammen. Aufgrund der prinzipiellen Unabhängigkeit von Genese und Geltung – die, wie ausgeführt, etwa auch der klassischen chinesischen Philosophie bekannt war – beschränkt sich jedoch ihr Geltungsanspruch nicht auf das Abendland. Vielmehr erheben die Menschenrechte einen Anspruch auf allgemeine Gültigkeit: sie sollen jedem Menschen zukommen, und zwar unabhängig von dessen Zuordnung zu Geschlecht, Alter, Rasse, Religion und politischer, nationaler oder kultureller Herkunft und Gruppierung. So ist es in Artikel 3, aber auch in den Artikeln 1, 2, 4, 12, 13, 18 und 19 der *Allgemeinen Erklärung* zum Ausdruck gebracht.

Die Menschenrechte sind danach individuelle *Schutz- bzw. Abwehrrechte* von universeller Geltung, die den Einzelnen vor den Eingriffsmöglichkeiten staatlicher Gewalt oder Manipulation sonstiger Art – sei es von exekutiver, judikativer oder gar legislativer Seite – sichern sollen. Als Abwehrrechte sind sie quasi negativ gegen Eingriffsversuche „von oben" formuliert. Sie richten sich als Rechtsgarantien und Anspruchsrechte des Einzelnen gegen justizbehördliche, politische, aber auch administrative Willkür und können insofern auf der Basis rechtsstaatlicher Verfassungen fundierte Gültigkeit erlangen.

Gegen Ende des 20. Jahrhunderts scheint freilich die Beschränkung der Menschenrechte auf Abwehrrechte ein wenig zu eng.[13] Zwar bleiben die „Abwehrrechte" voll in Funktion und nach wie vor besonders einschlägig für die Praxis der Einklagbarkeit und Durchführung von gerichtlichen Menschenrechtsverfahren. Darüber hinaus aber – und das ist eine neue Entwicklung – werden seit längerem auch *Leistungs- bzw. Gewährleistungsanrechte* sowie Beteiligungsrechte an *sozialen Gütern* und auf *Versorgung* als Menschenrechte verstanden. Entsprechend den Deklarationen der Menschenrechte eröffnen diese Rechte dem Einzelnen die Möglichkeit, rechtmäßig an minimalen Bereitstellungen und Sicherungen der lebensnotwendigen

Güternutznießung und Verteilung zu partizipieren, vor allem an einer Existenz ermöglichenden Grundversorgung. Im Übrigen sind insbesondere Bildung, Teilhabe an der Kultur und Ähnliches bereits in den herkömmlichen Menschenrechts-Vereinbarungen – wie z. B. in Artikel 26 der *Allgemeinen Erklärung* – angesprochen.

In all diesen Fällen ist es hilfreich, die juristisch verbindlichen Formulierungen von Menschenrechtscharakter bereits begrifflich-analytisch von den entsprechenden universal-moralischen – allgemein oder fundamental ethischen – Menschenrechten zu unter- scheiden[14]. Man könnte von universalmoralischen „Menschenwürdeanrechten", „Menschlichkeitsansprüchen" oder „Menschlichkeitszukömmlichkeiten" sprechen. Sie bilden das moralisch-absolute, prädistributive, nicht verhandelbare intuitive ethische Grundkonzept der juristisch etablierten Menschenrechte[15], welche von ihnen klar zu trennen sind.

Während nach wie vor die negativ formulierten Abwehrrechte im Vordergrund stehen, umfasst die universal-moralische Konzeption der Menschenwürdeanrechte also auch Anrechte auf Bereitstellung gesellschaftlicher und politischer Bedingungen zur Sicherung der menschenwürdigen Lebensfristung. Sie schließt damit Anrechte ein, welche die Möglichkeiten und Grundlagen für ein menschenwürdiges Leben darstellen, wie es ja auch in der *Allgemeinen Erklärung der Menschenrechte* in Artikel 1 und 3 gefordert wird und z. B. in Artikel 23, Absatz 2, in Bezug auf das Recht auf Arbeit und freie Berufswahl angesprochen ist. Anders gesagt, können diese Anrechte als Ausfluss der Grundidee der Menschenwürde angesehen werden[16], die, wie in der Präambel der *Allgemeinen Erklärung* verlangt, zu beachten, zu fördern und durch zuträgliche Gesellschaftsbedingungen zu entwickeln ist.

Im Verein mit den menschenrechtlich als Programmsätzen allgemein zugestandenen Anrechten und den ebenfalls verbrieften Menschenrechten auf Bildung, Teilnahme am kulturellen Leben der Gemeinschaft und im Verein mit den grundsätzlichen Freiheitsgarantien der *Allgemeinen Erklärung der Menschenrechte* (Artikel 1 und 3, auch 13 und 19 f.) lässt sich, wie bereits 1983 formuliert, das Recht auf Arbeit folglich auch als ein Menschenrecht auf „menschenwürdige", bildende, „nicht-entfremdete" Eigentätigkeit – d. h. als Recht auf Eigenhandeln"[17] begreifen. Man könnte ein entsprechendes Menschenwürdeanrecht auf sinnvolles Eigenhandeln, auf kreative und produktive Tätigkeit, geradezu auf freie Selbstgestaltung, freiwillige Eigenhandlung und „Eigenleistung als Menschenrecht"[18] formulieren. Da der Mensch das eigenaktive, seine eigenen Handlungen anhand von Standards, Güte- oder Zuträglichkeitskriterien beurteilende Wesen ist, kann man auch die menschenrechtliche Ausgestaltung und Auszeichnung der schöpferischen, sozial und natürlich-biologisch bzw. -psychisch kreativen und rekreativen Eigenaktivität aus den grundsätzlichen Freiheits- und Selbstgestaltungsgarantien der *Allgemeinen Erklärung* von 1948 herleiten. Genauer gesagt, könnte und sollte man die Grundintuition vom Menschen als dem der kreativen und rekreativen Eigenaktivität fähigen Wesen als solch ein Menschenwürdigkeitsanrecht artikulieren und wenigstens so explizieren, dass es in entsprechenden Programmsätzen als Reflexrecht – wie es das Recht auf Arbeit ist – in die Menschenrechtskodifizierungen aufgenommen werden kann.[19]

Sinnvolle personale, Eigenaktivität, persönliches Handeln und Leisten im weiteren Sinne als Menschenrecht in Form eines Reflexrechtes – diese universalmoralische Grundintuition leitet sich nicht nur aus anthropologischen Überlegungen her, sondern entspricht auch den Grundstrukturen der vorliegenden nicht-einklagbaren Teile der Menschenrechtskonventionen, zumal den Ermöglichungsrechten, aber auch freiheitssichernden Abwehrrechten: Die freie Tätigkeit müsste dementsprechend gegenüber staatlichen oder sonstigen institutionellen Eingriffen geschützt werden.

Wie darzustellen versucht, stützen sich die Auseinandersetzungen um die Menschenrechte auf unterschiedlichste, weitreichende und komplexe Argumente, die sich auf Fragen der methodologischen und der moral-, rechts- und kulturphilosophischen Verankerung beziehen und die über die westlich-abendländische Tradition ideengeschichtlich entstandener Menschenrechtskonzeptionen bis hin zu neuesten methodologischen, rechtsphilosophischen und praktischen Entwicklungen reichen, aber auch normativ-ethischen Intuitionen Ausdruck geben. Dabei muss klar zwischen universal-rechtsphilosophischen bzw. ethischen Deutungen beschreibender wie normativer Art einerseits und konkret-rechtlichen kodifizierten bzw. justiziablen Formulierungen andererseits unterschieden werden.

Obwohl es z. B. auch in der altchinesischen Philosophie menschenrechtsrelevante Ideen gibt, sind die Menschenrechtskonzeptionen als spezifische Abwehrrechte historisch im westlichen Kulturkreis entstanden. Sie sehen aber hinsichtlich der Begründung und des Anspruchs auf Gültigkeit von spezifischer historischer und kulturgebundener Rechtfertigung ab und sind insoweit universal-moralische oder ethische Grundkonzeptionen von Anrechtscharakter, die einen kulturüber-

greifenden Anspruch auf universelle Gültigkeit erheben. Sie stützen sich auf universelle Argumentationen, die den gängigen rechtlichen Kodifizierungen zugrunde gelegt werden können. Am Ende des 20. Jahrhunderts hat sich eine differenzierte Wandlung vollzogen: Zu den traditionellen Schutz- und Abwehrrechten des Einzelnen gegenüber dem Staat sind Beteiligungs- und Leistungsgewährungsanrechte sowie Gestaltungsrechte gekommen. Sie werden als Verpflichtungen der Staaten und Staatengemeinschaften begriffen, Grundstrukturen und Bedingungen zu entwickeln und bereitzustellen, die zur Kodifizierung und Verwirklichung solcher erweiterter Menschenrechtskonzeptionen beitragen. Die methodisch und argumentativ fundierte Diskussion der Menschenrechtskonzeptionen, zumal von deren Ausprägungen und Differenzierungen, steht noch am Anfang. Das Karlsruher Projekt über Menschenrechte in interkultureller Sicht dürfte einen wichtigen weiterführenden Beitrag zu dieser Diskussion abgeben.

I Anmerkungen

1 Der vollständige Titel des von der VW-Stiftung großzügig finanzierten Projekts, das vom 1. Juni 1996–30. September 1999 am Institut für Philosophie der Universität Karlsruhe durchgeführt wurde, lautet *Menschenrechte – Philosophische Idee und Begründung in interkultureller Sicht*. Aus dem Projekt gingen über 50 Veröffentlichungen hervor.

2 Und zwar Computerausdrucke von Gregor Pauls Studien „Traditionelle chinesische Kultur und Menschenrechtsfrage" und „Klassischer Konfuzianismus, Rationalität und Demokratisierung", die später in dem von G. Paul und C. Robertson-Wensauer herausgegebenen Band *Traditionelle chinesische Kultur und Menschenrechtsfrage* (Baden-Baden 1997, 2. Aufl. 1999, S. 11–23 und 57–64) erschienen. Vgl. i.d.Zh. auch Roman Herzog, *Preventing the Clash of Civilisations*, hg. von H. Schmiegelow, New York 1999. Die dort veröffentlichten Studien und Reden Herzogs belegen den Einfluss, den philosophische Ideen auf ihn hatten.

3 Vgl. dazu G. Paul, Das Märchen vom konfuzianischen Menschenrechtsverständnis. *Widerspruch* 35/1998, S. 216–219.

4 Vgl. G. Paul, Einheit der Logik und Einheit des Menschenbildes. *Ethos des Interkulturellen*, hg. von A. Baruzzi u.a., Würzburg 1998, S. 15–29. Und: G Paul, Probleme, Ziele und Relevanz einer Theorie universaler Logik. Unter besonderer Berücksichtigung sinologischer Interessen. *minima sinica* 1/1998, S. 40–69.

5 Vgl. G. Paul, Menschenrechtsrelevante Traditionskritik in der Geschichte der Philosophie in China. *Menschenrechte in Ostasien*, hg. von G. Schubert, Tübingen 1999, S. 75–108.

6 Ausführliche Darstellungen der Punkte 2 bis 5 bieten G. Pauls Arbeiten: Tradition und Norm: Ein Beitrag zur Frage nach der Universalität moralischer Werte, *Hôrin* 4/1997 (München: iudicium), S. 13–47, und: Menschenrechtsrelevante Traditionskritik [...] (Anm. 5).

7 Vgl. erneut die ausführliche Darstellung in Pauls Tradition und Norm [...] (Anm. 6).

8 Mo Zi VI.3 (Abschnitt 25). Die Übersetzung ist den Übertragungen Helwig Schmidt-Glintzers, Mo Ti: *Gegen den Krieg*, Düsseldorf, Köln 1975, S. 64, verpflichtet. Eine vergleichbare, freilich „konfuzianisch" bestimmte Ablehnung des Traditionalismus findet sich in dem 720 erschienenen japanischen Geschichtswerk *Nihongi*. Dort heißt es bezüglich der Sitte, Diener beim Tod ihrer Herren lebendig mit zu begraben: „Mag es auch eine althergebrachte Sitte sein, warum sollte man ihr folgen, wenn sie schlecht ist?" Siehe G. Pauls *Philosophie in Japan*, S. 232.

9 Zit. nach Schmidt-Glintzer (Anm. 8), S. 143.

10 Zit. nach *Frühling und Herbst des Lü Bu Wei*, übers. von R. Wilhelm, Neuausgabe Düsseldorf, Köln 1979, S. 231f.

11 Mou Zi, *Li hou lun*, „Beseitigung der Zweifel [am Buddhismus]". Übersetzt in enger Orientierung an J.P. Keenan, *How Master Mou Removes our Doubts*, Albany 1994, S. 102f.

12 Vgl. dazu im einzelnen Thomas Göllers Studien: *Thomas Hobbes – ein Vorläufer der Idee universaler Menschenrechte?* In: Th. Göller (Hg.): *Philosophie der Menschenrechte. Methodologie, Geschichte, Kultureller Kontext*. Göttingen 1999 (Cuvillier Verlag), S. 135–149. Und: *Die Philosophie der Menschenrechte in der europäischen Aufklärung – Locke, Rousseau, Kant*. Op. cit., S. 150–167. Dort finden sich die relevanten Belegstellen sowie Verweise auf weiterführende Literatur.

13 Auch Norbert Brieskorn (*Menschenrechte. Eine historisch-philosophische Grundlegung*, Stuttgart u. a. 1997) spricht von einer Ergänzung der Menschenrechte (als „*Abwehrrechten*") durch die von ihm so genannten „*Gestaltungsrechte*" (als Ausfluss des Selbstbestimmungsrechts des Menschen, welches „seinen Anspruch auf eine von ihm gestaltete politische Umwelt" ausdrückt und verwirklicht), und durch „*Leistungs-* oder auch *Versorgungsrechte*" (die es „besorgen [...], dass die Menschen ein menschenwürdiges Leben in den Sphären Wirtschaft und Kultur führen, Hilfe zur Selbsthilfe erhalten und so überhaupt oft erst die Abwehr- und Gestaltungsrechte wahrnehmen können" [S. 17]). Brieskorn nennt die letzteren auch „Gründungsrechte" (S. 18).

14 Vgl. H. Lenk, Menschenrechte oder Menschlichkeitsanrechte? In: Paul/Robertson-Wensauer (Anm. 2), S. 25–36, hier S. 27.

15 Das gilt für alle in den „Deklarationen" erst wirksam gemachten und kontrollierbar gewordenen universalmoralischen Grundintuitionen, die allein und an sich natürlich in keiner Weise *zwingen* können, wie Moral nach Kant – im Gegensatz zum Recht – generell nicht zwingen kann. Insbesondere vermag es die Moral nicht, die exekutiven, judikativen und legislativen Beziehungen zwischen den staatlichen Organen und Rechtssystemen einerseits und den Individuen andererseits effektiv – im Sinne eines Rechtszwanges – zu kontrollieren. „Doch *ohne* solche universalmoralischen Grundintuitionen hingen rechtliche Kodifizierungen quasi im luftleeren Raum". Vgl. erneut H. Lenk (Anm. 14), S. 27.

16 Dies gilt, um es noch einmal zu sagen, insbesondere für die Teilnahme am kulturellen Leben, für die grundsätzliche Bereitstellung von Existenzminima und für die Beteiligung an Bildung – alles

Menschenwürdeanrechte, die bereits in der *Allgemeinen Erklärung der Menschenrechte von 1948* enthalten sind (z. B. Artikel 26 f., UNO-Konvention [Internationaler Pakt über wirtschaftliche, soziale und kulturelle Rechte vom 19.12.1966], Artikel 15). – Auch das Recht auf Arbeit (*Allgemeine Erklärung*, Artikel 23), das in der *Europäischen Sozialcharta* von 1961 (Teil II, Artikel 1) sogar im Sinne eines verbindlichen Rechts eine generelle Ermöglichungs- bzw. Gestaltungspflicht für die Signatarstaaten zur Gewährleistung einer „wirksamen Ausübung des Rechtes auf Arbeit" konstituierte und das in die zitierte Menschenrechtskonvention der UNO über wirtschaftliche, soziale und kulturelle Rechte von 1966 (Teil III, Artikel 6) einging, ist ein allgemeines Programmsatz-„Recht", das allgemeine Strukturierungen, Gewährleistungen vorsieht, aber (noch) keinen Einzelanspruch stützt. Dies besagt natürlich nicht, dass solche nicht schon im Einzelfall garantierten und durchsetzbaren bzw. nicht einklagba-ren Menschenrechte nicht doch eine sozialpolitische Wirkung auf die Entwicklung der entsprechenden Gesellschaft insgesamt ausüben könnten.

[17] Vgl. H. Lenk, Ein Menschenrecht auf Eigenhandeln und Eigenleistung? In Lenk, H., *Eigenleistung*, Osnabrück/Zürich 1983, S. 182ff.

[18] Vgl. ebd.

[19] Die erwähnten Artikel über freie Wahl der Lebensgestaltung lassen dies ohne Probleme zu: So könnte in der Tat ein Menschenrecht auf sinnvolles kreatives Eigenhandeln, auf schöpferische rekreative, soziale und freiwillige produktive bzw. symbolische Eigenaktivität im Sinne eines universalmoralischen Menschenwürdeanrechts gedeutet werden und als implizit in den bereits vorliegenden Menschenrechtsformulierungen der entsprechenden Freiheits-, Bildungs-, Kultur- und (im weiteren Sinne ausgedeuteten) Arbeitsrechte mit Programmgarantien gesehen werden.

Neue Formen der Lehre

Das Vorbild der Pariser Ecole Polytechnique führte die Technische Hochschule
Karlsruhe bereits bei ihrer Gründung weg vom damals üblichen Spartenwesen
der technischen Akademien. Synergieeffekte sollten gerade durch die Vielfalt der
an der Fridericiana gelehrten Natur- und Ingenieurwissenschaften entstehen,
die Einbindung der Wirtschafts- und Geisteswissenschaften sollte eine möglichst
breite Grundlage der Ausbildung schaffen. Interdisziplinarität ist auch heute
das Gebot der Stunde. Neue Studienangebote entstehen gerade in den Zwischen-
bereichen der traditionellen Wissenschaften, die Dynamik der Forschung und
die Veränderung der Arbeitswelt erfordern fakultäts- und institutsübergreifende
Ausbildungskonzepte. Den neuen Aufgaben, die Ingenieure und Naturwissenschaftler in ihrer beruflichen Praxis erwarten, entsprechen neue soziale, ökonomische und kommunikative Kompetenzen, die organisch in die Fachausbildung
integriert werden müssen. Dabei kommen auch auf die Geistes- und Sozialwissenschaften neue Herausforderungen zu.

Unter den Bedingungen der Globalisierung bilden die praktische Erfahrung
der internationalen Wissenschaftskulturen und der ständige Austausch mit anderen Hochschultraditionen die Voraussetzungen für eine erfolgreiche Berufs-
vorbereitung. Wenn die Welt immer enger zusammenrückt, müssen die technischen Eliten zu Vorreitern einer transnationalen Kultur werden.

Die Informationsgesellschaft wird das Problem der raschen Verkürzung der
Halbwertszeiten des Wissens nur durch eine breite Ausbildungsoffensive bewältigen können. Den Universitäten fallen dabei neue gesellschaftliche Aufgaben zu.
Die erste Ausbildung muss auf breiter Front durch einen lebenslangen Lernprozess
ergänzt werden, Bildungsreserven müssen mobilisiert werden, um den Übergang
zur postindustriellen Gesellschaft möglichst ohne große soziale Verwerfungen
zu gestalten. Hier bieten die telekommunikativen und multimedialen Techniken
der Informationsverarbeitung neue Möglichkeiten im Hinblick auf didaktische
Aufbereitung der Lerninhalte und Flexibilität der Ausbildungsstrukturen.

C1 Internationalität – Hochschulausbildung in einer globalisierten Welt

H. Weule

Bereits bei der Gründung des Karlsruher Polytechnikums im Jahre 1825 spielten internationale Einflüsse eine große Rolle. Die renommierten höheren technischen Lehranstalten in Paris, Prag und Wien hatten eine Vorbildfunktion für die Karlsruher Einrichtung. Einer der wichtigsten Förderer der Idee eines Karlsruher Polytechnikums, der Bauingenieur Johann Gottfried Tulla, verbrachte einige Zeit an der École Polytechnique in Paris und brachte die dort gewonnenen Erfahrungen in die Diskussion über die in Karlsruhe beabsichtigte Gründung eines Polytechnikums ein.

Nachdem nationale Kongresse erstmals zu Beginn des 19. Jahrhunderts stattfanden, wurden einige Jahrzehnte später bereits die ersten internationalen Konferenzen durchgeführt. Bahnbrechend war der erste internationale Chemikerkongress in Karlsruhe im Jahre 1860, der dem Fach Chemie eine allgemeinverbindliche theoretische und formale Grundlage geben oder zumindest diese einleiten sollte. Auf Anregung des in Gent lehrenden August Kekulé organisierte der in Karlsruhe lehrende Carl Weltzien diese hochkarätig besetzte Tagung mit 125 Personen aus den unterschiedlichsten europäischen Ländern.

Ein weiterer interessanter Aspekt ist die Internationalität der Dozentenschaft im Verlauf der Universitätsgeschichte. Vom Gründungsjahr 1825 bis in die 50er und 60er Jahre des 20. Jahrhunderts kamen knapp zehn Prozent der Dozenten aus dem Ausland. Vor allem im Kaiserreich und nach 1945 lagen die Zahlen über dem Durchschnitt, also in Perioden, in denen die Technische Hochschule bzw. die Universität international höchstes Ansehen genoss. Die Zeit der NS-Diktatur stellte einen der Tiefpunkte in der späteren Entwicklung der Technischen Hochschule dar und schlug auch auf die Internationalität der Dozentenschaft durch, die von knapp zehn Prozent in der Weimarer Republik auf sieben Prozent zurückging. Bezogen auf die politischen Epochen des Kaiserreichs, der Weimarer Republik, des Nationalsozialismus und der Bundesrepublik Deutschland war dies der niedrigste Wert an der Fridericiana im 20. Jahrhundert.

Die internationale Ausrichtung der Wissenschaft zeigt sich eindrucksvoll an den Beispielen dreier Professoren, deren Geburtsorte in Russland lagen. So lehrte der 1851 in Südrussland geborene Marc Rosenberg in den Jahren 1887 bis 1911 dekorative Malerei, Kunstgewerbe und

"

Kleinkunst. Der im Jahr 1886 als Sohn eines österreichischen Bankiers in Kiew geborene Rudolf Plank studierte in Kiew, St. Petersburg und Dresden. Ab dem Jahr 1926 war Rudolf Plank bis zu seiner Emeritierung im Jahr 1954 Professor für Technische Thermodynamik und Kältetechnik an der Technischen Hochschule Karlsruhe. Selbst in der Zeit des Nationalsozialismus unternahm Plank eine Vielzahl von Reisen, die ihn über Europa hinaus auch nach USA, Mexiko und in die UdSSR führten. Er reiste zu Jubiläen von Kältevereinen, Ausstellungen und Einführungen von Schnellgefrierverfahren. Im Jahr 1946 war Rudolf Plank der erste Rektor der Fridericiana nach dem Zweiten Weltkrieg. Der Lebensmittelchemiker Johann Kuprianoff wurde 1904 in St. Petersburg geboren, studierte 1922 bis 1924 Schiffbau am Polytechnikum in Leningrad und 1925 bis 1928 Maschinenbau in Karlsruhe. Von 1926 bis 1934 war er Assistent am Kältetechnischen Institut, von 1934 bis 1946 arbeitete Kuprianoff bei der Firma Bosch in Stuttgart – ein Beispiel dafür, dass auch früher schon Professoren aus der Industrie gewonnen wurden. Von 1948 bis 1950 war Kuprianoff Direktor der Forschungsanstalt für Lebensmittelfrischhaltung an der Technischen Hochschule Karlsruhe, von 1950 bis 1960 Professor und Direktor der Bundesforschungsanstalt für Lebensmittelfrischhaltung und von 1961 bis 1971 ordentlicher Professor für Lebensmittelchemie.

Die Internationalität der Studierenden wurde bereits im Beitrag A1 der Festschrift erwähnt. Festzuhalten bleibt, dass vor dem Ersten Weltkrieg ausländische Studierende am häufigsten aus Russland und Österreich-Ungarn kamen, aber auch aus vielen anderen europäischen Ländern, sowie Costa Rica und Japan. Beispielsweise studierte 1861/62 der später weltbekannte Emil Skoda aus Pilsen an der Karlsruher Maschinenbau-Fakultät.

Internationalisierung Gestern und Heute

Studien der Hochschul-Informations-System GmbH (HIS) in Hannover und des Deutschen Instituts für Internationale Pädagogische Forschung in Frankfurt zeigen, dass die Attraktivität des Ausländerstudiums in Deutschland abnimmt, und dass wichtige Ursachen vor allem in der Sprache sowie in den häufig von den Medien verbreiteten Bildern von Massenuniversitäten und Ausländerfeindlichkeit liegen. Und – nicht zuletzt – sind die deutschen Studienabschlüsse mit dem in den meisten Herkunftsländern praktizierten System (Bachelor, Master, Ph.D.) nicht kompatibel.

Trotz all dieser Probleme ist die Qualität der Ausbildung in Deutschland unumstritten. Fragt man die Eliten in Asien und USA, so besteht schon aufgrund der hervorragenden Produkte aus Deutschland ein großer Respekt vor der Ausbildung an unseren Hochschulen. Oftmals kennt man sogar das Industriepraktikum und die Diplomarbeit und weiß, dass diese Elemente einen wesentlichen Vorteil des Studiums in Deutschland darstellen.

Wie stark ist nun die Universität Karlsruhe internationalisiert? Anhand welcher Kriterien ist die Internationalisierung einer solchen Institution messbar?

Studierendenstatistiken sind ein Mittel, ein weiteres ist die Anzahl der Gastdozenten, die Häufigkeit fremdsprachiger Vorlesungen und internationaler Aktivitäten. Auf den letzteren Punkt wird im Rahmen der internationalen Austauschstudiengänge und -programme noch eingegangen werden. Zunächst soll jedoch anhand einiger Zahlen ein Eindruck von der Internationalität der Fridericiana gegeben werden.

In der Weimarer Republik kamen, rechnet man die „Ausländer deutscher Abkunft und die sonstigen Ausländer", wie es im damaligen Amtsdeutsch hieß, zusammen, ca. 14 Prozent der Studierenden aus dem Ausland. Vor allem Balten, Griechen, Ungarn, Bulgaren und Rumänen waren in Karlsruhe anzutreffen. Im Wintersemester 1949/50 waren von den 4122 Studenten nur knapp drei Prozent Ausländer. Diese kamen vor allem aus Polen, Lettland, Bulgarien, Litauen, Rumänien und Estland. Im Wintersemester 1967/68 betrug der Anteil der ausländischen Studierenden bei insgesamt 6085 Studierenden bereits wieder knapp 15 Prozent. Sie kamen vor allem aus dem Iran, Griechenland, der Türkei, dem Irak, Syrien, Ägypten und Luxemburg. Im Jahr der deutschen Wiedervereinigung 1990 kamen knapp zehn Prozent der Studierenden aus dem Ausland, von diesen fast 1800 Studierenden stellten China, die Türkei, Griechenland, der Iran und Tunesien die meisten Studierenden. Im Sommersemester 1999 betrug der Ausländeranteil ca. 16 Prozent. Über die Hälfte der ausländischen Studierenden kam aus europäischen Ländern, vor allem aus Frankreich, der Türkei, Bulgarien, Spanien, sowie Griechenland und Luxemburg. Die meisten nichteuropäischen Studierenden kamen aus China, gefolgt von Kamerun, Marokko, Iran, Indonesien und Tunesien. Auch einige ungewöhnliche Länder sind auf dieser Liste zu finden, wie die Elfenbeinküste, die Seychellen oder die Mongolei.

Aus 34 Ländern der Welt kamen in den letzten Jahren Gastdozenten an die Universität Karlsruhe. Am stärksten vertreten waren die USA mit 19 Vertretern, gefolgt von China und Großbritannien. Aber auch Vertreter der Länder Indien, Belarus, Mauretanien, Israel und Palästina waren unter den Gastprofessoren.

Doch ebenso zieht es die Professoren der Universität Karlsruhe in andere Länder. Bis zu vierzig mehrmonatige Auslandsaufenthalte in den letzten drei Jahren pro Fakultät sind ein Zeichen dafür, dass Karlsruher Professoren die internationalen Kontakte und Forschung über die Ländergrenzen hinweg als wesentlichen Teil ihrer Arbeit betrachten.

In den letzten Jahren ist die Anzahl der englischsprachigen Vorlesungen an der Universität Karlsruhe stark angestiegen. Knapp die Hälfte aller Institute lehrt in Deutsch und Englisch.

Austauschstudiengänge

Deutsch-Französische Studiengänge | Deutsch-Französische Austausch- und Kooperationsprogramme nehmen an der Universität Karlsruhe einen bedeutenden Platz ein. Sicher ist die geographische Lage in Grenznähe ein wichtiger Faktor, vielleicht auch die Tatsache, dass die 1825 gegründete Polytechnische Schule zu Karlsruhe viele strukturelle Anleihen bei der École Polytechnique in Paris genommen hat. Tatsache ist, dass die Universität Karlsruhe – damals

noch Technische Hochschule – bereits 1957 einen bis heute regelmäßig stattfindenden Studierendenaustausch mit dem Institut National des Sciences Appliquées (INSA), einer Hochschulneugründung in Frankreich in Lyon-Villeurbanne, aufgenommen hat. Bereits damals wurden gemeinsam betreute Diplom- und Doktorarbeiten an den jeweiligen Partnerhochschulen durchgeführt, und Studierende beider Hochschulen konnten ein an der Heimathochschule anerkanntes Studienjahr beim Hochschulpartner absolvieren, eine Vorwegnahme des heutigen ERASMUS- und SOKRATES-Programms. Auch ein Assistentenaustausch zwischen beiden Hochschulen wurde in die Wege geleitet. Das INSA hat seither seine Studiengänge stark internationalisiert: 40% der INSA-Absolventen führen ein Auslandsstudium durch und ein europäischer Elitestudiengang, EURINSA, sorgt für internationale Rekrutierung in Lyon.

Bald kamen in Karlsruhe neue Austauschprogramme mit Frankreich hinzu. Das „Flaggschiff" des deutsch-französischen Austauschs – im Sinne des Umfangs und des Integrationsgrades – ist das Studienprogramm zwischen der „École Nationale Supérieure des Arts et Métiers" (ENSAM in Paris und Metz) und der Fakultät für Maschinenbau der Universität Karlsruhe. Dieser deutsch-französische Ingenieurstudiengang Maschinenbau (DEFIS) ist für 30 bis 50 Studierende pro Jahr in beiden Richtungen ausgelegt, erreicht einen hohen Integrationsgrad und führt zum Doppeldiplom ENSAM-Karlsruhe. Er wird vom Deutsch-Französischen Hochschulkolleg (DFHK und CFAES) mit Stipendien unterstützt und besitzt eine ausgeprägte Infrastruktur auf französischer und deutscher Seite, welche für die erfolgreiche Durchführung wesentlich ist.

Durch die vom Deutsch-Französischen Hochschulkolleg (DFHK) gebotenen Möglichkeiten wurden die deutsch-französischen Austauschprogramme der Universität Karlsruhe nicht nur zahlenmäßig vermehrt. Sie nahmen auch eine neue Dimension an, durch die Schaffung integrierter Studiengänge mit Doppeldiplomabschlüssen, d.h. der Möglichkeit zur gleichzeitigen Erwerbung zweier Diplome an zwei Hochschulen. Gleich nach Gründung des DFHK vor 10 Jahren wurden integrierte Studiengänge an den Fakultäten für Physik und Mathematik eingerichtet, die zeitweise gleichzeitig bis zu 30 Karlsruher Studierende zum Doppeldiplom mit den Partnerhochschulen Université Joseph Fourier (UJF) in Grenoble, dem Institut National Polytechnique de Grenoble (INPG) oder der École Normale Supérieure (ENS) in Lyon führten. Heute sind diese Doppeldiplomprogramme ausgeglichener, da auch die französischen Studierenden den Wert des Doppeldiploms auf dem Arbeitsmarkt erkannt haben. Der Physik und Mathematik folgten bald integrierte Studienprogramme in anderen Fakultäten. So stehen die Fakultäten der Elektrotechnik, der Wirtschaftswissenschaften und des Maschinenbaus mit dem INPG im Austausch, die Informatik-Fakultät mit der ENSIMAG (INPG).

Ein neues Programm läuft zur Zeit mit der École Polytechnique in Paris an. Laut Dekret des Ministeriums in Paris sind die Hauptstudiengänge der Karlsruher Fakultäten Informatik, Chemieingenieurwesen und Physik als Écoles d'Application für die Absolventen der École Polytechnique zugelassen, womit auch die Erwerbung beider Diplome verbunden ist.

Die Kooperation unserer Fakultät Physik mit zwei Grandes Écoles („École Nationale Supérieure de Physique de Grenoble" des INPG und ENS in Lyon) und einer naturwissenschaftlichen Universität hohen Forschungsniveaus (Université Joseph Fourier in Grenoble) hat sich als besonders attraktiv für die Studierenden herausgestellt. Das Doppeldiplom wird häufig noch durch ein „Diplôme d'Études Approfondies" (DEA) ergänzt und oft wird die Ausbildung mit einer Promotion in Deutschland, Frankreich oder einem anderen EU-Land fortgesetzt. Ein großer Anreiz für die Studierenden ist, dass die Kooperation mit den beiden Hochschulen in Grenoble in eine Forschungslandschaft von 30 000 Vollzeitforschern eingebettet ist. So ist sehr guten Absolventen der Zugang zu den modernsten Forschungsgeräten direkt aus dem Studium heraus möglich (European Synchrotron Radiation Facility, Hochflussreaktor, Deutsch-Französisches Hochfeldmagnetlabor, etc).

Wie wird das anders strukturierte französische Hochschulsystem von den Karlsruher Studierenden angenommen und bewältigt? Welche Berufsmöglichkeiten eröffnen sich ihnen durch das Doppeldiplom?

Darüber können die Profile der Preisträger des Deutsch-Französischen Hochschulpreises der Universität Karlsruhe Auskunft geben. Dieser von einem Unternehmer gestiftete Preis wird jährlich an die besten Absolventen von Doppeldiplomprogrammen vergeben, sowohl an deutsche als auch an französische Absolventen. Die Mehrzahl der deutschen und französischen Doppeldiplomabsolventen dieser Programme geht in die Industrie. Im Studiengang der „Maîtrise de Physique" in Grenoble und der „École Nationale Supérieure de Physique de Grenoble" gehören Karlsruher Studierende immer wieder zu den besten Absolventen. 1999 war ein Karlsruher Mathematikstudent der Beste seines Studiengangs der „Licence de Mathématiques" an der Université Joseph Fourier unter 250 Absolventen. Ein Karlsruher Student erwarb die Licence, die Maîtrise und das DEA an der École Normale Supérieure in Lyon in zwei Jahren, das Karlsruher Diplom mit Auszeichnung, und nach einer ausgezeichneten Promotion in Marseille-Luminy wurde er mit 28 Jahren Professor für Theoretische Physik an einer französischen Universität.

Das gelungene Experiment der Kooperation und des Studierendenaustausches mit so verschiedenen französischen Hochschulsystemen wie den Grandes Écoles und einer naturwissenschaftlichen Universität hat dazu geführt, dass die Universität Karlsruhe einen wesentlichen Teil der Stipendien für französische und deutsche Teilnehmer an den Doppeldiplomprogrammen der Physik zur Zeit von einer privaten Stiftung erhält. Die anderen Stipendien vergibt das Deutsch-Französische Hochschulkolleg.

Die deutsch-französischen Austauschprogramme der Universität Karlsruhe waren nicht nur wichtige bildungspolitische Schritte auf dem Weg zu einer gemeinsamen deutsch-französischen Hochschullandschaft, sie waren darüber hinaus von modellhafter Bedeutung für die Konzeption der soeben neu gegründeten Deutsch-Französischen Hochschule.

Europäischer Tripartite-Studiengang | Eine besondere Stellung innerhalb der deutsch-französischen Studiengänge nimmt der Tripartite-Studiengang ein. Er wird an der Fakultät für Elektrotechnik Studierenden der oberen Semester angeboten. Neben der Universität Karlsruhe und der École Supérieure d'Ingénieurs en Électrotechnique et Électronique in Noisy-Le-Grand beteiligen sich zwei Universitäten an dem gemeinsamen Studiengang auf dem Gebiet der Nachrichtentechnik: die University of Southampton in Großbritannien und in Spanien die Universidad Pontifica Comillas. Teilnehmer an diesem Programm absolvieren zunächst ihr Vordiplom und ihre Kernfächer an der Universität Karlsruhe. Das erste Auslandsjahr, entweder in Paris oder Southampton, dient dem Studium einer Vertiefungsrichtung. Das zweite Jahr wird zum Anfertigen der Diplomarbeit an einer der anderen Partnerhochschulen genutzt. Jährlich werden für dieses Programm etwa 10 Plätze vergeben, bisher haben mehr als 100 Studierende an diesem Programm erfolgreich teilgenommen.

Trinationaler Studiengang Biotechnologie | Ebenfalls eine Kooperation mit einer französischen Universität stellt der Studiengang Biotechnologie dar. Vor rund 10 Jahren entschlossen sich die Universitäten Basel, Freiburg/Breisgau, Karlsruhe und Strasbourg zur Einrichtung eines gemeinsamen Studiengangs Biotechnologie, um so diese Querschnittswissenschaft über traditionelle Fächergrenzen hinweg vermitteln zu können. Die Studierenden dieses Studienganges erhalten durch Dozenten dieser vier Universitäten eine intensive Ausbildung in allen Aspekten der Biotechnologie und lernen darüber hinaus Sprache und Kultur der jeweiligen Partnerländer kennen. Die einzelnen Fächer sind so aufgeteilt, dass jede der vier Partneruniversitäten den Teil übernimmt, der ihrem Forschungsschwerpunkt (in der Biologie, in Chemie oder in der Verfahrenstechnik) entspricht.

Zum Studium zugelassen werden Studenten mit einem ingenieur- oder naturwissenschaftlichen Vordiplom. Das Studium hat dann eine Dauer von sechs Semestern und wird mit einer achtmonatigen Diplomarbeit und dem deutsch-französisch-schweizerischen Tripeldiplom abgeschlossen. Hauptstudienort ist die École Supérieure de Biotechnologie de Strasbourg (ESBS), mehrwöchige Blockpraktika finden jedoch auch in Basel, Freiburg und Karlsruhe statt.

Während des Studiums ergeben sich vielfältige Möglichkeiten, über Praktika Kontakte zur Industrie zu knüpfen. Biotechnische Unternehmen sind auch im Aufsichtsgremium der ESBS vertreten und wirken bei der Gestaltung der Studienpläne mit. Die Absolventen finden überwiegend Arbeit in pharmazeutischen Bereichen, sowohl in der Grundlagenforschung als auch in der produktionsnahen Entwicklung.

Internationale Studiengänge der Universität Karlsruhe

Im Folgenden werden internationale Studiengänge vorgestellt, welche an der Universität Karlsruhe angeboten werden. Diese Studiengänge ermöglichen ausländischen Studierenden die Teilnahme am regulären Vorlesungsbetrieb und somit den Erwerb eines Karlsruher Diploms. Weitere Projekte, die deutschsprachige Maschinenbau-Ausbildung an der TU Sofia und die deutschsprachige Ingenieurausbildung an der TU Budapest, übertragen die Karlsruher Studienmodelle nach Bulgarien bzw. Ungarn.

Der Studiengang Regionalwissenschaft hingegen richtet sich nicht nur an ausländische Studierende, sondern ebenso an deutsche Studenten.

Das Internationale Seminar und das Deutsch-Russische Kolleg haben es sich zur Aufgabe gemacht, ausländische Nachwuchswissenschaftler in ihrer Weiterbildung zu unterstützen und mit der deutschen Forschung vertraut zu machen.

Im Gegensatz zu den bislang genannten Projekten wird in den Studiengängen des Resources Engineering und des International Department in Englisch gelehrt. Beide Studiengänge schließen mit dem internationalen Titel des Bachelor bzw. Master ab.

Deutschsprachige Maschinenbau-Ausbildung an der TU Sofia | Auf Grundlage der Regierungsvereinbarung vom 1.6.1990 zwischen der damaligen Volksrepublik Bulgarien und der Bundesrepublik Deutschland wurde die Fakultät für Deutsche Ingenieur- und Betriebswirtschaftsausbildung (FDIBA) an der TU Sofia gegründet. Seit der Gründung wurde mit Karlsruher Hilfe neben Laboratorien zur Durchführung von Praktika ein Poolraum mit aktueller Hard- und Software und eine umfassende Fachbibliothek eingerichtet. Die Maschinenbau-Ausbildung von ca. 50 Studierenden pro Jahr wird exakt nach Karlsruher Studien- und Prüfungsplänen durchgeführt, wobei sämtliche Vorlesungen in deutscher Sprache gehalten werden.

Das Ziel dieses Projektes, das Teil des deutsch-bulgarischen Kulturabkommens ist, besteht allgemein in der Vertiefung der deutsch-bulgarischen Beziehungen. Im speziellen möchte der bulgarische Partner Erfahrungen bei der Übertragung eines deutschen Ausbildungsmodells sammeln.

Seit 1998 ist die Gleichwertigkeit der Ausbildung an der FDIBA durch die Fakultät für Maschinenbau an der Universität Karlsruhe zertifiziert. Diese Zertifizierung war Grundlage für die erstmalige Vergabe im Jahre 1999 von Karlsruher Diplomen an die Absolventen der FDIBA.

Ungefähr zwanzig bulgarische Dozenten besuchen jedes Jahr zu Studienaufenthalten die Universität Karlsruhe. Etwa die gleiche Anzahl Karlsruher Dozenten liest regelmäßig Blockvorlesungen in Sofia. Die Studierenden der FDIBA werden nach einem Vordiplom zu einem dreimonatigen Aufenthalt nach Deutschland eingeladen, um ihr Fachpraktikum zu absolvieren. Die besten fünf Absolventen eines Jahrganges erstellen bei einem weiteren Aufenthalt ihre Diplomarbeit an der Universität Karlsruhe.

Deutschsprachige Ingenieurausbildung an der TU Budapest ┃ Ein ähnlicher deutschsprachiger Studiengang wurde 1992 an der Technischen Universität Budapest eingeführt. Ungefähr 50 ausgewählte ungarische Studierende pro Jahr der Fakultäten für Bauwesen, Elektrotechnik/Informatik, Maschinenbau und Verkehrswesen studieren die ersten vier Semester ausschließlich in deutscher Sprache bei Budapester Dozenten.

Im fünften Semester sind die Studierenden an der Universität Karlsruhe. Viele fertigen ihre Diplomarbeit ebenfalls in Karlsruhe an.

Die Curricula wurden von den beiden Universitäten gemeinsam entwickelt, die Graduierung zum Diplom-Ingenieur erfolgt durch ein von beiden Rektoren unterzeichnetes Diplom. Neben Fachkenntnissen wird so auch die deutsche Sprache vervollkommnet.

Doppeldiplom in E-Technik mit TU Danzig (Polen) ┃ Zum Erwerb eines Doppeldiploms führt ein Programm der Fakultät für Elektrotechnik, welches Studierenden der Technischen Universität Danzig angeboten wird. Der Studiengang sieht einen Aufenthalt von etwa drei Jahren in Karlsruhe vor. Das Studium in Karlsruhe umfasst das Hauptstudium mit den Kernfächern, den Modellfächern, der Diplomarbeit und dem Industriepraktikum. Dieser Studienabschnitt unterscheidet sich in keiner Weise von dem, wie ihn deutsche Studierende, die nach dem Vordiplom von einer anderen deutschen Hochschule nach Karlsruhe kommen, vorfinden. Die Auswahl der Kandidaten erfolgt an der Politechnika Gdanska. Nach erfolgreichem Abschluss des Studiums erhalten die Absolventen das Diplom bzw. den Magister Inzynier beider Universitäten. Der Aufenthalt der polnischen Studenten in Karlsruhe erfordert wegen der ökonomischen Unterschiede in Polen und Deutschland gegenwärtig die Vergabe von Stipendien. Zur Zeit studieren sieben polnische Studenten in Karlsruhe.

Regionalwissenschaft/Regionalplanung ┃ Der Aufbaustudiengang Regionalwissenschaft/Regionalplanung richtet sein Ausbildungsangebot gleichermaßen an deutsche und ausländische Studierende. Er bietet eine interdisziplinäre Erweiterung und Ergänzung der Berufstauglichkeit für Studierende mit Hochschulabschlüssen der unterschiedlichsten Studiengänge, die sich auf Berufswege in den Arbeitsbereichen Stadt-, Regional- und Landesplanung sowie der nationalen und länderübergreifenden Regionalpolitik in Wissenschaft und Praxis vorbereiten wollen. Die besonderen regionalplanerischen

Probleme in Ländern des Übergangs (Entwicklungs- und Schwellenländern) bilden einen inhaltlichen Schwerpunkt des Studiengangs. Träger des Aufbaustudiengangs ist das Institut für Regionalwissenschaft, eine interfakultative Einrichtung der Universität Karlsruhe. Bei erfolgreichem Studienabschluss wird der postgraduale akademische Grad eines Lizentiats der Regionalwissenschaft verliehen. Dieser akademische Grad entspricht am ehesten dem englischen MPhil als Zwischenstufe zwischen Diplom bzw. Magistergrad und Doktorat. Die Unterrichtssprache ist Deutsch, die Regelstudienzeit beträgt zwei Jahre. Den Kern des Lehrangebots bilden Lehrveranstaltungen, die eigens auf die Belange eines Postgraduiertenstudiums abgestellt sind. Darüber hinaus besteht für alle Teilnehmer die Gelegenheit, sich ein auf die fachliche Vorbildung und den angestrebten Berufsweg abgestimmtes persönliches Studienprogramm zusammenzustellen.

Bis Oktober 1999 haben 230 Absolventen aus 24 Fächern und 48 Ländern dieses Studium abgeschlossen. Viele von ihnen haben seitdem herausragende Stellungen in Hochschulen, Verwaltungen und Beratungsfirmen ihrer Länder erreicht.

Internationales Seminar für Forschung und Lehre in Chemieingenieurwesen, Technischer und Physikalischer Chemie | Ein Programm für Nachwuchswissenschaftler ist das Internationale Seminar (IS), eine Einrichtung der Entwicklungshilfe des Bundes. Es wurde 1964 auf Initiative der UNESCO an der Universität Karlsruhe (TH) gegründet. Finanzielle Träger sind das Bundesministerium für wirtschaftliche Zusammenarbeit und Entwicklung, das Ministerium für Wissenschaft, Forschung und Kunst, Baden-Württemberg und das Auswärtige Amt. In den jährlich stattfindenden Seminaren von 15-monatiger Dauer werden junge Hochschullehrer aus Entwicklungsländern wissenschaftlich und beruflich fortgebildet. Pro Seminar bewarben sich in den letzten Jahren etwa 140 Bewerber auf 18 Stipendien.

Die Seminarteilnehmer lernen nach einem viermonatigen Deutschkurs moderne Methoden ihres Fachgebietes in Forschung und Lehre kennen und erweitern ihre Kenntnisse in Theorie und Praxis. Dabei gewinnen sie Erfahrung bei der Gestaltung wissenschaftlicher Vorträge. Industrieexkursionen sowie Kurse bei Fachverbänden und überregionalen Forschungseinrichtungen dienen dem Praxisbezug. Schwerpunkt des Seminars ist die Bearbeitung eines neunmonatigen individuellen Forschungsprojekts in einem der 19 beteiligten Institute der Universität. Das IS organisiert für die Teilnehmer individuelle wissenschaftliche Betreuung, ein soziales Programm und für die Ehemaligen in Zusammenarbeit mit dem Deutschen Akademischen Austauschdienst eine Nachbetreuung. Die Teilnehmer kehren nach Abschluss des Seminars in ihre Heimatländer zurück und geben dort ihre erworbenen Kenntnisse und Fähigkeiten als Multiplikatoren weiter.

577 Wissenschaftler aus 59 Ländern waren Teilnehmer der vergangenen 34 Seminare. Sie wurden aus 3665 Bewerbern ausgewählt. Sechzig Prozent der Teilnehmer waren promoviert, das Durchschnittsalter lag bei 32 Jahren. Viele der ehemaligen Seminarteilnehmer haben noch heute Kontakt zu ihren Gastinstituten in Karlsruhe. Sechs von zehn veröffentlichten die Ergebnisse ihrer Forschungsarbeit zusammen mit ihren Kollegen an der Universität Karlsruhe in internationalen Fachzeitschriften.

Deutsch-Russisches Kolleg | Das Deutsch-Russische Kolleg (DRK) ist eine gemeinsame Einrichtung der Universität Karlsruhe mit der Staatlichen Universität für Geistes- und Sozialwissenschaften, Moskau, und der Internationalen Unabhängigen Universität für Ökologie und Politologie in Moskau.

Das Kolleg hat seine Arbeit zu Beginn des Jahres 1995 aufgenommen. Es will die Ausbildung russischer Nachwuchswissenschaftler auf den Gebieten der Technik- und Wissenschaftsphilosophie, der Wirtschafts- und der Umweltwissenschaften sowie angrenzender Disziplinen an das Niveau führender westeuropäischer Universitäten und Unternehmen heranführen.

Graduierte Wissenschaftler können am Deutsch-Russischen Kolleg ein dreijähriges

Aufbaustudium in den oben genannten Bereichen absolvieren. Das erste und dritte Studienjahr findet in Moskau, das zweite Studienjahr in Karlsruhe statt. Für das Studienjahr in Karlsruhe erhalten bis zu 15 Kollegiaten ein Stipendium des Ministeriums für Wissenschaft, Forschung und Kunst des Landes Baden-Württemberg.

Die Studierenden nehmen in Karlsruhe am regulären Lehrbetrieb in ihrem gewählten Themenschwerpunkt teil. Zur Verstärkung des Berufs- und Anwendungsbezugs dienen Praktika, Exkursionen und Betriebsbesichtigungen in deutschen Unternehmen. Eine Abschlussarbeit in Deutsch und Russisch schließt das Karlsruher Jahr ab.

„Resources Engineering" – Ein Studiengang der Universität Karlsruhe für internationale Fach- und Führungskräfte I „Resources Engineering" wurde zum Wintersemester 1991/92 als erster englischsprachiger Studiengang der Universität Karlsruhe an der Fakultät für Bauingenieur- und Vermessungswesen eingerichtet, nachdem zuvor ein Pilotkurs („Topical Engineering") stattgefunden hatte.

Der Master-of-Science-Studiengang dient der Vermittlung und der Integration technischer, naturwissenschaftlicher und sozio-ökonomischer Kenntnisse auf dem Gebiet der Nutzung und Entwicklung der Wasser- und Landressourcen. Ziel dieser integrierten Betrachtungsweise ist es, die Nutzung natürlicher Ressourcen den regionalen Gegebenheiten anzupassen und auf diesem Wege die Erhaltung der Ressourcen langfristig sicherzustellen. Die weltweite Klimaveränderung, die Abnahme der pro Kopf zur Verfügung stehenden Wasserressourcen, die Zunahme der Armut in den Entwicklungsländern, die Zunahme von Katastrophen und die erosionsbedingte Verringerung der landwirtschaftlich nutzbaren Fläche erfordern eine globale internationale Zusammenarbeit.

„Resources Engineering" verkörpert als Studienkurs einen „Campus Internationale" im Kleinen. Internationale Orientierung, Weltoffenheit, interkultureller und multidisziplinärer Austausch machen ihn zu einem Forum der internationalen technisch-wissenschaftlichen Zusammenarbeit.

In sechs Punkten unterscheidet sich „Resources Engineering" entscheidend von herkömmlichen deutschen Studiengängen: durch strenge Zulassungsvoraussetzungen (abgeschlossenes Studium, sehr gute Noten, Berufserfahrung), die Straffheit des Studienprogramms, die multikulturelle Zusammensetzung der Teilnehmer, die begrenzte Teilnehmerzahl, die englische Unterrichtssprache und die intensive Betreuung. Durch die Verleihung eines internationalen Abschlussgrades (Master of Science) gewinnt der Studiengang zusätzlich an Attraktivität.

Die meisten Teilnehmer arbeiteten vor Aufnahme des Resources Engineering-Studiums bei Behörden für Wasserwirtschaft, Wasserbau, Siedlungswasserwirtschaft, oder für ländliche Entwicklung, in Consulting-Firmen oder als Projektingenieure bei Projekten der technischen Zusammenarbeit. Da das Berufsziel der meisten die Ingenieurspraxis ist, ist eine praxisnahe Ausrichtung des Unterrichts gefordert.

Der Abschluss des Studienganges wird in zwei Jahren ermöglicht. Die Fächer werden in 9 Blöcken zu 14 bis 42 Stunden Dauer gelehrt, auf die jeweils eine Prüfung folgt. Das vierte Semester dient der Datensammlung und Anfertigung der Abschlussarbeit. In der Regel werden die Abschlussarbeiten in den Fachgebieten geschrieben, in denen die Absolventen auch ihre beruflichen Perspektiven nach Abschluss des Studiums sehen. Die meisten nicht-deutschen Studierenden sammeln das benötigte Datenmaterial in ihren Heimatländern. Zum einen wird dadurch die Motivation gefördert, zum anderen kommen die Ergebnisse der Entwicklung ihres Heimatlandes zugute. Die Lehrveranstaltungen werden von ca. 20 Dozentinnen und Dozenten der Fakultät für Bauingenieur- und Vermessungswesen sowie wechselnden Gastdozenten durchgeführt. Eine große Zahl der Dozenten/ -innen kann berufliche Erfahrungen aus Entwicklungsländern in den Lehrbetrieb einbringen.

Bisher traten 100 Teilnehmer aus 30 Ländern das Studium an, 81 beendeten es erfolgreich, 15 befinden sich im laufenden Kurs. 29 der Teilnehmer kamen aus Afrika, 43 aus Asien, 18 aus Lateinamerika und zehn aus Europa. Die bisher zugelassenen deutschen Studierenden erleichterten die Integration der ausländischen Studierenden erheblich, sowohl bei der Hilfestellung im täglichen Leben als auch im Näherbringen deutscher Kultur. Die Studierenden lernen in diesem multinationalen Kurs auch die Verständigung mit Personen, die einen völlig anderen kulturellen, religiösen oder ökonomischen Hintergrund haben.

Als Unterrichtssprache hat sich Englisch bewährt, da der angesprochene Interessentenkreis von vornherein größer ist und eine lange Vorbereitungszeit zum Erlernen der deutschen Sprache, insbesondere der Fachbegriffe, entfällt. Außerdem werden die Studierenden bereits auf internationale Zusammenarbeit, Präsentation von Vorträgen auf Konferenzen etc. gut vorbereitet. Deutsch für den „täglichen Gebrauch" lernen die Teilnehmer entweder „nebenbei" während des Studiums, oder durch einen Sprachkurs.

Die administrative Betreuung der Resources Engineering-Studierenden liegt nicht nur bei dem zuständigen Ausschuß der Fakultät und der Resources Engineering-Verwaltung, sondern wird auch vom Akademischen Auslandsamt mitgetragen. Der DAAD als wichtiger Stipendiengeber deckt neben der Universität einen beträchtlichen Teil der Kosten für die Betreuung der Studierenden ab. Wichtige Impulse kommen auch von anderen, ähnlich ausgerichteten Studiengängen innerhalb und außerhalb des Landes, und nicht zuletzt von der AGEP, der ArbeitsGemeinschaft Entwicklungsländerbezogener Postgraduiertenprogramme.

Wenn die Absolventen in ihr Heimatland zurückgekehrt sind, beginnt die „Nachkontaktarbeit" von seiten der Studiengangsleitung. Die Adressenkartei der Ehemaligen wird ständig auf dem Laufenden gehalten, einmal im Jahr wird eine Alumni-Zeitschrift an alle verschickt.

Die zahlreichen Rückmeldungen der Ehemaligen aus dem Ausland zeigen, dass sich der Aufenthalt in Karlsruhe sehr positiv auf ihre Karriere ausgewirkt hat. Eine Umfrage des DAAD unter „Ehemaligen" brachte hervorragende Ergebnisse für den Resources Enginee-

ring-Studiengang. Die deutschen Absolventen sind sowohl bei international tätigen Firmen und Consulting-Büros als auch in der bi- und multilateralen wirtschaftlichen Zusammenarbeit sowie in Umweltschutz-Institutionen in Deutschland tätig.

Das International Department

An der Universität Karlsruhe wurde nach einem intensiven strategischen Diskussionsprozess eine Vision zur Internationalisierung unserer Hochschule entwickelt: Es soll schrittweise eine zweisprachige Lehr- und Lernkultur entwickelt werden. Dafür sind internationale Studierende und Dozenten unabdingbare Voraussetzung. Das International Department der Universität Karlsruhe stellt in diesem Zusammenhang eines der wichtigen Vorhaben zur Umsetzung dieser Vision dar.

Ziel ist es, englischsprachige Bachelor- und Masterstudiengänge für herausragende Studierende aus den „emerging markets" zu schaffen. Industriepraktika sowie ein Begleitstudium der Sprache, Kultur, Wirtschaft und Politik Deutschlands und Europas machen die Studiengänge zu einem weltweit einmaligen Angebot. Als Pilotprojekt ist ein Bachelor-Studiengang in Maschinenbau und ein Master-Studiengang in Elektrotechnik gestartet worden.

Konzept des International Department Ausgehend von einer Studie der Carl-Duisberg-Centren zu den Marktpotentialen englischsprachiger Studiengänge sowie dreier Benchmarks mit US-Spitzenuniversitäten sind im Herbst 1997 zahlreiche Ideen in einem Geschäftsplan zusammengefasst worden. Um z.B. Mechanismen, wie leistungsabhängige Gehälter, für das International Department nutzen zu können, und um zusätzliche Leistungen gegen Gebühren anbieten zu können, wurde eine gemeinnützige GmbH gegründet. Im Gegensatz zu Modellen, wie sie derzeit anderen Orts entwickelt werden, soll das International Department aber keine private Institution abseits der bestehenden universitären Strukturen und Einrichtungen, sondern in matrixartiger Form mit diesen verflochten sein. Es hat einen Aufsichtsrat, dessen Vorsitzender der jeweilige Rektor ist und in dem außerdem die beteiligten Fakultäten, Industrievertreter, sowie Studierende vertreten sind. Um die GmbH gründen zu können, wurde zunächst ein Verein gegründet, der letztlich Gesellschafter der GmbH ist (s. Abb. 1).

Die Ausbildung zum Bachelor of Science in Mechanical Engineering umfasst ein acht Semester dauerndes Studium, das in drei Abschnitte eingeteilt ist (s. Abb. 2): Im ersten Semester sollen die aus sehr unterschiedlichen Schulsystemen stammenden und oftmals sehr viel jüngeren Studierenden auf ein einheitliches, dem deutschen Abiturienten entsprechendes Niveau gebracht werden. Wie in der regulären Ausbildung zum Diplom führen die folgenden vier Semester zum Vordiplom, gefolgt vom Bachelor-Hauptstudium, das mit einer Studienarbeit abgeschlossen wird. Durch die Parallelität zum deutschen Studiengang steht es den Studierenden offen, durch anschließendes Wahrnehmen der deutschen Lehrveranstaltungen außerdem den Grad des deutschen Diplom-Ingenieurs (2–3 Semester) oder einen Masterabschluss zu erlangen. Diese Option bietet den Studierenden die Möglichkeit, auf sehr unkomplizierte Weise einen Bachelor mit einem Diplomtitel zu kombinieren.

Die fachliche Vertiefung des Studienganges wurde durch intensive Diskussionen mit den Partnern aus der Industrie bestimmt. Die Ingenieure, die hier ausgebildet werden wollen, sollen darauf vorbereitet sein, in aller Welt zu produzieren und Unternehmen zu betreiben. Sie sollen aber auch mit den Entwicklungszentren der Unternehmen in Deutschland kommunizieren können. Ein Vertiefungsblock im Hauptstudium wird sich daher der „Integrierten Produktentwicklung und Produktion" widmen. Um den Praxisbezug zu vertiefen, absolvieren die Studierenden parallel zum Studium ein 26-wöchiges Industriepraktikum. Da die Studierenden aber auch mit dem Herzen für Deutschland und für Europa gewonnen werden sollen, wurde außerdem ein überfachliches Begleitstudium in deutscher Sprache konzipiert. Ziel dieses Begleitstudiums ist es, den Studierenden Europa und vor allem Deutschland mit seiner Geschichte, Wirtschaft, Kultur und Gegenwart näher zu bringen und damit eine sehr viel intensivere Bindung zu Deutschland herzustellen, als dies der „bloße" Studienaufenthalt leisten könnte. Eine Ausbildung in deutscher Sprache legt daneben die Grundlagen für ein hohes kommunikatives Niveau und ermöglicht z.B. den anschließenden

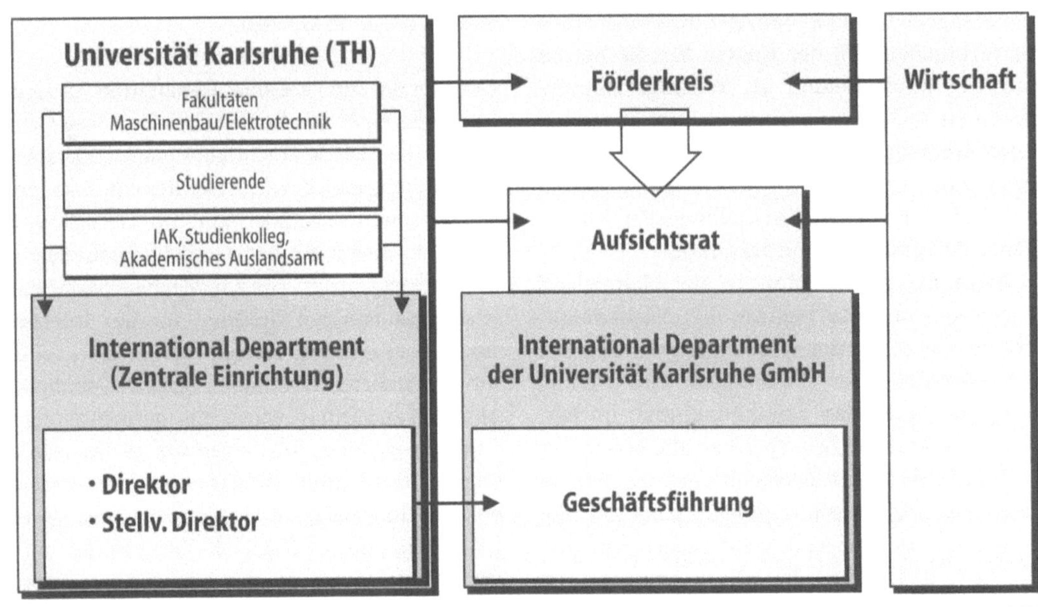

Abb. 1   Struktur des International Department

Diplom-Abschluss im regulären deutschen Studiengang. Das Begleitstudium soll daher als Pflichtveranstaltung während der gesamten Studienzeit das eigentliche Fachstudium ergänzen. Es teilt sich in die sprachliche Lehre, die vom Studienkolleg/Sprachenzentrum der Universität übernommen wird, und in das überfachliche Studium im engeren Sinn, das vom Interfakultativen Institut für Angewandte Kulturwissenschaft (IAK) betreut wird. Es ist verbunden mit Theaterbesuchen, Exkursionen und Diskussionsrunden, sowie mit einem Trainingsprogramm, das sich speziell den interkulturellen Chancen und Problemen widmen wird.

Für die Elektrotechnik wurde ein sehr ähnliches Konzept für einen vier Semester umfassenden Master-Studiengang entwickelt, der die gleichen zusätzlichen Leistungen wie z.B. Deutsch, ein Begleitstudium usw. umfasst.

Umsetzung und Stand des Vorhabens Wie setzt man solch ein Konzept an einer Hochschule um? Es war immer wichtig, dass die Idee des International Department nicht von „oben" diktiert wird, sondern in einem intensiven Prozess von allen Beteiligten im Senat, in den Fakultätsräten und von Studierenden diskutiert und gestaltet wird. Das Ergebnis war ein weitgehender Konsens und ein außerordentlich großes Engagement aller Kollegen.

So werden beispielsweise seit dem vergangenen Wintersemester 1998/99 alle Anfängervorlesungen des Maschinenbaus sowohl in Deutsch als auch in Englisch angeboten. Damit wurde ein erster Probelauf gestartet, noch bevor die ersten Studierenden des International Department im Sommer 1999 nach Karlsruhe kamen. Die Reaktion der „regulären" deutschen Studierenden auf dieses Angebot war sehr positiv: Mehr als ein Viertel der Studienanfänger erklärte, dass sie die englischsprachigen Vorlesungen besuchten. Einige von ihnen gehen ausschließlich in diese Lehrveranstaltungen.

Auch das Leben auf dem hiesigen Campus, der wohl zu den schönsten weltweit gehört, sollte von der Internationalisierung der Universität profitieren. Ein wesentliches Element des Konzeptes war daher ein Campuswohnheim zur

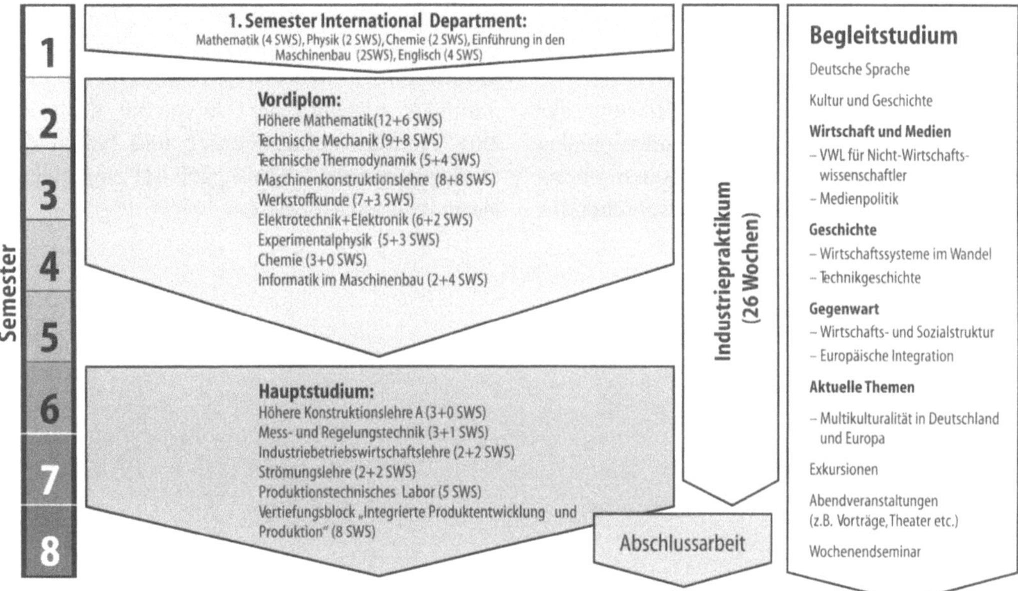

Bachelor of Science in Mechanical Engineering

Abb. 2 Konzept des Bachelor of Science in Mechanical Engineering

Unterbringung von Studierenden und Dozenten. Durch ein sehr erfreuliches Engagement der Landeskreditbank Baden-Württemberg konnte ein sehr repräsentatives Gebäude in hervorragender Lage unmittelbar zwischen Universität, Schloss und Fußgängerzone angemietet werden. Dieses „Haus des International Department" wird das Herzstück für das Leben und Arbeiten werden. Mit einem Aufwand von 37 Mio. DM wird der Umbau dieses ehemaligen Landratsamtes im Frühjahr 2000 fertiggestellt werden. Offen war anfangs der zusätzliche Bau eines Hörsaales im Innenhof des Gebäudes. Auch hierfür konnte jedoch im August 1998 ein privater Spender gefunden werden.

Wie finanziert man den Anlauf eines solchen „Ausbildungsproduktes"? Das Konzept ist einigen Unternehmen vorgestellt worden. Offensichtlich waren die Ideen überzeugend, denn die 30 Maschinenbau-Studienplätze für das Startsemester konnten alle durch Stipendien abgedeckt werden. Langfristig wird angestrebt, die Hälfte der Kapazität mit Stipendien zu decken, um erstklassige Absolventen in der Welt zu gewinnen. Die entsprechenden Stipendiaten für den Maschinenbau werden derzeit gemeinsam mit den Stipendien gebenden Unternehmen gesucht und von der Universität ausgewählt.

Ein wichtiger Schritt zur Etablierung der Ideen war die Entscheidung für professionelles PR und Marketing. Gemeinsam mit einer renommierten Agentur wurde ein entsprechendes Konzept erarbeitet. Für die weitere Suche von Stipendiengebern sowie zur Akquisition von hervorragenden internationalen Studierenden und Dozenten wurden in diesem Zusammenhang u.a. englisch- und deutschsprachige Prospekte und Internet-Seiten erstellt sowie zahlreiche internationale Publikationen veröffentlicht.

Entsprechend den hohen Anforderungen wurde außerdem ein Qualitätssicherungskonzept für die Bereiche Lehre und Verwaltung konzipiert, das langfristig die Grundlagen für den Erfolg des International Department legen wird.

Fazit

Aus der langen Tradition der Fridericiana, von den ersten Gründungsüberlegungen bis heute, sind vielfältige internationale Einrichtungen in Forschung und Lehre entstanden, die das Universitätsgeschehen mitbestimmen. Der Herausforderung der Internationalisierung in einer globalisierten Welt wird sich die Universität Karlsruhe auch in Zukunft stellen. Mit dem International Department wurde ein Pilotprojekt gestartet, mit dem die Universität ein attraktiver Studienstandort für die internationale Elite wird und von dem gleichermaßen deutsche Studierende profitieren. Derartige Projekte sind für das internationale Ansehen der Universität Karlsruhe eine wichtige Voraussetzung und bieten den Studierenden die Chance, sich auf eine globalisierte Welt vorzubereiten.

C2 Interdisziplinarität – Neue Studiengänge an den Fachgrenzen

D. Schmid

Die Weiterentwicklung und ständige Modernisierung ihrer Studiengänge ist sicher eine der wichtigsten Aufgaben einer Universität. Wie bewältigt sie diese Aufgabe? Wie kommt sie hier zu Resultaten, die einerseits den Verpflichtungen einer Spitzenhochschule gerecht werden, andererseits aber auch den längerfristigen gesellschaftlichen Bedürfnissen nach einer angemessenen wissenschaftlich fundierten Berufsausbildung genügen?

Die Wege zu neuen beispielhaften Studiengängen sind ebenso vielfältig wie die Forschungslandschaft einer großen technischen Universität, denn sicher liegen wichtige Triebkräfte für Erneuerungen und Reformen nach wie vor im Fortschreiten der Forschung und der wissenschaftlichen Erkenntnis an sich. Neue Methoden und neue Zusammenhänge werden entdeckt und weiterentwickelt und in die Lehre umgesetzt. Für eine technische Universität ist infolgedessen auch der Kontakt mit der Praxis besonders wichtig, also letztlich die Bewährung in der konkreten wirtschaftlichen bzw. industriellen Anwendung. Gerade bei dem großen Anwendungsbezug der Forschungsarbeiten in vielen Fakultäten ist dieser Punkt von essenzieller Bedeutung.

Der Fortschritt der Erkenntnis in einem Fach erfolgt jedoch in den technischen Fächern durchweg nur partiell und schrittweise; nachfolgende Generationen stehen jeweils auf den Schultern der vorangegangenen und blicken nur deshalb weiter, weil sie auf die Erkenntnisse und die Arbeit derjenigen aufbauen können, die zuvor den Boden bereitet haben. Große Würfe sind dabei eigentlich sehr selten und generell gilt, dass auch sie nur höchstens für wenige Generationen vorausgreifen und dann zur Normalität werden. Im Gegensatz zu anderen Wissenschaftsdisziplinen, wo Einzelne ganz neue Gedankengebäude für die universitäre Lehre errichten, in denen sich viele nachfolgende Generationen wohnlich einrichten können, gilt in der Technik durchweg die Kurzfristigkeit und das Primat des Teamwork, also des gemeinsamen Erfolgs durch die Zusammenarbeit vieler. Die Entwicklung ist deshalb auch weit weniger durch große Namen geprägt, welche die Entwicklungen grundlegend bestimmen, als durch Institutionen, beispielsweise Fakultäten oder große Institute, hinter denen viele Einzelne stehen, aber weitgehend anonym bleiben.

Eine andere, ebenso wichtige Triebkraft für eine adäquate Weiterentwicklung der Studiengänge liegt in der Offenheit nach außen, also im Aufnehmen globaler Weiterentwicklungen. Wir leben in einer Zeit eines steten weltweiten Wandels, in den wir durch die heutigen Kommunikationstechniken unentrinnbar und fast ohne Spielraum eingebunden sind. Wir tragen in diesem System selbst permanent zur technischen Weiterentwicklung bei und werden auf der anderen Seite auch wiederum dauernd von dieser beeinflusst. Aber nicht nur der technische Fortschritt und die technischen Inhalte werden in unserer Gesellschaft kontinuierlich verändert und uns nachhaltig aufgeprägt, sondern auch die allgemeinen Werte und Normen werden fortlaufend verändert und neu bestimmt. Auch diese Veränderungen müssen ihren Niederschlag in der Aktualisierung der Ausbildung finden, denn hier ergeben sich die Rahmenbedingungen, unter denen gehandelt werden muss, wenn die Universitäten in der Spitze noch eine Rolle spielen wollen.

Eine weitere Triebkraft kommt schließlich unmittelbar aus dem Bereich der Forschung. Es ist die Erfahrung, dass sich in der Regel besonders interessante Forschungsarbeiten in den Grenzgebieten der traditionellen Wissenschaften ergeben. Hier entstehen nämlich besondere Herausforderungen, aber auch besondere Befruchtungen traditioneller Gebiete, die oft ganz schnell zu hochinteressanten neuen Forschungsthemen führen und dann relativ schnell auch in der Ausbildung ihren Niederschlag finden müssen. Die Informationswirtschaft als ein neues Gebiet zwischen Informatik, Rechtswissenschaft und Wirtschaftswissenschaften sei in diesem Zusammenhang als ein Beispiel genannt.

Alle diese Entwicklungen vollziehen sich weltweit und in einem direkten, äußerst harten Wettbewerb, nicht zuletzt aufgrund der globalen Vernetzung durch die Kommunikationstechnik und die zunehmende Verlagerung großer Teile der Wissensvermittlung in das Internet. Diese Entwicklungen gewinnen dadurch auch noch zusätzlich eine außerordentliche wirtschaftliche Relevanz, dass inzwischen viele Nationen erkannt haben, dass sich dort mit guten Angeboten in der universitären Ausbildung auch gut Geld verdienen lässt, wenn man einmal eine entsprechende Position in diesem Bildungsmarkt erreicht hat und die sonstigen Rahmenbedingungen stimmen. Unter den letztgenannten Punkt fallen beispielsweise auch die Probleme der Integration in dem heutzutage überwiegend englischsprachigen Bildungsmarkt im Internet, in dem derzeit vor allem die amerikanischen und die australischen Hochschulen dominieren.

Nicht zuletzt spielt hier aber auch eine große Rolle, dass man an unseren staatlichen Hochschulen zwar Spitzenforschung und hochqualifizierende Ausbildung natürlich gerne sieht, aber nicht konsequent und oft nicht ausreichend fördert. Auch die Universität Karlsruhe ist dafür leider ein Beispiel.

Die Bedeutung einer fachübergreifenden Ausbildung

Traditionelle Studiengänge decken immer weniger den Bedarf einer modernen Ausbildung ab, wenn sie in ihren traditionellen Ausbildungszielen und Ausbildungsmustern verharren. Ziel muss heute stärker als früher eine fachübergreifende Ausbildung sein, die fallweise auch andere Wissensgebiete einbezieht, so dass sich ganz neue Berufsbilder mit ganz ungewohnten Ausbildungsprofilen herausbilden können. Anlass für diese Entwicklung ist, dass die Bedeutung der Produktion immer mehr zugunsten einer Ausweitung des Dienstleistungsbereichs zurückgeht, wobei gerade im akademischen Bereich im Zuge dieser Entwicklung vor allem Wissen bewertet, in neue Zusammenhänge gestellt und nutzbar gemacht werden muss. Darüber hinaus spielt in vielen Wissenschaften bzw. in vielen Ausbildungsgängen eine immer stärkere Rolle, dass nicht nur fachliche Inhalte, sondern auch soziale und kulturelle Kompetenzen vermittelt werden sollten, ja müssen. Gerade auf diese Entwicklungen sind die ausbildenden Institutionen aber in der Regel nicht gut vorbereitet, wurden doch in den letzten Jahren nur zu oft ausgerechnet Studieninhalte dieser Art mit dem Ziel eines schlanken und möglichst kurzen Studiums zuerst abgebaut. Das befürchtete Resultat dieser Entwicklung, nämlich ein deprimierender Mangel an kultureller und sozialer Kompetenz, scheint ja leider oft genug schon eingetreten zu sein. Jedenfalls lassen nicht gerade wenige Verlautbarungen zur Dauer und zum Inhalt unserer Studiengänge den Eindruck zu, dass dieser Verlust der kulturellen und sozialen Kompetenz mancherorts viel zu leicht genommen wird. Haben wir in manchen Studiengängen an unseren Hochschulen schon das verloren, was uns eigentlich als wichtiger Bestandteil einer Ausbildung ganz besonders wertvoll sein sollte? Wir sollten in diesem Zusammenhang nicht vergessen, dass auch für uns das Gesetz gilt, dass eine Gesellschaft, die ihre Eliten nicht breit genug ausbildet, bald keine Eliten mehr hat und sich damit ihrer eigenen Existenzgrundlagen beraubt.

Hier gegenzusteuern ist eine Aufgabe für alle Stellen in unserem Bildungssystem, aber eine besonders wichtige für die Universitäten. Die Universität Karlsruhe hat dem schon seit einiger Zeit durch eine Initiative des Instituts für Angewandte Kulturwissenschaft Rechnung zu tragen versucht und bietet für Studierende aller Fachrichtungen ein Begleitstudium „Angewandte Kulturwissenschaft" an. Es kann freiwillig neben einem normalen Fachstudium absolviert werden und ist auf die Förderung kultureller und sozialer Kompetenzen ausgerichtet, die ja in vielen fachspezifischen Studiengängen heute zweifellos zu kurz kommen. Es hat also gewissermaßen komplementären Charakter.

Eine etwas anders gelagerte wichtige Initiative betrifft das Grenzgebiet zwischen Informatik und Wirtschaftswissenschaften und dessen Weiterentwicklung.

I Das Studium der Informationswirtschaft

Als Beispiel eines neuen Studienganges zwischen traditionellen Fachgebieten sei hier das Studium der Informationswirtschaft beschrieben, das seit dem Wintersemester 1997/98 – bisher als Einziges seiner Art in Deutschland – an der Universität Karlsruhe angeboten wird. Es wird von den beiden Fakultäten für Informatik und für Wirtschaftswissenschaften getragen. Gleichzeitig wurden – ebenfalls ein Novum

– drei rechtswissenschaftliche Lehrstühle in der Fakultät für Informatik eingerichtet, um die wichtigen rechtswissenschaftlichen Anteile dieses Studienganges angemessen abdecken zu können. Das Studium überdeckt damit relevante Teile der Informatik, der Wirtschaftswissenschaften und der Rechtswissenschaften und bezieht seine Motivation aus der zunehmenden weltweiten Vernetzung und der Tendenz, dass Information in einem rasch steigenden Maße eben auch ein normales Wirtschaftsgut wird, wenn auch mit ganz spezifischen Eigenschaften.

Anlass für die Einrichtung des Studienganges war die Tatsache, dass die Informationswirtschaft mittlerweile als ein besonders bedeutender Wirtschaftszweig in unserer Volkswirtschaft betrachtet wird. Ihm werden Unternehmen aus den Bereichen Informations- und Kommunikationsdienstleistungen, Druckerzeugnisse, Mikroelektronik, Unterhaltungselektronik usw. zugerechnet. Übereinstimmend prognostizieren Wirtschaftsforscher für diesen Wirtschaftsbereich hohe Wachstumsraten, die sich aus dem Übergang in die Informationsgesellschaft ergeben. Vielfach wird die Informationstechnologie, die ja die Grundlage der Informationswirtschaft ist, als Schlüsseltechnologie schlechthin bezeichnet, von der die künftige Wettbewerbssituation einer Volkswirtschaft entscheidend abhängt. Der Weg in die Informationsgesellschaft beruht wesentlich auf der Entwicklung rechnergestützter Vermittlungen breitbandiger Kommunikationsverbindungen, die es erlauben, auch örtlich und zeitlich stark variierende Übertragungsanforderungen kostengünstig zu befriedigen. Die dadurch ermöglichte Vernetzung rechnergestützter Arbeitsplätze führt zu einer neuen Qualität der Erzeugung und Nutzung von Informationen. Dies beeinflusst die Formen der Organisation des Wirtschaftens bzw. des Arbeitens sowie die Gestaltung neuer Produkte und Märkte. Daraus folgt aber auch ein unmittelbarer Einfluss auf die Sozial- und Infrastruktur, z.B. im Hinblick auf Verkehrsströme oder die Neubewertung von Standorten.

Wie jede innovative Entwicklung bindet auch die Informationswirtschaft hohe Kapitalbeträge, mit denen eine adäquate Rendite erzielt werden muss. Dies bedeutet, dass die Entwicklung und der Einsatz der Informationstechnologie nicht alleine technologieorientiert betrachtet werden dürfen, sondern gleichzeitig auch ökonomisch analysiert werden müssen. Die Wechselwirkungen zwischen Technologie und Ökonomie der Information sind für die weitere Entwicklung der Informationsgesellschaft von so tragender Bedeutung, dass sie in einer eigenen universitären Disziplin in Lehre und Forschung vertreten sein müssen. Die Besonderheit dieser Disziplin ist, dass in ihr die neuen Fragestellungen der Informationswirtschaft in interdisziplinärer Forschung zu lösen sind. Eine ihrer Aufgaben wird sein, die Bedingungen für die optimale Gestaltung der Prozesse der Informationsgewinnung, -verarbeitung, -gestaltung zu untersuchen.

Ziel des Studienganges ist die Ausbildung von Personen, die Informationsflüsse und -produkte erkennen, gestalten, bewerten und wirtschaftlich nutzen können. Diesem Ziel wird in einem ausgewogenen, modular aufgebauten Studiengang entsprochen. Für die Lehrinhalte der Informatik und der Wirtschaftswissenschaften sind jeweils 40 Prozent und für die Rechtswissenschaften 20 Prozent der Gesamtstundenzahl vorgesehen. Das Lehrangebot des geplanten Studienganges gliedert sich in zwei Studienabschnitte, deren Umfang jeweils 80 Semesterwochenstunden beträgt. [1]

Im Grundstudium werden Studierende zunächst mit den Grundlagen der Disziplinen Informatik, Wirtschaftswissenschaften und Rechtswissenschaften vertraut gemacht. Im Hinblick auf Informatik und Wirtschaftswissenschaften wird davon ausgegangen, dass dies teilweise unter Rückgriff auf die in den beteiligten Fakultäten bereits angebotenen Lehrveranstaltungen geschieht. Es sind jedoch auch spezielle Lehrveranstaltungen vorgesehen, welche die Belange der Informationswirtschaft besonders berücksichtigen.

Nach dem Vordiplom folgt dann eine stärkere Spezialisierung im Rahmen des Hauptstudiums.

Im Bereich Wirtschaftswissenschaften befasst sich das Hauptstudium mit folgenden Themen:

Kalkulation von Informationsprodukten, Investitionsrechnung für Informations- und Kommunikationssysteme; Marktforschung, Planung von neuen Produkten, Preispolitik und Vertrieb von Informationsprodukten; Zahlungs-, Finanz-, Vertriebs- und Entscheidungsunterstützungssysteme; Konzepte elektronischer Märkte und ihrer Preisfindung; Information und Allokation von ökonomischen Ressourcen; volkswirtschaftliche Bedeutung der Information; OR-Methoden und Modelle in der Informationswirtschaft.

Auf den Gebieten der Informatik werden im Hauptstudium Lehrveranstaltungen u.a. zu folgenden Themen angeboten: Telematik; Systemarchitektur und System-Konstruktion; Sicherheit; Informations- und Wissensmanagement; Informations- und Wissenssysteme; Entwurf und Realisierung komplexer Systeme; Infrastrukturen; Geschäftsprozesse und Organisation; Informationsdienstleistungen in Netzen; Mensch/Maschine-Interaktion.

Darüber hinaus ist die Erstellung einer Studienarbeit vorgesehen. Das Studium wird mit einer sechsmonatigen Diplomarbeit abgeschlossen und endet mit der Verleihung des Titels „Diplom-Informationswirt" bzw. „Diplom-Informationswirtin".

Die bisherige Entwicklung zeigt, dass ein rasch zunehmender Bedarf für Absolventen eines derartigen Studienganges vor allem in Unternehmen jeglicher Art der Informationsbranche und der öffentlichen Verwaltungen besteht. Sie sollen die Informationswelt zugleich unter wirtschaftlichen und technologischen Aspekten gestalten, sie entscheiden in Leitungsfunktionen über derartige Konzepte, beispielsweise als Leiter spezieller Unternehmen, die als „Informationsmakler" am Markt agieren.

Die Universität Karlsruhe stellt sich mit diesem neuen Studiengang den Herausforderungen, die sich aus der Entwicklung unserer Gesellschaft zu einer weitgehenden Informationsgesellschaft ergeben. Die Universität möchte damit wieder eine Vorreiterrolle übernehmen, wie sie es zuvor ja bereits bei der Informatik, dem Wirtschaftsingenieur und zahlreichen anderen Studiengängen mit Erfolg getan hat.

Komplexität der Produkte und der Prozesse zu ihrer Herstellung erfordert den wissenschaftlich ausgebildeten Ingenieur. Ohne fundiertes Fachwissen kann er nicht auskommen, allerdings reicht diese Qualifikation längst nicht mehr aus. Ergänzend sind Persönlichkeitsmerkmale, Teamfähigkeit, Führungsverhalten, ausgeprägtes Prozess- und Methodenwissen heute unabdingbar [4] (s. Abb. 1).

Die geforderten Kompetenzen kann man grob drei Bereichen zuordnen:

1. Fachwissen (z.B. mathematische, chemische, physikalische Grundlagen, technisches Verständnis, vertiefte Kenntnisse im Fachbereich,…)
2. Methodenwissen (z.B. Problemlösungsmethoden, Managementmethoden, Moderationsmethoden,…)
3. Softskills (z.B. Teamfähigkeit, Umsetzungsstärke, Frustrationstoleranz,…)

Die Veränderungen der Anforderungen an den modernen Ingenieur haben natürlich Auswirkungen auf die universitäre Ausbildung. Ziel des Studiums muss ein Ingenieur sein, der aufgrund seiner fundierten Grundausbildung, des erworbenen Methodenwissens, seiner Fähigkeit zur Abstraktion und Modellbildung jederzeit in der Lage ist, sich in neue Problemstellungen einzuarbeiten und innovative Lösungen zu finden. Er muss dabei „Teamplayer" sein, der über technisches Know-how und betriebswirtschaftliche Kenntnisse verfügt und entscheidungs- und umsetzungsstark ist. Die Hochschule muss den Problemlösungsmanager der Technik ausbilden.

Modellhafte Umsetzung am Institut für Maschinenkonstruktionslehre und Kraftfahrzeugbau

Das Institut für Maschinenkonstruktionslehre und Kraftfahrzeugbau trägt mit Hilfe des dafür entwickelten „Karlsruher Lehrmodells" wesentlich zur Ausbildung der Studierenden zu Produktentwicklern bei. Das durchgängige Lehrkonzept besteht aus maximal drei aufeinander aufbauenden Lehrveranstaltungen. Die ersten beiden Module sind für jeden werdenden

Maschinenbauingenieur Pflicht, der letzte Modul kann als Spezialisierung gewählt werden. Die Inhalte aller Lehrveranstaltungen des Instituts ordnen sich in einen gemeinsamen, vorlesungs, übergreifenden „Klassierungsschlüssel Produktentwicklung" ein. Studierende werden während ihres gesamten Studiums dazu angehalten, sämtliche Informationen sowie selbständig erarbeitetes Wissen mit Hilfe des Klassierungsschlüssels in die ständig wachsende „Wissensbasis Produktentwicklung" einzuordnen [1].

Die Komponenten des Karlsruher Lehrmodells

Maschinenkonstruktionslehre I-III (MKLI-III) erstreckt sich über einen Ausbildungszeitraum von 3 Semestern im Grundstudium der Studierenden und vermittelt grundsätzliches Fachwissen aus dem Bereich der Maschinenelemente, der Konstruktionstechnik und der Entwicklungsprozesse.

Sie integriert dabei das Fach- und Methodenwissen der theoretischen und angewandten Grundlagenfächer bei der Gestaltung und Dimensionierung von Bauteilen und Maschinen nach vorgegebenen Anforderungen in ein ganzheitliches, ingenieurmäßiges Denken und Handeln. Damit besteht die Chance, einen entscheidenden Beitrag zur Vermittlung von Fach- und Methodenkompetenz zu liefern. Außerdem werden hier Ansätze zur Entwicklung von Kreativitäts- und Elaborationspotentialen gebildet.

Die Lehrveranstaltung gliedert sich in drei Veranstaltungsmodule: Vorlesung, Übung und Workshop. Diese basieren jeweils auf unterschiedlichen Lehr- und Lerninhalten.

Vorlesung zur Maschinenkonstruktionslehre
Die Maschinenelemente werden von Anfang an aus konstruktionsmethodischer Sicht auf einer höheren Abstraktionsebene betrachtet. Hierdurch wird die für den Maschinenbauingenieur so wichtige Fähigkeit zur Abstraktion gelehrt [2]. Die Elemente werden dabei zunächst immer aus dem Blickwinkel und dem Zusammenhang eines Beispielsystems heraus betrachtet und damit sowohl in ihren Elementeigenschaften als

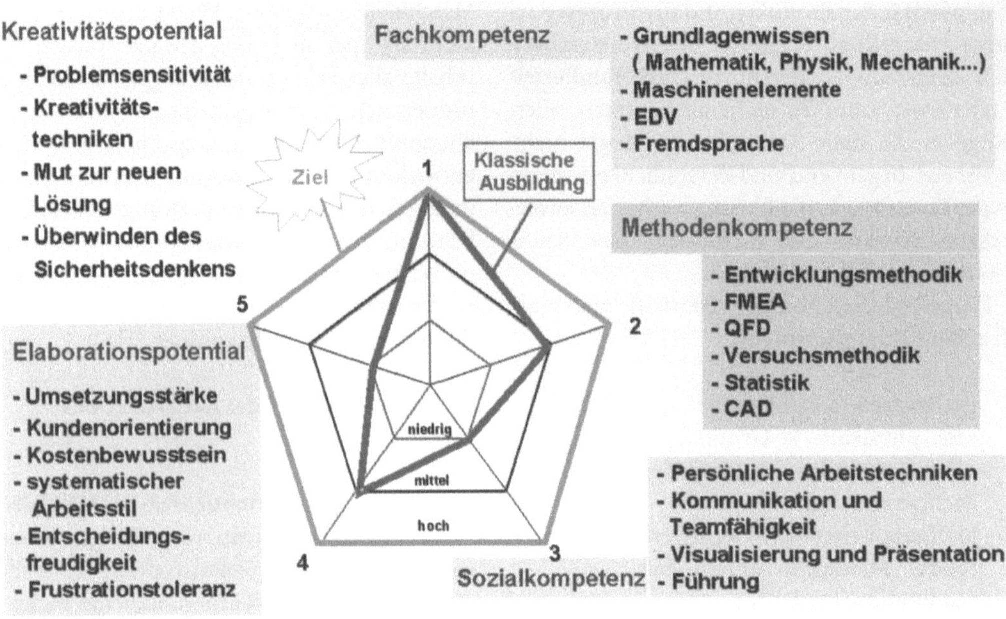

Abb. 1 Kompentenzprofil des Ingenieurs

auch in den Wechselwirkungen mit dem Gesamtsystem besprochen. Beispielsystem ist hier der Antriebsstrang eines Kraftfahrzeuges.

Rund 15% der Vorlesungsinhalte behandeln nichtmechanische mechatronische Elemente und Systeme, um so die Erweiterung der modernen Maschinenkonstruktion klar zu machen. Die gesamte Vorlesung wird durch multimediale Präsentationstechnik unterstützt [1].

Die Vorlesung hat nicht den Anspruch, alle Maschinenelemente vollständig zu behandeln. Sie vermittelt vielmehr die Fähigkeit, unbekannte Maschinenelemente und komplexe Maschinensysteme durch Funktionsabstraktion zu verstehen, zu analysieren und neue Elemente in bekanntes Grundlagenwissen einzuordnen. Damit wird die Fähigkeit zur selbständigen Synthese gefördert.

Übung zur Maschinenkonstruktionslehre I
Unter Übung wird nach dem neuen Lehrmodell generell eine Veranstaltung verstanden, in der ein übungsleitender Assistent allen Studierenden gleichzeitig im Frontalunterricht Wissen vermittelt. In der Übung wird die Vorlesungstheorie aufgegriffen und vertieft. In Übungsaufgaben, die sich zum Großteil auf die Beispielsysteme der Vorlesung und des Workshops beziehen, lernt der Student theoretisches Wissen auf konkrete Probleme anzuwenden und das verinnerlichte Wissen umzusetzen.

Workshop zur Maschinenkonstruktionslehre I
Im Workshop sollen neben Fachkompetenz auch die für den Ingenieur so wichtigen Softskills vermittelt werden. Es wird von Anfang an konsequent Teamarbeit verlangt. Konstruktion findet im Team unter selbständiger Aufgabenverteilung statt. Erfahrungen der einzelnen Teammitglieder müssen untereinander ausgetauscht werden. Die für die Studierenden aus der Schule oft völlig ungewohnte Teamarbeit muss natürlich erst unter Anleitung geübt werden. Dazu stehen Assistenten und studentische Hilfskräfte während der wöchentlich stattfindenden Workshops bereit. Zu Beginn des Workshops greifen die Betreuer noch „steuernd" in die Teamarbeit der Studierenden ein. Im zweiten und dritten Semester ziehen sich die Betreuer dann immer weiter aus der Problemlösung zurück und unterstützen nur noch beratend. Betreuung wird in den späteren Semes-

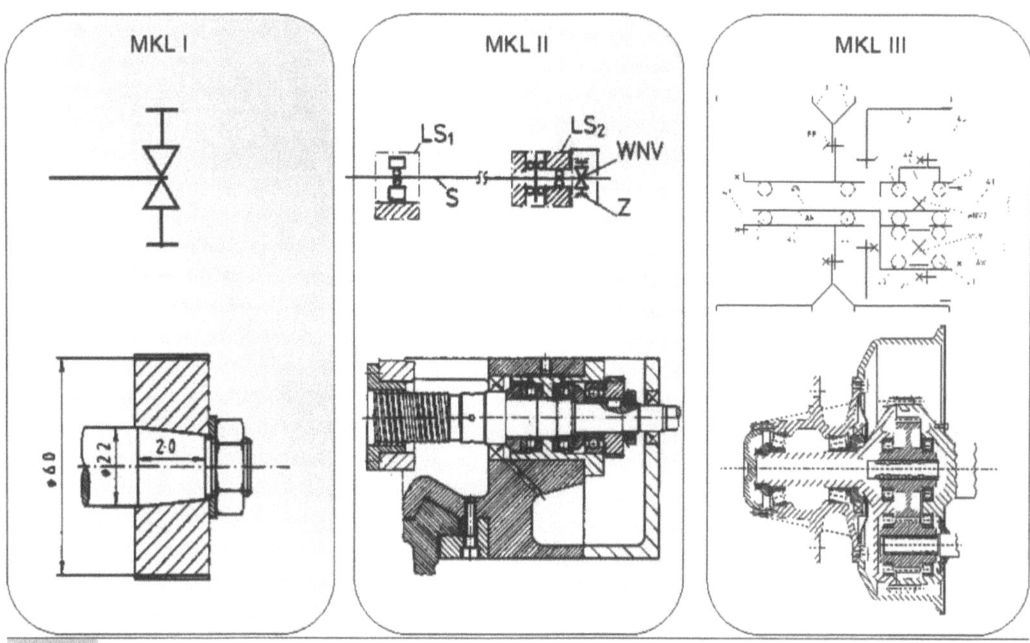

Abb. 2 Komplexität der Konstruktionsaufgaben

tern also nur noch als Coaching verstanden. Dadurch wird eine ständig wachsende Selbständigkeit von Seiten der Studierenden gefordert.

In den ersten zwei Semestern werden die Studierenden mit einem einfachen Leitsystem und den Leitbauteilen konfrontiert. Sie haben die Möglichkeit, Getriebemotoren in von Assistenten und Hilfskräften begleiteten Workshops und freien Workshops zu zerlegen und die verschiedenen Systemkomponenten zu analysieren.

Im ersten Semester werden im Workshop unter anderem Themen wie Technisches Freihandzeichnen, Analyse von Bauteilen in Gestalt und Funktion, Oberflächenanalysen und Messung unter Beachtung verschiedener Herstellprozesse, Passungsanalyse und erste Syntheseüberlegungen behandelt. Im zweiten und dritten Semester werden vor allem Maschinensysteme mit steigendem Komplexitätsgrad konstruiert und entworfen (s. Abb. 2). Auch diese Arbeiten finden in studentischen Teams statt (s. Abb. 3). Schnittstellen bei der Konstruktion legen die Teams selbst fest. Einzelkonstruktionen werden von den Studierenden abgestimmt, zusammengeführt und dann von den Betreuern

als Ganzes bewertet. Abschlussaufgabe ist eine Konstruktion aus dem industriellen Umfeld mit offener Problemstellung, deren Lösung auch den Betreuern, die nur noch delegierend und beratend in den Problemlösungsprozess eingreifen, unbekannt ist.

Konstruktionslehre A Konstruktionslehre A ist Pflichtfach im Hauptstudium, vermittelt Fach- und Methodenwissen der Entwicklungsmethodik und des Entwicklungsprozesses. Die Vorlesung baut die Berufsfähigkeit der Studierenden in den Grundlagen der Entwicklungsstrukturen und der Entwicklungsprozesse des Maschinen- und Fahrzeugbaues auf. Es wird außerdem Wissen zu produktneutralen Entwicklungsmethoden vermittelt. Besondere Bedeutung hat dabei die „Auswahl und Gebrauchsanleitung" dieser zum Teil hochkomplexen Methoden. Die Studierenden werden in die Lage versetzt, selbstständig das einem speziellen Problem angemessene Methodikwerkzeug auszuwählen.

Ausgehend von einer Analyse des Konstruktionsprozesses hat die Vorlesung weiterhin die Vermittlung einer systematisierten Vorgehensweise beim Konstruieren mit den Hauptab-

Abb. 3   Studierende untersuchen in Teamarbeit ein mechanisches Beispielsystem (Workshop MKL I)

schnitten Planung und Klärung der Aufgabe, Konzeptentwicklung und Entwerfen zum Ziel. Anhand praxisnaher Beispiele werden Strategien zum Finden möglichst optimaler Lösungen vermittelt. Hierbei werden u.a. Kreativitätstechniken für eine frühe Konzeptphase, konkrete Gestaltungsrichtlinien für den Entwurf und, begleitend hierzu, geeignete Qualitätssicherungsmethoden für diese frühe Produktentstehungsphase vorgestellt.

Der Fokus des Lehrmoduls wird also vor allem auf die Vermittlung von Methoden- und Prozesswissen gelegt.

Integrierte Produktentwicklung | Dieses Hauptfach kann von Studierenden, die sich im Bereich der Produktentwicklung spezialisieren wollen, im Hauptstudium gewählt werden. Aus den Interessenten werden vom Dozenten 20 Studierende für die Teilnahme an der Lehrveranstaltung ausgewählt. Diese Studierenden werden gezielt in den Produktentwicklungsprozess mittelständischer Unternehmen eingeführt. Dabei steht

die Vermittlung von Fachwissen bezüglich des Entwicklungsprozesses und des Entwicklungsmanagements, erweitertes Methodenwissen bezüglich Entwicklungsmethodik und die Vermittlung der eingangs erwähnten Softskills im Vordergrund.

Auch dieser Modul des Karlsruher Lehrmodells setzt sich wieder aus drei Einzelkomponenten Vorlesung, Workshop und Projektarbeit mit unterschiedlichen Lehr- und Lernzielen zusammen.

Vorlesung zur Integrierten Produktentwicklung | Auf der Basis praktischer Erfahrungen und Beispiele aus der Industrie wird die Theorie der systematischen Planung, Kontrolle und Steuerung des Entwicklungs- und Innovationsprozesses und des teamorientierten Einsatzes wirkungsvoller Methoden dargestellt. Die Studierenden lernen Managementsysteme, integrierte Produkterstellungsprozesse, Marketingstrategien, Problemlösungstechniken und Werkzeuge der Produkterstellung kennen (s. Abb. 4).

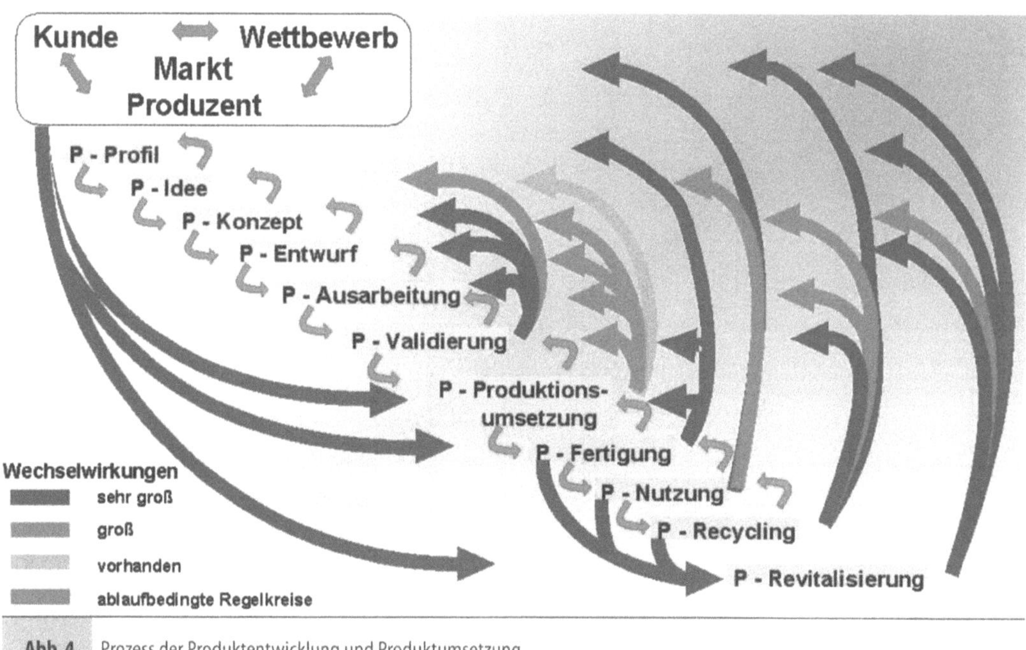

Abb. 4   Prozess der Produktentwicklung und Produktumsetzung

Workshop zur Integrierten Produktentwicklung | Im Workshop werden die in der Vorlesung gelehrten Werkzeuge und Methoden an konkreten Beispielen und Planspielen angewandt und eingeübt. Themen des Workshops sind z. B. Teammanagement, Produktprofilfindung, Funktionsabstraktion, Kreativitätstechniken, Präsentationstechnik, Moderationstechnik, Kostenrechnung und technisches Design. Die Arbeit erfolgt in kleinen Gruppen, die intensiv durch Assistenten betreut werden. Auf diese Weise kann sowohl Produktentwicklungskompetenz als auch Sozialkompetenz erworben werden.

Projektarbeit zur Integrierten Produktentwicklung | Die Projektarbeit macht einen sehr wichtigen und zeitlich umfangreichen Anteil der Lehrveranstaltung aus. Ausgangspunkt ist eine vom Institut gegründete virtuelle Firma. Diese Firma vergibt einen Entwicklungsauftrag an 4 verschiedene Ingenieurbüros. Die in Konkurrenz zueinander arbeitenden Ingenieurbüros werden von jeweils 5 Studierenden gebildet. Die Studierenden haben nun die Aufgabe, dem virtuellen Unternehmen bei der Erschließung neuer

Märkte behilflich zu sein, indem sie zunächst den Markt und die Bedürfnisse der Kunden analysieren, Lücken aufdecken und in den folgenden drei Monaten ein erfolgversprechendes Produkt bis zum virtuellen Prototypen (3D-CAD-Modell) bzw. Funktionsmodell entwickeln. Im Wintersemester 1999/2000 beispielsweise hatten die Studierenden-Teams die Aufgabe, einen autarken Fensterreinigungsroboter für den Hausgebrauch („Fensterfee", s. Abb. 5) zu entwickeln.

Die Gruppen führen ihre Entwicklungsarbeit innerhalb des institutseigenen Produktentwicklungszentrums (PEZ) durch. Das PEZ orientiert sich in seiner Ausstattung und seiner DV- und Leitungsstruktur an mittelständischen Unternehmen. Es steht den Teams rund um die Uhr zur Verfügung. Projekt-, Zeit- und Teammanagement wird dabei von den Gruppen eigenverantwortlich durchgeführt. Im Rahmen der Projektarbeit stehen den Studierenden die Unternehmensleitung (Prof. Albers) und die Verantwortlichen für die Bereiche der Entwicklung, des Vertriebs, des Einkaufs und der Produktion (Assistenten des Instituts) der auftraggebenden Firma bei fachspezifischen Fragen zur Verfügung.

Zur Information über den Stand der Entwicklung, aber auch als Training „for the job" müssen

Abb. 5 Entwicklungsergebnis einer Projektgruppe im Wintersemester 99/2000

die Teilnehmer der „Unternehmensleitung" im Rahmen von Präsentationen regelmäßig über den Projektstand berichten. In einer Endpräsentation werden dem Firmenvorstand die entwickelten Produkte vorgestellt. Der Vorstand „beurteilt" dabei die verschiedenen Produkte und Präsentationen und wählt ein Konzept als das von der Firma favorisierte aus. Die Abschlusspräsentation findet öffentlich und mit Vertretern der Industrie statt. Diese zeigen sich von der Qualität und den Kompetenzen der angehenden Produktentwickler angetan. Die positiven Rückmeldungen machen Mut, das Lehrkonzept weiter auszubauen.

Quellen und weiterführende Literatur

[1] Albers, A; Matthiesen, S.; Das Karlsruher Lehrmodell. 44.Internationales Wissenschaftliches Kolloquium, Maschinenbau im Informationszeitalter 20.–23.09.1999; Technische Universität Ilmenau, 1999.

[2] Albers, A; Birkhofer, H.; Matthiesen, S.; Neue Ansätze in der Maschinenkonstruktionslehre. Gedenkschrift Wolfgang Beitz; Gerhard Pahl (Hrsg.); Berlin: Springer, 1999; S. 168–183.

[3] VDI-Nachrichten Nr. 2; 14. Januar 2000 S.31 Tägliche Informationsflut überwältigt viele Manager vor ihrem PC.

[4] VDI-Nachrichten Nr. 52; 31.Dezember 1999 S. 33 Ohne Fachwissen läuft auch künftig nichts.

[5] Albers, A.; Wohin steuert die Maschinenkonstruktionslehre? Jahrestagung der WGMK 1996; Universität Karlsruhe (TH), 1996.

[6] Albers, A.; Birkhofer, H.; Die Zukunft der Maschinenelementlehre. Tagungsunterlagen zum Workshop Heiligenberg; 23.04 u. 24.04.97; Universität Karlsruhe u. TU Darmstadt, 1997.

[7] Albers, A.; Birkhofer, H.; Neue Lehre. Tagungsunterlagen zum 1. Workshop Lichtental; 09.02. u. 10.02.98; Universität Karlsruhe u. TU Darmstadt, 1998.

[8] Albers, A.; Birkhofer, H.; Neue Lehre. Tagungsunterlagen zum 2. Workshop Lichtental; 24.02. u. 25.02.99; Universität Karlsruhe u. TU Darmstadt, 1999.

[9] Albers, A.; Simultaneous Engineering an einem Beispiel aus der Kraftfahrzeugzulieferindustrie. EK-VIP Führungskräftetreffen des VDI am 18.Juni 1993 in München; Tagungsband, VDI Verlag.

Anmerkungen

1 Haupttätigkeitsfeld der Ingenieure sind mit mehr als 52% die Bereiche Forschung, Entwicklung, Konstruktion und Versuch. Schwerpunkt hierbei sind Entwicklung und Konstruktion (VDMA-Ingenieurerhebung 1998)

2 Etwa 177 Nachrichten senden und empfangen Beschäftigte in Unternehmen pro Tag: per Briefpost, Hauspost, E-Mail, Voice-Mail, Telefon, Mobiltelefon, Internet, Pager und Telefongesprächsnotizen (Quelle: Amerikanischer Büro- und Softwarehersteller „Pitney Bowers"; Langzeitstudie „Unternehmenskommunikation des 21. Jahrhunderts")

C4 Geistes- und sozialwissenschaftliche Perspektiven für Bildung und Ausbildung an einer Technischen Universität

B. Thum

Gegenstand der Geistes- und der Sozialwissenschaften ist die gesellschaftlich-kulturelle Welt, sind die Menschen im Gang der Geschichte, im Gefüge ihrer Gesellschaft, in der Aura ihrer individuellen Schaffenskraft. Geistes- und Sozialwissenschaften fragen: Was ist der Beitrag eines Menschen, einer sozialen Gruppe zur Reproduktion und Erneuerung der Kultur oder gar der Kulturen? Diese Beiträge können materieller, institutioneller oder spiritueller Art sein. Oft gehören sie allen drei Dimensionen an. Zum Beispiel war die gotische Kathedrale, als sie errichtet wurde, zugleich ein materielles Bauwerk, eine religiös-gesellschaftliche Einrichtung und eine geistige Struktur. Mit allen drei Dimensionen ist auch eine spezifische Semantik, eine Bedeutung für das Weltverständnis und das Zusammenleben der Menschen verbunden. Besonders diese Bedeutungen interessieren die Geistes- und Sozialwissenschaften und ihre Studierenden.

Die kulturelle Semantik menschlicher Arbeit

Geistes- und Sozialwissenschaften müssen manche Erwartung, die aus der Öffentlichkeit, auch aus der wissenschaftlichen Öffentlichkeit an einer Technischen Universität an sie herangetragen werden, enttäuschen. Sie sind keine ‚Sinnproduzenten', liefern keine Kompensationen für die harten Notwendigkeiten der technisch-industriellen Welt. Sie verstehen sich vielmehr als analytische Wissenschaften. Ihre Arbeitsfelder in Forschung und Lehre sind die Institutionen, Handlungsformen, Ideen und Zeichensysteme der Kulturen.

Um mit Blick auf die Studierenden der Ingenieur-, Natur- und Wirtschaftswissenschaften das Ergänzungspotential und die Kompatibilität geistes- und sozialwissenschaftlicher Studien festzustellen, muss man diese Studien zunächst einmal identifizieren. Wissenschaftler der genannten Bereiche sind aufgerufen, ihre eigenen Verfahren der Einführung in Grundelemente wissenschaftlichen Arbeitens und Denkens mit der folgenden Skizze zu vergleichen. Was lernen die Studierenden, wenn sie, etwa an der Technischen Universität Karlsruhe, ein geistes- oder sozialwissenschaftliches Studium aufgenommen haben?

▸ Sie erarbeiten sich zunächst die analytische Terminologie und Begrifflichkeit ihres

Fachs und dessen Informationsquellen; lernen die elementaren Methoden und damit auch die verschiedenen Arbeitsperspektiven ihres Fachs kennen; späteres Lernziel ist, Begrifflichkeit und Methodik mit wachsendem Erkenntnisstand immer wieder kritisch zu modifizieren.

▸ In Verbindung mit der Erarbeitung der analytischen Termini und Methoden lernen die Studierenden weiter, kulturelle Phänomene, zusammen mit den Formen ihrer kommunikativen Repräsentation, exakt zu beschreiben; um Beispiele zu nennen: einen Text, ein Werk der Bildenden Kunst oder Architektur, eine Fernsehsendung, eine Multimediaproduktion, ein soziales Verhaltensmuster, eine gesellschaftliche Konfiguration. Stets muss dabei die spezifische Art der darin enthaltenen und zum Ausdruck gebrachten Information mitberücksichtigt werden.

▸ Mit den Wahrnehmungen, die dabei gemacht und durch die Beschreibung verfeinert werden, werden dann die Kommunikationsformen, Einstellungen und Wissensbestände der historischen oder gegenwärtigen Gesellschaft verknüpft, der die beobachteten Phänomene zugehören. Das heißt, sie werden in ihren kulturellen ‚Kontext‘ gestellt. Dabei müssen häufig Wissensbestände anderer Fächer erschlossen und – jeweils bezogen auf den untersuchten Text, das untersuchte gesellschaftliche Verhaltensmuster oder andere Gegenstände – neu geordnet werden. Den Studierenden der Geistes- und Sozialwissenschaften ist dabei bewusst, dass alle Produkte menschlicher Arbeit funktionale Elemente im kulturellen Gesamtsystem sind. Deren Position im System müssen sie finden, denn von dort her erhalten diese Produkte ihre Bedeutung, ihre Semantik, von dort gewinnen sie auch ihren Wert für die Menschen.

Studierende der Geistes- und Sozialwissenschaften fragen im Lauf der Zeit mit wechselnder Intensität immer wieder, leider noch nicht konsequent genug, nach der Bedeutung ihrer Wissenschaft nicht nur für die Weiterentwicklung des persönlichen Wissens zur Meisterung der Berufswelt, sondern auch für die Weiterentwicklung von Kultur und Gesellschaft. Tatsächlich gehört zu den Verfahren der Geistes- und der Sozialwissenschaften die Bewusstmachung von wissenschaftlichen, gesellschaftlichen und persönlichen Interessen, mit denen die Arbeit in Forschung und Lehre verknüpft ist. Dies erfolgt allerdings nicht nur, um für die Studierenden ‚Bedeutung‘ zu definieren – oder weil die Geistes- und Sozialwissenschaften prinzipiell ‚im Dienste‘ irgendwelcher Interessen stünden. Vielmehr werden Interessen gewissermaßen methodologisch definiert: Weil diese Wissenschaften mit einer schier unendlichen Fülle von Welt-Informationen und mit einem höchst umfangreichen, in sich vielfältig vernetzten Kulturwissen konfrontiert sind, brauchen sie, um diese übergroße Informationsfülle zu reduzieren, Erkenntnisperspektiven. Zumindest den Geisteswissenschaften wird selten eine konkrete Aufgabe vorgegeben, wie sie etwa der Bau einer Brücke darstellt. Sie schaffen sich ihre Aufgaben vielmehr meist selbst: Aus wissenschaftlichen, gesellschaftlichen und persönlichen Interessen werden ‚Themen‘. Solche Themen zu finden und die damit aufgeworfenen Probleme mit den Mitteln ihrer Wissenschaft zu lösen – dies sollten die Studierenden der Geistes- und der Sozialwissenschaften im Lauf ihres Studiums am Ende gelernt haben.

Geistes- und Sozialwissenschaften sind also ‚Kontext-Wissenschaften‘. Sie stellen den Menschen und seine Werke in größere kulturelle, das heißt, gesellschaftliche, politische, anthropologische und/oder ästhetische Zusammenhänge. Sie selbst gewinnen aus der methodischen Kontextualisierung wichtige Perspektiven für ihre Arbeit. Ihre Themen sind stets im Interessengefüge des Fachs, oft aber auch in den Interessen verankert, die in gesellschaftlichen Diskursen zum Ausdruck kommen. In diesem Sinne darf man heute das Votum Ferdinand Redtenbachers verstehen, dass „die rein technische Berufsbildung mit Vernachlässigung aller humanistischen Studien den Techniker im bürgerlichen Leben isoliere und den ideellen

Interessen der Gesellschaft entfremde". Redtenbacher, Professor für Maschinenbau und um 1860 Rektor der Technischen Hochschule Karlsruhe, hat Wesentliches dazu beigetragen, dass aus der Ingenieurskunst Ingenieurwissenschaft wurde, und zwar durch schöpferische Anwendung naturwissenschaftlicher Erkenntnisse. Er hat sich wohl gewünscht, dass Ingenieure auch auf geistes- und gesellschaftswissenschaftliche Erkenntnisse zurückgreifen, um ihre Arbeit in Gesellschaft und Kultur zu verankern, ja um von dort her wichtige Impulse zu erhalten.

Weltgestaltung durch Kompetenz und Kommunikation

Ihrer Aufgabe können die Geistes- und die Sozialwissenschaften insbesondere dann entsprechen, wenn sich die Beiträge der Menschen zur Sicherung und Erneuerung der Kulturen in ‚Sprache' äußern. ‚Sprache' muss hier allerdings in einem umfassenderen Sinn verstanden werden: also nicht nur im Sinne von Wörtern und Sätzen der gesprochenen oder geschriebenen Sprache, sondern auch im Sinne der nonverbalen Sprache der Bilder und Töne, sowie auch einer ‚Sprache' der Einstellungen und Handlungsformen. Gegenstand der Geisteswissenschaften ist also vor allem versprachlichte Wirklichkeit. Es sind Inhalte, Zeichen und Formen der Kommunikation, mit der die Menschen die äußere und innere Welt nicht nur erkennen und abbilden, sondern auch gestalten.

Kommunikation ist in ihrer prozesshaften Entwicklung eine potentiell systemverändernde Kraft. Sie lässt niemanden unverändert, weil niemand außerhalb der so vielschichtigen Sprachwelten und Kommunikationsstrukturen steht. Wer diese Kommunikationsstrukturen, ihre sich rasch und tiefgreifend verändernden Inhalte, ihre Geschichte und ihre Regeln missachtet, wird zum fremdbestimmten Objekt und gefährdet seinen eigenen Beitrag zur Sicherung und schöpferischen Reproduktion der Kultur.

Geistes- und Sozialwissenschaften erforschen den Aufbau von Mensch und Gesellschaft, der sich wesentlich auch über die Herausbildung von ‚Sprachen' im genannten, semantisch weiteren Sinne vollzieht, das heißt, über zunächst

dynamische, dann verfestigte und schließlich wieder neu sich wandelnde Kommunikation. Dieser Prozess reicht tief in die Geschichte zurück. Aber Geistes- und Sozialwissenschaften schaffen nicht nur historisches Wissen. Sie analysieren auch die gegenwärtigen ‚Sprachen', mit denen Gesellschaften und die ihr zugehörigen Individuen sich verständigen und in die Zukunft hinein reproduzieren. Dabei geht es um kollektive wie individuelle Überzeugungen, Denkmuster, Gewohnheiten, Handlungsformen und Erwartungen. Diese haben in bestimmten kulturspezifischen Zeichensystemen und Kommunikationsformen ihren Ausdruck gefunden. Kompetenz auf diesem Feld ist eine wesentliche Perspektive geistes- und sozialwissenschaftlicher Forschung und Lehre.

Können Geistes- und Sozialwissenschaften mit dieser Kompetenz auch zur Ausbildung von Führungskräften aus den Ingenieur-, Natur- und Wirtschaftswissenschaften beitragen? Bleibt man zunächst möglichst nahe am Diskurs über Sprache, Kommunikation und Kultur, wird man festhalten: Die Innovationen der technisch-industriellen Welt müssen auch versprachlicht werden, wenn man sie außerhalb des Milieus der Fachleute als sinnvoll betrachten soll. Sie müssen dabei eine kulturelle Dimension bekommen.

Die Ingenieurwissenschaften sind heute zwar nicht mehr so „isoliert" wie zur Zeit Ferdinand Redtenbachers. Im 19. Jahrhundert enthielt man ihren Bildungs- und Ausbildungsstätten, auch Karlsruhe, lange den Hochschulstatus und das Promotionsrecht vor. Aber auch heute, vielleicht mehr denn je, müssen die Ingenieurwissenschaften, teilweise auch die Naturwissenschaften mit ihren Leistungen in dem so komplizierten System der gegenwärtigen Gesellschaft immer wieder ihren Platz suchen. Entsprechende Schlagworte sind Umwelt, technische Innovation und Technik-Akzeptanz, Dienstleistungsgesellschaft u.a. Die Anforderungen zumindest an Führungskräfte sind hoch. Sie beinhalten auch die Bereitschaft, die Konsequenzen von Technikgestaltung für Gesellschaft und Wirtschaft, Kultur und Kommunikation, Mensch und Umwelt zu überlegen.

Eine wesentliche Voraussetzung dafür ist die Fähigkeit, diese Konsequenzen mittels einer differenzierungs- und entwicklungsfähigen Sprache zu benennen, zu bewerten und mit den gesellschaftlichen Einstellungen und Diskursen, dem öffentlichen Gespräch abzugleichen. Dazu muss der Blick für gesellschaftliche Leitthemen und Leitdiskurse geschult werden, überhaupt für das Gefüge von Diskursen, das eine Gesellschaft prägt und das eine der Werkstätten darstellt, in denen sie sich reproduziert und entwickelt.

Gesellschaftliche Leitdiskurse | Über interfakultäre Lehrmodule und aktuelle Fallstudien, die Lehrende der Geistes- und der Sozialwissenschaften zusammen mit Ingenieur-, Natur- und Wirtschaftswissenschaften entwickeln, könnten den Studierenden der genannten Fachbereiche Grundkenntnisse über gesellschaftliche Leitdiskurse vermittelt werden. Inhalte wären dabei die Bedeutung sowie die soziale und die mediale Verankerung von Leitdiskursen in ihrem Wechselspiel mit Gegendiskursen als Grundform der gesellschaftlichen Selbstverständigung und Selbsterneuerung. Kulturen und Gesellschaften orientieren und reproduzieren sich, wie dargelegt, über Sprache. Die Orientierungsleistung erbringen gesellschaftliche Themen (Kulturthemen) von unterschiedlich dauernder Aktualität. Die soziale Kommunikationsform ist der Diskurs. Er wird von den Menschen oft in Anlehnung an die Medien geführt. So erlaubt Medienbeobachtung (Zeitung, Fernsehen, Internet) die Entdeckung von Leitdiskursen der Gesellschaft in Deutschland und entsprechend auch in anderen Ländern. Meist sind die Diskurse mit bestimmten Schlüsselwörtern verbunden, die man erkennen kann und kennen muss. Nie allerdings prägt nur *ein* Diskurs als Leitdiskurs eine Gesellschaft. Den meisten Diskursen (Kulturthemen) sind ein oder mehrere Gegendiskurse (Gegenthemen) zugeordnet. Gesellschaften orientieren sich also nicht einfach durch einen einzigen Leitdiskurs, sondern durch eine Gefüge von Diskursen.

Beispielhaft kann hier etwa die spannungsvolle Relation der beiden Diskurse ,Konservierung der Natur und ihrer Ressourcen' versus ,Innovationslücke' genannt werden. Diese Relation enthält ein hohes Innovationspotential (,verträgliche' Technologien; Technikakzeptanz). Bei der Analyse der verwendeten Sprache und Begrifflichkeit wird zugleich ein größeres geschichtliches Zeitfenster geöffnet. Dies schafft einen überlegenen Standpunkt.

Eine Schulung in der Analyse der Sprachen, die im gesellschaftlichen und kulturellen Reproduktionsprozess verwendet werden und diesen orientieren, muss aber breiter angelegt werden. Eine Kompetenz, die die Geistes- und die Sozialwissenschaften vermitteln können, ist Kenntnis und Anwendung von Methoden der Analyse von Texten und Bildern.

Text- und Bildanalyse | Exemplarisch kann man hier – beim Umgang mit kürzeren Texten, und zwar nicht nur Werbetexten – auf das Erkennen von Leit- und Schlüsselwörtern sowie von semantischen Referenzketten hinarbeiten. Damit wird die Fähigkeit vermittelt, die Sinnbezirke und kulturellen Bilderrepertoires zu erfassen, die die verwendeten Wörter mit einem ,Hof' von positiv oder negativ besetzten Vorstellungen – Konnotationen – umgeben. Auch Studierende der Ingenieur-, Natur- und Wirtschaftswissenschaften werden daraus Nutzen ziehen können, hinter dem als Maske erkannten sprachlichen und/oder bildlichen Zeichen das tatsächliche Objekt zu erkennen sowie das Verfahren seiner Interpretation durch Sprache und Bild. Der Erfolg der Schulung wird von der Vermittlung der Erkenntnis abhängen, dass das bezeichnete Objekt durch Sprache und Bild an Eindeutigkeit verliert, ja sogar zu etwas anderem werden kann, ein Auto zum Beispiel vom bloßen Verkehrsmittel zum Garanten von Sicherheit, wie dies in der Werbung für skandinavische Automobile erfolgt. Subtilere Einsichten ermöglicht der Umgang mit Texten der Literatur oder mit Kunstwerken. Hier kann gezeigt werden, wie durch differenzierte Bezeichnung ein Gegenstand, ein Thema eine komplexe, vieldeutige Realität erhält, die dem Bedürfnis der Menschen nach einer Transzendierung, Überschreitung der materiellen Welt auf einer Metaebene der Bedeutung und Interpretation entgegenkommt und sie an der Herstellung von Sinngefügen beteiligt.

Durch die Analyse der semantischen Vieldeutigkeit literarischer und künstlerischer Werke wird ein Denken in situativen Strukturen und in Optionen gefördert und die Mobilität von Wahrnehmung und Erkenntnis gestärkt. Mobilität nimmt hier die Form sprachlich-kognitiver Beweglichkeit an.

Modernisierung

Die Geistes- und Sozialwissenschaften dürfen sich gerade jetzt nicht, wie insbesondere früher üblich, mit einer fatalistischen Beobachtung und Kritik der ‚unaufhaltsamen' Technisierung, Industrialisierung, Modernisierung begnügen; auch nicht mit dem intellektuellen Impressionismus der Postmoderne. Vielmehr sollten diese Wissenschaften, verstanden als ‚sciences de l'homme', Wissenschaften vom Menschen, zusammen mit den Ingenieur- und anderen Wissenschaften Perspektiven entwickeln, Optionen aufzeigen, die dem menschlichen Bedürfnis einerseits nicht nur nach Freiheit, sondern auch nach Ordnung, andererseits nicht nur nach Identität, sondern auch nach Wandel entsprechen.

In Form von Lehrmodulen, die von Geistes- und Sozialwissenschaften, Ingenieur-, Natur- und Wirtschaftswissenschaften gemeinsam entwickelt und in den jeweiligen Studiengängen zumindest als Wahlpflichtveranstaltungen verankert werden, kann man beispielsweise vermitteln:

Kenntnis von Formen und Prozessen der Innovation An Fallbeispielen aus Gesellschaft und Kultur, Wissenschaft und Technik kann untersucht werden, wie sich schöpferische Reproduktion vollzieht – im Zusammenhang mit jeweils internen professionellen Vorgängen, aber auch mit dem kulturellen Wandel, der technischen und wirtschaftlichen Entwicklung, den jeweils neuen Medien, dem Verhältnis zu anderen Gesellschaften, den spirituellen Diskursen. Dazu gehört auch das Thema

Modernisierung und Regression Gegenstände für Fallstudien zu dieser Thematik gibt es gerade auch in der Gegenwart. Historische Fallbeispiele lassen allerdings größere Distanz und klareren Blick zu. Ein geschichtliches Beispiel ist die Auseinandersetzung zwischen technisch-industrieller Modernisierung und dem damit verbundenen gesellschaftlichen und kulturellen Komplexitätsschub einerseits und ‚ganzheitlichen' rückwärtsgewandten Konzepten andererseits in der Weimarer Republik und im ‚Dritten Reich'. Wie sich die Gefahren, die mit dieser Dialektik gegeben sind, wenigstens teilweise beherrschen lassen und wie zum Beispiel moderne Technik und ein traditionelles Gemeinschaftsbedürfnis neuartige Verbindungen eingehen können – virtualisiert, über die neuen Kommunikationstechnologien –, dies wäre über die Analyse hinaus eine wünschenswerte Kompetenzerweiterung auch von Ingenieuren im Bereich gesellschaftlicher und kultureller Konzeption und Argumentation.

Dies ist ein Plädoyer für die Einrichtung gemeinsamer interfakultärer Lehrmodule. Die Fakultät für Geistes- und Sozialwissenschaften der Universität Karlsruhe hat mit Einführung ihrer neuen Studienstruktur nach dem Baccalaureus/Master-Modell im Jahre 1999 eine Reihe von interdisziplinären „Basis-Modulen" begründet. Zu diesen gehört auch ein Modul „Innovation und Modernisierungsprozesse". Innovation und Modernisierung sind also auch Gegenstände der Geistes- und Sozialwissenschaften. Deren Wissensbestände und Methoden kennenzulernen, kann für Ingenieure und Naturwissenschaftler in Ausbildung und Beruf zu einem Element der gesellschaftlichen Selbstbehauptung und Durchsetzung ihrer Arbeit werden.

Wie kaum ein anderes Unternehmen ist die Firma DaimlerChrysler zu einem ‚global player' geworden, allerdings nicht nur in Entwicklung, Produktion und Vermarktung, sondern auch dadurch, dass sie, wenn auch manchmal übersehen, zu einem Schrittmacher des Kulturwandels geworden ist. Globale Perspektive, Mehrsprachigkeit, transkontinentale Mobilität, Arbeiten in internationalen Teams, nicht nur Pluri-, sondern auch Interkulturalität sind, ob man dies begrüßt oder nicht, Wegzeichen für die aktuelle Kulturentwicklung. Die Firma hat für ihre Führungskräfte, meist Ingenieure, Naturwissenschaftler, Wirtschaftsexperten, und deren Ausbildung einen Orientierungshorizont markiert, die sogenannten COMPASS-Kriterien (Competence Planning and Appraisal System). Man braucht Leitlinien aus den Chefetagen der Wirtschaft nicht unbedingt biblische Geltung zubilligen; die folgenden Kriterien freilich weisen sich als exemplarisch aus: Beispielhaft für die Epoche der Globalisierung beinhalten sie nicht nur ‚hard skills‘, sondern auch jene ‚soft skills‘, deren Vermittlung das Zusammenwirken mit den Geistes- und Sozialwissenschaften geboten erscheinen lässt:

- Fachliche Kompetenz und fachliches Potential,
- Strategische Kompetenz,
- Führungskompetenz,
- Unternehmerische Kompetenz,
- Innere Unabhängigkeit,
- Veränderungskompetenz,
- Soziale und interkulturelle Kompetenz.

Wer neben seiner Fachkompetenz, seiner strategischen Kompetenz, seiner Führungskompetenz und seiner unternehmerischen Kompetenz im Sinne der genannten COMPASS-Kriterien von DaimlerChrysler auch über das bereits dargelegte inhaltliche und methodische Wissen aus den Geistes- und den Sozialwissenschaften verfügt, sichert sich damit zugleich die drei letztgenannten Kompetenzen der erwähnten Zielvorgabe, wie sie, gültig auch für viele andere Unternehmen des Globalisierungszeitalters, DaimlerChrysler formuliert hat: Innere Unabhängigkeit, Veränderungskompetenz sowie soziale und interkulturelle Kompetenz. Wie kommt es zu diesem Mehrwert?

- Innere Unabhängigkeit entsteht durch soziokulturelles Wissen, das nicht aus Ad hoc-Beobachtungen, sondern aus der Analyse langfristiger Vorgänge abgeleitet ist.
- Veränderungskompetenz wird gefördert durch eine Methodik, die, wie in den Geistes- und den Sozialwissenschaften üblich, ihre Gegenstände grundsätzlich als offene

Systeme und/oder als Prozesse behandelt und sie von beweglichen Suprasystemen bzw. Kontexten her versteht.

- Soziale und interkulturelle Kompetenz wird ermöglicht durch ein kritisches Bewusstsein der ‚condition humaine‘ mit ihren Begrenzungen, ihren Notwendigkeiten, ihren Widersprüchen, aber auch mit ihrem unerhörten Potential an kreativer Schaffenskraft und Leistung. Dazu gehört die Kenntnis kognitiver, sprachlich-kommunikativer, emotionaler und kultureller Vorgänge.

Wenn Ingenieure, Naturwissenschaftler, Wirtschaftsexperten über Inhalte und Methoden geisteswissenschaftlichen und sozialwissenschaftlichen Wissens intellektuell und sprachlich verfügen, sind sie nicht nur in den bei ihrer Arbeit oft unvermeidlichen kritischen Diskussionsstrukturen zu Hause. Sie gewinnen auch Gelassenheit, weil sie über eine wissenschaftlich fundierte Reflexionsebene verfügen, die ihnen Differenzierung der soziokulturellen Sachverhalte und damit Distanz ermöglicht. Es entsteht dadurch eine Metaebene der Selbstreflexion und des kritischen Denkens. Durch die Erkenntnis der kognitiven und kulturellen Grundlagen des eigenen Denkens und Handelns lernt man sich im Spannungsfeld von vorgegebenen Randbedingungen und eigener Entscheidung freier zu bewegen, die Zonen des Möglichen besser zu erkennen.

Globalisierung – ein System interkultureller Kommunikation

Mit Globalisierung ist kein Modell der Welteinheit gemeint, sondern ein heute, insbesondere durch die neuen Informations- und Medientechnologien deutlich erkennbares und gefördertes System globaler Kommunikation. Es wird nicht nur in wirtschaftlichen, sondern auch in politisch-gesellschaftlichen Verbindungen wie zum Beispiel einem transnationalen Arbeitsmarkt sichtbar. Globalisierung ist keine Zwangsjacke, sondern das, was man auch über Modernisierung gesagt hat: eine *mode de civilisation*, eine Art der Zivilisation (deren Regeln und Spielräume freilich noch erarbeitet werden müssen). Man sollte sie in ihrem Entwicklungspotential erkennen. Man hat Entwicklung als eine „wechselseitige Entfaltung" definiert (M. Ginsberg). Sie beinhaltet – kompliziert, aber sachgerecht ausgedrückt – „die Überprüfung und Neuordnung (des Wissens, Ergänzung des Verf.), die auf Grund der Erweiterung des Erfahrungsbereichs und der Neuformulierung der zur Interpretation (der Welt) dienenden Begriffe erforderlich werden". Internationalisierung und Globalisierung üben auf alle Kulturen einen Druck aus, sich unter dem Zustrom von Informationen aus der ganzen Welt differenzierter, das heißt individueller, vielfältiger zu organisieren. Ihre Kulturfelder oder kulturellen Subsysteme wie Technik, Wirtschaft, Recht, aber auch Sprache und Kommunikation müssen sich daher rasch entwickeln. Analog gilt die Notwendigkeit, sich im Prozess ‚wechselseitiger Entfaltung' zu entwickeln, auch für die Berufskulturen, besonders die so genannten ‚Zwei Kulturen': Kulturwissenschaften einerseits, Natur- und Technikwissenschaften andererseits.

Ein ‚cultural gap', ein Nachhinken gegenüber der Entwicklung im globalen Suprasystem kann sich eine Gesellschaft insbesondere bei ihrem Kommunikationssystem nicht leisten, weder auf der technischen noch auf der sprachlich-konzeptuellen, semantischen Seite. Die Innovationsleistung der Geistes- und Sozialwissenschaften bei der notwendigen Entwicklung vollzieht sich nicht nur im Zuwachs von Erkenntnis, sondern insbesondere auch im Wandel des gesellschaftlich-kulturellen „Sprachspiels" (L. Wittgenstein) ihrer Gesellschaft.

Haben wir gelernt, den Informationsaustausch in einer plurikulturellen Situation von *interkultureller* Kommunikation zu unterscheiden? Vermeiden wir wirklich *objektivistische* Verfahren im Umgang mit unseren Partnern aus anderen Kulturen? Haben wir verstanden, dass *Toleranz* eine zwar notwendige, aber keine hinreichende Bedingung für ein Leben im Ausland ist? Dass vielmehr ein ausgeprägtes Wissen über die eigene *Identität*, das heißt, die kulturelle Prägung durch Nation, Region, Berufskultur und Schultradition erforderlich ist? Dass

ein emotionales und intellektuelles Abarbeiten des Widerspruchs zwischen dem ‚Eigenen' und dem ‚Fremden' erfolgen muss, was über ein *interkulturelles Lernen* vielleicht sogar zur Bildung einer *interkulturellen Persönlichkeit* führt? Können wir angemessen mit Wort und Begriff der *Kultur* umgehen? Sehen wir Kulturen wirklich als offene Systeme, deren Entwicklung stets von der *kreativen Integration* und *Transformation* von Elementen anderer Kulturen abhängig war, wie dies zum Beispiel die Geschichte der deutschen Sprache belegt? Sehen wir Kulturen, auch die eigene, in ständiger prozesshafter Veränderung, oder sehen wir sie essentialistisch, das heißt, überzeitlich wesenhaft (‚der Franzose')? Wie können wir unsere Einsichten für die Arbeit etwa in plurikulturellen Teams nutzen? Können wir uns auf sie stützen, wenn es um transnationale Firmenfusionen, zum Beispiel um die Integration von Firmenkulturen oder die Einrichtung von *Post Merger Integration Teams* geht wie bei der spektakulären binationalen Fusion von DaimlerChrysler? Wie reduzieren und perspektivieren wir die Überfülle an anderskultureller Information, die uns beim Arbeiten im Ausland bedrängt, zum Beispiel durch Analyse des Gefüges von *Kulturthemen* des anderen Landes?

Nicht nur bei der Vermittlung interkultureller Kompetenz können Ingenieur- und Naturwissenschaften mit Geistes- und Sozialwissenschaften zusammenarbeiten, hier allerdings besonders wirkungsvoll. Die Fakultät für Geistes- und Sozialwissenschaften der Universität Karlsruhe hat sich mit ihrer Studienkomponente „Interkulturelle Germanistik" sowie mit den Forschungsprojekten „Menschenrechte aus interkultureller Sicht", „Europäische Sozialstrukturen" und „Berufliche Bildung und Entwicklung in Ländern der Dritten Welt" seit Jahren eine auch theoretisch-wissenschaftlich gestützte interkulturelle Kompetenz erarbeitet. Mit Hilfe der Karlsruher Existenzgründer-Initiative KEIM hat sie 1999 als praxisorientierte Erweiterung ihrer interkulturellen Studien eine Seminarreihe „Arbeiten im internationalen Umfeld" begründet. Die Seminare sind nach Ländern oder Regionen ausgerichtet und werden in Zusammenarbeit mit Experten und Expertinnen aus der Wirtschaft des In- und Auslandes durchgeführt; im letzten Seminar, Februar 2000, unter konzeptueller und aktiver Beteiligung der Leiterin „Strategien internationaler Personalentwicklung, Kommunikation und Sprachen" der DaimlerChrysler AG, übrigens einer studierten Germanistin. Die Reihe richtet sich an Studierende der Ingenieur-, Natur- und Wirtschaftswissenschaften, aber auch der eigenen Fakultät. Elemente einer operationalisierbaren Theorie wie die Einführung in das Thema ‚Globalisierung und Interkulturalität' verbinden sich in den Seminaren mit Fallstudien aus der Praxis, zum Beispiel zu den Themen ‚Projektarbeit in internationalen Teams' oder ‚Produktentwicklung, Produktmanagement und Produktvermarktung in binationaler Kooperation'.

Konzeptorientierte Erfahrungsberichte aus der Industrie, etwa zu den Aspekten ‚Sprachbarrieren' und ‚Personenspezifische Merkmale für erfolgreiche interkulturelle Kommunikation' oder zum Thema ‚Qualifizierung für transnationale Mobilität', runden das Programm ab. Die Seminarreihe zielt auf Nachhaltigkeit und kann zu einem Lehr-, Weiterbildungs- und Forschungsschwerpunkt ausgebaut werden. Wiederum am besten über interfakultäre Lehrmodule und aktuelle Fallstudien, die Geistes- und Sozialwissenschaften, Ingenieur-, Natur- und Wirtschaftswissenschaften gemeinsam erarbeiten, kann den Studierenden aus allen genannten Studienbereichen das unter den Bedingungen der Globalisierung notwendige Grundwissen vermittelt werden, zum Beispiel über Formen, Ziele und Strategien der interkulturellen Kommunikation in plurikulturellen Situationen.

Interkulturelle Kommunikation ┃ Nicht nur durch ihre Seminarreihe „Arbeiten im Ausland" bestellt die Fakultät für Geistes- und Sozialwissenschaften dieses Feld der Wissensvermittlung. Auch die bereits erwähnte, seit den achtziger Jahren bestehende Studienkomponente „Interkulturelle Germanistik" hat eine Brücke von der Fachwissenschaft zur interkulturellen Kompe-

tenz geschlagen. Fallbeispiele gibt es sowohl in der fiktional erzählenden Literatur, in der autobiographischen und Reiseliteratur wie auch in der ethnographischen und gesellschaftswissenschaftlichen Literatur in Fülle. An ihnen lässt sich analysieren und lernen, wie aus der konflikthaltigen ‚plurikulturellen' Situation ein fruchtbares interkulturelles Verhältnis wechselseitiger Entwicklung von Wissen und Persönlichkeit der unterschiedlichen Partner wird – aber auch, wie man dabei auch scheitern kann.

┃ Impulse aus einer Technischen Universität
Es ist nur scheinbar paradox, dass ein wesentlicher Faktor im Aufbau der westlichen Industriegesellschaften gerade der Konflikt, die Spannung ist, die immer wieder zwischen Ingenieur- und Naturwissenschaften einerseits und Geistes- und Sozialwissenschaften andererseits entsteht. Auch an einer Technischen Universität bleibt die kritische Erforschung und Fortschreibung des geistigen und Bildungserbes Deutschlands, Europas und anderer Kulturen eine wichtige Funktion der Geistes- und Sozialwissenschaften. In der Lehre muss die Sicherung dieses Niveaus erstes Ziel sein. Die Kompatibilität des Studienangebots mit dem der klassischen, mehr geisteswissenschaftlich geprägten Universitäten muss im methodologischen und inhaltlichen Wissen gewährleistet sein. Nirgendwo sonst an einer Universität ist es aber nötiger, sowohl Lehrangebote als auch Forschungsbereiche und theoretische Orientierungskategorien zu schaffen, mit denen die technischen Entwicklungen in das intellektuelle und sprachliche Gefüge der Geistes- und der Sozialwissenschaften einbezogen werden können.

Welches sind die Impulse, die sich für die Geistes- und die Sozialwissenschaften an einer Technischen Universität aus den umrissenen kulturellen Sachverhalten, Leistungspotentialen und Herausforderungen und aus der Bildungszusammenarbeit mit den Ingenieur-, Natur- und Wirtschaftswissenschaften ergeben?

Technologie ┃ Neue Kommunikationstechniken haben stets die Geisteswissenschaften herausgefordert, zum Teil auch verändert. Das gilt für die Entwicklungen im Buchdruck, für die Textverarbeitung am PC, in Ansätzen auch schon für Multimedia. Erfahrungen an der Fakultät für Geistes- und Sozialwissenschaften der Universität Karlsruhe zeigen, dass die Vermittlung von Fertigkeiten in den neuen Kommunikationstechnologien nicht durch Wissenschaftler der Informatik und Elektrotechnik erfolgen muss. Es besteht bereits das nötige Know-how auf eigner Seite. Wohl aber wäre eine Zusammenarbeit bei der Entwicklung von Tools wünschenswert, mit denen sich geistes- und sozialwissenschaftliche Inhalte multimedial adäquat und rasch repräsentieren lassen. Die Einsicht, dass eine multimediagestützte Wissenschaftskommunikation gerade im Bereich der Geistes- und der Sozialwissenschaften mit ihren komplex vernetzten Wissensbeständen sinnvoll ist, hat in der Fakultät so überzeugt, dass aus dieser Überzeugung ein „Karlsruher Manifest: Geistes- und Sozialwissenschaften kommunizieren multimedial" entstanden ist *(www.uni-karlsruhe.de~geistsoz)*.

Wesentlich vertiefen wollen die Karlsruher Geistes- und Sozialwissenschaften die interfakultäre Kooperation in der Lehre. Bereits in den achtziger Jahren gingen von der Fakultät Anregung und erste Aktivitäten zur Einrichtung eines interfakultären „Begleitstudiums Angewandte Kulturwissenschaft" für Studierende auch der Ingenieur-, Natur und Wirtschaftswissenschaften aus. Dieses Studium, das vom Interfakultativen Institut für Angewandte Kulturwissenschaft der Universität Karlsruhe unter Mitwirkung von Mitgliedern der Fakultät angeboten wird (vgl. den Beitrag C2 in diesem Band), zieht heute mehr zukünftige Ingenieure und Ingenieurinnen, Wirtschaftswissenschaftler und Wirtschaftswissenschaftlerinnen an als Studierende der Geistes- und Sozialwissenschaften. Zusammen gibt es etwa 200 eingeschriebene Studierende.

Heute geht es der Fakultät mehr um Einzelabsprachen mit den anderen Fakultäten der Technischen Universität. Zum Beispiel haben die Karlsruher Geistes- und Sozialwissenschaften im Rahmen ihrer Baccalaureus/Master-Studiengänge 1999 ihr neues Nebenfach „Multimedia in den Geistes- und Sozialwissenschaften" in Zusammenarbeit mit den Fakultäten für Elektrotechnik, für Informatik und für Wirtschaftswissenschaften eingeführt. Die günstige Situation an einer Technischen Universität hatte die Fakultät bereits 1996 veranlasst, in ihr damals begründetes Programm „Berufsorientierte Zusatzqualifikationen (BOZ)" eine Zusatzqualifikation „Multimedia" einzuführen. Diese steht seither sowohl den eigenen wie auch Studierenden anderer Fakultäten offen. Ein „Studienzentrum Multimedia der Fakultät für Geistes- und Sozialwissenschaften (SZM)", das 1998 gegründet wurde, dient als Kompetenzzentrum. Es führt Lehrveranstaltungen durch, berät Studierende und Dozenten in allen Fragen multimedialer Wissenschaftskommunikation einschließlich der Lehre und hat bereits mehrere eigene Multimedia-Produktionen entwickelt, auch für Einrichtungen außerhalb der Universität wie Museen.

Handeln | Der Genius loci einer Technischen Universität erinnert beständig an die strukturelle Verbindung von Wissen, Können und Handeln, das heißt, ein Bewusstsein, dass alle geistige Arbeit ohne die Hervorbringung eines ‚Werks' unvollständig ist. Geistes- und Sozialwissenschaften sind als kritische Wissenschaften notwendigerweise auch Interpretationswissenschaften. Das heißt, zu ihren kognitiven Grundlagen gehört die Einsicht, dass Realität und Praxis nur in Interpretationen über projektive Konzepte und Begriffe erkennbar werden. Dieser Intellektualismus kann gelegentlich zu einer gewissen Beliebigkeit der Erkenntnis, ja zu Zynismus führen, häufiger zu einer Art Scheu vor praktischer Umsetzung und gesellschaftlicher Verbreitung von Wissen und Methodik. Diese Einstellungen stoßen an einer Technischen Universität auf Unverständnis. Die Geistes- und Sozialwissenschaften können dieser Kritik am besten durch eine anwendungsorientierte Forschung begegnen, die sich allerdings auf einige strategisch bedeutsame Aufgaben beschränken muss und die Forschung in den klassischen Disziplinen nicht verdrängen darf.

Die interkulturelle Komponente in Forschungsprojekten der Karlsruher Fakultät wäre ein Beispiel für die wechselseitige Entfaltung von praxisorientiertem und theoretischem Wissen. Wichtiger noch aber ist die Lehre. Praxisbezug ist hier im Interesse der Studierenden nicht nur dringlich, sondern entspricht auch einer modernen Wissenschaftsethik. Die Fakultät bietet, wie angedeutet, seit 1996 ihr Fakultätsprogramm „Berufsorientierte Zusatzqualifikationen (BOZ)" an und hat, wie angedeutet, im Rahmen ihrer Baccalaureus/Master-Studiengänge spezielle praxisorientierte Nebenfächer eingerichtet, die im Folgenden noch vorgestellt werden.

Entfaltung durch Vergleich | Naturwissenschaft, Technik und Wirtschaft schaffen wesentliche Bedingungen der Lebenswelt. Die Natur-, Ingenieur- und Wirtschaftswissenschaften haben daran einen wesentlichen Anteil. Ihre Verfahren – zwischen Algorithmus, Modellbildung und Intuition – kennenzulernen, bedeutet für die Geistes- und die Sozialwissenschaften an Technischen Universitäten eine Möglichkeit, ein Bewusstsein der eigenen Methoden zu schärfen und diese, im Sinne des oben umrissenen Begriffs von Entwicklung als „wechselseitiger Entfaltung", zu erneuern.

Kulturpotential Technik | Die Situierung von Geistes- und Sozialwissenschaften an einer Technischen Universität veranlasst diese zu einer Erweiterung ihrer Perspektiven. Diese Wissenschaften haben, wohl auch angeregt durch Theoretiker des 19. Jahrhunderts wie Marx, gelernt, den Faktor Technik konstitutiv in die geschichtliche und gesellschaftliche Analyse miteinzubeziehen. Zu nennen wäre hier neben anderen der Karlsruher Historiker Franz Schnabel. Heute geht es darum, technische Entwicklungen und Möglichkeiten nicht erst im Rückblick, sondern von vornherein in die kulturelle Analyse und gegebenenfalls Prognose miteinzubeziehen. Insbesondere in der Medienwissenschaft wird dies bereits praktiziert. Aber gerade dort besteht beispielhaft die Gefahr, dass das notwendige Wissen über die Technikentwicklung, über die

Arbeit für neue Technologien und Produkte, über deren Erfolge und Probleme Ingenieure berichten können, durch konventionelle Kulturkritik und erkenntnistheoretische Spekulationen beeinträchtigt wird.

Die meisten Institute der Karlsruher Fakultät haben im Lauf der letzten 50 Jahre fachspezifische Technikkomponenten eingerichtet: Technikphilosophie, Technikgeschichte, Medienwissenschaft, Techniksoziologie, Technikdidaktik und anderes. In den letzten zehn Jahren, genauer, zwischen 1988 und 1998 haben die Wissenschaftler und Wissenschaftlerinnen der Fakultät *neben* ihren Fachpublikationen knapp 300 Publikationen veröffentlicht, die sich aus der Sicht ihres Fachs mit den Themen Technik, Wirtschaft, Arbeit, Entwicklung und anderen Bereichen der technisch-industriellen Welt befassen.

| Tradition und Innovation
Die Universität Karlsruhe (TH) ist nach ihrem Selbstverständnis und nach Ausweis historischer Fakten die älteste Technische Hochschule in Deutschland. Schon seit Mitte des 19. Jahrhunderts gibt es an dieser Hochschule einzelne geisteswissenschaftliche Lehrstühle. Der bereits erwähnte Ferdinand Redtenbacher lieferte in seinen Schriften das Konzept für diese Verbindung, ein Konzept, das übrigens von der damals gegründeten Eidgenössischen Technischen Hochschule in Zürich ebenfalls, und zwar großzügiger, verwirklicht wurde. Die besten Vertreter der Karlsruher Geisteswissenschaften haben neben ihren engeren fachlichen Aufgaben stets auch an der Klärung des Verhältnisses von geistes- und sozialwissenschaftlichen Inhalten sowie Verfahren und technisch-industrieller Kultur gearbeitet. Franz Schnabel, 1922 bis 1937 Professor für Geschichte an der TH Karlsruhe, hat hier sein Hauptwerk „Deutsche Geschichte im 19. Jahrhundert" geschrieben. Es verbindet bahnbrechend Geschichtswissenschaft mit politischer, Geistes-, Gesellschafts- und Technikgeschichte.

Heute besteht die kleine Fakultät aus sieben Instituten, zwei Forschungsstellen, einem Multimedia-Studienzentrum, einem Transferzentrum Multimedia und einem Studio für Elektronische Musik. Angeboten werden zur Zeit neun geistes- und sozialwissenschaftliche Fächer und vier praxisorientierte Ausbildungen mit Studiengängen nach dem Baccalaureus/Master-Modell, zwei Fächer in Studiengängen für das Lehramt an Gymnasien, ein Diplomstudiengang und ein Ergänzungsfach. Für die herkömmlichen Magister-Studiengänge der Fakultät werden auf Grund der nicht nur in Karlsruhe offensichtlich gewordenen Mängel dieser Studienstruktur keine Einschreibungen mehr vorgenommen. Für ihre energisch vorangetriebene Modernisierung wurde die Fakultät 1999 vom Stifterverband für die deutsche Wissenschaft im Rahmen seines Programms „Reformfakultäten" durch eine bedeutende Förderzusage ausgezeichnet (s. Abb. 1).

Die Einführung eines neuen modularisierten Studiensystems nach dem Bachelor/Master-Modell an der Fakultät für Geistes- und Sozialwissenschaften wurde 1998 von der Hochschulstrukturkommission Baden-Württemberg empfohlen. Die Karlsruher Geistes- und Sozialwissenschaften wurden dabei als „Pilotstandort" wenn schon nicht definiert, so doch benannt. Das Ministerium für Wissenschaft, Forschung und Kunst des Landes Baden-Württemberg ermöglichte eine zügige Einführung. Im Wintersemester 1999/2000 wurde der Lehrbetrieb bei gleichzeitiger Schließung der alten Magisterstudiengänge für Neueinschreibungen aufgenommen. Die dreijährigen Baccalaureus-Studiengänge zeichnen sich durch zwei elementare Eigenschaften aus:

▸ fachliche Konzentration und Strukturierung,
▸ Verbindung von klassischem Fachstudium *und* berufsfeldorientierter Ausbildung.

Ein Studium nach diesem Modell besteht zunächst aus einem Hauptfach aus dem traditionellen Fächerkanon der Fakultät mit 72 Semesterwochenstunden im Pflicht- und Wahlpflichtbereich. Hinzutritt ein Nebenfach ebenfalls aus dem klassischen Fächerkanon oder eine „Praxisorientierte Ausbildung mit Nebenfachstatus (PAN)" mit jeweils 36 bis 38 Semesterwochen

stunden. Wenn die Studierenden in der Baccalaureus-Prüfung mindestens die Note ‚gut' erreichen, können sie ihre Studien in einem eineinhalbjährigen Aufbaustudium fortsetzen, das zum Abschluss ‚Master' führt. Das Aufbaustudium ist auf das klassische Hauptfach konzentriert und fokussiert. Es bietet die Erweiterung und Vertiefung des im Baccalaureus-Studiengang erworbenen Fachwissens. Einen Schwerpunkt im neuen zweistufigen Studiensystem der Fakultät bilden interdisziplinäre Angebote, zusammengefasst in einem Programm des Wahlpflichtbereichs:

Die interdisziplinären Basis-Module und Master-Module ▎Die Struktur der herkömmlichen Magisterstudiengänge mit ihren zahllosen Zweier- und Dreierkombinationen von klassischen geistes- und/oder sozialwissenschaftlichen Fächern führt nicht unbedingt zu einem kohärenten wissenschaftlichen Weltbild. Das liegt weniger daran, dass diese Fächer zum Teil nicht ‚affin' sind, sondern dass das Lehrangebot kaum strukturiert und in einem gewissen Maß von persönlichen Vorlieben der Professoren und Studierenden abhängig ist. Mag es auch immer wieder einzelne (Semester-) Unternehmungen geben, zu denen sich verschiedene Fächer zusammenfinden; eine nachhaltige interdisziplinäre Verflechtung ist bei diesem traditionellen Studienmodell kaum durchzuführen.

Zum Wahlpflichtbereich jedes Hauptfachs gehören in Karlsruhe Basis-Module, an denen sich jeweils mindestens zwei Fächer beteiligen. Im Baccalaureus-Studiengang sind dies:

MOD 1: Erkennen, Verstehen, Kommunizieren,
MOD 2: Sprache und Logik,
MOD 3: Wissenschaftstheorie und -geschichte,
MOD 4: Empirische Methoden der Sozialwissenschaften,
MOD 5: Ästhetik,
MOD 6: Innovation und Modernisierungsprozesse,
MOD 7: Lehren und Lernen.

Im Master-Aufbaustudiengang sind die folgenden Master-Module vorgesehen:

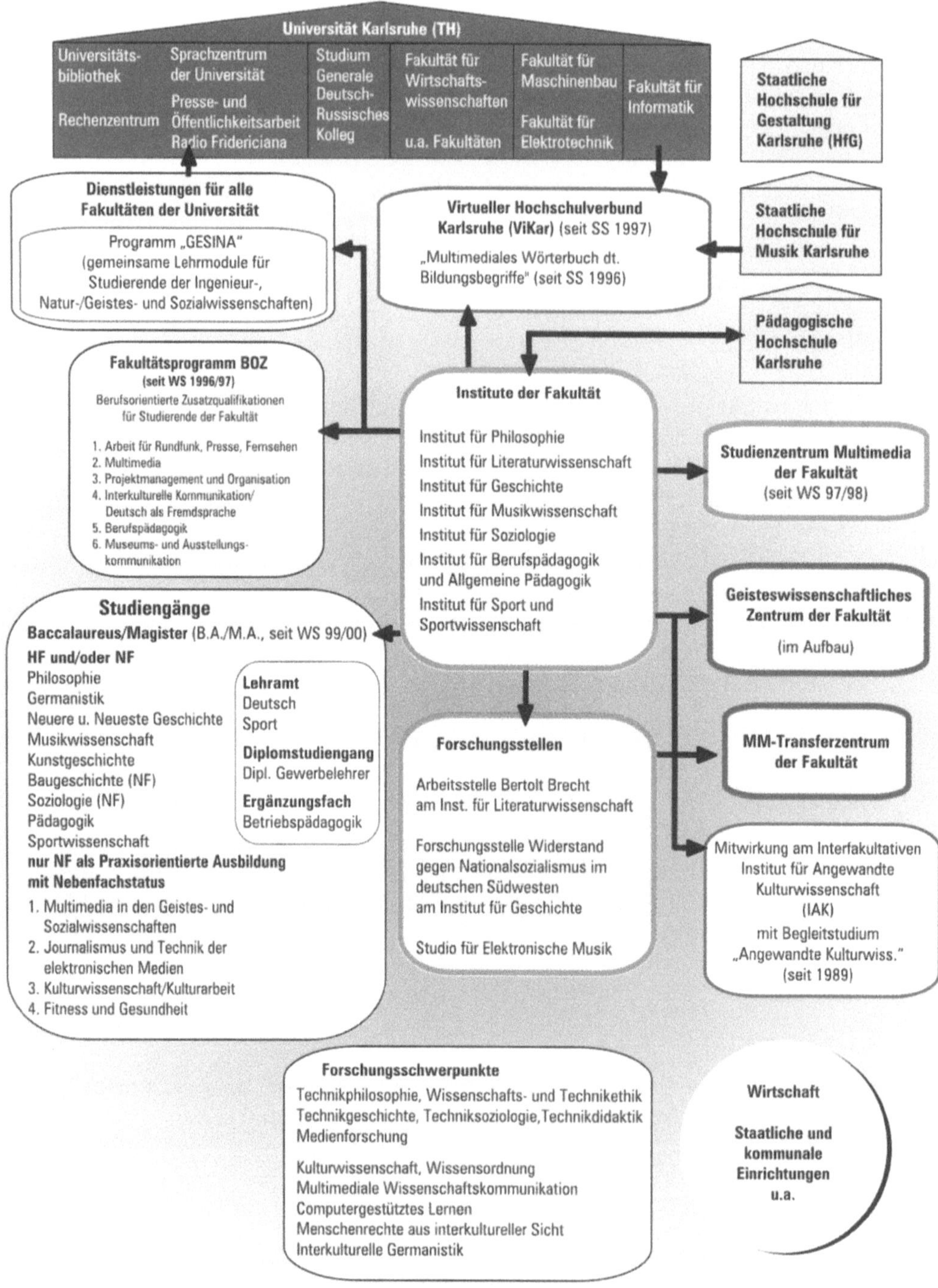

Abb. 1 Die Fakultät für Geistes- und Sozialwissenschaften der Universität Karlsruhe (TH): Struktur, Aktivitäten und Perspektiven

M-MOD 1: Grundlagen und Methoden der
Geistes- und Sozialwissenschaften,
M-MOD 2: Aktuelle Grundfragen zu Kultur
und Gesellschaft.

Ein Basis- und Master-Modul umfasst jeweils vier Lehrveranstaltungen zu zwei Semesterwochenstunden, im Ganzen also acht. Bei diesen Modulen handelt es sich um wissenschaftliche Lehreinheiten, bei denen verschiedene Fächer, im Einzelfall auch solche außerhalb der Fakultät, ihre Wissensbestände und Verfahren, auf ein gemeinsames Thema fokussiert, zusammenführen. Mindestens ein solcher interdisziplinärer „MOD", höchstens aber zwei müssen (mit Prüfung) absolviert werden. Die erbrachte Leistung wird auf den Stundenumfang des Hauptfachs angerechnet. Vorbereitet werden die Studierenden auf die Basis-Module durch ein interdisziplinäres Tutorium, das im ersten Semester absolviert wird.

Die Vorteile der Baccalaureus/Master-Struktur nach dem Karlsruher Modell liegen auf der Hand. Zu nennen ist nicht nur die Straffung und Strukturierung, die es der Fakultät erlaubt, ihren Studierenden, wenn sie alle festgelegten Leistungen im jeweils vorgesehenen Semester erbringen, einen berufsqualifizierenden Abschluss bereits nach drei Jahren Studium zu garantieren, zugleich aber die Möglichkeit zu geben, im Master-Studiengang ihre Studien fortzusetzen. Auch Studierende werden es schätzen, dass ihr Studium vom ersten Semester an überschaubar und vom Zeitablauf her kalkulierbar ist. Die bedeutendere Leistung ist nach Auffassung der Fakultät aber die Verbindung eines Studiums im Horizont klassischer geistes- und sozialwissenschaftlicher Bildung mit einer Ausbildung für Berufsfelder der Informations- und Wissensgesellschaft. Dieses Angebot ist nicht auf die „Praxisorientierte Ausbildung mit Nebenfachstatus" beschränkt, für die sich die Studierenden als Alternative zu einem klassischen Nebenfach entscheiden können. Auch die Studierenden, die das klassische Nebenfach wählen, müssen eine oder zwei der von der Fakultät angebotenen „Berufsorientierten Zusatzqualifikationen (BOZ)" erwerben.

Wissenschaftsgestützte Ausbildung für Berufsfelder der Informations- und Wissensgesellschaft | Geistes- und sozialwissenschaftliche Fakultäten oder Fachbereiche an einer Technischen Universität sind quantitativ nicht immer so ausgebaut worden, dass sie – als Einrichtung wohlgemerkt – an Umfang der Forschung und Lehre mit entsprechenden Fakultäten an klassischen Universitäten in einen fairen Wettbewerb treten. Das können nur die einzelnen Wissenschaftler und Wissenschaftlerinnen oder Institute. Insbesondere gilt dies für die klassischen Themen fachinterner Diskurse. Wohl aber können die Geistes- und die Sozialwissenschaften an Technischen Universitäten aus der Verbindung mit Ingenieur-, Natur- und Wirtschaftswissenschaften einen Mehrwert gewinnen: in der praktischen und theoretischen Integration der neuen Kommunikationstechnologien, wie dies in dem erwähnten „Karlsruher Manifest" zum Ausdruck gebracht wird, und in einer substantiellen wissenschaftsgestützten Berufsfeldorientierung.

Das Fakultätsprogramm ‚Berufsfeldorientierte Zusatzqualifikationen (BOZ)' | Ein Programm zur „Berufsfeldorientierten Zusatzqualifikation" haben die Karlsruher Geistes- und Sozialwissenschaften seit 1996 aufgebaut. Den Studierenden bietet es die Einführung in Grundwissen und Grundfähigkeiten mehrerer Berufsfelder, die im Rahmen dieses Pflichtprogramms zur Wahl stehen:

BOZ 1: Arbeit für Rundfunk, Presse, Fernsehen,
BOZ 2: Multimedia
BOZ 3: Projektmanagement und Organisation,
BOZ 4: Interkulturelle Kommunikation/
Deutsch als Fremdsprache,
BOZ 5: Berufspädagogik,
BOZ 6: Museums- und Ausstellungskommunikation.

Eine Lehreinheit (eine ‚BOZ') umfasst jeweils vier Seminare oder Übungen zu je zwei Semesterwochenstunden, im Ganzen also acht Semesterwochenstunden. Das heißt, dass die Ausbildung in einer BOZ insgesamt 86 bis 112 Stunden umfasst. Müssten die Studierenden eine solche Ausbildung auf dem freien Bildungsmarkt ‚kaufen‘, wäre sie für die meisten unerschwinglich.

Waren die ‚BOZen‘ bei den alten Magisterstudiengängen in Karlsruhe noch ein optionales Zusatzangebot, sind sie in der neuen Baccalaureus/Master-Studienstruktur, wie erwähnt, in den Wahlpflichtbereich gerückt.

Studierende, die ihr geistes- oder sozialwissenschaftliches Hauptfachstudium mit einer erweiterten und vertieften Ausbildung für Berufsfelder der Informations- und Wissensgesellschaft verbinden wollen, haben aber im Rahmen ihres Baccalaureus/Master-Studiums nun auch die Möglichkeit, zwischen mehreren praxisorientierten Nebenfächern zu wählen.

Die Praxisorientierte Ausbildung mit Nebenfachstatus (PAN) | Die praxisorientierte Ausbildung umfasst folgende ‚Nebenfächer‘ neuer Art:

▶ PAN: Multimedia in den Geistes- und Sozialwissenschaften
▶ PAN: Journalismus und Technik der elektronischen Medien
▶ PAN: Angewandte Kulturwissenschaft/ Kulturarbeit
▶ PAN: Fitness und Gesundheit

Analog zu den klassischen Nebenfächern werden jeweils 36 bis 38 Semesterwochenstunden angeboten. Es handelt sich bei diesen Studienangeboten um eine wissenschaftsgestützte Lehre, die sowohl die von professionellen Experten vermittelte Praxis als auch einen signifikanten Anteil an theorieorientierten Veranstaltungen umfasst. Dieser wird von Professoren und Professorinnen oder anderem wissenschaftlichen Personal der Fakultät gewährleistet. Bei der Vermittlung der Praxisanteile wird mit inner- und außeruniversitären Einrichtungen zusammengearbeitet, im inneruniversitären Bereich zum Beispiel mit dem Interfakultativen Institut für Angewandte Kulturwissenschaft, im außeruniversitären Bereich zum Beispiel mit dem Institut „Lernradio" der

Staatlichen Hochschule für Musik Karlsruhe, mit einem regionalen Fernsehsender, Museen, Sportverbänden.

Sowohl die Baccalaureus-Studiengänge wie, in geringerem Maße, die Master-Studiengänge bauen auf interdisziplinäre, ja interfakultäre Kooperation. (Zum neuen Studiensystem vgl. die zusammenfassende Übersicht in Abb. 2.)

Interfakultäre Zusammenarbeit | Die Fakultät hat die Möglichkeiten, die sich aus der Situierung an einer Technischen Universität ergeben, noch nicht gänzlich ausgeschöpft. Sie hat zwar energisch die neuen Informations- und Kommunikationstechnologien in ihre Forschungsthematik und ihre Lehre einbezogen, aber es bleiben noch wesentliche Aufgaben bei der angestrebten nachhaltigen Vernetzung insbesondere mit den Ingenieur- und Naturwissenschaften.

Schwerpunkt Multimedia | Die Fakultät betrachtet ihren Multimedia-Schwerpunkt nicht nur als bedeutsam für Forschung, Lehre, berufspraktische Orientierung ihrer Studierenden und für die Drittmitteleinwerbung, sondern auch als ‚Drehscheibe‘ für die Zusammenarbeit insbesondere mit den Ingenieurwissenschaften. Elektrotechnik, Informatik und Wirtschaftswissenschaften sind, wie erwähnt, an der Lehre beteiligt.

Wesentliche Bedeutung für die Entwicklung der Multimedia-Aktivitäten der Fakultät hatte zunächst die Verbindung mit Wissenschaftlern der Informatik. Skopus gemeinsamer Projektarbeit war das Thema *high quality information* unter dem Aspekt multimedialer Wissenschaftskommunikation. Die Verbindung mit der Informatik-Fakultät führte dann zur Beteiligung am „Virtuellen Hochschulverbund Karlsruhe (ViKar)", einem Zusammenschluss von Multimedia-Arbeitsgruppen aller Karlsruher Hochschulen, die mögliche Beiträge für eine „Virtuelle Hochschule" erstellen. Die Fakultät ist seit Beginn des Unternehmens im Jahre 1997 mit einem Projekt „Multimediales Wörterbuch deutscher Bildungsbegriffe" beteiligt. Kurz nach Eintritt in den ViKar-Verbund hat die Fakultät

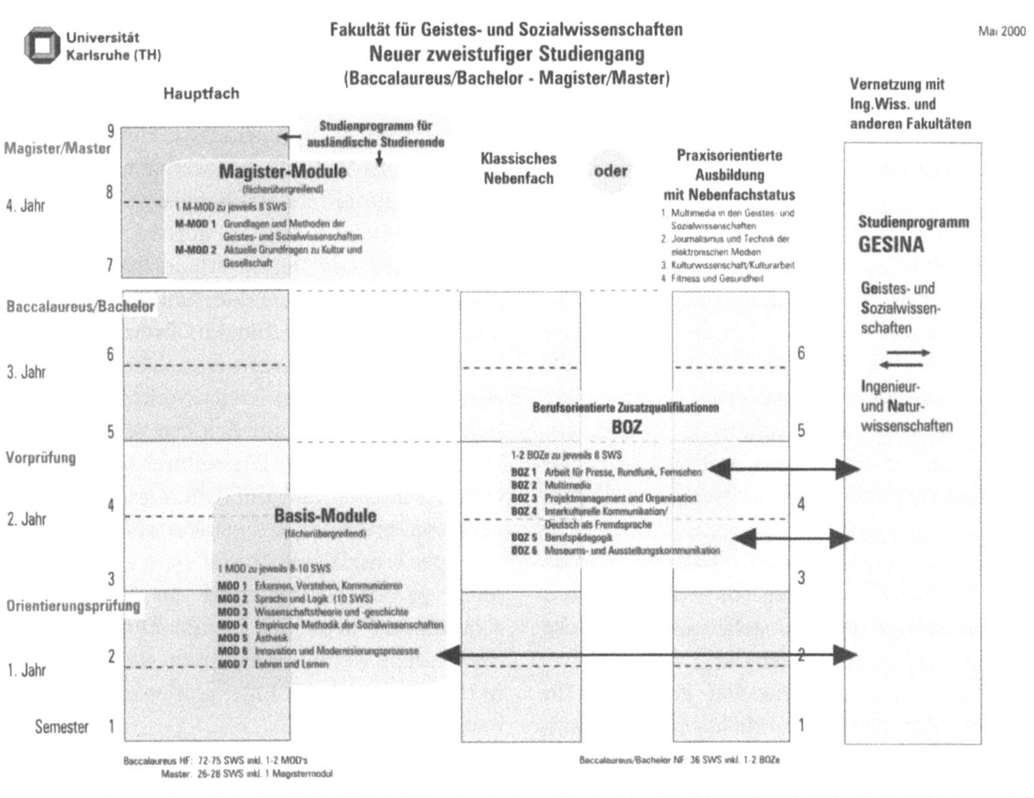

Abb. 2   Neuer zweistufiger Studiengang: Baccalaureus/ Bachelor – Magister/ Master

ihr eigenes, bereits erwähntes „Studienzentrum Multimedia (SZM)" gegründet. Dieses Kompetenz- und Schulungszentrum verfügt über 14 Arbeitsplätze für Studierende, denen dort nicht nur Unterricht, sondern auch ein ‚betreutes Üben' angeboten wird, darüber hinaus Beratung für multimediabegleitete Abschlussarbeiten, die von der Fakultät gefördert werden. Es sind in den letzten Jahren bereits an die 30 Arbeiten dieser Art (Wissenschaftliche Schrift in Verbindung mit einer CD-ROM) entstanden oder werden bald vorgelegt. Das Zentrum berät auch Studierende anderer Fakultäten, zum Beispiel der Ingenieurwissenschaften oder der Bio- und Geowissenschaften, bei der Herstellung von multimediabegleiteten Diplomarbeiten. Bei all diesen Pionierarbeiten hat das klassische schriftsprachliche Medium Priorität, es wird aber, wissenschaftlich reflektiert, durch multimediale Formen der Wissenschaftskommunikation ergänzt. Auch eine erste multimediabegleitete und multimediafokussierte Dissertation (über das höfische Werte-System des Mittelalters) liegt nun vor. Es ergibt sich hier im Weiteren ein Feld für plurifakultäre Betreuung.

Auch im Weiterbildungsbereich hat das Studienzentrum Multimedia ein Programm begründet: „Multimedia Transfer Universität – Schule". Im Rahmen dieses Programms werden Lehrerinnen und Lehrern regelmäßig, zweimal im Jahr, fachspezifische Multimedia-Einführungen und -Fortbildungen angeboten, im Jahr 2000 zum Beispiel für die Fächer Deutsch und Biologie. Es wird dabei mit Beauftragten der entsprechenden Fakultäten zusammengearbeitet. – Etablierte überfakultäre Kooperation gibt es auch im Bereich der überfachlichen Lehre.

Überfachliche Lehre | Erwähnt werden muss hier zunächst erneut das Fakultätsprogramm „Berufsorientierte Zusatzqualifikationen (BOZ)", in das Lehrangebote der Fakultät für Wirtschaftswissenschaften, des Studienkollegs und der Abteilung Presse und Öffentlichkeitsarbeit der Universität Karlsruhe einbezogen sind.

Analoges gilt für die berufsfeldorientierten Nebenfächer (PAN). Im Bereich Multimedia sind wieder die Fakultäten für Elektrotechnik, für Informatik und für Wirtschaftswissenschaften zu nennen; im Bereich Journalismus wieder die Abteilung Presse und Öffentlichkeitsarbeit. Im Bereich Angewandte Kulturwissenschaft/ Kulturarbeit gibt es eine enge Zusammenarbeit mit dem Interfakultativen Institut für Angewandte Kulturwissenschaft der Universität Karlsruhe (vgl. dazu den Beitrag C2 in diesem Band).

Auch werden das Studium Generale und das Deutsch-Russische Kolleg von einem Mitglied der Fakultät geleitet und stellen so eine Brücke zu den anderen Fakultäten dar.

Einige Fächer der Fakultät erbringen für andere Fakultäten in erheblichem Umfang Dienstleistungen, insbesondere für die Wirtschaftswissenschaften (Soziologie) und für die Fakultäten mit Lehramtsstudiengängen (Pädagogik). Auch nutzen Studierende insbesondere der Ingenieurfakultäten Angebote in den Geistes- und Sozialwissenschaften für ihre Ergänzungsstudien im Wahlpflichtbereich. Doch gibt es auf diesem Feld noch keine strukturierten Angebote, die über die traditionellen Studium Generale-Konzepte hinausgehen. Die Fakultät will diese unbefriedigende Situation verändern. Sie ist überzeugt, dass ein erfolgversprechen-

der Weg über Lehrmodule führt, die gemeinsam mit den Ingenieur-, den Natur- und/oder den Wirtschaftswissenschaften, vielleicht auch mit der Fakultät für Architektur entwickelt und möglichst als Wahlpflicht-, wenigstens aber als Zusatzangebot in die Studiengänge der beteiligten Fakultäten eingeführt werden. Ein Modell dafür könnten die bereits erläuterten interdisziplinären Basis-Module der Fakultät für Geistes- und Sozialwissenschaften mit ihren jeweils acht Semesterwochenstunden sein. Über einen solchen Modul mit dem Focus „Weltmodelle" verhandelt die Fakultät zur Zeit mit Vertretern der Naturwissenschaften. Ein weiterer Modul „Innovation und Planen" mit Lehrveranstaltungen insbesondere aus den Ingenieurwissenschaften ist angedacht. Dieser Modul wäre auch für Studierende der Geistes- und der Sozialwissenschaften auf dem Weg in den Beruf hilfreich, denn nicht wenige von ihnen werden später in Unternehmen mit Ingenieuren zusammenarbeiten.

Das Zeitalter der Globalisierung wird weitere Vernetzung der Geistes- und der Sozialwissenschaften mit den Ingenieur-, Natur- und Wirtschaftswissenschaften nicht nur sinnvoll erscheinen lassen, sondern notwendig machen. Dazu gehört auch der wechselseitige Transfer von Wissen, Denk- und Handlungsformen – zu den Geistes- und Sozialwissenschaften hin, aber auch von diesen zu den anderen genannten Wissenschaftsbereichen. Ansätze dazu liegen vor und müssen zu einer neuen Wissensstruktur entwickelt werden.

I Anmerkung

Dieser Beitrag stützt sich in Teilen auf meinen Aufsatz ‚Geisteswissenschaften an einer Technischen Universität', In: Frieder Meyer-Krahmer und Siegfried Lange (Hrsg.): Geisteswissenschaften und Innovationen', Heidelberg: Physica-Verlag, 1999, S. 243–260.

C5 „Blind… und doch ist die Welt mir offen" – Das Studienzentrum für Sehgeschädigte

J. Klaus

Eigentlich war es der Zufall, der seine Finger im Spiel hatte: Seit 1981/82 beschäftigte sich das Institut für Informatik I – heute Institut für Betriebs- und Dialogsysteme – der Universität Karlsruhe mit Konzepten für eine effektive Interaktion von Blinden mit dem Rechner. Ein Rechnersystem, das den Zugriff auf elektronische Information und die Kommunikation zwischen Blinden und Sehenden möglich machte, war bis zum Prototyp entwickelt worden. Dabei wurde Blindenschrift – ohne Berücksichtigung der Kurzschrift – als Ausgabeform verwendet, die über eine an den Rechner angeschlossene Braillezeile gelesen werden konnte.

Die blinde Tochter des verantwortlichen Informatikers war dabei Auslöser und treibende Kraft für wissenschaftliche Neugier, ihre Integration in die Normalschule, aber auch ein genereller beruflicher Einsatz dieser Gerätekonfiguration stellten die konkrete Vision.

Durch den Kontakt mit dem Behindertenbeauftragten der Universität wurde schließlich die Idee geboren, diese Arbeiten am Karlsruher Informatik-Institut in ein Studien-Unterstützungsangebot für Blinde umzusetzen. Die Chance lag dabei in der unmittelbaren Anwendung der informationsverarbeitenden Technologien und der Fortführung von Forschungs- und Entwicklungsarbeiten. Und so bot sich für ein derartiges Modellvorhaben auch die Antragstellung nach den Kriterien der Bund-Länder-Kommission für Bildungsplanung und Forschungsförderung (BLK) an.

Informatik für Blinde

Nach intensiven Kontakten und Vorarbeiten stellte im Mai 1986 das Ministerium für Wissenschaft und Kunst Baden-Württemberg einen ausführlichen Antrag in Bonn auf Gewährung von Zuwendungen aus Bundesmitteln. Im August 1987 gab der Innovationsausschuss der Bund-Länder-Kommission für Bildungsplanung und Forschungsförderung grünes Licht für einen Modellversuch an der Universität Karlsruhe. Ziel war es, Blinden und hochgradig Sehbehinderten das Studium in den Fächern Informatik und Wirtschaftsingenieurwesen zu ermöglichen. Dabei sollten neue, bisher in dieser Ausrichtung und in dieser Intensität nicht vorhandene Integrationsformen erprobt werden.

Für die Blindenverbände bundesweit und Betroffene nahezu revolutionär in einer Zeit, in welcher Vorlesekräfte, Brailleausdrucke und besprochene Kassetten noch dominierten, war die Zielsetzung, Texte und grafische Informationen grundsätzlich nur noch in elektronischer Form verfügbar zu machen. Blinde und Sehende sollten über dieses Medium gemeinsam miteinander lernen, arbeiten und kommunizieren können. Zum Lesen und Beschreiben des „elektronischen Papiers" sollte dem Blinden ein Mikrorechnersystem als einfach zu bedienendes Instrumentarium zur Verfügung stehen, um blindenspezifische Behinderung in der Kommunikation mit Dozenten, in der Informationsgewinnung, in der Einzelarbeit und im Zugang zum Rechner weitgehend zu kompensieren. Parallel zu diesem Konzept wurde eine pädagogisch-psychologische Betreuung konzipiert, die sehgeschädigte Studierende in ihrer Mobilität und Selbstständigkeit soweit fördern sollte, dass sie sich ohne größere Probleme und ohne ständig verfügbare Hilfspersonen in die Gegebenheiten und Anforderungen an der Universität und am späteren Arbeitsplatz integrieren könnten.

Der Modellversuch hatte somit zwei Komponenten: einerseits die technische Apparatur, die den sehgeschädigten Studierenden den interaktiven Zugang zu elektronischen Daten und zu Programmsystemen ermöglicht, andererseits die pädagogisch-psychologische Beratung und Betreuung der Studierenden. Beide Bereiche sollten unmittelbar aufeinander abgestimmt werden und sich wechselseitig ergänzen. Die innovativen Aspekte des Modellversuchs lagen somit im weitreichenden Austausch traditioneller Medien (Papier und Sprache) durch die konsequente Nutzung elektronischer Medien für die Information und Kommunikation (Multimedia Communication), in der Entwicklung eines Konzeptes für das Studium sehgeschädigter Studierender in den Studienfächern Informatik und Wirtschaftsingenieurwesen (Studienplan, Studien- und Prüfungsordnung, personelle und sachliche Unterstützung, Informationsmaterial für Sehgeschädigte, Kostenberechnungen), in der Übertragbarkeit des Konzeptes für den Einsatz eines „Personal Computers" auf das Studium sehgeschädigter Studierender ande-

Abb. 1   Blinde Finger gleiten über die Braillezeile

rer Fachrichtungen und allgemein auf entsprechende Arbeitsbedingungen sehgeschädigter Menschen, im Aufbau einer Bibliothek und Mediothek und ihrer Vernetzung mit dem wissenschaftlichen Bibliothekssystem sowie in Vorschlägen zur Arbeitsplatzgestaltung für sehgeschädigte Arbeitnehmer am Rechner.

Natürlich war ein derartig ambitioniertes Vorhaben nicht in der geförderten Zeit von drei Jahren soweit realisierbar, dass es auf eigenen Füßen stehen konnte. Institutionelle Integration in die Universität, Motivation betroffener Schulabsolventen und vor allem die Unterstützung der Blindenlobby erforderten Sensibilität, Überzeugungskraft und vor allem Zeit. Die Förderer von Bund und Land billigten deshalb eine weitere Unterstützung bis Frühjahr 1993. Innerhalb der Laufzeit des Modellversuchs hatten noch keine sehgeschädigten Studierenden ihr Studium endgültig mit dem Diplom abgeschlossen. Daher sollten die Erfahrungen mit den besonderen Gesichtspunkten der Schwerpunktwahl im Hauptstudium, mit der Durchführung und Betreuung der Studien- und Diplomarbeiten sowie die Erfahrungen mit den Diplomprüfungen selbst unbedingt noch in den Modellversuch einbezogen und nutzbar gemacht werden. Und auch zu einem weiteren Bereich sollten noch Erfahrungen gesammelt werden: Nach Abschluss des Vordiploms regt der Modellversuch die sehgeschädigten Studierenden zur Durchführung von Praktika in der freien Wirtschaft bzw. im Öffentlichen Dienst an. Derartige Praktika sind im Studium der Informatik nicht obligatorisch, nur das Studium des Wirtschaftsingenieurwesens sieht ein

13-wöchiges technisches und ein 13-wöchiges kaufmännisches Praktikum vor. Praktika hatten im Kontext dieses Modellversuchs eine zentrale Funktion: neben dem Kennenlernen von Arbeitssituationen und dem Abbau von Berührungsängsten bei Arbeitgebern und Arbeitskollegen wie auch bei den Sehgeschädigten selbst sollten diese Erfahrungen unmittelbar in die Gestaltung und Schwerpunktsetzung des Hauptstudiums einfließen.

I Das Studienzentrum für Sehgeschädigte (SZS)

Mit Abschluss des Modellvorhabens beschloss die Landesregierung, den Modellversuch in den Regelbetrieb an der Fridericiana zu überführen. Der Wissenschaftsminister von Trotha selbst ließ es sich nicht nehmen, den ersten blinden Absolventen ihr Diplomzeugnis zu überreichen. Das SZS wurde in die Fakultät für Informatik mit fakultätsübergreifender Funktion integriert, eine Geschäftsordnung schuf die organisatorische und rechtliche Basis, und ein Beirat stellte die hochschulübergreifende bundesweite Kommunikation sicher (s. Abb. 2).

Heute lächelt man über die vielfältigen Startprobleme, ist doch ein Kommunikations- und Arbeitsprozess ohne eine technische Umgebung nicht mehr denkbar. Informationen werden digital versandt, gespeichert, Recherchen werden auf elektronischem Weg durchgeführt. Kein Germanist, kein Geologe, kein Maschinenbauer und natürlich auch kein Informatiker verwendet ausschließlich Bleistift und Papier für seine Studien und das wissenschaftliche Arbeiten. Den Schreibtisch des Lokalredakteurs, wie des Architekten, des Juristen und des Übersetzers bestimmen Bildschirm und Tastatur. Ausbildung und Berufsfeld von Behinderten müssen sich diesen Entwicklungen gleichermaßen öffnen und anpassen.

Das Konzept des Modellversuchs und des SZS ist aufgegangen. Heute suchen öffentliche und private Unternehmen gezielt in Karlsruhe nach qualifizierten Mitarbeitern und bieten Praktikanten- oder Dauerarbeitsplätze für blinde und sehbehinderte Studierende und Hochschulabsolventen an. Für die potentiellen Arbeitgeber sind die in Karlsruhe ausgebildeten sehgeschädigten Informatiker, Wirtschaftsingenieure, Biologen, Geophysiker, Geisteswissenschaftler vollwertige Mitarbeiter und erst in zweiter Linie behindert. Ihre herausragende Kompetenz im fachlichen und technischen, aber auch sozialen Bereich gibt ihnen die Möglichkeit, mit nichtbehinderten Bewerbern gleichrangig zu konkurrieren und in gleiche Verantwortungs- und Gehaltsebenen eingestuft zu werden.

I Orientierungsphase und Einleseservice

Das SZS ist inzwischen eine unverzichtbare Dienstleistungs- und Forschungseinrichtung der Universität Karlsruhe. Eingebunden in die Fakultät für Informatik unterstützt es fakultätsübergreifend alle sehgeschädigten Studierenden in allen an der Universität angebotenen Studiengängen.

Es bietet aber auch über Karlsruhe hinaus Unterstützung und Dienstleistungen an. Die jährliche viertägige Orientierungsphase für blinde und sehbehinderte Oberstufenschüler/ -innen und Studieninteressierte beispielsweise ist ein bundesweites Angebot und zielt generell auf deren Vorbereitung auf ein Hochschulstudium mit Themen wie Studienfachwahl, Perspektiven und Anforderungen eines Hochschulstudiums oder alternative Berufsmöglichkeiten. Die Mitarbeiter des SZS, sehgeschädigte Studierende, aber auch studentische Vertreter und Hochschullehrer der gewünschten Studienrichtungen stehen den Schülern und Schülerinnen zu allen Studienfragen, zum Leben an der Fridericiana und in Karlsruhe Rede und Antwort. Das Studentenwerk bietet seinen Service an, mit Mitarbeitern des Landeswohlfahrtsverbandes werden Fragen der technischen Heimausstattung geklärt, und der Mobilitätstrainer kann entsprechende Vororttermine für ein Mobilitätstraining vereinbaren. Ziel der Orientierungsphase ist es, dass für die sehgeschädigten Studienanfänger bereits mit Vorlesungsbeginn alle behinderungsspezifischen Rahmenbedingungen weitestgehend geklärt sind.

Der Einleseservice bietet einen Übertragungsdienst für Schüler und Hochschüler an,

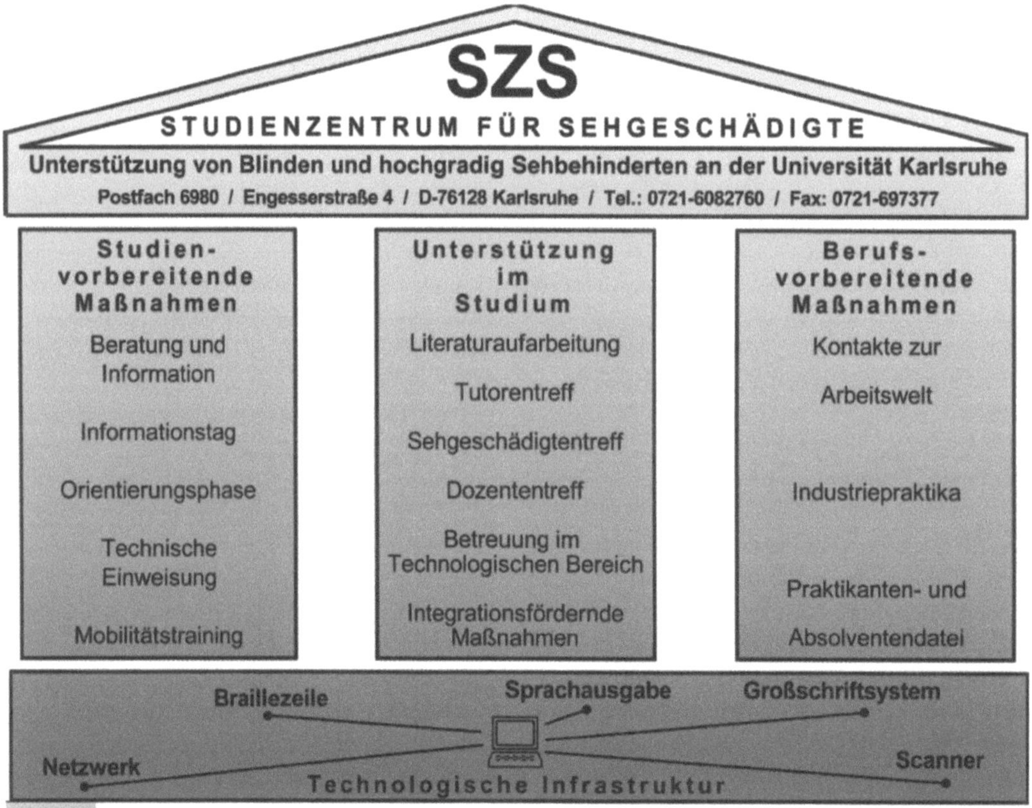

Abb. 2   Organisations- und Aufgabenfelder des SZS

der den gesamten deutschsprachigen Raum umfasst. Allein 100 Schulbücher wurden bereits übertragen, darunter ganze Schulbuchreihen. Der Schwerpunkt und die Kompetenz des Karlsruher Einleseservice liegt dabei auf mathematisch-naturwissenschaftlichen Texten.

Die Mediothek, in welcher die Bücher, Skripten, graue Literatur und Videos, die elektronischen Versionen auf Diskette sowie eventuelle taktile Grafiken inventarisiert und katalogisiert werden, steht allen Studierenden zur Ausleihe zur Verfügung. Natürlich liegt in der Zwischenzeit das meiste auch auf der Festplatte vor; die Karlsruher sehgeschädigten Studierenden haben über das SZS-eigene Intranet darauf Zugriff, in vielen Fällen direkt aus ihrem Studentenwohnheim. Seit 1990 bietet das SZS darüber hinaus Interessierten außerhalb Karlsruhes den Bezug dieser Medien über Fernleihe (seit 1997 sogar im Direktversand) an.

Europaweite Kontakte für Studium, Praktikum und Arbeitsplatz

Das „Internationale Computer Camp" (ICC), welches das SZS und die Abteilung „Informatik für Blinde" des Instituts für Angewandte Informatik der Universität Linz (Österreich) im Rahmen eines Projektes der Europäischen Gemeinschaft 1993 aufbauten und das seitdem an wechselnden Standorten in Europa jährlich durchgeführt wird, bietet in jeweils einer Woche Sehgeschädigten in den Altersgruppen zwischen 15–17 und 17–20 Jahren einen unmittelbar praxisbezogenen Einstieg in die Computerwelt. Am ICC nehmen jeweils ca. 100 Personen aus nahezu allen europäischen Ländern teil. Es bietet die Chance, in den Workshops sehgeschädigte Gleichaltrige aus anderen Ländern kennenzulernen und für die eigene Zukunft neben der Informations- und Kommunikationstechnik auch die Englischkenntnisse aufzufrischen.

Bereits die Modellversuchsphase des SZS war begleitet von Programmen, die von der Europäischen Kommission gefördert wurden und die der Vernetzung der Karlsruher Aktivitäten für sehgeschädigte Studieninteressierte, Studierende und Hochschulabsolventen in einem europäischen Rahmen dienten. Das COMETT II-Programm „Integration von Sehgeschädigten und Hochschulabsolventen in die Arbeitswelt" (1990–93) umfasste Partnerhochschulen in Deutschland, Österreich, Belgien und Spanien sowie nationale und internationale Partnerunternehmen. Der Schwerpunkt lag auf der Vorbereitung, Planung, Durchführung und Auswertung von Praktikantenplätzen in der Wirtschaft. Das TEMPUS-Joint European Project „New Study and Vocational Possibilities for Visually Handicapped Students" hatte zum Ziel, im Verbund mit Hochschulen und Blindenverbänden in den USA und in Großbritannien, an der TU Prag (Tschechien) und der Comenius Universität Bratislava (Slowakei) vergleichbare Zentren wie das SZS aufzubauen und Impulse zur Verbesserung der Ausbildungs- und Berufswege von Sehgeschädigten zu geben (1991–93).

Von 1998–2000 fördert die Europäische Kommission das LEONARDO-Programm „Informatics Education of Visually Impaired Students", das unter weitgehender Federführung des SZS dem Aufbau einer entsprechenden Infrastruktur an der TU Budapest und an weiteren ungarischen Hochschulen dienen soll. Besucher aus der Russischen Föderation Ende des letzten Jahres waren von dem Konzept des SZS so begeistert, dass sie sich Impulse für eine bessere Förderung Sehgeschädigter in ihrem Land erhoffen. Derzeit wird ein EU-Projektantrag mit den Universitäten in Moskau, St. Petersburg, Nizhnij Novgorod und Omsk erarbeitet. Darüber hinaus bestehen Austauschprogramme mit Hochschulen und Unternehmen – zum Teil aus Programmen der Europäischen

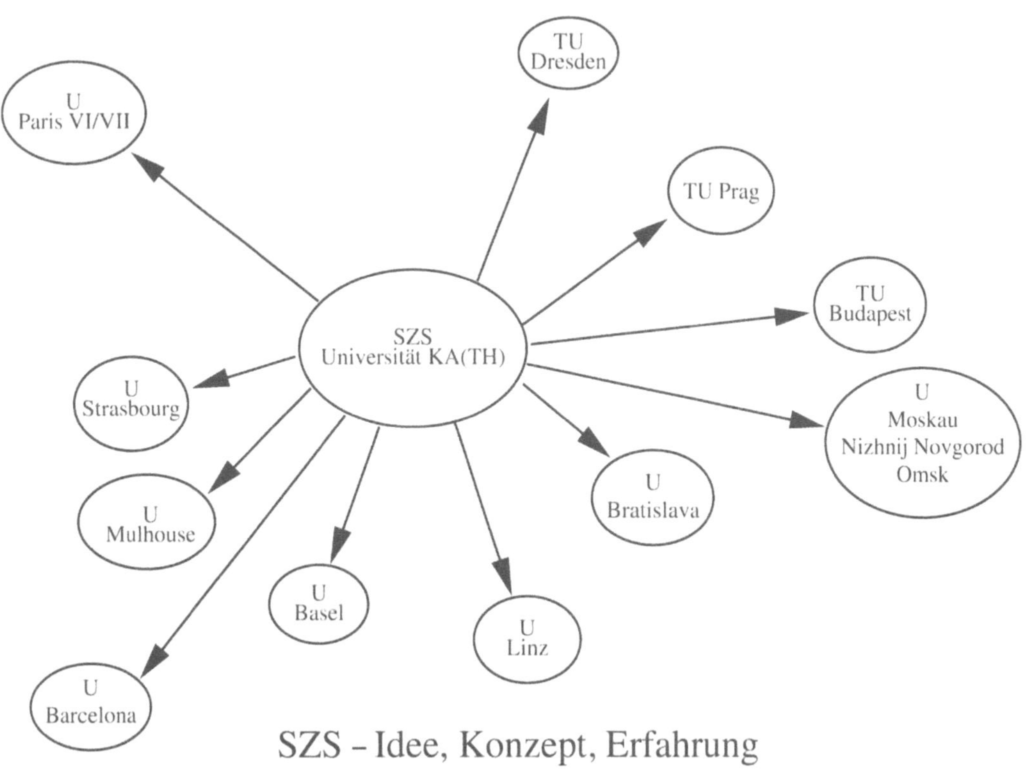

Abb. 3 Die Ausstrahlung des SZS – weltweit

Kommission gefördert – in Frankreich, Portugal, Spanien und in den USA (mit Corvallis/Oregon, New Orleans und anderen; s. Abb. 3).

Vorläufiger Höhepunkt in der wissenschaftlichen Arbeit des SZS wird die alle zwei Jahre stattfindende „International Conference on Computers Helping People with Special Needs" (ICCHP 2000) sein, die erstmals in Deutschland im Juli 2000 in Karlsruhe über 200 Wissenschaftler aus aller Welt zusammenführen wird. Thema dieser 7. ICCHP wird es sein, die Interferenzen der modernen Informations- und Kommunikationstechnik mit den Bedürfnissen behinderter Menschen im Bereich Medizin, Umweltbedingungen, Rehabilitationstechnologie und Kommunikation anhand von Forschungs- und Entwicklungsprojekten zu diskutieren. Daneben sollen auch Wissenschaftler der Pädagogik, Psychologie, Soziologie und der Rechtswissenschaft zu Wort kommen.

Verbesserung der Benutzerschnittstellen

Die Forschungsschwerpunkte des SZS in Zusammenwirken mit Instituten verschiedener Karlsruher Fakultäten werden sich in den nächsten Jahren vorrangig multimedialen Dialogsystemen und Zugangswegen zu modernen Informationsmedien (Literatur/Grafik) für Blinde widmen. Die konventionellen Zugangssysteme zu grafischen Benutzungsschnittstellen für blinde Personen stoßen durch die Einbeziehung immer leistungsfähigerer Dialogtechniken und die Hinwendung zur visuellen Kommunikation sehr schnell an ihre Grenzen.

Ein konkretes Forschungsvorhaben am SZS ist zur Zeit das multimodale System „Aranea" – ein multimediales System mit hochwertiger Kontrolle, enger Koppelung und starker Synchronisation. Durch die Kooperation einer Gruppe von intelligenten Interface-Agenten wird der grafische Dialog dynamisch und adaptiv transformiert und auf nichtvisuelle Medien verteilt. Durch diese Verteilung kann nicht nur eine höhere Bandbreite ausgenutzt, sondern auch eine bessere Anpassung an die Kommunikationssituation erreicht werden. Neben dem direkten Ergebnis eines Zugangssystems für blinde Rechnerbenutzer soll das System auch ganz allgemein Informationen über moderne nichtvisuelle Dialogmöglichkeiten generieren. Diese Kenntnisse werden im Gefolge eines starken Trends zum ubiquitären Einsatz technischer Systeme auch für Sehende immer wichtiger. Mobile Geräte wie PDAs oder Mobiltelefone enthalten immer komplexere Dialogfunktionen, wobei im Zuge der Miniaturisierung die Möglichkeiten der grafischen Benutzerführung auch bei Einsatz aufwendiger Technik eher geringer werden. Eine multimodale Kommunikation stellt hier eine durchaus erfolgversprechende Alternative dar.

C6 Über das Studium hinaus – Postgraduale Studien

F. Gehbauer, J. Mehlhorn, A. Sommer, F. Wenzel

Wer ein Hochschulstudium abgeschlossen hat, im Anschluss daran aber noch wissenschaftliche Kenntnisse und Fähigkeiten erwerben oder vertiefen möchte, kann sich für ein Aufbaustudium einschreiben oder sich um einen Platz in einem Graduiertenkolleg bewerben. Beide Formen von Studienangeboten sind in den letzten Jahren zu zentralen Elementen des Innovationsprozesses in der Lehre an der Universität Karlsruhe geworden, der unter dem Leitgedanken der Interdisziplinarität, dem unmittelbareren Praxisbezug und der direkten Verwertung von Ergebnissen aus der Spitzenforschung steht.

Aufbaustudien gibt es thematisch vorformuliert (Aufbaustudiengänge), oder sie werden von den Studenten individuell zusammengestellt. Im ersten Fall sind die Studienziele und Stundenpläne vorgegeben, im zweiten Fall wählt der Student sein Studienziel und seine Studienfächer innerhalb bestimmter Rahmenbedingungen und in Absprache mit einem Betreuer selbst aus.

In Graduiertenkollegs arbeiten 15 bis 20 Doktoranden in einem innovativen und meist interdisziplinären Forschungs- und Studienprogramm zusammen. Das geschieht unter Anleitung einer Gruppe von Professoren, die in Forschung und Lehre ausgewiesen sind. Auf diese Weise soll den Kollegiaten ergänzend zur speziellen Ausrichtung ihrer Dissertation ein breiteres Verständnis des Wissenschaftszweiges vermittelt werden.

Aufbaustudien und Graduiertenkollegs schlagen, obwohl wissenschaftliche Einrichtungen, den Bogen zur Praxis – die einen weniger, die anderen mehr. Aus der Praxis werden herausragende Fachleute zu Gastvorträgen eingeladen, und in die Praxis hinein werden von den graduierten Studenten Kontakte geknüpft, die beim Übergang in den Beruf Orientierung und Hilfe geben können.

Aufbaustudien

Der zweisemestrige Aufbaustudiengang „Altbauinstandsetzung" wurde im Wintersemester 1997/98 an der Fakultät für Architektur in Kooperation mit dem Weiterbildungs- und Beratungszentrum für Denkmalpflege und behutsame Altbauinstandsetzung in Dresden (An-Institut der TU-Dresden) eingerichtet. Er ist vornehmlich für Architekten und Bauingenieure konzipiert. Studienort ist im Wintersemester Karlsruhe, im Sommersemester Dresden. Im Sonderforschungsbereich 315 „Erhalten historisch bedeutsamer Bauwerke" der Universität Karlsruhe wurden Vorarbeiten geleistet und Erfahrungen gesammelt, die das Feld für diesen Aufbaustudiengang vorbereitet haben und ihm auch zukünftig eine Basis sein werden. Vermittelt werden Kenntnisse und Fähigkeiten auf den Gebieten Bauwerkserkundung und Zustandsbewertung, Planungskonzeptionen, Instandsetzungs- und Reparaturtechniken, Baudurchführung, Kostenermittlung sowie baurechtliche, bauwirtschaftliche und ökologische Zusammenhänge. Das Lehrprogramm folgt in seinem Aufbau weitgehend dem tatsächlichen Verlauf des Planungs- und Bauprozesses, der sich von demjenigen des im Diplomstudium vorwiegend behandelten Neubaus teilweise stark unterscheidet.

Der Aufbaustudiengang „Altbauinstandsetzung" findet in der beruflichen Weiterbildung eine kontinuierliche Fortsetzung. So hat die Universität Karlsruhe unter wesentlicher Beteiligung des Sonderforschungsbereiches „Erhalten historisch bedeutsamer Bauwerke" und zur Fortsetzung des in Dresden seit 1982 bestehenden Postgradualstudiums „Denkmalpflege" mit der Technischen Universität Dresden im Jahre 1990 ein Kooperationsabkommen abgeschlossen, aus dem das Weiterbildungs- und Beratungszentrum für Denkmalpflege und behutsame Altbauinstandsetzung e.V. hervorgegangen ist. Die wichtigsten Veranstaltungen des Zentrums, welches inzwischen den Rang eines Institutes an der TU Dresden besitzt, sind ein mehrwöchiges Ergänzungsstudium für Berufstätige, die Mitwirkung am Aufbaustudiengang „Altbauinstandsetzung" der Universität Karlsruhe, Seminare und Vortragsreihen für Baufachleute sowie die Weitergabe von Forschungsergebnissen in der Lehre und an die Praxis.

An der Fakultät für Bauingenieur- und Vermessungswesen besteht seit 1991 der viersemestrige englischsprachige Aufbaustudiengang „Resources Engineering". Er dient der Vermittlung und Integration technischer, naturwissenschaftlicher und sozioökonomischer Kenntnisse auf dem Gebiet der Nutzung und Entwick-

lung von Wasser- und Landressourcen, wie sie vor allem in den Entwicklungsländern benötigt werden.

Im Aufbaustudiengang „Strömungsmechanik in Umweltschutz und Wasserbau" der wasserbaubezogenen Institute der Fakultät für Bauingenieur- und Vermessungswesen, welcher seit 1984 besteht und 1-2 Jahre dauert, stehen die neuesten analytischen und experimentellen Methoden zur Bearbeitung von Problemen der Strömungsmechanik im Umweltschutz und Wasserbau, der Grenzschichtströmung in der Atmosphäre, der Bauwerksaerodynamik, der vielfältigen Zwecke der Wassernutzung, der Gewässer- und Luftreinhaltung, des Hochwasserschutzes sowie des Fluss- und Seebaus im Vordergrund, ferner die Probleme der Meerestechnik, des Transportwesens, der Verfahrenstechnik etc., bei denen Strömungsvorgänge eine wesentliche Rolle spielen.

Die Fakultät für Bauingenieur- und Vermessungswesen bietet darüber hinaus seit 1973 ein 1 bis 2 jähriges Aufbaustudium in einem Lehrbereich nach Wahl des Studierenden an, der aus Vorlesungen, Übungen und Praktika der eigenen und anderer Fakultäten individuell zusammengestellt werden kann.

Der viersemestrige, seit 1970 bestehende Aufbaustudiengang „Regionalwissenschaft/Regionalplanung" des interfakultativen Instituts für Regionalwissenschaften bietet eine interdisziplinäre Erweiterung und Ergänzung der beruflichen Kenntnisse und Fähigkeiten für die Arbeitsbereiche der Stadt-, Regional- und Landesplanung sowie der nationalen und länderübergreifenden Regionalpolitik in Wissenschaft und Praxis.

Individuell zu gestaltende Aufbaustudien, wie im Bauingenieur- und Vermessungswesen, gibt es auch an der Fakultät für Mathematik (1–2 Jahre), der Fakultät für Maschinenbau (seit 1974, Dauer 1–4 Semester) und der Fakultät für Informatik (seit 1981, Dauer 2 Jahre).

Das viersemestrige Aufbaustudium der Fakultät für Wirtschaftswissenschaften besteht seit 1990 und umfasst die vier Fächer Betriebswirtschaftslehre, Volkswirtschaftslehre, Informatik und Operations Research, die in zwei Studienabschnitten gelehrt werden. Während der erste Abschnitt sich in Pflichtveranstaltungen mit den Grundlagen beschäftigt, können im zweiten Abschnitt unterschiedliche Vertiefungsgebiete gewählt werden.

Die Lehrgebiete des ein- bis zweijährigen, 1963 eingerichteten Aufbaustudiums der Fakultät für Chemieingenieurwesen orientieren sich an den Hauptfächern des grundständigen Diplomstudiengangs: Angewandte Mechanik, Anlagentechnik, Chemie und Technik fossiler und erneuerbarer Brennstoffe, Chemische Verfahrenstechnik, Feuerungstechnik, Lebensmittelverfahrenstechnik, Mechanische Verfahrenstechnik, Technische Thermodynamik, Thermische Verfahrenstechnik, Umweltmesstechnik, Umweltschutzverfahrenstechnik, verfahrenstechnische Maschinen und Apparate, Wassertechnologie. Der Studienplan wird von den Studierenden individuell zusammengestellt.

| Graduiertenkollegs

In dem seit 1991 bestehenden Graduiertenkolleg „Technische Keramik" werden die speziellen Probleme bei Herstellung, Charakterisierung und Anwendung der spröden Keramik behandelt. Wegen ihres hohen Verschleißwiderstandes, ihrer relativ guten Festigkeit bei hohen Temperaturen, ihrer Korrosionsbeständigkeit und geringen Dichte werden keramische Werkstoffe zunehmend im Maschinenbau verwendet. In den Bereichen Werkstoffkunde, Zuverlässigkeit und Schadenskunde sowie der Konstruktion und Anwendung werden Lösungen zum Beispiel zum Einsatz von Keramik für die schadstoffarme Verbrennung erarbeitet. Das Kolleg wird von den Instituten der Fakultät für Maschinenbau getragen, die ihre keramischen Aktivitäten im Institut für Keramik im Maschinenbau zusammengefasst haben. Durch das Institut für Technologie der Elektrotechnik der Fakultät für Elektrotechnik wird auch die Elektrokeramik in das Forschungs- und Ausbildungsprogramm des Kollegs eingebracht. Zusätzlich beteiligt sich das Fraunhofer-Institut für Werkstoffmechanik in Freiburg am Kolleg.

Mit maschinen- und systemtechnischen Grundlagen umweltgerechter Energiewandlung beschäftigt sich das 1992 gegründete Graduiertenkolleg „Energie- und Umwelttechnik". Um Basiswissen zur Auslegung umweltschonender Maschinen für die Energietechnik zu gewinnen, bearbeiten mehrere Lehrstühle und Institute der am Graduiertenkolleg beteiligten Fakultäten Maschinenbau und Chemieingenieurwesen grundlegende Fragen aus dem Bereich der Thermo- und Fluiddynamik sowie der Verbrennungslehre und Emissionsminderung. Auf dem Gebiet konventioneller Energietechnik stehen Anlagentechnik, Reaktorsicherheit sowie die Optimierung von Einzelkomponenten innerhalb der energietechnischen Anlagen im Vordergrund. Da die regenerative Energienutzung einen weiteren Grundstein für ressourcenschonende Energiegewinnung bildet, gilt auch ihr intensives Interesse.

Aus dem Bereich der elektromagnetischen Verträglichkeit, der planaren Antennenschaltungen, der Hochleistungs-Gyratrons, der Gasentladungen, der Flüssigkristallanzeigen sowie der Elektro- und Magnetstimulation des Menschen stammen die Themen des 1992 gegründeten Kollegs „Numerische Feldberechnung". Obwohl sie Probleme aus den verschiedensten Disziplinen der Elektrotechnik behandeln, haben diese Themen stets mit der numerischen Lösung der Maxwell'schen Feldgleichungen zu tun. Fünf Institute und Arbeitsgruppen der Fakultät für Elektrotechnik sind am Kolleg beteiligt: Das Institut für Elektroenergiesysteme und Hochspannungstechnik, das Institut für Höchstfrequenztechnik und Elektronik, die Lichttechnik, das Institut für Theoretische Elektrotechnik und Messtechnik sowie die Arbeitsgruppe „Biomedizinische Technik".

Im Graduiertenkolleg „Anwendung der Supraleitung" sind Nachwuchswissenschaftler der Fachrichtungen Elektrotechnik, Physik und Werkstoffwissenschaften vereinigt, die Themen über technische Anwendungen der Supraleitung einschließlich der Hochtemperatur-Supraleitung bearbeiten. Es handelt sich dabei um die Erarbeitung der physikalischen Grundlagen sowie die Entwicklung von supraleitenden Werkstoffen und speziellen supraleitenden Magneten, elektrischen Betriebsmitteln, passiven

Mikro- und Millimeterwellen-Bauelementen, digitalen Supraleiterschaltungen der Signalverarbeitung, Sensoren und Kühltechniken. Vielversprechende Anwendungen aus der elektrischen Energietechnik sind also ebenso vertreten wie die aus der Kommunikationstechnik. Die Genehmigung dieses Kollegs durch die DFG 1997 wurde auch als eine Bestätigung gewertet, dass Karlsruhe ein Zentrum der Supraleiterforschung und -entwicklung für einen breiten Fächer von Anwendungen ist.

Themen aus den Bereichen Konstruktionsmethoden, Synthese und Verifikation sicherer Software, Datensicherheitstechniken sowie Parallelität bilden den Schwerpunkt des 1992 ins Leben gerufenen Graduiertenkollegs „Beherrschbarkeit komplexer Systeme", an dem zehn Lehrstühle der Fakultät für Informatik beteiligt sind. Das Ziel der Beherrschung von Informatik-Systemen wird auf zwei Wegen verfolgt. Zum einen müssen reale Systeme analysiert werden, um interpretierbare Modellbildungen betreiben zu können. Aber damit solche komplexen Systeme verstehbar sind und ihr Verhalten sowie das entsprechender Modifikationen vorhergesagt werden können, ist ihre informatische Modellierung erforderlich. Zum zweiten wird eine ingenieurwissenschaftliche Methode entwickelt, nach der Informatik-Systeme – und zwar Hard- und Software-Systeme – konstruiert werden können. Damit kann die Produktivität besonders bei der Software-Entwicklung gesteigert werden, vor allem aber die Zuverlässigkeit und Sicherheit erhöht werden. Wegen des zunehmenden Einsatzes von Computern in sensiblen Bereichen wird diesen beiden Aspekten erhöhte Aufmerksamkeit geschenkt.

Ziel des 1992 eingerichteten Kollegs „Ökologische Wasserwirtschaft" ist es, Ingenieure und Naturwissenschaftler in gemeinsamen wasserwirtschaftlichen Projekten zusammenzuführen, um Konzepte einer nachhaltigen Wasserwirtschaft, die mit einer gesunden und standortgerechten, natürlichen oder naturnahen Umwelt in Einklang ist, zu erarbeiten. Das Graduiertenkolleg liefert dabei Beiträge zum Verständnis des natürlichen Wasserkreislaufs und seiner Veränderung durch den Menschen. In praxisorientierten Ansätzen werden Möglichkeiten zu dessen Erhaltung und Wiederherstellung zum Beispiel in den Bereichen Abwasserbehandlung, Gewässerrenaturierung und Trinkwasseraufbereitung aufgearbeitet. Dabei wird Grundlagenforschung wie die Beschreibung und Aufklärung hydrologischer Prozesse mit angewandter Forschung, wie sie in quantitativer Umwelt- und Projektbewertung gegeben ist, verknüpft. Die Methoden reichen von Freilandversuchen über physikalisch-chemische Laborverfahren bis zu mathematischer Modelltechnik. Leitsatz des Kollegs ist es, dass in einer Welt knapper werdender Ressourcen die Wasserwirtschaft auf eine nachhaltige Nutzung der lebenserhaltenden Ressource Wasser ausgerichtet werden sollte.

Mit den Vorgängen, die sich an Grenzflächen in wässrigen Medien abspielen, beschäftigt sich das Graduiertenkolleg „Grenzflächenphänomene in aquatischen Systemen und wässrigen Phasen", an dem neben neun Instituten der Universität Karlsruhe auch ein Institut des Forschungszentrums Karlsruhe und ein Institut der Université Louis Pasteur de Strasbourg beteiligt sind. Das interdisziplinäre Kolleg umfasst die Disziplinen Chemie, Biologie, Physik, Hydrologie sowie die Ingenieurwissenschaften. Grenzflächenphänomene treten auf, wenn unterschiedliche Stoffzustände wie fest, flüssig oder gasförmig aufeinandertreffen. Dies ist bei vielen chemischen, ökologisch und technisch bedeutsamen Reaktionen wie zum Beispiel der Adsorption der Fall. Das Kolleg beschäftigt sich mit der Aufklärung der chemischen, physikalischen oder biologischen Prozesse, die sich an den Grenzflächen der Stoffe abspielen. Die Kenntnis dieser Vorgänge ist zunehmend wichtig, da in Wissenschaft und Forschung immer feinere Partikel betrachtet werden. Diese bilden im Vergleich zu groben Partikeln bei gleichem Massenanteil eine größere Grenzfläche. In der Biotechnik sowie in der Mikro- bzw. Nanotechnik sind Grenzflächen daher von großer Bedeutung. Es werden unter anderem Lösungen zu folgenden Fragen erarbeitet: Wie kann durch den Einsatz von Mikroorganismen die Abwasserbehandlung verbessert werden? Wie ist das Verhalten von Fremdstoffen in Gewässern? Werden sie weitertransportiert oder am Untergrund fixiert? Weiterhin können auch die Lebensmitteltechnik, Pharmazie und Kosmetik von den Erkenntnissen des Kollegs profitieren.

Im interfakultativen Graduiertenkolleg „Naturkatastrophen" arbeiten fächerübergreifend junge Ingenieure, Geo- und Wirtschaftswissenschaftler sowie Informatiker und Mathematiker zusammen. Allen Naturkatastrophen ist gemeinsam, dass es sich dabei um äußerst komplexe Phänomene handelt, die nicht durch einfache deterministische und kausale Modelle beschrieben werden können. Hier ist eine fächerübergreifende Zusammenarbeit gefragt: Natur- und Geowissenschaftliche Disziplinen wie Physik, Geologie, Hydrologie und Meteorologie tragen zum grundlegenden Verständnis der Vorgänge bei. Mathematik und Informatik dienen der Beschreibung von unscharfen und ungenauen Informationen und komplexen Modellen sowie der Prognose. Mit Hilfe der Wirtschaftswissenschaften kann das Risiko quantifiziert und bewertet werden. Die Ingenieurwissenschaften entwickeln darüber hinaus Maßnahmen und Hilfsmittel zur Schadensminderung.

Im Bereich der Naturwissenschaften werden Themen aus der Physik behandelt. Von der Theorie der Elementarteilchen und deren Reaktionen bei hohen und mittleren Energien über teilchenphysikalische Experimente mit dem DELPHI-Detektor bei CERN in Genf und dem KLOE-Experiment in Frascati bis zur Entwicklung neuer Detektoren reichen die Themen des 1992 gegründeten Kollegs „Elementarteilchenphysik".

Vielen Fragestellungen aus der Festkörperphysik ist gemein, dass das kollektive Zusammenspiel von Einzelanregungen des Festkörpers zu einem physikalisch neuen und interessanten Verhalten des Gesamtsystems führt. Diese Fragestellungen mit den Teilbereichen der optischen Eigenschaften von Halbleitern, des Transports in Festkörpern, der magnetischen Eigenschaften und der Phasenübergänge sind die Arbeitsschwerpunkte des Graduiertenkollegs „Kollektive Phänomene in Festkörpern". Das Kolleg

verfügt dabei über vielfältige experimentelle Möglichkeiten, wie zum Beispiel Laserspektrometer, Kurzzeitlasersysteme, Epitaxieanlagen, Rastermikroskope, Tiefsttemperatur-Kryostaten, NMR-Geräte und Lithographie.

Ein Beispiel – der Aufbaustudiengang „Altbauinstandsetzung"

Stellvertretend für die Aufbaustudiengänge und Graduiertenkollegs wird hier jeweils das jüngste Beispiel etwas näher betrachtet. Beide sind übrigens aus Sonderforschungsbereichen hervorgegangen.

So hat der Aufbaustudiengang „Altbauinstandsetzung" seine Wurzeln im Sonderforschungsbereich „Erhalten historisch bedeutsamer Bauwerke" und im Weiterbildungs- und Beratungszentrum für Denkmalpflege und behutsame Altbauinstandsetzung e.V., Villa Salzburg, in Dresden.

Das Wintersemester in Karlsruhe besteht aus Vorlesungen, Übungen, Gastvorträgen, Workshops, Laborbesuchen und Exkursionen. Die Veranstaltungen bauen, dem universitären System entsprechend, aufeinander auf. Das Sommersemester in Dresden ist in Blockveranstaltungen, sogenannte Wochenblöcke, gegliedert. Es gibt betreute Übungen, Ortstermine, Werkstattbesuche und Vorträge. Die Veranstaltungen sind – durch die Verpflichtung von Gastreferenten aus der Praxis und die Einbeziehung laufender Planungs- und Bauvorhaben in den Unterricht – stärker anwendungsbezogen als in Karlsruhe.

Lernziele und Inhalte im Wintersemester 1999/2000 in Karlsruhe:
Kulturhistorische Grundlagen (Baugeschichtliche Stadtführung, Siedlungs- und Baustrukturen, Denkmalpflege, Nachhaltigkeit im Bauen, Bauwerkserkundung, Quellenkunde, Datierung, Bauaufnahme und Bestandsdokumentation, Historische Bautechnik, Historische Tragwerke, Historische Holzkonstruktionen, Mineralogie in der Denkmalpflege); Planung (Wertermittlung, Gebäudemanagement und Instandhaltungsplanung, Nutzung, Instandsetzung und Umbau landwirtschaftlicher Altbauten, der Bauingenieur in der Denkmalpflege); Ausführung (Zerstörungsarme Erkundung und Instandsetzung,

Instandsetzungs- und Reparaturtechniken, Bauphysik und technischer Ausbau, Ausschreibung, Vergabe, Abrechnung, Bauablaufplanung, Sanierung bestehender Tragwerke, Umnutzung von Skelettbauten: Raum und Konstruktion).

Lernziele und Inhalte im Sommersemester in Dresden:

Stadtbaugeschichte; Stadtplanung; Denkmalpflege; Repräsentationsbauten 16.–19. Jahrhundert; Bürgerhäuser 15.–18. Jahrhundert; Wohn- und Geschäftshäuser 19. Jahrhundert; Industriebauten Ende 19.–Anfang 20. Jahrhundert; Großsiedlungen der 60er und 70er Jahre; Sonderthemen (Sandstein, Holzschutz, Schadstoffe bei der Altbauinstandsetzung, Lehmbau, Plattenbauten, Rechtsfragen, Ausschreibung, Kosten); alte Handwerkstechniken (Farbtechniken, Stucktechniken, Mauerwerks- und Putztechniken).

Beispiel für einen Entwurf- und Planungsworkshop: „Umnutzung eines Kasernengebäudes"

Die ehemalige Grenadierkaserne in Karlsruhe soll als Behördenzentrum hergerichtet werden. Im Rahmen dieser Maßnahme werden die bestehenden, als Kulturdenkmale eingestuften Gebäude für die verschiedenen Nutzungen umgebaut. Die ehemalige Grenadierkaserne liegt im nordwestlichen Bereich der Moltkestraße, Ecke Blücherstraße.

Innerhalb der Gesamtanlage soll das Gebäude Nr. 17 für die Zwecke der Landesbildstelle Baden umgenutzt werden. Der Bau befindet sich auf dem landeseigenen Grundstücksanteil im südöstlichen Teil des Geländes und grenzt an die Moltkestraße. Es handelt sich um ein Bauwerk aus den Jahren 1892–1897. Es war geplant und genutzt als Mannschaftsunterkunft. Das Gebäude ist im Hauptbau dreigeschossig, in den seitlichen Kopfbauten viergeschossig und hat einen ca. 1,50 m hohen Sockel.

Da das Bauwerk unter Denkmalschutz steht, soll die Planung auf den Vorgaben aufgebaut werden, die sich aus dem Bestand ergeben. Die erforderlichen planerischen und bautechnischen Eingriffe in die Substanz der historischen Bauteile sollen so gering wie möglich gehalten werden. Das Nutzungsprogramm wurde in Zusammenarbeit mit der Oberfinanzdirektion Karlsruhe, dem Staatlichen Vermögens- und

Bauamt sowie dem zuständigen Staatlichen Hochbauamt Baden-Baden ermittelt.

Aufbauend auf den bestehenden Vorüberlegungen ist die Direktion der Landesbildstelle sehr an verwertbaren Ideen zum Umgang mit der Kaserne interessiert. Während das Bildstellenwesen lange Zeit hauptsächlich der Versorgung der Schulen mit AV-Medien diente, machte das neue Bildstellengesetz Baden-Württemberg von 1991 die Landesbildstelle Baden über die Verleihaufgaben hinaus zu einer Fortbildungsstelle und pädagogischen Innovationseinrichtung.

Der Kasernenbau soll bei einem Finanzvolumen von ca. 6 Millionen DM in einer Zeitspanne von zwei Jahren zu einem modernen Informations- und Kommunikationszentrum ausgebaut werden. Die Weiter- bzw. Umnutzung bestehender Erschließungs- und Raumstrukturen, die Integration des technischen Ausbaus und die Berücksichtigung der Bauphysik in einem Serienbau des späten 19. Jahrhunderts ist in diesem Zusammenhang für alle Fach- und Sachbeteiligten eine spannende Aufgabe.

Ein zweites Beispiel – das Graduiertenkolleg „Naturkatastrophen"

Das Graduiertenkolleg „Naturkatastrophen" hat sich aus dem Sonderforschungsbereich „Starkbeben" entwickelt, dessen Erkenntnisse und Forschungsergebnisse damit ebenfalls direkt in die Lehre einfließen. Kernstück des Kollegs ist neben der Forschung das Studienprogramm, das sich aus einer Ringvorlesung, Gastvorträgen, Blockkursen und Seminaren zusammensetzt. Das Studienprogramm wird meist in den ersten beiden Jahren der dreijährigen Förderdauer der Stipendiaten absolviert, so dass sich die Doktoranden im dritten Jahr vollständig auf ihre Promotion konzentrieren können. Hauptbestandteil des Studienprogramms sind die Seminare. Die Graduierten berichten darin über den Fortgang ihrer Promotion. Die Teilnahme an diesen Seminarveranstaltungen ist für alle Graduierten verbindlich vorgeschrieben. Da die Seminare häufig als Blockseminare am Wochenende durchgeführt werden, besteht abends dann die Möglichkeit, weiter zu diskutieren und den Betreuer besser kennen zu lernen. Neben den Pflichtveranstaltungen gibt es noch weitere Zusammenkünfte, die auf Initiative der Graduierten entstanden sind, zum Beispiel der regelmäßige Stammtisch. Hier treffen sich die Doktoranden in gemütlicher Runde monatlich einmal außerhalb der Universität. Bemerkenswert ist dabei, dass die meisten Gespräche letztlich dann doch wieder um das Thema Naturkatastrophen kreisen und auch in dieser Atmosphäre immer wieder neue Pläne und Ideen entstehen. Aber im Vordergrund steht doch das Knüpfen sozialer Kontakte, die auch später noch fortbestehen. Eine weitere Initiative sind die von den Graduierten immer wieder spontan ins Leben gerufenen Arbeitsgruppen zu speziellen Themen. So werden zum Beispiel aktuelle Naturkatastrophen wie das Pfingsthochwasser von 1999 an der Donau untersucht und die Ergebnisse möglichst schnell im Internet veröffentlicht.

Die Interdisziplinarität des Graduiertenkollegs Naturkatastrophen ist exemplarisch am Programm der Ringvorlesung ablesbar: Meteorologie und Klimaforschung (atmosphärische Vertikalbewegungen an Gebirgen, meteorologische Phänomene mit großem Schadenspotential); Kulturbau und Wasserwirtschaft (Hochwasser); Geophysik (Gefährdung und Risiko aus Erdbeben); Geologie (Massenbewegungen und ihr potentielles Eintreten); Photogrammetrie und Fernerkundung (Geoinformationssysteme); Programmstrukturen und Datenorganisation (Unscharfes Schließen); Algorithmen und Kognitive Systeme (Anfragesysteme); Logik, Komplexität und Deduktionssysteme (Neuronale Netze); Prozessrechentechnik und Robotik (Simulationssysteme in der Robotik); Maschinenwesen im Baubetrieb (Baumaschinen und ihre Eignung für Rettungseinsätze); Versicherungswissenschaft (Risikowahrnehmung und -bewertung im kulturübergreifenden Vergleich, Risikotheorie und Großschadenmodellierung).

C7 Lebenslanges Lernen – Weiterbildung als gesellschaftliche Herausforderung

L. Heuser, G. Krüger

Eröffnet durch die vielbeachtete „Bildungsrede" des damaligen Bundespräsidenten Roman Herzog im November 1997 hat eine breite und anhaltende Debatte in Wirtschaft, Wissenschaft und Politik über das zukünftige Gewicht und die Gestaltung des Bildungswesens in unserer Gesellschaft eingesetzt. Im Mittelpunkt steht dabei die Erkenntnis, dass die stetige Zunahme des Wissens in unserem Land in der beginnenden Informations- und Wissensgesellschaft des 21. Jahrhunderts eine fundamental neue Qualität gewinnt.

Die wachsende Komplexität der Lebens- und Arbeitswelten

Die Beschäftigungsstrukturen in den wirtschaftlich hochentwickelten Ländern verschieben sich immer stärker in die Bereiche der Dienstleistungen. Dabei werden besonders die informationsbezogenen Dienstleistungsberufe den höchsten Zuwachs aufweisen und mittelfristig weit über 50% des Arbeitsplatzangebotes bereitstellen. Zum unabdingbaren Rüstzeug für die Erwerbstätigen in dieser Kategorie des Arbeitsmarktes wird ohne Zweifel der ständige Umgang mit den digitalen Informations- und Kommunikationstechniken (IuK) gehören. Aber auch in den traditionellen Bereichen der Wirtschaft, wie der industriellen Güterproduktion, dem Transport- und Verkehrswesen und dem Handel und selbst im heute beschäftigungsmäßig recht kleinen primären Sektor der Volkswirtschaft (Land- und Forstwirtschaft, Rohstoffgewinnung usw.) informatisiert sich die Arbeitswelt durch den Einsatz neuer hochautomatisierter Methoden der Produktionstechnik, des Gütertransports, der Warenverteilung und anderer wirtschaftlicher Prozesse in einer heute noch kaum vorstellbaren Weise.

Allen diesen wirtschaftlichen Prozessen ist gemeinsam, dass sich der prozentuale Anteil manueller Tätigkeiten weiter rückläufig entwickelt, dafür aber der Technologieeinsatz und damit der Informationsbedarf und die Fähigkeit, kompliziertere Zusammenhänge und Abläufe zu erfassen und zu bewerten, für den einzelnen Berufstätigen immer stärker ansteigen.

Die Halbwertszeiten des Wissens verkürzen sich

Der zweite wesentliche neue Faktor der kommenden Wirtschafts- und Berufswelt ist die

Beschleunigung der Folge technologischer Innovationen, die – da sie in der Regel wettbewerbsentscheidenden Charakter haben – in der wirtschaftlichen Praxis möglichst ohne Verzögerungen und Reibungsverluste zum Einsatz kommen müssen.

So ist die digitale weltweite Vernetzung, das Internet, als Wirtschaftsfaktor erst seit Mitte der neunziger Jahre überhaupt im Gespräch und schon bezeichnet man in den USA die kommenden Jahrzehnte als das „Internet Age". Das den meisten Menschen vor wenigen Jahren noch völlig unbekannte Internet hat somit in kurzer Zeit eine erhebliche wirtschaftliche Bedeutung erhalten und wird heute unwidersprochen als ein Kernstück der digitalen Ökonomie der aufziehenden Informations- und Kommunikationsgesellschaft angesehen.

Diese unaufhaltsamen technologischen und wirtschaftlichen Entwicklungen werden dramatische Auswirkungen auf die beruflichen Qualifikationen und damit auf die Struktur und Nachfrage des Arbeitsmarktes und weit darüber hinaus haben. Es ist unmittelbar einsichtig, dass damit ein anhaltender Druck entsteht, die Kenntnisse und Fähigkeiten aller Menschen stetig zu aktualisieren und zu erweitern. Durch die Schnelligkeit der Umsetzung technischer Innovationen – und das gilt nicht nur für die IuK-Techniken – verlieren in der Informationsgesellschaft berufliches Wissen und große Teile der persönlichen Erfahrungen in vergleichsweise kurzen Fristen wesentlich an Wert. Das hat schon heute sichtbare Konsequenzen.

IuK-Techniken sind zu Schlüsselqualifikationen geworden

Berufliche Erfahrung wird in den innovativen Sektoren der Wirtschaft nicht mehr in „Berufsjahren" gemessen, sondern vor allem an Kompetenz besonders hinsichtlich der Nutzung moderner Informationstechnologien. Dabei kann man Folgendes beobachten: Junge Beschäftigte drängen mit einem hohen Ausbildungsstand bezüglich der Nutzung von Informationstechnologie in einen Arbeitsmarkt, der bei weitem nicht ausreichend Arbeitsplätze bietet. Dies führt zu der gesellschafts- und wirtschaftspolitisch schwierigen Situation, dass Mitarbeiter mit vielen Berufsjahren schlechter qualifiziert sind als jüngere Arbeitsuchende und damit einem erheblichen Verdrängungsdruck unterliegen.

Eine ähnliche Situation kann man auch im Privatbereich beobachten. Mit den neuen Techniken Vertraute nutzen beispielhaft das Internet für günstige Einkäufe, sie sind besser über wirtschaftliche und politische Zusammenhänge informiert und können so ihre Interessen wirkungsvoller zur Geltung bringen. Mit Recht wird daher bereits auch von der Politik vor der gesellschaftlich und unserer demokratischen Staatsform schädlichen Teilung in „Informationsbesitzer" und „Habenichtse", also vor dem Ausschluss breiter Bevölkerungsteile von der Informationsgesellschaft gewarnt.

Dabei besteht die reale Gefahr, dass sich die nichtinformierten, fehlqualifizierten Menschen ausgegrenzt fühlen und mit Angst, Verweigerung und gar Aggression auf die wirtschaftlichen und gesellschaftlichen Veränderungen reagieren.

Weiterbildung als Instrument gesellschaftlicher Integration

Wollen wir eine drohende Polarisierung in Gewinner und Verlierer der Wissensgesellschaft mit unabsehbaren Folgen vermeiden, wollen wir uns im globalen Wettbewerb um die besten Wissens- und Qualifikationsstandorte behaupten, so müssen wir alle Anstrengungen auf unser Bildungswesen konzentrieren und dabei auch ganz neue Formen der Bildung und Weiterbildung entwickeln.

Die neuen Bildungsangebote dürfen sich dabei nicht allein an die junge Generation in Form einer Erstausbildung wenden. Im Gegenteil, sie müssen zukünftig so konzipiert sein, dass sie allen Erwerbstätigen unabhängig vom beruflichen Status und vom Alter offene und faire Chancen bieten. Dass diese Forderung auch außerhalb der reinen Erwerbsarbeit für alle Bürgerinnen und Bürger zutrifft, muss nochmals ausdrücklich betont werden.

Verantwortungsbewusster Umgang mit der Technik und demokratische Mitgestaltung der Zukunft sind nur möglich, wenn der Bürger ein gewisses Grundwissen über die zu beurteilenden – technischen und wirtschaftlichen – Tatbestände erwirbt. Schon heute gibt es in dieser Frage einen breiten Konsens. Die Zeiten, da man es sich leisten konnte, nach einer Ausbildungsphase in der Jugend den Rest seines Lebens mit dem einmal erworbenen Wissen zu bewältigen, sind in der Wirtschaft und Gesellschaft des anbrechenden Jahrhunderts endgültig vorbei. An die Stelle eines reinen „Lernens auf Vorrat" mit klar festgelegten klassischen Ausbildungsphasen zum Erwerb von Wissen und Fähigkeiten an Schulen und Hochschulen wird für alle Mitglieder der Gesellschaft das Lernen als lebenslanger Prozess treten. Zur Umsetzung dieses neuen gesellschaftlichen Konzepts sind viele Barrieren zu überwinden, auch mentale, denn wer kennt nicht das überlieferte, aber für unsere Gegenwart und Zukunft unverantwortliche Sprichwort „Was Hänschen nicht lernt, lernt Hans nimmermehr".

Die Rolle der Hochschulen

Analysiert man auf dieser Basis die heutige Situation, ergibt sich die ernüchternde Feststellung, dass nur ein geringer Prozentsatz, Studien sprechen von 3 % der im Berufsleben stehenden Personen über 30 Jahren, an regelmäßigen Weiterbildungsmaßnahmen teilnimmt. Damit ergibt sich eigentlich schon jetzt ein erheblicher Nachholbedarf im Weiterbildungsbereich, von den skizzierten Zukunftsforderungen ganz zu schweigen.

Welche Rolle werden dabei die Hochschulen, insbesondere die Universitäten, in diesem Prozess spielen? Natürlich ist es eine populäre, schon lange erhobene Forderung, dass sich die Hochschulen neben ihrer Grundfunktion, der Erstausbildung auf wissenschaftlichem Niveau, auch in der Weiterbildung engagieren.

Diese Herausforderung der Weiterbildung von Hochschulabsolventen und Berufstätigen hat die Universität Karlsruhe (TH) schon in den frühen achtziger Jahren aufgegriffen. Seither werden jedes Semester vielfältige Aufbau- und Ergänzungsstudien auch in Abendkursen, Wochenendseminaren und mehrtägigen Workshops angeboten. Eine Weiterbildungsbroschüre

wie auch umfassende Informationen im Internet bieten dieses Programm der interessierten Öffentlichkeit an.

So beleben heute neben der studierenden Jugend alle Generationen und Berufsfelder den Uni-Campus.

Wie in diesem Beitrag dargestellt, fordern insbesondere zwei gesellschaftliche Problemfelder eine Weiterentwicklung des Karlsruher Programms: Nach den aktuellen Erfahrungen erwartet die Arbeitswelt weniger mehrsemestrige Qualifizierungsangebote, sondern gezielte praxisorientierte Weiterbildungsbausteine, andererseits sucht der Einzelne eine flexible Antwort auf sein Weiterbildungsbedürfnis unter weitgehender Wahrnehmung seiner Arbeitsplatzsituation.

Als ersten entscheidenden Schritt zur Nutzung der modernen Informations- und Kommunikationstechniken richtete die Universität, die Möglichkeiten der modernen Informations- und Kommunikationstechnik aufgreifend, ein Fernstudienzentrum (FSZ) ein und ging in einem von Bund und Land geförderten Modellvorhaben (1995-98) der Frage nach, wie „Fernstudium als Methode zur Verbesserung der Zusammenarbeit zwischen Hochschule und Arbeitswelt im Rahmen berufsbegleitender wissenschaftlicher Weiterbildung" genutzt werden kann. Ein Dreiphasenmodell wurde entwickelt und erprobt: In überschaubaren Modulen von 4–5 Monaten bieten Fernstudienmaterialien (Papierform bzw. elektronische Version im Netz), Wochenendpräsenzphasen und eine begleitende Computerkonferenz einen problemorientierten und praxisbezogenen Austausch zwischen Teilnehmenden und Dozenten an. Die Fernstudienmodule schließen mit einer Prüfung ab, ein Zertifikat der Universität Karlsruhe (TH) bescheinigt die erfolgreiche Teilnahme.

Derzeit umfassen diese Angebote Studienvorbereitungskurse in Mathematik und Biologie, kommunale, betriebsbezogene wie überbetriebliche Umweltthemen, Naturschutz und Umweltrecht. Das Kultusministerium Baden-Württemberg will mit dem Karlsruher Konzept neue Wege in der Lehrerfortbildung gehen: die ersten Kurse in „Molekularbiologie" sind landesweit angelaufen, weitere in Vorbereitung.

Das Fernstudienzentrum betreut darüber hinaus als Studienzentrum der FernUniversität Hagen knapp 3000 Fernstudierende aus dem süddeutschen Raum, der Schweiz und dem Elsass.

Trotz dieser überdurchschnittlich positiven Entwicklung an der Universität Karlsruhe kann man übergreifend feststellen:

Nicht zuletzt durch die starke Erhöhung der Studentenzahlen in den letzten Jahrzehnten bei gleichzeitiger Verknappung der personellen und materiellen Ressourcen hat sich eine breite Weiterbildungskultur an den Universitäten bisher nicht entwickeln können. Dennoch dürfen sich die Universitäten den gesellschaftlichen und wirtschaftlichen Herausforderungen des lebenslangen Lernens nicht entziehen. Sie werden wesentliche Beiträge für ein umfassendes Weiterbildungsangebot leisten müssen, wobei bei hohem wissenschaftlichem Niveau sehr unterschiedliche Weiterbildungsinteressen zu berücksichtigen sind. Diese reichen vom unmittelbar berufsbezogenen hochaktuellen Spezialwissen bis hin zu breit angelegten allgemeinbildenden Lehrangeboten.

▎ Die qualitativen und quantitativen Dimensionen der Herausforderung

Versucht man die Grundforderung nach lebenslangen Weiterbildungschancen für die Mehrheit der Menschen unseres Landes in der Form eines konventionellen Weiterbildungsangebotes in die Praxis umzusetzen, stößt man schnell auf schwer überwindbare Probleme. Das erste ist sicher das reine Mengenproblem. Wenn sich, wie vorausgesagt, zwar die reine Arbeitszeit durch den hohen Automatisierungsgrad der Volkswirtschaft weiter verkürzt, dafür aber immer mehr Menschen immer mehr Zeit in ihre weitere Qualifizierung und auch in ihre Allgemeinbildung investieren, entsteht bei den zu erwartenden vielen Millionen Lernwilligen ein in der Bildungspolitik sicher noch nicht in seinen Dimensionen erkanntes Massenproblem.

Zum anderen verlangen die neuen Produktions- und Nachfragestrukturen der Wirtschaft von den Erwerbstätigen auch zeitlich ein hohes Maß an Flexibilität. Und zum Dritten lernt der

dem jugendlichen Alter entwachsene Mensch doch völlig anders als der Schüler und Student, ein Körnchen Wahrheit steckt ja vielleicht doch im Hänschen-Sprichwort unserer Vorfahren.

Und ganz zentral muss berücksichtigt werden, dass das Weiterbildungsangebot auch gesellschaftliche Schichten erreichen soll und für deren Lebenschancen auch erreichen muss, die man gemeinhin als „bildungsfern" bezeichnet.

Daraus lassen sich mehrere Schlussfolgerungen ziehen. Für die vielen Millionen weiterbildungswilliger Mitbürger wird die „klassische Bildungsinfrastruktur", auch die der bestehenden Weiterbildungsinstitutionen, nicht mehr ausreichen. Das gilt beispielsweise für den üblichen seminarorientierten Präsenzunterricht in pädagogisch wünschenswerten kleinen Lerngruppen. Dafür werden in erster Linie die personellen Ressourcen an Lehrkräften, aber auch die benötigten Räumlichkeiten nicht zur Verfügung stehen. Grobe Schätzungen zeigen, dass bei präsenzorientierter Kleingruppenarbeit in der Weiterbildung voraussichtlich fast soviel Lehrpersonal zusätzlich benötigt würde, wie gegenwärtig an den Schulen und Hochschulen hauptberuflich im Einsatz ist. Eine solche Größenordnung an zusätzlichem Personal wird schon an den Finanzierungsmöglichkeiten scheitern. Auch wird in vielen Bereichen die Vermittlung eines so spezialisierten Wissens gefordert, dass es nicht möglich sein wird, geeignete Ausbilder in dieser fachlichen Differenzierung flächendeckend zur Verfügung zu stellen.

Weiterhin haben Berufstätige in der Regel erhebliche Probleme, ein zeitlich fixiertes Kursangebot mit ihren sonstigen beruflichen und privaten Pflichten zu vereinbaren. Zum anderen wird häufig berichtet, dass Erwachsene den schulmäßig ausgerichteten Klassenunterricht ablehnen, aber auch mit dem Selbststudium anhand schriftlicher Unterlagen ihre (Lern-) Schwierigkeiten haben.

▎ Mit Multimedia gegen ansteigende Komplexität und Abstraktheit

Zur Lösung all dieser, die Weiterbildungsmöglichkeiten und auch -bereitschaft hemmender Probleme, kann der Einsatz computergestützter multimedialer Lehr- und Lernformen einen entscheidenden Beitrag leisten.

Exemplarisch seien hier einige der Möglichkeiten des neuen Lehrens und Lernens skizziert. Dabei ist unbestritten, dass die computergestützte Unterrichtung zuerst einmal viel aufwendiger ist als der klassische „Tafel- und Kreide-" Unterricht. Das beginnt schon bei multimedialem Lehrmaterial. Die unbeschränkte Wiederverwendung von rechnergestütztem Lehrmaterial rechtfertigt allerdings durchaus den notwendigen höheren Herstellungsaufwand. Auch Spezial- oder zielgruppen-spezifisches Wissen ist leicht aus den elektronisch verfügbaren Grundmaterialien aufzubereiten und den Weiterbildungswilligen gezielt an beliebigem Ort zur Verfügung zu stellen. Die Präsentation des Lehrmaterials kann unter Nutzung der vielfältigen medialen Möglichkeiten der Computer- und Multimediatechnik gegenüber der „starren" Präsentation schriftlicher Unterlagen entscheidend verbessert werden. Durch Verfahren der Visualisierung, Computeranimation, Simulation usw. lassen sich auch sehr komplexe Zusammenhänge anschaulich und einleuchtend darstellen, was sicher auch die Akzeptanz und Lernbereitschaft gegebenenfalls im abstrakten Denken nicht so geschulter, bildungsungewohnter Weiterbildungsstudenten erhöht.

Weiterhin lässt sich – im Gegensatz zu gedruckten Medien – über den Computer verbreitetes Material viel leichter aktualisieren. Die mangelnde Aktualität wird ja auch oft im Präsenzstudium beklagt, wenn die „Weiterbilder" selbst nicht genug Wert auf die eigene Weiterbildung legen.

Die zeitliche Flexibilität bei der Wahrnehmung des Studienangebots ist naturgemäß hoch. Da das Lehrmaterial in computer-aufbereiteter Form vorliegt, ist die Vor-Ort-Präsenz von Lehrpersonal nicht erforderlich und die von Teilnehmern gewünschten Kurs- oder Lehreinheiten können zu jeder beliebigen Zeit in Anspruch genommen werden.

Ein weiterer entscheidender Vorteil gegenüber dem Selbststudium mit schriftlichen Unterlagen ist, dass das computergestützte Lernen nicht nur interaktiv in dem Sinne ist, dass der Lernende die Bearbeitung des Stoffes nach eigenen Bedürfnissen steuert und durchaus mit geeignetem Material „experimentieren" kann, sondern dass die zukünftigen Lernsysteme auch eine laufende Überwachung und Kontrolle des Lernfortschritts ermöglichen. Sie sind dabei in der Lage, falsche Interpretationen des Wissensstoffes zu erkennen und Hinweise und Korrekturvorschläge unverzögert dem Lernenden in der laufenden Lernphase vorzulegen.

Telematik ermöglicht ganz neue gruppendynamische Prozesse

Ein wesentlicher – berechtigter – Einwand gegen die bisherige Form des computergestützten Lernens ist die Gefahr der Abkapselung des Lernenden. Es kam zudem zum Gefühl des „Eingesperrtseins" mit dem Computer, der ihm ja als Lehrer, Korrektor und – manchmal überheblich wirkender und sturer – Prüfer allein gegenüberstand.

Lernen ist aber ein sozialer Prozess. Ein entscheidender Vorteil traditioneller Lehr- und Lernformen ist das Zusammenfinden und -führen gleichinteressierter Studenten zu Lerngruppen und ihre direkte Wechselwirkung mit den Lehrenden. Die Forderung an die neuen Lernmedien ist damit eindeutig: Die Isolation des Fernstudenten an seinem Computer muss aufgehoben werden. Gerade in der Weiterbildung kann man mit den neuen computergestützten Methoden nur Erfolg haben, wenn man eine dem Präsenzunterricht nahe kommende Gruppenzusammengehörigkeit schafft.

An dieser Stelle kommen die neuen Möglichkeiten der digitalen Telekommunikation, der Telematik, ins Spiel. Kein Lernender wird zukünftig mehr vereinsamt vor seinem Computer sitzen müssen. Im Gegenteil, das entscheidend neue Stichwort heißt kooperatives Telelernen: Über die neuen digitalen Hochleistungsnetze, heute repräsentiert durch das Internet, ist der Fernstudent voll in seine neue Lernumwelt eingebunden. Was heißt das? Telematische Kommunikations- und Kooperationsdienste überbrücken beliebige räumliche Entfernungen. Lerngruppen kommen zwar nicht mehr an einem Ort zusammen, sondern sie treffen sich zu beliebigen Zeiten in einem virtuellen Raum. Das ist nicht nur symbolisch gemeint. Man sieht sich in diesem über die Telematiknetze verbundenen Raum, spricht miteinander, betrachtet und bearbeitet gemeinsam alle gleichzeitig vorliegenden Lehrmaterialien und hat bei Bedarf auch einen Dozenten oder Tutor in der Runde. Die Vorteile sind evident. Beispielsweise lassen sich zu sehr spezifischen Themen Gruppen bilden, die in dieser Zusammensetzung an einem räumlichen Ort überhaupt nicht zusammenzubringen wären. Man kann sich – im Prinzip aus der ganzen Welt – den am besten geeigneten Spezialisten in die virtuelle Runde holen usw. Diese neue Dimension der multimedialen telematischen Kommunikation unterscheidet die neuen Lehr- und Lernformen des kommenden Jahrhunderts fundamental von den – oft missglückten – Versuchen mit dem computerunterstützten Unterricht in den vergangenen Jahrzehnten.

Lebenslanges Lernen in der dritten Dimension

Die Bundesregierung, vertreten durch das Bundesministerium für Bildung und Forschung, hat die geschilderte Thematik in ihrer Bedeutung voll erkannt und bereits 1997 einen Wettbewerb zum Thema „Nutzung des weltweit verfügbaren Wissens für Aus- und Weiterbildung" ausgeschrieben. In einem zweistufigen Verfahren wurden aus 251 eingereichten Beiträgen schließlich fünf Projekte ausgewählt und im Rahmen einer mehrjährigen Projektunterstützung ab 1999 gefördert. Eines dieser Leitprojekte ist das Projekt L^3 (LebensLanges Lernen), an dem auch das Institut für Telematik der Universität Karlsruhe mitwirkt. Unter Projektführung des Karlsruher Forschungszentrums „CEC Karlsruhe" der SAP AG, Walldorf, beteiligen sich Universitäten, Weiterbildungseinrichtungen und Wirtschaft am Aufbau einer gemeinsamen Infrastruktur. Zu den Partnern zählen u.a. die Universitäten Karlsruhe, Mannheim, Dresden und Bielefeld, die Hochschule Mittweida (FH), die Weiterbildungseinrichtungen des Berufsförderungswerkes Dortmund und Oberhausen sowie das Berufsförderungszentrum Maximiliansau, und

Anbieter von Lehrmaterialien (Inhalteanbieter) wie zum Beispiel Edutec GmbH, PROKODA AG und ILT GmbH.

Zentraler Ansatz von L^3 ist die Analyse, Entwicklung und prototypische Bereitstellung modernster Informations- und Kommunikationstechnologien für ein Bildungsangebot, das die Nutzung durch sehr breite Bevölkerungsschichten erlaubt. Von entscheidender Bedeutung ist es, zu vermeiden, dass sich das Weiterbildungsangebot auf die bereits jetzt mit Bildungseinrichtungen privilegierten Ballungsgebiete konzentriert und so das bekannte Stadt-Land-Gefälle an Bildungschancen auch in die Zukunft fortgeschrieben wird. Technisch gesehen spielt die Bereitstellung von Infrastruktur-, System- und Softwarelösungen für diese wissenschaftlich und wirtschaftlich völlig neuen Herausforderungen eine zentrale Rolle.

Die Kernidee von L^3 lässt sich als ein geschlossenes, ganzheitlich orientiertes, multimediales Dienstleistungskonzept für die Bildung zusammenfassen. Ganzheitlich heißt insbesondere, dass im Projekt sowohl wissenschaftliche und technologische als auch wirtschaftliche Fragestellungen behandelt werden (Abb. 1).

Die wissenschaftlichen Aufgaben des Leitprojekts lassen sich in die Schwerpunkte: Didaktik und Informationstechnik gliedern. Es ist selbstverständlich und für den Projektansatz charakteristisch, dass die didaktischen Herausforderungen der neuen Lehr- und Lernmethoden in enger Wechselwirkung mit den ihnen als Transport- und Darstellungsmittel zugrunde liegenden informations- und kommunikationstechnischen Systemen betrachtet werden müssen. Fachübergreifende Lösungen der wissenschaftlichen Kernprobleme und damit interdisziplinäre Kooperation zwischen Pädagogen, Informatikern und Telematikern sind daher grundlegender Ansatz der gewählten Infrastruktur.

Didaktische Tools

Im Forschungsbereich Didaktik geht es um die Analyse und Weiterentwicklung dem neuen Lernumfeld angepasster grundlegender, breit anwendbarer didaktischer Methoden, die leicht

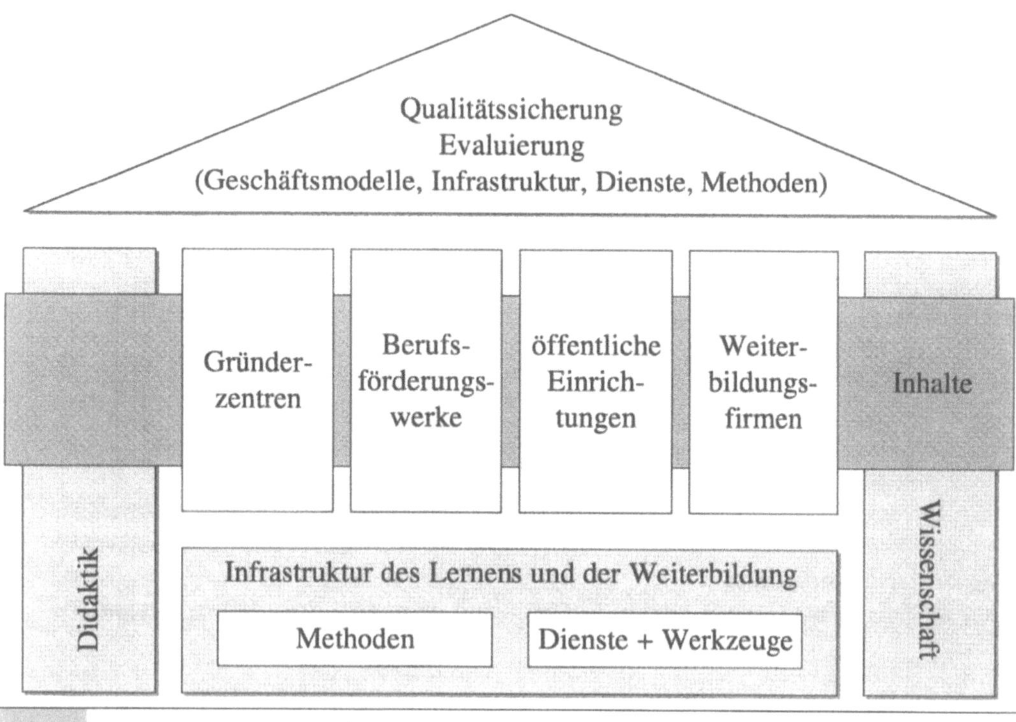

Abb. 1 Gesamtstruktur des Projektes L^3

unterschiedlichen Lernszenarien angepasst werden können und damit – in der Sprache des Informatikers gesprochen – gut wiederverwendbar sind. Charakteristisch für das computerunterstützte Lernen ist dabei natürlich, dass man die neu entwickelten oder angepassten didaktischen Methoden zur Grundlage von Programmen und Programmsystemen macht, die man in der Fachsprache als „Werkzeuge" (englisch Tools) bezeichnet. Eine besondere Rolle kommt dabei der „Suche nach Lerninhalten" bzw. deren Durchwanderung zu. Dies im Fachjargon als „Navigation" bezeichnete Vorgehen soll mit pädagogisch geeigneten Strategien verbunden werden. Sie gilt es in die Werkzeuge so zu implementieren, dass der Lernende transparent angeleitet wird.

Didaktische Netze

Wie schon beschrieben, stellt die Unterstützung des gruppenorientierten Lernens auch über große räumliche Distanzen verteilter Lernender ein zentrales Ziel des Projektes L^3 dar. Wissenschaftlich und methodisch müssen daher mit der zugrunde liegenden Technik abgestimmte neue Formen des kooperativen Lernens betrachtet und in systematischer Weise modelliert werden.

In diesem Zusammenhang soll es die „didaktische Infrastruktur" erlauben, dynamisch potentielle Lerngruppen zu identifizieren und über das Netz zusammenzubringen. Grundlage dafür könnten beispielsweise von der lernunterstützenden Infrastruktur erfasste Lernhistorien und Nutzungsprofile sein.

Aus diesen knappen Ausführungen zu den völlig neuen Herausforderungen und Chancen im didaktischen Bereich geht schon hervor, dass die Konzipierung, der Entwurf und die Entwicklung umfangreicher Programmsysteme, also die Software, im Mittelpunkt der wissenschaftlichen aber auch der praktischen Seite der Projektarbeiten steht. Der Projektbereich „Informationstechnik" zeichnet für diese Aufgaben schwerpunktmäßig verantwortlich. Ein entscheidender Lösungsansatz ist die Schaffung einer umfassenden, hoch differenzierten Struktur, in der Informatiksprache gesagt: einer Softwarearchitektur für die geforderten kooperativen Lernumgebungen, die den Kriterien der freien Erweiterbarkeit und – wie geschildert – hochgradigen Flexibilität und Anpassbarkeit genügen muss. Des Weiteren werden neue Konzepte für die Nutzung multimedial aufbereiteter Lehrmaterialien erforscht. Dabei kann auf verschiedene Qualitätsansprüche – wie etwa Videoeinspielung in Fernsehqualität – auch nach Maßgabe der verfügbaren technischen Einrichtungen, die schon aus wirtschaftlichen Gründen nicht immer und überall auf dem gleichen technischen Entwicklungsstand sein können, Rücksicht genommen werden.

Der Lernende als Navigator

Für den Erfolg kooperativen Lernens ist es natürlich entscheidend, dass die Gruppe nicht nur jederzeit, sondern auch sehr selektiv Zugriff auf das gewünschte Lehrmaterial hat. Da es sich dabei nicht primär um die Präsentation starrer Kurssequenzen handeln wird, sondern das Angebot zu bearbeitender Lehrdokumente nach frei gewählten Vorgaben der Gruppe oder einzelner Mitglieder dynamisch und adaptiv zusammengestellt und verteilt wird, sind auch Verfahren zur medienübergreifenden automatischen Inhaltsanalyse und -auswertung multimedialer Dokumente Forschungsaufgaben des Projektbereichs Informationstechnik. Diese Inhaltssuche und -verteilung soll in einem fortgeschrittenen Stadium der Entwicklung stark an den Nutzungsprofilen und den Lernfortschritten der Gruppe mit den gemeinsamen Lernmaterialien ausgerichtet werden. Mit anderen Worten: Lehrmaterialien und didaktische Aufbereitung passen sich „automatisch" den Interessen und Leistungen des Lernenden an, ohne Zweifel eine neue Dimension in der Geschichte der Bildung und des Lernens.

Flächendeckende Lernnetze

Von einem Leitprojekt der Bundesregierung werden aber nicht nur hochwertige, innovative wissenschaftliche Beiträge erwartet, sondern auch die Umsetzung dieser Ideen in die reale praktische Anwendung zur Stärkung der Bildungsinfrastruktur unseres Landes.

Das Projekt soll dabei nicht durch die alleinige Erstellung eines kleinen Prototypen auf einen prinzipiellen Machbarkeitsbeweis beschränkt werden. Es ist vielmehr klar herauszuarbeiten, wie durch eine großflächig einzusetzende computer- und netzbasierte Weiterbildungsinfrastruktur signifikante Beiträge zur Lösung der eingangs geschilderten Massenproblematik des zukünftigen Weiterbildungsbedarfs geleistet werden können.

Diesen Fragen widmen sich die Projektbereiche technische Realisierung und wirtschaftliche Umsetzung.

Grundidee des technisch-wirtschaftlichen Projektansatzes und damit die wesentliche Neuerung im Ansatz von L^3 ist die Gliederung in Lernzentren, Dienstleistungszentren, im Folgenden als Servicezentren bezeichnet, und die eigentlichen Produzenten der Lehr- und Lernmaterialien, in Anlehnung an den internationalen Sprachgebrauch als Inhalteanbieter bezeichnet.

Die Abb. 2 gibt eine Übersicht zum organisatorisch-technischen Aufbau der L^3-Infrastruktur.

Die Servicezentren sind das eigentliche Rückgrat des durch das Projekt L^3 aufzuspannenden Bildungsnetzwerkes. Das gilt sowohl für die inhaltlichen Aspekte der multimedialen Bereitstellung der Lehrstoffe, die Koordinierung der Lehrangebote, die Vermittlung von Dozenten und Tutoren für den aktiven Unterricht und Rückfragen der Teilnehmer, die Unterstützung der Gruppenarbeit sowie alle wirtschaftlichen Fragen.

Die Lernzentren sind über hochleistungsfähige Telekommunikationsnetze basierend auf der Internettechnologie mit den Servicezentren verbunden. Die Netzinfrastruktur muss so ausgelegt sein, dass sie allen Anforderungen der Nutzung multimedialer Lerneinheiten und des interaktiven Lehrens und Lernens genügt. Das heißt, sie muss Telekonferenzen hoher Leistungsfähigkeit, Videoübertragungen in Fernsehqualität, kooperatives Arbeiten mit geringen Wartezeiten und den Zugang zu externen Einrichtungen, wie reale Laboratorien zur Durch-

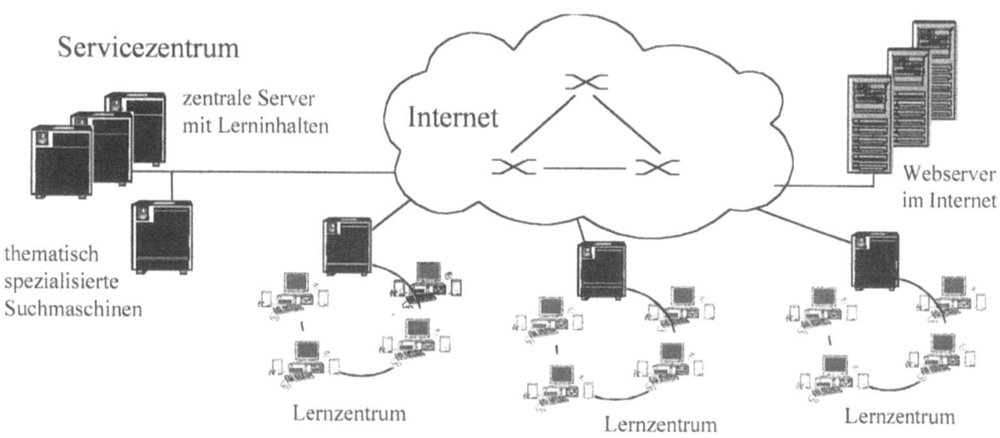

Abb. 2   Übersicht über die L^3-Infrastruktur

führung von Teleexperimenten oder Höchstleistungsrechner für anspruchsvolle Simulationen, ermöglichen.

Bildungsmärkte

Dieses konsequent umzusetzende fachlich-wirtschaftliche Modell wird als entscheidende Grundlage angesehen, um eine ökonomisch tragfähige Gesamtstruktur zu erreichen. Hintergrund der wirtschaftlichen Überlegungen sind natürlich auch die aktuellen Entwicklungen in der ökonomischen Einschätzung des Bildungswesens und des sich entwickelnden – internationalen – Bildungsmarkts. Bildungsmärkte heißt zuerst, dass das Bildungsangebot nicht mehr in jedem Fall kostenlos oder zumindest hoch subventioniert zur Verfügung gestellt werden kann. Im Weiterbildungsmarkt ist dieses heute heftig umstrittene Faktum allerdings schon eher akzeptiert als im Bereich der Erstausbildung in Schule und Hochschule.

Das Entstehen nicht unerheblicher laufender Kosten für die Weiterbildung wird allerdings einerseits dazu führen, dass der Weiterbildungswillige eine hohe inhaltliche und didaktische Qualität des Bildungsangebots erwartet, zum anderen aber auch nur das Lehrangebot bereit ist zu bezahlen, was er wirklich benötigt. Beide Gesichtspunkte spielen bei der Konzeption des Geschäftsmodells von L^3 eine fundamentale Rolle. Natürlich ist zudem nicht zu übersehen, dass auf der Anbieterseite ein heftiger Konkurrenzkampf entbrennen wird, den nur überleben kann, wer ein qualitativ hochwertiges, aber eben auch wirtschaftlich günstiges Angebot vorlegen kann.

Die Ausgangsidee von L^3 in diesem Umfeld ist, nicht von jedem Weiterbildungswilligen zu verlangen, dass er sich selbst die für die Teilnahme am L^3-Weiterbildungsprogramm notwendigen Computer- und Softwareausrüstungen und den erforderlichen hochleistungsfähigen Kommunikationsnetzanschluss beschafft. Es sollte aber der Vollständigkeit halber erwähnt werden, dass von der technischen Seite her diese Option durchaus im Konzept enthalten ist. Praktisch und wirtschaftlich würde aber die Eigenversorgungsforderung eine für die Mehrzahl der Weiterzubildenden viel zu hohe Einstiegsschwelle bedeuten, selbst wenn sie schon privat das Internet nutzen.

Selbst für kleine und mittelständische Betriebe werden sich die Beschaffungs- und Unterhaltungskosten eines Rechnerparks mit einer multimedialen Lehr- und Lernumgebung der L^3-Klasse in der Mehrzahl der Fälle nicht lohnen.

Lernzentren

Das Projekt L^3 antwortet darauf mit den schon erwähnten Lernzentren (Abb. 3). Organisatorisch und institutionell können sie als Teil heutiger, bisher auf klassische Weise unterrichtender

Weiterbildungsinstitutionen, die ja auch als Projektpartner beteiligt sind, oder an Einrichtungen wie den Universitäten und anderen Hochschulen, Berufsakademien und Fachschulen entstehen. Wichtig ist auf die längere Sicht ein flächendeckendes Angebot solcher Lernzentren auch außerhalb der Ballungsgebiete, also ein „Weiterbildungsangebot der kurzen Wege". Dadurch wird es nicht nur dem Kleinbetrieb möglich, das Angebot der überbetrieblichen Weiterbildungsstätten vor Ort zu nutzen, sondern letztlich allen Bürgerinnen und Bürgern.

Die Vernetzung innerhalb und zwischen den Lernzentren und natürlich mit den übergeordneten Servicezentren ermöglicht ohne Schwierigkeiten die kooperative Gruppenarbeit in den beschriebenen virtuellen Gruppenräumen sowie die Anleitung durch Dozenten oder die Hilfestellungen durch Fachberater und Tutoren. Natürlich sind Dozenten und Tutoren in den eines Tages wahrscheinlich hunderten von Lernzentren nicht persönlich anwesend, sondern werden je nach Kursverlauf und Bedarfsfall von einzelnen Lernenden oder der Lerngruppe angefordert und dann aus beliebiger räumlicher Entfernung interaktiv und multimedial „zugeschaltet".

❙ Wirtschaftliche Gesichtspunkte

Über diese lernbezogenen Aspekte hinaus untersucht das Projekt L³ auch detaillierte wirtschaftliche Fragen, wie der Differenzierung der Nutzungsgebühren nach Tageszeiten und Wochentagen. So kann man sich vorstellen, dass Abende und Samstage besonders starken Zuspruch zeigen. Für die Startphase ist zusätzlich geplant, die Nachfrage durch umfangreiche „Schnupperkurse" zu stimulieren. Dahin-

ter steht auch ein sozialpolitisches Anliegen, da man vielen nicht berufstätigen Menschen, die privat kaum einen Zugang zu den neuen Informationstechnologien finden werden, einen leichten und zumutbaren Zugang zu den die Zukunft beherrschenden Technologien ermöglicht.

Die für einen wirtschaftlichen Betrieb notwendige Abrechnung der in Anspruch genommenen Lehrangebote sowie vieler praktischer Dienstleistungen, wie etwa eine Fernwartung oder das Systemmanagement der in den Lernzentren installierten, für den Lernenden bestimmten Computer- und Netzendeinrichtungen, werden von den Servicezentren übernommen. Ein interessanter Einzelpunkt für die Erleichterung des persönlichen, freien Zugangs ist die Möglichkeit zur direkten persönlichen Abrechnung und Bezahlung der angebotenen Dienste. Zusammenfassend soll nochmals hervorgehoben werden, dass es ein wesentliches Ziel der Struktur ist, den personellen und administrativen Aufwand in den Lernzentren so niedrig wie möglich zu halten, um den wirtschaftlichen Anforderungen zu entsprechen.

❙ Erstellung der Lehrinhalte

Die eigentliche Aufgabe der Konzipierung und mediengerechten Aufbereitung der zu vermittelnden Lehrinhalte wird von den sogenannten Inhalteanbietern übernommen. In diesem Feld liegen naturgemäß die großen zukünftigen Herausforderungen für die Hochschulen. Der Ausgangspunkt ist, dass die Verantwortung für die inhaltliche Gestaltung der Lehre natürlich auch im Zeitalter der elektronischen Vermittlung bei den einzelnen Hochschullehrern und Hochschulen liegt. Doch sind von den Inhalten weitge-

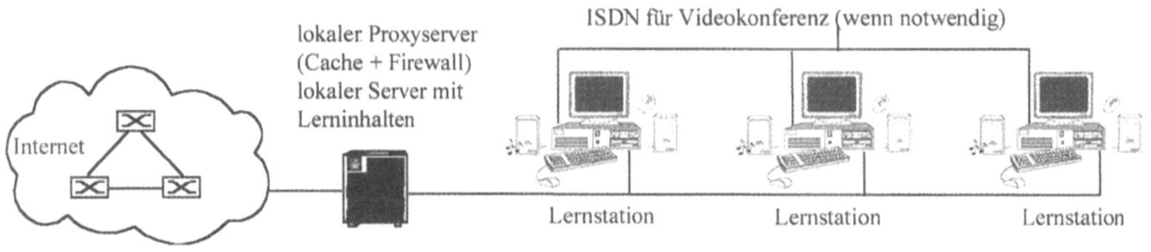

Abb. 3 Aufbau eines Lernzentrums im L³

Abb. 4 Tutorenunterweisung am Bildschirm

hend unabhängige Aufgaben zu lösen, denen sich das Projekt L³ stellt. Es ist schon heute eine verbreitete Erfahrung, dass die Herstellung von Kursmaterialien für den computer- und netzbasierten multimedialen Unterricht einen außerordentlichen Aufwand vom Autor erfordert. Deshalb sind inzwischen eine Vielzahl von Softwarekomponenten, die sog. Autorenwerkzeuge, verfügbar. Sie haben bereits einen hohen Stand bei der Unterstützung der Erstellung des Lehrstoffs sowie für den – in der multimedialen Darbietungsform natürlich außerordentlich wichtigen – gestalterischen Bereich erreicht. Noch weitgehend vernachlässigt sind dagegen die durch die Autorenwerkzeuge gebotenen Hilfen für den didaktisch konzeptionellen und den strukturellen Teil der Lehrmaterial- und Kurserstellung.

Die Kursstrukturierung betrachtet einen Kurs aus dem Blickwinkel eines didaktischen Entwicklungszyklus. Die Kurskomposition verbindet erstellte Inhalte mit einer Kursstruktur oder stellt aus Teilen einer früher definierten Kursstruktur neue Kurse zusammen. Wichtig ist,

dass unter der Voraussetzung, dass ein Kurs von sehr vielen Menschen durchgearbeitet wird – und das ist die Voraussetzung für einen wirtschaftlichen Erfolg –, nicht von einer heute üblichen linearen Schritt-für-Schritt-Bearbeitung ausgegangen werden kann. Jeder Lernende oder jede zielgruppenspezifische Lerngemeinschaft wird sich einen eigenen Weg durch das Kursmaterial, zusätzliches Begleitmaterial, Wiederholungssequenzen, Aufgaben, Übungen und Tests suchen wollen.

Dieses Vorgehen wird heute gerne „Navigieren" genannt. Natürlich muss das Kursmaterial für dieses Vorgehen ausreichende Unterstützung bieten. Die in den Autorenwerkzeugen verankerte Navigationsspezifikation gibt dem Autor dafür anpassbare, didaktisch sorgfältig strukturierte Strategien zur Hand, mit denen er ein freies, aber auch den Lernenden führendes Durcharbeiten des Kurses und des Begleitmaterials festlegt. Zu den im Werkzeug angelegten Autorenhilfen ist auch die Vorkenntnisdefinition zu zählen. Mit ihr kann spezifiziert werden, welche Kenntnisse vor der Bearbeitung eines Kursabschnittes erwartet werden und in welchen Lerneinheiten man sie gegebenenfalls vor Eintritt in die eigentliche gewünschte Lernphase erwerben kann. Um dem Lernenden die Entscheidung zu erleichtern, können Testaufgaben zur Prüfung der benötigten Vorkenntnisse gestellt und vom Lehrsystem automatisch ausgewertet werden.

I Unterstützung durch Tutoren

Die auf Wunsch erfolgende fortlaufende Überwachung und Betreuung des Lernfortschrittes jedes einzelnen „Tele"-Lerners durch einen menschlichen Tutor ist ein unverzichtbarer Ansatz, für den es nach unserer Ansicht in absehbarer Zeit keine Alternative gibt.

Die sog. Tutorenumgebung des L³-Systems stellt die dafür erforderlichen software- und systemtechnischen Hilfsmittel zur Verfügung. Sie gestattet es, bei Bedarf Tutor und Lernenden durch verschiedene Formen der computergestützten Kommunikation interaktiv und unverzögert selbst über große räumliche Entfernungen hinweg zusammenzubringen. Das geschieht nicht nur durch Übertragung der Sprache mit oder ohne Einspielen des Videobildes der Gesprächspartner im Sinne der Bildtelefonie, sondern auch durch gleichzeitiges Bearbeiten der auf dem Bildschirm sichtbaren Lehrinhalte. Letzteres geschieht dadurch, dass der aktuelle Bildschirminhalt des Lernenden bei Bedarf an den Rechner des Tutors oder anderer Lernenden übertragen wird.

Da eine den individuellen Lernprozess begleitende Software, die Lernumgebung, alle Lernschritte und ihre Ergebnisse mitprotokolliert, ist es dem Tutor leicht möglich, gegebenenfalls gemeinsam mit den Lernenden den bearbeiteten Lernpfad nachzuvollziehen. Fehler oder Missverständnisse können erkannt und diese mit dem Lernenden gemeinsam ausgeräumt werden. Erkennt der Tutor erhebliche Vorkenntnis- oder Verständnisdefizite, so kann er durch Vorschlagen eines geänderten Lehrablaufs oder das Einschalten weiterer veranschaulichender Demontrationen usw. den

Abb. 5 Multimediale Gruppenarbeit im Lernzentrum

Lernenden aus seiner Sackgasse herausführen.

Das Thema Tutorenbetreuung zeigt auch, dass mit einem inhaltlichen Fortschritt, hier der unmittelbaren Verfügbarkeit eines für die spezielle Thematik gut vorbereiteten Tutors, erhebliche praktisch-organisatorische Fragestellungen verbunden sind. Es kann ja nicht Aufgabe des Lernenden, nicht einmal des Lernzentrums sein, den geeigneten Tutor aufzufinden, der zudem gerade auch Dienst hat bzw. nicht schon durch einen anderen Nachfrager belegt ist. Es ist Aufgabe der Infrastruktur, z.B. repräsentiert durch den Verbund der Servicezentren, Kenntnisse über ein – gegebenenfalls im wahrsten Sinne des Wortes – globales Tutorenangebot vorzuhalten, es zu koordinieren und bei Bedarf den geeigneten und verfügbaren Tutor zu vermitteln.

I Die Pionierrolle der technisch orientierten Universität

Die in diesem Beitrag vorgestellten Konzepte zur Unterstützung der sich aus den wirtschaftlichen und gesellschaftlichen Notwendigkeiten des 21. Jahrhunderts ergebenden Forderungen nach permanenter Weiterbildung, dem lebenslangen Lernen, haben durchaus nicht nur innovativen, sondern sogar revolutionären Charakter, denn sie verändern in der Erwachsenenbildung, wie in allen anderen Bildungsbereichen, eine jahrhundertalte Tradition des Lehrens und Lernens. Da dadurch, vielleicht im Unterschied zu manchen anderen Umbrüchen des beginnenden Informationszeitalters, der einzelne Mensch in zentralen persönlichen Handlungsfeldern vor große Herausforderungen und einen massiven Änderungsdruck gestellt wird, stellt sich naturgemäß die Frage der Akzeptanz.

Die Frage, ob Bürgerinnen und Bürger die technologiegestützten multimedialen Angebote des Telelernens in großem Umfang annehmen werden oder ob sie trotz kaum zu tragender persönlicher und gesellschaftlicher Kosten bei der direkten Unterweisung von Angesicht zu Angesicht bleiben wollen, kann heute ohne umfassende Erfahrung mit dem neuen Medium niemand seriös beantworten. Vielleicht bilden sich in der zukünftigen Praxis für die Weiterbildung, die zudem unter ganz anderen Restriktionen steht als die – in der Regel – Vollzeitausbildung der jungen Jahre, Mischformen zwischen Fern- und Präsenzstudienphasen heraus, wie sie schon die heutigen Fernstudiensysteme kennen. Auch müssen noch viele Fragen der geeigneten Präsentation des Lehrmaterials, der Kursgestaltung und der computer- und netzgestützten Lehr- und Lernprozesse beantwortet werden. Schließlich kommt den wirtschaftlichen Bedingungen auf den unter hohem Wettbewerbsdruck stehenden zukünftigen Bildungsmärkten beim Erfolg oder Versagen der neuen Lehr- und Lernkonzepte eine fundamentale Bedeutung zu. Alle diese offenen Punkte können nur in einem wahrscheinlich langjährigen Erprobungs- und Erfahrungsprozess geklärt werden. Möglichst viele dieser Antworten zu bekommen, ist natürlich die übergreifende Zielsetzung des Projektes Lebenslanges Lernen, an dem sich die Universität Karlsruhe (TH) von Anbeginn an beteiligt hat.

Auch mit der Weiterentwicklung des Fernstudienzentrums der Universität zu einem „Zentrum für Selbststudium und Mediendidaktik" wird dem multimedialen Modell des lebenslangen Lernens die gebührende Aufmerksamkeit geschenkt.

Die zukünftige Herausforderung ist, diese vergleichsweise jungen Entwicklungen in einen weit größeren Rahmen zu stellen. Die Universität muß sich noch viel stärker als heute in der qualifizierten Bildung und Weiterbildung aller Bevölkerungsgruppen engagieren. Die in diesem Beitrag aufgezeigten Möglichkeiten der fortgeschrittenen digitalen Informations- und Kommunikationstechniken bieten den technisch geprägten Hochschulen besondere Chancen, sich an führender Stelle in der Forschung und Entwicklung dieser neuen Technologien zu betätigen, zumal sie schon heute große Erfahrung in der Nutzung solcher Technologien für die fortgeschrittene Lehre haben.

C8 Die Teleuniversität und der Weltmarkt der Ausbildung

P. Deussen, H. Schmeck

Die Bemühungen des Landes Baden-Württemberg, die Bemühungen seiner Universitäten und Hochschulen, und insbesondere die der Universität Karlsruhe um dieses Gebiet folgen vielfachen Strängen, die in Zukunft vernünftigerweise zusammenlaufen müssen. Allerdings müssen sie, sollen sie zum Erfolg führen, von den Universitäten und ihren Mitgliedern mehr als nur ein interessantes Projekt unterstützt werden: Die neuen Lehrformen, die mit der Virtualisierung entstehen, nicht nur zu erforschen und zu testen, sondern sie auch in der Lehre einzusetzen, ist vornehmste Aufgabe der Universitäten und Hochschulen.

Das umso mehr, als in dieser Richtung weltweit bereits erhebliche Anstrengungen mit Erfolg unternommen wurden und Deutschland, mit Ausnahme der erst seit neuestem auch international ausgerichteten Fernuniversität Hagen, bisher eine Chance verpasst hat. Eine Vielzahl von Hochschulen in den USA bietet Kurse über das Internet – hinfort kurz Netz – an und die Staaten der Westküste haben eine Holding, die Western Governors University, für gemeinsame Studienorganisation und Entwicklung von Lehrgängen im Netz gegründet. Der Kanzler der

Open University in Großbritannien, die über 200.000 Studenten betreut, prägte 1997 den Begriff der Mega-Universität, das sind solche mit mehr als 100.000 Studenten, und deren gab es damals schon 15! In der Türkei haben sich in der Open University Anadolu gar 600.000 Studenten eingeschrieben. Auch einige Mitglieder der Ivy League in den USA begeben sich jetzt in das Abenteuer der Fernlehre.

Diese Zahlen, deren Liste noch beliebig verlängert werden könnte, mögen den Aufbruch beleuchten, der aus den unterschiedlichsten Gründen stattfindet. So kann der Student die Fernlehre besser in seinen Lebensentwurf einpassen, ist er doch nicht mehr an die Einheit von Ort und Zeit gebunden, welche die traditionelle Lehre prägt; das aber verlangt, was nicht verschwiegen werden sollte, auch eine hohe Selbstdisziplin von ihm. So kann sich der Berufstätige ohne Berufsunterbrechung universitär weiterbilden. So kann die Zahl neu zu schaffender Campus reduziert werden, was gerade bei der Western Governors University ein wichtiger Grund war, denn deren Hochrechnungen ergaben, dass sie mit der Anlage neuer Campus angesichts steigender Studienwünsche in der Erstausbildung und Weiterbildung gar nicht mehr nachkommen würden.

Vor diesem Hintergrund legte das Land Baden-Württemberg im Rahmen seiner „Zukunfts-offensive Junge Generation" ihr Programm „Virtuelle Hochschule Baden-Württemberg" auf, dessen Ausschreibung und Zielrichtung von einer Expertengruppe unter dem Vorsitz des ersten Verfassers in kurzer Zeit erarbeitet worden war. Es ist mit rund 50 Mio. DM ausgestattet, wurde 1997 gestartet und ist auf maximal 5 Jahre angelegt. Im Rahmen des Programms werden sechs Verbundprojekte an verschiedenen Hochschulen des Landes sowie ein Kompetenzzentrum gefördert, dessen Aufgabe es ist, die Arbeiten der Verbünde zu koordinieren. Ferner werden zusammen mit der Deutschen Telekom fünf weitere Projekte durchgeführt. Hauptziele des Landesprogramms sind erstens die Entwicklung, Erprobung und der Einsatz von Multimedia-Techniken in der Lehre und dies sowohl für die Zwecke der Fernlehre wie auch für den üblichen Unterricht; zweitens sollen die didaktischen Erfordernisse untersucht und in Evalu-ationen der Erfolg der neuen Methoden gemessen werden; drittens sollen die neuen Lehrangebote nachhaltig in den Lehrplänen verankert werden.

Die Universität Karlsruhe ist an zwei der sechs Verbundprojekte beteiligt: An der „Virtuellen Universität Oberrhein (VIROR)" und an dem „Virtuellen Hochschulverbund Karlsruhe (ViKar)".

Die virtuelle Universität Oberrhein

Ausgangspunkt von VIROR war eine Kooperation zwischen den Professoren Müller (Institut für Informatik und Gesellschaft, Universität Freiburg) und Stucky (Institut AIFB, Universität Karlsruhe), die im Sommersemester 1995 im Rahmen eines Projektes der EUCOR-Universitäten (Verbund der Oberrheinischen Universitäten Karlsruhe, Basel, Freiburg, Straßburg und Mulhouse) zur Erprobung neuer Lehr- und Arbeitsformen gemeinsam ein Teleseminar über ausgewählte Themen zum Bereich Teleservices anboten.

Seit Juli 1998 läuft das auf fünf Jahre angelegte Verbundprojekt, bei dem die Universitäten

Abb. 18 Blick in den Mulitmedia – Hörsaal

Freiburg, Heidelberg, Karlsruhe und Mannheim gemeinsam ein multimediales Studienangebot aufbauen, das auch über das Internet zugreifbar sein wird. Sprecher des Verbundes ist Professor Th. Ottmann, Universität Freiburg. Ziele sind die Schaffung einer virtuellen Universität mit eigener Identität, die nachhaltige Verankerung multimedialer Lehre an den beteiligten Hochschulen und die Erweiterung des Lehrangebots über das hinaus, was eine einzelne Universität anbieten kann. Dabei sollen auch Angebote entstehen, die für Teilzeitstudium und wissenschaftliche Weiterbildung besser nutzbar sind als traditionelle Präsenzstudiengänge mit ihrer geringen örtlichen und zeitlichen Flexibilität.

Eine virtuelle Universität, die diesen Namen verdient, muss die ganze Vielfalt der wissenschaftlichen Auseinandersetzung mit der Welt in ihrem Lehr- und Forschungsprogramm widerspiegeln. Ein Projekt mit Pilotcharakter kann dies zwar nicht vollständig leisten, ein wichtiger Schwerpunkt des Verbundprojektes VIROR ist jedoch der schrittweise Aufbau eines multimedialen Lehrangebots in verschiedenen Fächern, neben der Informatik sind dies die Medizin, die Psychologie, die Statistische Physik und Statistik sowie die Wirtschaftswissenschaften. Im Vordergrund stehen an vielen Orten verwendbare, über längere Zeit stabile Vorlesungsinhalte. Das Spektrum der dabei verwendeten Methoden und Werkzeuge umfasst WWW-basierte Dokumente mit eingebetteten Interaktionsteilen (Java-Applets), elektronische Volltextsammlungen mit entsprechenden Retrievalwerkzeugen, Sammlungen von CBT-Kursen (Computer Based Training) und die reale Welt simulierende virtuelle Welten. Der bereits begonnene Austausch von Vorlesungen sowie gemeinsame verteilte Seminare zwischen den beteiligten Hochschulen werden fortgesetzt und Aufzeichnungen über das WWW zur Verfügung gestellt.

Alle diese Ziele werden u.a. durch Nutzung der „authoring-on-the fly"-Werkzeuge unterstützt, die in der Arbeitsgruppe von Prof. Ottmann (Freiburg) entstanden sind. Sie erlauben die digitale Aufzeichnung multimedial gestalteter Lehrveranstaltungen. Dabei entstehen elektronische Dokumente, die neben dem Vortrag des Dozenten die verwendeten Folien und Animationen sowie sämtliche vom Dozenten vorgenommenen erklärenden Annotationen in zeitlicher Synchronisierung enthalten. Dadurch können die Studierenden zeit- und ortsunabhängig vom „Original" beliebige Ausschnitte aus der Lehrveranstaltung bzw. aus der Lehreinheit abspielen, sie erhalten dabei eine originalgetreue Präsentation.

VIROR gliedert sich in vier thematisch zusammenhängende, jeweils über die vier Standorte räumlich verteilte Teilprojekte:

Inhaltserstellung ❘ Hier geht es um die multimediale Aufbereitung und mehrfache Nutzung von Unterrichtsmaterial aus verschiedenen Fächern (also aus Informatik, Medizin, Psychologie, Statistischer Physik und Statistik sowie aus den Wirtschaftswissenschaften). Dies geschieht durch die gemeinsamen Telelehrveranstaltungen und durch die Erstellung, Aufzeichnung und Bereitstellung multimedial aufbereiteter Lehreinheiten zu speziellen Themen. An der Universität Karlsruhe arbeiten in diesem Teilprojekt im Fach Informatik die Professoren Stucky und Schmeck vom Institut AIFB und im Fach Betriebswirtschaftslehre Prof. Gaul vom Institut für Entscheidungstheorie und Unternehmensforschung.

Technik ❘ Die technische Infrastruktur umfasst Software, Hardware und Netztechnologie für computer-basierte Lehre. Dazu werden die existierenden Werkzeuge zunächst erstmalig auf breiter Front eingesetzt und erprobt. Die dabei gewonnenen Erfahrungen fließen sowohl in Neuentwicklungen als auch in umfassende Maßnahmen zur Interoperabilität ein (z.B. Einigung auf gemeinsame Standards, Erstellung von Gateways und Filtern). Im Bereich Beratung und Schulung werden regelmäßig Einführungen in die Anwendung der zur Verfügung stehenden Systeme gegeben und außerdem umfangreiche On-line-Dokumente über das WWW zur Verfügung gestellt. Dieses Teilprojekt wird im Wesentlichen in den Arbeitsgruppen von Prof. Ottmann in Freiburg und Prof. Effelsberg in Mannheim bearbeitet, daneben besteht aber ein reger Erfahrungsaustausch mit den Mitarbeitern, die in Karlsruhe für die Übertragungstechnik verantwortlich sind.

Begleitung | Die in VIROR erprobten neuen Formen universitärer Lehre können nur dann dauerhaft sein, wenn sie von Studierenden und Lehrenden als positive Veränderungen akzeptiert werden. Deshalb werden die in VIROR angebotenen Lehreinheiten unter pädagogisch-psychologischen Aspekten evaluiert und unter Berücksichtigung der dabei gewonnenen Erkenntnisse verbessert. Das umfasst die Beratung der Lehrenden sowie der Studierenden, die Evaluation von Kursmodulen sowie eine grundlagenorientierte Untersuchung von Lehr-Lernprozessen unter Verwendung neuer Medien.

Zusätzlich wird eine marktwissenschaftliche Begleitung VIROR als Produkt sowie die in diesem Rahmen entstehenden einzelnen Leistungsangebote im zugehörigen Wettbewerbsumfeld positionieren und unter „Vermarktungsaspekten" bewerten.

Organisation | Als viertes Teilprojekt wurden alle Organisationsfragen zusammengefasst, die mit dem Aufbau und Betrieb einer virtuellen Universität anfallen. Ganz entscheidend ist dabei, dass Studierende sich auf die Anerkennung der im Netz erbrachten Leistungen als Teil ihres jeweiligen Studienganges an einer beteiligten Universität verlassen können. Scheine und Zeugnisse sollen schließlich nicht nur virtuell existieren, sondern zu realen Studienabschlüssen führen. Ein wichtiger Bestandteil der zentralen Organisation ist auch der Aufbau eines Lehr- und Lernservers, in dem die im Rahmen von VIROR entstehenden Lehr- und Lerneinheiten dauerhaft verfügbar sein werden. Hier hat sich eine Zusammenarbeit mit dem europäischen ARIADNE-Projekt ergeben, in dem multimedial gestaltete Lehr- und Lernkomponenten verfügbar gemacht werden.

| Der virtuelle Hochschulverbund Karlsruhe
Der zweite Verbund, dessen Initiator und Sprecher der erste der beiden Verfasser ist, soll jetzt beschrieben werden. In ihm sind sechs der in Karlsruhe ansässigen Hochschulen zusammengeschlossen: Universität – Fachhochschule – Pädagogische Hochschule – Hochschule für Gestaltung und das Zentrum für Kunst und Medientechnologie – Hochschule für Musik – Berufsakademie. Der Verbund hat zum Ziel, ein Zusatzangebot an Lehrveranstaltungen für Studenten dieser Einrichtungen bereitzustellen. Allerdings will er zugleich Voraussetzungen für ein multimediales, virtuelles Lehrangebot der Universität Karlsruhe schaffen.

Die Herausforderung für den Verbund besteht darin, dass einerseits die Studenten der beteiligten Hochschulen sehr unterschiedliche Anforderungen an ein und denselben Lehrstoff haben, aber andererseits vermieden werden muss, dass multimediale Lehrmodule immer wieder aufs Neue mit allem damit verbundenen Aufwand erstellt werden.

Der Verbund hat drei Projektbereiche – Infrastruktur, Inhalte, Didaktik und Evaluation –, die ihrerseits in Teilprojekte unterteilt sind.

Die *Infrastruktur* arbeitet daran, dass ein Virtueller Campus entsteht, das ist ein über das Netz erreichbares sog. Portal, von dem aus man alle wichtigen und virtualisierten, d.h. im Netz realisierten Einrichtungen einer Hochschule erreichen kann, sofern man eine Zugangsberechtigung hat:

> Die virtuelle Bibliothek, in der digitalisierte Zeitschriften, Bücher u.a.m. zur Verfügung stehen; sie wird zusammen mit der Universitätsbibliothek realisiert.
> Virtuelle Labore, in welchen man Experimente durchführt.
> Die Verwaltung, welche die Einschreibung der Studenten durchführt, Zugangsberechtigungen ausstellt und über die Benutzer Buch führt, die aber auch die Studenten berät und ihnen mit persönlichen digitalen Assistenten hilft, ihr Studium zu gestalten.
> Das Auditorium (der Lernserver), in welchem das gesamte angebotene Lehrmaterial und zugehörige Lehrveranstaltungen vorgehalten werden.
> Die Kommunikationszentrale, deren Aufgabe es ist, den Kontakt

- zwischen Dozenten und Studenten für die Beratung und für die Durchführung von Tutorien,
- zwischen Studenten untereinander, mit Hilfe der Telekommunikationstechnik herzustellen; denn gerade diese Kommunikationsmöglichkeit ist, neben Präsenzphasen, entscheidend für den Lernerfolg und für die Sozialisation der Studenten.

Die obengenannte Herausforderung für den Verbund führt zu der bei Didaktikern keineswegs unumstritten Modularisierung eines Lehrstoffes, damit man aus diesen Modulen unterschiedliche Kurse zum selben Lehrstoff für die unterschiedlichen Anforderungen konfektionieren kann. Es besteht aber die Hoffnung, mit diesem Ansatz in Zukunft Arbeit einzusparen, weil aufwendig erstellte multimediale Lehrmodule wiederverwendet werden, ähnlich der Wiederverwendung von Softwaremodulen in der Softwaretechnik. Das Softwaresystem, das diese Absicht unterstützt, heißt COMPANION. Es wurde in einer Diplomarbeit konzipiert und wird im Rahmen des Verbundes realisiert. Darüber hinaus steht der Verbund in Verhandlungen mit kommerziellen Partnern, um dieses zu kommerzialisieren und damit langfristig verfügbar zu machen.

Der Projektbereich *Inhalte* will exemplarisch Lehrstoffe modularisieren und multimedial aufbereiten:

▸ *Einführung in die Informations- und Kommunikationstechnik*
Ein Arbeitsbereich behandelt die aufwendige Erstellung von Systemen zur Animation und Visualisierung von Algorithmen. Ein zweiter entwickelt die Inhalte für ein Internet-COMPANION. In einem dritten wird im Zusammenhang mit der laufenden Anfängervorlesung Informatik I ebenfalls ein entsprechender COMPANION erarbeitet.

▸ *Vernetztes Wissen: Kunst – Kultur – Technik*
Nicht nur technikorientierte Gebiete sollen sich der Multimediatechnik bedienen, auch die Geisteswissenschaften und Künste können besonders von der Assoziationsfähigkeit der Rechner und der multimedialen Darstellung ihrer Inhalte profitieren. Es sind im Entstehen:

- Interaktive Architekturgeschichte: CDRom „Weiße Vernunft – Siedlungsbau der 20er Jahre",
- Multimediales Wörterbuch deutscher Bildungsbegriffe: Stichwort „Rhein",
- Ein Gothik – COMPANION,
- Musik und Musiktechnologie im kulturellen Kontext: Wagner, romantische Musik; Berg-Webern-Schönberg, Musik des 20. Jahrhunderts; Nancarrow u.a., zeitgenössische Musik; Musiktechnologie, Musiktechnik im 20. Jhdt.

▸ *Informationssysteme*
Nach einer sorgfältigen Planung wurde dieser Lehrstoff in Module zerlegt und es entstehen derzeit multimediale Module zum Themengebiet „Datenbanksysteme": nämlich zur Relationentheorie und Normalisierung, zur Ablaufmodellierung und zum Datenbank-Entwurf. Außerdem wurde ein Betreuungskonzept für Studenten entwickelt.

▸ *Mathematik für Nichtmathematiker*
Das ist ein relativ kleines Projekt, das jedoch angesichts der TIMMS-Studie zu den Fähigkeiten deutscher Schüler in Mathematik große Bedeutung haben kann. Das Ergebnis soll dem vorlesungsbegleitenden Einsatz oder dem Selbststudium dienen. Die didaktische Methode besteht in einer induktiven und problemorientierten Vorgehensweise. Erster Gegenstand ist die Finanzmathematik. Weitere, wie Lösungsstrategien, deskriptive Statistik, Grundlagen, Graphentheorie, Zahlentheorie, Geschichte der Mathematik und Wahrscheinlichkeitsrechnung werden folgen.

Der dritte Projektbereich ist der *Didaktik und Evaluation* gewidmet:

▸ *Didaktik multimedialer und virtueller Lehr- und Lernformen*
Seminarkonzept/Dozententraining für die Teilprojekte und deren

didaktisch/methodische Beratung. Dabei steht die Modularisierung und der Einsatz von COMPANION im Vordergrund. Es wird ein Didaktik-Handbuch entwickelt und laufend ergänzt, ferner ein Trainingsmodul für Screen Design, benutzerfreundliche Schnittstellen, sowie Erschließungs- und Navigationskonzepte.

▸ *Evaluation und wissenschaftliche Begleitforschung*
Naturgemäß kann damit so richtig erst gegen Ende des Verbundes begonnen werden, denn dann erst sind die Lehrstoffe einsatzbereit. Die ersten Leitfadeninterviews und ihre Auswertung (WS 98/99) ergaben nicht unerwartet, dass u.a die Kooperation zwischen den Teilprojekten nicht einfach und der Bedienungskomfort multimedialer Werkzeuge ein neuralgischer Punkt ist. Derzeit werden Messinstrumente für die Evaluation von Lehr-/Lernmodulen (WS 99/00) und empirische Pretests von Fragebögen entworfen.

Die Arbeiten in ViKar sollen helfen, auch das bestehende Lehrangebot der Universität zukünftig zu virtualisieren. Dazu wird das in der Fakultät für Informatik eingerichtete „Zentrum für Multimedia (ZeMM)" mit dem Rechenzentrum der Universität zusammenarbeiten: das Rechenzentrum fungiert als Dienstleister und wird zusammen mit dem ZeMM neue Techniken und Anwendungen entwickeln. Den Aufwand, der damit verbunden ist, darf man nicht unterschätzen, insbesondere die notwendige Vereinheitlichung des Angebots im Netz sowie dessen Verwaltung wäre eine neue und herausfordende Aufgabe der Universitätsbibliothek. Auch wird das Fernstudienzentrum in diese Aufgabe mit einbezogen. Es hat schon längere Zeit Erfahrung bei der mediengestützten Weiterbildung gesammelt und soll im Hinblick auf die genannten neuen Aufgabengebiete zu einem „Zentrum für Selbststudium und Mediendidaktik" ausgebaut werden.

Es seien jetzt noch einige Anmerkungen zu den Möglichkeiten der Virtualisierung von Lehrstoffen gemacht. Grundsätzlich ist damit gemeint, dass die Lehrstoffe multimedial präsentiert und mit Hilfe der Telekommunikation oder von Datenträgern verteilt werden. Das bedeutet, dass Lehrstoff nicht nur über das Netz, sondern auch mittels CDRom zum Studenten gebracht wird, und sicherlich wird in vielen Fällen eine Mischform genutzt werden: das was unveränderlich feststeht, liegt auf der CDRom, und das, was aus verschiedensten Gründen nicht auf der CDRom untergebracht werden kann, sei es, weil es zu umfangreich ist oder aber sich dauernd verändert, wird über das Netz abgerufen.

Insbesondere aber wird die für den Lehrerfolg so wichtige Betreuung über Netz erfolgen. Hierfür gibt es schon recht komfortable Systeme, bei denen Tutor und Student eine gemeinsam benutzbare, virtuelle Tafel (sog. *whiteboard*) haben, auf die beide schreiben oder Inhalte von Rechnerschirmen (oder auch anderes) projizieren können, und die akustischen Kontakt zwischen beiden erlauben – die Konterfeis der beteiligten Personen sind außer zu Beginn der Sitzung nicht so notwendig. Man ersieht daraus, dass das etwas archaische *Chatten*, d.h. die Unterhaltung gewissermaßen qua Schreibmaschine, das gewiss nicht den Anforderungen einer didaktisch befriedigenden Betreuung genügt, durch wesentlich bessere Betreuungshilfen abzulösen ist.

Ob nun die Lehrstoffe über Netz oder mit CDRom übertragen werden, der Begriff *multimedial* umfasst eine ganze Palette, die von einfachen Texten über komplizierte Fallstudien, die mit Tafel und Kreide oder Folien gar nicht mehr zu behandeln sind, bis hin zu ausgefeilten, animierten und interaktiven Simulationen oder Animationen reicht. Gerade die letzteren hat man bei dem Begriff multimedial vor Augen, und sie sind es auch, deren Realisierung immens hohen Aufwand verlangen. Sie haben aber auch eine hohe Anziehungskraft und bergen viele Möglichkeiten: wen begeistert es nicht, wenn ihm die Kraftflüsse im steinernen Strebewerk eines gotischen Domes dynamisch unter Wind- oder Schneebelastung gezeigt werden; wer freut sich nicht darüber, wenn ihm im obengenannten „Wörterbuch deutscher Bildungsbegriffe" etwa zum Thema „Impressionismus" auf Mausklick hin Textstellen, Gemälde und Musik, kurz alle möglichen Assoziationen, die man mit diesem Begriff verbinden kann, mühelos auf den heimischen Rechner gespielt werden (bedauerlicherweise ist das Wörterbuch noch nicht beim Eintrag Impressionismus!); wer bekommt nicht ein ganz anderes Verständnis, wenn er experimentell Sinusschwingungen zu periodischen Vorgängen zusammensetzen oder, umgekehrt, eine harmonische Analyse solcher Vorgänge ohne den bei analytischer Behandlung hohen Rechenaufwand durchführen kann?

Neben den genannten Erweiterungen der Lehr- und Lernmöglichkeiten ist es vor allem die Aufhebung der Orts- und Zeitbindung für das Lernen, die die Virtualisierung der Lehre für den Studenten attraktiv macht: er kann sich seine Zeit freier einteilen, das Studium seinen Lebensumständen besser anpassen und das Lerntempo selber bestimmen. Das ist vor allem für die Weiterbildung von Bedeutung, verlangt aber auch ein bedeutend höheres Maß an Disziplin vom Studenten.

Bei aller Faszination der multimedialen Technik und dem unbestreitbar damit verbundenen Potential für die Erneuerung universitärer Lehre bleibt jedoch eine Gewissheit: Die direkte Kommunikation – der Disput mit dem Dozenten, die Lerngruppe, nicht zuletzt die Kaffeepause – und bestimmte reale Erfahrungen können und sollen durch virtuelles Lehren und Lernen nicht ersetzt werden.

| International Tele-University Germany

Ein langgehegtes Vorhaben soll abschließend vorgestellt werden, das der International Tele-University Germany (INTUG). Sie will ausländische Studenten wieder in höherem Maße für ein Studium in Deutschland motivieren, denn solche Absolventen tragen ihre gesammelten Erfahrungen in die Welt hinaus und nur so werden langfristige Bindungen zum Wohle unserer Volkswirtschaft geschaffen. Da die wissenschaftliche Lingua franca das Englische ist, soll die Lehre in englischer Sprache erfolgen. Die Studiengänge, die mit dem Grad eines Masters abschließen, sollen – und das ist das Novum –

in zwei Phasen durchgeführt werden: die erste dient den eher theoretischen Studieninhalten, die mittels Telekommunikationstechniken an den Heimatort der Studenten transportiert werden, und in der zweiten sollen sie das Programm an einer der beteiligten Universitäten zum Abschluss bringen. Eines der Hauptanliegen der INTUG ist dabei, dass sie sich über Studiengebühren finanziert und zu einer wirtschaftlich selbstständigen Einrichtung, die jedenfalls nicht von öffentlichen Mitteln abhängt, entwickelt. Das ist der eine Grund, weshalb die Wirtschaft in die INTUG eingebunden werden sollte, der andere ist, dass die INTUG im Laufe der Zeit für die Wirtschaft und in Zusammenarbeit mit ihr Weiterbildungsangebote auflegen will.

Das Land Baden-Württemberg hat sich frühzeitig dahingehend geäußert, dass es unsere Idee unterstützen würde. Voraussetzung allerdings sei, wie auch von der Wirtschaft gefordert, der wir unser Konzept vorstellten und von der wir ebenfalls finanzielle Unterstützung erbaten, dass eine Marktanalyse durchgeführt werden müsse. Sie konnte mit Unterstützung der vier Universitäten und des Ministeriums für Wissenschaft, Forschung und Kunst Baden-Württemberg im Laufe des Jahres 1999 in Auftrag gegeben werden und wurde im Dezember 1999 von der Deutschen Gesellschaft für Mittelstandsberatung (DGM) abschließend vorgelegt.

Die Marktanalyse ergab kurz gefasst und unter Weglassung aller Details:

▸ Die Ergebnisse der befragten Botschaften bestärken uns in dem Vorhaben.

▸ Die Wirtschaft begrüßt die Initiative der vier Universitäten als eine innovative Idee.

▸ Die Wirtschaft investiert kein Geld in eine allgemeine Ausbildung ausländischer Studenten.

▸ Die Wirtschaft ist in hohem Maße an einer universitären Weiterbildung interessiert und nennt dabei als vordringlich die Fächer Informatik, Betriebswirtschaftslehre, Wirtschaftsingenieurwesen und weitere Ingenieurfächer wie Elektrotechnik oder Maschinenbau.

Dieses nicht ganz unerwartete Ergebnis veranlasste die Steuergruppe der INTUG, die Reihenfolge des Vorgehens umzukehren. Um dem schon lange angemahnten Weiterbildungsauftrag der Universitäten nachzukommen, wird die INTUG, die nach wie vor wirtschaftlich selbstständig als Produktions- und Vertriebsgesellschaft fungieren will, zunächst multimediale Weiterbildungsangebote für die Wirtschaft entwickeln.

Hat sie damit Erfolg, und davon gehen die Initiatoren aus, so soll mit dem dann gewonnenen Renommee und verdienten Geld die ursprüngliche Idee verwirklicht werden, wobei Teile der Weiterbildungsmodule in das Erststudium integriert werden sollen. Details werden in der ersten Hälfte des Jahres 2000 festzulegen sein.

Die offene Universität

Zu Beginn des 21. Jahrhunderts sehen sich die Universitäten gewaltigen Herausforderungen gegenüber. Die Globalisierung der Märkte, die unaufhaltsame Umstrukturierung des ökonomischen Faktors Arbeit und die entsprechenden Erwartungen an das Hochschulsystem gefährden das Humboldtsche Universitätsideal der Einheit von Forschung und Lehre. Der neoliberale Diskurs besteht auf der Übertragung von strikt betriebswirtschaftlichen Kriterien auch auf die staatliche Institution „Hochschule", die sich mit ihren vielfältigen gesellschaftlichen Aufgaben nur bedingt mit dem ökonomischen Instrumentarium erfassen lässt.

In diesem gesellschaftlichen Spannungsfeld stellt sich für die Universität eine Reihe von Fragen: Wie können Elemente der Leistungskontrolle und des Wettbewerbs sinnvoll in Forschung und Lehre eingebracht werden? Wie verändert sich das Wechselspiel von öffentlich und privat finanzierter Forschung bei dem enger werdenden Finanzrahmen der Hochschulen? Welches ist die Rolle der nach wie vor unabdingbaren Grundlagenforschung, wenn der angewandten Forschung aus ökonomischen Überlegungen ein größerer Stellenwert eingeräumt wird?

Wie immer man diese Fragen auch beantworten mag, eines ist sicher: die Hochschule muss mit einer bewussten Öffnung hin zur Gesellschaft auf diese Herausforderungen reagieren, sie muss der wachsenden Bedeutung gerade der technisch-naturwissenschaftlich ausgerichteten Universitäten in der Wissensgesellschaft gerecht werden, sei es als kompetente Beratungsinstanz für Politik, Medien und Bürger, sei es als mächtiger wirtschaftlicher Faktor für ganze Volkswirtschaften oder ganz unmittelbar für die eigene Region.

Die Fridericiana sieht sich diesen Aufgaben aus einer langen Tradition heraus – eigentlich bereits mit ihrer Gründungsurkunde – verpflichtet. Sie stellt sich ihnen auch heute und um so mehr unter den veränderten Bedingungen an der Schwelle des neuen Jahrhunderts.

D1 Die Universität und ihre Rolle für Politik, Wirtschaft und Gesellschaft

L. Späth

Es sind nicht eben positive Assoziationen, die sich mit den deutschen Universitäten und dem deutschen Hochschulwesen der Gegenwart verbinden. Der Reformeifer der 70er Jahre ist einer weitverbreiteten Agonie, zumindest aber Ratlosigkeit gewichen. Verständlich ist das vor dem Hintergrund der hochfliegenden Erwartungen, die an die Hochschulen als Ausgangspunkt einer neuen Aufklärung gestellt wurden. Schon die Ziele, die dem „Öffnungsbeschluss" von 1977 zugrunde lagen, waren zu widersprüchlich, um realisiert zu werden. Die Vorstellung von Universitäten als Bildungseinrichtung für eine „Massenelite" barg das Scheitern förmlich in sich. Mit dem politischen Klimawechsel in den 80er Jahren blieben sie als Modernisierungsruine zurück, die hehren Ziele nach egalitärer Bildung verblassten, und für die Anforderungen des Massenbetriebes sind sie bis heute nicht ausgerüstet.

In dem Maße, in dem die Universitäten hierzulande aufgegeben wurden, haben sie sich auch selbst aufgegeben. Ein Zurück in die alte Rolle der Eliteschule gibt es nicht, und ein Sich-Abfinden mit der katastrophalen Situation des real existierenden deutschen Hochschulwesens erst recht nicht. Das Korrelat einer Zwangsverwaltung von Studienplätzen ist die „Zerwaltung" an den Universitäten und die innere Emigration vieler Hochschullehrer. Die Reform der Hochschulen ist vom programmatischen Neuansatz zum pragmatischen Muddling through degeneriert. Daran ist nicht so sehr zu bedauern, dass die gesellschaftspolitische Utopie der Bildungseuphoriker nicht aufgegangen ist; sie haben der deutschen Bildungspolitik dennoch wertvolle Impulse gegeben. Bedauern muss man vielmehr, dass der gescheiterten Utopie keine realistische Vision gefolgt ist, sondern nur Stückwerk. Reförmchen haben die Reform abgelöst, und selbst diese sind häufig nur ein Herumkurieren an Symptomen, das eher die Bezeichnung „Krisenmanagement" verdient. Eine übergreifende Handlungsperspektive vermisst man daher um so schmerzlicher, als auch die Anforderungen und Erwartungen an die Hochschulen an der Schwelle zum 21. Jahrhundert merklich steigen.

Die Frage nach der Rolle der Universitäten in Politik, Wirtschaft und Gesellschaft ist also in höchstem Maße berechtigt und zeitgemäß. Dass sie von einer Universität selbst gestellt wird, ist dennoch außergewöhnlich: zum einen widerspricht es der Beobachtung, dass die Universitäten sich angewöhnt haben, ihr Heil in der vielbeschworenen „Autonomie" zu suchen. Zum anderen scheint das Thema für eine Jubiläumsschrift wenig geeignet, wo es meist eher um Rückblick als um Ausblicke geht. Beides haben die Herausgeber hinter sich gelassen, und das verdient an dieser Stelle gewürdigt zu werden.

Was also können und sollen die Universitäten unserem Land geben? Die Antworten scheinen einfach: Der Gesellschaft hervorragend ausgebildete junge Menschen, der Wirtschaft Forschungsergebnisse und Know how der Spitzenklasse und der Politik Hinweise und Anregungen für die künftige Gestaltung unseres Landes. Alles bare Selbstverständlichkeiten, so möchte man meinen. Dennoch betrachtet eine nicht geringe Zahl akademischer Vertreter diese Anforderungen als Zumutung. Studierende zu Hunderten auszubilden, zumal zu einem Brotberuf, hat für sie nichts mit akademischer Lehre zu tun. Bei der Forschung auf wirtschaftlich verwertbare Ergebnisse zu schielen, ist ihnen ein Verstoß gegen das Dogma der Zweckfreiheit einer nur dem Erkenntnisgewinn verpflichteten Wissenschaft. Und Einmischung der Universitäten in die großen Fragen unserer Zeit, dass kann den Protagonisten immer noch leicht den Ruf der wissenschaftlichen Seriosität kosten. Nicht von ungefähr bemerkt Hermann Lübbe in einer neueren Streitschrift: „Noch immer gibt es in Deutschland Residuen akademischen Lebens, in denen die Erwartung, dass die Wissenschaft sich nützlich zu machen habe, als Zumutung gilt. Humboldtianisch ist das keineswegs, wohl aber weltfremd."

Es geht also nicht nur darum, bessere Bedingungen für unsere Universitäten zu schaffen, damit sie ihren Aufgaben materiell gewachsen sind. Es geht vor allem darum, einen neuen Konsens darüber herzustellen, welchen Stellenwert akademische Bildung in Deutschland hat und welchen Anforderungen sich unsere Universitäten zu stellen haben. Das alte deutsche Hochschulmodell ist tot, das muss emotionslos erkannt werden. Nicht nur der Einstellungswandel in den Jahren '68ff., sondern der Wandel

unserer Gesellschaft schlechthin verlangt nach einer Neuformulierung des Auftrages und der Strukturen unserer Hochschulen.

Deshalb kann man den Aufruf von Ex-Bundespräsident Roman Herzog nicht ernst genug nehmen, dass „Bildung das Mega-Thema unserer Gesellschaft" werden muss. Bildung ist Ausdruck für den Zustand unserer Gesellschaft insgesamt. Sie steht in Beziehung zu den verschiedensten Aspekten unserer Gesellschaft, so auch in der Rede des Bundespräsidenten: zur Jugend, zu gesellschaftlichen und menschlichen Werten, zur geistigen Erneuerungsfähigkeit, zur Wissensgesellschaft und dem Umgang mit Technologie. Mit Bildung meint Roman Herzog explizit nicht reines Fach- und Faktenwissen, sondern die Befähigung des Menschen, sich in unserer Welt zurechtzufinden und sich in unsere Gesellschaft produktiv einzubringen.

Das ist in aller Kürze der Anspruch, dem sich auch die Hochschulen stellen müssen. Der Bildungsnotstand in Deutschland ist nicht allein durch die Krise der Schulen und Universitäten beschrieben. Es ist vielmehr ein geistiger Notstand, der sich vor allem in der vom Bundespräsidenten angeprangerten Resignation vor der Zukunft zeigt. Die Universitäten tun nicht gut daran, diese Resignation zu teilen – soviel ernstzunehmende Gründe sie dafür auch haben mögen. Sie sollten vielmehr selbst die Initiative ergreifen und definieren, worin sie ihre Rolle in der Gesellschaft des 21. Jahrhunderts sehen.

Die Informations- und Wissensgesellschaft hat der Bundespräsident als eine solche Herausforderung angesprochen. Immer mehr Menschen arbeiten weltweit in der informationstechnischen Industrie. In Deutschland wird im Jahr 2000 allein die Telekommunikationsbranche mehr Menschen beschäftigen, als der bis dahin wichtigste Wirtschaftszweig, die Automobilindustrie. Mit dieser Entwicklung geht ein Prozess einher, der durch das Wachstum von Informationsdienstleistungen und informationstechnischen Anwendungen gekennzeichnet ist. Ständig erhöht sich der Anteil der Zeit, in der Menschen mit der Beschaffung, der Auswertung und der Aufbereitung von Informationen beschäftigt sind. Längst sind sie zum vierten

Produktionsfaktor geworden, dessen Vorhandensein insbesondere die wirtschaftliche Leistungsfähigkeit der Industrieländer entscheidend beeinflusst.

Unser Bildungswesen hat auf diese Veränderungen bisher kaum reagiert. Wir leben heute in einer Epoche, in der die Halbwertszeit des Wissens beständig sinkt. Man sagt, dass sich das gesamte verfügbare Wissen der Menschheit alle fünf Jahre verdoppelt. Ein Studium in Deutschland dauert aber durchschnittlich sechseinhalb Jahre. Dabei steht immer noch die Vermittlung von Bestandswissen im Vordergrund, immer noch dominiert die Vorstellung, dass die Ausbildung in der Jugend abschließend auf das Berufsleben vorbereiten könne. Man muss dabei unwillkürlich an das augustinische Gleichnis von dem Jungen am Strand denken, der mit seiner Muschel das Meer ausschöpfen will. Ein aussichtsloses Unterfangen. Wichtig ist vielmehr, dass die Ausbildung in einem überschaubaren Zeitrahmen und in einer gewissen Breite erfolgt. Im Mittelpunkt muss künftig die Vermittlung von Zusammenhangs- und Methodenwissen stehen, mit dessen Hilfe sich Menschen das benötigte Detailwissen bedarfsgerecht selbst aneignen können.

Nicht auf bloßes Faktenwissen kommt es an, sondern darauf, wie man die steigende Wissensflut effizient bewältigt und sie auf die Mühlen der Kreativität leitet. Mehr Raum muss daher für die Entfaltung der schöpferischen Energien geschaffen werden. Nahezu alles Wissenswerte ist inzwischen in Datenbanken international verfügbar und kann auf Knopfdruck abgerufen werden. Künftig geht es darum, das verfügbare Wissen lösungsorientiert anwenden zu können. Der bekannte Philosoph und Schriftsteller Peter Sloterdijk hat dazu bemerkt, es sei gut, „wenn alles, was im Unterricht nur auf Weitersagen, auf Stoff, auf Fach beruht, verschwindet. Das sind alles Großattentate auf die menschliche Intelligenz."

Wie wichtig Kreativität für die Zukunft ist, unterstreicht ein weiterer zentraler Satz aus der Rede des Bundespräsidenten: „Innovationsfähigkeit fängt im Kopf an, bei unserer Einstellung zu neuen Techniken, zu neuen Arbeits- und Ausbildungsformen, bei unserer Haltung zur Veränderung schlechthin." Wir erleben heute, dass Defizite im Bildungswesen ihren Niederschlag im Ausbleiben von Innovationen finden. Innovation und Bildung sind für eine fortgeschrittene Industriegesellschaft wie der unseren die herausragenden Investitionssektoren. Versäumnisse und Erfolge auf diesen Gebieten haben Langzeitwirkung. Es lohnt sich also in jeder Hinsicht, zugunsten von Bildung und Forschung Abstriche in anderen Bereichen in Kauf zu nehmen. Denn die Tatsache etwa, dass wir heute real gerechnet nur noch rund halb so viel je Studierenden ausgeben wie noch vor zwanzig Jahren, wird ihre Wirkung nicht verfehlen. In vielen Bereichen zehren wir von der Vergangenheit, das ist legitim. Doch es darf nicht vergessen lassen, wovon wir in weiterer zwanzig Jahren zehren wollen.

Eine Studie des Bundesforschungsministeriums stellt jedenfalls fest, dass Deutschland bei der Spitzenforschung zurückfalle und selbst bei höherwertigen Technologien die Spitze bereits abbröckle. Deutschland droht zu einem Mekka der reifen Technologien zu werden, deren Basisinnovationen auf das ausgehende 19. Jahrhundert zurückgehen. Ohne echte Spitzenforschung bricht die technologische Nahrungskette aber ab, die Basis für künftige Erfolge auf dem Weltmarkt verengt sich zunehmend.

Nicht unterschätzen darf man auch strategische Gesichtspunkte im internationalen Wettbewerb. Die USA besetzen gezielt und erfolgreich sog. Schlüsseltechnologien. Die Tatsache, dass es in Europa lange Zeit kein abhörsicheres Verfahren zur Datenverschlüsselung gab, weil die USA die Weitergabe dieser Technologie unterbanden, zeigt, in welche Abhängigkeit von fremder Intelligenz ein ganzer Kontinent geraten kann. Hier entstehen echte Wettbewerbsnachteile, die im Nachhinein nur sehr schwer aufgeholt werden können. Die Wirtschaft kann dem Versiegen der wissenschaftlichen Spitzenleistungen in Deutschland nicht tatenlos zusehen, sie investiert dort, wo die Musik spielt. „In den letzten Jahren", so stellt die erwähnte Studie fest, „haben deutsche multinationale Unternehmen Ausweitungen ihrer FuE-Kapazitäten – wenn überhaupt

Abb. 1 Einweihung einer Glasfaserhochleistungsstrecke zwischen den Universitätsrechenzentren Karlsruhe und Stuttgart im Februar 1988

– vor allem im Ausland vorgenommen." Das Hauptzielland sind die Vereinigten Staaten.

Auch die Wissenschaft kann all dies nicht unberührt lassen. Die nationalen Innovationssysteme müssen sich dem globalen Wettbewerb stellen. Die Alternative zu weltweiter Spitzenstellung wäre der Provinzialismus einer Wissenschaft, die am versiegenden staatlichen Forschungstropf hängt. Leistungsfähige Industrien brauchen die Basis einer hochqualifizierten Forschung, doch umgekehrt gilt dasselbe. Andernfalls entsteht ein Teufelskreis, der die Zukunft des gesamten Landes gefährdet. Mit dieser Perspektive müssen wir alle uns in Deutschland auseinander setzen. Sektorale Lösungen reichen als Antwort auf die globale Herausforderung keinesfalls aus.

Nur gemeinsames Handeln auf der Grundlage geteilter Ziele kann eine tragfähige Forschungs- und Technologiebasis in Deutschland sicherstellen. Wissenschaft und Wirtschaft sind dabei natürliche Partner. Denn nur wenn die ganze Komplexität des Innovationsprozesses von allen Beteiligten verstanden und gewürdigt wird, kann neue Innovationsdynamik entstehen. Der Weg dazu muss gemeinsam freigeräumt werden. Das hat der Bundespräsident deutlich gemacht, indem er sagte: „Auch wir müssen rein in die Zukunftstechnologien, rein in die Biotechnik, die Informationstechnologie. Ein großes, globales Rennen hat begonnen: die Weltmärkte werden neu verteilt, ebenso die Chancen auf Wohlstand im 21. Jahrhundert. Wir müssen jetzt eine Aufholjagd starten, bei der wir uns Technologie- und Leistungsfeindlichkeit einfach nicht leisten können."

Damit dieser Appell des Bundespräsidenten fruchten kann, braucht unser Land eine gesellschaftlich emanzipierte Wissenschaft. Von einer solchen erwartet man, dass sie neben ihren Bedürfnissen auch ihre Beiträge zur Gestaltung einer lebenswerten Zukunft in Deutschland deutlich macht und sich in die Diskussion über alle zukunftsrelevanten Fragen einbringt. Dazu ist das verstärkte Bekenntnis zur Notwendigkeit und Effektivität des eigenen Tuns ein erster wichtiger Schritt. Es ist Aufgabe der Wissenschaft, die Öffentlichkeit offensiv über Forschung aufzuklären (und zwar nicht nur über deren mögliche Gefahren) und auf wirtschaftliche Interessenten an ihrer Arbeit zuzugehen.

Die Erneuerung unseres Landes muss maßgeblich von den Bereichen Bildung und Forschung ausgehen. Sie kann aber keinesfalls auf sie beschränkt bleiben. Alle sind aufgerufen, an ihrem Platz in der Gesellschaft zu handeln, Risiken zu übernehmen und ein Stück Zukunft zu gestalten. Nicht Abwarten, bis andere den ersten Schritt tun, sondern Eigeninitiative muss unser künftiges Handeln bestimmen. Das rituelle Abschieben von Verantwortung reihum auf andere entlarvt all jene, die keine Antwort auf die Frage nach ihrem eigenen Beitrag zu unserer gemeinsamen Welt von morgen haben. Die Resonanz, die die Worte des Bundespräsidenten in der breiten Öffentlichkeit gefunden haben, lässt erkennen, dass die Deutschen zu Taten bereit sind und Taten sehen wollen. Die deutschen Hochschulen sind gut beraten, sich in diese Diskussion aktiv einzumischen und ihren Beitrag für die Zukunft unseres Landes offensiv zu formulieren.

 Der Innovationspakt –
Vorteile und Hindernisse bei der Kooperation
zwischen Wirtschaft und Wissenschaft

H. G. Gemünden

Die Universitäten sehen sich vielfacher Kritik ausgesetzt. Diese richtet sich gegen die Inhalte und Methoden der Ausbildung, die Qualität und Praxisrelevanz der Forschung und nicht selten auch gegen ihre Teilnahme an politischen Entscheidungsprozessen. Es ist müßig, diese Kritik im Einzelnen zu wiederholen, sie ist oft genug geäußert worden und hinreichend bekannt. An dieser Stelle soll es um eine empirische Überprüfung einer der beiden zentralen Funktionen der Universitäten gehen, nämlich um die gesellschaftliche Relevanz ihrer Forschung.

Wenn es um die Qualität und Relevanz der Forschung geht, dann unterwirft sich der Universitätsprofessor nicht nur seinem eigenen Gewissen, sondern auch dem Urteil der Kolleginnen und Kollegen. Ob es um die Annahme von Publikationen in renommierten Zeitschriften, um die Vergabe von Drittmitteln für Forschungsprojekte oder um die Berufung von Kolleginnen oder Kollegen geht, stets muss in streng geregelten Prozeduren die Qualität und Relevanz der Forschung begutachtet werden.

Diese vielfach tradierte Vorgehensweise mag dazu beitragen, dass wissenschaftlicher Sachverstand in Entscheidungen einfließt, aber sie sichert keinesfalls, dass die Universitäten Dinge erforschen, die für die Wirtschaft als Ganzes oder einzelne Unternehmen von ökonomischem Nutzen sind und zur Aufrechterhaltung und Verbesserung unserer Volkswirtschaft beitragen. Mancher Politiker äußert die Sorge, dass ein solches Begutachtungssystem die Forschung der Universitäten immer weiter von wirtschaftlichen Verwertungsmöglichkeiten entfernt. Die Frage ist deshalb berechtigt, ob es sich denn für die Unternehmen überhaupt (noch) lohnt, mit Universitäten zu kooperieren und gemeinsame Forschungsanstrengungen durchzuführen.

Wären diese Sorgen wirklich begründet, so müssten sich die Unternehmen längst von den Universitäten abgewandt haben und keine Kooperationen mit ihnen mehr durchführen. Das Gegenteil ist jedoch der Fall: Wir beobachten seit den 80er Jahren eine enorme Zunahme von Forschungs- und Entwicklungskooperationen zwischen Universitäten und Unternehmen, und zwar nicht nur in Deutschland, sondern in der ganzen westlichen Welt. Dieser Trend wird durch eine Vielzahl von Untersuchungen bestätigt. Er hat sich in den letzten Jahren durch die Globalisierung der Wirtschaft, die Entstehung neuer Technologien und Märkte und vor allem durch das Internet sogar noch beschleunigt und wird in Zukunft eher noch zunehmen als sich rückläufig entwickeln.

Man mag dagegen einwenden, dass ein Großteil der Kooperationen zwischen Unternehmen und Universitäten darauf beruhen, dass sie durch öffentliche Förderprogramme finanziell erheblich unterstützt werden und nur deshalb durchgeführt werden – man denke nur an die großen Verbundforschungsprogramme des BMBF oder an die Rahmenprogramme der Europäischen Union, wie z.B. ESPRIT oder BRITE/EURAM. Diese Förderung ist nicht unumstritten: Kritiker bemängeln den hohen bürokratischen Aufwand, die politische Einflussnahme auf die Vergabe der Fördermittel, hohe Mitnehmereffekte, eine Benachteiligung von kleineren und mittleren Unternehmen sowie einen zu geringen Nutzen, gemessen an Wirtschaftswachstum und Arbeitsplatzeffekten.

Auch in Bezug auf diese Programme ist jedoch einer überzogenen Kritik entgegenzutreten: Der Aufwand für einen Antrag im ESPRIT-Programm ist nach einer von uns betreuten Studie recht hoch:[1] Von jedem der durchschnittlich sieben bis acht Partner eines geförderten Projektes wurden im Mittel drei bis vier Monate an Zeit investiert. Es werden jedoch ca. 75% der Anträge abgelehnt und die angenommenen Anträge müssen im Durchschnitt eine 25%ige Mittelkürzung hinnehmen. Deshalb muss man schon einen „guten" Antrag formulieren, damit sich die Mühe lohnt.

Es kann jedoch nicht damit getan sein, eine Förderung von der EU zu erreichen, auch wenn dieses Nahziel für die meisten Antragsteller eine „conditio sine qua non" für das Projekt darstellt. Zum einen deckt die EU-Förderung bei den Firmen nur maximal die Hälfte der im Projekt entstehenden Kosten ab, d. h. die Vorlaufkosten und die Nachfolgekosten werden gar nicht übernommen, zum anderen hätte man die Forscher und Entwickler auch an andere Projekte setzen können, bei denen vielleicht eine höhere Wertschöpfung möglich gewesen wäre. Daher muss es auch im Interesse der Fir-

men sein, möglichst erfolgversprechende Konsortien zu bilden und die geförderten Projekte möglichst gut zu managen.

Interessant ist in diesem Zusammenhang folgender Befund: Nur ca. ein Viertel der Firmen hätte das Projekt auch dann durchgeführt, wenn es keine öffentliche Förderung gegeben hätte, wobei diese Aussage nicht statistisch signifikant zusammenhängt mit dem späteren Projekterfolg. Aber: etwa 40% der Unternehmen, deren Projekte erfolgreich verliefen, beabsichtigen mit den neu kennengelernten Partnern weitere Projekte durchzuführen, und zwar auch dann, wenn es dafür keine öffentliche Förderung gibt. Bei den Unternehmen, deren Projekte erfolglos verliefen, sind dies nur 20%. Das Kennenlernen guter Partner stellt somit eine langfristig wirkende Potentialgröße dar. Man kann es auch so formulieren: Wer sich in einem Projekt lediglich als „Mitnehmer" profiliert, der wird es deutlich schwerer haben, in Zukunft Partner zu finden, die wieder mit ihm zusammenarbeiten wollen.

In der in sechs Sprachen und zehn Ländern durchgeführten Studie des Institutes für Angewandte Betriebswirtschaftslehre und Unternehmensführung und des Institutes für Programmstrukturen und Datenorganisation über ESPRIT-Projekte konnte auch gezeigt werden, dass solche Verbundforschungsprojekte um so erfolgreicher verlaufen, je höher das Kompetenzniveau und die Synergien der beteiligten Partner, je stärker das Vertrauen und Commitment der Partner und je klarer und kompatibler die Zielvorstellungen des beantragten Projektes sind. Bei Projekten mit solchen Startbedingungen ergibt sich ein besseres Projektmanagement, gemessen an der Qualität von Kommunikation, Planung und Controlling, eine höhere Stabilität der ursprünglich verfolgten Ziele und ein selteneres Auftreten von eskalierenden Konflikten. Alles zusammengenommen bewirkt einen höheren technischen Erfolg, gemessen am Zielerreichungsgrad der implementierten Systeme.[2]

Dieser Befund macht deutlich, dass auch Universitäten wertvolle Partner für die Wirtschaft sein können und dass sie in erfolgreiche Verbundforschungsprojekte die gleichen Qualitäten einbringen müssen, nämlich Fachkompetenz, Sozialkompetenz und Methodenkompetenz, wie sie in Forschungs- und Entwicklungskooperationen zwischen Unternehmen auch benötigt werden.

Der Befund hat natürlich auch eine Kehrseite: Wenn Universitäten von Verbundforschungsprojekten profitieren wollen, dann müssen auch sie Partner aus der Wirtschaft suchen, die die entsprechenden Anforderungen erfüllen. Das Karlsruher Forschungszentrum Informatik (FZI) hat die Ergebnisse der Studie über die ESPRIT-Projekte aufgegriffen und seine Suche und Auswahl von Partnern aus der Wirtschaft strategisch entsprechend ausgerichtet. So kam es zu einem erheblichen Erfolg, der sich nicht nur in technisch besseren Lösungen, sondern auch in wirtschaftlichem Aufschwung der Unternehmen und in neuen Projektmitteln für das FZI niederschlug.

Auch wenn man sich bei dieser Studie auf die Urteile vieler Projektleiter stützen kann, bleibt doch die Frage, ob man die Befunde eines so speziellen Programmes, das der Förderung vorwettbewerblicher Vorhaben dient, verallgemeinern darf und hieraus weitreichende Schlüsse auf den generellen Nutzen von Forschungskooperationen mit unseren Universitäten ziehen darf.

In diesem Zusammenhang gehören Ergebnisse einer zweiten Forschungsgruppe am Institut für Angewandte Betriebswirtschaftslehre und Unternehmensführung, die sich seit Anfang der 90er Jahre den Innovationsnetzwerken von Unternehmen widmet. Ausgangspunkt dieser Forschung ist die Hypothese, dass die Unternehmen zur Entwicklung und Vermarktung von Produkt- und Prozessinnovationen externe Partner benötigen, weil das betrachtete Unternehmen nicht die Kapazität, die finanziellen Mittel oder das Risikoabsorptionspotential besitzt, oder weil es sich aus ökonomischen Gründen auf Kernkompetenzen fokussiert, bei denen es billiger und/oder besser ist als andere.

Für eine technologieorientierte Zusammenarbeit stehen verschiedene potentielle Partner zur Verfügung:

▸ *Kunden.* Im Rahmen des Innovationsprozesses kommt Kunden nicht ausschließlich die Rolle des Käufers eines innovativen Produkts zu. Bereits bei der Entwicklung können Kunden Innovationsziele vorgeben, Innovationsdruck ausüben und technologisches Know-how einbringen. Darüber hinaus können Kunden Referenz- und Diffusionswirkungen entfalten.

▸ *Zulieferer.* Zulieferer können den Innovationsprozess eines Unternehmens durch neuartige Maschinen und Ausrüstungsgegenstände, durch innovative Produkte und Komponenten, die in die Endprodukte des Verwenders eingehen, oder durch administrative und organisatorische Anpassungen unterstützen.

▸ *Forschungseinrichtungen.* Forschungseinrichtungen streben permanent nach Erkenntnisgewinn und verfügen daher über hervorragendes Wissen. Durch diese Ausrichtung sind es die Mitarbeiter von Forschungseinrichtungen gewohnt, sich in neue Wissensgebiete einzuarbeiten und existierende Lösungen zu hinterfragen. Darüber hinaus besitzen diese Institutionen teilweise modernste Test- und Prüfanlagen.

▸ *Wettbewerber.* Insbesondere bei aufwendigen Innovationsprojekten sind Wettbewerber als Partner gefragt, da erst durch eine Poolung der Ressourcen und durch eine Verteilung des Misserfolgsrisikos die Entwicklung begonnen werden kann. Weitere Potentiale sind in der Entwicklung gemeinsamer Normen und Standards sowie in einem Machtzuwachs etwa gegenüber Zulieferern zu sehen.

▸ *Berater.* Berater können den Unternehmen innovations-orientierte Dienstleistungen zur Verfügung stellen, beispielsweise Marktanalysen zur Identifikation neuer Produktideen, Analysen des Beschaffungsmarkts zur Verbesserung der Beschaffungssituation, Prozessanalysen zur Effizienzsteigerung der Produktions- und Verwaltungsprozesse. Besondere Bedeutung erlangt hierbei das Know-how der

Berater über andere Unternehmen innerhalb und außerhalb der Branche.

Über die genannten Partnertypen hinaus stellen auch öffentliche Einrichtungen und Zwischenhändler weitere potentielle Partner dar. Abbildung 1 fasst die Potentiale einer Zusammenarbeit mit typischen Markt- und Technologiepartnern zusammen.

Aus der Sichtweise eines innovierenden Unternehmens sind die Universitäten, die zur Gruppe der Forschungsinstitutionen gehören, nur einer von mehreren möglichen Kooperationspartnern. Die Kooperationskapazität der Unternehmen ist knapp. Sie wird an die Partner verteilt, die am meisten zu bieten haben. Dies bedeutet: Das Unternehmen wird nur dann langfristig und nachhaltig mit einer Universität kooperieren, wenn es einen nennenswerten wirtschaftlichen Vorteil hat. Dieser Vorteil sollte sich nicht nur im Erfolg einzelner Projekte niederschlagen, sondern im gesamten wirtschaftlichen Innovationserfolg eines Unternehmens.

Welche Akteursgruppe verspricht nun den höchsten Beitrag zum Innovationserfolg?

Die Ergebnisse der *Karlsruher Netzwerkstudien* zum Einfluss der technologischen Verflechtung zeigen eindeutig:[3]

- Kooperationen mit Kunden, Lieferanten, Universitäten, Fachhochschulen und Forschungseinrichtungen steigern den Erfolg von Produkt- und Prozessinnovationen.
- Kleine und mittlere Unternehmen haben höhere Kooperations-Barrieren, vor allem gegenüber Universitäten, Fachhochschulen und Forschungseinrichtungen.

Aber: Wenn sie kooperieren, dann profitieren sie in gleicher Weise wie große Unternehmen.

- Kleine und mittlere Unternehmen können ihre Kooperationsbarrieren überwinden.
- Kleine und mittlere Unternehmen in Technologieparks oder im Portfolio von Venture-Capital-Gesellschaften entwickeln größere und intensiver verflochtene Netz-

werke. Sie erzielen einen höheren Innovationserfolg und wachsen deutlich schneller.

- Die Wettbewerbsstrategie ist eine treibende Kraft für den Aufbau, die Pflege und die Nutzung von Netzwerken.

Unternehmen mit einer technologiebasierten Wettbewerbsstrategie investieren nicht nur mehr in die eigene Forschung und Entwicklung; sie unterhalten auch wesentlich mehr und erheblich intensivere Innovationskooperationen.

Interessant ist bei diesem Gesamtergebnis, dass Kooperationen mit Universitäten und Forschungseinrichtungen sich bei nahezu allen Branchen und Betriebsgrößen lohnen und dass der positive Einfluss dieser Akteursgruppe besonders stark ist, vor allem dann, wenn die Unternehmen eine Technologieführerschaft anstreben und/oder wenn der Innovationsgrad von Produkten oder Prozessen besonders hoch ist. Das sind dann aber genau die Fälle, in denen man sich erhofft, dass Universitäten die Wirtschaft vorantreiben.[4]

Aus der Sicht der untersuchten Unternehmen – und es wurden in den letzten 10 Jahren mehr als 2.000 Netzwerke analysiert – ergeben sich durch die Zusammenarbeit mit Hochschulen klare Wettbewerbsvorteile, die sich in einem höheren Umsatz mit neuen Produkten, Kostensenkungen und einem größeren Anteil erfolgreicher Produktinnovationen am Markt niederschlagen.

Aber: Die möglichen Vorteile werden noch lange nicht ausreichend genutzt. Es gibt vielfältige Barrieren des Nicht-Voneinander-Wissens, Nicht-Zusammenarbeiten-Wollens, -Könnens oder -Dürfens, die ein Zustandekommen oder einen erfolgreichen Verlauf von Kooperationen behindern. Daher ist durchaus nicht jede Kooperation ein Erfolg und durchaus nicht jeder Partner geeignet. Es gibt vielmehr eine ganze Reihe von Herausforderungen, die es zu bewältigen gibt. So konnten wir in einer empirischen Studie der Technologietransferprojekte des Forschungszentrums Karlsruhe feststellen, dass sich zur Überwindung der Barrieren eines Technologietransfers zwischen Forschung und

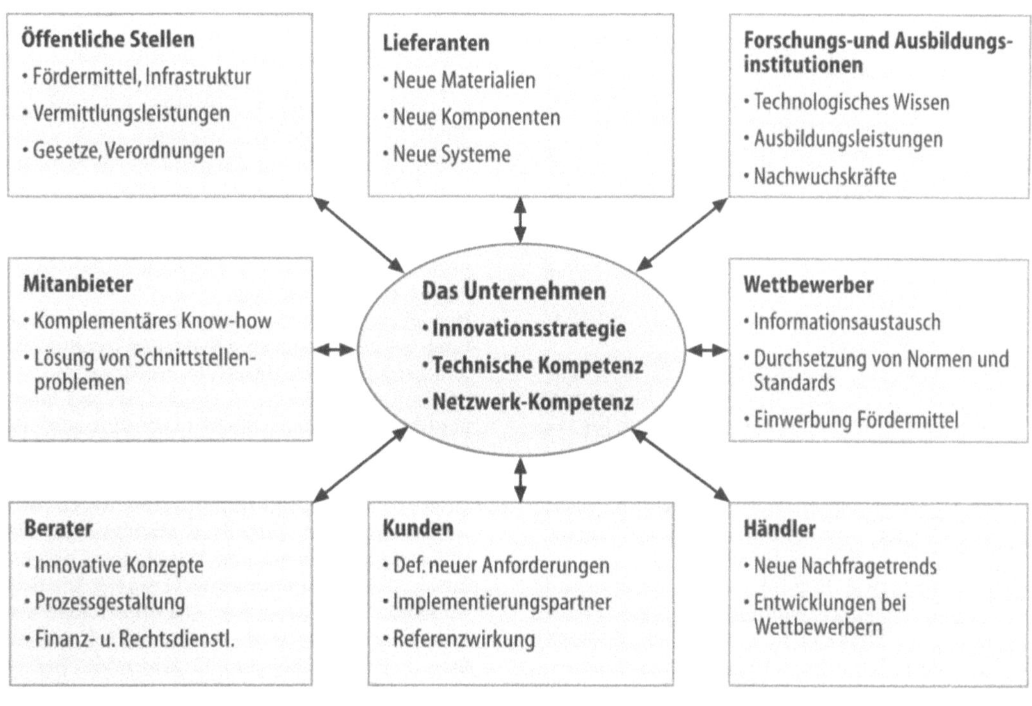

Abb. 1 Die Unternehmung im Innovationsnetzwerk

Unternehmen Beziehungspromotoren auf Seiten beider Kooperationspartner empfehlen.[5]

Doch diese gehören bereits zum Alltag des Technologie- und Innovationsmanagements. Und so ist es auch mit den Forschungskooperationen mit Universitäten: Sie sind schon lange Routine bei vielen Unternehmen, insbesondere bei solchen, die sich im Wettbewerb erfolgreich behaupten.

Literatur

[1] Brockhoff, K. (1999): Zum Transfer von Ergebnissen öffentlicher Grundlagenforschung in die Wirtschaft. Zeitschrift für Betriebswirtschaft, Jhg. 69, S. 1331–1350.

[2] Gemünden, H.G. (1995): Technologische Verflechtung, Innovationserfolg und „Dimensionierung" des Unternehmens. In: R. Bühner, K. D. Haase und J. Wilhelm (Hrsg.): Die Dimensionierung des Unternehmens. Tagungsband zur Jahrestagung des Verbandes der Hochschullehrer für Betriebswirtschaft 1994 in Passau. Stuttgart: Schäffer-Poeschel, S. 279-301.

[3] Gemünden, H.G. und Heydebreck, P. (1995): The Influence of Business Strategies on Technological Network Activities. Research Policy, Jhg. 24, S. 831–849.

[4] Gemünden, H. G., Heydebreck, P. und Herden, R. (1992): Technological Interweavement: A Means of Achieving Innovation Success. R&D Management,. Jhg. 22, Heft 4, S359–376.

[5] Gemünden, H. G., Högl, M., Lechler, Th. und Saad, A. (1999): Starting Conditions of Successful European R&D-Consortia. In: J. Hauschildt, K. Brockhoff und A. Chacrabarti: The Dynamics of Innovation. Implications for Strategy and Management. Heidelberg: Springer, S. 237–275.

[6] Gemünden, H. G., Lockemann, P., Lechler, Th. und Saad, A. (1998): Erfolgreiche Startbedingungen internationaler F&E-Kooperationen – Formulierung eines theoretischen Grundmodells. In: Franke, N. (Hrsg.): Innovationsforschung und Technologiemanagement – Gedenkschrift für Prof. Dr. Stephan Schrader. Wiesbaden: Gabler, S. 129-137.

[7] Gemünden, H.G. und Ritter, Th. (1998): The Impact of Radical Environmental Change on a Company's Network Activities. An Empirical Study in East and West Germany. In: S. Urban (Hrsg.): From Alliance Practices to Alliance Capitalism. Wiesbaden: Gabler, S. 95–130.

[8] Gemünden, H.G. und Walter A. (1996): Förderung des Technologietransfers durch Beziehungspromotoren. Zeitschrift Führung Organisation, Jhg. 65, Heft 4, S. 237–245.

[9] Heydebreck, P. (1996): Technologische Verflechtung: ein Instrument zum Erreichen von Produkt- und Prozeßinnovationserfolg, Frankfurt/M.

[10] Peters, J. und Becker, W. (1999): Hochschulkooperationen und betriebliche Innovationsaktivitäten. Zeitschrift für Betriebswirtschaft, Jhg. 69, S. 1293–1330.

[11] Ritter, Th. (1998): Innovationserfolg durch Netzwerk-Kompetenz: Effektives Management von Unternehmensnetzwerken. Wiesbaden: Gabler.

[12] Ritter, Th. und Gemünden, H. G. (1998): Die netzwerkende Unternehmung: Organisationale Voraussetzungen netzwerk-kompetenter Unternehmen. Zeitschrift Führung Organisation, Jhg. 67, Heft 5, S. 260–265.

[13] Saad, A. (1998): Anbahnung und Erfolg von europäischen kooperativen F&E-Projekten. Frankfurt: Lang.

[14] Walter, A. (1998): Der Beziehungspromotor. Ein personaler Gestaltungsansatz für das Relationship Marketing. Wiesbaden: Gabler.

Anmerkungen

1 Vgl. hierzu Saad (1988), Gemünden/Lockemann/Lechler/Saad (1998), Gemünden/Högl/Lechler/Saad (1999). Diese Studie wurde mit Mitteln des Landesforschungsprogramms gefördert.

2 Die empirische Untersuchung wurde bei Projekten von ESPRIT III durchgeführt. Bei einer angestrebten Vollerhebung wurden 676 Fragebögen in deutsch, englisch, französisch, griechisch, italienisch und spanisch verschickt und 339 Respondenten aus 10 europäischen Ländern erreicht. Es konnte somit eine Rücklaufquote von 50,1 % realisiert werden, was als ein relativer hoher Wert anzusehen ist. Insgesamt nahmen die 339 befragten ESPRIT-Partner zusammen an 193 ESPRIT-Projekten teil. Ca. 70% der Respondenten hatten die Funktion eines verantwortlichen Projektleiters, über 80% der Respondenten waren bereits in der Anbahnungsphase am Projekt beteiligt, über 90% der Respondenten hatten bereits Erfahrungen mit internationalen F&E-Projekten.

3 Vgl. hierzu Gemünden, H. G., Heydebreck, P. und Herden, R. (1992), Gemünden, H.G. (1995),: Gemünden, H.G. und Heydebreck, P. (1995), Heydebreck (1996), Ritter, Th. und Gemünden, H. G. (1998), Gemünden, H.G. und Ritter, Th. (1998), Ritter (1998).

4 Zum besonderen Nutzen der Kooperation mit Universitäten siehe auch Brockhoff (1999) und Peters/Becker (1999).

5 Vgl. hierzu Gemünden/Walter (1996), Walter (1998).

 Technikfolgenabschätzung:
Aufgaben, Methoden, Aussichten

O. Renn

Vor knapp 100 Jahren haben Wissenschaftler und Publizisten in einem damals viel beachteten Buch eine Zukunftsvision der Welt in 100 Jahren entworfen[1]. Das 1909 geschriebene Buch mit dem prophetischen Titel „Die Welt in 100 Jahren" umfasst eine Reihe von Artikeln über die Zukunft von Technik, Medizin, Kunst und Lebensstile. Obgleich einige Artikel eine erstaunlich hohe Trefferquote aufweisen (etwa der Beitrag von Robert Sloss über das drahtlose Jahrhundert, in dem er eine weltweite Vernetzung von Kommunikationskanälen bis hin zu Fernsehübertragungen, Telefaxgeräten und Handy-Benutzung vorausahnte), so verbleiben doch die meisten Beiträge in den Gedankengebäuden der damaligen Gegenwart verhaftet. Zukünftige Technikanwendungen werden wie selbstverständlich in die sozialen Gewohnheiten der Gegenwart hineinprojiziert. Gleichzeitig bricht sich an einigen Stellen tiefer Pessimismus, allerdings noch häufiger überschwänglicher Technikoptimismus Bahn. So schreibt Professor Dr. Everad Huster über das Jahrhundert des Radiums:

„Es besteht aber gar kein Zweifel darüber, dass wir zu der Annahme berechtigt sind, die Zukunft werde dem Radium ein Zeitalter völliger Krankenlosigkeit danken. Noch seltsamer als alle diese Wunderkuren muss uns die sichere Aussicht erscheinen, dass auch das Alter künftighin seinen Einfluss auf unseren Organismus verlieren, und dass es kein Altern mehr geben wird. Die kommenden Geschlechter werden ewig junge Menschen hervorbringen, Menschen voll physischer Kraft und voll Schönheit; Menschen, die von Kranksein nichts wissen und alle Berichte über Krankheiten und Seuchen als seltsame Märchen aus einer fernen, vergessenen Welt betrachten werden. (...) Es ist außerordentlich wahrscheinlich, dass wir im Radium endlich das langgesuchte Mittel gefunden haben, durch welches es uns gelingen wird, das menschliche Leben um das dreifache, vielleicht auch das zehnfache zu verlängern und wieder das biblische Alter zu erreichen".[2]

Angesichts der Proteste um der Transporte radioaktiven Materials und die damit einhergehenden Kontroverse um die schädlichen Nebenwirkungen kleiner Strahlendosen wirkt der grenzenlose Optimismus von Prof. Huster über die heilende Wirkung der Radioaktivität geradezu grotesk. Das Beispiel belegt die Fragwürdigkeit technischer Prognosen und Zukunftsvisionen, wenn sie auf der Basis des jeweils gegenwärtigen Werte- und Erkenntnishorizontes betrieben werden.

Eben diese Grenzen, aber auch die Aussagemöglichkeiten und Chancen einer prognostisch orientierten Technikfolgenabschätzung sollen hier skizziert werden. Der Begriff der Technikfolgenabschätzung muss erläutert, und die damit verbundenen Hoffnungen und Befürchtungen müssen aufgezeigt werden. Dabei geht es vor allem auch um die Frage der Methodik. Wie lässt sich anders als bei dem Eingangsbeispiel des Radiums zuverlässige Erkenntnis über die Folgen neuer Techniken gewinnen? Die Rolle der technischen Universitäten bei der Technikbewertung gehört ebenfalls in diesen Zusammenhang ebenso wie der Versuch, allgemeine Grundsätze der Technikabschätzung zu formulieren.

I Technikfolgenabschätzung: Aufgaben und Grenzen

Wie viel Technik muss es sein und welche Vor- und Nachteile sind zu erwarten, wenn eine neue Technik eingesetzt wird? Wo befreit die Technik von Zwängen des Alltags und wo spannt sie die Menschen in ein neues Korsett von Abhängigkeiten und Lebensrisiken ein? Wie sollte eine Technik aussehen, die wirtschaftlich vorteilhaft, risikoarm und ökologisch verträglich ist? Gibt es so etwas überhaupt? Auf all diese Fragen versucht die Technikfolgenabschätzung eine Antwort zu geben.

Hinter dem Wortungetüm „Technikfolgenabschätzung" verbirgt sich eine einfache Aufgabe: Technikfolgenabschätzung, oder kurz TA genannt, dient dem Ziel, durch wissenschaftliche Analysen die Konsequenzen, die mit dem Einsatz von Technik für die Gesellschaft verbunden sind, zu identifizieren und zu bewerten[3]. TA beruht auf dem Versuch einer systematischen Identifizierung und Bewertung von technischen, umweltbezogenen, ökonomischen, sozialen, kulturellen und psychischen Wirkungen, die mit der Entwicklung, Produktion, Nutzung und Verwertung von Techniken einhergehen[4]. Damit ist letztlich alles angesprochen, was durch Technik beeinflusst werden kann. Die Gründung des Amerikanischen Office of Technology Assessment (OTA) läutete Anfang der 70er Jahre die Ära der systematischen, von unabhängigen Fachleuten durchgeführten Folgestudien mit dem Ziel der Politikberatung ein[5].

Die Idee der TA besteht darin, im Voraus die Konsequenzen technischer Handlungen abschätzen zu können und dadurch den dornenreichen Weg von Versuch und Irrtum zumindest weniger schmerzhaft zu gestalten, wenn nicht sogar vollständig zu vermeiden. Ist eine solche Erwartung realistisch? Kann die Menschheit von Versuch und Irrtum auf Simulation und Vermeidung umschalten?

Vorsicht ist angebracht, wenn Prognostiker den Anspruch erheben, die technische Zukunft vorauszusehen und die Konsequenzen von Technologien abzuschätzen. Zwar ist es mit den modernen Methoden der Technikfolgenabschätzung besser möglich als im Jahre 1910, mögliche Wirkungen und Nebenwirkungen aufzuzeigen, aber in diesem Bestreben wird die Technikfolgenabschätzung durch drei Probleme herausgefordert. Die Probleme heißen: Komplexität, Unsicherheit und Ambivalenz.

I Ambivalenz und Komplexität

Die Hoffnung auf Vermeidung von negativen Technikfolgen ist trügerisch, weil es keine Technik gibt, nicht einmal geben kann, bei der nur positive Auswirkungen zu erwarten wären. Dies klingt trivial. Ist es nicht offensichtlich, dass jede Technik ihre guten und schlechten Seiten hat? Die Anerkennung der Ambivalenz besagt aber mehr, als dass sich die Menschen mit Technik weder das Paradies noch die Hölle erkaufen können. Es ist eine Absage an alle kategorischen Imperative und Handlungsvorschriften, die darauf abzielen, Techniken in moralisch gerechtfertigte und moralisch ungerechtfertigte aufzuteilen[6]. Es gibt keine Technik mit ausschließlich positiven oder nur negativen Technikfolgen. Bei jeder neuen technischen Entwicklung sind die Entscheidungsträger angehalten, immer wieder von neuem die positiven und negativen Folgepotentiale miteinander abzuwägen. Auch die Solarenergie hat ihre Umweltrisiken, wie auch die Kernenergie ihre unbestreitbaren Vorteile aufweist. Ambivalenz ist das Wesensmerkmal jeder Technik. Folgt man dieser Gedankenkette weiter, dann bedeutet institutioneller Umgang mit Ambivalenz, dass Techniken weder ungefragt entwickelt und eingesetzt werden dürfen, noch dass die Gesellschaft jede Technik verbannen müsste, bei der negative Auswirkungen möglich sind.

Aus diesem Grunde ist auch der wohlgemeinte Imperativ von Hans Jonas wenig hilfreich. Jonas forderte die Gesellschaft auf, auf jede Technik zu verzichten, deren Folgen zu katastrophalen negativen Folgen führen könnten[7]. Mit ausreichend Phantasie und bei entsprechender Ausbreitung der infrage stehenden Technik lassen sich aber immer katastrophale Folgen ausdenken, die mit einer Wahrscheinlichkeit größer Null zu erwarten sind. Die Möglichkeit von Katastrophen ist immer gegeben, sobald eine technische Linie in großem Umfang genutzt wird – unabhängig davon, ob die Technik zentral oder dezentral eingesetzt wird. Die kleine Einmann-Kettensäge ist in millionenhafter Ausführung mindestens so gefährlich für den tropischen Regenwald wie große Holzerntemaschinen. Die Möglichkeit von Katastrophen fallen bei Großtechnologien nur schneller ins Auge[8]. Prinzipiell ist die Möglichkeit von irreversiblen und schwerwiegenden Katastrophen bei allen menschlichen Handlungen gegeben.

Gefragt ist also eine Kultur der Abwägung. Zur Abwägung gehören immer zwei Elemente: Wissen und Bewertung. Wissen sammelt man durch die systematische, methodisch gesicherte Erfassung der zu erwartenden Folgen eines Technikeinsatzes (Technikfolgen*forschung*). Bewertung erfolgt durch eine umfassende Beurteilung von Handlungsoptionen aufgrund der Wünschbarkeit der mit jeder Option verbundenen Folgen, einschließlich der Folgen des Nichtstuns, der sogenannten Nulloption (Technikfolgen*bewertung*). Eine Entscheidung über Technikeinsatz kann nicht allein aus den Ergebnissen der Folgenforschung abgeleitet werden, sondern ist auf eine verantwortliche Abwägung der zu erwartenden Vor- und Nachteile auf der Basis nachvollziehbarer und politisch legitimierter Kriterien angewiesen[9]. Für das erste Element, die Technikfolgenforschung, braucht die TA ein wissenschaftliches Instrumentarium, das es

erlaubt, so vollständig, exakt und objektiv wie möglich Prognosen über die zu erwartenden Auswirkungen zu erstellen. Für das zweite Element benötigt man allgemein gültige Kriterien, nach denen man diese Folgen intersubjektiv verbindlich beurteilen kann. Solche Kriterien sind nicht aus der Wissenschaft abzuleiten: sie müssen in einem politischen Prozess durch die Gesellschaft identifiziert und entwickelt werden.

Beide Aufgaben wären weniger problematisch, gäbe es nicht die beiden weiteren Probleme: Komplexität und Unsicherheit. Mit Komplexität ist hier der Umstand gemeint, dass mehrere Ursache-Wirkungsketten parallel auf die Realisierungschancen von unterschiedlichen Technikfolgen einwirken und sich gegenseitig synergistisch oder antagonistisch beeinflussen. Selbst wenn die Technikforscher jede einzelne Wirkungskette kennen würden, verbleibt das Problem der mangelnden Kenntnis der in der jeweiligen Situation wirksamen interaktiven Effekte. Diese im einzelnen analytisch aufzuspüren, ist nicht nur eine kaum zu bewältigende Sisyphus-Arbeit, sie erfordert auch eine ganzheitliche Betrachtungsweise, für die es in der Wissenschaft noch keine allgemein akzeptierten Kriterien der Gültigkeit und Zuverlässigkeit im Rahmen der eingesetzten Methoden gibt. Zwar fehlt der gut gemeinte Appell zur ganzheitlichen Betrachtung in kaum einem Aufsatz zur TA; wie dies aber unter methodisch gesicherten und intersubjektiv gültigen Regeln geschehen kann, dazu gibt es meist wenig zu erfahren.

Eng gekoppelt mit dem Problem der Komplexität ist die unvermeidbare Ungewissheit über Inhalt und Richtung der zukünftigen Entwicklung. Wenn die Menschen in der Tat im Voraus wüssten, welche Folgen sich mit bestimmten Technologien einstellen, fiele es ihnen leichter, eine Abwägung zu treffen und auch einen Konsens über Kriterien zur Beurteilung von Folgen zu erzielen. Doch die Wirklichkeit ist komplizierter. Technikeinsatz ist immer mit unterschiedlichen und komplexen Zukunftsmöglichkeiten verbunden, deren jeweilige Realisierungschance sich überwiegend der Kontrolle der Gesellschaft entzieht. Die Frage ist, inwieweit sich die Mitglieder einer Gesellschaft auf die Gestaltung von riskanten Zukunftsentwürfen einlassen und sich von den nicht auszuschließenden Möglichkeiten negativer Zukunftsfolgen abschrecken lassen wollen. Wie viel Möglichkeit eines Nutzens ist ihnen wie viel Möglichkeiten eines Schadens wert? Für diese Abwägung gibt es keine Patentlösung.

Die erste und einfachste Lösung bestünde darin, erst gar keine Risiken zu übernehmen. Auf Risiken ganz zu verzichten, würde bedeuten, auf Technikeinsatz zu verzichten. Auf Technik zu verzichten, würde wiederum bedeuten, die Menschen den naturgegebenen Gefahren schutzlos auszusetzen. Diese Aussicht mag manche Nostalgiker in Verzückung bringen, aber der Preis wäre eine Duldung von Leiderfahrungen, von denen alle wüssten, dass sie im Prinzip vermeidbar sind. Wer wäre schon bereit, freiwillig auf Penizillin oder Antibiotika zu verzichten, wohl wissend, dass sie ihm das Leben retten könnten? Angesichts einer wachsenden Bevölkerung von inzwischen 6 Milliarden Menschen ist ein Weiterleben ohne Technik ethisch nicht zu rechtfertigen. Selbst ein auf dem heutigen Stand eingefrorener Technikstandard ist angesichts der globalen Probleme kaum verantwortbar. Ist es schon heute fast unmöglich, Hunger, Krankheit und blutige Verteilungskämpfe zu vermeiden, so wäre die Verhinderung des technischen Wandels erst recht mit beschleunigter Verelendung verbunden. Gleichzeitig ist es aber auch allen bewusst, dass die Risiken der Technik eigene globale Gefährdungen auslösen. Die Folgen des weltweiten Technikeinsatzes bedrohen die ökologische Stabilität, also die Voraussetzungen für das Weiterleben unter menschenwürdigen Umständen[10].

Pauschal auf Technik und damit auf Risiken zu verzichten ist wohl kaum der gesuchte Ausweg aus dem Abwägungsdilemma unter Ungewissheit. Nach wie vor steht die Menschheit vor der Notwendigkeit, die erwartbaren positiven und negativen Konsequenzen des Technikeinsatzes miteinander zu vergleichen und abzuwägen, trotz der prinzipiellen Unfähigkeit, die wahren Ausmaße der Folgen jemals in voller Breite und Tiefe abschätzen zu können. Bestenfalls lassen sich Technikfolgen in ihrer Potentialität erfassen, aber nicht die realen Wirkungen vorhersagen.

Technikfolgenabschätzung muss also einen wichtigen Beitrag leisten, sie muss die Dimensionen und die Tragweite menschlichen Handelns und auch Unterlassens verdeutlichen. Sie kann aber weder die Ambivalenz der Technik auflösen noch die Komplexität der Folgenketten vereinfachen, noch die zwingende Ungewissheit über die Zukunft außer Kraft setzen. Sie kann bestenfalls dazu beitragen, Modifikationen des technischen Handelns vorzuschlagen, die bessere Entscheidungen nach Maßgabe des verfügbaren Wissens und unter Reflexion des erwünschten Zweckes wahrscheinlicher machen.

❘ Methodische Probleme der Technikfolgenabschätzung

Zentrale Aufgabe einer jeden Technikfolgenabschätzung ist die möglichst genaue und unparteiische Analyse der Folgepotentiale, die mit der Verwirklichung einer technischen Systemlösung (inklusive der organisatorischen und sozialen Begleiterscheinungen) zu erwarten sind. Mehr als Potentiale kann keine Folgenforschung aufzeigen, denn es liegt ja an den Akteuren und an den jeweiligen Randbedingungen, welche Möglichkeiten sich letztendlich in der Realität durchsetzen werden. Aber selbst wenn sich TA auf die Analyse von Potentialen im Sinne der Begrenzung von Zukunftsmöglichkeiten beschränkt, ist sie auf eine Fülle von neueren methodischen Werkzeugen angewiesen, um mit dem Problem der Ungewissheit fertig zu werden. Diese Ungewissheit drückt sich in den folgenden Problemen von Prognosen aus:

▸ Nicht überschaubare Komplexität bei den vermuteten Ursache-Wirkungsketten;
▸ die Existenz genuin stochastischer Prozesse in Natur, Wirtschaft und Sozialwesen;
▸ Nicht-Linearitäten (chaotische Systeme) bei physischen Wirkungszusammenhängen, vor allem im Bereich der Ökologie;
▸ die Existenz von Überraschungen (nicht vorhersehbare singuläre Ereignisse);

die prinzipielle Unfähigkeit des Prognostikers, den Wandel des wissenschaftlichen und technischen Wissens vorherzusehen;

die Schwierigkeit, ja Unmöglichkeit, über längere Zeiträume Wertewandel und Zeitgeistveränderungen in einer Gesellschaft zu prognostizieren.

Im Folgenden geht es nicht um eine vollständige Diskussion der Methoden und Instrumente der TA. Dies ist an anderer Stelle bereits zur Genüge geleistet worden[11]. Die weiteren Ausführungen sind vielmehr auf drei wichtige methodische Entwicklungen fokussiert, die den wissenschaftlichen Umgang mit unsicherem Wissen und ambivalenter Beurteilung komplexer Tatbestände erleichtern. Diese drei Entwicklungen sind: die Instrumente der probabilistischen Vorhersage, die Verbindung von makroskopischen Trends mit mikroskopischen Einzelfallanalysen und die Betrachtung von nicht-linearen Funktionsabläufen.

Der erste bedeutsame methodische Kunstgriff der TA ist die Überführung von Ungewissheit in Unsicherheiten[12].

So wie exogene Gefahren in endogene Risiken transformiert werden, so wird das Ungewisse in Szenarien übersetzt, die aufgrund der Analyse vergangener Trends als mehr oder weniger wahrscheinlich eingestuft werden. Die Berechnung von Unsicherheiten hat die Prognosetechnik einen Riesenschritt nach vorne gebracht und letztendlich erst eine intersubjektiv überprüfbare Vorgehensweise geschaffen, mit deren Hilfe Potentialabschätzungen vorgenommen werden können. Gleichgültig ob man die Wahrscheinlichkeiten auf der Basis statistischer Erwartungswerte oder als erfahrungsbezogene Schätzwerte (Bayes Statistik) bestimmt, Wahrscheinlichkeitsaussagen können dazu betragen, den unendlichen Raum aller denkbaren Folgenszenarien nach bestimmten Prioritäten zu ordnen und wesentliche Stränge von unwesentlichen Strängen zu trennen.

Bei aller mathematischen Eleganz der Überführung von Ungewissheit in Unsicherheit darf jedoch nie vergessen werden, dass Wahrscheinlichkeitsaussagen keine Prognose über Einzeler-

scheinungen oder einzelne Ereignisse erlauben. Es sind Trendaussagen, die für eine in der Theorie unendliche Menge der prognostizierten Systeme gelten. Dies wird gerade in der Debatte um Großtechnik häufig übersehen. In der Regel sind weder Aussagen über die zeitliche, noch über die örtliche Verteilung von Ereignissen mit Hilfe der Wahrscheinlichkeitstheorie möglich. Trotz dieser Begrenzungen können Wahrscheinlichkeitsaussagen zur Potentialanalyse und auch zur Folgenbewertung einen wichtigen Beitrag leisten.

Der zweite wichtige methodische Schritt bei der Analyse von Folgepotentialen ist die Verknüpfung von deduktiven (top-down) und induktiven (bottom-up) Forschungsstrategien.

Viele technische, ökonomische und soziale Folgeerscheinungen zeigen klare Regelmäßigkeiten, wenn man sie auf einem hoch-aggregierten Niveau betrachtet[13]. Die technische Diffusionsforschung ist dafür ein gutes Beispiel. Wie Cesare Marchetti und andere nachgewiesen haben, verläuft der Siegeszug von Techniken in Marktwirtschaften nach einem bestimmten Ablaufschema ab[14]. Sobald eine Technik einen Marktanteil von 3–5 Prozent des entsprechenden Marktvolumens gewonnen hat, setzt sie sich quasi naturwüchsig auf dem entsprechenden Markt durch, wobei die Diffusionsrate durch eine logistische Funktion (oder Evolon Kurve) recht genau beschrieben werden kann. Diese Regelmäßigkeit ist bis heute nicht kausal erklärt worden, ebensowenig wie viele andere Trends in Wirtschaft und Gesellschaft. Man denke nur an die bekannten Langzeitzyklen der Konjunktur, die erstmalig von dem russischen Ökonomen Kontradiev beschrieben wurden[15]. Diese generellen Trends, die man mit Hilfe von Regressionsrechnungen aus vergangenen Ereignissen ableiten kann, sind offenkundig deshalb so regelmäßig anzutreffen, weil sich positive und negative Einflussvariable die Waage halten. Betrachtet man die gleichen Ereignisse auf der lokalen oder regionalen Ebene, sind diese Trends überhaupt nicht oder nur in schwachem Maße nachzuweisen. Sie gehen im Hintergrundrauschen anderer Einflussfaktoren unter. Ähnlich wie bei den Wahrscheinlichkeitsaussagen sind statistisch nachweisbare Trends nur bei großen Fallzahlen zu beobachten.

Aber auch bei allgemeinen Trends gibt es Ausnahmen von der Regel. Nimmt man wiederum als Beispiel die Diffusionsforschung, so zeigt sich bei der Analyse der Textilindustrie, dass synthetische Stoffe bereits in den 50er Jahren die kritische Grenze von 5 Prozent Marktanteil überschritten und sie es dennoch nie geschafft haben, den Markt der Oberbekleidung zu beherrschen. Zur Erklärung dieses Phänomens kann man auf induktiv aufgebaute Studien zurückgreifen, die deutlich machen, dass sich in den 60er Jahren eine Präferenzverschiebung hin zu natürlichen Produkten in den Hauptverbrauchergebieten durchgesetzt hat[16]. Nimmt man die Ergebnisse beider Perspektiven, also der deduktiven und der induktiven Vorgehensweise zusammen, dann kommt man zu der generellen Einsicht, dass Diffusionsraten nur dann einer logistischen Kurve folgen, wenn es im Verlauf der Markteinführung keine Verschiebungen im Präferenzverhalten und in den bevorzugten Lebensstilen der Nachfrager gegeben hat[17]. Eine solche Stabilität bei den Grundeinstellungen ist bei Investitionsgütern am wenigsten, bei Luxusgütern am häufigsten zu erwarten. Für Potentialabschätzungen ist diese Einsicht wesentlich, weil man dann Trendszenarien unter Einbeziehung des sich abzeichnenden Wertwandels erstellen kann.

Der dritte wichtige Fortschritt in der methodischen Entwicklung der Prognostik ist die mathematische Einbindung von nicht-linearen Ursache-Wirkungsbeziehungen und chaotischen Zuständen in die Potentialabschätzungen.[18]

Eine besondere Schwäche bei den Prognosen der Vergangenheit bestand in der Annahme stationärer Gleichgewichtsmodelle, vor allem bei der Abschätzung von ökologischen und ökonomischen Folgen. Technische Interventionen wurden meist als potentielle Störungen des gerade gegebenen Gleichgewichts interpretiert. Aufgabe der Technikfolgenabschätzung war es demgemäß, die Toleranz von ökologischen oder ökonomischen Systemen gegenüber den technisch induzierten Störungen ausfindig zu machen. Dabei wurden in der Regel die in der Vergangenheit beobachteten Dosis-Wirkungsbeziehungen auf die zukünftige Belastung hochgerechnet, wobei meist lineare, zumindest aber stetig wachsende oder fallende Funktionsverläufe angenommen wurden.

Die Vorstellung von Gleichgewichtszuständen, die durch äußere Einwirkungen ins Wanken gebracht werden und dann einem neuen Gleichgewicht zustreben, wird den komplexen Wirkungszusammenhängen in Umwelt und Wirtschaft nicht gerecht. Natur und Wirtschaft sind beides Netzwerke von sich gegenseitig beeinflussenden Wirkungsketten, die permanent einen dynamischen Wandel durchlaufen, so dass Gleichgewichtszustände bestenfalls Atempausen in der ständigen Anpassung an veränderte Rahmenbedingungen darstellen. In solchen sogenannten dissipativen Systemen entstehen ständig neue Fließgleichgewichte, bei denen sich die Phasenübergänge als eine Kombination von linearen Entwicklungsprozessen mit nicht-linear wirkenden Rückkopplungen (Synergetik) beschreiben lassen. Identische Handlungen können also zeitphasen- und kontextabhängig höchst unterschiedliche Wirkungen haben[19]. Vor allem hat sich das Augenmerk der Analytiker auf drei Handlungsbezüge gerichtet:

▸ das Studium und die Beobachtung von selbstverstärkenden Prozessen, bei denen kleine Veränderungen über viele Rückkopplungsschleifen zu großen Wirkungen führen. Der berühmt gewordene Schmetterlingseffekt für die Beeinflussung des Wetters ist hierfür ein beredtes Beispiel;
▸ die Analyse von dynamischen, interaktiv wirkenden Effekten, bei denen mehrere scheinbar unabhängige Entwicklungen zu einer, über die Summe der Einzeleffekte hinausgehenden Gesamtwirkung führen. Synergistische Effekte von Umweltnoxen im Bereich der Ökologie oder die psychologische Wirkung verschiedener Steuergesetze auf die Steuermoral können hier als Beispiele angeführt werden;
▸ die Bestimmung und Identifizierung von systemeigenen Kreisläufen und Selbstorganisationspotentialen, deren Störung beste-

hende Funktionsabläufe über Jahre und möglicherweise Jahrzehnte und Jahrhunderte dramatisch verändern können. Die heutige Sorge um die Auswirkungen der anthropogenen Beeinflussung von globalen Stoffkreisläufen (etwa Kohlenstoff oder Stickstoff) lässt sich in diese Kategorie einordnen.

Auch wenn die theoretische Ökologie und die evolutive Ökonomie in der Behandlung dieser drei Bezüge bereits große Fortschritte gemacht haben, steht die prognostische Wissenschaft erst am Anfang einer großen methodischen Erneuerung der Folgenforschung[20]. Die neuen mathematischen Werkzeuge erlauben zwar die Darstellung deterministisch chaotischer Systeme, wie sie für viele Naturprozesse charakteristisch sind, es fehlen aber noch zuverlässige Instrumente zur Erfassung probabilistisch-chaotischer Zusammenhänge, wie sie für komplexe soziale Phänomene typisch sind. Gleichzeitig muss man bei aller Zuversicht über die neu entwickelten Methoden die prinzipielle Begrenztheit der Prognosen auf der Basis nicht-linearer Gleichungssysteme beachten. Anders als lineare Trends sind nicht-lineare Wirkungsketten ergebnisoffen; das Auftreten von Funktionssprüngen ist auf singuläre Tatbestände oder eine kleine Anzahl von gleichartigen Phänomenen begrenzt. Das Umkippen eines Sees lässt sich sehr gut mit einer nicht-linearen Gleichung abbilden. Daraus aber eine Prognose für einen anderen See ableiten zu wollen, ist dagegen ausgesprochen schwierig, wenn nicht sogar unzulässig, da die Kontextbedingungen neu erfasst werden müssen. Der Anspruch auf Universalität von erkannten Regelmäßigkeiten ist zumindest bei dem heutigen Wissen über Phasenübergänge und dynamische Systeme nicht einlösbar. Prognosen werden im Einzelfall genauer, aber immer weniger auf ähnliche Phänomene übertragbar.

┃ Rückschlüsse für die Technikfolgenbewertung

Technikfolgenforschung ist der erste Schritt zur Verbesserung von Entscheidungen über Techniknutzung und deren Organisation. Die Ergebnisse der Technikfolgenforschung bilden die faktische Grundlage und kognitive Unterfütterung für die sich der Folgenforschung anschließende *Technikbewertung*. Eine solche Bewertung ist notwendig, um anstehende Entscheidungen zu überdenken, negativ erkannte Folgen zu mindern und mögliche Modifikationen der untersuchten Technik vorzunehmen. Die Einbindung faktischen Wissens in Entscheidungen wie auch die umfassende Bewertung von Handlungsoptionen (technische und organisatorische) können beide im Prozess der Technikbewertung nach rationalen und nachvollziehbaren Kriterien gestaltet werden, so wie es in den einschlägigen Arbeiten zur Entscheidungslogik dargelegt wird[21]. Das Prinzip der Entscheidungslogik ist einfach: Kennt man die möglichen Folgen und die Wahrscheinlichkeiten ihres Eintreffens (oder besser gesagt: glaubt man sie zu kennen), dann beurteilt man die Wünschbarkeit der jeweiligen Folgen auf der Basis der eigenen Wertorientierungen. Man wählt diejenige Variante aus der Vielzahl der Entscheidungsoptionen aus, von der man erwartet, dass sie das höchste Maß an Wünschbarkeit für den jeweiligen Entscheider verspricht. Die Entscheidung erfolgt auf der Basis von Erwartungswerten, wohl wissend, dass diese erwarteten Folgen aller Voraussicht nach so nicht eintreffen werden.

Die erwartbare Diskrepanz zwischen Erwartungswerten und tatsächlich eintretenden Folgen ist aber kein Gegenargument gegen das Verfahren der rationalen Entscheidungsanalyse: Jeder rationale Mensch würde, sollte er gezwungen sein, russisch Roulette zu spielen, einen Revolver mit einer Kugel in der Trommel einem Revolver mit zwei Kugeln vorziehen, selbst wenn er beobachtet hätte, dass sein Vorgänger beim Versuch mit dem doppelt geladenen Revolver überlebte, während ein anderer beim Versuch mit dem einfach geladenen Revolver tödlich getroffen wurde. Zu einem gegebenen Zeitpunkt kann man sich nur auf die Erwartungswerte verlassen, sie sind die einzigen Hilfsmittel, eine handlungsleitende Ordnung in die Vielzahl von unsicheren Folgen zu bringen.

So intuitiv einsichtig das Verfahren der Entscheidungslogik ist, eindeutige Ergebnisse sind auch bei rigoroser Anwendung nicht zu erwarten. Das liegt zum Ersten daran, dass Menschen in unterschiedlichem Maße unsicher sind über die Wünschbarkeit von einzelnen Folgen, zum Zweiten daran, dass diese Folgen auch andere betreffen, die wiederum ihre eigenen Wertorientierungen besitzen und deshalb zu anderen Entscheidungen kommen, und schließlich daran, dass sich Menschen in unterschiedlichem Ausmaß risikoaversiv verhalten[22]. Selbst bei identischen Wertorientierungen, also einem Konsens über Wünschbarkeiten, ist die Bewertung unsicherer Handlungsoptionen nicht eindeutig bestimmbar. Das Denken in Risiken zwingt den Technikbewerter, mit der legitimen Vielfalt von Lösungen zu leben. Es gibt beispielsweise keinen hinreichenden, intersubjektiv zwingenden Grund, sich für eine risikoaversive oder eine risikoneutrale Entscheidungslogik zu entscheiden. Beides ist möglich und mit guten Gründen zu belegen. Diese Ambivalenz beruht also auf normativen Festlegungen, wie ein Individuum oder eine Gruppe mit einem Risiko umgehen will und welche Präferenzen (risikofreudig, -aversiv oder -neutral) vorherrschen.

Diese Ambivalenz, die sich aus der Entscheidungslogik ergibt, gewinnt natürlich noch dadurch an Schärfe, dass die Annahme identischer Wertorientierungen und Interessen in einer pluralistischen Gesellschaft völlig realitätsfremd ist. Natürlich werden einzelne Gruppen die jeweiligen Folgen unterschiedlich bewerten, je nachdem wie stark sie betroffen sind und welche Folgen sie hoch bzw. gering schätzen. Umweltschützer werden besonderes Gewicht auf die Umwelt und Unternehmer auf die Wettbewerbsfähigkeit legen. Wenn auch beides miteinander zusammenhängt, so kann niemand ex cathedra behaupten, der eine habe mehr Recht auf seine Werteprioritäten im Vergleich zu denen anderer Menschen oder Gruppen.

Fortschritt ohne Hybris

Technikfolgenabschätzung umfasst die wissenschaftliche Abschätzung möglicher Folgepotenziale sowie die nach den Präferenzen der Betroffenen ausgerichtete Bewertung dieser Folgen, wobei beide Aufgaben, die Folgenforschung und -bewertung aufgrund der unvermeidbaren Ambivalenz und Ungewissheit unscharf in den Ergebnissen bleiben werden. Die hier beschriebenen Umbrüche in der Methodik der TA haben verdeutlicht, dass die Wissenschaften bei der systematischen Erforschung von Folgepotentialen durchaus Fortschritte machen und viele der Probleme der Ungewissheit zumindest ansatzweise in den Griff bekommen. Dies sollte aber nicht zur Hybris verführen anzunehmen, TA-Studien seien in der Lage, mit Hilfe einer nach bestem Wissen ausgeführten Folgeanalyse Ungewissheit soweit reduzieren zu können, dass eindeutige Antworten über Gestalt und Verlauf möglicher Zukünfte vorliegen. Weder der Willenseinfluss menschlicher Handlungen noch die Unschärfe naturgegebener Reaktionen auf gesellschaftliche Interventionen in die natürlichen Regelkreise erlauben eine eindeutige Vorhersage der Folgen.

Dazu kommt noch das Problem der Zeit. Technikfolgen stellen sich in der Regel früher ein, als Zeit verbleibt, sie zu prognostizieren. Die Schaffung von Handlungssträngen durch neue Techniken ist immer einen Schritt der möglichen Analyse der Folgenpotentiale voraus. Daraus ergibt sich der Auftrag an Technikgestalter und an die Technikpolitik, nicht alles auf eine Karte zu setzen. Schlagworte in diesem Zusammenhang sind Diversifizierung, Flexibilität und Erhöhung der Resilienz. TA-Studien können nicht die Zukunft vorhersehen, sondern allenfalls die Chancen der Politik für eine bewusste Zukunftsgestaltung erweitern.

Prognosen über die technische Zukunft sind Teil von Technikfolgenabschätzungen und zugleich unverzichtbare Bestandteile für gegenwärtige Entscheidungen, sie sollten aber nicht die Sicherheit vortäuschen, Wissenschaftler könnten alle gefährlichen Ereignisse und Entwicklungen vorhersagen und damit auch durch präventives Handeln ausschließen. Gleichzeitig ist jedoch die wissenschaftliche Behandlung und Abschätzung von Technikfolgen unerlässlich für eine methodisch gültige und gesellschaftlich relevante TA. Adäquates Folgewissen ist notwendig, um die systemaren Zusammenhänge zwischen Nutzungsformen, Reaktionen von ökologischen und sozialen Systemen auf menschliche Interventionen und soziokulturellen Bedingungsfaktoren aufzudecken. Die einzelnen Systemelemente werden dabei durch Erkenntnisse der verschiedenen Wissenschaftsdisziplinen in ihrer Wirkungsweise identifiziert und dann in ein disziplinenübergreifendes Beziehungsgeflecht integriert. Die ökologische Forschung hat beispielsweise die Aufgabe zu zeigen, welche Folgen technische Systeme auf die natürliche Umwelt haben und in welcher Weise Ökosysteme durch unterschiedliche Technikanwendungen und -praktiken belastet und auch entlastet werden. Der ökonomische Denkansatz liefert eine nutzenorientierte Bewertung von technischen Einsatzgebieten und Anwendungen im Rahmen von Produktion und Konsum sowie eine Bewertung von Transformationsprozessen nach dem Kriterium der Effizienz. Die Kultur- und Sozialwissenschaften untersuchen die sozialen und kulturellen Rückkopplungseffekte zwischen Entwicklung, Nutzung, Verbreitung von Technik einerseits und den Auswirkungen auf das Zusammenleben der Menschen, auf die Gestaltung und die Wandlungsprozesse im Rahmen sozialer Institutionen, individueller Lebensgewohnheiten und Lebensstile sowie auf das kulturelle Selbstverständnis einer Gesellschaft. Sie bilden die dynamische Wechselwirkung zwischen Nutzungsformen der Technik und ihrer gesellschaftlichen Resonanz ab.

Die interdisziplinäre, problemorientierte und systembezogene Forschung trägt dazu bei, einen Grundstock an Erkenntnissen und Einsichten über Funktionszusammenhänge im Verhältnis zwischen Technik, Mensch und Umwelt auszubilden und auch konstruktive Vorschläge zu entwickeln, wie eine umwelt- und sozialverträgliche Entwicklung von Technik in Abstimmung zwischen den betreffenden Akteuren gestaltet werden kann. Das Zusammentragen der Ergebnisse interdisziplinärer Forschung, die politikrelevante Auswahl der Wissensbestände und die ausgewogene Interpretation in einem Umfeld von Unsicherheit, Komplexität und Ambivalenz sind schwierige Aufgaben, die in erster Linie vom Wissenschaftssystem selbst geleistet werden müssen.

Hier spielen technische Universitäten, wie etwa die TH in Karlsruhe, eine entscheidende Rolle. Eine Folgenforschung ohne klare disziplinäre Fundierung bleibt ebenso Makulatur wie eine Forschung ohne eine übergreifende, transdisziplinäre Grundausrichtung. Spezielles Detailwissen ist notwendiger Bestandteil einer jeden TA. Dieses Detailwissen muss aber in einen fächerübergreifenden Analyserahmen eingebracht werden, um komplexe Wirkungsketten und unsichere Gestaltungsverläufe adäquat einzubeziehen. An den technischen Hochschulen sind beide Voraussetzungen gegeben: Aufgrund ihrer technischen Spezialisierung und ihres hervorragenden einzeldisziplinären Wissenstandes können sie alle die notwendigen Wissenselemente liefern, die für eine umfassende TA-Studie unabdingbar sind. Gleichzeitig verfügen die meisten Technischen Hochschulen über Forschungskapazitäten zur Reflexion und Abwägung der jeweiligen technischen Wissensbestände. Analytisches Detailwissen und reflexives Integrationswissen sind die beiden wesentlichen Voraussetzungen für eine gelungene TA. Hier zeigen die technischen Hochschulen in besonderem Maße Kompetenz. Zusätzlich bedarf es dann noch der diskursiven Formen der Bewertung, um auch dem Problem der Ambivalenz angemessen zu begegnen[23].

Was ergibt sich aus dieser Problemsicht für die Durchführung von Technikfolgenabschätzungen? Erstens, Technikfolgenabschätzung muss sich immer an der Ambivalenz, Komplexität und Folgenunsicherheit der Technik orientieren. Dabei muss sie zweitens zwischen der wissenschaftlichen Identifizierung der möglichen Folgen und ihrer Bewertung funktional trennen, da bei jedoch beide Schritte diskursiv miteinander verzahnen. Schließlich sollte sie ein schrittweises, rückkopplungsreiches und reflexives Vorgehen bei der Abwägung von positiven und negativen Folgen durch Experten, Anwender und betroffene Bürger vorsehen. Dabei müssen die technischen Hochschulen ihren unverzichtbaren Beitrag leisten.

I Anmerkungen

1 Brehmer, A., *Die Welt in 100 Jahren* (Olm Presse: Hildesheim, Zürich, New York 1988), Original: Verlagsanstalt Buntdruck: Berlin 1910

2 Huster, E., „Das Jahrhundert des Radiums," in A. Brehmer (Hrg.), *Die Welt in 100 Jahren* (Olm Presse: Hildesheim, Zürich, New York 1988), Original: Verlagsanstalt Buntdruck: Berlin 1910, S. 245–266, hier S. 258 und 263

3 siehe zum Folgenden meinen Aufsatz: Renn, O., Glanz und Elend technischer Prognosen. *Chemie Ingenieur Technik.* Hefte 1 und 2 (1997), S. 44–54

4 vgl. dazu Bullinger, H.-J.,„Was ist Technikfolgenabschätzung? Einführung und Überblick," in: H.-J. Bullinger (Hrg.), *Technikfolgenabschätzung* (Teubner: Stuttgart 1994), S. 3–31 .Vgl. auch Krupp, H., „Technikfolgenabschätzung – Grundprobleme und Fallbeispiele," in: G. Ropohl (Hrg.), *Maßstäbe der Technikbewertung* (VDI-Verlag: Düsseldorf 1979), S. 133–148

5 vgl. Coates, J.,„Technology Assessment in the United States Congress," in: De Hoo, S.C.; Smits, R.E. und Petrella, R. (Hrg.), *Technology Assessment. An Opportunity for Europe.* Proceedings of the Conference: Technology Assessment, Vol. 2 (NOTA: Den Hague, September 1987), S. 31–38. Zur Geschichte der Institutionalisierung vgl. auch: Petermann, T., „Historie und Institutionalisierung der Technikfolgenabschätzung," in: H.-J. Bullinger (Hrg.), *Technikfolgenabschätzung* (Teubner: Stuttgart 1994), S. 89–113

6 Zur Frage der Verantwortung von Technikentscheidungen vgl. meinen Aufsatz: Renn, O., „Technik und gesellschaftliche Akzeptanz: Herausforderungen der Technikfolgenabschätzung," GAIA *Ecological Perspectives in Science, Humanities, and Economics*, Heft 2, Nr. 2 (1993), 69–83

7 Jonas, H., *Das Prinzip der Verantwortung. Versuch einer Ethik für die technologische Zivilisation* (Frankfurt 1979), vor allem S. 28ff und kürzer in: Jonas, H.,„Das Prinzip Verantwortung," in: M. Schüz (Hrg.), *Risiko und Wagnis: Die Herausforderung der industriellen Welt*, Band 2 (Gerling Akademie, Neske: Pfullingen 1990), S. 166–181, hier S. 171ff. Vgl. zur Geltungskraft und Kritik an Jonas: Lenk, H., „Über Verantwortungsbegriffe in der Technik," in: H. Lenk und G. Ropohl (Hrg.), *Technik und Ethik.* Zweite Auflage (Reclam: Stuttgart 1993), S. 112–148, hier S. 138ff

8 Charles Perrow hat allerdings zu Recht darauf hingewiesen, dass Großtechnologien mit hohem Katastrophenpotential eine organisatorische Struktur des Risikomanagements erfordern, die den üblichen Strukturmerkmalen von großen Organisationen widerspricht. Vgl. Perrow, C., *Normal Accidents. Living with High-Risk Technologies.* (Basic: New York 1984), S. 329ff.

9 vgl. Dierkes, M., „Was ist und wozu betreibt man Technikfolgen-Abschätzung?", in: H.-J. Bullinger (Hrg.), *Handbuch des Informationsmanagement im Unternehmen: Technik, Organisation, Recht, Perspektiven.* Band II (Beck: München 1991), S. 1495–1522

10 Mehr über diese Thematik findet sich in meinem Aufsatz: Renn, O., „Ökologisch denken – sozial handeln. Die Realisierbarkeit einer nachhaltigen Entwicklung und die Rolle der Kultur- und Sozialwissenschaften," in: H.G. Kastenholz, K.-H. Erdmann und M. Wolff (Hrg.), *Nachhaltige Entwicklung. Zukunftschancen für Mensch und Umwelt* (Springer: Berlin 1996), S. 79–118

11 Es gibt eine Reihe von zusammenfassenden Publikationen zum Thema 'Methoden der TA'. An dieser Stelle seien vor allem folgende Arbeiten erwähnt: Bonnet, P., „Methoden und Verfahren der Technikfolgenabschätzung: Exotische Hausmannskost?" in: H.-J. Bullinger (Hrg.), *Technikfolgenabschätzung* , a.a.O., S. 33–54; Finsterbusch, K. und Wolf, C. (Hrg.), *Methodology of Social Impact Assessment* (Hutchinson Ross: Stroudsburg, USA 1981); Quade, E.S., *Analysis for Public Decisions* (North Holland: New York 1982); Martino, J.P., *Technological Forecasting for Decision Making* (North Holland: New York 1983). Die Ausführungen in diesem Artikel sind weitgehend aus dem umfassenderen Beitrag von mir in dem Sammelband von W. Köhler (Hrsg.): *Was kann Naturforschung leisten?* Abhandlungen der Deutschen Akademie der Naturforscher Leopoldina, Band 76, Nr. 303 (Deutsche Akademie der Naturforscher Leopoldina e.V.: Halle 1997), S. 115–137 entnommen.

12 Übersicht in: Shrader-Frechette, K.S., *Risk Analysis and Scientific Method: Methodological and Ethical Issues with Evaluating Societal Risks* (Reidel: Dordrecht 1985) sowie methodische Vorgehensweise in: Hauptmanns, U.; Hertrich, M. und Werner, W., *Technische Risiken. Ermittlung und Beurteilung* (Springer: Berlin 1987), S. 1–15

13 vgl. Krupp, H.-J.,„Möglichkeiten der Abschätzung langfristiger wirtschaftlicher Konsequenzen von Technologien," in: E. Münch, O. Renn und T. Roser (Hrg.), *Technik auf dem Prüfstand* (Giradet und ETV: Essen 1982), S. 89–97, hier vor allem S. 92

14 Übersicht in: Marchetti, C. und Nakicenovic, *The Dynamics of Energy Systems and the Logistic Substitution Model.* Research Report 79-13. Institute for Applied Systems Analysis (IIASA: Laxenburg bei Wien 1979)

15 vgl. dazu die Übersicht in: Ayres, R.U.,„A Schumpeterian Model of Technological Substitution," *Technological Forecasting and Social Change*, 27 (Juli 1985), S. 375–384; vgl. auch: Renn, O., „High Technology and Social Change," High Tech Newsletter, 1 (1983), S. 14–23

16 Wenke, M., *Konsumstruktur, Umweltbewußtsein und Umweltpolitik. Eine makroökonomische Analyse des Zusammenhanges in ausgewählten Konsumbereichen* (Duncker und Humblot: Berlin 1993)

17 Zum Einfluss der Verbraucherpräferenzen auf Prozesse der Technikdiffusion vgl.: Nelson, R.R. und Winter, S.G., „In Search of a Useful Theory of Innovation," in: K.A. Stroetmann (Hrg.), *Innovation, Economic Change and Technology Policy* (Birkhäuser: Basel und Stuttgart 1977), S. 215–245

18 Dazu liegen inzwischen eine Vielzahl von Büchern aus den Naturwissenschaften, der Ökonomie und den Sozialwissenschaften vor. Im Zusammenhang mit Ambivalenz, Chaos und Ungewissheit sei hier auf folgende Bücher verwiesen: Seifritz, W., *Wachstum, Rückkopplung und Chaos* (Hanser: München 1987); Prigogine, I., *Vom Sein zum Werden. Zeit und Komplexität in den Naturwissenschaften* (Piper: München 1979); Kannitscheider, *Von der mechanistischen Welt zum kreativen Universum. Zu einem neuen philosophischen Verständnis der Natur* (Wissenschaftlicher Buchverlag: Darmstadt 1993); Georgescu-Roegen, N., *The Entropy Law and the Economic Process* (Harvard University Press: Cambridge 1971); Haken, H. und Haken-Krell, M., *Erfolgsgeheimnisse der Wahrnehmung* (Stuttgart 1992)

19 Vgl. dazu: Ayres, R.U., „Thermodynamics and Economics," *Physics Today*, 4 (November 1984), S. 62–64 und Boulding, K., „The Economics of the Coming Spaceship Earth," in: H. Jarret (Hrg.), *Environmental Quality in a Growing Economy* (John Hopkins Press: Baltimore 1981), S. 3–14

20 Dazu: Fritsch, B., *Mensch-Umwelt-Wissen*. Zweite Auflage (Verlag der Fachvereine: Zürich 1991); Witt, U., *Individualistische Grundlagen der evolutorischen Ökonomik* (J.B.C. Mohr: Tübingen 1987)

21 Einen Überblick über die Vorgehensweise bei der Entscheidungslogik findet sich in dem Buch: Akademie der Wissenschaften zu Berlin, *Umweltstandards* (De Gruyter: Berlin 1992), S. 345ff

22 Zu Konzept und Begriff der Risikoaversion vgl.: Erdmann, G. und Wiedemann, R., „Risikobewertung in der Ökonomik," in: Berg, M.; Erdmann, G.; Leist, A.; Renn, O.; Schaber, P.; Scheringer, M.; Seiler, H. und Wiedemann, R., *Risikobewertung im Energiebereich* (VDF Hochschulverlag Zürich 1995), S. 135–190, hier S. 136ff

23 Renn, O.: "Diskursive Verfahren der Technikfolgenabschätzung" in: *Technikfolgenabschätzung in Deutschland. Bilanz und Perspektiven*, hrsg. von Th. Petermann und R. Coenen. Frankfurt am Main (Campus 1999), 115–130

 Die Technischen Hochschulen in der Universitäts- und Gesellschaftsgeschichte nach 1945

B. Schäfers

Die Situation 1945

In den ersten Monaten des vierjährigen Interregnums deutscher Staatlichkeit nach der totalen Kapitulation am 8. Mai 1945 waren die Universitäten und Technischen Hochschulen geschlossen. Nur durch ausdrückliche Erlaubnis der jeweiligen Besatzungsmacht konnten sie ihren Lehrbetrieb wieder aufnehmen. Für die Technische Hochschule Karlsruhe lag die Genehmigung der US-Militäradministration Anfang 1946 vor, so dass zum Sommersemester der Lehrbetrieb wieder aufgenommen werden konnte.

Die drei westlichen Besatzungszonen und die sowjetische Zone gingen in der Bildungs- und Hochschulpolitik von Anfang an getrennte Wege. Eine Reform, die auch die Erfahrungen der vergangenen zwölf Jahre berücksichtigte, gab es nur in der sowjetischen Zone. In den westlichen Besatzungszonen gab es kein gemeinsames Konzept. Trotz der überwiegend unrühmlichen und aktiven Rolle, die die Universitäten und Technischen Hochschulen im Dritten Reich und seinem verheerenden Krieg gespielt hatten, hielt sich die Kritik in Grenzen; sie wurde in der späteren Bundesrepublik Deutschland erst seit den 60er Jahren, zumal während der Studentenre-

volte ab 1967, deutlicher artikuliert. Nicht nur, dass keine Hochschulreform stattfand: Untadelige und renommierte Persönlichkeiten, wie z.B. der Heidelberger Philosoph Karl Jaspers, bescheinigten der Universität in einer der bekanntesten und einflussreichsten Universitätsschriften der unmittelbaren Nachkriegszeit (1946), sie sei „im Kern gesund" und man müsse da wieder ansetzen, wo man den Pfad der Humboldtschen Tugenden 1933 verlassen habe.

Entsprechend war die Einstellung gegenüber den Technischen Hochschulen. Im sog. „Blauen Gutachten", einem der frühen Dokumente dieser Zeit zur Schul- und Hochschulreform in der britischen Besatzungszone, hieß es unter anderem: Die Technischen Hochschulen sind „Träger einer alten und im Kern gesunden Tradition", die eine „erfolgreiche, für die Praxis höchst fruchtbar gewordene Entwicklung der letzten anderthalb Jahrhunderte" aufweisen. Gefordert wurde jedoch, angesichts der „ungeheuren Bedeutung der Technik für das gesamte menschliche Leben der Gegenwart", die Technischen Hochschulen über „ihren rein technischen Charakter hinaus zu erweitern". Das geschah vor allem durch die Etablierung des Studium Generale, das obligatorisch wurde, für das aber in der Regel – wie in Karlsruhe – keine Lehrstühle vorhanden waren. Man behalf sich im vorliegenden Beispiel mit Privatdozenten und „Importen" der Universitäten Freiburg und Heidelberg.

In der zitierten Universitätsschrift von Karl Jaspers wurde bezüglich des Stellenwerts von Technik eine ähnliche Perspektive entwickelt, jedoch aus Sicht der Universität. Jaspers geht den Fächerkanon der Universität durch und fragt, welche Gebiete neu aufzunehmen seien. Allein die Technik stelle „ein wirklich neues Lebensgebiet" dar; um ihr Lehr- und Forschungsgebiet sei die Universität zu erweitern. Was da genau zu lehren und forschen sei und welche Abgrenzung zu den Technischen Hochschulen gefunden werden muss, bleibt jedoch unausgeführt.

Mit beiden Forderungen, ob aus technikwissenschaftlicher oder im engeren Sinne universitärer Sicht, ist implizit, leider nicht explizit, auch die Einsicht verknüpft, dass „die deutsche Katastrophe" nicht zuletzt ihre Ursache in einem Bildungsideal hatte, das angesichts der technisch-industriellen Welt und ihren machtpolitischen Verführungspotentialen kraftlos geblieben war.

Die Technischen Hochschulen wurden weder nach 1945 noch in den ersten Jahren der 1949 gegründeten Bundesrepublik als Teil der gerade in Deutschland besonders angesehenen Universitätslandschaft betrachtet. Eine Ausnahme bildete die Neugründung der alten Technischen Hochschule Berlin in Charlottenburg als „Technische Universität" im Jahre 1946. Um dem angehenden Ingenieur eine humanistische Bildung mit auf seinen Berufsweg zu geben, hielten die Geistes- und Sozialwissenschaften Einzug, was zur Umbenennung in „TU" führte, wie Ende der 60er und Anfang der 70er Jahre bei den übrigen Technischen Hochschulen. Die Neugründung war nicht zuletzt dadurch veranlasst, dass man ein Zeichen setzen wollte für ethisch verantwortliche Natur- und Ingenieurwissenschaften (an der alten Technischen Hochschule gab es unter anderem eine „Wehrtechnische Fakultät").

Bevor Universitäten und Technische Hochschulen sich institutionell und in den Augen der Öffentlichkeit wirklich annäherten und gleichen Rang erreichten, war das Verbindende im obligatorischen Studium Generale gegeben. Es verdankte seine Einrichtung einem „Gutachten zur deutschen Hochschulreform" in der britischen Besatzungszone. Eine Stelle in diesem einflussreichen „Blauen Gutachten" lautete: „Es darf die Ausbildung des Studenten nicht auf die für seinen künftigen Beruf nötigen Fachkenntnisse beschränkt sein. Er muss nach Möglichkeit nicht nur Spezialist, sondern auch als Mensch tauglich gemacht werden. Dies ist eine notwendige Voraussetzung für den Kampf gegen die Gefahr der Selbstzerstörung des technischen Zeitalters". Vielleicht sollte in Erinnerung gerufen werden, dass die Verheerungen durch den Bombenkrieg und die Zündung der ersten Atombomben erst ein Jahr zurücklagen.

I Die Technischen Hochschulen vor der Reform

Bei Gründung der Bundesrepublik gab es die folgenden Technischen Hochschulen: Aachen (gegründet 1870); Berlin (1879; Neugründung als TU 1946); Braunschweig (1745 Gründung des Collegium Carolinum, ein – zumal aus Karlsruher Sicht – umstrittenes Datum im Hinblick auf den Streit, die älteste TH in Deutschland zu sein); Hannover (1831); Karlsruhe (1825); München (1868) und Stuttgart (1829) (s. Abb. 1)

An dieser Struktur änderte sich nicht viel bis zur Neu- und Umgründungswelle der Universitäten und Technischen Hochschulen seit Anfang der 60er Jahre, zu der dann auch der Ausbau der 1775 in Clausthal (Harz) gegründeten Bergakademie zu einer Technischen Hochschule gehörte (1968).

Hingegen kam es in der DDR bereits Anfang der 50er Jahre zur Neugründung von neuen Technischen Hochschulen: Chemnitz (1953), Magdeburg (1953), Leuna-Merseburg (1954), Leipzig (Bauwesen, 1953) und Ilmenau (1953). Sie traten neben die alt-renommierte Technische Hochschule in Dresden (1828), die 1765 gegründete älteste deutsche Bergakademie in Freiberg und die Hochschule in Weimar (v.a. Architektur und Bauwesen, 1860).

Abb. 1 Das 1836 fertiggestellte Hauptgebäude des damaligen Polytechnikums in Karlsruhe, erbaut von Heinrich Hübsch, bis heute Sitz von Rektorat und Verwaltung

1969/70 wurde in der DDR mit den Ingenieurhochschulen ein neuer Typ technischer Hochschulen eingerichtet, der als Abschluss die Berufsbezeichnung „Hochschulingenieur" ermöglichte. 1973 gab es 18 Technische Hochschulen, darunter zehn des neuen Typs.

Während in der Bundesrepublik in diesen Jahren (um 1970) der umgekehrte Weg beschritten wurde und die Technischen Hochschulen den universitären Status anstrebten, setzte man in der DDR auf Spezialisierung. Bezeichnend ist, dass – anders als in der Bundesrepublik – in der DDR nicht eine Universität neu gegründet wurde.

I Die unterschiedlichen Auffassungen von Wissenschaft und Technik in beiden deutschen Staaten

Im höchst unterschiedlichen Stellenwert von Technik und Technischen Hochschulen werden fundamentale Differenzen der bundesrepubli-kanischen, bürgerlich-liberalen und der sozialistischen Gesellschaft der DDR deutlich.

Während es in der Bundesrepublik trotz des vor allem materiell-ökonomischen Modernisierungsschubs seit der Währungsreform (Juni 1948) zu restaurativen Tendenzen im Bildungs- und Hochschulwesen kam, war die Situation in der DDR völlig anders. Durch ihre Fundierung im wissenschaftlichen Marxismus-Leninismus war die sich herausbildende Gesellschaftsordnung schon vom Ansatz her auf die Errungenschaften der „wissenschaftlich-technischen Revolution" („WTR") eingeschworen. Allumfassende, wissenschaftlich fundierte Planung (auf der Basis gesellschaftlicher Prognostik und Zielvorgaben) war Bestandteil des Systems. Anders als in der Bundesrepublik spielte schon in der Bezeichnung der Schularten (zumal seit 1959) die „Polytechnik" eine zentrale Rolle, eine sich aus der Französischen Revolution von 1789 herleitende Geisteshaltung, symbolisiert durch den

Ingenieur, der den Adel und die Theologen in der Weltbeherrschung und Weltdeutung ablösen sollte. Seine auch wissenschaftlich fundierte Ausbildung konnte natürlich nicht in den alten Universitäten erfolgen – den Repräsentanten des *ancien régime* –, sondern nur in den neu gegründeten Grandes Ecoles, z.B. der Ecole Polytechnique. Hier fanden sich auch die Vorbilder für die Ingenieurschulen in Deutschland, z.B. Karlsruhe, was in den Bezeichnungen dieser frühen Ausbildungsstätten des Maschinenbaus, des Bauwesens und der Architektur zum Ausdruck kam: Polytechnikum, Polytechnische Schule usw.

In der Bundesrepublik war zwar ebenso viel von der wissenschaftlichen und technischen Revolution die Rede, aber mehr unter bildungsbürgerlichen Vorzeichen als solchen beabsichtigter Strukturveränderungen im Ausbildungs- und Hochschulbereich. Das änderte sich erst Ende der 50er Jahre. Der so genannte „Sputnik-Schock" des Jahres 1957, also der Tatbestand, dass es den Sowjetrussen gelungen war, den ersten Satelliten – und 1961 mit Juri Gagarin den ersten Menschen – in den Weltraum zu befördern, beflügelte die Bildungsdiskussion und schließlich die in ihrem Umfang fast unglaubliche Bildungsexpansion nachhaltig. Im Jahr 1960 waren 11% der 14-Jährigen auf einer Realschule, 1987 29%. Im gleichen Zeitraum erhöhte sich der Anteil der Gymnasiasten bei den 14-Jährigen von 14 auf ebenfalls 29%. Mädchen profitierten von dieser Expansion weit überproportional.

Als weiterer Grund kam die Vorsorge für das Überleben in einem heute in seiner Dramatik und potentiellen Gefährlichkeit nicht mehr vorstellbaren Kalten Krieg hinzu. In dieser Situation bekamen Aussagen über den Stellenwert von Wissenschaft und Technik als Fundamente der Lebensführung und „Daseinsvorsorge" (ein damals üblicher Begriff) in einer industriell-technischen Gesellschaft einen neuen Stellenwert.

Symptomatisch hierfür war die breite Diskussion von Helmut Schelskys „Der Mensch in der wissenschaftlichen Zivilisation" ab 1961, die unter anderem in der Zeitschrift „Atomzeitalter"

lebhaft geführt wurde. Schelsky führte aus, dass „die Daseinsbedingungen und ihre Veränderungen, bis hin zum neuen Weltverhältnis des Menschen", fast ausschließlich durch wissenschaftliche Grundlagen und ihre Anwendung bestimmt seien. Seine Beispiele bezogen sich auf Medizin und „Humantechniken", vor allem aber auf die Natur- und die Ingenieurwissenschaften. „Diese technische Welt ist in ihrem Wesen Konstruktion". Die Universitäten seien in „ihrem wissenschaftlichen Schwergewicht längst zur Hohen Schule für die Techniken der wissenschaftlichen Zivilisation geworden".

Zwei Jahre später, 1963, veröffentlichte Schelsky in der verbreiteten „Rowohlts deutsche Enzyklopädie" seine Überlegungen zu „Idee und Gestalt der deutschen Universität und ihrer Reformen", die wohl bekannteste Universitätsschrift dieser Zeit. Dort thematisierte er unter anderem die Auswirkungen der „wissenschaftlichen Zivilisation" für die Universität und den zu erwartenden Strukturwandel der Technischen Hochschulen. Er ging davon aus, dass „die prinzipiellen Unterschiede zwischen Universitäten und Technischen Hochschulen verschwinden und ihre Verschmelzung in Zukunft wahrscheinlich" sei.

Aus Technischen Hochschulen werden Universitäten

Diese Aussage wurde durch die in diesen Jahren einsetzende Neu- und Umgründungswelle der Hochschullandschaft bestätigt. Die Eröffnung der Ruhr-Universität Bochum 1965 machte den Anfang; sie war bereits (wie die 1969 eröffnete Universität Dortmund) ein „Zwitter" aus traditionaler Universität und Technischer Hochschule; zugleich wollte sie den interdisziplinären Austausch fördern – ein Schlagwort, das auch, zumal seit der Studentenrevolte ab 1967, zu vielen Mesalliancen und Missverständnissen führte. Zu erinnern wäre hier beispielsweise an die erst euphorische, dann problematische Beziehung zwischen Architektur/Städtebau und Soziologie (s. Abb. 2).

Die Auseinandersetzungen um die Struktur der Hochschulen werfen ein Licht auf die unversöhnlichen Positionen der „Zwei Kulturen", wie

Abb. 2 Die 1969 eröffnete Universität Dortmund als Universität und Technische Hochschule neuen (integrierten) Typs. Auch die Gebäude sind typisch für die Universitäts-Gründungswelle der 60er und 70er Jahre

ein zum Schlagwort gewordener Aufsatz des englischen Erzählers und hohen Staatsbeamten C.P. Snow aus dem Jahr 1959 ausführte. Zum Beleg sei aus den „Materialien zur Geschichte der Ruhr-Universität Bochum" zitiert: Ein Vertreter der Technischen Hochschulen habe über die beabsichtigte Eingliederung einer technischen Abteilung in die zu errichtende Universität erklärt, das sei eine Sünde wider den Geist der Technik. Der Referent dieser Auseinandersetzungen zur Gründung der Bochumer Universität fügt hinzu: „Erklärlich wurde mir diese Haltung, als ich später (...) mit einem inneren Frösteln die Erinnerungen des ehemaligen Reichsministers Speer gelesen habe. (...) Vor solchen Technokraten sollten uns die neuen Hochschulen bewahren".

Innerhalb von nur eineinhalb Jahrzehnten wurden 20 Universitäten, acht Gesamthochschulen und eine Fernuniversität (Hagen) neu gegründet und bestehende Universitäten mit einer Technischen Fakultät, wie z.B. in Erlangen-Nürnberg 1966, ausgestattet. Die Gesamthochschulen wie z.B. in Wuppertal oder Kassel sollten nicht nur die traditionalen Grenzen zwischen den alten Fakultäten, den Universitäten und Technischen Hochschulen aufheben, sondern darüber hinaus auch die zwischen Universitäten und den seit Ende der 60er Jahre gegründeten Fachhochschulen (die zumeist aus älteren Ingenieurschulen hervorgegangen waren). Alles in allem war dies – bezogen auf die Kürze der Zeit – die größte Zahl an Universitätsgründungen in der deutschen Geschichte. Die Zahl der Universitäten wurde praktisch verdoppelt.

Es war aus dieser Perspektive und der Entwicklung der Hochschullandschaft nur konsequent, wenn die traditionalen Technischen Hochschulen den Weg beschritten, durch Angliederung bisher für typisch universitär gehaltener Fakultäten den Sprung zur Universitäts(um)gründung zu wagen. Hierfür gab es bereits 1965 eine Empfehlung der Rektoren der Technischen Hochschulen. Variationen aller Art waren denkbar und wurden genutzt: Stuttgart war künftig nur noch „Universität", München führte die Bezeichnung „Technische Universität" ein und Karlsruhe setzte seit 1967 die alte TH in Klammern hinter die neue Bezeichnung: „Universität Karlsruhe (TH)".

Karlsruhe ist also ein Beispiel unter vielen, wie durch die Herausbildung neuer Fakultäten und Disziplinen, die praktisch seit Ende des Zweiten Weltkriegs angemahnt wurde, der Universitätsstatus legitimiert wurde. Aber Karlsruhe ist aus unverschuldeten Gründen kein sehr überzeugendes Beispiel. 1965/72 wurde die Geistes- und Sozialwissenschaftliche Fakultät gegründet. Bis 1965 waren die Geisteswissenschaften zusammen mit den Wirtschaftswissenschaften und der Geographie als Sektion Geisteswissenschaften in der Fakultät für Natur- und Geisteswissenschaften vertreten. In ihrer Grundstruktur war die neue Fakultät eine Zusammenführung der seit Mitte des 19. Jahrhunderts in Karlsruhe und andernorts sukzessive aufgenommenen (späteren) Studium-Generale-Fächer wie Geschichte und Literatur (ab 1832; erst ab 1919 mit zwei Lehrstühlen), Philosophie und schließlich Soziologie (1962). Durch die sich seit Ende der 70er Jahre abzeichnende Geldknappheit und die spürbar werdenden Überlasten der Bildungsexpansion einerseits,

der geburtenstarken Jahrgänge aus den 60er Jahren andererseits, stockte der Ausbau der Fächer im Hinblick auf die erforderliche Größe, ein Hauptfach darzustellen (s. Abb. 3).

Der Ausbau der Technischen Hochschulen zu (Technischen) Universitäten machte aber auch deutlich, dass man einer Schimäre nachjagte: das universitäre Spektrum ist nicht mehr durch die Angliederung einer oder mehrerer Fakultäten erreichbar. Es ist – im Humboldtschen Verständnis – auch für die traditionalen Universitäten endgültig passé. Das gilt für das geistes- und kulturwissenschaftliche Durchdringen des Stoffes aller Disziplinen, die forschen und lehren, und es gilt für die seit den 60er Jahren so viel beschworene Interdisziplinarität. Diese kann kaum verordnet werden; sie muss sich aus der Einsicht in die Vieldimensionalität des eigenen Faches ergeben; sie muss prinzipiell möglich, aber entsprechend den wechselnden Anforderungen auch variabel sein.

In einem heute noch sehr lesenswerten Beitrag, „Gedanken zum Ausbau der Technischen

Abb. 3
Zwei von vier der „Kollegiengebäude am Schloss", in denen Institute der 1972 gegründeten Fakultäten für Geistes- und Sozialwissenschaften und der Wirtschaftswissenschaften der Universität Karlsruhe untergebracht sind

Hochschule", hatte der spätere Bundesminister für Wissenschaft und Forschung, der Karlsruher Professor für Bauingenieurwesen und damalige Rektor der TH, Hans Leussink, 1963 in der „Fridericiana" ausgeführt: „Nun bin ich allerdings nicht so naiv zu glauben, dass durch die bloße Anwesenheit einer größeren Zahl von Juristen und von anderen Geisteswissenschaftlern im Verband einer Hochschule etwa die Studenten dadurch automatisch zu anderen, zu „gebildeteren" oder orientierteren Menschen werden". Er fügte jedoch hinzu, dass er es als erheblichen Mangel empfinde, „wenn bei der Ausbildung des akademischen Ingenieurs das gesamte große Feld der Geisteswissenschaften, die man vielleicht auch als Wissenschaften vom Menschen bezeichnen könnte, so wenig Einwirkungsmöglichkeiten hat wie bei der traditionellen Technischen Hochschule". Von den 17 Lehrstühlen, die Leussink explizit nennt, um das Spektrum der Geistes- und Sozialwissenschaften zu verbreitern, seien nur hervorgehoben: Wissenschaft von der Politik und Psychologie. Anders als bei fast allen anderen Technischen Hochschulen konnten sie in Karlsruhe nicht etabliert werden.

Studentenprotest und Technische Hochschule

Die Bildungsexpansion und die Neu- und Umgründungsphase der Technischen Hochschulen, sowohl in der Bundesrepublik wie in der DDR, fielen in ihrer entscheidenden Phase in die Zeit der Studentenrevolte und des damit verbundenen fundamentalen Wertwandels. Die Studentenrevolte war ein weltweites Phänomen, auch wenn sie in den sozialistischen Ländern des Sowjetblocks unterdrückt wurde und sich in China vor allem als „Kulturrevolution" mit großen, heute oft übersehenen Auswirkungen auf die Studentenrevolte in den westlichen Industrienationen zeigte.

Die Technischen Hochschulen in der Bundesrepublik Deutschland gerieten durch die Auseinandersetzungen an den Universitäten in eine zum Teil schwierige Situation. Sie galten nun auch als Brutstätten des militärisch-industriellen Komplexes. Mit der Ausbeutung der Dritten Welt und der Bedrohung der friedliebenden sozialistischen Länder wurden sie in direkte Verbindung gebracht. Es ist hier nicht der Raum, an die außergewöhnlich heftigen Auseinandersetzungen an einigen Technischen Hochschulen, wie sie etwa in Berlin stattfanden, im Detail zu erinnern. Die Zahl der Veröffentlichungen, der Pamphlete, Manifeste und Flugblätter der marxistisch-leninistischen und sonstigen Hochschulgruppen ab 1967 zur Reform der Universität und der Technischen Hochschulen ist heute kaum vorstellbar. Aus heutiger Sicht überrascht es, dass die sozialistischen Wortführer allen Ernstes der Meinung waren, das Humboldtsche Wissenschafts- und Universitätsideal sei mit den Lehren des Marxismus-Leninismus nicht nur in Einklang zu bringen, sondern finde hierin seine definitive Bestimmung.

Der bereits erwähnte Karlsruher Professor Hans Leussink stand einige Jahre im Zentrum der heftigen Kontroversen um die Erneuerung der Universitäten als Keimzelle der Erneuerung der Gesellschaft. Leussink, seit 1969 parteiloser Minister für Wissenschaft und Forschung im ersten Kabinett von Willy Brandt, wurde nicht zuletzt wegen seiner Fachdisziplin (Bauingenieur) und seiner Herkunft von einer TH von den studentischen Organisationen in unversöhnlichen Auseinandersetzungen als „Technokrat der Hochschulpolitik" abqualifiziert; er trat wegen seiner Grundüberzeugungen in Sachen „Gruppenuniversität" und Hochschulmanagement im Januar 1972 von seinem Amt zurück.

Ganz anders verliefen die Auseinandersetzungen in der DDR. Die Einstellung zu Wissenschaft und Technik war, wie kurz erwähnt, systemimmanent vorgegeben. Diese Vorgaben bestätigte der für die weitere DDR-Geschichte so wichtige VII. Parteitag der SED von 1967 unter der Leitung von Walter Ulbricht. Über die Rolle der Wissenschaft „zur Schaffung des entwickelten gesellschaftlichen Systems des Sozialismus" hieß es unter anderem, dass „für die Entwicklung der sozialistischen Menschengemeinschaft (...) letztlich die wissenschaftlich-technische Basis entscheidend" sei. Grundlage hierfür sei „die Entwicklung der Wissenschaft als Produktivkraft". So hieß es z.B. in der Festschrift zum 125-jährigen Bestehen der TH Dresden im Jahre 1953: „Eine Technische Hochschule steht immer in besonders enger Beziehung zu der Industrie, zu der sie dem Standort nach gehört. Ihr Schwerpunkt konzentriert sich auf die Entwicklung junger Kräfte für die zu versorgende Industrie." Man hatte also keine Angst davor, wie im Westen, dass diese Auffassung von Wissenschaft und Technik und programmatischer Nähe zur Industrie zur endgültigen Durchsetzung des „eindimensionalen Menschen" führe, wie es in einem populären Buch des Deutsch-Amerikaners Herbert Marcuse hieß. Marcuse, 1899 in Berlin geboren und damals Professor in Berkeley, war der bekannteste intellektuelle Wortführer der Studentenrevolte in den westlichen Industrienationen.

I Im Eiltempo in die technische Zivilisation – Technik wird zum gesellschaftlichen Mittelpunkt

Für die Entwicklungen seit Anfang der 60er Jahre reichen Erklärungen wie Sputnikschock und Bildungsexpansion, Veränderung des bürgerlichen Bildungsbegriffs und Neubewertung der Technik in der wissenschaftlichen Zivilisation allein nicht aus. Zunächst war ja auch ein rein quantitatives Problem zu bewältigen. Die Zahl der Studierenden wuchs zwischen 1949/50 und dem Wintersemester 1959/60 von 108 auf 191 Tsd.; auf die Technischen Hochschulen entfielen 1959/60 etwa 40 Tsd. (incl. Berlin), also ein gutes Fünftel.

Für die Akzeptanz von Technik und Technischen Hochschulen kamen Entwicklungen in der „materiellen Kultur" der Bundesrepublik hinzu. Man muss nicht Marxist sein, um nüchtern festzustellen: Seit den 50er Jahren hatte sich die materielle Grundlage der Daseinsführung und Daseinsvorsorge erheblich geändert. Der erstmals in der deutschen Geschichte durchgesetzte Massenkonsum als letztes der fünf Stadien des wirtschaftlichen Wachstums (Walt W. Rostow 1960), die Technisierung der Haushalte, die zügige individuelle Motorisierung, die Ausbreitung der Massenmedien, zumal des Telefons und des Fernsehens, trugen mehr zur Akzeptanz der Technik und

der Technischen Hochschulen bei als noch so kluge Schriften der Pädagogen und Bildungstheoretiker. Die rasant fortschreitenden Veränderungen der individuellen und kollektiven Daseinsbedingungen und der Lebensführung lassen sich mit wenigen Zahlen verdeutlichen: In Vier-Personen-Arbeitnehmer-Haushalten mit mittlerem Einkommen stieg im kurzen Zeitraum von 1964 bis 1977 der Anteil der Tiefkühltruhen von 0,9 auf 62%, des PKW-Besitzes von 30 auf 78% und des Telefonanschlusses von knapp 9 auf 62%.

Neben den Gründen, die seit Beginn der 60er Jahre zum Ausbau und zur Neustrukturierung der deutschen Hochschullandschaft führten, kommen weitere hinzu. Zunächst die „amerikanische Herausforderung", die es zu bestehen gelte, dann die „japanische Herausforderung". Damals waren Prognosen der gesellschaftlichen Entwicklung sehr gefragt; erinnert sei an den Weltbestseller Herman Kahns „Ihr werdet es erleben..." aus dem Jahr 1967.

In Karlsruhe wurde diese Herausforderung von Karl Steinbuch angenommen, Mitbegründer der ältesten Fakultät für Informatik in der Bundesrepublik, wortmächtiger und medienpräsenter Warner angesichts der Tatsache, dass unsere Gymnasien und Hochschulen die Kinder und Jugendlichen „falsch programmieren". Einige damals immer wieder zitierte Sätze seien hervorgehoben: Ob die (west-)deutsche Gesellschaft in Zukunft international noch konkurrenzfähig sei, sei fraglich; es würde für Wissenschaft und Technik nicht genügend getan, immer mehr Spitzenwissenschaftler würden auswandern. Als Verursacher glaubte Steinbuch eine „Hinterwelt" ausmachen zu können, die „ein Auseinanderlaufen von Ideologie und Realität" bewirke.

Wie strittig einzelne Grundannahmen von Steinbuch auch damals schon waren, denkt man etwa an das Verschwörerhafte der „Hinterwelt": In den zentralen Aussagen ist das Buch von großer Weitsichtigkeit und prognostischer Kraft, z.B. bei Voraussagen zur Bedeutung des PC oder in der Bezeichnung der industriellen Gesellschaft als „informierter Gesellschaft". Es ist wohl kaum übertrieben, wenn man in der breiten Aufnahme und Diskussion der Thesen von Steinbuch einen Mosaikstein im Umbruch der öffentlichen Meinung sieht. Die Akzeptanz der Technik und der Technischen Universitäten und ihrer Forschungen für das Bestehen der amerikanischen und der japanischen Herausforderungen und der Sicherung des Überlebens im Kalten Krieg wie letztlich der Zukunft nahm deutlich zu.

| Die Situation seit der Wiedervereinigung
Auf die Zeit nach der Neugründungswelle der Universitäten und Gesamthochschulen und der Erweiterung und Umgründung der Technischen Hochschulen soll nur in wenigen Sätzen eingegangen werden.

1990 erfolgte der Beitritt der DDR bzw. der zu diesem Zweck (laut Art. 28 Grundgesetz) neu gegründeten Länder zum Staat der Bundesrepublik. Wie auf allen anderen staatlichen und gesellschaftlichen Feldern gab es auch im akademischen Bereich – mit dem Wort des Tübinger Politologen Gerhard Lehmbruch – einen „Institutionentranfer". Das Bildungs- und Wissenschaftssystem der DDR wurde dem der Bundesrepublik angepasst, wie aus Artikel 38 des sog. „Einigungsvertrages" vom 31. August 1990 ersichtlich wird. Die in der sowjetischen Zone – ab 6.10.1949 in der DDR – eingeschlagene Sonderentwicklung zu Spezialhochschulen wurde rückgängig gemacht; aber die Universitäten und Wissenschaftlichen Hochschulen gewannen ihre Autonomie zurück. Anzumerken ist jedoch, dass es hier, wie etwa in den Bereichen des Gesundheitswesens oder der Länderneugliederung, keine Reformüberlegungen der Art gegeben hat, was bei dieser Gelegenheit denn in den Universitäten der „alten Bundesländer" hätte verändert werden können.

Seither steht die Universität und ihr gesellschaftlicher Stellenwert unter neuen, nicht mehr national, sondern nunmehr global gesehenen Voraussetzungen. Es ist nun nicht mehr nur die amerikanische oder die japanische Herausforderung zu bestehen, sondern die globale, nicht mehr die des Kalten Krieges, sondern die der Kapitalisierung des gesamten Weltsystems. Hier mögen auch die Gründe dafür liegen, dass die

intensiv geführte Kontroverse um die Neugestaltung des gesamten Bildungs- und Ausbildungsbereichs unter Einschluss der Wissenschaftlichen Hochschulen, die sich überzeugender Ideen zu bedienen wusste („Bildungsexpansion" und „Chancengleichheit"; „Bildung als Bürgerrecht"; „Emanzipation durch Bildung und Verwissenschaftlichung" usw.), keinen Bestand mehr hat. Außerdem ist die Politik und Ministerialbürokratie bei den anstehenden Hochschulreformen nun in einem Maße dominant, wie man das in den beiden Jahrzehnten der Bildungsexpansion und ihrer intensiven gesellschaftspolitischen Diskussion für undenkbar gehalten hätte.

Humboldt und seine Ideen werden zwar weiterhin viel beschworen, aber das sind Abgesänge, seit langem. Nimmt man nur einen Kernsatz seines Reformmodells von Universität und Wissenschaft wirklich ernst – etwa das Ziel, die Persönlichkeitsbildung auch durch wissenschaftliche Betätigung zu fördern –, dann muss man nüchtern konstatieren: So ist es nur im glücklichsten, also individuellen Fall. Strukturell bietet die Universität dafür wenig und sie wird dies Wenige in den kommenden Jahren nur unter großen Schwierigkeiten behaupten können. Die Universität ist heute vor allem Betrieb, Arbeitsstätte und berufsqualifizierende Höhere Lehranstalt; sie hat an Ansehen in der Gesellschaft auch dadurch eingebüßt, weil sie Teil einer Berichterstattung in den Medien geworden ist, die sich oft genug in der Darstellung von Negativbeispielen erschöpft.

Der einst so wichtige Unterschied von Universität und Technischer Hochschule ist dabei obsolet geworden. Im Medienzeitalter und dem der „Kulturindustrie" (Adorno/Horkheimer), des Internets und damit des individuellen Zugriffs auf die Bestände der Kulturen, der Entwicklung völlig neuer Disziplinen und Sichtweisen – genannt sei als Beispiel die Neurobiologie – stellt sich auch das Thema der „zwei Kulturen" und ihrer Vermittlung völlig neu.

Neben strukturellen, in erster Linie quantitativen Gründen, sind weitere zu nennen, die vielfach zu einer Entpersönlichung des akademischen Lebens geführt haben und auf eine Abkehr von Humboldts Idealen hinweisen. Einige haben mit selbstverschuldeter Unmündigkeit und nicht überzeugend wahrgenommener akademischer Freiheit zu tun, bei Lehrenden und Lernenden – frei nach Kant; ein Frevel wider den Geist der Aufklärung. Allein ein Blick auf das Prüfungswesen der Universitäten würde zeigen, dass sie an entscheidenden Schnittstellen der Persönlichkeitsbildung oft versagen – oder genau den Typus erzeugen, der heute, in der globalisierten Marktwirtschaft individueller Selbstbehauptung, gefragt ist.

Unter diesen Voraussetzungen der Globalisierung kommt eine neue Reform auf die Universitäten zu. Geboren aus neo-liberalem Geist, untermauert durch soziologische Thesen zur Individualisierung und gefördert angesichts leerer staatlicher Kassen. Die damit verbundene Marktgängigkeit der Studiengänge, ihre medienwirksame Verkäuflichkeit und die permanente Evaluierung von allen und allem werden die Universitäten letztendlich zu Betrieben des weltweit werdenden Kapitalismus machen. Die

institutionellen Sicherheiten, auch im Sinne von Schutz vor politisch initiiertem Reformunfug, ohne die Humboldts Geist sich nicht entfalten kann, sind bedroht angesichts der von außen übernommenen Kriterien: Effizienz, Effektivität und Flexibilität im Hinblick auf neue Erfordernisse von Wirtschaft und Markt. Das alles wird kritisch als „Amerikanisierung" bezeichnet – bezogen auf Standards amerikanischer Eliteuniversitäten stimmt das nur partiell, vor allem nicht im Hinblick auf eine sehr individuelle Betreuung der Studierenden.

Vielleicht ist diese Sichtweise im Hinblick auf die anstehenden Reformen zu skeptisch, und es kehrt auf neuer Stufe der gesellschaftlichen und universitären Entwicklung einiges von dem zurück, was die Sonderstellung der Universität seit ihrer ersten großen Gründungswelle im 13. und 14. Jahrhundert und erst recht seit Humboldts Reformmodell beflügelte: ein Hort autonomer Wahrheitssuche zu sein und notfalls wider den Stachel ökonomischer und machtpolitischer Vereinnahmungen zu löcken.

I Literatur

Anweiler, Oskar et al., Bildungspolitik in Deutschland 1945–1990. Ein historisch-vergleichender Quellenband, Opladen 1992

Böhme, Helmut, Streiflichter einer deutschen Universität im Nachkrieg: Die TH Darmstadt 1945–1949, in: Deutschland 1945–1949, Ringvorlesung an der THD SS 1985, hg. von Hans-Gerd Schumann (FB Gesellschafts- und Geschichtswissenschaften)

Ellwein, Thomas, Die deutsche Universität vom Mittelalter bis zur Gegenwart; Frankfurt/M. 1992

Formierte Universität. Eine Analyse zur westdeutschen Hochschulpolitik; hg. von einem Autorenkollektiv im Auftrage des Ministeriums für Hoch- und Fachschulwesen der DDR, Berlin 1968

Gorzka, Gabriele, Klaus Heipcke, Ulrich Teichler, Hg., Hochschule – Beruf – Gesellschaft. Ergebnisse der Forschung zum Funktionswandel der Hochschulen; Frankfurt/New York 1988

Jaspers, Karl, Die Idee der Universität; Berlin 1946 (Reprint Springer Verlag 1980)

Klemm, Wilhelm, Universität und Ingenieurwissenschaften, in: Universität neuen Typs (Tagung der Evg. Akademie Loccum), Göttingen 1962

Leussink, Hans, Gedanken zum Ausbau der Technischen Hochschule, in: Die Fridericiana 1963. Gedanken und Bilder aus einer TH, hg. im Auftrag des Senats von Otto Kraemer, Klaus Lankheit, Rolf Lederbogen, Johannes Weissinger, S. 45–59

Moser, Simon, Studium Generale, in: Fridericiana, Zeitschrift der Universität Karlsruhe, Heft 16/Jubiläumsband (150-Jahrfeier), S. 95–102

Neusel, Ayla, Ulrich Teichler, Hochschu lentwicklung seit den sechziger Jahren; Weinheim und Basel 1986

Oehler, Christoph, Hochschulentwicklung in der Bundesrepublik Deutschland seit 1945; Frankfurt/New York 1989

Schelsky, Helmut, Einsamkeit und Freiheit. Idee und Gestalt der deutschen Universität und ihrer Reformen; Reinbek 1963 (rde1 71/72)

Ders., Der Mensch in der wissenschaftlichen Zivilisation, in: ders., Auf der Suche nach Wirklichkeit. Gesammelte Aufsätze; Düsseldorf/Köln 1965, S. 439–480 (als Vortrag und Separatdruck zuerst 1961)

Schnabel, Franz, Die Anfänge des technischen Hochschulwesen, in: Festschrift anlässlich des 100-jährigen Bestehens der Technischen Hochschule Fridericiana zu Karlsruhe; Karlsruhe 1925, S. 1–45

Steinbuch, Karl, Falsch programmiert. Über das Versagen unserer Gesellschaft in der Gegenwart und vor der Zukunft und was eigentlich geschehen müsste; Stuttgart 1968

Thümmel, Hans-Wolf, Fakultät für Geistes- und Sozialwissenschaften, in: Fridericiana, Zeitschrift der Universität Karlsruhe, Heft 16 Jubiläumsband (150 Jahre Universität Karlsruhe), S. 69–80

I Materialien

50 Jahre TU Berlin. Technische Universitäten zwischen Spezialistentum und gesellschaftlicher Verantwortung; Dokumentation der Wissenschaftlichen Konferenz (1996), hg. vom Präsidenten der TU Berlin

Materialien zur Geschichte der Ruhr-Universität Bochum. Die Entscheidung für Bochum; hg. vom Vorstand der „Gesellschaft der Freunde der Ruhr-Universität Bochum e.V."

D5 Die Universität in Stadt und Region

G. Seiler

G. Seiler

I Gemeinsamkeiten seit Anbeginn

Karlsruhe wurde 1715 gegründet, ist also eine junge Stadt, eine Stadt ohne Mauern, am Reißbrett entworfen mit Zirkel, Lineal und klarem geodätischen Bezug. Im Jahre 1806 wurde Karlsruhe Haupt- und Residenzstadt des neugeschaffenen Landes Baden, das seine Identität suchte. Der rationale Geist kehrte auch bald in die Schloßstuben, bei den Ministerialen, ein. Die Verfassung von 1818, von Karl Friedrich Nebenius entworfen, war kein Wunschkind des Großherzogs, aber willkommener Integrationsfaktor genauso wie der Badische Landtag. Prunk konnten sich die Stadt- und Landesherren nicht leisten; Fleiß und Bescheidenheit erhoben sie daher zu Tugenden. Das ist noch heute so.

Das war auch so, als die Polytechnische Schule, die erste ihrer Art in Deutschland, Vorläuferin der heutigen Universität, im Jahre 1825 gegründet wurde. So schrieb ihr der Großherzog ins Stammbuch:„…blos äußeren Glanz und Schein vermeiden, dagegen auf innere Tüchtigkeit… hinarbeiten" [Draheim, Hochschule in der Residenz, S.167f]. Das waren die Ziele: (1) die Bildung des gehobenen Bürgerstands vor allem mit den Kenntnissen aus Mathematik und Naturwissenschaften, (2) die Anwendung dieser Kenntnisse auf die „Vervollkommnung der Gewerbe" und (3) wenn auch nicht ausgesprochen, so doch klar intendiert, die Schaffung der technisch-wissenschaftlichen Grundlagen für eine moderne Infrastruktur des neuen, langgestreckten Landes Baden, z.B. ein leistungsfähiges Verkehrsnetz [Chronik der Stadt Karlsruhe, S.25] einschließlich der Rheinkorrektion, gerade von Gottfried Tulla begonnen, einem Verfechter einer wissenschaftlich fundierten Ingenieurkunst und Förderer des Polytechnikums. Die Wahl von Karlsruhe als Sitz der neuen Institution zwischen den damals gerade badisch gewordenen Universitäten Heidelberg und Freiburg hatte sicherlich auch regionalpolitischen Bezug.

Gerade war das Rathaus am Marktplatz, erbaut von Friedrich Weinbrenner, dem anderen wichtigen Förderer der Polytechnischen Schule, im Juni 1825 eingeweiht, begann diese Polytechnische Schule direkt gegenüber, im nördlichen Trakt des Lyceumgebäudes neben der evangelischen Stadtkirche, am 1. Dezember des gleichen Jahrs mit ihrer Tätigkeit.

Die Universität im Bild der Stadt

Diese enge Verbindung zwischen Stadt und Hochschule im räumlichen und im ideellen Sinne sollte auch erhalten bleiben, als im Jahr 1836 das stadtbildprägende Hochschulgebäude in der östlichen Langestraße, der heutigen Kaiserstraße, bezogen wurde, erbaut vom Weinbrenner-Nachfolger Heinrich Hübsch und erfüllt mit neuem Geist durch Staatsrat Nebenius.

Der Grundstein für das „Universitätsviertel" war gelegt. Viele Gebäude folgten, manche im Architekturstil der damaligen Zeit wie die Aula von Joseph Durm, aber nachfolgend auch viele funktionale Gebäude mit uneinheitlichem Gesicht. Die Architekten bewerten den Universitätscampus zwiespältig: „Die Karlsruher Technische Hochschule hat eine ausgezeichnete Lage sowohl zum Stadtzentrum als auch zur freien Landschaft. Diese Situation ist einzigartig in Deutschland..." Andererseits sei die „derzeitige Bebauung mit seinen Neuanlagen und Erweiterungen völlig chaotisch...", wenngleich ohne städtebauliche Monotonie, so der Karlsruher Architekturprofessor Otto Ernst Schweizer [nach Klaus Richrath, Zur Entwicklung des Campus der Universität (TH), Karlsruhe 1996, S.17f]. Um die bauliche Erweiterung der Universität wird bis in unsere Tage hart gerungen: der Hardtwald ist eine Barriere für eine großzügige Erweiterung nach Norden und Nordwesten. Andererseits sind Pläne für einen neuen Campus im Südosten der Stadt längs der neuen Kriegsstraße nicht vorangekommen, in erster Linie aus finanziellen Gründen, aber auch weil die Universität die Einzigartigkeit des geschlossenen Campus ohne Mauern im Wald gerne behalten würde. Kleinere Erweiterungen z.B. in der heutigen Kinderklinik oder in der ehemaligen Mackensenkaserne sind in Aussicht.

Professoren der Stadtbauplanung und der Architektur aus der Universität haben ihrerseits das heutige Bild der Stadt an wichtigen Punkten geprägt.

Aufbauend auf der Grundidee des eben erwähnten Prof. Otto Ernst Schweizer hat Prof. Karl Selg dem neuen Stadtteil Waldstadt die Struktur gegeben. Aber auch und gerade in der älteren Zeit der Stadtbaugeschichte waren Karls-

ruher Professoren maßgeblich an der Entwicklung beteiligt. Die Namen Reinhard Baumeister, Hermann Billing, Joseph Durm, Friedrich Eisenlohr, Heinrich Hübsch, Friedrich Ostendorf und natürlich Friedrich Weinbrenner, dessen eigene Baugewerbeschule in der Polytechnischen Schule aufging, sind nicht nur Straßennamen, diese Persönlichkeiten haben auch bedeutende Bauten in ihrer Universitätsstadt hinterlassen.

Karlsruhe ist trotz vieler Hochschuleinrichtungen keine klassische Universitätsstadt. Studierende und Lehrende der Universität und der anderen Hochschulen fallen im Straßenbild der Stadt kaum auf; obwohl ihr Anteil an der Einwohnerschaft zusammen immerhin etwa 10% beträgt. Das hat auch etwas mit den Studienrichtungen und der daraus resultierenden Einstellung zu Leben und Beruf zu tun; Maschinenbauer, Bauingenieure, Wirtschaftsingenieure oder gar Informatiker sind eher in sich gekehrt als der Stadt sprich Straße zugewandt. Das war ganz deutlich während der Studentenunruhen der 68er Jahre zu spüren, die kaum Wellen in die Stadt schlugen und die im Universitätsinnern gut gemeistert wurden. Außerdem wohnen recht viele Studierende im Umland und die Studentenwohnheime sind nicht örtlich massiert. Dennoch gibt es manche beliebte Studentenkneipe, geöffnet für alle.

Wechselbeziehungen

Der zurückhaltende Charakter der Stadt und ihrer Menschen auf der einen und der Universität auf der anderen Seite ergänzen sich. Sie leben das typisch badische Understatement und das freundliche savoir vivre unserer französischen Nachbarn, von denen wir vieles, auch in der Sprache übernommen haben. Das hat in der lauten Zeit auch seine – vermeintlichen – Nachteile. Man müsse deutlicher werden, seine Vorteile und Leistungen besser „verkaufen". Tatsächlich stecken mehr Kräfte in unserer Landschaft, und die Universität hat viel größere geistige Ressourcen, als nach außen immer sichtbar wird. Das könnte man ein bisschen verbessern, aber diese Bescheidenheit hat nach meiner Überzeugung – aber ich bin ja befangen, weil gebürtiger Karlsruher und seit beinahe 50 Jahren mit der Fridericiana verbunden – langfristig mehr Anziehungskraft als äußerer Glanz und Schein, wovor schon der Universitätsstifter warnte. Die Qualität der wissenschaftlichen Arbeiten und die Wertschätzung der Studierenden durch die Wirtschaft einerseits und die Anziehungskraft der Stadt auf wirtschaftlichem oder kulturellem Gebiet andererseits geben keine Veranlassung zur Umkehr.

Die Beziehungen zwischen Stadt und Universität sind und waren, soweit überliefert, immer vorbildlich. Die Stadt profitiert vom Ruf der Universität und ihrer Repräsentanten, der weit über die Stadtgrenzen hinausgeht; die Namen Heinrich Hertz, Fritz Haber und Carl Benz, obwohl nur Schüler der Fridericiana, Ferdinand Redtenbacher, Egon Eiermann oder Franz Schnabel stehen für viele herausragende wissenschaftliche Leistungen, die an die Öffentlichkeit gelangten, zum Teil aber auch nicht.

Mitglieder der Universität haben sich andererseits ins öffentliche Leben eingebracht: Johann Klauprecht, Ehrenbürger der Stadt Karlsruhe, war Mitglied des Badischen Landtags; jeweils ein Professor der damaligen Technischen Hochschule wurde zum Mitglied der Ersten Kammer des Badischen Landtags ernannt bzw. gewählt; Reinhard Baumeister war Stadtverordneter von 1891–1908; Rolf Funck gehörte dem Karlsruher Gemeinderat von 1975–1998 an; der langjährige Rektor der Fridericiana Heinz Draheim ist einer der wenigen Träger der Ehrenmedaille der Stadt Karlsruhe, und jeweils ein oder mehrere Vertreter der Professorenschaft sind bzw. waren beratende Mitglieder des Planungsausschusses der Stadt Karlsruhe, z.B. Wilhelm Leutzbach als Verkehrsexperte von 1971 bis 1994.

Manche hervorragende Amtschefs der Stadt waren Absolventen der Fridericiana, andere haben wiederum an der Universität gelehrt, z.B. Stadtrat Siegfried Kühn, der langjährige Leiter des städtischen Planungsamts Egon Martin und der Planer Harald Ringler, der Leiter der Stadtwerke Jürgen Ulmer, sowie der Oberbürgermeister der Stadt Karlsruhe Gerhard Seiler seit 1967. Außerdem hat die Fakultät für Bauingenieurwesen dem Karlsruher „Verkehrspapst" Dieter Lud-

wig die Ehrendoktorwürde verliehen. Diese Aufzählung ist keinesfalls erschöpfend.

Das Wissenspotential der Region

Die Karlsruher Universität ist der Nukleus für eine Reihe von Institutionen, die in der Region angedockt haben. Anders formuliert war die Existenz der Universität eine gute, manchmal sogar notwendige Voraussetzung für ihre Ansiedlung. Ein besonderes Beispiel ist das Forschungszentrum Karlsruhe, das als „Atom-Meiler" nur mit bleibender Unterstützung der Universität, man erinnere sich an das Wirken von Prof. Wirtz, nach Karlsruhe, korrekt: in den Landkreis kam, und das personell und wissenschaftlich eng mit der Uni verbunden war und ist. Ähnlich ist die Nähe der Universität auch für die drei Fraunhofer-Institute sowie für die Bundesanstalt für Ernährung von Bedeutung; das Forschungszentrum Informatik ist eng mit der Uni verbunden, das Zentrum für Kunst und Medientechnologie (ZKM) hat unter Rektor Heinz Kunle kräftige Starthilfe von der Universität bekommen, die Landesanstalt für Umweltschutz (LFU) profitiert vom Wissen der Uni, zur Hochschule für Technik (FH) und zur Pädagogischen Hochschule (PH) bestehen traditionell gute Beziehungen, aber auch zur Berufsakademie, selbst zur Musikhochschule und zur Kunstakademie. Die unbestrittene Bedeutung der Universität verringert die sonst unvermeidliche institutionelle Eifersucht auf ein Minimum.

Diese Ballung von Wissen auf naturwissenschaftlich-technischem Gebiet hat dazu geführt, dass sich in dieser Technologie-Region, zu der sich die Stadtkreise Karlsruhe und Baden-Baden sowie die Landkreise Karlsruhe und Rastatt bekennen, eine hohe, vielleicht sogar die höchste Forscherdichte entwickelt hat. Die Fühlungsvorteile erstrecken sich nicht nur auf die genannten Einrichtungen, sondern auch auf die Anwender der neuen technisch-wissenschaftlichen Methoden in Wirtschaft, Verwaltung und anderen Institutionen.

Die Anziehungskraft der Universität

Städte und Regionen unternehmen allerorts Anstrengungen, um ihr Image zu stärken. Regionales Marketing heißt das Zauberwort. Aber man kann auf Dauer nur Produkte mit Inhalt „verkaufen". Manche Produkte werden auch ohne schöne Verpackung wahrgenommen; das sind in Karlsruhe die Hohen Gerichte, das war der KSC zu seinen Glanzzeiten, das ist das kulturelle Angebot der Region und das grüne Umfeld zwischen Rhein und Schwarzwald – und das ist die Universität Fridericiana.

Zu ihrem Ruf gehört der gesamte Lehrbereich, dessen Qualität von den Absolventen als Multiplikatoren hinausgetragen wird, dazu gehört die Forschung, die nicht immer die ihr gemäße Öffentlichkeitswirkung hat, dazu gehört die Reputation im In- und Ausland, wozu die zahlreichen internationalen Partnerschaften beitragen, dazu gehört die Reputation der Universitätsorgane, die wegen ihrer Sachlichkeit schon immer in hohem Ansehen standen und stehen, und dazu gehört auch die vorausschauende Anpassungsfähigkeit von Forschung und Lehre an die Bedürfnisse der Zukunft und der Praxis. Ein Musterbeispiel ist die Gründung der ersten Informatikfakultät 1972 in Deutschland, verbunden mit dem Namen Karl Steinbuch, sowie die Innovation der Mikrostrukturtechnik zusammen mit dem FZK, verbunden mit dem Namen Erwin Becker, vielleicht bald auch die Nanotechnologie. Die Wirtschaftwissenschaften als studentenstärkste Fakultät finden vor allem in der Praxis hohe Anerkennung.

Die Universität macht auch durch Kongresse auf ihre wissenschaftlichen Leistungen aufmerksam. Der erste internationale Wissenschaftskongress überhaupt war der Chemikerkongress im Jahre 1860, zu dem Prof. Karl Weltzien nach Karlsruhe geladen hatte. Nach dem Neubau des städtischen Kongresszentrums und der Verfügbarkeit neuer Vortragsräume in der Uni fanden viele weitere internationale Kongresse statt, z.B. 1976 ein Internationaler Kongress über Mathematikunterricht mit 2000 Teilnehmern, 1984 die Internationale Konferenz über Tieftemperatur-Physik, 1991 ein Weltkongress der Chemieingenieure, 1996 der Deutsche Internet-Kongress mit starker Beteiligung der Uni, und die wiederkehrende Konferenz über Geld, Banken und Versicherungen, mit jeweils

hohen Teilnehmerzahlen, um nur einige Beispiele zu nennen.

All diese und weitere anerkannten Leistungen strahlen auf Stadt und Region zurück. Das ist keine Einbahnstraße, denn auch die Städte und Gemeinden der Technologie-Region bereiten der Universität ein adäquates Umfeld.

Die Einbindung der Universität in die Region wird auch in der Verteilung der Studierenden deutlich. Mehr als ein Viertel kommt aus der Region. Die meisten anderen kommen aus ganz Deutschland – und 12% aus dem Ausland!

Es ist ein gemeinsames Anliegen von Universität und Stadt, dass durch die ausländischen Studierenden ein bleibendes Band in die Welt geknüpft wird. Das ist schwierig geworden, denn der angelsächsische Raum hat an internationaler Anziehungskraft gewonnen. Allerdings studieren am Institut für Regionalwissenschaft genau so viele Ausländer wie Deutsche. Vor allem aber ist das neue „International Department" für den Bereich Maschinenbau und Elektrotechnik als Campus innerhalb der Universität attraktiv auch für Studierende z.B. aus den Schwellenländern und der Dritten Welt, eine Meisterleistung und ein Kraftakt von Rektor Prof. Sigmar Wittig und von Prof. Hartmut Weule. Ein denkmalgerecht umgestalteter Altbau an historischer Stätte verbindet diese neue Institution mit der Stadt am Zirkel, mit kleiner Hilfestellung von Seiten der Stadtverwaltung.

Arbeitsplätze und Wirtschaftskraft

Betrachtet man die Universität als schlichtes Unternehmen, dann gehört sie mit etwa 3500 Arbeitsplätzen zu den großen Arbeitgebern in der Stadt. Ökonomisch betrachtet sind öffentliche Lehreinrichtungen zunächst primary industries, d.h. sie verdrängen keine Arbeitsplätze am Ort, genau so wenig wie eine Maschinenfabrik, die nur ins Ausland liefert. Hier aber beginnt der Multiplikatormechanismus voll zu wirken. Das bedeutet, dass sich die Löhne und Gehälter der Universität in der Region zur vollen Nachfrage entfalten (von einer regionalen Importquote abgesehen, die deutlich kleiner ist als eine urbane) und zu weiterer (sekundärer) Nachfrage führen. Dazu kommen die örtlichen Ausgaben der Studierenden, die ebenfalls multiplikative Wirkung entfalten. Diese Wirkungen kann man nicht exakt berechnen, aber vielleicht könnte man die regionale Einkommenswirkung der Universität auf insgesamt über eine halbe Milliarde DM pro Jahr schätzen, das sind etwa 2% des Bruttourbanprodukts. Dabei ist vorausgesetzt, dass der Lehrkörper vorwiegend in der Region wohnt – und dort auch seine Einkommensteuer bezahlt, wovon die Städte und Gemeinden mit rd. 15% partizipieren.

Bei dieser Schätzung ist die Zahl der Studierenden mit 15.000 angenommen, denn die Studentenzahlen gehen durch den Geburtenknick derzeit fast überall um ein Drittel und mehr zurück. Es ist ohnehin einer besonderen Untersuchung wert, wie sich die Zahl der Studierenden auch in Relation zur Einwohnerzahl der Stadt Karlsruhe entwickelt hat und welches die Gründe für die z.T. erheblichen Schwankungen sind. Die absolute Spitze der Studierendenzahl wurde in Karlsruhe Anfang der Neunziger Jahre mit über 30.000 erreicht, davon über 20.000 an der Universität, bei einer Bevölkerungszahl von etwa 275.000. Um das Jahr 1900 waren rd. 2.000 Studenten eingeschrieben bei rd. 100.000 Einwohnern.

I Wissen als Produktionsfaktor

Die Arbeitskraft, so wussten schon die klassischen Nationalökonomen, sei einer der drei Produktionsfaktoren. Heute wissen wir mehr, dass nämlich die Qualifikation der Arbeitskräfte das wichtigste Produktionspotential einer Volkswirtschaft ist, die über keine Rohstoffe oder andere natürlichen Ressourcen verfügt, denn Kapital ist mobil bis flüchtig. Gerade die Universität als Technische Hochschule ist ein Qualifikationszentrum für anpassungsfähige Ingenieure, Mathematiker, Physiker, Chemiker, Wirtschaftler und neuerdings vor allem Informatiker, die im schnelllebigen Produktionsprozess benötigt werden. Dieses Potential an Wissen kommt der Region zugute, wenn auch die Absolventen mobiler sind als früher; mancher möchte in der Landschaft bleiben und wird hier auch

gerne gesehen. Aus Ansiedlungs- und Bleibegesprächen weiß die städtische Wirtschaftsförderung, dass dieses Wissen ein nicht zu unterschätzender Standortfaktor ist.

Ein weiteres Infrastrukturelement für Stadt und Region sind die spin-off Gründungen aus der Universität und aus den anderen Forschungseinrichtungen. Im Jahr 1984 gründeten die Industrie- und Handelskammer, die Landeskreditbank und die Stadt Karlsruhe mit Unterstützung der Universität die Tefak, die Technologiefabrik Karlsruhe, mit heute 18.000 qm Nutzfläche auf dem ehemaligen Areal der Nähmaschinenfabrik Singer. Dort finden gerade technologieorientierte Unternehmensgründer aus der Universität, dem Forschungszentrum und anderen wissenschaftlichen Einrichtungen sehr gute Startvoraussetzungen durch die erfolgreiche, weil auch marktorientierte Betreuung der IHK. So sind 150 Firmen mit etwa 3.000 Arbeitsplätzen aus der Tefak hervorgegangen. Davon haben sich die meisten in der Technologie-Region niedergelassen, die Hälfte davon in der Stadt Karlsruhe. Wie viele weitere Firmen neben diesen kanalisierten Unternehmensgründungen aus der Universität kommen bzw. von Universitätsabsolventen initiiert wurden und werden, weiß man nicht genau; die Wirtschaftsförderung der Stadt schätzt allein für Karlsruhe, dass zusammen mit der Tefak durchschnittlich jährlich vielleicht 500 Arbeitsplätze aus diesem technologieverwandten Bereich heraus entstehen.

I Vergangenheit und Zukunft

Die Zukunft zu prophezeien ist bekanntlich viel schwieriger, als über Vergangenheit und Gegenwart zu berichten. Aber man kann die Entwicklungslinien aus einer 175-jährigen fruchtbaren und harmonischen Symbiose von Universität, Stadt und Region mit nur wenigen Beschränkungen der Allgemeingültigkeit verlängern. Alle guten Wünsche, auch für weiterhin reißfeste Beziehungen begleiten diese Institutionen für viele weitere erfolgreiche Jahre.

Erinnerungen

Untrennbar ist die Universität mit einem zentralen Lebensabschnitt jedes einzelnen ihrer Absolventinnen und Absolventen verbunden. Die Hoffnungen und Ängste, die großen Anstrengungen, aber auch die Erfolgserlebnisse der Studienzeit prägen nicht selten das ganze Leben. Die Begegnung mit herausragenden Wissenschaftlern und Hochschullehrern mag als Vorbild für eigene Berufs- und Lebensentscheidungen gedient haben, die harte Disziplin wissenschaftlicher Forschung und Lehre, der man sich als Studierender unterwarf, ließ die eigene Persönlichkeit reifen. Aber auch der Genius loci spielte eine Rolle: die Topographie des Campus, das Lebensgefühl einer Stadt, ihre kommunikativen Zentren. Mehr denn je bedarf die Universität heute dieser vielfältigen individuellen Erfahrungen, sie sind wichtige Fingerzeige und Anregungen, unverzichtbare Elemente für die Lebendigkeit des universitären Kosmos. Damit sie nicht verloren gehen, bemüht sich die Fridericiana seit geraumer Zeit, die Verbindung zu ihren Absolventen zu stärken. Zu diesem Zweck wurde das Absolventen-Netzwerk „AlumniKaTH" der Universität Karlsruhe geschaffen. Mit ihm will die Hochschule ihre Studentinnen und Studenten auf dem weiteren Lebensweg begleiten, ihren Rat einholen und auch den Zusammenhalt unter ihnen stärken. Denn erst die vielstimmige Gemeinschaft der Absolventinnen und Absolventen aller Jahrgänge fügt sich zur eigentlichen „Fridericiana", wie sie über alle Wechselfälle des Lebens und der Zeiten hinweg lebendig fortbesteht.

E1 Studieren in Ruinen – die ersten Jahre nach 1945

W. A. Bruder

Eine historische Epoche war zu Ende gegangen. Zerschmettert und zerstört lag Deutschland am Boden. Der einzelne Mensch konnte kaum übersehen, wie gewaltig die Niederlage war. Erst ganz allmählich wurde uns das ganze Ausmaß der Katastrophe bewusst.

Mehrere Meter hoch liegt der Trümmer Schutt in den Straßen. Dennoch: schlimmer als der Krieg konnte der Friede wohl nicht werden.

Nach der Entlassung als Soldat am 29. Juni 1945 machte ich mich zu Fuß auf den Weg nach Weißenstein zu einem Jugendfreund auf der schwäbischen Alb. Vor wenigen Wochen war ich 24 Jahre alt geworden. Dort hoffte ich zunächst einmal ein Quartier zu bekommen, um dann später nach Lörrach zu meinen Eltern zurückkehren zu können. Weihnachten 1945 fuhr ich dann nach Lörrach. Der Eisenbahn-Verkehr nach Südbaden hinunter war wieder in Betrieb. Es gelang mir, in der Werkzeugmacherei der Maschinen-Fabrik Kern eine Stelle als Ingenieur-Praktikant zu ergattern. Ich arbeitete dort im Januar 1946. Allerdings nur jeden zweiten Tag, da die Auftragslage immer noch völlig ungewiss war.

Anfang Februar fuhr ich dann nach Karlsruhe, da ich von Schulkameraden erfahren hatte, dass die Technische Hochschule Karlsruhe ihre Pforten wieder öffnete. Ich ließ mich also offiziell immatrikulieren und begann ein Maschinenbaustudium. Mitten im Krieg, 1943, hatte ich schon einmal eine Immatrikulation versucht, wurde aber damals von der Wehrmacht nicht freigestellt.

Für uns Kriegsteilnehmer war es ein großes Glück, dass es an der Technischen Hochschule Karlsruhe einen Mann gab, der unerschrocken für die ehemaligen Soldaten eintrat. Der Professor für Kältetechnik und Thermodynamik Dr. Rudolf Plank war eine international anerkannte Forscher-Persönlichkeit und wehrte alle Auflagen von Besatzung und Nachkriegs-Verwaltung gegen die Studenten mutig ab. Auch ein Numerus clausus wurde nicht eingeführt und die Mehrzahl der Professoren konnte ihre Vorlesungen wieder aufnehmen.

Karlsruhe stand unter amerikanischer Militärverwaltung und die Amerikaner waren relativ großzügig. Allerdings wurden auch wir als ehemalige Hitlerjungen dem Urteil einer sog. Spruchkammer unterworfen, was einem Entnazifizierungs-Gericht entsprach. Meine ehemaligen Schulkameraden und ich fielen unter die

Abb. 1 Die Ruinen des Verkehrsmuseums auf dem Campus der Technischen Hochschule

sog. Jugendamnestie und waren somit von jeder Schuld frei, hatten also keine Sanktionen zu befürchten. Aber die Lebensbedingungen für uns Studenten waren alles andere als komfortabel, die Ernährung problematisch, Zeichen- und Schreibpapier äußerst knapp.

Karlsruhe war stark zerstört, viele Straßenzüge bestanden nur noch aus Ruinen, und auch die meisten Gebäude der Technischen Hochschule waren sehr in Mitleidenschaft gezogen. Das Eisenbahn-Museum und -Institut, der Hauptbau an der Kaiserstraße mit anschließender Bibliothek und dem Institut für Physik, Maschinenbaugebäude und Maschinenlabor bestanden zum Teil nur noch aus den Ruinen der Außenmauern. Die Hochschulbücherei bestand weitgehend aus Asche, die Bücher waren bei den Luftangriffen der alliierten Bomber auf Karlruhe verbrannt. Rund fünf Studentenjahrgänge drängelten sich in den wenigen noch intakten Hörsälen. Im notdürftig wieder hergerichteten Redtenbacher-Hörsaal fanden die meisten Vorlesungen der Maschinenbauer

statt. Einen Großteil der Institute hatte man in die Kasernen im Westen der Stadt einquartiert, so auch das „Institut für Maschinen-Elemente" unter Professor Kluge, wo wir unsere Übungen absolvierten.

Wir hatten auch Auflagen der Hochschulverwaltung gegenüber zu erfüllen. Jeder Studierende musste für mehrere Wochen einen Arbeitsdienst leisten und zwar als Aufräumungs- und Aufbau-Dienst, der im Wesentlichen im Abräumen der Schutthalden auf dem Campus der Hochschule bestand. So räumte ich mit einigen meiner Freunde den Trümmerberg an der Stelle, an der die ehemalige Hochschul-Bibliothek gestanden hatte. Eine sehr traurige Arbeit: tausende von angebrannten oder verkohlten Büchern und wissenschaftlichen Arbeiten, die noch vom Regen aufgeweicht waren, sind durch unsere Hände gegangen oder wurden mit der Schaufel entsorgt. Wenn man sie in die Hand nahm, zerfielen sie zu Staub oder Asche und nur ganz wenige konnten gerettet werden.

Zunächst wurde in Trimestern studiert, um den Anschluss an den normalen Semester-Zyklus wieder zu finden, der durch das Chaos bei Kriegsende unterbrochen worden war. Obwohl viele Häuser zerstört waren, fand ich gleich ein Zimmer, da es ein ausreichendes Angebot an Unterkünften gab.

Nun, ich hatte also mein Studium aufgenommen. Jeder Tag, jede Vorlesung brachte neue Erkenntnisse. Es war faszinierend. Ein schier unerschöpfliches Reservoir an technischen und wissenschaftlichen Erkenntnissen war angezapft und man konnte endlich den angestauten ungeheuren Wissensdurst stillen. Die Geheimnisse der Thermodynamik, der physikalischen Prozesse einer Dampfmaschine, eines Verbrennungsmotors, die mathematischen Gesetze des Wärmeübergangs kennen zu lernen, die Wirkungsweise einer Kaplan-Turbine oder einer Kreiselpumpe und deren mathematische Formulierung zu erfassen, das erschien mir wie das Eintreten in den Tempel der letzten Weisheiten. Man stellte allerdings auch sehr schnell fest, wie weit die Schulzeit doch zurücklag und wie sehr die Kenntnisse schon verblasst waren, was das Studieren nicht gerade erleichterte. Wir waren sehr fleißig, hatten wir doch so viel nachzuholen. Aber natürlich wurden auch damals schon wieder Feste gefeiert. Besonders beliebt waren die Faschingsbälle der Studentenschaft. Wir waren eine ziemlich große Studentengruppe aus dem Markgräflerland, die sich in vielen Vorlesungen traf und Arbeitsgemeinschaften bildete, und die ein Gefühl der Zusammengehörigkeit verband.

Es soll nicht unerwähnt bleiben, wie viele hervorragende Hochschullehrer wir in Karlsruhe hatten, die sich mit großem Engagement um diese erste Nachkriegs-Studenten-Generation bemühten, die genau jene Kenntnisse vermittelten, die uns dann wenig später befähigten, in der Industrie einen bedeutenden Beitrag zum Wiederaufbau zu leisten.

Diese Generation war mit großem Ernst bei der Sache, denn sie hatte zumeist den ganzen Krieg miterlebt, zum Teil noch die Nachwirkungen des 1. Weltkriegs, und konnte damit auch die Schwierigkeiten der Zukunft, die auf uns zukamen, wohl bewerten. Die meisten dieser Studenten hatten im Kriege schon Führungspositionen inne gehabt, waren Offiziere, Piloten oder Fluglehrer gewesen oder hatten sonstige verantwortungsvolle Aufgaben zu erfüllen gehabt. Selbstverständlich haben wir Studenten uns auch gefragt, wie es überhaupt zu diesem Krieg hatte kommen können. Ich erinnere mich gut an Gespräche mit einem ehemaligen Mitschüler, wir waren beide auf die Oberrealschule in Lörrach gegangen und kamen aus protestantisch orientierten Familien. Wir waren uns einig, dass nur eine Rückbesinnung auf christliche Grundwerte Bestand haben konnte. Wir gingen auch zu verschiedenen Partei-Versammlungen, konnten uns aber zunächst nicht mit den dort geäußerten Vorstellungen identifizieren. Auch bei den Kommunisten waren wir, es schien uns aber eine ziemlich primitive Diskussion. Adenauer hat uns damals noch am meisten imponiert. Aber allgemein war man den Parteien gegenüber eher skeptisch. Die freien Demokraten schienen uns noch diskutabel, Reinhold Maier als Ministerpräsident in Stuttgart hielten wir für honorig.

Bis zum Frühjahr 1948 hatte ich dann glücklich mein Vorexamen abgeschlossen. Im Frühjahr 1949 bekam ich einen Brief des Lehrstuhls für Maschinen-Elemente, in welchem mir eine Halbtagesstelle als Hilfsassistent angeboten wurde. Überglücklich sagte ich zu, meldete mich bei Herrn Prof. Kluge und wurde engagiert, vermutlich wegen meiner schönen Zeichnungen in diesem Fach. Meine Arbeit bestand in der Hauptsache in der Korrektur von Konstruktionszeichnungen, den sog. „Klugebögen", die von den unteren Semestern erarbeitet werden mussten, sowie in der Beratung der Studenten, die die Übungen besuchten. Außerdem arbeitete ich mit an Gutachten über Kraftfahrzeug-Unfälle, die der Professor für die Gerichte zu erstellen hatte. Ich profitierte sehr durch diese Mitarbeit am Lehrstuhl, sammelte erste Erfahrungen und erweiterte meinen Horizont.

Im Jahre 1951 bekam Prof. Kollmann, der in Stuttgart bei Daimler-Benz als Abteilungsleiter für automatische Getriebe gearbeitet hatte, einen Ruf auf den Lehrstuhl von Prof. Kluge als dessen Nachfolger. Prof. Kollmann war ein großer Gewinn für die TH Karlsruhe. Er hatte während des Krieges die Flugzeugmotoren-Entwicklung geleitet. Sein Spezialgebiet war die Konstruktion der Aufladegebläse für den Flug in großen Höhen. Seine Datensammlung über die wichtigen Konstruktionen galt auch noch viele Jahre nach dem Kriege als aktueller Stand der Technik in der Welt und war in der Fachwelt heiß begehrt. Er gab später auch sog. Konstruktionsbücher heraus, die bei den Studenten sehr gefragt waren, da sie einen großen Schatz an technischem Wissen beinhalteten. Auch das Fach Feinwerktechnik wurde unter seiner Regie in Karlsruhe eingeführt.

Die Zeit des Computers war noch weit entfernt. Bei vielen Konstruktions- und Berechnungsaufgaben war der Rechenaufwand immens. So erforderte z.B. die Berechnung von Kurbelwellenschwingungen, d.h. konkret die Berechnung der kritischen Drehzahlen, die Aufstellung und Durchrechnung eines strumpfgewebeartigen Rechensystems, das nach dem Namen seines Erfinders, als Gümpel'scher Strumpf bekannt war. Dieses System wurde am Institut von

Prof. Kraemer entwickelt und gehörte vor der Einführung der Elektronischen Datenverarbeitung zu den Standard-Verfahren im Motorenbau. Es handelt sich um ein sog. Iterationsverfahren, bei dem sich einzelne Rechenschritte wiederholen. Tage und Nächte waren nötig, um endlich ein Ergebnis zu erhalten.

Das Jubiläumsjahr 1950 war für die Technische Hochschule natürlich besonders wichtig. Es gelang bis dahin, die drängendsten Kriegsschäden zu beseitigen. Der damalige Wirtschaftsminister Dr. Veit, selbst ein Karlsruher Bürger, hielt eine der Festreden. Kurz vorher war der Südweststaat durch das Votum der Badener und Württemberger gegründet worden, was die „Altbadener" nicht sehr erfreute. Im

Hardtwald wurde der erste Versuchs-Reaktor in Betrieb genommen. In jenen Jahren herrschte eine große Euphorie in Bezug auf die Zukunft der Kern-Energie. Ich erinnere mich, dass um diese Zeit ein amerikanischer Wissenschaftler deutscher Abstammung, dessen Namen ich vergessen habe, einen Vortrag vor uns Studenten über den bevorstehenden Boom der Atomtechnik hielt, dessen wesentlicher Inhalt die Ankündigung der Wasserstoffbombe war.

Ende 1952 schloss ich meine Diplomarbeit zum Konstruktionsprinzip einer Servolenkung für Kraftfahrzeuge ab. Schon während der Arbeit erreichte mich über den Lehrstuhl ein Angebot der Daimler-Benz AG, dort als Konstrukteur in die Rennwagenkonstruktion einzutreten.

E2 So viel Anfang war nie[1] – Epilog auf mein Studium der Architektur 1950–1955

H. Striffler

I Das Konkrete

Wie man Wände, Türen und Fenster repariert, Dächer flickt, Häuser bewohnbar macht, hatten zu Ende des Zweiten Weltkriegs alle reichlich geübt: Architektur ohne Architekten. Sich in baulicher Unzulänglichkeit einzurichten, galt als normal. Provisorisches war Standard und nicht groß der Rede wert. So auch beim Architektur-Gebäude der Technischen Hochschule Karlsruhe an der Englerstraße. Das Dach war ausgebrannt. Die oberste Decke fehlte. Im ehemaligen Obergeschoss standen Umfassungsmauern mit leeren Fenstern gegen den Himmel. Von den Brüstungen ausgehend war jeweils zu den Mittelwänden hin ansteigend ein Notdach aufgelegt. Das durch Ritzen zwischen den Ziegeln einfallende Licht zeichnete Zufallsmuster auf den Boden. Großer Überstand ersetzte die Dachrinnen. Innen ergaben gelegentliche Wasserpfützen oder auch mal etwas Schnee genügend Hinweise auf den Charakter des Vorläufigen, aber auch Sinnfälligen der Maßnahmen. Wer endlich einen Studienplatz hatte, störte sich wenig daran, wenn ein paar Spatzen in den niederen Randbereichen des Notdaches herumflogen. Dagegen war es höchst spannend, in Fachbüchern zu blättern, die ein ‚fliegender‘ Buchhändler (es war Karl Krämer aus Stuttgart persönlich) mittels Tapeziertisch und Pappkoffer einmal im Semester unter dem Notdach vor uns ausbreitete. Die Stücke waren zwar meist unerschwinglich, aber überaus stimulierend und kostbar, wie im übrigen auch Reißzeuge, Rechenschieber und Tuschegeräte zu den Besonderheiten zählten, von Reißbrettern ganz zu schweigen. Transparentpapier oder Lichtpausen galten als nobel. Es kam einer Entdeckung gleich, als jemand z.B. anfing, auf Zeitungspapier zu zeichnen, das vom unbedruckten Rest großer Rotationsrollen stammte. Kostenlose Rest-Rollen der „Badischen Neuesten Nachrichten“ wurden in dem Maß rar, wie sich das herumsprach. Man konnte zwar nur mit Bleistift darauf arbeiten, dafür aber Stegreifentwürfe mit Tafelkreide herzhaft kolorieren.

Die Unzulänglichkeit der Verhältnisse stachelte die Improvisationsfähigkeit an, Imagination war ansteckend. Zur Entwurfsbesprechung hingen die Pläne längs der Flurwände, und jeder konnte zuhören. Unter den Studenten waren diese offenen Szenen sehr beliebt. Es galt z.B. als völlig plausibel, dass die Professoren in ihren Diensträumen an der Hochschule auch Auftragsarbeiten betrieben, so sie welche hatten, oder mit ihren Assistenten zusammen Wettbewerbe bearbeiteten. Da oft auch Studenten als Helfer einbezogen wurden, entstanden auf selbstverständlichste Weise Lehrwerkstätten im besten Wortsinn. Unmittelbare Teilhabe am Werkprozess und Stoff für studentische Diskussion waren der Gewinn. Die viel später oft mit Pathos beschworene Formel von der Einheit der Lehrenden und Lernenden ergab sich unter diesen Umständen von selbst. Wir konnten als Studenten en passant auch verspüren, wie unerbittlich bindend Bauherren ihren Architekten fordern. Der Vorteil dieser Nähe überwog für uns Studenten den langsam aufkeimenden fiskalischen Einwand ungerechtfertigter Nutzung von Hochschulräumen für Nebentätigkeit bei weitem.

I Das Erstaunliche

Bauen als Notwehr war uns allen vertraut. Bauen aber als Ausdruck einer geistigen Disziplin zu begreifen, als Kontinuität von Geschichte gar, war aufregend neu für uns. Entwerfen als inszenierte Zukunft und Konzepte einer Hoffnung zu betreiben, erfüllte uns mit großem Eifer. Man möge sich in diese Situation zurückversetzen, um das Maß des Staunens unter uns Überlebenden des Zweiten Weltkrieges darüber zu verstehen, was die universitäre Szene für uns bereithielt. Nur wir, die ganz Jungen, deren einzige Erfahrung aus Notzeiten herrührte, die kaum ahnten, was alles untergegangen war, konnten unbefangen neugierig auf Zukunft sein.

Erinnerungen an heile Vorkriegswelten waren, soweit überhaupt entwickelt, so gut wie weggeblasen. Unvoreingenommen fragend standen wir der gedanklichen Vielfalt der Architektur-Moderne gegenüber.

Ein damals eingerichtetes Amerika-Haus in Mannheim war z.B. Fenster in eine neue Welt. Sooft ich konnte, machte ich davon Gebrauch. In der Auseinandersetzung mit den Informationen dort entwickelte sich für mich allmählich ein neuer Maßstab für die Spielregeln einer offenen Gesellschaft. Wir wussten, dass unter den deutschen Emigranten in den USA auch führende Köpfe des Bauhauses lebten. Walter Gropius war Professor in Harvard, Mies van der Rohe Direktor der Architekturabteilung des Illinois Institute of Technology in Chicago. Ihre wichtigsten Projekte entstanden dort. Nach und nach erfuhren wir die Umstände ihrer Lebensläufe. Aber auch die amerikanische Alltagspraxis unmittelbar um uns herum tat ihre Wirkung. Es waren vor allem amerikanische Kampftruppen, die den nordbadischen Raum sowie das Gebiet der Kurpfalz erobert hatten und in der Folge auch hier blieben. Sie richteten sich ‚häuslich' ein. Mit Hilfe einer weltweit operierenden Militärzivilisation, eingeflogen und dauerhaft installiert, schufen sie sich hier Stützpunkte höchster Effizienz. Das Umland und seine Bevölkerung wurden in radikaler Weise zu Zaungästen dieser Einrichtungen. Die Bilder dazu sind uns bekannt.

Erinnern wir uns aber an Zeitpunkte und Bedingungen ihrer Entstehung:

Deutschland war ein Ruinenfeld.

Der Wohnungsbau rang mit unzulänglichen Mitteln darum, die Obdachlosigkeit zu bewältigen.

Die Amerikaner dagegen brachten eine hochentwickelte industrialisierte Baupraxis mit. Material stand für sie in unbegrenzten Mengen zur Verfügung. Plötzlich wurden Qualitäten gefordert, für die unseren Bauleuten der Maßstab abhanden gekommen war. Bereits die Methoden, nach denen Wohnquartiere und Kasernen errichtet wurden, waren für uns sensationell. Groß-Serien wurden zum Übungsfeld der deutschen Bauwirtschaft sowie der staunenden Architekten.

Ich arbeitete als Student z.B. in einem Büro, das einen Wohnblock für amerikanische Familien in Mannheim-Käfertal zu planen hatte. Die Pläne fanden Zustimmung, das Haus wurde gebaut. Wir waren aber bass erstaunt, als dieser Wohnblock nicht nur einmal, sondern nach und nach in großer Zahl entstand. Aber auch in Kaiserslautern, in Hanau, in Aschaffenburg, in Fulda, in Würzburg usw., überall wo eben Amerikaner saßen, wurde der Bautyp nach einfachem Schema platziert und wiederholt.

Fassungslos begriffen wir:

Es war schlichte US-amerikanische Logik auf der Ebene ‚why not?‘

Beeindruckend war für uns, wie die Amerikaner Probleme lösten und unsere Vorstellungen überrumpelten.

Solche Erfahrungen änderten auch unser Verhältnis zur Baugeschichte. So erwuchs eine starke Polarität zwischen der geistigen Welt Europas, verankert in den Baubildern der Geschichte einerseits, und unseren Eindrücken einer robust revidierten Wirklichkeit andererseits.

Davon zu träumen, dass das Potential der Industrie – jahrelang zur Höchstleistung im Vollzug von Vernichtung eingesetzt – sich nunmehr aufbauend entfalten könnte, machte „besoffen vor lauter Möglichkeiten", wie Prof. Egon Eiermann schwärmte. In diesem Zustand „professioneller Trunkenheit" wurden Schutthaufen, bizarre Trümmer-Berge, verbogene Träger und Gestänge weggedacht, ersetzt durch eine Welt sachlicher Disziplin und sauberer Dienlichkeit. Es war leicht, uns dafür zu begeistern. In diesem Hochschul-Milieu waren Begriffe wie Wärmedämmung oder gar Bauphysik vorläufig noch Fremdworte, dagegen Baukonstruktion, begrenzt auf einfachste Materialien und deren Erreichbarkeit, elementarer Ernstfall.

Ich sehe z.B. ein Bild vor mir, von Ludwigshafen über die Rheinbrücke kommend, eine Trümmeraufbereitungsanlage am Mannheimer Ufer, meist in eine Staubwolke gehüllt, aber deutlich im Ergebnis: sauber separierte Schüttkegel von Ziegelsplitt unterschiedlicher Korngröße neben Stapeln abgeklopfter Backsteine, wiedergewonnen aus den Schuttmassen der zerstörten Stadt. Für einen wie mich – als gelernter Maurer und Bauzeichner – auf dem Weg zur Hochschule in Karlsruhe ein überaus sinnstiftender Anblick. Es war das eindringliche Bild zum Stand der Technik. Ziegelsplitt wurde Zuschlagstoff für Schütt-Betonwände zum Wohnungsbau und für Formsteine aller Art. Der Umgang damit entwickelte sich nach differenzierten Rezepturen der Sparsamkeit. Zehntausende Wohnungen wurden damit errichtet, auch Hochhäuser. Egon Eiermann ließ gar Farbglaswände seiner

Kirche in Pforzheim daraus formen und Gerhard Weber geschliffene Bodenplatten für das Foyer des neuen Nationaltheaters in Mannheim usw. Eine universale Nutzung von Beton und Vorwegnahme der Blähtontechnologie, wie wir heute wissen.

Der von den Trümmern verbleibende absolute Rest ergab noch Auffüllmaterial vor Ort, wurde Unterbau für Wege, Sportplätze, Liegewiesen usw. In Ludwigshafen schüttete man daraus die Ränge des Südweststadions, in Pforzheim entstand der stadtnahe ‚Wallberg‘ und in Karlsruhe-Knielingen ein Hügel mit Rodelhängen.

Neue Stadtlandschaften aus Schutt. Man dachte radikal und langfristig.

❙ Die Denklandschaft

Unsere Lehrer an der TH Karlsruhe waren Überlebende in doppelter Hinsicht. Sie hatten wie wir die Kriegswirren überstanden, aber auch die Strecke des Dritten Reiches. Sie bildeten eine geistige Brücke zur Zeit vor 1933, die gerade für die Entwicklung des Bauwesens sowie die Themen der Architektur globale Bedeutung erlangt hatte. Wichtige Zeitzeugen dieser frühen Jahre waren zu Emigranten in aller Welt geworden und ihr Denken als ‚entartet‘ eingestuft. Dies geschah in einem Maß, wie wir es kaum ahnten. Eine selektive Bildungspolitik hatte es uns vorenthalten und verfälscht. So wurden unsere Lehrer zu Personen besonderer Authentizität. Sie mussten sich unseren bohrend neugierigen Fragen stellen, um als Leitfiguren zu bestehen. Über sie fanden wir Anschluss an die internationale Entwicklung. Wir erkannten, dass man z.B. nach USA oder Israel reisen müsste, um wichtige Zeugnisse der ‚zeitgenössischen‘ deutschen Architektur zu sehen. Diese Einsicht hinterließ eine Armut besonderer Tragik zusätzlich neben allen anderen Kriegsverlusten.

Wer waren diese für uns prägenden Lehrer? Zuerst ist Otto Ernst Schweizer zu nennen. Als ruhender Pol und geistige Mitte der Fakultät war er uns begegnet. Seine zentrale Position in der sich formierenden Architekturszene wird z.B. darin deutlich, dass er 1951 bei dem für Deutschland kulturpolitisch höchst bedeutsamen Darmstädter Gespräch „Mensch und Raum" den Eröffnungsvortrag hielt. Sein Thema: „Die architektonische Bewältigung unseres Lebensraumes". Der Text liest sich heute noch wie ein Manifest der europäischen Moderne. Wir ahnten mehr, als dass wir begriffen, wie weit gespannt die Bedeutung seiner Thesen war. Schweizer erklärte in lapidaren Worten die wesentliche Aufgabe der Architektur dieses Jahrhunderts, nämlich „das Großordnungssystem zu finden, das den bedeutenden Gegebenheiten Rechnung trägt, mit denen sich der moderne Architekt auseinandersetzen muss: mit dem Einbruch der Landschaft und der Technik in die Welt des Gebauten. Technik war für ihn vor allem Verkehrstechnik, die den überkommenen traditionellen Stadtkörper mittels der Trassen ihrer Mobilitätsdynamik sprengte. Auch das Öffnen der traditionellen Stadt für die Bezüge zur Landschaft war Teil der Grundüberlegungen in seinen Stadtkonzepten, prägte den Stoff seiner Vorlesungen und ließ die zerstörten Städte als Chance einer neuen Entwicklungsstufe erscheinen.

Mit der gleichen Intensität verwies Schweizer auf gelegentlich dramatische Wolkengebirge über der Rheinebene als einem durchaus landschaftlichen Aspekt. Im Zusammenwirken mit den Gebirgsrändern der Vogesen sowie des Schwarzwaldes sah er den Rheingraben als Bild großartiger Räumlichkeit. Solche Beobachtungen waren ernsthaft-poetische Entsprechungen zu Schweizers großräumigen Planungskonzepten, von Karlsruhe ausgehend bis weit in den elsässisch-pfälzischen Raum. Szenarien dieser Art gehörten zu den Grundlagen seiner visionären Pläne ebenso wie die Modellierungen der Rheinniederungen oder aber Konturen von Bahntrassen oder Brückenköpfen. Auf die primäre Rolle der Landschaft und die nötige Sorgfalt, darauf einzugehen, lenkte er unsere Aufmerksamkeit.

Anhand Schweizers präziser Diktion begriffen wir auch, was es heißt, Widerstand zu leisten. Widerstand in der Sache am Beispiel seines Stadions 1927/28 in Nürnberg oder 1929 in Wien, nach gültiger Antwort suchend, aber gleichwohl Bindungen anerkennend, gegeben

durch „die wissenschaftliche Technik, durch die Gesellschaftsordnung und die Wirtschaft. Dieser Zwang" – so seine These – „wird die Architektur reinigen. (...) Sie muss aus ihren ureigenen Bedingungen und in jeder Weise aus sich selbst entstehen."

Aber auch Kraft und Chance zum Widerstand gegen politische Vereinnahmung war ihm aus dieser unerbittlichen Klarheit erwachsen.

Denn, so Schweizer, „nur die ideale Form vermag ohne Zufälligkeiten die Kräfte darzulegen, die hinter dem Gestaltungsprozess stehen". Man spürte seine Sorgfalt in der Sprache als Instrument der Abgrenzung gegen dumpfe Phrasen der Blut- und Bodenkultur der dreißiger Jahre. Gerade weil die Arbeiten Schweizers bevorzugt dem von ihm geprägten Maßstab der architektonischen Großform und deren Eigengesetzlichkeiten folgten, wurde das Neue an seinen Thesen und die Stringenz seiner Denkschritte deutlich. Daraus leitete sich seine Unabhängigkeit ab, die wir sehr hoch schätzten.

Professor Arnold Tschira, der Bauhistoriker, gab uns die Chance, den Rheingraben als Kulturraum historischer Dimension zu erfassen, eingebettet in abendländische Entwicklungen. Mit großem Verständnis für unsere Ungeduld gegenüber geschichtlichen Prozessen vermittelte er uns die Gestaltsprache der Vergangenheit. Dies war umso wichtiger, als gerade die heroisierende Praxis der Nazis bei ihrer Art, Architektur zu Propaganda zu machen, in Verwirrungen geführt hatte. Architektur zu begreifen als den jeweils zeitbezogenen Bildteil menschlicher Existenz, das war Tschiras Credo.

Nicht genug damit. Im neu eingerichteten Studium Generale der Technischen Hochschule hielt Professor von Campenhausen, der Theologe aus Heidelberg, ein Seminar über Thomas von Aquin und dessen Definition der „Schönheit als einem Glanz der Wahrheit". Wir waren eine Hand voll Teilnehmer in einem wunderbaren Seminar.

Mit den Professoren Otto Haupt für ‚Innenausbau' und Gisbert von Teuffel für ‚Bauformenlehre' war eine breite Basis zum Training gestalterischer Sensibilität gegeben. Haupt hatte von 1927 an ausgiebige Lehrerfahrungen an

Abb. 1
„Unsere Lehrer waren
Überlebende in doppelter
Hinsicht": E. Eiermann und
L. Mies van der Rohe,
H. Striffler als Student links
im Hintergrund (1953)

der Kunstgewerbeschule Pforzheim und der Akademie der Bildenden Künste Karlsruhe erworben, ehe er an die TH Karlsruhe berufen wurde. Ein sicheres Urteil und feinsinnige Korrekturgespräche zeichneten ihn aus. Ähnliches galt auch für Professor von Teuffel. Er verhinderte z.B. durch mutigen Einspruch, dass den Dammerstock-Häusern von Gropius in den dreißiger Jahren ‚Deutsche Dächer' aufgesetzt wurden. Steile Satteldächer, mit Biberschwanzziegeln gedeckt, galten damals als das volkstümelnde Marken-Zeichen einer als regionaltypisch propagierten Bauform bäuerlicher Herkunft. Flache Dachneigungen waren Ausdruck für ‚Bauhausstil' und ein ‚völkischer' Makel.

Hier hakte der frisch als Professor für Entwerfen berufene Egon Eiermann ein. In Berlin ausgebombt, war er nach Buchen im Odenwald geraten, dem Geburtsort seines Vaters. Er packte dort Probleme an, so wie er es im Industriebau geübt hatte, sachlich, ernst, risikobewusst. Er kämpfte z.B. um genügend Sonne für Siedlungshäuser an einem Nordhang (Buchen, so sagt man, liege in ‚Badisch Sibirien'), d.h. gegen lichtverdeckendes Steildach und Heimatstil. Seine Auseinandersetzungen darüber mit Bürgermeister und Pfarrer vor Ort ergaben Stoff zu den Vorlesungen. Er hatte im Industriebau das Potential der modernen Architektur erfahren. Wirtschaftli-

ches Denken und ingenieurmäßige Sorgfalt gehörten dazu.

Prof. Eiermann kam aus Selbstkontrolle zu einer Zucht und zu kristalliner Bescheidenheit, die sich nicht mehr zugestand, als eben das minimale, aber saubere und charaktervolle Produkt der Industrie,

- den Ziegelstein
- den Stahlträger
- die Glastafel
- oder auch die Bohle

alles ‚Halbzeug' im Jargon der Baustoffhändler.

Im Bemühen, daraus Gebäude zu schaffen, die auch komplexe Inhalte zu vermitteln vermochten, fand Eiermann seine Architektursprache. Das Detail, d.h. die Art und Weise, wie die einzelnen Elemente sich untereinander verbinden müssen, um sich zum Gefüge eines Bauwerkes zu ordnen, wurde zunehmend wichtig, durchaus vergleichbar den Umgangsformen der Menschen untereinander.

Diese mit Unerbittlichkeit vertretene Rationalität gab er uns mit auf den Weg und nicht den Geist verwalteter Formen. Eiermann entfaltete sich zu einer Persönlichkeit kongenial zu Schweizer, und er wusste, dass am Ende ein Anflug von Poesie und Licht die Summe der strengen Dinge zu einem großartigen Ganzen verschmelzen würde.

Sein Vorbild war Ludwig Mies van der Rohe. 1953 kam dieser zu einem Vortrag an die Hochschule nach Karlsruhe.

Wir begriffen, dass unsere Fakultät ein sehr ausgeprägter Vorposten in der geistigen Nachkriegslandschaft Deutschlands geworden war. Deutlich verstärkt wurde dieses Merkmal noch durch Professor Rudolf Büchner. Als begeisterter Architekt – aus Weimar kommend – hatte er den Lehrstuhl für Baukonstruktion übernommen. Da er ehemaliger Mitarbeiter Eiermanns in Berlin war, brachte auch er frische ‚Berliner Luft‘ an die Hochschule. Mit Ironie und sachlicher Kompetenz führte er uns in das schwierige Thema nötiger konstruktiver Sorgfalt ein. Mit ihm fuhren wir 1951 zur ersten Constructa-Bauausstellung nach Hannover. Dort hatte Rudolf Hillebrecht, langjähriger Stadtbaurat, von der englischen Besatzungsmacht und dem traditionellen Vorsprung der englischen Industriekultur profitierend, Vorbilder zum Wohnungsbau für deutsche Verhältnisse geschaffen und uns vor Ort erläutert: „Wohnungsbau ist heute in England mehr als die Betätigung eines Wirtschaftszweiges, er bewegt sich auf der höheren Ebene eines Kreuzzuges, dem eine religiöse Grundlage nicht mangelt“. In Hillebrecht lebte der missionarische Eifer fort, der ihn bewogen hatte, mit dem Architekten Ernst May und anderen Gleichgesinnten auf Bitte der Sowjets 1930 nach Russland zu gehen, um dort Arbeiter-Wohnungsbau zu entwickeln.

„Auf, ihr Juristen und Architekten, plant und entwerft Räume von eindeutiger Klarheit und einfältiger Kraft, darin unsere Kinder und Enkel aufrichtig und also frei dem gemeinsam anerkannten Recht sich fügen“, so Otto Bartning, der angesehene Vorsitzende des neu gegründeten Bundes Deutscher Architekten im Rahmen des „Darmstädter Gesprächs“. Wir hörten mit Respekt zu. Ein aus Not geborener Erfindungsreichtum, gepaart mit stark entwickeltem Wirklichkeitssinn, machte die Menschen bereit zu mutigen Entscheidungen.

Gelegentlich verband sich aber auch harter Pragmatismus mit Beharrungsvermögen und Sentimentalität zu einem schlimmen Spießertum. Vermischt mit ungeprüften Erinnerungen an die Nazizeit entwickelte sich in der öffentlichen Meinungslandschaft allmählich die Rede vom ‚Wiederaufbau‘. Wieder beschaffen, was als verloren galt, als wäre der Verlust nie geschehen, war der aufkeimende Wunsch Vieler. Auf Architektur bezogen bedeutete dies einen starken Affront gegen die sich rasch entfaltende Moderne. Anstelle redlicher Aufarbeitung der jüngsten Geschichte trat eine revisionistische Entwicklung ein. Stoff intensivster Diskussionen im Lager der Architekten an der Karlsruher Hochschule.

An der Frage, wie z.B. der Kernbereich von Freudenstadt wieder aufzubauen sei, entbrannte der Streit der Fachleute, spaltete sie in Lager und machte uns Studenten deutlich, dass Baugestalt nicht losgelöst von Baugesinnung entsteht. Die architektonische Großform, wie O.E. Schweizer sie vertrat, wurde – wie am Beispiel des zerschossenen Marktplatzes in Freudenstadt – allmählich zum national-romantischen Missverständnis ‚Stuttgarter Schule‘ umgebogen. Heimatstil war die Parole, mit der man klaren zeitgenössischen Lösungen auswich, wie man bereits im Dritten Reich gegenüber den Nazis Frieden gemacht und schon zuvor die Weißenhof-Siedlung von 1927 attackiert hatte. Bekanntermaßen war im Auftrag der Stadt Stuttgart 1927 in Stuttgart-Weißenhof durch den Deutschen Werkbund eine Mustersiedlung gebaut worden. In nachbarlicher Nähe zueinander waren prototypische Lösungen moderner Wohnungen zur Schau und Diskussion gestellt. Die Verfasser gehörten zur europäischen Architektur-Elite. Hans Scharoun, Peter Behrens, Hans Poelzig, Le Corbusier, Walter Gropius, Mies van der Rohe und andere waren mit Musterhäusern beteiligt. Anstatt Auftakt für eine Entwicklung zu menschlicher Wohnkultur mit Hilfe räumlicher Qualitäten zu sein, wurde daraus ein Zankapfel für Jahre. Es entstanden Auseinandersetzungen mit üblen Propaganda-Methoden. Als prominente Vertreter dieser Stuttgarter Richtung waren die dortigen Professoren Schmidthenner und Bonatz hervorgetreten. Sie standen im Gegensatz z.B. zu Richard Döcker, der zwei Häuser der Weißenhofsiedlung gebaut hatte, der den ‚Kulturbolschewisten‘ zugerechnet wurde und 1933 an Erich Mendelssohn schrieb: „Es ist so ‚schön‘, warten zu müssen, bis, ja bis man schließlich stirbt". Er war zur Nazizeit ausgebootet.

Dieses Spannungsfeld nachvollziehen zu können, war äußerst lehrreich für uns Karlsruher Studenten.

In der Folge entfaltete sich unsere Hochschule, mit Professor Egon Eiermann an der Spitze, zum Exponenten der rationalen Moderne in Westdeutschland. Die großen Emigranten Gropius und Mies van der Rohe ergriffen Partei mit Vorträgen und Veröffentlichungen, aber auch mit Projekten.

Professor Walter Gropius schrieb an Döcker, nachdem Rudolf Schwarz ihn ungebührlich angegriffen hatte: „Ich bedaure, dass es in Deutschland noch immer oder schon wieder möglich ist, den andersdenkenden Kollegen durch Unterstellung falscher Motive und in einer Sprache anzugreifen, die nur im Falle äußerster Provozierung verzeihlich wäre. In unserer durch rapiden Verkehr schrumpfenden Welt sind wir Erdbewohner vor die gemeinsame Aufgabe gestellt, in sachlichem Austausch einen geistigen Generalnenner für unsere irdische Symbiose zu finden. Unfruchtbare, chauvinistische Polemiken sind nur ein Zeitverlust und halten die menschliche Entwicklung auf. Ich liebe konstruktive Kritik, weil sie anregt, aber

auf diesen Angriff möchte ich mit Goethe antworten: ‚Lass dich nur zu keiner Zeit/Zum Widerspruch verleiten,/Weise fallen in Unwissenheit,/Wenn sie mit Unwissenden streiten‘ ".[2]

‚Alte Rechnungen‘ wurden neu geltend gemacht. Am Beispiel der Mustersiedlung Stuttgart-Weißenhof aus dem Jahr 1927 arbeitete der deutsche Nachkriegs-Südwesten aufgestaute Probleme exemplarisch ab.

Gewiss waren Denkmale unbestritten, die Grenze zur Rekonstruktion aber blieb schwierig zu definieren. Sie wurde angesichts der Notwendigkeit zur gesamtgesellschaftlichen Erneuerung zur Gewissensfrage. „Diesen Siegellack reißen wir eh vollends ab", war z.B. auch Egon Eiermanns Redensart angesichts ruinöser baulicher Reste, wenn diese einer klaren Grundrissentwicklung im Wege standen. Er meinte es ernst. Er hatte schließlich lange Jahre warten müssen und die Potentiale der Moderne nur ‚hinter vorgehaltener Hand‘, das meint im Industriebau des Dritten Reiches, einsetzen dürfen. Sein Engagement jener Jahre kulminierte mit dem Projekt der EXPO 1958 in Brüssel und hat eine Generation junger Architekten geprägt: Wir hatten uns zurückgemeldet in die Phalanx der Nationen und „waren wieder wer". Dass dies tunlichst selbstkritisch zu sehen sei, war das Schwierige dabei. Es schien uns aber selbstverständlich.

Anmerkungen

1 Hermann Glaser
2 Bauwelt Fundamente Nr. 100: „Die Bauhaus-Debatte 1953 – Dokumente einer verdrängten Kontroverse"

E3 Zwischen Beschaulichkeit, Reformen und Stress – Mein Studium in den 60er und 70er Jahren

J. Morlok

Mein Studium der Volkswirtschaftslehre an der Universität Karlsruhe (TH) nahm ich im Sommersemester 1967 auf. Nach Karlsruhe kam ich sozusagen aus einer anderen Welt, nämlich von der Freien Universität Berlin, wo ich im Sommersemester 1966 mit dem Studium der Politischen Wissenschaften an dem renommierten Otto-Suhr-Institut (vormals Deutsche Hochschule für Politik) begonnen hatte. Damals herrschten an dieser großstädtischen Universität – ganz im Gegensatz zu Karlsruhe – turbulente Zeiten, sozusagen der Vormärz der späteren 68er Studentenunruhen. Die Auflösungsprozesse überkommener Hochschulstrukturen („Der Muff von 1000 Jahren unter den Talaren") waren bereits erkennbar. Das Studieren in Berlin im Allgemeinen und das Studium der Politischen Wissenschaften im Besonderen war beherrscht von hochschul- und allgemeinpolitischen Aktivitäten. Kein Tag ohne ein so genanntes Teach-in, d.h. das Stören einer großen Massenvorlesung und deren Umfunktionieren in eine Diskussionsveranstaltung über die Hochschulreform. Kein Abend ohne eine große studentische Veranstaltung im Auditorium Maximum der Freien Universität, bei der politische

Resolutionen zu innen- und außenpolitischen Fragen heiß beraten und beschlossen wurden. Besonders die geistes- und sozialwissenschaftlichen Studien mutierten zu end- und ziellosen „Diskussionswissenschaften". Die Verhinderung der Notstandsgesetze und die völkerrechtliche Anerkennung der damaligen DDR waren studentische Reizthemen, die neu gebildete Große Koalition aus CDU/CSU und SPD stand im Zentrum der Attacken. 1966 waren es noch verbale Angriffe, aus denen 1968 dann Gewalt gegen Sachen entstand, die später in den 70er Jahren schließlich in blutigen Terror gegen Menschen mündete.

Da bildete die Universität in Karlsruhe das andere Extrem – die Beschaulichkeit einer im Vergleich auch zum damaligen Westberlin kleinen Großstadt, kombiniert mit der Würde der ältesten deutschen Technischen Hochschule, in der nicht Politologen, Soziologen, Theologen und Nationalökonomen, sondern Geodäten, Mathematiker, Chemiker und Physiker den Ton angaben. Allerdings war diese naturwissenschaftlich-technische Wissenschaftskultur nicht der eigentliche Grund meines Wechsels nach Karlsruhe. Ausschlaggebend waren vielmehr zwei sehr persönliche Gründe. Einmal hatte es etwas mit meiner heutigen Frau zu tun und zum anderen wollte ich meine schon zu Schulzeiten in Karlsruhe begonnenen parteipolitischen Aktivitäten bei den Liberalen fortsetzen. So betrachtet war der Studienort Karlsruhe zunächst für mich nur „zweite Wahl". Aber die Liebe auf den zweiten Blick hält ja häufig am längsten und verbindet am dauerhaftesten.

Auch in Karlsruhe, auch an dieser Universität wurden damals hochschulpolitische Fragen diskutiert. Die Studierenden begannen, sich mit dem Ärgernis des aufziehenden Numerus clausus zu beschäftigen, um dieses Problem nicht ausschließlich dem ungleichen Kampf zwischen Computern und Rechtsanwälten zu überlassen. Die Frage wurde gestellt, ob man diejenigen, die zu den geburtenstarken Jahrgängen gehören, zusätzlich dadurch bestrafen sollte, dass man ihnen bestimmte Ausbildungsmöglichkeiten völlig verwehrte. Man kämpfte gegen die Versuche in der damals geplanten neuen Hochschulgesetzgebung zur Entmündigung der Studentenschaft, indem man sie einer sinnvollen Vertretung an den Hochschulen berauben und ihnen noch weniger Rechte einräumen wollte, als sie etwa die Schüler durch das Schulgesetz hatten.

Auch die kapazitätsmäßige Verschlechterung der Studienbedingungen durch den kommenden so genannten „Studentenberg" bei gleichzeitigem rigorosen Einsparen von Stellen und überdies vehementer Kürzung der Sach- und Forschungsmittel, – Kern der damaligen Hochschulpolitik des Landes Baden-Württemberg –, erhitzte die studentischen Gemüter. Erste Reformansätze zu einer - später nie realisierten - Gesamthochschulregion Karlsruhe/Pforzheim wurden andiskutiert - auch als Antwort auf eine Hochschulpolitik des Landes Baden-Württemberg, die den Versuch machte, die Hochschulen zu nachgeordneten Behörden des damaligen Kultusministeriums zu denaturieren.

Aber die politischen Auseinandersetzungen und Turbulenzen zwischen den Studierenden, ihren Repräsentanten und der Universitätsspitze, zwischen der Universität und den politischen Kräften in Stadt und Land hielten sich

qualitativ und quantitativ in Grenzen. Dies war damals sicherlich auch und gerade der durch badische Liberalität geprägten Verantwortlichkeit der universitären und studentischen Repräsentanten zu verdanken.

Dafür rumorte es aber an der damaligen Wirtschaftswissenschaftlichen Fakultät aus im Wesentlichen drei Gründen umso heftiger. Zum einen befand sich das volks- und betriebswirtschafliche Studium in einem großen Umbruch, weg von den „Verbalidioten" und hin zu einer totalen „Vermathematisierung" der ökonomischen Prozesse. Mengen- und Wahrscheinlichkeitstheorie, Stochastik und Mathe I–III sowie Boolesche Mengenringe verdrängten Wirtschaftsgeschichte, Preistheorie, allgemeine Wirtschaftspolitik und Außenwirtschaftslehre. Der Student konnte Differentialgleichungssysteme im Nu lösen, während ihm das Verständnis des Wirtschaftsteils der Tageszeitung zunehmend schwerer fiel. „Hurra, wir haben wieder ein neues mathematisches Lösungsmodell konstruiert, wir suchen jetzt nur noch das passende ökonomische Problem dazu", war damals ein häufig gebrauchtes Bonmot. Parallel hierzu fand eine grundlegende Neugestaltung der Studiengänge statt. Der klassische Karlsruher technische Volks- bzw. Betriebswirt wurde zum Auslaufmodell, nur der reinrassige Diplom-Volkswirt konnte überleben. An deren Stelle trat der neu entwickelte Studiengang zum Wirtschaftsingenieur mit den Schwerpunkten Informatik, Operations-Research und Arbeitswissenschaften. Auch wenn ich selbst dem klassischen Volkswirt treu geblieben bin, so ist doch festzuhalten, dass die Fakultät mit der Neuausrichtung ihrer Studiengänge die Zukunft richtig und rechtzeitig erkannt hat. Mit dieser Entscheidung hat die Fakultät die Berufschancen zehntausender von Studierenden nachhaltig verbessert und die Position der Karlsruher Wirtschaftswissenschaftler im nationalen und internationalen Vergleich dauerhaft gestärkt. Schließlich war das damalige Studium geprägt von den in die Universitäten sich ergießenden Studentenströme. Massenvorlesungen wie z. B. Makroökonomie I und II mussten in die großen Hörsäle der mathematischen und technischen Fakultäten verlegt werden, da die schönen, neu errichteten Kollegiengebäude für die Geistes- und Wirtschaftswissenschaften am Karlsruher Schloss für solche Studentenzahlen nicht geplant waren. Klausuren im Multiple-Choice-Verfahren wurden zur Bewältigung der Massen entwickelt. Einige der damals Lehrenden griffen zum „Hinausprüfen" als letztes Mittel gegen den sich auftürmenden Studentenberg. „Schauen Sie sich ihre beiden Nachbarn zur Rechten und zur Linken an. Jeden Zweiten werden Sie im nächsten Semester nicht mehr sehen." Dieser Schrecken verbreitende Einführungssatz eines legendären Karlsruher Wirtschaftsprofessors am ersten Vorlesungstag für Makro I im überfüllten Mathematikhörsaal ist mir in bleibender Erinnerung. Auch bei kleineren Vorlesungen reichten die Kapazitäten der neuen Kollegiengebäude im Ostteil der Stadt Karlsruhe auf dem Universitätscampus nicht aus, so dass immer wieder auf die Räumlichkeiten der alten Westhochschule in den ehemaligen französischen Grenadierkasernen zurückgegriffen werden musste. Die Organisation und Bewältigung dieses Pendelverkehrs zwischen Ost- und Westhochschule war ein zusätzliches, lästiges Alltagsproblem für Lehrende als auch Studierende.

Trotz all dieser Misshelligkeiten möchte ich meine Karlsruher Studienzeit nicht missen. Ich konnte vieles lernen und es wurde auch erfolgreich gelehrt. Die Universität bot mir schon vor der Diplomprüfung manche Chance, etwa als studentische Hilfskraft im damals zur Bewältigung der Probleme einer Massenuniversität aufgelegten Tutorenprogramm und nach der Prüfung als Assistent am Institut für Wirtschaftspolitik und Wirtschaftsforschung, an dem ich schließlich promovieren konnte.

Es soll nicht verschwiegen werden, dass die Diplomprüfung damals echten Stress bedeutete. Innerhalb von zwei Wochen mussten alle schriftlichen Diplomprüfungen absolviert werden und kurze Zeit danach innerhalb einer Woche die mündlichen Prüfungen. Dieser komprimierte Prüfungsablauf hatte für mich den unschätzbaren Nebeneffekt, dass ich noch rechtzeitig vor der Karlsruher Stadtratswahl im Herbst 1971 als Kandidat der Liberalen mit dem Dipl. rer. pol. auf dem Stimmzettel stehen konnte. Nach meiner Promotion im Jahre 1974 bin ich der Universität Karlsruhe nach deren Verlassen als Assistent im Jahre 1975 noch bis zum Jahr 1987 als Lehrbeauftragter verbunden geblieben – getreu dem eingangs erwähnten Motto: Liebe auf den zweiten Blick hält länger. Dabei konnte ich erleben, wie sich auf Seiten der Lehrenden und Forschenden der Konflikt zwischen „Verbal-Idioten" und „mathematischen Puristen" gewandelt hat in einen dynamischen, zum Vorteil der Studierenden ausgerichteten modus vivendi zwischen Reinheit der Theorie und praktischer Nutzanwendung für den Beruf.

E4 Vom AStA zum UStA – die hochschulpolitischen Auseinandersetzungen der 70er Jahre

M. Kollatz

Als ich im Herbst 1976 in Karlsruhe mit dem Mathematikstudium begann, hätte ich trotz meines damals bereits vorhandenen politischen Interesses kaum daran gedacht, dass ich knapp zwei Jahre später AStA-Vorsitzender sein, als erster UStA-Vorsitzender sogar eine Unabhängige Studentenschaft mitgründen und deshalb für etwa 18 Monate für das Studium selbst kaum Zeit haben würde. Doch das Hochschulgesetz von 1977 und insbesondere die Abschaffung der Verfassten Studentenschaft führten zu heftigen Diskussionen und Auseinandersetzungen, die auch mich zur aktiven politischen Arbeit brachten.

Begleitet war dieses Gesetzgebungsverfahren von zunehmend hochschul- und studentenfeindlichen Äußerungen aus der damaligen Landesregierung bis hin zur Erwähnung von „vorterroristischen Sümpfen an den Universitäten". Möglicherweise war sogar die Studentenparlamentswahl in Karlsruhe im Februar 1977 mit ausschlaggebend für die Abschaffung der Verfassten Studentenschaft, denn bei dieser Wahl erreichten (nach Neugründung der Juso-Hochschulgruppe und des linksliberalen LHV) erstmals seit vier Jahren die linken Hochschulgruppen eine, wenn

auch hauchdünne, Mehrheit, und auch dieser Gesichtspunkt fand sich in der Begründung des Gesetzentwurfs: „Wäre es gelungen, die Studentenausschüsse mit demokratischen Studenten zu besetzen, sähe die Entscheidung anders aus".

An der durch die Ingenieur- und Naturwissenschaften geprägten Universität Karlsruhe blieben die Auseinandersetzungen allerdings gemäßigt; so trat zum Beispiel auch der Senat der Universität in seinen Stellungnahmen für den Erhalt der Verfassten Studentenschaft ein – allerdings vergeblich. Im November 1977 wurde das Universitätsgesetz verabschiedet und mit ihm die Abschaffung der Verfassten Studentenschaft beschlossen.

Auf studentischer Seite war klar, dass die so heftig ausgebrochene Aktivität der Studierenden fortgeführt und dafür ein möglichst tragfähiger organisatorischer Rahmen geschaffen werden musste. Da der Gesetzgeber den Namen AStA für den neugeschaffenen studentischen Ausschuss des Senats, zuständig für „geistige, musische und sportliche Interessen der Studierenden sowie für die Förderung der sozialen Belange", belegt hatte, entschieden wir uns dafür, den Vorstand der Studentenschaft künftig als

UStA zu bezeichnen und an der Gremienarbeit der Universität wie in der Vergangenheit teilzunehmen; dabei wurde angestrebt, mit einer Liste von UStA und Fachschaften möglichst in Personalunion die Positionen in den offiziellen und inoffiziellen Gremien zu besetzen.

Die Abschaffung der Verfassten Studentenschaft brachte auch eine Fülle von praktischen Problemen mit sich, insbesondere für die Universität als Rechtsnachfolger der Studentenschaft: was sollte man beispielsweise mit einer Autovermietung, einer subventionierten Rechtsberatung für Studierende oder mit einem Kopierservice anfangen? Ebenso waren die AstA-Angestellten in den Landesdienst zu übernehmen, das Restvermögen der Verfassten Studentenschaft (knapp 100.000 DM) zu verwalten, die neu zugewiesenen Landesmittel für geistige, musische und sportliche Interessen bürokratisch zulässig einer Verwendung zuzuführen, das Mobiliar zu inventarisieren, die Aufteilung der Telefonrechnung zu organisieren, von den dezentral in den Fachschaften vorhandenen Punkten ganz zu schweigen.

Durch die Gründung des „Studenten Service Vereins" im Juni 1978 erfolgte hier eine erste Lösung. Diese Gründung erfolgte einvernehmlich zwischen dem Rektorat und den Studierenden, und der damalige Rektor, Prof. Dr. H. Draheim, und einer der Prorektoren, Prof. Dr. G. Ernst, traten dem Verein ebenso bei wie die 14 studentischen Mitglieder des offiziellen AStA. Die Serviceleistungen wurden dem neuen Verein übertragen, wobei er die Gegenstände des Restvermögens (darunter die Transporter der Autovermietung) gegen eine monatliche Zahlung von der Universität mietete. Neuanschaffungen wurden in diesem Rahmen aus dem Restvermögen vorfinanziert, wobei es mehrerer Anläufe bedurfte, um hierfür die wirtschaftlich und steuerlich günstigste Lösung für alle Seiten zu finden.

Diese Zusammenarbeit trug zu vernünftigen Verhältnissen an der Karlsruher Universität und zu einem gewissen gegenseitigen Vertrauen sicher ebenso bei wie der personelle Wechsel in der Landesregierung (Ministerpräsident Filbinger und Kultusminister Hahn traten ab, Lothar Späth und sein Wissenschaftsminister Engler folgten). So wurden auch die Durchführung der

Studentenparlaments- und Fachschaftswahlen durch den UStA sowie der Markenverkauf als freiwilliger Beitrag der Studierenden für die Unabhängige Studentenschaft in Karlsruhe nie zu einem Problem.

Beim Übergang von der Verfassten zur Unabhängigen Studentenschaft wurde versucht, die Satzung, die Organe etc. möglichst unverändert beizubehalten. Nur in einem Punkt wurde eine wesentliche Änderung vorgenommen: das Kulturreferat wurde vom Neben- zum Hauptreferat aufgewertet. Als Hintergrund dazu sei folgender Satz aus dem Erstsemesterinfo 1977 zitiert: „Karlsruhe ist eine Beamtenstadt, brav und bürgerlich." Dies führte zwar damals zu einer Leserbriefschlacht in den „Badischen Neuesten Nachrichten", in welcher das Für und Wider dieser Aussage heftig diskutiert wurde. Man muss sich aber aus heutiger Sicht die Verhältnisse vor Augen führen: Die Universität hatte im Sommersemester 1977 ca. 10.800 Studierende, die das Stadtbild deutlich weniger prägten als die mehr als doppelte Zahl in späteren Jahren. Die unmittelbare Umgebung der Universität war trostlos (die Sanierung des sogenannten „Dörfle" südlich des Campus hatte erst angefangen), es gab kaum Studentenkneipen, an der Uni selbst fand außer den Filmen des AFK abends fast nie etwas statt, Rock- und Popkonzerttourneen machten einen weiten Bogen um Karlsruhe.

Dies hat sich bereits in den unmittelbar folgenden Jahren gründlich geändert. Durch das aufgewertete Kulturreferat und durch die fast zeitgleiche Gründung des AKK sowie etwas später des Z 10 wurden Veranstaltungsprogramme organisiert, die nach und nach großen Anklang fanden und unter anderem dazu führten, dass auch kommerzielle Veranstalter allmählich den Standort Karlsruhe entdeckten. Auch die Uni-Feste erhielten aufgrund ihres Kulturprogramms den Charakter einer Trendbörse für lokale Gruppen und Musikveranstalter.

Die damals geschaffenen Organisationsformen haben länger gehalten, als irgendeine/r der Gründer/innen es damals für möglich gehalten hätte, und der „gute Geist von Karlsruhe" hat sich in der Folge noch in vielen anderen von außen geschaffenen Problemsituationen bewährt.

 Elektrotechnik und kulturelle
Kommunikation –
Studieren in den 80er Jahren

H. Fabricius

Als Studienanfänger kam ich im Herbst 1977 nach Karlsruhe. Für Elektrotechnik hatte ich mich entschieden. Mit Physik, Technischer Mechanik, Höherer Mathematik und den üblichen theoretischen Grundlagen waren die Tage gefüllt. Welche Abwechslung war es dazu, in der Mensa in einem UStA-Info auf studentische Kulturideen angesprochen zu werden. Und damit fand ich neben der Elektrotechnik ein zweites Betätigungsfeld an der Fridericiana in Karlsruhe.

Wie mir erging es noch anderen Kommilitonen, und so fand sich Ende 1977 eine Gruppe zusammen, die die Kommunikation und kulturelle Betätigung an unserer technischen Universität anschieben wollte. Es entstand der AKK, der „Arbeitskreis Kultur und Kommunikation" als Initiative des AStA.

Erstes Ziel war es, Veranstaltungen, die für Studenten interessant waren, und Begegnungsmöglichkeiten im Uni-Umfeld besser bekannt zu machen. Dafür wurde eine monatliche Veranstaltungsübersicht, der „AKK informiert" in Flugblatt- und Plakatform erstellt. Mit vielen Musikgruppen und Veranstaltern wurden Kontakte geknüpft und Erfahrungen ausgetauscht.

Das zweite große Ziel war es, eigene Räumlichkeiten für studentische Unternehmungen zu finden. Konzerte, Theateraufführungen, Dichterlesungen, Politkabarett, Tanz, künstlerische und handwerkliche Workshops waren angedacht. Und zwar in eigener Organisation, abgestimmt auf unsere studentischen Interessen und Möglichkeiten: von Studenten – für Studenten.

1979 bekam der AKK Räumlichkeiten im Ostflügel des alten Stadiongebäudes, nachdem das Sportinstitut in seinen Neubau umgezogen war. Dort richteten die allesamt ehrenamtlichen AKK-Mitglieder mit einfachsten Mitteln einen Thekenraum, Gruppen- und Arbeitsräume sowie ein Fotolabor ein: das „Studentenzentrum Altes Stadion".

Ende 1978 bereits wurde vom AKK die Veranstaltungsreihe „Uni-Theater" ins Leben gerufen. Alle 3 Wochen fanden jeweils montags Theateraufführungen statt, vorwiegend im großen Gaede-Hörsaal. Alle Karlsruher Theater gaben Gastspiele, es traten Laiengruppen und auswärtige Theater auf. Naher Kontakt zu den Aufführenden und anschließende Diskussionen gehörten immer dazu. Damit wurde der AKK bekannt.

Abb. 1 20.–22. Juni 1980: Das erste große Stadionfest des AKK

Mit den Räumlichkeiten im alten Stadion, wo ab den 80er Jahren auch die Sporthalle mitbenutzt werden konnte, wurde das Angebot des AKK immer größer: Theater und Konzerte, „Schlonzabende", Gitarrenkurse, Maibock- und Nikolausfest, Folkloretanz und freies Tanzen wurden zur Tradition. Viele Fachschaften und andere Studentengruppen nutzten die Möglichkeiten im alten Stadion für eigenorganisierte Veranstaltungen und Feste. Im Lauf der Zeit kam eine technische Grundausrüstung für Veranstaltungen zusammen (Kabel, Beleuchtung), die auch an Newcomergruppen und andere ausgeliehen werden konnte.

Neben dem AKK organisierte das Kulturreferat des UStA Veranstaltungen mit dem Schwerpunkt, stärker politische Aspekte in die studentische Kulturszene einzubringen. Für Auftritte von Bettina Wegner oder Hans-Dieter Hüsch war auch der Gerthsen-Hörsaal viel zu klein. Für die großen Semesterfeste, die gemeinsam von AStA und UStA ausgerichtet wurden, benutzte man die Mensa. Ansonsten fehlten uns Studenten für Kulturveranstaltungen nach wie vor oft die geeigneten Räume von der Ausstattung oder Größe her.

Auf der Suche nach Räumen für die studentische Kultur fand sich nach langen Bemühungen und durch die Unterstützung der Stadt Karlsruhe ein Altstadthaus in der Zähringerstraße Nummer 10. Im April 1981 war ein erster gemeinsamer Lokaltermin mit Vertretern von Stadt, Universität und uns Studenten im „Z 10". Und damit begann eine ganz besondere Entwicklungsgeschichte:

Eigentlich wollte die Stadt dieses sanierungsbedürftige Haus „Zähringerstr. 10" im Rahmen der Dörfle-Sanierung für studentische Zwecke herrichten. Im Juli 1981 kam jedoch die Finanzierungsabsage der Stadt. Im gleichen Monat gründeten wir Studenten den Verein „Studentenzentrum Zähringerstr. 10 e.V." und schmiedeten dann zusammen mit Rektor Prof. Dr. Heinz Draheim einen Stufenplan, wie das Studentenzentrum dennoch realisiert werden könnte. Es folgte ein großer Spendenaufruf, der dank des Einsatzes von Rektor Draheim soviel Erfolg brachte, dass auch die Stadt sich nicht gänzlich verweigern konnte und wollte. Zusammen mit Universität, Studentenwerk und Z 10 e.V. entstand eine Nutzungsvereinbarung und ein Abkommen mit der Stadt. Nach vorübergehender

Abb. 2 Eröffnung des Studentenzentrums „Z 10" am 10. Juni 1983

Instandsetzungsbewohnung durch Studenten im Winter 1981/82 starteten im Sommer '82 die Sanierungs- und Umbauarbeiten im Z 10. Im Juni 1983 konnte das Studentenzentrum dank vieler Spender und studentischer Eigenleistungen eröffnet werden.

Das viergeschossige Haus hat im Erdgeschoss einen Veranstaltungssaal mit Thekeneinrichtung für bis zu 100 Personen, in den beiden Obergeschossen verschiedene Gruppen- und Hobbyräume und eine Küche. Im Dachgeschoss wurden Studentenzimmer eingerichtet, so dass durch das ständige Bewohntsein des Hauses Sicherheit gegeben war. Im Keller wurde eine Töpferei eingerichtet und der frühere Rückgebäudebereich und Hof wurden zur begrünten Aufenthaltszone umgestaltet. Der laufende Betrieb und das „Leben" in Z 10 wurde von Anfang an von den Studenten in eigener Regie organisiert. Dazu gehörten vielseitige Kulturveranstaltungen, Ausschank- und Spielabende, Kreativkurse und die Raumvergabe an interessierte Gruppen oder Einzelpersonen. Die Unterhaltung des Hauses wurde größtenteils vom Studentenwerk übernommen. Mit diesen Möglichkeiten und Angeboten war

und ist das Z 10 bis in die Gegenwart ein Zentrum für Begegnung und Verbindung zwischen Universität und Stadt, für die Studierenden aller Karlsruher Hochschulen und die Bevölkerung der Region.

Die Mitarbeiter der verschiedenen Gremien wie AKK, AStA, UStA oder Z 10 legten immer einen besonderen Akzent auf Erfahrungsaustausch und enge Zusammenarbeit. Über den Bund Studentische Kulturarbeit und Regionalkonferenzen hatte unsere Karlsruher Szene auch gute Kontakte nach auswärts.

Die vielfältigen studentischen Kulturaktivitäten in Karlsruhe führten dazu, dass nach einer bundesweiten Analyse über das Deutsche Studentenwerk das Modellprojekt „Künstler an die Hochschulen" nach Karlsruhe vergeben wurde. Dieses Projekt dauerte von 1986 bis 1991 und stellte jährlich DM 80.000 Fördergelder zur Verfügung. Davon profitierten alle studentischen Kulturaktivitäten im Raum Karlsruhe-Pforzheim. Es konnten neue Theatergruppen aufgebaut, Konzerte unterstützt und viele Kleinkunstveranstaltungen ermöglicht werden. Auch Zubehör wie mobile Bühnenelemente oder Musikverstärkungstechnik konnten angeschafft bzw. verbessert werden, das dann allen Kulturschaffenden zugute kam.

Nach dem Ende des Projektes „Künstler an die Hochschulen", von dessen Fördermitteln auch die Kulturarbeit in Z 10 profitiert hatte, mussten wir nach neuen Geldquellen suchen. Wieder halfen die guten Kontakte zur Universität und das Verständnis des damaligen Rektors Prof. Heinz Kunle, der sich für eine Z 10-Stiftung einsetzte. Gegründet 1991, erreichte das Stiftungskapital im März 1993 die angestrebte Höhe von DM 100.000, von dessen Zinserträgen das Z 10-Kulturprogramm bis heute gesponsert wird.

1984 fand der große Wunsch der Studentenschaft nach dauerhaften und entsprechend eingerichteten Kulturräumlichkeiten beim Karlsruher Studentendienst e.V. Gehör. Insbesondere war Bedarf an einem größeren Veranstaltungssaal, denn trotz guter Zusammenarbeit mit der Universität konnten die bislang genutzten Hörsäle weder von den möglichen Nutzungszeiten noch von der Atmosphäre her die Bedürfnisse wirklich erfüllen.

Als Mitglied im Vorstand des Studentendienstes war es mir möglich, die Konzeption für ein „Studentisches Kulturzentrum" an der Universität Karlsruhe mitzuentwickeln. Der frühere Festsaal im Studentenhaus, der viele Jahre als Mensaraum benutzt wurde, konnte für Veranstaltungen zurückgewonnen werden. Auf Initiative

des Studentendienstes und mit Mitteln des Landes konnte dann in Zusammenarbeit mit dem Studentenwerk ein großer Umbau ausgeführt werden. 1992 stand dann ein neu gestalteter und mit guter Bühnentechnik ausgestatteter Theatersaal seinen Nutzern zur Verfügung.

So waren meine Studienjahre an der Fridericiana geprägt von vielen Erlebnissen in der universitären Kulturlandschaft, die von uns Studenten maßgeblich gestaltet wurde. Die Erfolge sind insbesondere der Kontinuität der studentischen Kulturgremien und der hervorragenden Zusammenarbeit von Universität, Studentenwerk und Studenten zu verdanken. Die Möglichkeiten des eigenen Engagements im Umfeld der Universität wurden zur Herausforderung und haben mir ein reiches Wissen und vielfältige Erfahrungen außerhalb meines Elektrotechnikstudiums vermittelt.

Die damals entstandenen Einrichtungen wie AKK oder Z 10 leben weiter. Manche baulichen Veränderungen und Verbesserungen sind inzwischen erfolgt, teilweise wurde auch die Organisationsstruktur ganz neuen Bedürfnissen angepasst. Denn das studentische Engagement nach dem Motto „von Studenten – für Studenten" bedeutet, dass sich die Nutzungsschwerpunkte über die Jahre verlagern können, so wie sie von den jeweiligen Studentengenerationen frei gestaltet werden.

Verzeichnis der Autorinnen und Autoren

A

Albers, Dr.-Ing. Albert, Ord., Institut für
Maschinenkonstruktionslehre und Kraftfahrzeugbau

Althaus, Dr. phil. Dr. h.c. Egon, Ord., Mineralo-
gisches Institut

Appel, Dr. rer. nat. Helmut, Prof. i. R.

B

Beth, Dr. rer. nat. Thomas, Ord., Institut für
Algorithmen und Kognitive Systeme

Blaß, Dr.-Ing. Hans Joachim, Ord., Versuchsanstalt für Stahl, Holz und Steine

Bolz, Dr. rer. nat. Armin, Prof., Institut für Biomedizinische Technik

Bossmann, Dr. rer. nat. Stefan, Dozent,
Engler-Bunte-Institut

Braun, Dr. phil. André M., Ord.,
Engler-Bunte-Institut

Bruder, Dipl.-Ing. Werner A.

D

Deussen, Dr. rer. nat. Peter, Ord., Institut für
Logik, Komplexität und Deduktionssysteme

Dillmann, Dr.-Ing. Rüdiger, Prof., Institut
für Prozessrechentechnik, Automation und
Robotik

Dössel, Dr. rer. nat. Olaf, Ord., Institut für Biomedizinische Technik

E

Eibl, Dr.-Ing. Dr.-Ing. E.h. Dr. techn. h.c. Josef,
emer. Ord.

Ernst, Dr.-Ing. Dr. h.c. Günter, Ord., Institut für
Technische Thermodynamik

F

Fabricius, Dipl.-Ing. Hermann,

Franck, Dr. rer. nat. Dr. E.h. Ernst Ulrich, emer.
Ord.

Frimmel, Dr. rer. nat. Fritz Hartmann, Ord.,
Engler-Bunte-Institut

Fritz, Dr. rer. nat. Dr. h. c. Gerhard, emer. Ord.

G

Gehbauer, Dr.-Ing. Fritz, Ord., Institut für
Maschinenwesen im Baubetrieb

Gemünden, Dr. rer. oec. Hans Georg, Ord., Institut für Angewandte Betriebswirtschaftslehre - Unternehmensführung

Gerthsen, Dr. rer. nat. Dagmar, Prof., Laboratorium für Elektronenmikroskopie

Giannis, Dr. rer. nat. Athanassios, Prof., Institut für Organische Chemie

Göller, Dr. phil. Thomas, Doz., Institut für Philosophie

Gudehus, Dr.-Ing. Dr. h.c. Gerd, Ord., Institut für Bodenmechanik und Felsmechanik

H

Hahn, Ph. D. Hermann H., Ord., Institut für Siedlungswasserwirtschaft

Haller, Dr.-Ing. E.h. Fritz, emer. Ord.

Herrlich, Dr. med. Peter, Ord., Institut für Genetik

Heuser, Dr. rer. nat. Lutz, Forschungsdirektor SAP AG, Walldorf

I

Ivers-Tiffée, Dr.-Ing. Ellen, Ord., Institut für Werkstoffe der Elektrotechnik

J

Juling, Dr. rer. nat. Wilfried, Ord., Institut für Telematik, Rechenzentrum

Jutzi, Dr.-Ing. Wilhelm, Ord., Institut für Elektrotechnische Grundlagen der Informatik

K

Kiencke, Dr.-Ing. Uwe, Ord., Institut für Industrielle Informationstechnik

Kirsch, Dr. rer. nat. Andreas, Ord., Mathematisches Institut II

Klaus, Joachim, Studienzentrum für Sehgeschädigte

Köhl, Dr.-Ing. Werner, emer. Ord.

Kollatz, Dipl.-Math. Michael

Krüger, Dr. phil. nat. Dr. h.c. mult. Gerhard, Ord., Institut für Telematik

Kühn, Dr. rer. nat. Johann, Ord., Institut für Theoretische Teilchenphysik

L

Lenk, Dr. phil. Dr. h.c. mult. Hans, Ord., Institut für Philosophie

Lenz, Dr. rer. nat. Jürgen, Akad. Dir., Institut für Theoretische Mechanik

Lockemann, Dr.-Ing. Peter, Ord., Institut für Programmstrukturen und Datenorganisation

Löhneysen, Dr. rer. nat. Hilbert von, Ord., Physikalisches Institut

Lorenz, Dr.-Ing. Wolfgang, Prof. i.R.

M

Macherauch, Dr. rer. nat. Dr.-Ing. E. h. mult. Eckard, emer. Ord.

Matthiesen, Dipl.-Ing. Sven, Institut für Maschinenkonstruktionslehre und Kraftfahrzeugbau

Mehlhorn, Dr. rer. nat. Jens, Institut für Maschinenwesen im Baubetrieb

Meurer, Dr. rer. nat. Manfred, Ord., Institut für Geographie und Geoökologie

Morlok, Dr. rer. pol. Jürgen, Vorstandsvorsitzender der Baden-Airpark AG

Müller, Dr.-Ing. Harald S., Ord., Institut für Massivbau und Baustofftechnologie

Müller, Dr. rer. nat. Thomas, Ord., Institut für Experimentelle Kernphysik

Müller, Dipl.-Inform. Thomas, Institut für Algorithmen und Kognitive Systeme

Müller-Glaser, Dr.-Ing. Klaus D., Ord., Institut für Technik der Informationsverarbeitung

N

Natau, Dr.-Ing. Otfried, Ord., Institut für Bodenmechanik und Felsmechanik

Nestmann, Dr.-Ing. Dr. h.c. Franz, Ord., Institut für Wasserwirtschaft und Kulturtechnik

Neumeier, Dr. phil. Gerhard, Univ. Archiv

P

Paul, Dr. phil. Gregor, apl. Prof., Institut für Philosophie

Paulsen, Dr. rer. nat. Reinhard, Ord., Zoologisches Institut

Plate, Dr.-Ing. Dr.-Ing. E.h. Erich, emer. Ord.

R

Renn, Dr. rer. pol. Ortwin, Prof., Akademie für Technikfolgenabschätzung Baden-Württemberg

FSC
www.fsc.org
MIX
Papier aus verantwortungsvollen Quellen
Paper from responsible sources
FSC® C105338